Enzyklopädie des Motorrads

Enzyklopädie des MOTORRADs

Marken · Modelle · Technik

Abako

Ein wenig verbreitetes, deutsches Motorrad, das 1923-25 in Nürnberg gebaut wurde. Es war mit einem 129 cm³-Einzylinder-Zweitaktmotor, Sturmey-Archer-Getriebe und Kettenantrieb ausgerüstet. Der Motor, der von Abako selber konstruiert worden war, verfügte bereits über drei Überströmkanäle.

Abbotsford

Ein Anfang der 20er Jahre in England gebauter Motorroller. Ausgerüstet mit einem Einzylinder-Zweitaktmotor und Kettenantrieb, war dieses Modell bis 1923 auf dem Markt.

ABC

Das erste Motorrad der Marke ABC, deren Name sich aus den Anfangsbuchstaben der All British (Engine) Company zusammensetzte, wurde 1913 in Großbritannien hergestellt. Entworfen von Granville Bradshaw und den modernen BMW-Maschinen nicht unähnlich, trug es einen Zweizylinder-Boxermotor mit 500 cm³ Hubraum.
1918 überarbeitete Bradshaw sein Modell: Der Zweizylinder-Boxermotor erhielt 398 cm³ Hubraum und halbkugelförmige Brennräume. Er war mit einem Vierganggetriebe gekoppelt und längs im Rahmen eingebaut. Die Zylinder bestanden aus Stahl; die im Zylinderkopf hängenden Ventile wurden über Stoßstangen und Kipphebel gesteuert. Das Motorrad besaß einen Kettenantrieb, Halbnabenbremsen an Vorder- und Hinterrad sowie eine Blattfederung (auch für das Hinterrad).
Die All British Company stellte insgesamt nicht mehr als sechs Exemplare dieser Maschine her. Dafür entstanden in Frankreich geringfügig veränderte ABC-Modelle, die unter Sopwith-Lizenz bis 1924 gebaut wurden. Produzent war die Société Française des Moteurs ABC, die zum Flugmotorenkonzern Gnôme & Rhône gehörte.
In England kam Anfang 1920 die Flugzeugfabrik Sopwith Aviation & Engineering Company mit ABC-Maschinen auf den Markt, um sich so vor dem Konkurs zu retten. Aufgrund finanzieller Schwierigkeiten mußte sie dieses Projekt jedoch bereits ein Jahr später liquidieren.
Die englische Zweizylindermaschine geriet in Vergessenheit. Indessen war bei ABC Motors eine interessante Alternative entstanden: der Skootamota, ein von Bradshaw 1919 entworfener Motorroller. Der Einzylindermotor war hinter dem Sitz montiert; der Antrieb erfolgte über einen Riemen direkt auf das Hinterrad. Der Roller fand vor allem in Frankreich großen Anklang, nicht zuletzt dank der eindrucksvollen Werbekampagne, die der Amerikaner Charles Roditi organisiert hatte. Prominente Sportler und Künstler begeisterten sich für den Skootamota, was seine Verbreitung noch zusätzlich förderte.
Ausgerüstet mit einem Einzylinder-Viertaktmotor mit 125 cm³ Hubraum, Stahlzylinder und im Kopf hängenden Ventilen, die über Stoßstangen und Kipphebel gesteuert wurden, verfügte das Fahrzeug weder über Schaltung noch Kupplung. Der Antrieb erfolgte – wie bereits erwähnt – direkt auf das Hinterrad. Der Roller erreichte eine Höchstgeschwindigkeit von 40 km/h; die Schmierung mußte mittels Handpumpe jeweils nach etwa fünf Kilometern erfolgen. Der Skootamota hatte einen offenen Rohrrahmen ohne Federung. Er wurde bis 1922 hergestellt.
Unter dem Namen ABC wurden von einer weiteren englischen Firma in Birmingham Zweitaktmotorräder mit 269 cm³ und später 247 cm³ großen Villiers-Motoren angeboten. Inhaber der Firma ABC-Cycle-Company, die 1920–24 bestand, war ein Mr. J. Barwell.

ABC von 1919.

ABC-Motorroller Skootamota, 1919.

Auch in Deutschland gab es ABC-Maschinen. Das kleine ABC-Werk in Berlin baute von 1922-25 Leichtmotorräder mit einem selber konstruierten 149 cm³-Einzylinder-Zweitaktmotor. Zu den vorgenannten Herstellern desselben Namens bestand keinerlei Verbindung.

Abendsonne

Über dieses Motorrad gibt es nur sehr spärliche Informationen. Es wurde 1934-35 in geringer Stückzahl in Deutschland hergestellt und war mit zwei gekoppelten 98 cm³-Villiers-Zweitaktmotoren ausgerüstet, so daß es insgesamt über 196 cm³ Hubraum verfügte. Konstrukteur des ungewöhnlichen Motorrads war Georg Weißbinder. Die Leistung der beiden Motoren ist heute unbekannt.

Aberdale

Ein 1947 in Großbritannien vorgestelltes Motorrad. Es besaß einen 98 cm³-Villiers-Zweitaktmotor, verfügte über eine Kupplung, jedoch keine Gangschaltung. Daneben gab es eine Version mit einem 123 cm³-Villiers-Motor. Auch mit deutschen Sachs-Zweitaktmotoren wurden Aberdale-Maschinen ausgerüstet. Die Firma bestand bis 1959. Zum Schluß wurde die Produktion der Motorräder von der Firma Bown übernommen und unter diesem Namen einige Zeit weitergeführt.

Abe Star

Eine japanische Marke aus den 50er Jahren. Erstes Modell war eine Maschine, die von einem 338 cm³-Motor angetrieben wurde. Das bekannteste Zweirad dieser Marke besaß einen von Abe Star selber konstruierten 148 cm³-Einzylinder-Viertakter mit zwei im Zylinderkopf hängenden Ventilen und untenliegender Nokkenwelle. Die Abe Star-Motorräder wurden 1951–59 gebaut.

Abignente

Über dieses 1926 in Italien produzierte Motorrad gibt es kaum Angaben. Man weiß lediglich, daß es mit einem Zweitaktmotor mit 345 cm³ Hubraum ausgerüstet war. Leistung und Zylinderzahl des Triebwerks sind unbekannt.

Abingdon

Von 1903-25 hergestellte englische Marke. Konstrukteur war Abingdon King Dick, die Fabrik Abingdon hatte ihren Sitz in Birmingham. Die Modelle wurden zunächst mit importierten MMC-, Fafnir- und Minerva-Motoren angeboten, später verwendete man nur noch einen Motor mit seitlich stehenden Ventilen aus eigener Produktion. Die Hubräume dieses Motors reichten von 348 cm³ über 496 cm³ bis zu 796 cm³.
1927 präsentierte Abingdon auf der Ausstellung in London eine Leichtgewichtsmaschine mit einem 175 cm³-Viertaktmotor. Sie wurde unter der Markenbezeichnung AKD (Abingdon King Dick) vertrieben, wie auch verschiedene spätere Modelle, die mit seitengesteuerten Einzylindermotoren bis zu einem Hubraum von 350 cm³ ausgerüstet waren.

ABJ

Im September des Jahres 1949 brachten die A.B. Jackson Cycles zwei Modelle auf den Markt: ein Motorrad und ein Leichtmotorrad, beide mit einem 98 cm³-Villiers-Zweitaktmotor. Die Maschinen erhielten den Markennamen ABJ (nach den Initialen des Firmeninhabers A.B. Jackson) und wurden ohne nennenswerte Veränderungen 1950-51 hergestellt. Neben den 98 cm³-Maschinen produzierte ABJ auch Leichtmotorräder mit 49 und 123 cm³- Villiers-Zweitaktmotoren.

Abra

Die Abra war ein von Alfio Rodolfi entworfenes Motorrad, das um 1923 in Italien entstand. Es war mit 149 cm³-Zweitaktmotoren ausgerüstet, die von DKW stammten. Später wurde ein 132 cm³-Motor aus eigener Fertigung verwendet. Die Stückzahlen blieben allerdings gering. 1927 stellte die Firma die Produktion ein.

Accossato

Italienische Motorradfirma mit Sitz in Moncalieri bei Turin, 1973 von Giovanni Accossato gegründet. Accossato lancierte als erstes 50 cm³-Moto-Cross-Maschinen in Kleinserie. 1979 brachte die Firma Enduros auf den Markt, die an kleineren Geländerennen teilnahmen. Ab 1982 konnte sich die Marke auch bei größeren nationalen und internationalen Wettbewerben erfolgreich behaupten. Besonders verbreitete Accossato-Modelle bis 1985 waren: die CE 80 Enduro Competizione und die CE 80 Cross Competizione. Beide besaßen einen wassergekühlten Einzylinder-Zweitaktmotor, der 21 PS bei 12000 U/min leistete, beziehungsweise 23 PS bei 12800 U/min. Beliebt war auch die CE 125 Enduro Competizione mit 33 PS bei 10500 U/min.

Ace

Dieses renommierte Motorrad war eine Schöpfung des Amerikaners William Henderson. Doch bevor es so weit war, mußte Henderson einen mühevollen Weg auf sich nehmen. Zusammen mit seinem Bruder Tom hatte er eine erste Vierzylindermaschine entwickelt. Ende 1917 übernahmen die Excelsior-Werke aus Chicago Hendersons Fabrik, die Brüder wechselten zur neuen Firma über. Meinungsverschiedenheiten mit der Betriebsleitung führten zwei Jahre später zur Kündigung. Henderson trieb erneut Kapital auf und gründete 1919 in Philadelphia seine zweite Fabrik. Dort endlich verwirklichte er in Anlehnung an seine früheren Entwürfe die Vierzylindermaschine, die so berühmt werden sollte.
Er gab ihr den Namen Ace (englisch: As). Offiziell aus der Taufe gehoben wurde sie 1920. Ermöglicht wurde ihr Entstehen nicht zuletzt durch die großzügige finanzielle Unterstützung von Max Sladkin. Sladkin, Fahrradfabrikant und Motorradenthusiast, wünschte sich vor allem eines: Sein Name sollte mit einem außergewöhnlichen Produkt verknüpft sein.
Und außergewöhnlich war die Ace, bemerkenswert konstruiert und selten schön: Die blaue Lakkierung kontrastierte mit cremefarbenen Reifen. Überall blitzten und funkelten Chromteile. Der Motor hatte zunächst einen Hubraum von 1199 cm³ mit vier Zylindern in Reihe und war von einer unglaublichen Elastizität. Die Maschine fand reißenden Absatz, nicht nur in den USA, sondern auf der ganzen Welt.
1921 erschien eine neue Viertaktmaschine mit einem Hubraum von 1228 cm³. Auch dieser Motor war seitengesteuert und luftgekühlt. Seine Leistung betrug 12-14 PS. Weitere Konstruktionsmerkmale waren die Dreigangschaltung, der Kickstarter, der Kettenantrieb und der Rohrrahmen mit seiner Parallelogrammgabel. Nach einem Jahr und trotz des enormen Verkaufserfolgs geriet die Firma in finanzielle Schwierigkeiten, die sich aber dank eines Bankkredits lösen ließen.
Die Beliebtheit des Motorrads nahm ständig zu, wozu nicht zuletzt die für Werbung geschickt genutzten sportlichen Erfolge beitrugen. So legte im September 1922 etwa Cannonball Baker die 5300 Kilometer lange Strecke zwischen Los Angeles und New York auf einer Ace in rund sieben Tagen zurück und brach damit den bestehenden transkontinentalen Rekord: Er war um etwa 70 Stunden schneller. Die Ace wurde dadurch prompt zum beliebtesten Motorrad Amerikas.
Für 1923 stand eigentlich die Realisierung einer noch sportlicheren Version auf dem Programm, die eine Spitzengeschwindigkeit von rund 140 km/h erreichen sollte. Doch Henderson kam 1922 bei einem tragischen Unfall ums Leben. Arthur Lemon, ein junger Konstrukteur, der bereits 1915 zu Hendersons Mitarbeitern gehört hatte, übernahm die Leitung des Werks. Er führte die Marke Ace zu neuem Erfolg. Dennoch erlebte die Fabrik abermals einen finanziellen Rückschlag, was vor allem auf die hohen Produktionskosten bei einem zu niedrig angesetzten Verkaufspreis zurückzuführen war.
Keine der 1923 verkauften Ace-Maschinen hatte auch nur die anfallenden Produktionskosten eingebracht. Eine Finanzspritze und Umstrukturierungen in der oberen Etage schienen vonnöten, um die renommierte Motorradmarke vor dem Untergang zu bewahren. Während die Verantwortlichen von Ace mit allen Mitteln um das Überleben der Firma kämpften, feierte ein enthusiastisches Motorsport-Publikum die siegreichen Maschinen.
Ende des Jahres 1923 erreichte der Fahrer Red Wolverton auf einer von Lemon entworfenen Vierzylinder-Ace eine Geschwindigkeit von über 200 km/h (exakt 215,643 km/h) und stellte damit einen neuen Weltrekord auf. Man hatte das Gewicht des Motors, der eine Leistung von 45 PS erbrachte, auf ein Minimum reduziert.
Trotz Erfolgen auf der Piste, innovativer Technik und höchster Qualität waren die finanziellen Probleme der Firma unlösbar geworden. Die Fabrik in Philadelphia mußte Ende des Jahres 1924 ihre Pforten schließen. 1926 wurde sie der Michigan Motors Corporation angegliedert. Unter der neuen Leitung entstanden verschiedene Modelle, bis Michigan Motors einschließlich Ace von Indian übernommen wurde. Das Publikum liebte die Ace-Maschinen und wollte sie wiederhaben. So war die Freude groß, als im Januar 1927 auf dem New Yorker Motorradsalon, der im Madison Square Garden stattfand, am Stand von Indian die glorreiche Vierzylinder-Ace zu bewundern war.
Die Fans hofften nun auf ein endgültiges Wiedererstehen der Marke. Doch es blieb bei dem kleinen Namenszug Ace neben dem von Indian, der groß auf dem Tank prangte. Während die Indian-Ace 1927-29 hergestellt und verkauft wurde, plante das

Werk bereits ein neues Modell: die Indian Four.
Der Ace-Motor wurde ohne größere Änderungen beibehalten, hatte jedoch jetzt einen Hubraum von 1285 cm³. Die neue Maschine erhielt einen typischen Indian-Rahmen mit dem charakteristischen aerodynamischen Tank sowie eine vordere Halbnabenbremse (die bei der Ace nicht vorhanden war) und eine über ein Fußpedal zu bedienende Mehrscheibenölbadkupplung.
Die Vorderradgabel hatte eine Blattfeder, und die Handschaltung für das Dreiganggetriebe war an der rechten Tankseite an einer weitaus bequemeren Stelle angeordnet.
Dieses Modell, das Lemon Jahr für Jahr verbesserte, wurde bis 1936 hergestellt. Der Rahmen blieb bis 1932 gleich, erfuhr daraufhin jedoch größere Veränderungen. Später verschwand der Name Ace endgültig vom Tank der Indian-Maschinen. Im Laufe der Jahre wurden die von der Ace abstammenden Indians ständig überarbeitet, bis man die Produktion der Vierzylinderserie 1941 schließlich völlig einstellte.

Acher

Ein 1926 in Frankreich hergestellter Zweitakt-Motorradmotor. Er hatte zwei nebeneinanderliegende Zylinder mit einem Hubraum von 500 cm³ und war wassergekühlt. Ein Drehschieber saß am Ende einer kleinen Welle, die über eine Verzahnung von der Kurbelwelle angetrieben wurde. Am unteren Ende der Drehschieberwelle sorgte eine Schneckenradpumpe für die Ölzufuhr.

Achilles

1906, zur Zeit der österreichisch-ungarischen Doppelmonarchie, begann die A. Schneider & Co., Fahrrad- & Motorfabrik, in Ober-Politz a. d. Nordbahn (damals österreichisch-ungarisch, später tschechisch) mit der Herstellung von Motorrädern. Sie produzierte Maschinen mit Viertakt-Einbaumotoren von Fafnir und Zeus. Die Einzylinder-Version hatte 3,5 PS, eine zweite Maschine mit einem Zweizylinder-V-Motor leistete 5 PS. Nach dem Zweiten Weltkrieg wanderten die Besitzer der Firma nach Deutschland aus und führten ab 1953 die Produktion fort.
Die deutsche Achilles setzte Einzylinder-Zweitaktmotoren von Sachs ein, zunächst mit Hubräumen von 147 und 174 cm³. Der Benzintank war in den Preßstahlrahmen integriert. Spätere Fahrzeuge besaßen einen nach vorne geneigten Einzylinder-Zweitaktmotor mit 48 cm³ Hubraum und eine Kurzschwinggabel. 1957 versah man die Achilles zusätzlich mit einer eleganten Verkleidung. 1957 kaufte die englische Firma Norman schließlich die Produktionseinrichtungen von Achilles.

ACMA

Eine Zubehörfirma, die in Fourchambault, Frankreich, Vesparoller mit 123, 147 und 173 cm³-Motoren unter der Lizenz von Piaggio herstellte. Das Werk war 1948–62 in Betrieb.

Werbeplakat von Ace.

Acme

Diese englische Motorradfabrik in Coventry bestand von 1902-22. Die Acme-Modelle waren mit Einzylindermotoren ausgerüstet. Man verwendete belgische Minerva-Motoren mit 2 PS und französische Automoto-Motoren mit 2,5 PS.
Nach dem Ersten Weltkrieg folgte ein Motorrad mit einem selber gefertigten 348 cm³-Einzylinder-Viertaktmotor mit seitlich stehenden Ventilen. Später erhielten die Acme-Maschinen auch seitengesteuerte Zweizylinder-V-Motoren mit 997 cm³ Hubraum, ebenfalls aus eigener Konstruktion. Über die Leistung dieser größeren Triebwerke ist allerdings nichts mehr bekannt.
1922 ging die Firma Acme im Gemeinschaftsunternehmen Rex-Acme auf, d.h. durch den Zusammenschluß mit der alteingesessenen Motorradfirma Rex. 1922 war noch ein 293 cm³-Einzylinder-Modell unter dem Namen Acme entstanden, das einen seitengesteuerten JAP-Einbaumotor besaß. Die Rex-Acme-Maschinen konnten vor allem mit Walter Handley als Fahrer zahlreiche Rennerfolge für sich verbuchen.

Werbeplakat von Ace.

ACS

Die Abkürzung ACS steht für Ateliers de Construction Siccardi, ein französisches Team, das 1980 entstand, um ein Rennmotorrad rein französischer Produktion auf den Markt zu bringen. Gründer der Gruppe war René Siccardi, der sich auf die Maßanfertigung von Motorteilen im Auftrag renommierter Automobilfirmen spezialisiert hatte. An seiner Seite arbeitete der Pariser Techniker François Denin vom B.T.M.M. (Bureau Technique Moteur Moderne), Schöpfer des berühmten, aber wenig erfolgreichen Matra-Zwölfzylinder-V-Motors für die Formel Eins.
Aus der Zusammenarbeit der beiden entstand die ACS S.3 1000, ein Motorrad mit einem Dreizylinder-Viertaktmotor mit 999 cm³ Hubraum, zwei obenliegenden Nockenwellen und vier Ventilen pro Zylinder. Der Rennmotor brachte eine Leistung von 150 PS bei 11000 U/min. Es handelte sich hierbei um eine reinrassige Langstrecken-Rennmaschine, die eine Spitzengeschwindigkeit von stolzen 284 km/h erreichen konnte.
Das Fahrwerk ließ Siccardi von Claudio Fior entwerfen, einem in Insiderkreisen wohlbekannten Spezialisten. Fior verwendete den Motor als tragendes Element des Rahmens und befestigte als Vorderradaufhängung eine Schwinggabel mit Zentralfederbein – eine äußerst fortschrittliche Lösung.
Die Hinterradaufhängung dagegen verfügte über eine herkömmliche Schwinge.

ACS S.3 1000

ACSA

Eine italienische Firma mit Sitz in Bologna. Sie stellte ab 1954 das Moped Veltro her mit einem unterhalb der Pedale angeordneten Motor und einem Masters-

Mopedrahmen. Die Fahrzeuge waren mit Motoren bis zu 75 cm³ Hubraum ausgerüstet. Noch in demselben Jahr wurde die Produktion aufgrund des mangelnden Verkaufserfolgs wieder eingestellt.

AD

Man weiß lediglich, daß es sich um ein italienisches Motorrad handelte, das von Antonio Dio bis 1927 gebaut wurde. Über den Produktionsbeginn und die technischen Einzelheiten der gefertigten Maschinen gibt es keine Unterlagen mehr.

Ader

Diese Pioniermaschinen wurden in Frankreich Anfang unseres Jahrhunderts hergestellt. Man produzierte neben den Motorrädern auch Einbaumotoren und Automobile. Bekanntestes Motorrad der Firma war eine Maschine mit einem in Kurbelwellenrichtung längs eingebauten Zweizylinder-V-Motor. Der Antrieb erfolgte über Kardanwelle. Daneben wurde ein Einzylindermodell gefertigt. Die Leistungen der Motorräder betrugen 2 PS bei der Einzylinderversion und 4 PS bei der Zweizylinder-V-Maschine.

Adler M 250 von 1953.

Adler 250 Rennversion, 1954.

Adler

Eine deutsche Firma in Frankfurt, die bereits ab 1899 Dreiräder mit Motor baute, um bald darauf zur Motorradproduktion überzugehen.
Nach dem Zweiten Weltkrieg stellte Adler ein Leichtmotorrad mit einem 98 cm³-Zweitaktmotor vor, die M 100, gefolgt von der M 125 (123 cm³), der M 150 (147 cm³) und der M 200 (195 cm³); alle genannten Modelle wurden bis 1952 ohne wesentliche Änderungen produziert. 1953 gesellte sich die mit einem 247 cm³-Zweitaktmotor ausgerüstete M 250 dazu.
Die 98 und 123 cm³-Maschinen besaßen eine Dreigangschaltung, während alle anderen Typen über vier Gänge verfügten. 1954 kam die M 201 auf den Markt, eine Zweitaktmaschine mit 199 cm³ Hubraum, die dieselben Merkmale wie die Vorgängermodelle aufwies. Der Prototyp einer vollverkleideten Adler 250 entstand, ging jedoch niemals in Serie. Ebenfalls 1954 stattete man die M 200 mit einem 195 cm³-Zweitaktmotor aus. Das angeblockte Getriebe hatte vier Gänge, die Leistung betrug 11,4 PS. Die M 200 konnte eine Höchstgeschwindigkeit von über 100 km/h vorlegen.
Auch die M 250 wurde bald grundlegend überarbeitet: Der 247 cm³-Motor konnte nun mit 16 PS für eine Spitzengeschwindigkeit von 116 km/h sorgen. Ende des Jahres 1954 erschien eine Sportversion der M 250, die M 250 S, mit einem 18 PS-Motor. Von diesem Modell gab es auch eine Rennversion mit einer Leistung von 26 PS bei 7500 U/min und 170 km/h Spitze.

Adonis

Kleine französische Firma in Neuilly-sur-Seine, die von 1949-52 Motorroller und Mopeds mit 48 cm³ und 75 cm³ Hubraum herstellte.

Adria

Unter diesem Markennamen wurden zwischen 1912-27 in Deutschland Motorräder hergestellt. Erstes Modell war ein Fahrrad mit Hilfsmotor, danach folgten 1921 eine seitengesteuerte 276 cm³-Maschine ohne Getriebe und 1923 ein 282 cm³-Modell, ebenfalls mit seitlich stehenden Ventilen, aber mit Dreiganggetriebe. Alle diese Versionen hatten einen Riemenantrieb zum Hinterrad.

Vollverkleidete Adler 250.

ADS

Ein in den Jahren 1949-54 in Liège, Belgien, hergestelltes Moped, das wahlweise mit einem luftgekühlten Sachs- oder Ilo-Einzylinder-Zweitaktmotor ausgerüstet war.

Advance

Das der Firma Smart & Gainsforth gehörende Unternehmen in Northampton, England, stellte zwischen 1906-12 gut verarbeitete 3, 3,5 und 6 PS-Ein- und Zweizylinder-V-Maschinen mit eigenen Motoren her. Bemerkenswert waren die niedrig gebauten Fahrgestelle, die ihrer Zeit weit voraus waren.

AEE

Man weiß lediglich, daß diese englische Motorradfirma nur eine kurze Zeit von 1919-25 tätig war. Weder über die hergestellten Maschinen noch über ihre technischen Eigenschaften und Merkmale existieren Daten oder nähere Angaben.

AEL

AEL gehörte zu den vielen kleinen Motorradherstellern in Englands Motorradmetropole Birmingham. Man baute zwischen 1919-24 in konventionell konstruierte, typisch englische Rahmen Villiers-, JAP und Blackburne-Einbaumotoren von 147 bis 348 cm³ ein.

Aeolus

Englische Firma aus Birmingham, die zwei Jahre lang, von 1914-16, Motorräder baute, die mit Einzylinder-Zweitaktmotoren ausgerüstet waren. Die Motoren hatten einen Hubraum von 269 cm³ und waren eine Aeolus-Eigenkonstruktion. Die Firma produzierte später die Bown-Modelle.
Bereits 1903 entstand in London ein Motorrad mit demselben Namen: eine Einzylinder-Viertakt-Maschine mit 492 cm³ Hubraum. Die technische Besonderheit dieser ersten Aeolus war der Kardanantrieb zum Hinterrad.

AER

AER war der Markenname der Reynolds Special Motorräder, die der Engländer A.E. Reynolds 1931-33 baute. Es handelte sich praktisch um Scott-Motorräder, die speziell für anspruchsvolle Kunden angefertigt wurden. 1934 hatte Reynolds Scott die Herstellung von Zweitaktmotoren mit verschiedenen Hubräumen vorgeschlagen. Nachdem Scott jedoch ablehnte, beschloß Reynolds, die Produktion selber aufzunehmen. Er konstruierte eine 350 cm³-Zweizylindermaschine mit stehenden Zylindern, die 1938-39 auf dem Markt war. Der Zweitaktmotor bestand aus Leichtmetall mit Zylinderlaufbuchsen aus Grauguß; die Kurbelzapfen hatte er um 180 Grad versetzt. Der Ausbruch des Zweiten Weltkriegs unterbrach die Produktion, die erst 1946 wieder aufgenommen werden konnte. Bis 1950 führte Reynolds die Arbeit weiter, entschloß sich dann aber, die Vertretung von Scott aufzugeben und diese speziellen Motorräder nicht mehr weiterzuproduzieren.

AER mit stehendem Zweizylindermotor, 1938.

Aermacchi

Nach dem Zweiten Weltkrieg sahen sich viele Firmen vor die Notwendigkeit gestellt, ihre Produktion umzustellen. So auch die bekannten italienischen Flugzeugwerke Aermacchi (Aeronautica Macchi) mit Sitz in Varese, deren Flugzeuge immer für hohe Qualität und gehobene Leistung gestanden hatten.
Von Geschick und Originalität zeugten dann auch die neuen Produkte. Das erste Zweirad wurde 1948 entwickelt und 1951 vorgestellt: ein eigenwilliger, hochhackiger Roller mit der Bezeichnung Macchi 125, der gleich zwei Zielgruppen ansprechen sollte. Der Tank konnte mit einem Handgriff aus seiner senkrechten Position in eine waagrechte gebracht werden, so daß sich der Roller mit offenem Rahmen in ein Leichtkraftrad mit geschlossenem Rahmen verwandeln ließ. Ausgerüstet mit einem Einzylinder-Zweitaktmotor mit 125 cm³, der eine Leistung von 5 PS erbrachte, erreichte das Fahrzeug eine Höchstgeschwindigkeit von 70 km/h. Dieser Roller wurde bis 1953 unverändert gebaut und erhielt später die Typenbezeichnung Aermacchi 125 N. In jenem Jahr gesellte sich mit der 125 U ein Leichtmotorrad mit festem Tank hinzu.
1954 umfaßte das Angebot der Firma bereits vier Modelle: das Leichtkraftrad 125 U, den verwandelbaren Roller 125 N, das Leichtmotorrad 125 M sowie eine 250 cm³-Zweizylindermaschine. Alle 125 cm³-Modelle besaßen denselben Zweitaktmotor und einen kombinierten Rohr- und Preßstahl-Rahmen. Die 250 cm³-Version war dagegen mit einem Doppelschleifenrohrrahmen ausgerüstet. Bei den 125 cm³-Maschinen variierte die Höchstgeschwindigkeit zwischen 72 und 84 km/h, während die seitengesteuerte 250 cm³-Zweitaktmaschine eine Spitze von 102 km/h erreichte.
Auf dem Mailänder Salon von 1956 präsentierte die Firma aus Varese eine Sensation: die Chimera, die zu einem Meilenstein in der Geschichte der Aermacchi werden sollte. Diese Maschine war mit Sicherheit von den wertvollen Erfahrungen aus dem Flugmotorenbau geprägt. Sie war mit einer Verkleidung aus Preßblech versehen, die zum einen die aerodynamische Linie verbessern und zum anderen den Fahrer vor Straßenschmutz schützen sollte. Beide Vorzüge waren für die damalige Zeit fortschrittlich, wurden jedoch vom Käufer noch gar nicht richtig honoriert.
Die Chimera besaß einen 125 cm³-Einzylinder-Viertaktmotor mit Ventilsteuerung über Stoßstangen und Kipphebel, der überaus berühmt und zum Prototyp einer ganzen Reihe von Modellen mit verschiedenen Hubräumen bis 400 cm³ werden sollte. Er fand sowohl bei Serien- als auch bei Rennmaschinen Anwendung. Die Chimera überraschte vor allem durch ihre futuristische Linie, aber auch die technischen Daten verdienten allen Respekt: 10 PS, 110 km/h Höchstgeschwindigkeit und ein Verbrauch von etwa drei Litern auf 100 Kilometer. Bemerkenswert waren ihre ungewöhnlich gute Beschleunigung, die optimale Federung und hohe Fahrstabilität.
Auf demselben Salon präsentierte Aermacchi den Roller Zeffiro 150 und das Leichtmotorrad Corsaro 150, bei dem Motor, Getriebe und Hinterradaufhängung einen einzigen Block bildeten. Beide Modelle waren mit 150 cm³-Einzylinder-Zweitaktmotor ausgerüstet, der eine Leistung von 6 PS erreichte. Der einzige Unterschied betraf das Getriebe: Die Zeffiro hatte drei, die Corsaro vier Gänge. Beide gingen 1957 in Serie.
1958 erschien die Chimera erneut im Rampenlicht, als sie sich in zwei neuen Versionen mit 175 und 250 cm³ Hubraum präsentierte. Daneben lancierte die Firma eine ganze Reihe von Modellen, die man – als Reminiszenz an die Vergangenheit – mit Ala (Flügel) bezeichnete. Wie die Chimera besaßen sie einen liegenden Einzylindermotor mit

Aermacchi Chimera von 1956.

Aermacchi Ala Azzurra.

Aermacchi Ala Verde 250.

Aermacchi Blu GT 250.

Ventilsteuerung über Stoßstangen und Kipphebel. Dazu gehörten etwa die Ala Rossa (172 cm^3, 120 km/h), die Ala d'Oro (172 cm^3, 140 km/h), die Ala Bianca (172 cm^3, 100 km/h) und die Ala Azurra (240 cm^3, 125 km/h).
1960 gesellte sich zu den bereits vorhandenen Modellen die Ala d'Oro (250 cm^3, 22 PS bei 8000 U/min, 160 km/h). Ebenfalls 1960 wurde der Roller Topper mit liegendem 165 cm^3- Einzylinder-Zweitaktmotor vorgestellt.
In diesem Jahr fand schließlich eine entscheidende Veränderung bei Aermacchi statt: Sie verband sich mit der US-Firma Harley Davidson. Von nun an produzierte man in dem italienischen Werk eine ganze Reihe von 250 und 350 cm^3-Motorrädern, die für den amerikanischen Markt bestimmt waren und die Markenbezeichnung der US-Firma trugen. 1961 hatte die Aermacchi-Harley Davidson acht Modelle mit ausgesprochen sportlichen Merkmalen im Katalog: Ala Bianca und Ala Rossa (beide 175 cm^3), Ala Azurra und Ala Verde (beide 250 cm^3), Chimera 250, Wisconsin 250 sowie Ala d'Oro (175 und 250 cm^3).
In der Zwischenzeit erfuhr der Einzylindermotor der Chimera ständig technische Verbesserungen. 1961 leistete er mit 250 cm^3 26 PS bei 9000 U/min, 1962 28 PS bei 9700 U/min und 1963 29 PS bei 9800 U/min. Der Hubraum wurde erhöht, um in die 350er-Klasse vorzustoßen; so entstand ein 293 cm^3-Motor mit 30 PS bei 9000 U/min.
In den 60er Jahren widmete sich die Firma aus Varese mit großem Eifer nationalen und internationalen Wettbewerben, wobei sie nicht selten erfolgreich war.
1961 konnten Privatfahrer die Ala d'Oro 247 cm^3 erwerben, um ihr Glück zu versuchen.
1964-65 befaßte sich die Aermacchi-Harley Davidson verstärkt mit der Produktion von Rennmaschinen, die Serienfahrzeuge traten in den Hintergrund. Die Motoren wurden erneut verbessert. Mit der weiterentwickelten Trockenkupplung erreichte der 250 cm^3-Motor 30 PS bei 10000 U/min, 1966 erhöhte sich die Leistung sogar auf 32 PS, während es der 350 cm^3-Motor auf 32 PS bei 8000 U/min brachte.
Auf dem Mailänder Salon von 1967 präsentierte die Firma wieder ein Serienmodell: die Aletta 125 mit einem Einzylinder-Zweitaktmotor und einer Leistung von 10 PS. Die Maschine besaß ein Vierganggetriebe und erreichte eine Höchstgeschwindigkeit von 110 km/h. Zunächst war dieses Motorrad ausschließlich für den US-Markt bestimmt, wurde dann aber auch mit mäßigem Erfolg in Italien angeboten. Auf dem Salon von 1967 waren verbesserte Versionen der Ala Verde und Ala Blu zu sehen. Sie hatten nun ein Fünfganggetriebe, 18 PS und 18-Zoll-Räder, ihre Höchstgeschwindigkeit belief sich auf 140 beziehungsweise 135 km/h.
Daneben lancierte Aermacchi-Harley Davidson 1967 eine Moto-Cross-Maschine mit einem 123 cm^3-Motor, der bei 9000 U/min eine Leistung von 20 PS brachte. Ein klassischer Zweitakter mit schlitzgesteuertem Gaswechsel.
Was die Produktion von Serienmaschinen betraf, so erschien auf dem Mailänder Salon von 1969 eine neue 350er in den Versionen GTS und TVL, die sich nur geringfügig unterschieden. Bei einem Gewicht von 140 kg erzielten sie eine Leistung von 25 PS bei 7000 U/min und erreichten eine Höchstgeschwindigkeit von 155 km/h. Eine dritte Version, die GTA, war für den Polizeieinsatz bestimmt und entsprechend ausgerüstet. Auf diesem Salon präsentierte die Firma außerdem ein Moto-Cross-Leichtmotorrad. Es war aus dem Modell von 1967 entwickelt worden, besaß einen 100 cm^3-Zweitaktmotor mit Fünfganggetriebe und leistete 11 PS bei 7000 U/min.
Die letzte große Schöpfung des Hauses Aermacchi trug die Handschrift von William Soncini. 1970 entwickelte er einen Prototyp, der im darauffolgenden Jahr herauskam. Die Maschine war mit einem Zweizylinder-Zweitakt-Rennmotor mit 246 cm^3 Hubraum ausgerüstet, der die nunmehr überholten Einzylinder ablösen sollte. Dieser Motor brachte eine Leistung von 46 PS bei 10500 U/min. Die Maschine trug den Namen Harley Davidson auf die internationalen Rennstrecken. Zunächst saß recht erfolgreich Pasolini im Sattel, dann Walter Villa, der viermal die Weltmeisterschaft gewann.
Aus dem 250 cm^3-Modell wurde später eine 350 cm^3-Version entwickelt, die den besten Maschinen ihrer Klasse durchaus ebenbürtig war. 1976 errang Aermacchi mit der 350er Rennversion den Weltmeistertitel.
Damals hatte die große Ära der amerikanischen Firma längst begonnen: Auch die von Aermacchi produzierten Motorräder trugen ausschließlich die Markenbezeichnung Harley Davidson.

Aerocaproni-Aeromere

Die bekannte italienische Flugzeugfabrik Caproni Arco mit Sitz in Trient, die ihren Firmennamen später in Aerocaproni umwandelte, präsentierte ihre ersten 48 cm^3-Mopeds im Mai 1950. Im folgenden Jahr baute die Firma das Leichtmotorrad Capriolo, das mit einem 75 cm^3-Viertaktmotor mit im Zylinderkopf hängenden Ventilen und einem Preßstahlrahmen ausgerüstet war. Die Capriolo erreichte eine Höchstgeschwindigkeit von 70 km/h und fand großen Anklang. Das Modell blieb bis etwa 1955 mit Ausnahme einiger Schönheitskorrekturen praktisch unverändert.
Im November 1953 stellte Aerocaproni auf dem Mailänder Salon ein Leichtmotorrad vor, das einen in Kurbelwellenrichtung längs eingebauten Zweizylinder-Viertakt-Boxermotor mit 149 cm^3 Hubraum besaß; Bohrung und Hub betrugen 47 x 43 mm. Die obenliegenden Nockenwellen mit Königswellenantrieb, ein fußgeschaltetes Vierganggetriebe, Doppelschleifenrohrrahmen aus Preßstahl, Schwinggabel und hydraulisch gedämpfte Teleskopfederbeine waren weitere technische Merkmale dieser Maschine.
Neben der herkömmlichen Capriolo 75 entstand 1955 die Capriolo 75 Sport, die eine Höchstgeschwindigkeit von 85 km/h erreichte.
1956 blieb die Produktion unverändert, während die Capriolo ein Jahr später zudem mit einem 125 cm^3-Motor erhältlich war. 1958 änderte Aerocaproni den Firmennamen in Aeromere (Abkürzung von Aero Metallurgica Regionale). Das Werk setzte seine Produktion der verschiedenen Capriolo-Modelle fort, die noch um einen weiteren Typ ergänzt wurden: die 75 TV (Turismo Veloce). Diese Maschine besaß einen neuen Zentralträgerrahmen, Teleskopgabel, Hinterradschwinge mit

Teleskopfederbeinen, Vierganggetriebe und erreichte eine Geschwindigkeit von 85 km/h. Daneben präsentierte die Firma Aeromere eine Capriolo 100 in Touring- und Sportversion.
Alle diese Modelle wurden bis 1959 produziert, und Ende des Jahres entstand eine neue 125 cm³-Maschine, die anstelle des Doppelträgers mit einem Einrohrrahmen ausgerüstet war. 1960 beschränkte sich die Produktion auf einige Versionen der Capriolo 125.
Im folgenden Jahr baute Aeromere Capriolo-Modelle mit 75, 100 und 125 cm³ in verschiedenen Ausführungen, die sich kaum von den Vorgängermodellen unterschieden.
Im April 1961 gab es jedoch eine echte Neuerscheinung: die Capriolo Bondone 100 mit einem 98 cm³-Einzylindermotor und einer Leistung von 6,2 PS bei 6700 U/min. Sie erreichte eine Höchstgeschwindigkeit von 95 km/h. 1962 nahm man die Produktion eines vollverkleideten 150 cm³-Aeromere-Motorrollers auf. 1964 schließlich vergab Aeromere eine Herstellungslizenz für die Capriolo-Maschinen an die Firma Zanetti, die daraufhin den Bau dieser Motorräder übernahm.

Aeroplan

Kleine deutsche Firma in Kohlfurt, die in den Jahren 1922-25 Motorräder mit 125 und 175 cm³-DKW-Zweitaktmotoren baute. Die Maschinen hatten ein selbstkonstruiertes, ziemlich primitives Fahrgestell.

Aeros

1927-29 in Kaaden, Böhmen, produzierte Marke. Die Maschinen dieses Typs wurden von 348 und 498 cm³-Viertakt-Einbaumotoren von Küchen mit obenliegender Nockenwelle angetrieben. Bei den Aeros-Werken entstanden auch die Fahrgestelle der 250 cm³-Bekamo.

Aeroscoot

1953-54 produzierter französischer Motorroller, in den ein 98 cm³-Motor eingebaut war. Nähere Angaben dazu existieren nicht mehr.

Aetos

Von 1913-14 produzierte Motorräder der italienischen Firma Pozzi in Turin. Sie besaßen einen 492 cm³-Zweizylinder-V-Motor, der eine Leistung von 3,5 PS erbrachte, einen Riemenantrieb sowie eine Hutemberg-Magnetzündung hatte.

AFW

Die Allgemeinen Fahrzeugwerke in Brake, Westfalen, existierten nur zwei Jahre lang, von 1923-25. Die Firma wurde ursprünglich in Gleina bei Zeitz in Sachsen gegründet, siedelte aber sehr bald nach Westfalen über. Sie baute obengesteuerte Einzylinder-Viertaktmotoren in Fahrgestelle ein, über die heute nichts mehr bekannt ist. Die Motoren stammten von Hansa und hatten einen Hubraum von 246 cm³.

AGF

Diese französische Firma produzierte ab 1951 Motorräder, die sie mit Einbaumotoren verschiedener Hersteller ausrüstete. Alle Typen hatten Kettenantrieb und einen Zentralrohrrahmen aus Preßstahl. Die Produktion von Motorrollern hatte bereits 1949 mit einem 100 cm³-Modell begonnen: Der Roller besaß ein Dreiganggetriebe und Kettenantrieb, sein Rahmen war den italienischen Lambretta-Rollern nachempfunden. Bald darauf erschien eine 125 cm³-Version mit vier Gängen. 1950-52 blieb dies der einzige angebotene Typ, 1953 kam das ebenfalls mit 125 cm³ Hubraum ausgerüstete Modell C auf den Markt, zu dem sich der Roller C 128 mit einem 175 cm³-Motor gesellte.
1954 stellte AGF ein vollverkleidetes 250 cm³-Motorrad vor, das einen Ydral-Einbaumotor besaß. Es handelte sich um einen Viertakter mit obenliegender Nokkenwelle und Vierganggetriebe. 1955 lancierte die Firma drei Mopeds, die mit einem 48 cm³-Junior-Poulain-Motor, einem 65 cm³-Ser-Motor beziehungsweise einem von Ducati produzierten 49 cm³-Cucciolo-Motor ausgestattet waren.
Daneben waren zwei Rollertypen mit Rohrrahmen und Teilverkleidung im Handel, die über 125 und 175 cm³-Ydral-Zweitaktmotoren und Vierganggetriebe verfügten.
Auf dem Pariser Salon von 1955 präsentierte AGF ein interessantes Leichtmotorrad. Es besaß einen Ydral-A7-55-Einzylinder-Zweitaktmotor mit 123 cm³, ein Vierganggetriebe, einen kombinierten Rohr- und Preßstahlrahmen und war teilverkleidet. Die Aufhängung bestand aus einer Teleskopgabel und Hinterradschwinge, die Höchstgeschwindigkeit betrug 80 km/h.
1956 erschien noch ein weiteres Leichtmotorrad mit einem freihängend eingebauten 175 cm³-Ydral-Zweitaktmotor, einem Zentralrohrrahmen sowie Vierganggetriebe.
Auf dem Pariser Salon desselben Jahres stellte AGF ein neues 125 cm³-Modell vor, das ebenfalls mit einem Ydral-Einbaumotor ausgerüstet war. Motorgehäuse, Teilverkleidung und Kettenkasten waren aus Kunststoff gefertigt. Dieses Motorrad mit seiner überaus gefälligen Linie zählte zweifellos zu den interessantesten Neuvorstellungen.

AGL

Eine Rennmaschine, die A. Loupiac zusammen mit seinem Sohn 1950 in Frankreich konstruierte. Ausgerüstet mit einem 250 cm³-Einzylinder-Viertaktmotor mit obenliegender Nockenwelle errang die Maschine bei lokalen Wettbewerben so manchen Er-

Der Ingenieur Adalberto Garelli auf der ersten 350er mit Riemenantrieb, die von ihm 1913 entwickelt und konstruiert wurde.

folg, sie konnte sich aber auf Dauer nicht durchsetzen. So wurde die Produktion bald wieder eingestellt.

Agon

Augsburger Motorradfirma, die 1926-27 Motorräder fertigte, in die sie Motoren verschiedener Hersteller und Hubraumklassen einbaute. So etwa Bradshaw-, Küchen- und JAP-Motoren zwischen 172 und 996 cm^3 sowie insbesondere 197 cm^3-Paqué-Motoren. Bei den JAP-Motoren handelte es sich um Zweizylinder-Viertakter in V-Form, die sowohl in seitengesteuerter Version als auch als obengesteuerte Motoren geliefert wurden, bei denen die im Zylinderkopf hängenden Ventile über Stoßstangen und Kipphebel betätigten.

Agrati Garelli

Die Marke Agrati Garelli ging 1961 aus dem Zusammenschluß von zwei italienischen Unternehmen hervor, die sich bereits in früheren Jahren im Zweiradsektor einen Namen gemacht hatten: Agrati, Anfang des Jahrhunderts in Cortenova bei Monticello Brianza entstanden, stellte Spezialteile für Fahrräder her. Die Firma Garelli wurde von dem hervorragenden Ingenieur Adalberto Garelli, einem passionierten Motorradfahrer, gegründet. Beide Unternehmen waren zum Zeitpunkt ihrer Verbindung weltweit bekannt und konnten auf eine langjährige, recht unterschiedliche Entwicklung zurückblicken.

Als Adalberto Garelli 1919, also in der Pionierzeit des Motorradbaus, seine eigene Fabrik eröffnete, brachte er bereits das nötige Maß an einschlägiger Erfahrung mit. 1886 in Turin geboren, hatte er 1908 sein Diplom erworben und sich anschließend bei Fiat mit der Entwicklung der ersten Zweitaktmotoren beschäftigt. Dort war der Entwurf zu einem revolutionären Motor für Motorräder entstanden, der 1912 patentiert und später zum Vorbild aller weiteren Entwicklungen in diesem Sektor werden sollte. Es handelte sich um einen 350 cm^3-Doppelkolben-Zweitakter, dessen Prototyp Garelli entwickelte, nachdem er 1911 Fiat verlassen hatte. 1914 war es soweit, der Motor schien weit genug gediehen, um einem sensationellen Test unterzogen werden zu können: Mitten im Winter fuhr Garelli mit diesem Motor den Mont-Cenis-Paß hinauf – ein Ereignis, das die Öffentlichkeit mit Staunen und Bewunderung zur Kenntnis nahm.

Noch in demselben Jahr wurde Adalberto Garelli bei der Firma Bianchi Leiter der Motorradabteilung. 1915-18 arbeitete er bei Stucchi, einem damals ebenfalls bedeutenden Motorradunternehmen. In dieser Zeit gewann er ein von der Armee veranstaltetes Rennen für Militär-Motorräder, bei dem er eine Sonderversion seiner 350er präsentierte.

Aber seinen lange gehegten Wunschtraum konnte Garelli erst 1919 verwirklichen, als er endlich einen eigenen Betrieb ins Leben rief, in dem er seine Maschinen in Serie produzieren wollte. Als Sitz seiner Firma wählte er Sesto San Giovanni.

Als eine Garelli in demselben Jahr den harten Motorradmarathon Mailand-Neapel gewann, der fast nur über Schotterpisten führte, horchte die Fachwelt auf. Garelli hatte lediglich eine einzige Maschine unter dem Fahrer Ettore Girardi starten lassen. 29 Konkurrenten waren angetreten, 16 erreichten Rom, und nicht mehr als 8 Fahrer schlugen sich bis Neapel durch. Die Strecke von 840 Kilometer wurde mit einer durchschnittlichen Geschwindigkeit von 38,296 km/h in 21 Stunden, 56 Minuten und 2 Sekunden zurückgelegt. Die Garelli war um 9 Minuten und 5 Sekunden schneller gewesen.

Die siegreiche Maschine stammte aus der ersten Produktionsreihe der Firma und trug den Garelli-Motor von 1912, der ab 1919 serienmäßig hergestellt wurde. Es handelte sich dabei um einen Doppelkolben-Zweitaktmotor, der aus zwei Zylindern mit einem einzigen Brenn-

Oben: Die 350er Garelli erfuhr im Lauf der Jahre zahlreiche Änderungen und Verbesserungen; hier ein Modell mit zwei enormen Erweiterungen entlang der Auspuffrohre.
Links: Ernesto Gnesa in den 20er Jahren auf einer Garelli.
Unten: Nuvolari, Rogai und Mariani 1924 in Cremona.

raum und zwei Kolben bestand, die parallel arbeiteten und durch ein langes Pleuel mit einem einzigen Hubzapfen auf der Kurbelwelle verbunden waren. Bohrung und Hub betrugen 50 x 89 mm mit einem Hubraum von jeweils 175 cm³, das ergab einen Gesamthubraum von 350 cm³.
Der rechte Kolben steuerte die Einlaßöffnung vom Vergaser zum Motorgehäuse; der linke Kolben öffnete kurz vor dem unteren Totpunkt die Überströmkanäle. Die Form des Kolbens bewirkte, daß das Frischgas nach oben geleitet wurde, während die Verbrennungsgase über den anderen Zylinder abgeführt wurden und über die Auslaßöffnungen austraten.
Mit seinen Wälzlagern, mehreren genialen technischen Lösungen und seiner sorgfältigen Ausführung zählte der Motor damals zur Avantgarde. Mischungsschmierung, Zweiganggetriebe mit Handbedienung auf dem Tank, eine Leistung von 3 PS und eine Höchstgeschwindigkeit von 80 km/h waren weitere Merkmale der 350er. Der ursprüngliche Riemenantrieb des Prototyps wurde bei der Serienproduktion durch einen Kettenantrieb ersetzt. Der überwältigende Sieg von 1919 legte den Grundstein für die viele Jahre beibehaltene Firmentradition, die Maschinen an Wettkämpfen teilnehmen zu lassen. Besonderes Augenmerk galt allen Rennen, die über große Distanzen führten, wo sich die Garelli-Motorräder immer wieder als unschlagbar erwiesen. Sie waren auffallend wendig, ihr Gewicht war sehr gering, und die einfache Konstruktionsweise erwies sich als überaus vorteilhaft.
Die Produktion des Werks in Sesto San Giovanni umfaßte zunächst nur zwei Modelle, die normale Tourenversion und die Raid Nord-Sud, die auf eine Höchstgeschwindigkeit von 80 beziehungsweise 120 km/h kamen. Die 350er Rennmaschinen wurden auf zahlreichen Wettkämpfen in Europa von so legendären Fahrern wie Nuvolari, Varzi, Gnesa, Vailati, Visioli, Fergnani, Mariani, Moretti und zahlreichen anderen mit großem Erfolg gefahren.
1921 siegte Fergnani im Sattel einer Garelli auf der Piste von Lario, Gnesa gewann in Turin den Großen Preis von Italien und wurde zudem Sieger der 350 cm³-Klasse auf der Mailand–Neapel-Strecke.
1922 war nicht weniger einträglich: Der Große Preis von Straßburg wurde zu einem Siegeszug der Garelli-Rennmaschinen, die die ersten drei Plätze belegen konnten. Im Durchschnitt waren die drei Fahrer Visioli, Gnesa und Dall'Oglio 91 km/h gefahren. Gnesa ging zudem als Sieger aus dem Lario-Rennen hervor, und auch andere nationale Rund- und Bergrennen waren von Erfolg gekrönt. Aber die größte Befriedigung verschaffte der Sieg in Monza, wo der erste Große Preis der Nationen auf der neu eingeweihten Rennstrecke stattfand: Gnesa im Sattel einer Garelli 350 und Fieschi auf einer Douglas 500 lieferten sich über 400 Kilometer ein atemberaubendes Rennen, in dem Gnesa Fieschi schließlich schlagen konnte. Er war mit einer Durchschnittsgeschwindigkeit von 101,098 km/h dahingebraust und hatte 20 Maschinen anderer Marken und zum Teil mit größerem Hubraum hinter sich zurückgelassen.
Das Jahr endete so erfolgreich wie es begonnen hatte: Visioli holte sich über die Strecke Mailand-Neapel den 350 cm³-Klassen-Titel.
Die Glückssträhne brach auch 1923 nicht ab: Tazio Nuvolari fuhr sein erstes Rennen in Parma und siegte. Achille Varzi wurde, nach acht anderen Siegen auf einer Garelli, italienischer Meister. Ob in Italien oder im Ausland, die Garelli-Maschinen hatten meist die Nase vorn, brachten eine Trophäe nach der ande-

350er Garelli-Rennmaschine, 1926.

Oben: Werbung für die Garelli 350 Typ Comfort der 20er Jahre, die mit Beiwagen gefahren werden konnte. Unten: Alpina Gran Turismo.

ren nach Hause. Sie siegten beispielsweise in Lario (Varzi), in Lyon (Manetti), bei dem Großen Preis der Schweiz, von Spanien, von Deutschland (Mariani) und von Österreich (Kordic). Kaum ein Jahr verging, in dem sich die Siegesmeldungen nicht getürmt hätten. Allein die Aufzählung der Weltrekorde würde Listen füllen: acht stellten 1922 Visioli und Fergnani auf, 76 allein im folgenden Jahr über große Distanzen Gnesa, Sbaitz, Fergnani und Manetti.
Die englische Tourist Trophy von 1926 hingegen wurde zum Fiasko: Erminio Visioli mußte das Rennen vorzeitig abbrechen. In jenem Jahr nahm Garelli das letzte Mal offiziell an Wettkämpfen teil: Auf nur drei Maschinen brachen 14 Werksfahrer 138 Weltrekorde.
Die Sport-Ausführung der 350er dieses Jahres entwickelte eine Leistung von 20 PS bei 4500 U/min und erreichte eine Höchstgeschwindigkeit von 130 km/h. Sie besaß ein handgeschaltetes Zweiganggetriebe und wog weniger als 100 kg. Ab 1926 zog sich Garelli aus der Motorradherstellung mehr und mehr zurück. Das lombardische Unternehmen konzentrierte sich verstärkt auf die Produktion von Kriegsmaterial; so wurden etwa Kompressoren für das Druckluftanlassen von Flugzeugmotoren und Motorgeneratoren für Panzerwagen hergestellt. Der Motorradhersteller Garelli geriet in Vergessenheit.
Es dauerte zehn Jahre, bis das Unternehmen die Bühne erneut betrat: Garelli lancierte einen Hilfsmotor für Fahrräder, Mosquito genannt, der ein sensationeller Erfolg wurde. Nach dem Zweiten Weltkrieg war halb Italien mit einem Mosquito-Motor unterwegs. Er war nicht nur revolutionär, er war geradezu genial. Der Zweitakter mit 38,5 cm^3, einem liegenden Zylinder und einem Gewicht von weniger als vier Kilogramm war billig und verbrauchte wenig Kraftstoff, genau 1,5 l Kraftstoffgemisch auf 100 km. So war er für jedermann erschwinglich. Er konnte leicht unter dem Tretlager jedes beliebigen Fahrrads montiert werden und übertrug den Antrieb mittels einer Rolle auf das Hinterrad.
1952 wurden in Italien und im Ausland rund 400000 dieser Motoren verkauft. In Frankreich wurden sie unter Lizenz hergestellt. Im Laufe der Zeit wurde ihre Leistung von 0,8 auf 0,9 PS erhöht und das Verdichtungsverhältnis von 5,5 auf 6 angehoben, wodurch sich die Höchstgeschwindigkeit von 32 auf 35 km/h steigerte. 1953 wurde der Mosquito 38B mit 49 cm^3 Hubraum herausgebracht. Eine wesentliche Neuerung stellte dann 1955 die Einführung der Centrimatic-Schaltung dar, ein Vorläufer der späteren Fliehkraftkupplung.
Die ständige Weiterentwicklung des Mosquito führte schließlich dazu, daß Garelli seine Produktion nicht mehr auf den Hilfsmotor beschränkte. 1956 wurde der Mosquito 315 mit Dreigang-Getriebe herausgebracht, mit dem die Entwicklung von Modellen mit größeren Hubräumen eingeleitet wurde.
In dieser Zeit entstanden die ersten Kontakte zu der Firma Agrati in Monticello, die zunächst Rahmenteile lieferte und später die Montage einiger Modelle übernahm, während Garelli an Agrati Motoren für ihre Motorroller lieferte.
Die Wurzeln des Unternehmens Agrati reichen bis in das letzte Jahrhundert zurück. Die Schmiede von Antonio Agrati befand sich schon vor 100 Jahren in Cortenovo, wo die Agrati-Werke auch heute noch ihren Hauptsitz haben. Als Antonio Agrati 1924 starb, hatte er seine Werkstatt bereits seinen drei Söhnen übergeben, die ihre Aktivitäten unter anderem auf die Reparatur von Landmaschinen ausgedehnt hatten.
Mit den Einkünften aus dieser sehr einträglichen Tätigkeit waren bald weitere Investitionen möglich geworden: Das Unternehmen produzierte Elektromotoren, Zahnräder und Zusatzteile für Fahrräder und sollte sich später im Bereich der Fahrrad- und Mopedherstellung spezialisieren.
Als in den Jahren 1920-24 die drei Brüder Agrati starben, wurde die Produktion von Elektromotoren aufgegeben, da die Konkurrenz auf diesem Marktsektor ungewöhlich hart war. Zunächst konzentrierte sich die Firma ganz auf die Herstellung von Fahrradzubehör.

Agrati Capri 150 von 1966.

Ab 1932 wurde die Tätigkeit des Unternehmens auf die Konstruktion von Verbindungsteilen für Fahrradrahmen ausgedehnt. Darüber hinaus wurden neuartige Gabelbrücken und komplette Pedale konstruiert.
Nachkriegsboom und Aufwind in der Fahrradindustrie führten dazu, daß Agrati die Produktion erheblich steigerte. So konnten 1955 neue Abteilungen eingerichtet werden, in denen Blechrahmen für Mopeds gepreßt wurden. Zu den Kunden des Unternehmens zählte die Firma Garelli. Mit ihr wurde ein Vertrag abgeschlossen, der die Montage eines kompletten Fahrzeugs in Monticello vorsah.
Ein entscheidendes Jahr in der Firmengeschichte von Agrati war das Jahr 1958, in dem man beschloß, selbst ein Fahrzeug unter der Marke Agrati zu entwickeln. Der Motorroller Capri entstand mit einem Zweitaktmotor mit 70 cm^3 und einer Karosserie aus einem mehrschichtigen Blechverbundwerkstoff. Die nüchterne Eleganz des Rollers fand großen Anklang.
Zum Capri, dessen Hubraum 1960 auf 80 cm^3 und 1961 auf 98 cm^3 erhöht wurde, gesellte sich 1960 ein weiterer Motorroller mit der Bezeichnung Como. Como trug einen Garelli-Motor und war das erste Modell eines Motorrollers mit kleinem Hubraum. Die glücklichen Geschäftsbeziehungen der Firmen Garelli und Agrati führten schließlich zum Zusammenschluß der beiden Unternehmen. Die erste gemeinsame Maßnahme bestand in der Kürzung des Programms.;
Anfang der 60er-Jahre stützte sich das Angebot nur auf die Mopeds M1, M2 und M3, ausgestattet mit Einganggetriebe mit Fliehkraftkupplung beziehungsweise Zwei- oder Dreiganggetriebe mit Handschaltung.
Unter den Modellen dieser Zeit ist Garellino von 1960 zu erwähnen. Der Primärantrieb erfolgte über Riemen, der Sekundärantrieb über Kette. Garellino war

Agrati Como 50 von 1960.

der Vorläufer der 1963er Automatic-Serie mit Zweigangschaltung, aus der mit der Zeit die beiden Versionen Gulp Matic und Vip 2 mit mechanischem Getriebe hervorgingen. Nicht zu vergessen ist das Modell Junior 50 in einer Touren- und Sportversion mit Dreiganggetriebe, das später mit einem Vierganggetriebe ausgerüstet und Record genannt wurde.
Wie vor ihr Garelli, so begann sich auch die Firma Agrati mit der Zeit für den Rennsport zu interessieren. Am 3. November 1963 erzielten zwei Garelli 50 auf der Rennstrecke von Monza acht Weltrekorde, darunter den 24-Stunden-Rekord mit einer Durchschnittsgeschwindigkeit von 108,834 km/h.
Neben den 50er Modellen wurden Anfang der 60er Jahre ein 125er mit Vierganggetriebe und die Capri-Motorroller mit 50, 100, 125 und 150 cm³ Hubraum produziert. 1962-63 führte Agrati Motoren für Motorhackmaschinen und Motorsägen im Programm, 1960 bis 1965 100 cm³-Motoren für Go-Karts und 1964 den Dreirad-Lieferwagen Car mit 49 cm³ für Kleintransporte. Mit dem Gar-Mar mit 100 cm³ engagierte sich das Unternehmen im Motorbootsektor und entwickelte den Gary-Jet mit Wasserstrahlantrieb.

Zu dieser Produktpalette kamen noch die für den Export bestimmten 100 cm³-Motoren für Leichtmotorräder und eine Neuauflage des Mosquito, der Baby Mosquito, mit 35,5 cm³ Hubraum hinzu. 1969 beschloß das Werk schließlich, die gesamten Aktivitäten auf den Mopedsektor zu konzentrieren, nachdem es die frühere Serie M, die den Namen Gulp erhielt, überarbeitet und neu konzipiert hatte. Es wurden sportliche Modelle wie die Junior Turismo, die Junior Cross, die Tiger und die KL realisiert, die als Geländemaschinen gedacht waren und aus denen 1978 die RGS 50 und 1979 die KL 5V entwickelt wurden.
1972 wurde die Eureka mit starrem Rahmen auf den Markt gebracht, von der die Modelle mit liegendem Zylinder abgeleitet wurden. Ein Jahr später wurde sie von der Eureka Flex abgelöst, von der etwa 500000 Stück hergestellt wurden. Sie wurde 1977 modernisiert und wie die Vip-Modelle mit dem Silent-Block ausgerüstet. Die Eureka war der Vorläufer der moderneren Noi, die Ende 1979 in den Handel kam.
Interesse und Neugierde in der Öffentlichkeit weckte insbesondere ein Versuchsmodell, das 1974 vorgestellt wurde: die elektrische Katia, ein umweltfreundliches Fahrzeug. Erwähnenswert ist auch die Katia von 1972 mit niedrigen Rädern und einem Einganggetriebe oder Automatik-Zweiganggetriebe sowie die Ciclone mit Fünfganggetriebe von 1976. Das Jahr 1981 war für Agrati Garelli von entscheidender Bedeutung: Zum einen wurde die Mopedpalette grundlegend erneuert, zum anderen erschloß sich die Firma ganz neue Bereiche und dehnte die Produktion deutlich aus. 1982 wurde die 125 TSR realisiert; sie bildete den Ausgangspunkt für ein stärkeres Engagement in dem Bereich der Leichtmotorräder. Die TSR hatte Wasserkühlung, ein Fünfganggetriebe und elektronische Zündung.
Ein anderes Zeichen für die Diversifikation in andere Bereiche des Zweiradsektors war die Übernahme der berühmten Fahrradmarke Torpedo.
1982, das heißt 58 Jahre nach der letzten offiziellen Teilnahme Garellis an Wettkämpfen, beschloß die Firma Agrati Garelli, ihre Maschinen auf der Piste sehen zu lassen. In Sesto San Giovanni widmete sich ein Techniker-Team unter der Leitung des Holländers Jan Thiel den 50 und 125 cm³-Maschinen. Werksfahrer waren Eugenio Lazzarini und der Spanier Angel Nieto. Die Erfolge ließen nicht auf sich warten: In der 50er Klasse wurde

Garelli Tiger 125 XLE von 1986.

Oben: Garelli dehnte die Wettkampfaktivitäten auch auf die 250er-Klasse aus; hier Maurizio Vitali.
Links: Der mehrfache Weltmeister Angel Nieto, der sich auf einer Garelli drei Jahre in Folge den Titel in der 125er-Klasse holte.

Lazzarini zweiter bei der Weltmeisterschaft; in der 125er Klasse eroberte sich das Paar Nieto-Lazzarini den ersten und den zweiten Platz.
In den folgenden Jahren wurde die Erfolgsserie fortgesetzt. 1983 wurde Angel Nieto in der 125er Klasse erneut Weltmeister, Lazzarini wurde zweiter in der 50er und dritter in der 125er Klasse. 1984 errangen Nieto, Lazzarini und Fausto Gresini für Garelli in der 125er Klasse die ersten drei Plätze.
1985 übernahm Gresini in der 125er Klasse den Weltmeistertitel, nachdem Nieto zu Derbi gewechselt war und Lazzarini den Rennsport aufgegeben hatte. Der zweite Garelli-Fahrer Ezio Gianola wurde vierter in der Schlußwertung. Beachtliche Siege also, vor allem für ein Unternehmen, für das die Teilnahme an Wettkämpfen nie Selbstzweck war, sondern Prüfstein. Im Rennen wurden technische Neuerungen getestet, die bei den kommenden Serienmodellen eingeführt werden sollten.
Die Serienproduktion von 1986 umfaßte verschiedene Mopeds: die Modelle Basic, Noi, Vip 1, 2 und 3, die Super Vip mit Viergangetriebe und die Ciclone. Zuletzt wurde die Formuno auf den Markt gebracht, die von dem mehrfach überarbeiteten Motor der Vip 4 angetrieben wurde.
Interessant sind auch das Geländemoped Tiger 50 XLE mit Flüssigkeitskühlung, die Serie der Tiger 125 in den Versionen XR, XRD und XLE.
Im 300er Bereich produzierte Garelli das 323er Modell mit 16 PS bei 5000 Umdrehungen und einer Höchstgeschwindigkeit von 95 km/h. Des weiteren sind die TRS 125, sowie die GTa 125 mit elektronischer Zündung, einer Höchstleistung von 24 PS und einer Höchstgeschwindigkeit von 140 km/h zu erwähnen. Auch der Mosquito ist immer noch im Angebot von Garelli zu finden. Er ist separat als Hilfsmotor erhältlich, beim Bicimosquito ist er bereits am Fahrrad oder beim Velomosquito in einem Moped montiert.

Aiglon

Zu Beginn des Jahrhunderts in Argenteuil gegründete französische Motorradfirma. In den 20er Jahren zog Aiglon nach Courbevois um, wo sie 175 und 350 cm^3-Maschinen baute. Ab 1936 umfaßte ihr Angebot eine breite Palette von Motorrädern mit unterschiedlich großen Motoren (100, 175, 250, 350 und 500 cm^3), wobei die kleineren Maschinen als Zweitakter und als Viertakter ausgeführt wurden, die großen ausschließlich als Viertakter. Die größten Motoren waren seitengesteuert oder hatten im Zylinderkopf hängende Ventile und verfügten über ein Zwei-, Drei- oder Vierganggetriebe; sie wurden bis 1938 produziert.
Aiglon nahm die Produktion 1945 wieder auf: Eine 500 cm^3-Maschine mit obengesteuertem Viertaktmotor und Dreiganggetriebe entstand, die drei Jahre lang gebaut wurde. 1948 erschienen erneut 100, 125 und 150 cm^3-Leichtmotorräder mit Zwei- und Viertaktmotoren und Drei- oder Vierganggetriebe.
1949 umfaßte die Produktpalette von Aiglon 125 und 175 cm^3-Modelle sowie eine 150er, die in den folgenden Jahren ohne nennenswerte Veränderungen blieb.

A.I.M.

Diese italienische Firma nahm die Produktion von Motorrädern 1976 auf; sie siedelte sich in der Nähe von Florenz an, zunächst mit Firmensitz in Prato, später in Vaiano. Die ersten Modelle waren Gelände- und Straßenmaschinen, die mit Einzylinder-Zweitaktmotoren von Sachs mit 50 und 125 cm^3 Hubraum ausgerüstet waren.
Daneben wurden von Franco-Morini-Motoren angetriebene Leichtmotorräder als Eingang- (A-1, Mini Girls und Cross Boy) oder Viergangversion (Modell Jumbo) gebaut. In den folgenden Jahren kam eine 250 cm^3-Moto-Cross-Maschine ins Angebot, die Enduro-Serie wurde um 100, 175 und 250 cm^3-Modelle erweitert. In den 80er Jahren schränkte A.I.M. die Produktion auf die 50 und 80 cm^3-Maschinen (für Enduro und Moto-Cross) und das Kindermotorrad Baby Trial (1982) ein. 1983 war lediglich das Leichtmotorrad ZB.1 im Programm, das das letzte Modell der Firma bleiben sollte. 1986 mußte sie die Fabriktore schließen.
A.I.M. nahm 1977 und 1978 an den italienischen Moto-Cross-Meisterschaften teil und errang mit Sergio Ballabio als Fahrer den ersten Platz in der 50 cm^3-Klasse. Doch ihre größten Erfolge erzielte die italienische Marke beim Enduro. 1980 siegte Gino Perego nicht nur in der Senior-Klasse, sondern errang zudem bei den Europameisterschaften den ersten Platz in der 50 cm^3-Klasse.
Im gleichen Jahr sicherte sich der Fahrer Luca Benedetti bei der Internationalen Sechstagefahrt den ersten Platz in der 50 cm^3-Klasse. Im Jahr darauf gewann bei diesem Rennen Edy Orioli auf einer 80er A.I.M. die Goldmedaille. Dies war der letzte Wettbewerbserfolg des Motorradherstellers aus Vaiano.

125 cm^3-A.I.M. als Straßenversion, 1976.

125 cm^3-A.I.M.-Moto-Cross-Version, 1976.

250 cm^3-A.I.M. Modell CRS, 1983.

Airolite

1922-23 in England hergestellte Leichtmotorräder. Sie verfügten über 110 cm^3-Zweitaktmotoren der Firma Patrick Engineering Co. aus Birmingham, die zudem auch Hilfsmotoren für Fahrräder lieferte.

Wearwell-Stevens von 1901.

Ajax

Einigen Quellen zufolge ist Ajax der Name eines Motors der Firma AJS, der in den 30er Jahren in 250, 350 und 500 cm^3-Versionen auf den Markt kam. Er wurde mit seitlich stehenden oder im Zylinderkopf hängenden Ventilen geliefert.
Ajax war aber auch der Markenname eines englischen Motorrads aus den Jahren 1923-24, das 147, 247 und 269 cm^3-Villiers-Zweitaktmotoren oder auch seitengesteuerte 350 cm^3-Blackburne- Viertaktmotoren trug.
Außerdem war Ajax die Typenbezeichnung von Leichtmotorrädern, die – mit Sachs- und NSU-Motoren bestückt – 1949-53 in Belgien gebaut wurden.

AJR

1925-26 in Edinburgh hergestelltes Motorrad mit 350 und 500 cm^3-Motoren der Firma JAP. Benannt wurde die Marke nach dem federführenden Konstrukteur A.J. Robertson, der die Maschinen persönlich testete.

AJS

Die Geschichte der Firma AJS beginnt im englischen Kohlebergbaugebiet Black Country. Der Eisenschmied Joe Stevens, Vater von fünf Söhnen, gründete in der Nähe von Wolverhampton einen kleinen Betrieb: die Stevens Screw Company. Das Geschäft lief von Anfang an gut, und die Söhne begannen, einer nach dem anderen, in dem Betrieb ihres Vaters mitzuarbeiten. Albert John, genannt Jack, der begabteste von ihnen, interessierte sich leidenschaftlich für Motoren und versuchte 1897 einen Motorradmotor zu entwerfen, wobei ihn alle Brüder außer dem jüngsten unterstützten.
So entstand ein wassergekühlter, seitengesteuerter Einzylindermotor mit 406 cm^3 Hubraum und einer Leistung von 2,75 PS. Er hatte sofort großen Erfolg und wurde von zahlreichen Motorradproduzenten eingesetzt. Jack erkannte weitsichtig, daß sich mit Motorrädern gut verdienen ließe. Er beschloß, nicht mehr als Zulieferer für verschiedene Firmen Motoren zu bauen, sondern selber komplette Motorräder herzustellen.
1909 entstand so die A.J. Stevens and Company Ltd. mit Sitz in Wolverhampton. Das erste Motorrad der Marke AJS stand 1911 auf den Rädern: eine leichte, klar konzipierte Maschine mit einem einfach konstruierten Einzylindermotor, Kettenantrieb und einem Zweiganggetriebe mit Königswelle. Sie erreichte eine Leistung von 2,75 PS.
Berühmt wurde die Marke AJS, als eine Maschine des Hauses ganz unvorhergesehen bei der Tourist Trophy 1914 den Titel davontrug. Bis dahin war die Tourist Trophy eine Domäne der Zweizylindermaschinen gewesen. Doch die siegreiche AJS, die nur einen Zylinder besaß, hatte alle Zweizylinder hinter sich gelassen, schlechthin geschlagen. Das machte sie populär.
Sie hatte 350 cm^3 Hubraum, Kettenantrieb und ein Zweiganggetriebe, das über ein zweistufiges Untersetzungsgetriebe verfügte: Auf diese Weise erzielte man vier verschiedene Übersetzungsverhältnisse.
Mit Beginn des Krieges mußte AJS die Produktion von Zivilfahrzeugen einstellen. Im Auftrag der Regierung produzierte sie Verschiedenstes, nur keine Motorräder. Nach Kriegsende aber stürzten sich die Brüder Stevens in die Arbeit: Eine neue 350er entstand Anfang 1920. Auch sie wurde berühmt, als der Fahrer Cyril Williams mit ihr die Tourist Trophy gewann.
Diese 350er hatte einen 348 cm^3-Einzylindermotor mit im Zylinderkopf hängenden Ventilen, die über Stoßstangen und Kipphebel betätigt wurden, und einem halbkugelförmigen Brennraum. Der gußeiserne Zylinderkopf war mit dem Zylinder zu einem Stück verschweißt. Der Tank bestand aus zwei miteinander verschraubten Teilen und faßte neun Liter. Der Primärantrieb erfolgte über Kette, und das Dreiganggetriebe mit Untersetzungsgetriebe lieferte sechs verschiedene Übersetzungsverhältnisse.
Mit Howard Davies als Fahrer erreichte die Maschine auf der Rennstrecke von Brooklands über den Fliegenden Kilometer eine Durchschnittsgeschwindigkeit von 129,5 km/h, eine damals außerordentliche Leistung.
Auf der Tourist Trophy 1921 startete ein Modell, dessen Rahmen niedriger ausfiel. Der Tank war keilförmig. Die Maschine hatte ein Dreiganggetriebe, das über eine Kette das Hinterrad antrieb. Der Fahrer Howard Davies gewann auf dieser 350 cm^3-Maschine sogar in der 500er-Klasse, womit sie als einziges Motorrad, das einen Sieg in einer höheren Klasse erringen konnte, in die Geschichte des englischen Rennsports einging.
1921 wurde zudem eine 800 cm^3-V-Zweizylinder-AJS mit Dreiganggetriebe gebaut. 1922 war der Erfolg von AJS bei der Tourist Trophy nicht ganz so spektakulär: Die Firma siegte in der 350er-Klasse, mit einer Maschine, die vorne mit Trommelbremsen ausgerüstet war.
Den gleichen Motor trug 1923 das berühmte Modell „Big Pot", dessen Name an den beachtlichen Durchmesser des Schalldämpfers erinnerte.
In den folgenden Jahren wurden die AJS-Modelle immer wieder überarbeitet. 1924 griff man zur Trockensumpfschmierung mit doppelt wirkender Ölpumpe, die Magnetzündung wurde direkt hinter den Motor gelegt. 1925 kehrte man wieder zum Frischöl-Schmiersystem mit fußgesteuerter Pumpe zurück, wohingegen der Ventildurchmesser gleich blieb.
In der Serienproduktion spiegelten sich die Eigenschaften der Rennmaschinen wider, was den AJS-Motorrädern zu großer Popularität verhalf. Das 500er Modell von 1926 war eine vergrößerte Version der 350er. Damals hatte AJS zwei Zweizylindermaschinen im Programm, eine Luxusversion und eine Standardversion, beide mit 799 cm^3-V-Motoren, Dreiganggetriebe und Befestigungsmöglichkeit für einen Seitenwagen. Zudem lieferte das Werk verschiedene seitengesteuerte Einzylinder mit 500, 350 und 250 cm^3 Hubraum.
In jenen Jahren soll AJS versucht haben, 500 cm^3-Zweizylinder-V-Motoren mit Kurbelwelle in Längsrichtung zu entwickeln – eine Konstruktion, die später erfolgreich von den Firmen Brough Superior, Victoria und Moto Guzzi verwendet wurde. Auch arbeitete man am Projekt eines Vierzylinder-Reihenmotors, der allerdings aufgrund von Problemen mit der Kühlung nie produktionsreif wurde.
1927 kam eine neue 350er mit im Zylinderkopf hängenden Ventilen, die über Stoßstangen und

Reklameplakat der englischen Firma AJS.

Kipphebel gesteuert wurden, auf den Markt. Die Nockenwelle wurde über eine rechts vom Motor in einem Gehäuse untergebrachte Kette angetrieben. Diese Kette wurde mit einer Waller-Spannvorrichtung ausgestattet, die die von der Wärmeausdehnung der Teile bewirkten Spannungsunterschiede ausgleichen sollte.
1928 war AJS mit dieser Ventilsteuerung aktuell. Doch hatte sie sich – in einer deutlichen Fehleinschätzung der Marktsituation – zu einer Diversifikation ihrer Produktion entschlossen, was dazu führte, daß sie ihre Kräfte in zu vielen Bereichen verausgabte. 1927 hatte AJS die Produktion von Industriefahrzeugen aufgenommen, danach begann sie mit der Herstellung von Rundfunkgeräten und 1930 fabrizierte sie schließlich einen Personenwagen, eine Limousine mit einem von der Firma Coventry Climax entwickelten 1000 cm³-Motor. Dieses Projekt war ebensowenig erfolgreich wie die neuen Motorräder, die AJS in diesen Jahren vorstellte.
1929 und 1930 schien sich die Firma zu erholen, doch 1931 wurde sie von den Brüdern Collier, den Inhabern von Matchless, übernommen. In den bis 1949 folgenden Jahren unterschieden sich die Modelle der beiden Marken nur durch den jeweiligen Namenszug auf dem Tank und die Lackierung.
Matchless Motorcycles kaufte indessen Sunbeam. Wenig später wurde Sunbeam wieder verkauft und die Firmen James, Francis Barnett und Norton übernommen. Matchless nannte sich in Associated Motorcycles um.
Von der Marke AJS existierten 1934 elf Modelle mit 250, 350, 500 und 1000 cm³ Hubraum. Bis 500 cm³ wurden Einzylindermotoren verwendet, die 1000 cm³-Maschinen verfügten über Zweizylinder-V-Motoren und wurden unverändert bis 1935 hergestellt, allerdings in immer kleinerer Stückzahl.
Die 350er Rennmaschine wurde laufend verbessert: 1934 wurde der gußeiserne Zylinderkopf durch einen Bronzekopf ersetzt; 1935 wurde er aus Aluminium gefertigt, und der Steuergehäusedeckel war aus Bronze; 1938 bestanden sowohl der Zylinder als auch der Zylinderkopf aus einer Aluminiumlegierung. Auf den starren Rahmen verzichtete

AJS 500 mit Zweizylindermotor, 1930.

AJS 500 mit Vierzylindermotor, 1939.

man zugunsten einer Hinterradschwinge mit Teleskopfederbeinen. Die Bremsen wurden verbessert und die Naben aus einer Leichtmetallegierung gefertigt.
1935 entwickelte AJS eine neue Rennmaschine, die jedoch nur wenig Erfolg hatte: Sie besaß einen 498 cm³-Vierzylindermotor mit einer Leistung von 48 PS und paarweise V-förmig im 50-Grad-Winkel angeordneten Zylindern. Vorgestellt wurde sie in London als Super-Sport-Modell, das durch Montage eines Kompressors leicht in ein Rennmodell verwandelt werden konnte. Der Motor hatte eine über Kette angetriebene, obenliegende Nockenwelle, als Ventilfedern wurden Haarnadelfedern verwendet; der vor dem Motor liegende und über Kette angetriebene Kompressor stammte von Centri; ab 1939 arbeitete man mit Wasserkühlung. Die Vierzylinder-AJS mit Kompressor erreichte – gemäß Werksangaben – eine Leistung von 80 PS und eine Spitzengeschwindigkeit von 215 km/h.
1930 hatte AJS eine Maschine konstruiert, die den Geschwindigkeitsweltrekord brechen sollte: Sie hatte einen Zweizylinder-V-Motor mit 550 cm³ Hubraum, Gußeisenzylindern und Leichtmetallzylinderköpfen mit Gußeisenventilsitzen. Sie erreichte in verbesserter Version die Geschwindigkeit von 234 km/h.
Die ersten Pläne für die 500 cm³-Zweizylinder-Rennmaschine von AJS, die unter dem Namen „Stachelschwein" landesweit bekannt werden sollte, wurden in den letzten Kriegstagen zu Papier gebracht. Ihr Zweizylindermotor war mit einem Kompressor ausgestattet. Das Hauptproblem dieses Motors war die Kühlung. Eine Entscheidung des internationalen Motorsportverbandes FIM zwang die AJS-Techniker, ihr Projekt umzugestalten: Die Aufladung mit Hilfe von Kompressoren wurde im Rennsport verboten.
1947 wurde die erste AJS-Stachelschwein fertiggestellt; ihr Zweizylindermotor war mit zwei obenliegenden Nockenwellen und einem Vierganggetriebe ausgestattet. Da die Maschine an die neuen Vorschriften angepaßt werden mußte, konnte allerdings die Maximalleistung des Motors nicht erreicht werden. Dennoch war sie erfolgreich: 1949 gewann Leslie Graham mit der Stachelschwein-AJS die Fahrer-Weltmeisterschaft in der 500er-Klasse, und AJS errang die Markenweltmeisterschaft dieser Klasse.
1952 wurden die Zylinder um 45 Grad geneigt und ein Fünfganggetriebe verwendet. Dieses Motorrad zog sich 1954 von Rennen zurück, als die italienischen Vierzylindermaschinen mit erdrückender Überlegenheit die Pisten zu beherrschen begannen: Die letzte Stachelschwein-Version hatte einen Zentralrohrrahmen mit sehr tiefliegendem, das Zentralrohr umschließendem Tank.
Den Sportsgeist der Firma hielt die 7R aufrecht, eine 350er Rennmaschine, die unter dem Namen Boy Racer berühmt wurde. Von diesem 1948 präsentierten Motorrad wurden in den folgenden zehn Jahren über 500 Stück gebaut. Der von Philip Walker entworfene Motor war ein Einzylindermotor mit stehendem Zylinder und obenliegender Nockenwelle mit Kettenantrieb. Primär- und Sekundärantrieb erfolgten über Kette, das Getriebe hatte vier Gänge.
Die 7R-Werksmaschinen wurden im Lauf der Jahre grundlegend überarbeitet, was sich stets auch auf die an Privatfahrer verkauften Modelle auswirkte. Die einzige Ausnahme bildete hier eine 1952 hergestellte Experimentalversion, die nur den Werksfahrern anvertraut wurde; sie besaß drei obenliegende Nockenwellen. Entworfen wurde sie von H.J. Hatch, der 1933 mit seiner Vierventil-Excelsior berühmt geworden war.
Der Motor dieser 7R-Version besaß ein Einlaß- und zwei Auslaßventile, die radial am Zylinderkopf angebracht waren. Jedes Ventil wurde von einer eigenen obenliegenden Nockenwelle gesteuert. Die Nockenwelle für das Einlaßventil war gemäß der AJS-Tradition quer angeordnet und wurde von einer Kette angetrieben. Sie war über einen Zahnradantrieb mit einer Königswelle verbunden, die ihrerseits über konische Zahnräder die Nockenwellen der Auslaßventile steuerte.
Eine 350 cm³-AJS mit drei obenliegenden Nockenwellen stellte 1952 in Monthéry in Frankreich

dreizehn Weltrekorde auf, darunter mit 186,13 km/h einen Geschwindigkeitsrekord über eine Stunde. Gleichfalls 1952 gewann Bob McIntyre auf seiner 350er 7R den Junior Manx Grand Prix und wurde zudem Zweiter in der 500er Klasse.
1955 wurde die Produktpalette von Associated Motorcycles um das 600 cm³-Modell AJS 30 erweitert und 1958 um die Modelle AJS 14 und Matchless G 12 mit gleichem 250 cm³-Einzylindermotor. 1959 produzierte AJS Einzylindermodelle mit 248, 347, 497 und 498 cm³ Hubraum sowie 498 und 646 cm³-Zweizylindermotoren-Modelle. Die 500 cm³-Zweizylinder-Reihe wurde später von vier Modellen auf eines eingeschränkt.
Anfang der 60er Jahre versuchte die Firmengruppe AJS-Matchless-Norton eine klarere Linie in ihre Gesamtproduktion zu bringen, mehr oder weniger identische Maschinen wurden vom Programm gestrichen. 1964 umfaßte die AJS-Modellpalette eine 250er mit Ventilsteuerung durch Stoßstangen und Kipphebel, eine 350er und eine 500er-Einzylindermaschine mit derselben Ventilsteuerung und separatem Vierganggetriebe, die Zweizylindermaschinen Swift und Hurricane mit 650 cm³ Hubraum sowie ein für die Armee und den Export in die USA gebautes 750 cm³-Zweizylindermodell. Die gleichen Maschinen fanden sich übrigens auch, lediglich unter anderen Namen, im Matchless-Angebot.
1966 erschienen die 31 CSR mit 650 cm³, das Modell 33 mit 750 cm³ und die 33 CSR mit 750 cm³, ausnahmslos Zweizylinder. Für Anhänger von Geländefahrten brachte AJS 1967 das Modell Stormer in einer 250 und einer 350 cm³-Version auf den Markt. 1974 gab es nur noch eine einzige Geländemaschine der Marke AJS, ausgerüstet mit einem 250 cm³-Einzylinder-Zweitaktmotor. Die Firmengruppe Villiers sollte schließlich, nach Einstellung der Produktion bei AJS und Matchless, die Marke Norton mitübernehmen.

AJW

In den 20er Jahren gab es zahlreiche Firmen, die den Erfolg von Brough Superior durch den Bau ähnlicher Motorräder nachzuahmen suchten. So zum Beispiel die Firma AJW – der Firmenname leitet sich aus den Initialen ihres Konstrukteurs A.J.Weathon ab –, die ab 1929 ein mit obengesteuerten oder seitengesteuerten Motoren der Hersteller JAP und British Anzani ausgerüstetes 1000 cm³- Modell produzierte.
1927 umfaßte die Produktpalette von AJW mehrere Modelle, die Zweizylindermotoren von JAP und Vulpine besaßen. Im November 1928 präsentierte die Firma auf der Motorradausstellung in London eine vollverkleidete Maschine mit einem wassergekühlten 985 cm³-Vierzylinder-Reihenmotor von British Anzani. Das Modell hieß Super Four, hatte ein angeblocktes Getriebe, eine Konuskupplung und eine indirekte Lenkung.
Im gleichen Jahr wurde eine karossierte AJW mit wassergekühltem 750 cm³-Vierzylindermotor der Firma Austin hergestellt. Im Jahr darauf versah man diese Maschine mit einem Kompressor und steigerte damit ihre Leistung auf 70 PS. In den 30er Jahren wurden 250er Maschinen mit Villiers-Motoren und 500er mit Rudge-, JAP- und Stevens-Motoren produziert. Letztere wurden bei AJS hergestellt.
Nach 1945 modernisierte AJW ihre Werksanlagen. Neue 500er Modelle mit Zweizylindermotoren von JAP entstanden. Später stellte AJW Mopeds her, deren 50 cm³-Motoren aus Italien importiert wurden. Ebenfalls aus Italien stammten die Leichtmotorräder bis 125 cm³ Hubraum, die die englische Firma mit ihrem Markenzeichen versah und auf dem heimischen Markt vertrieb.

AJW mit 678 cm³-Motor, 1952.

In den 50er Jahren produzierte man bei AJW eine Tourenmaschine mit seitengesteuertem 500 cm³-Motor und ein obengesteuertes 500 cm³-Modell für Speedwayrennen.

AKD

1927 präsentierte die englische Firma Abingdon aus Birmingham auf der Ausstellung in London eine Leichtgewichtsmaschine mit einem 175 cm³-Einzylinder-Viertaktmotor. Sie wurde unter der Markenbezeichnung AKD (Abingdon King Dick) vertrieben, wie auch verschiedene spätere Modelle, die mit seitengesteuerten Einzylindermotoren bis zu einem Hubraum von 350 cm³ ausgerüstet waren.

Akkens

Die 1912-22 in Großbritannien hergestellten Motorräder der Marke Akkens besaßen 292 cm³-Zweitaktmotoren mit 2,75 PS Höchstleistung. Die Konstruktion von Motor und Fahrgestell dieser Modelle war äußerst einfach, da die englische Firma Thomas & Gilbert vor allem auf Wirtschaftlichkeit bedacht war. Obwohl die Akkens-Modelle aufgrund dieses Produktionskriteriums weniger kosteten als vergleichbare Motorräder, sanken die Verkaufszahlen, so daß die Fertigung eingestellt wurde.

Alato

Alato war eine kleine Turiner Motorradfabrik, die 1923-25 ein Modell mit einem 131 cm³-Zweitaktmotor aus eigener Herstellung produzierte. Trotz der hohen Qualität ihrer Produkte geriet die Firma Alato nach wenigen Jahren in Vergessenheit: Es war ihr nicht gelungen, sich gegen die heftige Konkurrenz auf dem Markt durchzusetzen.

Alba

Die 1919-24 in Stettin hergestellten Motorräder der Firma Alba gehörten zu den besten Maschinen der 20er Jahre. Sie besaßen 198 cm³-Motoren mit einem nach vorne geneigten Zylinder, bei denen die Ventilsteuerung mit Hilfe einer Doppelhebelvorrichtung über Stößel erfolgte, die durch einen einzigen Nocken gesteuert wurden. Die Kraftübertragung erfolgte über ein Zweiganggetriebe.
Alba führte auch ein Lieferdreirad, das sowohl mit eigenen Motoren ausgerüstet wurde als auch mit denen anderer Hersteller, zum Beispiel der Firma Huy.

1923 brachte Alba ein obengesteuertes Einzylindermodell mit stehendem Zylinder, Zweiganggetriebe, Kickstarter und wahlweise Riemen- oder Kettenantrieb auf den Markt.

Albamobile

Das Albamobile war ein in Frankreich hergestelltes, vollständig verkleidetes und sehr originelles Zweiradfahrzeug. Auf seinen zwei Sitzen konnte es zwei Personen transportieren. Zwei absenkbare Stützrollen dienten dazu, auch bei niedriger Geschwindigkeit oder im Stand das Gleichgewicht zu erhalten.

Albatross

Albatross hieß ein 1954 von der Dayton Cycle Company, einer renommierten englischen Fahrradfabrik, konstruierter Motorroller. Er war vollständig verkleidet und mit einem 224 cm³-Zweitaktmotor von Villiers, Vierganggetriebe, Mehrscheibenkupplung und Kettenantrieb ausgerüstet. Die Hinterradaufhängung bildete eine Schwinge mit Teleskopfederbeinen.

Albert

Diese in Deutschland 1922-24, also mitten in der Wirtschaftskrise, hergestellten Motorräder waren nicht sehr verbreitet. Sie verfügten über einen 183 cm³-Zweitaktmotor.

Albertus

Diese deutschen Motorräder waren 1922-24 im Handel. Ihre patentierten Zweitaktmotoren mit 113, 142 und 176 cm³ hatten Kolben ohne Nasen und bereits drei Überströmkanäle. Sie sollten nach den Vorstellungen ihres Konstrukteurs Julius Löwy auch mit Dieselkraftstoff betrieben werden. Sie erfreuten sich keiner allzu großen Beliebtheit, da sie wenig leistungsstark und selten zuverlässig waren.

Alcyon

Alcyon schrieb Motorradgeschichte, zumindest in Frankreich. Von 1902 an produzierte die Firma zahlreiche Modelle: zunächst V-Zweizylindermaschinen und ab 1912 auch Einzylinder-Rennmaschinen mit 350 cm³-Vierventilmotoren von Zurcher, die noch in dem gleichen Jahr an der Tourist Trophy teilnahmen. 1921 lancierte Alcyon ein interessantes Modell, dessen Motor im angetriebenen Vorderrad eingebaut war. Gleichzeitig erschien ein von Ballot entworfenes Leichtmotorrad mit einem 247 cm³-Zweitakt-Einzylindermotor: Es besaß ein Zweiganggetriebe und Kettenantrieb, war aber auch mit Riemenantrieb und ohne Schaltgetriebe erhältlich. Ein drittes Modell des Jahres war ein 494 cm³-Zweizylinder mit Dreiganggetriebe und Riemenantrieb. 1925 präsentierte Alcyon ein 175 cm³-Motorrad mit Zweitaktmotor.
Die 1926 in Turin gegründete Alcyon Italiana importierte die Motorradteile aus Frankreich und baute sie zusammen. In Turin entstand auch das 98 cm³-Modell Alcyonette. In den 20er und 30er Jahren vertrieb Alcyon viele Motorräder von Tochterfirmen wie Armor, Thomann und Labor.
Ende 1927 brachte Alcyon zwei Supersport-Modelle mit 250 beziehungsweise 350 cm³ Hubraum auf den Markt; sie verfügten über ein Dreiganggetriebe mit permanent eingreifenden Zahnrädern und einen Rohrrahmen. Die 250 cm³-Version erreichte eine Spitzengeschwindigkeit von 95 km/h, während es die 350er auf 115 km/h brachte. 1929 umfaßte die Produktpalette von Alcyon neben den beiden Supersportmodellen zwei Zweitakter mit 125 und 175 cm³ sowie einen Viertakter mit 175 cm³ Hubraum. Auf großes Interesse stieß die auf der Motorradausstellung in Paris vorgestellte 500er, die 1930 in Produktion ging: Sie besaß einen in Kurbelwellenrichtung längs eingebauten stehenden Einzylinder-Viertaktmotor, ein Dreiganggetriebe und Kardanantrieb.
Ab 1949 widmete sich Alcyon mit einem 48 cm³-Viertaktmodell mit Zweiganggetriebe und Reibrollenantrieb vor allem der Herstellung von Mopeds. In den folgenden Jahren verließ eine ganze Reihe solcher Fahrzeuge das Werk, die von Motoren verschiedener Marken angetrieben wurden. Das 100 cm³-Zweitaktmodell mit Dreiganggetriebe von 1945 2AS3 wurde 1948 zu einer 125 cm³-Maschine weiterentwickelt. Die Produktion von Leichtkrafträdern mit 125, 169 und 175 cm³-Motoren wurde in den folgenden Jahren fortgesetzt, wobei stets Vierganggetriebe Verwendung fanden.
1953 kam zu diesen kleinen Maschinen ein leistungsfähigeres Motorrad mit einem 250 cm³-Motor mit im Zylinderkopf hängenden Ventilen von AMC hinzu. 1955 erblickte das neue Modell 651 mit einem 100 cm³-Zweitaktmotor von Zurcher, ohne Schaltung, mit Primärtrieb über Riemen, Mehrscheibenkupplung und Sekundärtrieb über Kette das Licht der Welt. Im Jahr darauf wurde ein Modell mit stehendem 250 cm³-Einzylindermotor in die Produktpalette aufgenommen.
1957 kontrollierte Alcyon nicht nur die bereits genannten Firmen Thomann, Armor und Labor, sondern auch Olympique, La Française und La Lapize, unter deren Markenzeichen verschiedene Modelle vertrieben wurden: 50 cm³-Maschinen sowie eine Reihe von 100 cm³-Modellen mit starrem und gefedertem Rahmen und mehrere 125 cm³-Leichtmotorräder mit Zweitakt- und Viertaktmotoren – die letzteren stammten von AMC. Auch ein 125 cm³-Zweitakt-Motorroller mit Dreiganggetriebe und vollständiger Verkleidung gehörte zum Programm. Dieses Modell erreichte eine Spitzengeschwindigkeit von 75 km/h.

Albertus mit 142 cm³-Motor, 1922.

Aldbert

Eine kleine italienische Firma, die 1953 in Mailand gegründet wurde und bis 1959 existierte. Sie produzierte interessante Sportmaschinen, darunter den 175 cm³-Zweitakter Razzo, der die Spitzengeschwindigkeit von 150 km/h erreichte. Es folgten die 175er Gran Sport und die beiden 160 cm³-Maschinen Turismo Sport und Super Sport sowie mehrere Versionen eines 49 cm³-Mopeds, das ebenfalls einen Zweitaktmotor besaß.

Alecto

Einfache, aber zuverlässige, 1919-24 in London hergestellte 295 und 345 cm³-Einzylinder-Zweitaktmaschinen mit Motoren aus eigener Produktion. Sie gingen, wie sie kamen, ohne je grundlegend überarbeitet worden zu sein. Ab 1921 war eine 345 cm³-Version mit Kettenantrieb erhältlich.

Alert

Die englische Marke Alert, auch als Coventry-Alert bekannt, war 1903-06 im Handel. Die Modelle waren meist mit Motoren der belgischen Firma Sarolea ausgerüstet, die 2,25, 2,75 und 3,25 PS leisteten.

Aleu

Ein 1953 in Barcelona hergestelltes Motorrad; es verfügte über einen 200 cm³-Einzylinder-Zweitaktmotor mit Dreiganggetriebe und Fußschaltung. Dieses Motorrad wurde praktisch unverändert bis Ende der 50er Jahre hergestellt.

Alfa

Unter diesem Markennamen wurden im italienischen Udine

1923-26 Motorräder mit kleinem Hubraum (125 und 175 cm³) hergestellt, die mit Norman-Motoren ausgerüstet waren. 1927 wurde eine 350er Sportmaschine produziert. Anzumerken ist, daß unter der Markenbezeichnung Alfa auch die Konstruktionen von A. von Falkenhausen firmieren, eines BMW-Ingenieurs, der 1925-28 auf eigene Rechnung ein Modell mit einem 172 cm³-Villiers-Motor und mit einem 344 cm³-Zweizylindermotor konstruierte.

Alfa-Gnom

Nur eine begrenzte Zahl dieser 600 cm³-Einzylindermaschinen wurde von der Firma Rumpler in Wiener Neustadt hergestellt; die gleiche Firma baute die F.A.R.-Motorräder. Die Alfa-Gnom-Modelle, die zwar nicht für Rennen bestimmt waren, aber über Motoren mit einer obenliegenden Nockenwelle verfügten, wurden 1926-28 produziert.

Alge

Die kleine, aber ehrgeizige deutsche Motorenfabrik Alfred Geißler war bei Leipzig ansässig. Die Markenbezeichnung Alge leitet sich aus den Initialen des Inhabers ab.
Das Werk produzierte 1923-31 eine 175 cm³-Zweitaktmaschine sowie seitengesteuerte Einzylinder-Viertaktmaschinen mit 200, 250, 350 und 500 cm³ Hubraum. Außerdem stellte die Firma Dreirad-Lieferwagen mit Motorradmotoren her.

Aliprandi

Der Mailänder Hersteller Aliprandi produzierte 1925-30 in kleiner Stückzahl Motorräder mit verschiedenen Motoren. Verwendet wurden zum Beispiel Moser- und JAP-Motoren mit 175 cm³ und 350 cm³ Hubraum. Die ebenfalls angebotenen 125 cm³-Motorräder hatten ein Dreiganggetriebe. 1928 wurde ein 350er Modell ins Programm aufgenommen, das einen Motor von Sturmey-Archer besaß. Daneben erschien eine gleichfalls mit obengesteuertem Motor ausgestattete 500er, die eine Spitzengeschwindigkeit von 135 km/h erreichte.

Alldays Onions

Die beiden Herren Alldays und Onions gründeten 1903 in Birmingham eine eigene Firma. Sie tauften sie auf den Doppelnamen, der sich aus der Kombination ihrer Nachnamen ergab, ohne sich darum zu scheren, daß ihre Firma nun zur Erheiterung aller Alldays Onions hieß, was soviel wie „Alle Tage Zwiebeln“ bedeutet.
Ab 1903 produzierte die Firma Dreiräder, die mit Motoren von De Dion Bouton ausgerüstet wurden, später auch Personenwagen und Motorräder. Zur Produktpalette von Alldays Onions gehörten zwischen 1903 und 1911 einige Modelle mit dem Namen Matchless, die nicht mit der gleichnamigen Marke des ungleich bekannteren Londoner Motorradproduzenten zu verwechseln sind.
1915-20 baute Alldays Onions das 292 cm³-Zweitaktmodell Allon, das – abgesehen von der gemischten Kraftübertragung über Riemen und Kette – sehr modern konzipiert war. Die Maschine verfügte über ein Zweiganggetriebe und eine Einscheibenkupplung. Die Alldays-Onions-Modelle waren seitengesteuerte Viertaktmaschinen mit 499 bis 539 cm³-Einzylinder- und 798 bis 988 cm³-Zweizylinder-V-Motoren. Es handelte sich um sehr sorgfältig verarbeitete Motorräder, die bis Ende der 20er Jahre hergestellt wurden.

Allegro

Diese Zweitakt-Leichtkrafträder wurden 1925-27 in Neuchâtel in der Schweiz hergestellt; sie waren mit 147, 175, 247 und 347 cm³-Motoren von Villiers ausgerüstet. Außerdem gab es noch Viertaktversionen mit 250 und 350 cm³-Motoren von M.A.G. und Sturmey Archer. Die Produktion von Mopeds und Motorrädern von 50 bis 200 cm³ wurde nach dem Zweiten Weltkrieg nur noch bis Anfang der 50er Jahre fortgesetzt.

Alleluia

Diesen Namen trug ein in den 20er Jahren in Frankreich hergestelltes Leichtmotorrad mit 175 cm³ Hubraum. In den 50er Jahren baute die Firma Alleluia unter Verwendung von Motoren anderer Hersteller auch Mopeds.

Allright

Der englische Name Allright dieser 1901–27 gebauten deutschen Motorräder mag etwas verwirren; von dem gleichen Hersteller, der Köln-Lindenthaler Metallwerke AG, stammten die als Tiger und Vindec bekannten Maschinen. Zudem mußten die Vindec-Modelle für den Export nach England in Vindec Special umgetauft werden, da dort bereits die Firma Brown Bros. Motorräder des Markennamens Vindec produzierte. 1911 und 1912 hießen die von dem NSU-Fahrer Max Geiger in Großbritannien eingeführten und vertriebenen Vindec-Special-Maschinen einfach V.S. Die ersten Allright-Motorräder hatten Motoren von F.N. (Kelecom) und Fafnir.
Mitte der 20er Jahre wurden sie mit 175 bis 500 cm³-Villiers- und JAP-Motoren geliefert. 1924 übernahm die Firma Allright ein weiteres deutsches Unternehmen, die Cito-Werke in Suhl, wo bis dahin die berühmte obengesteuerte 500 cm³-Einzylindermaschine K.G. (Krieger-Gnädig) mit Blockmotor und Kardanantrieb gebaut worden war. 1928 wurde die K.G. an Henkel verkauft. Allright stellte gegen Ende der 20er Jahre die Produktion kompletter Motorräder ein, fertigte aber noch Bauteile.

Allstate

Unter diesem Namen wurden in den USA zwischen 1953-63 ein österreichischer Steyr-Puch-Motorroller und Mopeds in mehreren Versionen mit Unterschieden in Hubraum und Leistung verkauft. Die gleiche Handelsfirma, Sears and Roebuck, brachte 1953 den Vespa-Roller in den USA auf den Markt.

Alma

Französischer Hersteller, der ab 1949 Zweitakt-Leichtmotorräder mit 125 und 175 cm³-Ydral-Motoren produzierte. Später wurde das Angebot um mehrere Motorräder und Motorroller erweitert. Zu Beginn der 50er Jahre baute man auch 49 und 70 cm³-Mopeds mit Motoren verschiedener Hersteller. Ab 1953 wurden Sachs-Motoren eingebaut. 1959 wurde die Produktion wieder eingestellt.

Almidi

Ein belgischer Motorroller aus den 50er Jahren, dessen Motor ebenso originell war wie die in Ieteren produzierte Karrosserie. In demselben Werk wurden auch die Aufbauten für den berühmten belgischen Autohersteller Dynae-Pahnard gefertigt. Der Rahmen des Rollers bestand aus einer wiegenförmigen Rohrstruktur mit starrer Hinterradaufhängung und vorderer Schwinggabel. Über den Antrieb des Rollers gibt es keine verläßlichen Informationen mehr.

Almora

Unter dem Markennamen Almora wurden einige wenige Leichtmotorräder vertrieben, deren Zweitaktmotoren von Julius Löwy konstruiert worden

Der Motorroller Alpino mit 48 cm³-Motor, 1951.

waren und mit Rohöl zu betreiben waren. Die Almora-Maschinen mit 113 cm³, 138 cm³ und 176 cm³ Hubraum wurden nur in den Jahren 1924-25 hergestellt. Die Konstruktion war noch unausgereift, die Leistung der Motoren zu gering.

Alp

Alp war ein englisches Werk, das unter Lizenz der Schweizer Firma Moto-Rêve Motorräder herstellte. Das erste Alp-Modell besaß einen von F. A. Baker entworfenen 199 cm³-Precision-Motor, der eine Höchstleistung von 2 PS lieferte. 1915 wurde die Produktion einer Einzylinder-Zweitaktmaschine mit 348 cm³ Hubraum und 3,5 PS Leistung aufgenommen. Daneben wurden verschiedene Zweizylindermotoren in V-Form oder als Parallel-Twin mit 3 bis 3,5 PS Leistung eingebaut. Dazu kam noch eine 257 cm³-Maschine mit einem Moto-Rêve-Motor. Die Marke verschwand nach dem Ersten Weltkrieg vom Markt.

Alpa Picquenot

Eine französische Firma, die 1956 zwei Einzylinder-Zweitaktmotoren im Programm hatte, einen mit 49 cm³ und einen mit 80 cm³ Hubraum; beide waren luftgekühlt und mit einem Zweiganggetriebe kombiniert.

Alpha Centuri

Ein englisches Rennmotorrad von 1967, das für Privatfahrer bestimmt war. Es besaß einen Zweitaktmotor mit zwei stehend parallel angeordneten Zylindern, einen Hubraum von 250 cm³, eine Drehschiebersteuerung und Fünfganggetriebe. Die Leistung des Zweitakt-Twins ist unbekannt; die Höchstgeschwindigkeit betrug 190 km/h.

Alpino

Einer der ersten italienischen Kleinstmotoren, der von Paolo Trespidi entworfen und in geringer Stückzahl bereits im letzten Kriegsjahr gebaut wurde. Nach 1945 wurde die Produktion ausgeweitet, und der Alpino fand, nicht zuletzt weil er als unverwüstlich galt, rasch große Verbreitung. 1948 gehörte die Firma Motobici in Stradella, von der der Alpino stammte, zu den größten italienischen Herstellern von Motoren und Fahrrädern mit Hilfsmotor.
Der Alpino von 1945 war ein Einzylinder-Zweitaktmotor mit Kettenantrieb und Zweiganggetriebe, der entweder zentral am Rahmen oder seitlich am Hinterrad jedes Fahrrads angebracht werden konnte. Er wurde unverändert bis 1948 produziert. Danach kam er in verschiedenen Versionen in den Handel: als Modell S mit 48 cm³, ohne Kupplung, mit Dreiganggetriebe, einem Verbrauch von etwa 1,4 Liter Gemisch auf 100 Kilometer und einer Höchstgeschwindigkeit von 40 km/h, außerdem als Modell ST mit 60 cm³ Hubraum und Dreiganggetriebe.
1948 offerierte Motobici das Motorfahrrad Piuma mit 60 cm³-Zweitaktmotor, Dreiganggetriebe und Kettenantrieb. In dem gleichen Jahr erschienen das Modell R mit einem 48 cm³-Motor und Reibrollenantrieb und eine 63 cm³-ST-Version mit Dreiganggetriebe und Handschaltung sowie ein Leichtmotorrad mit 98 cm³-Motor.
1951 umfaßte die Produktpalette die Motorfahrräder R48 mit Reibradantrieb, C48 mit Kettenantrieb und Zweiganggetriebe sowie F48 mit Dreiganggetriebe. Das 98 cm³-Leichtmotorrad wurde außerdem zur 125er weiterentwickelt, die ein Dreiganggetriebe, eine Fußschaltung, eine Vordergabel mit Trapezfederung und eine Hinterradaufhängung mit Teleskopfederbeinen besaß.
Gleichfalls 1951 kam der recht ungewöhnliche Motorroller F48 auf den Markt; er hatte einen Doppelrohrrahmen, dessen Rohre von der Lenksäule nach unten verliefen, wo die Pedale befestigt waren, um hinter dem Motor wieder anzusteigen; dabei bildeten sie einen ovalen, vor dem Motor geschlossenen Ring, wodurch die Konstruktion an ein Schneckenhaus erinnerte. Am Rahmen war eine aus Blechformteilen bestehende vollständige Verkleidung angebracht. Der Roller hatte 14 Zoll-Räder, eine Vorderradgabel mit Kurzschwinge und eine Hinterradschwinge mit Geradwegfederung.
Die Palette der Alpino-Modelle wurde 1952 um neue Versionen des 125 cm³-Leichtmotorrads erweitert; Ende 1953 hergestellte Motorfahrräder waren die Alpetta R48 mit Zentralmotor und Reibradantrieb, ohne Getriebe und ohne Kupplung, die F48 mit 49 cm³-Motor, das Modell Roma mit dem gleichen Motor, Zweiganggetriebe und Handschaltung sowie, ebenfalls mit dem 49 cm³-Motor, der Roller F48. Die Leichtmotorräder gab es mit 75 und 125 cm³.
Im Januar 1952 erreichte Andrea Bottigelli auf einer 75er Alpino mit Spezialverkleidung über den Fliegenden Kilometer eine Geschwindigkeit von mehr als 128 km/h. Im gleichen Jahr brach eine Alpino mit 75 cm³ Hubraum und einer merkwürdigen eiförmigen Verkleidung die beiden Weltrekorde über die Fliegende Meile (92,18 km/h) und den Fliegenden Kilometer (129 km/h). Weitere Rekorde stellten Tamarozzi, Cagnazzi, Pennati und Sozzani auf, im Sattel einer 50er Alpino, die eine Höchstgeschwindigkeit von 82,216 km/h erreichte. Bei diesen Wettkämpfen wurde in Monza auch ein von Nino Mellone entwickeltes neues 75 cm³-Alpino-Leichtkraftrad mit Viertaktmotor und obenliegender Nockenwelle getestet.

Altea mit freier Hinterradschwinge, 1939.

In den Jahren 1954-55 verwendete Alpino praktisch ausschließlich Zweitaktmotoren. Nur das Leichtmotorrad 175 4T, das eine Höchstgeschwindigkeit von 100 km/h erreichte, war ein Viertakter. Ihr stehender Einzylindermotor verfügte über 174 cm³ Hubraum, über Stoßstangen und Kipphebel gesteuerte Ventile, Vierganggetriebe und eine Fußschaltung.
Für Rennen baute Alpino eine 74 cm³-Maschine mit zwei über Zahnräder angetriebenen obenliegenden Nockenwellen, Vierganggetriebe, einem offenen Doppelschleifenrahmen, Telegabel und Hinterradschwinge mit Teleskopfederbeinen. Die Maschine kam auf eine Höchstgeschwindigkeit von 120 km/h. 1956 entstanden ein 75 cm³-Motorroller mit Zweitaktmotor und die Dreirad-Lieferwagen Alpe mit 50 cm³ und Golia mit 175 cm³. Das 125 cm³-Leichtmotorrad wurde in zwei Versionen verkauft: mit 14 und mit 19 Zoll-Rädern. 1957 war das Motorfahrrad T48 mit 49 cm³-Viertaktmotor und Dreiganggetriebe im Angebot: Es kam ohne Pedale aus und bestach durch ein besonders gelungenes Design. 1959 offerierte das Werk zudem einen 75 cm³-Motorroller mit hohen Rädern, dem ein 50 cm³-Miniroller folgte.

Alta

Dieser kleine englische Hersteller baute zwischen 1968-71 Moto-Cross- und Trial-Maschinen, die mit luftgekühlten Suzuki-Einzylinder-Zweitaktmotoren bestückt waren. Die Hubräume reichten von 49 cm³ über 98 cm³ und 124 cm³ bis zu 130 cm³. Die produzierten Stückzahlen blieben allerdings gering. Als der Firmeninhaber frühzeitig verstarb, wurde die Produktion eingestellt.

Altea

Kurz vor Beginn des Zweiten Weltkriegs konstruierte der Ingenieur Alberico Seiling, Gründer der Motorradfirma MAS (Motocicli Alberico Seiling), ein interessantes und originelles Gebrauchsmotorrad: die Altea in klassisch klarem Design. Sie wurde 1939-41 in einer Werkstatt hergestellt, die Seiling in

Mailand eingerichtet hatte. Sie besaß einen Viertaktmotor mit einem stehenden Zylinder, 196 cm³ Hubraum und über Stoßstangen und Kipphebel gesteuerten, im Zylinderkopf hängenden Ventilen. Zylinder und Zylinderkopf waren in einem Stück gegossen, die Ventile lagen teilweise frei, das Ventilspiel konnte mit Hilfe der Deckel eingestellt werden.
Das Getriebe hatte drei Gänge, geschaltet wurde von Hand. Der Rahmen wurde durch eine Hinterradschwinge mit zentral stehendem Einzelfederbein und durch eine Gabel mit Trapezfederung gefedert. Primär- und Sekundärantrieb erfolgten über Ketten, wobei die Kette für den Primärtrieb von einem Aluminiumgehäuse umhüllt war. Eine Bosch-Lichtmaschine mit hoher Leistung versorgte die elektrische Anlage.
Die Altea erreichte eine Höchstgeschwindigkeit von 75 km/h. Sie wurde damals für den denkwürdigen Preis von 3800 Lire verkauft. 1940 rüstete die Firma Altea mit demgleichen Motor einen Dreirad-Lieferwagen aus. Bei Kriegsausbruch wurde die Produktion eingestellt.

Alter

Diese französische Firma produzierte in den Jahren 1955-56 zwei Zweitaktmotoren mit 49 beziehungsweise 70 cm³ Hubraum und Zweiganggetriebe, die in verschiedene Motorfahrräder eingebaut wurden. Die Produktion erreichte keine großen Stückzahlen.

AMAG

Nur knapp zwei Jahre lang, von 1924-25, stellte die kleine Firma AMAG in Berlin Leichtmotorräder her. In den Rahmen baute sie 149 cm³-Einzylinder-Zweitaktmotoren von Bekamo.

Amazonas

Brasilianischer Motorradhersteller mit Sitz in Manáus, der das Superbike AME 1600 produziert. Das interessanteste technische Merkmal dieser Maschine ist ihr Vierzylinder-Viertakt-Boxermotor, der aus dem VW Käfer stammt. Der Hubraum beträgt 1581 cm³, das Verdichtungsverhältnis 7,2:1. Die Gemischaufbereitung erfolgt durch zwei 32 mm-Solexvergaser; das Motorrad verfügt über Batteriezündung und Naßsumpfschmierung mit Ölkühler.

Ambassador Electra 75 von 1960.

Die AME 1600 ist mit einem Vierganggetriebe ausgerüstet und hat zudem – als bemerkenswerte technische Variante – einen Rückwärtsgang; der Radantrieb erfolgt über Kette. Vorne hat die AME 1600 eine hydraulisch gedämpfte Telegabel, an der Hinterradschwinge befinden sich zwei hydraulische Federbeine. Radstand: 1670 mm; Breite: 800 mm; Gewicht: 335 kg; Höchstleistung: 68 PS bei 4600 U/min; maximales Drehmoment: 130 Nm bei 3200 U/min; Verbrauch: 10 Liter pro 100 Kilometer. Die AME erreicht eine Spitzengeschwindigkeit von 175 km/h und wird heute von den Motorradstreifen der brasilianischen Polizei gefahren.

AMBAG

Die kleine Firma AMBAG produzierte 1923 in Berlin Motorräder mit einfachen Fahrgestellen und seitengesteuerten Einzylinder-Viertaktmotoren mit 155 cm³ Hubraum, Fabrikat Gruhn.

Ambassador

Der bekannte Rennfahrer Kaye Don gründete diese englische Motorradfabrik. 1948 produzierte Ambassador ein Modell mit einem stehenden Villiers-Einzylinder-Zweitaktmotor mit 197 cm³ Hubraum, im Motorgehäuse integriertem Dreiganggetriebe, Starrahmen und Parallelogrammgabel aus Preßstahl.
In den folgenden Jahren erfuhr das Modell kaum Veränderungen. 1951 waren drei Versionen auf dem Markt: die Supreme mit gefedertem Fahrwerk und Teleskopgabel, die Embassy mit Starrahmen und Teleskopgabel und die Popular mit Starrahmen und Parallelogrammgabel aus Preßstahl. Bis 1953 blieben alle diese Modelle unverändert im Programm. 1957 erschienen dann Leichtmotorräder und Motorräder, die weiterhin von 150, 200 und 250 cm³-Villiers-Einzylinder-Zweitmotoren sowie 250 cm³-Zweitaktern mit zwei stehenden Zylindern angetrieben wurden. Die Supreme, ein Zweitaktmodell von sehr ansprechendem Äußeren, wurde 1958 überarbeitet und erhielt die Bezeichnung Super 8.
1959 erweiterte man die Palette um ein neues Modell: Die Three Stars Special trug in einem teilverkleideten Rahmen einen 200 cm³-Villiers-Zweitaktmotor.
1960 erschien ein Roller mit Vierganggetriebe und einem 173 cm³-Villiers-Motor mit Gebläsekühlung. In demselben Jahr wurde die Electra 75 vorgestellt: Sie besaß einen stehenden Zweizylinder-Zweitaktmotor von Villiers mit 249 cm³ Hubraum, Vierganggetriebe, Rohrrahmen mit Heckverkleidung, Teleskopgabel und Hinterradschwinge. Die Electra war das erste englische Motorrad mit elektrischem Anlasser. Motorräder mit Villiers-Motoren wurden bis in die frühen 60er Jahre hergestellt. Ende 1962 erwarb D.M.W. Motor Cycles Limited die Produktionsrechte für Ambassador-Motorräder. Die Produktion wurde 1964 eingestellt.

AMC (Allied Motor Corporation)

Amerikanische Firma mit Sitz in Chicago, Illinois, die 1912-15 vor allem eine 980 cm³-Zweizylinder-V-Maschine baute, deren charakteristisches Merkmal eine Parallelogrammgabel mit zentraler Feder war. Diese US-Firma hatte nichts mit der gleichnamigen englischen AMC-Gruppe zu tun, zu der die Marken AJS, Matchless und Norton gehörten. Auch bestand keinerlei Verbindung mit den französischen Ateliers de Mécanique du Centre (AMC), die Einbaumotoren herstellten.

AMC (Ateliers de Mécanique du Centre)

Die französischen Ateliers de Mécanique du Centre produzierten 1942 ihren ersten AMC-Einbaumotor. Es handelte sich um

einen 99 cm³-Viertakter mit Dreiganggetriebe und Radantrieb über Kette. Im folgenden Jahr erhöhte man den Hubraum auf 108 cm³, 1945 auf 125 cm³ mit neuem Vierganggetriebe. 1948 entstand ein 118 cm³-Motor mit Dreiganggetriebe, dem 1949 ein ebenfalls mit drei Gängen ausgerüsteter 123 cm³-Motor sowie ein 170 cm³-Motor mit vier Gängen folgten.
Ende 1953 präsentierten die Ateliers de Mécanique du Centre einen weiteren neuen Motor, einen 250 cm³-Viertakter mit obenliegender Nockenwelle und in einem Motorgehäuse integrierten, fußgeschaltetem Vierganggetriebe. Er erbrachte eine Leistung von 13 PS bei einer Drehzahl von 5500 U/min. Es gab ihn als 250 cm³-Sportversion und als 350 cm³-Modell. In demselben Jahr standen zudem folgende Motoren auf dem AMC-Programm: 125, 150 und 175 cm³-Viertakter mit im Zylinderkopf hängenden Ventilen, untenliegender Nockenwelle und Vierganggetriebe.
1955 kam der 99 cm³-Mustang-Zweitaktmotor heraus, aus dem man im folgenden Jahr zwei 125 cm³-Motoren mit Drei- und Vierganggetriebe entwickelte. Sie hatten einen ebenfalls liegenden Gußzylinder mit einem Kopf aus Leichtmetall und erhielten die Typenbezeichnungen Isard und Elan.
1957 baute AMC weitere 99 und 125 cm³-Zweitaktmotoren sowie 125 und 175 cm³-Viertakter mit einer untenliegenden Nockenwelle. Auch die Produktion von 250 cm³-Viertaktmotoren mit obenliegender Nockenwelle wurde fortgesetzt. Mit AMC-Einbaumotoren wurden eine ganze Reihe Motorräder der verschiedensten Marken ausgerüstet, die in den 50er Jahren auf dem Markt waren.

American

Die Firma American in Chicago produzierte zwischen 1911-14 Ein- und Zweizylinder-Viertaktmaschinen. Besonders verbreitet waren die 550 cm³-Einzylindermaschinen mit einer Leistung von 4 PS. Es ist heute nicht mehr rekonstruierbar, ob diese Firma möglicherweise mit der ebenfalls in Chicago ansässigen AMC (Allied Motor Corporation) in Verbindung stand.

American-X

Diese Marke hatte nichts mit der oben genannten American aus Chicago zu tun. Es handelte sich vielmehr um Maschinen der amerikanischen Firma Excelsior, die in den 20er Jahren nach Großbritannien exportiert wurden. Man bot die 996 cm³-V-Zweizylinder dort unter dem Namen American-X an, um Verwechslungen und markenschutzrechtliche Probleme mit der in Birmingham gebauten einheimischen Excelsior zu vermeiden. Die American-X-Maschinen wurden 1910-30 produziert.

Ami

Die deutsche Firma Auto-Motoren-Industrie GmbH, mit Sitz in Berlin-Schöneberg, produzierte 1921-25 einen obengesteuerten 49 cm³-Fahrradhilfsmotor. Dieser 1 PS starke Motor hatte zwei Gänge und war vor den Pedalen eingebaut.

AMMON

Berliner Hersteller, der 1923–25 Motorräder anfertigte, die zum Teil mit geschweißten Tankrohrrahmen geliefert wurden. Eingebaut wurden obengesteuerte 125 cm³-Einzylinder-Viertaktmotoren von Paqué und Motoren von DKW, Bekamo und Baumi.

AMO

Das AMO-Leichtmotorrad wurde zwischen 1922-24 in München gebaut. Es handelte sich dabei um ein bezeichnendes Beispiel für die ungenügende Leistung der ersten Motoren jener Zeit. Tatsächlich leistete der 146 cm³-Zweitaktmotor nur 0,88 PS bei 2400 U/min.

Amo

In Berlin ansässige deutsche Firma, die 1950-54 Mopeds mit eigenen 48 cm³-Zweitaktmotoren produzierte.

AMR

Diese kleine italienische Firma mit Sitz in Casarza Ligure bei Genua baute 1970-83 Moto-Cross-Maschinen mit einem Hubraum von 125 bis 350 cm³. Die Sachs-Motoren erbrachten Leistungen bis zu 24 PS in der 125 cm³-Klasse, bis 30 PS bei den 175 cm³-Maschinen, bis 35 PS bei 250 cm³ und schließlich bis 36 PS in der 350 cm³-Klasse. Die Rahmen dieser Marke waren aus Chrom-Molybdän-Vanadium-Rohren gefertigt.

AMS

Im spanischen Málaga ansässige Motorradfabrik, die 1954 bis Mitte der 60er Jahre produzierte. Die dort hergestellten AMS-Zweitaktmaschinen waren mit Hispano-Villiers-Motoren mit 125, 198 und 248 cm³ Hubraum ausgerüstet. Daneben baute AMS auch einen stehenden 247 cm³-Zweizylinder. Die AMS-Modelle zeichneten sich durch ihr besonders modernes Design aus. Einige Typen besaßen Schwinggabeln, andere herkömmliche Teleskopgabeln.

Beispiele für den Wettkampfeinsatz der Ancillotti-Maschinen.
Oben: Eines der ersten Modelle aus dem Jahr 1968. Ausgerüstet mit einem 60 cm³-Beta-Motor, war das Motorrad auch in einer Moto-Cross-Version erhältlich.
Unten: Eine besonders für Bergrennen geeignete Ancillotti von 1967 mit einem 60 cm³-Minarelli-Motor.

Ancillotti

1931 hatte sich Gualtiero Ancillotti, ein Techniker aus Florenz, auf Wartungsarbeiten an Harley-Davidson-Motoren spezialisiert, eine Tätigkeit, der der Ausbruch des Zweiten Weltkriegs ein Ende setzen sollte.
Erst viele Jahre später kehrte er in die Welt der motorisierten Zweiräder zurück. Gemeinsam mit seinen beiden Söhnen Piero und Alberto, die bei ihm gelernt hatten, widmete sich Ancillotti ab 1963 dem Bau von Lambretta-Rollern. 1967 ging er zur Herstellung verschiedener Leichtmotorräder über, darunter auch jene, die unter der Marke

Beta-Ancillotti auf den Markt kamen.
Die Firma hatte sich bereits zwei Jahre später einiges Ansehen erworben, die Markenbezeichnung wurde in Ancillotti Scarab umbenannt. Im Handel erschienen 50 und 75 cm^3-Zweitaktmaschinen, die für Moto-Cross- und Geländesport-Wettbewerbe bestimmt waren. Von den 70er Jahren an widmete sich Ancillotti in seiner kleinen Fabrik in Sambuca Val di Pesa bei Florenz verstärkt dem Bau von Off-road-Motorrädern. Die wichtigsten Modelle stellte er auf verschiedenen Mailänder Salons vor.
1973 entstand die Scarab C 125 mit ABS-Kotflügeln, konischen Naben und Aluminiumfelgen. Sie war ausgerüstet mit einem Einzylinder-Zweitaktmotor von Sachs, Sechsganggetriebe und elektronischer Zündung. Die Motorleistung betrug 19,2 PS bei 8500 U/min.
Aus dem Jahr 1975 stammt ein Geländesport-Modell (Regolarità-Ausführung). Ebenfalls mit einem Sachs-Motor ausgestattet, hatte es einen Hubraum von 50 cm^3, Fünfganggetriebe und eine hydraulisch gedämpfte Teleskopgabel. Bemerkenswert war auch die Silent-Block-Hinterradaufhängung.
1977 wurde die CT 125 Trial Competition vorgestellt. Den Motor hatte Franco Morini entworfen (Bohrung und Hub 54 x 54 mm), er erbrachte eine Leistung von 10 PS bei 5500 U/min; die Maschine verfügte über eine elektronische Dansi-Zündung, einen 22 mm-Dell'Orto-Vergaser und ein Fünfganggetriebe. Das Fahrgestell bestand aus einem unten offenen Doppelschleifenrohrrahmen, einer Marzocchi-Gabel mit 160 mm Federweg und Magnesiumtauchrohren, fünffach verstellbaren Paioli-Federbeinen sowie Trommelbremsen.
Im gleichen Jahr entstand die CRN 250 mit einem Hiro-Motor, der bei 9200 U/min 36 PS leistete. Sie besaß einen Doppelschleifenrohrrahmen aus Chrom-Molybdän-Stahl und eine Marzocchi-Gabel mit Tauchrohren aus einer Magnesium-Legierung, die einen Standrohrdurchmesser von 35 mm und einen Federweg 280 mm aufwies, außerdem Grimeca-Bremsen.
1979 kam die CRH 125 Cross heraus. Sie hatte einen wassergekühlten Hiro-Motor mit 28 PS bei 10500 U/min, eine elektronische Zündung mit Zündverstellung und ein Gewicht von 92 kg. Von der CRH exisitierte eine 50 cm^3-Moto-Cross-Version mit einem Franco-Morini-Motor, elektronischer Motoplat-Zündung, Sechsganggetriebe und einer Motorleistung von 14 PS bei 11500 U/min sowie Marzocchi-Federelementen.
Zwei überaus interessante Neuvorstellungen auf dem Mailänder Salon von 1981 waren die 250 Enduro und Cross 125 H_2O. Die Enduro wurde von einem membrangesteuerten 246 cm^3-Villa-Motor mit Sechsganggetriebe angetrieben. Die neue Marzocchi-Gabel hatte gepreßte Aluminiumtauchrohre mit Teflonbuchsen, um die Reibung gering zu halten, einen Standrohrdurchmesser von 40 mm und einen Federweg von 300 mm. Das Hinterrad wurde von einer Aufhängung mit Corte-e-Cosso-Zentralfederbein geführt. Die Cross 125 H_2O war dagegen mit einem wassergekühlten Tau-Ancillotti-Motor ausgerüstet. Der Kühler saß unter dem Tank und große Luftzuleitungen verbesserten die Kühlung. Die Motorleistung betrug 30 PS bei 10500 U/min. Die „Pullshock" genannte Hinterradaufhängung bestand aus einer Schwinge, die aus einer Alumiumlegierung gefertigt war, und einem patentierten Zentralfederbein.
Ancillottis letzte Neuvorstellung auf dem Mailänder Salon war eine 50 cm^3-Enduro-Maschine von 1983, die aus der Regolarità-Geländesport-Ausführung entwickelt worden war: eine weniger spezialisierte Version, bei der man größeren Wert auf die äußere Form als auf die technische Substanz gelegt hatte.

Oben: Ein Modell von 1972 mit einem 125 cm^3-Moto-Cross-Motor von Sachs.
Mitte: Ancillotti 125, Ausführung Regolarità, 1977.
Unten: CRH 250 von 1981.

Die Enduro war mit Blinkern und Gepäckträger versehen und fuhr auf weniger grobstolligen Reifen. Eine interessante Lösung bei diesem Motorrad war auch hier die „Pullshock"-Hinterradaufhängung mit einzelnem zentralen Federbein. Die Geländesport- und Moto-Cross-Ancillotti-Maschinen mit Hubräumen von 50 bis 250 cm^3 wurden bis 1983 produziert.

Ancon

Die Ancon, ein 1958 in Argentinien hergestelltes Motorrad, war mit einem Sachs-Zweitaktmotor mit 100 cm³ Hubraum ausgerüstet. Sie besaß einen schleifenförmigen Rohrrahmen sowie Teleskopgabel und Hinterradschwinge.

Ancora

Ancora-Leichtmotorrad, 1926.

Die italienische Firma Ancora war ursprünglich als Fahrradfabrik unter dem Firmennamen Tacchini & Pracchi gegründet worden und hatte ihren Sitz in Mailand. 1923 stellte sie ein mit einem 147 cm³-Villiers-Zweitaktmotor ausgerüstetes Leichtmotorrad vor, von dem es in der Folgezeit eine Touren- und eine Sportversion geben sollte.
1924 kam ein neues Modell auf den Markt, das einen 247 cm³-Zweitaktmotor von Villiers trug, während 1925 der Katalog des Vorjahres beibehalten wurde. Die Maschinen wurden nur geringfügig überarbeitet. 1926 entstand eine 122 cm³-Zweitaktmaschine, zu der sich noch zwei weitere Zweitakter mit 172 und 247 cm³ Hubraum gesellten.
Ancora verwendete ausschließlich Einbaumotoren der englischen Firma Villiers. Spitzenmodelle von 1927 waren eine 175 und eine 250 cm³-Maschine in einer Normal-, Sport- und Rennversion; alle Maschinen hatten ein Dreiganggetriebe. 1928 erschien eine 122 cm³-Maschine, der zwei Leichtmotorräder mit 147 und 172 cm³ Hubraum folgten. Die Palette vervollständigten zwei Modelle mit 250 und 350 cm³ Hubraum, die ebenfalls Villiers-Zweitaktmotoren und Dreiganggetriebe besaßen.
Der italienische Rennfahrer Raffaele Alberti erzielte zahlreiche sportliche Erfolge auf einer Ancora mit einem Brooklands-Motor.
1931 baute die Firma einen 175 cm³-Motor von Villiers in ein Ancora-Leichtmotorrad mit Dreiganggetriebe ein; das Modell wurde unverändert bis 1933 produziert.
Der Katalog von 1934 umfaßte Zweiräder verschiedener Hubraumklassen (175, 200, 250 und 350 cm³), die nach wie vor Villiers-Motoren trugen. 1936 produzierte Ancora nur ein einziges Modell, eine 250 cm³-Zweitaktmaschine. Noch in demselben Jahr wurde die Fabrik von Dei übernommen. 1940 kam eine Ancora 175 cm³-Zweitakt-Maschine heraus, die mit Parallelogrammgabel und Teleskopfederbeinen ausgerüstet war.

André

Über diese zu Beginn der 20er Jahre in Frankreich gebauten Leichtmotorräder ist heute nur sehr wenig bekannt. Man weiß lediglich, daß die Maschinen von 175 cm³-Zweitaktmotoren sowie von 249 und 337 cm³-Viertaktmotoren angetrieben wurden.

Andrean

Ausgesprochen eigenwillig war ein Motor, den der Franzose Andrean Ende 1924 entwarf. Der stehende Einzylinder-Viertakter hatte im Zylinderkopf hängende Ventile. Am Ende des Arbeitstaktes wurde eine Auslaßöffnung von dem Kolben geöffnet. Der Zylinder war gegenüber der Kurbelwelle versetzt. Das Pleuel stand nicht direkt, sondern indirekt über ein weiteres kleines Pleuel mit der Kurbelwelle in Verbindung. Ein zweites kleines Pleuel war mit einer zweiten Kurbelwelle verbunden, die sich halb so schnell wie die Hauptkurbelwelle drehte. Auf diese Weise variierte der Hub des Kolbens in den verschiedenen Phasen ganz beträchtlich.
In groben Zügen geschildert, funktionierte dieser Motor folgendermaßen: Wenn sich der Kolben zu Beginn des Ansaugtakts am oberen Totpunkt befand, blieb zwischen dem Kolben und dem Zylinderkopf kein Zwischenraum frei, da es keinen wirklichen Brennraum gab. Die Auslaßöffnung blieb übrigens geschlossen.
Wenn sich der Kolben nun – noch immer in der Ansaugphase – bis zum unteren Totpunkt senkte, blieb die Auslaßöffnung ebenfalls verschlossen. Der Kolben hob sich wieder, aber nur bis zu einem zweiten oberen Totpunkt. Der dort entstandene Raum zwischen Kolben und Zylinderkopf bildete nun sozusagen den Brennraum, in dem das Benzin-Luft-Gemisch verdichtet wurde. Die Auslaßöffnung blieb dabei weiterhin geschlossen. Wenn sich die Mischung entzündete, senkte sich der Kolben und führte seinen Arbeitstakt aus. Er unterbrach diesen aber nicht am ersten unteren Totpunkt, sondern erreichte einen noch um einiges tiefer liegenden zweiten unteren Totpunkt. Nun wurde die Auslaßöffnung schließlich freigegeben, durch die ein Teil der verbrannten Gase austrat. Der endgültige Gasausstoß erfolgte beim Hub des Kolbens bis zum höchsten oberen Totpunkt.
Andrean strich hervor, daß sein Motor, der praktisch über einen Arbeitstakt verfügte, der zweieinhalbmal so lang war wie der Ansaugtakt, den gesamten Kolbenschub ausnutze und darüber hinaus – dank der zusätzlichen Auslaßöffnung – die gesamten verbrannten Gase vollkommen ausstieße. Der Andrean-Motor hatte einen Hubraum von 225 cm³ und erreichte eine Leistung von rund 10 PS. Er war nicht sehr erfolgreich und wurde wohl nie in Serie produziert.

Andrees

Ein kleiner, aber renommierter deutscher Motorradhersteller mit Sitz in Düsseldorf. Die Firma baute 1923-26 Maschinen von sportlichem Aussehen, die sie mit Bradshaw-, MAG-, Blackburne- und JAP-Motoren ausrüstete. Ab 1928 stellte Andrees auch Zweitakter mit 198 cm³ her. Produktionsstätte war nun ein neues Werk in Arnsberg in Westfalen, das man aufgrund der erfolgreichen Verkaufsergebnisse eröffnet hatte.

Anelay

Ein 1955 von John Anelay produzierter Rennmotor. Es handelte sich um einen stehenden Einzylinder-Zweitaktmotor, der einen Hubraum von 123 cm³ und eine Drehschiebersteuerung besaß. Der Antrieb des Drehschiebers erfolgte über eine vertikale Kette. Konstrukteur dieses Motors war Hector McMillan.

Anglian

Anglian war eine zu Beginn unseres Jahrhunderts überaus bekannte Motorradmarke. Die ersten Maschinen waren mit 2,5 PS-Anglian-Motoren, aber auch mit 2,75 PS-De-Dion-Bouton- sowie MMC-, Fafnir- und Saroléa-Einbaumotoren ausgerüstet. Die späteren Modelle besaßen Motoren von JAP und Blumfield. Im Gegensatz zu den zahlreichen kurzlebigen Motorradmarken jener Epoche konnte sich die Anglian über einen relativ langen Zeitraum, nämlich 1903-12, auf dem Markt behaupten.

Alessandro Anzani auf seinem berühmten Propeller-Motorrad, mit dessen Hilfe er das Verhalten des Propellers erforschte. Die Experimente dienten der Entwicklung von Flugmotoren.

Anglo-Dane

1912 in Dänemark gegründet, produzierte die Firma bis 1914 Zweiräder, in die sie englische JAP- und Villiers-Motoren einbaute. Der Name weist bereits darauf hin, daß es sich hier um eine deutlich am englischen Vorbild ausgerichtete Motorradmarke handelte.

Anker

Dieser deutsche Motorradhersteller mit Sitz in Bielefeld baute schon vor dem Zweiten Weltkrieg Zweiräder, doch der Namenszug Anker erschien erst ab 1949 auf dem Tank der Maschinen.

Anker verwendete Sachs- und Ilo-Zweitaktmotoren mit Hubräumen von 98 bis 250 cm³. Im Jahr 1952 änderte sich der Markennamen in Pamag, da die Firma Paderborner Maschinenbau AG die Ankerwerke und deren gesamte Produktion übernommen hatte, mit Ausnahme der Mopeds, die noch bis 1958 in Bielefeld produziert wurden.

Antoine

Im belgischen Liège (Lüttich) ansässige Motrorradfirma der frühen Jahre. Antoine produzierte eigene Motoren, vor allem 3, 3,5 und 4 PS starke Einzylinder. Daneben umfaßte die Herstellungspalette auch 4,5 und 5 PS leistende Zweizylindermotoren. Die 1900 gegründete Firma, die unter anderem Auto- und Flugzeugmotoren herstellte, bestand etwa bis 1910.

Anzani

Alessandro Anzani (1879-1956), Planer, Konstrukteur und Rennfahrer aus Mailand, gehörte nicht nur zu den Pionieren auf dem Gebiet von Motorrad und Automobil, sondern auch im Bereich der frühen Luftfahrt. Er war ein genialer Techniker und trug grundlegend zur Entwicklung des Motorenbaus bei, wobei er bemerkenswerte technische Lösungen erdachte, die später von anderen Konstrukteuren übernommen wurden.

Der leidenschaftliche Motoren- und Maschinenenthusiast verließ zu Anfang unseres Jahrhunderts seine italienische Heimat und ging nach Frankreich. In Paris fand er eine Stellung bei Buchet, einem Motorradkonstrukteur, der sich vor allem auf den Bau von großvolumigen Rennmotoren spezialisiert hatte. Anzani arbeitete als Werksfahrer, war aber auch in der Werkstatt ein geschätzter Mitarbeiter und überaus geschickt im Umgang mit den Motoren der von ihm gefahrenen Rennmaschinen.

1906 verließ Anzani Buchet, um sich selbständig zu machen. Auch seine Rennfahrertätigkeit opferte er dem Motorenbau. Möglicherweise war das erste von Anzani gebaute Motorrad mit einem Dreizylinder-V-Motor schon 1904 entstanden, J.A. Sheldon dagegen meint, Anzani habe es erst 1907 konstruiert, nachdem er sich bereits selbständig gemacht hatte.

1907 begann sich der Italiener für die Luftfahrt zu interessieren, die damals noch in den Kinderschuhen steckte. Aus dem erwähnten Dreizylinder-Motorradmotor entstand schließlich zwei Jahre später sein erster Flugzeugmotor.

Dieser luftgekühlte Anzani-Motor steckte in dem Eindecker, in dem der Franzose Louis Blériot am 27.7.1909 in rund 27 Minuten zum ersten Mal den Ärmelkanal überflog. Ein Unternehmen, das zunächst unmöglich erschien, da die Entfernung für ein Flugzeug jener Tage beträchtlich war und es noch keine Motoren gab, die eine ausreichende Sicherheit hätten gewährleisten können. Da hatte sich Blériot schließlich an Anzani gewandt, der ihm seinen 35 PS-Motor anbot.

Bereits 1906 hatte Anzani den Präsidenten des französischen Aero-Clubs, Ernest Archdeacon, kennengelernt. Gemeinsam konstruierten die beiden das berühmte Propeller-Motorrad, mit dessen Hilfe sie das Verhalten des Propellers und die Kraftübertragung bei verschiedenen Drehzahlen untersuchen wollten. Die Experimente dienten der Weiterentwicklung der Flugzeuge, deren Flugverhalten verbessert werden sollte.

Das Propeller-Motorrad von Anzani und Archdeacon soll eine Höchstgeschwindigkeit von rund 80 km/h erreicht haben. Ein wirklich außergewöhnlicher Wert, wenn man bedenkt, welch kurioses Gefährt ihn zustande brachte. Zeitgenössischen Berichten zufolge war das Propeller-Motorrad mit einem längs im Rahmen eingebauten Zweizylinder-V-Motor ohne Gangschaltung ausgerüstet, der eine Leistung von 6 PS lieferte. Die Kraftübertragung erfolgte über einen Riemen vom Motor auf die Propellerwelle. Der Motor soll bei Buchet hergestellt worden sein, wahrscheinlicher ist jedoch, daß er von Anzani selber gebaut worden war.

Man weiß auch von einem anderen in jener Epoche entstande-

nen Anzani-Motorrad, bei dem der Motor im Rahmendreieck lag und der Antrieb über Kette erfolgte. Weitere Einzelheiten über diese Maschine sind leider nicht bekannt.
1923 stellte Claude Temple mit einem von Anzani konstruierten 996 cm³-Zweizylindermotor einen Weltrekord auf, als er einen Schnitt von 175 km/h fuhr, was dem Konstrukteur noch größere Popularität einbrachte.
Anzanis Hauptproduktionsstätte befand sich in Frankreich, in Courbevoie. Aber auch in Italien arbeitete die Fabbrica Motori Anzani auf Hochtouren. Sie hatte ihren Sitz in Mailand. In Großbritannien genoß die British Anzani Motor Company großes Ansehen. Sie stellte nicht nur Motorrad-, sondern auch Flugzeugmotoren her.
1922 kam ein neuer Zweizylinder-Boxermotor mit einem Hubraum von 500 cm³ (Bohrung und Hub 50 x 79 mm), untenliegender Nockenwelle und im Zylinderkopf hängenden Ventilen in den Handel. Dieser Motorentyp wurde zudem in einer seitengesteuerten 750 und 1000 cm³-Version geliefert. Die British Anzani produzierte nach einem Entwurf Anzanis einen 996 cm³-Zweizylinder-V-Motor, der zwischen 1923 und 1926 in zahlreiche Rennmaschinen von Privatfahrern eingebaut wurde. Das Resultat war beachtlich. Ein Ende der 20er Jahre in Frankreich sehr beliebtes Motorrad trug einen 75 cm³-Anzani-Motor. Bemerkenswert ist schließlich, daß die British Anzani 1953 mit einem 250 cm³-Zweitakt-Drehschiebermotor eine Renaissance erlebte und wieder in die Motorradszene Eingang fand. Es handelte sich um einen stehenden Zweizylindermotor mit zwei getrennten Gehäusen. Er besaß eine, für jene Zeit tpyische, zusammengesetzte Kurbelwelle. Der Motor war mit einem Vierganggetriebe ausgerüstet und wurde von 1954 an in Serie produziert.

Apache

Unter diesem Namen produzierte Braun & Beck 1907-11 in Denver eine 597 cm³-Einzylindermaschine mit nach hinten geneigtem Zylinder. In ihrer Bauart ähnelte sie Modellen von Indian, Harley Davidson, Pope und Yale.

Apex

Apex war eine der Marken, die in Deutschland zwischen den beiden Weltkriegen entstand und sich aufgrund der schwierigen wirtschaftlichen Lage nur sehr kurz halten konnte. In Köln ansässig, produzierte die Firma Apex zwei Jahre lang, 1924-26, ausschließlich sportliche Motorräder, insbesondere zwei Typen, die mit 247 cm³ und 348 cm³ großen Blackburne-Zweitaktmotoren ausgerüstet waren.

Apollo

Ab 1951 produzierte die schwedische Firma M. Berlin & Co. AB mit Sitz in Varnamo verschiedende Leichtmotorräder der Marke Apollo. Die ersten Modelle waren mit 123 cm³-Villiers- und 198 cm³-Zündapp-Zweitaktmotoren ausgerüstet. Sie waren wenig originell und besaßen herkömmliche Rahmen. Die 198 cm³-Maschine war eine fast perfekte Kopie der deutschen Zündapp, sogar der Rahmen schien imitiert zu sein.
Im Jahr 1955 stellte Apollo einen Roller mit einem 128 cm³-Motor her, der über Gebläsekühlung, Zweiganggetriebe und Teleskopgabel verfügte. Er war vollverkleidet und sehr ungewöhnlich im Design. Besonders auffallend waren die beiden vorderen Scheinwerfer, die rechts und links neben dem Schutzblech montiert waren. Apollo entwarf auch wieder neue Motorradmodelle, für die Ilo-Motoren verwendet wurden. Doch in den folgenden Jahren verlegte sich die Fabrik immer stärker auf die Produktion von Mopeds, in die 50 cm³-Sachs- und Zündapp-Motoren einbaut wurden. Heute ist die Fabrik der Firma Volvo angeschlossen.

Apollo-Roller mit 128 cm³ von 1955.

Apollo mit 198 cm³.

Aprilia

Es begann in einer engen Werkstatt in Rio San Marino di Scorzé unweit von Venedig. Hier arbeitete 1934 Alberto Beggio, von Beruf Schmied. Er träumte davon, eines Tages Fahrräder zu bauen, doch im Moment mußte er sich mit dem Flicken von Schläuchen begnügen. Kunden hatte er

nicht viele, Geld noch weniger. Nach seinem Wehrdienst sah seine finanzielle Situation noch schlechter aus. Er mußte nicht nur die Schulden seiner Mutter bezahlen, sondern auch noch seine sieben jüngeren Geschwister miternähren.
Im Zweiten Weltkrieg gab es viele Fahrräder, an Arbeit fehlte es nicht. 1946 konnte er schließlich mit seinen Ersparnissen eine kleine, gut eingerichtete Fahrradfabrik eröffnen und die nötigste Einrichtung anschaffen, wie den Holzofen zum Trocknen der frisch lackierten Rahmen.
So begann Beggio mit der Fertigung kleiner Serien, denen er die Namen bekannter, zeitgenössischer Automobile verlieh. Das luxuriöseste Modell hieß Aprilia nach der berühmten Lancia-Limousine. Ihm verdankt die Firma ihren Namen.
Die Zeit des Schläucheflickens lag weit zurück, Beggio entwikkelte einen ungeahnten Geschäftssinn. Er erstand einen kleinen Lieferwagen, lud seine Fahrräder auf und begab sich auf einen Werbefeldzug durch die ganze Provinz Venedig. Darüber hinaus organisierte er Fahrradrennen, die von Jahr zu Jahr beliebter wurden und seine Räder in ganz Italien bekannt machten.
Mit den ersten größeren Gewinnen wollte Beggio seine Fabrik erweitern. Er mietete einen großen Raum in Noale, etwa 30 Kilometer von Venedig entfernt, bemühte sich um eine Genehmigung für den Bau und Verkauf von Fahrrädern, kaufte schließlich die gesamte Anlage und richtete dort eine Werkstatt mit modernen Maschinen ein.
Ende der 50er Jahre war der Name Aprilia bereits in ganz Italien bekannt. Beggios Fahrräder waren auf den Messen in Padua und Mailand zu bewundern. Beggio hatte zu dieser Zeit etwa ein Dutzend Mitarbeiter, darunter auch seinen Sohn Ivan Beggio. Ivan war ein begabter Mechaniker und zudem ehrgeizig: Sein Ziel war es, eines Tages Motorräder zu bauen.
Doch sein Vater wollte von diesen Ideen zuerst nichts wissen. Zum guten Schluß gab er dem Drängen seines Sohnes nach und erstand 1963, kurz nach seiner Ernennung zum „Cavaliere della Repubblica", ein 15000 Quadratmeter großes Grundstück in Noale, wohin er den Firmensitz verlegte. In dem neuen Werk sollten Fahrräder wie auch Motorräder produziert werden.
Trotz schwerer Krankheit eröffnete Beggio 1964 sogar einen Supermarkt und etliche Kaufhäuser, um so seine Produkte direkt an den Mann bringen zu können. Gleichzeitig vergrößerte und modernisierte er seine Fabrik: Mit dem Einsatz von Montagebändern wollte er der stetig steigenden Nachfrage gewachsen sein, die mittlerweile auch aus dem Ausland kam.
1964 kam Aprilias erstes Motorrad heraus, das Ivan zu Ehren seiner Schwester Daniela taufte. Das Design war originell, die Technik konventionell. Interessanter war die „Scarabeo" aus dem Jahre 1967 mit einem 50 cm³-Minarelli-Motor. Auffallend waren die beiden unterschiedlichen Räder: Das Vorderrad war größer als das Hinterrad.
Bei den Jugendlichen war sie sehr beliebt, weil sich die Reduzierungshülse aus dem Vergaser entfernen ließ, die die Geschwindigkeit der Maschine auf offizielle 40 km/h begrenzte. Mit einer größeren Düse konnte man sich eine private Rennversion basteln, die bis zu 100 km/h erreichte.
Ivan erkannte bald, daß die Firma keine Zukunft im Motorradbau hätte, wenn sie weiterhin nur Kopien anderer Maschinen produzierte – denn, abgesehen vom Design, waren die Aprilia-Modelle nicht mehr als Nachbauten. Eine originelle, innovative Technik war gefragt. Ivan begab sich daher nach Bologna, um bei bekannten Firmen Erfahrungen zu sammeln.
In der Folgezeit entstanden bei Aprilia einige äußerst beliebte Modelle: die Grillo zum Beispiel, die besonders für Mädchen gedacht war; die bekannte Colibri; das Eingangmoped Partner und das preisgünstige Luxusmodell Under 21 mit vier Gängen und Morini-Motor. All diese Modelle konnten ebenso wie die Scarabeo „auffrisiert" werden, aber zum Leidwesen der Jugendlichen reagierte die italienische Verkehrspolizei Ende der 60er Jahre schärfer und zog die ihrer Meinung nach nicht mehr verkehrssicheren Maschinen ein.
Das war einer der Gründe, warum der Verkauf von Eingang-Mopeds plötzlich deutlich zurückging – so deutlich, daß sich Ivan Beggio auf die Fertigung von Geländemaschinen verlegte. In dieser Zeit entstanden die Scarabeo Bimbo und die Scarabeo Junior, die neben einigen Cross- und Touring-Versionen bei ihren jugendlichen Käufern derart beliebt waren, daß Ivan sich zum Bau einer „stadtsicheren" 125er verleiten ließ. Doch hier schlug sich sein Mangel an Erfahrung nieder: Als das Modell auf den Markt kam, war es bereits um fünf Jahre veraltet. Dem Unternehmen fehlten gute Ingenieure und Testfahrer.
Dies sollte sich 1975 ändern. Maurizio Roman baute eine 125er in Cross-Version, die Aprilia umgehend in der Jugendklasse testen ließ. Ivan Alborghetti schließlich war der Durchbruch zu verdanken: Der geschickte Cross-Fahrer und Testpilot machte das neue Modell rennreif.
Das Duo Aprilia-Alborghetti war bald weit über Italien hinaus ein Begriff. Beim Großen Preis

Zwei Leichtmotorräder, die in den 70er Jahren äußerst beliebt waren. Links: Aprilia Partner von 1977. Unten: Pop V1.

von Deutschland konnte Aprilia einen hervorragenden zweiten Platz erzielen. Mit ihrer 125-Cross-Version machte sich Aprilia als Hersteller von Geländemaschinen einen Namen. Allein 1976 produzierte das Werk etwa 500 Stück ihrer 125er. Selbst Gaston Rahier, der damalige Weltmeister der 125er-Klasse, soll von dem „neuen Stern am Firmament der Achtelliter-Maschinen“ so begeistert gewesen sein, daß er sich um die Alleinvertretung für Belgien bewarb.

1977 brachte Aprilia dank ihrer auf internationalen Rennplätzen gesammelten Erfahrung eine zweite Version der 125 Cross heraus, die einen Meilenstein in der Geschichte des Unternehmens darstellt. Das Modell hatte einen luftgekühlten Einzylinder-Zweitaktmotor von Hiro, der eine maximale Leistung von 26,5 PS erreichte, ein elektronisches Zündungssystem von Monoplat, sechs Gänge, eine trockene Mehrscheibenkupplung und einen Dell'Orto-Vergaser mit 36 mm Durchmesser.

Der Doppelschleifenrahmen und der verstärkte Lenkkopf machten es besonders robust. Mit den fünffach verstellbaren Federbeinen, den besonders sorgfältig gearbeiteten Aufhängungen und dem über den Motor versetzten Auspuffrohr konnte es sich jeder Bodenunebenheit und Kurve perfekt anpassen.

Die 125er wurde zu einer 250 cm³-Maschine weiterentwickelt, die ebenfalls einen Hiro-Motor besaß. Der Rohrrahmen war jedoch um acht Kilogramm schwerer. Unter Ivan Alborghetti hatte sie dann sogar bei Rennen der höheren Klassen Erfolg. Auch eine 500 cm³-Aprilia machte von sich reden.

Nach ersten Versuchen mit Minarelli- und Sachs-Motoren blieb Aprilia der Firma Hiro lange Zeit treu. Um höhere Leistungen zu erreichen, stieg das Werk später auf den Rotax-Motor um, für den Aprilia die Exklusivrechte erwarb.

Oben: 125 STX von 1984.
Links: Loris Reggiani auf seiner 250er-Rennmaschine.
Unten: Die moderne AF 1 50, 1986.

Derzeit betätigt sich die Firma in vier Bereichen des Rennsports: Trial, Cross, Geländesport und Straßenrennen. Jedem dieser vier Bereiche steht ein Leiter vor, in dessen Verantwortlichkeit es liegt, die Modelle stets wettbewerbsgerecht weiterzuentwickeln.

Die Einteilung in Projekte entspricht dem hohen Innovationsniveau der Branche: Ein Motorrad kann nicht länger als ein Jahr an der Spitze bleiben, ohne ständig überarbeitet und verbessert zu werden. Forschungsaufwand und Investitionen sind gewaltig. Aprilia hat inzwischen ganz auf Computer umgestellt. Mit circa 100 Mitarbeitern und einem Jahresumsatz von 45 Milliarden Lire (rund 65 Millionen Mark) kommt das Unternehmen auf einen Pro-Kopf-Umsatz von 400 Millionen Lire (etwa 560000 Mark) pro Jahr. Die Zahlen sprechen für diese enorm vitale und wettbewerbsfähige Firma.

Mit Geländeveteranen wie Fausto Vergani, auf dessen Konto die ETX 350 und die 600 gehen, und Styling-Spezialisten wie Luciano Bertoncini und Franco Giacometti verfügt Aprilia über hervorragende Techniker.

1987 brachte das Werk etwa 30 Modelle heraus. Auffallend schöne Maschinen in den jeweiligen Klassen sind: die sportliche AF 150 mit Flüssigkeitskühlung, Scheibenbremsen und Kompaktverkleidung, die Tuareg 125, nach afrikanischem Rallye-Muster mit flüssigkeitsgekühltem Zweitakt-Einzylindermotor, der 25 PS bei 9000 Umdrehungen und eine Spitzengeschwindigkeit von über 130 km/h liefert, sowie die elegante Fünfgang-Allround-Version ETX 350 AE, deren Viertakt-Einzylindermotor mit 33 PS bei 7500 Umdrehungen für eine Spitzengeschwindigkeit von 145 km/h sorgt.

Zu den bedeutendsten sportlichen Leistungen der Firma zählen die von Corrado Maddii 1975 bei den italienischen Cross-Meisterschaften errungenen ersten Plätze in der 125er- und in der 500er-Klasse, der Sieg bei der Rallye von Sardinien 1984 mit Andrea Balestrieri und die ausgezeichnete Plazierung von Loris Reggiani bei der Weltmeisterschaft 1985.

Aquila

Unter diesem Firmennamen wurden in Italien ganz verschiedene Motorräder hergestellt. 1926 brachte die Firma Cavani aus Bologna, die italienische Vertriebsfirma von DKW, Leichtmotorräder mit dem Namen Aquila in den Handel, die von 132 cm³-DKW-Motoren angetrieben wurden. Bis 1934 gab es Aquilas mit 250 und 350 cm³ großen Python-Rudge-Motoren. 1935 verschwand die Marke aus Bologna vom Markt. In anderen Quellen heißt es, die Aquila wäre 1927-35 in Turin gebaut worden. Zur Serie gehörten ausgesprochen sportliche Modelle mit 175 cm³ großen Viertaktmotoren und im Zylinderkopf hängenden Ventilen.
Leichtmotorräder unter der Markenbezeichnung Aquila vertrieb auch die Firma Moto Aquila in Rom. Diese Maschinen sind mit den oben genannten nicht zu verwechseln. Sie verließen zwischen 1954-58 die römische Fabrik.

Arab

Einfach gebaute Zweitaktmaschinen, die mit 147 cm³-Villiers-Motoren ausgerüstet waren. Sie wurden 1923-26 in geringer Stückzahl in Birmingham hergestellt.

Arbinet

Einzylindrige Zweitaktmotorräder mit 98, 173, 198, 347 und 497 cm³ Hubraum, die zwischen 1927-34 in Frankreich gebaut wurden.

ARC

In den Jahren 1954-56 in Spanien produzierte konventionell konstruierte Leichtmotorräder, die von 123 cm³-Hispano-Villiers-Motoren angetrieben wurden.

Arco

Die deutsche Firma Arco mit Sitz in Speyer am Rhein baute 1922-27 hauptsächlich Einzylinder-Viertaktmaschinen mit 246 und 346 cm³ Hubraum, untenliegender Nockenwelle, im Zylinderkopf hängenden Ventilen und Wasserkühlung. Der Vergaser war vor und der Auspuff hinter dem Zylinder angeordnet. 1929 folgte ein 498 cm³-Motor mit obenliegender Nockenwelle. Arco produzierte bis 1930.

Ardea

Eine interessante italienische Maschine, die 1928-33 in Cavaria Oggiona, Varese, hergestellt wurde. Die erste Ardea war mit einem liegenden Einzylindermotor mit 175 cm³ Hubraum ausgerüstet. Bis 1930 erfuhr dieses Modell keine wesentlichen Veränderungen. 1931-34 produzierte die Firma eine 250 cm³-Maschine derselben Bauart.

Arden

Arden Motor mit Sitz in Coventry war ein kleiner britischer Automobil- und Motorradhersteller. Die Zweitaktmaschinen waren schlicht konstruiert und besaßen 269 cm³-Villiers-Motoren. Später produzierte Arden auch eigene Zweitaktmotoren gleichen Hubraums. Die Firma bestand 1912-20.

Ardent

In Cannes ansässige französische Firma der 50er Jahre, die vor allem Kleinroller mit 48 und 49 cm³-Zweitaktmotoren herstellte. Sie waren mit Ein- bzw. Zweiganggetriebe versehen und trugen die Bezeichnungen Baby und Azur. 1953 produzierte Arden mit dem Esterel einen weiteren Motorroller, der über 65 cm³ Hubraum verfügte. 1957 mußte diese französische Firma ihre Tore schließen.

Ardie

Deutscher Motorradhersteller aus Nürnberg, der rund 40 Jahre lang, nämlich 1919-58, produzierte. Gegründet von Arno Dietrich, beschränkte sich die Firma zunächst auf die Herstellung einer Einzylinder-Zweitaktmaschine mit einem Hubraum von 350 cm³. Ab 1925 wurde das Angebot um eine ganze Reihe von Modellen erweitert, die mit 250, 350, 500, 750 und 1000 cm³-JAP-Einbaumotoren ausgerüstet waren. Zu Beginn der 30er Jahre baute man in verschiedene Typen auch deutsche Bark- und Küchen-Motoren ein.
1936 widmete sich die Firma ausschließlich der Realisierung eigener Modelle, die 125, 200 und 250 cm³-Zweizylinder- Zweitaktmotoren besaßen. Während des Zweiten Weltkriegs wurde ein quer eingebauter 350 cm³-Zweizylinder mit im Zylinderkopf hängenden Ventilen produziert. Nach dem Krieg ergänzte man das Angebot durch Zweitakter mit 172 und 198 cm³ Hubraum, einen Einzylinder mit 244 cm³ und einen stehenden Zweizylinder mit 344 cm³.

Ardilla

Die spanische Sociedad Anónima Industrias del Plata mit Sitz in Barcelona baute im Jahr 1951 ein 125 cm³-Leichtmotorrad mit einem Zweitaktmotor, der 4,5 PS leistete.

Ardito

Die italienische Firma SIMES in Stradella, Pavia, begann 1952 mit der Produktion von Ardito-Motorrädern mit einem Hubraum von 48 cm³ sowie Leichtmotorrädern mit 125 cm³. Unter derselben Markenbezeichnung stellte man auch 49 und 73 cm³-Hilfsmotoren her. 1953 kamen ein sportliches Leichtmotorrad mit 100 cm³-Zweitaktmotor, ein 175 cm³-Viertaktmodell und ein 49 cm³-Kleinroller mit Vollverkleidung dazu. 1954 wurde die Produktion eingestellt.

Ares

Deutsche Motorradmarke, die 1922-28 bei Heros in Zittau produziert wurde.

Argentre

Die Argentre-Motorräder aus Paris waren mit Einzylinder-Zweitaktmotoren mit Hubräumen von 250 und 350 cm³ sowie 350 cm³-JAP-Motoren ausgerüstet und wurden in den Jahren 1927-32 produziert.

Argeo

Argeo-Maschinen entstanden in den Jahren 1924-27 in Berlin. Eigene 198 und 246 cm³-Einzylinder-Zweitaktmotoren wurden in einfache Rahmen eingebaut.

Ariel

Die Geschichte der englischen Fabrik Ariel steht in engem Zusammenhang mit dem Schicksal eines Motors. Der junge Londoner Ingenieur Edward Turner hatte zu Beginn der 20er Jahre einen revolutionären Vierzylindermotor entwickelt, der durch seine überaus kompakte Bauweise in jedes Fahrgestell eingepaßt werden konnte. Doch das Konzept stieß auf Ablehnung. Nur Jack Sangster, Direktor der in Selly Oak, Birmingham, ansässigen Firma Ariel, gab dem aufstrebenden jungen Mann eine Chance.

Ariel Rennmaschine, 1914.

Zusammen mit seinem Assistenten Herbert Hopwood konzipierte Edward Turner einen wahrhaft sensationellen Motor: den Square Four, einen doppelten 500 cm³-Zweizylinder mit obenliegender Nockenwelle und Kettenantrieb. Der Prototyp hatte ein derart geringes Gewicht, daß man ihn in das Fahrgestell der Ariel 250 cm³-Einzylinder einbauen konnte. Für die Londoner Ausstellung 1930 wurde nach einem robusteren Rahmen gesucht. Das an sich für die Ariel 500 cm³-Einzylinder produzierte Fahrgestell schien wie geschaffen. Dies war die Geburtsstunde der unvergessenen, einzigartigen Ariel Square Four, die zu Ruhm und Ansehen kam. Der Hubraum wurde in den 30 Jahren ihrer Produktion sogar auf 1000 cm³ erhöht.

Die Firma Ariel hatte eine lange Tradition. Nachdem 1870 James Starley und William Hillman das Patent für das erste Speichenrad angemeldet hatten, wurde Ariel für ihre leichten Fahrräder berühmt. 1896 beschloß James Starley, mit der Westwood Manufacturing Company aus Birmingham zu fusionieren. Das neue Werk Starley & Westwood, das unter anderem Fahrradfelgen und -reifen produzierte, war der Ausgangspunkt für die Components Ltd., aus der das bedeutende Ariel-Werk in Selly Oak hervorgehen sollte.

Bereits 1898 ging Ariel zur Produktion motorisierter Fahrzeuge über: Erste Vierradfahrzeuge, in kleiner Serie hergestellt, verließen das Werk. Praktisch handelte es sich um vierrädrige Fahrräder, in die De-Dion-Motoren montiert waren. Denselben Motor besaß ein Dreirad, das ein Jahr später auf den Markt kam. Um 1902 kamen die ersten motorisierten Zweiräder von Ariel in den Handel. Gegenüber den zeitgenössischen Produkten der Konkurrenz waren die Ariel-Maschinen sehr modern: Sie besaßen Kerry-Motoren, eine Magnetzündung und einen Vergaser mit Schwimmer.

Inzwischen hatte Charles Sangster die Firma übernommen, der ein Zweitakt-Leichtmotorrad, die Arielette, zum Patent anmeldete. In der Technik sehr fortschrittlich, hatte sie Merkmale wie Dreiganggetriebe, Kupplung und Pedalstarter. Leider verhinderte der Ausbruch des Ersten Weltkriegs die Realisierung dieses Projekts.

Rund zehn Jahre lang lag der Produktionsschwerpunkt auf dem Automobilsektor. Motorräder wurden in dieser Zeit nicht gebaut. Charles Sangsters Sohn Jack hatte einen luftgekühlten Zweizylinder-Boxermotor für Automobile entworfen, mit dessen Produktion man dann Rover betraute. Für die eigene Firma entwarf Jack den Kleinwagen Ariel Nine.

Oben: Detail der Ariel Red Hunter mit einem 250 cm³-Motor, 1936. Darunter: Ein Ariel Touring-Modell, 1918.

Zur gleichen Zeit wechselte der talentierte Konstrukteur Valentine Page von JAP zu Ariel über und realisierte dort zwei vollkommen neue Modelle: eine 500 cm³-Maschine mit untenliegender Nockenwelle und im Zylinderkopf hängenden Ventilen und ein 557 cm³-Modell mit seitengesteuertem Motor. Die 557er fand bemerkenswerten Anklang und wurde, mehrfach überarbeitet, bis in die 50er Jahre hergestellt. Die Technik dieser Maschinen bot wenig Neues, sie unterschieden sich jedoch im Design wesentlich von den traditionellen Modellen. Neu waren die Position des niedriger angeordneten Lenkers und der verkürzte Radstand. Der Tank hatte ein tropfenförmiges Aussehen und schloß sich direkt an den Sattel an. Diese Bauweise war für damalige Zeiten zwar nicht ungewöhnlich, doch der neue Stil kam beim Publikum so gut an, daß ihn in den folgenden Jahren zahlreiche englische Konstrukteure übernahmen.

Ende der 20er Jahre ergänzte die kleine Colt 250 die Produktpalette der Firma, während Val Pages obengesteuerter 500 cm³-Motor in perfektionierter Form in die neuen Red Hunter Modelle eingebaut wurde. Der Name dieser Serie erschien 1932 zum ersten Mal im Katalog.

Zur Vervollständigung der Ariel-Firmengeschichte darf ein weiterer Pionier nicht unerwähnt bleiben: Harry Perrey. Er war nicht nur einer der berühmtesten Geländefahrer, sondern auch der geborene Geschäftsmann mit einem außergewöhnlichen Gespür für Publicity. Um für die Firma zu werben, überquerte er im August 1929 mit einem Ariel-Motorrad den Ärmelkanal. Die 500 cm³-Maschine war auf ein Floß montiert und trieb einen Schaufelmechanismus an. Das seltsame Gefährt mit dem Namen Flotor Cycle überstand die Hin- und Rückreise unbeschadet und ging in die Geschichte ein.

1931 erschien die Square Four, und bald darauf realisierte der Techniker Sommerville Sikes eine leistungstärkere Version mit rund 40 PS. 1931 nahm Sikes auf dieser Maschine an der Senior Tourist Trophy teil, mußte aber wegen eines Motorschadens aufgeben. Auch dem Fahrer Ben Nickels widerfuhr 1933 mit seiner Square Four ein ähnliches Schicksal, als er beim Rennen um den Motor Cycle Cup ebenfalls wegen eines technischen Defekts zum Rückzug gezwungen wurde.

Harry Perrey, der Werbefachmann, startete erneut einen Werbefeldzug. Er erarbeitete ein Programm, bei dem sieben verschiedene Modelle der Firma sieben verschiedenen Prüfungen unterzogen werden sollten. Das Projekt taufte er den „seven seven test". In der ehrgeizigsten Teilaufgabe des Tests sollte eine 500 cm³-Square Four 700 Meilen in 700 Minuten durchfahren. Tatsächlich legte sie die 700 Meilen in 668 Minuten zurück, was einer Durchschnittsgeschwindigkeit von 100,712 km/h entsprach.

Doch die großangelegte Werbekampagne konnte der wirtschaftlichen Depression in den 30er Jahren nicht entgegenwirken: Ariel mußte den Betrieb 1932 fast völlig einstellen. Jack Sangster investierte sein gesamtes Privatvermögen, womit er die Produktion zumindest teilweise in einem Flügel des großen

Werksgeländes aufrechterhalten konnte. Den restlichen Teil der Anlage verkaufte er, um Kapital zur Verfügung zu haben. Mit der neuen Firmenbezeichnung Ariel Motor JS (JS stand für Jack Sangster) begann die Firma, wenn auch in geringerem Umfang, von neuem Motorräder zu produzieren.
Val Page und Harry Perrey waren zu Triumph übergewechselt, Page ging später zur BSA und kehrte danach zu Ariel zurück. Edward Turner trug zur Sanierung der Firma bei, indem er an einer Verbesserung des Designs von Pages Einzylindermaschinen mitwirkte. Er verwandelte sie durch eine prächtige Tankverzierung und herrliche Instrumente und gab ihnen den letzten Schliff mit der leuchtend roten Lackierung: So entstand die berühmte Red-Hunter-Serie.
Auch die Square Four wurde überarbeitet. Die neue Version von 1937 hatte eine untenliegende Nockenwelle, über Stoßstangen und Kipphebel gesteuerte Ventile und war in zwei Ausführungen, als 600 cm³- und auch als 1000 cm³-Modell, erhältlich. Letzteres hatte eine Leistung von 38 PS bei 5000 U/min.
1939 entwarf Frank Anstey für dieses Motorrad ein ungewöhnliches Federungssystem für das Hinterrad. Grundsätzlich handelte es sich um Teleskopfederbeine, wie sie auch bei der Geradwegfederung verwendet wurden, die jedoch hier durch eine Schwinge ergänzt wurden, so daß sich die Hinterachse in Bogenform bewegte und somit die Kettenspannung konstant hielt. Dieses System war sowohl für die Red Hunter als auch für die Square Four erhältlich.
Mit Ausbruch des Zweiten Weltkriegs trat der Motorradbau der Firma in den Hintergrund, wenngleich ein für Militärzwecke bestimmtes Zweirad, die auf der Red Hunter von 1939 basierende NG 350, gebaut wurde. Nach Beendigung des Kriegs nahm Ariel die Produktion der ebenfalls rotlackierten 350 cm³- Einzylindermaschinen wieder auf. Bald darauf erlebte auch die Square Four 1000 eine Renaissance, während man auf die Produktion der 600 cm³-Version noch verzichtete, um die höchste Produktionskapazität so schnell wie möglich wiederzuerlangen.

Originaldreirad von Ariel mit einem De-Dion-Motor, 1899.

Val Page hatte seinen Posten erneut übernommen und brachte bald darauf eine 500 cm³-Zweizylindermaschine mit stehenden Zylindern heraus; dies ermöglichte es Ariel, mit der Aussage der „einzige Motorradhersteller von Ein-, Zwei- und Vierzylindermodellen zu sein“ zu werben.
Inzwischen war Ariel in die Hände von BSA übergegangen, was sich jedoch in der Produktion nicht bemerkbar machte. Die Firma in Selly Oak war auf dem Weg nach oben. Man verwendete Teleskopgabeln und reduzierte das Gewicht des Square-Four-Motors um 15 kg, indem man den Zylinderkopf aus Leichtmetall fertigte. 1954 führten weitere Änderungen zur Mark II, die auf beiden Seiten mit jeweils zwei Auspuffrohren versehen war. Das Verdichtungsverhältnis wurde auf 7,2:1 gesteigert, die Motorleistung betrug fortan 42 PS bei 5800 U/min.
Das Aus kam jedoch im Jahr 1958. Obwohl es sich um eine phantastische Maschine handelte, benötigte die Square Four dringend eine drastische Überarbeitung, wenn sie auf dem Markt überleben wollte. Doch die Kosten für eine derartige Neuorientierung erwiesen sich gegenüber dem vorgesehenen Verkaufspreis als viel zu hoch.
Deshalb setzte die Firma nun auf eine völlig andersartige Zweizylinder-Zweitaktmaschine: die von Val Page entworfene Leader 250. Der Motorblock war in den vollkommen neu konzipierten Rahmen integriert. Der Motor hatte einen Hubraum von 247 cm³ und eine Leistung von 16 PS bei 6400 U/min. Das Fahrzeug hatte auf beiden Seiten einen abnehmbaren Beinschutz, das Vierganggetriebe war im Motorgehäuse integriert, Rad- und Primärantrieb erfolgten über Kette. Vorne hatte die Leader 250 eine Gabel mit Kurzschwingen, während hinten hydraulisch gedämpfte Federbeine vorhanden waren.
Um die Produktion dieses sehr fortschrittlichen Modells zu realisieren, ging die Firma große finanzielle Risiken ein. Das Publikum schien begeistert von der Leader, die eine Höchstgeschwindigkeit von 113 km/h erzielen konnte, doch der Absatz ließ zu wünschen übrig. So beschloß man notgedrungen, auf Beinschutz und Windschutzscheibe zu verzichten, und produzierte stattdessen die Arrow, die sich gut verkaufen ließ.
Ariel hatte sich von Straßenrennen stets ferngehalten, das Augenmerk der Firma war vielmehr auf die Trial-Wettbewerbe gerichtet. Zu ihren Werksfahrern gehörte ein bemerkenswert erfolgreicher junger Mann aus Ulster: der legendäre Sammy Miller. Das Gewicht des 500 cm³-Trial-Modells von Ariel GOF 132 wurde auf 108 kg reduziert. Miller fuhr lange Zeit für Ariel, seine sportlichen Erfolge trugen viel dazu bei, den Namen der Firma lebendig zu erhalten.
Anfang der 60er Jahre schloß BSA die Ariel-Fabrik von Selly Oaks und verlegte die Produktion in ein Zweigwerk nach Small Heath. 1961 stellte Ariel die Arrow Super Sports 250 vor, eine Sportversion der regulären Arrow mit einer Höchstgeschwindigkeit von 130 km/h. Die Produktion der unverkleideten Arrow und der verkleideten Leader wurde zusammen mit der erwähnten Super Sports bis 1962 fortgesetzt.
1963 realisierte Val Page die Pixie 50, ein kleines Motorrad mit Viertaktmotor und Vierganggetriebe, das eine gewisse Ähnlichkeit mit der Arrow aufwies. 1964 erschien eine leistungsschwächere Version der Arrow mit einem 200 cm³-Motor und 14 PS bei 6000 U/min, Viergangetriebe und 16 Zoll-Reifen. Doch die Nachfrage nach Ariel-Motorrädern ging immer weiter zurück.
1967 präsentierte die Firma noch einmal ein originelles Gefährt: einen Roller auf drei Rädern mit geräumigem Gepäckträger, 49 cm³-Zweitaktmotor mit Gebläsekühlung und nach vorne geneigtem Zylinder. Die Ariel 3, so der Name des Fahrzeugs, erwies sich jedoch als Mißerfolg.
An diesem Punkt angekommen, schien sich die renommierte Marke endgültig von dem Motorradbau verabschieden zu müssen. Val Page unternahm noch einen letzten Versuch, die Fabrik zu retten. Er, der das Pensionsalter bereits erreicht hatte, war der Firma immer treu geblieben. Er konstruierte einen 600 cm³-Vierzylinder-Reihenmotor mit Elektrostarter und Kardanantrieb. Der Motor wurde in einen Ariel-Leader-Rahmen mit seitlichen Schutzblechen eingebaut. Es konnte jedoch nur der Prototyp dieser Maschine realisiert werden, die als Gemeinschaftsprojekt mit der Armee geplant war. Der Viertaktmotor sollte für militärische Zwecke entwickelt und gebaut werden. Hätte man das Projekt durchgeführt, wären die Kosten von der Armee übernommen worden. Doch da die britische Regierung den Militärhaushalt unerwartet und drastisch senkte, kam die Zusammenarbeit nicht zustande. Für Ariel war die Produktion des 600 cm³-Motors für ein einziges Modell jedoch nicht rentabel genug. So ging die 600 cm³-Vierzylindermaschine mit Reihenmotor niemals in die Serienproduktion, und mit ihr schwand die letzte Hoffnung auf ein Überleben dieser alten und renommierten Motorradmarke.

Aristos

Unter dieser Markenbezeichnung wurde auf dem Berliner Salon 1923 ein Motorrad deutscher Fabrikation vorgestellt. Es war mit einem wassergekühlten Zweizylinder-Boxermotor mit 614 cm³ Hubraum ausgerüstet, Zudem hatte das Fahrzeug einen Rahmen aus Preßstahl, Dreiganggetriebe und Kettenantrieb. Doch leider verlor sich bald jede Spur dieser interessanten Erscheinung.

Ariz

Die Firma Armido Rizzetto mit Sitz in Mailand produzierte 1952-54 das Ariz-Motorrad mit einem Hubraum von 48 cm³. Es war mit einem liegenden Einzylindermotor ausgerüstet, der dem Mosquito von Garelli glich. Neben dem kompletten Motorrad bot man den Motor auch separat an. Er konnte in jede Art von Zweirad eingebaut werden. Der Antrieb erfolgte über eine Reibrolle.

Arligue

Französischer Konfektionär, der 1950-53 Zweiräder mit verschiedenen Einbaumotoren herstellte, etwa von Briban, Alter und Le Poulain. Außerdem produzierte die Firma Leichtmotorräder mit Ydral- und AMC-Motoren.

Armis

Die englischen Armis-Motorräder wurden 1920-23 in Birmingham gebaut. Die Modelle folgten einer eher traditionellen technischen Konzeption und waren mit 347 cm³-Precision-Zweitaktmotoren, 298 cm³-Einzylinder- sowie 654 cm³-Zweizylinder-V-Motoren von JAP ausgerüstet.

Armor

1910 in Paris gegründet, war Armor eine Tochter der seinerzeit sehr mächtigen Firma Alcyon. Die Produktpalette von Armor umfaßte dieselben Modelle wie die der Mutterfirma. Dazu gehörten unter anderem Leichtmotorräder mit 98 cm³-Zweitakt- und 173 cm³-Viertaktmotoren. Ende der 20er Jahre wurde eine 498 cm³-Einzylindermaschine in zwei Ausführungen angeboten: mit untenliegender oder mit obenliegender Nockenwelle. 1934 wurde das Werk stillgelegt.
Noch 1945 soll die Firma erneut mit dem Bau von Motorrädern begonnen haben. Zunächst erschien nur ein einziges Modell, eine 100 cm³-Zweitaktmaschine mit Dreiganggetriebe und Kettenantrieb. Dieses Motorrad wurde bis 1947 ohne wesentliche Veränderungen produziert. 1948 ersetzte man es durch eine ganz ähnliche 125er. 1949 erschienen unter der Markenbezeichnung Armor ein 48 cm³-Viertaktmodell mit Zweiganggetriebe und Rollenantrieb und ein 125 cm³-Viertakter mit Vierganggetriebe sowie zwei weitere 125 cm³-Modelle mit Drei- und Vierganggetriebe.
1952 blieb die Produktion unverändert, während 1953 eine Maschine mit 250 cm³-Viertaktmotor und obenliegender Nockenwelle hinzukam. Die letzten bekannten Informationen über diese Marke stammen von 1957, als die Firma Alcyon in Zusammenarbeit mit Armor verschiedene weitere Modelle auf den Markt brachte.

Ascot Pullin von 1928.

Armstrong

In Paddington, Großbritannien, baute Armstrong Cycle Works 1902-05 211 cm³-Minerva-Motoren in Chater-Lea-Rahmen ein. Diese Marke ist nicht mit der gleichnamigen Londoner Firma zu verwechseln, die lediglich in den Jahren 1913-14 einige wenige Exemplare einer Zweitaktmaschine produzierte, die von einem 269 cm³-Villiers- Motor angetrieben wurde.

Arno

Britischer Hersteller, der 1906-14 in Coventry 250, 350 und 500 cm³-Zweiräder baute, die damals wegen ihrer hellgelben Tanklakkierung berühmt waren. Die Motoren hatten seitlich stehende Ventile.

Arrow

Diese in Birmingham ansässige Firma begann 1913 mit der Produktion von Motorrädern. Sie besaßen von F.A. Baker entworfene Precision-Viertaktmotoren sowie 211 cm³-Levis-Motoren. Der Betrieb von Arrow wurde 1917 eingestellt.
Daneben gab es in Chicago zu Beginn des Jahrhunderts einen gleichnamigen US-Hersteller. Die dort produzierten Maschinen besaßen 1,5 PS-Motoren und Dreifachschalldämpfer.
Die amerikanische Firma Arrow schloß bereits 1914 ihre Pforten.

Asahi

Die japanische Firma Myata Works Ltd. in Tokio war schon 1909 auf dem Zweiradsektor aktiv, stellte aber erst nach dem Zweiten Weltkrieg wirklich interessante Maschinen her. Die Asahi HA mit einem Hubraum von 249 cm³ entstand 1955. Sie verfügte über einen Viertaktmotor mit untenliegender Nockenwelle und ein Vierganggetriebe. Aus demselben Jahr stammte die Golden Beam FA/2, ebenfalls mit 249 cm³ Hubraum. Der Viertaktmotor hatte seitlich stehende Ventile und ein Dreiganggetriebe. Die beiden Modelle besaßen den gleichen Rahmen mit Teleskopgabel und Teleskopfederbeinen und wurden bis 1956 unverändert weiterproduziert. In jenem Jahr baute Asahi ein 350 cm³-Modell mit einem stehenden Einzylindermotor mit 344 cm³ Hubraum, untenliegender Nokkenwelle und im Zylinderkopf hängenden Ventilen, Teleskopgabel und Teleskopfederbeinen. 1960 entstand die La 500. Sie besaß einen Zweizylinder-Zweitaktmotor mit 125 cm³ Hubraum, Dreiganggetriebe, Teleskopgabel und eine Hinterradschwinge.

Ascot

Über die Ascot-Maschinen, die 1905-06 in England hergestellt wurden, ist lediglich bekannt, daß sie Minerva- und Antoine-Motoren besaßen.

Ascot Pullin

Von Cyril Pullin entworfen, war die Ascot Pullin eine der modernsten Maschinen ihrer Zeit. Pullin war der Gewinner der berühmten Tourist Trophy des Jahres 1914, Weltmeister in der 500 cm³-Klasse und Konstrukteur der bemerkenswerten Pullin Groom von 1920.
Im November 1928 konnte das Publikum das neue Motorrad auf der Londoner Ausstellung bewundern. Es war mit einem luftgekühlten, liegenden 496 cm³-Einzylindermotor ausgerüstet, die Ventilsteuerung erfolgte über Stoßstangen und Kipphebel. Das Dreiganggetriebe war mit dem Motor verschraubt, der Primärtrieb erfolgte über Zahnräder, und die Trockenkupplung bestand aus 19 Metallscheiben.
Den Preßstahlrahmen hatte man zum Schutz der Beine mit seitlichen Blechen versehen. Ebenfalls aus Preßstahl gefertigt waren die Parallelogrammgabel und der Lenker, in den man die Instrumente integriert hatte. Bei der Serienausstattung durften auch Windschutzscheibe und Fußrasten für den Sozius nicht fehlen. Die Ascot Pullin verfügte über schnell auswechselbare Räder und hydraulische Bremsen, deren Entwurf gleichfalls von Cyril Pullin stammte. Der Kaufpreis für die Maschine belief sich auf 75 Pfund Sterling. 1930 wurde der Motor gründlich überarbeitet, was jedoch den Konkurs der Firma noch in demsel-

ben Jahr nicht mehr aufhalten konnte.

Ashford

Die Ashford-Motorräder, die nach ihrem britischen Produktionsort benannt wurden, entstanden 1900. Viel Aufregendes hatten die Modelle der kleinen Fahrradfirma nicht zu bieten: Motoren britischer Hersteller waren in einfach konstruierte Konfektionsrahmen eingebaut.

A.S.L.

Die im britischen Stafford 1907-15 von der Associated Spring Ltd. gebaute A.S.L. war ein nicht uninteressantes Motorrad. Die Bauweise des Motors entsprach dem Stand der Technik. Eigenwillig und sehr fortschrittlich war der Rahmen: Sowohl Gabel als auch Hinterradschwinge waren bereits mit Teleskopfederelementen ausgerüstet. Durch einen kleinen Kolben wurde dabei die Luft in einem Zylinder komprimiert.

Aspes Cross Junior Special von 1969.

Das System war allerdings nicht vollkommen luftdicht, so daß nach einigen Kilometern die Luft aus den Stoßdämpfern entwichen war und diese mit Hilfe einer herkömmlichen Luftpumpe immer wieder gefüllt werden mußten.
Nach 1913 erfuhr die A.S.L., abgesehen von der Federung des Sattels, die die Hinterradfederung ersetzte, keine Veränderungen mehr.
Das Werk baute auch verschiedene Modelle mit 3,5 und 5 PS, die von Simms-, Precision-, JAP- und Fafnir-Einbaumotoren angetrieben wurden.

Aspes

Der Ursprung der Marke Aspes geht auf das Jahr 1955 zurück, als eine kleine italienische Fabrik, in der Nähe von Gallarate, Varese, mit dem Bau von Motorrädern begann. Die Markenbezeichnung Aspes leitete sich ab von Aspesi, dem Familiennamen der Ehefrau des Inhabers Teodosio Sorrentino. Rund 13 Jahre lang hatte sich die Firma ausschließlich mit der Herstellung von Fahrrädern befaßt, bis sie auch im Motorradbau heimisch wurde.
Für seine Maschinen verwendete das Werk zunächst Minarelli-Motoren. 1969 stellte Aspes mit der Cross Special ein Motorrad vor, das als erste Serienmaschine die berühmte Ceriani-Gabel besaß. 1971 debütierte eine Version der Cross Special auf der Rennpiste, gefahren von Felice Agostini, dem jüngeren Bruder des Weltmeisters Giacomo Agostini.
Auf dem Mailänder Salon von 1971 stellte die Firma den Prototyp einer 125 cm³-Moto-Cross-Maschine vor, die einen Sachs-Motor trug. Die endgültige Version ging 1972 mit dem Namen Apache in Serie und hatte einen Motor der Firma Maico anstelle des ursprünglichen Sachs-Motors. Ende 1972 begann Aspes eigene Gabeln und Motoren zu bauen. Die aus der Verbindung von Aspes und der Firma Consiglio entstandene Firma Asco befaßte sich vor allem mit dem Motorenbau. Besitzer war der renommierte Ingenieur Vito Consiglio, der auf Zweitaktmotoren spezialisiert war.
1973 begann man mit der Auslieferung der ersten 125 cm³-Modelle namens Hopi in der Moto-Cross- und Geländesportausführung Regolarità. Der Zweitaktmotor dieser Maschinen war bei Asco gebaut worden. Die Cross-Version leistete 20 PS bei 8500 U/min und wog 85 kg, während die Regolarità die gleiche Leistung bei 8000 U/min hatte und ein Gewicht von 96 kg aufwies. Auch die hydraulisch gedämpfte Telegabel der Maschinen war ein Aspes-Produkt.
1974 gewann Felice Agostini den zweiten Preis der Italienischen Juniorenmeisterschaft in der 125 cm³-Klasse. Im folgenden Jahr siegte Dario Nani auf einer Aspes bei dem gleichen Wettbewerb. 1976 setzte sich die Reihe der sportlichen Triumphe mit einem sensationellen dritten Platz beim Großen Preis von Spanien fort, den Corrado Maddii für Aspes errang.
1976 beschloß die Firma, ihr Angebot um verschiedene Straßenmaschinen zu erweitern. Sie begann mit einem Modell für den französischen Markt, das später

Michele Verrini auf der Aspes Apache, 1972.

auch in Italien verkauft wurde: die Juma 125, ein sportliches Motorrad mit ausgezeichneten Leistungen.
1977 ergänzte das Werk die Palette durch einige wirtschaftliche 50 cm³-Modelle, die in Cross- und Regolarità-Ausführung zu haben waren. Die Navaho, so der Name des neuen Typs, hatte einen Minarelli-Motor mit Sechsganggetriebe. In demselben Jahr kamen die Modelle Scrambler und Regolarità Competizione ins Programm.
Weitere Maschinen bereicherten das Angebot von Aspes 1978: die Sioux 50 mit Einganggetriebe und automatischer Kupplung sowie die mit dem gleichen Minarelli-Motor ausgerüstete Mini Sioux.
In den folgenden Jahren begann der Niedergang der Firma, die 1982 von Unimoto aus Longiano übernommen wurde. Die Marke Aspes existierte jedoch neben

Rennversion der Aspes Juma 125, 1977.

Unimoto noch bis 1984. Die vorhandenen Maschinen blieben im Handel; daneben erschienen einige neue Modelle, wie etwa die Squalo 125, die Enduro TK 125 und 50, die Folk- und Carrera-Motorräder und das originelle Mototopo.
1985 verschwand die Marke Aspes endgültig. Die Modelle aber wurden unter der Marke Unimoto weiterhin vertrieben.

ASPI

1947 entwarf der italienische Ingenieur Salvatore Nacci für ASPI (Società Attrezzature Servizi Pubblici Industriali) ein Motorrad, von dem man auf dem Mailänder Salon desselben Jahres nur den Motor vorstellte. Es handelte sich um einen Zweizylinder-Zweitakt-Boxermotor, der in einem kompakten Motorblock von sehr gefälliger Linie untergebracht war. Der Gesamthubraum betrug 125 cm³, das Verdichtungsverhältnis 6:1, die Motorleistung belief sich auf 5 PS. Schwungradmagnetzündung, ein im Motorgehäuse integriertes, fußgeschaltetes Vierganggetriebe und Kardanantrieb stellten weitere technische Merkmale dieser Maschine dar. Der Motor war vorgesehen zum Einbau in einen Rohrrahmen mit einer Geradweg-Hinterradfederung.
1949 produzierte das Werk zwei Modelle mit 125 beziehungsweise 175 cm³ Hubraum. Beide waren ähnlich konstruiert wie die alte 125er. Der einzige Unterschied lag im Ansaugsystem, das nun eine Drehschiebersteuerung besaß. Die Gangschaltung wurde über einen Griff an der Lenkstange betätigt. Es ist jedoch nicht bekannt, ob dieses Motorrad jemals über das Versuchsstadium hinausgekommen ist und in Serie ging.
Bemerkenswert war auch der Cab-Motor, den ASPI ab 1945 baute. Der klassische Zweitakt-Fahrradhilfsmotor besaß kein Getriebe, aber eine Mehrscheibenkupplung. Er konnte unter den Pedalen eines Fahrrads eingebaut werden, was mittels eines elastischen Systems geschah, um eine Übertragung der Vibration auf den Rahmen zu verhindern. ASPI lieferte auch komplette Mopeds. Der Cab-Motor wurde bis 1951 unverändert hergestellt.

Einige Aspes-Modelle von 1977:
Oben: Navaho 50 Regolarità mit einem Minarelli Compact System Motor.
Mitte: Juma 125 mit vorderer Scheibenbremse.
Unten: 250 Cross mit einem Sachs-Motor und Siebenganggetriebe.

Asso

In Turin von der Firma Construzione Meccaniche Algadi produziertes Leichtmotorrad, das 1927 der Öffentlichkeit vorgestellt wurde. 1931 erschien ein neues, sportlicheres Modell mit einem um 30 Grad nach vorne geneigten 157 cm³-Einzylinder-Viertaktmotor mit untenliegender Nockenwelle und im Zylinderkopf hängenden Ventilen.
Unter der Marke Asso entstand 1947 auch ein Hilfsmotor: ein liegender Einzylinder-Zweitakter, der im Laufe der Jahre mehrfach überarbeitet wurde. Der im Jahr 1950 von CABI-Cattaneo gebaute Asso-Motor konnte auf das Hinterrad montiert werden, wobei Zylinder und Zylinderkopf umgedreht waren und nach unten hingen. Der Antrieb erfolgte über eine Rolle.

Aster

1898 wurde in Frankreich die Firma Aster (Atelier de Construction Mécanique) mit Sitz in St. Denis, Seine, gegründet. Sie produzierte Einbaumotoren und Dreiräder mit Motor. Bald darauf folgten Motorräder und Automobile. Vor allem die Einbaumotoren genossen um die Jahrhundertwende und zu Beginn des neuen Jahrhunderts einen guten Ruf.

Aston

Die 1923-24 in Birmingham gebauten Aston-Motorräder waren praktisch identisch mit den gleichzeitig angebotenen Atlas-Maschinen. Tatsächlich wurden beide Typen von einer Fabrik produziert und unterschieden sich lediglich durch die am Tank angebrachte Markenbezeichnung. Der Zweitaktmotor dieser Maschinen hatte einen Hubraum von 142 cm^3. Bei den Ein- und Zweigangmodellen erfolgte der Primärantrieb über Riemen, bei der Dreigang-Version, wie der Sekundärantrieb, über Kette.

Astoria

Moto Astoria, 1934 von dem Rennfahrer Virginio Fieschi und Arturo Rognoni in Mailand gegründet, produzierte verschiedene Versionen einer 250 und einer 500 cm^3-Maschine, die von Ajax-Motoren der Firma AJS angetrieben wurden. Diese ausgezeichnet verarbeiteten Motorräder verfügten über ein fußgeschaltetes Vierganggetriebe von Burman. 1935 baute das Werk Motoren eigener Entwicklung in seine Modelle ein, die im wesentlichen ähnlich konstruiert waren wie die Ajax-Motoren.

1936 verschwand die Marke Astoria vom Markt, erst 1950 wurde die Produktion auf Betreiben von Virginio Fieschi wieder aufgenommen. Einer 125 cm^3-Maschine mit Zweitaktmotor von Villiers folgten Versionen mit eigenen Motoren, die zum größten Teil von Alfredo Bianchi entwickelt worden waren, dem Techniker, der später die Motoren der Aermacchi entwerfen sollte. Bis 1954 wurden Leichtmotorräder mit 149, 169 und 199 cm^3-Zweitaktmotoren und Vierganggetriebe hergestellt, während die Produktion der 125 cm^3-Modelle eingestellt wurde.

1954 kam zudem ein Astoria-Leichtmotorrad auf den Markt, das mit einem 175 cm^3-Viertaktmotor mit über Stoßstangen und Kipphebel gesteuerten Ventilen ausgerüstet war, vorne eine Teleskopgabel und hinten eine Schwinge hatte. 1955 bot die Firma die 169 cm^3-Astoria wahlweise mit einem Stoßstangenmotor oder obenliegender Nokkenwelle an, außerdem vertrieb sie einen Zweitakter mit 150 cm^3 Hubraum.

1956 erschienen die Vorjahresmodelle in geringfügig abgeänderter Version. 1957 erweiterte die Firma ihre Produktpalette um verschiedene Versionen eines 175 cm^3-Viertakters, eines 150 cm^3-Zweitakters und um einen Dreirad-Lieferwagen mit 50 cm^3 Hubraum und 175 kg Ladevolumen. 1958 stellte Moto Astoria die Produktion ein.

Astoria

Das Astoria Motorenwerk in Nürnberg baute 1923–25 einen Einzylinder-Zweitaktmotor mit 289 cm^3 und bereits drei Überströmkanälen. Über die Leistung dieses Motors ist nichts mehr bekannt. 1925 wurde die Firma von Nestoria übernommen.

Astra 500 AS von 1936.

Astra

Astra hieß ein 1923–26 in München hergestelltes Motorrad, das mit 350 und 500 cm^3-Motoren von JAP und Blackburne ausgerüstet war. Bei Rennen saß Ernst Henne im Sattel, der dann 1926 zu BMW überwechselte.

Die Münchner Maschine sollte nicht mit dem gleichnamigen Motorrad verwechselt werden, das Ende 1931 in Italien von Max Türkheimer auf den Markt gebracht wurde. Max Türkheimer, ein Pionier des Motorradsports, leistete sowohl als Importeur ausländischer Fabrikate wie auch als Konstrukteur einen bedeutenden Beitrag zu der Verbreitung der Zweiräder in Italien. Die italienische Astra war ein leichtes Motorrad mit stehendem 175 cm^3-Einzylindermotor. Die im Zylinderkopf hängenden Ventile wurden über Stoßstangen und Kipphebel gesteuert. Das Dreiganggetriebe der Maschine stammte von Burman.

1933 ging das Modell in die Serienproduktion. Ab 1934 wurde es mit einem Vierganggetriebe ausgerüstet, der Motor wurde überarbeitet: Der Zylinder stand nun nicht mehr senkrecht, sondern war leicht nach vorne geneigt. Das Modell wurde in einer Normal-Version und in einer Super-Sport-Version angeboten. 1934 produzierte Astra neben seiner 175 cm^3-Maschine zwei Motorräder mit 250 und 500 cm^3 Hubraum, die von Ariel-Motoren angetrieben wurden. Max Türkheimer war Vertreter von Ariel in Italien.

1935 wurden sämtliche Modelle neu überarbeitet und das alte 175 cm^3-Leichtmotorrad von einer 220 cm^3-Maschine mit Astra-Motor abgelöst. Bei den verschiedenen 1936er Modellen gab es nur geringfügige Veränderungen. Die 500 cm^3-Maschine erhielt in der Touren- und in der Sportversion einen Astra-Motor. Angeboten wurde zudem ein Modell mit 350 cm^3 Hubraum, in typischer Astra-Konstruktionsweise, jedoch mit einem Ariel-Motor ausgerüstet.

Max Türkheimers Tod am 10. Oktober 1936 war für den italienischen Motorradsport ein schwerer Verlust. Türkheimer hatte nicht nur Motorräder von Hildebrand & Wolfmüller und Ariel nach Italien importiert. Er war auch federführend bei der Konstruktion der OTAV-Automobile und -Fahrräder und, nicht zuletzt, der beiden Motorräder Stella und Astra. Darüber hinaus war er ein außerordentlich guter Rennfahrer gewesen, 1891 sogar Weltmeister über den Fliegenden Kilometer mit sensationellen 73 km/h.

Nach seinem Tode übernahm sein Cousin Max Türkheimer junior die Firma, der jedoch wenige Jahre später aufgrund seiner jüdischen Abstammung nach Deutschland deportiert wurde und dort den Tod fand.

Von 1937-40 schränkte Astra den Import englischer Ariel-Motorräder immer weiter ein, bis er schließlich ganz eingestellt wurde. Die Firma produzierte in dieser Zeit vor allem eigene Motoren und Motorräder und brachte diverse Dreiradlieferwagen heraus. 1941 stellte Astra verschiedene Motorräder mit 350 und 500 cm^3 Hubraum her, die sowohl mit starrem Rahmen, wie auch mit Schwingrahmen angeboten wurden.

Diese Modelle blieben während des Krieges und in den ersten Nachkriegsjahren fast unverändert. 1949 umfaßte die Produktpalette des Hauses Astra neben den 250, 350 und 500 cm^3-Maschinen mit obengesteuerten

Viertaktmotoren, auch ein Leichtmotorrad mit einem 125 cm³-Zweitaktmotor. 1953 schloß Astra die Tore.

Astral

Die Firma Astral, die mit Austral verbunden war, und ihren Sitz in Puteaux an der Seine hatte, war einer der kleinsten Motorradhersteller Frankreichs. Die Firma war 1919-23 in Betrieb. Ihr Produktionsschwerpunkt lag bei leichten Motorrädern mit Zweitaktmotoren von 100 und 125 cm³ Hubraum.

Astro

Der Astro-Hilfsmotor wurde 1950 in Italien konstruiert. Er war ein liegender Einzylinder-Zweitaktmotor mit 47 cm³ Hubraum und Reibrollenantrieb.

Atala

Atala, eine italienische Firma, die 1906 als Fahrradfabrik begonnen hatte, brachte 1926 eine breite Palette von 175 und 350 cm³-Maschinen auf den Markt, die fast ausschließlich mit englischen JAP-Motoren ausgerüstet waren. 1931 bot Atala ein Leichtmotorrad an, dessen obengesteuerter JAP-Motor über 175 cm³ Hubraum verfügte. Bis 1934, dem Jahr, in dem die Motorradproduktion eingestellt wurde, lieferte Atala zudem 500 cm³-Modelle, die mit im Zylinderkopf hängenden oder seitlich stehenden Ventilen geliefert wurden. Die Motoren dazu stammten wieder von JAP.
Ganze 20 Jahre später tauchten erneut Motorräder der Marke Atala auf, und zwar produziert von dem italienischen Motorradhersteller Officine Cesare Rizzato in Padua.

Atlanta-Duo

Zwei Jahre lang, von 1935-36, bestand die englische Firma Atlanta-Works, die ein ungewöhnliches, zum Teil verkleidetes Motorrad konstruierte. Die Atlanta-Duo überraschte mit vielen neuen Ideen und fortschrittlichen Elementen, konnte sich aber nicht durchsetzen. Sie wurde mit obengesteuerten JAP-Motoren mit 248, 438 und 500 cm³ Hubraum angeboten.

Atlantic

Ein kleiner französischer Hersteller, der von 1929–32 Zweitakter mit 98 cm³ Hubraum und Viertakter mit 347 und 497 cm³ Hubraum baute. Die Motoren stammten von Chaise und Blackburne. Unter dem gleichen Markenzeichen brachte ein kleiner deutscher Konstrukteur 1923-25 seitengesteuerte Einzylindermaschinen mit 193 cm³ Hubraum in den Handel, deren Motoren die Firma Hansa lieferte.

Atlantik

So plötzlich der Name Atlantik aufgetaucht war, so schnell verschwand er wieder vom Markt. In Bamberg, wo sich der Firmensitz von Atlantik befand, wurden zwischen 1925-26 eine 150 cm³-Zweitaktmaschine und ein Motorrad mit einem Albertus-Vielstoffmotor hergestellt.

Atlantis

Atlantis wurde 1928 gegründet, hatte seinen Firmensitz in Kiel und produzierte verschiedene 250 und 500 cm³-Modelle mit seiten- und obengesteuerten JAP-Motoren. 1931 baute die Firma eine 500 cm³-Maschine mit obenliegender Nockenwelle. Der Motor stammte von Küchen. Daneben entstand eine 600er mit obengesteuertem Blackburne-Motor. Die Firma, die ihre Modelle immer nur in begrenzter Stückzahl produziert hatte, verschwand 1932 vom Markt.

Atlas

Die englische Firma Atlas in Coventry baute zwischen 1913-14 sportliche Einzylindermaschinen mit 500 cm³-Motoren von JAP und Blumfield.
Unter dem gleichen Markenzeichen wurden in Großbritannien leichte Motorräder mit 142 cm³ Hubraum vertrieben, die jedoch nicht aus Coventry stammten. Sie entstanden bei der Firma Aston Motor & Engineering in Birmingham und waren den damaligen Aston-Modellen zum Verwechseln ähnlich.

Augusta 350 von 1926.

Auch in Deutschland kam ein Motorrad der Marke Atlas auf den Markt: Ein 350 cm³-Motorrad mit einem Zweitaktmotor, von dem zwischen 1925-27 nur einige wenige Exemplare hergestellt wurden.

Attolini

Ein Motorrad namens Attolini wurde 1921 in Italien von G. Attolini und Spineda gebaut. Es war mit einem stehenden 269 cm³-Einzylinder-Zweitaktmotor mit Magnetzündung, einem Wechselschwungrad, gemischtem Riemen- und Kettenantrieb sowie Teleskopgabel ausgerüstet.

Aubier Dunne

Der französische Hersteller Aubier Dunne produzierte 1926-29 Leichtmotorräder mit 175 cm³-Zweitaktmotoren. 1929 stellte er seinen ersten Viertakter vor, eine 500 cm³-Maschine mit stehendem Zweizylindermotor; die Zylinder und der Zylinderkopf waren aus Aluminium gefertigt. Angetrieben wurde das Motorrad von einem Motor mit obenliegender Nockenwelle. Die Kette, die die Nockenwelle antrieb, lief in einem dreieckigen Kettenkasten im Ölbad. Die 500er Aubier Dunne besaß ein im Motorgehäuse integriertes Dreiganggetriebe und wurde auf Wunsch des Kunden wahlweise mit Kettenantrieb oder mit Kardanantrieb geliefert.
Besonders gefragt waren damals die Motoren von Aubier Dunne, die zwischen 100 und 350 cm³ Hubraum hatten. Zahlreiche Hersteller verwendeten sie für ihre Modelle. Entworfen wurden die Motoren von dem bekannten italienischen Ingenieur Giuseppe Remondini, der 1930 nach Frankreich emigriert war.
Nach einer Unterbrechung nahm Aubier Dunne 1951 die Produktion erneut auf. Konventionelle Leichtmotorräder mit 100 und 125 cm³ Hubraum erschienen im Handel, ab 1953 wurde zusätzlich eines mit 175 cm³ Hubraum angeboten.

Augusta

Der italienische Motorradhersteller Augusta verdient es, besonders erwähnt zu werden, obwohl er nicht sehr bekannt geworden ist. Seit 1926 profilierte er sich durch hohe Qualität der Produkte und originelle Einfälle bei der Lösung technischer Probleme. 1926 brachte Augusta eine 350 cm³-Maschine mit obenliegender Nockenwelle und separatem Dreiganggetriebe auf den Markt. Den Motor hatte der berühmte Techniker Angelo Blatto entwickelt. In demselben Jahr wurde der Firmensitz von Turin nach Bologna verlegt, die Firma benannte sich in FIAB (Fabbrica Italiana Augusta Bologna) um.
Die Augusta wurde mit 125 und 175 cm³ Hubraum angeboten. Beide Versionen hatten einen Motor mit obenliegender Nockenwelle. Die gleichen Modelle wurden 1927 als Touren-, Sport- und Rennmaschine vertrieben. Sie unterschieden sich lediglich im Detail und in der Gangschaltung. 1927 stellte die Firma auf dem Mailänder Salon eine 250 cm³-Augusta vor. Auch 1929 verließen verschiedene 125 und 175 cm³-Modelle das Werk, darunter eine 175 cm³-Maschine mit seitengesteuertem Motor.
Sämtliche Modelle, mit wenigen Abänderungen auf den neuesten Stand gebracht, waren auch

1930 im Programm. Im darauffolgenden Jahr, dem letzten Produktionsjahr des italienischen Werks, erhielten die 175 cm³-Maschine (mit zwei Gängen) und die 350 cm³-Maschine (mit drei Gängen) einen Motor mit obenliegender Nockenwelle.

Aurora

Unter diesem Markenzeichen wurden 1902-05 in Coventry, Großbritannien, einige Motorräder in begrenzter Stückzahl hergestellt. Angetrieben wurden sie von 2,5, 2,75 und 3,25 PS leistenden Motoren, die von M.M.C., Coronet, Whitley und Condor stammten.
Aurora hieß jedoch auch ein Motorrad, das 1919 in Douglas auf der Isle of Man entstand und mit einem 318 cm³-Zweitaktmotor von Dalm ausgerüstet war. In den Jahren nach dem Ersten Weltkrieg gab es auf der Insel Man nur zwei Motorradhersteller: Aurora und Peters Ramsey, eine Firma, die wie Aurora 1919 gegründet worden war. Doch während Aurora 1921 vom Markt verschwand, konnte sich Peters bis 1925 halten.

Austen

Austen, eine kleine Fahrradfabrik mit Sitz in London, stellte Motorräder mit 2,25 PS-Motoren von Kelecom her. Die Firma bestand von 1903-06.

Austin

Über die englischen Austin-Motorräder ist nur wenig bekannt. Wahrscheinlich wurden sie um 1903 von der Firma Austin Cycle aus London auf Bestellung produziert und je nach Kundenwunsch mit verschiedenen Motoren ausgerüstet.

Austral

Die französische Firma Austral produzierte 1908-32. Sie begnügte sich viele Jahre lang mit ein und demselben 211 cm³-Modell. Erst nach dem Ersten Weltkrieg erweiterte sie ihr Angebot. Verschiedene Zweitakter mit 250 cm³ und Viertakter mit 250 und 350 cm³ erschienen, angetrieben von seiten- und obengesteuerten Motoren von Zurcher und JAP.

Austria

Die österreichische Firma Austria Motor Fahrzeuge mit Sitz in Trautmannsdorf produzierte 1930-33 Motorräder mit 250 und 350 cm³-Villiers-Motoren. Die Rahmen bestanden aus Duraluminium und stammten von der deutschen Firma Ardie. Es wurden wasser- und luftgekühlte Versionen angeboten.
Auch in Wien gab es eine Fabrikation unter dem Namen Austria. Die Austria-Motorenwerke bauten schon 1903 Fahrrad-Hilfsmotoren. Die wenig später gefertigten Leichtmotorräder mit 0,8 PS zählen zu den ersten in der Donaumonarchie hergestellten Zweitaktern. 1907 stellte Austria die Produktion ein.

Austro Alpha

Das österreichische Sportmotorrad Austro Alpha wurde 1933-35 hergestellt und besaß einen quer eingebauten 250 cm³-Zweizylinder-V-Motor mit einem Zylinderwinkel von 30 Grad. Die Maschine wurde von ihrem Entwickler Josef Illichmann mit Erfolg bei Rennen gefahren. Nach 1945 kamen einige Exemplare der Austro Alpha auf den Markt, die mit 175 und 250 cm³-Zweizylindermotoren von Rotax ausgerüstet waren.

Austro Motorette

1921 begannen die Steirischen Fahrzeugwerke in Österreich, Hilfsmotoren für Fahrräder zu produzieren. Es handelte sich um luftgekühlte Einzylinder-Zweitaktmotoren mit 83 cm³ Hubraum und einer Leistung von einem PS bei 3000 U/min. Dieser Motor verfügte über ein unkonventionelles Magnetzündsystem, bei dem die Unterbrecherkontakte, die direkt im Brennraum untergebracht waren, als Ersatz für die Zündkerze dienten. Die Öffnung der Kontakte wurde von einer Schraube am Kolben gesteuert. Der Motor war im Vorderrad eingebaut und bildete zusammen mit dem Rad, einer Hilfsgabel und dem Tank eine komplette Antriebseinheit, die an jedes Fahrrad montiert werden konnte. Ab 1924 baute man auch Motorräder mit 144 cm³-Zweitakt-Zweizylindermotoren, die bei 3000 U/min 2,5 PS leisteten. 1926 kam eine kleine Serie sportlicher 175 cm³-Maschinen mit Zweizylinder-Viertaktmotoren und zwei obenliegenden Nockenwellen auf den Markt, die jedoch wenig zuverlässig waren. Ab 1927 wurden unter der Markenbezeichnung Titan Modelle mit verschiedenen 350 und 500 cm³-Motoren hergestellt. Die Firma stellte die Motorradproduktion 1930 ein.

Motorroller von Autoglider, 1919.

Austro Omega

Diese österreichische Firma mit Sitz in Korneuburg wurde 1932 gegründet, zu einem Zeitpunkt, als die meisten Motorradhersteller des Landes gescheitert waren. Die Firma produzierte ein außerordentlich leistungsstarkes Motorrad mit konventionellem Rahmen und 350, 500 und 750 cm³-Motoren von JAP.
Einige Sport-Versionen wurden mit einem obengesteuerten 350 cm³- Motor von Sturmey-Archer angeboten. Unter den zahlreichen Rennfahrern, die im Sattel einer Austro Omega starteten, ist Martin Schneeweiss zu erwähnen, der sein Motorrad mit einem obengesteuerten 500 cm³-Einzylinder-Rennmotor von JAP ausrüstete.

Autinag

Eine 250 cm³-Zweitaktmaschine mit konventionellem Rahmen wurde von dem deutschen Motorradhersteller Autinag vertrieben, der seinen Sitz in Düsseldorf hatte. Sie war eines der zahlreichen Motorräder, die Mitte der 20er Jahre auf den Markt kamen und nach kurzer Zeit wieder verschwanden. Zwischen 1923-25 stellte die Firma ihre Produktion ein.

Auto-Bi

Auto-Bi hieß ein amerikanisches Motorrad, das von der E.R. Thomas Motor Company hergestellt und 1902 der Buffalo Automobile Company überlassen wurde.
Zahlreiche Versionen dieses Modells erschienen, mit 1,5 und 2,5 PS-Motoren ausgerüstet, im Handel, von denen einige einem Motorroller ähnlich waren. Die Modelle mit Riemenantrieb von 1902 hatten in der Riemenscheibe einen mit Watte gefüllten Hohlraum. Die Watte sollte verhindern, daß die Hosenbeine des Fahrers mit Öl bespritzt würden. 1912 wurde die Produktion eingestellt.

Autobiroue

Ein recht origineller Motorroller, der 1957 in Frankreich von einem Privatmann hergestellt wurde, der dabei Konstruktionselemente der italienischen Lambretta verwendete. Der Roller hatte zwei hintereinanderliegende Sessel-Sitze. Es ist nicht bekannt, ob er jemals in Serie produziert wurde.

Auto-Bit

Das Motorrad Auto-Bit mit 250 cm³-Einzylindermotor mit obenliegender Nockenwelle wurde von 1952-62 in Japan hergestellt.

Auto-Ell

Zwischen 1924-26 produzierte Max Ell, der in seinem Stuttgarter Betrieb Motorräder verschiedener Marken reparierte und verkaufte, auch eigene Maschinen, mit denen er erfolgreich an sportlichen Wettbewerben teilnahm. Die leichten Sportmotorräder wurden von dem damals sehr verbreiteten Grade-Einzylinder-Zweitaktmotor angetrieben, der für seine Zuverlässigkeit bekannt war. Die Kraftübertragung erfolgte über ein Zweiganggetriebe und einen Riemenantrieb zum Hinterrad.

Autofauteuil

Ein Vorläufer des Motorrollers, der 1905 in Frankreich von der Firma Autofauteuil hergestellt wurde. Er besaß einen 427 cm³-Motor mit 2,75 PS und Kettenantrieb. Die Räder hatten einen kleinen Durchmesser und dicke Reifen, der Rahmen war offen, und der Motor befand sich unter dem Fahrersitz, der von einem Blechschild geschützt wurde.

Autoflug

Von 1921 an brachte Autoflug in Berlin rollerähnliche Leichtmotorräder auf den Markt, damals „Motorläufer" genannt, die von Egon Weitzel konstruiert worden waren. Sie wurden von Einzylinder-Zweitaktmotoren mit wahlweise 117 oder 122 cm³ Hubraum angetrieben. Das kleinere Modell besaß ein Vorgelege und Kettenantrieb zum Hinterrad, das größere ein Zweiganggetriebe und Riemenantrieb.
Beide Versionen verkauften sich aber gleichermaßen schlecht, so daß die Firma 1923 eine konventionellere Maschine mit Doppelschleifen-Rohrrahmen und 24 Zoll-Rädern vorstellte. In den Rahmen des leichten Motorrads war fast liegend nach vorn geneigt ein 129 cm³-Zweitaktmotor mit Hilfskolben von Bekamo eingebaut. In der Produktpalette von Autoflug fand sich außerdem ein Modell mit 146 cm³-Motor und offenem Rahmen mit Blattfedergabel. Aber auch bei diesen Motorädern blieb der erhoffte Absatz weitgehend aus. Die Firma führte die Fabrikation noch bis 1924 fort, dann stellte sie die Motorradproduktion endgültig ein.

Autoglider

Er sollte – für damalige Zeiten in England ungewöhnlich – ein weniger kostspieliges Zweirad werden: der Autoglider, 1919-22 in Birmingham hergestellt. Ausgerüstet war er mit einem 269 cm³-Zweitaktmotor von Union. Sein Kaufpreis betrug 40 englische Pfund.
Er hatte einen offenen Rohrrahmen mit Blattfedern, der Reifendurchmesser betrug 16 Zoll, und seine Höchstgeschwindigkeit lag bei fast 60 km/h. Sein Motor saß über dem Vorderrad, auf das er die Antriebskraft über eine Kette übertrug; zudem verfügte er über eine Stahlscheibenkupplung. Das Werk in Birmingham produzierte ihn in zwei Modellen: eines mit Sitz und eines, das stehend gefahren wurde. Es soll den Autoglider auch mit einem 289 cm³-Motor von Villiers gegeben haben.

Automoto

Die französische Firma Automoto wurde 1902 in St. Etienne gegründet und später der Peugeot-Gruppe angegliedert (zusammen mit den Firmen Terrot und Magnat Debon). Die Motorräder dieser Firma wurden von Motoren von Zurcher, Chaise, Villiers und JAP wie auch von eigenen Motoren angetrieben. Später wechselte die Firma in St. Etienne einige Male den Besitzer, wurde schließlich nach Paris verlegt und in Société Automoto umbenannt.
Das bekannteste Motorrad der Firma wurde 1922-25 produziert: eine 175 cm³-Zweitaktmaschine, die in einer Sportversion der Firma durch zahlreiche Siege bei nationalen und internationalen Rennen große Ehre machte. 1926 brachte Automoto ein Motorrad mit 100 cm³-Motor auf den Markt. Es hatte anstelle einer Gangschaltung ein Untersetzungsgetriebe und Riemenantrieb. Im gleichen Jahr erschien ein Leichtmotorrad mit 175 cm³ Hubraum im Handel. Ab 1927 stellte die Firma neben den Zweitaktmodellen auch Viertakter mit seitengesteuerten Motoren mit 250 und 350 cm³ Hubraum her.
1935 umfaßte das Angebot des französischen Werks neben den Leichtmotorrädern mit 125 und 175 cm³-Zweitaktmotoren von René Giller elf weitere Modelle mit Viertaktmotoren von 350 bis 600 cm³ Hubraum. Nach 1945 wurden die 125 bis 250 cm³-Maschinen auch mit obengesteuerten Motoren von AMC und mit Zweitaktmotoren verschiedener Hubräume von Aubier-Dunne geliefert. Schon seit 1947 vertrieb Automoto leichte Motorräder mit 98, 125, 169 und 197 cm³-Zweitaktmotoren und Dreigangschaltung. 1951 kamen Motorräder hinzu, deren Motoren von Le Poulain, VAP und Marquet stammten. Viertaktmaschinen wurden mit 125 und 175 cm³ Hubraum angeboten.
1954 erschien ein Motorrad mit 250 cm³-Motor mit obenliegender Nockenwelle und Viergang-getriebe. 1955 stellte die Firma ein Motorrad mit Zentralrohrrahmen aus Leichtmetall, Teleskopgabel und hydraulisch gedämpften Federbeinen vor. In den darauffolgenden Jahren wurde die Produktion fortgeführt, und die Motorräder wurden mit Motoren von VAP, Himo und Bima Peugeot ausgerüstet. Daneben stellte Automoto Motorräder mit Zweiganggetriebe und 100 cm³-Villiers-Motor her. Ein Motorroller entstand, der mit dem damaligen Peugeot-Roller identisch war.

Autoped

Vor dem Ersten Weltkrieg kam in den Vereinigten Staaten der Motorroller von Autoped auf den Markt. Wahrscheinlich wurde das erste Modell 1910 gebaut und kann somit als erster in Amerika hergestellter Roller gelten. Das Autoped-Modell besaß einen stehenden Einzylindermotor mit 155 cm³ Hubraum. Er war neben dem Vorderrad eingebaut, dessen Durchmesser nicht mehr als 38 Zentimeter betrug. Das Gewicht des Motorrollers lag bei 43,5 kg und war sehr ungleichmäßig verteilt (34,5 kg lasteten auf dem Vorderrad, 9 kg auf dem Hinterrad). Doch konnte das statische Ungleichgewicht teilweise vom Fahrer ausgeglichen werden, der bei der Fahrt auf den Trittbrettern zu beiden Seiten des Hinterrads stand.
Der Motor leistete 2 PS und verhalf dem Autoped zu einer Höchstgeschwindigkeit von 56 km/h. Eine Gangschaltung war nicht vorhanden, nur eine Kupplung, so daß der Fahrer lediglich den Gashebel auf dem Lenker bedienen mußte, der wie der Schaltknüppel eines Flugzeuges funktionierte: Zog man ihn nach vorne, schaltete die Kupplung, hielt man ihn gerade, wurde ausgekuppelt und mit der Bandbremse gebremst. Angetrieben wurde der Roller über ein Zahnradgetriebe am Vorderrad.
1917 wurde der originelle Autoped-Motorroller in Paris im Beisein von Schauspielern und Persönlichkeiten des öffentlichen Lebens vorgestellt. Er wurde ein großer Publikumserfolg, was sich allerdings nur geringfügig auf den Absatz auswirkte. Die Verkaufszahlen hielten sich in Grenzen. Dennoch konnte er ohne große technische Veränderungen bis zum Kriegsende produziert werden.
In anderen Ländern wurde der Roller in Lizenz gebaut. In Großbritannien von der Imperial Motor Industries in London, in Deutschland von Krupp. Das von Krupp gebaute Modell hatte einen 200 cm³-Motor und wog 45 kg, seine Höchstgeschwindigkeit lag bei 35 km/h.
In der Tschechoslowakei baute die Firma C.A.S. sogar eine – gegenüber dem Original deutlich verbesserte – Version. Der Motor lag bei diesem Roller zwischen den Trittbrettern, und man konnte jetzt im Sitzen fahren. Die neue Position des Motors ermöglichte einen Kettenantrieb. Anstelle der früheren Scheibenräder verwendete man nun Speichenräder.
Einigen Quellen zufolge wurde der Autoped-Motorroller in den Vereinigten Staaten bis 1921 produziert, aber es wird auch behauptet, die Marke habe 1923 noch existiert, und zwar sei der Roller mit einem Viertaktmotor mit 162 cm³ Hubraum ausgerüstet gewesen.

Autosco

Ein englischer Motorroller mit einem 117 cm³-Motor, den Brown und Layfield 1920–29 in London ohne nennenswerten Verkaufserfolg herstellte.

Auxi

Ein Hilfsmotor, der zu Beginn der 20er Jahre in der Schweiz gebaut wurde und auf dem Gepäckträger eines Fahrrads angebracht werden konnte. Er wurde mit Riemen- und mit Kettenantrieb angeboten. Der Zweitaktmotor mit 134 cm³ Hubraum wog 14 kg. Mit der Tankfüllung von zwei Litern konnte man 100 Kilometer weit fahren.

Avada

Ein holländischer Motorradhersteller, der zu Beginn der 50er Jahre auf die Produktion von Mopeds mit 49 cm³ Hubraum spezialisiert war.

Avaros

Avaros-Motorroller wurden 1956 in Holland hergestellt. Sie waren mit 150 cm³-Motoren ausgerüstet, hatten einen Zentralrohrrahmen und waren vollständig verkleidet. Anderen Quellen zufolge produzierte Avaros auch Mopeds mit 49 cm³-Motoren.

Avis Celer

Ein kleiner deutscher Hersteller mit Firmensitz in Hannover. 1925-31 produzierte die Firma Sportmaschinen mit 175 und 200 cm³-Zweitaktmotoren von Villiers sowie mit seiten- und obengesteuerten 250, 350 und 500 cm³-Motoren von JAP und MAG. Schon 1927 waren die Motorräder von Avis-Celer mit dem damals hochmodernen tropfenförmigen Tank ausgerüstet, der über dem Rahmenrohr angebracht war.

Avola

Von 1924-25 produzierte man in Leipzig leichte Motorräder mit dem Markenzeichen Avola auf dem Tank. Die Fahrgestelle stammten von Defa (Deutsche Fahrradbau GmbH), die Zweitaktmotoren kamen von DKW und hatten 145 und 173 cm³ Hubraum. Die Avola-Maschinen waren kein Verkaufserfolg, so daß die ohnehin geringe Produktion schon nach einem Jahr eingestellt wurde.

Avon

Die Avon Motor Cycle in Croydon in Großbritannien war eine der vielen Motorradfirmen, die Ende des Ersten Weltkriegs gegründet wurden. Ihre Produktion beschränkte sich auf nur wenige Exemplare einer 350 cm³-Zweitakt-Maschine mit Villiers-Motor. Avon bestand von 1919-29.

Der holländische Motorroller Avaros, 1956.

Avro

Sir Alliot Vernon Roe, ein Pionier der britischen Luftfahrt zu Beginn des 20. Jahrhunderts, baute 1922 die Avro, deren Name aus den Anfangsbuchstaben seines Namens gebildet war. Die Avro war ein „Fahrzeug auf zwei Rädern", das mit einem 350 cm³-Motor von Barr & Stroud ausgerüstet war.

A.W.D.

Die deutsche Firma August Wurring in Düsseldorf war als Motorradhersteller nicht sehr bekannt. Die 1932 aufgenommene Produktion beschränkte sich auf wenige handgefertigte Exemplare. Vor 1939 baute A.W.D. Motorräder mit Zweitaktmotoren von 175 bis 300 cm³ Hubraum. Nach 1950 brachte die Firma Modelle mit 122, 146, 173, 197 und 250 cm³-Motoren von Fichtel & Sachs und Ilo auf den Markt. 1969 stellte A.W.D. die Produktion ein.

A.W.O.

Ab 1949 stellte A.W.O., ein verstaatlichtes Unternehmen der DDR mit Sitz in Suhl, Motorräder her, die später unter der Marke Simson bekannt wurden. 1950 produzierte das Thüringer Werk die A.W.O. 425, eine Viertaktmaschine mit 250 cm³-Einzylindermotor mit obenliegender Nockenwelle. Das Motorrad besaß eine Einscheibenkupplung, ein Viergangetriebe und Kardanantrieb. Der Einschleifenrohrrahmen hatte vorne eine Teleskopgabel und hinten senkrecht stehende Teleskopfederbeine. Die A.W.O. 425 wog 140 kg und erreichte 105 km/h.
1955 erschien der Motorroller Punkten, dessen offener Rohrrahmen einen 50 cm³-Zweitaktmotor trug. Er wurde von der Motorradfabrik Karl Marx in Magdeburg nach Entwürfen des Ingenieurs Bergen gefertigt.
1957 wurde das Modell 425 S mit einem 250 cm³-Zweitaktmotor angeboten, von dem auch eine Rennversion gebaut wurde. Zu Beginn der 60er Jahre nahmen A.W.O.-Maschinen an Rennen teil. Diese 250 und 350 cm³-Modelle hatten Einzylindermotoren mit zwei obenliegenden Nokkenwellen und stehenden Zweizylindermotoren.

Ayres-Hayman

Ein recht unkonventionelles, englisches Motorrad mit einem 688 cm³-Zweizylindermotor, der von Coventry Victor stammte. Es wurde 1920 in Manchester hergestellt und später auch unter dem Namen Ayres Leyland bekannt. Wegen finanzieller Schwierigkeiten verschwand die Firma noch im selben Jahr wieder vom Markt.

AZA

AZA hieß ein tschechoslowakisches Motorrad mit einem 147 cm³-Zweitaktmotor, das 1924-26 in Prag hergestellt wurde. Zur gleichen Zeit verwendete auch die englische Firma JAP den Namen AZA. Er diente der Bezeichnung einiger ihrer kleinen Einbaumotoren. Dieser tschechoslowakische Motorradhersteller produzierte auch Motorräder mit 1000 cm³-Motoren von JAP.

Azzariti

1931 entwarf und konstruierte der Marinekapitän und anerkannte Motorradtechniker Vincenzo Azzariti einen 175 cm³-Motor mit desmodromischer Ventilsteuerung. Die Kurbelwelle übertrug die Bewegung über ein Stirnrädergetriebe auf ein Zahnrad mit großem Durchmesser, das parallel rotierte. Auf der Innenseite dieses Rades waren in regelmäßigem Abstand eine Reihe von Nocken mit zwei profilierten Oberflächen angebracht, die die Bewegung nach einem präzisen Steuerungsplan auf die Ventile übertrugen.
Auf der Außenseite der Nocken lag eine Welle, die die Bewegung auf einen Kipphebel leitete, der diese wiederum über einen gabelförmigen Hebel auf das Ventil übertrug. Die Feder dieses Hebels sollte die durch Wärmedehnung entstehenden Maßänderungen der Motorteile ausgleichen.
1934 baute Azzariti ein Motorrad mit einem stehenden Zweizylindermotor mit um 180 Grad versetzten Hubzapfen auf der Kurbelwelle und zwei obenliegenden, von Zahnrädern angetriebenen Nockenwellen. Der Hubraum betrug 344 cm³, die Maße für Bohrung und Hub 62 x 57 mm. Azzariti rüstete auch ein Benelli-Leichtmotorrad erfolgreich mit einer desmodromischen Ventilsteuerung aus.

Babel

Der Babel-Drehkolbenmotor wurde 1957 in Frankreich gebaut. Zuverlässige Dokumentationen und Angaben zu seiner Konstruktionsweise existieren nicht mehr.

Babymoto

Diese französische Firma produzierte 1952-54 Mopeds, die sie mit Motoren verschiedener Hersteller bestückte, sowie einen Motorroller mit 125 cm³-Ultima-Zweitaktmotor und Vierganggetriebe.

Baby Star

In den 50er Jahren baute die deutsche Firma Mepps in Lizenz den Kleinstmotor Baby Star von Stellwagen. Auf den ersten Blick schien es sich um einen Zweizylindermotor zu handeln, in Wahrheit verfügte der originell konstruierte Motor nur über einen liegenden Zylinder. Er war rittlings auf dem Vorderrad des Fahrrads angebracht, der scheinbare zweite Zylinder war in Wirklichkeit der gerippte Auspufftopf. Der Hubraum betrug 49 cm³. Ein Schaltgetriebe war nicht vorhanden, lediglich eine Kupplung.

B.A.C.

B.A.C. war das Namenskürzel der englischen Firma Bond Aircraft & Engineering Co. mit Sitz in Blackpool, die den Motorroller Gazelle baute. Ihn gab es in zwei Versionen: mit einem 98 cm³- und mit einem 125 cm³-Villiers-Zweitaktmotor. Die Firma, die 1951-53 in Betrieb war, stellte auch ein 98 cm³-Leichtmotorrad mit Villiers-Motor her.

Badger

Ein 1951-55 in den USA produziertes Motorfahrrad, dessen 163 cm³-Einzylinder-Viertaktmotor im Hinterrad angebracht war.

B.A.F.

Unter der Markenbezeichnung B.A.F. kamen 1927-30 in Prag hergestellte Motorräder auf den Markt, die von 125 und 250 cm³-Bekamo-Zweitaktmotoren angetrieben wurden.
Die Firma von B.A. Frisek fertigte zudem eigene Motoren an: einen 350 cm³-Einzylindermotor mit untenliegender Nockenwelle und im Zylinderkopf hängenden Ventilen und einen 500 cm³-Motor mit obenliegenden Nokkenwellen.

Baier

Diese Berliner Firma brachte 1926-30 einen 500 cm³-Einzylinder-Zweitaktmotor mit zweigeteiltem Zylinder in den Handel.

Bailieul

Ab 1904 in Levallois konstruierte französische Motorräder, die vor allem mit Peugeot- und Buchet-Einbaumotoren ausgerüstet wurden. Die kleine Firma existierte nur kurze Zeit. Manche Quellen berichten auch von einem 1905 gebauten wassergekühlten Bailieul-Motor mit V-förmig im Zylinderkopf hängenden Ventilen, die über koaxiale Stoßstangen gesteuert wurden.

Barigo 500 RX

Baker

Der Techniker F.A. Baker, der vor dem Ersten Weltkrieg die Precision-Motoren entworfen hatte, stellte im Jahr 1919 sein erstes komplettes Motorrad vor. Nach dem Krieg wurde Bakers Precision-Einbaumotorenfabrik von dem Beardmore-Konzern übernommen und nannte sich daraufhin Beardmore Precision. 1927 baute Baker eine Reihe interessanter Motorräder mit Villiers-Zweitaktmotoren mit 147, 175, 200 und 250 cm³ Hubraum. 1930 ging das Werk an James über.

Balaluwa

Die kleine Münchner Balaluwa-Fahrzeug AG baute 1924-25 Motorräder mit besonders robusten Rahmen, die sie mit 350 und 500 cm³-JAP-Motoren mit seitlich stehenden oder im Zylinderkopf hängenden Ventilen ausrüstete. Die Maschinen waren mit Innenbackenbremsen und einem Dreiganggetriebe ausgestattet.

Balkan

Das erste in Bulgarien hergestellte Motorrad entstand 1958 bei den Nationalen Motorradwerken Balkan – BTRLA – in Lovech. Die Produktionspalette des Unternehmens umfaßte zwei Modelle: ein 48 cm³-Moped und ein 250 cm³-Leichtmotorrad. Letzteres hatte einen Einzylinder-Zweitaktmotor mit stehendem Zylinder, Vierganggetriebe, einer Leistung von 12,5 PS bei 4800 U/min und erreichte eine Spitzengeschwindigkeit von 105 km/h. Es verfügte über einen Preßstahl-Zentralrohrrahmen, eine Teleskopgabel und eine Hinterradschwinge. Es ähnelte deutlich der in diesen Jahren gebauten Jawa mit dem gleichen Hubraum.
Das Moped besaß einen 48 cm³-Zweitaktmotor, der bei 5500 U/min 2,3 PS leistete, sowie ein im Motorgehäuse integriertes Dreiganggetriebe. Als Rahmen war ein unten offener Preßstahl-Zentralrohrrahmen verwendet worden, vorne hatte es eine Gabel mit Kurzschwingen, hinten eine Hinterradschwinge. Die Konstruktionsweise erinnerte an das damals in Deutschland übliche Mopeddesign. 1975 stellte Balkan den Betrieb ein.

B.A.M.

Diese Abkürzung stand für die in Aachen ansässigen Berlin-Aachener Motorenwerke. Die Firma war ursprünglich eine Filiale der belgischen F.N., nahm aber im Zuge der Autarkiebestrebungen im Dritten Reich den Namen B.A.M. an. Trotz dieser Namensänderung baute das

Barigo 600 GRS Rotax

Werk weiterhin die gleichen, zuvor unter der Markenbezeichnung F.N. verkauften Motorräder. Die Modellpalette umfaßte eine 200 cm³-Maschine mit Zweitaktmotor sowie seitengesteuerte 350er und 500er Modelle. Die Firma B.A.M. existierte 1933-37.

Bamar

Deutscher Motorradkonfektionär, der Leichtmotorräder mit 149 und 198 cm³-Motoren von DKW, Gruhn, Baumi, Alba und anderen Herstellern verwendete. Die Firma war 1923-25 in Betrieb.

Bamo

Die kleine Bautzener Motorradfabrik Stäubingen & Klingst lieferte 1923-25 einige Motorräder, die von 148 und 173 cm³-Motoren von DKW angetrieben wurden.

Banshee

Diese britische Firma mit Sitz in Bromsgrove war eine der ersten, die einen 350 cm³-Barr & Stroud-Schiebermotor verwendete. In andere Modelle wurden 350 und 500 cm³-Motoren von Blackburne sowie ein 269 cm³-Zweitakter von Villiers eingebaut. Die Rahmen waren in herkömmlicher Konstruktionsweise ausgeführt. Die Firma produzierte 1921-24.

Bardone

Diese italienische Firma baute schwere, mit einem 499 cm³-Einzylindermotor aus eigener Produktion bestückte Motorräder. Das Mailänder Werk war von 1938-39 in Betrieb.

Barigo

Der französische Techniker Patrick Barigault entwickelte 1982 ein außergewöhnlich leistungsstarkes Spezialmotorrad. Er gründete die Firma Motocycle Barigo mit Sitz in Thouars. 1983 wurde sein Motorrad die Entdeckung der Rallye Paris–Dakar. Von den zehn Barigo-Maschinen, die an den Start gingen, erreichten zwei das Ziel. Die einzige Werksmaschine, die teilgenommen hatte, belegte mit dem Fahrer Gregoire Verhaegue den elften Platz, während der Privatfahrer Dreifuß die Marathon-Trophäe erhielt, mit der das Motorrad ausgezeichnet wurde, das Dakar erreichte, ohne daß auch nur eine Schraube hätte ausgewechselt werden müssen. Verhaegue errang in der Gesamtwertung den zwölften Platz, die anderen acht Barigos, die ins Rennen gegangen waren, hatten vorzeitig aufgegeben oder waren in Unfälle verwickelt worden.

Die eigens für die Rallye Paris–Dakar hergestellte Spezial-Barigo besaß einen 560 cm³-Viertaktmotor von Rotax mit 40 mm-Bing-Vergaser. Der Rahmen diente als Ölbehälter, der gut drei Liter Schmieröl aufnehmen konnte; vor dem Tank war ein vom Citroën Ami 8 übernommener Kühler angebracht. Die gesamte Stahlkonstruktion wog nur zwölf Kilogramm. Die hydraulisch gedämpfte 42 mm-Marzocchi-Gabel mit 320 mm Federweg und zwei Oehlins-Stoßdämpfer mit 310 mm Federweg vervollständigten das Fahrwerk. Vorne war eine Brembo-Scheibenbremse eingebaut und an der Hinterschwinge eine 160 mm-Grimeca-Scheibenbremse, was den Ausbau des Hinterrads erleichterte.

Der 40 Liter-Tank bestand aus Kevlar. Der Tank, die Scheinwerfer, Filter und Zündspulen waren elastisch befestigt, der Motor wurde durch ein 8 mm dickes Schild geschützt. Das Leergewicht der Barigo betrug 135 kg, der durchschnittliche Verbrauch im Rennen lag bei etwa 7,6 Liter auf 100 Kilometer, die Höchstgeschwindigkeit bei 150 km/h.

1983 stießen zu der Spezial-Barigo die Barigo Baja 600, ebenfalls angetrieben von einem Rotax-Einzylindermotor, der bei 8000 U/min 48 PS leistete, und weiterhin die Moto-Cross-Maschine Barigo RC 500 Cross mit einer Leistung von 45 PS bei 8000 U/min.

Barnes

Viel ist nicht bekannt über diese Motorräder, die 1904 in London hergestellt wurden. Wahrscheinlich wurden sie auf Bestellung gebaut und mit unterschiedlichen Motoren ausgerüstet.

Baron

Die Marke Baron hielt sich nur kurze Zeit auf dem Markt. Produziert wurde sie 1920-21 von einem kleinen englischen Hersteller mit Sitz in Birmingham. Die Maschinen besaßen seitengesteuerte 269 cm³-Villiers- und 350 cm³-Blackburne- Motoren.

Baroni

Die Firma Officine Meccaniche Moto Baroni baute 1958 ein 175 cm³-Motorrad ausgerüstet mit Viertaktmotor, 50 cm³-Mopeds und einige Lieferdreiräder mit 50 cm³-Motoren.

Barr & Stroud

Die englische Firma Barr & Stroud stellte 1918 eine 500 cm³-Maschine mit Schiebermotor her. Mit einem 400 cm³-Viertaktmotor dieser Firma wurde 1923 einer der ersten englischen Motorroller, der Motoscooter, ausgerüstet. Auch die Firma Banshee ließ sich Motoren von Barr & Stroud liefern. Das englische Leichtmotorrad PP aus dem Jahr 1923, das von Packmann und Poppe konstruiert worden war, trug ebenfalls einen vollständig verkleideten Viertakt-Drehschiebermotor von Barr & Stroud mit 350 cm³.

Barry

Eines der interessantesten britischen Motorräder seiner Zeit entwarf 1904 die Barry Motor Company in Ton Pentre in Wales. Der Viertaktmotor mit zwei Zylindern in Boxeranordnung war an dem vom Lenkkopf zu den Pedalen hinabführenden schrägen Rohr befestigt und saß somit zentral im Rahmen. Der Motor drehte sich um eine stationäre Kurbelwelle, in deren hohlem einen Ende ein automatisches Ventil mit sehr einfacher Funktionsweise angebracht war, das den Einlaß des Kraftstoff-Luft-Gemischs ins Kurbelgehäuse steuerte. Dieses Ventil war ein Schnüffelventil, das das Gemisch nur in einer Richtung durchließ und einen eventuellen Rückfluß verhinderte. Wenn die Kolben sich im unteren Totpunkt befanden, ermöglichte ein zweites Ventil der gleichen Art den Übertritt des Gemischs vom Kurbelgehäuse in eine zylindrische Druckkammer, die im rechten Winkel zum Zylinder an das Kurbelgehäuse angeschraubt war. Aus dieser Druckkammer gelangte das Gemisch über lange Zufuhrleitungen und seitlich ste-

hende mechanische Ventile mit Rückholfeder in die Zylinder. Der Auslaß erfolgte über zwei kurze Rohrstücke, die in eine gleichfalls zylindrische Expansionskammer führten, die der Druckkammer gegenüber am Kurbelgehäuse befestigt war.

Interessant war das Schmiersystem: Das Öl wurde von der Schwerkraft in der hohlen Kurbelwelle nach unten gezogen, trat zur Schmierung des Kurbeltriebs durch kleine Bohrungen aus und wurde durch die von der Drehung des Motors hervorgerufenen Zentrifugalkräfte an die Zylinderwände geschleudert. Der Barry-Rotationsmotor mit Batteriezündung und Riemenantrieb wog nur sieben Kilogramm. Unter dem Namen Barry entstanden 1932-38 auch in der Tschechoslowakei Motorräder. Sie waren aufgrund der Erfolge der tschechischen Rennmannschaft, zu der der Konstrukteur J.F. Drkosch gehörte, recht populär. Angetrieben wurden sie von einem 250 cm^3-Viertaktmotor mit untenliegender Nockenwelle und im Zylinderkopf hängenden Ventilen. Die Produktion eines Leichtmotorrads mit 100 cm^3-Zweitaktmotor wurde 1938 aufgenommen, doch der Krieg verhinderte die Durchführung des Projektes.

Bartali

Der bekannte Radrennfahrer Giano Bartali war Inhaber einer Fabrik in Florenz, die ab 1953/54 ein konventionelles Leichtmotorrad mit 160 cm^3-Zweitaktmotor und Vierganggetriebe in den Handel brachte. Diese Maschine wurde 1955, geringfügig abgewandelt, als Sportversion produziert. Im gleichen Jahr kam die Marziano hinzu, die ebenfalls einen 160 cm^3-Zweitaktmotor und ein Vierganggetriebe besaß. Als Rennmaschine konzipiert, erreichte sie bis zu 130 km/h Spitze. 1956 schuf Bartali neben den Modellen Sport und Marziano ein Moped mit einem 48 cm^3-Zweitaktmotor in einer Touren- und Sportversion. Die wichtigste Neuheit dieses Jahres war jedoch eine 175er, die von einem Einzylinder-Viertaktmotor angetrieben wurde. Die Ventile wurden über Stoßstangen und Kipphebel gesteuert. Die 175er hatte ein Vierganggetriebe und war mit einer Leistung von 11 PS eine äußerst sportliche Erscheinung.
1957 präsentierte Bartali ein Motorrad mit 125 cm^3- Zweitaktmotor und im Motorgehäuse integriertem Vierganggetriebe, das bis zu 100 km/h Spitze erreichte. 1958 waren die Leichtmotorräder 160 Sport, 160 Lusso und Marziano im Programm, sowie die Mopeds Turismo und Sport und die beiden Versionen der 125 cm^3-Zweitaktmaschine: als Tourenmodell mit einem Dreigang-, als Sportmodell mit einem Vierganggetriebe. Die 175er mit Viertaktmotor wurde nicht mehr produziert, an ihrer Stelle gab es eine Moto-Cross-Maschine mit 160 cm^3- Zweitaktmotor.
1959 umfaßte die Modellpalette mehrere Mopeds und Leichtmotorräder, die gegenüber ihren Vorgängern einige technische Veränderungen aufwiesen, sowie die völlig neue Gabbiano mit einem Preßstahl-Zentralrohrrahmen und einem freihängend eingebauten 125 cm^3-Zweitakt-Einzylindermotor mit liegendem Zylinder. Die Firma in Florenz, deren Name eigentlich Mototecnica Dell'Italia Centrale lautete, wurde 1961 geschlossen.

125 cm³-Bartali Gabbiano von 1960.

Barter

Der Barter-Motor, den Joe W.Barter 1902-04 produzierte, wurde auch unter den Namen Fée und Fairy (französisch bzw. englisch für „Fee") bekannt. Er besaß einige Eigentümlichkeiten. So kam er zum Beispiel ohne Kurbelwelle aus. Später wurde der Motor an die Firma Douglas verkauft.

Bartisch

1925 schuf der Österreicher Franz Bartisch ein Motorrad, in das er einen Einzylindermotor mit obenliegender Nockenwelle einbaute.
1928 folgte eine ähnlich konstruierte 498 cm^3-Maschine. Beide Motorräder waren ebenso modern in der Technik, wie gewinnend im Design. Doch dem Österreicher mangelte es an Finanzkraft, so daß er die für die technische Weiterentwicklung erforderlichen finanziellen Mittel nicht aufbringen konnte. Bartisch sah sich 1929 gezwungen, die Fabriktore zu schließen.

Basigli

Der Ex-Rennfahrer Remigio Basigli aus Ravenna konstruierte 1952 einen Drehkolbenmotor, der – acht Jahre später auf der Mailänder Mustermesse ausgestellt – wenig Anklang fand. Der Motor mit dem Namen RBR hatte einen Hubraum von 125,3 cm^3 und wog 13 kg. Eine zuverlässige Beschreibung existiert nicht. Er scheint aus zwei Ringen bestanden zu haben, einem äußeren von 22 cm Durchmesser und einem inneren, der 16 cm maß. Der innere Ring hatte drei Aussparungen, die die drei Brennräume des Motors bildeten und in Winkeln von 120 Grad zueinander angeordnet waren. Die Kühlung erfolgte durch Wasser, das im Zwischenraum zwischen den beiden Ringen zirkulierte. Man nimmt an, daß vom Basigli-Motor lediglich ein Prototyp hergestellt wurde. Dennoch verdient er es, erwähnt zu werden, da er einer der ersten Drehkolbenmotoren war.

Bastert

Eine Bielefelder Fahrradfabrik, die 1949-55 auch Motorräder produzierte. Sie verwendete 98, 125 und 150 cm^3- Zweitaktmotoren von Ilo und Fichtel & Sachs.

Bat

Die in London ansässige Firma Bat Motor Manufacturing nahm 1902 die Produktion von Motorrädern auf. Der Markenname Bat war eine Abkürzung von Batson, dem Familiennamen des Firmengründers. Schützen ließ ihn erst die Familie Tessier, die das Unternehmen 1904 übernahm. Batson war es nicht gelungen, sein Unternehmen in die schwarzen Zahlen zu führen, weshalb er sich einem neuen Tätigkeitsfeld zuwandte.
Getreu dem Erfolgskonzept der neuen Inhaber, zuverlässige und langlebige Motorräder zu bauen,

Oben: Die Bat von 1910, die mit 80 km/h einen Rundenrekord bei der Tourist Trophy aufstellte. Rechts: Bat 750 (5 PS) mit Seitenwagen, 1913.

lautete der Werbeslogan von Bat, der geschickt den Firmennamen aufgriff, „Best after tests". Besondere Aufmerksamkeit widmeten die Konstrukteure dem Fahrkomfort: Sie entwickelten für die Bat-Motorräder schon frühzeitig eine Art Radaufhängung, die den ganzen Rahmen abfedern sollte, so daß der Fahrer nicht unter den Unebenheiten des Geländes zu leiden hätte. Wahrscheinlich war Bat auch die erste Firma, die speziell für Rennen konstruierte Maschinen verkaufte.

Die frühen Bat-Motorräder besaßen De Dion-Motoren mit einer Leistung von 2,75 PS.

In Rennen sah die Firma Bat eine Gelegenheit, ihre Modelle unter härtesten Bedingungen zu testen und zugleich wirksam Reklame für ihre Marke zu betreiben. Bereits 1907 schickte Bat zwei Motorräder zu der Tourist Trophy, wobei eine der Maschinen von dem Firmeninhaber T.H. Tessier persönlich gelenkt wurde. Der erhoffte Erfolg ließ allerdings auf sich warten; erst ein Jahr später errang eine von W.H. Bashall gesteuerte Bat den zweiten Platz in der Zweizylinder-Klasse. Bashall fuhr eine Durchschnittsgeschwindigkeit von etwa 60 km/h und stellte mit beachtlichen 67 km/h den Rundenrekord auf.

Auf dem Londoner Motorradsalon im Jahr 1908 präsentierte Bat Zweizylindermodelle mit 7,9 PS Leistung, einer Bohrung von 85 mm und einem Hub von 95 mm, Doppelzündung, Dreiganggetriebe mit verschiebbaren Zahnrädern, Kettenantrieb und einem Differential für den Antrieb des Seitenwagens. Dieser besaß zwei Räder, das Gespann hatte zwei Vordergabeln. Außerdem ließ sich der Beiwagen leicht abnehmen. Alle Modelle waren mit stehenden JAP-Motoren ausgerüstet. Charakteristisch waren ihre als rutschfest bezeichneten Reifen.

Die Maschinen der kleinen Hubraumklasse verfügten über ein automatisches Schnüffel-Einlaßventil, während die Modelle ab 3,5 PS Leistung gesteuerte Ventile besaßen. Trotz der beachtlichen technischen Neuentwicklungen erzielte Bat bei der Tourist Trophy 1910 keine großartigen Ergebnisse: Verbucht wurde damals lediglich ein Rundenrekord mit einer Durchschnittsgeschwindigkeit von über 80 km/h.

Im Jahr darauf entschädigte ein siebter Platz in der Senior-Klasse der Tourist Trophy die Firma für ihre hartnäckigen Bemühungen. Damals wurde zum ersten Mal die berühmte Bergstrecke gefahren, durch die sich der gesamte Rundkurs auf 60 Kilometer verlängert hatte. Da die Motorräder mit Steigungen und schwierigen Straßenverhältnissen zurechtkommen mußten, galt dieser Rundkurs als hervorragende Teststrecke. Wenn es auf holprigen Straßen mit hoher Geschwindigkeit bergab ging, mußten die Fahrer viel Geschick beweisen, wollten sie nicht die Kontrolle über ihre Maschine verlieren. Dem Fahrer Bowen der Firma Bat gebührt das Verdienst, in der Tourist Trophy von 1910 eine derart hohe Geschwindigkeit vorgelegt zu haben, daß sich die Organisatoren gezwungen sahen, die Strecke zu ändern: Der bisherige Kurs war offensichtlich zu schnell und damit zu gefährlich.

Ab 1912 konzentrierte sich Bat auf Zweizylindermaschinen, die Produktion der Einzylindermodelle wurde eingestellt. Motoren mit 5/6 oder 7/8 PS Leistung wurden eingebaut, sowie alle Modelle mit Kettenantrieb und einem Schaltgetriebe mit Vorgelegewelle und verschiedenen Übersetzungsstufen versehen. Für die Tourist Trophy wurden Motoren mit 8 PS Leistung, einem Bohrung/Hub-Verhältnis von 90 zu 77,75 mm und im Zylinderkopf hängenden Ventilen verwendet, wie auch solche mit 5 PS Leistung und einem Bohrung/Hub-Verhältnis von 85 zu 65 mm; in beiden Fällen lag der Magnetzünder vor dem Motor. Der Fahrkomfort wurde nicht vernachlässigt: Die Modelle waren gefedert, wobei Bat ein System verwendete, bei dem Sattel und Trittbretter miteinander verbunden waren. Die gefederten Vorderradgabeln waren, verglichen mit anderen Maschinen dieser Zeit, eine fortschritt-

liche Lösung. Die 5 PS-Modelle hatten ein PM-Zweiganggetriebe.
Während Bat 1912 nicht an der Tourist Trophy teilnahm, errang im Jahr darauf S.T. Tessier, ein weiteres Mitglied der Eigentümerfamilie, den elften Platz in der Senior-Klasse. Er fuhr auf einem Motorrad, das von einem JAP-Motor mit kombiniertem Armstrong-Getriebe angetrieben wurde und eine Höchstgeschwindigkeit von 70 km/h erreichen konnte.
Während des Ersten Weltkriegs stand bei Bat wie bei den meisten englischen Motorradherstellern die Produktion still, allerdings ging der Verkauf sogar in den Kriegsjahren weiter. 1919 nahm das Werk die Produktion wieder auf. 1921 wurden die 6 PS- und die 8 PS-Modelle mit gefederter Vorderradgabel, Dreiganggetriebe und Beleuchtungsanlage mit Dynamo ausgerüstet. 1923 übernahm Bat die Firma Martinsyde, woraufhin die Motorräder den Markennamen Bat-Martinsyde erhielten. 1926 schlossen sich die Werkstore von Bat für immer.

Batavus

Einigen Quellen zufolge wurde die holländische Firma Batavus 1904 von Andries Gaastra gegründet. Zunächst soll sie sich der Herstellung von Weckern und Nähmaschinen gewidmet haben. Später begann sie, Fahrräder der Marke Presto aus Deutschland zu importieren. Das erste eigene Motorrad entstand im Jahr 1930; es handelte sich um eine 125er Maschine, die nur knappe 60 kg wog. Während Batavus in den Jahren vor dem Zweiten Weltkrieg Fahrräder baute, stellte die Firma in den Nachkriegsjahren auf die Produktion von Mopeds und Leichtmotorrädern um. Dabei wurden in traditionelle Rahmen 50 und 200 cm³-Motoren von Sachs, Ilo und Villiers eingebaut.
1961 lancierte Batavus ein interessantes Moped, das als Modell Super Sport in den Handel kam: Es hatte einen 50 cm³-Ilo-Motor, einen Zentralrohrrahmen mit großem Rohrdurchmesser, Teleskopgabel, Hinterradschwinge und war teilverkleidet.
Anfang der 60er Jahre stammten ein Viertel der in Holland verkauften Mopeds von Batavus, so daß die Firmenleitung 1964 beschloß, die Anlagen zu modernisieren, um diesen Marktanteil halten und sogar ausbauen zu können.
Die Mopedreihe Batavus Bilonet von 1964 umfaßte die vier Modelle Tourist, Supersport, Conforte und Whippet mit dem Ilo-Motor 50 Piano und kombiniertem Dreiganggetriebe, die Moto-mat mit dem Ilo-Motor GA 50 Piano und automatischer Kupplung, die Combi Sport mit dem Ilo 50 Piano, Dreiganggetriebe und Gebläsekühlung und die Super Sport TS50 mit dem Ilo TS50, Dreiganggetriebe und einer Leistung von 4,3 PS bei 7000 U/min.
In den folgenden Jahren basierte die Produktion von Batavus auf diesen in verschiedenen Versionen angebotenen Modellen. 1970 konzentrierte sich die Firma auf den Bau von zwei Gebrauchsmaschinen mit einem 50 cm³-Anker-Zweitaktmotor.
In den 80er Jahren produzierte das Werk weiterhin Mopeds. Im Angebot dominierte die Mondial mit automatischem Einganggetriebe, einer Höchstleistung von 2,4 PS bei 5000 U/min und einem Gewicht von 44 kg.

Batavus TS 49 S

Baudo

Die 1921 von Antonio Baudo in Turin gegründeten Officine Meccaniche Baudo starteten mit drei Modellen, die von Viertaktmotoren angetrieben wurden. Das erste hatte einen Zweizylinder-V-Motor mit 474 cm³ Hubraum und V-förmig hängenden Ventilen, einen Kettenantrieb sowie ein Dreiganggetriebe mit ständigem Eingriff. Ein zweites ganz ähnliches Modell besaß einen Zweizylindermotor mit 668 cm³, während das dritte mit einem Zweizylinder-V-Motor ausgerüstet war, der über einen Hubraum von 1000 cm³ verfügte.
1923 setzte das Werk die Produktion seiner drei Modelle fort. 1925 jedoch stellte es zwei neue Maschinen vor: eine 250er und eine 350er, in die Motoren der Hersteller Blackburne oder JAP eingebaut wurden, die seitlich stehende oder mit im Zylinderkopf hängende Ventile hatten. Baudo schuf zudem eine 500er mit einem Einzylindermotor von Blackburne und eine zweite 1000er mit einem Zweizylindermotor von JAP. Alle Motorräder von Baudo besaßen ein separates Dreiganggetriebe.
1927 entstand in Zusammenarbeit mit dem Techniker Augusto Monaco die Monaco Baudo: Sie hatte einen seitengesteuerten, senkrecht eingebauten 500 cm³-Einzylindermotor, der 1926 von Monaco entwickelt worden war.
1929 trat Antonio Baudo seine Firma an Giuseppe Navone ab, der die Produktion der Marke Baudo fortsetzte. Neu auf den Markt kam in diesem Jahr eine seitengesteuerte 500er. Anfang 1930 beschränkte sich die Produktion auf eine Baudo mit einem von der Schweizer Firma Moser gebauten 175 cm³-Motor mit im Zylinderkopf hängenden Ventilen.
1931 kam Navone mit einem interessanten Motorrad auf den Markt, das ebenfalls den Markennamen Baudo trug und mit einem 350 cm³-Motor von Chaise und einem aus Stahlblechelementen zusammengesetzten, zerlegbaren Rahmen von Durandal ausgerüstet war. Auf der Turiner Motorradausstellung des gleichen Jahres war diese Maschine eine der meistbewunderten Neuheiten.

Bauer

1936-39 baute die Firma Bauer in Klein-Auheim am Main Fahrräder mit Hilfsmotor, für die 74 cm³-Einbaumotoren von Sachs verwendet wurden. Der Krieg unterbrach die Produktion, die erst 1949 wieder in Gang kam. 1951 umfaßte die Produktpalette der Firma Bauer Fahrräder mit Hilfsmotor und Motorräder mit 90, 125, 147 und 175 cm³ Hubraum. 1952 erschien ein 250 cm³-Viertaktmodell mit im Zylinderkopf hängenden Ventilen; die Herstellung dieses Motorrads erwies sich jedoch als zu teuer, zudem fand es beim Publikum wenig Anklang, so daß 1954 die Firma in Konkurs ging.

Baughan

Die englische Firma Baughan hatte ihren Sitz in Stroud in Gloucestershire. 1928 überraschte sie die Fachwelt mit einer recht eigentümlichen Seitenwagenmaschine, deren Motor von Blackburne stammte. Das angetriebene Rad war über eine Welle ohne Differential mit dem Rad des Seitenwagens verbunden. Die Verbindungswelle hatte an beiden Enden Kardangelenke, die das Drehmoment auch dann übertrugen, wenn Antriebsrad und angetriebenes Rad nicht in einer Achse lagen.
Baughan produzierte bis 1936 robuste Motorräder mit unterschiedlichem Hubraum, die von 250, 350 und 500 cm³-Motoren von Blackburne mit seitlich stehenden oder im Zylinderkopf hängenden Ventilen angetrieben wurden.

Bayerland

Die Motorräder der Marke Bayerland sollen 1923-26 von Riebe in Berlin hergestellt worden sein. Allerdings spricht manches dafür, daß die Produktion in Wirklichkeit nicht in Berlin, sondern in einer Fabrik in der Nähe von München erfolgte. Riebe war wahrscheinlich nur für den Vertrieb zuständig, was auch den Markennamen erklären würde.

Für diese Vermutung spricht weiterhin, daß Sepp Giggenbach, der das erste auf dem Nürburgring im Jahr 1927 ausgetragene Motorradrennen auf einer Bayerland gewann, aus Bayern stammte und nicht aus Berlin. Die siegreiche Maschine hatte einen 1000 cm³-JAP-Motor. Andere Bayerland- Motorräder wurden mit 250 und 500 cm³-JAP-Motoren geliefert.

Bayern

Bayern war eine deutsche Marke, die 1923-26 in den Handel kam. Die Münchner Leichtfahrzeugfabrik verwendete von der Firma SMW unter Lizenz gebaute 293 cm³ - Bosch - Douglas - Motoren, die damals weit verbreitet waren. Nach 1924 beherrschten gegengesteuerte Zweizylinder-V-Motoren von MAG mit 500, 750 und 1000 cm³ Hubraum das Angebot.

Bayley & Flyer

Die 1913-17, zunächst in Portland, Oregon, dann in Chicago hergestellte Bayley & Flyer war ein selten originelles Motorrad. Es hatte einen liegend eingebauten Zweizylindermotor mit einer Leistung von 3,5 PS, Kardanantrieb und einer automatischen Schaltung, die es dem Fahrer erlaubte zurückzuschalten, ohne daß er die Hand vom Lenker zu nehmen brauchte; zum Anlassen diente ein Handstarter. So unkonventionell diese Maschine auch war, der Erfolg blieb ihr versagt.

BB

Unter diesem Namen entstand 1927 in Norditalien, in Parma, ein Motorrad, das einen von dem Ingenieur Ugo Bocchi entwickelten 123 cm³-Zweitakt-Einzylindermotor mit liegendem Zylinder trug.
Unter dem gleichen Namen wurden 1923-25 in Stettin Motorräder vertrieben, die von seitengesteuerten Alba-Einzylindermotoren mit 197 cm³ Hubraum angetrieben wurden.

B.C.R.

Die französische Firma Raynal mit Sitz in Le Frentin Bicebre bestand 1923-30. Sie produzierte Motorräder, die über eine hervorragende Vorder- wie Hinterradaufhängung verfügten, was damals noch sehr selten war. Die B.C.R.-Modelle besaßen 98 cm³- sowie 175 cm³- Zweitaktmotoren sowie JAP-Motoren mit seitlich stehenden oder im Zylinderkopf hängenden Ventilen, die einen Hubraum von 250, 350 und 500 cm³ hatten. Nicht zufällig fanden sich dieselben Motoren bei den Poinard-Modellen, da auch diese bei Raynal konstruiert und gefertigt wurden. Daneben verwendete das Werk für andere Maschinen Chaise-Einzylindermotoren mit im Zylinderkopf hängenden Ventilen. Außerdem gab es auch B.C.R.-Modelle mit JAP-Motoren.

B.D.

Die tschechische Firma B.D., abgekürzt für Breitfeld & Danek, mit Sitz in Prag existierte 1925-32. Sie schuf die 500er B.D., deren 500 cm³-Einzylindermotor von J. F. Koch entwickelt und mit einem Dreiganggetriebe kombiniert worden war. Die Ventilsteuerung erfolgte über zwei obenliegende Nockenwellen, die über eine senkrechte Königswelle angetrieben wurden; diese besaß am unteren Ende ein Kegelrad, am oberen Ende ein Zahnrad mit Geradverzahnung. Weiterhin bot man auch eine 350er Version an, die im Prinzip genauso konstruiert war wie die größere Maschine. 1929 wurde die Firma von der einheimischen Autofabrik Praga übernommen, die dieselben Motorräder nun unter der Markenbezeichnung Praga mit Kardanantrieb weiterbaute.

Beading Engine Company

Dieser amerikanische Hersteller mit Firmensitz in Farmington im Staat Michigan produzierte 1949 einen Hilfsmotor, der nicht mehr als 15 kg wog und 1,5 PS leistete. Der vollständig aus einer Leichtmetallegierung gefertigte Motor konnte sowohl für Fahrräder als auch für Motorroller und sogar für landwirtschaftliche Maschinen verwendet werden, da die Kurbelwelle mit bis zu neun verschiedenen Zahnrädern oder Riemenscheiben kombiniert werden konnte.

Zweizylinder-Bayley & Flyer mit Kardanantrieb.

Beardmore Precision

Der Techniker F.E. Baker, der vor dem Ersten Weltkrieg die Precision-Motoren entwickelt hatte, konstruierte 1919 sein erstes Motorrad, um dann sein Werk an die Firma Beardmore zu verkaufen. Die Beardmore Precision mit Sitz in Birmingham erzeugte eine große Zahl von Motorrädern mit 250, 350 und 500 cm³-Einzylindermotoren sowie eine 350er mit Barr & Stroud-Schiebermotor. Daneben produzierte sie 250er und 350er Rennmotorräder, bei denen die Ventilsteuerung durch zwei obenliegende Nockenwellen erfolgte – sie blieben jedoch eher glücklos. Erwähnenswert ist, daß einige der Motorräder über eine Radaufhängung mit Blattfedern und über vier im Zylinderkopf hängende Ventile verfügten.
Ende 1923 baute Beardmore Precision ein neues 246er Modell mit seitlich stehenden Ventilen und Dreiecksrahmen, während 1924 ein Motorrad mit 598 cm³-Einzylindermotor sowie Vorder- und Hinterradfederung auf dem Markt erschien. Von diesem Modell wurden nur wenige Exemplare hergestellt. Im gleichen Jahr stellte man die Produktion ganz ein.

Beasley

1955 baute der Engländer Douglas Beasley ein Rennmotorrad mit 125 cm³-Zweizylindermotor mit zwei obenliegenden Nockenwellen und Vierganggetriebe.

Beast (The)

Chet Herbert, ein an Kinderlähmung erkrankter junger Amerikaner, der sich für Motoren begeisterte, konstruierte 1951 ein mustergültiges, für Beschleunigungsrennen über eine Viertelmeile bestimmtes Motorrad. Die als „The Beast“ bezeichnete Maschine war eine vollständig umgebaute und an die speziellen Anforderungen dieses Wettkampfes angepaßte Harley-Davidson, Baujahr 1947. Der Motor wurde mit einem Gemisch aus Alkohol, Nitromethan, Wasser und Rizinusöl betrieben, von dem er über vier Liter verbrauchte, um das Gefährt 400 Meter vorwärtszubewegen. „The Beast“ hatte ein Dreiganggetriebe und beschleunigte über 400 Meter aus dem Stand auf eine Höchstgeschwindigkeit von 208 km/h.

Beaufort

Die englische Argson Engineering Co. Ltd. mit Firmensitz in South Twickenham produzierte Motorräder, in die sie einen 170 cm³-Zweitaktmotor mit Spritzschmierung einbaute. Den gleichen Motor hatte sie zuvor für einen für Invaliden bestimmten Dreiradwagen verwendet. Die Beaufort verließ 1923-26 nur in relativ begrenzter Stückzahl das Werk.

Beau Ideal

Die Motorräder der englischen Marke Beau Ideal entstanden 1905- 06 in einem Werk in Wolverhampton; sie waren mit Motoren der Firmen Clement, Minerva und JAP bestückt.

Beaumont

Die Motorräder der englischen Firma Beaumont, die 1919-23 in

Leeds hergestellt wurden, waren mit verschiedenen Motoren ausgerüstet, wie etwa mit einem seitengesteuerten 350 cm³-Motor der Firma Blackburne oder einem 269 cm³-Zweitaktmotor von Wall. Monty Beaumont, der Inhaber der Firma, spielte auch mit dem Gedanken, Dreizylindermotoren von Redrup zu verwenden.

BE BE

Ein deutsches Motorrad mit einem 112 cm³-Zweitaktmotor, das 1923-27 in dem Berlin-Burger-Eisenwerk auf die Räder gestellt wurde. Die Maschine aus Berlin fand jedoch – nicht zuletzt wegen ihres unspektakulären Äußeren – wenig Verbreitung.

Beccaria

1924 begann die italienische Firma Beccaria & Revelli in Mondovì bei Cuneo die Produktion eines Motorrads, das sie unter dem Markennamen Beccaria vermarktete. Die Beccaria-Motorräder, die 1925 in den Handel kamen, besaßen 350 cm³-Motoren mit im Zylinderkopf hängenden oder seitlich stehenden Ventilen der englischen Firma Blackburne und 350 cm³-Zweitakter von Villiers. Sie hatten ein Dreiganggetriebe von Sturmey Archer, einen Kettenantrieb, Felgenbremsen und eine Trapezgabel. 1928 wurde die Produktion dieses Motorrads englischer Bauweise eingestellt.

Beccarta

Kleiner italienischer Konfektionär, der 1925-28 Motorräder vermarktete, für die er Bauteile englischer Firmen sowie 346 cm³-Motoren von Villiers und auch 348 cm³-Motoren von Blackburne verwendete.

Becker

Dieser deutsche Hersteller war 1903-06 auf dem Markt präsent. Das Dresdner Werk beschränkte sich auf die Herstellung von Modellen, mit Einzylinder-Motoren aus eigener Produktion oder Zweizylinder-V-Motoren von Fafnir. Obwohl sie nur relativ kurze Zeit existierte, zählte das Unternehmen von Karl Becker zu den Pionieren der deutschen Motorradindustrie.

Beeston

Mindestens vier englische Firmen in Coventry produzierten zum Teil unabhängig voneinander Modelle der Marke Beeston. Die Firmen gehörten zu einem großen Konzern, der von dem Motorrad-Pionier Harry John Lawson gegründet worden war. Bereits 1896 entstand ein Beeston-Dreirad, zwei Jahre später kamen die 1897 entwickelten Motorräder auf den Markt. Eines hatte einen verlängerten Fahrradrahmen und einen 364 cm³-Einzylindermotor; er stammte ursprünglich von der französischen Firma De Dion, deren Patente Lawson für England erworben hatte. Motor und Tank waren zwischen Hinterrad und Sattelrohr eingebaut. Die Firma stellte 1901 die Produktion ein.

Befag

Hinter diesem Kürzel verbargen sich die Badischen Albertus Fahrzeugwerke, die als einer der ersten deutschen Hersteller den von Julius Loewy entwickelten Zweitakt-Flachkolbenmotor mit 142 cm³ Hubraum verwendeten; dieser Motor konnte mit allen möglichen Kraftstoffarten betrieben werden, sogar mit Rohöl. Die Maschinen erschienen nur in begrenzter Menge im Handel.

Behag

Die Bremer Eisenhandels AG, die ursprünglich Eisen- und Stahlprodukte fertigte, baute 1925-26 auch Motorräder, die sie mit 350 und 500 cm³-Motoren der Firma JAP bestückte. Da diese Modelle sich aber beim Publikum nicht bewährten, wurden sie nie in größerer Stückzahl produziert.

Beistegui Hermanos

Dieser spanische Hersteller begann 1956 die Produktion eines Mopeds, das den Markennamen BH erhielt. Das Moped wurde noch weitere Jahre unverändert weitergebaut.

Bekamo

Verglichen mit anderen deutschen Motorrädern der 20er Jahre war die Berliner Bekamo auffallend gut verarbeitet und technisch ausgereift. Nur der Holzrahmen der ersten Exemplare wurde nicht besonders geschätzt. Hergestellt wurden die Bekamos 1921-24 in Berlin. Die Stärke dieser Maschinen war ihr Motor, den ebenfalls Hugo Ruppe konstruiert hatte, der als Fabrikant bereits am Anfang des Jahrhunderts mit seinen preisgünstigen Apollo-Automobilen Erfolg hatte und auch den DKW Zweitakter schuf. Die Bekamos hatten selten leistungsstarke 122 und 174 cm³-Zweitaktmotoren mit hinter dem Kurbelgehäuse angebrachter Kurbelgehäusehilfspumpe.
1925 ging Hugo Ruppe in die Tschechoslowakei, wo die Bekamo nun von der Firma Kaehlert & Ruppe in Rumburg produziert wurde. Man baute die Bekamo-Originaltriebwerke mit 122 und 174 cm³ in umgestaltete TX-Rahmen ein. Die ungewöhnlichen TX-Rahmen waren Tankrohrrahmen, die von der Berliner Firma Westendarp & Pieper entwickelt worden waren. Das obere Rohr hatte einen größeren Durchmesser und diente als Kraftstoffbehälter, die anderen Teile waren Blechformteile. Die originellen Maschinen fanden wenig Anklang. Eine 250 cm³-Version mit konventionellem Rahmen kam 1929 auf den Markt, doch da war es bereits zu spät. Obwohl sich die Maschinen 1925-29 sogar in Rennen behaupten konnten, fiel die Firma Bekamo der Wirtschaftskrise Anfang der 30er Jahre zum Opfer. 1930 wurde die Produktion eingestellt.

Tonino Benelli auf einer seiner legendären Einzylindermaschinen.

Benelli

In Pesaro an der italienischen Adriaküste nahm im Frühjahr

1911 eine Legende ihren Anfang. Es begann beinahe zufällig: Teresa Boni Benelli, seit vier Jahren Witwe, suchte nach einer ernsthaften Beschäftigung für ihre sechs Söhne Giuseppe, Giovanni, Francesco, Filippo, Domenico und Antonio, Tonino genannt. Das Beste, so dachte sie sich, wäre, wenn sie für alle sechs eine gemeinsame Arbeit fände. Als tatkräftige Frau veräußerte sie ein paar Grundstücke aus dem Familienbesitz und kaufte vom Erlös eine Reihe von Maschinen, die sie in einem Flügel ihres großen Hauses aufstellen ließ: Die Officina Meccanica Benelli war entstanden, die eine der berühmtesten italienischen Firmen werden sollte. An den Drehbänken und Fräsen standen die sechs Brüder, unterstützt von fünf Arbeitern, die allerdings nicht allzu viel von Technik verstanden.
In der Stadt mag es damals vier oder fünf Automobile gegeben haben, für die Ersatzteile praktisch nicht zu bekommen waren. Diesem Betätigungsfeld wollten sich die Brüder Benelli in ihrer Werkstatt widmen: Sie begannen Autos und Motorräder zu reparieren, Ersatzteile nach Maß anzufertigen und das eine oder andere Jagdgewehr zu überholen. Das Geschäft ließ sich gut an, florierte, als im Jahr 1916 ein Erdbeben die Werkstatt völlig zerstörte. Die aus den Trümmern geretteten Maschinen wurden verpackt und sollten nach Mailand geschickt werden. Das hätte das Ende der Geschichte Benelli sein können, doch das Schicksal wollte es anders. Im allerletzten Augenblick wurde den Brüdern von Verwandten ein Stück Bauland zur Verfügung gestellt, so daß sich die Firma vergrößerte, anstatt in eine andere Stadt zu ziehen.

Abend für Abend setzten sich die Brüder an einem Tisch zusammen. Der führende Kopf war Giovanni. Sie verbrachten Stunden um Stunden bis tief in die Nacht damit, einem Traum Gestalt zu verleihen: dem ersten Motor der Marke Benelli.
Es dauerte acht Jahre, doch schließlich war ein 75 cm³-Zweitakter mit einer ausgeklügelten Mechanik Wirklichkeit geworden, der auf der ersten Mailänder Mustermesse große Zustimmung fand, nicht nur in der Fachwelt. Auch die Brüder betrachteten stolz ihren Motor, wie er wunderschön, aber stumm auf seinem Sockel ruhte und zur Verwendung aufzufordern schien.
Die Versuchung war groß. Die Brüder montierten ihren Motor auf der Gabel eines Fahrrads. Das Ergebnis befriedigte allerdings nicht, denn der Rahmen hielt der Belastung nicht stand. Ein nächster Schritt wurde erforderlich, und 1921 entstand das erste komplette Benelli-Motorrad: Es war mit dem bereits vorhandenen, lediglich auf 98 cm³ vergrößerten Zweitaktmotor, einem separaten Zweiganggetriebe und Kettenprimärtrieb ausgerüstet. Alles in allem war er für die damalige Zeit eine beinahe revolutionäre Neuheit. Der Starrahmen verfügte über eine Vordergabel mit Blattfeder.
Nach dieser ersten 98 cm³-Maschine gingen eine 125er und später eine 150er oder genauer ein 147 cm³-Modell in Serie, aus denen eine Rennversion mit 147 cm³ Hubraum entwickelt wurde. Abgesehen von den offenen Auspuffrohren, dem niedrigen Lenker und dem Rennsattel hatte sie wenig Besonderes aufzuweisen. Im Sattel des Renners hielt der zwanzigjährige Tonino 1923 Einzug ins Renngeschehen. Der Neuling schlug sich in Monza überraschend gut. Tonino erzielte in der 175 cm³-Klasse eine Plazierung, die zeigte, daß die Benelli den Maschinen großer Marken selbst dann ebenbürtig war, wenn diese um 25 cm³ größere Motoren besaßen. Tonino hatte bewiesen, daß die Benelli ein hervorragendes Motorrad war und er ein ausgezeichneter Fahrer.
Dies bestätigte sich in den nächsten Jahren durch eine Reihe von Siegen in verschiedenen Rennen, die Tonino erst richtig in Schwung brachten und ihm das Gefühl verliehen, seine Berufung gefunden zu haben. An Können fehlte es ihm nicht, was er brauchte, waren weitaus perfektere Maschinen. Deshalb bestand er darauf, daß die Firma all ihre Anstrengungen hierauf konzentrieren sollte. Doch des älteren Bruders Giovanni entschiedenes Nein ließ keinen Widerspruch zu, und auch die anderen Brüder fanden wenig Gefallen am Rennbetrieb, den sie für zu kostspielig hielten.
Es drohte der Bruch: Tonino kehrte dem Familienbetrieb den Rücken, bereit, sein Talent irgendeinem anderen Hersteller, der ihm ein gutes Rennmotorrad anvertraute, zur Verfügung zu stellen. Das wiederum behagte Giovanni nicht, dem nicht entgangen war, daß die fahrerischen Künste seines Bruders ihresgleichen suchten. Giovanni gab nach, Benelli begann Rennmotorräder herzustellen. In Konkurrenz zu den großen Firmen zu treten, machte einen weiteren Schritt zwingend erforderlich: Die Entwicklung eines Viertaktmotors stand an.
Der Prototyp war 1927 vollendet, das erste Motorrad mit einem Viertaktmotor stand auf den

100 cm³-Zweitakt-Benelli mit Zweiganggetriebe.

Benelli 500 Einzylinder-Zweisitzer.

Gruppenfoto der Brüder Benelli, 1929.
Linke Seite unten: Tonino Benelli, das Renn-As aus Pesaro.

175 cm³-Benelli von 1931.

500er Benelli von 1939.

Rädern. Der Motor besaß einen Hubraum von 172 cm³. Die hochmoderne Maschine hatte, gezielt für Rennen konzipiert, eine obenliegende Nockenwelle, die über sechs in L-Form angeordnete Stirnräder angetrieben wurde – eine Mechanik, die sich zur Weiterentwicklung anbot und große Erfolge im Rennsport versprach. Die Leistung des Motors betrug etwa 11 PS bei 6500 U/min, was genügte, um eine Spitzengeschwindigkeit von 140 km/h zu erreichen.

Das Debüt der Maschine fiel mit der Einführung einer italienischen Meisterschaft für diese Klasse zusammen. Tonino setzte alles daran, diese Gelegenheit zu nutzen. Er gewann ein Rennen nach dem anderen, auf der holprigen Strecke von Lario ebenso wie auf dem schnellen Motodrom von Monza, und verdiente sich so schließlich den Titel des italienischen Meisters, den er sich auch 1930 und 1931 sichern konnte. 1931 beschloß Tonino, den berühmt gewordenen Einzylinderrenner nicht mehr im Wettkampf einzusetzen. Fortan kam die Maschine als Modell Gran Sport auf den Markt.

Für Rennen entwickelte Benelli einen neuen Motor mit zwei obenliegenden Nockenwellen. Der Antrieb erfolgte über eine Serie von vertikal angeordneten Zahnrädern, die von einem T-förmigen Gehäuse umschlossen wurden. Genau dieses eigenwillige Gehäuse sollte zum unverwechselbaren Kennzeichen aller Benelli-Rennmotoren werden. Der Hubraum blieb mit 173,8 cm³ praktisch unverändert, doch Bohrung und Hub waren nun quadratisch ausgelegt. Das separate Getriebe verfügte über drei Gänge (aus denen 1934 vier wurden) und wurde per Handschaltung betätigt.

Bei dem neuen Motorrad wurden ein paar Veränderungen an den Bremsen und am Starrahmen mit gefederter Trapezgabel vorgenommen; um für die schnellen Parcours die Aerodynamik zu verbessern, verkleidete man das Hinterrad. Bei ihrem Debüt im Jahr 1931 fuhr die Maschine schneller als 130 km/h und kam im Jahr darauf sogar auf eine Höchstgeschwindigkeit von 140 km/h. Tonino reihte Sieg an Sieg, auch im Ausland. Man nannte ihn „Tonino volante", den fliegenden Tonino, doch 1932 sollte das letzte Jahr seiner atemberaubenden Karriere werden.

Die Tragödie erwartete ihn an der Rennstrecke von Tigullio. Es regnete, die Straße war glatt. Wie immer startete Tonino fulminant. Bereits ein Jahr zuvor beim Grand Prix in Rom war er, auch nachdem er alle Konkurrenten überrundet hatte, mit äußerster Kühnheit in halsbrecherischem Tempo über die Piste gerast. Tonino fuhr immer wie der Teufel und dachte nie an die Gefahren, die drohten. Auch auf dieser verregneten Strecke ging er die Kurven mit größtmöglicher Geschwindigkeit an, fuhr er den ihm eigenen, perfekten Stil. An diesem Tag jedoch stand ihm das Glück nicht zur Seite. Als er bereits mit großem Vorsprung einem weiteren Sieg entgegenzufahren schien, kam seine Maschine ins Schleudern, überschlug sich und fiel auf ihn. Die Ärzte stellten fest, daß ein Arm und ein Bein zerschmettert waren, doch das Schlimmste war eine gebrochene Rippe, die einen Lungenflügel verletzt hatte. Tonino kämpfte zwei Wochen lang mit dem Tod. Die Brüder hielten in größter Sorge um sein Leben am Krankenbett Wache: Der junge Mann, der da zwischen Leben und Tod schwebte, war das Herz der Firma Benelli. Giuseppe hatte die unbesiegbare 175er entworfen, und Giovanni

Benelli 175 mit Viertaktmotor.

Benelli 125 Leoncino mit Zweitaktmotor.

hatte sie konstruiert, doch Tonino als waghalsiger Fahrer verhalf diesem Motorrad zu Prestige und Ruhm und zog die Aufmerksamkeit des Publikums auf die Marke aus Pesaro, auch wenn man nicht vergessen darf, daß noch andere erstklassige Fahrer für Benelli fuhren. Langsam kehrte der jüngste der Benelli-Brüder ins Leben zurück, nie mehr jedoch auf die Rennstrecke. Nach langdauernder Genesung begann er wieder zu arbeiten, jetzt an der Seite seiner Brüder in der Werkstatt.

Nach dem Ende seiner Rennkarriere nahm Tonino bei der Benelli-Rennmannschaft die Zügel in die Hand.

1935 entstand als Kopie des 175ers der 250 cm³-Doppelnockenwellenmotor. Zugleich wurde eine 500er Rennmaschine (mit exakt 493,62 cm³ Hubraum) auf die Piste geschickt, die mit einem fast quadratischen Motor (Bohrung/Hub 85 x 87 mm) ausgerüstet war, der etwa 50 PS leistete. Dieses Modell unterschied sich von den kleineren durch die einfachere Form des hier nicht geriffelten Gehäuses, das die Zahnräder des Nockenwellenantriebs umschloß. Es wog 134 kg und erreichte eine Spitzengeschwindigkeit von über 190 km/h. Gefahren von Guglielmo Sandri, wurde die Maschine sogleich in den Wettkampf geschickt. Sie enttäuschte beim Rennen jedoch die in sie gesetzten Erwartungen, so daß sie wenig später wieder aus der Motorsportszene verschwand.

Glücklicher verlief das Debüt der 250er, die als Konkurrenz für Moto Guzzis Renner mit einer Nockenwelle konzipiert wurde, die bis dahin die unumstrittenen Herrscher ihrer Klasse waren. Die Benelli 250 brach als erstes mit einer Geschwindigkeit von 181,818 km/h den Weltrekord über den Fliegenden Kilometer. Nach den ersten Rennen, in denen es jedoch nicht gelang, Moto Guzzi zu schlagen, nahm man eines der beiden Auspuffrohre ab und versah den Rahmen mit einer Hinterradaufhängung mit Geradwegfederung. Doch auch diese veränderte Maschine verfehlte, wenn auch nur knapp, den Sieg.

Am 27. September 1937 verlor Tonino auf der Rückfahrt von Rimini nach Pesaro das Leben bei einem tragischen Verkehrsunfall, bei dem ihm ein unachtsamer Autofahrer den Weg versperrte. Zwar konnte er dem Hindernis ausweichen, doch das rettete den erst 34jährigen nicht.

1938 wurde die Formel Sport für Serienmotorräder eingerichtet; sie schien wie für die 250er und die 500er Benelli geschaffen, die sofort von vielen Sportfahrern erworben wurden. Bis 1948 starteten sie bei unzähligen Rennen. Gleichfalls 1938 kehrte die 250er in einer überarbeiteten Version mit einem auf 75 mm verlängerten Hub und einem separat angeblockten Benelli-Getriebe an die Spitze zurück. Auf dieser Maschine errang der große englische Fahrer Edward Mellors den Sieg in der Tourist Trophy von 1939. Das ruhmreiche Rennen wurde in diesem Jahr bei strömendem Regen gefahren. Und endlich besiegte Benelli die Moto Guzzis mit ihren aufgeladenen Motoren.

1940 schloß sich Benelli der neuen Tendenz zur Kompressoraufladung an. So entstand ein Motorrad der Superlative mit vorne eingebautem Vierzylinder-Reihenmotor, zwei obenliegenden Nockenwellen und Cozette-Kompressor. Der Doppelschleifenrohrrahmen und das Vierganggetriebe stammten von der Einzylinderversion ab, die sich als sehr wendig erwiesen hatte. Doch in der Ferne grollte bereits Kanonendonner. Der zweite Weltkrieg hatte begonnen.

Die Firma der fünf verbliebenen Brüder war auf dem Höhepunkt ihres Erfolgs angekommen. Damals führte Benelli aufgrund der Erfahrung mit Präzisions-Bauteilen auch Arbeiten für Hersteller von Flugzeugmotoren wie Isotta Fraschini, Colombo, OM und Alfa Romeo aus.

Benelli 250 mit einer Nockenwelle.

Im Motorradbereich beschränkte sich die Produktion auf Militärmaschinen, die größtenteils von den Vorkriegs-Serienmodellen mit 250 und 500 cm³-Motoren abgeleitet wurden. Die Kriegsereignisse zogen das Benelli-Werk stark in Mitleidenschaft. Nach den Bombardements durch die deutsche Luftwaffe war von der gesamten technischen Ausrüstung kaum mehr als unbrauchbarer Schrott übrig geblieben.
Die letzten Tage unter deutscher Herrschaft in Pesaro verliefen für die Brüder Benelli äußerst dramatisch: Giovanni, der die Fabrik als letzter verließ, wurde auf der Flucht von der SS verfolgt. Nur dank eines Partisanen, der ihm in einem Dorf im Apennin Zuflucht gewährte, gelang es ihm zu entkommen. Am Ende des Krieges, so erinnerten sich die Brüder, „blickten wir bekümmert auf das, was übriggeblieben war: Es war so gut wie nichts. Doch die Mutlosigkeit hielt nicht lange an, wir liehen uns von unseren Arbeitern ein paar Werkzeuge, kauften tausend gebrauchte Armeemotorräder, fast alle von Matchless und BSA sowie ein paar von Harley-Davidson, und machten uns daran, sie in Maschinen für den zivilen Gebrauch zu verwandeln."
Währenddessen begab sich Domenico Benelli auf eine abenteuerliche Reise durch Österreich und Deutschland, um nach dem geplünderten Material zu suchen. Im Vertrauen auf die Zukunft des Motorrads und die eigenen Fähigkeiten, verschuldeten sich die Brüder tief, um wieder nach oben zu kommen. Und so entstand die Firma, auch dank einiger weniger Motorräder, die man in weiser Voraussicht versteckt hatte, ein zweites Mal und engagierte sich erneut im Rennsport. Fahrer waren der nicht mehr ganz junge Amilcare Rossetti und sein Schüler Luigi Ciai.
Leider konnte Benelli die leistungsstarke Vierzylindermaschine mit Kompressor aus dem Jahr 1940 nicht mehr verwenden, weil die Internationale Motorradsport-Behörde FIM die Aufladung mit Kompressor im Rennsport verboten hatte. So mußte Benelli auf den 250 cm³-Motor mit zwei Nockenwellen aus den 30er Jahren zurückgreifen. Er war für den Betrieb mit dem bis 1939 verwendeten leistungsfähigen Benzin-Benzol-Gemisch entwickelt worden und mußte nun, nach dem Krieg, den schlechten Normalkraftstoff mit kaum 72 Oktan schlucken. Natürlich kam es wegen des hohen Verdichtungsverhältnisses zu Schwierigkeiten, die zu erheblichen Schwankungen bei der Leistung führten.
In dieser Situation griff Benelli zu einer etwas zweifelhaften, unorthodoxen Methode: Durch ein Röhrchen, das offiziell als Entlüftungsrohr ausgegeben wurde, leitete man zur Erhöhung der Klopffestigkeit Bleitetraethyl in den Tank. Nach Beendigung des Rennens waren – keineswegs zufällig – die Tanks der Benelli-Maschinen stets bis auf den letzten Tropfen geleert, denn man nutzte die „Ehrenrunde" nach dem Zieleinlauf, um das verbliebene Benzin zu verbrauchen, so daß bei den Kontrollen nichts mehr festzustellen war.
1948 war ein entscheidendes Jahr für Benelli: Hier begann die Zusammenarbeit mit dem großen Fahrer Dario Ambrosini, der für die Firma die ruhmreichen Zeiten von Tonino wiedererstehen ließ. Nun erstrahlte die Rennabteilung von Benelli wieder im alten Glanz, aber zugleich widmete man der Serienproduktion größte Aufmerksamkeit. 1949 rief der Markt nach preisgünstigen Leichtmotorrädern, und Benelli präsentierte das Modell Letizia, ein kleines Schmuckstück mit einem klassischen 98 cm³-Einzylinder-Zweitaktmotor. Sein Erfolg beim Publikum stand von vornherein fest, so daß zwei Jahre später als Weiterentwicklung das Modell Leoncino auf die Räder gestellt wurde, dessen Zweitaktmotor über den etwas größeren Hubraum von 125 cm³ und eine raffiniertere Technik verfügte. Auch dieses Motorrad hatte einen Zentralrohrrahmen mit freihängend eingebautem Motor. Es wurde in einer Touren- und einer Sport-Version produziert. Die Leoncino gewann ganz

Umberto Masetti im Sattel seiner Benelli 250.

Benelli 125 Leoncino von 1951.

Dario Ambrosini, der Sieger der Tourist Trophy von 1950.

nach Firmentradition viele Wettbewerbe, darunter auch den ersten Giro d'Italia nach Kriegsende. 1952 entwickelte Benelli die Leonessa mit einem stehenden Zweizylinder-Viertaktmotor, dessen Ventile im Zylinderkopf hingen.
In diesen Jahren erreichte die Marke Benelli einen beispiellosen Ruhm. Dies verdankte das Werk nicht zuletzt dem großartigen Unternehmen zweier Studenten, die 1955 auf einer Leoncino 125, mit der sie einen Stabil-Marchetti-Anhänger zogen, eine unglaubliche Tour unternahmen. Die beiden jungen Männer durchquerten Europa und Afrika vom Nordkap bis nach Kapstadt, von Gibraltar bis Moskau, ein Unterfangen, das im Motorsport nicht seinesgleichen kannte und die Qualitäten der Benelli deutlich machte.
Doch zurück zu den Wettkämpfen: Sofort nach seinem Einstieg bei der Firma aus Pesaro gewann Ambrosini die ersten beiden Rennen der italienischen Meisterschaft, doch über die ganze Rennsaison gerechnet erwies sich Moto Guzzi als stärker. Deswegen wurde im Jahr darauf, als endlich wieder hochoktaniger Kraftstoff zur Verfügung stand, das alte Modell mit Doppelnockenwellenmotor vollständig erneuert, wobei Ambrosini seine Erfahrungen als Testfahrer einbrachte. Durch Verrippung des Zylinderkopfs verbesserte Benelli die Kühlung und die Motorleistung; dadurch wurde aus der 250er mit 27 PS bei 10000 U/min und einer Spitzengeschwindigkeit von 170 km/h wieder eine konkurrenzfähige Rennmaschine.
Im Jahr 1950 begab sich Ambrosini mit der 250er Benelli zu seiner ersten Tourist Trophy auf die Insel Man. Ein Sieg bei diesem ungewöhnlich harten Rennen, an dem die Spitze der Motorradwelt teilnahm, war der Traum jedes Fahrers. Ambrosini trainierte bis zum Umfallen, brachte zwei zusätzliche Tanks an seiner Maschine an, damit der Treibstoff für das gesamte Rennen ausreichte, und fuhr, zum Sieg entschlossen, den mit seinen sieben Runden insgesamt 425 Kilometer langen Kurs. Im Verlauf des Rennens ließ er Cann und Wood auf den Moto Guzzis davonziehen, dann überholten ihn Pike auf seiner Rudge und Mead auf Norton.

Sie gewannen bis zu eineinhalb Minuten Vorsprung. Währenddessen war aber mit zunehmendem Benzinverbrauch die Benelli leichter geworden. Ambrosini begann aufzuschließen, überholte einen Gegner nach dem anderen, bis nur noch Cann vor ihm fuhr. Das Ziel kam in Sicht, Ambrosini auf seiner leichten Maschine zog an Cann vorbei und siegte. Endlich war die alte Konkurrenz Moto Guzzi geschlagen. Mit 130 km/h Durchschnittsgeschwindigkeit hatte Ambrosini einen neuen Rundenrekord aufgestellt. So eroberte Benelli nach elf Jahren den Titel zurück, den damals Mellors auf einer 250er errungen hatte. Die Benelli-Maschine hatte Schnelligkeit und Zuverlässigkeit bewiesen, die Firma aus Pesaro rangierte nun als eine der führenden Firmen auf dem Gebiet von Sport- wie Serienmaschinen.

Doch wieder geschah ein Unglück: Bei den Probeläufen zum Großen Preis von Frankreich in Albi kam Ambrosini von der Strecke ab und verunglückte tödlich. Dieses zweite dramatische Ereignis gab den Ausschlag: Benelli zog sich 1953 offiziell aus dem Rennsport zurück. Nun widmete man sich ganz der Serienproduktion und präsentierte 1956 das Modell Leoncino mit einem 125 cm^3- Viertaktmotor und zwei Jahre später die ersten Mopeds mit 49 cm^3- Zweitaktmotor. Im gleichen Jahr erblickte auch eine prächtige Maschine mit 175 cm^3-Viertaktmotor das Licht der Welt.
Nach einigen Jahren Enthaltsamkeit tauchte eine Benelli 1958 auf der Piste auf. Sie fuhr bei den Probeläufen für den Großen Preis von Monza mit. Zwar nahm die Marke in diesem Jahr nicht am Wettbewerb teil, dennoch zog sie die Aufmerksamkeit der Fachwelt auf sich, die erahnte, welche Möglichkeiten in der Maschine steckten.
Die neue Renn-Benelli war noch immer das Einzylindermodell mit zwei obenliegenden Nockenwellen, das auf der Isle of Man triumphiert hatte. Doch die Ähnlichkeit mit der ursprünglichen Maschine beschränkte sich auf den einen stehenden Zylinder und den Ventiltrieb über die T-förmig angeordneten Zahnräder. Ansonsten war sie völlig neu konzipiert. Das Sechsganggetriebe war im Motorgehäuse integriert, die Zündung eine Batteriedoppelzündung, den Unterbrecher steuerte eines der Zahnräder der Nockenwellenantriebs. Der Doppelschleifenrohrrahmen war mit Telegabel vorn und Schwinge mit Federbeinen hinten ausgestattet, die Maschine hatte eine Delphinverkleidung.

Ihr Debüt gab sie 1959, wo sie gegen äußerst starke Gegner antrat wie die Zweizylinder-MV, die MZ mit Zweitaktmotor und die Morini mit zwei Nockenwellen. Außerdem kam 1960 zu den ohnehin schon sehr zahlreichen Maschinen in der 250er Klasse noch eine Vierzylinder-Honda hinzu. Gegen die Mehrzylinder waren die Einzylindermaschinen machtlos, auch die Benelli, ungeachtet ihrer 33 PS und der Spitzengeschwindigkeit von über 200 km/h.
So orientierte sich das Werk um und stellte im Juni 1960 die erste Benelli mit Vierzylinderreihenmotor vor. Die Ventile dieses Rennmotorrads wurden über zwei obenliegende Nockenwellen gesteuert. Die Maschine

Linke Seite:
Oben: Vierzylinder-Benelli 500 Grand Prix mit Scheibenbremse vorn, 1969.
Unten: Silvio Grasetti auf einer neuen Vierzylinder-Benelli 250.
Mitte: Eine weitere Version des Viertelliter-Grand Prix-Modells.
Rechte Seite:
Oben: Silvio Grassetti auf seiner Benelli an den Boxen beim Rennen in Monza 1963.
Unten: Noch einmal Silvio Grassetti im Sattel seiner 350er.

besaß pro Zylinder zwei V-förmig hängende Ventile, vier Vergaser, ein im Motorgehäuse integriertes Sechsganggetriebe und Luftkühlung; der Hubraum betrug 246,9 cm³, die Leistung 40 PS bei 13000 U/min. Aufgrund technischer Probleme erschien die Maschine erstmals 1962 auf der Rennbahn. 1963 erhielt sie vorne eine Scheibenbremse und 1964 als eine weitere entscheidende Verbesserung einen neuen Rahmen. Schließlich schien sie optimal vorbereitet zu sein, und Tarquinio Provini startete im Jahr 1965 in Monza. Mit einer Durchschnittsgeschwindigkeit von über 152 km/h errang er tatsächlich den Sieg. Nach weiteren Verbesserungen erbrachte der Motor eine Leistung von 50 PS, und die Höchstgeschwindigkeit erhöhte sich auf 230 km/h.

1962 schloß sich Benelli mit der Firma Motobi zusammen. Motobi war 1950 von Giovanni Benelli gegründet worden, der sich damals nicht in der Lage gesehen hatte, seine Meinungsverschiedenheiten mit den Brüdern auf andere Art und Weise auszutragen. Die neue Firmengruppe nahm die Produktion eines Rennmotorrads für Privatfahrer mit einem kleinen 49 cm³-Zweitaktmotor auf. 1967 entwikkelte man eine Maschine mit 60 cm³-Viertaktmotor mit zwei obenliegenden Nockenwellen, der aber kein Glück beschieden war. Praktisch kam sie nie über das Prototypstadium hinaus. Angesichts der Möglichkeiten, die das 250 cm³-Vierzylindermodell bot, entwickelte Benelli eine vergrößerte Renn-Version mit 350 cm³-Motor, 58 PS bei 14000

U/min und Achtganggetriebe. 1967 erweiterte man den Hubraum noch einmal auf 491 cm³, und die Leistung wurde auf 75 PS bei 12800 U/min gesteigert. Ab 1968 bemühte sich das Werk um die Weltmeisterschaft, die man 1969 dank des fahrerischen Könnens von Kel Carruthers gewann, der in diesem Jahr unter anderem die Tourist Trophy für sich entschied. Ende 1967 präsentierte Benelli das elegante Zweizylindermodell Tornado mit einem 650 cm³-Viertaktmotor mit leicht nach vorne geneigten Zylindern. In Produktion ging es 1969, nachdem es zuvor ein letztes Mal überarbeitet worden war. In diesen Jahren durchlebten die italienischen Hersteller eine Krise: Die japanischen Firmen waren im Vormarsch und wurden zur harten Konkurrenz. Weil das Geld nicht mehr reichte, reduzierte Benelli seine kostspieligen Rennaktivitäten. 1972 wurde die rennomierte Firma in Pesaro von der De Tomaso-Gruppe übernommen. Das gleiche Schicksal ereilte etwas später auch Moto Guzzi. Viele Modelle der beiden alten Konkurrenten unterschieden sich in der Folge häufig nur noch durch die Markenzeichen am Tank.
Die neuen Eigentümer setzten nicht auf den Rennsport, dennoch tauchten 1972 die 300er und die 500er von Benelli auf den Pisten auf, wo sie, gesteuert von Jarno Saarinen, in beiden Klassen die starken MVs mit Agostini im Sattel schlugen. Als Antwort auf die japanische Herausforderung konstruierte das Werk 1972 eine 500 cm³-Vierzylinder-Benelli. Die Leistung von 55 PS, die Spitzengeschwindigkeit von 190 km/h und das gefällige Design reichten aber nicht aus, sie zu einem Erfolgsmodell werden zu lassen.
Im Jahr darauf gewann Walter Villa auf einer Benelli 500 ein internationales Rennen in Modena, dann folgte der tragische Grand Prix von Monza, wo Pasolini, Saarinen und zwei weitere Fahrer tödlich verunglückten. Nach dieser Katastrophe beschloß Benelli erneut, sich aus dem Rennsport völlig zurückzuziehen. Die Firma konzentrierte sich wieder ganz auf die Serienproduktion und kam nach dem teilweisen Mißerfolg der 500er von 1972 mit zwei interessanten Zweizylindermodellen auf den Markt, einer 125er und einer 250er.
1974 versuchte auch Benelli angesichts des Booms bei den

Oben: Vierzylinder-Benelli 250 von 1977.
Unten: Benelli 750 Sei, das erste Serienmotorrad mit Sechszylindermotor, 1974.

schweren Maschinen sein Glück mit einem Superbike, dessen 750 cm³-Sechszylinder-Reihenmotor 71 PS leistete und eine Höchstgeschwindigkeit von 180 km/h ermöglichte. Die Sei war das erste Sechszylinder-Serienmotorrad der Welt. Bei ihrer Konzeption orientierte sich Benelli an der damaligen Vierzylinder-Honda, führte aber einige neuartige Lösungen ein, wie etwa den zur Verringerung der Maße hinter den Zylindern liegenden Wechselstromgenerator; diese Technik übernahm Honda einige Jahre später bei einem eigenen Sechszylindermodell.
Der beeindruckende Motor hatte sechs Auspuffrohre mit trompetenförmigen Endstücken, was der Maschine ein besonders dynamisches Aussehen verlieh. Ein weiteres Kennzeichen war die Doppelscheibenbremse vorne. Auf dem Mailänder Motorradsalon 1977 wurde die Sei mit einem neuen 900 cm³-Motor präsentiert, der bei 8400 U/min 80 PS leistete und das Motorrad im fünften Gang auf 210 km/h beschleunigte. Design und Fahrwerk waren völlig erneuert und die Bremsanlage durch eine großzügig ausgelegte Einscheibenbremse verbessert.
Parallel dazu erweiterte Benelli seine Produktionspalette in der kleinen und mittleren Hubraumklasse, wobei man häufig neue technische und ästhetische Lösungen erprobte, wie etwa bei der originellen 250 Quattro. Auch Geländemaschinen fehlten nicht im Programm: Das Werk produzierte zum Beispiel eine 125er Enduro mit Einzylinder-Zweitaktmotor, der 15 PS leistete. Daneben entstanden auch Klappmopeds, wie etwa das Modell 50 Caddy.
In den 80er Jahren erstreckte sich das Angebot von Benelli auf alle Hubraumklassen. Moto-Guzzi-Modelle wurden unter der Marke Benelli vermarktet, exklusiv Benelli blieben aber das immer weiter verbesserte Sechszylindermodell und die Motorroller, unter denen besonders das futuristisch gestylte Modell Laser mit automatischem Getriebe und elektrischem Anlasser herausragt.

Benelli 654 mit 603,9 cm³-Vierzylindermotor.

Benotto

Bekannt wurde die italienische Firma Benotto durch ihre Fahrräder. 1953 entwickelte sie mit den Mopeds Tavan und Master auch im Motorradbau Aktivitäten. 1954 erschienen die Modelle Dragon 150 mit Zweitaktmotor, Dreiganggetriebe und einer Spitzengeschwindigkeit von 95 km/h, und Condor mit 100 cm³-Zweitaktmotor, Zweiganggetriebe und einer Höchstgeschwindigkeit von 70 km/h. Daneben gab es die erwähnten Mopeds Master 50 mit Eingang-Zweitaktmotor und 55 km/h Höchstgeschwindigkeit und Tavan. Dieser hatte, abgesehen von einem Reibrollenantrieb und einer Höchstgeschwindigkeit von 45 km/h, die gleiche Technik wie die anderen Modelle.
1955 schuf das Werk eine Master-Version mit einem Ilo-Zweigangmotor, zu dem das Moped Mastino mit Ilo-Eingangmotor hinzukam; beide Modelle besaßen einen Kettenantrieb. Benotto hatte in diesem Jahr gleich mehrere Leichtmotorräder im Fertigungsprogramm: den 125 cm³-Zweitakter Vultur mit Dreiganggetriebe, die unverändert gebliebene Dragon 150 sowie die Centauro Gran Sport mit 160 cm³-Zweitaktmotor und Vierganggetriebe. Während die 1956 produzierten Leichtmotorräder mit den Vorjahresmodellen identisch waren, gab es die Mopeds nun in einer Normalversion mit einem Gang und in einer Sportversion mit Zweiganggetriebe. 1957 stellte Benotto die Produktion ein.

Benelli Laser mit 49,9 cm³.

Bercley

Unter dem Markennamen Bercley entstand 1905-09 in Brüssel ein sehr fortschrittliches Motorrad. Der Techniker Gustave Kindermann hatte es für die Société des Motocycles Bercley entworfen: Es besaß einen stehenden Parallel-Zweizylindermotor mit 616 cm³ Hubraum, der über eine dreifach gelagerte Kurbelwelle und schon mechanisch betätigte Einlaßventile verfügte.

Beresa

1923-25 schufen die Beresa Werke bei Münster eine Maschine, die wie so viele andere deutsche Motorräder nur in kleiner Stückzahl hergestellt wurde. In einem herkömmlichen Rahmen saßen 350 und 500 cm³-Motoren, die von den Firmen JAP und Blackburne geliefert wurden. Selbst in ihrer Produktionsphase erreichte die Beresa keine überregionale Bedeutung.

Bergfex

Die durch robuste Rahmen gekennzeichneten Bergfex-Modelle, die 1906-09 in Berlin produziert wurden, waren mit Ein- und Zweizylindermotoren von Fafnir und Minerva bestückt, die 4 bis 5 PS Leistung erreichten. Auch Motoren eigener Fertigung wurden eingebaut.

Berini

1949 entstand in Holland der von den Technikern Bernd Neuman, Rinus Bruynzell und Nico Groenendijk konstruierte Kleinstmotor Berini. Der Einzylinder-Zweitaktmotor wurde mit nach unten gerichtetem Zylinder rittlings auf dem Vorderrad angebracht; der Antrieb erfolgte über eine Rolle, der Hubraum betrug 25,7 cm³. Der Motor war so gefragt, daß die Motorenfabrik Pluvier N.V. in Rotterdam in den nächsten Jahren nach dem gleichen Schema einen 32 und 48 cm³-Motor anfertigte. 1955 präsentierte sie ein Moped mit 48 cm³-Zweitaktmotor, offenem Starrahmen und Teleskopgabel. Das Rohr, das vom Lenkkopf zu den Fußrasten führte, diente als Kraftstoffbehälter. Auf Wunsch wurde das Moped mit den Motoren M 21 (Eingangversion) oder M 22 (Zweigangversion) geliefert. Beide Modelle blieben bis 1958 im wesentlichen unverändert im Programm.
Ende 1958 verwendete das holländische Werk einen Motor mit Drehschiebersteuerung und einer „Speedomatic", die die Drehzahl auf 4000 U/min begrenzte. Sobald diese Drehzahl überschritten wurde, trat eine Schiebervorrichtung in Funktion, die den Einlaßschlitz immer weiter schloß. So wurde der Motor zwangsweise wieder auf die Drehzahl gebracht, die einer Geschwindigkeit von 36 km/h entsprach.
1959 entstand das Modell M 13 mit offenem Rohrrahmen und 32 cm³-Motor. Der Motor saß mit nach unten gerichtetem Zylinder über dem Vorderrad, der Antrieb erfolgte über eine Reibrolle, die Kraftübertragung ohne Schaltgetriebe und Kupplung. Die Höchstgeschwindigkeit lag bei 35 km/h, am niedrigsten war der Kraftstoffverbrauch mit etwa 1,25 Liter auf 100 km, wenn man nicht schneller als 28 km/h fuhr. Die Motorenfabrik wurde durch ihre hervorragend verarbeiteten Mopeds auch im Ausland bekannt. 1970 produzierte die Firma eine Serie von neun Modellen, die mit Anker- oder Suzuki-Motoren bestückt und durch die reichliche Verwendung von Preßblechteilverkleidungen charakterisiert waren.

Der erste Bernardet-Motorroller von 1950.

Berlick

Die englische Firma Berlick wurde im Jahr 1929 gegründet. Sie produzierte Motorräder mit Dreiganggetriebe und Kardanantrieb, die von 247 cm³-Zweitaktmotoren von Villiers angetrieben wurden.

Berlin

Seit 1959 existierende Motorradmarke aus der Deutschen Demokratischen Republik. Der Firmensitz der V.E.B. Industriewerke war in Berlin-Ludwigsfelde. Die Produktion konzentrierte sich zunächst auf konventionelle, mit 150 cm³-MZ-Zweitaktmotoren ausgerüstete Motorroller, denen das Modell Troll folgte. 1965 schloß der Betrieb seine Tore.

Bernardet

1930-34 produzierte die französische Société Anonyme Bernardet, die in Châtillon-sous-Bagneux angesiedelt war, herkömmliche Motorräder mit 100 bis 500 cm³-Motoren der Firmen Train und Chaise.
Ebenfalls in Châtillon-sous-Bagneux, jedoch bei der Scooters Bernardet Soc. An., die nicht mit der oben genannten zu verwechseln ist, entstand 1950 mit dem Modell C 50 ein erster Motorroller mit 125 cm³-Zweitaktmotor von Ydral, Vierganggetriebe und Kettenantrieb. Entworfen hatten den populären Roller René, Robert und Roger Bernardet. Es folgte die technisch identische Version C 50 De Luxe mit besserer Ausstattung. Der Roller blieb bis 1952 unverändert im Angebot. 1951 kam ein Modell B hinzu, das über einen 250 cm³-Zweitaktmotor von Ydral, Dreiganggetriebe und Kettenantrieb verfügte. Zu ihm gesellte sich das ähnlich konstruierte Modell BM, das in Technik und Design verbessert worden war.
Einen vollständig verkleideten Motorroller mit 246,8 cm³-Motor aus eigener Herstellung, Vierganggetriebe, Gebläsekühlung, Kettenantrieb und einer Spitzengeschwindigkeit von 80 bis 85 km/h produzierte Bernardet 1953. Die gleiche Verkleidung besaß ein 125 cm³-Modell. 1954 erschien der Roller Cabri mit 50 cm³- Einzylinder-Zweitaktmotor mit liegendem Zylinder, Zweiganggetriebe und Kettenantrieb, mit vollständiger Leichtmetallverkleidung. Der Cabri hatte eine Vorderradaufhängung mit gezogener Kurzschwinge, und die Hinterradaufhängung bestand aus einer Schwingeinheit Motorblock-Aufhängung mit Gummipuffern.
Beim Pariser Motorradsalon 1954 präsentierte Bernardet das Motorrollerprogramm, das 1955 in Serie gehen sollte: Für das Modell Cabri verwendete die Firma einen 98 cm³-Zweitaktmotor mit liegendem Zylinder von Comet, ein Zweiganggetriebe und einen vollständig verschalten Kettenantrieb, während sie die Roller mit 125 und 250 cm³ Hubraum in verschiedenen Versionen anbot.
Eine sehr interessante technische Neuheit, die auf dem Pariser Motorradsalon 1955 vorgestellt wurde, war die bei den Bernardet-Motorrollern verwendete Getriebeautomatik Servomatic CFM. Damals wurde Bernardet von CFM (Compagnie Française des Moteurs) übernommen, die

Produktion aber fortgesetzt. Das ruhmreiche Markenzeichen, das mittlerweile jeder Franzose kannte, zierte weiterhin die Roller. Das automatische Getriebe CFM war ein Zahnradgetriebe, das nur über zwei Gänge verfügte. War ein Vierganggetriebe gewünscht, so verwandelte man das System in ein halbautomatisches Getriebe, indem man ein Zahnraduntersetzungsgetriebe hinzufügte. Mit Hilfe eines kleinen Handwahlschalters konnte zwischen den Positionen „Stadt“ und „Straße“ gewählt werden: So erhielt man zwei automatisch geschaltete Gänge für den Stadtverkehr und zwei für Fahrten auf weniger belebten Landstraßen. Die Kupplung war vollautomatisch. Wenige Jahre nach der Übernahme durch CFM wurde die Bernardet-Produktion bereits wieder eingestellt.

Berneg

Auf der Mailänder Mustermesse von 1955 wurde das von Paride Bernardi und Corrado Negrini in Casalecchio di Reno (Bologna) gebaute Motorrad Berneg Iridea vorgestellt. Es hatte einen 158 cm^3-Zweizylindermotor mit parallel stehenden Zylindern und obenliegender Nockenwelle, die über eine Duplexkette angetrieben wurde. Die Zylinder bestanden aus Grauguß und waren, ebenso wie die Leichtmetallzylinderköpfe, aus einem Guß gefertigt. Das fußgeschaltete Vierganggetriebe war im Motorblock integriert, Primär- und Sekundärtrieb erfolgten über Kette. Der Rahmen war ein Rohrrahmen mit Teleskopgabel und Hinterradschwinge. Die Höchstgeschwindigkeit betrug 100 km/h.

Während die Berneg Iridea 1956 nur in kleinen Details überarbeitet wurde, erhielt sie 1957 ein ganz neues Design. Im gleichen Jahr stellte die Firma das 185 cm^3-Modell Fario vor, das in seiner Konstruktionsweise der Iridea glich. Allerdings erreichte diese nach Verbesserungen am Motor eine Höchstgeschwindigkeit von 105 km/h, während die Fario in der Normalversion nur auf 100 km/h kam; das Modell Gran Turismo hingegen konnte 120 km/h fahren. Ende 1959 wurde nur noch die Fario Gran Turismo gebaut, nun aber zudem in einer etwas schnelleren Sportversion. Die Firma Berneg hat bis 1961 existiert.

Bertaud

Jupiter und Centurion waren zwei Versionen eines Mopeds, das 1963 der französische Hersteller Bertaud auf den Markt brachte. Das aus einer Leichtmetallegierung gefertigte horizontale Rohr des Rahmens hatte 13 Zentimeter Durchmesser und faßte zehn Liter Benzin. Am vorderen Ende hatte das Rohr einen Hohlraum, in dem der Scheinwerfer untergebracht war; außerdem saß hier der Lenkkopf mit den Gabelbrücken. Auf dem hinteren Teil des Rohrs war eine Doppelsitzbank angebracht, am Mittelteil waren, als Halterung für den Motor und die mit Teleskopstoßdämpfern ausgerüstete Hinterradschwinge, zwei parallele Dreiecke mit nach unten zeigender Spitze befestigt.

Das Modell Jupiter hatte einen 50 cm^3-Zweitaktmotor mit Drei- oder Vierganggetriebe, 4 PS und eine Höchstgeschwindigkeit von 85 km/h. Die Centurion besaß einen 50 cm^3-Motor, Pedale und einen Tourenlenker. Sie brachte es auf 50 km/h Spitze.

Bertin

1955-58 kam die kleine französische Firma Moteurs Bertin aus St. Laurent Blangy mit 49 cm^3-Zweitaktmaschinen auf den Markt, wo sie sich jedoch nicht langfristig etablieren konnten.

Bertoni

Ein sportliches Leichtmotorrad mit 160 cm^3-Zweitaktmotor, Vierganggetriebe sowie Telegabel vorn und Schwinge mit Federbeinen hinten, das 1954 in Italien produziert wurde.

Berva

1958 in Ungarn hergestelltes Moped mit 48 cm^3-Einzylinder-Zweitaktmotor, das über eine Vordergabel mit Schwingen und eine Hinterradschwinge verfügte.

Berwick

Als die Berwick, ein englisches Motorrad mit 250 und 350 cm^3-Villiers-Motor, gerade produktionsreif war, zog die Herstellerfirma von Tweedmouth nach Banbury. Solange sie existierte,

Zweizylindermodell Berneg Fario Gran Turismo, 1957.

Moped Berva von 1958.

litt die Firma unter finanziellen Schwierigkeiten. Wieviele Exemplare sie tatsächlich anfertigte, ist ungewiß. Im zweiten Anlauf scheint sie auf etwas größere Stückzahlen gekommen zu sein, wobei sie ihre Maschinen, die mit Kardan als Hinterradantrieb ausgestattet waren, aus bereits vorhandenen Einzelteilen zusammensetzte. Insgesamt gab es die Berwick Motor Company, später umbenannt in Berwick Manufactoring Company, nur zwei Jahre lang, nämlich 1929 und 1930.

Bessone

Der argentinische Hersteller Bessone baute in Lizenz DKW-Motorräder und hatte zudem Leichtmotorräder mit 125 und Motorroller mit 125 und 150 cm³-Motoren im Programm. 1963 produzierte die Firma außerdem den Veloneta, einen mit einem 150 cm³-Motor ausgerüsteten Motorroller mit italienischem Design, der sich recht gut verkaufte.

Betamotor

Die Firma entstand aus einem von Giuseppe Bianchi 1904 in Florenz gegründeten Fahrradgeschäft. Gegen Ende der 40er Jahre wandelte sich schließlich der kleine Handwerksbetrieb in ein Industrieunternehmen um, 1948 wurde die Motorradproduktion aufgenommen. Die ersten Beta- Modelle hatten Franco Morini-Motoren mit 50, 125 und 175 cm³ Hubraum; erst später begann man, auch eigene Motoren zu bauen. 1950 wurde eine Ital Jap genannte 125er Straßenmaschine mit Zweitaktmotor, Preßstahltrapezvordergabel und Teleskopstoßdämpfern hinten vorgestellt. In den 50er Jahren begann sich die Firma in Straßenrennen und im Geländesport zu engagieren. 1956-59 hatte Beta ein umfangreiches Programm: Neben verschiedenen Mopeds produzierte das Werk zwei Motorräder mit Zweitaktmotoren und vier Straßenmodelle mit Viertaktmotoren.
1960 verkaufte Beta vier verschiedene Viertakter und sechs Zweitakter. Nach einem Umzug im gleichen Jahr baute sie einen eigenen Motor und begann mit der Firma Ancilotti zusammenzuarbeiten: Die Modelle Beta-Ancilotti entstanden, angetrieben von dem Beta-Motor. In den folgenden Jahren kamen neben einem vollständig verkleideten 50 cm³-Motorroller vor allem Mopeds in den Handel.
Anfang der 70er Jahre präsentierte die Firma eine 100 cm³-Geländemaschine, der ein 48 cm³-Geländemodell und eine 125er Enduro folgten. Die robuste und preisgünstige Enduro wurde sofort zum Erfolg. Das Programm erweiterte sich um Geländemaschinen: die GS 125 mit 32 mm-Vergaser, elektronischer Zündung und mit für Wettbewerbe ausgelegten Federelementen sowie die 1973 vorgestellte GS 250 mit Einzylinder-Zweitaktmotor, Fünfganggetriebe und einem Einschleifenrahmen, der sich vor dem Kurbelgehäuse teilte.

Oben: Eine Enduro 250 von 1977 in voller Aktion bei einer Geländefahrt.
Mitte links: Moto-Cross-Modell, mit dem 1977 die italienische Meisterschaft gewonnen wurde.
Mitte rechts: Moped Four von 1985.
Unten: Die flüssigkeitsgekühlte KR 50, 1985.

Gleichzeitig wurde ein 250er Moto-Cross-Modell getestet, das später auch in einer 350er Version auf den Markt kam. 1978 entstand das kompakte Geländemodell RC 125 mit hoher Leistung und Moto-Cross-Rahmen und -Radaufhängungen, das direkt von den Moto-Cross-Maschinen abgeleitet war. Im Jahr darauf präsentierte das Werk die zwei neuen Modelle GS 350 und 420, deren membrangesteuerte Motoren 44 und 48 PS leisteten. Im gleichen Jahr produzierte man neun verschiedene Mopeds, und 1980 kam die Beta Trial 50 mit einem von der Geländemaschine übernommenen, an die Anforderungen des Trial angepaßten Motor auf den Markt. Daneben erschien das Straßenrennmotorrad TS 125, dessen Motor 27 PS bei 7250 U/min leistete.
In diesen Jahren erwies sich Beta auch bei Rennen als nicht zu unterschätzender Gegner. 1981 wurde die Trial 125 mit 124 cm³-Zweitaktmotor und Zentralrohrrahmen gebaut, 1982 das bereits sehr umfangreiche Angebot um die Modelle Beta 125 Custom und Trial 240 erweitert. Das 1984 präsentierte Trial-Modell TR 32 erregte großes Aufsehen, weil es über eine neuartige Hinterradaufhängung mit zentralem Federbein mit progressiver Federcharakteristik verfügte. Der überquadratisch ausgelegte Motor hatte ein Verhältnis Bohrung/Hub von 72,8 x 57,5 mm und damit 239 cm³ Hubraum und leistete 17 PS bei 5000 U/min.
Mitte der 80er Jahre war Beta mit Trial- und Enduro- Maschinen auf dem Markt. Mit der TR 34 sicherte sich der Spanier Tarres bei den Weltmeisterschaften von 1986 den vierten Platz.

Bettocchi

Der italienische Hersteller Betocchi baute in den 50er Jahren in Rahmen aus eigener Produktion, die den Namen Beccaccino trugen, Motoren der Firma Demm ein. Sowohl Bettocchi als auch Demm hatten ihren Firmensitz in Poretta Terme.

Beuker

Die Firma Beuker, die in Bocholt in Westfalen ansässig war, produzierte 1921-29 Fahrräder, kleine Hilfsmotoren und Motorräder. Die ersten Beuker-Modelle besaßen Zweitaktmotoren mit 231 cm³ Hubraum. Später produzierte Beuker 145, 173, 198 und 246 cm³-Dreikanal-Zweitaktmotoren, die in vorwiegend robusten Motorrädern für die Landbevölkerung Verwendung fanden. Die Maschinen waren nicht sehr modern, dafür zuverlässig.

Oben: Ein historisches Foto von der Tourist Trophy 1926: In der Mitte in Ledermontur Mario Ghersi, rechts von ihm Miro Maffeis, links von ihm Luigi Arcangeli und, mit der Hand in Gips, Tazio Nuvolari. Rechts: Einzylinder-Bianchi von 1917.

Bianchi

1897 baute Edoardo Bianchi sein erstes motorisiertes Zweirad. Der Einzylindermotor hatte ein automatisches Ansaug-Schnüffelventil, die vor dem Lenkkopf angebrachte Zündung erfolgte mit einem Glührohr. Der Konstrukteur wollte die Testfahrten mit dem von ihm entwickelten Fahrzeug selber durchführen, was mit einem Sturz endete, bei dem die Maschine erheblichen Schaden nahm. Trotzdem war Bianchi mit dem Ergebnis der Probefahrt zufrieden, denn das Motorrad hatte immerhin funktioniert, wenn sich auch eine Schwachstelle gezeigt hatte: Der vorne angebrachte Motor beeinträchtigte die Stabilität des Zweirads, so daß es angebracht erschien, ihn ins Zentrum des Rahmens zu verlegen.
Der 1867 geborene Edoardo Bianchi hatte seine Kindheit und Jugend in einem Mailänder Waisenhaus verbracht. Mit 15 Jahren hatte er eine Lehre bei der Firma Rosati begonnen, die Telegraphenapparate und Präzisionsgeräte herstellte. Bereits als 18jähriger eröffnete er einen Fahrradladen mit Werkstatt, in der er die Fahrräder reparierte. 1885 entwickelte Edoardo Bianchi das erste italienische Zweirad, das ganz aus Eisen bestand und zwei unterschiedlich große Räder hatte. Erst später benutzte man Räder mit identischem Durchmesser und luftgefüllten Reifen.
Seine Mailänder Werkstatt verlegte Bianchi zunächst aus der Via Nirone in größere Räumlichkeiten in der Via Bertani. Doch da die Nachfrage nach Bianchi-Fahrrädern immer weiter stieg, zog er 1890 in einen für diese Zeit recht beachtlichen Gebäudekomplex an der Via Borghetto um. Das war der Zeitpunkt, zu dem Gian Fernando Tomaselli in

die Firma von Edoardo Bianchi eintrat, wo er bald ein unersetzlicher Mitarbeiter wurde.

Der Prototyp des motorisierten Zweirads aus dem Jahr 1897 wurde, um der steigenden Nachfrage zu genügen, in einem gleichfalls in Mailand gelegenen größeren Werk gebaut: Die motorisierten Fahrräder von Bianchi waren geradezu berühmt geworden. 1903 produzierte Bianchi ein Modell mit senkrecht eingebautem Einzylinder-Viertaktmotor, wobei der Motor nun am Schnittpunkt des Sattelrohrs mit dem Rohr, das hoch zum Lenkkopf führte, eingebaut wurde, also genau im Zentrum des Zweirads und so tief, daß eine optimale Stabilität gewährleistet war.

Zwei Jahre später wurde dieses Motorrad technisch verbessert. Statt der im Vorgängermodell verwendeten Batteriezündung erhielt es eine Magnetzündung, die Schmierung erfolgte per Handpumpe, und die vordere Gabel verfügte über zwei lange Schwingarme zur Federung. Die Bianchi-Motorräder wurden immer weiter überarbeitet. 1912 wurde eine 500er mit Dreiganggetriebe vorgestellt, die für ihre Robustheit und Leistungsfähigkeit in den höchsten Tönen gelobt wurde. Der senkrecht eingebaute 3 ½ PS-Motor hatte einen Hubraum von 498 cm³, seitlich stehende Ventile und Riemenantrieb. Der Schalthebel für das handgeschaltete Getriebe war neben dem Tank angebracht, das Anlassen erfolgte per Kickstarter. Der Tank faßte in separaten Kammern sieben Liter Benzin und zwei Liter Öl. Das Gesamtgewicht betrug 95 kg.

Die Maschine besaß einen Rohrrahmen und eine gefederte Vorderradgabel. Auf das Hinterrad wirkten unabhängig voneinander zwei gegenüberliegende Felgenbremsen: Die innere wurde mit der Hand bedient, die äußere mit dem Fuß. Bianchi setzte die Produktion des 1914 eingeführten Militärmodells C 75 bis 1918 fort.

Von 1916 stammte das ebenfalls sehr interessante Modell G mit 650 cm³-Zweizylinder-V-Motor, Mehrscheibenkupplung, Dreiganggetriebe und Sekundärtrieb über Kette.

1919 präsentierte das Werk ein weiteres Motorrad, dessen seitengesteuerter, senkrecht eingebauter 498 cm³-Einzylindermotor mit einem handgeschalteten Dreiganggetriebe kombiniert war. Die Metallscheibenkupplung wurde mit dem Fuß betätigt, der Sekundärtrieb erfolgte über Riemen. Dieses von der 1914 konstruierten Einzylindermaschine abgeleitete Modell verfügte über eine halbautomatische Schmierung und eine Vordergabel mit Patentfederung.

Bianchi 500 mit zwei Nockenwellen, 1934.

Die Serienproduktion von Bianchi wurde in der ersten Hälfte der 20er Jahre wieder überarbeitet; Einzylindermaschinen mit 498, 350 und 175 cm³ Hubraum erschienen, sowie 600 cm³-Zweizylinder-V- Modelle.

Doch das wichtigste Ereignis im Hause Bianchi war die Konstruktion des ersten 350er Rennmotorrads im Jahr 1924, das Freccia Celeste genannt wurde und von dem großartigen Techniker Mario Baldi, damals Bianchis Chefkonstrukteur, entwickelt worden war. Dieses Motorrad blieb für die nächsten fünf Jahre eine der stärksten 350er, die es auf der ganzen Welt gab. Es hatte einen senkrecht eingebauten 348 cm³-Einzylindermotor mit zwei obenliegenden Nockenwellen und in einem Winkel von 90 Grad V-förmig eingebauten Ventilen. Die Nockenwellen wurden durch eine senkrechte Königswelle mit Kegelrädern an den Enden angetrieben. Die Kolben waren aus Leichtmetall gefertigt, das Dreiganggetriebe mit Hand- oder Fußschaltung war an den Motor angeblockt. Der Motor verfügte über eine Leistung von 20 PS bei 5000 U/min und ermöglichte eine Höchstgeschwindigkeit von 140 km/h.

Bianchi hatte bereits seit Anfang der 20er Jahre mit dem Fahrer Carletto Maffeis an Straßenrennen teilgenommen. Nach diesem fuhren Fahrer wie Varzi, Nuvolari, Saetti, Self und Arcangeli. 1925 gewann Self das Rennen Mailand-Neapel. Nuvolari triumphierte im Großen Preis der Nationen in Monza, wo er mit seiner 350er Doppelnockenwellen-Maschine auf der 300 Kilometer langen Strecke eine Durchschnittsgeschwindigkeit von 123,098 km/h vorlegte. Nuvolari gewann dieses Rennen auch in den drei folgenden Jahren. 1928 übertraf er mit 130,335 km/h sogar die in der 500er Klasse erreichte Durchschnittsgeschwindigkeit. Der letzte Sieg der 350er Bianchi war 1929 zu verzeichnen, als Amilcare Moretti einen Schnitt von 127,172 km/h fuhr.

Auch auf der Rundstrecke von Lario war Nuvolari in der 350er Klasse drei Jahre hintereinander,1925-27, seinen Konkurrenten weit überlegen. 1928 errang Pietro Ghersi für Bianchi den Sieg. 1929 und 1930 hatte wieder Nuvolari in der 350er Klasse die Nase vorn. Zu erwähnen wäre noch die Tourist Trophy von 1926, an der für Bianchi die Fahrer Miro Maffeis, Luigi Arcangeli und Mario Ghersi antraten, ausnahmslos im Sattel einer 350er Bianchi mit Doppelnockenwellen-Motor.

Ende 1930 baute Bianchi die 350er Freccia Celeste mit obenliegenden Nockenwelle, während ab 1928 für Privatfahrer eine 175er mit einer obenliegenden Nockenwelle angeboten wurde, die die Eigenschaften der Freccia Celeste in verkleinertem Maßstab aufwies. In den 30er Jahren umfaßte die Serienproduktion zahlreiche Modelle: Die wichtigsten waren die 175er

Bianchi 500 mit einem Zylinder.

Freccia d'Oro in den Ausführungen Normale und Sport, zu denen 1932 eine Supersport-Version hinzukam, die 500er Freccia Azzurra (Normale und Sport) sowie die 250er Freccia d'Oro. Außerdem entstanden zwei weitere 250er Modelle, die Supersport und die Superveloce mit 17 PS bei 6800 U/min, die bis zu 130 km/h erreichten.
1931 gab es unter den Rennmotorrädern eine 500er, die von der 350er Freccia Celeste abgeleitet war: Der Motor hatte zwei obenliegende Nockenwellen und glich ansonsten dem der 350er. Der offene Einschleifenrohrrahmen der 500er war allerdings deutlich niedriger. Ende 1934 wurde die Produktion des 175er Rennmodells eingestellt, die 500er erhielt einen Schwingrahmen mit Teleskopfederbeinen. Ihren letzten Auftritt hatte diese Maschine beim Großen Preis der Nationen in Mailand.
1939 kam eine neue von Mario Baldi konstruierte Bianchi auf den Markt, deren Vierzylinder-

Bianchi 500 von 1938.

Reihenmotor einen Hubraum von 492 cm³ besaß. Der Tradition von Bianchi gemäß erfolgte die Ventilsteuerung über zwei, durch eine senkrechte Königswelle angetriebene, obenliegende Nockenwellen. Die Kraftstoffzufuhr wurde durch einen Kompressor geregelt, dessen Drehzahl zwei Dritteln der Motordrehzahl entsprach. Als das Motorrad im Juli 1939 der Presse vorgestellt wurde, gab Bianchi bekannt, daß man damit bei den Testfahrten die 200 km/h-Grenze überwunden hatte. Die Maschine besaß einen Rohrschleifenrahmen, der sich an der tiefsten Stelle gabelte, um den Motor aufnehmen zu können. Die Hinterradaufhängung hatte Teleskopfederbeine, vorne gab es eine Preßstahlgabel mit Trapezfederung. Das Vierganggetriebe wurde mit dem Fuß geschaltet.
Während des Krieges stellte Bianchi Armeemotorräder her. Doch das Werk blieb nicht verschont, am Ende war das ausgedehnte Werksgelände völlig verwüstet. Die Firma begann von vorne. Edoardo Bianchi erlebte den Wiederaufstieg seiner Firma nicht: Er starb 1946, zwei Jahre nach seinem Freund und bedeutenden Mitarbeiter Gian Fernando Tomaselli.
Die Produktion wurde mit einer 250 Sport wieder aufgenommen, die den letzten Vorkriegsmodellen entsprach. Später folgte die Bianchina 125 mit Zweitaktmotor und Dreiganggetriebe, die in verschiedenen verbesserten Versionen jahrelang zum Produktionsprogramm gehörte.
1952 entstand das erste Moped Aquilotto sowie, zur gleichen Zeit, ein 175 cm³-Leichtmotorrad. 1960 begann Bianchi mit der Produktion von Motorrollern; das Modell Orsetto besaß einen 80 cm³-Zweitaktmotor mit Dreiganggetriebe, und seine Verkleidung wirkte recht modern und gefällig.
Im Hause Bianchi war das Interesse für den Rennsport erneut aufgekeimt, so daß zwei Maschinen für die Formel Sport ausgerüstet wurden: die 175 DS und die 220 Sprint. Beide waren von Serienmodellen abgeleitet worden und verfügten ebenfalls über eine obenliegende Nockenwelle und ein Vierganggetriebe; ihre Höchstgeschwindigkeit betrug 152 km/h beziehungsweise 163 km/h. 1957 erreichte eine von Gino Franzosi gefahrene Bianchi 175 eine Geschwindigkeit von 187 km/h, bei einem Durchschnitt von 185 km/h über 1000 Kilometer. Das Rekordmotorrad war vollständig verkleidet und hatte einen Motor mit obenliegender Nockenwelle und Kettenantrieb. Es leistete 17 PS bei 8000 U/min. Entworfen wurde diese außergewöhnliche Maschine von dem Ingenieur Sandro Colombo.
Ehrgeizigere Pläne veranlaßten zwei Jahre später Bianchi dazu, dem Leiter der Rennabteilung, Lino Tonti, und Luigi Orsini einen neuen Auftrag zu erteilen: Sie sollten eine spezielle 175er und 250er für den Wettkampf rüsten. Die von Tonti 1960 entworfene Bianchi besaß einen stehenden Zweizylindermotor mit 248 cm³ Hubraum, der 34 PS bei 11500 U/min leistete. Die Kurbelwelle hatte in der Mitte zwischen den beiden Hubzapfen ein Zahnrad mit Geradverzahnung, das die Bewegung auf ein zweites Zahnrad übertrug, das wiederum auf einer hinter der Kurbelwelle quer im Kurbelgehäuse angebrachten Welle saß. Auf diese Welle waren von links nach rechts das Zahnrad für den Primärtrieb, das für die Ölpumpe und das für den Unterbrecher der Doppelzündung aufgepreßt. Gleichfalls vom Mittelteil der Welle nahm eine senkrechte Zahnräderreihe ihren Ausgang, die von einem hinter den Zylindern angeordneten Gehäuse umschlossen wurde und die obenliegende Nockenwelle für die Einlaßventile antrieb. Von hier wurde die Bewegung über ein Zahnrad weiter auf die Nockenwelle für die Auslaßventile übertragen. Die Zweizylinder-Bianchi hatte eine über zwei Trockenbatterien gespeiste Doppelzündung mit zwei doppelten Zündspulen und zwei Zündkerzen pro Zylinder. Den Rahmen bildete ein gitterförmiger Doppelschleifenrahmen mit Teleskopvordergabel und Hinterradschwinge. Die 350er, die genauso konstruiert war, wurde ein Jahr später auf die Räder gestellt. Dabei war der Hubraum durch eine Vergrößerung der Bohrung erhöht worden. Der Motor hatte eine Leistung von 50 PS bei 11500 U/min, und die Höchstgeschwindigkeit lag bei 225 km/h. 1964 standen der 350er Bianchi 53 PS zur Verfügung, mit denen sie bis über 230 km/h erreichte.
Im gleichen Jahr schuf Bianchi eine 454 cm³-Maschine mit 58 PS bei 10000 U/min, die dann aber zugunsten einer 498er mit 73 PS bei derselben Drehzahl

Bianchi 500 M von 1940.

und identischer Technik zurückgestellt wurde. Die Produktion der 250er wurde praktisch eingestellt, da sie weniger konkurrenzfähig war als die größere Version. Bereits gegen Ende der 50er Jahre versuchte sich Bianchi mit einer Einzylindermaschine mit 400 cm³ Hubraum und obenliegender Nockenwelle im Moto-Cross. Das Motorrad nahm in Italien und England an Rennen teil, wo es sich vortrefflich schlug.
Um die Marke Bianchi wieder zu neuem Ruhm zu führen, beschloß die Rennabteilung, 1960 an der Tourist Trophy teilzunehmen. 34 Jahre nach dem ersten Auftritt in diesem berühmten englischen Rennen starteten sechs Maschinen in der 250er und eine in der 350er Klasse. Die 350er, praktisch eine vergrößerte 250er, vertraute man dem Fahrer Ernesto Brambilla an. In diesem Jahr fuhren für Bianchi Fahrer wie McIntyre, Brambilla, Paddy Driver, Alistair King, Alan Shepherd und Gianfranco Muscio. Doch es half nicht, der erhoffte Sieg ließ auf sich warten. Auch Silvio Grassetti und Remo Venturi

In Monza oben: Remo Venturi 1963 im Sattel seiner Bianchi 50. Links: Ein an den zivilen Bedarf angepaßtes Bianchi-Armeemodell von 1963.

konnten die Erwartungen nicht erfüllen: In der 350er und 500er Klasse erreichten sie zwar durchaus vorzeigbare Plazierungen, der große Durchbruch blieb jedoch aus.
Damals befand sich die Firma in ernsten Schwierigkeiten und war nicht in der Lage, die Rennabteilung in dem Umfang auszustatten, der nötig war, um den Bianchi-Rennern zu Siegen zu verhelfen. 1961 war die Krise nicht mehr abzuwenden. Auf die Automobilproduktion wurde verzichtet, sie wurde zunächst bei der neuen Gesellschaft Autobianchi angesiedelt und ging später an den Fiat-Konzern über. Bianchi splitterte sich in mehrere Firmen auf: Neben Edoardo Bianchi Motomeccanica entstanden die Holdinggesellschaft Edoardo Bianchi Finanziaria und das Zweigwerk Edoardo Bianchi Nautica. Edoardo Bianchi Velo war für die Fahrradproduktion zuständig. 1964 wurden alle Bianchi-Werke aufgelöst, nur Edoardo Bianchi Velo blieb von diesem Schicksal verschont.
Diese Firma nahm 1965 die durch den Zusammenbruch der Firma Edoardo Bianchi Motomeccanica unterbrochene Produktion von Mopeds und Leichtmotorrädern wieder auf. Von 1964 stammten eine Bianchi mit 203 cm³-Viertaktmotor, ein robustes und äußerst leistungsfähiges Motorrad, und die von Lino Tonti entworfene Armeemaschine. Sie besaß einen senkrecht eingebauten 318 cm³- Einzylindermotor mit 10,5 PS, eine Ventilsteuerung über Stoßstangen und Kipphebel und ein Vierganggetriebe mit zusätzlichem Geländegang. Das Auspuffrohr endete in Höhe des Sattels.
Trotz verschiedener Versuche, die Produktion zu modernisieren, verschlechterte sich die wirtschaftliche Lage von Bianchi zunehmend. Um 1967 verschwand die Marke Bianchi endgültig nach 70 ruhmreichen Jahren aus der Motorradszene.

Bichrone

Die französische Firma Bichrone, deren Firmensitz in Paris lag, war weltweit einer der

Bimota DB1, raffinierte Konstruktion mit Ducati-Motor.

ersten Hersteller von Einzylinder- und Zweizylinder-V-Zweitaktmotoren, die 2,25, 2,50 und 2,75 PS leisteten. Zum Teil wurden die Motoren an Motorradfabrikanten weiterverkauft, zum Teil für komplette, in eigener Produktion gefertigte Maschinen verwendet. Die Firma existierte 1902-06, anderen Quellen zufolge bis 1910.

Bikotor

Dieser in England gebaute Hilfsmotor kam 1951 auf den Markt. Der 47 cm³-Zweitakter war komplett aus einer Leichtmetallegierung gefertigt, etwa fünf Kilogramm schwer und wurde auf dem Hinterrad angebracht. Der Antrieb erfolgte über eine Rolle. Er konnte zur Motorisierung eines jedweden Fahrrads benutzt werden.

B.I.M.

Ab 1956 in Japan gebaute Motorräder, für die etwas phantasielos die Zweizylinder-Boxermotoren von BMW kopiert wurden. Die Motoren entstanden in den vier Hubraumgrößen 250, 350, 500 und 650 cm³, die sekundäre Kraftübertragung erfolgte über eine Kardanwelle.

Bimota SB5 mit 1135 cm³-Suzuki-Motor.

Die kommerziell erfolglose Produktion des Tokyoter Werks wurde 1961 eingestellt.

Bima

Von der französischen Firma Peugeot 1952-53 hergestellte Motorfahrräder mit 50 cm³-Einzylinder-Zweitakt-Hilfsmotor.
Unter der Markenbezeichnung Bima schuf Peugeot desweiteren verschiedene Mopeds mit liegend angeordnetem Zylinder.

Bimota

Die Ende der 60er Jahre gegründete italienische Firma wurde durch ihre Spezialrahmen für Rennmotorräder und die späteren Bimota-Maschinen schnell bekannt. Es begann mit dem Umbau einer MV 600 und einer Honda 750.
1975 machte Cecotto auf einer Bimota-Yamaha bei der Weltmeisterschaft hervorragende Reklame für die Firma, so daß sich der Verkauf schwunghaft entwickelte.
Nun produzierte die Firma auch Rahmen für Maschinen von Harley-Davidson und Suzuki. So präsentierte sie 1976 die auf der Straßenversion der Suzuki 170 basierende SB2, deren auffälligstes Merkmal der unter dem Motor angebrachte Tank war. Die Bimota-Fahrgestelle zeichneten sich durch eine Konstruktionsweise aus, die den Motorrädern, vor allem in schnellen Kurven, hervorragende Fahreigenschaften verlieh. Die Rahmen bestanden aus äußerst widerstandsfähigem Chrom-Molybdän-Stahl. Besonders verbreitet waren die Modelle HB3 (115 PS bei 8500 U/min), SB4 (112 PS bei 8750 U/min), SB5 (118 PS bei 9000 U/min), KB2 Laser (52 PS bei 9400 U/min) und KB3 (103 PS bei 9400 U/min).
1983 kam die futuristische Tesi mit einem 399 cm³-Vierzylinder-V-Viertaktmotor von Honda auf den Markt, 1985 wurde die erste komplett italienische Bimota präsentiert, deren 750 cm³-Zweizylindermotor mit desmodromischer Ventilsteuerung von Ducati stammte. Mit 70 PS Leistung bei 8000 U/min erreichte sie eine Höchstgeschwindigkeit von 210 km/h.

Bimotor

Die italienische Firma Motori Bimm wurde Ende der 60er Jahre gegründet. Zunächst spezialisierte sie sich auf die Herstellung von Sportmopeds, die sie mit Minarelli-Zweitaktmotoren versah. 1969 stellte das Werk einige Spezialmodelle für Gelände und Moto-Cross vor, die auf dem Mailänder Motorradsalon großen Anklang fanden.
1979 änderte sich der Firmenname in Bimotor. Das Werk in Montemurlo bei Florenz widmet sich noch immer der Herstellung von Mopeds. Die wichtigsten waren die der Serie V/1 TSK und das Modell Billo, das mit einem Minarelli-Einzylindermotor mit Gebläsekühlung bestückt war, daneben die Modelle City, Soul, Fiesta, Baby Trial und Free Time; letzteres verfügte über einen Minarelli-Motor und ein fußgeschaltetes Sechsganggetriebe. Dazu kamen die Moto-Cross-Modelle Cross Codice und Cross Competizione; das erste besaß einen Aluminiumzylinder mit verchromter Laufbuchse und ein Sechsganggetriebe, das zweite hatte einen schlitzgesteuerten Minarelli-P/6-Motor, der 12,5 PS bei 12000 U/min leistete. Zu den neuesten Modellen gehörten die Country mit Vierganggetriebe und Zentralrohrrahmen, die All Time mit Eingang-Minarelli-Motor, die Ciak mit Eingang- oder Variator-

Getriebe, die King, die Velocino, die Boy Girl und das Viergangmodell Free Time, das auch mit Scheibenbremse vorn geliefert wurde.

Binks

Diese englische Firma mit Sitz in Nottingham war 1903-06 tätig. Sie produzierte zwar auch Motorräder mit Einzylindermotoren, bekannt wurde sie jedoch durch ihre Motorräder mit Reihenvierzylindermotor, der quer oder vorzugsweise längs in den Rahmen eingebaut wurde. Binks, der später eine Vergaserfabrik eröffnete, scheint einer der ersten Hersteller von Vierzylindermaschinen gewesen zu sein.

Binz

Unter diesem Markennamen erschienen 1954 in Deutschland kleine Motorroller mit 47 cm³-Ilo- und 49 cm³-Sachs-Motoren. Ab 1956 baute Binz Motorräder mit 150 cm³-Sachs-Motoren. 1958 war die Firma gezwungen, die Produktion einzustellen.

Birch

Britischer Hersteller mit Sitz in Nuneaton, der Motorräder mit Dreiecksrahmen und integriertem Kurbelgehäuse auf den Markt brachte. Die Motoren leisteten 2, 2,5 oder 3,5 PS. Sie waren senkrecht eingebaut, der Antrieb erfolgte über einen Riemen direkt auf das Hinterrad. Die Firma Birch produzierte 1902-06, möglicherweise auch bis 1910.

Bird

In den USA kamen in den 60er Jahren Minibikes in Mode. 1970 waren in den USA über eine Million dieser kleinen, einfach konstruierten, preisgünstigen und sehr wendigen Motorräder zugelassen, die sich bequem im Kofferraum eines Autos unterbringen ließen. Bird baute ein originelles Minibike mit winzigen Rädern und dem Viertaktmotor Tecumseh, der 120 oder 148 cm³ Hubraum hatte und mit einer Fliehkraftkupplung und einem stufenlosen Getriebe kombiniert war.

Birma

Die ab 1949 in Lyon gebauten Motorräder der Marke Birma wurden mit 98 cm³-Motoren von Aubier Dunne bestückt. Einen Durchbruch erlebten die bis Ende der 50er Jahre angebotenen Maschinen nicht.

Bismarck

1949–57 produzierte die deutsche Firma Bismarck gut verarbeitete Leichtmotorräder, die sie mit Ilo- und Sachs-Motoren der Hubraumgrößen 100, 125 und 175 cm³ ausrüstete.

Bison

Unter diesem Markennamen vertrieb die Bison-Motorradfabrik, in Liesing bei Wien ansässig, 500er und 680er Motorräder, mit den klassischen, längs eingebauten BMW-Boxermotoren. Der Radantrieb erfolgte über eine Kardanwelle. Auch 750 cm³-Boxermotoren von Coventry Victor wurden eingebaut.

Bitri

Bitri war einer der ersten holländischen Motorroller, der allerdings nur in begrenzter Stückzahl in den Handel kam. Mit einem 150 cm³-Motor ausgerüstet, blieb er lediglich 1955-60 auf dem Markt.

Verkleidete Black Prince, 1919.

BJR

Vor 1939 spielte Spanien im Motorradbau praktisch keine Rolle. In den 50er Jahren, als sich auch in diesem Land eine Maschinenbauindustrie entwikkelte, entstanden dann eine ganze Reihe von Motorradfirmen, wie z. B. die BJR Construcciones Mecanicas in Algemesi. 1955 verließ das Werk das Modell XZ 125, das einen 125 cm³-Zweitaktmotor, ein Vierganggetriebe, eine Teleskopgabel und eine Hinterradschwinge besaß. Ähnlich konstruiert war das Zweitaktmodell VZ 175. Lediglich der größere Hubraum unterschied es von seinem Vorgänger. Beide Maschinen blieben im wesentlichen unverändert in den folgenden Jahren im Programm.

Blackburne

Die Brüder Cecil und Alick Burney gründeten 1908 in Tongham, Surrey, die Firma Burney & Blackburne. Zuvor hatten sie mit Geoffrey De Havilland zusammengearbeitet, dem sie die Rechte für seinen Motor abkauften. Später stellten sie eigene Motoren her: Einzylindermotoren mit 3,5, 4 und 8 PS und seitengesteuerte Zweizylindermotoren. 1921 lösten sie ihre Firma auf, doch da zahlreiche Motorradhersteller Blackburne-Motoren verwendeten, übernahm die O.E.C. aus Gosport 1922 das Unternehmen.

Blackford

Ein 1902-04 in London gebautes Motorrad, das mit einem 211 cm³-Minerva-Motor ausgerüstet war.

Black Prince

Wenngleich die Firma Black Prince Motors nicht zu den großen englischen Motorradherstellern gezählt werden kann, fiel sie doch durch Originalität aus dem Rahmen.
Die 1919 von E.W. Cameron entworfene Maschine war überaus ungewöhnlich und zeigte zahlreiche technische Novitäten, wie etwa einen quer eingebauten Boxermotor (die Zylinder ragten nach vorne und hinten) mit zentraler Kurbelwelle; die Versorgung des Motors mit einem Kraftstoff - Luft - Gemisch erfolgte durch ein automatisches

Schnüffelventil am Anfang einer gerippten Leitung, die die beiden Brennräume in den Zylinderköpfen miteinander verband.
Aus diesem Grund hatten die beiden Zylinder einen simultanen Arbeitstakt, bei dem die beiden Kolben gleichzeitig vom Verbrennungsdruck nach unten gedrückt wurden. Es gab nur eine Zündkerze, die genau gegenüber dem Schnüffelventil an der Verbindungsleitung zwischen den Brennräumen saß. Der Motor hatte jedoch einen wesentlichen Fehler: Wegen der Verbindungsleitung zwischen den beiden Zylindern war die Verdichtung nicht effektiv.
Der Vergaser saß an einer Leitung, die direkt zu den Einlaßschlitzen des hinteren Zylinders führte (und die vom Kolben am Ende seines Hubs geöffnet wurden), durch die das Gemisch ins Kurbelgehäuse eintrat. Von dort gelangten die Gase über das automatische Ventil in die Leitung, die die beiden Brennräume verband, und hier begann die Verbrennung.
Den Rahmen der Black Prince bildeten zwei Blechformteile, die vorne in den Lenkkopf mündeten, während ihre hinteren Enden das Schutzblech für das Hinterrad bildeten. Die Blechteile wurden durch innen angebrachte Stahlbänder verstärkt, die bis zur Hinterradschwinge reichten, die durch zylindrische Federn abgefedert war. Die Vordergabel verfügte über Kurzschwingen und zylindrische Federn, die an einem parallel zur Gabel angebrachten Arm befestigt waren.
Der Motor war vollständig verkleidet und verstärkte, da er am unteren Teil des Preßstahlrahmens festgeschraubt war, die ganze Struktur. Für Reparaturen am Motor waren die Seitenteile leicht abnehmbar. Die Scheibenräder bestanden ebenfalls aus zwei Blechformteilen, die – wie bei den Rollern – zusammengefügt die Radfelge bildeten. Gebremst wurde mit Halbnabenbremsen. Die Black Prince hatte ein Zweiganggetriebe mit Kupplung, das in einem Block mit dem Motor und dem Kardanantrieb montiert war.
Zuverlässigen Quellen zufolge wurde die Black Prince nie in Serie produziert, ja es gibt sogar Hinweise darauf, daß überhaupt nur der 480 cm³-Motor hergestellt wurde. Der Rahmen und alle anderen Teile der Maschine scheinen nicht über den Prototyp hinausgekommen zu sein. Anderen Quellen zufolge wurde die Black Prince dagegen mit einem 500 cm³-Motor und mit einem 350 cm³- Union-Motor gebaut.

Blair

1970 entwarf Gordon Blair von der Queen's University in Belfast in Zusammenarbeit mit der Firma BSA einen Motor für Rennmotorräder. Es handelte sich um einen Zweizylinder-Zweitaktmotor mit 246 cm³ Hubraum und 55 PS bei 11000 U/min im Entwicklungsstadium und einer erwarteten Leistung von 63 PS bei 12700 U/min nach endgültiger Fertigstellung. Der Gaswechsel erfolgte über normale Überströmkanäle, die Ansaugung ins Kurbelgehäuse hingegen über ein Schieberventil. Der Motor verfügte über eine Getrenntschmierung mit einer Toyo Kogyo-Pumpe. Für die Testfahrten wurde der Blair-Motor in einen Seeley-Rahmen eingebaut.
Das Motorrad erhielt den Namen QUB Seeley, wobei QUB für Queens University Blair stand.

Blanche Hermine

1950-53 baute die französische Firma Blanche Hermine die 100 cm³-Maschine Herminette, z.T. mit Motoren anderer Hersteller.

Bleha

Die 1924-25 in Neheim-Ruhr produzierten Bleha-Motorräder verfügten über 250 cm³-Motoren, die zu ihrer Zeit bereits veraltet waren.

Blériot

Die bekannte französische Luftfahrtfirma Blériot begann 1919 mit der Motorradproduktion. Zunächst entstand ein Modell mit einem stehenden Parallel-Zweizylindermotor, der seitlich stehende Ventile, 498 cm³ Hubraum und ein Zweiganggetriebe hatte, das mit einem neben dem Tank angebrachten Hebel geschaltet wurde. Die Maschine besaß Scheibenräder und erreichte eine Höchstgeschwindigkeit von 80 km/h.
Man baute auch eine sportlichere Version, die es auf 90 km/h brachte. Aus ihr wurde 1920 ein Gespann entwickelt, wobei die Form des Seitenwagens an den Rumpf eines Flugzeugs erinnerte. Dieses Modell hatte ein Dreiganggetriebe und kam in zwei Versionen auf den Markt: mit seitlich stehenden und im Zylinderkopf hängenden Ventilen. 1923 stellte Blériot die Produktion ein.

Zweizylinder-Blériot von 1919.

Bloody Mary

Bloody Mary war eine Spezialmaschine für Beschleunigungsrennen, die 1961 in den USA entstand. In einem Harley-Davidson-Rahmen eines Modells aus dem Jahr 1946 saß ein Chevrolet-Automotor, ein 4638 cm³-Achtzylinder-V-Motor, ausgestattet mit hydraulischer Wandlerkupplung und ohne Schaltgetriebe. Die Maschine erreichte aus dem Stand nach 400 Metern eine Geschwindigkeit von 209 km/h. Ihr Konstrukteur, E.G. Potter, stammte aus Itaca in Michigan.

Blotto

1951-55 in Frankreich gebaute Motorräder mit 125 bis 350 cm³-Zweitaktmotoren. Der Hersteller aus Dijon blieb jedoch eher unbedeutend.

Blumfield

T. W. Blumfield, der Inhaber der Firma Blumfield Ltd. mit Sitz in Birmingham, war nicht nur Produzent, sondern auch Konstrukteur der Blumfield-Maschinen und -Motoren. 1910-13 tauchten die Motorräder mehrfach bei der Tourist Trophy auf.

BM

Diese italienische Motorradfirma vermarktete ab 1950 Motorräder mit 125 und 160 cm³-Zweitaktmotoren des deutschen Herstellers Ilo. 1953-55 kamen Leichtmotorräder hinzu: ein Modell Lusso mit 75 cm³ Hubraum, Viertaktmotor und Vierganggetriebe, ein Modell Turismo Lusso mit 100 cm³ Hubraum und dem Viertaktmotor der NSU Fox, eine 125er Tourenmaschine mit Viertaktmotor und eine 250er mit Zweizylindermotor, obenliegender Nockenwelle und Vierganggetriebe.
1956 entstanden zudem Mopeds mit 48 cm³ Hubraum in verschiedenen Versionen, ein Motorroller mit 75 cm³- Zweitaktmotor, eine 150er mit Viertaktmotor und Vierganggetriebe und ein 75 cm³-Lieferdreirad; alle diese Modelle befanden sich 1957 unverändert im Produktionsprogramm. Bis 1960 verließen praktisch immer die gleichen Modelle mit 48, 75, 83 und 125 cm³ Hubraum das Werk.
In den 70er Jahren baute die Firma auch mit Franco-Morini-Motoren ausgestattete Moto-Cross-Maschinen und das Minibike Velocino auf 10 Zoll-Rädern. Einen Minarelli-Motor hatte hingegen die KS 50, ein 50 cm³-Straßenmodell mit Sechsgangschaltung und vorderer Scheibenbremse. Anfang der 80er Jahre beschränkte sich das Angebot auf wenige Exemplare der Modelle Boy Girl Lusso mit 50 cm³-Motor von Franco Morini,

die P 6 Enduro mit dem Motor Minarelli P 6 und die KS 50.
Das Markenzeichen BM zierte außerdem ein Motorrad der 30er Jahre, das von Baudo und Meldi gefertigt wurde; es besaß einen 500 cm³-JAP-Motor mit Dreiganggetriebe. 1931 wurde auf Wunsch eines Kunden eine dieser BM-Maschinen mit einem elektrischen Anlasser ausgerüstet, womit dieser seine italienische Premiere gab.
Nicht zu vergessen ist der Motor BM, der 1954 von einem französischen Motorradfan entworfen wurde. Der Zweizylinder-Boxermotor mit 125 cm³ leistete 5,3 PS bei 5200 U/min.

BMG

Ein italienisches Moped aus dem Jahr 1950, dessen Namenskürzel für Bicimosquito Garelli stand. Der Garelli-Motor wurde von der Firma Industrie Meccaniche Meridionali in Lizenz hergestellt, der Rahmen entstand in dem neapolitanischen Werk Metalmeccanica Meridionale in Pomigliano d'Arco.
Unter dem gleichen Kürzel stellte eine Budapester Firma Leichtkrafträder her.

BMM

Die Firma Bernardi Mozzi Motor in Zola Predosa bei Bologna präsentierte 1983 unter der Bezeichnung BMM einen 48 cm³-Hilfsmotor, der an einem gewöhnlichen Fahrrad anzubringen war. Er wog 5,7 Kilogramm. Die interne Kraftübertragung erfolgte über einen Kunststoffzahnriemen; der Motor konnte vom Antriebsrad abgekoppelt werden.

BMP

1911 wurde in Paris die Auto- und Motorradwerkstatt Buraglini gegründet. 1933 begann Buraglini, Motorräder unter dem Markenzeichen BMP auf den Markt zu bringen, die mit JAP- und Rudge Phyton-Einbaumotoren ausgestattet waren.

BMW

Frühjahr 1916: Europa – ein Schlachtfeld. Über eine halbe Million deutscher Soldaten verloren im Anrennen auf die Festung Verdun ihr Leben, kaum weniger Opfer hatten die Verteidiger zu beklagen. Hoch über dem Elend der Infanteristen lieferten sich die ersten Kriegsflugzeuge Duelle, die an mittelalterliche Ritterturniere erinnerten und später zum Mythos werden sollten. Das Flugzeug, diese phantastische Erfindung des angehenden Jahrhunderts, hatte sich in eine ebenso tödliche wie faszinierende Waffe verwandelt.
Zu ihrer raschen Entwicklung trugen Techniker der ganzen Welt bei, so auch die beiden Deutschen Karl Rapp und Max Friz. In der Nähe von München hatten sie die Bayerischen Flugzeug Werke gegründet, die Flugzeugmotoren für die deutsche Armee bauten.
Das Geschäft blühte, das bayerische Werk schloß sich mit der nahegelegenen Flugzeugfabrik von Gustav Otto zusammen. Die Bayerischen Motoren Werke waren entstanden.

Zeno Diemer nach seinem Flughöhenweltrekord (97.650 m) mit einem von einem 250-PS-BMW-Motor angetriebenen Doppeldecker.

Oben: Martin Stolle auf einem Victoria-Motorrad.
Rechts: Die Victoria Helios von 1922. Dieses Modell war mit einem längs eingebauten Zweizylinder-Viertakt-Boxermotor, nach dem Vorbild des englischen Douglas-Motors, ausgestattet.
Unten: Die Werkshalle von BMW, 1924. Hier wurden 1923–26 nur 3100 Exemplare der R 32 gebaut, denn die Fließband-Produktion war zum damaligen Zeitpunkt in Europa noch unbekannt. Die R 32 war das erste ausgereifte BMW-Boxermodell, völlig neuartig in Technik und Design.

Mittlerweile war das Kampfflugzeug „Sopwith Camel" in England entwickelt worden, das die Überlegenheit der Deutschen am Himmel ernsthaft gefährdete. Von einer „Sopwith Camel" wurde am 21. April 1918 auch der deutsche Jagdflieger Manfred von Richthofen abgeschossen.
Das hitzige Duell, das sich zwischen Captain A. Roy Brown von der Royal Air Force und dem roten Baron entsponnen hatte, wäre vielleicht anders ausgegangen, hätte der Deutsche schon in der mit einem 185 PS-Motor von BMW ausgerüsteten Fokker D VII gesessen. Dieses Flugzeug wurde in den letzten Kriegsmonaten derart berüchtigt, daß in einer Klausel des Waffenstillstandsvertrags die Übergabe aller an der Front verwendeten Maschinen dieses Typs festgelegt wurde. Die Luftfahrtepisode von BMW war damit beendet.
Die Firma begann von vorne. Da der Friedensvertrag Deutschland verbot, sich weiterhin in der Flugzeugkonstruktion zu betätigen, mußte BMW auf andere Gebiete ausweichen. Das Werk erzeugte in den frühen Nachkriegsjahren Luftdruckbremsen, landwirtschaftliche Maschinen, Werkzeugkästen und sogar Büromöbel.
Nach dem Krieg standen Sieger wie Besiegte vor den gleichen Problemen: Veraltete Industriebetriebe brachen zusammen,

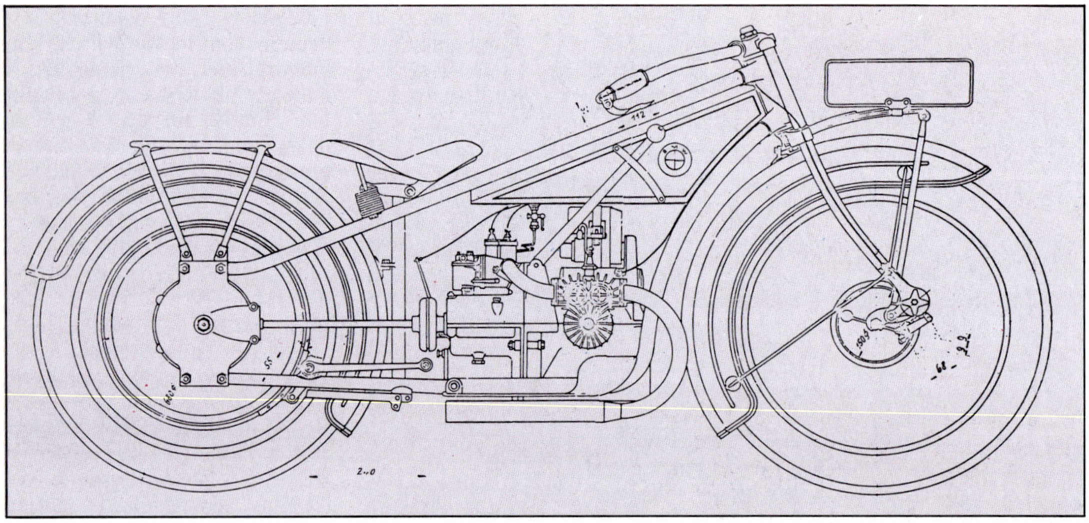

Heimkehrer ließen sich nur schwer ins Zivilleben eingliedern, dem wirtschaftlichen Aufstieg einiger Weniger stand tiefstes Elend auf dem Land gegenüber, die Inflation ließ die Lebenshaltungskosten ins Unermeßliche steigen. Die Bevölkerung war gereizt, es kam zu Tumulten, Streiks und Fabrikbesetzungen. In diesem wenig günstigen Klima beschloß BMW, sich dem Bau von Motorrädern zu widmen, dem einzigen Kraftfahrzeug, das für eine größere Klientel erschwinglich war, während sich nur wenige ein Automobil leisten konnten. Zunächst schien sich BMW der neuen Erfolgsstrategie nicht sicher zu sein. Jedenfalls wurde auf das erste Modell der Firma keine übermäßige Sorgfalt verwandt. Entwikkelt hatte die BMW Flink der Berliner Ingenieur Curt Hanfland. Das Projekt wurde 1920 in aller Eile realisiert. So ist es kaum erstaunlich, daß sich das Motorrad in Rahmen und Fahrwerk nicht im geringsten von den anderen im Handel erhältlichen Modellen unterschied. Die getriebelose Flink hatte insgesamt wenig Aufregendes zu bieten. Sie besaß einen einen Einzylinder-Zweitaktmotor mit 148 cm³ Hubraum und nach vorn geneigtem Zylinder, der nach dem Dreikanalprinzip arbeitete. Auch die zweite Entwicklung der jungen bayrischen Motorradfirma, die von dem Ingenieur Martin Stolle 1921 konstruierte M2B15, kann kaum innovativ genannt werden. Dennoch ist sie zu Ehren gekommen, da sie in der langen Firmengeschichte das erste große Modell mit Zweizylinder-Boxermotor war.

Knapp ein Jahr später folgte Helios, hervorgegangen aus einer Koproduktion von Martin Stolle und Max Friz, der sich – wenn auch widerwillig – für den Motorradbau entschieden hatte. Eile war geboten, denn die Konkurrenz wurde immer härter, und für komplexe und schwer realisierbare Projekte fehlte die Zeit. Am ursprünglichen, nach dem Vorbild eines Antriebsaggregats der englischen Firma Douglas gebauten Motor der M2B15 wurden rasch einige Veränderungen vorgenommen, zum Beispiel ersetzte man den Riemenantrieb durch einen Kettenantrieb. So entstand die Helios M2B15 mit längs eingebautem Zweizylinder-Boxermotor, 486 cm³ Hubraum und 6,5 PS bei 2800 U/min. Dieser Motor wurde nicht nur in die Helios eingebaut, sondern auch in Motorräder der Nürnberger Victoria-Werke, wo Martin Stolle zum leitenden Ingenieur ernannt wurde.

Die Helios M2B15 ließ sich gut verkaufen, so daß sich Max Friz zu einem wesentlich ehrgeizigeren Projekt gedrängt sah: Ein völlig neues, in Technik und Design unverwechselbares Motorrad sollte geschaffen werden, das sich deutlich von den bereits vorhandenen Modellen der wichtigsten amerikanischen und europäischen Hersteller abheben sollte. Man erzählt, Friz habe sich im Winter 1923 ein Feldbett ins Büro gestellt, den Vorrat an Brennholz aufgefüllt und Tag und Nacht an „seinem“ zukünftigen Motorrad gearbeitet. Den Anforderungen gewachsen erschien ihm ein luftgekühlter Zweizylinder-Boxermotor,

dessen Zylinder quer im Rahmen liegen sollten, damit beide vom Fahrtwind gekühlt würden und im Interesse der Wendigkeit der Schwerpunkt der Maschine so tief wie möglich läge.
Bei der Konzeption der Kupplung und des Getriebes orientierte sich Friz am Automobilbau, die Kraftübertragung auf das Hinterrad erfolgte über eine Kardenwelle mit Kegeltrieb. Außerdem hatte die Hinterradnabe eine herausziehbare Steckachse, wodurch sich das Hinterrad erheblich leichter abnehmen ließ. Der Motor leistete 8,5 PS und brachte das Motorrad bis auf eine Höchstgeschwindigkeit von 90 km/h. Der Doppelschleifenrohrrahmen verfügte über eine außergewöhnliche Verdrehfestigkeit und Seitensteifigkeit.
Die R 32, das erste ausgereifte Boxermodell von BMW, stieß bereits auf dem Pariser Motorradsalon im Jahr 1923 auf viel Zustimmung.
1924 hatte die deutsche Wirtschaft erneut an Stabilität gewonnen. Land und Bevölkerung erholten sich, was Raum für vergnüglichere Gedanken schuf. Das Thema Freizeitgestaltung wurde wieder aktuell. Von dieser positiven Entwicklung profitierte das bayerische Werk: Der Umsatz stieg, das Firmenkapital wuchs, folglich wurden neue Investitionen möglich.
Die Produktpalette verbreiterte sich: Man nahm die Produktion des Modells R 37 auf, einer sportlichen Version der R 32, das mehr als 16 PS Leistung erbrachte und eine Höchstgeschwindigkeit von 145 km/h erreichte. Im Sattel einer solchen Maschine, die entsprechend ausgerüstet worden war, gewann Rudolf Schleicher, der Leiter des BMW-Testzentrums, 1926 bei der Internationalen Sechstagefahrt in England die Goldmedaille.
Mittlerweile hatte BMW mit der R 39 neben die Serie der Zweizylindermaschinen eine Einzylindermodellreihe gestellt. Die R39 war mit einem 250 cm³-Viertaktmotor bestückt, der einige technische Raffinessen aufwies. So etwa die gekapselte Ventilsteuerung, den in einem Stück gegossenen Leichtmetallzylinder und -zylinderkopf und die eingepreßten Gußeisen-Laufbuchsen. Der Antrieb erfolgte der BMW-Tradition gemäß über Kardanwelle, und die Höchstgeschwindigkeit lag jenseits von 100 km/h. Die R 39 war ein solides, preisgünstiges Motorrad, das den Anforderungen des Marktes gerecht wurde. Sie war zuverlässiger als die Modelle der Konkurrenz und in der Technik anspruchsvoller.
Obwohl die R37 in Wettbewerben sehr erfolgreich war, beschloß BMW bereits 1926, sie durch die R 47 zu ersetzen, bei der die Ventile im Zylinderkopf hingen. Auch die ruhmreiche R 32 wurde in Pension geschickt; an ihre Stelle trat die R 42. Die beiden neuen Maschinen waren leistungsstärker und hatten anstelle der traditionellen Keilklotzbremse eine auf die Kardanwelle wirkende Bandbremse.
1928 überarbeitete BMW das Programm von Grund auf und brachte, neben der R 52 und der Halblitermaschine R 57, weiterentwickelte Varianten der R 42 und R 47 auf den Markt: Die neuen Modelle R 62 und R 63 besaßen einen 750 cm³-Motor. Äußerst bemerkenswert für damalige Zeiten war die Leistung der beiden Maschinen: Die R 62 brachte es auf 18 PS, die Sportversion auf über 24 PS.
Im gleichen Jahr kaufte BMW die Autofirma Dixi auf und baute in Lizenz eine linksgesteuerte Version des Austin 7. Den Einstieg in den Automobilbau mußte sich das Unternehmen allerdings teuer erkaufen und sich in beträchtlichem Umfang bei Banken verschulden.
Aus diesem Grund begann die Firmenleitung über Rationalisierungsmaßnahmen nachzudenken. Um die Produktion so wirtschaftlich wie möglich umzugestalten, beschloß BMW deshalb, im Motorradbau auch Komponenten und Konstruktionstechniken aus dem Automobilbau zu verwenden.
Daher besaßen die neuen Modelle R 11 und R 16 einen Preßstahlrahmen und – serienmäßig – eine elektrische Anlage. Die Vergaser waren mit Filtern ausgestattet, und die Ventilsteuerung erfolgte nun über Kette, wodurch die Maschinen

Linke Seite:
Oben: Entwurf der von Max Friz im Jahr 1923 entwickelten R 32.
Mitte links: Rudolf Schleicher (links), Leiter der Entwicklungsabteilung in den 30er Jahren und Moto-Cross-Fahrer, gratuliert dem mehrfachen Inhaber des Geschwindigkeitsweltrekords, Ernst Henne.
Mitte rechts: Eines der seltenen Fotos von Max Friz.
Unten: 500 R5 mit Seitenwagen, 1936.
Rechte Seite:
Oben: Die erste „echte" BMW, die R32 von 1932.
Mitte: BMW 600 RS von 1937.
Unten: BMW 500 R51, eine sportliche Zweizylindermaschine mit Teleskopfederbeinen hinten, 1938.

wesentlich geräuscharmer wurden. Unglücklicherweise waren diese beiden Modelle mitten in der Weltwirtschaftskrise entstanden. Der Börsenkrach an der Wall Street versetzte nicht nur die Vereinigten Staaten, sondern die gesamte westliche Welt in Angst und Schrecken.

In Deutschland begann nach dem Tod des Außenministers Stresemann Adolf Hitler seinen Marsch an die Macht. Während in den Straßen der deutschen Städte die braunen Horden wüteten, wurde das erfolgreiche bayerische Werk Teil des Mythos von der deutschen Stärke. Denn BMW war nicht nur im Motorradbau in Europa führend geworden, eine ganze Reihe von Siegen im lebhaften Rennbetrieb der 30er Jahre tat ein übriges. Das Werk profitierte von seinem Ruf. 1933 stieg der Umsatz auf 343 Millionen Reichsmark, im Jahr darauf erhöhte er sich um sage und schreibe 266 Prozent. Und zudem brillierte die Rennabteilung von BMW in einem einzigen Jahr mit über einhundert ersten und zweiten Plätzen, die in den verschiedensten Wettkämpfen errungen werden konnten.

Der Fahrer Ernst Henne, der 1926 von Astra zu BMW übergewechselt war, kämpfte auf einer aufgeladenen Zweizylindermaschine um den Geschwindigkeitsrekord. Er nahm es mit den besten europäischen Marken auf. Begonnen hatte das atemberaubende Ringen als mitreißendes Duell am 20. September 1930 in Ingolstadt. Damals hatte Henne den erst 20 Tage alten Geschwindigkeitsweltrekord von 220,99 km/h überboten, den Wright mit einer 990 cm³-OEC-Temple erzielt hatte. Henne hatte auf einer aufgeladenen R 63 221,54 km/h erreicht. Am 6. November holte Wright sich den Rekord mit einer Geschwindigkeit von 242,59 km/h zurück. Doch zwei Jahre später bestieg Henne eine aufgeladene BMW 750 und erhöhte zunächst auf 244,4 km/h, ein Jahr darauf auf 246,069 km/h, 1935 auf 256,046 km/h. Am 12. Oktober 1936 schließlich, diesmal im Sattel einer aufgeladenen 500er, sauste er mit erstaunlichen 272,006 km/h dahin. Nun mischten sich andere Fahrer ein: Nur wenige Monate später, am 19. April 1937, brach der Engländer Fernihough auf einer 995 cm³-Brough Superior mit 273,244 km/h den Rekord, und am 21. Oktober 1937 war ein Italiener an der Reihe. Piero Taruffi fuhr auf einer 492 cm³-Vierzylindermaschine von Gilera und kam auf ganze 274,181 km/h. Das letzte Wort vor Beginn des Zweiten Weltkriegs sprach jedoch noch einmal Henne. Am 28. November 1937 beschleunigte er seine Zweizylindermaschine von BMW mit 493 cm³ Hubraum auf 279,503 km/h. Die BMW-Produktion war in diesen Jahren reich an genialen technischen Lösungen. Die Modelle R 12 und R 17 von 1935 waren die ersten Motorräder, die Teleskopgabeln mit integrierten hydraulischen Federbeinen besaßen. Die R 17, die 33 PS bei 4500 U/min leistete, verfügte in einer veränderten Version über ein Viergangetriebe. Vorder- und Hinterrad konnten ausgetauscht werden. 1936 präsentierte BMW die R 5 mit zwei über Kette angetriebenen Nockenwellen, wodurch man leichtere und kürzere Stoßstangen verwenden konnte. Die Zylinderkopfdeckel waren neu, als Ventilrückholfedern verwendete BMW wie bei den Rennmaschinen Haarnadelfedern, bei denen im Gegensatz zu den Schraubenfedern bei hohen Drehzahlen keine Resonanzerscheinungen auftraten.

Die Rennmaschinen rüstete man mittlerweile mit einem vor dem Kurbelgehäuse angebrachten Kompressor aus. Hier fiel die Wahl letztlich auf den Zoller-Verdichter, den zu dieser Zeit wirksamsten Zellenverdichter. Die beachtliche Leistung war auf ein besonderes Ventilsteuerungssystem zurückzuführen: Eine aus dem Kurbelgehäuse austretende

Oben: Die im Zweiten Weltkrieg berühmt gewordene BMW R 75.
Unten: Die BMW R 67 als ADAC-Motorrad der 50er Jahre.
Rechte Seite: Die tausendste R 24, die BMW 1949 produzierte.

Königswelle trieb die beiden obenliegenden Nockenwellen an. Trotz allem gelang es BMW nicht, sich bei internationalen Wettbewerben gegen die wendigeren und stabileren englischen und italienischen Grand Prix-Maschinen durchzusetzen.
So beschloß man bei BMW, das Fahrwerk zu verändern, eine elastische Hinterradaufhängung mit Teleskopfederbeinen zu verwenden und in die Antriebswelle ein Kardangelenk einzubauen. Der gefederte Rahmen fand sich auch bei der neuen R 51 mit 500 cm³-Motor, womit er zu einer Grundcharakteristik der BMW-Zweizylindermaschinen wurde. Innovativ war außerdem die seitengesteuerte R 6 von 1939, bei der man zum ersten Mal einen Motor mit 600 cm³ Hubraum montierte.
Neben den Zweizylindermaschinen hatte man die Einzylindermodelle weiterentwickelt. Höhepunkt dieser Modellreihe war die R 2 von 1931, von der bis Kriegsbeginn über 15000 Stück verkauft wurden. Der Erfolg der R 2 war in erster Linie dem robusten und einfach konstruierten 200 cm³-Motor zu verdanken, der

etwas links vom Zentrum des Rahmens eingebaut war, so daß die Kraftübertragung im höchsten Gang auf direktem Weg ohne Umlenkung bis zum Kegeltrieb erfolgen und Leistungsverluste auf dem Übertragungsweg vermieden werden konnten. Neben der R2 wurde ein Modell R4 mit 400 cm³-Motor präsentiert. Von dieser Maschine wurden Zehntausende an die Wehrmacht geliefert.
BMW war mit den Geschwindigkeitsrekorden und den hervorragenden Leistungen bei Rennen in Deutschland allein nicht zufrieden und machte sich daran, die Hochburgen des britischen Motorradsports zu erobern. 1937 starteten BMW-Maschinen bei der Tourist Trophy und beim Ulster Grand-Prix. Im Sattel des leistungsstarken Zweizylinders saß der englische Fahrer Jock West. Er errang bei der Senior TT den sechsten und in Ulster den ersten Platz. Einen Makel hatten die Siege: Aus nationalsozialister Sicht genügte der Erfolg eines englischen Fahrers nicht, der Sieg eines Deutschen war verlangt. Im folgenden Jahr schickte das Münchner Werk seine besten Fahrer ins Rennen; die Sache ging schief. Der Veteran Karl Gall verletzte sich bei den Probeläufen, und der Favorit Georg Meier mußte wegen Problemen mit den Zündkerzen bereits am Start aufgeben. Wieder hielt Jock West die Fahne des bayerischen Motorradherstellers hoch, indem er BMW einen hart erkämpften fünften Platz sicherte.
Auch 1939 traten alle drei Fahrer an, um sich erneut auf der berüchtigten Bergstrecke mit den Konkurrenten zu messen. Bei den Probeläufen verlor Karl Gall, der deutsche Meister von 1937, das Leben; das Rennen gewann unangefochten mit der Rekord- Durchschnittsgeschwindigkeit von 143,839 km/h Georg Meier. Der überwältigende Siegeszug der BMW-Maschinen wurde durch einen zweiten Platz von West vervollständigt.
Inzwischen rückte der Krieg näher, BMW engagierte sich in der Produktion von Kriegsgütern und schuf erneut Flugzeugmotoren. Unzählige dieser Motoren verließen neben Kanonen, gepanzerten Fahrzeugen und Panzerfäusten das Werk. Im Verlauf des Krieges sollte BMW als führender Hersteller Düsen-

triebwerke für hochfliegende Bombenflugzeuge herstellen.
Ab 1938 liefen die Kriegsvorbereitungen in Deutschland auf Hochtouren. Viele Unternehmen der Schwer- und Leichtindustrie wurden zu großen Konzernen zusammengefaßt, um die für den geplanten „Blitzkrieg" nötige Produktivität zu gewährleisten. Die Zahl der im Handel erhältlichen Motorradmodelle wurde von 130 auf 30 reduziert. Die von verschiedenen Herstellern gelieferten Bauteile, wie Räder, Rahmen und elektrische Teile und ähnliches sollten miteinander kombinierbar und austauschbar sein. Beispielsweise gab es bald nicht mehr 57 verschiedene Kolbenarten, sondern nur noch neun. Gleichzeitig wurde der Verkauf von Motorrädern gefördert, damit der männliche Teil der Bevölkerung mit den Fahrzeugen vertraut würde, die im Krieg eingesetzt werden sollten.
Bereits im Ersten Weltkrieg hatte sich das Motorrad als brauchbar erwiesen, doch im Zweiten Weltkrieg sollte es eine noch entscheidendere Rolle spielen. Vor allem Gespanne schienen sich für die Front anzubieten.
BMW stattete zunächst in aller Eile die R 12 mit einem Seitenwagen aus, um sich dann der Entwicklung eines Fahrzeugs für den richtigen Geländeeinsatz zu widmen. Deutschland annektierte Österreich und drang in eine ganze Reihe von europäischen Ländern vor. Die deutschen Panzerdivisionen waren an allen Fronten auf dem Vormarsch, von der Sahara bis zu den schneebedeckten Weiten Rußlands. Und überall war die außergewöhnliche, für jedes Gelände geeignete BMW R 75 dabei. Sie besaß mehr als acht Gänge – vier für das Gelände, vier für die Straße, zwei Rückwärtsgänge und zudem ein Sperrdifferential für die Kraftübertragung auf das Seitenwagenrad. Trotz ihres beträchtlichen Gewichts erreichte sie mit dem höchsten Straßengang eine Höchstgeschwindigkeit von 100 km/h. Die riesigen Reifen faßten auch auf unsicherem Grund, und die hydraulischen Bremsen brachten das „Monster" schnell zum Stehen.
Die R 75 wurde im Verlauf des Krieges für den Einsatz an den verschiedenen Fronten wiederholt verändert. So erhielten zum Beispiel die an der Rußland-Front eingesetzten Maschinen eine simple, aber wirksame Seitenwagenheizung, für die man die Wärme des Auspuffrohrs nutzte. Doch trotz all dieser Besonderheiten zeigte die R 75 auch Schwächen, als sich der triumphale Siegeszug der deutschen Truppen in einen strapaziösen Rückzug verwandelte. In den schlammigen Weiten Rußlands versank nicht nur das „Tausendjährige Reich", sondern auch die von diesem Gelände völlig überforderte R 75. Die komplexe Mechanik hatte den Nachteil, aufwendig gewartet werden zu müssen. 1944 wurde deshalb die Produktion der R 75 zugunsten des unkomplizierteren Kübelwagens eingestellt.
Im Frühjahr 1945 weigerte sich der neue Direktor von BMW, Kurt Donath, den Führerbefehl auszuführen, nach dem nichts dem Feind in die Hände fallen dürfe, sondern alle Betriebe, Elektrizitätswerke, Brücken und

Maschinen zerstört werden sollten. Donath traf die zweifellos mutige Entscheidung, die für die Zerstörung gesetzten Fristen ungenutzt verstreichen zu lassen. Er setzte seine Hoffnung in den Vormarsch der englischen und amerikanischen Truppen, wodurch sich die Situation für die deutsche Industrie entschärfen würde. Doch auch die Befreier hatten ihre eigenen Vorstellungen von der Zukunft des ruhmreichen Unternehmens.

Im Oktober 1945 ordnete der Kommandant der amerikanischen Garnison in München an, die noch brauchbaren Maschinen und Geräte nach Detroit zu verschiffen, ins Zentrum des amerikanischen Automobilbaus, und das deutsche Werk zu zerstören. Doch wieder fand Donath einen Ausweg: Er erreichte erstaunlicherweise, daß der Befehl zurückgenommen wurde, so daß diese Produktionsstätte erhalten blieb.

Dem Unternehmen stand ein schwieriger Wiederaufbau bevor: Die bei Kriegsbeginn nach Eisenach ausgelagerten Maschinen waren den Russen in die Hände gefallen, die mit ihrer Hilfe in den folgenden Jahren ein BMW-Imitat, das Motorrad „Ural" bauten. Ungeachtet aller Widrigkeiten trug BMW alle noch verwertbaren Teile aus dem Trümmerhaufen zusammen und nahm die Produktion wieder auf. Doch erst 1948 erhielt das Unternehmen von den Alliierten die Genehmigung, wieder Motorräder zu bauen. Allerdings durfte nur das kleine, von der R 2 abgeleitete 200 cm^3-Modell R 24 gefertigt werden. Anfang der 50er Jahre, mit Beginn des Wirtschaftsaufschwungs, befaßte man sich in München mit der Konstruktion von Zweizylindermaschinen, wobei man sich natürlich weitgehend an den letzten Vorkriegsmodellen aus dem Jahr 1938 orientierte. So war die R 51/2 nichts anderes als eine geringfügig veränderte R 51; vor allem besaß sie nur eine Nockenwelle und hatte einen Fallstromvergaser. BMW schuf ein neues Gespann: die R 67 mit 600 cm^3-Motor, die in ganz Deutschland als Fahrzeug des Straßenhilfsdienstes bekannt werden sollte. In den folgenden Jahren wurden an diesen beiden Modellen laufend Verbesserungen vorgenommen. Überarbeitet wurden auch die Einzylindermaschinen, die inzwischen über hydraulische gedämpfte Vorder- wie Hinterradfederungen verfügten.

1953 hatte BMW durch die zielstrebige, an der Zukunft orientierte Firmenpolitik bereits einen guten Teil des Glanzes früherer Zeiten zurückerobert. In nur fünf Jahren waren hunderttausend Motorräder verkauft worden. In München wollte man diese Zahl gerade mit einem Nachfolgemodell für die ruhmreiche R 68 feiern, als unerwartet die Absatzzahlen fielen. Schuld daran hatte der erste Kleinwagen, dessen Entstehung von der ganzen westlichen Welt mit Spannung verfolgt wurde. Für die breite Bevölkerung war das Motorrad nur eine Notlösung gewesen. In der Epoche des Wirtschaftswunders war das Zweirad als Statussymbol nicht geeignet. Die Wohlstandsgesellschaft träumte vom eigenen Wagen.

Bei BMW beschloß man, bessere Zeiten abzuwarten und zunächst kein Geld in die Entwicklung neuer Maschinen zu stecken. Bei den Modellen von 1955 war deswegen wenig Überraschendes zu finden, nur der Rahmen hatte nun eine Earles-Vordergabel und eine Hinterschwinge. Der Raddurchmesser war verkleinert, und als Vorderbremse war eine Duplexbremse eingebaut worden. Die Benennungen der ange-

Linke Seite:
Oben: BMW R 68 mit 690 cm³-Boxermotor, 1952. Die R 68 war mit 35 PS bei 7000 U/min das erste Serienmotorrad, das schneller als 160 km/h fuhr.
Mitte: Motorrad-Profis auf der Piste: Wilhelm Noll und Fritz Cron, die Gespannweltmeister von 1954, in Aktion. Sie eröffneten die Serie von BMW-Erfolgen bei den Gespannrennen. Mit insgesamt 20 Welt- und Europameisterschafts-Titeln sicherten sich die bayerischen Werke einen sicheren Platz in der Geschichte des Motorsports.
Unten: Die Modelle von BMW waren überall auf der Welt beliebte Polizeimotorräder.
Rechte Seite:
Oben links: Die BMW R 25/3, die 1953-55 in über 47700 Exemplaren gebaut wurde.
Oben rechts: BMW R 69 von 1956.
Mitte: BMW R 27 von 1962.
Unten: BMW R 69 S von 1966.

botenen Maschinen wechselten, doch die Fahrzeuge selbst blieben im wesentlichen unverändert. So wurde die R 51/3 zur R 50, die R 67/3 zur R 60 und aus der R 68 entstand die R 69.
Die Kauffreudigkeit der Bevölkerung nahm eher ab als zu, das Motorrad hatte an Popularität deutlich verloren. Dafür entstand ein neuer exklusiver Kundenkreis, der das Gefährt umso attraktiver fand, je weniger sich die Masse dafür interessierte. Die Motorradfans erwärmten sich in zunehmendem Maße für die schweren, großzügig ausgestatteten und leistungsstarken Maschinen, die aufgrund ihres hohen Preises für den Normalverbraucher unerschwinglich waren.
1960 kamen die R 50 S und die R 69 S in den Handel, die erste Serienmaschine mit hydraulisch gedämpfter Lenkung. Ihr Motor leistete 42 PS und verfügte über eine Kurbelwelle mit Schwin-

der Kurbelwelle kompensierte. Die vordere Gabel besaß einen Federweg von beinahe 13 Zentimetern, während bei den Federbeinen der Hinterradaufhängung die Vorspannung verstellbar war.
Inzwischen hatte man mit der RS (Rennsport) mit obenliegenden Nockenwellen auch den Rennbetrieb wieder aufgenommen; diese Anfang der 50er Jahre entwickelte Maschine wurde nach und nach überarbeitet. 1956 schuf BMW eine richtige Grand-Prix-Maschine, die sich – nicht zuletzt dank des hervorragenden Fahrers Walter Zeller – auch international als konkurrenzfähig erwies. Zeller belegte bei der Tourist Trophy 1956 den vierten Platz und fuhr dabei auf dem berüchtigten Bergkurs mit einer Durchschnittsgeschwindigkeit von 140 km/h die schnellste Runde. In der Weltmeisterschaftsklassifikation der 500er Klasse wurde Zeller am Ende dieser Saison hinter Surtees Zweiter.
1958 kam Dickie Dale als Privatfahrer auf einer RS bei der Weltmeisterschaft der Halblitermaschinen hinter den MV-Fahrern John Surtees und John Hartle auf den dritten Platz. Nicht zu vergessen ist außerdem, daß die BMW-Gespanne die gesamten 50er und 60er Jahre hindurch konkurrenzlos waren.
Für die zahlreichen Privatfahrer, die ständig auf der Suche nach leistungsfähigen, zuverlässigen und zugleich erschwinglichen Maschinen waren, entwickelte BMW neben dem Motor der RS auch noch einige Antriebsaggregate mit Ventilsteuerung über Stoßstangen und Kipphebel sowie mit Rollenstößeln. Das

gungsdämpfer. Das hintere Kurbelwellenlager war – nach einem System, das bei den Rennmotoren mit obenliegenden Nockenwellen bereits hervorragende Ergebnisse geliefert hatte – so gebaut, daß es die Verbiegung

Oben: Die zwei Motorradasse Klaus Enders und Ralf Engelhardt, die auf einer BMW 500 fünf Jahre hintereinander Gespannweltmeister wurden.
Mitte links: Schnittzeichnung der Vorderradgabel der Modelle von 1969.
Mitte rechts: BMW R 50/5 von 1969, die eine Höchstgeschwindigkeit von 157 km/h erreichte.
Unten links: Schnittzeichnung des klassischen Zweizylinder-Boxermotors.
Unten rechts: Eine Version der R 69 S, die mit ihrem 42 PS-Motor eine Höchstgeschwindigkeit von 175 km/h erreichen kann.

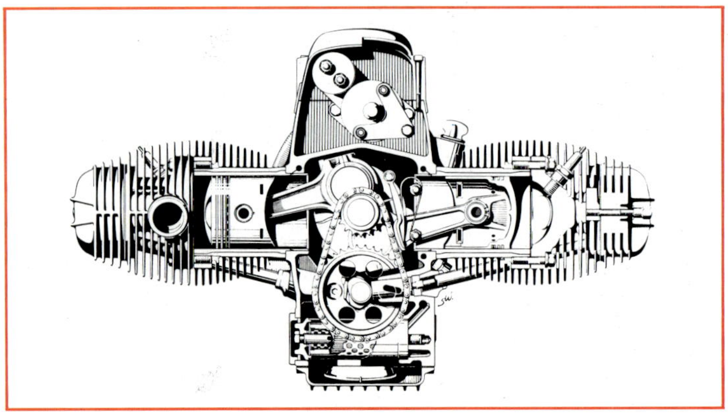

Nach jahrelangem Engagement im Sektor der Superbikes wandte sich BMW 1978 den Mittelklassemotorrädern zu. Die Produktionspalette erweiterte sich um die R 45 und R 65, zwei Maschinen, denen man ihre Verwandtschaft mit den größeren BMW-Modellen deutlich anmerkte. Im gleichen Jahr kam auch die R 80/7, eine vergrößerte Version der R 75/7, in den Handel. Ihr Motor leistete 55 PS und brachte sie auf eine Höchstgeschwindigkeit von 180 km/h. Während BMW einerseits das Angebot an Straßenmaschinen ausdehnte, suchte man andererseits nach neuen Anwendungsbereichen für den Boxermotor. Mittlerweile hatte sich die Welt des Motorrads grundlegend gewandelt: Mitgetragen vom Boom der Superbikes hatten sich neue Disziplinen im buntgescheckten Motorraduniversum etabliert. Die Geländefahrt war sehr beliebt geworden, so daß der Umsatz von Geländemaschinen drastisch gestiegen war und sogar mit dem von Superbikes mithalten konnte. Seit BMW nach dem Krieg den Rennbetrieb wieder aufgenommen hatte, zog es auch die Bayern auf das Gelände, wo die Boxermaschinen über 500 cm³ dominierten und bei den Internationalen Sechstagefahrten zahlreiche Goldmedaillen gewannen. Es handelte sich bei den hier verwendeten Maschinen um speziell für den Rennbetrieb gebaute Prototypen. Die Erfolge im Gelände hatten kein so großes Echo, daß sie BMW den Ruf eines bedeutenden Herstellers von Geländemotorrädern eingebracht hätten.
1979 realisierte Thierry Sabine seinen Traum vom „letzten Abenteuer": die Rallye Paris–Dakar, die ihn weltberühmt machte. 165 waghalsige Fahrer gingen in Paris an den Start und erreichten in Gewalttouren auf unwegsamem Gelände quer durch ganz Nordwestafrika das Ziel Dakar, die Hauptstadt des Senegal. Neben vielen Autos war eine große Zahl von Motorrädern unterwegs, die bald in den Mittelpunkt des öffentlichen Interesses rückten. Den Sieg in diesem aufreibenden Marathon errang Cyril Neveu auf einer Yamaha XT 500. Die Afrika-Rallye hatte dem Geländesport neue Perspektiven eröffnet und dem Viertakter zu einem Comeback verholfen. Nicht nur die japanischen Marketingstrategen entdeckten, daß ein derartiges Rennen weltweit den Absatz stimulierte, wenn man es mit einer entsprechenden Werbekampagne begleitete.
Auch BMW machte sich diese Meinung zu eigen und wählte die höllischen 16000 Kilometer zwischen Paris und Dakar als Prüfstand und Bühne für die R 80 G/S. An dieser großen Enduro hatten die Techniker der bayerischen Firma bereits geraume Zeit gearbeitet. Und so ging am 1. Januar 1980 in Paris neben den japanischen Einzylinder-Prototypen auch das gewaltige Motorrad aus München an den Start; die Maschine mit ihrem 800 cm³-Zweizylindermotor hatte ein Gesamtgewicht von über 200 Kilogramm. Der direkten Konkurrenz aus Japan war sie in Leistung und Spitzengeschwindigkeit eindeutig überlegen. Nur ein technischer Defekt verhinderte, daß die BMW gleich bei ihrem Debüt die Rallye für sich ent-

Oben: Ein Werksfahrer beim Testen des ABS-Systems.
Unten links: BMW R 80/GS, die Siegermaschine der Rallye Paris-Dakar 1981.
Unten rechts: 60 Jahre Boxermotor: von der R 32 bis zur R 100 RS.

schied; im Jahr darauf jedoch konnte niemand mehr den Triumphzug der Enduro aus München aufhalten, die von Hubert Auriol gefahren wurde. Mit dem Sieg bei dieser härtesten aller Rallyes eroberte sie die Herzen der Geländesportfans, was sich unmittelbar in einem gewaltig steigenden Absatz niederschlug. Die Ende 1980 vorgestellte Serienversion des Rallye-Prototyps war wahrlich revolutionär. Sie konnte sowohl auf Asphalt als auch im Gelände gefahren werden und eignete sich hervorragend für längere Touren und Abenteuerreisen. Kurz, eine richtige Enduro-Maschine war geboren. Ihr Motor war eine für den Geländeeinsatz entsprechend veränderte und modernisierte Version des Antriebsaggregats der R 80/7. Die Zylinder hatten Galnical-Laufbuchsen, was das Gewicht verringerte, die Wärmeableitung verbesserte und das Spiel zwischen Kolben und Zylinder verkleinerte, so daß sich Ölverbrauch und Verschleiß reduzierten. Die Kupplung war um 40 Prozent leichter geworden und die Massenträgheit entsprechend gesunken, wodurch eine optimale Beschleunigung und ein sanftes Schalten möglich wurden. Die elektronische Zündung war, im Interesse einer möglichst hohen Funktionssicherheit und eines möglichst geringen Wartungsbedarfs, mit zwei Zündspulen ausgestattet. Die Leistung betrug 50 PS bei 6500 U/min, das maximale Drehmoment 57 Nm bei 6500 U/min und die Höchstgeschwindigkeit 168 km/h. Innovativ war das Fahrwerk mit der „Monolever“ getauften neuartigen Hinterradaufhängung, bei der das Rad nur an einem Arm befestigt ist und leicht ausgewechselt werden kann. Die Bremsanlage bestand aus einer Einscheibenbremse vorn und einer Trommelbremse hinten.
Auf der IFMA in Köln präsentierte BMW 1983 neben der R 80 G/S auch die Modelle R 80 ST und R 80 RT, bei denen die Technik der Enduro-Maschine für den Straßen- und Tourenbetrieb abgewandelt wurde.
Die reiche Produktpalette des Münchner Werks läßt leicht vergessen, daß alle diese Maschinen letztlich, mehr oder weniger direkt, von der R 32 abstammten, die der Chefingenieur Max Friz 1923 entworfen hatte. So war es auch bei BMW an der Zeit, sich an einen wirklich neuen Motor zu wagen, der mit den besten Erzeugnissen der japanischen Motorradbauer konkurrieren könnte. Um diesen ehrgeizigen Plan zu verwirklichen, investierte BMW die beträchtliche Summe von 250 Millionen Mark

und errichtete in Berlin ein hochmodernes Werk, in dem das Projekt „K“ realisiert werden sollte. Eines der Ziele, die man sich steckte, war die Entwicklung von Baukastenmodellen, die von einer gemeinsamen Grundstruktur ausgehend den Bau einer Vielzahl von Versionen erlauben und damit die kostengünstige Realisierung einer breiten Programmpalette ermöglichen sollten. So sollte zum Beispiel der Hubraum einfach durch Erhöhung oder Verringerung der Zylinderzahl variiert werden.
Ende 1983 war es soweit, für BMW begann wieder eine neue Epoche: Das Modell K 100 entstand, ein Motorrad voller raffinierter technischer Lösungen, die ihm im Bereich der Superbikes eine Spitzenstellung verschaffen sollten. Der neu entwikkelte liegende Vierzylinder-Reihenmotor traf auch im reichhaltigen japanischen Angebot nicht auf seinesgleichen. Er leistete 90 PS bei 8000 U/min und beschleunigte die Maschine bis auf 210 km/h. Die K 100 wurde in mehreren Versionen und mit unterschiedlicher Ausstattung angeboten.
1985 schuf BMW das technisch identische, aber auf drei Zylinder verkleinerte Modell K 75. Der neue Reihenmotor hatte einen durchschlagenden Erfolg.
Dennoch – der legendäre Boxer sollte keineswegs in Rente gehen. 1986 tauchte er auf dem Kölner Motorradsalon in einer vollständig überarbeiteten Version wieder auf. Dieses Mal steckte er in der R 100 RS, einer Urenkelin jener R 32, die damals im Winter 1923 den Grundstein für den Mythos auf zwei Rädern legte, der den Namen BMW trägt.

Boassi

Dieser italienische Hersteller baute 1950 den Hilfsmotor Gazella; dabei handelte es sich um einen Zweitaktmotor, der mit 60 cm³ Hubraum ohne Schaltgetriebe oder mit 65 cm³ und zwei handgeschalteten Gängen geliefert wurde.

Bock & Holländer

Die Wiener Firma Bock & Holländer existierte etwa 1905-11. Als sie mit dem Bau von Ein- und Zweizylindermotorrädern begann, war sie bereits für ihre Regent-Automobile bekannt, die zu den ersten in Österreich hergestellten Autos zählten.

Boddice

1954 entwickelte der englische Fahrer Bill Boddice in Zusammenarbeit mit dem berühmten Gabelhersteller Earles ein revolutionäres Gespann, das zwar in erster Linie für Rennen bestimmt war, aber ohne weiteres an den normalen Straßenbetrieb angepaßt werden konnte.
Boddice versuchte zur Minimierung des Luftwiderstands die Bodenfreiheit möglichst gering zu halten. Um sicherzustellen, daß der Lenkkopf der höchste Punkt dieses recht speziellen Gespanns war, mußte für den Fahrer eine ungewöhnlich niedrige Position gefunden werden. Er mußte da sitzen, wo üblicherweise der Tank angebracht war. Der Rohrrahmen des Fahrzeugs war auf der rechten Seite hochgezogen und stützte dort die Vordergabel.
Das Hinterrad und das Seitenwagenrad waren mit Hilfe von dreieckigen Halterungen an der Rohrstruktur des Rahmens befestigt, der über eine Bodenfreiheit von nur 10 Zentimeter verfügte. Wegen des niedrigen Schwerpunkts brauchte der Passagier keine akrobatischen Kunststücke zu vollführen, sondern lediglich ruhig im Seitenwagen zu kauern.
Der Motor mußte aufgrund der ungewöhnlichen Position des Fahrers anders als üblich angeordnet werden. Der Fahrer saß nicht rittlings auf dem Rahmen, wie normalerweise, sondern mit nach vorne gestreckten Beinen auf einer Sitzbank in Rahmenhöhe. Der Tank befand sich unter dieser Sitzbank. Die Kraftstoffzufuhr zum Vergaser besorgte eine elektrische Pumpe. Die Ausmaße des Gespanns waren mit einer Breite von 142 Zentimetern und einer Länge von 244 Zentimetern gering.
Das Boddice-Gespann hatte, obwohl es bei den Tests ausgesprochen gut abschnitt, nicht den wirtschaftlichen Erfolg, den es verdient hätte.

Bodo

Der deutsche Motorradhersteller Fritz Kindermann aus Thale im Harz verwendete Zweitaktmotoren aus eigener Produktion, von DKW und Villiers. Die Firma stellte 1925, wenige Monate nach ihrer Gründung, die Produktion wieder ein.

Boge

Boge war im Gegensatz zu den meisten in den 20er Jahren in Deutschland gegründeten Motorradfirmen durch zahlreiche Rennerfolge sehr bekannt geworden. Die Maschinen von Boge waren mit 250 bis 350 cm³-Blackburne-Motoren mit seitlich stehenden oder im Zylinderkopf hängenden Ventilen ausgerüstet. Die Motorräder der Firma waren 1924-28 im Handel.

Bogey

Bogey war ein sehr interessanter Motor aus dem Jahr 1929 mit 350 cm³ Hubraum und einer Schiebersteuerung, die durch einen Zahnkranz am Fuß des Schiebers angetrieben wurde. Der Kolben hatte auf der Oberseite eine Nase, die herausragte und eine höhere Verdichtung im Zylinder bewirkte.

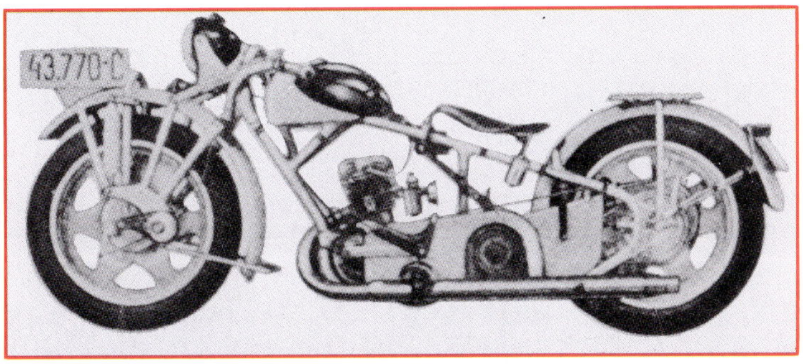

Zwei höchst originelle Böhmerland-Modelle.
Links: Ein Modell mit kurzem Rahmen.
Unten: Modell mit überlangem Rahmen, Doppelsitzbank und Notsitz für einen dritten Mitfahrer.

Böhme

Die 1925-30 in Berlin gebauten Motorräder der Marke Böhme waren mit Zweitakt-Einzylindermotoren mit liegendem Zylinder bestückt, die über einen Hubraum von 125, 175 oder 250 cm³ verfügten. Das Dreiganggetriebe war im Motorgehäuse integriert. Böhme verwendete für die Wasserkühlung einen direkt am Zylinderkopf angebrachten Kühler.

Minibike Bonanza

Böhmerland

Die ab 1924 in der Tschechoslowakei gebaute Böhmerland war eines der originellsten Motorräder aus diesem Land, wo man es, anders als im deutschsprachigen Raum, unter dem Namen Cechie verkaufte. Die Maschine wurde 1923 von Albin Liebisch entworfen und in seiner eigenen, hervorragend ausgerüsteten Fabrik produziert. Der Motor wurde in den 15 Jahren, die die Böhmerland existierte, kaum verändert. Es handelte sich um einen senkrecht eingebauten Einzylindermotor mit 600 cm^3 Hubraum und einer Leistung von zunächst 16 PS bei 4000 U/min und später 25 PS bei 3600 U/min.

Das Motorrad verfügte über ein Dreiganggetriebe, Kettenantrieb und einen Rohrrahmen mit ungewöhnlich großem Radstand und mit Rohren, die dicker als üblich waren. Äußerst interessant war auch die Doppelrohr-Vordergabel mit zusätzlichen senkrechten Streben und unterer Kurzschwinge mit senkrechten Federn.

Anzumerken ist, daß der Rahmen in zwei Versionen gefertigt wurde: Als kürzere Jubilee-Version mit dem Benzintank in der normalen Position und als deutlich längere Tourster-Version mit zwei links und rechts vom Hinterrad angebrachten Tanks. Das Modell mit dem Tourster-Rahmen verfügte über eine Doppelsitzbank und einen Notsitz über dem Hinterrad.

Bond-Minibike von 1950.

Außerdem kam das tschechische Werk mit einem dritten, viel sportlicheren Modell auf den Markt, das den Namen Racer erhielt. Der Jubilee-Rahmen war verändert worden, so daß er nun leichter war. Die Leistung des Motors war gesteigert worden, was eine höhere Spitzengeschwindigkeit erlaubte. Im Vergleich zu der Version Jubilee mit 129 km/h und dem Modell Tourster mit 121 km/h Spitze, erreichte die Racer eine Höchstgeschwindigkeit von 148 km/h. Die Räder der Maschinen waren aus Leichtmetall gegossen.

Das Werk verkaufte nicht über den Einzelhandel, sondern direkt an die Kunden, die sich persönlich an den Hersteller wenden konnten und nach Maß gefertigte Motorräder geliefert bekamen. Albin Liebisch berücksichtigte alle speziellen Wünsche und die Körpergröße des Kunden. Das letzte Modell verließ 1938 das Werk und besaß einen 350 cm^3-Motor mit im Zylinderkopf hängenden Ventilen, dessen Leistung jedoch, gemessen am Gewicht der Maschine, unzureichend war.

Bei Ausbruch des Zweiten Weltkriegs mußte die Firma Liebisch die Produktion einstellen.

Bolide

Die 1902 als Fahrradfabrik in Frankreich gegründete Firma gehörte zu den Pionieren des Motorradbaus. Sie produzierte bis etwa 1915 Motorräder mit eigenen 1,25 PS-Motoren.

Bombardier Can Am

Can Am heißen Geländemotorräder, die von der Firma Bombardier in Kanada für den Geländebetrieb hergestellt werden.In erster Linie produziert dieses Werk Motorschlitten. Die Firma existiert schon seit 1937, begann aber erst 1970 mit dem Bau von Motorrädern. Der Moto-Cross-Champion Jeff Smith, der 20 Jahre lang bei dem englischen Hersteller BSA arbeitete, bemühte sich für Can Am um das Styling der Maschinen.

Besonders gelungen sind zwei ganz neue Modelle, das eine ist die Trial 320 mit 322 cm^3-Einzylinder-Zweitaktmotor von Hiro, Sechsganggetriebe und einem offenen Zentralrohrrahmen, integrierter Motorschutzplatte und hydraulisch gedämpfter Marzocchi-Gabel mit vorgelagerter Achsaufnahme. Eine ebenso schöne Maschine ist die für den Endurobetrieb bestimmte 175 ASE, die einen 174 cm^3-Einzylinder-Zweitaktmotor mit Drehschiebersteuerung, ein Fünfganggetriebe, einen geteilten Zentralrohrrahmen und Doppelnockenbremsen besitzt. Die Vorderradaufhängung ist mit einer progressiven Quad Link-Federung mit einem hydraulisch gedämpften, luftunterstützten Federbein ausgestattet, und die Höchstleistung des 125 kg schweren Motorrads beträgt 25 PS bei 9000 U/min.

Bonanza

Ein in den 70er Jahren produziertes amerikanisches Minibike, das mit Viertaktmotoren mit 127, 148, 172 und 200 cm^3 Hubraum sowie einem 100 cm^3-Zweitakter bestückt wurde.

Bond

Die englische Firma Bond präsentierte 1950 mit dem Minibike ein motorisiertes Zweirad, das ein Zwitter aus Motorroller und herkömmlichem Motorrad war. Der Rahmen bestand aus einem Leichtmetallrohr mit großem Durchmesser, das sich am hinteren Ende gabelte und das abgedeckte Rad aufnahm. Gleichzeitig diente es als Benzintank. Das Hinterrad war nicht gefedert, doch der Hersteller versicherte, wenn man die relativ dicken Reifen nicht zu stark aufpumpe, sei die Maschine recht bequem. Im Zentrum des Rahmens war ein 98 cm^3-Motor mit Zweiganggetriebe von Villiers eingebaut.

In den folgenden Jahren produzierte Bond die Maschine auch mit einem normalen Rohrrahmen, wobei neben dem 98 cm^3-Motor von Villiers ein 150 cm^3-Motor des gleichen Herstellers und ein 125 cm^3-Zweitakter von JAP Verwendung fanden. 1958 lancierte die Firma Bond das Dreiradfahrzeug Minicar, bei dem Antrieb und Lenkung über das Vorderrad erfolgten. Im gleichen Jahr schuf Bond einen Motorroller mit Glasfibervollverkleidung, der von einem 150 cm³-Motor von Villiers angetrieben wurde. Den Zentralrohrrahmen stattete man mit einer Gabel mit unteren Schwingarmen und einer durch ein Federbein abgefederten Hinterradschwinge aus. Die Maschine verfügte über einen elektrischen Anlasser und ein Dreigangschaltgetriebe, hatte Reifen von der Größe 4.00 x 10 und erreichte eine Höchstgeschwindigkeit von 90 km/h. Bei Bond wurden bis Ende der sechziger Jahre Dreiradfahrzeuge und Motorroller hergestellt.

Bonzi und Marchi

Eine Mailänder Fabrik, die 1913 das Motorrad Senior schuf und mit einem 330 cm³-Motor von Moser versah, der 3 PS leistete. Die 50 kg schwere Maschine arbeitete mit Hochspannungsmagnetzündung und Riemenantrieb. 1914 erschienen ein mit senkrecht eingebautem 2,75 PS-Einzylindermotor von Moser bestücktes Motorrad mit Kettenantrieb sowie eine weitere Maschine gleicher Leistung und zwei Zweizylinder-V-Modelle.

Booth

Die 1901 gegründete Londoner Firma Booth Motor verwendete als eine der ersten Motorräder mit Minerva- und De Dion Bouton- Einbaumotoren. Auch Motoren aus eigener Produktion mit einer Leistung von 2,73, 3,5 und 4 PS fanden Einsatz. Die Firma existierte bis 1903.

Bord

Ein weiterer englischer Hersteller mit Firmensitz in London, der ab 1902 Einzylinder-Leichtmotorräder mit 1,75 PS Leistung und eigenwilligem Design herstellte. Die Firma verschwand 1906 vom Markt.

Bordone

Der Mailänder Hersteller Bordone baute 1935 seine ersten Lieferdreiräder mit 250 und 500 cm³-Motoren, Kardanantrieb und einem Rohrrahmen. Daneben entstand eine eigenwillige Version mit fünf Rädern. Diese Seltenheit gab es erst 30 Jahre später wieder, als Piaggio sein Modell Pentarò vorstellte. Ab 1936 verbesserte Bordone die Motoren und ging zu Stahlblechrahmen über.
Die NB, in den Vorkriegsjahren im Programm, besaß einen 500 cm³-Viertaktmotor mit im Zylinderkopf hängenden, über kurze Kipphebel gesteuerten Ventilen. Sie hatte ein Vierganggetriebe, eine Trapezvorderradgabel und eine Hinterradaufhängung mit Teleskopfederbeinen. Die NB, deren Namen sich von den Initialen des Firmeninhabers Nicola Bordone ableitete, wurde bis in die ersten Kriegsjahre hergestellt. Von 1957 stammte ein Bordone-Dreiradlieferwagen, mit 600 cm³-Motor mit im Zylinderkopf hängenden Ventilen.

Modell NB von Nicola Bordone.

Motorisiertes Bovy-Fahrrad, 1920.

Motorisiertes Fahrrad Bowden JD, 1922.

Borghi

Die in Mailand ansässige Firma Borghi stellte zunächst ausschließlich Fahrräder her. Erst 1952 begann sie mit dem Bau von Mopeds und Leichtmotorrädern mit 50 bis 125 cm³ Hubraum, die unter dem Namen Olympia in den Handel kamen. Der aus England importierte, von B.S.A. übernommene Zwei-
Zweitaktmotor mit 175 cm³ Hubraum stammte aus der von DKW entworfenen Brantom-Reihe, die damals sehr beliebt war.

Bottari

Der italienische Zweitaktmotor Bottari, den der Ingenieur Carlo Bottari entwickelt hatte, war 1951 in zwei Versionen, mit 100 und 125 cm³ Hubraum, im Handel. Als 1950 die Motorisierung der italienischen Bevölkerung einen Aufschwung nahm, wurde dieser Motor in Mailand unter dem Namen Eolo vorgestellt und der Firma Omea zur Produktion überlassen. Bald geriet der Bottari allerdings wieder in Vergessenheit.

Bouchet

Über dieses 1904-05 von der Firma Alphonse Bouchet in Saint-Cheron gebaute französische Motorrad ist kaum etwas bekannt; kein einziges Modell ist der Nachwelt erhalten geblieben. Sicher ist lediglich, daß der Motor der Bouchet mit Acetylen betrieben wurde.

Bougery

Mit eines der ersten Motorräder, die in Frankreich auf die Räder gestellt wurcen, war die Bougery. Sie entstand 1896-1902 und besaß einen zwischen Schalthebel und Hinterrad senkrecht eingebauten Motor.

Bounds-JAP

Ein relativ unbekannter Londoner Hersteller, der mit JAP-Motoren bestückte Modelle vermarktete. Die 1909 gegründete Firma war nur bis 1912 in Betrieb.

Bovy

In den Bovy-Werken in Lüttich wurden seit 1888 Fahrräder hergestellt. Dem Bau von Motorrädern widmete man sich erst in den 20er Jahren. Dabei verfolgte die Firma eine typisch britische

Linie und ließ sich Bauteile englischer Hersteller liefern, insbesondere Motoren mit seitlich stehenden oder im Zylinderkopf hängenden Ventilen der Firmen JAP und Blackburne. Daneben kamen Motoren des Schweizer Herstellers MAG und der französischen Firma Aubier Dunne mit 100 bis 1000 cm³ Hubraum zum Einsatz.
1920 produzierte Bovy ein Leichtmotorrad mit einem 100 cm³- Zweitaktmotor von Villiers. 1923 umfaßte das Produktionsprogramm Modelle mit Zweitaktern von Villiers und Viertaktern von JAP und Blackburne mit 150, 175, 250, 350, 500 und 550 cm³ Hubraum. Zu erwähnen wäre auch noch das Modell Bovy 250 mit einem Einzylindermotor und obenliegender Nockenwelle von Anzani. 1932 stellte Bovy die Produktion ein.

Bowden

Die von Frank Bowden geleitete Londoner Firma, die 1902-05 existierte, war für ihre Brems- und Kupplungszüge berühmt, baute aber auch Motorräder, die mit Motoren aus eigenem Entwurf und mit 2 PS-FN-Motoren bestückt waren. Frank Bowden gründete später die Firma Raleigh Sturmey Archer in Nottingham. Außerdem scheint ein 1922 entstandenes Motorrad mit 116 cm³-Motor, das den Namen Bowden JD trug, aus dem Werk des berühmten Herstellers zu stammen.

Bown

Die 1922-24 in Birmingham produzierten Motorräder der Marke Bown waren mit Motoren aus eigener Fertigung bestückt. Es gab aber auch Modelle mit Villiers-Motoren, darunter eines mit 147 cm³ Hubraum, und andere mit Motoren von Blackburne und JAP.
Den Markennamen Bown trugen außerdem Motorräder, die 1950-58 in Tonypandy in Glamorganshire entstanden. So etwa ein Modell von 1952, das einen 125 cm³-Motor von Villiers besaß, und ein Moped von 1955 mit einem 50 cm³-Motor von Sachs. 1956 folgten zwei Leichtmotorräder mit 98 beziehungsweise 122 cm³-Zweitaktmotoren von Villiers, während 1957 ein weiteres Moped erschien. Angetrieben wurde es von einem 47 cm³-Zweitaktmotor von Sachs, der mit einem Zweigangschaltgetriebe mit Drehgriff-Handschaltung kombiniert war. Bown übernahm außerdem die Produktion »Aberdale«.

B & P

Die Firma B & P präsentierte auf der ersten Turiner Motorradmesse im Jahr 1926 ein mit einem Zweitakt-Einbaumotor von Della Ferrara motorisiertes Fahrrad und ein Leichtmotorrad, das einen 175 cm³-Motor des französischen Herstellers Brouillers besaß.

Bradbury

Ein berühmter Name in der englischen Motorradindustrie. Die Firma Bradbury mit Sitz in Oldham wurde 1902 gegründet. Sie verwendete für ihre Einzylindermodelle mit 2 beziehungsweise 2,5 PS besonders hochwertige Rahmen. 1914 baute sie Einzylindermaschinen mit 554 cm³ Hubraum, Zweizylindermodelle mit 499 cm³ und Zweizylinder-V-Versionen mit 749 cm³; ihre Motoren stammten ausnahmslos aus eigener Produktion. Nach 1918 wurde die Zweizylindermaschine von einer 350 cm³-Einzylinderversion abgelöst. In den 20er Jahren brachte Bradbury auch 573 cm³-Einzylinder- und 880 cm³-Zweizylindermaschinen in den Handel. 1925 schloß Bradbury die Werkstore für immer.

Braeckmann

1946 baute in Nanterre in Frankreich ein Privatmann namens Braeckmann einen ganz aus einer Leichtmetallegierung gefertigten Einzylindermotor mit nur 11 cm³ Hubraum und einer Drehschiebersteuerung. Bei diesem Viertakter war der Drehschieber direkt am Zylinderkopf angebracht. Sein Erfinder erklärte damals, es handele sich um einen Vorversuch, und weitere Motoren dieses Typs mit größerem Hubraum würden folgen. Dieses Versprechen ist jedoch nie eingelöst worden.

Breda-Fahrrad mit 60 cm³-Hilfsmotor, 1947.

Brand

Dieser Berliner Hersteller baute 1923-28 interessante Motorräder, deren Bekamo-Zweitaktmotoren einen liegenden Zylinder besaßen. Sie entstanden in den Hubraumgrößen 122, 147 und 175 cm³; alle Motoren waren luftgekühlt.

Bravis

Die Firma Bravis produzierte 1924-26 vor allem Motorräder mit seitengesteuerten Einzylinder-Zweitaktmotoren, die mit 297 und 175 cm³ Hubraum geliefert wurden.

Breda

Etwa 1946-51 stellte der italienische Rüstungs- und Maschinenbaukonzern ein motorisiertes Fahrrad auf die Räder, dessen Konstruktionsprinzip dem der englischen „autocycles" ähnelte. Das mit einem 65 cm³-Zweitaktmotor bestückte Zweirad besaß einen Preßstahlrahmen, bei dem der Tank in das von den Pedalen zum Lenkkopf führende Rohr integriert war. Das Hinterrad war ungefedert, vorne hatte das Fahrzeug eine gleichfalls aus Preßstahl gefertigte Trapezgabel. Trotz der Finanzkraft des Breda-Konzerns wurde dieses motorisierte Fahrrad kein Erfolg, und es scheint nie in größeren Stückzahlen produziert worden zu sein.

Bree

Die Wiener Firma Motorenbau Theodor Bree baute 1902-04 die unter dem Markennamen Bree vertriebenen Motorräder mit 1,5 PS-Zweitaktmotoren und solide gefertigten Dreiecksrahmen.

Brennabor

Dieser Name wird fälschlicherweise oft mit einem Motorrad aus holländischer Produktion in Zusammenhang gebracht. Doch Brennabor war eine deutsche Firma, deren Maschinen an verschiedenen Rennen teilnahmen. Im Brennabor-Werk in Brandenburg/Havel wurden neben Motoren aus eigener Produktion

Antriebsrad mit integriertem Motor von Briggs and Stratton, 1910.

Motoren von Zedel, Fafnir, Peugeot, Minerva und anderen Herstellern verwendet. 1914 stellte Brennabor die Produktion von Motorrädern ein und wandte sich dem Automobilbau zu.

Breuil

Die Firma Breuil mit Sitz in Paris baute etwa 1903-08 Motorräder mit Motoren aus eigener Produktion oder mit Antriebsaggregaten von Peugeot, Aster, Zurcher und anderen Herstellern. Das Programm umfaßte Maschinen mit großen, 4 bis 5 PS starken Einzylindermotoren und mit Zweizylinder-V-Motoren.

Briban

Dieser französische Hersteller war auf Zweitakt-Einbaumotoren spezialisiert. Es begann Anfang der 50er Jahre mit einem getriebelosen 50 cm³-Zweitakt-Hilfsmotor mit Kettenantrieb. Dann kamen weitere, größere Zweitaktmotoren mit 98 und 123 cm³ Hubraum hinzu. 1954 fertigte Briban neben diesen Motoren für Fahrräder und Leichtmotorräder einen 123 cm³-Motor mit Gebläsekühlung für Motorroller. 1956 entstanden zwei Zweitaktmotoren mit 50 und 98 cm³ Hubraum, wovon der erste mit einer automatischen Fliehkraftkupplung und Riemenprimärtrieb ausgestattet war und ohne Schaltgetriebe auskam, während das 98 cm³-Modell in zwei Versionen gebaut wurde, und zwar ohne Schaltgetriebe mit Riemenprimärtrieb und automatischer Fliehkraftkupplung oder mit Dreiganggetriebe.

Bridgestone

Der japanische Reifenhersteller baute 1960 seine ersten Zweiräder. Er fertigte Mopeds mit 50 cm³-Zweitaktmotoren und modern konzipierten Rahmen sowie hervorragende Zweizylindermaschinen mit 250 und 350 cm³-Zweitaktmotoren. Anfang der 70er Jahre mußte das Werk die Produktion von Motorrädern wieder einstellen.

Briggs and Stratton

Als Kuriosität ist das Antriebsrad mit integriertem stehenden Einzylindermotor des amerikanischen Herstellers Briggs and Stratton zu betrachten. Dieses Antriebsrad konnte zwischen den Hinterrädern eines von der gleichen Firma gebauten und auf den Namen Flyer getauften vierrädrigen Gefährts montiert werden. Die Fertigung dieses Fahrzeugs wurde allerdings aufgrund des ausbleibenden Verkaufserfolgs bald wieder eingestellt. Das Antriebsrad allein mit integriertem Motor wurde 1919-20 produziert.

Brillant

Ein kleiner französischer Hersteller mit Firmensitz in Paris, der ab 1903 mit verschiedenen Motoren bestückte Leichtmotorräder fertigte, aber nur kurze Zeit existierte.

Britax

Ein englischer Hersteller mit Sitz in London, der 1955 einen Kleinroller mit Vollverkleidung und dem bereits bei Mopeds verwendeten Motor Ducati 48 konstruierte. Im gleichen Jahr produzierte Britax eine vollverkleidete 48 cm³-Rennmaschine mit 54 kg Gesamtgewicht und einer Höchstgeschwindigkeit von 80 km/h, die in ihrer Klasse einige Geschwindigkeitsrekorde aufstellen sollte und auf diese Weise wirksam Reklame für die Serienmotorräder der Firma betrieb. 1956 wurde die Produktion bereits wieder eingestellt.

British Radial

Diese Motorräder besaßen einen reichlich ungewöhnlichen Motor. Es handelte sich um einen von C. B. Redrup entworfenen Radialmotor ausgerüstet mit drei um je 120 Grad versetzten Zylindern, einer außenliegenden Schwungscheibe und abnehmbaren Zylinderköpfen. Firmensitz des 1921-22 existierenden Unternehmens war London.

British Standard

Dieser Hersteller fertigte begrenzte Stückzahlen von Motorrädern, die mit 147 bis 550 cm³-Motoren von Villiers, JAP, Blackburne und Bradshaw geliefert wurden. Die Firma aus Birmingham existierte 1919-23.

BRM

1955 entwarf der Ingenieur Vittorio Bellentani, der der technische Direktor des italienischen Automobilherstellers Ferrari war, Hilfsmotoren für Fahrräder. Mit seinem Bruder Riccardo gründete er die Firma BRM, die mit sorgfältig gefertigten Mopeds bekannt wurde. Die BRM war einige Jahre tätig.

Brondoit

Diese belgische Firma existierte 1924-29. Die zuerst gebauten Motorräder mit 250 cm³-Zweitaktmotor waren sehr preisgünstig. Ab 1927 erschienen Sportversionen mit 250 und 350 cm³ Hubraum. Als der Firmengründer Paul Le Bussy bei einem Verkehrsunfall ums Leben kam, stellte man die Produktion ein.

Brough

William Brough, der Gründer dieser angesehenen Marke, wurde 1861 geboren. Er erlebte die Jahre der industriellen Revolution, in denen auch die motorisierten Transportmittel entstanden. Brough war eigentlich Bergarbeiter, seine Leidenschaft jedoch galt den Motoren. Und so stellte er 1899, unterstützt von

Der raffinierte Tank mit zwei Einfüllstutzen von einer Brough Superior, dem Rolls Royce unter den Motorrädern.

seinem neunjährigen Sohn George, der die Begeisterung des vielseitigen Vaters teilte, sein erstes komplettes Motorrad fertig. Außerdem entwickelte er ein motorisiertes Dreirad, für das er einen De Dion-Motor verwendete.

Bald widmete sich William Brough ausschließlich dem Motorradbau. George war zwölf, als die erste Brough an einem Rennen teilnahm, und gerade eben 16, als er zusammen mit seinem älteren Bruder William bei einem klassischen Rennen dieser Zeit startete, der „End-to-End"-Fahrt quer durch ganz England. Doch während sich William auf einer Brough eine Goldmedaille sicherte, erreichte George nur mit Mühe das Ziel.

Diese Erfahrung diente ihm als Ansporn und ließ ihn eine kritischere Einstellung zu den von seinem Vater gebauten Motorrädern einnehmen. Bald kam es zu schweren Meinungsverschiedenheiten zwischen Vater und Sohn. Der Gegensatz zwischen George, der neue, ehrgeizige Pläne schmiedete, und dem alten William, der sich als den Vater und Bewahrer der Brough-Motorräder begriff und alle Verdienste für sich zu beanspruchen schien, zerstörte schließlich den Familienzusammenhalt.

1919 gründete George in Nottingham eine eigene Firma, in der er Motorräder herstellte, die denen seines Vaters in jeder Hinsicht überlegen sein sollten und die er deshalb Brough Superior nannte. Während der alte William Brough noch den liegend eingebauten Zweizylindermotor bevorzugt hatte, entschied sich George für den Zweizylinder-V-Motor.

Im Januar 1921 erblickte die erste Brough Superior als Normal- und als Gespannversion das Licht der Welt. Der Fahrer, der diese Maschine mit dem eigens für sie gefertigten 986 cm³-JAP-Motor testete, bezeichnete sie als äußerst wendig, lobte sowohl das Schaltverhalten als auch Design und Verarbeitung. Eine schwere Nickelbeschichtung sollte Rostansatz verhindern und das Aussehen verbessern, der zwiebelförmige Tank sollte zu einem Kennzeichen dieser Modelle und so zu einer Art Markenzeichen werden.

Die Presse äußerte sich begeistert über diese hervorragende Rennmaschine, die es in zwei

Brough SS 80 von 1939.

Seitengesteuerte Brough, 1932.

Versionen gab, mit seitlich stehenden und mit im Zylinderkopf hängenden Ventilen. George schuf außerdem ein Modell, das von dem Motor 5/6 von MAG angetrieben wurde. Bereits 1922 galt die Brough Superior als Rolls Royce unter den Motorrädern. Mit diesen renommierten Luxusfahrzeugen hatte sie die Geräuscharmut der Ventilsteuerung gemeinsam und eine hervorragende Schalldämpfung. Das vornehme Gefährt war nicht nur kaum zu hören, es war zudem komfortabel.

Neben George Brough, der mit seinen Motorrädern auch in vielen Rennen Erfolge erzielte, war Ike Webb eine Art zweite Seele des Geschäfts: Als geborener Manager sorgte er insbesondere dafür, daß das hohe Qualitätsniveau stets beibehalten wurde. Die einzige Brough Superior, die – Anfang 1923 – in den Handel kam, war das über 120 km/h schnelle Modell SS 80 mit seitengesteuertem Motor. Daß nur eine einzige Maschine produziert wurde, zeigt, wie sehr die Firma auf Qualität, Zuverlässigkeit und Schnelligkeit ihrer Produkte Wert legte. Sie trachtete nicht nach hohen Umsatzzahlen, die etwa mit billig hergestellten und preisgünstig verkauften Modellen zu erreichen gewesen wären.

1923 erlitt George Brough einen schweren Unfall, und so wurde auf der Motor Cycle Show dieses Jahres nur ein Modell vorgestellt, das über einen neuartig konzipierten Rahmen verfügte. Die Ventilsteuerung des JAP-Motors erfolgte über eine Nockenwelle mit vier Nocken, die Bremsanlage war vorne und hinten mit Halbnabenbremsen ausgerüstet. Beschleunigt wurde mit einem Gasdrehgriff. Dieses SS 100 genannte Modell galt als die schönste bis dahin gebaute Brough und erreichte eine Spitzengeschwindigkeit von etwa 160 km/h.

1924 präsentierte man sie mit einem neuartigen Zweizylindermotor mit im Zylinderkopf hängenden Ventilen. Der Fahrwerk mit dem Doppelschleifenrohrrahmen wurde durch die Verwendung der neuen, optimal stoßdämpfenden Castle-Gabeln noch verbessert. Die SS 100 wurde in der Folge noch einmal überarbeitet und mit sehr schönem Design als Alpine Grand Sports verkauft. In diesem Falle achtete Brough einmal nicht so sehr auf maximale Leistung, sondern war nun auch auf Wirtschaftlichkeit bedacht. Dennoch war auch diese Maschine ein Luxusgefährt.

1927 entwickelte das Werk ein seitengesteuertes 750 cm³-Modell, das sich bei den Testfahrten durch einen äußerst sparsamen Kraftstoffverbrauch positiv auszeichnete.

Kurz zuvor hatte man das erste Vierzylindermodell mit seitengesteuertem 1000 cm³-Motor auf den Markt gebracht, das zunächst großes Publikumsinteresse auf sich zog. Doch bald geriet es in Vergessenheit, wohl wegen des allzu hohen Preises.

Brough SS 100 von 1939.

Gleichfalls aus dem Jahr 1927 stammte eine Zweizylinder-Brough mit 690 cm³ Hubraum und im Zylinderkopf hängenden Ventilen, der ein Jahr darauf eine nicht sehr erfolgreiche 500er mit Zweizylindermotor folgte.

1932 kam ein Brough-Gespann ins Programm, das mit einem wassergekühlten 800 cm³-Vierzylindermotor von Austin ausge-

rüstet war. Dieses Fahrzeug war durch zwei nebeneinanderliegende Hinterräder und einen Kardanantrieb gekennzeichnet; außerdem besaß es einen Rückwärtsgang. In den beiden folgenden Jahren erschienen noch schwerere Modelle, die zum Teil von Matchless-Motoren angetrieben wurden.
Nach dem Tod von William Brough nahm George die Zügel des gesamten Unternehmens in die Hand und beschloß, als Krönung seines Schaffens, ein Dream genanntes Motorrad zu konstruieren. Es sollte einen 997 cm^3-Motor mit vier liegenden Zylindern und im Motorblock integriertem Schaltgetriebe erhalten; der Motor sollte längs in den Rahmen eingebaut werden. Ein Kardanantrieb sowie ein spezieller, besonders aufwendig gefederter Rahmen waren vorgesehen. Doch wie aus vielen Träumen, so wurde auch aus der Dream nie Wirklichkeit. Man stellte sie zwar 1938 auf dem Motorradsalon in Earls Court vor, doch sie ging nicht in Produktion. Ab 1940 verließ überhaupt keine Brough Superior mehr das Werk.
Viele Fahrer waren in den Sattel der Brough Superior gestiegen, so zum Beispiel Bert Le Vack, Eric Fernihough und Freddie Dixon. Der ruhmreiche englische Hersteller verbuchte eine große Zahl von Rekorden für sich sowohl über Kurz- als auch Langstrecken. 1924 brach Bert Le Vack mit 180 km/h den Geschwindigkeitsrekord. 1929 erreichte er über 205 km/h und stellte damit einen neuen Weltrekord auf. 1936 ging der Titel an BMW, doch 1937 holte ihn Eric Fernihough mit 273 km/h zurück und überbot mit 220 km/h zudem den Weltrekord für Gespanne. Ein Jahr später verunglückte Fernihough tödlich, als er versuchte, sich selbst zu übertreffen.
Auch nach dem Krieg ließ es sich Brough einiges kosten, den Geschwindigkeitsweltrekord zu schlagen, aber keiner der Fahrer hatte Erfolg. Noel Pope zum Beispiel, der eine mit einem 8/80-Motor von JAP bestückte Brough besonders aerodynamisch hergerichtet hatte, erlitt einen Unfall.
Der unter dem Namen Lawrence von Arabien bekannte Oberst T. E. Lawrence, ein persönlicher Freund von George Brough, fuhr über zehn Jahre lang Maschinen von Brough Superior. Er soll sich jedesmal, wenn er eine neue brauchte, ins Werk nach Nottingham begeben haben, um alle von ihm gewünschten Eigenschaften des Motorrads genau abzusprechen. Dieser Motorradfan, der eine ganze Reihe von Brough-Motorrädern besaß, fuhr schließlich mit einer Maschine dieser Marke in den Tod.
Diese ruhmreichen englischen Motorräder waren ein echter Traum, noch dazu ein seltener: Nicht mehr als 3000 Stück wurden insgesamt gebaut. Nach 1940 fertigte man mechanische Präzisionsteile, nie mehr aber die berühmten Maschinen.
Die wenigen, die heute noch existieren, werden von den Besitzern, die ihren außergewöhnlichen technischen und historischen Wert kennen, sorgsam gehütet und sind echte Museumsraritäten.

Brown

Brown, eine englische Firma aus London lieferte ursprünglich Kraftfahrzeugzubehör, baute aber 1902-16 auch Motorräder, über die es wenig Besonderes zu berichten gibt. Verwendung fanden Einzylindermotoren mit 350 und 500 cm^3 Hubraum sowie 500 cm^3- Zweizylindermotoren. Nach dem Ersten Weltkrieg konzentrierte sich Brown auf den Bau von Modellen, die unter der Typenbezeichnung Vindec vermarktet wurden. Diese Maschinen sind nicht zu verwechseln mit den in England unter den Namen Vindec Special und V.S. verkauften Schöpfungen des deutschen Herstellers Allright.

Brown Bicar

Ein 1907-10 in Großbritannien hergestelltes teilverkleidetes Motorrad, das mit 3 PS-Einzylinder- oder 5 PS-Zweizylindermotoren versehen war. Die Teilverkleidung kann als einer der ersten Versuche im Motorradbau betrachtet werden, die mechanischen Teile vor Staub und Feuchtigkeit zu schützen.

Bruneau

Dieser kleine französische Hersteller produzierte 1903-10 in Tours Motorräder, die er mit verschiedenen, zum Beispiel von der Firma Zurcher gebauten Motoren bestückte. Bruneau brachte eine der ersten 500 cm^3-Maschinen mit stehendem Zweizylindermotor auf den Markt.

Nicht nur der Firmenname (Birmingham Small Arms), auch das Markenzeichen verrät, daß BSA ursprünglich Gewehre herstellte.

Brute (The)

Das vollständig verkleidete Motorrad The Brute entstand Anfang der 50er Jahre; es wurde von einer Gruppe von Motorradfans gebaut, die neue Geschwindigkeitsrekorde aufstellen wollten. Die Maschine wurde von einem 1400 cm^3-Motor von Harley-Davidson angetrieben.

BSA

Im Jahre 1854, während des Krimkriegs, schlossen sich 14 englische Waffenhersteller zu einer Art Syndikat zusammen, aus dem 1861 das Unternehmen Birmingham Small Arms Company hervorging. Hier sollten nicht mehr wie bisher mit handwerklichen, sondern mit industriellen Produktionsmethoden Gewehre gefertigt werden. BSA entstand also als Waffenschmiede, doch in der zweiten Hälfte des neunzehnten Jahrhunderts geriet das Unternehmen in so große finanzielle Schwierigkeiten, daß man sich der Herstellung anderer Produkte zuwandte. Die drohende Entlassung der Facharbeiter sollte verhindert werden, da sie für die Firma unabdingbar waren, vor allem wenn es wieder aufwärts gehen sollte.
In dieser Situation kam einem gewissen E. C. Otto die Idee zu einem noch reichlich merkwürdigen, zweirädrigen Fahrzeug mit Pedalen. BSA ließ sich darauf ein und engagierte sich ab 1881 mit selber konstruierten Modellen im Zweiradsektor. Doch 1888, als man umfangreiche Aufträge für die Fertigung von Waffen erhielt, schien sich das Interesse an Fahrzeugen wieder verflüchtigt zu haben. Der Schein war trügerisch, das letzte Wort noch nicht gesprochen. Bereits kurze Zeit nachdem man 1893 festgestellt hatte, daß eine zur Herstellung von Zündern verwendete Fer-

tigungsmaschine auch gut zur Produktion von Radnaben für Fahrräder benutzt werden konnte, war BSA einer der wichtigsten europäischen Hersteller von Fahrradnaben und exportierte seine Erzeugnisse auch auf den Kontinent.
Das Geschäft ging so gut, daß die Firma um die Jahrhundertwende über 3000 Personen beschäftigte, eine für die damalige Zeit recht erstaunliche Zahl. Neben Radnaben produzierte das Werk andere Fahrradteile, aber die Waffenfabrikation wurde nie völlig eingestellt.
Ab 1903 erschienen komplette Motorräder im Angebot, deren Motoren von verschiedenen Herstellern geliefert wurden. Das erste Projekt eines ganz bei BSA hergestellten Zweirads scheint aus dem Jahr 1905 zu stammen: Dabei handelte es sich um ein Motorfahrrad, das einen Motor eines französischen Herstellers besaß. Die Produktionskosten lagen – vermutlich wegen einer Reihe allzu moderner technischer Lösungen – ziemlich hoch. So waren zum Beispiel zur Kompensierung der Straßenunebenheiten die hintere Schwinge mit einer Feder abgestützt und das waagrechte Verbindungsrohr zwischen Lenkkopf und Sattel teleskopisch abgefedert. Zwar verzichtete BSA auf die Realisierung dieses Projekts, doch einige technische Details, die den Rahmen betrafen, wurden in der Fahrradproduktion übernommen, wie etwa das horizontale Teleskoprohr.
In den folgenden Jahren wurde die Firma BSA kontinuierlich vergrößert: Nach der Übernahme der damals recht bekannten Fahrradfirma Eadie begann man 1908 mit der Fertigung kompletter Fahrräder.
1909 entstand das erste Motorrad der Marke BSA, das 1910 in Serie ging. Dieses Modell verfügte über ein Merkmal, das in den folgenden Jahren sehr vertraut werden sollte: der grünbeige lackierte Tank. Revolutionär war sie nicht, die neue BSA. Sie besaß einen seitengesteuerten Einzylindermotor, Riemenantrieb auf das Hinterrad und noch immer Pedale. Man hatte viel Sorgfalt auf die Details verwendet, und die Leistung des Fahrzeugs konnte sich durchaus sehen lassen. Das Modell wurde ein Erfolg, wohl auch wegen des guten Rufs von BSA. Kurze Zeit später brachte die Firma zusätzlich zu der 499er ein 575 cm³-Modell mit ansonsten identischen Eigenschaften auf den Markt.
Im Krieg wurden BSA-Motorräder an der Westfront eingesetzt. In Small Heath wurden so gut wie keine Zivilfahrzeuge mehr gefertigt, weil sich die Firma auf den Rüstungssektor konzentrierte. Bei Kriegsbeginn beschäftigte BSA 6500 Arbeiter und Angestellte; bis Kriegsende sollten es 20000 werden. Viele davon waren im Kraftfahrzeugsektor beschäftigt, denn BSA hatte 1910 das Automobilwerk Coventry Daimler aufgekauft.
In den Kriegsjahren produzierte BSA neben eineinhalb Millionen Lee-Enfield-Gewehren auch Kanonen, Klappfahrräder für die Armee, Teile und Zubehör für Flugzeuge, Munition aller Art und andere Rüstungsgüter. Die Produktion weitete sich so stark aus, daß BSA in der Armoury Street ein viergeschossiges Werk errichten ließ, das als „1915 Building" bekannt und zum Entstehungsort vieler Tausende von Motorrädern werden sollte.
Nach Ende des Kriegs nahm man die Motorradproduktion unter dem Namen BSA Cycles Limited wieder in vollem Umfang auf. Man begann mit dem Bau des 557 cm³-Modells, das jetzt ein Schaltgetriebe erhielt. Es gab zwei Versionen mit Kettenantrieb beziehungsweise mit Primärantrieb über Riemen und Sekundärantrieb über Kette. Daneben erschien ein 499 cm³-Modell mit der Typenbezeichnung T.T., die etwas merkwürdig anmutete angesichts der Tatsache, daß BSA bei der Senior Tourist Trophy 1913 mit sechs Maschinen an den Start gegangen war, von denen aber fünf ausschieden und nur eine – als siebte – das Ziel erreichte. Das damalige Debakel kam zustande, da das Werk normale Serienmaschinen ins Rennen geschickt hatte, von denen einige mit Riemenantrieb und ohne Schaltgetriebe, andere mit Zweigang-Nabenschaltung ausgerüstet waren.
1919 stellte BSA ein neues Modell vor: Es besaß einen 770 cm³-Zweizylinder-V-Motor mit 50 Grad Zylinderwinkel. Das Motorrad war für den Gespannbetrieb bestimmt, und die Firma bot ihren Kunden hierfür auch einen Seitenwagen aus eigener Fertigung an. Neben der Serienproduktion verfolgte BSA weiter das ehrgeizige Ziel, den Sieg in der Tourist Trophy zu erringen: Weil man den Mißerfolg mit den Standardmodellen noch in schlechter Erinnerung hatte, steckte die Firma eineinhalb Jahre in die Entwicklung einer Maschine, die unschlagbar sein sollte. Dabei scheute man keine Kosten: Insgesamt investierte BSA die für die damalige Zeit beträchtliche Summe von 10000 Pfund Sterling, um ihr Vorhaben in die Tat umzusetzen.
Kurz vor Beginn der Probeläufe für die Tourist Trophy 1921 war die Maschine fertig. Sie besaß einen schräg in einen Doppelschleifenrohrrahmen eingebauten Motor mit senkrecht stehenden Ventilen, die mit Hilfe einer eigenwilligen Vorrichtung über Stoßstangen und Kipphebel gesteuert wurden. In der Entwicklungsphase hatte man sich an der Konstruktion eines Leichtmetallzylinderkopfs mit vier Ventilen versucht, sich dann aber für einen konventionelleren Gußeisenzylinderkopf mit zwei Ventilen entschieden. Die Aluminiumkolben besaßen nur einen Kolbenring, während sich die Auspuffanlage im unteren Teil des Motors teilte, so daß an jeder Seite des Motorrads ein Auspuffrohr nach hinten führte.
Am Sattelrohr war der Ölbehälter befestigt, von dem zwei unabhängige Schmiersysteme ihren Ausgang nahmen. Eine mechanische Pumpe im Gehäuse der Ventilsteuerung schmierte die Zylinderwände, während die Kurbelwellenlager mit Hilfe einer per Fuß bedienten Pumpe mit Öl versorgt wurden. Der Fahrer mußte daher mit dem rechten Fuß zwei Pedale bedienen: zum einen das für die Ölpumpe, zum anderen mit der Ferse auch noch das für die Hinterradbremse.

Die Konstrukteure Pearsall und Heather waren von den Qualitäten ihres Motorrads überzeugt, und die Testfahrten auf der Rennstrecke von Brooklands, mit Fahrern vom Kaliber eines Gus Kuhn, Howard Riddell und Tom Simister brachten positive Ergebnisse. Doch der erhoffte Erfolg stellte sich nicht ein. Alle sechs für das legendäre Rennen gemeldeten Maschinen von BSA schieden aus, teils weil die Aluminiumkolben schmolzen, teils

weil Kipphebel brachen. Nach dieser Erfahrung nahm man bei BSA für immer Abschied von dem Traum eines Sieges bei der Tourist Trophy.
In den folgenden Jahren entwarf der brillante Konstrukteur Harold Briggs, der zuvor bei Daimler gearbeitet hatte, ein kleines Sportmotorrad. Er konstruierte einen 350 cm^3-Motor mit im Zylinderkopf hängenden Ventilen, die über Duraluminiumstoßstangen und gerade Kipphebel gesteuert wurden. Die Maschine erreichte eine Höchstgeschwindigkeit von 120 km/h. Das Motorrad wurde ständig verbessert und leistete schließlich, in der Version von 1925, für damalige Zeiten recht beachtliche 16 PS bei 5200 U/min.
Etwa zur gleichen Zeit präsentierte ein anderer Konstrukteur, Harry Poole, eine äußerst gelungene 250 cm^3-Maschine mit seitengesteuertem Motor und Zweiganggetriebe. Man verkaufte sie 1924-27 unter dem Namen Model B, doch allgemein wurde sie wegen der Form ihres Tanks nur als Round Tank bezeichnet. Dieses Motorrad war überaus gefragt und schließlich so verbreitet, daß Anfänger vorzugsweise eine gebrauchte Round Tank als erstes Motorrad erwarben. Anfänglich war sie mit zwei voneinander unabhängigen, per Hand beziehungsweise per Fuß betätigten Bremsen ausgestattet, die auf das Hinterrad wirkten. Später verfügte Model B an beiden Rädern über Bremsen, was zweifellos die Sicherheit erhöhte. Der berühmte runde Tank mußte einem Kraftstoffbehälter mit herkömmlicher Keilform Platz machen.
Im Lauf der Jahre wurde die Round Tank dann durch die nicht weniger berühmte C 10 mit identischem Hubraum ersetzt. 1928 erlebte BSA ein Fiasko: Es handelte sich um den ersten Versuch, einen Zweitakter auf dem Markt zu lancieren. Die 175 cm^3-Maschine mit Zweiganggetriebe fiel durch. Sie fand so wenig Käufer, daß sie bereits nach wenigen Monaten wieder aus dem Programm genommen werden mußte.
Glücklicherweise hatte BSA noch ein gelungeneres Modell auf Lager, das Harold Briggs entworfen hatte: eine Einzylindermaschine mit 493 cm^3 Hubraum und im Zylinderkopf hängenden Ventilen. Wegen ihres stark nach vorne geneigten Zylinders erhielt sie bald den Spitznamen Sloper. Dieses Modell wurde sehr beliebt. In den 30er Jahren gab es die Sloper in mehreren Hubraumversionen und außerdem mit seitlich stehenden oder im Zylinderkopf hängenden Ventilen.
Auch den Sportfahrern hatte BSA etwas zu bieten: Die Modellreihe Blue Star war für sie konzipiert. Diese Motorräder arbeiteten wie die Sloper mit

Unten: Seltenes BSA-Zweizylindermodell mit Seitenwagen, 1921. Oben: Werbeprospekt von 1934. Rechts unten: BSA Red Star von 1936; das Wort Star im Namen rührt daher, daß die Maschinen der Modellreihe Sloper einen sternförmigen Pfeil aufwiesen. Diese Motorräder zeichneten sich durch ihre speziellen Nockenwellen und die für hohe Verdichtungsverhältnisse geeigneten Kolben aus.

BSA Spitfire von 1968.

Naßsumpfschmierung, der Zylinder war hier jedoch senkrecht im Rahmen angebracht. Im Grunde handelte es sich um modifizierte Versionen der mit 250, 350 und 500 cm³ Hubraum angebotenen Tourenmodelle. Später produzierte BSA daneben eine Zweizylindermaschine mit 500 cm³-V-Motor und im Zylinderkopf hängenden Ventilen, von der dann 750 und 1000 cm³-Varianten entstanden. Dieses Modell wurde von der Armee und der Polizei eingesetzt.
In den 30er Jahren kam als preisgünstige Maschine das Modell X auf den Markt, ein hübsches und leistungsfähiges Motorrad mit 150 cm³ Hubraum und im Zylinderkopf hängenden Ventilen. Auf Blue Star folgte die Modellreihe Empire Star, und die Produktpalette von BSA erhielt mit fußgeschalteten Getrieben, Kraftstoffbehältern mit Chromverzierungen und einer Trockensumpfschmierung ein etwas moderneres Gepräge.
Anzuführen wäre noch ein recht eigenwilliges, auf dem Londoner Motorradsalon von 1933 zum ersten Mal vorgestelltes BSA-Modell. Es besaß einen konventionellen 500 cm³-Motor, die Kraftübertragung erfolgte jedoch hydrodynamisch, und das Getriebe war ein Wilson-Getriebe mit Gangvorwähler. Anstelle der mechanischen hatte es eine hydraulische Kupplung in Form eines Schaufelrotors, der das Drehmoment auf einen auf der gleichen Achse liegenden zweiten Rotor übertrug; die Kraftübertragung erfolgte durch den Druck des Öls, in dem sich die beiden Rotoren bewegten.
Über ein Ritzel und weiter über eine Kette wurde die Bewegung auf ein Wilson-Dreigang-Planetengetriebe übertragen. Ein Kupplungshebel war nicht erforderlich, da die hydraulische Kupplung automatisch arbeitete und kein Drehmoment übertrug, solange der Motor nicht eine bestimmte Drehzahl erreicht hatte. Ein kleiner Hebel am Lenker diente zur Vorwahl des Gangs, der dann durch Druck auf das Schaltpedal eingelegt wurde. Diese Maschine kam nie über das Prototypstadium hinaus. Val Page, der sie entworfen hatte, ging schließlich ganz zu BSA, wo er die Modelle der Serie M konstruierte. Seiner Feder entsprang beispielsweise die seitengesteuerte 500er M 20, die, mit Beiwagen ausgerüstet, vom englischen Automobilclub als Fahrzeug für seinen Straßenhilfsdienst gewählt wurde.
Am 30. Juni 1937 warteten zwei Überraschungen auf die Besucher der berühmten Rennstrecke von Brooklands. Die erste war eine Empire Star mit 500 cm³ Hubraum, die für BSA an den Start ging, die zweite der wieder aufgetauchte Fahrer Wal Handley, der nach einem Jahr Pause erstmals wieder ein Rennen für BSA fuhr. Empire Star, deren Treibstoff Alkohol beigemischt war, zwang ihre Gegner nieder und gewann das Rennen mit einer Durchschnittsgeschwindigkeit von 164,583 km/h; mit 173,112 km/h schaffte sie auch die schnellste Runde.
1938 brachte BSA ein neues 500er Sportmodell in den Handel, die von Val Page entwickelte M 24 mit Leichtmetallzylinder und -zylinderkopf. In einem Werbefeldzug behauptete man, die von Handley zum Sieg gefahrene Empire Star sei der Prototyp der M 24 gewesen (obwohl diese gußeiserne Zylinder besaß). Der Sieg in Brooklands berechtigte zur Benutzung eines Abzeichens mit einem goldenen Stern, und der gab dann einer neuen Modellreihe den Namen, der im Lauf der Jahre berühmt werden sollte: Gold Star.

Rocket Three von 1969.

Bei Ausbruch des Zweiten Weltkriegs stellte BSA erneut die Motorradproduktion zurück und fertigte weiterhin nurmehr das Modell M 20 mit Seitenwagen, das sich militärisch nutzen ließ. 1939-46 wurden über 126000 Maschinen dieses Typs an die britische Armee und ihre Verbündeten geliefert. Gleichzeitig nahm man wieder die Herstellung von Waffen, Munition und Klappfahrrädern auf, die von den Fallschirmtruppen eingesetzt wurden. Doch durch zwei deutsche Bombenangriffe wurde ein großer Teil der Werksanlagen zerstört, 53 Arbeiter fanden den Tod und 1600 Werkzeugmaschinen wurden unbrauchbar. Mit ungebremstem Tatendrang rettete die Belegschaft, was zu retten war.
Als 1946 die Zivilproduktion erneut in Gang kam, stützte sich der englische Hersteller in erster Linie auf das Programm von 1939: Die normale Version der M 20, die 250er Modelle und die robuste B 31 erschienen. Statt der bislang üblichen Trapezgabeln verwendete das Werk jetzt die moderneren Teleskopgabeln. Doch bevor die Nachkriegsproduktion detaillierter erläutert wird, soll an einige Experimentalmodelle aus den 30er Jahren erinnert werden. 1938 zum Beispiel produzierte man bei BSA einen Zweitakt- Hilfsmotor für Fahrräder mit stationärer Kurbelwelle und rotierendem Zylinder, der zwei symmetrische Brennräume besaß.
1939 entstand ein von Joe Craig entworfenes Sportmodell mit senkrecht eingebautem Zweizylindermotor, dessen obenliegende Nockenwelle von einer Königswelle angetrieben wurde. Für jeden Zylinder gab es ein Drehschieberventil, das nicht nur in den verschiedenen Drehphasen den Einlaß-, Auslaß-und den Zündkerzenschlitz öffnete, sondern gleichzeitig auch den Brennraum des Motors bildete. Das Projekt wurde bei Kriegsausbruch zurückgestellt und nie wieder aufgenommen.
Beim dritten dieser experimentellen Projekte handelte es sich um ein Motorrad mit stehendem Zweizylindermotor, dessen im Zylinderkopf hängende Ventile über Stoßstangen und Kipphebel gesteuert wurden. Auch diese Maschine blieb im Prototypstadium stecken.
Nach Kriegsende kündigte BSA ein neues Rennmotorrad an, das auf der Technik der B 31 beruhte: Es hieß B 32 und besaß eine größere Bodenfreiheit als das Tourenmodell, ein höherliegendes Auspuffrohr und verchromte Schutzbleche. Diese Maschine war für den Trial-Betrieb besonders geeignet.
1946 stellte BSA in Paris das neue Modell A 7 vor, das einen stehenden Zweizylindermotor mit 495 cm³ Hubraum und von der Nockenwelle direkt gesteuerte im Zylinderkopf hängende Ventile besaß. Bei dieser Maschine gab es einige Selbstzündungsprobleme, und als der Konstrukteur Bert Hopwood von Norton zu BSA wechselte, wurde die Originalversion aus dem Handel gezogen.
Hopwoods wichtigster Beitrag zum BSA-Programm war die phantastische A 10 mit 650 cm³-Zweizylindermotor, die unter

dem Namen Golden Flash bekannt wurde. Auf die A 10 folgte eine verbesserte Version des 500er Modells A 7 und eine neue 500er Zweizylinder-Sportmaschine, die Star Twin.
1952 nahm BSA mit drei Serienmaschinen dieses Typs an der Internationalen Sechstagefahrt teil, die in Österreich stattfand. Eingefahren wurden die Maschinen auf dem Weg von Birmingham nach Österreich. Alle drei Maschinen errangen bei diesem Rennen eine Goldmedaille und gewannen außerdem einen Mannschaftspreis.
1948 präsentierte BSA die erste Bantam mit 125 cm³- Zweitaktmotor. Das ursprünglich von DKW stammende Projekt, das BSA als Reparationsleistung erhalten hatte, wurde ein wesentlicher Bestandteil des BSA-Angebots. Bis 1970 wurden in verschiedenen Versionen über eine halbe Million Maschinen dieser Reihe gebaut. Tausende davon wurden in verschiedene Commonwealth-Länder, ins europäische Ausland und in die USA exportiert.
Die B 32 entwickelte sich zur B 34 mit 500 cm³ Hubraum. Diese BSA-Maschinen beherrschten mit Fahrern wie John Draper oder Bill Nicholson den Trial- und Moto-Cross-Sektor. Auch die Gold Star tauchte wieder auf, zunächst nur als 350er Modell, dann als 500er. Ausgangspunkt für den Erfolg dieser Maschine war die 1949 eingerichtete Clubmans Tourist Trophy des englischen Motorsportverbandes. Zu diesem auf dem Kurs der traditionellen Tourist Trophy gefahrenen Rennen waren nur Amateurfahrer auf Serienmotorrädern zugelassen. Am ersten derartigen Rennen nahmen 30 BSA-Motorräder teil, und eines davon siegte mit einer Durchschittsgeschwindigkeit von 120,987 km/h. Im gleichen Jahr stellte man eine 500 cm³-Version der Gold Star vor, die bei der Sechstagefahrt in Wales ihr Debüt gab. Maschinen dieser Modellreihe errangen elf Goldmedaillen. Bei der Sechstagefahrt im Jahr 1950 starteten Gold Star-Versionen, die statt der bisherigen Hinterradaufhängung mit starr geführtem Rad eine Hinterradschwinge besaßen. Bald beherrschten sie die Clubmans Tourist Trophy völlig. 1955 waren zum Beispiel von 37 teilnehmenden 350 cm³-Maschinen allein 35 Vertreterinnen der BSA-Gold Star. Doch mit diesem Erfolg hatte die Gold Star bereits den Gipfelpunkt ihres Ruhmes überschritten. Sie war für das für Serienmaschinen gedachte Rennen zu hoch entwickelt. Der Wettkampf sollte schließlich der Verbesserung aller Sportmotorräder dienen und nicht nur der einer einzigen Marke.
In den 60er Jahren begann der Abstieg von BSA. 1962 stellte man die Produktion der unwirtschaftlich gewordenen Gold Star-Reihe ein. Als Ersatz entwickelte die Rennabteilung eine kleine 250 cm³-Trial- und Moto-Cross-Maschine, die recht erfolgreich war und später zudem als 350er, 440er und schließlich sogar als 500er gebaut wurde. Mit dieser leichten und wendigen Maschine wurde Jeff Smith zweimal Weltmeister in der 500er Klasse. Doch genauso wie im Geländesport geriet der Viertaktmotor auch hier zunehmend ins Abseits, und nicht einmal die Verwendung eines originellen Titanrahmens vermochte sein Schicksal zu wenden.
BSA entwickelte dann einen Motorroller mit einem 250 cm³-Zweizylindermotor und einem 175 cm³-Zweitaktmotor, der in der Tradition der Bantam-Serie stand. Doch das Publikum ließ sich nicht begeistern. Ähnlich erging es dem 90 cm³-Modell Dandy, das auf dem Papier recht vielversprechend erschien, dann jedoch keinen Anklang fand. Das 75 cm³-Modell Beagle wies ebenfalls zu viele Mängel auf. Vervollständigt wurde die Pechsträhne von BSA durch das 50 cm³-Dreirad Ariel Three. Vielleicht hätte die Fury mit ihrem 350 cm³-Zweizylindermotor das Steuer noch einmal herumreißen können, doch sie wurde nicht in Serie gefertigt. Um nicht den Konkurs anmelden zu müssen, begann BSA seine Anlagen zu verkaufen, auch die erst kurz zuvor im „1915 Building" eingerichtete Montagekette.
Damals war BSA nach wie vor mit einer auf der ganzen Welt äußerst beliebten 750 cm³-Maschine mit Dreizylindermotor auf dem Markt präsent. Doch die Rocket Three, so hieß das Modell, alleine konnte das Werk nicht retten. Man mußte die Entwicklungsabteilung in Humberslade Hall schließen, und ab Mitte 1973 wurden die BSA-Aktien nicht mehr an der Londoner Börse gehandelt. Kurz darauf ging BSA in den Besitz des Norton-Villiers-Konzerns über. Die in Small Heath gebauten Motorräder trugen nun nicht mehr das Markenzeichen BSA, sondern das von Triumph. Die BSA Rokket wurde zur Triumph Trident.

Das Dreirad Bête de Vitesse der Firma Buchet, 1903.

BSM

Einer der vielen kleinen deutschen Hersteller; die 1926 gegründete Firma existierte nur kurze Zeit.

BSU

Ein im Jahr 1923 von der italienischen Firma Ugo Siniscalchi gebautes Motorrad mit schräg stehend eingebautem 350 cm³-Motor von Blackburne. Von diesem Modell war in späteren Jahren nichts mehr zu hören.

Bucher

Unter diesem Markennamen wurde 1911 in Italien ein Rennmotorrad vermarktet, das einen Motor mit im Zylinderkopf hängenden Ventilen besaß. Die Herstellerfirma Bucher, auch unter dem Namen Bucher-Zeda bekannt, war in Mailand ansässig. 1913 produzierte sie ein Modell mit einem stehenden Einzylindermotor mit 342 cm³ Hubraum und einer Leistung von 2,75 PS, Magnetzündung und Riemenantrieb. Auf Wunsch des Kunden wurde dasselbe Modell auch mit einem stärkeren 3,5 PS-Motor geliefert.
1914 hatte Bucher drei verschiedene Modelle im Programm, die ausnahmslos von stehenden Ein-

Bucher Competizione von 1911.

zylindermotoren angetrieben wurden: Eines hatte 342 cm^3 Hubraum, eine Scheibenkupplung und ein Zweiganggetriebe, das zweite verfügte über 499 cm^3 Hubraum, eine Scheibenkupplung, jedoch ein Dreiganggetriebe. Die dritte Version schließlich war mit 568 cm^3-Motor, Scheibenkupplung und Dreiganggetriebe ausgerüstet. Während das erste Modell über Kette und Riemen angetrieben wurde, erfolgte bei den beiden anderen sowohl die primäre wie auch die sekundäre Kraftübertragung nur über Riemen.
1919 nahm das italienische Werk die während des Kriegs eingestellte Produktion wieder auf. Das erste Nachkriegsmodell, das auf den Markt kam, hatte einen 500 cm^3-Motor; zugleich kündigte die Firma die Fertigung eines Motorrads mit Vierzylinder-Boxermotor und etwa 900 cm^3 Hubraum an. Dieses Vorhaben scheint aber niemals verwirklicht worden zu sein. 1920 stellte die Mailänder Firma den Betrieb ein.

Buchet

Die französische Firma Buchet mit Sitz in Levallois entstand zur Jahrhundertwende. Sie spezialisierte sich anfänglich auf die Herstellung großer Motoren für Dreiradfahrzeuge und Automobile. Buchet-Motoren wurden aber auch in verschiedene Motorräder eingebaut. Zu Beginn des Jahrhunderts war der italienische Konstrukteur Alessandro Anzani nach Frankreich ausgewandert, um bei Buchet zu arbeiten, da die Firma durch ihre schweren Motoren für Rennmaschinen bereits damals berühmt war. Anzani betätigte sich zudem als Fahrer und gewann im Jahr 1904 auf einer Alcyon mit Buchet-Motor alle Rennen, bei denen er an den Start ging. 1906 verließ er Buchet wieder.
Von 1903 stammte eine höchst originelle Maschine mit dem Namen Bête de vitesse. Dabei handelte es sich um ein Buchet-Dreirad, das einen luftgekühlten stehenden Zweizylindermotor mit 4245 cm^3 Hubraum und 32 PS Leistung bei 1300 U/min besaß und mit einem weit nach unten gezogenen Rennlenker ausgerüstet war. Nach dem Ersten Weltkrieg engagierte sich Buchet nicht mehr kontinuierlich im Motorradbau, stellte aber noch bis Ende der 20er Jahre Automobile her.

Bücker

Eine kleine deutsche Firma mit Sitz in Oberursel im Taunus, die 1928-57 hervorragende Motorräder mit 100 cm^3 bis 1000 cm^3 Hubraum baute. Man verwendete Motoren verschiedener Hersteller, so zum Beispiel von JAP, Columbus, Motosacoche, MAG, Bark, Küchen, Ilo, Villiers und Fichtel & Sachs. Die letzten Modelle besaßen Ilo-Zweitakter, und zwar einen 197 cm^3-Einzylinder- sowie einen stehenden 244 cm^3-Zweizylindermotor.

Bugre

Die Fundaçao do Bugre S.A. in Sao Paùlo/Brasilien begann 1954 mit der Produktion von Verbrennungsmotoren. Das erste zur Motorisierung von Fahrrädern bestimmte Modell M 48 verfügte über einen Hubraum von 48 cm^3 und eine Leistung von 1 PS. 1956 kam ein Motor für ein Motorrad hinzu. Konstrukteur war der Ingenieur Alberico Seiling, der sich in Italien zunächst einen Namen als Pionier im Motorradbau gemacht hatte und dann nach Brasilien ausgewandert war.
Sein Motor war das erste in dem südamerikanischen Land gebaute Antriebsaggregat für Motorräder. Der Einzylinder-Zweitakter verfügte über einen Hubraum von 124 cm^3 und besaß ein im Motorgehäuse integriertes, mit einem Drehgriff am Lenker geschaltetes Dreiganggetriebe. In den beiden folgenden Jahren fabrizierte Bugre neben diesem Motor, an dem man einige Details verbesserte, noch zwei weitere Zweitaktmotoren mit 48 und 175 cm^3 Hubraum.

Bulldog

Eine nicht sehr bedeutende englische Marke, deren Motorräder 1920 für kurze Zeit im Handel waren. Die Bulldog-Modelle waren mit 269 cm^3-Motoren von Villiers sowie mit Motoren von Case bestückt.

Bulleri

1931 konstruierte der italienische Techniker Alberto Bulleri aus Pisa einen liegenden Zweizylinder-Zweitaktmotor. Die Zylinder stammten von DKW und hatten einen Hubraum von je 136 cm^3. Die Schrägverrippung konvergierte zu dem im Motorgehäuse integrierten Schwungrad hin; dieses war in eine zentrale, von den beiden Kurbelgehäusekammern, in denen sich die um 180 Grad versetzten Kurbelzapfen drehten, getrennte Kammer eingebaut. Das integrierte Dreiganggetriebe war hinter der Kurbelwelle angebracht. Es gibt keine Hinweise darauf, daß dieser Motor jemals in Serie gebaut worden wäre.

Bultaco

Im Frühjahr 1958 verließ der Spanier Francisco Xavier Bulto nach heftigen Auseinandersetzungen in der Firmenleitung die Motorradfirma Montesa, die er mitbegründet hatte. Die Meinungsverschiedenheiten betrafen vor allem die Entscheidung, sich aus dem Rennsport zurückzuziehen; Bulto hielt dieses Engagement für einen unverzichtbaren Werbefaktor, der den Bekanntheitsgrad der Marke Montesa in Spanien und auf der ganzen Welt steigerte. Als er sich mit seinem Standpunkt nicht durchzusetzen vermochte, sah Bulto nur noch die Möglichkeit, sich aus der Firma zurückzuziehen.
Da er nicht nur Aktien von Montesa, sondern auch von einigen Textilfirmen besaß, wurde ihm diese Entscheidung nicht durch finanzielle Bedenken erschwert. Obendrein war er Inhaber einer Firma, die Kolben und andere Einzelteile für Verbrennungsmotoren fertigte. So sollte Bultos

unfreiwilliger Abschied von Montesa den Beginn eines weiteren Kapitels in der Motorradgeschichte markieren.
Kurze Zeit nach seinem Abgang lud eine Gruppe von Ingenieuren, Technikern, Fahrern und Mechanikern von Montesa den alten Freund zum Essen ein, um ihm damit deutlich zu machen, wie sehr sie ihn schätzten und seinen Weggang bedauerten. Einer von ihnen war es auch, der Francisco

Linke Seite:
Oben: Bultaco Tralla 101 von 1959.
Unten: Miller auf einer Bultaco 250.
Rechte Seite:
Oben: Bultaco Alpina von 1969.
Unten: Federbein der Alpina.

Bulto bei dieser Gelegenheit vorschlug, er solle doch eine eigene Motorradfabrik gründen.
Es fand sich sofort jemand bereit, das für die Gründung des neuen Unternehmens erforderliche Kapital zur Verfügung zu stellen. Nicht nur das. Auch die benötigten Techniker, Fahrer und Mechaniker waren zur Stelle, hatten sich nicht bereits eine Reihe qualifizierte Kräfte um einen Tisch versammelt, die jederzeit bereit waren, ihre sichere Stellung aufzugeben, um mit Francisco, einem Freund, dem sie ihr Vertrauen entgegenbrachten, noch einmal von vorne anzufangen. Wahrscheinlich hatten die Teilnehmer an jenem Essen von Anfang an mit dem Gedanken gespielt, Francisco Bulto einen derartigen Vorschlag zu machen, der wohl damit gerechnet hatte.
Und so machte sich kurze Zeit später eine Handvoll Techniker in einem Landhaus, das Bulto gehörte und das man eiligst in eine Versuchswerkstatt umfunktionierte, an die Arbeit. Ziel der regen Geschäftigkeit war die Konstruktion eines Serienmotorrads, das aber so konzipiert sein sollte, daß seine Weiterentwicklung und Verwandlung in ein Sport- beziehungsweise Rennmotorrad möglich war. Endlich wurde das Konzept, für das Bulto schon lange kämpfte, Wirklichkeit: Er war davon überzeugt, daß sich ein Motorradhersteller im Rennsport engagieren müsse, weil alles, was man in der Werkstatt an Neuem entwickelte, der praktischen Bestätigung durch Rennerfahrungen bedurfte.
Von dem in eine Werkstatt verwandelten Landhaus zog man bald in einen ebenfalls entsprechend umgebauten Gutshof um, der in San Adrian des Besos am Rand von Barcelona lag. Dieses Gebäude bildete den Kern der Bultaco-Werke, die später einen beträchtlichen Umfang erreichten. Bereits im Oktober 1958 stellte man das erste Motorrad mit einem 125 cm³- Zweitaktmotor vor. Der Fahrer John Grace, ein Freund von Bulto und wie dieser ehemaliger Mitarbeiter von Montesa, schlug vor, die neue Marke Bultaco zu taufen; dieses Kürzel war die von Bulto für alle seine Unternehmen verwendete Telegrammadresse. Als Markenzeichen wählte man eine zur Faust geballte Hand mit nach oben gerichtetem Daumen. Mit dieser Geste, die noch heute unmißverständliche Zustimmung ausdrückt, wurde im alten Rom besiegten Gladiatoren das Leben geschenkt.
Francisco Bulto, ein Mann von schlanker Gestalt und vornehmem Äußeren, legte wenig Wert auf ein bequemes Leben. Er verbrachte seine Tage in der Fabrik, überwachte die Produktion und traf die notwendigen Entscheidungen. Vor allem übernahm er nicht nur die Verantwortung für die Erfolge, sondern auch für die – allerdings nicht sehr zahlreichen – Mißerfolge, die die Firma hinnehmen mußte. Bulto war eben ein leidenschaftlicher Motorradfan und Idealist und nicht jemand, der lediglich Kapital in ein Unternehmen steckt, um Gewinn zu erwirtschaften.
Francisco hatte, neben seinem Geld, vor allem seine Begeisterung in die Firma eingebracht, und es war ihm gelungen, alle seine Mitarbeiter anzustecken. Gerade die kleinen Familienbetriebe haben die ruhmreichsten Namen in der internationalen Motorradgeschichte hervorgebracht. Bultaco macht hier keine Ausnahme. Mit 33 Jahren heiratete Francisco Bulto. Er wurde Vater von zehn Kindern, die, noch ehe sie richtig laufen konnten, bereits wußten, wie man ein Motorrad fährt. Einer seiner Söhne, Juan Soler, wurde später spanischer Trial-Meister und Leiter der Bultaco-Versuchsabteilung. Orio Puig Bulto, ein Neffe von Francisco, wurde ein bedeutender Moto-Cross-Champion und Leiter der Rennabteilung. Die Familie stellte ein wesentliches Element in Bultos Leben dar, und alle Familienmitglieder hatten mit seiner Firma und seinen Motorrädern zu tun: Der „Alte" nahm sie unter seine Fittiche.
Wie eng das Verhältnis war, das sich zwischen Bulto und seinen Mitarbeitern entwickelt hatte, wird aus der folgenden Episode deutlich. In der Rennsaison 1965 fuhr der Spanier Ramon Torras für Bultaco Rundstreckenrennen. Leider stürzte Torras bei einem Rennen und erlitt tödliche Verletzungen. Dieser Unfall erschütterte Francisco Bulto derart, daß er ernsthaft erwog, sich vom Rennbetrieb zurückzuziehen. Gerade zu diesem Zeitpunkt trug die Entwicklung der Rennmaschinen mit wasserge-

kühlten 125 und 250 cm^3-Motoren erste Früchte. Bereits in ihrer ersten Rennsaison waren die Renner derart erfolgreich, daß die leitenden Mitarbeiter Bulto baten, die Bultaco-Rennmannschaft nicht aufzulösen.
Bulto ließ sich überzeugen. Zwei Jahre später wurde ihm die Befriedigung zuteil, sein Modell Metralla bei der Tourist Trophy auf der Isle of Man in der 250er Klasse für Serienmaschinen auf den drei ersten Plätzen zu sehen. Außerdem stellte Bill Smith einen neuen Rundenrekord in der 250er Klasse auf, der erst 1976 überboten werden sollte. Im Moto-Cross setzte sich Bultaco 1962 durch, als der englische Fahrer Don Rickman auf einer Bultaco Metisse (mit Bultaco-Motor und einem von den Brüdern Rickman konstruierten Metisse-Rahmen) Sieger wurde.
Am eindrücklichsten aber hat sich der Name Bultaco im Zusammenhang mit dem Trial eingeprägt, und dies dank des Engländers Sammy Miller, dessen Talent und Wissen sich überaus glücklich mit dem effizienten Denken und dem Geschäftssinn von Francisco Bulto verbanden. Just aufgrund dieser Mischung ging das Bultaco-Modell Sherpa in die Trialgeschichte ein, und der in Belfast geborene Samuel Hamilton Miller wurde zu einer Legende des Geländesports.
1964 richtete Miller, nachdem Bulto grünes Licht gegeben hatte, innerhalb von zwölf Tagen eine Maschine so weit her, daß sie getestet werden konnte. Noch im gleichen Jahr debütierte die Bultaco Sherpa auf der Motorradausstellung von Earls Court in London, während sich Miller nach dem Wechsel von der schweren 500er mit Viertaktmotor auf eine kleine 250er Zweitaktmaschine anschickte, weitere Titel einzuheimsen. Beim Scottish Six Days Trail im darauffolgenden Jahr schlug Miller mit seinem neuen Zweitaktmodell alle Konkurrenten: Das erste Mal hatte ein ausländischer Hersteller bei diesem berühmten Rennen gesiegt. Und Sherpa hatte sich glänzend eingeführt.
Es ist nicht uninteressant, die verschiedenen von Bultaco im Lauf der Jahre gebauten Modelle einer näheren Betrachtung zu unterziehen. Die erste Serienmaschine, die Tralla 101, hatte einen 124 cm^3-Zweitaktmotor, ein Viergangetriebe und leistete 12 PS bei 6000 U/min. Sie blieb bis 1960 unverändert im Programm. Das erste Bultaco-Sportmodell war die TSS. Bei dieser Maschine folgte man dem klassischen Konzept eines luftgekühlten Einzylinder-Zweitaktmotors. Mehrere Jahre danach stellte man eine wassergekühlte Version dieses Modells vor, die bis 1969 mit 125 und mit 250 cm^3-Motor im Angebot war.

Oben: Bultaco Sherpa T250, 1964.
Rechts: Das geräumige Luftfiltergehäuse der Sherpa.

Wenngleich diese drei Maschinen in der Grundkonzeption gleich waren, wiesen sie in den technischen Details doch eine Reihe von Unterschieden auf. Bei der 125er war das Verhältnis Bohrung/Hub gleich 51,5 x 60 mm, das Verdichtungsverhältnis 14:1 und die Leistung am Hinterrad 25 PS bei 11000 U/min. Bei der 250er hatte man die Bohrung der 125er auf 72 mm erhöht; das Verdichtungsverhältnis lag bei 12:1, und die Leistung betrug trotz einer maximalen Drehzahl von 8000 U/min 35 PS, ebenfalls am Hinterrad gemessen. Bei der luftgekühlten 350er schließlich war das Verhältnis Bohrung/Hub gleich 83,2 x 60 mm, das Verdichtungsverhältnis lag bei 9:1; die Maschine leistete 21 PS bei 6500 U/min. Bis 1965 besaßen diese Modelle Viergangetriebe, in der Folgezeit rüstete man die 125er und die 250er mit einem Sechsgang- und die 350er mit einem Fünfganggetriebe aus.
Die erste Moto-Cross-Maschine von Bultaco stammt aus dem Jahr 1965: die Pursang Mark 1. Zunächst besaß dieses Modell einen 250 cm^3- Motor mit Viergang- beziehungsweise ab 1966 mit Fünfganggetriebe. 1972 erschien die erste Bultaco mit einem größeren Motor, das 325 cm^3-Modell, dessen Hubraum in den 70er Jahren auf 370 cm^3 erhöht wurde. Ebenfalls im Jahr 1965 wurde den bereits vorhandenen acht Modellen die Saturno 200 mit einem 196 cm^3-Motor, der 15 PS bei 6000 U/min leistete, an die Seite gestellt. 1966 kam die Junior 74 mit 74 cm^3 Hubraum und 7 PS Leistung bei 7000 U/min, Viergangetriebe und 85 km/h Spitzengeschwindigkeit hinzu.
1967 wurde das Bultaco-Programm noch einmal umgestellt und umfaßte nun fünf Tourenmodelle und eine ganze Reihe von Maschinen für den Geländesport und Moto-Cross, darunter die Mercurio 175 mit nunmehr 17 PS bei 6000 U/min, die in einer Version mit 196 cm^3 gebaut wurde. Neu waren auch die Metralla 250 mit ihren 27,5 PS bei 7500 U/min und das Modell Junior 100. Für den Geländesport fertigte man sechs verschiedene Maschinen. Die Matador 250 mit dem gleichen Motor, der die Metralla 250 antrieb, der aber hier 17,5 PS bei 5300 U/min leistete, die Campera 175 (16 PS bei 6100 U/min) und die Lobito mit 99 cm^3 (9 PS bei 8000 U/min). Beim Trial machte die berühmte Sherpa T Furore.
Damit wären wir bei den 70er Jahren angekommen. 1977 umfaßte die Produktpalette mit den drei Pursang-Modellen 125, 250 und 370 drei Moto-Cross-Motorräder, die sich im Design sehr ähnelten. Unterschiede gab es natürlich bei den Motoren. Bei der 370er Version war Bohrung/Hub gleich 85 x 64 mm, und die erreichte Leistung betrug 41 PS bei 7500 U/min. Die 250 cm^3-Version wies ein Verhältnis Bohrung/Hub von 72 zu 60 mm auf und eine Leistung von 37 PS bei 8500 U/min. Die 125er besaß einen deutlich anderen Rahmen, das Verhältnis Bohrung/Hub betrug 51,5 zu 60 mm. Doch das Motorrad, das dem Namen Bultaco den größten Bekanntheitsgrad verschafft hat, ist wohl die Sherpa T. Das 1964 entworfene und 1965 zum ersten Mal produzierte Modell wurde zu einer der perfektesten Trial-Maschinen jener Jahre.
Zuerst baute man sie mit einem 250 cm^3-Motor und Viergange-

triebe. 1967 erregte die Verwendung eines Fünfganggetriebes bei der Sherpa ein gewisses Aufsehen, obwohl die Bultaco-Werbung damals erläuterte, es handele sich um vier Gänge fürs Gelände und einen für die Straße. 1977 wurde die Sherpa in drei Versionen geschaffen: mit 125, 250 und 350 cm³ Hubraum. Ein weiteres recht erfolgreiches Modell des spanischen Herstellers war die Frontera, gleichfalls eine Geländemaschine, die mit einem Zweitaktmotor in zwei Versionen erschien, als 250er und als 370er. Die Maschinen besaßen einen 36 mm-Vergaser von Bing, eine Schwunglichtmagnetzündung und ein Fünfganggetriebe. Bei der Straßenweltmeisterschaft ging 1975, 1976 und 1977 in der 50er Klasse Angelo Nieto auf einer Bultaco als erster durchs Ziel, 1978 und 1981 siegte in derselben Klasse Ricardo Tormo für Bultaco.
In den 80er Jahren ging die Produktion bei Bultaco weiter zurück. Einige Arbeiter versuchten noch die Firma in Selbstverwaltung wiederzubeleben, doch dieser Versuch scheiterte.

Bumblebee

Der großartige englische Techniker Granville Bradshaw entwarf das Leichtmotorrad Bumblebee (Hummel). Es besaß einen Zweizylinder-V- Motor mit 90 Grad Zylinderwinkel, 100 cm³ Hubraum, 3,5 PS bei 5000 U/min und ein Zweiganggetriebe. In späteren Jahren hörte man von der Bumblebee nichts mehr.

Burford

In den Jahren 1914 und 1915 fertigte die Firma Consolidated Alliance Ltd. in London eigenen Angaben zufolge das Motorrad Burford. Es ist allerdings nicht bekannt, wieviele dieser seitengesteuerten 500 cm³-Einzylindermaschinen mit Direktantrieb über Riemen tatsächlich gebaut wurden. Fest steht, daß sie mit einem Preis von nur 29 Guineen für die damalige Zeit sehr preisgünstig waren.

Burgers

Diese holländische Marke entstand 1887; die Modelle waren mit von den eigenen Technikern entworfenen Motoren bestückt. Später verwendete Burgers auch 680 cm³-Zweizylindermotoren von JAP und 500 cm³-Einzylindermotoren von Blackburne. 1921 und 1922 gab es einige Modelle mit Vitesse-Zweitaktmotoren. Im Jahr 1924 schloß die Firma in Deventer die Werkstore.

Burkhardtia

Die Motorräder dieser Magdeburger Marke waren in Deutschland nicht sehr bekannt. Ihre Zweitaktmotoren wurden von dem damals berühmten Konstrukteur, Rennfahrer und Pionierflieger Hans Grade entworfen, der nicht nur Motoren für Zweiräder und Automobile konstruierte, sondern auch solche für Flugzeuge. Die Einzylindermodelle hatten einen Hubraum von 165 cm³, bei den Zweizylindermaschinen betrug er 244 cm³. Die Firma Burckhardtia war 1904-08 tätig.

Burney

Das von Cecil Burney, dem einstigen Mitinhaber von Burney & Blackburne, entworfene englische Motorrad hatte einen seitengesteuerten 500 cm³-Einzylindermotor mit außenliegendem Schwungrad. Der volle Name der 1922 gegründeten Firma lautete Burney, Baldwin & Co: Burneys Kompagnon Baldwin war der berühmte Motorradrennfahrer O. M. Baldwin, der 1941 nicht etwa durch einen Motorradunfall, sondern beim Springreiten tödlich verunglückte. Als die Firma 1925 geschlossen wurde, war man gerade dabei, einen 680 cm³-Zweizylinder-V-Motor zu konstruieren. Dieses Modell kam nur noch in wenigen Exemplaren auf den Markt.

Das eigenartige Dreirad, das Edward Butler vielleicht bereits 1884 entwarf, also ein Jahr vor Gottlieb Daimler, der allgemein als Vater des Motorrads angesehen wird.

Burnor

Der argentinische Hersteller Burnor gründete in den 60er Jahren seine gesamte Produktion auf ein Motorrad mit 150 cm³-Zweitaktmotor.

Burrs

Der neuseeländische Fahrer Burrs baute 1955 ein für Weltrekordversuche bestimmtes Dreirad. Im Grunde handelte es sich um einen durch die fliegenden Liegestühle von NSU inspirierten Torpedo mit Heckmotor. Das Fahrzeug erzielte allerdings nicht den erhofften Erfolg.

Busi

Athos Busi aus Bologna konstruierte gegen Ende der 40er Jahre Rahmen für Mopeds, in die er Motoren verschiedener Hersteller einbaute. Ab 1952 fertigte er auch Nettunia genannte Leichtmotorräder mit 125 und 160 cm³-Zweitaktmotoren und Viergang-getrieben. Es handelte sich um sportliche Maschinen mit hervorragendem Design.

Busse

Ein kleiner deutscher Hersteller, der in Standardrahmen zunächst Grade-Motoren und später auch DKW-Zweitakter mit 175 und 206 cm³ Hubraum einbaute. Die Firma Busse existierte 1923-26.

Butler

Die ersten Gefährte, die als Vorläufer der Motorräder angesehen werden können, besaßen noch recht rudimentäre Rahmen. Ein klassisches Beispiel ist das von dem Engländer Edward

Butler 1884 entworfene und 1887 konstruierte motorisierte Dreirad. Dieses Fahrzeug gab Anlaß zu zahlreichen Streitereien zwischen Engländern und Deutschen. Die Briten behaupteten, das englische Dreirad sei weltweit das erste Fahrzeug mit Verbrennungsmotor. Hingegen beanspruchten die Deutschen diese Ehre für ein von Daimler entwickeltes Gefährt. Nach wie vor wird diskutiert, ob Butlers Fahrzeug jemals wirklich in der Öffentlichkeit gefahren ist. Fest steht, daß Butler 1889 ein Patent für ein weiteres Fahrzeug angemeldet hat. Es handelte sich um eine Weiterentwicklung seines ersten Modells aufgrund der mit ihm gemachten praktischen Erfahrungen.
Beim Butler-Dreirad war das Hinterrad angetrieben; links und rechts von ihm war je ein Zylinder mit einem Verhältnis Bohrung/Hub gleich 57 x 203 mm angebracht, was dem Motor einen Hubraum von 1037 cm³ verlieh. Es handelte sich um einen Zweitakter, der mit einem Gemisch aus Luft und Benzindämpfen betrieben wurde; dieses Gemisch verbrannte im hinteren Teil des Zylinders. Dessen vorderer Teil wirkte als Pumpe und drückte das Gemisch in eine Kammer. Die Zündung arbeitete mit einem Zündfunken, der zunächst von einer von Butler selbst entwickelten elektrostatischen Zündvorrichtung geliefert wurde, später von einem Funkeninduktor und einer Batterie.
Am Kolben saß ein Pleuel, das an der Vorderseite aus dem Zylinder heraustrat und eine geradlinig geführte Bewegung vollzog. Am anderen Ende dieses Pleuels, außerhalb des Zylinders, saß eine zweite, nach rückwärts gewandte Pleuelstange, die über den Zylinder hinwegreichte bis zu einer dahinterliegenden Kurbel, die über eine Kette mit dem Hinterrad verbunden war. Die Zylinder wurden mit Wasser aus einem halbkreisförmigen Behälter gekühlt, der zugleich als Schutzblech diente, während man zur Ventilsteuerung ein interessantes System mit einem rotierenden Ventil benutzte; dieses Ventil war wie der Ventilsitz aus Gußeisen gefertigt und leicht konisch geformt, um einen perfekten Sitz zu garantieren. Es wurde von einem durchbohrten Stopfen in seiner Position im Ventilsitz gehalten, dessen Bohrung in den Brennraum führte. Die Kompression und die Verbrennung lieferten dank dieses durchbohrten Stopfens die Kraft, die nötig war, um das Ventil in seiner Position zu halten. Das Ventil drehte sich mit einem Viertel der Geschwindigkeit der Kurbelwelle. Um eine niedere Drehgeschwindigkeit zu ermöglichen, gab es zwei Einlaß- und zwei Auslaßschlitze. Mit einem zur Linken des Fahrers angebrachten Pedal konnten zwei Seitenrollen abgesenkt werden, die ihrerseits das angetriebene Hinterrad vom Boden abhoben. Wenn der Motor lief, wurde das Hinterrad wieder herabgelassen, und das Fahrzeug fuhr an. Der Start war allerdings nicht besonders sanft, da keine Kupplung vorhanden war. Die beiden Vorderräder wurden mit Hilfe von je einem Hebel gelenkt, der links bzw. rechts vom Fahrer angebracht war. Der Antrieb erfolgte direkt vom Motor aufs Rad. Der Motor erreichte 100 U/min, und das Fahrzeug kam somit auf eine Höchstgeschwindigkeit von 20 km/h.
Butlers zweites Fahrzeug wies deutliche Verbesserungen auf. Es besaß statt des Zweitaktmotors einen Viertaktmotor, der Hubraum war kleiner als beim ersten Modell, und die Kraftübertragung erfolgte über einen Planetentrieb. Angelassen wurde der Motor per Fußpedal, und seine Drehzahl betrug zunächst 400 und später 600 U/min. Der Spritzvergaser der zweiten Version nahm die von Maybach gefundene Lösung um fünf Jahre vorweg. Auch hier benutzte Butler wieder rotierende Ventile.
Den Angaben im Patent zufolge scheint das gesamte Fahrzeug von F. B. Shuttleworth entworfen und zusammen mit C. Crowden konstruiert worden zu sein. Butlers Fahrzeug blieb der Erfolg verwehrt, denn seit 1875 verbot der Locomotives Act den Betrieb motorisierter Fahrzeuge im Straßenverkehr. Nachdem das Gesetz wieder abgeschafft worden war, verkaufte Butler sein Patent dem British Motor Syndicate, wo das Gefährt niemals produziert wurde.

Oben: Dreirad von Butler.
Rechts: Eine Detailstudie aus dem zweiten Butler zugeschriebenen Projekt.

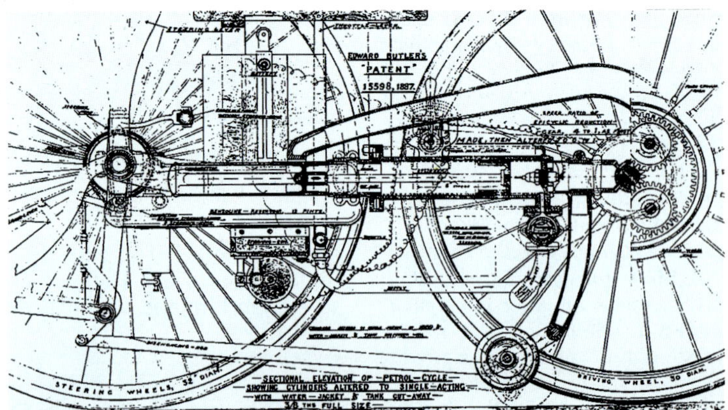

Buydens

Die belgische Firma Buydens existierte 1950-56. Sie konzentrierte sich ausschließlich auf den Bau von Leichtmotorrädern mit 125 cm³-Zweitaktmotoren des Herstellers Ydral, aber auch der Firma Sachs, die in herkömmliche Rohrrahmen mit Teleskopgabel und Geradweg-Hinterradfederung eingebaut wurden.

Oben und rechts: Die mächtige Cagiva Elefant mit einem Zweizylindermotor von Ducati, die speziell für Afrika-Rallyes konzipiert worden war. Die Version '87 leistete über 80 PS.

B.V.

Die tschechoslowakische Motorradmarke B.V. war von den Initialen der beiden Firmeninhaber, Karel Balzer und Jaroslav Vemola abgeleitet. Das vielfältige Programm umfaßte 175 cm³-Einzylinder-Zweitaktmaschinen, seitengesteuerte 350er, 600er mit im Zylinderkopf hängenden Ventilen und seitengesteuerte 750er sowie Modelle mit Zweizylinder-V-Motoren aus eigener Produktion.
Interessant war ein Rennmotorrad mit 500 cm³-Einzylindermotor, das 1925 eine für damalige Zeiten äußerst fortschrittliche Ventilsteuerung mit obenliegender Nockenwelle erhielt. Jaroslav Vemola fuhr den Renner erfolgreich in verschiedenen Wettkämpfen. Karel Balzer nahm auf einer 175 cm³-Zweitaktmaschine an zahlreichen Motorsportwettbewerben einer kleineren Klasse teil. Die Firma B.V. mit Sitz im mährischen Prostejov war 1923-29 im Motorradbau tätig.

Byvan

Der 1949 in England gebaute Byvan war ein merkwürdiges Gefährt: ein vollverkleidetes Motorrad mit zwei Rädern, die aber um eines vermehrt werden konnten, so daß aus dem Byvan ein Trivan wurde. Der liegende 148 cm³-Zweitaktmotor von Turner war mit einer elastischen Aufhängung vor der Vordergabel angebracht. Das Schaltgetriebe verfügte über zwei Gänge, der Antrieb auf das Hinterrad erfolgte über eine Kette.

Cabton

Das japanische Unternehmen Mizuho war 1954-61 und mit einem reichhaltigen Angebot auf dem Markt. Die außerordentlich vielfältige Modellreihe Cabton reichte von Einzylinder-Zweitaktern mit 125 und 250 cm³ Hubraum bis zu stehenden Zweizylindern von 250 bis 650 cm³ mit im Zylinderkopf hängenden Ventilen.

Cacharo

Das 1919 in Spanien produzierte Motorrad Cacharo war mit einem 750 cm³-Zweizylindermotor, Getriebe mit Riemenscheibe und Konuskupplung ausgerüstet. Der Hinterradantrieb erfolgte über Riemen.

Cagiva

Die Marke Cagiva erschien Ende der 70er Jahre in der italienischen und internationalen Motorradwelt. Sie trat das Erbe der renommierten Marke Aermacchi an und führte somit die große Tradition des italienischen Motorradbaus fort. Aermacchi war 1973 endgültig an die US-Firma Harley Davidson übergegangen und der Markenname durch AMF Harley Davidson ersetzt worden. Die Amerikaner setzten die Motorradproduktion in den Aermacchi- Anlagen noch bis 1978 fort; dann gaben sie das Werk auf. Im Herbst desselben Jahres übernahm Cagiva die Produktionsstätte. Die Firma verdankt ihr Entstehen einer Gruppe motorradbegeisterter Industrieller aus Varese.
1978 befaßte man sich mit der Vorbereitung von Rennmaschinen für die Weltmeisterschaftsteilnahme von Bonera und Lucchinelli. Aus diesem ersten rein sportlichen Kontakt erwuchs bald darauf ein weitaus größeres Interesse, das zum Erwerb des gesamten Aktienpakets der Harley Davidson Italien führte. Der Name Cagiva ist von Castiglioni Giovanni Varese abgeleitet und entstand bereits 1928 als Firmenbezeichnung einer Metallwarenfabrik. Ihr Gründer, Giovanni Castiglioni, war der Vater der derzeitigen Geschäftsführer Gianfranco und Claudio.

Links oben: Cagiva WMX 125 von 1986.
Rechts oben: RX 125 von 1981.
Rechts: SST 350 von 1981.

Nach dem Erwerb der Harley-Davidson-Aktien behielt man bei den ersten Modellen eine Zeitlang die Abkürzung HD vor der Markenbezeichnung Cagiva bei. Die Firma produzierte zunächst für Privatfahrer die 250 cm^3-Zweizylinder-Rennmaschinen, die zuvor von Aermacchi und Harley Davidson gebaut worden waren. Die Renner erhielten eine mehrfach verstellbare Hinterradaufhängung mit Zentralfederbein. Auch den Motor brachte man auf den neuesten Stand, verbesserte Getriebe und Zündsystem, sorgte für eine Verringerung der Vibrationen und erhöhte die Leistung auf rund 56 PS.
Da sich Cagiva von einem Engagement im Moto-Cross-Bereich Erkenntnisse versprach, die der Verbesserung der Serienmodelle dienen sollten, traten die Rennmaschinen vorübergehend in den Hintergrund. 1978-79 widmete Cagiva vor allem den Moto-Cross-Motorrädern verstärkte Aufmerksamkeit. In den Werksanlagen von Schiranna wurden Straßen- und Off-Road-Maschinen mit 125, 175, 250 und 350 cm^3 Hubraum hergestellt, die sowohl für Wettkämpfe als auch für Freizeitfahrer geeignet waren. Bei den Motoren handelte es sich um hochmoderne Einzylinder-Zweitakter.
Damals war das Werk aus Varese italienischer Generalvertreter der amerikanischen Harley Davidson. Neben der Produktion von Serienmaschinen befaßte sich die Firma vor allem mit dem Motorsport, wobei alle Bereiche – vom Grand-Prix-Sport bis zum Dirt-Track – eingeschlossen waren. Für professionelle Moto-Cross-Wettbewerbe baute Cagiva beispielsweise die MXR 250, die auch in einer Geländesport-Ausführung zu erhalten war. Die Marke erzielte bei zahlreichen nationalen und internationalen Rennen beachtliche Erfolge. Im Jahr 1981 gewann Perfini auf einer Cagiva 125 die italienische Moto-Cross-Meisterschaft.
Zu Beginn der 80er Jahre war das Spitzenmodell der Firma die Aletta Rossa, die in einer 125 und einer 200 cm^3-Version gebaut wurde. Die 125er wurde später mit einem Elektrostarter zur beliebtesten Viertellitermaschine Italiens.
Cagiva überholte, verbesserte und erweiterte ständig das Angebot: Es erschienen Modelle wie die RX 125 und 250 Rally, die WMX 125 GP und 250 sowie die MXR 500.
1983 erlebte die Motorradwelt ein historisches Ereignis: die „Hochzeit“ von Cagiva und Ducati. Die bekannte Bologneser Firma hatte beschlossen, ihre Motorradproduktion einzustellen. Sie wollte sich dem Bau von Motoren widmen, die ausschließlich an die Firma in Varese geliefert wurden. So präsentierte Cagiva eine ganze Reihe neuer mit Ducati-Motoren ausgerüsteter Modelle, deren Vertrieb die Firma selber übernahm. So fand sich 1984 etwa die Ala Azurra im Programm, die in einer 350 und einer 650 cm^3- Version mit einem Ducati-Zweizylinder-V-Motor angeboten wurde, dessen Zylinder einen Winkel von 90 Grad bildeten. Zudem wurde auf dem Mailänder Salon desselben Jahres die Elefant 750 vorgestellt, eine Enduro, die ebenfalls einen Ducati-Motor besaß, jedoch nicht in Serie ging.

Oben: Eine Vierzylinder-Cagiva C10/V mit 140 PS Leistung bei 11800 U/min in voller Aktion. Links: Der Moto-Cross-Champion Vehkoneen bei der Weltmeisterschaft von 1986 auf einer WMX 125.

Zu den Cagiva-Modellen von 1984 zählten weiterhin die im US-Stil gehaltene Low Rider 125, die Elefant 125, eine kleine, aber interessante Enduro, die 350 cm^3 Ala Rossa, die Ala Blu 250 und 350 cm^3, die Ala Verde 250 und 350 cm^3 und die TR 350 Cresta Trial-Maschine.

Neben den erwähnten Modellen präsentierte die Firma 1985 mit der S eine überaus spritzige 125 cm^3-Straßenmaschine mit flüssigkeitsgekühltem Einzylinder-Zweitaktmotor und 21 PS bei 8500 U/min, zudem gab es die WMX 500 Cross und die TR 7 Trial. Die Enduro Elefant wurde in diesem Jahr mit Hubräumen von 200, 350 und 650 cm^3 produziert. Begeistert aufgenommen wurde die Straßenmaschine Aletta Oro 125, die mit 25 PS bei 9000 U/min auf eine Höchstgeschwindigkeit von 140 km/h kam. Es entstand außerdem eine Elefant 2 Dakar 125, der die Elefantre und die Ala Rossa 125 folgten.

Was den sportlichen Einsatz betrifft, so setzte Cagiva auch in den 80er Jahren vor allem auf den Geländesport. 1982 holte sich Gianpaolo Marinoni den italienischen Enduro-Meistertitel. 1984 wurde Maddii Vizeweltmeister im Enduro. Großer Erfolg war der Firma 1985 bei den Moto-Cross-Weltmeisterschaften in der 125 cm^3-Klasse beschieden: Pekka Vehkoneen siegte,

den dritten und zehnten Platz belegten Maddii und Contini. Die Glückssträhne setzte sich bei den Moto-Cross-Weltmeisterschaften von 1986 fort; der Titel ging an Dave Strijbos, dritter und vierter wurden Contini und Vehkoneen.
Eine wesentliche Veränderung in der Firmengeschichte von Cagiva-Ducati trat 1986 ein: Das Werk schloß sich mit einem weiteren führenden europäischen Motorradhersteller zusammen, mit der schwedischen Firma Husqvarna. Aus dieser skandinavisch-italienischen Co-Produktion resultierte als erstes ein Geländesportmodell, die WRK 125. Ausgerüstet war die Wettkampfmaschine mit einem flüssigkeitsgekühlten Einzylinder-Zweitaktmotor, Sechsganggetriebe, vorderer Scheibenbremse, einer hydraulisch gedämpften Telegabel und der erprobten Soft-Champ-Zentralfederbein-Aufhängung für das Hinterrad. Sie hatte eine Motorleistung von 33,5 PS bei 11500 U/min.
1987 schuf Cagiva die WMX 125, eine perfekte Kopie des Modells, auf dem der Holländer Strijbos den Weltmeistertitel errungen hatte und das auch der Italiener Contini und der Finne Vehkoneen fuhren. Die Maschine war in wesentlichen Teilen verbessert worden; so hatte sie den neuen Keihin-Vergaser mit 36 Millimetern Querschnitt erhalten. Im Enduro-Bereich war ein interessanter Zuwachs zu verzeichnen: die T4 350 R, die T4 350 E und die T4 500 E. Alle drei Maschinen hatten einen Einzylinder-Viertaktmotor mit vier Ventilen. Für die T4 350 R war ein Motor entworfen worden, der 34 PS bei 7500 U/min leistete. Die T4 350 E war eine ideale Geländemaschine mit obenliegender Nokkenwelle. Die T4 500 E schließlich kam auf eine Leistung von 40 PS bei 7000 U/min. Der Hubraum betrug 452 cm³ (Bohrung und Hub 94 x 65 mm), das Verdichtungsverhältnis 9:1.
Cagiva entdeckte Afrika. 1984 nahm Gianpaolo Marinoni auf einer Enduro mit Ducati-Motor erfolgreich an der Atlas-Rallye in Marokko teil. Im folgenden Jahr debütierten Hubert Auriol, Giles Picard und Gianpaolo Marinoni bei der Rallye Paris-Dakar, wobei Auriol mit einem achten und Picard mit einem zwölften Platz die Firma keineswegs blamierten. Die Rallye Paris-Dakar war 1986 jedoch von einer Tragödie überschattet, die das Cagiva-Team schwer mitnahm: Marinoni erholte sich nicht von den Folgen eines Sturzes und starb. Die Rallye des Jahres 1987 stand für die italienische Firma ebenfalls unter keinem guten Stern. Alessandro „Ciro" De Petri und Franco Gualdo wurden disqualifiziert, Hubert Auriol wurde kurz vor dem erwarteten Sieg Opfer eines schlimmen Sturzes.
Das Werk lernte von dem Afrika-Marathon und versuchte, die Erfahrungen in die Produktion einfließen zu lassen. Eines der neuesten Modelle, das die Vareser Fabrikhallen verließ, war die Lucky Explorer, ein sehr luxuriös ausgerüstetes, imponierendes Rallyefahrzeug mit einer ungewöhnlichen Integralverkleidung. Der Ducati-Zweizylindermotor verfügte über 750 cm³ Hubraum und leistete 80 PS bei 8500 U/min. Die Maschine erzielte damit eine Spitzengeschwindigkeit von beachtlichen 180 km/h.
1987 erweiterte sich die Firmengruppe um Moto Morini, eine Firma in Bologna. Cagiva setzte nach wie vor auf ein umfassendes Angebot; die Modelle wurden ständig weiterentwickelt, um den vielfältigen Anforderungen des Motorradmarkts gerecht zu werden.

Calthorpe von 1927.

Calcaterra

Ende 1926 baute Piero Calcaterra, ein Ingenieur aus Mailand, ein Leichtmotorrad, das er mit einem 175 cm³-Zweitaktmotor ausrüstete. Der Motor-Getriebe-Block war nicht wie sonst üblich vertikal, sondern horizontal teilbar. Auch der Zylinder bildete einen Block mit dem Gehäuse. Die Calcaterra ging 1927 in Serienproduktion.

Calcott

Die 1904 in Coventry gegründete britische Firma Calcott machte sich zunächst mit der Produktion von Automobilen einen Namen. Bald begann sie zudem Motorräder herzustellen, die sie mit Einbaumotoren von White & Poppe ausrüstete.
Ab 1909 erschienen sehr interessante Modelle mit seitengesteuerten 250 und 292 cm³-Einzylindermotoren aus eigener Konstruktion und Produktion. Die Firma stellte ihren Betrieb wahrscheinlich 1915 ein. Einigen Quellen zufolge soll jedoch 1923 noch eine Calcott mit einem 1460 cm³-Vierzylinder-Reihenmotor, Konuskupplung, Dreiganggetriebe und Kardanantrieb gebaut worden sein.

Cappa von 1905.

Calthorpe

Eine berühmte englische Motorradmarke. Die Firma Calthorpe wurde 1911 gegründet. Sie produzierte zunächst Einzylinder-Zweitakter mit 211 cm³ Hubraum, seitengesteuerte 199 bis 290 cm³-Modelle mit Precision- und JAP-Motoren sowie Maschinen mit großen Zweizylinder-V-Motoren aus eigener Produktion. Zu Beginn der 20er Jahre waren die Calthorpe-Maschinen mit Villiers- und Blackburne-Motoren ausgerüstet, meist mit Hubräumen von 250 und 350 cm³. Daneben existierten Versionen mit JAP- und Aza-Zweitaktmotoren, die über 147 cm³ Hubraum verfügten.
Ab 1924 erschienen neue 350 cm³-Maschinen mit im Zylinderkopf hängenden Ventilen, und 1925 stellte Calthorpe ein 500 cm³-Einzylindermodell mit obenliegender Nockenwelle vor. 1931 entstand die dritte Serie der nunmehr bekannten 350er mit nach vorne geneigtem Motor.
In den folgenden Jahren konzentrierte man sich bei Calthorpe auf die Produktion der Ivory-Reihe mit Hubräumen von 248, 348 und 498 cm³. Bei allen Motoren hingen die Ventile im Zylinderkopf und wurden über Stoßstangen und Kipphebel gesteuert. Charakteristikum dieser Maschinen war eine elfenbeinfarbene Lackierung von Tank, Schutzblechen und Scheinwerfern.
1935 gab es wenig Neues. 1938 ging die Firma Calthorpe aufgrund schwerwiegender finanzieller Probleme in Konkurs. Markenbezeichnung und Anlagen übernahm Bruce Douglas in Bristol, wohin das Werk verlegt wurde. Douglas wollte neue Modelle in großer Serie produzieren, für die Matchless-Motoren in Originalrahmen eingebaut werden sollten. Doch wieder mangelte es an Geld, so daß aus dem Projekt nichts wurde, abgesehen von einigen Prototypen mit 347- und 497 cm³-Matchless-Motoren. 1939 verschwand die Marke Calthorpe endgültig von der Motorradszene.

Campion

Campion Cycle Company hieß eine im ersten Viertel unseres Jahrhunderts bekannte und renommierte englische Motorradfabrik. Neben den 1901-25 entstandenen Campion-Maschinen produzierte das Werk Rahmen und andere Bauteile, die es an zahlreiche englische und ausländische Hersteller lieferte. Noch 1920 wurden beispielsweise die New Gerrard-Motorräder komplett im Campionwerk von Nottingham gefertigt. Zu Beginn des Jahrhunderts waren die Campion-Maschinen mit Fafnir- und Minerva-Motoren ausgerüstet, denen Triebwerke von Villiers, Precision, JAP und Blackburne folgten. Das letzte Modell besaß einen 1000 cm^3-Zweizylindermotor von JAP. Es war der Brough Superior nachempfunden, in der Hoffnung, daß es ebenso erfolgreich würde. 1925 mußte Campion dennoch schließen.

Capello

1912 offerierte die italienische Firma Capello drei Modelle: einen stehenden Einzylinder mit 2 PS, einen stehenden Zweizylinder mit 2,75 PS und einen Zweizylinder mit 3,5 PS. Alle Motoren hatten eine Magnetzündung. 1913 produzierte die Firma dieselben Modelle; daneben entstand in den Turiner Werkstätten die Zweizylinder-Motocapello mit 5,5 und 8 PS, in beiden Versionen wieder mit Magnetzündung. Capello richtete sich ganz nach den Wünschen der Kunden und lieferte die Maschinen mit und ohne Kupplung oder Gangschaltung. 1914 erweiterte die Firma ihre Palette um eine Einzylindermaschine mit 3,5 PS.

Cappa

Das von dem berühmten Turiner Ingenieur Giulio Cesare Cappa konstruierte Motorrad verdient besondere Erwähnung. Mit dem großen Pionier Carlo Biscaretti aus Ruffia war er eng befreundet. Ein Jahr nach Beendigung seines Studiums, hatte er schon sein erstes Motorrad konstruiert, ein innovatives, geradezu revolutionäres Fahrzeug. Es wurde noch im selben Jahr auf dem Turiner Automobilsalon präsentiert.
Cappas Maschine besaß einen wassergekühlten Einzylindermotor, was damals eher ungewöhnlich war. Außerdem verfügte sie bereits über hochmoderne technische Merkmale wie Dreigangschaltung, eine mit Lederkonuskupplung, einen Kardanantrieb mit Königswelle, eine Magnetzündung, einen zylindrischen Doppeltank für Benzin und Wasser, eine Gabel mit Kurzschwingen vorne und ein gefedertes Hinterrad. Noch anderthalb Jahrzehnte später hätte sie durchaus mit dem Stand der Technik mithalten können.

Carabela

Eine mexikanische Firma, die Straßen-, Gelände- und Moto-Cross-Maschinen, vor allem für den amerikanischen Markt herstellte. Carabela begann 1971 mit 100 bis 200 cm^3-Moto-Cross und Enduro-Zweitaktern. Besonders verbreitet waren die Moto-Cross-Modelle Ciclon mit 125 und 200 cm^3 Hubraum und 14 PS bei 7500 U/min beziehungsweise 38 PS bei 8500/min. Die Maschinen besaßen einen Doppelschleifenrohrrahmen aus Stahl, ein Sechsganggetriebe, vorne eine hydraulisch gedämpfte Marzocchi-Telegabel und hinten ölgedämpfte Federbeine, ebenfalls von Marzocchi. In den 80er Jahren brachte Carabela mit der Merida 60 cm^3 eine leichte Straßenmaschine auf den Markt. Sie hatte ein automatisches Getriebe und 2,5 PS bei 5500 U/min. Die Firma präsentierte auch zwei verbesserte Moto- Cross-Wettbewerbsmaschinen mit 125 und 250 cm^3 Hubraum, die bei 10700 U/min 30 PS beziehungweise bei 7000 U/min 34 PS leisteten. Sie besaßen einen geschlossenen Stahl-Chrom-Molybdän-Doppelschleifenrohrrahmen, eine luftunterstützte Telegabel mit einem Federweg von 210 Millimetern und hydraulisch gedämpfte Federbeine mit einem Federweg von 190 Millimeter. Vorder- und Hinterrad waren mit Trommelbremsen ausgerüstet. Daneben produzierte Carabela auch eine Enduro, die Six Days 490, mit einer Leistung von 40 PS bei 6400 U/min, die praktisch baugleich mit den Moto-Cross-Modellen war.

Carcano

1899 schuf der Mailänder Marchese Carcano einen Motor, der über den Pedalen im oberen Rahmendreieck eines Fahrrades montiert wurde. Der Antrieb erfolgte über einen Riemen auf das Hinterrad, die Motorleistung betrug 0,75 PS. Carcano übertrug den Vertrieb einer Agentur in Mailand, die ihrerseits Vertretungen in Turin, Ravenna und Cremona ins Leben rief.

Die Brüder Maserati, die später mit ihren Automobilen berühmt werden sollten, sammelten ihre ersten Erfahrungen bei Carcano. 1902 stellte die Firma ihren Betrieb ein. Man hatte zu spät erkannt, daß 0,75 PS den Ansprüchen der Motorradfahrer auf Dauer nicht genügen.

Carda

Der 1950 in Bologna gebaute Carda war ein Zweitakt-Klein-

Fahrrad mit einem Carcano-Hilfsmotor, 1899.

Originalposition des Carda-Kleinmotors.

motor, der auf einer kleinen Plattform seitlich an dem Hinterrad eines Fahrrads montiert werden konnte. Der Antrieb erfolgte über Kette vom Motorritzel auf ein an der Nabe befestigtes Zahnrad.

Cardan

Der französische Konstrukteur Cardan produzierte 1902-05 Maschinen mit De-Dion-Bouton-Motoren. Sie besaßen einen Wellenantrieb zum Hinterrad, den nach seinem Erfinder benannten Kardanantrieb.

Dreizylinder-Rennmodell von Cardani.

Cardani

1967 entstand die Rennmaschine Cardani, ein Motorrad, dessen Markenbezeichnung sich von den Vornamen seiner Konstrukteure ableitete. Die beiden Mailänder Techniker hießen Carlo Savaré und Daniele Fontana. Die Cardani hatte einen nach vorne geneigten stehenden Dreizylinder-Viertaktmotor. Jeder Zylinder hatte vier Ventile, die von zwei zahnradgetriebenen obenliegenden Nockenwellen gesteuert wurden. Bohrung und Hub betrugen 62 x 55 mm, was pro Zylinder einen Hubraum von 166 cm^3 ergab, also insgesamt 498 cm^3. Die Motorleistung betrug 75 PS bei 13000 U/min. Die Kraftstoffversorgung erfolgte durch drei Vergaser mit einem Lufttrichter von 32 mm Durchmesser, die Zündung besorgten 10 mm-Zündkerzen, eine für jeden Zylinder. Siebenganggetriebe, Doppelschleifenrohrrahmen mit Teleskopgabel vorne und Hinterradschwinge mit Teleskopfederbeinen und zusätzlichen außenliegenden Federn gehörten zu den weiteren technischen Details dieser Rennmaschine. Das Vorderrad besaß 3.00-18-, das Hinterrad 3.25-18-Reifen.

Carfield

Die englische Firma Carfield, die 1919-24 tätig war, wird meist mit dem Modell Babb in Verbindung gebracht, das mit einem 269 cm^3-Villiers-Motor ausgerüstet war. Daneben gab es auch eine Version mit 350 cm^3-Villiers-Motor sowie mit 600 cm^3-Zweizylinder von Coventry Victor.

Cargnelutti

Im April 1926 wurde auf dem Mailänder Salon der italienische Cargnelutti-Motor vorgestellt. Der Viertaktmotor hatte 125 cm^3 Hubraum und eine Drehschiebersteuerung im Zylinderkopf. Der Kolbenhub war veränderlich, da oben am Pleuel ein Exenter angebracht war, dessen Drehbewegung von einem Zahnradgetriebe gesteuert wurde. Dadurch wurde der Kolben beim Ansaugtakt durch das Pleuel in einem schnelleren Takt bewegt, während der Arbeitshub des Kolbens in der Nutzphase der Expansion vermindert war.

Carley

Ein französischer Mini-Roller, der 1950-53 gebaut wurde. Er besaß einen Fahrradrohrrahmen, Räder von mittlerem Durchmesser und eine Gabel mit Kurzschwingen. Der 49 cm^3-Motor mit liegendem Zylinder hatte einen Reibrollenantrieb.

Carlton

Diese wenig bekannte schottische Fabrik mit Sitz in Glasgow produzierte 1922 eine begrenzte Anzahl von Leichtmotorrädern. Sie verwendete 269 cm^3-Villiers-Motoren, die sie in herkömmliche Rahmen einsetzte.
Unter demselben Namen gab es 1936-38 eine englische Fabrik, die sich bereits in der Fahrradherstellung einen guten Ruf erworben hatte. Ihr Gründer war der berühmte Rennfahrer und Konstrukteur D. R. O'Donovan, der unter anderem mit Firmen wie NSU, Norton, Velocette und Raleigh zusammengearbeitet hatte. Die Carlton-Maschinen waren von konventionellem Design und besaßen 125 cm^3-Villiers-Motoren.

Carnielli

Zu Beginn der 30er Jahre begann die italienische Firma Carnielli in Vittorio Veneto die Produktion von Leichtmotorrädern, für die sie Motoren diverser Marken und Größen verwendete. Motoren mit 98 cm^3 Hubraum stammten von Sachs, mit 173 und 248 cm^3 von JAP, mit 248 und 496 cm^3 von Python und die mit 346 und 499 cm^3 von Küchen. Die Maschinen erhielten die Markenbezeichnung Vittoria.
1952-53 baute Carnielli 48 cm^3-Mopeds und Leichtmotorräder mit Hubräumen von 75, 98 und 125 cm^3 in verschiedenen Ausführungen, bei denen das Werk ausnahmslos Zweitakter einsetzte. Zugleich entstanden ein dreirädriger Transporter mit 98 cm^3-NSU-Motor, ein 125 cm^3-Leichtmotorrad und ein Roller gleichen Hubraums.
1950 erschien ein 65 cm^3-Zweitakt-Roller mit Dreiganggetriebe, offenem Preßstahlrahmen und Teilverkleidung, der eine Höchstgeschwindigkeit von 68 km/h erreichte. Der Roller wurde ohne wesentliche Veränderungen in den folgenden Jahren weiterproduziert.
1957 bot die Firma aus dem Veneto ihre Vittoria-Modelle auch mit Motoren der 48 cm^3-Lambretta an und stellte ein sportliches Motorrad mit dem Namen Solitude her, das einen NSU-Motor besaß.
In den 60er Jahren setzte Carnielli die Produktion von Zweirädern in den verschiedensten Versionen fort, sowohl in Touren- als auch in Sportausführungen. Von 1968 stammt die Motograziella, ein Minibike mit 8-Zoll-Reifen und einem 50 cm^3-Sachs-Motor. Sie hatte einen zusammenklappbaren Rahmen und blieb bis Anfang der 80er Jahre auf dem Markt.

Carniti

Die Firma Carniti, die später als Hersteller von Motorbooten sehr bekannt werden sollte, präsentierte auf dem Mailänder Salon 1953 den Automotorscooter 200, entworfen von Pietro Vassena, einem der renommiertesten italienischen Maschinenbautechniker. Der Automotorscooter war ein Fahrzeug mit hohen Rädern und einer Verkleidung aus Preßblech; seine Länge übertraf die eines herkömmlichen Motorrades. Fahrer und Sozius saßen auf zwei Sesseln.
Angetrieben wurde der Automotorscooter von einem 186 cm^3-Dreizylindermotor mit liegenden Zylindern und Seilzugstarter, wie er an sich nur bei Wasserfahrzeugen üblich ist.
Der interessanteste Teil des Rollers war jedoch die Kraftübertragung. Diese wurde durch zwei Wellen erzielt, die die Antriebskraft des Motors auf zwei an den Flanken des Hinterrads angebrachte Gummirollen übertrugen und in Verbindung mit der anstelle der Speichen vorhandenen metallenen Scheibe standen. Da die Gummirollen von einer Führung gestützt wurden, die der Fahrer mittels zweier Hebel am Rahmen entlang bewegen konnte, war der Berührungspunkt der Gummirollen mit der Radscheibe von ganz außen bis zu den Nabenrändern möglich. Auf diese Weise erhielt man – ähnlich den Riemenübertragungen der Vergangenheit – ein variables Übersetzungsverhältnis. Der Roller hatte eine gefällige Linie, und auch die Testfahrten brachten eigentlich zufriedenstellende Ergebnisse. Dennoch wurde der Automotorscooter niemals serienmäßig produziert.

Carpati

Carpati ist der einzige rumänische Hersteller von motorisierten Zweirädern. Sitz der Firma ist Bukarest. Produziert wird hier der Carpati-Roller, der einen 67 cm³-Zweitaktmotor aus eigener Produktion besitzt und 2,6 PS leistet. Die Firma Carpati ist seit 1960 tätig. Im gleichen Werk werden ebenfalls unter staatlicher Leitung Lastkraftwagen produziert.

Carpio

1930-35 in Frankreich hergestellte Leichtmotorräder, die mit Zweitakt-Aubier-Dunne- und Stainless-Motoren mit 98 beziehungsweise 125 cm³ Hubraum bestückt waren.

Carley von 1950.

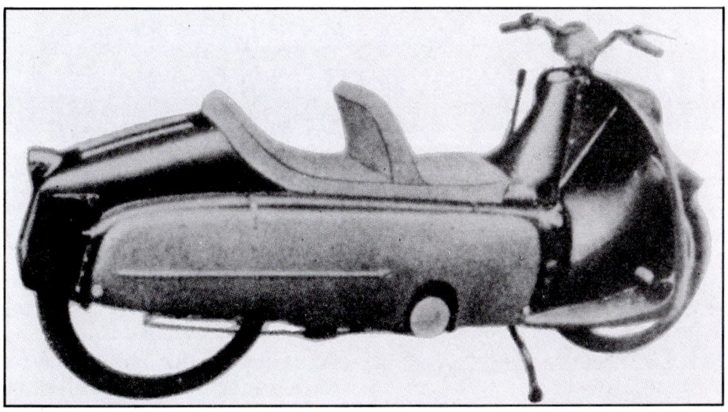

Oben: Automotorscooter von Carniti, 1953.
Rechts: Die geöffnete Verkleidung zeigt den 186 cm³-Dreizylinder-Zweitaktmotor.

Carreau

Französische Motorräder der Pionierzeit. Die 1903-10 in Puteaux produzierten Carreau-Maschinen waren mit Motoren von nur eineinhalb PS Leistung ausgerüstet.

Carter

1946 entwarf der englische Konstrukteur M. P. Carter einen Zweitaktmotor mit technischen Merkmalen, die für den traditionellen Motorradbau ungewöhnlich waren. Äußerlich wies der Motor keine wesentlichen Unterschiede zu den zeitgenössischen Zweitaktern auf. Nur das Motorgehäuse war länger und größer, um einem Paar innerer Schwungräder und zwei Pleueln Platz zu bieten. Die Pleuel waren gleichlang und mit einem durch den Kolben geführten Bolzen verbunden. Da sich die beiden Pleuel an den Seiten des Kolbens und nicht, wie bei herkömmlichen Motoren, in der Mitte befanden, konnte die Wechselbewegung nur dank der an der Zylinderlaufbuchse angebrachten und als Führung dienenden Nute erfolgen. Der Kolben war doppelt so lang als üblich und der Kolbenbolzen war, wie schon erläutert, durch die Mitte geführt. Nicht unerwähnt bleiben sollte auch ein Einzylindermotor von Carter aus den 60er Jahren mit 41 cm³ Hubraum. Er war mit zwei obenliegenden Nockenwellen ausgestattet und brachte eine Leistung von 6 PS bei 12000 U/min.

CAS

1921 produzierte man in der Tschechoslowakei den CAS-Roller, der dem amerikanischen Autoped nachempfunden war. Eine Gruppe fähiger Konstrukteure unterzog den US-Roller einer gründlichen Analyse und schuf ein Modell, das gegenüber seinem amerikanischen Vorbild deutlich verbessert war. Der Motor befand sich im Zentrum einer röhrenförmigen Struktur, die das Trittbrett stützte; der Fahrer lenkte den Roller sitzend und nicht stehend wie noch beim Autoped. Entsprechend der Motorposition erfolgte der Antrieb über Kette, und das Fahrzeug war mit Scheibenrädern anstelle der Speichenräder ausgerüstet. Der CAS-Roller nahm 1921 am Rennen Zbraslav-Jiloviste teil, wo er – beide Male mit weiblichen Fahrern – den ersten Platz seiner Klasse erzielen konnte.
CAS brachte zudem einfache Einzylinder-Zweitaktmotoren mit Hubräumen von 250 und 350 cm³ sowie Fahrgestelle in den Handel. Die Firma CAS (Ceska Autombilovea Spolecnost) hatte ihren Firmensitz in Prag und produzierte bis 1924.

Casal

1953 begann die portugiesische Firma Metalurgia Casal, ein Betrieb familiärer Prägung, Motoren für die Landwirtschaft und Industrie herzustellen, aus denen sie später Motoren für eigene Motorräder entwickelte. Zunächst produzierte Casal praktische Transportmittel, die den Bedürfnissen der Landbevölkerung entsprachen, widmete sich danach sportlichen Modellen mit hoher Leistung, die vor allem das jugendliche Publikum ansprechen sollten.
Als erstes Zweirad präsentierte Casal 1967 den Roller Carina mit einem 50 cm³-Zweitaktmotor, Gebläsekühlung, Vierganggetriebe und einer Leistung von 5 PS. Der Roller war vollverkleidet und besaß einen Rohrrahmen, eine Gabel mit Schwingen und eine Hinterradschwinge. Ihm folgten Mopeds und Zweitakt-Hilfsmotoren mit 50 cm³ Hubraum.
Auf dem Mailänder Salon von 1969 präsentierte Casal die K 181 mit einem 50 cm³-Zweitaktmotor, 5 PS bei 7500 U/min und einer Höchstgeschwindigkeit von 90 km/h. Der Holländer Boele entwarf für Casal einen Motor, der in die DRM eingebaut wurde. Er war wassergekühlt, besaß einen Drehschiebereinlaß und leistete 14 PS bei 16000 U/min. Die Höchstgeschwindigkeit betrug 165 km/h. 1970 produzierte die Firma verschiedene Touren- und Sportmotorräder, den Roller Carina sowie ein 100 cm³-Leichtmotorrad.
In den 80er Jahren präsentierte Casal zwei Straßenmaschinen: die K 551 mit einem Hubraum von 50 cm³, Sechsganggetriebe und einer Höchstleistung von 7 PS bei 8500 U/min, und die K 276 mit 124 cm³ und 14 PS bei 6500 U/min. Die Firma befaßte sich außerdem mit der Her-

stellung von Enduro-Maschinen, wie etwa einem 50 cm³-Modell mit einem schlitzgesteuerten Einzylinder-Zweitaktmotor und einer Leistung von 7 PS bei 8500 U/min. Dieser Maschine folgte mit der K 276 eine weitere Enduro mit einer Hinterradaufhängung mit Zentralfederbein, einem Hubraum von 124 cm³, 14 PS bei 6500 U/min und einer Spitzengeschwindigkeit von 115 km/h.

Casalini

1956 produzierte das in Piacenza ansässige Unternehmen Casalini den 50 cm³-Roller David. Sein Fahrgestell bestand aus einem offenen Zentralrohrrahmen, die Aufhängung aus Gabel mit Kurzschwingen und Hinterradschwinge. Dieses Kleinrollermodell verließ 1957 unverändert das Werk. Daneben begann Casalini, herkömmliche Motorräder und Lieferfahrzeuge mit kleinsten Hubräumen herzustellen. Bis 1960 gab es wenig Neues. In den folgenden Jahren erschienen unter der Markenbezeichnung David dreirädrige Kleintransporter in verschiedenen Ausführungen sowie ein ebenfalls David genanntes Transportmotorrad.

Casoli

Ein optisch vollendetes Motorrad schuf die italienische Firma Casoli mit Sitz in Mailand 1928-33, das mit einem 173 cm³- Villiers-Zweitaktmotor ausgerüstet war.

Castadot

Schweizer 1,5 PS-Zedel-Motoren wurden 1900-01 im belgischen Lüttich in Motorräder eingebaut, die unter der Markenbezeichung Castadot in geringer Stückzahl im Handel erschienen.

Castell

1903 rüstete der englische Pionier-Konfektionär Castell & Sons seine Motorräder unter anderem mit belgischen Einbaumotoren verschiedener Marken aus, darunter Saroléa und Minerva. Bereits in demselben Jahr mußte die kleine Londoner Firma ihren Betrieb einstellen.

Caswell

Wahrscheinlich baute die in London ansässige britische Firma Caswell in verstärkte Fahrradrahmen eigener Produktion ausschließlich 2,5, 2,75 und 3,5 PS starke Minerva-Motoren ein. Das Unternehmen war 1904-05 tätig.

Cavicchioli

1923 konstruierte der italienische Techniker Cavicchioli einen 349 cm³-Motor mit einem Kolben aus Grauguß, der einen Durchmesser von 86 mm und einen Hub von 72 mm hatte. Im Zylinderkopf befand sich ein zweiter Kolben von geringerem Durchmesser (35 mm), der in einem zweiten Zylinder lief, welcher praktisch im Kopf des herkömmlichen Zylinders angeordnet war. Ein Brennraum existierte auf diese Weise nicht. Um gleich in etwas abgewandelter Ausführung.
Der Kolben mit dem geringeren Durchmesser besaß zwei Überströmkanäle, die am Ende des Arbeitstaktes des Motors und der Vorverdichtungsphase im Gehäuse den beiden Überströmkanälen im Zylinder das Gemisch zuleiteten. Der Einlaß des Gemischs vom Vergaser in den Motor erfolgte durch Öffnungen, die am oberen Ende des Hilfszylinders angebracht waren, während der Auslaß über die unten am Hauptzylinder vorhandenen Öffnungen zustandekam. Der

Rechts: CBR von 1914, mit einem Einzylinder-Zweitaktmotor mit geneigtem Zylinder.
Unten: Der englische Fahrer Norman Barrow auf einer CCM 500 Moto-Cross-Maschine.

Schwierigkeiten bei der Zündung zu vermeiden, hatte man auf jeder Seite des Kopfes zwei Zündkerzen vorgesehen. Bei diesem Motor fand das Prinzip des Stufenkolbens Anwendung, der durch die englische Dunnelt berühmt werden sollte, wenn- Motor geriet jedoch bald in Vergessenheit.

Cayenne

Die Cayenne war ein überaus interessantes englisches Motorrad, das 1912-13 in Sussex konstruiert wurde. Der wassergekühlte 497 cm³-Zweizylinder-V-Motor mit im Zylinderkopf hängenden Ventilen war zusätzlich mit einem kleinen Hilfskühler kombiniert und stammte höchstwahrscheinlich von der französischen Firma Buchet.

Cazalex

1951-55 in Frankreich gebaute leichte Maschinen, die von Motoren in Hubraumgrößen von 49 bis 125 cm³ angetrieben wurden.

Cazenave

Anfang der 50er Jahre konstruierte dieser französiche Hersteller 50 cm³-Mopeds, die er sowohl mit eigenen als auch mit Motoren verschiedener Produzenten ausrüstete. Später produzierte Cazenave zudem verkleidete Zweitakt-Leichtmotorräder mit Hubräumen von 110 und 125 cm³.

CBR

Die italienische Firma CBR – wobei das Akronym für die Namen der Konstrukteure Cigala, Barberis und Ruda steht – war in Turin ansässig. Sie produzierte 1912 eine Einzylindermaschine mit nach vorn geneigtem Zylinder, die 3 PS leistete, eine Magnetzündung und einen Riemenantrieb besaß und 45 kg auf die Waage brachte. Der Motor hatte seitlich stehende Ventile und einen Hubraum von 255 cm³. Dieses Modell blieb 1913-14 im Programm; dann kam eine ähnlich konstruierte Version heraus, deren Antrieb nicht über Riemen, sondern über Kette

erfolgte. Die neue Maschine hatte 4 bis 5 PS und einen Hubraum von 346 cm³.
Daneben brachte das Werk 1914 ein CBR-Zweitaktmodell mit automatischer Schmierung in den Handel. Dieses Motorrad wog 50 kg und erreichte mit einer Leistung von 3 PS eine Höchstgeschwindigkeit von 75 km/h. Der Treibstoffverbrauch lag bei rund drei Litern auf 100 Kilometer, und der Ölbedarf betrug etwa 0,5 Liter auf 100 Kilometer. Der Verkaufspreis dieses Modells belief sich seinerzeit auf 950 Lire. Neben weiteren 5 und 9 PS-Maschinen lieferte die Firma Kupplungen, Getriebe, elastische Naben sowie komplette Motoren.

Der CCM-Fahrer John Banks.

CC

Eine geheimnisumwitterte englische Marke – denn es fand sich niemand, der diese 1921-24 angebotenen Motorräder jemals gesehen hätte oder sich an ihren Konstrukteur hätte erinnern können. Bei letzterem soll es sich um einen gewissen Charles Chamberlain aus Blackpool gehandelt haben. Aus Katalogen kennt man Modelle, die mit 269 cm³-Villiers-Motoren ausgerüstet waren, sowie eine Vielzahl von Versionen mit Antriebsquellen von JAP und Blackburne in Hubraumgrößen von 147 bis 1000 cm³. Es ist jedoch weder bekannt, in welcher Stückzahl CC-Maschinen hergestellt wurden, noch, ob es überhaupt zu einer Produktion gekommen ist.

CCM

Die Geschichte dieser englischen Firma aus Bolton ist eng mit BSA verbunden, da CCM sozusagen auf den Überresten der Birminghamer Marke aufbaute, die zweifellos zu den ruhmreichsten Namen der britischen Motorradgeschichte gehörte. 1971 zog sich BSA von Wettbewerben zurück und mußte Konkurs anmelden. So verschwanden eine Marke und ein Team von der Bildfläche, denen England einige seiner größten Erfolge im Geländesport verdankt.
Es lag auf der Hand, daß das Ende von BSA den Untergang des Viertaktmotors im Moto-Cross-Bereich besiegeln würde. Doch es kam anders: Ein junger Unternehmer aus Bolton hatte mit ziemlich genauen Vorstellungen eine Reise nach Small Heath angetreten. Er wußte, daß man das BSA-Rennteam auflösen wollte, und hoffte, ihm das eine oder andere nützliche Teil abkaufen zu können. Er benötigte vor allem zwei Rahmen, die er dort zu finden glaubte. Er täuschte sich nicht. Als er mit Brian Martin, dem Ex-Leiter der Rennabteilung zusammentraf, bot ihm dieser zwölf Rahmen, einige Räder und Gabeln an.
Der junge Mann beschloß, alles nach Bolton mitzunehmen. Dort angekommen, baute er unter Verwendung der verschiedensten Teile eine Maschine, die alsbald einen Käufer fand. Auch ein zweites, mehr oder weniger identisches Modell mußte nicht lange auf einen Interessenten warten. Und Alan Clews – so der Name des jungen Mannes – erweiterte seine Aktivitäten und gründete die Firma CCM, was im vollen Wortlaut Clews Competition Machines bedeutete.
Die neue Firma konnte sich sehr schnell sogar im Ausland durchsetzen. 1975 verzeichnete sie eine Exportzuwachsrate von 47 Prozent, die 1976 bereits bei 62 Prozent lag.
Zurück zu Alan Clews, der 1938 in Toddington in der Gegend von Bury geboren wurde und sein ganzes Leben im Norden Englands verbrachte. Er verließ die Schule, arbeitete in einer Reparaturwerkstätte und testete Motorräder. Diese Arbeit sollte sich als nützlich erweisen, weil er durch sie die Möglichkeit hatte, die Motorradwerke in der Gegend von Bolton und Manchester zu besuchen und die verschiedenen Fabrikationsmethoden kennenzulernen. Zu jener Zeit besuchte Clews eine Abendschule, wo er sein Diplom als Mechaniker und Elektrotechniker erwarb.
Der junge Konstrukteur stammte aus einfachen Verhältnissen, sein teures Motorradhobby war in der Familie nicht unumstritten. Als 16jähriger gelang es Clews, sich ein Motorrad zu beschaffen, mit dem er an verschiedenen Trial-Wettbewerben teilnahm. Im Alter von 24 Jahren wurde er bereits als bewährter Moto-Cross-Fahrer eingesetzt. Er kaufte einen Rickman-Rahmen als Bausatz und nahm an Club-Rennen teil. Clews errang zwar niemals einen Meistertitel, konnte sich aber bei internationalen Rennen in Frankreich, Deutschland und in der Schweiz durchaus behaupten.
Und schließlich hatte er das Glück, durch den Erwerb der BSA- Restbestände den Grundstein für seine eigene Motorradproduktion legen zu können. Später kaufte Clews noch 50 Werkzeugmaschinen sowie weitere Materialien und Ausrüstungsgegenstände hinzu, die in den alten Fabrikanlagen der BSA in Small Heath vorhanden gewesen waren. So konnte er seine CCM-Maschinen bauen, ohne sich um Materialnachschub sorgen zu müssen.
Zunächst arbeiteten in der Herstellung nur drei Personen, die immerhin 39 Maschinen auf die Räder stellten. 1973 verließen bereits 150, im folgenden Jahr 160 Exemplare das Werk. 1975

Das Motorfahrrad Ceccato Romeo.

war ein leichter Rückgang zu verzeichnen, aber Ende 1976 belief sich die Zahl der von CCM hergestellten Maschinen auf 180 Stück. Damals hatte die Firma 15 Angestellte, nämlich einen Produktionschef, einen Abteilungsleiter, zwei Dreher, zwei Motorradbauer, mehrere Schweißer und Monteure. CCM-Maschinen wurden in den Vereinigten Staaten, in Schweden, Holland, Frankreich, Deutschland, Australien, der Schweiz und Dänemark sowie natürlich in Großbritannien verkauft.
CCM unterstützte in den 70er Jahren ein Rennteam, zu dem so berühmte Fahrer wie John Banks, Vic Eastwood und Vic Allan gehörten. Der speziell für diese Mannschaft konzipierte CCM-Motor hatte einen Hubraum von 500 cm³; daneben existierte eine 600 cm³-Version. Es handelte sich um einen Einzylinder-Viertakter, Bohrung und Hub betrugen 84 x 90 mm, und der Gesamthubraum belief sich auf 498 cm³. Dieser Motor erreichte eine Leistung von 45 PS bei 6500 U/min. Das Verdichtungsverhältnis betrug 10,24:1.
Die Maschine war mit einem Trockensumpf - Schmiersystem und einem im hartgelöteten Chrom-Molybdän-Rahmen integrierten Öltank ausgerüstet. Das Modell war unbestritten das Paradepferd der Firma CCM, die sich in diesen Jahren sehr viel vorgenommen hatte. Man wollte eine Enduro- und eine Straßenmaschine sowie einen völlig neuen Motor entwickeln. Soweit kam es jedoch nicht; 1978 mußte das Unternehmen seinen Betrieb einstellen.

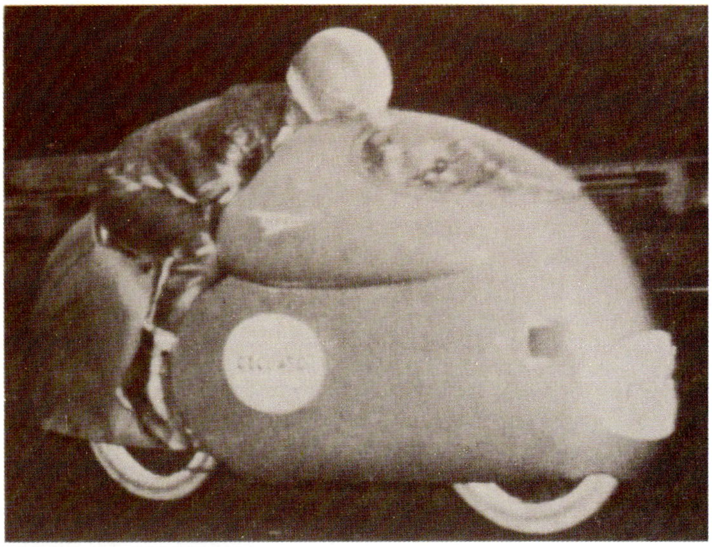

Verkleidete Ceccato, 1956.

Ceccato

Ende der 40er bis Anfang der 50er Jahre produzierte die italienische Firma Ceccato mit Sitz in Montecchio Maggiore und später in Alte Ceccato (beide Orte liegen in der Provinz Vicenza) ein Moped mit dem Namen Romeo, dessen Motor über 38 und später 48 cm³ Hubraum verfügte. Der Motor war umgekehrt kopfüber montiert, und die Kraftübertragung erfolgte mittels Rollenantrieb auf das Hinterrad. 1951 hatte Ceccato auch ein 75 cm³-Leichtmotorrad im Angebot, zu dem sich 1952 eine 125 cm³-Zweitaktmaschine gesellte.
1953 erlebte die Firma einen enormen Aufschwung, bald galt sie als Hersteller bester 75, 125 und 200 cm³-Modelle. Bei den beiden erstgenannten handelte es sich um Einzylinder, während die 200er einen liegenden Zweizylindermotor mit angeblocktem Vierganggetriebe besaß. Aufgrund seiner hohen Leistung war dieses Modell ohne weiteres als Sportmaschine einzuordnen. Die Palette wurde durch ein Moped mit Rollenantrieb auf das Hinterrad vervollständigt.
1954 präsentierte Ceccato weitere Leichtmotorradtypen mit Zweitaktmotoren von 98 und 125 cm³. Daneben erschienen verschiedene Viertaktmodelle mit Hubräumen von 75, 98 und 125 cm³. Die Maschinen besaßen Motoren mit einem stehenden Zylinder und einer zahnradgetriebenen obenliegenden Nockenwelle. Als Fahrgestell dienten Rohrrahmen mit Teleskopgabel und Hinterradschwinge mit Teleskopfederbeinen. Außerdem entstanden 1954 eine 175 cm³-Maschine mit Viertaktmotor in den Ausführungen Turismo und Sport sowie die 125 Turismo mit Viertaktmotor. Ende 1954 präsentierte Ceccato auf dem Mailänder Salon neue Versionen des 75 cm³- und 100 cm³-Modells mit obenliegender Nockenwelle.
Am 28. Dezember desselben Jahres stellte eine vollverkleidete Ceccato 75 sechs Weltrekorde über den Fliegenden Kilometer auf und erreichte dabei eine Höchstgeschwindigkeit von 134,529 km/h. 1955 wurde die Vorjahresproduktion im wesentlichen weitergeführt. 1956 brach eine Ceccato weitere Weltrekorde, während 1957 ein ereignisloses Jahr wurde, in dem nur das Design der 49 cm³-Mopeds verbessert wurde. 1958 ging ein neues Mopedmodell mit Reibrollenantrieb in Produktion. Die Fabrik schloß 1963 ihre Tore.

Cedos

Die Firma Cedos mit Sitz in Northampton, Großbritannien, begann 1919 Motorräder zu produzieren, die mit sehr guten 211 cm³- und 249 cm³-Zweitaktmotoren bestückt waren. Diesen Modellen folgten Versionen mit im Zylinderkopf hängenden und seitlich stehenden Ventilen, deren 348 cm³-Motoren von Blackburne und Bradshaw stammten. Daneben gab es eine Zweizylindermaschine mit seitengesteuertem 1000 cm³-JAP-Motor. Die ersten Motorräder hatten einen dreieckigen Tank, der bald abgerundetere Formen erhielt und dem der Brough Superior ähnelte. Die Zweitakter waren auch mit oben offenen Rahmen erhältlich, damit sie von Frauen gefahren werden konnten. 1925 stellte Cedos den Betrieb ein.

C.E.M.E.C

1951-58 tätig, bestückte die französische Firma C.E.M.E.C. (Centre D'Études Moteurs à Explosion et Combustion) mit Sitz in Bièvres ihre Maschinen mit 600 und 700 cm³-Zweizylindermotoren von Gnôme & Rhône. Sie stellte zudem 500 und 750 cm³-Viertaktmodelle her mit seitlich stehenden oder im Zylinderkopf hängenden Ventilen, die über Kipphebel und Stoßstangen gesteuert wurden. Das Werk verwendete Vierganggetriebe, der Primärantrieb erfolgte über Zahnräder, der Sekundärantrieb über Kette.

Centaur

In manchem Detail ungewöhnlich war die englische Centaur, die 1901-15 in Coventry entstand. So befand sich bei den ersten Modellen der Schalldämpfer innerhalb des vorderen Rahmenrohrs, und spätere Schöpfungen hatten spezielle viereckige Kühlrippen am Zylinder. Das Angebot der Firma umfaßte 500 cm³-Einzylinder- und 350 cm³-Zweizylinder-V-Maschinen mit seitlich stehenden Ventilen.
Unter der Markenbezeichnung Centaur produzierte eine kleine deutsche Firma im oberfränkischen Forchheim 1924-25 Motorräder, indem sie 1,5 PS-Motoren von Gruhn in einfache Fahrgestelle einbaute.

Center

Unter diesem Namen wurden in Japan 1950-60 sportliche 150 cm³-Einzylindermaschinen mit im Zylinderkopf hängenden Ventilen produziert.

Centrum

Die schwedische Firma Centrum montierte 1933 150 cm³-Zweitaktmotoren von CZ mit Dreiganggetriebe in herkömmliche Rahmen mit Teleskopgabel.

Century

Englische Marke mit Einbaumotoren von Minerva und M.M.C. Das Vorderrad hatte Speichen von ungewöhnlicher Form. Die Londoner Firma Century war von 1902-05 tätig.

CF

Dieses kleine italienische Unternehmen steht in enger Verbin-

dung mit dem Namen Leonardo Fiorani, einem genialen Techniker und leidenschaftlichen Motorenenthusiasten, der 1898 in Calendasco in der Provinz Piacenza geboren wurde.
Als 18jähriger leistete Fiorani im Ersten Weltkrieg Kriegsdienst bei den Pionieren. Nach dem Besuch der berühmten Mechanikerschule von Peugeot kam er später als Motorenmechaniker zu den Luftstreitkräften. Nach dem Krieg wurde er Mechaniker bei Fiat Mirafiori und stieg sehr bald zum Werkstattleiter auf. 1920 wechselte der junge Techniker zur Automobilwerkstatt der Königlichen Armee, Officina Automobilistica del Regio Esercito, kurz OARE genannt, wo seine brilliante Karriere ihren Anfang nahm.
1925 konstruierte er seinen ersten Rennmotor für Zweiräder. 1926 verließ Fiorani die OARE, ging zu Bridelli und dann zu Oreglia. 1927 eröffnete er in Piacenza eine Werkstätte zusammen mit Major Catelli und Mario Ghezzi. Ein von Fiorani 1926 entworfener Motor kam unter dem Markennamen CF in den Handel. Die Bezeichnung leitete sich aus den Initialen von Catelli und Fiorani ab.
Das erste Motorrad, das die neue Firma baute, war eine 175er mit stehendem Einzylindermotor und Parallelogrammgabel. Während bei dieser Ausführung der Motor mit einem Dreiganggetriebe kombiniert war und die im Zylinderkopf hängenden Ventile über Stoßstangen und Kipphebel gesteuert wurden, hatte die Rennversion ein fußgeschaltetes Vierganggetriebe, und die im Zylinderkopf hängenden Ventile wurden über eine obenliegende Nockenwelle betätigt. Der mit Alkohol angetriebene Renner konnte eine Höchstgeschwindigkeit von 135 km/h erreichen.
1931 baute CF drei Versionen des 175 cm³-Leichtmotorrads: die Turismo mit einer maximalen Geschwindigkeit von 80 km/h, die Sport mit 100 km/h und die Super Sport mit 120 km/h. 1931 wurde derselbe Motor wie in den Vorjahren verwendet, der lediglich einige geringfügige Änderungen erfahren hatte. 1932 erhielt er jedoch einen um 16 Grad nach vorne geneigten Zylinder und ein Albion-Dreiganggetriebe. Im folgenden Jahr wurde die Maschine sowohl im Design wie in der Technik überarbeitet und verbessert.
1934 ersetzte das Werk das 175 cm³-Leichtmotorrad durch eine baugleiche 250 cm³-Version. Wieder entstand eine Rennversion, bei der die Ventile über eine obenliegende Nockenwelle gesteuert wurden. Das Getriebe stammte ebenfalls von Albion, hatte vier Gänge und Fußschaltung.
1935 schuf Fiorani ein neues, seitengesteuertes 500 cm³-Modell mit zwei stehenden Zylindern und separatem Vierganggetriebe. Diese Halblitermaschine blieb 1936 zusammen mit der 250er mit im Zylinderkopf hängenden Ventilen im Programm. Doch finanzielle Schwierigkeiten zwangen die Firma in den Konkurs, die Marke CF verschwand vom Markt.
Allerdings wurden nach dem Zweiten Weltkrieg noch CF-Rennmotoren in eine Maschine eingebaut, die der unvergessene Rennfahrer Stellio Ghia konstruiert hatte und mit der er selber an zahlreichen Wettbewerben teilnahm.
1937 übernahm Fusi das CF-Werk und warb Fiorani als Konstrukteur an. Unter der Markenbezeichnung Fusi erschienen in der Folgezeit Maschinen, die von 250 cm³-CF-Motoren angetrieben wurden. Doch 1941 stellte auch Fusi die Motorradproduktion ein.

Vierzylinder-V-Motor von Chaise, 1930.

CFC

Die französische Firma Compagnie France du Cycles mit Sitz in Boulogne baute 1903-06 Motorfahrräder, die sie mit 1,75 PS-Motoren ausrüstete.

Chaise

1927-34 produzierte das französische Unternehmen Chaise verschiedene Modelle stehender Einzylindermotoren, darunter einen 250er mit im Zylinderkopf hängenden Ventilen und gekreuzten Stoßstangen, einen 500er mit im Zylinderkopf hängenden Ventilen und vertikalen Stoßstangen sowie zwei ähnlich konstruierte Versionen mit 350 und 500 cm³ Hubraum und obenliegender Nockenwelle.
Ende des Jahres 1930 realisierte Chaise einen Motor mit zwei in sehr engem Winkel zueinander stehenden V-Zylinderpaaren, bei dem jeder Zylinder gegenüber dem benachbarten nur leicht versetzt in einem Block angeordnet war. Die Ventile hingen im Zylinderkopf, das Dreiganggetriebe war im Motorgehäuse integriert. Der Motor mit Gebläsekühlung und Kardanantrieb wurde in ein Dollar-Motorrad eingebaut.
1931 konstruierte Chaise einen weiteren Vierzylinder, diesmal in Reihe, dessen im Zylinderkopf hängende Ventile über Stoßstangen und Kipphebel gesteuert wurden. Dieser Motor ging jedoch nicht in Serienproduktion.

Champion

1911-13 in St. Louis produzierte amerikanische Motorräder, die kaum von den luftgekühlten Militaire - Vierzylindermodellen mit Reihenmotor zu unterscheiden waren. Kein Wunder, denn sie wurden unter Militaire-Lizenz gebaut und besaßen dieselben Rahmen sowie Kardanantrieb.
Champion war außerdem die Markenbezeichnung für Maschinen, die von Bridgestone ab 1960 in Tokio hergestellt wurden. Die Firma brachte auch Mopeds und Leichtmotorräder mit Zweitaktmotoren von 50-175 cm³ Hubraum in den Handel.

Chapuis

Französische Firma, die 1950-60 Mopeds mit 49 cm³ Hubraum fertigte. Daneben produzierte sie unter Lizenz Mosquito-Motoren von Garelli sowie komplette mit diesen Antriebsquellen ausgerüstete Maschinen.

Charlett

Deutscher Hersteller von Einzylindermaschinen mit seitlich stehenden Ventilen und Hubräumen von 147 und 198 cm³. Die in Berlin ansässige Firma gehörte zu den Opfern der Inflationsperiode und war von 1921-24 tätig.

Charlton

Die englischen Charlton-Motorräder wurden 1904-08 in London produziert und waren mit französischen 402 cm³-Buchet-Motoren ausgerüstet.

Chase

Die englischen Brüder Chase waren berühmte Rad- und Motorradrennfahrer. 1902 nahmen sie die Herstellung sportlicher Maschinen auf, für die sie niedrige und leichte Rahmen verwendeten. Angetrieben wurden die Chase-Modelle von Motoren, die von M.M.C., Minerva, Precision und anderen Herstellern stammten. Die Firma produzierte bis 1906, die Maschinen tauchten noch bis 1910 vereinzelt auf.

Chater Lea

Ursprünglich war Chater Lea ein gut ausgerüstetes Unternehmen für die Herstellung von Rohrmuffen und anderen Teilen, die man an verschiedene Rahmenhersteller lieferte. Um 1900 wurde Chater Lea in eine Aktiengesellschaft umgewandelt und erhielt den Namen Chater Lea Manufacturing Company Limited. Die Firma stand damals unter der Leitung von William Chater Lea. Ihre Produkte zeichneten sich durch eine hervorragende Qualität aus. Es gab zu jener Zeit wohl kaum einen Rahmen für motorisierte Zweiräder, der nicht teilweise oder vollständig bei Chater Lea gefertigt worden wäre. Bis 1912 befand sich die Londoner Fabrik in Golden Lane und zog dann in die Banner Street um. Sie expandierte und erweiterte die Produktion ständig: Von der Herstellung einzelner Rahmenteile ging sie zur Ausrüstung vollständiger Fahrgestelle über, die für Motoren mit Mehrganggetriebe und verschiedenen Hubräumen geeignet waren.
Bereits 1903 konstruierte Chater Lea das erste fast komplette Motorrad. Tatsächlich wurde die Maschine ohne Reifen und Sattel angeboten, Teile, die sich der Käufer selber anderweitig besorgen mußte.
Fünf Jahre später präsentierte die Londoner Firma auf der Stanley Show die Carette, die einen quer in den Rahmen eingebauten 6 PS-Motor besaß, und über eine neue Art von Dreiganggetriebe verfügte. Neben der Carette stellte Chater Lea ein neues Leichtmotorrad vor, das von einem 2,5 PS-JAP-Einbaumotor angetrieben wurde, in Wirklichkeit aber noch nicht vollkommen fertiggestellt war. Dazu kam ein Seitenwagenmodell mit einem Zweizylindermotor, der eine Leistung von 5 PS erreichte. Die Maschine hatte eine Magnetzündung, einen Kettenantrieb und ein Zweiganggetriebe. Gemeinsames Merkmal der ersten Modelle war die optimale Feinbearbeitung, die als Gütesiegel des Unternehmens betrachtet werden konnte.
Ebenfalls 1908 debütierte die englische Firma bei der Tourist Trophy auf der Isle of Man. Das später so berühmte Straßenrennen fand in diesem Jahr zum zweiten Mal statt. Der Fahrer C. B. Franklin ging in der Einzylinderklasse an den Start. Die Maschine war mit einem JAP-Motor ausgerüstet, der 3,5 PS leistete. Bei dem Rennen waren zehn Runden und eine Gesamtstrecke von 255 Kilometern zu durchfahren. Den Sieg trug Jack Marshall auf einer Triumph davon. Durchschnittlich war er über 64 km/h schnell gefahren. Franklin erzielte den sechsten Rang, womit er mehr als zufrieden sein konnte. Bei der schwierigen Rennstrecke und dem damaligen Stand der Technik war es schon ein befriedigendes Ergebnis, das Rennen bis zum Schluß durchgehalten zu haben.

Seitenwagenmodell von Chater Lea aus den 30er Jahren mit einem Motor von Blackburne.

Argentinischer Chay-Roller.

Ein anderer Eigentümer einer Chater Lea, ein gewisser W. B. Gibb, fuhr in demselben Jahr zusammen mit seiner Ehefrau in zwei Wochen durch ganz Schottland. Die beiden legten dabei eine Strecke von über 1600 Kilometern zurück. Gibbs Maschine, die den bezeichnenden Namen Dreadnought („Draufgänger") trug, war mit einem 5 PS-Motor von Peugeot ausgerüstet. Das Abenteuer erregte einiges Aufsehen. Man bewunderte nicht nur den Unternehmungsgeist des Ehepaares, sondern auch die Zuversicht und das große Vertrauen, das es in die Maschine setzte. Nicht zuletzt durch dieses Ereignis war die Marke Chater Lea in der Öffentlichkeit ein Begriff geworden.
Chater Lea setzte Ein- und Zweizylindermotoren der verschiedensten Hersteller ein, darunter Produkte von britischen und ausländischen Firmen, wie etwa von Kelecom, Fafnir, Antoine, FN, Brown, Trent, MMC, De Dion, Minerva, Peugeot, Saroléa, Precision, JAP, Villiers und Blackburne. Bis zum Ausbruch des Ersten Weltkriegs zeigte die

Orginal-Roller von Cicca.

Claeys Flandria 250 cm³ von 1956.

Firma eine eindeutige Vorliebe für große Zweizylindermotoren, insbesondere, wenn es um die Ausrüstung von Seitenwagenmaschinen ging. Wie zahlreiche andere Motorradhersteller neigte auch Chater Lea zur Verwendung gefederter Rahmen, die sich jedoch bald als wenig geeignet erwiesen, weshalb man schließlich auf die bewährten Starrahmen zurückgriff. Die Firma perfektionierte auch die vordere Radaufhängung, die für ihre Zeit sehr fortschrittlich war. Bei der zweiten und zugleich letzten Teilnahme an der Tourist Trophy im Jahr 1910 mußte die von N. E. Dury in der Einzylinderklasse gefahrene Chater Lea aufgeben. Das Modell 7 mit Seitenwagen erschien 1912. Diese Chater Lea hatte ein Dreiganggetriebe und einen Kettenantrieb. Bei Ausbruch des Ersten Weltkriegs wurde die Motorradherstellung vorübergehend unterbrochen, da sich das Unternehmen nun der Produktion wichtiger Rüstungsgüter widmen mußte.

1919 nahm man den Zweiradbau wieder auf. Das Angebot reichte nun von Leichtmotorrädern mit einer Leistung von wenig mehr als 2 PS bis zu großen Zweizylindermodellen. Und A. C. Woodman stieß zu Chater Lea, wo er als Chefkonstrukteur für die Planung und den Bau von Motoren verantwortlich zeichnete. 1922 kehrte das Werk zu den Einzylindermaschinen zurück. Der 347 cm³-Blackburne-Motor mit im Zylinderkopf hängenden Ventilen kam bei Solomaschinen zum Einsatz, während man die seitengesteuerte 545 cm³-Version für Beiwagenmodelle verwendete. Mitte der 20er Jahre stand eine sportliche 350 cm³- Einzylindermaschine auf dem Programm, die der bekannte Techniker und Rennfahrer Dougal Marchant für die Teilnahme an verschiedenen Wettbewerben konzipiert hatte. Die Maschine erzielte tatsächlich eine ganze Reihe von Erfolgen auf der Rennstrecke von Brooklands. Marchant arbeitete als Planungsingenieur bei Burney & Blackburne und war davon überzeugt, daß sich die Chater Lea-Fahrgestelle besonders für sportliche Modelle eigneten. Die Ereignisse sollten ihm recht geben, denn Chater Lea konnte 1928 in Brooklands elf Weltrekorde brechen und in der 350 cm³-Seitenwagenklasse sowohl über 100 Meilen als auch über 200-Meilen siegen.

Die 350er mit im Zylinderkopf hängenden Ventilen sowie die seitengesteuerte 545er wurden 1922 der Öffentlichkeit vorgestellt. Die Firma unterstrich die besonderen Eigenschaften dieser Maschinen, wie beispielsweise die austauschbaren Räder oder die Tatsache, daß Primär- und Sekundärantrieb über Kette erfolgten. Zu diesen Modellen gesellten sich auch die verbesserte große Zweizylindermaschine, die man auf den neuesten technischen Stand gebracht hatte, sowie ein Zweitaktmotor mit minimalem Hubraum. Die beiden in Chater-Lea-Rahmen eingebauten kompakten Blackburne-Motoren waren sehr zuverlässig und an ihrem außenliegenden Schwungrad leicht erkennbar.

Sowohl die 348 cm³-Sportmaschine mit im Zylinderkopf hängenden Ventilen als auch das solide und langlebige 545er Modell boten überaus respektable Leistungen. Zweifellos hoben auch die in Brooklands errungenen Erfolge die Verkaufsziffern der Firma Chater Lea. Die mit den Blackburne-Motoren ausgerüsteten Modelle erhielten 1924 einen Satteltank. Damals stellte das englische Unternehmen zudem robuste Fahrzeuge her, die für den Transport von Waren geeignet waren und zu einem recht günstigen Preis angeboten wurden.

Die Erfolge auf den Rennpisten setzten sich fort. 1925 erzielte eine Chater Lea eine Durchschnittsgeschwindigkeit von 160 km/h, womit sie die schnellste 350er ihrer Zeit war. Den Motor hatte wieder Marchant entworfen und mit einer obenliegenden Nockenwelle ausgerüstet. Später brach eine Chater Lea 19 englische und internationale Rekorde. Die Marke stand in hohem Ansehen, sie galt als sehr zuverlässig und war darüberhinaus für ihre Geschwindigkeit berühmt. Die Rekorde umfaßten Kurz- und Langstrecken mit Distanzen von einem bis zu 320 Kilometern.

Der Motor, mit dem sich Marchant diese Erfolge sicherte, hatte eine obenliegende Nockenwelle mit Königswellenantrieb und war von einem Blackburne-Stoßstangenmotor abgeleitet. Sein Verdichtungsverhältnis betrug 7:1, betrieben wurde er mit Alkohol. Zudem war er extrem leicht, was nicht unerheblich zur Erhöhung der Fahrleistungen beitrug.

Inspiriert von Marchants Schöpfung, entwickelte Chefkonstrukteur Woodman zusammen mit Marchant im Jahr 1925 den berühmten Camshaft-Motor. Sein Hubraum betrug 348 cm³, Primär- und Sekundärantrieb erfolgten über Kette. Die Chater Lea-Modelle von 1925 waren fast ausschließlich sportlich geprägt. Der Camshaft-Motor von 1925 sollte die Geschwindigkeit und Fahrsicherheit der Motorräder erhöhen. Die beiden Konstrukteure hatten ein recht ungewöhnliches Verfahren zur Steuerung der Ventile ersonnen. Diese wurden über eine Königswelle und im Zylinderkopf angeordnete Tellernocken betätigt. Die Nocken bestanden aus zwei aus der Oberfläche von zwei Scheiben herausgearbeiteten Erhöhungen, die am Ende der Welle übereinander angeordnet waren. Die Enden der Kipphebel bildeten drehbare Scheiben. Da die Königswelle in Wirklichkeit die Funktion der Nockenwelle erfüllte, kann nicht von einem echten Motor mit nur einer Nokkenwelle gesprochen werden. Der gesamte Komplex befand sich im Inneren des robusten Gehäuses.

Die Zylinderkopfdichtung war aus Aluminium gefertigt, wodurch der Motor eine perfekte Ölabdichtung besaß, was damals eher selten war. Der Zündmagnet wurde vom äußeren rechten Ende der Kurbelwelle betätigt. Um eine ausreichende Schmierung zu gewährleisten, waren zwei Ölpumpen vorgesehen. Die eine versorgte das Zylinderkopfgehäuse mit dem Ventilsteuerungsmechanismus mit dem Öl, das durch die Schwerkraft spiralförmig zur Basis der Königs-

welle hinunterlief. Bei der anderen handelte es sich um eine Bert & Lloyd-Pumpe, die direkt im Inneren des Motorgehäuses arbeitete, ohne daß ein Rückfluß zum Tank stattfand, da die Schmierung der Pleuellager durch Spritzöl erfolgte.
Sollte die Maschine bei Rennen eingesetzt und deshalb mit Alkohol betankt werden, so konnte man Kolben verwenden, die ein höheres Verdichtungsverhältnis ermöglichten. Dieses Modell, das zweifellos als das beste aller Chater Lea-Fabrikate betrachtet werden kann, war auch in Design und Linie sehr gefällig und bis ins Detail sorgfältig verarbeitet.
Ab 1930 begann das Unternehmen die Motorradproduktion einzuschränken, wenngleich auf den Salons von 1931, 1933 und 1934 noch Modelle der bewährten Marke zu sehen waren. Die 348 cm^3-Version mit obenliegender Nockenwelle sowie die 545er mit seitlich stehenden Ventilen waren auch 1930 im Produktionsprogramm und wurden bis 1936 geliefert. Dann stellte Chater Lea den Motorradbau endgültig ein.

Chay

1953 entstand in Buenos Aires der argentinische Chay-Roller. Sein Zweitaktmotor mit liegendem Zylinder und einem Hubraum von 125 cm^3 hatte ein angeblocktes Dreiganggetriebe und Kettenantrieb. Die Radaufhängung bestand vorne aus einer Teleskopgabel und hinten aus einer herkömmlichen Schwinge. Der Roller besaß austauschbare Scheibenräder mit nur acht Zoll Durchmesser, seine Verkleidung war von Galletto Guzzi inspiriert. Es folgte ein 175 cm^3-Modell, aus dem man wiederum einen dreirädrigen Kleintransporter mit vorderer Ladefläche entwickelte.

Chell

Die britischen Chell-Leichtmotorräder, die mit 123 cm^3-Villiers-Motoren ausgerüstet waren, gaben 1939 nur ein sehr kurzes Gastspiel. Mit dem Ausbruch des Zweiten Weltkriegs mußte das Werk in Wolverhampton im selben Jahr seine Produktion schon wieder einstellen.

Chianale

Die italienische Firma Chianale in Cuneo produzierte 1927 ein Leichtmotorrad, das mit einem französischen Einzylinder-350 cm^3- Motor von Chaise ausgerüstet war. Der Viertaktmotor verfügte über eine obenliegende Nockenwelle.

Chiorda

Das in den 50er Jahren aktive Unternehmen Chiorda mit Sitz in Bergamo stellte auf dem Mailänder Salon von 1954 ein 100 cm^3-Leichtmotorrad mit sehr schöner Linienführung vor, das einen Zweizylinder-Viertaktmotor besaß. 1957 produzierte Chiorda das 48 cm^3-Moped Arlecchino mit Teleskopgabel und Dreiganggetriebe. Eine wenig später vorgestellte Sportversion des Arlecchino erreichte eine beachtliche Höchstgeschwindigkeit von 70 km/h.

Christophe

Die Marke Christophe wurde in Neuilly-sur-Seine in Frankreich etwa von 1920 bis 1930 hergestellt. Es handelte sich um Zweitaktmaschinen mit kleinem und mittlerem Hubraum sowie Viertakter mit 350 und 500 cm^3. Ein besonders interessantes Modell war die etwa 1930 produzierte Viertakt-Einzylindermaschine mit 498 cm^3 Hubraum, obenliegender Nockenwelle und zwei Auslaßventilen.

Cicca

Die französische Firma Cicca baute 1949 den Scoto-Roller. Er besaß einen Einrohrrahmen von geringen Abmessungen und ebenfalls recht kleine Räder. Sein 50 cm^3-Motor stammte von Vélorève und befand sich vorne am Lenkkopf. Der Antrieb erfolgte über eine Reibrolle auf das Vorderrad.

C.I.E.

Bei der Compagnie Internationale d'Electricité in Herstal entstand 1905 die mit einem stehenden Einzylindermotor ausgerüstete C.I.E.. Die Maschine wurde aus einem Modell entwickelt, das um 1900 von den beiden berühmten Konstrukteuren Kelecom und Couturier gebaut worden war. Sie besaß einen Riemenantrieb, eine Simms-Bosch-Magnetzündung, entwickelte eine Leistung von 4 PS und erreichte eine Höchstgeschwindigkeit von 84 km/h. Von 1904 bis 1905 wurde die C.I.E. auch in der britischen Hauptstadt London hergestellt.

Cimatti

Der Radsportfanatiker Marco Cimatti ließ seiner Leidenschaft freien Lauf und wurde bald zu einem erfolgreichen Rennfahrer. Als Mitglied der berühmten italienischen Radmannschaft gewann er 1932 sogar eine Goldmedaille bei den Olympischen Spielen in Los Angeles. Und da der Italiener dem Radsport derart zugeneigt war, war es kaum verwunderlich, daß er beschloß, selber Fahrräder zu produzieren. Cimattis erste kleine Fabrik entstand 1937. Die Geschäfte ließen sich gut an, doch dann brach der Zweite Weltkrieg aus und die Werksanlagen wurden vollkommen zerstört. Der unternehmungslustige Marco Cimatti ließ sich davon nicht entmutigen. 1946 begann er erneut mit der Herstellung von Fahrrädern und wandte sich 1950 auch dem Bau von Mopeds zu. Damals standen bei den meisten Produzenten von motorisierten Zweirädern großvolumige und entsprechend teure Maschinen im Katalog. Doch die Nachfrage ließ nach, und zahlreiche Firmen gerieten in ernsthafte Schwierigkeiten.
Das galt jedoch nicht für Marco Cimatti, der seine Mopedproduktion in unvermindertem Umfang fortsetzen konnte. Cimatti hatte dem Motorradrennsport nie besondere Aufmerksamkeit gewidmet. Er zog es vor, sich auf die Bedürfnisse des privaten Käufers zu konzentrieren, da sich in diesem Bereich zweifellos höhere Verkaufsziffern erzielen ließen. Dennoch nahmen Cimatti-Maschinen nicht ohne Erfolg an dem einen oder anderen Wettbewerb teil. 1966-68 gewann die Firma sogar dreimal hintereinander die italienischen Geländesport-Meisterschaften in der 50 cm^3-Klasse. Die von Cimatti produzierte 50er Reihe umfaßte eine weitgefächerte Modellpalette, im Angebot fehlten aber auch nicht Maschinen mit größeren Hubräumen, manche waren sogar recht originell. 1956 gab es unter den 50 cm^3-Maschinen einen schönen Motorroller mit einer Heckverkleidung, die den Motor freiließ, während der Antrieb vollkommen verhüllt war. Zur selben Zeit brachte Cimatti auch dreirädrige Kleintransporter auf den Markt.
Im Anschluß an die Rennerfolge im Geländesport-Bereich gegen Ende der 60er Jahre versuchte Cimatti, die neue Popularität auch kommerziell zu nutzen, indem er drei sehr interessante Motorräder produzierte: die Straßenmodelle 100 und 175 cm^3 Sport Lusso sowie die Kaiman Cross Competizione. Alle drei Maschinen waren mit Vierganggetriebe ausgerüstet; das Moto-Cross-Modell konnte, so versprach die Firma, eine Leistung von 19,5 PS bei 7000 U/min entwickeln.

Cimatti 86 mit Vierganggetriebe aus den 70er Jahren.

Überraschenderweise nahm man diese Maschinen sehr bald wieder aus dem Programm. Sie waren das Ergebnis einer sorgfältigen Planung, bei ihrer Herstellung ging man ebenso gewissenhaft ans Werk, und sie konnten zudem hervorragende Leistungen erbringen. Cimatti zog es anscheinend trotzdem vor, sich wieder in besonderem Maße der 50 cm³-Klasse zuzuwenden, einem Bereich, in dem sich die Firma bereits einen guten Namen gemacht hatte.
Die Abstinenz hielt nicht lange vor: 1972 entstanden dennoch zwei neue 125 cm³-Modelle, ein Moto-Cross-Motorrad mit Fünfganggetriebe und eine Straßenmaschine. Letztere wurde unter dem Namen Ariete 5/M präsentiert und besaß einen Franco-Morini- Zweitaktmotor, der eine Leistung von 15 PS aufwies. Das Verdichtungsverhältnis betrug 9:1. In der Folgezeit erfuhr dieses Modell einige unbedeutende Veränderungen. 1977 stellte das Werk die Produktion des Modelles ein.
Unter der Leitung von Enrico Cimatti, dem Sohn des Firmengründers, verfolgte die italienische Firma, die in Pioppe di Salvaro in der Nähe von Bologna ansässig war, eine neue, auf den Export ausgerichtete Politik. Cimatti-Modelle wurden erfolgreich in zahlreichen Ländern verkauft, wie etwa in den Vereinigten Staaten, in Frankreich, Norwegen und sogar in Tunesien. Das Angebot von 1977 enthielt ausschließlich 50 cm³- Maschinen. Die Chic war dabei das einzige wirkliche Moped und besaß ein Einganggetriebe sowie eine automatische Kupplung. Als besonders luxuriöses Modell präsentierte die Firma die „86", zu deren Charakteristika ein U-förmiger Tankrohrrahmen, ein Vierganggetriebe und Leichtmetallräder zählten.
Auch die Reihe der Kleinmotorräder nahm in der Produktion von Cimatti einen wichtigen Platz ein. Eingeleitet wurde die Serie von dem Automatik-Modell Mini Chic, das in traditioneller Bauweise ausgeführt war, während die kleine und robuste Bob Cat durch ihre Leichtmetallräder und den nach oben gezogenen Auspuff auffiel. Bat Boy und Bat Baby richteten sich ebenso wie das Modell Mini Prix an die jüngsten Käufer. Die Kaiman Trial war mit Vier- oder Sechsganggetriebe erhältlich und mit einem stabilen Rohrrahmen ausgerüstet. Schließlich gab es noch das Modell Sagittario, das über Pedale, Fußrasten und ein Sechsganggetriebe verfügte. Es handelte sich dabei um ein sehr elegantes Fahrzeug mit niedrigem Lenker und einem unter der Sitzbank eingebauten langen und schmalen Tank.

Cimatti Mini Chic 49 cm³, entstanden Ende der 70er Jahre.

Die Motorradproduktion von Cimatti konzentrierte sich auch in den folgenden Jahren auf die erwähnten Modelle. 1979 erschien die neue Oasi, die einen liegenden Einzylinder-Zweitaktmotor von Minarelli mit verchromten Laufbuchsen besaß. Sie hatte ein Automatikgetriebe und einen Preßstahlrahmen. 1980 kam die Gringo mit dem mittlerweile fast klassischen Zentralrohrrahmen hinzu, der als Treibstofftank diente. Das Design dieses Fahrzeugs war ausgesprochen gelungen. Angetrieben wurde es von einem Minarelli-Zweitakter, der mit einem Vierganggetriebe und einem Dell'Orto SHA 12-14 Vergaser kombiniert war. Dieses Modell war in drei Versionen erhältlich.
1981-84 änderte sich das Produktionsprogramm kaum. Die Kaiman Super und die Kaiman Baby erfuhren Verbesserungen. Interessant war ein Kleinmotorrad mit dem Namen Mini Prix, das eine Grand-Prix-Vollverkleidung besaß. Sein Motor war der Morini S5K2 mit einem Hubraum von 48 cm³, das Verdichtungsverhältnis betrug 9:1; ein Automatikgetriebe mit automatischer Fliehkraftkupplung und die moderne Hinterradaufhängung mit einem Zentralfederbein gehörten zu den weiteren technischen Merkmalen dieses Modells. Das Minibike brachte nicht mehr als 28 kg auf die Waage und erreichte eine Höchstgeschwindigkeit von 25 km/h. Es war ein kleines Schmuckstück für zukünftige Champions. Am Ende dieser Produktionsphase schloß die Fabrik ihre Tore.

CITA

Die CITA-Maschinen wurden von 1922 bis 1925 im belgischen Lüttich hergestellt. Sie waren mit 175, 200 und 350 cm³-Motoren aus firmeneigenem Entwurf ausgerüstet.

Cityfix

Die deutschen Cityfix-Roller wurden 1949-52 in Osnabrück produziert und waren als wirtschaftliche und preisgünstige Transportmittel konzipiert, Eigenschaften, die in der schwierigen Nachkriegszeit überaus wichtig erschienen. Zunächst verwendete man 58 und später 98 cm³-Zweitaktmotoren von Lutz beziehungsweise Sachs. Obwohl er gut durchdacht und sorgfältig verarbeitet war, war dem Cityfix-Roller nur ein bescheidener Absatz beschieden.

Claeys Flandria

Belgische Firma, die 1955 die verschiedensten Mopeds herstellte. Im Jahr darauf stellte sie einen mit einem Ilo-Zweitaktmotor ausgerüsteten Roller vor. Das Fahrzeug verfügte über eine hintere Motor-Getriebe-Aufhängung-Schwingeinheit. 1957 präsentierte Claeys auch ein Motorrad mit einem Ilo-Zweitakter, setzte aber die Produktion von Rollern und Mopeds mit und ohne Verkleidung ebenfalls fort. In den darauffolgenden Jahren gab es keine Neuheiten mehr, sondern lediglich einige Detailverbesserungen der bereits bekannten Modelle.

Clamil

Der englische Techniker A. T. Clark entwarf 1922 das Clamil-Motorrad. Um Probleme mit der Kühlung zu vermeiden, wie er sie bei F.N.-Motoren bisweilen bemerkt hatte, baute er den Vierzylinder-Reihenmotor der belgischen Firma nicht längs, sondern quer in den Rahmen ein. So ließ sich eine bessere Luftdurchströmung erzielen. Er veränderte auch die Anordnung der Auspuffrohre. Die Maschine des Briten wurde jedoch nie in Serie hergestellt.

Clarendon

Ein mittelgroßes Unternehmen in Coventry, das Fahrräder, Motorräder und Automobile produzierte. Die Motorräder waren anfänglich in herkömmlichem Design gehalten und mit Motoren der verschiedensten Marken bestückt. Aber auch Triebwerke aus eigener Produktion wurden verwendet. Bei letzteren handelte es sich um 3 PS starke Einzylinder mit seitlich stehenden Ventilen. Die 1901 gegründete englische Firma bestand bis 1911.

Claude Delage

Kleine französische Motorradfabrik mit Sitz in Clichy, Seine, die Motorräder und Automobile herstellte, aber in keinem Bereich erfolgreich war. 1925 gegründet, mußte sie bereits in demselben Jahr ihre Tore schließen.

Clement

Ein großer französischer Hersteller, dessen Produktion 1889, mit einem Dreirad begann. Vorbild war das Modell von De Dion, von dem auch der Motor stammte. Im folgenden Jahr baute Clement ein Vierrad, wäh-

rend das erste motorisierte Zweirad 1902 entstand. Es besaß einen geneigten Motor, der im Rahmenwinkel hinter dem Lenkkopf montiert war, der Hubraum betrug 142 cm³, und der Antrieb erfolgte über Riemen. Ebenfalls 1902 wurde eine 1200 cm³-Vierzylinder-Rennmaschine vorgestellt, die als erstes Mehrzylinder-Rennmotorrad der Welt gelten kann. Das Modell war mit zwei V-Zylinderpaaren ausgerüstet und erreichte eine Höchstgeschwindigkeit von 113 km/h.
1912 produzierte Clement ein Motorfahrrad mit einem Hubraum von 47 cm³, im Zylinderkopf hängenden Ventilen, einer Bosch-Magnetzündung, Clement-Vergaser, Zweiganggetriebe, Nabenkupplung und 26 Zoll-Reifen. Der vor den Pedalen eingebaute stehende Einzylindermotor ermöglichte eine Geschwindigkeit von 40 km/h. Die Gabel war mit zwei stehenden Federn versehen, und das Gesamtgewicht dieses Motorfahrrads betrug 35 kg.
Vor Ausbruch des Ersten Weltkriegs erschien die Autocyclette, eine Zweizylinder-V-Maschine mit einem Mag-Motor, Zweiganggetriebe und Kupplung. Sie wurde mit 2,7 und 4 PS angeboten. Die französische Pionierfirma, die auch für ihre Einbaumotoren bekannt war, existierte bis 1925.

Clement Garrard

Unter dieser Markenbezeichnung kamen Leichtmotorräder, Motorräder und Rahmen in den Handel. Letztere lieferte man an andere Produzenten motorisierter Zweiräder, beispielsweise an Norton. Die britische Firma Clement Garrard mit Sitz in Birmingham verwendete ab 1898 Clement-Motoren mit außenliegenden Schwungrädern, und zwar sowohl Ein- als auch Zweizylinder mit 1,75 PS, 2 und 3 PS. Besondere Merkmale dieser Modelle waren zum einen der extrem lange Radstand und zum anderen ein sehr enger Zylinderwinkel bei den Zweizylinder-V-Motoren. Als „Federgewichtsmaschinen" bewarb die Firma ihre Leichtmotorräder, da man lange Zeit – selbst bei den 3 PS-Zweizylindermodellen – nur mit Fahrradgestellen arbeitete. Clement Garrard stellte die Produktion 1911 ein.

Clement Gladiator

Die in Frankreich 1902-32 produzierten Gladiator-Motorräder waren mit ungewöhnlich robusten Rohrrahmen von eigenwilligem Design ausgerüstet. Sie besaßen 248 cm³-JAP-Motoren und konnten zahlreiche Rennerfolge für sich verbuchen. Ab Ende der 20er Jahre wurde ein Rahmen verwendet, dessen hintere Radaufhängung gefedert war. Clement Gladiator zählte somit zu den ersten Motorradherstellern, die eine Hinterradfederung einführten. Unter dem Sattel war eine flache Spiralfeder montiert, die sich in einem liegenden Stahlrohr bewegte. 1925 stellte die Firma ihren Betrieb ein.

Cless & Plessing

Kleiner österreichischer Produzent mit Sitz in Graz. Baute 1903-06 Motorfahrräder, die zunächst über Kardanwelle, später über Riemen angetrieben wurden. Die verwendeten 2,5 PS-Motoren stammten aus eigener Produktion.

Cleveland

Das von der Cleveland Motorcycle Manufacturing Company 1915-29 in der gleichnamigen Stadt im US-Staat Ohio produzierte Motorrad war vor dem Zweiten Weltkrieg das einzige erfolgreiche amerikanische Zweitaktmodell. Die beiden anderen Versuche auf diesem Gebiet, die Indian 250 und die Excelsior 296, konnten sich nur sehr kurz auf dem Markt halten.

Die englische Triumph hatte zweifellos einen nicht unerheblichen Einfluß auf diese US-Marke, deren erste Modelle einen zylinderförmigen Treibstofftank aufwiesen, der – fast wie bei den berühmten britischen Motorrädern – mittels zweier Metallbänder am oberen Rahmenrohr befestigt war. Auch sonst gab es unverkennbare Ähnlichkeiten, die am offensichtlichsten bei der vorderen Aufhängung zutage traten. Die Gabel war mit einem Bolzen an der Basis des Lenkkopfs befestigt und federte aufgrund einer liegenden Schraubenfeder.

Die erste Cleveland von 1915 besaß einen originalen englischen, lederüberzogenen Sattel. Beim Motor handelte es sich um einen 222 cm³-Einzylinder (Bohrung und Hub 63,5 x 69,8 mm), der so eingebaut war, daß sich

Linke Seite:
Oben: Vierzylinder-Cleveland vom Baujahr 1926 mit der Typenbezeichnung 4-45 (4 Zylinder, 45 Kubikzoll). Der genaue Hubraum betrug 787 cm³, und das Dreiganggetriebe war am hinteren Teil des Motorgehäuses angebracht.
Rechte Seite:
Oben: Cleveland-Zweitaktmaschine von 1913. Das Rekordmodell hatte ein angeblocktes Zweiganggetriebe und eine Kupplung aus dreizehn Stahlscheiben.
Unten: Cleveland 20 von 1919 mit einem 269 cm³-Zweitaktmotor.

die Kurbelwelle in Längsrichtung zum Rahmen befand. Dieses Cleveland-Modell unterschied sich von allen anderen vor allem durch ein charakteristisches Merkmal: Der Motorblock wurde von einer doppelten Rohrstruktur gestützt, wobei die liegenden Rohre auf beiden Seiten des Motors in Höhe des Gehäuses vorbeiliefen. Die Firma versprach für diese Maschine eine Höchstgeschwindigkeit von über 55 km/h und einen Treibstoffverbrauch von 2,5 Litern auf 100 Kilometer.

Während des Ersten Weltkriegs war der Verkauf der Cleveland-Motorräder auf die USA beschränkt, nach Ende des Konflikts gingen sie in größerem Umfang auch in den Export. Im Herbst 1919 stellte man die neue Cleveland 20 vor. Der Hubraum war auf 269 cm³ (69,85 x 69,85 mm Bohrung x Hub) vergrößert worden, während das Zweiganggetriebe unverändert blieb. Das Übersetzungsverhältnis im niedrigen Gang betrug wie zuvor 10:1, im höheren hatte man es auf 6:1 gebracht. Dieses Motorrad war ganz in Amerika hergestellt worden, auch Vergaser und Magneten stammten aus inländischer Produktion, und alle im Modell von 1915 eingesetzten britischen Teile waren ersetzt worden.

Nicht unerwähnt bleiben sollte der Langstreckenrekord über 24 Stunden, den eine Cleveland 1917 aufgestellt hatte und der wesentlich zur späteren Popularität der Firma beitrug. George Austin, ihr Fahrer, der rund 100 kg auf die Waage brachte, mußte dabei gegen die denkbar schlechtesten Witterungsverhältnisse ankämpfen. Nach Ablauf der 24 Stunden hatte die Maschine, die 25 kg weniger als ihr Fahrer wog, 872,24 Kilometer zurückgelegt und rund drei Liter Treibstoff auf 100 Kilometer verbraucht. 1918 durchfuhr Bergstrom in derselben Zeit eine Strecke von 1285,83 Kilometern, bald darauf kam Short sogar auf 1367,10 Kilometer.

Von Jahr zu Jahr erfuhr das Motorrad weitere Verbesserungen, blieb in seiner Grundstruktur jedoch unverändert. 1918 besaß die Rekordmaschine Zylinder und Kopf aus einem Guß, ein angeblocktes Zweiganggetriebe und eine Kupplung aus dreizehn Scheiben. 1923 wurde ihr die E Sporting Solo zur Seite gestellte, die mit weiterem Zubehör, Lichtmaschine und batteriebetriebener elektrischer Beleuchtung ausgerüstet war.

Die folgende Etappe der Cleveland-Produktion brachte mit dem Modell F25 eine Überraschung. Fahrgestell und Vorderradaufhängung waren vom Typ Triumph, doch der Motorblock war längs im Rahmen eingebaut. Die Maschine hatte ein Zweiganggetriebe, Einlaßventile aus einer Chrom-Nickel-Stahl-Legierung sowie eine Frischölschmierung mittels einer mechanischen Ölpumpe, die durch eine zusätzliche Handpumpe ergänzt wurde. Dieses Modell wurde in zwei Versionen angeboten, zum einen mit Magnet- oder Dynamozündung und zum andern mit Spulenzündung.

Im September 1925 gab es eine Cleveland-Neuvorstellung: Angetrieben wurde das Modell von einem seitengesteuerten 688 cm³-Vierzylinder-Reihenmotor mit einer Nockenwelle für die links stehenden Einlaß- und einer zweiten für die rechts stehenden Auslaßventile. Die Zylinder standen einzeln (und waren nach Aussage der Konstrukteure austauschbar). Die leichten Gußkolben hatten Pleuel aus Duralumin, die zweieinhalb Mal länger waren als der Hub. Die Maschine besaß einen traditionellen Cleveland-Rahmen, eine Einscheibenkupplung und Rollenlager in den Radnaben. Die Gabel war der vorderen Aufhängung von Ace oder Harley Davidson nicht unähnlich.

Leider erwies sich die 688 cm³-Cleveland als Fehlschlag. Ihre Leistungen lagen weit unter den erwarteten, und die Wendigkeit ließ ebenfalls zu wünschen übrig. Die Maschine erhielt niemals die Gelegenheit, mit den erprobten Vierzylindern anderer Firmen in Wettstreit zu treten, da man kaum mehr als zweihundert Exemplare gebaut hatte, bevor man ihre Produktion endgültig einstellte.

Doch Cleveland gab sich nicht geschlagen und verpflichtete 1926 mit Everitt De Long einen Konstrukteur, der für Henderson und Ace gearbeitet hatte. Er baute eine 750 cm³-Maschine mit vier Zylindern in Reihe, abnehmbarem Zylinderkopf und V-förmig hängenden Ventilen. Das Dreiganggetriebe war an den hinteren Teil des Motorgehäuses montiert. Fahrgestell und vordere Aufhängung bestanden aus einem Doppelschleifenrohrrahmen und einer Doppelrohrgabel mit Kurzschwingen, der Antrieb erfolgte über Kette. Dieses Cleveland-Modell fand zwar großen Anklang, doch der Markt, der an die typischen Hubraumgrößen von Henderson gewöhnt

war, stellte sich nicht so leicht um. Letztlich konnten sich die relativ kleinen Hubräume der Cleveland nicht durchsetzen.
Deswegen wurde 1926 eine neue sportliche Maschine angekündigt, die eine Höchstgeschwindigkeit von 120 km/h erreichte. Dies sollte nur eine Zwischenlösung sein, denn inzwischen arbeitete De Long an dem 1000 cm³-Vierzylindermodell 4-61, womit Cleveland endlich ein Motorrad anbot, das es mit der Konkurrenz aufnehmen konnte.
Die 4-61 erreichte eine Spitzengeschwindigkeit von 145 km/h und besaß neben der Hinterrad- auch eine vordere Trommelbremse, was damals in den USA nicht selbstverständlich war.
Die Verkaufsziffern schnellten nach oben, und auf dem New Yorker Salon von 1929 präsentierte man auch eine neue Version der Vierzylindermaschine: die Cleveland Tornado Four. Nach Angaben des Herstellers erreichte sie eine Höchstgeschwindigkeit von 160 km/h. Das Fahrgestell war neu konzipiert. Die oberen Rohre bildeten praktisch eine gerade Linie vom Lenkkopf bis zur Mitte des Hinterrads. Das Verdichtungsverhältnis war ebenso wie der Durchmesser der Leitungen und der Ansaugventile erhöht worden.
Während die Produktion der Tornado auf vollen Touren lief, war man in der Planungsabteilung von Cleveland dabei, eine noch spektakulärere Konstruktion zu entwerfen. Es handelte sich um die Century, ebenfalls eine 1000 cm³-Maschine, jedoch in einer weiter entwickelten Version. Das Verdichtungsverhältnis wurde erhöht, und der Rahmen erhielt eine neue und robustere Gabel. Alle Cleveland-Century-Motorräder waren bei Testfahrten auf der Straße in der Lage, eine Geschwindigkeit von 160 km/h zu erreichen.
Die Century hätte das Paradestück der Saison 1930 werden können, aber Cleveland mußte die Produktion einstellen. In den USA begann die große Wirtschaftskrise. Da die Bevölkerung kaum genug zu essen hatte, war es fast unmöglich, Käufer für die kostspieligen Cleveland-Produkte zu finden. Die Vierzylindermaschine verschwand für immer vom Markt, gerade als sie einen bemerkenswerten Stand technischer Ausgereiftheit erreicht hatte.

Clipper

Gegen Ende der 40er Jahre in England hergestellt, war der Clipper-Roller mit einem 197 cm³-Villiers-Motor ausgerüstet und besaß eine eigenwillige Verkleidung. Fahrer und Beifahrer fanden auf zwei nebeneinanderliegenden Sitzen Platz.

Clua

Ihr erstes Motorrad stellte die spanische Firma Construcciones Mecánicas Clua 1952 vor. Dann produzierte sie bis 1954 125 und 175 cm³-Zweitaktmodelle mit Vierganggetriebe, Rohrrahmen, Teleskopgabel und Geradwegfederung mit Teleskopfederbeinen (für die 125er) oder Hinterradschwinge (für die 175er). Daneben präsentierten die Spanier die 49 cm³-Maschine Gorrion mit einem vor den Pedalen eingebauten Motor und Kettenantrieb. 1964 stellte der in Barcelona ansässige Hersteller seine Produktion ein.

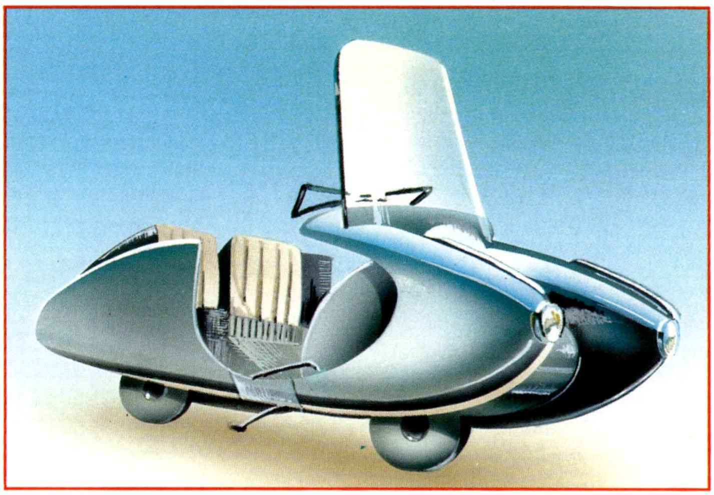
Clipper-Motorroller mit zwei Sitzen.

Clyde

George H. Wait, einer der Pioniere der britischen Motorradindustrie, starb nach dem Zweiten Weltkrieg im Alter von 84 Jahren. Er schuf zu Beginn des Jahrhunderts die Clyde, die zu den ersten Motorrädern gehörte, die anstelle des herkömmlichen Fahrradrahmens mit einem aus sehr robusten Rohren bestehenden Schleifenrahmen ausgerüstet waren. Waits eigene Motoren hatten 2,75, 6,5 und 7 bis 8 PS (V-Zweizylinder), die Vergaser wurden unter Lizenz von Simms hergestellt. Daneben gab es Modelle, die JAP-Einbaumotoren besaßen. In den darauffolgenden Jahren konzentrierte sich die Firma in Leicester vor allem auf die Produktion von Automobilen und stellte 1912 ihren Betrieb ein.

Clyno

Eine Zeitlang glaubte man, der Markenname Clyno sei von dem Slogan „A Car Like You've Never Owned" (Ein Auto, wie Sie noch keines besessen haben) abgeleitet, aber in Wirklichkeit geht die Bezeichnung auf eine Erfindung der Firma zurück, die in den ersten Jahren des Jahrhunderts in England gegründet wurde. Im Laufe ihres 25jährigen Bestehens wurde Clyno zu einem sehr bekannten Namen, und zwar zunächst in der Motorradwelt und später auf dem Gebiet des Automobils.
Ein Nachteil der ersten Clyno-Motorräder war die fehlende Flexibilität des Eingangriemenantriebs. Die wirkungsvollste Verbesserung brachte eine Erfindung der beiden Cousins Frank und Alwyn Smith, die sie „inclined pulley" (geneigte Riemenscheibe) nannten. Abgekürzt „clined" führte diese Bezeichnung schließlich zum Marken- und Firmennamen Clyno. Die variable Übersetzung der „Clyno Pulley" konnte nach Angaben ihrer Erfinder in nur fünf Sekunden mittels einer einfachen Handbewegung betätigt werden. Das Fahrzeug war auch in einer Version mit Gebläsekühlung erhältlich.
Die beiden Vettern hatten das neue System 1909 entwickelt und ein komplettes Motorrad produziert. Es war aus Teilen zusammengebaut, die sie von anderen Herstellern bezogen hatten. Im November 1909 debütierte die Clyno Engineering Company Limited in der Stanley Show von Islington mit einer 744 cm³-V-Zweizylinder sowie zwei 386 cm³-Einzylindermodellen. Die beiden letztgenannten Maschinen besaßen eine ungewöhnliche Eigenschaft: Der gesamte Block aus Motor, Vergaser, Magnet und Schalldämpfer konnte durch einfache Entfernung zweier Bolzen vom Rahmen gelöst werden.
Im Verlauf eines Jahres verlegte das Unternehmen seine Produktionsstätte nach Wolverhampton, wo die berühmte Firma AJS ansässig war. Auf dem Olympia-Salon von 1910 präsentierte Clyno eine neue Version der 744er, die mit einem fußgeschalteten Zweiganggetriebe, Kupplung sowie Kettenantrieb ausgerüstet war. Auf dem Salon des folgenden Jahres erschien nur dieses eine Modell, da die Firma den Bau von Einzylindern aufgegeben hatte und mit ihm den Einsatz des Riemenantriebs und der patentierten Clyno-Riemenscheibe. 1911 wurde ein Clyno-Motorrad mit Primär- und Sekundärantrieb über insgesamt sechs Ketten produziert. Es hatte einen Motor mit gekapseltem Ventiltrieb, wahlweise Zwei- oder Vierganggetriebe und Kickstarter.
Damals entstand zudem eine Seitenwagenversion, der eine Serie besonderer Beiwagen folgte. Die Clyno-Seitenwagen hatten eine ganz spezielle Torpedoform. Sie besaßen patentierte Kupplungen (zwei vorne und zwei hinten), eine gefederte Radaufhängung, ein Reserverad und einen Gepäckträger. Auf Wunsch waren sie mit Windschutzscheibe und Verdeck erhältlich.
Nach und nach wurden die Clyno-Maschinen immer komfortabler. Die Modelle von 1913 hatten ein Dreiganggetriebe und leicht abmontierbare Räder. Die Befestigung des Seitenwagens erfolgte an drei Stellen. Darüberhinaus legte man besonderen Wert auf die Verarbeitung, einschließlich der Lackierung.

Sie war in einem speziellen Clyno-Silbergrau gehalten, der Tank noch zusätzlich mit blauen Flächen und goldenen Streifen verziert. Auch die Räder waren silbergrau, mit Ausnahme eines Teils der Felgen in Höhe der Vorderradbremse. Der Seitenwagen leuchtete dagegen in Blau.
1913 kehrte Clyno zu einer kleineren Hubraumgröße zurück und produzierte eine Einzylinder-Zweitaktmaschine mit 2,5 PS. Doch das bekannteste und verbreiteste Modell blieb die alte 744 cm³- Zweizylindermaschine. Vor allem war sie als Militärmaschine im Ersten Weltkrieg gut einsetzbar. Die Armee benötigte Motorräder, auf die Maschinengewehre montiert werden konnten, wofür sich die herkömmliche Clyno geradezu anbot. Die Aufträge gingen so zahlreich ein, daß man 1915 in der Fabrik eine 18 Stunden-Schicht einlegen mußte.
Die Clyno-Maschinen kamen in Dreiergruppen zum Einsatz: Eine gepanzerte Version transportierte das im Beiwagen montierte Vickers-Maschinengewehr, die zweite wies ebenfalls eine Panzerung auf, beförderte aber keine Waffen, und die dritte war ungepanzert und hatte die Munition geladen. Die Firma produzierte jährlich rund 100 Exemplare der gepanzerten Seitenwagen-Version. Ein neues Modell dieses Typs wurde 1917 vorgestellt. Es handelte sich um die Russian Eight mit einem 8 PS-JAP-Motor, von der 8000 Stück an die russische Armee mit Bedienungsanleitungen in russischer Sprache geliefert wurden. Ein weiteres Projekt aus der Zeit des Ersten Weltkriegs war ein im Auftrag des britischen Kriegsministeriums gebautes Seitenwagenmodell mit wassergekühltem Reihenmotor und Zweiganggetriebe.
Außerdem sollte die Firma einen von Vauxhall entworfenen Zwölfzylinder-V-Flugmotor bauen, wozu es aber nicht kam, weil man sich für den Dragonfly von ABC entschied. Mit der Produktion wurden die Firmen Clyno und Guy beauftragt, zwischen denen es zu einem richtigen Wettlauf kam. Clyno ging als Sieger hervor, doch war es zu spät, denn der Motor war erst am Tag des Waffenstillstands fertiggestellt. So wurde der Vertrag gelöst, und Clyno wandte sich wieder der Motorradproduktion zu.
Die Firma schien alle Karten in der Hand zu haben, um vom Verkaufsboom der Nachkriegszeit voll profitieren zu können. Aufgrund der hervorragenden Leistungen im Krieg genossen die Clyno-Motorräder einen sehr guten Ruf, und man verfügte über zwei optimale 2,5-PS-Zweitaktmodelle sowie über eine neue 8 PS-Zweizylinder-V-Maschine mit gefedertem Fahrwerk. Doch erforderte die Umstellung der Produktion zuviel Zeit. Auch wenn die 8 PS-Maschine auf dem Motorradsalon von 1919 gezeigt wurde, konnte man sie noch nicht liefern. Vielleicht hatte man sich bei Clyno zuviel vorgenommen, wo gleichzeitig an der Entwicklung eines 10 PS starken Automobils gearbeitet wurde.
Verantwortlich für dieses Projekt zeichnete der Techniker Van Eugen, der plötzlich im Sommer 1920 von dem Finanzier Thomas De la Rue angewiesen wurde, die Entwicklungsarbeiten zu stoppen. Van Eugen überließ Clyno daraufhin dem Chaos und ging zur Briton Motor Company. Clyno arbeitete unter einem neuen von De la Rue eingesetzten Direktor weiter. Die bereits erwähnte, überaus interessante 8 PS-Maschine ging nie in Serienproduktion. 1922 wurde die Clyno Engineering Company neu strukturiert und widmete sich mit gewissen Erfolg dem Bau eines Automobils mit kleinem Hubraum, das einen Climax-Motor erhielt. Die Restlagerbestände wurden für letzte Motorräder aufgebraucht, ab August 1923 stellte Clyno die Motorradproduktion ein und gab endgültig dem Automobil den Vorzug.

Clyno von 1912.

Klassisches Seitenwagenmodell von Clyno aus den frühen 20er Jahren.

CM

Der Name der italienischen Firma CM leitete sich von den Initialen von Mario Cavedagna ab, der sie mit Oreste Drusiani 1930 in Bologna gegründet hatte. Beide waren berühmte Techniker und Rennfahrer. Das Unternehmen erreichte nie ein Produktionsniveau in industriellem Umfang, weshalb es nicht zu den ganz großen Motorradherstellern zählte. CM blieb vielmehr stets eine handwerkliche Produktionsstätte, die in beschränkter Anzahl Modelle für Kenner schuf, die diese zu schätzen wußten.
CM-Maschinen hatten eine gefällige Linie und besaßen von Drusiani entworfene, unverwüstliche Motoren, die an Leistung den herkömmlichen Produkten weit überlegen waren. Einige technische Lösungen, wie etwa die obenliegende Nockenwelle, die damals ausschließlich Rennmaschinen vorbehalten war, bewiesen, wie innovativ und avantgardistisch Cavedagna und Drusiani in ihren Konzeptionen waren.
Die erste Schöpfung von CM ging 1931 in Produktion. Es handelte sich um ein 175 cm³-Modell mit stehendem Viertaktmotor, im Zylinderkopf hängenden, über Stoßstangen und Kipphebel gesteuerten Ventilen und einem separaten Dreiganggetriebe von Burman. Das Motorrad war in der Normalversion mit einem einzigen und in der Sportversion mit einem Doppelauspuff erhältlich. 1932 kam eine dritte Ausführung hinzu, die Supersport, die im wesentlichen ähnlich konstruiert war.

CM Sparviero von 1947.

CM 500 Lusso, Typ K von 1941.

1933 produzierte CM neben dem 175 cm³-Leichtmotorrad die erste 500er, ebenfalls mit Viertaktmotor und im Zylinderkopf hängenden Ventilen. Im folgenden Jahr debütierte das Werk mit einem 250 cm³-Modell, dessen Ventile von einer obenliegenden Nockenwelle gesteuert wurden.
1935 gab die Firma die 175 cm³-Maschine auf und widmete sich bis 1940 dem Bau von Motorrädern mit 250, 350 und 500 cm³ Hubraum in verschiedenen Versionen. Alle Varianten besaßen Viertaktmotoren mit im Zylinderkopf hängenden Ventilen, die über Stoßstangen und Kipphebel oder über obenliegende Nockenwellen gesteuert wurden, und hatten ein Vierganggetriebe, das wahlweise mit Hand- oder Fußschaltung erhältlich war. Das Fahrwerk bestand aus einem hinten starren Rohrrahmen und einer gefederten Parallelogrammgabel.
1941 gehörte CM zu den 15 Motorradherstellern in Italien, die trotz der schwierigen Kriegszeiten ihren Betrieb aufrecht erhalten konnten. Dabei konnte sich die Firma nicht – wie die anderen Hersteller – auf lukrative Armeeaufträge stützen. Die italienische Regierung erließ sehr restriktive Bestimmungen zum zivilen Gebrauch von Motorrädern, so daß sich CM praktisch zur Produktion von Dreiradfahrzeugen gezwungen sah. In den Kriegsjahren standen – zumindest theoretisch – 250, 350 und 500 cm³-Modelle auf dem Programm, die mit Vierganggetriebe und im Zylinderkopf hängenden, über Stoßstangen und Kipphebel gesteuerten Ventilen ausgerüstet waren. Neben dem Starrahmen lieferte die Firma auf Wunsch auch Maschinen mit gefederten Rahmen. 1945 war CM einer der zwölf überlebenden italienischen Hersteller, die den mittleren und großen Hubräumen treu geblieben waren, während sonst in Ita-

CM Francolino 175 cm³-Viertaktmodell, 1957.

CM Gheppio von 1947.

Das Fahrgestell bestand aus einem Rohrrahmen, die Räder wurden an einer Preßstahlparallelogrammgabel und Hinterradschwinge geführt. Diese überaus gefällige Maschine brachte nur 105 kg auf die Waage, während das Durchschnittsgewicht der zeitgenössischen 250er bei rund 140 kg lag. Die neue Zweizylinder-CM erreichte eine Höchstgeschwindigkeit von 110 km/h und wurde später zu einer Rennversion entwickelt. Bis 1958 blieb die Produktionspalette unverändert. Die Aufmerksamkeit der Motorradbauer galt damals allgemein den Zweizylinder-Zweitaktmaschinen. Dennoch präsentierte die Bologneser Firma 1956 mit der Francolino 175 ein Viertaktmodell, das in der Rennversion mehr als zufriedenstellende Resultate erzielen sollte. Angetrieben wurde es von einem stehenden Einzylinder mit im Zylinderkopf hängenden Ventilen und untenliegender Nockenwelle. Das Fahrgestell bestand aus einem Rohrrahmen mit

Cockerell mit Vierzylinder-Reihenmotor.

lien zahlreiche Fabriken aus dem Boden schossen, die sich lediglich auf die Herstellung von Mopeds und Leichtmotorrädern konzentrierten.
1947 nahm CM die während des Kriegs gebauten Maschinen aus der Produktion und präsentierte ein neues Modell: die Gheppio 250 mit Vierganggetriebe und obenliegender Nockenwelle. Die Gheppio fiel durch eine besonders schöne Linienführung auf und besaß einen Rohrrahmen mit gefederter Parallelogrammgabel und eine Hinterradschwinge mit Federbeinen. Neben diesem Spitzenmodell der Produktion standen die 250 Rampichino und die 500 Sparviero und Grifone im Katalog, alle mit Vierganggetriebe und untenliegender Nockenwelle.
1949 präsentierte die Firma CM, die bis dahin am Viertaktmotor festgehalten hatte, ihr erstes Zweitaktleichtmotorrad mit einem 125 cm³-Einzylindermotor, gefedertem Hinterrad und Teleskopgabel. Aber ein wahres Meisterstück auf dem Gebiet der Zweitaktmotoren war die 1950 vorgestellte 250er, bei der zwei Zylinder in dem Motorgehäuse integriert waren. Die Kurbelwelle hatte einen Hubzapfenversatz von 180 Grad, das Verdichtungsverhältnis belief sich auf 6:1 und die Leistung betrug 9 PS bei 5900 U/min.

Cockerell 150 cm³-Zweitaktmodell.

Teleskopgabel und hydraulisch gedämpften Federbeinen. Zusammen mit der 250 cm³-Zweizylinder-Zweitaktmaschine hätte dieses Modell dazu beitragen können, die tiefe Krise, in der die Firma steckte, zu überwinden.
Zu dieser Zeit zeichnete sich CM auch im sportlichen Bereich durch rege Aktivität aus: 1956 gewann Santilli in der 125 cm³-Klasse das Rennen Mailand-Taranto mit einem Schnitt von 87,387 km/h, während Garofalo bei den 250ern mit einer Durchschnittsgeschwindigkeit von 102,800 erfolgreich war. Beide starteten in der Kategorie der Serienmaschinen. In der Seniorklasse behauptete sich die 150 cm³-Zweizylinder-CM mit Gianemilio Machesani im Sattel ähnlich gut und konnte sich sogar in Monza 1959 bei der italienischen Meisterschaft durchsetzen.
Doch auch die positive sportliche Bilanz konnte die Firma CM nicht retten, deren Zeit abgelaufen zu sein schien. 1958 versuchte das Werk in Bologna dem drohenden Schicksal zu entgehen, indem es einen 150 cm³-Motorroller entwarf, der ausschließlich für den Export bestimmt war. Der Roller hatte einen Einzylinder-Zweitaktmotor, eine orginelle und elegante Linienführung, und auch die Leistung war mehr als befriedigend. Doch der Roller kam zu spät, er konnte nicht mehr produziert werden, weil die Firma vorher den Betrieb einstellen mußte. Unter der Leitung Mauro Negrinis erwachte sie 1964 als Mopedhersteller kurzzeitig zu neuem Leben, mußte aber noch im Verlauf der 60er Jahre ihre Pforten dann endgültig schließen.

CMK

Dieser kleine italienische Motorradhersteller produzierte ausschließlich für den Export. Bei den Motoren handelte es sich um 50 cm³-Zweitakter mit Aluminiumzylinder und verchromter Zylinderlaufbuchse, Vierganggetriebe und einer Leistung von 4,2 PS bei 6700 U/min.

CMM

CMM bedeutet im vollen Wortlaut Coventry Motor Mart. Diese englische Firma baute 1920 ein Motorrad, das sie mit einem 292 cm³-Union-Zweitaktmotor ausrüstete. Es handelte sich jedoch nur um eine sehr beschränkte Produktion.

CMP

Die italienische Firma CMP mit Sitz in Padua produzierte 1955 Zweitakt-Leichtmotorräder mit 75, 100 und 125 cm³ Hubraum in verschiedenen Versionen. 1956 basierte die Herstellung weiterhin auf Maschinen dieser Hubraumklassen, zu denen sich ein 50 cm³-Modell gesellte. Ende desselben Jahres bot das Werk darüberhinaus noch ein 125 cm³-Viertaktmodell an. Bald darauf stellte die Firma jedoch ihren Betrieb ein.

Collinge, konzipiert für Geschwindigkeitsrekorde.

Cockerell

Fritz Cockerell war zweifellos einer der genialsten deutschen Motorradkonstrukteure. Zu seinen wichtigsten Schöpfungen gehörten die Pax (nicht zu verwechseln mit der gleichnamigen englischen Marke von 1923-25), die Cockerell und die Megola. Letztere war sicherlich die originellste und berühmteste von allen.
Die Cockerell-Maschinen entstanden 1922-25 in der Cockerell Fahrzeug- und Maschinenfabrik in München. Sie waren mit liegenden Einzylindermotoren verschiedener Hubräume (110, 145 und 170 cm³) ausgerüstet und jeweils in einer Touren- und Sportversion erhältlich. 1923 produzierte Cockerell auch einen 38 cm³-Einzylinder-Zweitakt-Hilfsmotor mit Rollenantrieb auf das Rad. Daneben erschienen zwei Leichtmotorräder in Touren- und Sportausführung mit einem Hubraum von 146 cm³, die praktisch von den Vorjahresmodellen abgeleitet wurden. Karl Adam und Hans Leitner gewannen 1924 auf einer Cockerell die Deutsche Straßenmeisterschaft ihrer Klasse.
1925 erfuhren die regulären 110 und 146 cm³-Modelle einige Detailveränderungen, während die 146er Sport auch mit Wasserkühlung angeboten wurde, wobei der Kühler aus Messingrohren bestand. Cockerell baute zudem eine Maschine mit einem Vierzylinder-Reihenmotor; über dieses Modell gibt es jedoch keine zuverlässigen Daten, es ist lediglich eine Photographie vorhanden. 1925 stellte die Fabrik ihre Produktion ein. Friedrich Cockerell starb 1965.

Cocymo

Der französische Hersteller Cocymo baute in der zweiten Hälfte der 50er Jahre ein Moped namens Cocynette, zu dem sich später ein 125 cm³-Leichtmotorrad gesellte. Dieses Fahrzeug war mit einem Zweitaktmotor und Vierganggetriebe ausgerü-

Miniroller Rocket von Columbus.

stet, besaß eine Hinterradverkleidung und erreichte eine Höchstgeschwindigkeit von 78 km/h.

Codridex

Kleiner französischer Hersteller, der 1952-56 tätig war und sich auf 49 und 65 cm³-Mopeds mit Zweitaktmotor konzentrierte. Der Firmensitz befand sich in Lyon.

Cofersa

Die spanische Firma Cofersa aus Madrid konfektionierte ab 1953 verschiedene Zweitaktmodelle mit Hubräumen von 100 bis 175 cm³. 1957 baute sie daneben ein Motorrad konventionellen Zuschnitts, das mit einem in Spanien unter Lizenz hergestellten Motor der englischen Firma Villiers ausgerüstet war.
Daneben existierte ein baugleiches 125 cm³-Modell, das allerdings als Hinterradaufhängung eine Schwinge besaß.

Colella

Mit der Colcar präsentierte die römische Firma Colella 1981 ein Minimoped, das auf geringstem Raum Platz fand und so sowohl im Auto als auch auf einem Boot oder Schiff, ja sogar im Flugzeug mitgenommen werden konnte.
Die Colcar hatte eine Länge von 1100 mm und wog nur 37 kg. Die einzigen hervorstehenden Teile waren die Trittbretter, die sich jedoch hochklappen ließen. Das kleine Fahrzeug besaß einen Franco-Morini-Motor mit Membraneinlaßsteuerung. Bohrung und Hub betrugen 40,4 x 38,9 mm, was einem Hubraum von 49,9 cm³ entspricht. Der Zylinder war aus Leichtmetall gefertigt, das Verdichtungsverhältnis belief sich auf 8:1. Außerdem verfügte die Maschine über eine automatische Fliehkraft-Ölbadkupplung. Ihr Rahmen bestand aus zwei Trägern, die gleichzeitig als Treibstofftank fungierten, der ein Fassungsvermögen von 2,3 Litern (davon 0,5 Liter Reserve) aufwies. Eine Hinterradfederung war nicht vorhanden, was aber durch den bequemen und verstellbaren Sattel ausgeglichen wurde, der auf einer großen Feder ruhte. Als Kraftstoff benötigte Colcar ein 1:50-Gemisch, der Vergaser war ein Dell'Orto SHA 14/12.

Colibri

Name eines schwedischen Motorrads, das bald nach dem Ersten Weltkrieg entstand und auf der Mailänder Mustermesse im April 1920 sowie einen Monat später auf der Fahrrad- und Motorrad-Ausstellung präsentiert wurde. In den folgenden Jahren erfuhr dieses Modell keine Veränderungen. Es besaß einen 96 cm³-Viertaktmotor mit automatischer Schmierung.
Unter demselben Namen wurde in Österreich 1952-54 ein 123 cm³-Roller hergestellt, der mit einem DKW-Zweitaktmotor ausgerüstet war.
Es gab auch Fahrradhilfsmotoren namens Colibri, die in München konstruiert wurden.

Collinge

1949 wurde in England eine Rennmaschine entworfen, mit der man Geschwindigkeitsweltrekorde aufzustellen gedachte.
Die Maschine war vollkommen verkleidet, und der Fahrer mußte sie auf dem Bauch liegend lenken. Die Collinge, so ihr Name, besaß einen Vierzylinder-Viertakt-Boxermotor mit 500 cm³ Hubraum, der zwischen den beiden Rädern unter dem Piloten angeordnet war.

Colomb

Kleiner französischer Hersteller mit Sitz in Paris, der 1950-54 in geringer Stückzahl verschiedene Moped- und Motorradmodelle baute.

Colombo

1950 konstruierte der italienische Ingenieur Ercole Colombo einen stehenden 250 cm³-Einzylindermotor, der im folgenden Jahr in einen Rahmen montiert wurde und bei einer Testfahrt in Monza eine Geschwindigkeit von 140 km/h erzielte. Der Motor hatte eine Drehschiebersteuerung im Zylinderkopf. Während Drehschieber dieses Typs sich normalerweise immer in Drehbewegung befinden, war die Bewegung des Drehschiebers beim Colombo-Motor zeitweise unterbrochen, und zwar im Augenblick des Gaseintritts durch die Einlaßkanäle. Man wollte dadurch sowohl die Füllung in der Einlaßphase als auch die Spülung beim Auslaß verbessern. Der Drehschieber, der durch eine Königswelle gesteuert wurde, gab die Zündkerze nur in dem Augenblick frei, in dem der Funke übersprang. Der Motor hatte zwei Vergaser, einen in umgekehrter Lage vorne, den anderen hinten.
Es gab vier Öffnungen im Zylinderkopf (jeweils zwei für Ein- und Auslaß), während das Drehschieberventil nur zwei aufwies (für Ein- und Auslaß). Die beiden Antriebsnocken des Drehschiebers waren mit einer stehenden Welle verbunden, die von der äußeren Königswelle angetrieben wurde.

Colonial

Die englischen Motorräder der Marke Colonial waren 1911-13 auf dem Markt und wurden nur in begrenzter Stückzahl hergestellt. Sie besaßen 450 cm³-Einzylinder-Zweitaktmotoren. Die Produktionsstätte der Herstellerfirma Carter befand sich in Nuneaton.

Columbia

Seitengesteuerte 198 und 250 cm³-Einzylindermaschinen, die 1922-26 in Frankreich produziert wurden. Unter derselben Markenbezeichnung baute man 1900-05 in den USA Pope-Motoren in Fahrradrahmen ein.

Columbus

Die deutsche Columbus Motorenbau AG in Oberursel bei Frankfurt am Main hatte 1923-24 schöne 250 cm³-Maschinen mit im Zylinderkopf hängenden Ventilen gebaut, wurde aber bald darauf von Horex übernommen. Das Werk produzierte nun bis Mitte der 30er Jahre ausschließlich Motoren, vor allem Einzylinder mit seitlich stehenden und im Zylinderkopf hängenden Ventilen, sowie ebenfalls seitengesteuerte 600 und 800 cm³-Zweizylinder, die in Horex- und Tornax-Motorräder eingebaut wurden. Außerdem experimentierte man bei Columbus mit einem mit Schweröl angetriebenen Versuchsmotor und entwarf einen 43 cm³-Hilfsmotor mit im Zylinderkopf hängenden Ventilen.
In den USA baute eine Firma namens Columbus Cycle Company 1960 einen originellen kleinen Roller namens Rocket, der einen nach vorn geneigten 2,5 PS Einzylindermotor sowie eine automatische Fliehkraftkupplung besaß. Das Fahrgestell bestand aus einem Rohrrahmen. Der Sitz war auf einem liegenden Stahlrohr angeordnet, das einen Federweg von 7,5 Zentimetern hatte und die einzige Federung des Fahrzeugs darstellte.

Comery

Comery-Motors war eines der zahlreichen kleinen englischen Unternehmen, die ihr Glück versuchten, indem sie Motorräder mit Villiers- und Blackburne-Einbaumotoren herstellten. Die Firma hatte ihren Sitz in Nottingham und war bis 1923 tätig.

Comesa

1957 wurden unter der Markenbezeichnung Comesa in Spanien FB-Mondial-Motorräder in Lizenz hergestellt.

Comet

1952 präsentierte die Firma BDB (Brevetti Drusiani Bologna) des bekannten italienischen Konstrukteurs Alfonso Drusiani eine prächtige Parallel-Zweizylindermaschine. Ihr Gesamthubraum betrug 174 cm³, je Zylinder 87 cm³. Der Motor hatte V-förmig im Zylinderkopf hängende Ventile mit einem Ventilwinkel von 40 Grad, deren Steuerung über zwei obenliegende Nockenwellen erfolgte. Das Vierganggetriebe war im Motorgehäuse integriert, und die Comet – so der Name dieses Motorrads – entwickelte eine Leistung von 10 PS bei 6000 U/min, was eine Höchstgeschwindigkeit von über 110 km/h ermöglichte. Als Fahrgestell diente ein Rohrrahmen, die vordere und hintere Federung bestand aus einer Teleskopgabel beziehungsweise hydraulisch gedämpften Federbeinen.

In den folgenden Jahren wurde die Comet unwesentlich überarbeitet, fand jedoch nie den Absatz, der ihr in Wirklichkeit gebührt hätte. 1953 kam die Comet 175 Sport heraus, als Ergänzung zur Tourenmaschine, von der sie abgeleitet worden war. Die Motorleistung belief sich bei der neuen Version auf 12 PS bei 6800 U/min, wobei eine Höchstgeschwindigkeit über 120 km/h erreicht wurde. 1954 erschien eine 175 cm³-Einzylinder-Comet mit obenliegender Nockenwelle sowie ein 250 cm³-Zweizylindermodell mit denselben Merkmalen. Von dieser Maschine wurde ein obengesteuerter Prototyp ohne Ventile hergestellt, die man durch entsprechend ausgebildete Ein- und Auslaßöffnungen ersetzt hatte. Diese wurden durch kleine Gußkolben geöffnet und geschlossen, deren Steuerung über Zahnräder erfolgte.

In dem gleichen Jahr entstand ein 98 cm³-Zweitaktmotor mit handgeschaltetem Zweiganggetriebe. 1955 präsentierte Comet ein 175 cm³-Einzylinder-Sportmodell, dessen Ventilsteuerung über Stoßstangen und Kipphebel erfolgte. Aber die wichtigste Neuerscheinung war eine 250 cm³-Einzylinder-Comet. Obwohl es sich hier um einen Viertaktmotor handelte, lief der Gaswechsel – wie beim Zweitakter – über Überströmkanäle, die von zwei Kolben gesteuert wurden. Drusiani schuf auch eine 175 cm³-Rennmaschine, die eine Vorderradaufhängung mit Schwinggabel vom Typ Earles besaß. Daneben baute er eine 250er mit zwei obenliegenden Nockenwellen. 1957 stellte die Firma ihre Produktion ein.

Unter demselben Namen konfektionierte der britische Hersteller Comet Motor Works in London 1902-07 Motorräder mit 2,75 und 3,5 PS-Minerva-Motoren.

Commander von 1952.

Condor 350 Racer von 1957.

Comfort

Die Comfort wurde 1923 in Mailand vorgestellt, wo sie Miro Bottarlini unter Mitarbeit des bekannten Motorradtechnikers Francesco Buffoni konstruiert hatte. Ihr 350 cm³-Bradshaw-Motor mit im Zylinderkopf hängenden Ventilen war mit einem Sturmey - Archer - Dreiganggetriebe kombiniert. Die Maschine wurde bis 1925 ohne wesentliche Änderungen weiterproduziert. Neben Bradshaw- Motoren wurden auch Antriebsquellen von Barr & Stroud sowie von Blackburne eingebaut; ihr Hubraum betrug stets 350 cm³. Die mit einem Bradshaw-Motor ausgerüstete Comfort von 1926 besaß einen Schleifenrahmen und eine Hinterradfederung mit Blattfeder. Die vordere Aufhängung bestand aus einer Doppelrohrgabel, ebenfalls mit Blattfeder.

Commander

1952 in England von der General Steel and Iron Company gebaut, war die Commander eine wirklich ungewöhnliche Maschine. Die Stahl- und Eisenfirma betrat mit diesem vollkommen unorthodoxen Modell erstmals den Motorradsektor. Die Hauptstruktur des Fahrgestells bestand aus quadratischen Rohren, in denen sich auch der Tank befand. An diesen elegant geschwungenen Rahmen war die Vorderradaufhängung, eine Gabel mit Kurzschwinge, angegliedert. Den Motor hatte man freihängend eingebaut. Ein Stahlgrill, der das Triebwerk völlig vedeckte, ging in die Heckverkleidung über, in die auch die Schutzbleche integriert waren. Die Hinterradaufhängung bildete eine Schwinge. Die Commander wurde mit einem 98 cm³-Villiers-Zweitaktmotor ohne Getriebe, aber mit Kupplung angeboten. Daneben gab es auch Versionen mit derselben Hubraumgröße und Zweiganggetriebe, beziehungsweise mit 122 cm³ Hubraum und drei Gängen.

Condor

Eine Markenbezeichnung, die von mehreren Firmen für ihre Motorräder verwendet wurde. 1901 entstanden die ersten Schweizer Condor-Maschinen in Courfaivre im Jura. In dieser Stadt, in der es eine florierende Eisenindustrie gab, hatte Eduard Scheffer 1891 eine Fahrradfabrik gegründet, in die bald darauf sein Bruder Jules eingestiegen war. Die Fahrradproduktion der Brüder war im Laufe der Jahre recht erfolgreich, und bereits 1894 hatte die Firma mit Dampfmotoren experimentiert. Doch, wie gesagt, erst 1901 baute man das erste Motorrad, dessen Leistung 1,4 PS betrug. Im selben Jahr wurde der Name des Unternehmens in Condor Manufacture Suisse des Cycles et Motocycles umgeändert. Die immer größere Popularität der Condor-Motorräder war in erster Linie Otto Fricker zu verdanken, der seit 1898 bei der Firma angestellt war, wo er erst zum Geschäftsführer und 1904 zum Generaldirektor ernannt worden war. Fricker, der auch zu den Gründungsmitgliedern des Schweizer Motorradverbands gehörte, starb 1951, nachdem er fast 54 Jahre lang ununterbrochen für die Firma tätig gewesen war. Condor produzierte eine Einzylindermaschine mit einem über den Pedalen eingebauten, nach vorne geneigten Motor, dessen Hubraum 210 cm³ und dessen Leistung 2 PS betrugen. Riemenantrieb, Magnetzündung und Rücktrittbremse zählten zu den weiteren technischen Merkmalen dieses Modells, das bei einer Höchstgeschwindigkeit von 60 km/h 2,5 Liter Treibstoff pro 100 Kilometer verbrauchte. Bis zum Ausbruch des Ersten Weltkriegs erfuhr die Condor große Wertschätzung. Das Werk verwendete auch Motoren mit Hubräumen von 250 bis 1000 cm³, vor allem von Mag.

In den 20er Jahren nahm die Popularität der Firma weiter zu. Man produzierte nun ein 324 cm³-Modell mit Dreiganggetriebe, Primärantrieb über Riemen und Sekundärantrieb über Kette, sowie eine 648 cm³-Zweizylinder-V-Maschine mit Dreiganggetriebe und Kettenantrieb. 1931-40 entstanden Zweitakt-Leichtmotorräder, die mit Villiers-Motoren verschiedener Hubraumgrößen ausgerüstet waren, und Ein-und Zweizylinder-Viertakter, deren Triebwerke von Mag stammten und stehende oder im Zylinderkopf hängende Ventile aufwiesen.

1947 schuf Condor ein Modell, das die Typenbezeichnung C 580 erhielt. Angetrieben wurde es von einem seitengesteuerten Zweizylinder-Boxermotor mit 577 cm³ Hubraum und Viergang-getriebe. Sein Gewicht betrug 195 kg, die Höchstgeschwindigkeit 125 km/h. Zu dieser Maschine gesellte sich im Jahr darauf eine ähnlich konstruierte 744er. Beide Modelle verfügten über Kardanantrieb und Starrrahmen. Bald darauf präsentierte Condor die Condorette mit 122 cm³-Zweitakter, Dreiganggetriebe, Starrahmen und Parallelogrammgabel. 1951 wurde sie mit einem 125 cm³-Motor von Ilo ausgerüstet. In demselben Jahr entstand der Prototyp einer Maschine, deren stehender 350 cm³-Zweizylinder-Zweitaktmotor eine perfekte Kopie des Jawa-Motors war.

1953 erschienen eine 350 cm³-Einzylinder-Condor und der Condor-Puch-Roller, bei dem es sich praktisch um das in Lizenz hergestellte österreichische Modell handelte. 1955 stellte Condor auf dem Genfer Salon einen originellen Roller auf drei Rädern vor, der jedoch nie in Serie ging. 1956 offerierte die Schweizer Firma ein Motorrad, das mit einem italienischen 250 cm³-Maserati-Motor ausgerüstet war, und 1957 ein Moped mit einem 50 cm³-Zweitaktmotor von Puch in den Versionen Touring, Luxus und Sport. Daneben verließen weiterhin der 125 cm³ Condor-Puch-Roller sowie verschiedene Motorradmodelle die Fabrikhallen. Besonders interessant war die 250 Gran Sport. Ausgerüstet mit einem Maserati-Stoßstangenmotor, leistete sie 15 PS und erreichte eine Spitzengeschwindigkeit von 130 km/h. Zu den weiteren Condor- Modellen zählten die 350 Racer und diverse Varianten der 580 cm³-Zweizylindermaschine, die fast ausschließlich an das Militär und die Polizei der Schweiz geliefert wurden. 1958 kam eine neue 750 cm³-Zweizylinder von moderner Linie hinzu. In den 60er Jahren beschränkte sich die Produktion vor allem auf große Zweizylindermodelle, die zumeist für die britische Armee bestimmt waren.

In Großbritannien existierte 1907-14 die Condor Motor Company mit Sitz in Coventry. Dort stellte man Einzylindermotoren mit seitlich stehenden Ventilen her (Bohrung und Hub betrugen 96 x 112 mm). Wahrscheinlich sind dies die größten Einzylinder, die jemals in Serie produziert worden waren. Sie verfügten über einen Hubraum von ganzen 810 cm³. 1913-14 setzte Excelsior einen ähnlichen Motor ein, von dem nicht erwiesen ist, ob es sich um ein Condor-Produkt handelte.

Ebenfalls unter der Markenbezeichnung Condor vertrieb die deutsche Firma Karl Bude in Braunschweig in den Jahren 1953-54 Roller und Leichtmotorräder mit 50 cm³-Zweitaktmotoren.

Connaught

Eine überaus berühmte englische Marke, die 1910-27 von der Firma Bordesley Engineering in Birmingham produziert wurde. Die ersten Modelle waren mit 300 cm³-Zweitaktmotoren ausgerüstet, doch bald erhöhte man den Hubraum auf 347 cm³. Ab 1925 setzte man 348 cm³-Blackburne-Viertaktmotoren mit Seitensteuerung sowie Bradshaw-Motoren mit im Zylinderkopf hängenden Ventilen ein.

Consul

Consul-Motorräder entstanden 1922-24 in England bei der Johnson, Burton & Theobald Ltd. in Norwich. Sie besaßen 269 cm³-Zweitaktmotoren von Villiers, die mit 70 x 70 mm für Bohrung und Hub quadratisch ausgelegt waren. Aber auch Triebwerke aus eigener Herstellung mit einem Hubraum von 250 cm³ wurden verwendet.

Coppi

1958 produzierte die italienische Firma Coppi zwei Mopeds, die mit 48 cm³-Zweitaktmotoren bestückt waren.

Corah

Die englische Marke Corah entstand 1905-14 bei der Corah Motor Manufacturing Company in Birmingham. Die in geringen Stückzahlen produzierten Maschinen genossen einen ausgezeichneten Ruf. Die Modelle besaßen meist JAP-Einbaumotoren, wie etwa seitengesteuerte 498 cm³-Einzylinder oder 746 cm³-Zweizylinder mit im Zylinderkopf hängenden Ventilen.

Corgi von 1945.

Corgi

Als dieses eigenwillige Zweirad entstand, hieß es Welbyke und war ein Militärfahrzeug für die britischen Fallschirmspringer im Zweiten Weltkrieg, das aufgrund seiner geringen Abmessungen in einem zylinderförmigen Metallbehälter von 38 Zentimetern Durchmesser Platz fand. Oberst-

leutnant J. R. V. Dolpin konstruierte den kleinen Klapproller und rüstete ihn mit 12 Zoll-Rädern, einem liegenden Einzylindermotor und Rohrrahmen aus. Der Sattel saß auf einem Teleskoprohr. Nicht allein der Lenker, auch die Fußrasten waren einklappbar. Das Fahrzeug hatte eine Höhe von rund 35 Zentimetern und konnte innerhalb von Sekunden funktionsfähig gemacht werden. Insofern wurde es bald ein unverzichtbares Hilfsmittel für Fallschirmtruppen in Kriegsgebieten.
In der Militärversion war Welbyke wenig komfortabel, was bei einer zivilen Nutzung natürlich geändert werden mußte. So wurde Welbyke nach dem Krieg zu Corgi. Das Fahrzeug erhielt nicht nur diesen neuen Namen einer walisischen Hunderasse, die sich durch ihren langen Körper und die kurzen Beine auszeichnet, sondern erfuhr gegenüber der Militärversion auch zahlreiche Wandlungen. Der Rohrrahmen wurde nach hinten verlängert und bildete somit eine Art Gepäckträger. Daneben versah man die Maschine mit einem bequemeren Sattel, einem größeren Tank, der sechs Liter Gemisch faßte. Der Lenker war nun leichter zu handhaben.
Leistungsfähigere Bremsen und die in einen Kettenkasten gekapselte Kette gehörten zu weiteren technischen Verbesserungen. Der 98 cm³-Motor stammte von Excelsior, hatte einen liegenden Zylinder, eine Einscheibenkupplung und ein Einganggetriebe mit einem Übersetzungsverhältnis von 9,3:1. Im Zylinder befanden sich acht Öffnungen, davon jeweils zwei für Ein- und Auslaß sowie vier Überströmkanäle. Zwei zusätzliche Öffnungen waren im Kolbenmantel vorhanden. Anfänglich produzierte die Firma Brockhouse Engineering Ltd. aus Southport die kleinen Fahrzeuge ausschließlich für den Export; ihr großer Erfolg läßt sich mit Zahlen belegen: Allein im März 1946 wurden 5000 Exemplare in die USA verkauft. Auf dem Londoner Salon von 1947 präsentierte das Werk die zweite Corgi-Serie unter dem Namen Mark II, die einen Sprytt-Motor von Brockhouse und einen Kickstarter erhielt. Auch diese Maschinen waren noch eine Zeitlang erfolgreich, bis das Interesse nachließ. 1948 wurde die Serienproduktion eingestellt und der Ausverkauf der vorhandenen Lagerbestände durchgeführt. Dann verschwand die Marke vollkommen vom Markt.

Corona

In Maidenhead, England, 1901-04 hergestellt, waren die Corona-Motorräder mit 1,5 PS-Minerva-, 2 PS-Clement- sowie englischen 2,5 PS-Einbaumotoren ausgerüstet.
Unter derselben Markenbezeichnung wurden in Deutschland die Produkte der Fahrradwerke & Metallindustrie AG in Brandenburg, Havel, vertrieben. Es handelte sich um konventionelle Modelle mit 2 und 2,5 PS starken Motoren. Die Fabrik arbeitete 1903-15, und die Marke wurde unter anderem durch ihre speziellen Tandemversionen bekannt.

Corona Junior

Diese englischen Maschinen entstanden nach dem Ersten Weltkrieg. Es handelte sich dabei um ein Einheitsmodell mit einem 450 cm³-Einzylinder-Zweitaktmotor, der einen sehr langen Hub (Bohrung x Hub: 72 x 100 mm) aufwies. Der in London ansässige Hersteller Meteor war 1919-23 aktiv.

Cossack Dnjepr MT 9 von 1977.

Corre

Besser bekannt durch die Produktion der La-Licorne-Automobile, versuchte sich die Societé Française des Autos Corre in Neuilly in den ersten Jahren ihrer Aktivität auch auf dem Zweiradsektor und produzierte zahlreiche Motorrad-Modelle mit Zürcher-, Peugeot- und Zedel-Einbaumotoren. Die Firma bestand 1901-10.

Corydon

Die englische Firma Bradbury Bros. Ltd. war 1904-08 in Croydon, Surrey tätig. Sie baute gute 2,5 PS-Einzylinder sowie V-Zweizylindermaschinen mit 3 und 3,5 PS, die unter der Markenbezeichnung Corydon vermarktet wurden.

Cossack

Ein erfundener Name, unter dem seit 1973 russische Modelle in den westeuropäischen Ländern auf den Markt kamen. Die Markenbezeichnung Cossack (Kosak) bezieht sich auf kein bestimmtes Modell und wurde vor allem wohl ausgewählt, um den Verkauf der sowjetischen Maschinen anzukurbeln. Im Handel sind neben den 650 cm³-Zweizylindermodellen Dnjepr und Ural noch verschiedene kleinere Zweitaktmaschinen.

Costruzioni mecc. G. Vivani

Dieser kleine italienische Hersteller produzierte 1952 den 49 cm³-Roller Cicala, der mit einem Zweitaktmotor, großen Rädern und Vollverkleidung ausgestattet war.

Cottereau

Die Ateliers et Usines Cottereau war eine der ersten französischen Fabriken, die Automobile herstellte. Daneben baute die in Dijon ansässige Firma 1903-09 auch verschiedene Motorradmodelle, die sie mit Motoren von Minerva, Peugeot und aus eigener Herstellung ausrüstete.

Cotton

Die erste Cotton erschien 1920 und zeichnete sich durch ihren eigenwilligen Dreiecksrahmen aus, der bei dem Modell von 1921 beibehalten wurde. In den ersten Jahren waren diese englischen Motorräder mit Blackburne- und JAP-Motoren verschiedener

Hubraumgrößen ausgerüstet, vorzugsweise aber mit Zweitaktern von Villiers. 1923 produzierte die Firma Cotton eine Rennmaschine, die einen 250 cm³-Viertaktmotor von Blackburne besaß. Dieses Model One genannte Motorrad war auf Wunsch auch mit Scheiben anstelle von Speichenrädern erhältlich.
Auf dem Londoner Salon von 1923 präsentierte das Werk aus Gloucester 250 und 350 cm³-Modelle mit seitlich stehenden und im Zylinderkopf hängenden Ventilen sowie eine seitengesteuerte 545er. Alle Maschinen blieben mit leichten Veränderungen auch 1926 im Programm. In die nunmehr erprobten Dreiecksrahmen wurden seitengesteuerte 250, 350 und 550 cm³-Blackburne- und 350 cm³- JAP-Motoren mit im Zylinderkopf hängenden Ventilen eingebaut. Gelegentlich wich Cotton kurzfristig von der Linie der Viertakter ab und montierte den einen oder anderen Villiers-Zweitaktmotor. Die Maschinen hatten Dreiganggetriebe mit verschiedenen Untersetzungsverhältnissen, je nachdem, um welchen Motortyp es sich handelte oder welche Eigenschaften das jeweilige Motorrad aufwies.
1929 schuf Cotton das Modell 29 SA, das einen 499 cm³-Sturmey-Archer-Motor mit im Zylinderkopf hängenden Ventilen besaß. Damals produzierte die für ihre Getriebe berühmte Firma Sturmey-Archer bereits Motoren, die sie an die bedeutendsten Motorradhersteller der Zeit lieferte. 1923 montierte Cotton den 349 cm³-Python-Motor von Rudge. Zwei Jahre später konnte die Firma ihren Kunden rund 20 Einzylindermodelle anbieten; angetrieben wurden sie von 150 und 250 cm³-Zweitaktern von JAP und Blackburne, die seitlich stehende oder im Zylinderkopf hängende Ventile hatten und in Hubraumgrößen von 150 bis 596 cm³ erhältlich waren. Daneben kamen 250 und 500 cm³-Python-Motoren von Rudge mit vier im Zylinderkopf hängenden Ventilen zum Einsatz sowie die 349 cm³-Motoren, die – wie bereits erwähnt – schon seit zwei Jahren eingebaut wurden. Anstelle der serienmäßigen drei Gänge bot Cotton als Extraservice das Burman-Vierganggetriebe an.
In den folgenden Jahren änderte man die Farben der Tanklackierung von Violett und Gold in Schwarz und Elfenbein. 1939 waren nur noch 14 Modelle im Angebot. Eines davon besaß einen 150 cm³-Villiers-Zweitaktmotor. Bei den Fahrgestellen blieb man beim Starrahmen in der typischen Dreiecksform; eine Vorderradgabel aus Preßblech anstelle der Rohrgabel wurde 1935 für die Modelle mit kleinerem Hubraum übernommen.
Gegen Ende der 30er Jahre wählte Cotton auch 250 und 350 cm³-JAP- Motoren mit obenliegender Nockenwelle. Mit Ausbruch des Zweiten Weltkriegs wurde die Motorradherstellung unterbrochen, da sich die Fabrik nun ausschließlich der Produktion von Rüstungsgütern widmete. 1950 befand sich die Firma in großen finanziellen Schwierigkeiten, weshalb sich der Besitzer zum Verkauf entschloß. Die neue Gesellschaft, an deren Spitze M.L. Denley stand, wurde 1952 unter dem Namen E. Cotton Motorcycles Limited ins Handelsregister eingetragen. Sofort begann man den Bau von Leichtmotorrädern, die mit Villiers-Motoren bestückt waren. Die berühmten Dreiecksrahmen gab man zugunsten konventioneller Fahrgestelle auf, die den Einsatz weitaus modernerer gefederter Hinterradaufhängungen ermöglichten.
Alle Cotton-Modelle besaßen bis 1954 Villiers-Motoren verschiedener Hubraumgrößen. 1955 präsentierte die englische Firma ein Motorrad, das mit einem Parallel-Zweitakt-Zweizylindermotor von Anzani, Drehschiebersteuerung, Vierganggetriebe, Rohrrahmen mit Teleskopgabel und Hinterradschwinge ausgerüstet war. In den folgenden Jahren konzentrierte sich Cotton auf 175er, wenngleich 1960 mit der Continental eine 249er mit einem Zweitakt-Parallel-Zweizylindermotor von Villiers im Angebot erschien. Auf dem Londoner Salon von 1964 präsentierte man die Conquest mit einem 250 cm³-Villiers Starmaker-Motor. Die Maschine leistete 23 PS und erzielte eine Höchstgeschwindigkeit von 130 km/h. Sie hatte einen Doppelschleifenrohrrahmen, Schwingarm vorne und Hinterradschwinge sowie eine teilweise Heckverkleidung. 1962 erschien eine Rennmaschine für Privatfahrer: die Telstar. Ihr Villiers-Starmaker-Motor war von dem Triebwerk der Conquest abgeleitet worden; sie besaß einen robusten Rohrrahmen, eine Gabel mit Schwingarm und war vorne verkleidet. Als Villiers die Produktion einstellte, ließ sich Cotton für Geländemaschinen auch Motoren der italienischen Firma Minarelli liefern. Mit einem Zweitaktmodell, das von einem Motor des österreichischen Herstellers Rotax mit Wasserkühlung und Drehschiebersteuerung angetrieben wurde, kehrte die Firma 1976 zu den Straßenrennen zurück.

Cotton 350 cm³ von 1929.

Cotton von 1932.

Coulson-B

In London ansässig, stieg Coulson 1919 in die Motorradproduktion ein. Das Werk verwendete 347 und 497 cm³-Blackburne-Motoren und Rahmen mit hinterer Blattfederung sowie Gabeln mit Schraubenfedern in Teleskophülsen. Zudem baute man 350 cm³-Zweizylindermotoren von JAP mit im Zylinderkopf hängenden Ventilen ein. 1921 geriet Coulson in finanzielle Bedrängnis und wurde von A. W. Wall übernommen, der jedoch das Blatt nicht mehr wenden konnte und den Betrieb 1922 schließen mußte.

Coventry B & D

Von einigen Ex-Angestellten der in Schwierigkeiten geratenen Firma Hobart 1923 in Coventry gegründet, produzierte Coventry B & D ein 350 cm³- Modell mit dem Namen Coventry B & S, das mit einem Barr & Stroud-Motor ausgerüstet war. Daneben entstand eine kleine 175 cm³-Wee-McGregor-Zweitaktmaschine.
Die Firma bevorzugte ansonsten JAP-Motoren mit Hubräumen von 350 bis 1000 cm³.

Coventry Challenge

Edward O'Brian, ein Fahrradhändler aus Coventry, versuchte sich 1903 an der Herstellung von Maschinen, die er mit verschiedenen Antriebsquellen, darunter Motoren von Fafnir und Minerva, bestückte. Der in kleinem Umfang betriebene Motorradbau der Firma wurde 1911 eingestellt, der Fahrradhandel jedoch noch jahrzehntelang fortgesetzt.

Coventry Eagle

Diese britische Firma war einer der besten englischen Motorrad-Konfektionäre. Zu Beginn und am Ende ihrer Aktivitäten produzierte sie Fahrräder. In der viktorianischen Zeit gegründet, baute Coventry Eagle Anfang des Jahrhunderts das erste motorisierte Zweirad. Die nicht sehr leistungsstarke Maschine war mit einem MMC-Motor bestückt. Es handelte sich um eine exakte Kopie des berühmten De Dion-Motors mit Schnüffelventilen, Oberflächenvergaser und direktem Riemenantrieb auf das Hinterrad. Erst 1903 entstand das erste wirkliche Motorrad, das eine ungefederte, verstärkte Gabel und einen geschlossenen Schleifenrahmen besaß. Dieses Modell konnte mit 1,75 bis 3,5 PS starken Motoren verschiedener Hersteller ausgestattet werden, wie etwa einem De Dion mit 2,75 PS und einem Buchet mit 2,5 PS.

Zeitweise wandte sich die Firma vom Motorradbau ab, kehrte aber während des Ersten Weltkriegs in diesen Bereich zurück. Damals baute sie ein Leichtmotorrad mit Triumph-Motor und Coventry-Eagle-Rahmen.

Wirklich bekannt wurde die Marke jedoch erst, nachdem der Krieg zu Ende war. 1919-25 präsentierte sie Modelle mit Motoren anderer Hersteller, etwa von Villiers (175 cm^3-Zweitakter), Blackburne (250 und 350 cm^3-Viertakter mit Dreiganggetriebe) oder JAP (500 und 600 cm^3-Viertakter mit Dreiganggetriebe).

1921 wurden zwei Seitenwagenmodelle vorgestellt, wobei eines mit einem 500 cm^3-Einzylinder und das andere mit einem 680 cm^3-V-Zweizylinder von JAP ausgerüstet war. Im gleichen Jahr kamen auch zwei von Percy Mayo entworfene 249 cm^3-Maschinen heraus, deren Motoren ebenfalls von JAP stammten. Die sportliche Version hatte ein Einganggetriebe, während das im Design sehr ähnliche Tourenmodell ein Zwei- oder Dreiganggetriebe von Sturmey Archer und einen Kickstarter besaß. Die Sportmaschine war sowohl für Straßen- als auch für Bergrennen konzipiert. Besondere Erwähnung verdient die elegante Ausstattung dieses Motorrads. An den Rädern befanden sich glänzende Aluminiumscheiben, und es fehlte auch nicht an verchromten Teilen. Der vorne abgerundete Satteltank glich dem der Brough Superior und erregte ebenso großes Aufsehen wie die ganze Maschine. Ihre Lackierung war in mattem Schwarz gehalten, Rahmen und Schutzbleche jedoch hochglänzend. Die Aluminiumschilder und der Adler als Glücksbringer vervollständigten die Verzierung. Dieses Motorrad mit der Typenbezeichnung S 25 sollte den Stil von Coventry Eagle über Jahre hinweg beeinflussen.

Aus der Produktion von 1922 stammten zudem die TS 1, eine Zweitaktmaschine mit Eingangetriebe und 2,5 PS Leistung, die S 29 mit 2,75 PS und einem 283 cm^3-JAP-Motor, die S 35 mit 3 PS und einem 350 cm^3-JAP-Motor, die sportlichere S 50 mit einem 3,5 PS starken 500 cm^3-JAP-Motor und schließlich die C 68 mit einem 680 cm^3-Zweizylinder-V-Motor von JAP, der 5 bis 6 PS leistete und mit einem Dreiganggetriebe kombiniert war. Dieses letzte Modell war zum Einsatz mit Seitenwagen vorgesehen.

1923 erfuhr die Palette bemerkenswerte Veränderungen: Das Werk realisierte ein sehr leichtes 1,75 PS-Modell, die S 15, während die S 29 und S 35 unverändert blieben. Das Angebot wurde durch eine neue 348er ergänzt. Diese S 34 genannte Maschine war mit einem Blackburne-Viertaktmotor ausgerüstet, wobei Primär- und Sekundärantrieb über Kette erfolgten. Bald darauf konstruierte man die Big Single C 55, die einen 550 cm^3-Motor von JAP mit 4,25 PS, Dreiganggetriebe, Kupplung und Kickstarter erhielt. Doch das interessanteste Modell war zweifellos die Super Sport Solo mit 8 PS und einem 960 cm^3-JAP-Motor.

Ein Jahr später präsentierte Coventry Eagle ihre berühmteste Maschine: die Flying Eight. Es handelte sich um ein Zweizylinder-V-Modell mit im Zylinderkopf hängenden Ventilen. Das hervorragend konstruierte, elegante und überaus schnelle Motorrad konnte mühelos eine Höchstgeschwindigkeit von 130 km/h erreichen. Diese Leistung verdankte die Flying Eight dem 980 cm^3-JAP-Motor mit Dreiganggetriebe. Primär- und Sekundärantrieb erfolgten über Kette, und vorne gab es eine Trommelbremse. Das teure Modell taufte die Firma auf den Spitznamen „Greyhound of the Road". 1924 erschienen noch zwei weitere sportliche 350 cm^3-Maschinen sowie zwei Touringmodelle.

Die Firma wollte sich auf Luxusmodelle spezialisieren, entwikkelte sich aber von nun an genau in die entgegengesetzte Richtung. 1928 gab es vier neue Modelle, alle mit Preßstahlrahmen, die gewissermaßen zu einem Markenzeichen des Unternehmens geworden waren. Es handelte sich um die E 21 mit 147 cm^3 Hubraum, die E 23 und E 25 Super Sport, beide mit 175 cm^3, und die E 27 mit 200 cm^3. Daneben wurden die E 31 sowie die 350er E 44 und E 45 produziert. Das reichhaltige Angebot vervollständigten die E 46 Flying mit 350 cm^3, die beiden 500er E 50 und E 55 Flying 500 sowie zwei Modelle der Flying-Eight-Serie mit 996 cm^3, nämlich die E 150 und E 160.

Coventry Eagle B 33 von 1926.

Coventry Eagle von 1923.

1929 blieben die 147 und 175 cm³-Touringmotorräder in Produktion, zu denen zwei 196 cm³-Zweitaktmaschinen hinzukamen. Weiterhin im Programm standen die 300 und 490 cm³-Touringmaschinen, ein 348 cm³-Sportmodell, zwei sportliche mit JAP-Viertaktmotoren ausgerüstete Motorräder mit 345 beziehungsweise 491 cm³ Hubraum und die große Zweizylindermaschine.
Alle diese Modelle wurden bis 1931 im großen und ganzen beibehalten. Dann sah sich Coventry Eagle angesichts der Wirtschaftskrise gezwungen, billigere Motorräder zu bauen. Die 996er verschwand, zurück blieben drei 350 cm³-Modelle, die H 40, H 44 und H 45. 1933 verringerte sich das Angebot noch weiter. Die bekannte und unorthodoxe 250 cm³-Pullman erschien. Doch nun lief in Coventry erneut die Herstellung von Fahrrädern an, die wieder in Mode gekommen waren. 1939 gab man den Motorradbau vollkommen auf. Als letzte sporadische Erscheinung präsentierte Coventry Eagle 1945 eine letzte unkonventionelle 250 cm³-Maschine.

Coventry Mascot

1922-24 produzierte Coventry Mascot Einzylindermaschinen, die mit Barr & Stroud-Schiebermotoren und ölgekühlten Bradshaw-Motoren ausgerüstet waren. Der Hubraum beider Modelle betrug 350 cm³.

Coventry Motette

Ende des vorigen Jahrhunderts baute das englische British Motor Syndicate in Coventry unter dem Markennamen Coventry Motette den Bollée-Dreiradwagen (wofür Harry J. Lawson die Rechte abgetreten hatte). Ihm folgte 1901 ein Motorrad für Damen, dessen Motor hinter den Pedalen stehend eingebaut war. Der Antrieb erfolgte über eine hölzerne Reibrolle auf das Hinterrad, die Zündung über ein Glührohr. Diese Maschine wurde von Frau F.H. De Veuille von Coventry nach London gefahren, und es heißt, Harry J. Lawson, der große Pionier des britischen Motorradbaus, habe der mutigen Lady als Anerkennung einen Brillantring geschenkt.

Coventry Victor

Bekannt für ihre Zweizylindermotoren mit flachem Zylinderkopf, belieferte diese englische Firma schon 1911 die Firma Montgomery, die zu den ersten britischen Motorradfabriken gehörte und ebenfalls in Coventry ansässig war. Coventry Victor baute auch komplette, mit seitengesteuerten 688 cm³-Motoren ausgerüstete Maschinen.
Ab 1926 entstand ein Modell, das einen längs eingebauten 500 cm³ - Zweizylinder - Boxermotor mit im Zylinderkopf hängenden Ventilen besaß. Der Motor wurde durch einen Berk-Kompressor aufgeladen, der durch eine spezielle Kupplung ausgeschaltet werden konnte. Dieses auch in Serie gefertigte Motorrad verschwand 1928 vom Markt. In demselben Jahr entstanden eine Zweizylindermaschine mit einem 499 cm³-Boxermotor und im Zylinderkopf hängenden Ventilen sowie eine weitere Version mit einem seitengesteuerten 688 cm³-Motor. Daneben fertigte das Werk einen 850 cm³-Dreiradwagen. 1930 stellte Coventry Victor den Betrieb ein.

Cozzo

Im April 1954 wurde in Mailand ein Motorrad vorgestellt, das der Konstrukteur Cozzo entworfen hatte. Es war mit einem 174 cm³-Viertaktmotor mit liegendem Zylinder, kettengetriebener obenliegender Nockenwelle und einem im Motorgehäuse integrierten Vierganggetriebe ausgerüstet. Das Fahrgestell bestand aus einem Zentralrohrrahmen, die Reifengröße betrug 3,50 x 15; Teleskopgabel und eine Motor-Getriebe-Schwingeinheit mit einem auf der linken Seite angeordneten Sturcher-Federbein sorgten für die Federung. Der Antrieb erfolgte über Kardanwelle. Das Hinterrad war nach einer Seite frei. Die Cozzo wurde weder in Serie gefertigt, noch hörte man jemals wieder von dieser eigenwilligen Konstruktion.

CPC

Leichtmotorräder mit 100 cm³-Zweitaktmotoren, die 1931-37 in Paris hergestellt wurden.

C.P. Roleo

Mit Preßstahlfahrgestellen ausgerüstet, in die auch der Tank integriert war, besaßen diese französischen Maschinen Motoren mit Hubräumen von 250, 350 und 500 cm³. Die Triebwerke stammten von JAP, Voisin, Chaise und LMC und hatten seitlich stehende oder im Zylinderkopf hängende Ventile. Daneben gab es Exemplare mit Dreiecksrohrrahmen. Die Firma C.P. Roleo mit Sitz in Paris war 1925-32 tätig.

Crescent

Das 1954 in Varberg gegründete schwedische Unternehmen, das seit einiger Zeit zum Autokonzern Volvo gehört, produzierte verschiedene Mopedmodelle, die mit 49 cm³-Sachs-Motoren bestückt waren, sowie 123 cm³-Leichtmotorräder mit Franco-Morini-Motoren.

Cresma

Die spanische Firma Cresma baute 1950 das Modell Rallye, das einen 197 cm³-Zweitaktmotor, Preßstahlrahmen und 3,50-15-Reifen besaß. Die Vorderradaufhängung bestand aus einer Schwinge. Daneben verfügte die Maschine über ein Vierganggetriebe.

Crest

Englische Konfektionsmotorräder von orginellem Design, die mit 350 cm³ großen Barr & Stroud-Schiebermotoren ausgerüstet waren. Auf Bestellung wurden in einige Modelle auch kleinhubigere Villiers-Motoren eingebaut. Die Firma bestand 1923-24.

Crocker

Die amerikanische Firma wurde 1934 von Al Crocker, einem Manager von Indian in Los Angeles gegründet. Die in kleiner Stückzahl hergestellte Crocker-Maschine konnte ihre Verwandtschaft zu den Indian-Produkten nicht verleugnen. Crocker baute 1000 cm³-V-Zweizylindermotoren ein, die zum großen Teil aus Komponenten von Indian und Harley-Davidson bestanden. Daneben produzierte man den Motorroller Scootabout, der mit einem seitengesteuerten Viertaktmotor mit einer Leistung von 3 PS ausgerüstet war. 1941 stellte das Unternehmen seine Produktion ein.

Croft

Mit Sitz in Coventry, war die britische Firma Croft Cameron rund vier Jahre tätig. 1923-26 produzierte die Firma in beschränkter Stückzahl Maschinen, in die sie Motoren von British Anzani montierte. Sie besaßen Hubräume von 992 und 1078 cm³ und im Zylinderkopf hängenden Ventile. Die Fahrgestelle waren von herkömmlichem Zuschnitt, ähnlich denen von Brough-Superior.

Crownfield

Die in London 1903-04 von J. Perkins gebauten Crownfield-Motorräder hatten offene Rahmen und waren vor allem für Damen geeignet. Die Motoren stammten von Givauden und Kerry und erzielten eine Leistung von 2,75 PS.

CRT

Italienische Motorräder, die 1925 bei Casin & Romin in Treviso entstanden. Bei den Motoren handelte es sich um Blackburne-Viertakter mit Hubräumen von 250 und 350 cm^3 in den Versionen Turismo mit seitlich stehenden und Sport mit im Zylinderkopf hängenden Ventilen. Die vordere Gabel stammte von Druid und das separate Getriebe von Burman.

Crypto

3,5 PS-MMC- und 2,5 PS-Peugeot-Motoren trieben die 1902-06 produzierten englischen Crypto-Motorräder an. Die Londoner Firma baute daneben Dreiräder und Zweizylinder-V-Maschinen mit 4 und 5 PS.
Crypto hieß auch ein Motorrad, das 1901 auf der Stanley Show in London vorgestellt wurde. Sein Motor war neben dem Vorderrad montiert. Eine Verlängerung der Kurbelwelle lief über die Radnabe, das Schwungrad befand sich auf der anderen Seite des Rads.

Csepel

Die ungarische Manfred Weiss, Stahl- und Metallwerke AG baute 1937 Motorräder mit der Markenbezeichnung Csepel. Sitz der Firma war die kleine Stadt Csepel bei Budapest. Später übernahm Mogürt in der ungarischen Hauptstadt die Herstellung der Marke, deren Name ab 1952 Pannonia beziehungsweise Danuvia lautete. Ursprünglich produzierte diese große Maschinen- und Waffenfabrik Automobile, stellte dann auf Motorräder um. Die 100 und 125 cm^3- Zweitaktmodelle aus eigener Konstruktion waren bis zum Zweiten Weltkrieg im Handel. 1945 verstaatlicht, nahm das Werk 1947 die Produktion von 50 cm^3-Rollern, Fahrradhilfsmotoren und einem 100 cm^3-Zweitakt-Leichtmotorrad auf. Diese Maschine ersetzte man durch ein 125 cm^3-Modell, das mit unwesentlichen Veränderungen bis 1954 gefertigt wurde. Die erste 250er entstand 1950: Sie besaß einen Zweitaktmotor mit zweigeteiltem Zylinder, einen Rohrrahmen, eine Teleskopgabel und Teleskopfederbeine.
Ein paar Jahre später trat ein verbessertes Modell an ihre Stelle. Das Fahrgestell wurde im großen und ganzen beibehalten, als Triebwerk verwendete man jedoch einen Einyzlinder-Zweitaktmotor mit Schnürlespülung, Flachkolben, Ansaugkanal in Form eines Schwanenhalses und zwei gegenüberliegenden Überströmkanälen. Die Maschine besaß ein fußgeschaltetes Vierganggetriebe, erreichte eine Leistung von 10,5 PS bei 4300 U/min und eine Höchstgeschwindigkeit von 108 km/h.

Cub

In den 50er Jahren in den Vereinigten Staaten gebauter Kleinroller mit einem zusammenklappbaren Stahlrohrrahmen, Zweiganggetriebe und automatischer Kupplung. Seine Höchstgeschwindigkeit betrug 40 km/h.

Curtiss

Der amerikanische Techniker und weltberühmte Pilot Glenn Hammond Curtiss entwarf seinen ersten Motor im Jahre 1900. Es handelte sich dabei um ein sehr kleines 155 cm^3-Exemplar mit Antrieb über Reibrolle, das er auf ein Fahrrad montierte. Die Antriebsrolle bestand zunächst aus Holz, später aus Leder, schließlich aus Gummi und wirkte anfangs auf das Vorderrad. Dann versetzte Curtiss den Motor, so daß der Antrieb auf das Hinterrad erfolgte. Nach verschiedenen Tests mit dieser ersten Antriebsquelle konstruierte der Amerikaner einen 744 cm^3-Motor, der jedoch ein beträchtliches Gewicht aufwies und nicht einwandfrei funktionierte.
Als es ihm schließlich gelang, das Fahrrad, auf das er diesen Motor montiert hatte, in Bewegung zu setzen, erreichte es immerhin eine Geschwindigkeit von 50 km/h. Aber der Erfinder war sich bewußt, daß dieser Motor zur Montage auf ein Fahrrad nicht geeignet war. Doch mit der Zeit perfektionierte Curtiss sein Motorfahrrad, und ab 1903 gewann er damit verschiedene Rennen und stellte sogar einige Rekorde auf. 1904 konstruierte er eine Zweizylinder- und 1906 eine Achtzylindermaschine mit einer höchst bemerkenswerten Entstehungsgeschichte.
Für das Luftschiff eines Kunden hatte Curtiss einen Achtzylindermotor entwickelt. Diese Antriebsquelle wollte er auf festem Boden ausprobieren. Er montierte sie in ein entsprechend vorbereitetes Motorradfahrgestell, einen Doppelschleifenrohrrahmen, bei dem auch die Vorderradaufhängung verstärkt worden war. Die überaus langen Arme des Lenkers bildeten einen rechten Winkel zum Scheitel des Lenkkopfes. Aufgrund ihrer Länge waren die Lenkarme durch kräftige Ausleger am vorderen Lenkkopf befestigt. Der Motor hatte acht separate Zylinder, die an einem Motorgehäuse aus Aluminium befestigt und V-förmig angeordnet waren. Der Zylinderwinkel betrug 90 Grad. Die Gemischaufbereitung erfolgte durch zwei Vergaser, wobei einer für jeweils vier Zylinder vorgesehen war. Der Antrieb lief über Kardanwelle, und der Motor erreichte eine Leistung von 40 PS. Eine fußbetätigte Gummigleitbremse wirkte auf das Hinterrad. Mit ihrem Konstrukteur Glenn Curtiss im Sattel erreichte diese Maschine im Jahre 1907 bei fliegendem Start eine Durchschnittsgeschwindigkeit von 218,864 km/h. Dieser Weltrekord blieb über viele Jahre hinweg ungebrochen. Heute wird Glenn Curtiss' Achtzylinder im National Air Museum des Smithsonian Institutes in Washington aufbewahrt. Mit Ausnahme der Antriebswelle, die verlorenging, ist die Maschine noch vollständig erhalten.

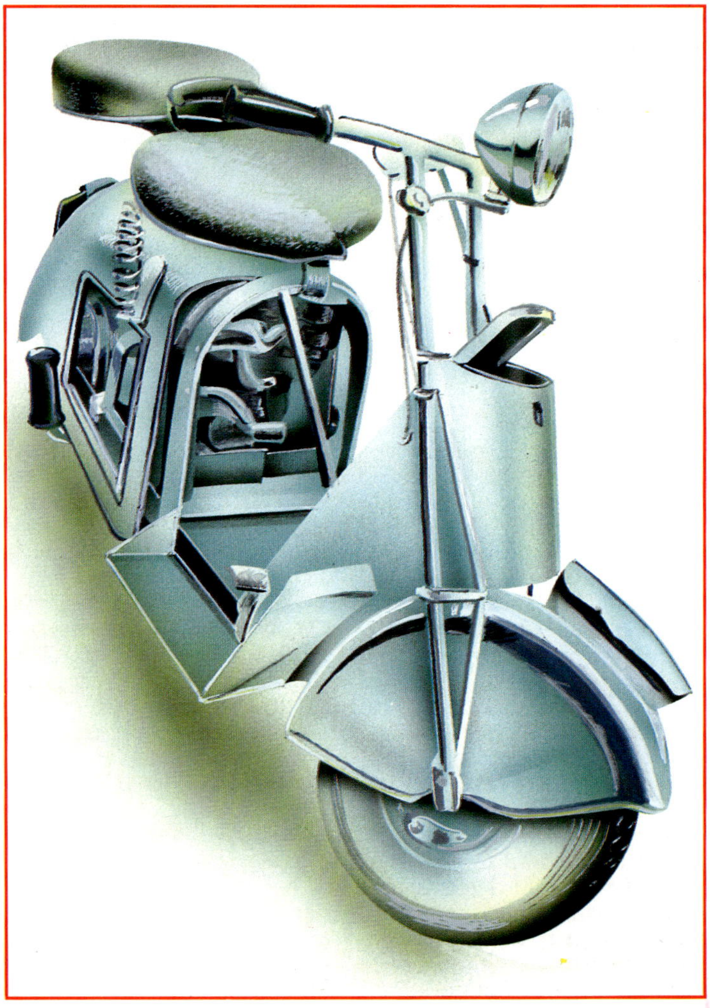

Amerikanischer Cushman-Roller.

1909 konstruierte Curtiss auch ein Dreizylindermodell mit fächerförmig angeordneten Zylindern. Es erzielte eine Leistung von 10 PS, wog rund 80 kg und erreichte eine Höchstgeschwindigkeit von 145 km/h. Der Motor besaß kein Getriebe, der Antrieb erfolgte über Riemen, und die Zündung lief über drei Spulen, die von einer trockenen Batterie mit vier Zellen gespeist wurden.Bis 1912 lieferte Curtiss auch Motoren an andere Firmen.

Curwy

Die deutschen Curwy-Maschinen entstanden 1923-28 in Frankfurt an der Oder. Sie besaßen konventionelle Rahmen, in die seitengesteuerte 350 cm^3-Einzylindermotoren montiert waren. Der Name Curwy wurde 1927 in Cursy geändert. Die ohnehin nicht sehr zahlreich verkauften Maschinen verschwanden Ende der 20er Jahre vollkommen vom Markt.

Cushman

Die Firma Cushman Motors in Lincoln im US-Staat Nebraska schuf 1941-45 einen Roller, der von einem seitengesteuerten 250 cm^3-Motor mit seitlicher Gebläsekühlung angetrieben wurde. Das Fahrzeug erreichte eine Höchstgeschwindigkeit von 60 km/h, besaß kleine Räder, einen teilverkleideten Rohrrahmen, ein handgeschaltetes Zweiganggetriebe und Kettenantrieb. In den folgenden Jahren behielt der Roller mit leichten Veränderungen dieselben grundlegenden Merkmale bei. Der Cushman-Roller war auch mit größerem Hubraum erhältlich und wurde zu Beginn der 50er Jahre in Lizenz in Belgien hergestellt.

Cyc-Auto

Die Cyc-Auto war zweifellos eine sehr bemerkenswerte Entwicklung auf dem Zweiradsektor in den 30er Jahren. 1934 in London entstanden, kann sie als durchaus legitimer Vorgänger des modernen Mopeds gelten. Die Cyc-Auto besaß einen stehenden Einzylinder-Zweitaktmotor mit einem Hubraum von 98 cm^3. Am interessantesten war jedoch zweifellos ihr Antrieb. Von einer Verlängerung der Kurbelwelle wurde die Bewegung mittels einer Schneckenradübersetzung auf das Zahnrad der Fahrradpedale übertragen, über denen der

Cyclette in der Damenversion.

Motor angebracht war. Diese Maschine, die bis 1956 in Produktion blieb, darf nicht mit einem Moped ähnlichen Namens verwechselt werden, nämlich dem 1938-50 gebauten Scott Cyc Auto.
1956 stellte das Werk das Modell Bantamoto auf die Räder. Es war mit einem 38 cm^3-Zweitaktmotor mit stehendem Zylinder und Drehschiebersteuerung bestückt. Diese bestand aus einer zylinderförmigen Stahlmuffe, die sich in einer runden Kammer im Motorgehäuse drehte, deren Wände mit phosphorhaltiger Bronze beschichtet waren. Der Antrieb erfolgte von der Kurbelwelle über Zahnräder auf ein Rad, das an einer an den Hinterradspeichen des Fahrrads befestigten Trommel angebracht war.

Cyclemaster

Ein englischer Kleinmotor, der 1949 entworfen wurde und zu Beginn des Jahres 1950 in Produktion ging. Es handelte sich bei Cyclemaster genau genommen um ein motorisiertes Rad, das anstelle eines normalen Hinterrads an ein Fahrrad montiert wurde.
Von der Firma EMI in Hayes, Middlesex, gebaut, hatte dieser stehende Einzylindermotor mit Kupplung einen Hubraum von 26 cm^3 und war mit einer Drehschiebersteuerung ausgerüstet. Primär- und Sekundärantrieb liefen über Kette, wobei der Sekundärantrieb auf die Radnabe erfolgte. Der Motor-Getriebeblock war in einer Trommel untergebracht und ersetzte die herkömmliche Radnabe des Fahrrads.

Die amerikanische Cyclone, 1912.

Cycle Scoot

1953-55 New Jersey produziert, fand dieser amerikanische Roller nicht den erhofften Anklang. Seine Motorisierung bestand aus einem 2,5 PS-Viertaktmotor, der Verkaufspreis betrug 169 Dollar.

Cyclestar

Ein Moped, das 1952 in Holland vorgestellt wurde. Es war mit einem unter den Pedalen montierten 38 cm^3- Zweitaktmotor von NV Motoren Rotterdam bestückt. Der Antrieb zwischen dem Getrieberitzel und der Reibrolle auf das Hinterrad erfolgte über Kette.

Cyclette

Mitte der 20er Jahre in Frankreich sehr beliebte Motorfahrräder. Es gab sowohl eine Version für Herren mit normalem als auch für Damen mit oben offenem Rahmen. Ausgerüstet waren beide Modelle mit 91 cm^3-Motoren.

Cyclex

Unter dieser Bezeichnung wurde auf dem Pariser Salon von 1946 ein Hilfsmotor aus französischer Produktion vorgestellt, der auf Anregung des Direktors von Hispano Gadoux entstand. Es handelte sich um einen Zweitakter, der sowohl als Ein- als auch als Zweizylinder erhältlich war. Die Einzylinder-Version besaß einen Hubraum von 48 cm^3 und war mit dem Zylinderkopf nach unten an der rechten Seite des Rades montiert. Ihr Gewicht betrug zehn Kilogramm. Der 16 kg schwere Zweizylinder hatte 98 cm^3, und die Zylinder waren ebenfalls umgekehrt links und rechts vom Rad angeordnet.

Cyclolux

In Frankreich produzierter Hilfsmotor aus den frühen 50er Jahren. Es handelte sich hier um einen 49 cm^3-Zweitakter mit Rollenantrieb.

Cyclone

1899 wurde in den USA der luftgekühlte Cyclone-Motor gebaut. Es handelte sich um einen stehenden Parallel-Zweizylinder, der mit Petroleum betrieben wurde und Drehzahlen von 500 U/min. Die Kolben bewegten sich parallel in den Zylindern, wechselten sich aber in den Phasen ab; denn der Arbeitstakt des ersten nach der Explosion war der Ansaugtakt des zweiten.

Ebenfalls in den Vereinigten Staaten kam 1912 mit der Cyclone ein Motorrad heraus, das als eine der perfektesten Maschinen der Epoche galt und tatsächlich zahlreiche innovative Lösungen aufwies. Produziert wurde dieses Modell von der Joerns Manufacturing Company in Saint Paul, Minnesota. Die Firma war bereits bekannt durch das 1903 hergestellte Thiem-Motorrad mit Nabenzweigangschaltung. Die Cyclone entstand nach einem Entwurf des Schweden Andy Strand, der sich bis dahin ausschließlich mit Werkzeugen und Gußtechnik befaßt hatte.
Die Cyclone besaß einen längs in den Rahmen eingebauten Zweizylinder-V-Motor mit einem Zylinderwinkel von 42 Grad. Der Hubraum betrug 999 cm³, und die kurze und massive Kurbelwelle lief auf vier Rollenlagern auf der Antriebsseite und auf zwei Kugellagern auf der Steuerungsseite. Die Ventilsteuerung erfolgte über je eine obenliegende Nockenwelle pro Zylinder; die vordere Welle wurde von der Kurbelwelle über eine Königswelle angetrieben, die hintere, ebenfalls durch eine Königswelle, von der unteren Kegelradverzahnung der ersten Welle. Die zweite Königswelle betätigte auch die Ölpumpe. Diese besaß Zahnräder und konnte von außen reguliert werden. Der Antrieb des Zündmagneten erfolgte ebenfalls über Königswelle. Alle Wellen waren kugelgelagert. Die Schwungräder besaßen Speichen und bestanden aus Schmiedestahl, die Pleuel waren geschmiedet. Die oben flachen Kolben verfügten über zwei Ringe. Die Gußstahlzylinder waren am Motorgehäuse mit jeweils zwei Gewindestiften befestigt, und die halbkugelförmigen Brennräume beherbergten die Ein- und Auslaßventile, die im Winkel von 70 Grad V-förmig gegenüberliegend angeordnet waren. Die Zündkerze befand sich auf einer Seite des Zylinderkopfs, genau in der Mitte zwischen den beiden Ventilen.
Das komplette Motorrad wog nur 121 kg, denn die einzelnen aus Stahl gefertigten Teile waren so konzipiert, daß sie bei geringer Größe die höchste Resistenz boten. Der einzige Schwachpunkt des Motors war die unzulängliche Schmierung der Ventilmechanismen, deren korrektes Funktionieren deshalb vor allem bei hohen Geschwindigkeiten beeinträchtigt war. Erst 1916 änderte man die Kipphebel und die Schmierung des Zylinderkopfs.
1916 schloß die Fabrik ihre Tore, nachdem über 3000 Maschinen entstanden waren. 1920 und 1922 gab es zwei Versuche, das Werk zu neuem Leben zu erwekken, die jedoch letztlich scheiterten. Die nach dem Ersten Weltkrieg gebaute Maschine nahm an zahlreichen Wettbewerben teil. Im Sattel saß Parker Abbott, ein Marinesergeant. Später verschwanden Abbot und Noel Bullock, ein anderer Motorradrennfahrer, vor der mexikanischen Küste mit einem Flugzeug und blieben für immer verschollen.

Cyclonette

Von 1958 bis in die frühen 60er Jahre stellte man in Belgien die Cyclonette-Mopeds her, die mit 49 cm³-Zündapp-Motoren ausgerüstet waren.

Cyclotracteur

Das eigenwillige französische Moped von Cyclotracteur entstand nach einigen Quellen 1918, anderen Angaben zufolge wurde es erst ein Jahr später gebaut. Sein stehender Motor hatte einen Hubraum von 100 cm³, eine Höchstdrehzahl von 2500 U/min und war über dem Vorderrad vor dem Lenkkopf montiert. Er besaß Schnüffelventile, sein Gewicht betrug 13 kg, und die Höchstgeschwindigkeit lag bei 30 km/h. Der Antrieb erfolgte über eine Reibrolle, die durch eine Kurbel ein- und ausgeschaltet werden konnte. Die Produktion dieses Mopeds erfolgte ohne größere Veränderungen bis 1922.

Cykelaid

1919 in Großbritannien hergestellt, war der Cykelaid ein 131 cm³-Hilfsmotor, der über dem Vorderrad eines Fahrrades montiert werden konnte. Er besaß eine Trockenkupplung, und der Antrieb war durch zwei Ketten gewährleistet. Außerdem war eine Schwunglichtmagnetzündung vorhanden. Bei einem Hubraum von 133 cm³ betrug die Leistung 1,25 PS, 1922 erhöhte man sie auf 1,5 PS. Der Verkaufspreis des kompletten, mit diesem Zweitaktmotor ausgerüsteten Motorfahrrads betrug damals rund 37 Pfund Sterling. 1926 stellte man die Produktion des Cykelaid ein.

Cyklonette

Nach einer zeitgenössischen Werbeannonce war das unter diesem Markennamen angebotene Fahrzeug „ein Dreiradwagen mit einem 3,5 oder 6 PS-Einzylindermotor, geeignet für die Beförderung von zwei Personen oder den Transport von Waren“. Tatsächlich handelte es sich bei der Cyklonette aus dem Jahre 1909 um ein eher seltsames Gefährt, das in Deutschland produziert wurde, einen Zweitaktmotor und ein lenkbares vorderes Antriebsrad sowie zwei Hinterräder besaß.

Cymota

1950 brachte man in Großbritannien mit dem Cymota einen Hilfsmotor auf den Markt, der über dem Hinterrad montiert wurde und einen Rollenantrieb besaß. Der Motor war in eine Verkleidung gekapselt, die auch den vom Magnetschwungrad gespeisten Frontscheinwerfer beherbergte. Der Hubraum dieses Zweitaktmotors mit stehendem Zylinder betrug 45 cm³.

Cyrus

1957 in Holland in Vento hergestelltes Moped, das mit einem Anker-M48-Motor, Einganggetriebe und einem Preßstahlrahmen ausgerüstet war.

CZ

Wie so viele andere europäische Motorradfabriken, stellten auch die CZ-Werke ursprünglich Waffen her. 1918 gegründet, begann die in Strakonice ansässige Ceska Zbrojovka (Tschechische Waffenfabrik) erst Ende der 20er Jahre mit der Produktion von Transportmitteln. Zunächst schuf das Werk ein Fahrrad und betraute bald darauf die drei Konstrukteure Vaclav Pavlicek, Josef Haiek und Josef Hansel mit der Aufgabe, einen Motor für dieses Fahrzeug zu entwickeln. 1930 entstand ein Prototyp, der mit einem stehenden 60 cm³-Einzylindermotor ausgerüstet war. Doch dieses motorisierte Fahrrad erzielte nicht die erwarteten Leistungen, weshalb man von einer Produktion absah.
1931 wurde ein verbessertes Modell konstruiert. Es verfügte über einen liegenden 73 cm³-Einzylinder-Zweitaktmotor, der in einen verstärkten Fahrradrahmen eingebaut war. Im Jahr darauf erhielt die kleine CZ ihre endgültige Form. Das neue Motorfahrrad fand guten Anklang, was sich in einer Produktion von 5000 Exemplaren in den Jahren 1931-32 niederschlug. Von einer zweiten Version mit 98 cm³ Hubraum verließen bis 1934 weitere 4000 Stück die Werkshallen. Das erste wirkliche Motorrad der Firma erschien 1935. Es war mit einem 150 cm³-Motor bestückt, ging aber erst mit einem auf 172 cm³ vergrößerten Hubraum in Serienproduktion. Bei diesem Modell war der Einfluß der deutschen Zündapp-Motorräder deutlich erkennbar. Neben der 175er produzierte CZ 1936 auch eine 250 cm³-Zweitaktmaschine in einer Touring- und einer Sportversion. In demselben Jahr beteiligte sich die Firma mit entsprechend vorbereiteten 172ern erstmals aktiv am Rennsport.
Das Werk hatte sich inzwischen beträchtlich vergrößert. Die Zahl der Beschäftigten war von 900 im Jahr 1934 auf 1700 im Jahr 1936 angestiegen. 1937 ging ein neues 98 cm³-Leichtmotorrad in Produktion. Zur selben Zeit baute man auch ein 348 cm³-Zweitaktmodell mit stehendem Einzylindermotor, das ähnlich konstruiert war wie die 172er, sowie eine 492 cm³-Parallel-Zweizylinder. Kurz vor Ausbruch des Zweiten Weltkriegs entwikkelte CZ einen Prototyp für eine sehr moderne 125 cm³- Maschine, die 125 A. Sie wurde erst 1946 hergestellt, da nach der Besetzung der Tschechoslowakei durch die Deutschen die Fabrik zur Fertigung von Waffen eingesetzt wurde.
Nach Ende des Kriegs stellte CZ auf der Prager Messe von 1946 einen vollverkleideten 124 cm³-Roller vor, bei dem es jedoch zu keiner Serienproduktion kam. Die Firma wandte sich vielmehr mit allem Nachdruck dem Bau von Leichtmotorrädern zu. Als erstes Nachkriegsmodell kann

die bereits erwähnte, noch vor dem Krieg entworfene 125 A gelten. Sie war ein praktisches Fahrzeug mit Starrahmen und handgeschaltetem Dreiganggetriebe. Doch bereits 1947 erschien mit der 125 B ein neues Modell, das mit einem verbesserten Zweiganggetriebe ausgerüstet war. 1950 präsentierte man eine weitere Version dieses Leichtmotorrads, die 125 C, zu der sich bald darauf die 150 C gesellte. Daneben kam ein 125 cm^3-Dreiradfahrzeug in den Handel, das dem Fahrer und weiteren zwei Personen Platz bot. Außerdem lieferte CZ Motoren an verschiedene, vor allem nordeuropäische Hersteller. So besaßen die schwedischen Monark- und Centrum-Maschinen 125 und 150 cm^3-CZ-Motoren.

Ab den frühen 50er Jahren war die tschechische Motorradproduktion die bedeutendste des gesamten Ostblocks und exportierte praktisch als einzige ihre Erzeugnisse auch in größerem Umfang in den Westen und sogar in die USA. Die tschechische Zweiradindustrie hatte man 1949 verstaatlicht, so daß CZ-Maschinen zusammen mit Zweirädern von Jawa, der anderen großen Motorradmarke des Landes, unter dem Einheitsnamen Jawa-CZ auf den Markt kamen. Alle 125er-, 150er- und 175er-Modelle hatten ihren Ursprung in CZ-Motorrädern, die es bereits vor dem Zusammenschluß gegeben hatte, während die Versionen mit größeren Hubräumen die Jawa zum Vorbild nahmen.

Ende 1956 präsentierte man den Cezeta-Roller, der eine Weiterentwicklung des in den 40er Jahren entworfenen Modells war. Er besaß einen 175 cm^3-Zweitaktmotor mit fußgeschaltetem Vierganggetriebe. Dieser Roller blieb bis 1960 mit geringfügigen Veränderungen im Angebot. Er leistete 9 PS und erreichte eine Höchstgeschwindigkeit von rund 90 km/h. 1960 umfaßte die Produktion von CZ 125 cm^3-, 175 cm^3- und 250 cm^3-Zweitaktmodelle, die von Jawa unter anderen 250 cm^3-Zwei- und Viertaktmaschinen in den Versionen Touring und Sport. 1961 erhielten diese tschechischen Motorräder wieder ihre ursprünglichen Markennamen, wenngleich die beiden Werke weiterhin kooperierten.

1961 basierte das Angebot der CZ auf 125 cm^3-, 175 cm^3- und 250 cm^3-Einzylinder Zweitaktmodellen mit guten Leistungen. Auch der Cezeta-Roller blieb im Angebot. Alle CZ-Maschinen verließen bis 1968 im wesentlichen unverändert die Fabrik. In diesem Jahr wurde die Palette durch zwei neue Leichtmotorräder erweitert: das 125 cm^3-Modell 476 mit Vierganggetriebe und die 477 mit 175 cm^3 und fünf Gängen. Mit Ausnahme des Hubraums waren beide Motorräder identisch; das eine leistete 11 PS und erreichte 106 km/h, das andere 15 PS und 116 km/h.

In den 70er Jahren stellte man den stets verbesserten 476 und 477-Modellen 481 und 482 Trial zur Seite. Es folgten die 471 und 472 mit 250 beziehungsweise 350 cm^3. Sie unterschieden sich lediglich in der Hubraumgröße, besaßen 13,6 und 16,2 PS und erzielten eine Höchstgeschwindigkeit von 120 und 135 km/h. Die Palette der CZ vervollständigten die Moto-Cross-Maschinen 125 MX, 250 MX und 400 MX. Die ersten beiden verfügten über ein Fünfganggetriebe, letztere war mit vier Gängen ausgerüstet. Alle drei Maschinen besaßen Einzylindermotoren mit Schwunglichtmagnetzündung.

76 cm^3-CZ von 1932

CZ 350 mit Zweitaktmotor und Preßstahlrahmen, 1937

Die Firma CZ, deren Werksanlagen sich nach wie vor in Strakonice befanden, produzierte in der zweiten Hälfte der 70er Jahre rund 50000 Motorräder jährlich, wovon nur zwei Prozent für den inländischen Markt bestimmt waren. Der Rest ging in den Export, vor allem in den Ostblock, aber auch in westeuropäische Länder und die USA.

Die sportlichen Erfolge der tschechischen Marke sollten keinesfalls unerwähnt bleiben. Gleich nach Ende des Zweiten Weltkriegs konzentrierte sich CZ besonders auf den Geländesport. Die Silbervase der Internationalen Sechstagefahrt von 1947 ging an das tschechoslowakische Team. In den 15 folgenden Jahren errang CZ neunmal die Trophäe. Die CZ-Rennmaschinen der 60er Jahre für Geländesport und Moto-Cross besaßen im Vergleich zur Konkurrenz eine viel unkompliziertere Bauweise. Im Moto-Cross holte unter anderem der DDR-Fahrer Paul Friedrichs für CZ in drei aufeinanderfolgenden Jahren den Weltmeisterschaftstitel: 1966 mit einer 500er, 1967 und 1968 im Sattel von 360 cm^3-Maschinen.

Seit 1955 engagierte sich CZ zusammen mit Jawa im Straßenrennsport. Hier verlegte sich die traditionell auf Zweitakter spezialisierte Firma auf den Bau von drei Viertakt-Rennmodellen: eine 125er mit 14,5 PS Leistung bei 11000 U/min und einer Höchstgeschwindigkeit von 150 km/h, eine 250er mit 24 PS bei 8500 U/min und 160 km/h sowie eine 350er mit 30 PS bei 8500 U/min und einer Spitze von 170 km/h. Diese Maschinen nahmen an zahlreichen Wettbewerben teil, aber lediglich die 125 cm^3-Maschine kam auf den zweiten Platz beim Großen Preis von Schweden. 1956 erfuhren die Maschinen verschiedene Verbesserungen. Vor allem erhöhte man die Motorleistung der 250er auf nunmehr 27 PS bei 9000 U/min. Trotz einiger Erfolge des 250 cm^3-Modells, blieb der entscheidende Durchbruch aus. Das Werk entschied sich deshalb, die alten Modelle zu ersetzen.

Alle Bemühungen konzentrierten sich nun auf eine neue 250er mit einem stehenden und um 30 Grad nach vorne geneigten Einzylindermotor. Das angeblockte Getriebe hatte sechs Gänge, die Leistung betrug 37 PS bei 11000 U/min. Mit dieser neuen Maschine fuhren die Tschechen bei zahlreichen internationalen Rennen endlich an die Spitze. 1964 stellte CZ bei einem Rennen in Modena eine neue 125 cm^3-Zweizylinder vor, die von der 250er abgeleitet war.

Im Jahr 1965 wandte sich die Firma wieder den Zweitaktern zu, da sich diese für Straßenrennen als am meisten geeignet erwiesen. Dennoch gab es 1969 eine spektakuläre Rückkehr zum Viertaktmotor mit einer 350 cm^3-Vierzylinder-V-Maschine.

Sie leistete 52 PS bei 13000 U/min und erzielte eine Höchstgeschwindigkeit von über 240 km/h. In den 70er Jahren zog sich CZ weitgehend von den Straßenrennen zurück.

Andere Erzeugnisse der Tschechen waren das 49,5 cm^3-Moped

Stadion von 1958 sowie der 1959 präsentierte 100 cm^3-Manet-Roller, aus dem später der 125 cm^3-Taltran entstand. Die Produktion dieser Motorroller behielt man bis 1965 bei. Es folgte die Babetta, ein typisch italienisches Moped. Interessante CZ-Motorräder aus den 80er Jahren waren schließlich zwei Straßenmaschinen mit 125 und 175 cm^3 Hubraum, sowie ein 125 cm^3- und ein 380 cm^3-Moto-Cross-Modell. Daneben gab es eine Straßenversion mit 350 cm^3.

Daelim

Nicht unbedeutende südkoreanische Motorradfabrik mit Sitz in Seoul. Zu den Spitzenmodellen dieser Firma zählt das Moped M 56 mit membrangesteuertem Einzylinder-Zweitaktmotor, Einganggetriebe, automatischer Fliehkraftkupplung und Preßstahlrahmen. Die Höchstleistung des Fahrzeugs beträgt 2,4 PS bei 7250 U/min, der Verbrauch liegt bei vier bis fünf Litern auf 100 Kilometer.
Im Katalog steht zudem die DH 100, ein 97 cm^3-Leichtmotorrad, dessen Einzylinder-Viertaktmotor eine obenliegende Nockenwelle und zwei Ventile aufweist und mit einem Vierganggetriebe kombiniert ist. Mit dem gemischten Rohr- und Preßstahlrahmen kommt die Maschine auf ein Gewicht von 95 kg. Die Höchstleistung beträgt 9 PS bei 9000 U/min, die Höchstgeschwindigkeit 90 km/h.
Mit der Hope DH steht ein 125 cm^3-Modell auf der Angebotsliste der Südkoreaner. Die Hope DH ist mit einem Fünfganggetriebe und hydraulisch gedämpften und verstellbaren Federbeinen ausgerüstet. Sie wiegt 97 kg, leistet 13 PS bei 8300 U/min und verbraucht fünf Liter auf 100 Kilometer. Die Höchstgeschwindigkeit beläuft sich auf 115 km/h.

Daimler

Der Vater des motorisierten Zweirads war Gottlieb Daimler. 1885 schuf er mit dem „Reitwagen“ das erste Motorrad der Welt. Der Konstrukteur wurde 1834 geboren und starb 1900. Zunächst als Schüler und Assistent von N.A. Otto tätig, leitete er bis 1892 die Fabrik in Deutz, um sich später seinen eigenen Projekten zu widmen.
1884 ließ Daimler einen Motor patentieren, der schneller und leichter war als alle bis zu diesem Zeitpunkt entwickelten Antriebsmaschinen und sowohl mit Gas als auch mit Benzin lief. Bei diesem Motor fand zum ersten Mal ein Oberflächenvergaser Anwendung.
Zum Benzin, das sich in einem langen Tank befand, gelangte ein warmer, vom Motor selbst produzierter Luftstrom; dies führte zur Bildung eines Gemischs aus Luft und Benzindämpfen, das dann im Zylinder von einem Glührohr entzündet wurde. Im Jahr 1885 konstruierte Daimler eine verbesserte Version seines Motors. Dieser erhielt Luftkühlung, innenliegende Schwungräder, ein mechanisch gesteuertes Ventil für den Auslaß und ein automatisches Schnüffelventil für den Einlaß. Um die Leistungsfähigkeit zu testen, montierte

Gottlieb Daimlers Motorrad, „Reitwagen“ genannt. Es diente als Versuchsträger für seinen Einzylinder-Viertaktmotor. Seitliche Stützräder sorgten für das Gleichgewicht des Fahrzeugs.

Daimler den Motor auf sein zweirädriges Gefährt. Schon damals galt das Interesse des Konstrukteurs nicht dem Motorrad, sondern dem Automobil. Der Reitwagen diente also nur Testzwecken.
Verglichen mit der Perfektion des Motors, war das hölzerne Fahrgestell plump und klobig. Daimler wollte beweisen, daß sich seine leichte und schnelle Antriebsmaschine für jede Art von Fahrzeug eignete. Die erste Version dieses motorisierten Zweirads war mit einer indirekten Lenkung mit Riemenübertragung ausgestattet.
Beim zweiten, technisch bereits ausgereifteren Modell, stand der Lenker in direkter Verbindung mit der vorderen Gabel. Der Motor war ein stehender Einzylinder mit 246 cm³ Hubraum und einer Leistung von 0,5 PS bei 700 U/min. Das Glührohr und die Ventile befanden sich in einem Gehäuse neben dem Zylinderkopf. Das Auslaßventil wurde mittels einer Scheibe an der Kurbelwelle gesteuert.
Der Motor besaß einen Oberflächenvergaser: Die Dämpfe aus dem Vergaser wurden in eine Kammer geleitet, in die der Fahrer durch eine Hebelbewegung kalte Luft schleusen und somit die zum Ansaugventil gelangende Gemischmenge regeln konnte. Wie alle Oberflächenvergaser mußte auch Daimlers Konstruktion von Zeit zu Zeit gereinigt werden, da sich am Boden Benzinreste absetzten. Um den Motor zu starten, genügte es, das Zündungsrohr zum Glühen zu bringen. Dies geschah durch einen integrierten Brenner, der von einer Fackel erhitzt wurde. Man setzte dann den Tank mittels einer Handpumpe unter Druck und drehte an der Startkurbel, die links vom Motor angeordnet war.
Der Fahrer stieg in den Sattel (das Fahrzeug verfügte im übrigen über zwei kleine seitliche Stützräder, die für das Gleichgewicht sorgten), bewegte den vor dem Lenker befindlichen Gashebel nach vorne und spannte mit dem zweiten Hebel den Antriebsriemen, der praktisch auch die Funktion einer Kupplung innehatte. Wollte man das Fahrzeug wieder anhalten, mußte derselbe Hebel nach hinten bewegt werden, so daß die Riemenspannung nachließ. Gleichzeitig trat ein Bremsbacken aus Eisen in Aktion, der auf das Hinterrad wirkte.
Der Motor wurde durch eine Vorrichtung geschmiert, über die Öl in den Zylinder tropfte. Der Kühlung diente Luft, die von unten nach oben in den Zylinder geblasen wurde, der keine Rippen aufwies. Der Hinterradantrieb erfolgte im Gegensatz zum ersten Modell über ein Zahnrad, das von einem Riemen angetrieben wurde. Keine der beiden Versionen dieses ersten Motorrads der Welt ist erhalten; das zweite Modell fiel 1903 einem Brand zum Opfer.

Links: Gottlieb Daimler.
Unten: Daimlers erster Motor.
Rechts: Die erste Version des „Reitwagens".

Die Exemplare, die im Daimler-Museum in Cannstatt und im Werksmuseum der Daimler-Benz AG in Stuttgart-Untertürkheim stehen, sind Nachbauten, die sowohl aus Originalteilen als auch aus neuen, nach Daimlers Entwürfen angefertigten Elementen entstanden sind.

Dalifol

Trotz der vielversprechenden Entwicklungen im Bereich der Verbrennungsmotoren gab es Ende des vergangenen Jahrhunderts weiterhin Techniker, die auf Dampfmotoren setzten. Von dem in England gebauten dampfbetriebenen Dalifol-Motorrad ist ein Exemplar in der englischen National Collection erhalten, einer bedeutenden Sammlung historischer Motorräder.
Diese Maschine hat eine bemerkenswerte Geschichte: Von ihrem Besitzer, wahrscheinlich einem Franzosen, nach dem berühmten Emancipation Run von 1896 im Stich gelassen, blieb sie bis 1940 in einem Depot der britischen Südbahnen in New Haven und wurde dann von der National Collection erworben. Das Motorrad zählt sicherlich zu den erlesensten Stücken der Sammlung, da weltweit kein weiteres Exemplar dieses Modells existiert.
Das Fahrgestell der Dalifol bestand aus einem herkömmlichen Fahrradrahmen, der jedoch leicht verändert war, um im Zentrum dem stehenden zylinderförmigen Kocher Platz zu bieten. In diesem befand sich der Kessel, der mit kleinen Koksstücken gespeist wurde.
Das hintere Schutzblech bestand aus einem halbkreisförmigen Tank mit einem Fassungsvermögen von rund 20 Litern Wasser. Eine durch eine Kurbel betätigte Kolbenpumpe versorgte den Kocher mit dem Wasser, wobei man die zugeführte Wassermenge durch ein vom Lenker aus handbetätigtes Ventil regulieren und somit die Geschwindigkeit des Fahrzeugs nach Wunsch steuern konnte. Beim Motor handelte es sich um einen Einzylinder mit Schieberventilen, der an der rechten Seite der hinteren Aufhängung angebracht war.
Der Antrieb erfolgte direkt auf das Hinterrad über ein Pleuel, das mit der gemeinsamen Kurbel und der Radnabe in Verbindung stand. Ein erstes Modell besaß wahrscheinlich eine Starrgabel, während die späteren Maschinen – wie die in England aufbewahrte – über eine Gabel mit Kurzschwingen verfügten. Das Fahrzeug wog 70 kg und erzielte eine Höchstgeschwindigkeit von 40 km/h.

Dallison

Der englische Techniker Dallison aus Birmingham entwickelte 1931 einen Motor-Getriebeblock für Motorräder, indem er eine Verbrennungsturbine mit einem hydraulischen Generator verband. Über einen Schraubenverdichter gelangte das Luft-Benzin-Gemisch in einen kleinen Brennraum. Dieser war am Rande einer elliptischen Kammer angeordnet, in der sich eine Rotationstrommel auf Schlitten befand. In der Expansionsphase wirkten die Gase auf einen der Schlitten und brachten somit die Trommel zum Drehen. Hinter der Turbine befand sich ein an die Hauptwelle gekoppelter Block, dessen Aufgabe es war, einen an der hinteren Radnabe angebrachten hydraulischen Motor mit Öl zu versorgen. Mit einer 220 cm³-Turbine konnte man – nach Angaben des Konstrukteurs – eine Leistung von 50 PS erzielen. Dennoch fand dieser Motor nie praktische Anwendung.

Dampfgetriebenes Dalifol-Motorrad, Baujahr etwa 1890.

Unten : Das zweite Modell des „Reitwagens" mit festem Lenker.

Dall'Oglio

Der italienische Ingenieur Guido Dall'Oglio, der bis 1925 bei der Firma GD beschäftigt war, baute 1926 ein Motorfahrrad, dem er seinen Namen gab. Es besaß einen Motor mit liegendem Zylinder und wurde auf der Mailänder Mustermesse desselben Jahres vorgestellt. Der 125 cm³-Motor hatte einen Zylinder aus Grauguß, der Zylinderkopf war aus Bronze gefertigt. Außerdem verfügte das Fahrzeug über ein Zweiganggetriebe.

Dalton

Die Palette der Dalton-Motorräder, die in England 1920- 22 entstanden, umfaßte drei Modelle: Zwei davon waren mit 350 und 500 cm³-Blackburne-Motoren ausgerüstet, das dritte besaß einen 688 cm³-Zweizylinder-Boxer von Coventry Victor. Die Maschinen mit den kleineren Hubräumen waren auch mit Scheibenrädern erhältlich. Der kleine Konfektionär hatte seinen Sitz in Manchester.

Dane

Die 1919-20 in begrenzter Stückzahl gebauten englischen Dane-Motorräder besaßen seitengesteuerte 350 cm³-Zweitakt- und Viertaktmotoren von Precision sowie 1000 cm³-JAP-V-Zweizylinder, ebenfalls mit seitlich stehenden Ventilen.

Dardo

Auf der ersten Turiner Motorradausstellung von 1926 präsentierte die in dieser Stadt ansässige Firma Fara mit der Dardo eine Maschine, die einen liegenden Einzylindermotor besaß und noch Ende desselben Jahres in Serienproduktion ging. Das Motorrad war in der Normalversion mit 132 cm³ und als Sportmodell mit 124 cm³ Hubraum erhältlich, verfügte über ein angeblocktes Zweiganggetriebe. Die Konuskupplung war in der hinteren Radnabe untergebracht.
Bis 1927 wurde das Angebot nicht verändert. 1928 übernahm Dardo einen neuen Rohrrahmen. Mit Zweitaktmotor produzierte man nur noch die 132 cm³-Version und stellte ein 175 cm³-Viertaktmodell mit im Zylinderkopf hängenden Ventilen vor. Auch diese Maschine verfügte über einen liegenden und stark gerippten Zylinder. Der Brennraum war halbkugelförmig, und die Ventile befanden sich senkrecht stehend im Zylinderkopf.

Endgültige Version des 175 cm³-Dardo-Leichtmotorrads mit liegendem Zylinder, 1926.

Die Jahre 1929 und 1930 brachten wenig Neues. Nach 1930 stellte die Firma ihren Betrieb ein.

Darlan

Eine der zahlreichen spanischen Fabriken, die gegen Ende der 50er Jahre mit der Produktion von Motorrädern begannen. Die Modellpalette umfaßte verschiedene mit 94 cm^3-Zweitaktmotoren ausgerüstete Leichtmotorradtypen. In Zarauz ansässig, war die Firma 1958-60 aktiv.

Darling

In Bern gebaute Schweizer Motorräder, die mit 250 cm^3-Einzylinder-Zweitaktmotoren bestückt waren. Die Produktion der 1924-26 tätigen Firma von Friedrich Lochner beschränkte sich auf kleine Stückzahlen.

Dart

Eine 1901 in Kingston, England, konstruierte Maschine, in die ein 2,5 PS-Motor und ein französischer Roubeau-Vergaser eingebaut waren. Ihr Schöpfer F. Baker darf nicht mit F.E. Baker verwechselt werden, der für die Precision-Einbaumotoren und Motorfahrräder von 1919 bekannt wurde.
Ebenfalls unter der Bezeichnung Dart kam 1923 ein originelles Motorrad auf den Markt, das von A.A. Sidney in Coventry gebaut worden war und einen 348 cm^3-Motor mit obenliegender Nokkenwelle besaß. Bohrung und Hub betrugen 74 x 81 mm, die erreichte Leistung 17,5 PS. Das Modell wurde für 85 Pfund Sterling verkauft, hatte aber wenig kommerziellen Erfolg.

Daudon

Hierbei handelte es sich um Mopeds, die zu Beginn der 50er Jahre in Frankreich produziert wurden. Sie waren mit Zwei- oder Viertaktmotoren verschiedener Marken ausgerüstet.

Daventry

1951-55 in Belgien produzierte Leichtmotorräder, in die die in Brüssel ansässige Firma Motos Daventry 125 und 175 cm^3-Zweitaktmotoren von Sachs, Puch und anderen Herstellern einbaute.

100 cm^3-Zweizylinder-Deca von 1956.

David

Mitte der 50er Jahre erschien in Spanien ein dreirädriges Fahrzeug namens David. Es besaß einen 350 cm^3-Einzylinder-Zweitaktmotor, der mit einem Dreiganggetriebe kombiniert war. Der Antrieb auf das lenkbare Vorderrad erfolgte über Kette. Die vordere Aufhängung hatte eine Blatt- und Spiralfeder, die hintere eine Drehstabfederung. Das Fahrzeug erreichte eine Höchstgeschwindigkeit von 75 km/h.

Davison

Englische Simms- und belgische Minerva-Motoren trieben die 2 und 2,75 PS-Davison-Motorräder an. Die Fabrik, die von Coventry nach London verlegt wurde, widmete sich später ausschließlich der Produktion von Zubehör. Sie bestand 1902-08.

D.A.W.

Die Diana-Werke in München bauten 1923-34 ein unorthodoxes, von Köhler konstruiertes, vollkommen verschaltes Motorrad. Es wurde nur in sehr geringer Stückzahl hergestellt und verkauft. Ausgerüstet war die Maschine mit einem 405 cm^3-Einzylinder-Zweitaktmotor.

Daw

Das interessanteste Merkmal der 1902-05 in Coventry gebauten britischen Daw-Motorräder, war der eigene Einzylindermotor, der unter Lizenz von Minerva hergestellt wurde.

Dax

Die Société des Motos Dax mit Sitz in Clichy, Frankreich, produzierte sehr schöne Modelle, die mit 100 und 175 cm^3- Zweitaktern sowie 125, 175, 250, 350 und 500 cm^3-Blockmotoren mit im Zylinderkopf hängenden Ventilen bestückt waren. Es handelte sich um Maschinen mit ausgewogener Linie. Bemerkenswert ist, daß sogar die kleinhubigen Modelle mit im Zylinderkopf hängenden Ventilen über ein fußgeschaltetes Getriebe verfügten. Die Firma produzierte 1932-39.

Day-Leeds

Maschinen von herkömmlichem Design verließen in den Jahren 1912-14 die große englische Maschinenfabrik Job, Day & Sons Ltd. in Leeds, die auch Dreiräder herstellte. Angetrieben wurden sie von 500 cm^3-Einzylindern mit im Zylinderkopf hängenden Ventilen.

Dayton

Unter den zahlreichen amerikanischen Zweizylinder-V-Maschinen war die Dayton besonders beliebt. Ihr Motor hatte eine Leistung von 7 PS, die man in den folgenden Jahren erst auf 9 und dann auf 10 PS erhöhte. Hergestellt wurde er bei Spacke. Die Dayton-Motorräder blieben 1911-17 auf dem Markt.
Unter derselben Markenbezeichnung bot man in England einen interessanten Roller an, der zunächst einen 198 cm^3-Motor von Villiers besaß. Später wurde er auch mit 175 und 259 cm^3-Motoren desselben Herstellers geliefert. Die in London ansässige Fabrik war 1954-60 in Betrieb.
Außerdem produzierte die Londoner Firma Charles Day 1913-20 unter dem Namen Dayton Fahrradhilfsmotoren mit 162 cm^3 Hubraum und Motorräder mit 269 cm^3-Villiers-Zweitaktmotoren.

Deca

Ende 1955 produzierte die italienische Società Motori Deca in Borgo Piave, Latina, ein 48 cm^3-Viertaktmoped mit Dreigangschaltung.
Daneben entstand ein ebenfalls mit einem Viertaktmotor, aber vier Gängen ausgerüstetes 100 cm^3-Leichtmotorrad, das eine Höchstgeschwindigkeit von 90 km/h erzielen konnte. Diese Modelle wurden in den beiden folgenden Jahren unverändert angeboten.
1957 standen zwei weitere interessante 100 und 125 cm^3-Motorräder auf dem Programm, während man 1958 nur einige unwesentliche Überarbeitungen vornahm.

Declaret

Die Firma Declaret in Stevenage, England, baute 1962 das pedallose Decla-Moped in mehreren sportlichen Versionen.

Dé-Dé

Unter dem Markennamen Dé-Dé erschien eine umfangreiche Palette von 100, 125 und 175 cm^3-Maschinen im Handel, die von der französischen Fabrik mit Sitz in Courbevoie, Seine, produziert wurden. In den letzten Jahren gehörten zudem 250, 350 und 500 cm^3-Modelle zum Firmenprogramm, deren Motoren mit im Zylinderkopf hängenden oder seitlich stehenden Ventilen von JAP stammten. Dé-Dé-Motorräder waren 1923-29 auf dem Markt.

De Dion Bouton

Die Firma wurde 1882 gegründet, als Graf Albert de Dion

gemeinsam mit den beiden Mechanikern Georges Bouton und dessen Schwager Trépardoux eine Werkstatt in der Nähe von Paris eröffnete. Das erste Projekt von De Dion, Bouton & Trépardoux war ein für die Indu-

De Dion mit 1,5 PS-Motor, 1919.

strie bestimmter Dampfkessel. Nicht lange darauf konstruierte man ein weiteres, viel kleineres Exemplar, das zunächst einem vierrädrigen, dann einem dreirädrigen Fahrzeug als Antrieb diente.
Das Unternehmen wurde später nach Puteaux verlegt. 1887 nahm ein dampfbetriebenes De Dion-Dreirad an einem auf Initiative der Zeitschrift „Le Vélocipede" veranstalteten Rennen teil. Es handelte sich dabei wohl um den ersten derartigen Wettbewerb überhaupt. De Dions Dreirad trug den Sieg davon und wurde sehr populär, da es eine Höchstgeschwindigkeit von rund 60 km/h erzielt hatte. Die Firma arbeitete weiterhin im Bereich von Dampfmotoren, denen jedoch kein besonders großer kommerzieller Erfolg beschieden war.
Trépardoux, der an der Dampfkraft festhielt, trennte sich 1893 von dem Unternehmen, das sich fortan De Dion Bouton & C. nannte und sich vollkommen dem Benzinmotor zuwandte. Das Werk realisierte einen ersten Einzylinder-Viertaktmotor mit 137 cm³ Hubraum und langem Hub (50 x 70 mm), der 0,5 PS bei 1500 U/min leistete. Diese Antriebsmaschine fand großen Anklang und wurde zu Tausenden an zahlreiche Fahrzeughersteller verkauft.
1895 wurde das Dreirad fertiggestellt, das der Firma Weltruhm bringen sollte. Man stellte es bei einer Ausstellung vor, die anläßlich des Rennens Paris–Bordeaux stattfand. Das Publikum reagierte zunächst skeptisch. Dies änderte sich jedoch rasch, da das Fahrzeug bei diesem Wettbewerb erstaunlich erfolgreich war. Das De Dion-Dreirad blieb zehn Jahre lang im Produktionsprogramm der Firma De Dion Bouton, in denen über 20000 Exemplare hergestellt wurden. Jeder Kunde erhielt eine schön aufgemachte Anleitung für die Bedienung und Wartung, was in jener Zeit ein ungewöhnlicher Service war.
Beim Motor handelte es sich um den bereits erwähnten Viertakt-Einzylinder, dessen Hubraum auf 211 cm³ vergrößert worden war, wobei Bohrung und Hub 62 x 70 mm betrugen. Auch die Leistung hatte sich erhöht; sie lag nun bei 1,5 PS und wurde weiter gesteigert. Das Ansaugventil arbeitete automatisch, was bei den Motoren jener Zeit sehr verbreitet war. Das Auslaßventil stand seitlich und wurde von einem Nocken gesteuert, der über ein Zahnradpaar von der Kurbelwelle betätigt wurde. Der Oberflächenvergaser arbeitete folgendermaßen: Ein Luftstrom gelangte über eine spezielle Leitung in den Tank zum Treibstoff und vermischte sich mit dessen Dämpfen. So konnte die natürliche Verdampfung des Kraft-

De-Dion-Dreiradfahrzeug mit Anhänger, das einer ganzen Familie Platz bot.

stoffs genutzt werden. Das Benzin der damaligen Zeit verflüchtigte sich weitaus rascher, als dies heute der Fall ist.
Die Zündung wies eine gewisse Ähnlichkeit mit dem System der Zündverteilung auf. Die Stromversorgung wurde von einer Batterie geliefert, die theoretisch 150 Stunden funktionieren sollte. Die Zündanlage bestand aus einer Induktionsspule, einem mechanischen Unterbrecher sowie Zündkerze. Die Zündverstellung konnte durch einen kleinen, am oberen Rahmenrohr angebrachten Hebel reguliert werden. Die Schmierung arbeitete mit Spritzöl: Das Öl wurde direkt in das Motorgehäuse gegossen, und die Bewegung der Pleuel und Kurbelwelle verteilte es auf die verschiedenen Elemente.
Der Antrieb erfolgte über ein Zahnradpaar, das die Bewegung direkt vom Motor auf die Hinterradachse übertrug. Daneben war ein Differential vorhanden, auf das nicht verzichtet werden konnte, wollte man eine gute Straßenlage und eine gewisse Stabilität des Dreirads gewährleisten. Man konnte zwischen drei Gängen für hohe, mittlere und geringe Geschwindigkeit wählen. Die Höchstgeschwindigkeit lag bei 50 km/h, es war jedoch ratsam, 35 km/h nicht zu überschreiten. Ohne Pedale war das De Dion-Dreirad in der Lage, eine Steigung von zehn Prozent zu überwinden.
Das Starten war eine Wissenschaft für sich: Zunächst mußte man die Ladung der Batterie überprüfen, den Druck im Kraftstofftank messen (der Treibstoff mußte rasch verdampfen), das Dekompressionsventil am Zylinderkopf öffnen und einige Tropfen Benzin hineingeben. Nach Einstecken des Zündschlüssels mußte die Vergasung durch zwei Hebel reguliert werden, wobei einer für die Luft, die in den Brennraum gelangen sollte, und der andere für die Strömung des Gases vorgesehen war. Hatte man dies alles erledigt, mußte der elektrische Kontakt hergestellt und energisch angekickt werden.
Der De Dion Bouton-Motor fußte zwar auf älteren Konstruktionen, hatte aber den großen Vorzug, überaus perfekt und gemäß dem neuesten Stand der Technik gefertigt worden zu sein. So war die Entwicklung der Motoren einen großen Schritt vorwärts gekommen. Das Dreirad von 1895 gilt zu Recht als Vorläufer aller im folgenden Jahrzehnt entstandenen derartigen Fahrzeuge.
1897 schuf De Dion ein motorisiertes Fahrrad, das mit einem stehenden, hinter dem Sattelträgerrohr angeordneten Zylinder ausgerüstet war. Die Leistung betrug 1,75 PS, der Primärantrieb erfolgte über eine Kardanwelle, der Sekundärantrieb über Riemen.
Bei der Vorderradaufhängung handelte es sich um eine starre Gabel. Die Reifen besaßen ein grobes Profil, und die Vorderbremse wirkte durch Reibung auf den Reifen. Das Fahrzeug erreichte eine Höchstgeschwindigkeit von 50 km/h. Die Maschine war ziemlich lang, da der Motor zwischen Pedalen und Hinterrad angeordnet war.
1899 war das De Dion Bouton-Dreirad das verbreiteste Fahrzeug seiner Art in ganz Europa. Vor allem in Italien, Frankreich und England war es sehr beliebt. Es war in einer verbesserten, aber im wesentlichen unveränderten Version des 1895er Modells im Handel. Das Dreirad wurde auch als Vierrad geliefert, wobei man das Vorderrad durch ein Radpaar ersetzte. Dazwischen konnte ein bequemer Damensitz mit Verdeck eingebaut werden.
Nach dem großen Erfolg mit den Dreirädern ging De Dion zum Bau von Automobilen über. Zunächst waren preisgünstige Modelle im Angebot, die später, etwa 1908, von aufwendigen Fahrzeugen abgelöst wurden. Diese Luxusgefährte waren mit Achtzylinder-V-Motoren ausgerüstet. Doch langsam begann der Niedergang der Firma, die 1933 endgültig ihre Tore schloß.

Defy-All

Nach nur drei Jahren Produktivität mußte die englische Firma Defy-All 1922 ihren Betrieb wieder einstellen, und die mit 269 cm³-Zweitaktern von Villiers und seitengesteuerten 350 und 500 cm³-Blackburne-Motoren ausgerüsteten Maschinen verschwanden vom Markt.

Dei

Die italienische Firma Umberto Dei mit Sitz in Mailand begann ihre Tätigkeit 1932 als Fahrradfabrik und ging später zu Motorrädern über. Zu einer Zeit, als andere Hersteller Maschinen mit möglichst großen Hubräumen produzierten, konzentrierten sich die Mailänder auf den Bau von Zweitaktmodellen mit 60 und 75 cm³.
Dei übernahm 1937 die Firma Ancora und baute 1941 eine 98er mit Zweitaktmotor und einer Leistung von 2 PS bei 3000 U/min. Die Maschine verfügte über ein angeblocktes, handgeschaltetes Zweiganggetriebe und einen Starrahmen; sie erreichte eine Höchstgeschwindigkeit von 45 km/h.
Dei hatte daneben das Modell Saxonette im Angebot. Es war mit dem berühmten deutschen Sachs-Zweitaktmotor mit 60 cm³ Hubraum ausgestattet, der eine Leistung von 1,5 PS bei 3500 U/min hatte. Das Fahrzeug, das kein Getriebe besaß, erzielte eine Höchstgeschwindigkeit von 28 km/h.
Nach dem Zweiten Weltkrieg nahm Dei die Produktion von Mopeds und Leichtmotorrädern wieder auf. Erstere wurden mit Mosquito-Motoren von Garelli ausgestattet, letztere mit 150 cm³-Zweitaktern mit Viergang-getriebe von Sachs.

Delaplace

Ein kleiner Produzent französischer Motorräder. Baute 1951-53 Ydral-Motoren mit 173 und 247 cm³ Hubraum in einfache Rahmen ein.

Delin

Die in Leuven, Belgien, bei den Établissements Moteurs Delin gebaute Maschine soll mit einem unter Lizenz in Aachen hergestellten De Dion Bouton-Motor ausgerüstet gewesen sein. Wahrscheinlicher ist jedoch, daß es sich um einen 1,5 PS-Fafnir-Motor handelte. Die Firma war 1899-1901 tätig.

Della Ferrera

„Was kaputt geht, tauschen wir gratis aus, denn unsere Motorräder gehen nicht kaputt." So lautete der Slogan der Brüder Della Ferrera, die bei ihren Maschinen eine Garantie für hunderttausend Kilometer gaben. In den Jahren vor und nach dem Ersten Weltkrieg war Della Ferrera eine der angesehensten Motorradmarken Italiens.
Die von den Brüdern Della Ferrera gegründete Turiner Firma stellte mit Ausnahme von Reifen und Teilen der elektrischen Anlage alle wichtigen Motorradkomponenten einschließlich der Vergaser selber her. Die Produktion war beschränkt, die Maschinen wurden praktisch Stück für Stück in Handarbeit gebaut. Die Werkstätten der Brüder Ferrera verließen nur sorgfältig verarbeitete, technisch perfekte und optisch moderne Motorräder.
Die erste Konstruktion von Giovanni und Federico Della Ferrera aus dem Jahr 1909 besaß einen Hubraum von 330 cm³, der später auf 499 cm³ erhöht wurde, im Zylinderkopf V-förmig hängende Ventile, einen halbkugelförmigen Brennraum sowie Einlaß- und Auslaßventile von großem Durchmesser. Insofern war die Maschine in ihrer Konstruktion sehr innovativ. Auch der Vergaser wurde, wie schon erwähnt, in der Firma selber hergestellt. Der Motor wurde kontinuierlich verbessert. Monat für Monat wurden neue Erfahrungen in die Fertigung eingebracht. Eine Serienproduktion gab es nicht.

Della-Ferrera-Modelle zeichneten sich durch ein tadelloses Finish aus.

Eine Charakteristik des Motors war das Steuerungssystem über im Zylinderkopf hängende Ventile. Es bediente sich eines doppelten Kipphebels, der mit jedem Ende auf dem Schaft eines Ventils ruhte. Ein Nocken auf der Nockenwelle betätigte einen einzelnen Stößel, der für die Steuerung des Auslaßventils zuständig war, während das Einlaßventil von einer winzigen Blattfeder, auf die der Kipphebel wirkte, betätigt wurde. Der Schwachpunkt des Systems lag in der Blattfeder, die aufgrund ihrer geringen Größe anfällig war. Doch dank widerstandsfähiger Materialien und mit angemessenen Veränderungen gelang es, dieser Feder größere Haltbarkeit zu verleihen.

Della Ferrera mit 660 cm^3-Motor, 1914.

Die erste Zweizylindermaschine von Della Ferrera wurde 1913 vorgestellt: Die Zylinder waren in V-Form angeordnet, der Hubraum betrug 500 cm^3, und die Steuerung erfolgte über im Zylinderkopf hängende Ventile. Die Hauptmerkmale des Motors und der gesamten Maschine entsprachen denen des Einzylindermodells.

Im folgenden Jahr erschien eine sowohl technisch als auch optisch überaus sorgfältig verarbeitete neue 500 cm^3-Einzylindermaschine. Sie besaß einen stehenden Einzylindermotor mit vier im Zylinderkopf hängenden Ventilen, ein Schaltgetriebe und Riemenantrieb. Die Maschine war mit Vorder- und Hinterradbremse ausgerüstet und hatte Reifen mit großem Durchmesser. Die vordere Aufhängung bestand aus einer gefederten Parallelogrammgabel mit zylindrischen Schraubenfedern an der Basis des Lenkkopfs. Ein interes-

santes Detail waren auch die Bremsen. Der von Hand betätigte Hebel für die Vorderbremse diente zugleich zur Steuerung einer Vorrichtung, mit der die Zündung unterbrochen werden konnte, während das Pedal zur Betätigung der Hinterradbremse gleichzeitig das Auslaßventil öffnete. Nach den damaligen Gepflogenheiten erfolgte die Schmierung des Motors mittels einer Handpumpe, die hinter dem Lenkkopf links vom Treibstofftank angeordnet war.
1914 war für Della Ferrera eines der erfolgreichsten Jahre. Die Firma nahm mit ihren Maschinen an zahlreichen Rennen teil und war bemerkenswert erfolgreich. Doch der Ausbruch des Ersten Weltkriegs unterbrach den Aufstieg. Während des Krieges setzte Della Ferrera die Produktion der Modelle von 1914 fort, wenn auch in geringerem Umfang. Die Brüder befaßten sich zu jener Zeit verstärkt mit dem Entwurf neuer Getriebe und Antriebssysteme, die später bei den Nachkriegsmaschinen Anwendung finden sollten.
1919 nahm die Fabrik ihr reguläres Programm wieder auf und stellte ein 636 cm³-Einzylindermodell mit Kickstarter, Vierganggetriebe, fußbetätigter Kupplung sowie Primär- und Sekundärantrieb über Kette vor.
Neben diesem Motorrad wurde ein weiteres, mit einem 1006 cm³-V-Motor ausgerüstetes Modell angeboten. Es war ähnlich konstruiert wie die Einzylindermaschine, besaß ein Vierganggetriebe und einen Kickstarter. 1920 entstanden eine 636 cm³-Einzylinder- und eine 803 cm³-Zweizylindermaschine; bei beiden erfolgten Primär- und Sekundärantrieb über Kette. Der Motor hatte seitlich stehende Ventile und war mit einem Vierganggetriebe kombiniert. Außerdem verfügten beide Modelle über einen Rohrrahmen und eine ausgereifte Vorderradfederung. Einigen Quellen zufolge soll Della Ferrera in jenem Zeitraum

Die Präzision eines Schweizer Uhrwerks bei der Ventilsteuerung von Della Ferrera.

Elegantes Della-Ferrera-Motorrad aus den 20er Jahren.

auch ein 770 cm³-Zweizylindersowie ein 923 cm³-Einzylindermotorrad produziert haben, was jedoch zweifelhaft erscheint.
1921 standen drei Modelle auf dem Programm: die Turismo 637 cm³, die Gran Turismo 1048 cm³ und die Corsa 496 cm³. Bei der Turismo handelte es sich um eine seitengesteuerte Einzylindermaschine mit Vierganggetriebe und Magnetzündung. Eine besonders bemerkenswerte Lösung war die Federung mit vorderer und hinterer Blattfeder. In jener Zeit glaubte man jedoch, eine Hinterradfederung wirke sich nachteilig auf die Fahrstabilität aus, weshalb die Kunden Starrahmen verlangten. Aus diesem Grunde lieferte Della Ferrera zwei Versionen.
Die Gran Turismo mit Zweizylinder-V-Motor glich in der Bauweise der Einyzlindermaschine. Die Corsa, ebenfalls mit einem Zweizylinder-V-Motor ausgerüstet, besaß drei anstelle von vier Gängen, eine Federung nur am Vorderrad und war ansonsten der Gran Turismo sehr ähnlich. In den folgenden Jahren blieb die Produktion fast unverändert.
1923 kam ein Einzylindermodell mit 637 cm³ und eine V- Zweizylinder mit 998 cm³ heraus. Die Zylinder standen in einem Winkel von 45 Grad, und die Maschine besaß seitlich stehende Ventile.
1924 stellte man einen überaus eigenwilligen Hilfsmotor vor. Es handelte sich um einen Zweitakter mit zweigeteiltem Zylinder, der nicht sehr lange Zeit produziert wurde. Sein Hubraum muß etwa 130 cm³ betragen haben. Im Jahr 1925 erweiterte die Turiner Firma die Modellpalette um ein neues Zweizylinder-V-Modell, das in manchem Detail den berühmten amerikanischen Zweizylindermaschinen entsprach. Die Maschine trug die Bezeichnung Sport Lusso und besaß einen Hubraum von 1394 cm³. Das Getriebe umfaßte vier Gänge, der Antrieb erfolgte über Kette und die Steuerung über seitlich stehende Ventile. Die hintere Radaufhängung bestand aus einer liegenden Blattfeder, während die Vorderradgabel vom Typ Biflex war und eine horizontale Blattfeder über dem Lenkkopf hatte. Insgesamt handelte es sich um eine herrliche Maschine, die überaus sorgfältig verarbeitet war. Sie verfügte über austauschbare Räder, eine

Oben: Della Ferrera 500 Turismo von 1935.
Rechts: 350 cm³ Sport Lusso, vorgestellt 1936 auf der Motorradausstellung von Turin. Sie besaß einen Einzylindermotor mit im Zylinderkopf hängenden Ventilen und ein Vierganggetriebe.

Eigenschaft, die im Jahr 1925 durchaus nicht selbstverständlich war.
1926 entstand ein Einzylindermodell mit einem Hubraum von 500 cm³ und Dreiganggetriebe. Bereits damals arbeitete Della Ferrera mit Augusto Monaco an der Konstruktion eines 250 cm³-Parallel - Zweizylinder - Motors mit Aufladung.
1928 ging ein 175 cm³-Einzylinder-Motorrad in Produktion. Angetrieben wurde es von einem stehenden Motor mit im Zylinderkopf hängenden Ventilen, deren Steuerung über Stoßstangen und Kipphebel erfolgte. Als Ventilfedern dienten Haarnadelfedern. Das Dreiganggetriebe war im Motorgehäuse integriert, es wurde von Hand geschaltet. Als Fahrgestell diente ein Starrrahmen, und die vordere Aufhängung bestand aus einer gefederten Parallelogrammgabel.
Bis 1930 gründete sich die Produktion der Firma Della Ferrera hauptsächlich auf die 175er und die beiden 500 cm³- Einzylindermodelle. Von diesen war eines mit im Zylinderkopf hängenden, das andere mit seitlich stehenden Ventilen ausgestattet.
1932 stellte man auf der Motorradmesse in Turin ein Motorrad vor, das sich lange der Publikumsgunst erfreute: Die Einzylindermaschine hatte einen Hubraum von 350 cm³ und einen leicht nach vorne geneigten Zylinder. Die im Zylinderkopf hängenden Ventile wurden über Stoßstangen und Kipphebel gesteuert. Das im Motorgehäuse integrierte Getriebe besaß drei Gänge. Die Maschine, die in den Ausführungen Sport und Supersport angeboten wurde, konnte eine Höchstgeschwindigkeit von 102 beziehungsweise 105 km/h erzielen. Das Fahrgestell bestand aus einem Rohrrahmen. Für die vordere Aufhängung sorgte eine gefederte Parallelogrammgabel, für die hintere ein gefedertes Schwing-Dreieck mit Federbeinen. Von dieser Maschine baute man auch eine Version mit einem Hubraum von 500 cm³.
Die 175, 350 und 500 cm³-Modelle blieben 1935 im Angebot, ohne daß sie in größerem Umfang überarbeitet worden wären. Die einzige Neuheit des Jahres war eine 500 cm³-Maschine, die mit einem seitengesteuerten Motor und Vierganggetriebe ausgerüstet war.
In den folgenden Jahren lag der Produktionsschwerpunkt von Della Ferrera auf einem 350 cm³-Modell mit im Zylinderkopf hängenden Ventilen und einer seitengesteuerten 523 cm³-Maschine. Beide waren mit Starrahmen sowie mit gefedertem Fahrgestell lieferbar.
Der Anfang vom Ende des namhaften Turiner Unternehmens kam 1942. Damals mußte sich die italienische Fabrik auf die Herstellung von Ersatzteilen und anderen Komponenten beschränken, die die Turiner Rüstungsindustrie bei handwerklich orientierten Betrieben bestellten. Della Ferrera verschwand wohl im Jahre 1948 endgültig vom Motorradmarkt.
Doch eine begrenzte Anzahl der 350 und 500 cm³-Modelle scheint weiterhin verkauft worden zu sein. Vielleicht handelte es sich um Motorräder, die für Liebhaber aus den noch vorhandenen Lagerbeständen gebaut wurden. Die Werkstätten von Della Ferrera wurden nach dem Zweiten Weltkrieg nicht mehr für die Motorradherstellung verwendet.

De Long

Ein originelles Motorfahrrad – vielleicht das einfachste, das jemals gebaut wurde. In den USA zu Beginn des Jahrhunderts entstanden, waren bei diesem Fahrzeug sowohl der Tank als auch Batterie und Zündspule in den Rohren des Rahmens untergebracht.

Delta Gnom

Österreichische Motorräder, die 1923-55 produziert wurden. Zunächst mit 350 cm³-Zweitaktmotoren ausgerüstet, besaßen die Delta-Gnom-Maschinen später JAP-Motoren mit Hubräumen von 350 bis 1000 cm³. 1929 erschien eine moderne 500er mit seitlich stehenden Ventilen, deren Herstellung zu Beginn der 30er Jahre eingestellt wurde. Nach dem Krieg befaßte sich die Firma mit dem Bau von 125 und 175 cm³- Leichtmotorrädern, die sie mit Rotax-Zweitaktmotoren bestückte.

De Luxe

Ursprünglich von der F.W. Spacke Machine Company in

Indianapolis, Indiana, gebaut, waren die amerikanischen De-Luxe-Motorräder aufgrund ihrer Qualität hochgeschätzt. Das Angebot der Firma, deren Produkte 1912-15 in den Handel kamen, umfaßte sowohl Ein- als auch Zweizylindermaschinen.
Ebenfalls unter der Markenbezeichnung De Luxe waren 1920-24 in Birmingham produzierte englische Motorräder auf dem Markt. Sie waren zunächst mit 269 cm³-Villiers-Motoren ausgerüstet; bald darauf wurden sie auch mit 350 cm³-Einzylindern von Barr & Stroud geliefert. Die Werbung versprach jedem Käufer einer solchen De-Luxe-Maschine einen Seitenwagenrahmen gratis.

DEMM

Die italienische Firma Officine Meccaniche Daldi e Matteucci in Porretta Terme bei Bologna fabrizierte zunächst Zahnräder aller Art, Präzisionswerkzeuge sowie Maschinen zur Herstellung von Zahnrädern. Erst 1953 begab man sich auf den Zweiradsektor und präsentierte sehr bald ein reichhaltiges Angebot an Mopeds und Leichtmotorrädern, die sowohl mit Zweitakt- als auch mit Viertaktmotoren ausgerüstet waren.
Schon die ersten Mopeds trafen den Geschmack der Kunden, obwohl sie in ziemlich herkömmlicher Bauweise ausgeführt waren. Was sie auszeichnete, war die gefällige Linienführung und perfekte Technik. Letzteres war zweifellos auf die jahrelange Erfahrung der Firma bei der Herstellung von Präzisionswerkzeugen und Zahnrädern zurückzuführen. Neben den Maschinen lieferte DEMM Einbaumotoren an italienische und ausländische Hersteller.
In die DEMM-Mopedfahrgestelle, bei denen es sich sowohl um Rohr- als auch um Preßstahlrahmen handelte, konnten Zwei- oder Viertaktmotoren eingebaut werden. Der Hubraum betrug in beiden Fällen 49 cm³. Die Motoren waren in verschiedenen Versionen erhältlich und hatten Zwei- oder Dreiganggetriebe. Die sportlichsten Zweitaktmaschinen erreichten eine Höchstgeschwindigkeit von 90 km/h, was für diese Hubraumklasse eine beachtliche Leistung darstellte.

Nach dem großen Erfolg mit den Mopedmodellen beschloß man die Produktion von Leichtmotorrädern aufzunehmen, die ebenfalls mit Zwei- oder Viertaktmotoren angeboten werden sollten. Die Triebwerke verfügten über 125 und 175 cm³ Hubraum und waren mit Vierganggetrieben kombiniert.
Die 50er Jahre brachten zwar keine neuen Modelle, die Maschinen wurden jedoch im Laufe der Zeit sowohl technisch als auch optisch verbessert. 1956 konnte der Fahrer Pasini in Monza auf einer torpedoförmigen, vollverkleideten 49 cm³-Maschine von DEMM verschiedene Weltrekorde brechen, so etwa mit einem Schnitt von 142 km/h auf 100 Kilometer und 143 km/h beim Zeitfahren über eine Stunde.
1957 bot DEMM einen kleinen 49 cm³-Roller mit Vollverkleidung und Zweiganggetriebe an. 1959 kehrte die Firma nach Monza zurück und erzielte bemerkenswerte Erfolge bei Langstreckentests. Die Fahrer Bernardi, Franchi, Jacopini und Tonelli stellten zwei Weltrekorde in der 50 cm³-Klasse auf: einmal bei den 1000 Kilometern mit einem Schnitt von 98,296 km/h und zum anderen mit 92,296 km/h für die Zwölf-Stunden-Fahrt. DEMM hoffte auch den Rekord über die 48 Stunden zu brechen, was jedoch nicht gelang.

Ping-Pong-Moped von DEMM aus den 70er Jahren.

Die Rekordmaschine von 1959 hatte nicht dieselbe Torpedoform wie ihre Vorgängerin drei Jahre früher. Sie besaß vielmehr einen konventionellen Doppelschleifenrahmen mit Teleskopgabel und Federbeinen, der nicht verkleidet war, sondern lediglich über eine kleine Kuppel aus Preßblech und Plexiglas verfügte, die Lenkkopf und Lenker umgab.
Ende der 50er Jahre war der Katalog von DEMM sehr reichhaltig und weitgefächert. Das Produktionsprogramm blieb bis in die 60er Jahre größtenteils unverändert. Im Angebot waren Zwei- und Viertaktmopeds mit Zwei- oder Dreiganggetriebe.

Ebenfalls aus den 70er Jahren: DEMM Kicco.

Daneben gab es das Modell Velomatic mit automatischer Fliehkraftkupplung, 53 cm³-Zweitakt-Leichtmotorräder mit offenen Rohrrahmen und Dreiganggetriebe, Leichtmotorräder, die mit 75 cm³-Zweitaktmotoren und Dreiganggetriebe ausgerüstet waren sowie 125 cm³-Viertaktmaschinen mit vier Gängen.
Auf der Mailänder Ausstellung von 1957 präsentierte DEMM eine interessante Neuheit: das Moped Minidemm, das aufgrund seiner modernen und gefälligen Linie vor allem bei der Jugend großen Anklang fand. Der 44 cm³-Zweitaktmotor war neben dem Hinterrad montiert und durch eine Kunststoffverkleidung geschützt. Die Leistung betrug 0,8 PS bei 3600 U/min. Der Antrieb erfolgte direkt auf das Hinterrad über eine Fliehkraftkupplung. Das Gesamtgewicht kam auf 35 kg.
In den folgenden Jahren gab die Firma in Bologna die Herstellung von Leichtmotorrädern nach und nach auf. In den 70er Jahren entstanden bei DEMM nur noch Einbaumotoren und komplette Zweitaktmopeds mit einem Hubraum vom 50 cm³ in verschiedenen Ausführungen. Aus dieser Zeit stammen Modelle wie Ping Pong ohne Getriebe, aber mit automatischer Kupplung, Rotary mit fußgeschaltetem Vierganggetriebe sowie weitere Versionen mit zwei oder drei Gängen. 1976-79 erschienen DEMM-Mopeds wie Kicco, Cocker, Koala, Duetto, Trio, Brio, Quick 2, Joy, Panther, Condor oder RG 50. 1980-83 verließen mehr oder weniger diesel-

ben Modelle das Werk, die aber verschiedene Detailverbesserungen erfahren hatten, beispielsweise Leichtmetallräder oder bequemere Sitze. 1983 stellte die Firma ihren Betrieb ein.

Dennell

Der großartige englische Konstrukteur Herbert Dennell schuf eine begrenzte Stückzahl von Motorrädern, die er mit Motoren von JAP, Minerva und NSU ausrüstete. Bekannt wurde er jedoch durch ein Dreizylindermodell mit 8 PS, in das er einen luftgekühlten JAP-Reihenmotor einbaute. Ein anderes Dennell-Motorrad besaß einen ebenfalls luftgekühlten Vierzylindermotor von Franklin & Isaacson. Die in Leeds gebauten Dennell-Maschinen waren 1903-08 auf dem Markt.

Derbi

Derbi ist die Abkürzung von „Derivados de Bicicletas", was etwa „vom Fahrrad abstammend" bedeutet. Die spanische Firma, die diese Marke produzieren sollte, begann ihre Tätigkeit 1923. Damals handelte es sich um eine Werkstatt, die von Siméon Rabas Singla in dem kleinen Ort Mollet in der Nähe von Barcelona gegründet worden war. Zunächst befaßte man sich hier mit der Reparatur und Montage von Fahrrädern. Bald darauf ging man zur Herstellung von Rahmen über. Die Brüder Rabasa knüpften ihren ersten Kontakt zu der Motorradwelt, als sie begannen, Fahrgestelle für besonders verbreitete spanische Marken zu bauen. 1944 änderte sich der Firmenname in Bicicletas Rabas, und die Geschäfte entwickelten sich überaus erfreulich.
1950 beschloß Simeón Rabasa schließlich, sich vollkommen auf die Motorradproduktion zu verlegen. Im November desselben Jahres wurde die Firma in Nacional Motor S.A umbenannt.
Die ersten Modelle trugen die Initialen des Gründers SRS. Sie besaßen einen Hubraum von 49 cm³. Bald darauf erweiterte man das Angebot um Maschinen mit 95, 98 und 250 cm³. 1955 wurden ein sehr modern konzipiertes 350 cm³-Zweizylinder-Modell sowie eine 125er präsentiert. Zu diesem Zeitpunkt hatte sich die Marke unter dem Namen Derbi bereits durchgesetzt.
Die ersten Schöpfungen der Firma waren Zweitakter. Sie fanden großen Anklang. Zudem erhielt Derbi mehrere Aufträge von der Armee, die Motorräder brauchte. So ging eine 250 cm³-Militärversion in Produktion. Dank dieser wichtigen Bestellung konnte die Fabrik expandieren. Man konzentrierte sich vor allem auf die 50 cm³-Klasse, wenngleich bereits 1964 ein sportliches 125er Modell realisiert wurde, das die Bezeichnung Especial trug. Im gleichen Jahr kam als Neuheit die Gran Sport in einer 50 und einer 75 cm³-Version heraus. In beiden Fällen gab es ein Vierganggetriebe. Das 50 cm³-Modell leistete 5 und die 75er 8,5 PS. Die Höchstgeschwindigkeit lag bei 90 beziehungsweise 100 km/h.
Die Erfahrungen, die man mit Preßstahl gesammelt hatte, nutzte Derbi 1964 für den Zentralrohrrahmen der GT 50. Die Trommelbremsen der GT 50 hatten einen Durchmesser von 125 mm, die Motorleistung betrug 3,5 PS bei 5000 U/min. Derselbe Motorblock kam beim Modell Junior zum Einsatz, einer konventionellen Maschine mit offenem Rahmen.
Damals hatte sich die Firma bereits im Rennsport einen Namen gemacht. Siege standen auf der Tagesordnung, denen noch größere Triumphe folgen sollten. So wurde Derbi Weltmeister von 1969, 1970, 1971 und 1972. 1965 stellte das Werk eine 50 cm³-Rennmaschine namens Carreras Cliente auf die Räder, ein sehr konventionelles Modell mit einem luftgekühlten 50 cm³-Motor, einem Verdichtungsverhältnis von 15:1 und einer Leistung von 12 PS bei 12000 U/min. Die Höchstgeschwindigkeit belief sich auf rund 150 km/h.
Doch gerade als Derbi die schnelle Maschine in Produktion nehmen wollte, sanken die Verkaufsziffern enorm, da aufgrund einer neuen gesetzlichen Verordnung der spanischen Regierung die Höchstgeschwindigkeit für Mopeds auf 40 km/h beschränkt wurde. Man vernachlässigte die Wettbewerbe und widmete sich nun völlig der Planung und Herstellung von Modellen, die von den neuen Vorschriften nicht betroffen waren. Von den Ergebnissen der Entwicklungsarbeit konnte man sich in der Saison 1966/67 überzeugen. Derbi präsentierte mit dem Modell Scotmatic eine Mischung zwischen Motorroller und Moped mit Vollverkleidung, Pedalen und automatischem Antrieb. Das Fahrzeug war für damalige Zeiten in Spanien einzigartig.

Danach erschien eine hochinteressante kleine Off-Road-Maschine, die Trial 75. Ihr 74 cm³-Zweitaktmotor war freihängend in den Zentralrohrrahmen eingebaut. Die gelungene Maschine leistete 7 PS bei 6500 U/min. Daneben entstand 1966 die 125 Super, ein gutes Tourenmotorrad mit 7 PS bei 5500 U/min, das der Firma einen guten Absatz bescherte und über viele Jahre hinweg im Angebot blieb.
1967 wurde die 74 cm³-Gran Sport überarbeitet. In demselben Jahr nahm die Rennabteilung ihre Tätigkeit wieder auf. Man brachte eine neue V-Zweizylinder-Zweitaktmaschine auf den Markt. 1968 wurde das Modell Scotmatic verbessert und auf den neuesten Stand gebracht. Die Wettbewerbsaktivitäten wurden 1970 fortgesetzt, und Derbi gewann mit dem berühmten Fahrer Angel Nieto die Straßenweltmeisterschaften in der 50 und 125 cm³-Klasse. Die 125 cm³-Zweizylindermaschine erzielte in jeder Hinsicht optimale Resultate. Sie hatte eine Leistung von 34 PS bei 14000 U/min, wog nur 85 kg und erreichte eine Spitzengeschwindigkeit von rund 225 km/h. Ausgezeichnet war auch das Modell mit 50 cm³-Einzylindermotor, 15,5 PS bei 15000 U/min, einem Gewicht von 60 kg und einer Höchstgeschwindigkeit von 190 km/h.
1971 nahm man die Produktion eines neuen 50 cm³-Modells auf. Es ähnelte stark den bereits vorhandenen Typen und erhielt die Bezeichnung Antorchio Olimpia Especial Extra. Die Rennabteilung entwickelte immer leistungstärkere Maschinen. Die 125er und 50er wurden auf 37 beziehungsweise 17 PS gebracht, was Höchstgeschwindigkeiten von 233 und 193 km/h möglich machte. Doch 1972 entschloß sich Derbi, auf den Rennsport zu verzichten, um sich auf neue Serienmodelle zu konzentrieren. 1973 verkaufte man noch rund 50 Exemplare der 50 cm³-Angel-Nieto-Replica an Privatfahrer,

Links: Derbi Cross 50 V4, ein typisches Off-Road-„Maschinchen" aus den 70er Jahren.
Rechts: Werksfahrer Rafael Olmedo im Sattel einer Derbi 75 bei den Moto-Cross-Meisterschaften 1976.

doch blieb dies der einzige Rückgriff auf Rennmaschinen.
Es folgten Motorräder wie die Coyote, Coyote Super und Correcaminos, jeweils mit 50 cm³ Hubraum. Auf dem Salon in Barcelona präsentierte Derbi 1974 mit der GTS 50 und der Competición Cliente 125 cm³ zwei neue Prototypen. Die GTS ging 1975 als G4V in Produktion. In demselben Jahr erschienen weitere 50 cm³-Modelle, darunter einige luxuriöse Versionen. Zur gleichen Zeit war eine neue 187 cm³-Zweitaktmaschine schon in einem fortgeschrittenen Planungsstadium. Grand Prix 2002 genannt, wurde dieses schöne Zweizylinder-Straßenmodell im Frühjahr 1975 vorgestellt.
Derbi ist zudem im Moto-Cross-Bereich engagiert und angesehen. 1976 gewann man die spanischen Meisterschaften in der 75 cm³-Klasse und nahm 1976 an den Rennen in den Klassen 75 und 125 cm³ teil. Im Sattel saß jeweils Rafael Olmedo. 1977 ging das extrem leistungsstarke 75 cm³-Moto-Cross Modell in Serie. Die Palette vervollständigten die Straßenversionen Montreal 50 und GTS 4V, sowie die Trial-Maschine Diablo. Die Firma besteht weiterhin und präsentierte in neuerer Zeit vor allem ein Modell: die CRS 125 Cross, eine Einzylinder-Zweitakt-Maschine mit 29 PS bei 10000 U/min. Sie besaß ein Sechsganggetriebe und wog 95 kg.

Derby

Es ist heute nicht mehr nachvollziehbar, ob die englische Firma Derby mit Sitz in London tatsächlich die Maschinen baute, die diese Markenbezeichnung trugen. Derby-Motorräder wurden etwa in den Jahren 1902-10 produziert und waren größtenteils mit Motoren von M.M.C. ausgerüstet.

Derny

Die französische Firma Derny baute 1938-54 in ihre Motorräder ausschließlich Zürcher-Zweitaktmotoren ein, die bis 1952 einen Hubraum von 98 cm³ und in den beiden folgenden Jahren von 99 beziehungsweise 125 cm³ besaßen. Alle Derny-Maschinen waren mit Zweiganggetriebe und Kettenantrieb versehen.

Eine interessante Variante unter den verschiedenen produzierten Typen stellte das mit einem 99 cm³-Zürcher-Motor und Zweiganggetriebe ausgerüstete Modell Tandem dar.
1955 brachte Derny das Moped Taon, ein Modell von überaus origineller Linienführung auf den Markt. 1956 wurde auf dem Pariser Salon das Leichtmotorrad Taon vorgestellt, dessen 125 cm³-AMC-Zweitaktmotor einen liegenden Zylinder hatte und mit einem Dreiganggetriebe kombiniert war. Das Design war modern: Der Rahmen aus geschweißten Rohren mit Blechplattenverstärkung wurde vom Tank vollkommen verdeckt, dessen Verlängerung an das hintere Schutzblech anschloß. Auch den Scheinwerfer hatte man in den Tank integriert, der sich bis über den Lenkkopf hinaus fortsetzte. Der Motor war freihängend eingebaut, die Schwinggabel mit dem Schutzblech verbunden und mit Teleskopstoßdämpfern versehen. Die Maschine wog nur 75 kg und erreichte eine Höchstgeschwindigkeit von 80 km/h.
1957 erhielt das Modell Taon 125 einen Rahmen aus zwei parallelen Stahlrohren, die schräg nach hinten verliefen und als Auflage und Stütze für die Aufhängung fungierten. Der liegende Motor war vorne und hinten mit zwei Rohren am Rahmen befestigt, die nicht zur Hauptstruktur des Fahrgestells gehörten. Hinten bestand die Aufhängung aus einer Schwinge, das Vorderrad wurde von einer Earles-Gabel geführt. Der AMC-Zweitaktmotor mit Dreiganggetriebe und Magnetzündung ermöglichte der Maschine eine Höchstgeschwindigkeit von 85 km/h. Die Taon 125 blieb über die folgenden Jahre hinweg unverändert im Produktionsprogramm.

Deronax

Ein belgisches Motorrad aus der zweiten Hälfte der 50er Jahre. Angetrieben wurde es von einem Ilo-Zweitaktmotor, der mit einem Zweiganggetriebe kombiniert war.

Deronzière

Diese zu Beginn des Jahrhunderts sehr geschätzte französische Firma mit Sitz in Lyon konstruierte 1903-14 Zweiräder, die sie mit Zedel- und Peugeot-Motoren ausrüstete. Unter den verschiedenen Modellen sollte vor allem eine 282 cm³-Einzylindermaschine mit Schnüffelventilen nicht unerwähnt bleiben.

Detroit

Die Detroit entstand zu Beginn des Jahrhunderts in den USA. Auffälligstes Merkmal dieser Maschinen war ihr eigenwilliger Rahmen: Sein oberes Rohr diente als Öltank während der untere Teil desselben Rohrs als Schalldämpfer fungierte, bei dem die Auspuffgase oben ein- und unten austraten. Im hinteren Teil des Rahmens befand sich unter dem hochklappbaren Sitz ein abschraubbarer Deckel, der einen zylinderförmigen Hohlraum freigab. Es gab zwei Versionen der Detroit: Beim Modell mit Magnetzündung befand sich in diesem Hohlraum ein zur Hälfte mit Öl und zur Hälfte mit Benzin gefüllter Reservetank, bei der Detroit-Version mit Magnetspulenzündung hingegen waren an dieser Stelle Batterien und Spule trocken untergebracht.

Taon 125 cm³ von Derny, 1956.

Despatch Rider

Ein englisches Motorrad, das 1915-17 in Birmingham entstand. Es besaß einen 269 cm³-Villiers-Zweitaktmotor. Der Name bedeutet übersetzt „Krad-Melder", woraus zu entnehmen ist, daß es sich hier um Maschinen handelte, die vor allem für militärische Zwecke bestimmt waren.

Devil

Die italienische Firma Devil Moto begann 1953 mit der Produktion von Leichtmotorrädern, die sie mit 125 und 160 cm³-Zweitaktmotoren bestückte. Daneben entstand ein Lieferfahrzeug, das einen 250 cm³-Zweitaktmotor erhielt. Im folgenden Jahr erfuhren die Produkte lediglich kleine Veränderungen an Details.

De Togni

1932 baute De Togni in Mailand ein Leichtmotorrad mit einer karosserieähnlichen Verkleidung. Die Sitze für Fahrer und Beifahrer waren nebeneinander angeordnet. Ausgerüstet hatte man dieses Fahrzeug mit einem 175 cm³-DKW-Motor, Dreiganggetriebe und einem der englischen Scott nicht unähnlichen Rahmen. Am Hinterrad waren zwei kleine Stützräder montiert, die bei Erreichen einer höheren Geschwindigkeit hochgeklappt werden konnten. Nach dem Zweiten Weltkrieg fertigte De Togni auch mit Sachs-Motoren ausgestattete kleine Lieferfahrzeuge.

175 cm³-Leichtmotorrad mit Verkleidung von De Togni.

1955 kam mit der Develino ein 48 cm³- Moped in Sport- und Normalausführung auf den Markt. Im selben Jahr stand neben dem 160 cm³-Zweitaktmodell eine 175 cm³-Version mit Viertaktmotor auf dem Produktionsprogramm. 1956 baute Devil eine ganze Reihe von Zweitaktmaschinen sowie ein gefälliges Leichtmotorrad mit einem 125 cm³-Viertaktmotor. Die 160 cm³-Zweitaktermodelle wurden technisch verbessert und zudem in einer Sportversion produziert. Außerdem baute man Lieferfahrzeuge, die mit 250 cm³-Motoren ausgerüstet waren und über ein Ladevolumen von 500 kg verfügten. Im selben Jahr entwarf William Soncini für Devil die 175 Sport mit zwei obenliegenden Nockenwellen, 15 PS Leistung bei 7800 U/min und einer Höchstgeschwindigkeit von 135 km/h. Eine Rennausführung dieses Modells hatte eine Doppelzündung, die beiden obenliegenden Nockenwellen wurden, wie bei der Sportversion, von zwei parallel stehenden Königswellen angetrieben. Diese 175 cm³-Rennmaschine leistete 20 PS bei 11000 U/min und konnte mit Vollverkleidung eine Spitzengeschwindigkeit von 180 km/h erreichen. Das Motorrad war jedoch bei Wettbewerben wenig erfolgreich. Vielleicht war Devil nicht mit genügend Elan ins Renngeschäft eingestiegen.

DFR

1921-25 produzierte der französische Hersteller Désert et De Font Réault in Neuilly, Seine, herkömmliche Zweiräder, die mit Train-Zweitaktmotoren geliefert wurden. Außerdem gab es Maschinen mit ölgekühlten Motoren von Bradshaw, bei denen der Primärantrieb über Kette und der Sekundärantrieb über Riemen erfolgten. 1925-26 erschien eine 250 cm³-Einzylinder- Zweitaktmaschine mit Ladepumpe, die bei verschiedenen Wettbewerben erfolgreich war. DFR schickte als eine der ersten Firmen Maschinen mit Ladermotoren auf die Piste.
In den folgenden Jahren rüstete die Firma ihre Modelle auch mit 350 cm³-Motoren von MAG aus. Daneben realisierte man Maschinen mit 175 und 250 cm³-Zweitaktmotoren sowie 350 cm³-Viertaktmotoren mit im Zylinderkopf hängenden Ventilen, die über Stoßstangen und Kipphebel gesteuert wurden. Meist verwendete DFR Drei- und Vierganggetriebe von Straub. Die Parallelogrammgabel mit zwei Federn und integrierten Stoßdämpfern war ein Patent von DFR. 1930 wurde die Firma von Dresch übernommen. Auf Fotos oder anderem Bildmaterial aus den 30er Jahren sind häufig Dresch- und DFR-Motorräder zu finden, die – mit Ausnahme der unterschiedlichen Markenbezeichnung – vollkommen identisch sind.

D.G.W.

1927-28 exportierte die deutsche Firma D.K.W. Motorräder nach England, die dort aus Gründen des Markenschutzes unter der Bezeichnung D.G.W. auf den Markt kamen.

Diag

Die deutschen Diag-Motorräder besaßen 175, 250 und 350 cm³-Motoren, die in herkömmliche Doppelschleifrohrrahmen eingebaut waren. Die 350 cm³-Version war mit seitlich stehenden oder im Zylinderkopf hängenden Ventilen lieferbar, alle anderen Modelle nur mit seitengesteuertem Motor. Das Leipziger Werk produzierte 1923-31.

Diagon

Die 1923 von dieser deutschen Firma hergestellten Motorräder besaßen einen Zentralrohrrahmen mit integriertem Treibstofftank.

Diamant

1903-08 baute die Firma Diamant in Sachsen Zweiräder, die sie mit Motoren eigener Produktion ausrüstete. Nach einer längeren Unterbrechung nahm die Firma 1926 die Herstellung wieder auf. Die nunmehr produzierten, von Franz Gnädig konstruierten Motorräder besaßen 350 und 500 cm³-Kühne-Motoren mit im Zylinderkopf hängenden Ventilen. 1932-40 beschränkte sich Diamant auf Motorfahrräder, die von 75 und 98 cm³-Sachs-Motoren angetrieben wurden.

Diamond

Der englische Konfektionär Dorset, Ford & Mée in Woverhampton begann mit der Produktion von Diamond-Motorrädern, für die er teilweise F.N.-Motoren verwendete. Später baute das Werk ein 350 cm³-Modell mit gegenüberliegenden Ventilen, die in einem Raum vor dem Zylinder untergebracht waren und deren Steuerung über eine im Gehäuse enthaltene untenliegende Nockenwelle erfolgte. Das Getriebe bestand aus zwei ineinandergreifenden Kegelrädern, die durch ihre entsprechenden Wellen blockiert werden konnten, je nachdem, welchen Gang man einlegen wollte.
Die 1908 gegründete Firma erweiterte bereits in den 20er Jahren ihr Angebot um Modelle mit 147, 175, 250 und 350 cm³-Villiers-Motoren sowie mit 250 und 350 cm³-Blackburne-Motoren. Ende der 20er Jahre stellte man die Produktion ein, nahm sie nach 1930 jedoch wieder auf. Damals konstruierte Diamond Rennmaschinen, die mit JAP-Motoren mit 250, 350 und 500 cm³ Hubraum bestückt wurden. Daneben bot man aber auch kommerziellere Modelle mit 250 und 350 cm³-Villiers-Motoren an. 1933 gab die Firma die Motorradherstellung ganz auf und produzierte noch eine Zeitlang Fahrgestelle für andere Hersteller. Bald darauf wurde der Betrieb endgültig eingestellt.

Di Blasi

Die italienische Firma Di Blasi mit Sitz in Francofonte, Syrakus, wurde 1970 als kleiner Handwerksbetrieb gegründet. Dank des technischen Könnens der beiden Söhne des Firmengründers – ausgebildete Ingenieure der Luftfahrttechnik – erlebte die Firma bald einen großen Aufschwung. Die Produktion konzentrierte sich auf ein zusammenklappbares Kleinmotorrad sowie Fahrräder. Da ersteres von den Fallschirmtruppen der verschiedensten Länder eingesetzt wurde, ging der Export der Di-Blasi-Maschinen fast in die ganze Welt – von Japan bis in die USA, nach Deutschland, in die Schweiz, nach Österreich sowie nach Großbritannien. Das mit R 7 bezeichnete Modell wurde von einem 50 cm³-Einzylinder-Zweitaktmotor angetrieben, dessen Verdichtungsverhältnis sich auf 8,6:1 belief. Der Primärantrieb des Motors erfolgte über Riemen, der Sekundärantrieb über Kette, und der Rahmen war zusammenklappbar. Als Radaufhängungen dienten vorne eine Teleskopgabel und hinten eine Schwinge. Diese praktische kleine Maschine hatte einen Radstand von 930 mm, war 540 mm lang (zusammengeklappt 330 mm) und wog 32,5 kg. Sie besaß ein automatisches Getriebe und verbrauchte 2,5 Liter Kraftstoff auf 100 Kilometer.

Diem

Zu den Produzenten der Anfang der 50er Jahre verbreiteten Hilfsmotoren zählte auch die französische Firma Diem. Sie stellte einen 48 cm³-Motor mit Kettenantrieb und Zweiganggetriebe her.

Diesella

1954 entstand in Dänemark das mit einem 50 cm³-Zweitaktmotor ausgerüstete Diesella-Moped. Es gab verschiedene Ausführungen, bei denen der Motor vor oder unter den Pedalen eingebaut war. In einer weiteren Version hatte man den Motor hinter den Sattel montiert, der Antrieb erfolgte über Rolle auf das Hinterrad, und der Zylinder war kopfüber hängend angeordnet.

Dieterle-Dessau

Die kleine deutsche Firma Dieterle-Dessau bestand 1924-26. Sie produzierte mit 350 cm³-Zweitaktmotoren bestückte Maschinen. Wie viele andere kleine Betriebe mußte Dieterle-Dessau liquidieren, als die Konkurrenz leistungsstärkerer Hersteller zunahm und die Inflation in Deutschland immer weiter fortschritt.

Difra

Firmensitz der Difra Fahrzeugwerke war Frankfurt an der Oder. Hier entstanden in den Jahren 1923-25 Motorräder, für die meist 198 cm³-Namapo-Motoren verwendet wurden.

Dihl

Dihl war ein kleiner Hersteller in Berlin, der 1923-25 ein Motorrad mit Teilverkleidung und einem 269 cm³-Zweitaktmotor auf den Markt brachte. Außerdem produzierte die Firma Leichtmotorräder mit Hubräumen von 125 und 150 cm³.

Dik-Dik

Die italienischen Vanzago-Werke konstruierten 1950 den 43 cm³-Dik-Dik-Zweitaktmotor, mit dem ein Fahrrad eine Höchstgeschwindigkeit von 35 bis 40 km/h erreichen konnte. Der Motor wurde mit dem Kopf nach unten auf das Hinterrad montiert, hatte einen Reibrollenantrieb und war aus speziellem Grauguß gefertigt.

Dilecta

Die Produktion der französischen Firma Dilecta umfaßte zahlreiche Modelle von 100 bis 500 cm³. Verwendet wurden Motoren von Soyer, Aubier-Dunne, Chaise, JAP und Villiers, die in herkömmliche Rahmen eingesetzt wurden. Die Firma war 1920-39 in Betrieb.

Disa

Disa war die Markenbezeichnung eines 1954 von Dansk Industri Syndacat in Dänemark produzierten Leichtmotorrads.

Disselhof

Disselhof war die Markenbezeichnung eines Motorrollers mit Vollverkleidung und einem 150 cm³-Ilo-Motor. Das Fahrzeug wurde nach 1956 in Holland gebaut.

Dixon-Honda

Die englische Firma Dixon Racing in Surrey produziert seit 1972 in begrenzter Stückzahl, zum Teil mit Yoshimura Tuningkits, leistungsgesteigerte Honda-Maschinen, die von Zwei- und Vierzylindermotoren mit 249, 343 und 498 cm³ Hubraum angetrieben werden.

Dixor

Diese kleine französische Firma produzierte 1951-56 in begrenzter Stückzahl Mopeds in herkömmlicher Bauweise, die mit 49 cm³-Motoren ausgerüstet waren.

Der dänische Diesella-Fahrrad-Hilfsmotor.

Djounn

Ein etwas geheimnisumwittertes Motorrad, das nach dem Ersten Weltkrieg der in Berlin lebende russische Pilot Alexander von Djounkowski entwikkelte. Es war mit einem äußerst ungewöhnlichen 500 cm³-Einzylindermotor ausgerüstet. Die 1925 konstruierte Maschine konnte sich jedoch nicht durchsetzen und ging wohl niemals in Serienproduktion.

DKF

Die Deutsche Kleinmotoren & Fahrzeugwerke AG, die in Berlin-Potsdam ansässig war, produzierte 1923-24 Einzylindermaschinen, die mit 148 und 198 cm³-Motoren bestückt wurden.

DKR

Der englische Hersteller DKR Scooters in Wolverhampton brachte 1957 den Motorroller Dove (Taube) auf den Markt. Das Fahrzeug besaß einen 250 cm³-Villiers-Zweitaktmotor und zeichnete sich durch gute Fahreigenschaften aus. 1958 folgte der 249 cm³-Roller Manx, der mit einem ebenfalls von Villiers hergestellten Zweizylinder-Zweitaktmotor ausgerüstet war. Er hatte ein Vierganggetriebe und erreichte eine Höchstgeschwindigkeit von 113 km/h. In demselben Jahr waren das 197 cm³-Modell Defiant und der Roller Pegasus mit 150 cm³ im Handel. Sie waren ähnlich konstruiert wie der Roller Dove. 1959 präsentierte DKR den vollverkleideten Roller Capella, der von einem 173 cm³-Villiers-Zweitaktmotor mit Dreiganggetriebe angetrieben wurde.

D.K.W.

Der Ursprung dieses deutschen Markennamens wurde oftmals fälschlicherweise einem 1920 geprägten Werbeslogan zugeschrieben, der die Maschinen als „Das kleine Wunder“ pries. Tatsächlich war die Bezeichnung bereits drei Jahre früher als Abkürzung von „Dampf Kraft Wagen“ entstanden.
Der Gründer der Firma, der dänische Ingenieur Jörgen Skafte Rasmussen, der nach einem reichen, schöpferischen Leben 1964 in Kopenhagen starb, hatte 1906 in Chemnitz eine Textilmaschinenfabrik übernommen, die er auf die Herstellung von Automobilen umrüstete. Schon ein Jahr später verlegte der Däne seine Fabrikation nach Zschopau im Erzgebirge in größere Werksanlagen.
1917 rief er eine neue Gesellschaft ins Leben, und die Markenbezeichnung D.K.W. trat zum ersten Mal in Erscheinung. Rasmussen hatte, der Not der Zeit und dem Benzinmangel während des Ersten Weltkriegs gehorchend, ein dampfgetriebenes Automobil entwickelt. Als sich die Versorgungslage nach dem Krieg wieder besserte und niemand mehr einen Dampfkraftwagen kaufen wollte, mußte ein anderes Produkt gefunden werden, um die Fabrik am Leben zu erhalten.
So entwickelten Rasmussen und sein Ingenieur Ruppe einen kleinen Zweitaktmotor mit einem für damalige Zeiten winzigen Hubraum von 30 cm³, der dem Antrieb von mechanischem Kinderspielzeug dienen sollte. Dieser kleine Motor gewann bald die Gunst der Käufer, und so wandelte sich die Bedeutung der drei Buchstaben von „Dampf Kraft Wagen“ in „Des Knaben Wunsch“. Vom Spielzeugmotor zum Hilfsmotor für Fahrräder war es nur ein kleiner Schritt. In den Jahren nach dem Ersten Weltkrieg kamen Motorfahrräder zunehmend in Mode. D.K.W. trug wesentlich zu ihrer Verbreitung bei.
Nach mehreren Versuchen brachte die Firma 1920 das erste entsprechende Modell heraus. Es handelte sich dabei um ein herkömmliches Fahrrad mit verstärkten Rohren im rückwärtigen Rahmendreieck. Der Motor mit liegendem Zylinder war hinter dem Sattel auf das Hinterrad montiert. Der genaue Hubraum ist nicht mehr bekannt, er dürfte bei 119 oder 122 cm³ gelegen haben. Und schon gewann das Akronym D.K.W. einen neuen Inhalt, es stand nun für „Das kleine Wunder“.
1923 produzierte D.K.W. Fahrräder, die 118, 123 und 143 cm³-Motoren erhielten und über Riemenantrieb verfügten. 1924 erschien mit der SM 200 ein geradezu avantgardistisches Motorrad, wobei die Abkürzung SM für Stahlmodell stand. Die Maschine war mit einem für die damalige Zeit höchst ungewöhnlichen Preßstahlrahmen versehen. Sie besaß einen 173 cm³-

Ende der 20er Jahre gebaute D.K.W. 175 mit 12 PS und Flüssigkeitskühlung.

Zweitaktmotor mit angeblocktem Zweiganggetriebe und eine D.K.W. - Schwunglichtmagnetzündung. Der Antrieb erfolgte über Riemen. Die SM brachte nicht mehr als 65 kg auf die Waage.
Im folgenden Jahr kehrte man mit den 170 und 206 cm³-Modellen wieder zu den Rohrrahmen zurück. Für beide Typen kamen ein angeblocktes Zweiganggetriebe und der Riemenantrieb zum Einsatz. 1926 stand auch eine 500 cm³-Zweitaktmaschine mit einem stehenden Zweizylindermotor auf dem Programm. Der Antrieb erfolgte nun über Kette. Zunächst war der Motor luftgekühlt, ab 1928 verwendete das Werk eine Wasserkühlung.
Aus den 20er Jahren stammten zudem zwei Einzylinder-Zweitaktmodelle mit 206 cm³ Hubraum und Zweiganggetriebe beziehungsweise mit 250 cm³ und drei Gängen. 1929 präsentierte D.K.W. eine 300er mit einem separaten Dreiganggetriebe, und ein Jahr später folgte eine 296 cm³-Maschine mit Preßblechrahmen.
Die berühmte SB-Serie kam 1938 ins Produktionsprogramm. Die meisten Modelle waren mit 190, 247 und 342 cm³-Einzylinder-Zweitaktmotoren ausgerüstet, die 494 cm³-Version besaß hingegen einen Zweizylinder-Zweitaktmotor.
Ab 1934 gab D.K.W. die Nasenkolben-Zweitakter auf und übernahm das Schnürle-Patent der Umkehrspülung, die bis zum

D.K.W. 175 mit Kastenrahmen, 1925.

Ablauf der Exklusivrechte nach Ende des Zweiten Weltkriegs beibehalten wurde.
1920 versuchte sich die Firma auch im Motorrollerbereich und schuf das seltsame Modell Golem, das von kleinen Rädern, einem Rohrrahmen und einem gepolsterten Sitz charakterisiert wurde. Der 122 cm³-Motor mit liegendem Zylinder war in der Rahmenmitte eingebaut. Der Roller fand jedoch bei den Kunden keinen Anklang und wurde 1922 deswegen durch das Modell Lomos ersetzt. Lomos hatte einen Blechrohrrahmen. Der 143 cm³-Motor befand sich unter dem Sitz. Der Radantrieb beider Roller erfolgte über Riemen.
Die D.K.W.-Motorroller wurden auch von anderen Firmen unter Lizenz hergestellt. D.K.W. selber beschloß später, sich ausschließlich dem Motorradbau zu widmen und Lomos nach 1925 nicht mehr zu produzieren.
Ins Renngeschäft stieg das Zschopauer Werk 1922 mit einer

D.K.W. 175 mit Zweitaktmotor und Riemenantrieb.

Maschine ein, die nach einem Sieg in einem Langstreckenrennen Reichsfahrt getauft wurde. 1923 erhöhte man den Hubraum dieses Modells auf 175 cm³, und die luft- oder wassergekühlte Reichsfahrt blieb weiterhin auf Siegeskurs.
1923 erschienen mit der ARe 175 cm³ und der ORe 250 cm³ zwei mit Ausnahme des Hubraums völlig identische Modelle. Beide hatten wassergekühlte Motoren erhalten. Diese Maschinen standen bis 1932 auf dem Programm der Firma. In demselben Jahr kam D.K.W. zur Auto Union, die Automobile wie Horch, Wanderer und Audi produzierte.
Zur Zeit der ARe- und ORe-Rennmodelle wurde auch eine Zweizylindermaschine realisiert, deren wassergekühlter Motor aus zwei in einem einzigen Gehäuse vereinten Einzylindern mit Ladepumpe bestand. Die Motorleistung betrug 24 PS bei 3800 U/min und wurde in den folgenden Jahren zunächst auf 28 und schließlich auf 34 PS erhöht. Als diese Maschine 1932 zum letzten Mal auf den Rennpisten erschien, war die Motorleistung sogar bis auf 36 PS bei 5400 U/min gesteigert worden. Daneben gab es eine 350 cm³-Version, die jedoch die Erwartungen nicht erfüllen konnte. Den gleichen Motor verwendete D.K.W. für eine kleine Serie einer für Speedway-Rennen geeigneten Maschine.
Der neueste D.K.W.-Renner, der 1932 auf der Piste auftauchte, war im Jahr zuvor konzipiert worden. Er besaß einen Zweitaktmotor mit geteiltem Zylinder. Dieses Modell zählte zu den großartigsten 250 cm³-Rennmaschinen ihrer Zeit, obwohl sie zwei erhebliche Schwachpunkte aufwies: Der Treibstoffverbrauch war extrem hoch, und die Zündkerzen erhitzten sich stark.
In den oberen Hubraumklassen baute D.K.W. Modelle mit 350 und 500 cm³ Hubraum. Auf den ersten Blick schien es sich bei der UL 500 um eine Maschine mit einem herkömmlichen stehenden Zweizylindermotor zu handeln. Tatsächlich war er jedoch ein membrangesteuerter Doppelkolbenmotor mit zwei geteilten Zylindern, vier Kolben und zwei Brennräumen. Der wassergekühlte Motor lieferte eine Leistung von 40 PS bei 5500 U/min.

D.K.W. 350 mit Zweizylinder-Ladermotor, 1939.

Federführend an der Entwicklung der D.K.W.-Rennmaschinen beteiligt waren in jener Zeit neben Hugo Ruppe auch Hermann Weber, August Prüssig und Arnold Zoller.

1935 nahm D.K.W. erstmals an der Tourist Trophy teil. Von den drei gestarteten Maschinen in der 250 cm³-Klasse gelangte nur Arthur Geiss ins Ziel, der einen beachtlichen siebten Platz erringen konnte. Im Jahr darauf trat die Firma mit fünf Maschinen der 250 cm³-Klasse und einem Halblitermodell zum Rennen an. Erneut war Arthur Geiss im Sattel der 250er erfolgreich und konnte nun sogar den dritten Platz belegen, während alle anderen D.K.W.-Maschinen aufgeben mußten. 1937 brachte mit dem dritten Platz von Ernie Thomas und Wünsches Rang fünf einen doppelten Erfolg bei den 250 cm³-Maschinen.

Das Jahr 1938 ließ endlich die Hoffnungen in Erfüllung gehen und führte zum großen Triumph: Kluge, der bereits im Vorjahr in Führung gelegen hatte, das Rennen dann aber aufgeben mußte, trug für D.K.W. einen spektakulären Sieg davon. Er erzielte eine Durchschnittsgeschwindigkeit von 127,297 km/h, wobei der Schnitt der schnellsten gefahrenen Runde bei 129,307 km/h lag. Der von Kluge für das gesamte Rennen aufgestellte Rekord konnte erst 1951 von Wood auf einer Moto Guzzi gebrochen werden, und auch der Rundenrekord hielt sich bis 1949. Der D.K.W.-Pilot mußte aufgrund des hohen Treibstoffverbrauchs seiner Maschine das Rennen zweimal zum Nachtanken unterbrechen (alle anderen benötigten nur eine Tankpause) und erreichte das Ziel dennoch elf Minuten vor dem Zweitplazierten.

Zu den bekanntesten Werksfahrern von D.K.W. gehörten in der bis 1939 währenden Periode Fahrer wie Bauhofer, Stegmann, W. Winkler, Gmelch, J. Klein, H. Winkler, K. Henkelmann, H. Sprung, K. Friedrich, Zündorf, Frentzen, Ley, Steinbach, H.P. Müller, Kluge, Wünsche, Kirchberg, A. Müller, H. Fleischmann, W. Herz, K.Bodmer, Mansfeld, Rosemeyer, Babl, Braun, Schumann, Petruschke und die Engländer S. Woods und E. Thomas.

Kluge hatte die Tourist Trophy 1938 mit einer 250 cm³- Zweizylinder-Zweitaktmaschine gewonnen, die zahlreiche Veränderungen erfahren hatte. Unter anderem war die Ladepumpe nicht mehr liegend eingebaut, wie dies noch bei allen anderen D.K.W.-Rennmaschinen der Vorjahre der Fall gewesen war, sondern vor den Zylindern angeordnet. Im Inneren befand sich ein Kolben von großem Durchmesser aber geringer Höhe, was zu besseren Resultaten führte. Ein weiteres Detail war der an der Ladepumpe angebrachte Drehschiebereinlaß, der durch einen Überströmkanal in Verbindung mit dem ersten Zylinder stand: Die Auslaßöffnung hatte im Vergleich zum Überströmkanal

D.K.W. mit Riesentank aus den 30er Jahren.

einen größeren Durchmesser und befand sich im zweiten Zylinder. Die zwei Kolben waren von unterschiedlicher Länge, ebenso die beiden Pleuel.
Um die Motorleistung noch weiter zu erhöhen, die bei dem siegreichen Renner rund 30 PS bei 7000 U/min betrug, entwickelte D.K.W. einen neuen Motor, der anstatt der Ladepumpe über einen Flügelzellenverdichter mit Kettenantrieb von der Kurbelwelle verfügen sollte. Leider verzögerte der Ausbruch des Zweiten Weltkriegs die Realisierung dieses Motors, der später in 250 und 350 cm³-Rennmaschinen eingebaut wurde, wobei die 250 cm³-Version mindestens 40 PS leistete.
Während des Kriegs entstand im Zschopauer Werk die Militärmaschine NZ 350, die mit einem 346 cm³-Einzylinder-Zweitaktmotor ausgerüstet war und eine Leistung von 11 PS bei 4000 U/min hatte. Als der Zweite Weltkrieg vorbei war, befand sich das Werk in der sowjetisch besetzten Zone und diente als Produktionsstätte der Ifa- und später der MZ-Motorräder.
1948 beschlossen Dr. Bruhn und Dr. Hahn gemeinsam mit anderen Ex-Direktoren von D.K.W., die Fabrik in Westdeutschland wiedererstehen zu lassen. So nahm man in Ingolstadt die Produktion von D.K.W.-Motorrädern erneut auf.
Das neue Werk präsentierte als erste Maschine die RT 125, die von dem bis 1940 produzierten Modell abstammte. In kürzester Zeit wurde die RT 125 zu Tausenden verkauft. Im folgenden Jahr zählte dieses D.K.W.-Leichtmotorrad zu den beliebtesten Vertretern seiner Klasse. Nach einer verbesserten Version der erwähnten 125 cm³-Maschine offerierte man in den folgenden Jahren auch Zweitaktmodelle mit Hubräumen von 175, 200 und 250 cm³.

D.K.W. URC 250 mit Kompressormotor, 1937.

1954 brachte die Ingolstädter Firma den 75 cm³-Motorroller Hobby auf den Markt, der von einem Zweitaktmotor angetrieben wurde. Er war vollverkleidet und hatte einen aufsehenerregenden Antrieb. Das stufenlose Getriebe bestand aus zwei Scheibenpaaren; dazwischen verlief ein Riemen als Primärantrieb. Die Kraftübertragung des von dem Münchner Ingenieur Uher entworfenen Hobby-Rollers war jedenfalls überaus interessant und funktionierte tadellos.
Deutschland war nach dem Krieg einige Jahre von internationalen Wettbewerben ausgeschlossen worden, durfte aber bereits 1951 auf die Rennpisten zurückkehren. Die erste Maschine, mit der D.K.W. wieder an den Start ging, hatte einen 125 cm³-Zweitaktmotor mit leicht nach vorne geneigtem Zylinder. Auch dieses Modell war von einem am unteren Teil des Motorgehäuses angeordneten Drehschiebereinlaß gekennzeichnet.
Kurze Zeit später verband man die beiden Zylinder der 125 cm³-Version und verwirklichte eine 250 cm³-Maschine mit stehendem Zweizylindermotor. Doch konnte man nicht an die Erfolge der Vorkriegszeit anknüpfen, da inzwischen italienische Marken zu einer ernstzunehmenden Konkurrenz geworden waren.
So entwickelte der Ingenieur Helmut Görg eine 350 cm³-Dreizylinder-Rennmaschine.
Ursprünglich hatte ihr Motor 32 PS, die Leistung wurde dann aber auf 45 PS erhöht, und das Motorrad erreichte eine Höchstgeschwindigkeit von 200 km/h. Die Verkleidung war von der Technischen Universität München im Windkanal geprüft worden. Aufgrund der überaus aerodynamischen Form mußten stärkere Bremsscheiben mit einem Durchmesser von 241 mm montiert werden, die durch ein Pedal und einen zusätzlichen Handgriff hydraulisch zu betätigen waren. Görg behauptete, daß die Leistung dieser Rennmaschine durch eine Kraftstoff-Einspritzung noch um 15 PS hätte erhöht werden können. Der Ingenieur konstruierte aus dem dritten Zylinder des 350 cm³-Modells eine 125 cm³-Version mit liegendem Zylinder und Sechsganggetriebe, die sich 1955 auch auf internationaler Piste behaupten konnte.
Vor allem den Fahrern Wünsche, Kluge, Hofmann, Sandford, Artl und Hobl verdankte die Firma in jenen Jahren große Rennerfolge. Doch 1956 zog sich die ruhmreiche deutsche Marke D.K.W. vom Rennsport zurück. Man demontierte alle Rennmaschinen – mit Ausnahme eines 125 und eines 350 cm³-Modells, die noch jahrelang auf Motorrad-Ausstellungen in ganz Europa zu sehen waren. Ende der 50er Jahre wurden sie jedoch aus einem Lager der Firma entwendet und blieben seitdem verschwunden.
Nach einer firmeninternen Umstrukturierung kam D.K.W. 1957 mit Victoria und Express zur Zweirad Union und produzierte von nun an auch Hercules-, Victoria- und Express-Modelle.
Damals präsentierte D.K.W. eine 98 cm³-Maschine mit Dreiganggetriebe, und 1958 ging die VS-Reihe in Produktion, die nach vielen Jahren die RT-Reihe ersetzte. Die einzige wesentliche Veränderung bestand in der vorderen Gabel mit Kurzschwingen. Das Angebot umfaßte 175, 200 und 250 cm³-Ausführungen sowie das Hummel-Moped, dessen erste Version 1957 herauskam.
1966 übernahm die Volkswagen-Gruppe die Automobilherstellung von Auto Union, und die Firma D.K.W. ging an Fichtel & Sachs über, um den dieser Firma gehörenden Herkules-Werken einverleibt zu werden. Die nach England exportierten Hercules-Maschinen trugen bis 1977 weiterhin den ruhmvollen Markennamen D.K.W., um Verwechslungen mit der englischen Hercules zu vermeiden. Ab dem Jahr 1978 wurden die Maschinen der einst größten Motorradfabrik der Welt jedoch überall nur noch unter der Markenbezeichnung Sachs angeboten.

D.M.F.

1948-50 konstruierte die belgische Firma D.M.F. Leichtmotorräder, in die sie Ilo-, Villiers- und Puch-Zweitaktmotoren mit Hubräumen von 125 bis 200 cm³ in herkömmliche Rahmen einbaute. Wahrscheinlich produzierte die Firma auch ein Moped, das mit einem seitlich am Hinterrad angebrachten 50 cm³-Fuchs-Motor ausgerüstet war.
Die Abkürzung D.M.F. steht zudem für das holländische Werk Driebergse Motoren Fabriek, einem in den 50er Jahren aktiven Konfektionär ausgereifter Maschinen mit kleinen Hubräumen. Unter anderem schuf er 1955 darunter die Nestor mit einem 50 cm³-Ilo- Motor und das 125 cm³-Leichtmotorrad Olimpia mit Starrohrrahmen, Parallelogrammgabel und Zweitaktmotor.

Die dem Ex-Rennfahrer Joop Verkerke gehörende Firma war 1951-57 in Betrieb.

D.M.G

Die Deutsche Motoren Gesellschaft in Berlin gehörte zu den zahlreichen Motorradfirmen, die Anfang der 20er Jahre in Deutschland gegründet wurden. Das kleine Unternehmen produzierte ein komplettes 197 cm³-Leichtmotorrad mit Kettenantrieb und seitengesteuertem Motor, jedoch ohne Gangschaltung. Die Firma D.M.G. bestand 1921-24.

D.M.W.

Der ehemalige Rennfahrer „Smoky" Dawson gründete im Jahr 1945 die Dawson Motorcycle Works. Zunächst produzierte er nur Grasbahnrennmaschinen, die er mit 350 und 500 cm³ - JAP - Einzylindermotoren mit im Zylinderkopf hängenden Ventilen ausrüstete.
1947 entstand in Zusammenarbeit mit der Firma Calthorpe ein 125 cm³-Motorrad. Dieses Modell erhielt einen Villiers-Zweitaktmotor, Starrohrrahmen, Teleskopgabel und ein im Motorgehäuse integriertes, handgeschaltetes Dreiganggetriebe.
Da der Maschine kein großer Erfolg beschieden war, mußte Calthorpe den Betrieb einstellen, während D.M.W. die Produktion fortsetzte. 1952 erschien ein weiteres 125 cm³-Leichtmotorrad, das ein Dreiganggetriebe, einen Starrohrrahmen und eine Schwinggabel besaß. 1953 wurden in zahlreiche D.M.W.-Maschinen französische AMC-Viertaktmotoren eingebaut. Es handelte sich um Stoßstangenmotoren, lediglich bei einem 250 cm³-Modell erfolgte die Ventilsteuerung über eine obenliegende Nockenwelle. Andere Maschinen wurden von 122 und 197 cm³-Villiers-Motoren angetrieben. Die Produktion blieb bis 1954 unverändert.
1956 stellte die britische Firma eine neue Modellreihe vor: Die Cortina mit einem 225 cm³-Villiers-Motor und Vierganggetriebe, die Dolomite mit einem französischen 250 cm³-AMC-Motor, obenliegender Nockenwelle und ebenfalls Vierganggetriebe, die De Luxe 200 mit einem 187 cm³-Villiers-Motor und wahlweise drei oder vier Gängen sowie die speziell für Geländesportwettbewerbe konzipierte Motocross 200 mit einem Villiers-7-Motor. Es folgte das mit einem 125 cm³-AMC-Motor mit zwei obenliegenden Nockenwellen ausgerüstete Rennmodell Hornet. Daneben standen die 4 S mit einem 200 cm³-Villiers-Rennmotor und die L 75 De Luxe, eine etwas kleinere Version der Dolomite mit AMC-Motor und im Zylinderkopf hängenden Ventilen, auf dem Produktionsprogramm.
1961 kam eine verkleidete 240 cm³-Maschine in den Handel, die von einem Zweizylinder-Zweitakt-Villiers-Motor angetrieben wurde. Sie war in der Art eines Motorrollers konzipiert, wobei der Tank unter dem Sitz und der Motor in der Rahmenmitte angeordnet waren. 1962 erwarb die Firma auch die Produktionsrechte der Marke Ambassador und verlegte die Produktion nach Dudley. 1965 verband D.M.W. zwei 250 cm³-Starmaker-Zweitaktmotoren von Villiers und produzierte auf diese Weise eine 495 cm³-Zweizylinder-Maschine, die eine Höchstgeschwindigkeit von 225 bis 235 km/h erreichte.

D.N.B.

Der japanische Hersteller D.N.B. mit Sitz in Tokio produzierte 1957-61 Einzylinder-Zweitaktmaschinen mit Hubräumen von 125, 200 und 250 cm³.

Dobro Motorist

Die mit einem 145 cm³-DKW-Zweitaktmotor ausgerüstete Dobro Motorist wurde 1923-26 in Berlin entworfen und produziert. Charakteristisch waren der Dreiecksrahmen und der direkt am Zylinder befestigte Schalldämpfer. Es existierte auch eine 348 cm³-Version mit JAP-Motor.

Doglioli & Civardi

Dieses kleine italienische Unternehmen mit Sitz in Turin nahm 1929 die Produktion von 175 cm³-Maschinen mit im Zylinderkopf hängenden Ventilen auf. Zunächst verwendete die Firma für ihre Modelle englische Motoren von Norman, später von New-Imperial. Im Laufe der Zeit wurden in einige Typen auch italienische Mas- sowie englische JAP- und Python-Rudge-Triebwerke mit Hubräumen von 250, 350 und 500 cm³ eingebaut. Die Turiner Firma stellte 1935 die Produktion ein, nachdem Cesare Doglioli, einer der Firmeninhaber, bei einem Verkehrsunfall ums Leben gekommen war.

Dolf

Die 1922-26 in Frankfurt am Main von der Maschinenfabrik Stein produzierte Dolf besaß einen für jene Zeit relativ seltenen 144 cm³-Zweitaktmotor. Der leistungsstarke und schnelle Drehschiebermotor hatte acht Überströmkanäle, einen Standmagneten und ein Zweiganggetriebe. Die Dolf war eine sehr schnelle Maschine und bestand erfolgreich zahlreiche Wettbewerbe.

Dollar

Eine überaus aktive französische Firma mit außerordentlich reicher Produktpalette, zu deren Angebot Ein-, Zwei- und Vierzylindermaschinen mit Motoren von Chaise sowie aus eigener Produktion zählten. Einige Modelle verfügten über Kardanantrieb, andere besaßen Motoren mit obenliegender Nockenwelle; die Hubräume reichten von 175 bis 500 cm³. Neben Viertaktmodellen baute Dollar auch Zweitaktmaschinen mit 100 bis 250 cm³. Das in Joinville-le-Point ansässige Unternehmen war 1925-39 tätig.

Dominissimi

Die italienischen Gebrüder Dominissimi aus Pordenone produzierten 1924-28 vier Motorradtypen, die sie mit DKW-Motoren von 172 und 248 cm³ Hubraum ausrüsteten.

Doniselli

Die Mailänder Firma Doniselli wurde zunächst für ihre Lastenfahrräder bekannt. Unmittelbar nach dem Zweiten Weltkrieg begann sie, Fahrräder mit Hilfsmotoren und kleine Transportfahrzeuge zu produzieren. Sie verwendete vor allem die Motortypen Alpino 48, Demm 49, Ardito 48 und Sachs 48, Ilo 125 und 175 mit Kettenantrieb und Ilo 150 cm³ mit Gebläsekühlung und Kardanantrieb. 1959 kam mit dem Modell Vedetta ein kleiner Motorroller ins Programm, der einen 49 cm³-Demm-Motor und eine Preßblechverkleidung besaß. 1963 wurden der kleine Motorroller Giulietta und ein mit einem 50 cm³-Franco-Morini-Motor ausgerüstetes Moped vorgestellt.
Anfang der 70er Jahre produzierte Doniselli die Mopeds Capriolo, Milano P.D. mit Ein- und Dreiganggetriebe sowie das Modell D.M. 68. Die Milano wurde das meistverkaufte Doniselli-Moped. Sie besaß einen 50 cm³-Minarelli-Zweitaktmotor, einen Kickstarter und einen Dell' Orto SHA 14/12 Vergaser. Das Fahrgestell bestand aus einem Zentralrohrrahmen aus Stahl, Teleskopgabel und Federbeinen und war mit Trommelbremsen ausgerüstet. Alle Mopedmodelle standen bis 1973 auf dem Produktionsprogramm.

Dorion

Über diese kleine französische Firma mit Sitz in Boulogne, die 1932-36 tätig war, ist wenig mehr bekannt, als daß die von ihr produzierten Motorräder mit 98 und 123 cm³-Zweitaktmotoren von Aubier-Dunne ausgerüstet waren.

Dot

Für die Herkunft des Namens Dot, dieser 1903 von Harry Reed gegründeten englischen Firma, gibt es verschiedene Erklärungen. Nach einer Version könnte es sich um die Abkürzung des 1923 veröffentlichten Werbeslogans „Devoid of Trouble" (ohne Probleme) handeln. Da das Unternehmen damals jedoch bereits rund 20 Jahre existierte, ist es wahrscheinlicher, daß der Firmen- und Markenname zu Ehren von Dorothy, der Tochter des erfolgreichen Fahrers George „Pa" Cowley, gewählt worden war.
Harry Reed war längst ein bekannter Radrennfahrer, als er 1903 im Alter von 28 Jahren mit seiner Eigenbaumaschine Swallow (Schwalbe) zum Motorrad-

Dot-Modell mit 3,5-PS-Motor, 1912.

sport kam. In demselben Jahr kaufte Reed in Hulme, Manchester, eine Werkstatt, und die Firma H. Reed and Company nahm die Produktion auf. Die ersten in Serie produzierten Maschinen trugen bereits die Markenbezeichnung The Dot. Wie seinerzeit die meisten kleineren Hersteller baute Reed importierte Motoren in die Zweiräder ein, so etwa Produkte von Fafnir oder den französischen V-Zweizylinder von Peugeot.

In den ersten Jahren blieb die junge Firma relativ unbekannt, was sich jedoch schnell änderte, als Reed 1908 an der Tourist Trophy auf der Isle of Man teilnahm. Er ging mit seiner 5 PS starken 680 cm³-Dot-Peugeot ins Rennen und gewann in der Zweizylinderklasse mit einer Durchschnittsgeschwindigkeit von über 60 km/h. 1909-14 startete Reed regelmäßig in Brookland und konnte eine ganze Reihe von Siegen und guten Plazierungen für sich verbuchen, zunächst auf seiner Dot-Peugeot, später im Sattel einer 998 cm³-Dot-JAP-Maschine. Auch bei der Tourist Trophy trat er weiterhin an, ohne jedoch seinem Sieg von 1908 einen weiteren hinzufügen zu können.

Anfang 1920 hatte Reed ein überaus komplex konstruiertes, gefedertes Fahrgestell entwikkelt und patentieren lassen. 1922 wurde das inzwischen in Dot Motors Ltd. umbenannte Unternehmen erheblich erweitert. Auf dem Londoner Salon, wo die Firma bereits 1920 vertreten war, richtete man einen imposanten Stand ein. Die 1923 produzierten Maschinen waren ausschließlich mit JAP-Motoren bestückt. Das Angebot reichte von 293 und 346 cm³- Modellen mit seitlich stehenden Ventilen bis zu schweren Sport- und Touringmaschinen mit 986 cm³-Zweizylinder-V-Motoren. Die beiden Einzylindermaschinen besaßen einen für damalige Zeiten ungewöhnlich avantgardistischen Tank in Tropfenform. Charakteristisch für die Dot-Motorräder war die kirschrote Lackierung von Rahmen, Felgen, Schutzblechen und der seitlichen Tankverkleidung, die mit den Aluminiumbeschlägen des Tanks reizvoll kontrastierte.

Inzwischen hatte die Firma James Walmsely & Co. in Preston mit der Produktion des interessanten ölgekühlten 350 cm³-Bradshaw-Motors begonnen, der im Zylinderkopf hängende Ventile besaß und eine Leistung von 9 PS aufwies. Dot wurde zu einem der treuesten Kunden dieses Motorenherstellers. Die Dot-Bradshaw 350 stand bis 1928 auf dem Herstellungsprogramm. Mit einer Maschine dieses Typs, an die Reed einen Swallow-Beiwagen montiert hatte, konnte er in der Gespannklasse der Tourist Trophy von 1924 den zweiten Platz erringen. Einen zweiten Rang in der 350 cm³-Klasse und einen dritten Platz in der 250 cm³-Klasse des berühmten Rennens verdankte die Firma zwei weiteren Maschinen. Ermutigt durch diese Plazierungen ging Dot 1925 in allen fünf Klassen an den Start, doch die guten Leistungen des Vorjahres wurden nicht erreicht.

Das sollte Reeds letzte Teilnahme an einem Rennen sein. Die Firma hatte zu jener Zeit mit finanziellen Schwierigkeiten zu kämpfen, nach deren Behebung die Gesellschaft 1926 als Dot Motors Ltd. wiedererstand. Doch der inzwischen 50jährige Reed zog sich zurück. Die neuen Verantwortlichen betrieben eine überaus vorsichtige Geschäftspolitik und beschränkten sich auf die Produktion von Maschinen der 350 cm³-Klasse. Mit der Wirtschaftskrise Anfang der 30er Jahre erlebte die Firma einen harten Rückschlag. Erst ein Regierungsauftrag zur Herstellung dreirädriger, mit 125 cm³-Villiers-Motoren ausgerüstete Transportfahrzeuge im Zweiten Weltkrieg brachte die Rettung. Nach dem Krieg war dieses noch bis 1950 hergestellte Dreirad die Basis für einen Neubeginn der Motorradproduktion. Damals ereignete sich Revolutionäres im Bereich des Motorradsports: Eine neue Generation leichter Zweitaktmaschinen für Trial- und Moto-Cross-Wettbewerbe begann sich durchzusetzen. In den 50er Jahren verzeichnete Dot in diesem Sektor einen beachtlichen Absatz, während die 250 cm³-Tourenmaschine der Firma mit seitengesteuertem Brockhouse-Motor nicht sehr erfolgreich war. So verlegte sich das Werk schließlich ganz auf Sportmaschinen und Transportfahrzeuge.

Da Villiers Anfang der 60er Jahre die Motorenproduktion eingestellt hatte, griff Dot bei der Ausrüstung der Trialmaschinen ab 1961 auf Sachs- und Minarelli-Motoren zurück. Doch Dot verlor auf dem Markt zunehmend an Boden. 1973 wurde die Produktion fast gänzlich eingestellt. 1977 existierte Dot zwar immer noch, ebenso wie das alte Firmenmotto, und plante ein neues Modell, das jedoch nie auf dem Markt erschien. Vielleicht aber erlebt die renommierte Firma eines Tages doch noch eine Renaissance.

Dotta

Der italienische Hersteller Dotta mit Sitz in Turin produzierte in den Jahren 1924-26 verschiedene Leichtmotorräder und Kleintransporter, die von 125 cm³-Piazza-Zweitaktmotoren angetrieben wurden.

Doue

Die französische Firma Doue mit Sitz in Paris baute 1903-10 1,75-PS-Motoren in Fahrräder mit verstärkten Rahmen ein.

Frühe Douglas 350 von 1906. Der Motor hatte zwei Zylinder.

Douglas

Die britische Firma Douglas, die 1907-57 tätig war, wurde fünfmal neu gegründet. Sie produzierte in den über 50 Jahren ihres Bestehens neben Automobilen, Traktoren, Motorrollern, Straßen-, Gelände- und Rennmotorrädern auch Industrie-, Flug- und Lkw-Motoren. Obwohl sich Douglas wirtschaftlich stets auf einer Berg- und Talfahrt befand, waren die Douglas-Maschinen sehr erfolgreich und leisteten einen wichtigen Beitrag nicht nur zur britischen, sondern zur internationalen Motorradentwicklung. Die Firmengeschichte nahm mit dem Briten Joe Barter ihren Anfang.
Barter entwickelte bereits Ende des vorigen Jahrhunderts einen Motor, dessen Zylinder und Kolben von der berühmten Gießerei Douglas in Kinkswood bei Bristol hergestellt wurden. Über die ersten Motorräder der Firma ist wenig bekannt. Angenommen wird, daß Barter 1902-04 eine recht ungewöhnliche Einzylindermaschine gebaut hat, die jedoch nicht viel Anklang fand. So wandte er sich bald darauf neuen Projekten zu, darunter einem Zweizylinder-Boxermotor, dem er den französischen Namen Fée (Fee) gab und zu dessen Realisierung er die Firma Light Motors Ltd. gründete. Fée wandelte sich kurze Zeit später in das englische Fairy. Das erste Fairy-Motorrad hatte einen Hubraum von 200 cm³. Ihm folgten eine 300 cm³-Zweizylindermaschine sowie ein Prototyp mit über 800 cm³ Hubraum. Schließlich ging die Firma in Konkurs. Nun fusionierte Barter mit den Brüdern Douglas, um auf gesunder Grundlage einen Neuanfang in der Motorradproduktion zu wagen. Eine von Barter entwikkelte Antriebsquelle ging in Produktion. Es handelte sich um einen 350 cm³-Zweizylindermotor, der in das erste Douglas-Motorrad eingebaut wurde. Doch fanden 1907-08 kaum mehr als hundert Exemplare einen Käufer. 1910 kam ein Douglas-Modell mit Zweiganggetriebe in den Handel, das zahlreiche Konstrukionsmängel aufwies. Dies hinderte Eli Clark aber keineswegs daran, auf dieser Maschine im Juli 1910 das durch ganz England führende End to End-Rennen zu gewinnen.
Die sportlichen Erfolge setzten sich fort: 1911 belegte Douglas beim Mountain Circuit der Tourist Trophy Rang sieben und zwölf. Außerdem errang die Firma den Mannschaftssieg bei den Seven Days. Ebenfalls 1911 wurde der Prototyp eines Zweizylindermotors mit über 600 cm³ Hubraum entwickelt. Das Basismodell hatte mechanisch gesteuerte Einlaßventile. Bei der Tourist Trophy von 1912 belegte Douglas in der Juniorklasse den ersten, zweiten und vierten Platz. 1913 kam die Marke erneut auf den zweiten Rang in dieser Klasse. In demselben Jahr wurden ein spezielles 350 cm³-Rennmodell mit im Zylinderkopf hängenden Ventilen sowie eine 500 cm³-Straßenmaschine realisiert. Douglas erzielte bei den Seven Days den Mannschaftssieg der Trialklasse auf 350 cm³-Maschinen mit 2,75 PS Leistung, die ein neues Dreiganggetriebe erhalten hatten.
Die Firma profitierte von den sportlichen Leistungen ihrer Maschinen und erhielt im Ersten Weltkrieg einen Großauftrag der

Regierung: Rund 25000 Militärmotorräder verließen das Werk, darunter eine neue 600er mit 4 PS, die als Gespannmaschine zum Einsatz kam. Die Modelle waren zunächst mit seitengesteuerten Motoren ausgestattet, wurden aber nach dem Krieg auch mit im Zylinderkopf hängenden Ventilen hergestellt. 1920 entwickelte Douglas Sportmotorräder, im Jahr darauf auch Straßenmaschinen. Die neuen Renn'er waren jedoch bei der Tourist Trophy wenig erfolgreich, ganz im Gegensatz zu den Vorkriegsmodellen, die noch rund ein Dutzend nationale und internationale Preise gewinnen konnten.

Ende 1922 hatten fünf Douglas-Piloten die 160 km/h-Grenze erreicht, Pullin konnte sie auf einer Douglas mit 500 cm³ sogar überschreiten. Man hatte die neuen Maschinen modernisiert und in zahlreichen Details verbessert. 1922 belegte die Firma in der 500 cm³-Klasse bei der Tourist Trophy den siebten Rang. Damals umfaßte die Modellpalette ein 500 und ein 733 cm³-Modell mit im Zylinderkopf hängenden Ventilen, eine 350er mit seitengesteuertem Motor, bei dem es sich im Grunde genommen um das alte Militärmodell mit zwei Gängen ohne Kupplung handelte, sowie eine ebenfalls seitengesteuerte 595er.

1921-31 war ein überaus zufriedenstellendes Jahrzehnt für die britische Firma, wozu zahlreiche Wettbewerbserfolge, die Realisierung neuer Projekte und die Unterstützung durch das Königshaus beitrugen. Das ehemalige Militärmodell wurde mit Kettenantrieb, Dreiganggetriebe, Kupplung und Kickstarter auf den neuesten Stand der Technik gebracht. Bei den Rennmotorrädern realisierte man das RA-Modell mit Hubräumen von 346, 494 und 595 cm³. Außerdem arbeitete Pullin inzwischen an der EW-Serie, deren Motoren neu konstruiert waren und zahlreiche Verbesserungen gegenüber den Vorgängermodellen aufweisen sollten. Von dem 348 cm³-Modell dieser Serie wurden dann nicht weniger als 20000 Exemplare verkauft.

1926 stellte Douglas eine Version der EW 350 mit seitlich stehenden Ventilen vor. 1927 produzierte man die Modelle EW 350, 500 und 600 cm³ in verschiedenen Ausführungen. 1928 kam eine 350 cm³-Sportversion mit im Zylinderkopf hängenden Ventilen hinzu. Für 1929 entwarf Freddie Dixon die Modelle S5 und S6, die er mit einer ganzen Reihe technischer Neuerungen versah, wie beispielsweise mit einer Trockensumpfschmierung. Auch die 1930 angebotene 350 cm³ A 31 war interessant. Ende des Jahres 1931 stellte man eine neue Serie vor, zu der die K 32 und M 32 mit im Zylinderkopf hängenden Ventilen gehörten.

1932 wurde die Douglas Motors Ltd. gegründet. Das Jahr gestaltete sich sehr problemreich für die Firma, die wenig später Konkurs anmelden mußte. William Douglas gab nicht auf und rief Ende 1933 erneut eine gleichnamige Firma ins Leben. Damals entstanden Modelle mit 250, 350, 500, 600 und 750 cm³ Hubraum, für die seitengesteuerte Motoren verwendet wurden, sowie eine 500er, eine 600er und eine für Militärzwecke bestimmte 350er mit im Zylinderkopf hängenden Ventilen. 1934 präsentierte man die 500 cm³ 5Y2, auch Blue Chief genannt. 1935 erschien mit der Endeavour eine weitere 500er. Sie hatte einen Zweizylinder-Boxermotor mit seitlich stehenden Ventilen, wurde aber kein Verkaufserfolg.

Oben: Zweizylinder-Boxermotor der Douglas 500, 1928.
Links: 348er Modell von 1925.

Die Firma geriet abermals in finanzielle Bedrängnis und ging in Konkurs. Die British Aircraft Company zögerte nicht lange und übernahm Douglas. So liefen 1937 die Montagebänder erneut an, nun unter der Leitung einer Gesellschaft namens Aereo Engines Ltd.

Wieder war es der Krieg, der das Geschäft richtig aufleben ließ. Douglas produzierte Flug- und Industriemotoren, Generatoren und zahlreiche andere Rüstungsgüter. Nach dem Krieg stellte die in Douglas Ltd. umbenannte Firma eine revolutionäre Maschine vor. Das mit T 35 bezeichnete Motorrad war das Resultat langer Experimentierphasen während des Kriegs. Es besaß einen Zweizylinder-Boxermotor mit einem Hubraum von 350 cm³ und ein fußgeschaltetes, angeblocktes Vierganggetriebe. Das Unternehmen produzierte daneben einen ganz besonderen Prototyp, die DV 600 mit einem längseingebauten Zweizylinder und Seitensteuerung. Die Höchstgeschwindigkeit betrug rund 110 km/h bei einem äußerst geringen Treibstoffverbrauch. Erwähnenswert ist auch die aus der T 35 weiterentwickelte MK III Sport, die mit einer Spitzengeschwindigkeit von 130 km/h als die schnellste englische 350er ihrer Zeit galt.

1948 war es zu einer erneuten Gesellschaftsgründung gekom-

men, und die Firma nannte sich nun Douglas Sales & Service Ltd. Auf dem Londoner Salon von 1949 gab es zwei Neuvorstellungen: die 80 Plus und die leistungsstärkere 90 Plus mit 28 PS; beide besaßen Zweizylinder-Boxermotoren. Im Junior Clubman's Rennen von Silverstone war Douglas nach langer Zeit mit einer Rennversion dieser Modelle erfolgreich.
Damals übernahm Douglas in Lizenz die Herstellung der Vespa-Roller von Piaggio, nicht zuletzt wohl, um wieder einmal eine angespannte wirtschaftliche Situation zu meistern. Die Plus-Modelle blieben 1952-54 fast unverändert in Produktion. 1952 zeigte Douglas auf dem Londoner Salon ein 500er Modell, das nie in Serie ging, aber als Vorbild der 1954 präsentierten Dragonfly diente. Die Dragonfly besaß einen 350 cm³-Boxermotor. 1957 stellte die Firma ihre Produktion schließlich endgültig ein.

D-Rad

Ursprünglich als Waffenfabrik gegründet, begann die Deutsche Industriewerke AG in Berlin-Spandau 1922 Motorräder herzustellen. Die ersten D-Räder besaßen einen 393 cm³- Zweizylindermotor mit seitlich stehenden Ventilen. Später kam der berühmte Konstrukteur Martin Stolle nach Spandau und entwarf 1926 einen neuen seitengesteuerten 500 cm³-Einzylindermotor, der in verschiedenen Ausführungen gebaut wurde, bis die Firma Anfang der 30er Jahre mit NSU verschmolz. 1929 produzierte man nach dem Vorbild der seitengesteuerten Versionen einen Motor mit im Zylinderkopf hängenden Ventilen. Im Rennsport konnte D-Rad einige Erfolge verzeichnen. 1933 wurde das Werk von NSU übernommen.

Dreadnought

Dem Gründer dieses 1915-25 tätigen englischen Unternehmens gehörten mit Quadrant, L.M.C. (Lloyd Motor Company) und De Luxe noch drei weitere Motorradfirmen. Die Dreadnought-Maschinen waren mit 269 cm³-Zweitaktmotoren von Villiers ausgerüstet. Diese Triebwerke wurden damals recht häufig in Motorräder eingebaut. 1923 kam die Produktion zum Stillstand. Wahrscheinlich existierte die Firma unter dem Namen Sully-Squire Ltd. noch kurze Zeit weiter.

Dresch

Die moderne französische Firma Dresch mit Sitz in Paris brachte ab 1923 Motorräder zu moderaten Preisen auf den Markt. 1928 produzierte Dresch eine 175 cm³-Zweitaktmaschine sowie eine mit einem MAG-Viertaktmotor ausgerüstete 250er.
Im Jahr 1930 präsentierte man ein interessant konstruiertes 500 cm³-Modell mit einem aus zwei Preßstahlschalen geformten Rahmen, einer Preßstahl-Parallelogrammgabel, einem Einstecktank und einem Instrumentenbord. Angetrieben wurde die Maschine von einem stehenden Zweizylinder-Reihenmotor in einem Graugußblock mit seitlich stehenden Ventilen.
Eigenwillig war auch die für jeden Zylinder unterschiedliche Anordnung der Ventile. Beim vorderen Zylinder befand sich das Auslaßventil vorne und das Einlaßventil hinten, während beim hinteren Zylinder das Einlaßventil vorne und das Auslaßventil hinten angeordnet waren. Folglich befanden sich die beiden Einlaßventile in der Mitte des Motorblocks in benachbarter Position, die Auslaßventile lagen dagegen am vorderen und hinteren Ende weit voneinander entfernt. Die Kurbelwelle hatte um 180 Grad versetzte Hubzapfen. Die Nokkenwelle lief parallel zur Kurbelwelle und trieb über zentral angebrachte Zahnräder die Ölpumpe an. Außerdem war an ihrem hinteren Ende die Kupplung eingebaut, von der die Antriebskraft auf das Getriebe übertragen wurde. Vom angeblockten Dreiganggetriebe ging eine Welle aus, die ihrerseits die Bewegung über eine Kardanwelle auf das Achsgetriebe übertrug. In diesem Motor gab es also erstmals eine Verringerung der Drehzahl zwischen Kupplung und Motor, da sich die Nockenwelle halb so schnell drehte wie die Kurbelwelle.
Die 500 cm³-Dresch-Zweizylinder mit kompletter elektronischer Lichtanlage hatte ein Gewicht von 140 kg und erreichte eine Höchstgeschwindigkeit von 120 km/h. Die 250 und der 350 cm³-Versionen waren ähnlich konstruiert wie die 500er; viele Elemente waren austauschbar. Dresch produzierte diese Modelle mit kleinen Detailänderungen auch in den folgenden Jahren. Andere Maschinen erhielten Chaise- und MAG - Einbaumotoren. Im Jahr 1930 übernahm Dresch die Firma DFR. 1939 stellte das Werk seine Produktion ein.

Drevon

Kleine französische Firma, die 1950-53 mit Ydral- und Aubier-Dunne - Motoren ausgerüstete Zweitaktmaschinen baute. Diese Leichtmotorräder hatten Hubräume von 98 und 173 cm³.

DRS

Die DRS sollte eine 125er-Grand-Prix-Rennmaschine werden. Sie entstand 1967 in Italien und besaß einen Zweitaktmotor mit liegendem Zylinder, Drehschiebersteuerung, Wasserkühlung für den Zylinder und Luftkühlung für den Kopf. Der Motor (Bohrung und Hub 54 x 54 mm) erreichte eine Leistung von 22 PS bei 19800 U/min. Die Schmierung erfolgte getrennt wie bei Viertaktmotoren. Das Sechsganggetriebe konnte auf neun Gänge erweitert werden. Es war in einem mit dem Motorgehäuse verschraubten Getriebekasten untergebracht, so daß es demontiert werden konnte, ohne den gesamten Motor zerlegen zu müssen.
Das Fahrgestell bestand aus einem Rohrrahmen mit Teleskopgabel und Hinterradschwinge. Vorne waren 2.50/18- und hinten 2.75/18-Reifen montiert. Der Rohrrahmen war nach unten offen und der Motor darunter freihängend eingebaut. Die Maschine sollte in kleiner Stückzahl für Privatfahrer produziert werden; allerdings scheint dieses Vorhaben nicht verwirklicht worden zu sein.

DS

Ein schwedisches Unternehmen mit Sitz in Hedemora, das 1924 gegründet wurde. Das einzige produzierte Modell war eine hauptsächlich für die Armee bestimmte Maschine, die mit einem 742 cm³-Zweizylinder-V-Motor von MAG ausgerüstet war. Die Maschine wurde bis 1928 gebaut, dann stellte die Fabrik ihren Betrieb ein.

D.S.H.

Die Firmenbezeichnung dieses österreichischen Unternehmens setzt sich aus den Initialen seiner Gründer Döller, Seidl und Hauler zusammen. Die Firma D.S.H. entstand 1923 und produzierte konventionelle Motorräder nach englischen Vorbildern, die mit Villiers- und JAP-Einbaumotoren bestückt waren. In zahlreichen Wettkämpfen erfolgreich waren Modelle mit 175 cm³-Motoren von Villiers- Brooklands sowie mit 350 und 500 cm³-Motoren von JAP, deren Ventile im Zylinderkopf hingen. Daneben verwendete die Firma auch JAP-Motoren mit Hubräumen von 250 bis 750 cm³. Der berühmte Rennfahrer Rupert Karner, der früher für Sunbeam gearbeitet hatte, war an D.S.H. finanziell beteiligt. Als er 1928 bei einem Unfall während der ungarischen Tourist Trophy sein Leben verlor, kam es zum Zusammenbruch des Unternehmens. Nach einem Jahr Produktionspause nahm Döller die Geschäfte in kleinerem Umfang kurzzeitig wieder auf. 1930 wurde die Firma endgültig aufgelöst.

D.S.K.

1954-62 produzierte die in Tokio ansässige japanische Firma D.S.K. eine weitgefächerte Palette von Motorrädern. Das Angebot reichte von 150 cm³-Zweitaktmodellen bis zu 500 cm³-Zweizylindermaschinen mit quergestelltem Boxer-Blockmotor mit im Kopf hängenden Ventilen. 1955 entstand die A 25-Einzylinder mit einem Hubraum von 248 cm³ und im Zylinderkopf hängenden Ventilen, Vierganggetriebe, Teleskopgabel und Teleskopfederbeinen. Ohne Zweifel handelte es sich dabei um eine perfekte Kopie der BMW R 25. Die Daito Siki Company baute 1956 auch einen dreirädrigen Cabin Side Car mit Seitenwagen, bei dem sich die Lenkung innen befand, der Motor jedoch außen, seitlich neben dem Fahrer, angeordnet war.

D.S.-Malterre

Dieses 1920 in Paris gegründete französische Unternehmen konzentrierte seine Produktionstätigkeit auf drei 500 cm³-Modelle, die mit im Zylinderkopf hängenden, und seitlich stehenden Ventilen angeboten wurden. Die nicht besonders modernen Einzylindermaschinen mit Teleskopgabel blieben über Jahre hinweg im Programm. Erst nach 1945 entstanden zeitgemäßere Modelle, für die D.S.-Malterre 124 bis 246 cm³-AMC-Motoren mit im Zylinderkopf hängenden Ventilen sowie 123 bis 247 cm³-Zweitakter von Ydral verwendete.

Ducati

Die italienische Firma Ducati mit Sitz in Bologna hatte sich bereits auf dem Gebiet der Elektromechanik einen guten Ruf erworben, als sie 1947 den 48 cm³-Kleinmotor Cucciolo vorstellte. Dieser Hilfsmotor wurde zu einem echten Verkaufsschlager. 1947-48 fanden über 60000 Exemplare der ersten, T 1 genannten Serie des kleinen Viertakters einen Abnehmer. 1949 ersetzte Ducati den T 1 durch das Modell T 2, von dem pro Tag 250 Stück produziert wurden. Im gleichen Jahr erschien neben dem völlig überarbeiteten T 2 der T Zero, der ähnlich konstruiert war, jedoch weder Getriebe noch Kupplung besaß. Ducati entwikkelte den Motor weiter und präsentierte den T 3, dessen Hubraum auf 60 cm³ erhöht worden war. Bereits 1948 sorgte der Cucciolo in Monza für Rennerfolge in der 50 cm³- Klasse. Der Siegeskurs der als Ducati 48 bekannten Maschine hielt an. 1952 stellte Ugo Tamarozzi mit einem Schnitt von 80,536 km/h einen neuen Geschwindigkeitsweltrekord auf.

In der Serienproduktion verfolgte Ducati ganz eigene, von den Sportmaschinen unabhängige Projekte. 1950 entstand das erste 60 cm³-Leichtmotorrad, das ebenfalls einen Viertaktmotor erhielt, jedoch mit drei Gängen ausgerüstet wurde anstelle des Zweiganggetriebes des Cucciolo. Dieses Modell verfügte über eine Teleskopgabel sowie einen Zentralrohrstarrahmen und erzielte eine Höchstgeschwindigkeit von 60 km/h.

1952 präsentierte die Firma mit dem Motorroller Cruiser ein in seiner Technik sensationelles Fahrzeug, von dem die Fachwelt begeistert war. Kommerzieller Erfolg war dem Roller jedoch nicht beschieden.

Oben und rechts: Der Viertakt-Hilfsmotor Cucciolo war der Verkaufsschlager von Ducati in der unmittelbaren Nachkriegszeit. Es wurden über 60000 Stück produziert.

Der 175 cm³-Einzylindermotor war bei dem Cruiser quer eingebaut, leistete 8 PS bei 4000 U/min und hatte im Zylinderkopf hängende Ventile, die über Stoßstangen und Kipphebel gesteuert wurden. Zu den interessantesten Merkmalen dieses avantgardistischen Rollers gehörte die Getriebeautomatik, die durch einen Drehmomentwandler mit dem Motor verbunden war. Das bemerkenswerte Fahrzeug konnte eine Höchstgeschwindigkeit von 85 km/h entwickeln.

1953 brachte Ducati neben den Hilfsmotoren, den 65 cm³-Leichtmotorrädern und dem Roller Cruiser eine 98 cm³-Maschine in den Handel. Sie war mit einem Einzylinder-Viertaktmotor, Ventilsteuerung über Stoßstangen und Kipphebel und einem Dreiganggetriebe ausgerüstet und erzielte eine Spitzengeschwindigkeit von 80 km/h. 1954 entstand der Hilfsmotor M55 mit 48 cm³ Hubraum, Zweiganggetriebe und Kettenantrieb. Zudem wurden die beiden Mopeds 55R und 55E ins Produktionsprogramm aufgenommen. In demselben Jahr kam mit dem Ingenieur Fabio Taglioni ein überaus fähiger Konstrukteur zu Ducati. Die Initiativen dieses Mannes sollten sich äußerst positiv auf die Entwicklung der Firma auswirken.

1956 bereicherte das Werk sein Angebot um 125 cm³-Modelle, die in den Versionen TV (Turismo Veloce) mit einer Höchstgeschwindigkeit von 90 km/h und Turismo mit 85 km/h konstruiert wurden.

Ende desselben Jahres präsentierte Ducati eine 175 cm³-Maschine mit obenliegender Nockenwelle und Vierganggetriebe, die in drei Versionen erhältlich war: als Turismo (12 PS, 110 km/h), Turismo Speciale (14 PS, 120 km/h) sowie Sport (16 PS, 130 km/h). Bei der Entwicklung dieser Maschinen hatte Taglioni ein für damalige Zeiten unübliches Konzept verfolgt: Man hatte nicht eine sportliche Maschine gebaut, indem ein „normaler" Motor in der Leistung entsprechend gesteigert worden war, man hatte vielmehr die Leistung eines Rennmotors weit genug reduziert, um ihn für eine Straßenmaschine tauglich zu machen. Taglioni war der Meinung, daß ein auf diese Weise zustande gekommenes Motorrad nicht nur über eine ungewöhnliche Leistungsfähigkeit verfüge, sondern garantiert überaus robust, sicher und zuverlässig sei.

In den folgenden Jahren wurde die Produktion um verschiedene Modelle erweitert. Zu Beginn der 60er Jahre zählte Ducati bereits zu den führenden Motorradher-

stellern Italiens. Die Marke begann sich auch international durchzusetzen und konnte sogar im klassischen Motorradland Großbritannien Fuß fassen.
Die erste Rennmaschine der Firma war ebenfalls eine Schöpfung Taglionis. Für Langstrekkenrennen konzipiert, besaß sie einen 98 cm³-Einzylindermotor mit obenliegender Nockenwelle und konnte eine große Anzahl von Wettbewerbserfolgen für sich verbuchen. Das Modell wurde später auch für kurze Distanzen bei den italienischen Juniorenrennen eingesetzt und von Fahrern und Mechanikern liebevoll „Marianna" genannt: Ein Name, der bald so berühmt war, wie die von seiner Trägerin erzielten Siege.
1955 betrug die Leistung der Maschine 9 PS bei 9000 U/min. Sie wurde bis 1958 auf 13 PS bei 10500 U/min gesteigert, während sich die Höchstgeschwindigkeit von 130 auf 140 km/h erhöhte. 1956 stellte man der 98 cm³-Version 125 und 175 cm³-Ausführungen zur Seite, die 150 beziehungsweise 155 km/h erreichten.
Das Jahr 1956 war in mehrfacher Weise bedeutungsvoll: Damals entstand ein vollverkleidetes Rennmodell, mit dem Ducati 46 Rekorde bei Langsteckenrennen brechen sollte und das eine Spitzengeschwindigkeit von 164 km/h erreichte. Und außerdem gab es auf technischem Gebiet eine wichtige Weiterentwicklung, da Chefingenieur Taglioni seinen ersten Motor mit desmodromischer Ventilsteuerung vorstellen konnte, bei dem statt Ventilfedern ein zweites Kipphebelpaar dafür sorgte, daß die Ventile geschlossen wurden.
Die neue Maschine nahm bereits 1956 und 1957 nicht erfolglos an verschiedenen Wettbewerben teil. Doch erst 1958 kam für die mit diesem neuen Ventilsteuerungsverfahren ausgerüstete Ducati der große internationale Triumph.
1961 erschien das 125 cm³-Modell Aurea. Es hatte eine Leistung von 6,5 PS bei 6500 U/min und eine Höchstgeschwindigkeit von 85 km/h, während die 85 cm³-Maschinen endgültig aus der Produktpalette gestrichen wurden. Es folgte die Diana mit einem stehenden Einzylindermotor von 250 cm³, 19,5 PS bei 7550 U/min, Vierganggetriebe und einer Spitzengeschwindigkeit von rund 140 km/h. Die Ducati Monza 250 cm³ war für den US-Markt bestimmt und dementsprechend ausgestattet.
1962 wurden auch die Mopeds Sport 48, Brisk 48 und Piuma 48 angeboten. 1963 präsentierte man mit der Setter ein neues 80 cm³-Leichtmotorrad mit Dreiganggetriebe, das zudem in der Version Sport 90 auf den Markt kam. In den höheren Hubraumklassen erschienen die 250 GT mit 18,4 PS und einer Höchstgeschwindigkeit von 119 km/h sowie die leistungsstärkere Mach 1, die es auf 150 km/h brachte. Recht beliebt war der 48 cm³-Motorroller Brio mit Dreiganggetriebe und Vollverkleidung.
1964 entwickelte Ducati im Auftrag der amerikanischen Firma Berliner Motor Corporation eine Maschine, die Apollo getauft wurde. Sie besaß einen 1260 cm³-Vierzylinder-V-Motor sowie ein Fünfganggetriebe und hatte eine Leistung von 80, in der Sportversion sogar 100 PS. Von dieser Neuentwicklung wurde zwar letztlich nur ein Prototyp hergestellt, ihr Motor sollte jedoch als Vorbild für die später so berühmten Ducati-Zweizylinder-V-Maschinen dienen.
1965 war die italienische Firma bereits mit einer äußerst umfangreichen Modellpalette im Handel. Sie umfaßte unter anderem verschiedene 48 cm³-Mopeds, Leichtmotorräder wie die Cadet 90 oder die Mountaneer, die 125 Sport, die 200 GT und die Elite 200, die 250 GT und die 250 Mach 1 sowie die Roller Brio 50 und Brio 100. 1966 erschien das Leichtmotorrad 160 Monza Junior. 1967 lancierte man das 250 cm³-Modell Mach 3, zu dem sich noch eine Moto-Cross-Version gesellte. Auf dem Mailänder Motorradsalon desselben Jahres präsentierte Ducati die Scrambler 125 cm³ und die Mach 3 mit einem Hubraum von 350 cm³. 1968 schuf Ducati die Mach 3 D mit desmodromischer Ventilsteuerung in zwei Versionen: mit 250 und 340 cm³ Hubraum und Fünfganggetriebe. Die Höchstgeschwindigkeit lag bei 150 beziehungsweise 165 km/h. 1969 folgte die Mach 3 D mit 450 cm³, die auch in einer Scrambler-Ausführung vorgestellt wurde.
1969 ließ ein neuer Prototyp die Fachwelt aufhorchen: Die mit

Original Cruiser-Roller von Ducati, 1952.

Ducati 125, Modell Turismo Veloce, 1956.

einem stehenden Zweizylindermotor mit einem Hubraum von 497 cm³ und Fünfganggetriebe ausgerüstete Maschine hatte eine Leistung von 52 PS bei 6500 U/min und erreichte eine Spitzengeschwindigkeit von über 160 km/h.
Auf dem Mailänder Motorradsalon desselben Jahres konnte man am Stand von Ducati zudem die neueste Version der Scrambler 50 bewundern, deren kantige Linie für das Modell Scrambler 100 übernommen wurde.
Trotz der großen Rennerfolge in den 50er Jahren, nahm Ducati in den 60er Jahren offiziell nicht an sportlichen Wettbewerben teil; als Grund gab man die übermäßig hohen Kosten an. Mike Hailwood ließ einige 250 und 350 cm³-Motoren mit desmodromischer Ventilsteuerung in spezielle englische Reynoldsrahmen einbauen und schuf so Rennmaschinen mit hoher Leistung; insbesondere ein 350 cm³-Modell ist erwähnenswert, auf dem er selber bemerkenswerte Plazierungen auf englischen und internationalen Pisten erringen konnte.
Aber auch Taglioni war inzwischen nicht untätig geblieben. 1965 entwarf er für Mototrans, die spanische Lizenzfirma von Ducati, eine 125 cm³-Rennmaschine, die in Rennsportkreisen für einiges Aufsehen sorgte. Leider konnte sich das interessante Motorrad, das eine Motorleistung von 25 PS bei 14000 U/min aufwies und mit einem Achtganggetriebe ausgerüstet war, nicht durchsetzen. Denn zum einen verfügte Mototrans nicht über genügend Kapital, um richtig ins Renngeschäft einzusteigen, und zum anderen hielt Ducati weiterhin an der selbstverordneten Rennabstinenz fest.
In den 60er Jahren widmete sich das Unternehmen in Bologna verstärkt auch der Produktion von für den US-Markt bestimmten Off-Road-Maschinen. Insbesondere engagierte sich Ducati im Moto-Cross-Bereich, wobei die entsprechenden Modelle mit 250, 350 und 450 cm³-Motoren ausgerüstet waren. 1970 entwarf Chefingenieur Taglioni einen stark nach vorne geneigt stehenden Zweizylindermotor mit einem Hubraum von 500 cm³, der

Mach 3 Desmo mit 30 PS, 1970.

Die 450 Scrambler von 1970 hatte eine Leistung von 27 PS bei 6500 U/min.

in einen Rahmen des englischen Zweiradkünstlers Seeley eingebaut werden sollte. Eine kleine Serie von Rennmaschinen für Privatfahrer wurde geplant. Als Fahrgestell wurde ein klassischer offener Doppelschleifenrohrrahmen gewählt, als Aufhängung eine Gabel mit Kurzschwingen und hydraulisch gedämpfte Federbeine mit außenliegenden Federn.

Im Laufe des Jahres 1970 kündigte Ducati ein neues Motorrad mit einem längseingebauten Zweizylinder-V-Motor an und handelte damit entgegen der damals weitverbreiteten Meinung, daß die Zeit des V- Zweizylinders vorbei sei und die Zukunft den in Reihenbauweise ausgeführten Motoren gehöre. Der neue Ducati-Motor war aus den 1964 mit der Apollo erworbenen Erfahrungen heraus entstanden. Die 750 cm³-Maschine, ein wahres Juwel in Hinblick auf Fahrverhalten und Leistung, erreichte eine Höchstgeschwindigkeit von 194 km/h. Der Erfolg dieser Zweizylinder-V-Ducati in den Vereinigten Staaten fand

900 S2, vorgestellt 1982.

900 Super Sport Desmo

900 Supersport von 1978.

Pantah 600 Desmo von 1980.

Darmah 900 von 1978.

350 Desmo von 1973.

Supersportliches 350 F3-Modell, 1987.

Paso 350, Prototyp von 1985.

auch in Europa seinen Widerhall, insbesondere nach dem Sieg von Paul Smart und dem zweiten Rang von Bruno Spaggiari beim klassischen Langstreckenrennen in Imola. Und die amerikanischen Motorradhersteller, schon immer Anhänger von Zweizylinder-V-Motoren, mußten mit Erstaunen feststellen, daß die Ducati 750 ganz im Gegensatz zur riesigen Harley Davidson so handlich und leicht war wie eine Einzylindermaschine der mittleren Hubraumklasse.

Natürlich wurde auch die Produktion der Einzylindermaschinen mit desmodromischer Ventilsteuerung fortgesetzt, wobei dieses System im Laufe der Jahre immer weitreichendere Verbesserungen erfuhr. 1971 trat eine Maschine des Typs „24 Stunden von Barcelona" mit 250 cm³ Hubraum in Erscheinung, die bei der spanischen Firma Mototrans nach dem Beispiel der klassischen Ducati-Modelle mit obenliegender, von einer Königswelle getriebenen Nockenwelle entstanden war. Die Modellpalette wurde bald darauf um das Modell GT 860 erweitert, eine aus der 750 cm³-Version abgeleitete Zweizylinder-V-Maschine, deren Motor obenliegende Nockenwellen und eine herkömmliche Ventilsteuerung besaß. Sie war mit Transistorzündung und auf Wunsch mit Elektrostarter und einer stärkeren Batterie erhältlich.

Kurz darauf nahm Ducati mit der 900 SS eine Version der GT 860 mit desmodromischer Ventilsteuerung in das Angebot auf. Mit diesen beiden Modellen konnte sich die Firma auch einen soliden Marktanteil im Bereich der großen Hubraumklasse sichern.

Gegen Ende der 70er Jahre bot das Haus in Bologna seinen Kunden und Anhängern ein äußerst abwechslungsreiches Programm: Im Off-Road-Bereich die 125 Regolarità und die Six Days, in der mittleren Hubraumklasse die 350 und 500 GTL mit Elektrostarter neben der GTV 350 und 500, für sportliche Fahrer die 500, die 350 und 500 Sport Desmo, die 750 und 900 SS sowie die Darmah. Ein großer Erfolg wurde 1978 die Pantah 500, deren V-Motor eine desmodromische Ventilsteuerung besaß. Der Nockenwellenantrieb erfolgte über einen Zahnriemen. Weitere Kennzeichen waren die elektronische Zündung mit automatischer Zündverstellung und das Fünfganggetriebe. Der Motor hatte einen Hubraum von 499 cm³ und leistete 55,5 PS bei 8500 U/min. Er war freihängend in einem Gitterrahmen eingebaut. Die Hinterradaufhängung war direkt am Motorgehäuse angebracht.

1980 gesellten sich zur Darmah 900 die Darmah Super Sport und die S/S, eine Mike-Hailwood-Replik. Für dieses Modell versprach Ducati 80 PS bei 7000 U/min und eine Höchstgeschwindigkeit von 215 km/h. Der Motor war wie bei den anderen großen Ducatis ein V-Zweizylinder mit einem Zylinderwinkel von 90 Grad und desmodromischer Ventilsteuerung. Auf der Basis der Pantah 500 realisierte die Firma 1981 die Pantah 600 Sl und TL mit 58 PS bei 8500 U/min, während alle anderen Modelle unverändert im Angebot blieben.

1983 umfaßte die Pantah-Serie drei 350 cm³-Versionen (XL, SL und TL) sowie die TT2. Das letztgenannte Rennsportmodell ging aufgrund der starken Nachfrage italienischer und ausländischer Privatfahrer in eine kleine Serienproduktion. Es gab zwei Ausführungen, eine 600er mit 78 PS bei 105000 U/min und ein 750 cm³-Modell. Die Pantah 600 TT2 war vor allem für Wettbewerbe der Formel TT konzipiert, bei denen sie zahlreiche Preise und Titel erringen konnte. Sie kam aber auch in den freien Verkauf. Beim Motor handelte es sich wiederum um einen 90-Grad-V-Zweizylinder mit desmodromischer Ventilsteuerung und Elektrostarter. Der Hubraum betrug 597 cm³, die Höchstleistung belief sich auf 78 PS bei 10500 U/min. Ein offener Doppelschleifenrohrrahmen und eine Marzocchi-Magnesium-Gabel sowie ein Paioli-Zentralfederbein bildeten das Fahrwerk.

1984 erschien die 900 S2 im Handel, ein sportliches Zweirad mit Elektrostarter. Zu den nach wie vor ausgesprochen sportlichen Spitzenmodellen des Jahres 1985 zählten die 750 F1 mit einem wassergekühlten 750er-Zweizylinder-V-Motor und desmodromischer Ventilsteuerung, die 1000 Replica Desmo, deren Motor in der Standardversion eine Leistung von 83 PS bei 7500 U/min erzielte (die Leistung ließ sich sogar noch auf 90 PS erhöhen), sowie die 1000 S2 Desmo.

Ende der 80er Jahre machte die Ducati wieder beim Rennsport von sich reden, unter anderem als Lucchinelli (Nr. 618) das berühmte „Battle of twins"-Rennen gewann.

1985 kam es zu dem spektakulären Zusammenschluß zwischen Ducati und der Firma Cagiva. Die Firmengruppe, die nun über ein mehr als vollständiges Modellangebot verfügte, wurde dadurch praktisch zum einzigen europäischen Unternehmen, das mit den mächtigen Japanern ernsthaft konkurrieren konnte. Tatsächlich waren die Italiener nun in der Lage, Motorräder mit Hubräumen von 125 bis 1000 cm³ anzubieten, die in den verschiedensten Versionen erhältlich waren. Da der Name Ducati für technisch ausgereifte und sportlich erfolgreiche Produkte stand, wurde er als Markenbezeichnung beibehalten.

Auf dem Mailänder Motorradsalon im November 1985 lenkte ein Modell der berühmten Firma die Aufmerksamkeit der Besucher ganz besonders auf sich: die Paso 750. Dieses ungewöhnliche Motorrad war von dem eigenwilligen Konstrukteur Massimo Taburini entworfen worden, der von Bimota zum Ducati-Team übergewechselt hatte. Unter der modernen Vollverkleidung war ein robuster Chrom-Molybdän-Vierkant - Doppelschleifenrohrrahmen verborgen, der den Zweizylindermotor der F1 beherbergte. Er hatte eine Leistung von 70 PS bei 9000 U/min und ein maximales Drehmoment von 70 Nm bei 7000 U/min. Die Maschine besaß einen geradverzahnten Primärantrieb, eine Trockenkupplung, eine Anti-Dive-Gabel und ein Zentralfederbein. Die Firma versprach eine Höchstleistung von 73 PS bei 7900 U/min und eine Spitzengeschwindigkeit von 200 km/h. Die Paso gab es auch in einer 350 cm³-Version. Der Motor dieses Modells leistete 40 PS bei 9600 U/min.

Ducati Indiana, Modell Custom, 1987.

Die eindrucksvolle 750 F1, 1987.

Ebenfalls 1985 entstand die direkt aus der 750 F1 entwikkelte F3 350, die ein Musterbeispiel für die neue Motorradgeneration der Firma darstellt. Konzipiert war sie in der unverfälschtesten Tradition der italienischen Sportmaschinen. Die F3 hatte eine Leistung von 39 PS bei 9000 U/min und war im Grunde der klassischen Pantah mit desmodromischer Ventilsteuerung sehr ähnlich. Die Höchstgeschwindigkeit betrug rund 175 km/h. Der Motor war in dem Chrom-Molybdän-Gitterrohrrahmen als tragendes Element integriert. Neben den sportlichen Modellen wurden auf dem Mailänder Motorradsalon von 1985 die Ducati Indiana 350 und 650 vorgestellt. Die Technik der Zweizylinder orientierte sich an den supersportlichen Paso-Modellen, von denen die Indiana-Serie den Chrom-Molybdän-Vierkantrohrrahmen und den Motor mit dem um 180 Grad verdrehten hinteren Zylinder übernommen hatte. Die Indiana 650 konnte eine Leistung von 53 PS bei 7000 U/min aufweisen und erreichte eine Höchstgeschwindigkeit von 160 km/h.

Ducson

1956 gegründet, war Ducson einer der ersten Motorradhersteller Spaniens, der vor allem 50 cm³- Zweitaktmodelle, darunter auch eine recht leistungsstarke Sportversion baute. Im Jahr 1970 bot Ducson die beiden 50 cm³-Modelle S 10 und S 8 an, die mit Viergang- beziehungsweise Dreiganggetriebe ausgerüstet waren.

Ein historisches Unternehmen: Als erstes Motorrad durchquerte eine Dunelt 1924 die Sahara von Kairo zur Oase von Siva und zurück. Oben: Ducson 50 von 1962.

Dunelt

Die englische Firma Dunford & Elliot Ltd. in Sheffield begann als Hersteller von Spezialteilen und Stahlrohren, um dann die Produktion auf Fahrräder und Motorräder auszudehnen. Die erste Dunelt wurde im November 1919 vorgestellt. Sie besaß einen 499 cm³-Zweitaktmotor, was für damalige Zeiten recht ungewöhnlich war, da man zu Zweitaktmotoren von über 350 cm³ Hubraum wenig Vertrauen hatte. Die Maschine war mit einem Dreiganggetriebe ausgestattet, der Primärantrieb erfolgte über Kette, der Sekundärantrieb über Riemen; auf Wunsch konnte man das Motorrad auch mit reinem Kettenantrieb erwerben. Besonders interessant an diesem Modell war zweifellos der aus Aluminium gefertigte Stufenkolben.

Die Dunelt 499 cm³ wurde mit einigen Veränderungen und Schönheitskorrekturen weiterproduziert. 1925 kam unter der Modellbezeichnung K eine 249 cm³-Maschine hinzu.

Um die Besonderheit des Stufenkolbenmotors beim Publikum bekanntzumachen, bediente man sich einer Comic-Figur. Dieser „Professor Supercharge“ pries auf Werbeplakaten die Vorteile

des Systems. Überraschenderweise hob man nicht die hohe Leistung dieses Motors hervor, die eine beachtliche Geschwindigkeit ermöglichte, sondern unterstrich seine besondere Eignung für das Gespannfahren. Dunelt setzte auf diesen Bereich und kam hier tatsächlich im Rennsport zu Ehren.
Auf Anregung von Owen Bridcutt entwickelte man ein spezielles Modell für die Teilnahme an der Tourist Trophy von 1925. Gelenkt wurde es von Bridcutt, der zwar nur Sechster wurde, wohl aber eine bessere Plazierung hätte herausfahren können, wenn nicht ein Schaden an der Benzinleitung seiner Maschine aufgetreten wäre.
Was die Modelle in der Gespannklasse betraf, so war die Firma mit dem Modell A von 1924 recht erfolgreich. Der Seitenwagen hatte einen Ersatzreifen auf dem Gepäckträger, und alle Räder waren auswechselbar.
Auf dem Londoner Salon desselben Jahres präsentierte Dunelt ein variables Motorradmodell, bei dem je nach Bedarf ein Gepäckträger für den Lastentransport oder ein zusätzlicher Sitz zur Beförderung einer zweiten Person montiert werden konnte. Die großvolumige 499 cm³-Zweitaktmaschine wurde ab 1925 nach und nach von dem 249 cm³-Modell K verdrängt, das auch in den Ausführungen K Sport und K Royal de Luxe erhältlich war und sich gut verkaufte. 1927 stellte die Firma die Produktion der Halblitermaschine endgültig ein.
Zu dieser Zeit wechselte T. L. Williams von Triumph zu Dunelt über. Ihm war es zu verdanken, daß man 1929 zum ersten Mal eine 350 cm³-Viertaktmaschine mit im Zylinderkopf hängenden Ventilen und Sturmey-Archer-Getriebe anbot. Das Modell war, ebenso wie die 250 cm³ K Royal De Luxe, serienmäßig mit einem im tropfenförmigen Tank eingebauten Smiths Tachometer ausgestattet. Die Modelle der Serien K und K Sport hatten eine Vier-Volt- Zündung, während die der K Royal und der K Royal De Luxe mit sechs Volt arbeiteten. Als Standardlackierungen hatte man Schwarz und Rot gewählt, aber als besonders interessante Variante wurde daneben ein schwarzmarmorierter Tank mit grüner Äderung angeboten.
1930 erweiterte Dunelt die Produktpalette um ein neues Modell, das einen Hubraum von 500 cm³, im Zylinderkopf hängende Ventile und ein Sturmey-Archer-Getriebe besaß. Und erneut setzte sich Dunelt ein ehrgeiziges Ziel. Man montierte einen Seitenwagen und nahm an den 350 Runden der Tourist Trophy auf der Isle of Man teil. Die Witterungsbedingungen hätten nicht ungünstiger sein können; das Team mußte gegen Schnee, Hagel und Sturm ankämpfen. Dennoch konnte sich Dunelt erfolgreich behaupten und erneut die begehrte Maudes Trophy erringen. Trotz dieses Sieges fand die Halblitermaschine wenig Absatz, denn damals waren bei den Motorradfahrern Motoren mit obenliegender Nokkenwelle gefragt.
So gab die Firma schließlich bei Raleigh einen entsprechenden 248 cm³-Viertaktmotor mit nach vorn geneigtem Zylinder in Auftrag, der exklusiv für Dunelt hergestellt werden sollte. Dieser Slater genannte Motor wurde in einen von Tom Williams entworfenen Doppelschleifenrohrrahmen eingebaut und der Prototyp auf dem Londoner Salon von 1929 vorgestellt. Man hoffte, mit dieser Maschine einen kommerziellen Durchbruch erzielen zu können, sah sich aber wieder in den Erwartungen getäuscht. Das Modell fand keine Zustimmung und wurde deswegen nur eine Saison lang produziert. Bereits 1931 wurde es aus dem Katalog gestrichen. Ein schwacher Trost war eine gute Plazierung, die beim Colmore Trial verzeichnet werden konnte.
Der Fehlschlag des 250er-T-Modells trug neben den in England damals ohnehin schwierigen wirtschaftlichen Verhältnissen wesentlich zur Schließung der Fabrikanlage bei. Die Motorradproduktion konnte dennoch fortgesetzt werden. 1932 verlegte man die Produktion nach Sheffield und stellte Modelle mit Hubräumen von 147 bis 600 cm³ her, die die Markenbezeichnung Sheffield-Dunelt erhielten. Im folgenden Jahr änderte man sie jedoch wieder in Dunelt um.

Dunelt mit Zweitaktmotor, 1928.

Dunelt T Special mit einem 250 cm³-JAP-Motor.

Eine Zeitlang gingen die Geschäfte mehr schlecht als recht weiter, so daß es niemanden überraschte, als sich 1935 das Ende abzeichnete. Wieder war das Aus nicht endgültig: 21 Jahre später erschien auf dem Londoner Salon ein Moped der Marke Dunelt. Die Dunelt-Fahrräder waren von Phillips Cycles weiterproduziert worden. Von dieser Firma stammte denn auch die neue Dunelt. Es handelte sich dabei jedoch lediglich um einen Prototypen, der niemals in Serienproduktion gehen sollte.

Dunjo

1952 konstruierte A. Dunjo in Barcelona einen Diesel-Zweitaktmotor mit einem variablen Verdichtungsverhältnis, 32 cm³-Hubraum und Reibrollenantrieb. Das variable Verdichtungsverhältnis dieses Motors, der eine hohe Maximaldrehzahl erreichte, war auf einen speziellen patentierten Gegenkolben zurückzuführen. Er wurde vom Lenker aus durch eine flexible Kraftübertragung gesteuert. Doch offensichtlich war dem spanischen Motor kein großer Erfolg beschieden; er ging wohl nie in Serienproduktion.

Dunkley

Diese in Birmingham ab 1913 produzierten englischen Motorräder besaßen ein herkömmliches Design und waren mit 199, 499, 750 und 988 cm³-Precision-Motoren bestückt. Die letzten Modelle der Firma besaßen 350 cm³-Zweitakt- sowie verschiedene JAP-Ein- oder Zweizylindermotoren mit Hubräumen von 300 bis 700 cm³.
Dunkley stellte die Produktion etwa 1920 ein, kehrte jedoch 1957 mit einer Serie von Motorrädern auf den Markt zurück, die unter dem Namen Whippet verkauft wurden. Es handelte sich dabei um 61 und 64 cm³-Einzylinder-Viertakter mit im Zylinderkopf hängenden Ventilen. 1958 schuf Dunkley zudem den Motorroller S 65. Er erhielt einen 65 cm³-Viertaktmotor mit im Zylinderkopf hängenden Ventilen, ein Zweiganggetriebe und eine Vollverkleidung. 1959 folgte mit dem Popular ein weiterer Roller, der von einem 48 cm³-Zweitaktmotor angetrieben wurde.

Durand

Konfektionierte französische Maschinen, die 1920-23 gebaut wurden. Sie besaßen Zurcher-Einbaumotoren mit im Zylinderkopf hängenden oder seitlich stehenden Ventilen.

Durandal

1925 gegründetes kleines französisches Unternehmen mit Sitz in Dijon. Die Konstrukteure waren so stolz auf ihre robusten Modelle, daß sie sie „die unverwüstlichen Motorräder" nannten.

Dynacycle-Moped

Durandal hieß denn auch das unbesiegbare Zauberschwert des berühmten sagenhaften Ritters Roland, Paladin Karls des Großen. Die Durandal-Motorräder besaßen Preßstahlrahmen sowie JAP-, Zurcher- oder Chaise-Motoren. Einige Modelle hatten sogar Motoren mit obenliegender Nockenwelle und Kardanantrieb. Für die ersten Maschinen waren auch Motoren und Getriebe von Sturmey-Archer sowie Rudge-Motoren verschiedener Hubräume verwendet worden. Der Rahmen bestand aus zwei Preßstahlschalen, das vordere Rohr war aus einem Element geschmiedeten Stahls gefertigt. Die Firma produzierte bis 1932.

Dürkopp

Dürkopp mit Sitz in Bielefeld war einer der ersten deutschen Motorradhersteller. Die Fabrik baute bereits um 1900 Motorräder, für die sie Ein- und Zweizylinder-Motoren von Minerva, Zedel und Fafnir und auch solche eigener Herstellung verwendete. Daneben stellte die Bielefelder Fabrik Automobile, Fahrräder und Nähmaschinen her.
Die Zweiradproduktion ruhte über 30 Jahre (1914-48), wurde aber dann mit der Fabrikation von Leichtmotorrädern wiederaufgenommen. Sie erhielten 98 und 123 cm³-Sachs- und Ilo-Zweitaktmotoren sowie 150 und 200 cm³-Motoren aus eigener Fertigung, die mit Drei- beziehungsweise Vierganggetrieben kombiniert wurden.
1953 präsentierte Dürkopp auf dem Frankfurter Salon den schönen Motorroller Diana. Das Fahrzeug besaß einen 200 cm³-Zweitaktmotor und ein Vierganggetriebe; seine Höchstgeschwindigkeit betrug 80 km/h. Dieser Roller blieb bis 1957 ohne wesentliche technische Veränderungen im Handel.
1957 brachte Dürkopp neben den bereits erwähnten Modellen ein konventionelles 48 cm³-Zweitaktmoped mit Dreiganggetriebe und Preßstahlrahmen auf den Markt. Der Roller Diana, von dem es auch einen Sportversion gab, blieb mit einem 194 cm³-Zweitaktmotor bis 1959 im Produktionsprogramm.

Duryea

Am 20. Juli 1897 ließ sich der Amerikaner Charles E. Duryea ein ganz besonderes Motorrad patentieren. Es handelte sich dabei um ein gewöhnliches Fahrrad mit einem am Vorderrad angebrachten Zweizylinder-Viertakt-Boxermotor mit automatischen Ansaug-Schnüffelventilen und mechanisch gesteuerten Auslaßventilen sowie einer Magnetzündung von niedriger Spannung. Der Hubraum ist nicht mehr bekannt. Die Zylinder der Duryea hatten keine Kühlrippen; die Kühlung hing von der Drehgeschwindigkeit des Rades ab. Die Untersetzung zwischen Kurbelwelle und Rad entstand durch ein Zahnradpaar, während durch die Kupplung der Kraftschluß getrennt und der Motor in den Leerlauf gebracht werden konnte.

Duval

Belgische Firma, die 1950-55 kleine Zweitaktmaschinen mit Motoren verschiedener Hersteller ausrüstete. Meist baute Duval 123 cm³-Royal-Enfield-Motoren ein.

Dux

Einer der ersten englischen Motorradkonfektionäre mit Sitz in Coventry. Das 1904-06 tätige Unternehmen verwendete hauptsächlich Fahrgestelle und Motoren der damals schon berühmten Firma Rex in Earlsdon.
Dux war aber auch der Markenname des ersten russischen Motorrads, das 1908 in Moskau fast ausschließlich aus importierten Teilen zusammengebaut wurde. Angetrieben wurde es von dem Schweizer 275 cm³-Zweizylinder von Moto Rève.

Duzmo

Die 1919-23 hergestellten englischen Duzmo-Motorräder waren reine Sportmaschinen. Sie waren mit 500 cm³-Einzylinder-Viertaktmotoren mit nach vorn geneigtem Zylinder und im Zylinderkopf hängenden Ventilen ausgerüstet.

Dynacycle

Die Marke Dynacycle entstand in den ersten Jahren nach dem Zweiten Weltkrieg in den USA. Es handelte sich um ein Motorrad von gefalligem Äußerem, das mit einem dicht an den Pedalen angebrachten 100 cm³-Einzylinder-Viertaktmotor mit seitlich stehenden Ventilen bestückt war. Der Motor besaß einen Zylinder aus Leichtmetall, wog zwölf Kilogramm und entwickelte eine Leistung von 3 PS.

Dyson Motorette

Englischer 1,5 PS-Viertakt-Hilfsmotor von 1920-21, der an jedes Fahrrad montiert werden konnte.

Eadie

Der Engländer Albert Eadie, Generaldirektor der Eadie Manufacturing Company und späterer Mitbegründer der Royal-Enfield-Werke, baute 1898-1903 neben Dreirädern, die er mit De-Dion-Bouton-, Minerva- und MMC-Motoren ausrüstete, auch eine begrenzte Anzahl von Motorrädern.

Eagle-Tandem

In Altrincham bei Manchester in geringer Stückzahl hergestellt, handelte es sich beim Eagle-Tandem um ein eigenwilliges Motorrad, das einen De-Dion-Bouton-Motor besaß und mit einem Sattel mit Rückenlehne ausgestattet war. Es war 1903-05 in Produktion.

E.B.E.

Schwedische Firma mit Sitz in Amal, die 1919 gegründet wurde. Zunächst produzierte das Werk nur einen 173 cm³-Fahrrad-Hilfsmotor. 1925-30 stellte man auch komplette Motorräder her, die mit seitengesteuerten 598 und 172 cm³- Einzylinder-Motoren mit im Zylinderkopf hängenden Ventilen ausgerüstet waren.

Eber

Deutsche Maschinen der Firma Eber Motorradbau in Eibau-Ebersbach, Sachsen, die 1924-28 auf dem Markt waren. Mit 350 und 500 cm³-JAP-, Blackburne-, Kühne- und Küchen-Motoren bestückt, wurden diese Motorräder nur in beschränkter Stückzahl hergestellt.

E.B.O.

Die Firma Edward Boulter in Leicester, Großbritannien, konfektionierte Motorräder in limitierter Anzahl. Die meisten

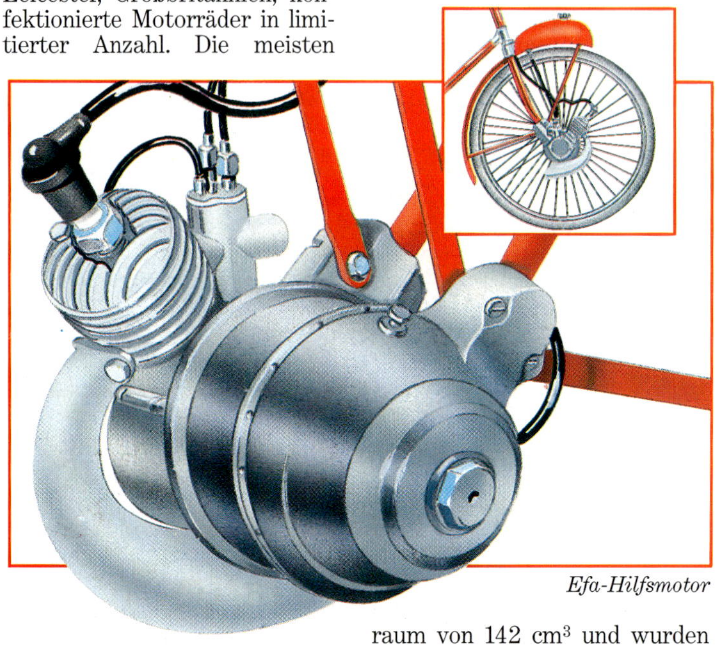

Efa-Hilfsmotor

Modelle waren mit Motoren von Precision, später auch mit Ein- und Zweizylinder-V-Motoren von JAP ausgerüstet. Das Unternehmen bestand 1910-15.

E.B.S

Die Firma Ernst Bauermeister & Söhne in Berlin produzierte 1925-31 Zweiräder, die sowohl Motoren mit seitlich stehenden als auch mit im Zylinderkopf hängenden Ventilen besaßen. Die Hubräume betrugen 198, 246, 348, 398, 496 und 796 cm³. Die Maschinen dieses Herstellers wurden aufgrund der gelungenen Ausstattung und ihrer Zuverlässigkeit sehr geschätzt.

Ebu-Star

Die japanischen Ebu-Star-Motorräder entstanden 1952-55. Angetrieben wurden sie von einem 248 cm³-Zweizylinder-V-Motor mit im Zylinderkopf hängenden Ventilen. Der eine Zylinder stand senkrecht, der andere war nach vorne geneigt angeordnet.

Eca

Von diesen deutschen Zweitakt-Motorrädern, die in Hamburg von der Firma Eca-Motorenbau produziert wurden, kamen nur sehr wenige Exemplare auf den Markt. Sie besaßen einen Hubraum von 142 cm³ und wurden 1923-24 gebaut.

Echasa

Spanischer Hersteller, der 1957 ein 75 cm³-Leichtmotorrad anbot, das mit einem Zweitaktmotor ausgerüstet war.

Echo

Ende der 50er und in den frühen 60er Jahren produzierte die japanische Firma Tosho Motors Ltd. mit Sitz in Tokio neben 123 und 148 cm³-Zweitaktmotorrädern auch Motorroller, beispielsweise den Pandra.

Eckl

1923-26 konstruierte die deutsche Firma Eckl mit Sitz in Augsburg konventionelle 198 cm³-Zweitaktmaschinen, die nur wenige Käufer überzeugen konnten.

Economic

Der Motor der frühen Economic-Motorräder war nach amerikanischem Vorbild konzipiert. Bei den ersten 165 cm³-Modellen wurde der Zweizylinder-Boxermotor quer zur Kurbelwelle eingebaut, später wurde er längs gestellt montiert. Die Economic-Maschinen besaßen einen Doppelschleifenrohrrahmen und verfügten sogar über eine Kupplung, was zur damaligen Zeit als Luxus galt. Obwohl sich ihr Preis in Grenzen hielt, fanden diese englischen Konstruktionen beim Publikum wenig Anklang und wurden nur 1921-23 produziert.

Edeta

Die spanische Firma Edeta Industrias Mecánicas mit Sitz in Barcelona baute 1951-60 ein Leichtmotorrad mit einem 175 cm³-Einzylinder-Zweitaktmotor, der in einen konventionellen Rahmen montiert war.

Edmonton

Die Edmonton gehörte zu den ersten motorisierten Zweirädern, die in England zu Beginn des Jahrhunderts erschienen. 1903 gebaut, war sie mit Minerva- oder Fafnir-Einbaumotoren ausgerüstet. 1910 verschwanden diese Maschinen aus den Pionierjahren des Motorradbaus wieder vom Markt.

Edmund

1907-24 produzierte die englische Firma Charles Edmund & Co. in Chester 350, 500 und 550 cm³-Motorräder, in die sie Antriebsquellen von Fafnir, M.A.G., JAP, Barr & Stroud und anderen Herstellern einbaute.

Edwin

Edwin hieß ein sehr spezieller Motor, der 1906 in Boston in den Vereinigten Staaten von den Technikern Edwin, Porter und Windig konstruiert wurde. Die Antriebsmaschine verfügte über zwei Pleuel, die mit einem einzigen Kolben verbunden waren und in entgegengesetzter Drehrichtung auf zwei Kurbelwellen wirkten. Die Konstrukteure wollten auf diese Weise einen Ausgleich aller Vibrationen und einen perfekten Massenausgleich gewährleisten. Der Motor wurde damals tatsächlich als „ruhiger Einzylinder" bezeichnet, konnte sich aber auf dem Markt nicht durchsetzen.

Efa

Ein interessanter holländischer Kleinmotor aus den 50er Jahren. Der Zweitakter hatte einen Hubraum von 34 cm³ und eine Leistung von 0,75 PS bei 4000 U/min; auf ein Fahrrad montiert, verlieh er diesem eine Höchstgeschwindigkeit von 24 km/h. Der Efa-Motor wog sechs Kilogramm, war an der Basis der Vorderradgabel anstelle einer Radnabe angebracht und hatte eine direkte Kraftübertragung über Zahnräder. Die Firma lieferte das komplette Rad einschließlich des Benzintanks, der über dem Schutzblech angebracht war.

Egli

1966 erwarb der Schweizer Fritz Egli eine Vincent Lightning, auf der er an zahlreichen Bergrennen teilnahm. Später veränderte er das Fahrgestell. Das Resultat war eine mustergültige Hochleistungsrennmaschine. Beflügelt von seinem gelungenen ersten Produkt und von anderen Rennfahrern gedrängt, kaufte Egli in England alle Motoren und Ersatzteile der Firma Vincent auf, die 1955 ihre Produktion eingestellt hatte. Außerdem sicherte sich der Schweizer auch das Konstruktionsrecht für den Vincent-Motor. Seine ersten Konstruktionen erschienen wenig später auf den Markt, wo sie sich gut verkauften. Daneben widmete sich Egli weiterhin dem Tuning von Motorrädern der verschiedensten Marken.
Zu den interessantesten Schöpfungen Eglis zählte die Honda-Sechszylinder Red Baron, die zugleich Sport- und Tourenmaschine war. Der verstärkte Rahmen sorgte für eine optimale Stabilität in jeder Fahrsituation. Der Hubraum des Honda-Sechszylindermotors war von 1147 auf 1200 cm³ erhöht worden. Die Maschine brachte ein Gewicht von nur 215 kg auf die Waage. Egli tunte neben dem Fahrgestell auch den Motor, das Zentralfederbein, die Electron-Felgen und das Lockheed-Bremssystem mit Brembo-Scheiben. Eine weitere erwähnenswerte Kreation des Schweizers war die Egli-Kawasaki Bonneville. Sie besaß den gleichen Rahmen wie die Maschine, mit der Jacques Cornu 1981 an den Endurance-Weltmeisterschaften teilgenommen hatte. Der Hubraum des Motors, der urspünglich 1000 cm³ hatte, war auf 1200 cm³ erhöht worden. Das komplette Motorrad wog 205 kg.
Die Maschinen des nunmehr bekannten Technikers wurden auf den bedeutendsten Rennstrecken getestet, etwa auf dem Nürburgring oder bei der Tourist Trophy auf der Isle of Man. Ein besonders interessanter Prototyp gelang dem Tuner mit der Egli Racing, die in Zusammenarbeit mit dem bekannten Designer Luigi Colani entstand. Dieses Modell besaß eine ganz spezielle und überaus leichte Vollverkleidung aus Kevlar. Der 1425 cm³-Vierzylinder-Turbomotor brachte eine Leistung von fast 300 PS ans Hinterrad. Diese Antriebsquelle war eine Kawasaki-Weiterentwicklung, wobei allerdings der urspüngliche Motor nur noch zu erahnen war. Er besaß einen großen Turbolader, der so angeordnet war, daß er im Inneren des Egli-„Torpedos“ Platz fand. Bei den Reifen der Egli Racing handelte es sich um eine Sonderanfertigung von Pirelli.

Eichler von 1921.

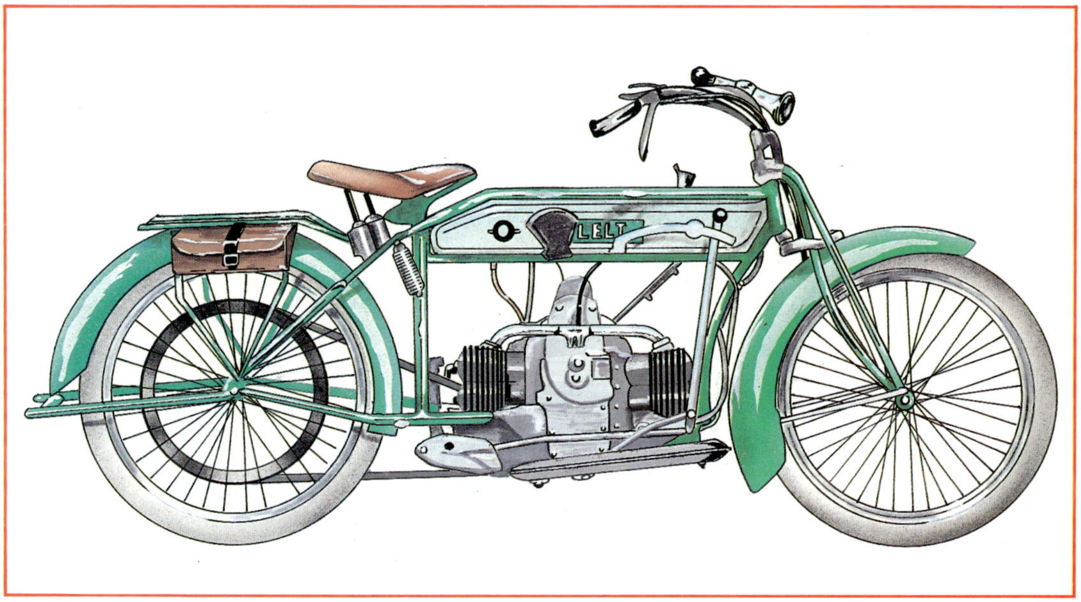

Elect-Motorrad von 1921.

Eichel Prester

In Frankreich zu Beginn der 30er Jahre gebaut, war dieses Motorrad in einer Zweitakt- und einer Viertaktversion mit 100 und 350 cm³ Hubraum erhältlich.

Eichler

Die deutsche Firma Eichler in Berlin bestand 1920-25. Sie gehörte zu den größten Leichtmotorradherstellern der Nachkriegsjahre. Die Maschinen waren mit 119, 145 und 173 cm³-DKW-Motoren und mit 129 und 149 cm³-Bekamo-Motoren ausgerüstet. Bekannte Fahrer wie Max Hucke fuhren auf Eichler. Die Firma baute auch Golem- und Lomos-Roller mit 123 beziehungsweise 145 cm³-DKW-Motoren.

Eisenhammer

Eine Firma, die in Thalheim im Erzgebirge ansässig war. Ihre Produkte blieben selbst in Deutschland unbekannt. Bei den 1923-26 gebauten Maschinen handelte es sich um 200 cm³-Leichtmotorräder. Auch die Zweitaktmotoren wurden von Eisenhammer gefertigt.

Eisler

Von der tschechischen Firma Tovarna Na Stroje in Boskovice, Moravia, produzierter Hilfsmotor. Der Hersteller befaßte sich eigentlich mit der Fertigung landwirtschaftlicher Maschinen. Der 1920-26 gebaute 148 cm³-Zweizylindermotor wurde auf das Hinterrad eines Fahrrads montiert.

Eland

Unter dieser Markenbezeichnung entstanden in Holland ab 1955 Leichtmotorräder mit Hubräumen von 123 und 158 cm³, die mit Sachs-Zweitaktmotoren ausgerüstet waren. Aufgrund des geringen kommerziellen Erfolgs verschwand die Marke Anfang der 60er Jahre aus dem Handel.

Elect

Elect-Motorräder wurden Anfang der 20er Jahre von der italienischen Firma Motocicli Ladetto & Co. in Turin konstruiert. Das Unternehmen war zu diesem Zeitpunkt als Hersteller von Motoren nicht unbekannt. Die Luct-Flugmotoren, die der Techniker Ladetto gemeinsam mit Ubertalli und Cavalchini konstruiert hatte, galten als technisch innovativ und waren sehr geschätzt.
Die ab 1920 produzierte Elect hatte einen längseingebauten Zweizylinder-Boxermotor mit einem Hubzapfenversatz von 180 Grad. Die Zylinder waren aus Grauguß gefertigt, das Motorgehäuse bestand aus Aluminium. Weitere technische Merkmale waren die Magnetzündung, die Spezialventile aus Stahl, die aus einem Stück bestehende Kurbelwelle aus einer Chrom-Nickel-Stahl-Legierung sowie das außenliegende Schwungrad aus Preßstahl.
Auch die Ventilsteuerung mit zwei Nockenwellen war sehr interessant. Eine Nockenwelle betätigte die beiden Einlaßventile, eine weitere war für die Steuerung der beiden Auslaßventile zuständig. Die Maschine verfügte über ein Dreiganggetriebe mit einer handgeschalteten Mehrscheibentrockenkupplung. Das Fahrgestell bestand aus einem Rohrrahmen mit einer vorderen Gabel, deren Federung durch zwei äußere und zwei innere Spiralfedern gewährleistet wurde. Das Motorrad besaß eine Hand- und eine Fußbremse, der Primärantrieb erfolgte über Kette, der Sekundärantrieb über Riemen.
Mit der Zeit perfektionierte die Firma ihr Angebot. Die 4 PS-Elect erhielt einen Zweizylinder-Viertakt-Boxermotor mit 500 cm³ Hubraum, halbautomatischer Schmierung, patentiertem Elect-Getriebe und Kettenantrieb. Kurbelwelle und Pleuel waren kugelgelagert. Die Federung wurde durch Spiralfedern gewährleistet, die unter dem Sitz angeordnet wurden. Als vordere Radaufhängung diente eine Parallelogrammgabel mit Zentralfederung.

Elfa

Die Elstwerdaer Fahrzeugwerke in der gleichnamigen Stadt in Sachsen brachten 1926 ihre ersten Motorräder auf den Markt. Es handelte sich um 198 und 298 cm³-Zweitaktmaschinen, die mit DKW-Einbaumotoren ausgerüstet waren, sowie um 346 und 497 cm³-Viertaktmodelle, die von Küchen-Motoren mit im Zylinderkopf hängenden Ventilen angetrieben wurden. In den 30er Jahren konzentrierte sich die Produktion auf Motorfahrräder mit 100 cm³-Motoren von Fichtel & Sachs. Die Firma Elfa schloß 1939 ihre Tore.

Elf King

Bond & Cooper in Birmingham, stellten diese überaus originellen Motorräder in begrenzter Stückzahl her. Sie waren mit ein- oder zweizylindrigen Minerva-Motoren ausgerüstet. Die englische Firma bestand 1907-09.

E.L.I.

1911-12 von einer Zubehörfirma produziert, handelte es sich bei der E.L.I. um ein konventionelles Motorrad, bestückt mit einem 3,5 PS-Precision-Motor.

Elie Huin

Die französischen Elie-Huin-Motorräder entstanden in Clermont-Ferrand gegen Ende der 50er Jahre. Die modernen Maschinen besaßen 125 bis 250 cm³-Motoren von A.M.C., Ydral und anderen Herstellern.

Elig

Einer der vielen kleinen spanischen Motorradproduzenten. Die in Elche ansässige Firma baute 1956-59 Zweitaktmaschinen, die sie mit 123 und 198 cm³-Motoren von Hispano Villiers ausrüstete.

Elite

Die sächsischen Elite-Werke mit Sitz in Brand-Erlisdorf, 1903 als Automobilfabrik gegründet, produzierten die Marke Diamant. 1908-26 baute das Werk auch Motorräder. Den Markennamen Elite übernahm man 1923, nachdem die Automobilproduktion eingestellt worden war. 1926-28 umfaßte das Angebot 348 und 498 cm³-Maschinen, die mit Kühne-Motoren mit im Zylinderkopf hängenden Ventilen ausgerüstet waren. Danach montierte man 498 cm³-Einzylindermotoren mit seitlich stehenden und im Zylinderkopf hängenden Ventilen auf Neumann-Neander-Leichtmetallrahmen mit Federung. Später übernahm Opel die Elite-Werke und bot die Modelle unter der Marke Opel an. Die ab 1931 hergestellten motorisierten Fahrräder, für die ein 100 cm³-Sachs-Motor verwendet wurde, trugen die Bezeichnung Diamant. Nach Ausbruch des Zweiten Weltkriegs schloß die Firma 1940 ihre Tore.

Elleham

Die dänische Elleham wurde von einem Zweizylindermotor angetrieben, dessen Zylinder übereinander lagen. Der untere Zylinder hatte ein mit dem Kolben verbundenes Pleuel, das seinerseits durch eine zentrale Stange mit dem Kolben des oberen Zylinders in Verbindung stand. Auf diese Weise waren also beide Kolben an ein einziges Pleuel angeschlossen. Der Motor besaß Schnüffelventile sowie mechanisch gesteuerte Auslaßventile. Das Hubvolumen betrug 734 cm³. Die Auslaßventile wurden über eine Nockenwelle betätigt, die direkt auf die Stoßstange des ersten Zylinders und indirekt, über einen Kipphebel mit Gelenk, auf die des zweiten wirkte. Ein weiteres interessantes Merkmal dieser Maschine war der offene, den heutigen Rollern nicht unähnliche Rahmen. 1909 gab Elleham den Fahrzeugbau auf.
Da die Elleham bereits 1904 in Kopenhagen entstanden war, betrachten sie einige Autoren als das erste dänische Motorrad überhaupt.

Elmdon

1915 in Birmingham produziert, waren die englischen Elmdon-Motorräder mit 269 cm³-Motoren von Villiers ausgerüstet. Die Herstellung dieser Maschinen blieb – nicht zuletzt auch wegen des Ausbruchs des Ersten Weltkriegs – jedoch sehr beschränkt. Die Firma bestand bis 1921.

Elmeca-Gilera

Aus dem Zusammenschluß der beiden italienischen Firmen Gilera und Elmeca gingen interessante Modelle hervor, die unter der Markenbezeichnung Elmeca-Gilera auf den Markt gebracht wurden.
Gilera war für hervorragende Rennmaschinen bekannt, Elmeca hatte im Geländesport Erfahrungen gesammelt. Doch auch Gilera war dem Geländesport nicht immer ferngeblieben: Bereits 1972 hatte sich die mittlerweile zum Piaggio-Konzern gehörende Firma mit zwei neuen Zweitaktmotoren den Off-Road-Bereich erschlossen. Während das 50 cm³-Modell für erfreuliche Ergebnisse in den Geländesportwettbewerben sorgte, konnte der 125er, der als Go-Kart-Motor entwickelt worden war, nicht die erhofften Leistungen im Motorsport erbringen. So beschloß Piaggio im folgenden Jahr die Konzeption und Realisierung eines völlig neuen 125 cm³-Motors. Nachdem die Anfangsschwierigkeiten, die vor allem die Drehschiebersteuerung bereitete, überwunden worden waren, konnte der technisch ausgereifte Motor Techniker wie Fahrer von sich überzeugen.
Dank des Teams, zu dem Fahrer wie Oldrati, Miele, Pagranessi, Signorelli, Gualtiero Brissoni und Alessandro Gritti gehörten,

gelang es Gilera, bei zahlreichen Rennen Weltbestleistungen zu erzielen. Doch 1974 kam unerwartet das Aus für die vielversprechende Entwicklung, obwohl sich Gilera in ebendiesem Jahr dank ihrer Maschinen und Fahrer eine hervorragende Plazierung bei den italienischen Geländesportmeisterschaften hatte sichern können und eine Serie der erfolgreichen Maschinen für den Verkauf vorbereitet hatte. Piaggio stoppte das Projekt, wahrscheinlich, weil man der Meinung war, für den Verkauf solcher Maschinen sei kein geeignetes Vertriebsnetz vorhanden.

Die Firmengeschichte von Elmeca begann 1973, als Piero Chiantelassa ein von seinem Vater geerbtes Werk zur Herstellung von Benzinpumpen übernahm und die Firma Elettromeccanica Cafasse gründete. Sitz der Firma war Cafasse, ein Ort in der Nähe von Turin. Chiantelassa war ein leidenschaftlicher Motorradfan. Seine ersten kommerziellen Erfahrungen im Zweiradsektor hatte er als Vertreter von Husquarna gesammelt. Aus verschiedenen Gründen war dieser Tätigkeit jedoch nicht der erwartete Erfolg beschieden gewesen, so daß er sie bald aufgegeben hatte.

Die Initiative, die zur Schaffung der Marke Elmeca-Gilera führte, ging von Chiantelassa und dem Piaggio-Ingenieur Martini aus. Martini, ein begeisterter Geländesport-Anhänger, wollte nicht zulassen, daß alle Anstrengungen der in den vergangenen Jahren so erfolgreichen Sportabteilung vergebens waren. Es kam zu einem Vertrag zwischen den beiden Firmen. 1975 geschlossen, sollte er ab 1976 wirksam werden, da Elmeca für dieses Jahr ein funktionierendes Vertriebssystem organisieren wollte. Die Piemonteser Fabrik änderte ihren Namen und nannte sich nun Elaborazioni Meccaniche Cafasse.

Die ersten angebotenen Elmeca-Gilera-Motorräder waren 125 cm³-Geländesportmodelle (Regolarità), denen bald darauf ebenfalls mit 125 cm³-Motoren ausgerüstete Moto-Cross-Maschinen folgten. Im Wettkampf engagierte man sich, indem man mit Dario Nani einen erstklassigen jungen Fahrer einsetzte. Noch in demselben Jahr konnte sich Nani auf nationaler und

Elsa-Hilfsmotor von 1920.

internationaler Ebene erfolgreich behaupten. Auf einen dritten Platz kam er beim Großen Preis von Italien in Livorno hinter Rahier und Smith. Vierter wurde er in den beiden Läufen zum Großen Preis von Dänemark, und zum Abschluß der Saison belegte er schließlich einen guten neunten Platz in der Gesamtwertung.

Der Absatz ließ nicht auf sich warten. 1976 wurden über sechshundert Maschinen der Geländesport- und der Cross-Version verkauft. Man schätzte die Elmeca-Gilera-Motorräder wegen ihres leistungstarken Motors, der von Gilera stammte, und des ausgezeichneten Fahrwerks, für das Elmeca verantwortlich war.

Ende 1976 aktualisierten die meisten Motorradhersteller ihre Modelle, vor allem Motor und Rahmen wurden überarbeitet. Die Elmeca-Gilera-Modelle hingegen veränderten sich nicht. Das Fahrwerk war zwar noch brauchbar, doch der Motor, der 1974 als sehr avantgardistisch galt, war inzwischen veraltet. In der Höchstleistung konnte er mit der Konkurrenz nicht mithalten. Aus diesen Gründen und auch wegen des Verkaufspreises, der gegenüber vergleichbaren Modellen relativ hoch war, ging der Absatz stark zurück.

Auch bei Wettbewerben erreichte die Marke keine zufriedenstellenden Resultate. Den beiden Werksfahrern von Elmeca, Luciano Picco und Dario Nani gelang es nicht, das hohe Leistungsniveau der Vorjahre beizubehalten.

Wollte die Marke überleben, so mußte Entscheidendes geschehen. Auf dem Mailänder Salon von 1977 erschienen tatsächlich neue und vollkommen überarbeitete Elmeca-Gilera-Motorräder, die durch sehr leistungsstarke Motoren bestachen. Eine 125 cm³-Geländesport-Ausführung (Regolarità) besaß einen luftgekühlten Einzylinder-Zweitaktmotor mit einer Leistung von 23,5 PS bei 10000 U/min. Ihr Gesamtgewicht betrug 95 kg.

Die 125 cm³-Moto-Cross- und Geländesportmaschinen der Vorjahre waren gründlich überarbeitet worden und blieben bis 1979 im Programm: Die Geländesport-Version hatte nun eine Leistung von 23,5 PS bei 9750 U/min und besaß ein Sechsganggetriebe, bei der Moto-Cross-Version waren es 24 PS bei 10300 U/min und ein Fünfganggetriebe. Beide Maschinen wogen 98 kg, und ihre Höchstgeschwindigkeit betrug 116 km/h. Nach 1979 stellte Elmeca-Gilera alle Aktivitäten ein, nicht zuletzt auch deshalb, weil sich die Firma Gilera in Arcore selber wieder verstärkt dem Off-Road-Bereich zuwandte.

Elsa

Der Elsa-Kleinmotor wurde 1920 von dem italienischen Techniker Carlo Sorelli aus Brescia entwickelt und von der Società Elsa hergestellt, die ihn auch patentieren ließ. Der luftgekühlte Zweitakt-Hilfsmotor hatte einen Hubraum von 75 cm³ und ein Gewicht von 8,5 kg. Auf ein Fahrrad montiert, konnte er Steigungen von bis zu neun Prozent bewältigen und verlieh dem Fahrzeug eine Höchstgeschwindigkeit von 40 km/h. Der Motor verfügte über ein festes Untersetzungsgetriebe mit gehärteter Verzahnung, das in einem Gehäuse gekapselt war; der Antrieb erfolgte über Kette.

Das Untersetzungssystem besaß eine Kupplungsvorrichtung, die auch als echte Kupplung verwendet werden konnte, um das Fahrrad bequem mit der Hand schieben zu können, ohne den Motor abschalten zu müssen. Ferner waren ein Kickstarter und eine Bosch-Hochspannungs-Magnetzündung vorhanden. Der Motor wurde durch einen Bolzen auf das Rad montiert, der die herkömmliche Hinterradachse ersetzte. Der Benzintank war mit Flügelschrauben an den hinteren Rahmenrohren befestigt. Der für den technischen Stand der Zeit überaus modern konzipierte Elsa-Motor kann als Vorgänger unserer heutigen Mopedmotoren gelten.

Elster

Die deutschen Elsterwerke mit Sitz in Mylau (zuvor in Elsterberg) im Vogtland produzierten 1924-26 Zweitaktmaschinen, die mit 175 und 206 cm³-DKW-Motoren und 198 cm³-Einzylindern aus eigener Herstellung ausgerüstet waren.

Elswick

Deutlich konventionell konzipierte englische Motorräder mit einzylindrigen 348 und 498 cm³-Precision - Einbau - Motoren in herkömmlichen Rohrrahmen. Das Werk war in Barton-on-Humber ansässig und bestand von 1903-20.

Elve

1958 gegründet, konzentrierte sich dieser belgische Hersteller auf den Bau konventioneller Mopeds, die sowohl mit Motoren aus eigener Produktion als auch solchen von Sachs bestückt waren. Die Erzeugnisse von Elve blieben nur wenige Jahre auf dem Markt.

E.M.

Gute Einzylindermaschinen, die der Österreicher Ernst Minkus in Wien 1928-29 konstruierte und mit 498 cm³-MAG-Motoren mit im Zylinderkopf hängenden Ventilen anbot.

E.M.A.

Die württembergischen E.M.A.-Motorräder wurden 1922-25 in Aalen von der Firma Eduard Molitor Motorenfahrzeugbau gebaut. Sie besaßen liegend eingebaute 148 cm³-DKW-Motoren. Ein großer kommerzieller Erfolg war ihnen nicht beschieden.

E.M.B.

Eine 125 cm³-Zweitaktrennmaschine, die E. M. Bound 1949 in England konstruierte. Das Motorrad erzielte bei nationalen Wettbewerben einige gute Resultate.

Emblem

Die amerikanische Emblem Manufacturing Company begann ihre Motorradproduktion 1901 mit einer 1245 cm³-Zweizylinder-V-Maschine. Emblem galt in den USA als Pionier im Bereich der zweisitzigen Motorräder, da die Emblem-Modelle serienmäßig mit zwei Sitzen ausgestattet waren. 1915 brachte Emblem neben dem Zweizylindermotorrad eine 623 cm³-Einzylindermaschine auf den Markt. Die Firma setzte ihre Produktion bis 1923 fort, einigen Quellen zufolge stellte man den Betrieb erst 1925 ein.

Rex Averyin im Sattel einer E.M.C. 125, 1968.

E.M.C

John Ehrlich, ein aus Österreich stammender talentierter junger Ingenieur, ging vor dem Zweiten Weltkrieg nach England und gründete dort einige Jahre später eine Firma namens Ehrlich Motor Company – abgekürzt E.M.C. Über 40 Jahre lang glich Ehrlichs Einstellung zu Motorrädern eher einer Haßliebe; Phasen des Desinteresses wechselten mit solchen gesteigerten Engagements in diesem Bereich. Der Einfluß dieses vielseitigen Mannes auf den britischen Zweiradbau der 40er Jahre war beträchtlich. Bereits während des Kriegs hatte der Ingenieur einen Doppelkolben-Zweitaktmotor gebaut, doch erst 1946 nahm Ehrlich in einer kleinen Fabrik am Royal Park in London die Produktion der E.M.C. Mark One auf.
Ein Motor mit zwei parallelen Zylindern, in anderen europäischen Ländern längst keine Seltenheit mehr, war für die an die britische Tradition mit ihren Einzylinder-Viertaktern gewöhnten Engländer etwas reichlich Fremdartiges. Die E.M.C. unterschied sich deshalb von allen bisher bekannten Maschinen. Ihr 347 cm³-Motor war mit seltsamen, sehr stark verrippten Zylindern versehen. Hinter dem Motor befand sich ein getrenntes Burman-Vierganggetriebe. Die gesamte Produktion belief sich auf rund zehn bis zwölf Maschinen pro Woche. Die meisten davon gingen in den Export.
Nach wenigen Monaten begann Ehrlich mit 250 und 350 cm³-Rennmaschinen zu experimentieren, die ihm bemerkenswerte Erfolge bescheren sollten. Die 1948 angebotene 350 cm³-Touringmaschine, die 130 km/h erzielte, konnte in jeder Weise mit den damaligen Viertaktern konkurrieren.
1952 stellte E.M.C. auf dem Londoner Salon neben den 350 cm³-Modellen ein sportliches 125 cm³-Motorrad mit zwei Zylindern sowie eine mit einem JAP-Motor ausgerüstete 125 cm³-Touringmaschine vor. Das Tourenmodell, das einen originellen Rahmen mit Schwingen besaß, ging nie in Serienproduktion. Von 1952 stammte auch die E.M.C.-Puch mit 246 cm³ Hubraum, die in Zusammenarbeit mit der österreichischen Firma Puch konstruiert worden war. Daneben gab es eine von Ehrlich für Wettbewerbe konzipierte E.M.C. 125 cm³ mit Puch-Motor, die mit guten Ergebnissen an verschiedenen Rennen teilnahm. Die E.M.C.-Puch 250 cm³ war mit einem stehenden Zylinder, Vierganggetriebe, Rohrrahmen, Teleskopgabel und hydraulisch gedämpften Teleskopfederbeinen ausgerüstet und erreichte 113 km/h.
Enttäuscht von dem spärlichen Absatz seiner Motorräder, wandte sich John Ehrlich 1953 dem Automobil zu und ging zu Austin. 1958 wechselte er zu De Havilland und entwickelte dort schließlich wieder eine sportliche 125 cm³-Zweitakt-Rennmaschine mit Sechsganggetriebe, die bei 10000 U/min eine Leistung von 24 PS entwickelte. 1961 kamen diese brillanten 125er bei vielen Wettbewerben auf ansehnliche Plazierungen und stellten mehr als einen Rekord auf.

1962 wurde der 125 cm³-Renner überarbeitet. Die Leistung wurde auf 27 PS bei 10400 U/min gesteigert. Mit dem zweiten Platz bei den Weltmeisterschaften bewies diese E.M.C.-Maschine, daß sie zu den schnellsten der 125 cm³-Klasse gehörte. Ende 1962 entwarf Ehrlich ein weiteres Motorrad dieses Hubraums mit einer Leistung von 28 PS bei 14000 U/min. Die Maschine wurde 1963 fertiggestellt und trat vor allem zu nationalen Wettbewerben an.
Mit der Zeit begann das Interesse De Havillands am Zweiradbereich nachzulassen. 1967 verließ Ehrlich das Unternehmen und gründete wieder eine eigene Firma, wobei er sich auch dem Automobilsport, insbesondere der Formel 3 zuwandte. Doch das Zweirad ließ ihn nicht los. 1972 erschien eine 650 cm³-Dreizylinder-Zweitaktmaschine mit 102 PS. Später wurde dieser Motor auch in einen in den USA verkauften Motorschlitten eingebaut. 1977 war die Konstruktion eines Zweitaktmotors für ein Moped im Gespräch. Der Rahmen sollte nach dem Vorbild der berühmten 350er gestaltet werden, die 25 Jahre zuvor auf dem Londoner Salon vorgestellt worden war.

E.M.H.

Die Firma Motorradbau Meier mit Sitz in Hamburg war ein eher unbedeutender deutscher Motorradhersteller, dessen Produkte nie einen zufriedenstellenden Absatz fanden. Man beschränkte sich auf den Einbau von 350 und 500 cm³-Küchen-Motoren in konventionelle Rahmen. Die Firma bestand 1928-29.

Empo

Kleiner holländischer Hersteller, der ausschließlich mit 47 cm³-TWN-Motoren ausgerüstete Mopeds produzierte. Im Jahr 1955 gegründet, stellte die Firma etwa Ende der 60er Jahre ihren Betrieb ein.

Emro

Diese japanische Firma schuf 1957 das mit einem 500 cm³-Parallel-Zweizylinder-Zweitaktmotor bestückte Modell EL. Als Fahrgestell diente ein Preßstahlrahmen mit Teleskopgabel und Hinterradschwinge.

Emuro

Die Produktion dieses japanischen Herstellers, der 1953 bis Ende der 60er Jahre tätig war, konzentrierte sich auf Einzylinder-Zweitaktmaschinen mit Hubräumen von 90 bis 250 cm³.

E.M.W.

Die Abkürzung E.M.W. steht für Eisenacher Motorenwerke, eine Fabrik, die in der gleichnamigen Stadt in Thüringen ansässig war. E.M.W. produzierte 348 cm³-Modelle mit Kardanantrieb, Preßstahlrahmen und Einzylindermotoren mit im Zylinderkopf hängenden Ventilen. Die Maschinen konnten ihre Ähnlichkeit mit den Vorkriegsmodellen von BMW nicht verleugnen. Tatsächlich handelte es sich bei den Eisenacher Motorenwerken um die früheren Dixi-BMW-Werke. 1945 gegründet, stellte E.M.W. 1956 den Betrieb ein.

Enag

Der Prototyp dieses deutschen Motorrads wurde 1923 von Theo Steininger gebaut. Die Markenbezeichnung Enag setzte sich aus den Initialen der Nürnberger Firma Erle & Nestler AG zusammen, die das Projekt unterstützte. Das erste Serienmodell von Enag präsentierte man 1924 auf der Leipziger Messe. Es besaß einen wassergekühlten 348 cm³-Motor. Den herkömmlichen Kühler ersetzte ein stark verrippter und liegend auf dem Zylinder angebrachter Aluminiumkessel. Durch zwei ebenfalls mit Rippen versehene Rohre wurde das Wasser von diesem Kessel zum Zylinder geleitet. Der Antrieb erfolgte zunächst über einen Riemen, der 1925 jedoch von einer Kette abgelöst wurde. Im selben Jahr trat an die Stelle der ursprünglich vorhandenen zwei Gänge ein neues Dreiganggetriebe.

Endrick

Die englische Engineering Company in Birmingham baute 1911-15 zwei Modelle, ein 346 cm³-Zweitaktmodell mit Peco-Motor sowie eine 496 cm³-Maschine, die mit einem seitengesteuerten Einzylinder von Precision ausgerüstet war.

Endurance

Die Motorräder der britischen Marke Endurance wurden 1909-24 in begrenzter Stückzahl von C. B. Harrison in Birmingham hergestellt. Sie waren mit 269 cm³-Zweitaktern von Villiers sowie eigenen 259 cm³-Motoren bestückt. 1923-24 nahm man zusätzlich eine 297 cm³-Einzylinder-Zweitaktmaschine in das Angebot auf.

Enfield India

1955 als Tochtergesellschaft der bekannten britischen Enfield Company aus Redditch gegründet, besaß Enfield India zwei Produktionsstätten. Eine befand sich in der Nähe von Madras und die andere in Madurai in Südindien. Die Firma konzentrierte sich auf die Herstellung von Motorrädern mit kleinen bis mittleren Hubräumen (50 bis 350 cm³). In ihrem Angebot war das Moped Silver Plus 50 mit einem Einzylinder-Zweitaktmotor, Schlitzsteuerung, Zweiganggetriebe, einem gemischten Rohr- und Preßstahlrahmen, einer Leistung von 2,8 PS bei 5200 U/min und einer Höchstgeschwindigkeit von 65 km/h. Bei dem Moped Explorer 50 saß der gleiche Motor, dessen Leistung auf 3 PS bei 3500 U/min gesteigert worden war, in einem Doppelschleifenrohrrahmen.
Interessant war auch das 350 cm³-Modell Bullet, das einen Einzylinder-Viertaktmotor besaß, dessen Ventile über Kipphebel und Stoßstangen gesteuert wurden. Der 346 cm³-Motor entwickelte eine Leistung von 18 PS bei 5600 U/min. Zu den weiteren charakteristischen Merkmalen dieser Maschine zählten ein Vierganggetriebe und ein offener Rohrrahmen mit oberem Rahmenzug. Die Bullet wog 163 kg und erreichte eine Höchstgeschwindigkeit von 120 km/h. Die Produktion von Enfield India belief sich auf rund 25000 Motorräder jährlich, von denen ein großer Teil in afrikanische Länder exportiert wurde.

E.O.

Der Name dieser 1931 gegründeten deutschen Firma ist die Abkürzung von Elite-Opel. Man plante Maschinen, für die 350 und 500 cm³-Küchen-Motoren mit obenliegender Nockenwelle und Duraluminrahmen verwendet werden sollten. Es kam jedoch aus kommerziellen Gründen niemals zu einer serienmäßigen Produktion.

Eole

Die belgischen Eole-Motorräder entstanden 1899 und wurden etwa bis 1905 hergestellt. Sie wurden von deutschen Fafnir-Motoren angetrieben und waren wahrscheinlich die ersten belgischen Motorräder, die ein gefedertes Fahrwerk erhielten. Der Konstrukteur dieser Pioniermaschinen war Waflard.

Eolo

Unter der Markenbezeichnung Eolo präsentierte man auf dem Mailänder Salon von 1950 einen Motor, den Carlo Bottari, ein in Mailand ansässiger Ingenieur, konstruiert hatte. Der Eolo war mit 100 und 125 cm³ Hubraum erhältlich. Seine Produktion wurde der Firma Omea übertragen. Doch hörte man später nichts mehr von diesem Motor. Daneben gab es einen gleichnamigen Kleinmotor, der ebenfalls 1950 von Icem (Industria Construzioni Elettromeccaniche) in Mailand produziert wurde und ohne wesentliche Veränderungen bis 1953 im Angebot blieb. Dieser 46 cm³-Zweitaktmotor mit liegendem Zylinder war unter den Pedalen montiert. Der Antrieb des Motors erfolgte durch ein Zweigang-Untersetzungsgetriebe und über eine kurze Kette, die vom Getrieberitzel zu den Pedalen und von dort zum Hinterrad führte.

Ercoli & Cavallone

1922 entstand in Italien die mit einem 500 cm³-Zweizylinder-V-Zweitaktmotor ausgerüstete Ercoli & Cavallone. Die beiden Zylinder waren seitlich verschoben eingebaut, so daß jeder einen eigenen Vorverdichtungsraum im Motorgehäuse besaß, das seinerseits durch eine Querwand zweigeteilt war. So war eine bessere Kühlung des hinteren Zylinders gewährleistet, da dieser dem Luftstrom fast ebenso stark ausgesetzt war wie der vordere. Der separaten Schmierung dienten zwei Pumpen. Das Getriebe war im Motorgehäuse integriert. Primär- und Sekundärantrieb erfolgten über Kette. Darüber hinaus war dieses bis 1923 produzierte Motorrad mit Halbnabenbremsen ausgerüstet.

E.S.O. 350/500 cm³-Moto-Cross-Modell, 1957.

bau und produzierte 1938 ihre letzten Maschinen. Dabei handelte es sich um 250 und 350 cm³-Zweitaktmodelle.

E.S.O.

1952 – nach anderen Quellen bereits 1949 – in der Tschechoslowakei gegründet, produzierte das Werk zunächst Speedway- und Dirt-Track-Maschinen. Das erste Modell war die S 45, die einen 500 cm³-Einzylinder-Motor besaß und mit wenigen Veränderungen bis 1958 produziert wurde. Die Ventilsteuerung erfolgte über Stoßstangen und Kipphebel, das Verdichtungsverhältnis betrug 12:1 oder 14:1. Der Motor lief mit Alkohol und hatte eine Leistung von 50 PS bei 7500 U/min. Das Getriebe umfaßte nur zwei Gänge. Das Fahrgestell bestand aus einem Rohrrahmen.
1957 wurde der Rahmen, der natürlich keine hintere Federung besaß, gesenkt, um das Fahrverhalten zu verbessern. Von dieser E.S.O.-Speedway-Version wurde auch ein Moto-Cross-Modell abgeleitet. Es war mit Hubräumen von 350 und 500 cm³ (28 und 36 PS) erhältlich. Diese Maschinen hatten Fahrwerke mit einer Teleskopgabel und Hinterradschwinge. Außerdem verfügten sie über ein fußgeschaltetes Vierganggetriebe. Zudem erschien eine 250 cm³-Moto-Cross-Maschine, die 21 PS leistete. Das E.S.O.-Werk gehört heute zu der Firma Jawa.

E.S.O. von 1952.

Ernst Eichler

Das Ernst Eichler Werk war in Berlin ansässig. Sein Inhaber, Ernst Eichler, hatte die Firma Eichler & Co. gegründet, sich aber wegen familiärer Differenzen vorübergehend von dem Unternehmen zurückgezogen. 1924-25 baute er unter seinem Namen leichte Zweitaktmaschinen, die er mit Bekamo- und DKW-Motoren ausrüstete.

Ernst M.A.G.

Diese in Rennsportkreisen sehr bekannte deutsche Firma mit Sitz in Breslau konzentrierte ihre Produktion auf 350, 500, 750 und 1000 cm³-Motorräder mit MAG-Einzylinder-Einbaumotoren. Daneben stand aber auch eine sehr erfolgreiche 500 cm³-Zweizylinder-V-Maschine auf dem Programm. Ernst-M.A.G.-Motorräder wurden 1926-30 hergestellt.

Esch-Rekord

Von dem deutschen Techniker und erfolgreichen Rennfahrer Adolf Esch entworfen, handelte es sich bei den meisten der Esch-Rekord-Maschinen um sportliche Motorräder. Sie besaßen 250, 350 und 500 cm³-Motoren mit seitlich stehenden und im Zylinderkopf hängenden Ventilen, die vor allem vom englischen Hersteller JAP stammten. Das in Köln ansässige Werk war 1926-29 aktiv.

Escol

Die Marke Escol stammte aus einer belgischen Fabrik in Châtelet, die den Brüdern Escol gehörte. Für die Escol-Motorräder wurden 147 bis 250 cm³-Villiers-Motoren verwendet. Später entstanden Viertaktmaschinen mit 250, 500 und 600 cm³-Motoren, die sowohl seitlich stehende als auch im Zylinderkopf hängende Ventile hatten. Die Firma begann 1925 mit dem Zweiradbau und produzierte 1938 ihre letzten Maschinen. Dabei handelte es sich um 250 und 350 cm³-Zweitaktmodelle.

Eta

Bei der Eta handelte es sich um ein überaus interessantes englisches Motorrad, das von G. E. Halliday in Halifax Ende 1920 bis Anfang 1921 gebaut wurde. Die Maschine erreichte nur das Stadium eines Prototyps, zu einer Serienproduktion kam es nie. Sie besaß einen dreizylindrigen Radialmotor von ungewöhnlichem Aufbau. Zwei Zylinder waren ähnlich den BMW-Boxermotoren angeordnet, während man den dritten stehend und in zentraler Position eingebaut hatte. Dieser Motor war eines der ersten englischen Triebwerke, bei dem diese Anordnung der Zylinder übernommen worden war. Der Hubraum betrug 870 cm³, und der Antrieb erfolgte über Kardanwelle. Die Maschine hatte möglicherweise einen Preßstahlrahmen, anderen Angaben zufolge war es eine Gitterstruktur, die vorne und hinten mit Blattfedern versehen war. Die Motorleistung belief sich auf 7 PS.

Europa

Deutsche Firma, die 1931-34 bestand und ihren Sitz in München hatte. Sie stellte Motorräder her, die mit 100, 150 und 200 cm³-Zweitaktmotoren von Schliha und Villiers ausgerüstet waren.

Evans

Die amerikanische Evans war ein ausgereiftes Motorfahrrad, das mit einem 91 cm³-Zweitaktmotor, automatischer Schmierung, außenliegendem Schwungrad und Riemenantrieb versehen war. Einigen Quellen zufolge wurde die Evans schon ab 1915 gebaut, anderen Angaben gemäß erst ab 1919. Das Modell blieb praktisch bis zur Einstellung der Produktion im Jahre 1924 unverändert. Umstritten ist auch der Firmenname des Herstellers, von dem man annimmt, daß es sich um die Cyclemotor Corporation mit Sitz in Rochester im Staat New York handelte. Der Hubraum des Fahrzeugs wird in manchen Quellen mit 119 cm³ angeben. Sicher ist, daß Evans eine der ersten US-Marken war, die nach Europa exportiert wurde, wo sie sich großer Beliebtheit erfreute.

Evart-Hall

In London gebaut, waren die ersten britischen Evart-Hall-Maschinen mit 2,5 PS starken Motoren ausgerüstet. 1904 konstruierte Charles Binks einen Vierzylindermotor. Er baute ihn in einen Rahmen ein, den er selber entwickelt hatte. Die Maschine besaß eine Sitzbank, einen Antrieb über eine gekapselte Kette und eine gefederte Gabel. Evart-Hall setzte die Motorradproduktion nur bis ins Jahr 1905 fort. Bemerkenswert ist, daß die Maschinen sowohl mit längs als auch mit quer eingebautem Motor lieferbar waren.

Evo

Eduard A. Vogt beschäftigte sich nicht nur als Journalist mit Motorrädern, sondern auch als Hersteller. Für seine von 1924-35 produzierten Evo-Maschinen verwendete er einen kleinvolumigen Ilo-Dreikanal-Zweitaktmotor mit 146 cm³ Hubraum.

Evycsa

Der spanische Hersteller Evycsa mit Sitz in Barcelona wurde 1954 gegründet und produzierte ein Leichtmotorrad mit einem 173 cm³-Viertaktmotor, der im Zylinderkopf hängende, über Stoßstangen und Kipphebel gesteuerte Ventile besaß und mit einem Dreiganggetriebe kombiniert war. Als Fahrgestell diente ein Rohrrahmen mit Teleskopgabel und Hinterradschwinge. 1956 präsentierte die Firma eine ganze Reihe attraktiver Leichtmotorräder: das Modell Brisa, das von einem 169 cm³-Fita-AMC-Viertaktmotor angetrieben wurde, die grundlegend ähnlich konstuierte Sport 175 und ein 250 cm³-Modell mit einem Fita-Motor. Die Firma stellte ihren Betrieb gegen Ende der 50er Jahre ein.

Evart-Hall-Vierzylinder von 1903.

Ewabra

Ewald Brackelsberg hatte als Motorradkonstrukteur weit weniger Erfolg als sein berühmter Vetter Karl Brackelsberg als Bugatti-Rennfahrer. Die mit den ersten Silben seines Vor- und Zunamens bezeichneten Maschinen wurden 1921-24 produziert. Er verwendete 550 cm³-Einzylinder mit seitlich stehenden Ventilen. Der Antrieb erfolgte über Riemen.

Excelsior

Das Markenzeichen der englischen Excelsior-Maschinen, ein Bergsteiger mit wehender Fahne, schmückte bereits die von Bayliss & Thomas seit 1874 produzierten Fahrräder. Um 1890 begann die Begeisterung für den Motorradsport vom Kontinent auch auf die Britischen Inseln überzugreifen, weshalb Bayliss & Thomas beschlossen, ihre Fahrräder zu motorisieren, wozu sie zunächst belgische 1,25 PS-Einzylinder von Minerva verwendeten. Daneben fanden auch französische De-Dion- und Werner-Motoren rasche Verbreitung in England. Excelsior durfte sich rühmen, das erste Motorrad in England verkauft zu haben.
Der von Bayliss & Thomas eingesetzte Minerva-Motor hatte keine hervorstechenden Eigenschaften, wurde aber nach einer intelligent durchgeführten Werbekampagne in den Verkauf gebracht, die ihm großen Erfolg bescherte. Das erste Excelsior-Motorfahrrad präsentierte man auf dem Londoner Salon. Die Firma lud das Publikum zu einer Probefahrt auf dem geräuschvollen und wackeligen Gefährt ein, das so manchem Besucher Angst einflößte. Dies war der Beginn einer ganzen Reihe von regelmäßigen Auftritten von Excelsior auf dem Motorradsalon, der jedes Jahr in der britischen Hauptstadt stattfand. 1902 warb man für eine Excelsior mit MMC-Motor, die in einer Standardversion mit 28-Zoll-Rädern sowie einer kleineren Version „für Benutzer von geringerer Körpergröße" mit 24-Zoll-Rädern angeboten wurde. Dieses Modell wurde im Laufe der Zeit noch verbessert.
Inzwischen gaben Excelsior-Maschinen auch erfolgreiche Vorstellungen auf den berühmtesten Rennstrecken des Landes. 1903 brauchte Harry Martin als erster für die Meile weniger als eine Minute (exakt: 59,8 Sekunden). Die Firma expandierte und änderte 1910 ihren Namen in Excelsior Motor Company Ltd. Die Motoren wurden weiterhin perfektioniert. 1914 verwendete die Firma 4,5 und 5,6 PS-Einzylinder von MMC mit 650 beziehungsweise 850 cm³.
Gegen Ende des Ersten Weltkriegs verkauften Bayliss & Thomas Excelsior an R. Walker & Son in Birmingham, wohin nun die ehemals in Coventry ansässige Firma verlegt wurde. Die neuen Besitzer hielten eine aktive Beteiligung am Wettkampfsport sowohl zur Erprobung ihrer Produkte als auch aus Werbegründen für äußerst wichtig. Ab 1923 nahmen mit JAP- und Blackburne-Motoren ausgerüstete Maschinen in der 250 und 350 cm³-Klasse an der Tourist Trophy teil. Ruhmvoll war der Sieg von Crabtree 1929 mit einer Rekord-Durchschnittsgeschwindigkeit von 102,8 km/h in der 250 cm³-Klasse. Er fuhr eine Maschine mit JAP-Motor, die legendäre B 14, die später als Replik neu entstand.
Es kam die schwierige Zeit der Wirtschaftskrise, und Excelsior paßte sich an die mageren Jahre mit der Produktion einer überaus sparsamen 250er an. Dennoch zog man sich nicht vom Rennsport zurück. In Zusammenarbeit mit Blackburne wurden die berühmten 248 cm³-Mechanical-Marvel-Rennmaschinen (Mechanisches Wunder) entwickelt. Es handelte sich um ein unerhört kompliziertes und kostspieliges Projekt, so daß insgesamt nur zwölf dieser großartigen Maschinen gebaut werden konnten. 1933 erwies sich ein solches Modell mit seinem Fahrer Walter Handley für die Rennsportkonkurrenz als unschlagbar.
Doch für eine Serienproduktion war das Modell viel zu aufwendig konstruiert. Die Firma schuf ein weiteres Modell. 1935 bei der Tourist Trophy vorgestellt, handelte es sich dabei um die 250 cm³-Manxman, eine Einzylindermaschine mit zwei Ventilen und obenliegender Nockenwelle. Die

erfolgreiche Manxman wurde bis zum Ausbruch des Zweiten Weltkriegs produziert und war zuletzt auch als 350er und 500er und mit vier Ventilen im Zylinderkopf erhältlich. 1937 standen die Universal 125 und die Pionier auf dem Programm. Die Pionier wurde von einem 250 cm³-Zweitakt-Villiers-Motor angetrieben. Vervollständigt wurde das Angebot durch das 98 cm³-Autobyke, ein schweres Motorfahrrad mit Pedalen, das zu einem günstigen Preis in den 30er Jahren verkauft wurde und nach dem Krieg als Spryt erneut auf den Markt kam. Während des Kriegs produzierte Excelsior mit dem Welbike einen kleinen zusammenklappbaren Roller für Fallschirmtruppen, der später als Corgi angeboten wurde.

1946 erschien die Universal 125. Sie verfügte über eine einfallsreiche Handschaltung, die quer über dem Tank angeordnet war. Diese ungewöhnliche Position bot keinerlei praktischen Vorteil gegenüber den damals üblichen Fuß- oder Tankschaltungen. Aber sie war immerhin eine Neuheit. Wenig später kündigte man ein Super-Autobyke-Modell mit Zweiganggetriebe an. Um sich internationale Geltung zu verschaffen, präsentierte Excelsior 1949 mit der Talisman eine neue 250 cm³-Zweizylinder-Zweitaktmaschine, die als einzigartig, sehr handlich und leistungsstark angepriesen wurde. Tatsächlich verfügte das Motorrad über eine gute Beschleunigung und war sparsam im Verbrauch. Doch die Höchstgeschwindigkeit von rund 96 km/h stellte keine außergewöhnliche Leistung im Vergleich zu entsprechenden Maschinen dar.

1955 war Eric Walker immer noch Generaldirektor der Firma, seine beiden Söhne zeigten jedoch wenig Enthusiasmus für den Motorradbau. Als Walker Ende der 50er Jahre starb, wandten sie sich verstärkt der Produktion von Schiffsmotoren zu. Zu Beginn der 60er Jahre kehrte das Werk jedoch zum Zweirad zurück und konstruierte den 147 cm³-Roller Monarch Excelsior. Doch das Fahrzeug war derart schwer, daß es keine Chance hatte, mit den erfolgreichen italienischen und deutschen Rollern zu konkurrieren. 1964 wurden nur noch zwei Motorräder produziert, die Consort 98 und die Universal 150.

Aufgrund finanzieller Schwierigkeiten verkauften die Brüder Walker an Britax, einen Hersteller von Automobilzubehör. In den ehemaligen Excelsior-Werksanlagen werden heute nur noch Sicherheitsgurte produziert. Doch die Bezeichnung Excelsior tauchte 1977 wieder auf, als die Motorradabteilung von Britax in Britax-Excelsior umbenannt wurde – ein Name, der sicherlich bei vielen die Erinnerung an ruhmreiche Zeiten wachruft.

Unter dem Markennamen Excelsior wurde ab 1901 auch ein deutsches Motorrad produziert. Die Herstellung war 1906-27 unterbrochen, danach erschienen diese Modelle erneut. Sie besaßen seitengesteuerte und obengesteuerte JAP-Motoren mit 200, 250, 300, 350 und 500 cm³ Hubraum. Ab 1934 wurden auch Motorfahrräder gebaut, die man mit F&S-Zweitaktern ausrüstete. Die deutsche Excelsior stellte ihre Produktion 1939 endgültig ein.

Oben: Bemerkenswert ist das raffinierte Finish dieser Excelsior aus den 20er Jahren.
Links: Motorradfahrerin auf einer Excelsior von 1914.

Das größte aller Excelsior-Werke war jedoch in Amerika ansässig. Außer der Markenbezeichnung am Tank hatte die US-Marke nichts mit der deutschen oder englischen Excelsior gemeinsam. Die Geschichte dieser Marke reicht weit zurück: In den 80er Jahren des vorigen Jahrhunderts emigrierte ein Deutscher namens Ignaz Schwinn in die Neue Welt, wo er als Schweißer für Fahrradrahmen begann und sich schließlich so weit emporarbeitete, daß er die Excelsior Supply Company erwerben konnte. Diese 1876 in Chicago gegründete Firma war bis zu diesem Zeitpunkt eher glücklos gewesen, was sich aber unter der neuen Leitung schnell änderte. Von der Planung bis zur Fertigstellung des ersten Motorfahrrads, das 1907 präsentiert wurde, dauerte es zwei Jahre. Dann stand dem Siegeszug der amerikanischen Excelsior nichts mehr im Wege.

Das erfolgreiche Mofa wurde ohne wesentliche Veränderungen unter der Bezeichnung Excelsior Autocycle bis 1911 produziert. In jenem Jahr entstand ein Zweizylindermodell mit 999 cm³ und einer Leistung von 8 PS.

1913 erschien zum ersten Mal das große X mit dem integrierten Markennamen am Tank. Die Modelle wurden gründlich überarbeitet und die Firma immer berühmter. Ende 1914 zog man in größere Werkshallen um, blieb aber in Chicago und präsentierte verschiedene neue Modelle. Es handelte sich ausnahmslos um Zweizylindermaschinen: Das Modell 15-1 wurde ohne Getriebe angeboten, die 15-2 wahlweise mit hand- oder fußgeschaltetem Zweiganggetriebe, und die 15-3 verfügte über ein Dreiganggetriebe. Neben diesen Maschinen, gab es verschiedene Einzylindermodelle mit oder ohne Getriebe. Um Verwechslungen der US-Excelsior mit der gleichnamigen britischen Marke auszuschließen, verkaufte man sie in England unter der Bezeichnung American-X. 1919 entstanden eine 998 cm³-Zweizylinder-V-Maschine mit Dreiganggetriebe sowie ein Einzylindermodell mit 499 cm³ Hubraum. 1920 erschien die 1030 cm³-Zweizylinder-Excelsior, die ebenfalls drei Gänge erhielt. Das Modell Super X wurde 1926 produziert und äußerst erfolgreich bei Wettbewerben eingesetzt. Es war mit einem gegengesteuerten Zweizylinder-V-Motor ausgestattet und galt bis 1931 mit seinem Fahrer Joe Perali als unbesiegbar. In dem gleichen Jahr präsentierte Excelsior ein 350 cm³-Einzylinder-Rennmotorrad, dessen Herstellung man jedoch bald wieder aufgab.

Als weiteres Rennmodell entwickelte das Werk eine 750 cm³-Maschine mit vier im Zylinderkopf hängenden Ventilen pro Zylinder, von der es eine auf 1000 cm³ vergrößerte Version gab, die „Big Bertha" getauft wurde. Beide Modelle wurden bis 1930 ständig verbessert. Im großen und ganzen blieb die Linie der 1926-31 produzierten Excelsior-Modelle mit wenigen Änderungen gleich. Am 31. März 1931 mußte dieses namhafte amerikanische Motorradwerk aufgrund der großen Wirtschaftskrise seine Tore endgültig schließen.

3 PS-Eysink-Motor von 1914.

Express

Die deutsche Firma Express zählte zu den ersten Fahrradherstellern der Welt. Motorräder begann sie 1932 zu produzieren. Im Programm standen zunächst mit Sachs-Motoren ausgerüstete Fahrräder, während der Bau großvolumigerer Maschinen erst nach 1948 aufgenommen wurde. In wunderschöne, konventionelle Rahmen montierte man Ilo-, Sachs- sowie Küchen-Zweitaktmotoren mit zwei Zylindern. Die Modelle hatten zuletzt Hubräume von 97, 122, 146, 173, 197 und 224 cm³. Ende der 50er Jahre wurde Express von der Zweirad-Union A.G. übernommen, ein Schicksal, das auch D.K.W. und Victoria ereilte. Der Produktionsschwerpunkt lag in der Folgezeit auf Leichtmotorrädern mit Hubräumen von 50 bis 100 cm³.

Eysink

Eysink war die berühmteste holländische Motorradfabrik. Sie wurde 1886 von D. H. Eysink in Amersfoort gegründet. Zunächst spezialisierte man sich auf die Produktion von Dampfmotoren, später stellte man Fahrräder her und begann sich ab 1899 auch für Motorräder und Automobile zu interessieren. Die ersten Fahrzeuge waren mit 1 PS-Minerva-Motoren ausgerüstet, die unter dem vorderen Rahmenrohr angebracht wurden.

Bald darauf erhöhte man die Motorleistung auf 1,75 und 1903 schließlich auf 2 PS. Bei diesem Modell war der Motor in den Rahmen integriert und wesentlicher Bestandteil des Fahrgestells. 1904 produzierte Eysink auch Seitenwagenmodelle, Dreiradfahrzeuge sowie Motorräder mit Anhängern. Verwendet wurden Motoren mit einer Leistung von 2,25 und 2,75 PS. 1904 konstruierte man eine Maschine mit einem liegenden Parallel-Zweizylinder-Motor, getrennt gegossenen Zylindern und Schnüffelventilen. Obwohl es sich um ein überaus avantgardistisches Motorrad handelte, fand es beim Publikum nicht den erhofften Anklang. So entschied man noch in demselben Jahr, von diesem Modell eine 1,75 PS-Einzylindermaschine abzuleiten.

1913 schloß die Firma einen Vertrag über die Lieferung von Militärmaschinen ab. Die Herstellung eines 3 PS-Modells mit aufmontiertem Maschinengewehr wurde aufgenommen. In schwierigem Gelände mußte der Fahrer absteigen, in den niedrigsten der drei vorhandenen Gänge schalten und das Fahrzeug schieben, um es im Gleichgewicht zu halten. Dieses spezielle Eysink-Modell blieb bis in die 30er Jahre im Programm. Das Angebot der Firma Eysink umfaßte neben diesem Militärfahrzeug ein besonderes Damenmotorrad namens Ladies' Machine sowie eine 7 PS starke Zweizylinder-V-Maschine, die wie alle Vorgängermodelle der Firma ebenfalls mit einem außenliegenden Schwungrad ausgerüstet war.

Während des Ersten Weltkriegs unterbrach Eysink die Motorradproduktion und wandte sich wieder der Herstellung von Fahrrädern zu. Den Reparaturbetrieb erhielt das Motorradwerk jedoch aufrecht. Man mußte sich aber bis 1921 gedulden, bis ein neues Motorrad-Modell der Firma vorgestellt wurde. Die Maschine, die von einem liegenden Zweizylindermotor mit seitlich stehenden Ventilen angetrieben wurde, kam auf eine Leistung von 4 PS. Der Antrieb erfolgte über Kette und Riemen. Von allen bis 1929 konstruierten Maschinen dieses Typs sind heute nur noch zwei oder drei Exemplare erhalten.

Die erste Zweitaktmaschine, die in Amersfoort gebaut wurde, entstand 1926 und war mit einem 2 PS-Villiers-Motor bestückt. Motoren anderer Hersteller wurden in die 500 cm³-Maschine von 1930 eingebaut, etwa der New Hudson mit im Zylinderkopf hängenden Ventilen oder der Vierventiler Python von Rudge. In den 30er Jahren stellte Eysink die Produktion eigener Motoren fast ganz ein, eine Ausnahme bildeten dabei nur die Triebwerke der Militärmaschinen. Neben den bereits erwähnten Motoren verwendete man Antriebsquellen von Sachs, JAP und Blackburne. Der deutsche Ilo-Motor wurde in der 200 cm³-Version in ein 1933 entstandenes Modell mit Elektrostarter eingebaut.

Die Angebotspalette der Niederländer war 1935 überaus reichhaltig und umfaßte Motorräder mit Hubräumen von 60 bis 1150 cm³. Besonders leistungsstark war eine Zweizylinder-V-Maschine mit JAP-Motor, die man speziell für den Einsatz bei Polizei und Militär konzipiert hatte. Das Jubiläumsjahr 1936 brachte mit der Jubilee 125 das vielleicht berühmteste Modell des hollän-

dischen Herstellers. Ausgerüstet mit einem Villiers-Motor und Dreigangschaltung, fiel die rund 60 kg schwere Jubilee in eine steuerfreie Klasse und war folglich bald sehr beliebt.
Dieses Modell ließ sich auch leicht zu einer Rennmaschine „auffrisieren“. Bis in die 50er Jahre war sie in Holland bei rund 25 Rennen erfolgreich. Bedeutende Ereignisse waren ein Moto-Cross-Wettbewerb von 1937, bei dem der berühmte Fahrer Joop Verherhe auf einer 125er Vierter in der 500 cm³-Klasse wurde, und der Sieg beim Großen Preis von Holland im Jahre 1948 von Dick Renooy.
Das erste Modell mit Hinterradfederung stellten die Niederländer kurz vor Ausbruch des Zweiten Weltkriegs vor. Für die Koerier genannte Maschine wurde ein 200 cm³-Villiers-Motor verwendet. Die glänzenden Leistungen auf sportlichem Gebiet schlugen sich nicht wie erhofft in den Verkaufsziffern der Tourenmodelle nieder. Den drohenden Konkurs versuchte das Werk Anfang der 50er Jahre abzuwenden, indem es Motorroller mit Hubräumen von 98 und 250 cm³ auf den Markt brachte. Doch die Roller konnten das Unternehmen nicht mehr retten.
Einigen Quellen zufolge nahm Eysink 1961 den Betrieb wieder auf, nachdem er Ende der 50er Jahre fast zum Erliegen gekommen war, und präsentierte ein originelles 125 cm³-Modell, das mit einem FB-Minarelli-Motor ausgerüstet war. In der Folgezeit konzentrierte sich die Produktion auf Mopeds, in die man Anker-M48-Motoren mit Einganggetriebe einbaute. Dick Eysink, der nach dem Tode seines Vaters während des Zweiten Weltkriegs das Werk übernommen hatte, zog sich zurück, und die Gesellschaft ging in Konkurs. Dank eines Konsortiums, das 150 cm³-Leichtmotorräder mit Villiers-Motoren baute, konnte die Firma den Betrieb noch ein weiteres Jahr aufrechterhalten. Indessen eröffnete Dick Eysink in Soest, in der Nähe von Amersfoort, eine Fabrik zur Herstellung von Tandemfahrrädern und sportlichen Mopeds. Da der Besitzer keine Erben hatte, wurde das Unternehmen 1975 verkauft, war aber in der zweiten Hälfte der 70er Jahre noch tätig.

Eysink 125 mit Villiers-Motor, 1948.

Fabbrica Italiana Telai

Ein interessanter Hilfsmotor entstand 1950-52 in Turin. Der kleine 50 cm³-Zweitaktmotor mit leicht geneigtem Zylinder leistete bei 4000 U/min 1 PS. Er saß direkt vor dem Lenkkopf über dem Vorderrad, das von einer Reibrollenkette angetrieben wurde. Nicht zu verwechseln ist diese Firma mit der von Ottavio Quadrio gegründeten Gesellschaft gleichen Namens, die mit zu den ersten Fahrwerkherstellern zählte.

Fabula

1923-25 stellte die Fabula Fahrzeugfabrik aus Bielefeld ihre Produktion von Fahrrädern auf Motorräder um. In dem Werk entstanden 250 und 350 cm³-Modelle mit seitengesteuerten Motoren, wie etwa eine von Nikolaus Henzel entworfene 246 cm³-Einzylinder-Zweitaktmaschine mit Kardanantrieb und Doppelrahmen. Obwohl die Maschinen sehr fortschrittlich konstruiert waren, blieb der Absatz auf wenige Exemplare beschränkt.

Fafnir

Vielverwendete Einbaumotoren waren die luft- und wassergekühlten Fafnir-Motoren, die zwischen 1900 und 1904 von der Firma Fafnir in Aachen hergestellt wurden. Sie leisteten 2 bis 8 PS. Zeitweise verließen auch Motorräder das Aachener Werk, deren Ein- und Zweizylinder-V-Motoren schon 1903 mit gesteuerten Einlaßventilen ausgerüstet waren. Bald gab Fafnir dieses Vorhaben wieder auf, um sich ganz der Produktion von Automobilen zu widmen.

Fagan

Die Fagan, ein irisches Motorrad, das die kleine Fabrik John Fagan Motorcycles in Dublin entwickelt hatte, konnte nur wenig begeistern. Ein leichter, konventioneller Rahmen barg einen 125 cm³-Zweitakt-Villiers-Motor.

Faggi

Die Mailänder Firma Faggi schuf 1952 ein Motorrad, das mit 125 und 175 cm³-Motoren von Ilo und mit 125 und 198 cm³-Motoren von Villiers erhältlich war. Das Getriebe hatte drei beziehungsweise vier Gänge. Die gleichen Motoren trieben die Faggi-Lieferdreiräder an.

Faini

1923 verwirklichte die Firma Faini in Lecco ein von Pietro Vassena entworfenes Motorfahrrad. Andere Erfindungen, wie ein tragbares U-Boot, eine durchsichtige Uhr und Motoren für Motorräder machten Vassena nach dem Zweiten Weltkrieg berühmt. 1925 stellte Faini einen seitengesteuerten Viertakter mit 198 cm³ Hubraum vor, der knapp unterhalb der damaligen Höchstgrenze lag. 1927 wurde das Werk stillgelegt.

Fairbanks-Morse

1956 entstand in Amerika der Fairbanks- Morse, ein Rasenmäher auf drei Rädern, der nicht geschoben werden mußte, sondern den bequem sitzenden Fahrer aus eigener Kraft über den Rasen rollte. Sein 2,75 PS starker Zweitaktmotor verhalf ihm zu einer Höchstgeschwindigkeit von 7 km/h. Die Lenkstange, die aus einem schleifenförmig gebogenen Rohr bestand, besaß keinerlei Schalthebel. Geschaltet wurde über ein einziges Fußpedal, das auf der linken Seite des Trittbretts angebracht war.

Fahrrad mit Hilfsmotor von Faini, 1923.

Fairfield

Die Fairfield war ein billig gebautes, englisches Motorrad mit 269 cm^3-Zweitaktmotor. 1914 aus der Taufe gehoben, überlebte es nur knapp ein Jahr. Der Krieg zwang die Fabrik von Alfred Forster in Warrington, die Produktion aufzugeben.

Der rasenmähende Roller Fairbanks, 1956.

Faka

Durch nüchterne Eleganz fiel ein Motorroller auf, den die deutsche Fahrzeugfabrik Kannenberg aus Salzgitter-Bad, kurz Faka genannt, 1953-56 auf die Straßen brachte. Der vollverkleidete Roller, der erst 8 Zoll- und später 10 Zoll-Räder hatte, besaß einen Ilo-Zweitaktmotor mit 147, 174 und 197 cm^3 Hubraum.

Falco

Die italienische Marke Falco wurde in Vercelli von der kleinen italienischen Firma Erminio di Giovanni geschaffen. Die 1950-53 entstandenen Leichtkrafträder besaßen 98 und 147 cm^3-Zweitaktmotoren von Fichtel & Sachs.

Falter

Falter hieß ein deutscher Roller aus den Jahren 1954- 59, der in den Falter-Fahrradwerken M. & L. Tallardt in Bielefeld gefertigt wurde. Angetrieben wurde er von einem 98 cm^3- Zweitaktmotor von Fichtel & Sachs. Es folgten Mofas und Mopeds mit geringem Kraftstoffverbrauch und Zweitaktmotoren mit 49 cm^3 Hubraum von Sachs, Ilo und Zündapp.

Fama

Fama, eine holländische Firma mit Sitz in Utrecht, schuf ein Motorrad mit einem 125 cm^3-Zweitaktmotor von Villiers, das sich jedoch nicht durchsetzen konnte. So schloß die Firma schon 1938, zwei Jahre nach ihrer Gründung, die Tore.

Famag

Famag, ein Werk in Schweinfurt, das 1923-25 in Betrieb war, produzierte zunächst Motorräder mit seitengesteuerten 420 cm^3-Motoren. 1925 erschien eine kleinere Maschine mit seitengesteuertem 197 cm^3-Einzylindermotor und Riemenantrieb, die nicht ganz ein Jahr im Handel blieb.

Fantic

Fantic Motor, gegründet 1968 in Barzago bei Como, begann seine Firmengeschichte mit einem Minibike. Doch bald erkannte die Firmenleitung, daß die Zeit für

Fantic Trial 125 von 1979.

Fantic Enduro von 1981.

Geländemaschinen gekommen war. Der Urahn einer ganzen Reihe erfolgreicher Motorräder entstand: die geländegängige und preisgünstige Caballero 50 mit Minarelli-Motor. 1973 folgte die Caballero 125, deren Motor bei Fantic Motor entworfen worden war. In Barzago wurde das Fantic Motor Racing Team geschaffen, das der Firma zu ihren ersten Rennsiegen in der problematischen 50er und 125er Kategorie verhalf. Der Absatz ging steil nach oben, 30 Prozent der Produktion wurden exportiert. 1976 schlug die Geburtsstunde der neuen Enduro-Serie Caballero 50. 1977 betrat das ausgesprochen ästhetische und technisch ausgefeilte Trial-Motorrad 125 die Szene. Zugleich bestach das hervorragend konstruierte Straßenkleinkraftrad Fantic 50 – als Tourenmaschine konzipiert – durch seine komfortable Ausrüstung. Der Yankee-Stil des Fantic Chopper Easy Riders stieß auf weniger Gegenliebe. 1979 kam eine 125 cm³-Moto-Cross-Maschine mit Sechsganggetriebe dazu, die bei 10500 U/min 28 PS hergab und ein Drehmoment von 197 Nm bei 8750 U/min hatte. 1981 konnte eine Fantic-Maschine die Enduro-Weltmeisterschaft gewinnen. Neben diesen Sportmaschinen rollten auch Mopeds vom Band.

Anfang der 80er Jahre erweiterte sich das Angebot um Enduro- und Moto-Cross-Maschinen mit 80 cm³ Hubraum, um eine Trial-Serie mit 50, 125 und 200 cm³ und zudem um Straßenmotorräder mit 50 und 125 cm³, die der Firma eine neue Zielgruppe erschlossen. Die 98,5 kg schwere Fantic Strada 125, die 1981 auf dem Mailänder Salon vorgestellt wurde, besaß einen luftgekühlten Einzylinder-Zweitaktmotor, der bei 7500 U/min 19 PS leistete und bei 7250 U/min ein maximales Drehmoment von 180 Nm entwickelte. Gleichzeitig lancierte die Firma die kleine Enduro-Maschine RSX, die mit 16 PS bei 7500 U/min eine Höchstgeschwindigkeit von 105 km/h erreichte. Es folgte die grundlegend überarbeitete Serie Trial Professional mit den Motorrädern Trial 240 und 300. Das Fahrwerk der Trial 300 bestand aus einem offenen Doppelschleifenrohrrahmen, der den 249 cm³- Einzylinder-Zweitaktmotor trug. Der Lenkkopf besaß bereits Kegelrollenlager. Insgesamt wog dieses leichte Motorrad nur 92 kg. Die 67 kg schwere Fantic Trailmatic mit 50 cm³ Hubraum und Automatikgetriebe mit Wandler sowie hydraulisch gedämpfter Teleskopgabel ergänzte das Angebot an geländegängigen Straßenmaschinen. Eine Neuheit war die Fantic Enduro 80. Leistung, Straßenlage und Fahrverhalten waren optimal. Ästhetisch überzeugend, fast futuristisch gestylt und technisch sehr originell war der Sprinter 50 von 1983, der mit Automatikgetriebe oder Dreigang-Schaltgetriebe geliefert wurde. In der Firmentradition der erfolgreichen Enduro-Maschinen stand eine raffiniert konzipierte Maschine namens Raider mit dem gleichen 125 cm³-Fantic-Motor, der schon die Fantic Strada antrieb. Auspuff und Vergaser waren überarbeitet, die Schmierung war durch eine separate Pumpe verbessert

Fantic Trial 300.

Trial Progress 1 von 1987.

F.A.R.

Der Name des kleinen Motorradherstellers F.A.R. mit Sitz in Wiener Neustadt leitete sich von Franz & Anton Rumpler ab. F.A.R. baute Konfektionsmaschinen nach englischem Vorbild, die 346 und 496 cm³-JAP- und Blackburne-Motoren mit seitlich stehenden oder im Zylinderkopf hängenden Ventilen besaßen. Produziert wurde 1924-1927.

Farnell

Farnell-Motorräder waren konventionelle Maschinen, die der Hersteller Frank Farnell in seinem Birminghamer Werk ab 1901 herstellte. 1905 verschwanden sie wieder aus dem Handel. Angetrieben wurden sie von 2,75 PS-Einzylinder-Minerva-Einbaumotoren.

Favor

Das französische Werk Usines Favor in Clermont-Ferrand ging 1919 in Betrieb. Zunächst verließen Motorräder mit Hubraumgrößen bis zu 350 cm³ und JAP-Motoren mit seitlich stehenden oder im Zylinderkopf hängenden Ventilen das Werk. Daneben entstanden Maschinen mit 100 bis

worden. Die Motorleistung erhöhte sich auf 16 PS bei 7000 U/min, das maximale Drehmoment betrug 173 Nm bei 6250 U/min. 112 kg wog die Maschine. Der Doppelschleifenrohrrahmen war für Geländefahrten ausgelegt und besaß den typisch verschachtelten Rahmen im Lenkkopfbereich. Eine Version mit 225 cm³ Hubraum folgte.

1985 umfaßte das Angebot diverse geländegängige Maschinen wie auch Straßenmotorräder: so etwa die Trial-Modelle 301, 201 und 125 mit Zentralfederbein und die Enduro-Maschine Oasi 50.1. Novität des Jahres war die kleine sportliche Straßenmaschine 125 Sport HP1. 25 PS bei 8300 U/min leistete der flüssigkeitsgekühlte Einzylinder-Zweitaktmotor, das Drehmoment betrug 170 Nm bei 8000 U/min. Das Fahrwerk bestand aus einem geschlossenen Doppelschleifenrohrrahmen aus eckigen Rohren und einem Zentralfederbein.

1987 widmete sich Fantic Motor fast gänzlich dem Gelände, vor allem dem Trial. Im Handel befanden sich die Trial 50 Progress 1 (ein flüssigkeitsgekühlter Zweitakter), Trial 125 Progress 2 (11,5 PS bei 5500 U/min, Höchstgeschwindigkeit 90 km/h), Seven Days (16 PS bei 5750 U/min), Trial 301 Progress 2 (16,5 PS bei 5250 U/min). Im Trial konnte die Firma großartige Erfolge verbuchen. Dem geschickten Fahrer Thierry Michaud verdankte sie die Weltmeisterschaften von 1985, 1986 und 1987. 1987 belegten Saunders und Bernie Schreiber auf Fantic-Maschinen zudem den zweiten und den dritten Platz.

Fantic 240 Trial von 1981.

Raider 50 von 1984.

250 cm³-Zweitaktmotoren. Nach dem Zweiten Weltkrieg verwendete das Werk AMC-Viertaktmotoren und Aubier-Dunne-Zweitaktmotoren mit Hubräumen bis zu 250 cm³. 1946 wurde ein 125 cm³-Viertakter entwikkelt, dem Leichtgewichtsmaschinen mit Zweitakt- und Viertaktmotoren verschiedenster Hubraumgrößen folgten. 1950 verlegte sich das Werk auf die Herstellung von Mopeds. 1959 wurde die Produktion eingestellt.

Favorit

Während die Favorit-Seitenwagen ziemlich verbreitet waren, gelangten die Motorräder dieser Marke nur in begrenzter Anzahl auf die Straßen. Die ersten dieser in Berlin produzierten Maschinen besaßen 1000 cm³-Zweizylindermotoren mit seitlich stehenden Ventilen. Später kamen leichtere Maschinen mit 100 und 125 cm³-Zweitaktmotoren dazu. Die Favorit Seitenwagen- und Fahrzeugbau GmbH produzierte 1933-39.

F.B.

F.B. steht einerseits für Fowler & Bingham, eine Firma in Birmingham, und andererseits für Friedrich Benz, eine deutsche Firma mit Sitz im damaligen Breslau. Das englische Werk lieferte 1913-16 vor allem Einbaumotoren in Hubraumgrößen von 411, 269 und 206 cm³.
Aus deutscher Produktion stammten zunächst 269 cm³-Zweitaktmaschinen. Es folgten seitengesteuerte 250 cm³- Viertakter und 150 cm³-Zweitakter, die nur 1924 im Handel waren, sowie 348 und 496 cm³-Einzylindermodelle mit JAP- und Blackburne-Motoren. Das Werk produzierte 1923-25.

F.B.M.

Das Leichtmotorrad F.B.M. Gabbiano, 1952.

1952 erschien das kleine Motorrad Gabbiano 125 der Firma F.B.M., die zwei Jahre zuvor von Franco Morini und Vittorio Minarelli gegründet worden war. Die Gabbiano 125 wurde von einem liegenden Einzylinder-Zweitaktmotor mit Dreigangschaltung angetrieben, der in einem Zentralrohrrahmen saß. Als Aufhängung dienten eine Gabel mit Kurzschwingen und Teleskopfederbeine. Wenig später folgte das solide gebaute 200 cm³-Motorrad Vampire mit Viertaktmotor und Viergangschaltung und einer Höchstgeschwindigkeit von 110 km/h. Beide Motorräder blieben bis 1956 im Handel. Daneben wurde ein 175 cm³-Rennmotor mit zwei obenliegenden Nockenwellen entworfen, die von zwei Königswellen angetrieben wurden. Das fußgeschaltete Getriebe hatte fünf Gänge. 1957, inzwischen hatte sich F.B.M. als Hersteller von Einbaumotoren aller Hubraumgrößen einen Namen gemacht, offerierte die Firma den P4 mit 48 cm³, Zweiganggetriebe und Kettenantrieb, den 48 cm³-P3 und den 75 cm³-P75 mit Dreiganggetriebe, sowie einen 150 cm³- Einzylinder-Viertaktmotor mit Vierganggetriebe, dessen Ventile über Stoßstangen und Kipphebel gesteuert wurden. Ähnlich konstruiert war der 125 cm³-Viertaktmotor des folgenden Jahres. 1957 änderte sich der Firmenname in FB Minarelli.

FB Minarelli

FB Minarelli, aus der alten Firma F.B.M. hervorgegangen, konnte sich in den 60er Jahren wachsende Marktanteile sichern. Das Werk vertrieb Motoren für Mopeds und kleine Motorräder. Der P4, ein 4 PS starker 48 cm³-Zweitaktmotor, wurde weiterhin produziert. 1963 kam der P1 hinzu, ein getriebeloser Motor mit automatischer Kupplung. 1967 erschien der ganz neu konzipierte Motor 160, der es mit 158 cm³ Hubraum auf eine Leistung von 10,5 PS bei 6000 U/min brachte und für eine Höchstgeschwindigkeit von 110 km/h sorgte. Der V1, ein für Minibikes bestimmter 50 cm³-Zweitaktmotor mit einem liegenden Zylinder, einem Gang, automatischer Fliehkraftkupplung und Kettenantrieb, stammte aus dem Jahr 1969. Ein Jahr später gelangten weitere Motoren ins Angebot: der V2 (liegender Zylinder, Automatikkupplung und -getriebe, 50 cm³ Hubraum), der P1 (geneigter Zylinder, ein Gang, Automatikkupplung, 50 cm³ Hubraum), der P6 (geneigter Zylinder, Sechsganggetriebe), der dem P1 ganz ähnliche EZ, der W3 (Dreiganggetriebe, 50 cm³ Hubraum) und letztlich der 175er mit Vierganggetriebe. Bei diesen Motoren handelte es sich ausnahmslos um Zweitakter.
1966 entwickelte FB Minarelli einen Zweitaktmotor mit 60 cm³ für Privatfahrer. Er lieferte 9 PS bei 10000 U/min, das Verdichtungsverhältnis betrug 11:1. Mit einer auf 73 cm³ erweiterten Version dieses Motors konnte das Werk 1966 in Monza sogar fünf Weltmeisterschaftsanwärter schlagen. Über die zehn Kilometer legte die Maschine aus dem Stand eine Höchstgeschwindigkeit von 138,064 km/h vor. 1967 schuf die Firma eine Kleinserie von 50 cm³-Sportmotoren. Zwei Rennmotorräder entstanden: eines mit 50 cm³ (exakt 49,2 cm³) und eines mit 175 cm³. Das kleinere Motorrad mit Rohrrahmen, Teleskopgabel und Schwinge besaß einen membrangesteuerten Motor und ein Vierganggetriebe. Bei einem Verdichtungsverhältnis von 12:1 leistete der Motor 10 PS bei 11000 U/min. Dieser Motor wurde bei der Weltmeisterschaft 1967 eingesetzt. Aus der 160 cm³-Maschine des Vorjahres wurde ein Modell für die 175 cm³-Klasse entwikkelt. Eingebaut war ein 173 cm³-Zweitaktmotor, dessen Einlaßkanal von einer halbautomatischen Einlaßmembran gesteuert wurde. Das Verdichtungsverhältnis betrug 12:1, die Leistung 22 PS bei 9000 U/min. Danach überarbeitete das italienische Werk seine Rennmotorräder. Das Jahr 1969 brachte für Minarelli einige neue Weltrekorde in der 175 cm³-Klasse. Der Fliegende Kilometer wurde mit einer Höchstgeschwindigkeit von 183,81 km/h gemeistert.

Febo

Unter der Typenbezeichnung Febo wurde ein Motorroller vertrieben, der 1949-53 in Spanien gebaut wurde. Er besaß einen Zweitaktmotor mit 125 cm³ Hubraum.

Fechtel

Fechtel war eine kleine Motorradfabrik in Gütersloh, Westfalen, die 1923-25 Motorräder mit 150 cm³-Motoren und mit 198 cm³-Einzylindermotoren von Hansa vertrieb.

Federation

Auch unter dem Namen Federal bekannt, wurden in Birmingham 1931-37 Motorräder in konventioneller Bauart produziert. Meist waren sie mit Zweitakt-Villiers-Motoren mit 147 bis 250 cm³ erhältlich oder mit Viertakt-JAP-Motoren mit 250 bis 500 cm³ Hubraum. Die 1919 gegründete Firma war mit einer Unterbrechung bis 1937 als Motorradhersteller tätig.

Fee

Fee, auch Fairy, hieß das erste in Großserie hergestellte Zweirad: Ein in Bristol 1905-08 gefertigtes Motorrad mit Zweizylinder-Boxermotor. Die frühen Exemplare hatten einen Hubraum von 200 und 350 cm³, spätere verfügten über 680 cm³. Die Fee-Maschinen waren die Urahnen der später so berühmten Douglas-Motorräder. Der Inhaber der Firma, J. Barter, verkaufte die Konstruktionsrechte an W. W. Douglas.

Feilbach Limited

Sitz der amerikanischen Firma Feilbach war Milwaukee in Wisconsin. 1912-15 entstanden verschiedene Einzylinder- und Zweizylindermodelle. Besonders erwähnt werden sollte eine Maschine mit Zweizylinder-V-Motor, die es auf 1130 cm³ Hubraum brachte. Die Zylinder waren achsversetzt. Den Sekundärantrieb gab es in zwei Versionen: nämlich als Kettenantrieb, wie damals üblich, und als Kardanantrieb.

Feminia

Unter dem Markennamen Feminia erschienen zwei französische Motorräder auf dem Markt, deren 100 und 125 cm³-Zweitaktmotoren von Aubier-Dunne und Stainless stammten. Sie wurden 1933-36 hergestellt.

Ferbedo

Der von Ferdinand Betthäuser in Nürnberg-Doos 1953- 55 produzierte Kleinroller Ferbedo wurde von einem 49 cm³-Zündapp-Motor angetrieben. Lange hielt sich der simpel konstruierte Roller nicht auf dem Markt.

Ferrari

Ferrari, ein Konstrukteur aus Mailand, begann seine Karriere als Geschäftspartner von Giovanni Parilla. Eines Tages trennte er sich von Parilla und schuf die eigene Marke. 1953 lancierte er sein erstes Motorrad: die leichte 175-4TS mit einem 174 cm³-Zweizylindermotor mit obenliegender Nockenwelle. Die Maschine entwickelte bei 5500 U/min eine Leistung von 13 PS und kam auf 105 km/h. Bereits 1952 erschien eine 125 cm³-Zweitaktmaschine, die dem damaligen Zweitakter von Parilla nicht unähnlich war. Im Angebot war zudem ein Super Sport genanntes Leichtmotorrad mit 160 und ein Tourenmotorrad mit 150 cm³-Zweitaktmotor. 1955 erschien eine bestens verarbeite 125 cm³-Viertaktmaschine. Die Ventile wurden über Stoßstangen und Kipphebel gesteuert. Doch trotz der qualitativ hochwertigen Produkte und breiter Werbekampagnen, die der Firma lebenswichtiges Terrain auf dem Markt verschaffen sollten, mußte das Werk etwa um 1956 geschlossen werden.

Ferraris

Ferraris war eine Mailänder Firma, die 1913 auf verstärkte Fahrradgestelle Peugeot-Motoren montierte, die 2 PS leisteten. Der Antrieb erfolgte über Kette. Die Firma überlebte kein ganzes Jahr.

Fert

1926-29 produzierte die Mailänder Firma Calamida Motorräder, die unter dem Markenzeichen Fert vertrieben wurden. Die 175 cm³-Motoren mit ihren im Zylinderkopf hängenden Ventilen stammten aus eigener Fabrikation und saßen in konventionellen Rahmen. Einen außerordentlichen Bekanntheitsgrad erreichte diese Marke nie.

F.E.W.

Die 20er Jahre erlaubten keine Abweichungen von der Norm. F.E.W., eine englische Firma in Kew Gardens, versuchte es dennoch. 1926 konfrontierte sie die Öffentlichkeit mit dem für damalige Zeiten ungewöhnlichen Modell Paramount Duo, das von einem 980 cm³-Zweizylinder-V-Motor von JAP angetrieben wurde. Es besaß ein separates Getriebe von Sturmey Archer. Der Antrieb erfolgte über Kette. Die beiden Zylinder standen nicht senkrecht, sie lagen vielmehr waagrecht im Motor. Der Rahmen war offen und beherbergte zwei bequeme Sesselsitze. Ungewöhnlich war auch, daß die Paramount Duo auf jeder Seite des Hinterrads einen Tank besaß. Das Modell fand wenig Absatz, es war zu originell. Manche Chronisten behaupten, die Firma habe 1927-28 500 und 1000 cm³-JAP-Motoren eingebaut, andere wiederum meinen, es seien 498 cm³-Blackburne-Motoren gewesen.

FIAMC

Die Fabbrica Italiana Auto Moto Cicli hatte ihren Sitz in Parma. 1952 schuf sie ein Tourenmotorrad mit einem 125 cm³-Zweitaktmotor und einem im Motorgehäuse integrierten Getriebe. Das Fahrwerk war gefedert und hatte vorne eine Parallelogrammgabel aus Preßstahl. Die 85 kg schwere Maschine kam auf eine Höchstgeschwindigkeit von

Paramount Duo von F.E.W., 1927.

85 km/h. Daneben entstanden Roller mit 12 Zoll-Rädern. Etwa um 1953 stellte FIAMC die Produktion ein.

Fiducia

Mit dem Motorrad Fiducia debütierte die Schweizer Gießerei J. Weber & Co. aus Zürich. Der Motor hatte einen Zylinder und 450 cm³ Hubraum. 1905 verschwand die Marke vom Markt.

Figini & Lazzati

1898 kündigte eine italienische Sportzeitung ein Fahrrad mit eingebautem Motor an, das die unglaubliche Geschwindigkeit von 40 km/h erreichen konnte. Erfunden von Figini und Lazzati, wurde es in der Mailänder Fabrik Luigi Figini & Co. montiert. Meist als Figini bekannt, wurde es in einigen der damaligen Anzeigen – vielleicht irrtümlicherweise – auch als Lazzati bezeichnet, hergestellt in einer Firma namens Lazzati & Co. Sicher ist, daß Figini und Lazzati gemeinsam an dem Entwurf gearbeitet haben und daß sie die ersten in Italien waren, die in vollständig eigener Produktion ein Fahrrad mit Motor bauten.
In einer Stunde Fahrt verbrauchte das motorisierte Fahrrad 0,2 Liter Kraftstoff. Mit einer Leistung von 0,75 PS konnte es – was in der Werbeanzeige besonders hervorgehoben wurde – sogar Steigungen erklimmen. Figini und Lazzati tauften ihr Gefährt Bicicletto, wörtlich „das Fahrrad". Der Motor war im Rahmendreieck mit dem Sattelrohr verschraubt. Die Pedale, die sich bei der Fahrt im Leerlauf befanden, setzten im Motorgehäuse an.
1899 erschien bereits eine weiterentwickelte Version des Bicicletto: Der Motor saß nun etwas höher, aber weiterhin leicht nach hinten geneigt im Rahmendreieck. Die Pedalerie war nicht mehr im Motorgehäuse integriert. Der Antrieb des Hinterrads erfolgte über eine Kette. Die Magnetzündung besaß eine Zündverstellung, die mittels eines Hebels am Lenker betätigt werden konnte.
1906 ging das Motorrad in Serienproduktion, doch schon vier Jahre später wurde das Werk stillgelegt.

Figini & Lazzati mit im Motorgehäuse integrierten Pedalen, 1898.

Fillols

1956 machte eine Neuentwicklung Schlagzeilen in der französischen Fachpresse: der Fillols-Motor. Er sei ein „Eintakter", womit gemeint war, daß die üblichen zwei oder vier Takte eines Arbeitsspiels bei dem Fillols-Motor in einem Hub bewältigt würden. Der Motor hatte einen Zylinder, der von dem französischen Techniker Fillols aus Clotat entwickelt worden war. Patentieren ließ Fillols seine Erfindung schon 1944. Doch elf Jahre vergingen, bis der Motor marktreif war. Fillols Motor, der einem in Mailand von Luigi Nidasio gebauten Motor nicht unähnlich war, bestand im Prinzip aus zwei parallel liegenden Zylindern gleichen Durchmessers. In dem einen Zylinder erfolgten Saugen und Verdichtung, in dem anderen Ausdehnung und Auslaß. Das Gas strömte von dem einen Zylinder über einen Drehschieber in den anderen.

Fimer

Einen konventionell konstruierten Roller stellte 1952 die Firma Fimer aus Mailand vor. Der Motor war ein Zweitakter mit 125 cm³ Hubraum. Später produzierte die Firma eine Luxusversion dieses Rollers und 1953-57 Motorräder mit 125 cm³ Hubraum namens Rondine.

Finzi von 1922.

Finzi

Finzi hieß ein 1923 auf dem Mailänder Salon vorgestelltes Motorrad der Firma Maxima, die ansonsten Zweizylinder-Boxermaschinen herstellte. Es zeigte deutliche Ähnlichkeiten mit der englischen ABC. Der quer eingebaute Motor besaß zwei Zylinder in V-Anordnung mit einem Zylinderwinkel von 36 Grad, gegenüberliegenden Ventilen und aufgeschweißten Zylinderköpfen. Bohrung und Hub ergaben mit 69 mm x 80 mm einen Hubraum von 589 cm³. Die Einscheiben-Trockenkupplung war in das Schwungrad integriert. Das Getriebe mit ständigem Eingriff verfügte über drei Gänge. Das

Fahrwerk bestand aus einem Doppelschleifenrohrrahmen mit gefedertem Sattel und Parallelogrammgabel. Der Sekundärantrieb erfolgte über Kette. Als Bremse dienten Halbnabenbremsen. Vermutlich hat die Firma 1925 ihre Produktion eingestellt.

Fiorelli

Die Fahrrad- und Motorradfabrik Fiorelli Novi Ligure brachte ihr erstes Produkt 1951 in den Handel. Sie präsentierte ein 125 cm³-Motorrad mit Zweitaktmotor und Dreiganggetriebe. Ein Jahr später folgten Sport- und Touren-Versionen, die allerdings nur im Design abgeändert waren. 1953 entstanden verschiedene 175 cm³-Modelle. Gewöhnlich verwendete Fiorelli Ilo-Motoren. Wenig später

stellte das Werk auf die Herstellung von konventionellen Mopeds mit 49 cm³ Hubraum um. Heute produziert es Mopeds und Fahrräder.

Fix

Ursprünglich als Fix Motorrad A.G. selbständig tätig, wurde das Werk später ein Zweigunternehmen der Lloyd Maschinenfabrik GmbH in Bremen, die ihrerseits dem Borgward-Konzern angehörte. Fix konstruierte 1923-26 Leichtmotorräder mit 150 cm³-Zweitaktmotoren und 250 und 350 cm³-Motoren mit seitlich stehenden Ventilen.

F.K.S.

Berlin war in den 20er Jahren Anziehungspunkt für viele originelle Konstrukteure von Zweitaktmotoren. Einer von ihnen war Franz Krause, dessen Firma 1921 den Betrieb aufnahm. Die F.K.S., eine Zweitaktmaschine, entstand 1922. Zunächst war der 147 cm³-Motor über dem Vorderrad montiert, später saß er wie üblich in der Mitte des Rahmens. Neben der F.K.S. war ein weiterer Zweitakter im Angebot, der einen 298 cm³-Zweizylinder-Boxermotor besaß. 1926 stellte das Werk seine Produktion ein.

Flanders

Technik und Design der seitengesteuerten 500 cm³- Flanders waren typisch amerikanisch. Hergestellt wurde sie in Pontiac, Michigan, von einem Automobilhersteller. Der Antrieb erfolgte über Kette. Das Getriebe war fußgeschaltet. Vorne besaß die Maschine – für damalige Zeiten sehr fortschrittlich – eine Teleskopgabel. Von 1911-14 im Handel, kostete sie den stolzen Preis von 175 Dollar.

Flink

Flink nannte sich ein kleines, getriebeloses Motorrad mit 148 cm³ Hubraum, das 1920-22 in München von der Bayerische-Flugzeug-Werke AG vertrieben wurde. Der Motor stammte von Kurier (Hanfland) in Berlin.

F.L.M.

Der Schriftzug F.L.M. zierte den Tank von Motorrädern, die in der Werkstatt der englischen Firma Frank Leach Motors entstanden. F.L.M. unterhielt enge Geschäftsbeziehungen mit der englischen Firma Panther (P.& M.), bei der Frank Leach früher als Konstrukteur tätig gewesen war. Leachs Firma produzierte 1951-53 zwei Zweitaktversionen mit 123 cm³-Villiers- und JAP-Motoren sowie mit 198 cm³-Villiers-Motoren. Beide Versionen besaßen einen Starrahmen und eine Teleskopgabel.

Flottweg

Flottweg, eine Münchner Firma, schuf gleich nach dem Ende des Ersten Weltkriegs ein interessantes Motorrad: Der 119 cm³-Motor (manche Quellen nennen 98 cm³) war über dem Vorderrad vor dem Lenkkopf montiert. Anschließend offerierte das Werk größere und traditionellere Motorräder: Die 200 cm³- Motoren hatten im Zylinderkopf hängende Ventile, während die 350 cm³-Motoren mit seitlich stehenden Ventilen geliefert wurden. 1921 verließ ein 95 cm³-Einzylindermodell das Werk, ein Viertak-

Flottweg von 1919.

ter mit halbautomatischer Schmierung und Kettenantrieb. 1928 wurden Motorräder mit JAP-Motoren ins Angebot aufgenommen. Etwa um 1930 pausierte die Firma gezwungenermaßen, da sie in finanzielle Schwierigkeiten gekommen war. 1935 nahm sie mit einem überarbeiteten 198 cm³-Modell mit hängenden Ventilen einen zweiten, erfolglosen Anlauf. Zwei Jahre später ging der Betrieb an BMW über.

Fly

Kurz nach dem Zweiten Weltkrieg entstand in Brüssel in der auf Behindertenfahrzeuge spezialisierten Werkstatt Ateliers Louis Vits das kleinrädrige Leichtmotorrad Fly. Ein offener Rahmen trug den 98 cm³-Villiers-Motor. Im Handel war das Modell in zwei Versionen: mit Starrahmen und mit Schwingrahmen. Der Motor war vollverkleidet.

Flying-Merkel

Flying-Merkel war seit 1913 eine der ganz großen Marken Amerikas. Die gelb leuchtenden Motorräder entstanden in Middletown, Ohio, in der Werkstatt von Miami Cycle & Mfg Co. 1913 kam eine große Maschine in den Handel, deren Zweizylinder-V-Motor 7 PS leistete. Sie war mit Eingang- oder Zweiganggetriebe und einem elektrischen Starter ausgerüstet. Das Fahrwerk bestand aus einem Federrahmen und der fortschrittlichen Telegabel. Die Rahmenrohre dienten bereits als Ölreservoir.

FM

Das Besondere an der schönen und modernen FM, wie das 1925 in Mailand von den Brüdern Molteni gebaute Motorrad hieß, war der Rahmen. Er war vollständig aus Aluminium gegossen und derart ausgeklügelt, daß er für jede Art von Motor geeignet war. Die ersten Molteni-Maschinen besaßen MAG-Motoren aus der Schweiz, später wurden 348 cm³-Bradshaw - Einzylindermotoren mit Ölkühlung eingebaut. Die Parallelogrammgabel war mit dem Kotflügel aus einem

Der Roller Fly, 1948.

Stück gegossen, ebenso der Benzintank, der mittlere und der hintere Teil des Rahmens (Motorgehäuse und Kotflügel eingeschlossen).
Zeitweise mußte die Produktion unterbrochen werden, dann tauchte ein neues FM-Modell im Handel auf, die Zweitakt-FM 125. 1950 kam der Roller FM T 50 auf die Straßen. Sein Zentralrohrrahmen, in den der Tank, der Scheinwerfer und der Satteltråger integriert waren, war aus Leichtmetall gefertigt. Die Hinterradschwinge war am Zentralrohr des Rahmens befestigt, das sich zu diesem Zweck am Ende gabelte. Der Roller besaß ein handgeschaltetes Dreiganggetriebe, einen Kettenantrieb und brachte es mit seinem 125 cm³-Zweitaktmotor auf eine Höchstgeschwindigkeit von 70 km/h. Entworfen hatten ihn R. Juga und A. Pajaga. 1952 wurde der Roller leicht überarbeitet und blieb dann bis 1954 unverändert im Handel.

F.M.T.

1929 stellten die Brüder Mattarello aus Treviso auf der Messe in Padua ihr Leichtmotorrad F.M.T. vor. Der Motor war ein Zweitakter mit 132 cm³ Hubraum. Das Getriebe gab es als Zwei- und als Dreiganggetriebe. Daneben wurde in den Werkstätten der F.M.T. ein Liebhabermodell entwickelt, dessen Rahmen aus Preßstahl bestand.

Der Roller FM der Brüder Molteni.

Das Leichtmotorrad F.M.T. für Liebhaber, 1928.

FN

Die Firmengeschichte der belgischen Fabrique Nationale d'Armes de Guerre begann 1889. Damals wurden, wie der Name verrät, Waffen hergestellt. Sechs Jahre später gründete die Firma in ihrer Niederlassung in Herstal eine Entwicklungsabteilung, die sich ursprünglich mit der Herstellung von Fahrradrahmen befassen sollte. Doch von den Rahmen war der Schritt zur Konstruktion von motorisierten Zweirädern schnell getan. So reihte sich die belgische Firma bald unter die Pioniere der Motorradherstellung ein.
1901 baute sie ihr erstes motorisiertes Fahrrad. In den verstärkten Rahmen eines Serienfahrrads war ein 250 cm³- Einzylinder-Viertaktmotor eingebaut worden, der über einen Riemen das Hinterrad antrieb. Der Tank hing unter dem oberen Rahmenrohr, an dem weiter vorne die Schalthebel angebracht waren. Aus dem Fahrrad entwickelte sich ein echtes Motorrad: Um den Einzylindermotor senkrecht stellen zu können, war der Rahmen mit einem geriffelten vorderen Rahmenrohr verstärkt worden. Motor und Rahmen wurden in den folgenden Jahren kontinuierlich verbessert. 1904 wurde ein Öltank mit einer mechanischen Ölpumpe geschaffen. Die vordere Gabel erhielt eine Federung, was dem Fahrer das Leben auf den damals wenig komforta-

Einzylinder-FN mit 133 cm^3, 1902.

Militär-FN M12 mit 1000 cm^3.

Der Rennfahrer Wal Handley auf einer FN 500.

blen, teilweise ungepflasterten Straßen deutlich erleichterte.
Aber die wahre Sensation des Jahres 1904 wurde die Vierzylinder- FN, ein Motorrad, das lange Jahre weltberühmt sein sollte. Paul Kelecom war der Schöpfer dieses ersten serienmäßig hergestellten Vierzylinders. Die auffällig verrippten Zylinder waren in Reihe angeordnet. Der Motor hatte 362 cm^3 Hubraum, leistete 4 PS bei 1800 U/min und erreichte eine Höchstgeschwindigkeit von 60 km/h. Ein Getriebe war überflüssig, da der Motor sehr elastisch war. Die Einlaßventile wurden automatisch gesteuert, und der Kraftstoff wurde in einem Spritzvergaser mit konstantem Niveau und zusätzlichem Lufteinlaß zerstäubt. Der Motor war längs in den unten in zwei Trägerrohre geteilten Rahmen eingebaut. Der Antrieb erfolgte bereits über Kardanwelle und lief im Ölbad. Die Zündung besorgte ein Bosch-Hochspannungsmagnet.
Gestartet wurde mit einem Kickstarter, wobei über einen Hebel am Lenker die Ventile zur Starthilfe geöffnet werden konnten. Vorne hatte das Fahrzeug eine Gabel mit Spiralfedern und Gummielement. Das Hinterrad war starr aufgehängt.
FN startete eine riesige Werbekampagne, wobei besonders herausgestrichen wurde, daß das Motorrad eine Weltumrundung überstanden hatte. Ende des Jahres 1904 war es unversehrt in Paris eintroffen. Motor, Rahmen, Getriebe, Bremsen und die Gabel wurden nach und nach verbessert. 1908 erhielt das Motorrad eine Kupplung. R. O. Clark legte bei der Tourist Trophy auf einer FN 5 die 255 Kilometer in vier Stunden und elf Minuten mit einer durchschnittlichen Geschwindigkeit von 58 km/h zurück und errang so den dritten Platz der Mehrzylinderklasse. Dies blieb jedoch der erste und letzte Sieg der FN auf einer Tourist Trophy. Im folgenden Jahr mußte sich Clark erfolglos von der Piste zurückziehen.
1908 gelangte eine 412 cm^3-Einzylindermaschine mit Kardanantrieb in den Handel, die 3,5 PS leistete. Der Einlaß war automatisch geregelt. Das Auslaßventil wurde über eine Stoßstange und einen Kipphebel von einer Nokkenwelle gesteuert. Ein Hebel am Lenker, der mit einer Arretiervorrichtung versehen war, erlaubte es dem Fahrer, die Ventile gleichzeitig zu öffnen und – bei längerer abschüssiger Fahrt – geöffnet zu lassen, ohne den Hebel ständig niederdrücken zu müssen.
Beide FN-Maschinen, die Einzylinder- wie die Vierzylindermaschine, waren solide und sorgfältig konstruierte Motorräder. Auf Wunsch wurden sie ab 1907 mit Getriebe geliefert.
Geradezu vollkommen war das Vierzylindermodell von 1914.

Vierzylindermotor von FN, 1905.

Sein 748 cm³-Motor gab 7 PS her, das Getriebe hatte drei Gänge, ein automatischer Starter erlaubte den Start aus dem Stand, die Pumpe für die Schmierung wurde über den Motor gesteuert.
An der Tourist Trophy von 1914 nahmen zwei FN-Maschinen teil und konnten sich in der 500 cm³-Klasse recht gut behaupten. Sie schafften eine durchschnittliche Geschwindigkeit von 66 und 65 km/h, während das Siegerfahrzeug mit durchschnittlich 80 km/h die Piste entlang gerast war.
Im Ersten Weltkrieg erging es dem Werk nicht anders als vielen anderen Fahrzeugherstellern: Die Produktion mußte unterbrochen werden. Doch schon 1919 verließen die Ein- und Vierzylindermaschinen erneut das Werk. Ein wichtiges Datum in der Firmengeschichte war das Jahr 1923. Man stellte auf Kettenantrieb um. Ein neues Einzylindermodell mit 350 cm³ Hubraum und im Zylinderkopf hängenden Ventilen und ein Vierzylindermodell mit 570 cm³ Hubraum erschienen auf den Straßen. Der Rahmen wurde länger und niedriger, was sich günstig auf Fahrverhalten und Standfestigkeit auswirkte. 1925 wurden als Krönung Luftreifen eingeführt. Doch die Tage der Vierzylinder waren gezählt. 1926 wurde ihre Herstellung eingestellt.
Das 350 cm³-Einzylindermodell M 60 des Jahres 1924 erwies sich mit seiner Spitzengeschwindigkeit von 80 km/h als ebenso schnell wie die beste Vierzylindermaschine. So folgte 1936 die M67, eine 500 cm³-Einzylindermaschine mit im Zylinderkopf hängenden Ventilen, Dreiganggetriebe, Trapezgabel und Satteltank. 1927 war die bescheidenere M 70 fertiggestellt, die einen Zylinder mit seitlich stehenden Ventilen und 350 cm³ Hubraum besaß.
In den 20er Jahren wurden die FNs häufig auf Testfahrten geschickt, bei denen sie ihre Fähigkeit beweisen sollten, in schwierigem Gelände zurechtzukommen. Auf den neuesten seitengesteuerten 350 cm³-Maschinen gelang es im Juni 1927 einer Mannschaft, zu der der Firmenchef persönlich gehörte, etwa 8800 Kilometer in der Sahara zu überwinden – ein Unternehmen, dem sich die algerische Kolonialregierung heftig widersetzt hatte, da sie die Durchquerung der Sahara für unmöglich hielt. 1930 erschien die größere M 90 mit 500 cm³ Hubraum und seitlich stehenden Ventilen. Sie fiel durch ihren silbernen Tank ins Auge, konnte jedoch den 350 cm³-Maschinen nicht den Rang ablaufen, die weiterhin für Schlagzeilen sorgten.
Im Sattel einer FN 350 cm³-Serienmaschine wagte sich eine Frau an die nicht unbedeutende Strecke von Saigon bis Belgien und konnte so ein weiteres Mal die Widerstandskraft und Zuverlässigkeit dieses FN-Modells beweisen. Auch die Geschwindigkeit der Maschine war kein Geheimnis mehr: Im Jahr zuvor hatte sie auf gerader Strecke 170 km/h erreicht, um kurz darauf den Fliegenden Kilometer mit 185 km/h zu durchfahren. Ihre Durchhaltekraft stellte die Maschine 1930 in Nürnberg unter Beweis: Sie stand eine Marathonstrecke über 114 Stunden unbeschadet durch, während derer der Motor nie abgestellt werden durfte. Für den damaligen Stand der Technik war dies eine respektable Leistung.
Auf einer 500er FN startete bei der Tourist Trophy von 1931 der begehrte Fahrer Wal Handley. Handley wurde auf jeder Tourist Trophy als potentieller Sieger gehandelt. Er hatte sich für 1931 auf einer Rudge angemeldet, mit der er die Probefahrten erfolgreich hinter sich gebracht hatte. Doch die Firma FN bekniete ihn, mit einem ihrer Motorräder anzutreten, und die Organisatoren gaben die nötige Erlaubnis. Die Maschine besaß einen Einzylindermotor mit obenliegender Nockenwelle, ein Vierganggetriebe und einen Schleifenrohrrahmen.
Sorgen bereitete der Mangel an Wendigkeit, der sich in den Probeläufen gezeigt hatte. Tatsächlich kamen ernsthafte Zweifel auf, ob diese Maschine den Strapazen eines so langen Wettkampfs gewachsen sei. Nicht zu unrecht – denn Handley hatte eben einen Kilometer der Piste hinter sich gelassen, da mußte er sich schon aus dem Rennen zurückziehen. Nach diesem Scheitern gab die Firma FN jeden weiteren Versuch auf, an der Tourist Trophy teilzunehmen.
Von 1933 bis zum Zweiten Weltkrieg wurden Zweitakter mit 200 und 250 cm³ produziert. Daneben entstand die M 86 S, eine 500 cm³-Einzylindermaschine mit im Zylinderkopf hängenden Ventilen, die sich durch ihre Zuverlässigkeit einen Namen machte. Sie besaß ein fußgeschaltetes Vierganggetriebe und kam später zudem in einer Version namens Supersport mit 600 cm³ Hubraum und in einer Version namens Grand-Prix mit seitengesteuertem Einzylindermotor und 500 cm³ beziehungsweise 600 cm³ Hubraum auf den Markt.
Bei der Namensgebung hatten wichtige Sportereignisse Pate gestanden: 1934 hatte René Milhoux den Geschwindigkeitsweltrekord von 224,019 km/h auf einer 500er Einzylinder-FN aufgestellt. Auch die 1936 fertiggestellte 350 cm³-Einzylindermaschine M 71 mit seitlich stehenden Ventilen brachte Siege ein. In den 30er Jahren hatte die Firma reichlich Trophäen gesammelt, was sie Fahrern wie Pol Dementer, Ted Mellors, René Milhoux und Jules Tacheny zu verdanken hatte. Doch allmählich flossen die Erfolgsmeldungen immer spärlicher, so daß sich das Werk schließlich mit einem Prestigeobjekt seinen guten Namen zurückerobern wollte: Es schuf ein 500 cm³-Modell mit aufgeladenem Zweizylinder-Doppelnockenwellen-Motor. Die 500er war zwar eine schnelle Maschine, doch das reichte nicht. Außer Schnelligkeit waren auch Stabilität, Widerstandskraft und Zuverlässigkeit verlangt – zentrale Eigenschaften, die der neuen FN fehlten.
Kurz vor dem Zweiten Weltkrieg offerierte die Firma ein Gespann mit 1000 cm³ Hubraum und seitlich stehenden Ventilen, das im Krieg eingesetzt wurde. So kehrte die Fabrique Nationale d'Armes de Guerre zu ihrem ursprünglichen Spezialgebiet zurück – besser gesagt, wäre zurückgekehrt, hätten nicht Bomben die Fabrikanlagen völlig zerstört.
Noch während des Wiederaufbaus der Fabrik, der drei Jahre währte, kam die Motorradherstellung wieder in Gang. 1946 rollten die ersten Nachkriegsmodelle vom Band. Aus dieser Zeit stammt die als Type 13 bekannt gewordene 250 cm³-Maschine mit im Zylinderkopf hängenden Ventilen. Es folgten die 350 und 450 cm³-Versionen mit gummigefederter Vorder- und Hinterradaufhängung, die 1953 von einer vorderen Teleskopgabel abgelöst wurde. Die Nachkriegsproduktion war durch eine neue Zielgebung gekennzeichnet. Die Firma konzentrierte sich weniger auf Straßenrennen und Geschwindigkeitsrekorde, ihr Interesse galt nun vor allem dem Moto-Cross.
Anfang der 50er Jahre begann FN Zweitakter zu produzieren, die in den Hubraumgrößen 125, 175 und 200 cm³ angeboten wurden. Und – wie als Hommage an die Vergangenheit – tauchte sogar ein motorisiertes Fahrrad

mit 50 cm³ Hubraum auf. Auf dem Markt von 1958 hatte der 500 cm³-Einzylinder keine Chance. So verlagerte das Unternehmen seinen Produktionsschwerpunkt auf Zweitakter, die kleiner und preiswerter waren. Während sich die Firma vor dem Krieg einen soliden Absatz im Ausland zu sichern wußte, verlor sie nach dem Krieg – vor allem wegen der harten japanischen Konkurrenz – zunehmend an Boden. 1961 blieb nicht mehr als ein einziges 75 cm³-Modell im Handel, das wenig Gewinn einbrachte. So zog sich das belgische Werk 1962 vollkommen aus der Fahrzeugherstellung zurück, um sich wieder ganz der Waffenproduktion und dem Bau von Triebwerken für Düsenflugzeuge zu widmen.

Focesi

Alfredo Focesi muß als Pionier der Fahrradentwicklung angesehen werden. Seine Marke Gloria blieb noch jahrzehntelang unvergessen. Später wandte er sich den motorisierten Zweirädern zu. 1949 baute er das Moped Gloria 3 M mit Dreiganggetriebe und Schwingrahmen. 1953 stieß zu dem Moped, das inzwischen in verschiedenen Versionen angeboten wurde, das Leichtmotorrad Gloria 100 mit Vierganggetriebe und einem 98 cm³-Motor mit im Zylinderkopf hängenden Ventilen. Der Motor saß in einem Zentralrohrrahmen aus Preßstahl. In einer Version als Tourenmaschine hatte das Motorrad vorne eine Teleskopgabel und erreichte 85 km/h, als Sportmaschine mit einer Höchstgeschwindigkeit von 100 km/h hatte es eine Gabel mit Kurzschwinge. Zudem fertigte Focesi ein 48 cm³-Gloria- Leichtmotorrad mit Dreiganggetriebe, dessen liegender Zweitaktmotor an der hinteren Schwinge angebracht war.
In Mailand stellte Focesi 1954 einen 160 cm³-Zweitakter vor, dessen Vorderrad an einer Earles-Gabel mit Kurzschwingen aufgehängt war. 1955 wurde das Mailänder Werk Alfredo Focesi stillgelegt.

Fochj

Die Fochj-Leichtkrafträder erschienen 1954 im Handel. Sie besaßen 100 cm³-NSU-Einbaumotoren. Hergestellt wurden sie in Bologna bei der Firma Reva. 1955 umfaßte das Angebot der Firma Mopeds mit NSU-Quickly-Motoren, Leichtkrafträder mit 100 cm³-NSU-Fox-Motoren und Motorräder mit 250 cm³-NSU-Max-Motoren. Die Motoren waren ausnahmslos Viertakter. 1957 verschwand die Marke Fochj vom Markt.

Follis

Die französische Firma Follis wurde 1903 in Lyon gegründet. Abgesehen von einem interessanten Motorrad, dessen 350 cm³- Einzylindermotor im Zylinderkopf hängende Ventile besaß, produzierte sie vor 1939 Maschinen mit Einbaumotoren von JAP, Python und Blackburne.
Nach dem Zweiten Weltkrieg vertrieb die Firma sehr unterschiedliche Modelle: Leichtkrafträder kamen in den Handel, deren Zweitaktmotoren von Ydral und AMC stammten. Sie wurden in Hubraumgrößen von 125 bis 250 cm³ eingebaut. Daneben entstanden Motorräder mit 170 und 250 cm³-Viertaktmotoren. Nicht zuletzt sind die Mopeds zu erwähnen, die von Motoren verschiedener Marken angetrieben wurden. 1960 schloß Follis die Werkstore.

Fongri

15 Motorradhersteller konkurrierten bereits auf dem italienischen Markt, als Fontana und die Brüder Grignani in Turin ihr eigenes Werk gründeten. Die zukünftige Marke tauften sie Fongri, nach den ersten Silben ihrer Namen.
Das bekannteste Vorkriegsmodell des Turiner Werks war eine Zweizylindermaschine, die mit 494 cm³ Hubraum 5 PS leistete. Sie war mit einer Kupplung und handgeschaltetem Zweiganggetriebe ausgerüstet. Der Sekundärantrieb erfolgte über einen Riemen. Der Boxermotor war längs eingebaut und wurde mit Hilfe einer Handpumpe geschmiert. Die Zündung besorgte ein Zündmagnet.
Als der Erste Weltkrieg zu Ende gegangen war, zögerte das Werk nicht lange und kam mit einem völlig überarbeiteten Angebot auf den Markt: Die innovative 578er Fongri erschien 1919 mit längseingebautem Boxermotor. Erstmals wurden für den Motor Kugellager und Rollenlager verwendet. Die Zündung, die wie bisher von einem Magneten besorgt wurde, war zwischen die beiden Zylinder plaziert und über Zahnräder gesteuert. Vergaser und Ansaugkrümmer waren im Motorgehäuse integriert. Das Getriebe mit ständigem Eingriff hatte drei Gänge. Die Scheibenkupplung besaß Schwingungsdämpfer aus Kork. Primär- und Sekundärantrieb erfolgten über Ketten, die im Ölbad liefen. Ein rechteckiger Tank hing zwischen zwei waagrechten oberen Rahmenrohren. Der Starrahmen war ausgesprochen robust: Die Verbindungen zwischen Steuerkopf und Motorgehäuse und zwischen hinterer Radnabe und Sattel waren mit gebogenen Stützrohren verstärkt worden. Das Vorderrad war gefedert und wurde von einer patentierten, nach vorne gebogenen Gabel geführt. Nur unwesentlich abgewandelt blieb das Motorrad auch 1920 im Programm.
Ein neues Modell einer 575 cm³-Maschine tauchte 1921 auf. Der Motor hatte seitlich stehende Ventile und wurde automatisch geschmiert. Für die Mehrscheibenkupplung wurde Stahl und – wie bei dem Vorjahresmodell – Kork zur Dämpfung verwendet. Geschaltet wurde sie nach amerikanischem System über ein Fußpedal. Das separate Zweiganggetriebe stammte von Sturmey-Archer. Den Antrieb besorgten zwei im Ölbad laufende Ketten. Am Hinterrad befanden sich zwei unterschiedliche Bremsen: eine mit einem Reibungsmaterial beschichtete Stahlbandbremse und eine Halbnabenbremse mit Bronzebacken. Die Maschine lief auf 26-Zoll-Rädern, verbrauchte einen Liter Kraftstoff auf einer Strecke von 33 km und kam auf eine Höchstgeschwindigkeit von 85 km/h.
Die Firmengeschichte des Werkes Fongri ist zum Teil undurchsichtig. Die wenigen Dokumente, die es gibt, sind häufig widersprüchlich. Vermutlich hat sich Fontana nach einer ersten Zeit der Zusammenarbeit verabschiedet, so daß nunmehr die Brüder Grignani die Firmenleitung innehatten. 1921 scheint das Fongri-Werk an die Società Anonima Officine Meccaniche in Ceriano Laghetto übergegangen zu sein, ein Unternehmen, das einem gewissen Gianetti gehört haben soll. Inwieweit sich die Brüder Grignani weiterhin für ihre Marke engagierten, liegt im Dunkeln. Möglicherweise überließen sie zunächst alle weitere Initiative den neuen Produzenten, die vorhatten, die Modelle von Fongri in Großserie herzustellen.
Doch irgendetwas muß schiefgegangen sein, denn gegen Ende des Jahres 1922 wurde die Produktion abgebrochen. Die Marke war jedoch nur scheintot, wie wenige Monate später deutlich wurde, als Eugenio Grignani verkündete, daß sein Motorrad in Kürze wieder auf dem Markt erschiene. So kam es denn auch: Ende 1923 liefen in Grignanis neuen Turiner Fabrikhallen die Maschinen an.
Angetrieben wurde die wiedererweckte 575 cm³-Fongri von einem längseingebauten Boxermotor, dessen beide Zylinder in der Vertikalen um 15 Zentimeter versetzt angeordnet waren. Die Kurbelwelle besaß ein außenliegendes Schwungrad. Abgesehen von dem handgeschalteten Dreiganggetriebe nach hauseigenem Entwurf, glich die Maschine in ihrer Konstruktion dem Erstling von 1919.
1925 wurde der normalen 575 cm³-Maschine ein Luxus-Sportmodell zur Seite gestellt. Die Kolben waren aus Leichtmetall gefertigt, das Fongri-Getriebe im Motor integriert, die Kupplung handgeschaltet und der – nach wie vor oval gehaltene – Zentralrohrrahmen war deutlich eleganter geworden.
Daneben wurde eine 500 cm³-Rennmaschine vorgestellt, die von ihren Vorgängermodellen nur geringfügig abwich. Auch sie hatte die oben beschriebene Zylinderanordnung, im Zylinderkopf hängende Ventile, aufgeschweißte Zylinderköpfe und ein außenliegendes Schwungrad an der Kurbelwelle.
In den folgenden Jahren stützte sich die Firma auf die Produktion und den Verkauf des 575 cm³-Zweizylinder- und des 500 cm³-Rennmodells.
Mit der Pupilla von 1926 baute die Firma ihr erstes Leichtmotorrad: Der starre Rahmen mit Parallelogrammgabel trug einen liegenden 125 cm³-Einzylinder-Viertaktmotor mit außenliegendem Schwungrad an der Kurbelwelle. Geschmiert wurde der

Motor mit Hilfe einer Handpumpe. Das Getriebe hatte zwei Gänge und wurde am Lenker geschaltet. Der Antrieb erfolgte über eine Kette. Vorder- wie Hinterrad waren mit Bremsen ausgerüstet.
Eine neue 500 cm³-Version von 1930 mit wassergekühltem Zweizylinder-Boxermotor sollte das letzte Fongri-Modell bleiben. Das Schicksal ließ sich nicht aufhalten, die Firma sah sich im selben Jahr gezwungen, die Anlagen außer Betrieb zu nehmen.

Fonlupt

Diese französische Firma produzierte 1933-40 Leichtmotorräder, in die Zweitaktmotoren eigener Fertigung eingebaut waren.

Force

Unter der Markenbezeichnung Force kam eine Maschine auf den Markt, die von einem 350 cm³-Einzylinder-Zweitaktmotor angetrieben wurde. Sie wurde 1925-26 in nur geringer Stückzahl von einer kleinen Wiener Fabrik vertrieben.

Forelle

Forelle nannten sich Mopeds, die die Schminke-Werke in Bad Wildungen zwischen 1953 und 1957 herstellten. Sie besaßen 49 cm³-Zweitakt-Einbaumotoren von Ilo und Sachs.

Foroni

1975 gründete Maurizio Foroni in Modena eine Firma. Noch in demselben Jahr stellte er sein erstes Modell vor, ein Klappmoped namens Zucchero. Angetrieben wurde das ausgefallene Gefährt von dem Einzylinder-Zweitaktmotor Morini S5 mit 48 cm³ Hubraum und Automatikgetriebe. Als Anlasser diente ein Kickstarter. Zur Schmierung der Motorteile wurde der Kraftstoff mit vier Prozent Öl gemischt. Vorne besaß das Moped eine mechanische Teleskopgabel, das Hinterrad war starr aufgehängt. Die Zucchero rollte auf 2.50 x 8 Reifen, die mit Trommelbremsen ausgerüstet waren. Klappte man den Zentralrohrrahmen zusammen, war das Moped nur 55 cm hoch, 65 cm lang und 35 cm breit. Es wog 31 kg.
Auch bei mehreren Wettbewerben konnte die Firma Foroni dem Publikum die Qualität ihrer Fahrzeuge vor Augen führen.

Forster

Die Motorradfabrik der Gebrüder Forster war in der Nähe von Zürich angesiedelt. 1921 kam ihr erstes Modell von dem Ingenieur K. Kirschbaum auf den Markt. Es besaß einen 140 cm³-Zweitaktmotor und ein fußgeschaltetes Zweiganggetriebe.

Der Schweizer Forster-Motor, 1925.

Dieses frühe Modell ließ noch einiges zu wünschen übrig. Doch die späteren Maschinen waren deutlich besser ausgeführt. Ein konventioneller Rahmen trug einen 200 oder 250 cm³-Motor, wobei letzterer 9 PS bei 4800 U/min leistete. 1932 schloß das Werk die Tore.

Fortuna

Das Fortuna-Kleinmotorenfahrzeugwerk mit Sitz in Nürnberg produzierte von 1925-28. Es baute vor allem Zweitaktmaschinen mit 150, 175 und 200 cm³ Hubraum. Die Dreikanalmotoren besaßen außenliegende Schwungscheiben. Bekannter wurden die Fortuna-Motorräder nur im süddeutschen Raum.

Forward

Im Trend lagen die Modelle der englischen Firma Forward gewiß nicht. Sie waren nicht einmal zeitlos, sondern schlichtweg antiquiert. Über Jahre hin blieben sie unverändert: extrem leichte 350 und 500 cm³-Maschinen mit seitengesteuerten Zweizylinder-V-Motoren und fußgeschaltetem Getriebe, montiert auf fahrradähnliche Fahrgestelle. Sie waren 1909-15 im Handel.

Fox

Die französischen 100 cm³-Fox-Maschinen wurden von 1931 bis Ende der 40er Jahre hergestellt.

Français Diamant

Diese kleine französische Firma produzierte Anfang der 30er Jahre Zwei- und Viertaktmodelle mit 100 bis 500 cm³ Hubraum.

France

Die 1931-35 in Frankreich hergestellten France-Leichtmotorräder besaßen konventionelle Rahmen und Zweitaktmotoren mit 100 bis 250 cm³ Hubraum.

Franchi

Die Mailänder Firma Franchi begann 1930 – wie so viele der späteren Motorradhersteller – als Ersatzteil- und Zubehörlieferant. 1950 stellte sie ihren Betrieb auf die Herstellung von Motorrädern um. Sie rüstete ihre Leichtmotorräder mit 98 und 150 cm³-Einbaumotoren von Sachs aus.
1954 entstand ein Moped mit einem 50 cm³-Sachs-Motor. 1955 folgten eine 125 cm³-Maschine, sowie verschiedene Dreiradlieferwagen. Gegen Ende des gleichen Jahres offerierte die Firma die leichte 175 cm³-Maschine Gran Sport. In den folgenden Jahren veränderte sich das Angebot nicht wesentlich.

Francis Barnett

Der Vater, Graham Francis, war mit R. H. Lea Inhaber einer Fahrrad- und Motorradfabrik, in der die zu ihren Zeiten sehr berühmten Lea-Francis-Modelle entstanden. Gordon Ingoldsby Francis trat sehr bald in die Fußstapfen seines Vaters. Er und Leas

Lea-Francis mit 592 cm³.

Sohn Norman gehörten der firmeneigenen Trial-Werksmannschaft an, bis der Erste Weltkrieg ausbrach und Gordon in den Krieg zog.
Arthur Barnett, früherer Direktor von Singer, hatte sich 1912 in Coventry selbständig gemacht, wo er Fahrräder und Motorräder der Marke Invicta baute. Arthur Barnett hatte eine Tochter, der die Materie der Zweiräder auch nicht ganz fremd war.
So kam es, daß 1919 eine neue Gesellschaft angemeldet wurde, die Francis Barnett Ltd. – hervorgegangen aus der Heirat von Arthur Barnetts Tochter und Gordon Francis, der Heimaturlaub gehabt hatte.
Ein Standort für Büros und Fabrikanlagen war bald gefunden: Bayliss-Thomas, älteste englische Motorradfabrik und Hersteller der englischen Excelsior-Maschinen, war gerade von R. Walker & Son (Produzent der Marke Monarch) übernommen worden. In die verwaisten, weiten Werkshallen in Coventry zog nun die neue Firma Francis Barnett ein.
Der Frühling 1920 brachte die erste Francis-Barnett mit sich, angetrieben von dem damals so beliebten seitengesteuerten JAP-Motor mit 292 cm³ Hubraum, einer Bohrung von 70 mm und einem Hub von 76 mm. Das Zweiganggetriebe war von Sturmey-Archer, der Sekundäran-

Cruiser mit 250 cm³, 1933.

trieb erfolgte über einen Riemen. Es dauerte nicht lange, da wurde eine neues Modell angekündigt, das mit dem 269 cm³-Villiers-Zweitaktmotor MK II ausgerüstet sein sollte. Verwirklicht wurde die Maschine allerdings erst ein Jahr später.

Daneben ging eine 350 cm³-Francis-Barnett in Produktion mit seitengesteuertem JAP-Motor, Dreigangschaltung und Kettenantrieb.

Im Kreis der Zweitakt-Fans war Fanny-B, wie die Marke liebevoll genannt wurde, bald recht angesehen. Wenngleich viel raffinierter und kostspieliger konstruiert als je ein Invicta-Modell, stand Fanny-B doch in der Tradition Arthur Barnetts. Tatsächlich waren die beiden nominell unabhängigen Firmen nicht nur persönlich aufs engste miteinander verbunden. Die Entwürfe für die Rahmen beider Firmen stammten beispielsweise aus ein- und derselben Feder, was die Produktionskosten spürbar senkte.

Gordon Francis war jedoch weder müßig, noch mangelte es ihm an Ideen. Neben der normalen Produktion arbeitete er an dem Prototyp eines ausgefallenen Supersportmodells, das einen 293 cm³-JAP- Motor tragen sollte. Der Zylinder dieses Motors wies im unteren Teil keinerlei Verrippung auf. Damals noch ganz ungewohnt war der Satteltank. Der Motor erwies sich bei seiner ersten Probefahrt als unglaublich geräuscharm, doch die Produktion folgte nie.

Der Nachkriegsboom war abgeflaut, die wirtschaftliche Situation wurde immer schwieriger. Besonders kleine Hersteller hochwertiger Produkte waren betroffen. Bei Francis Barnett analysierte man weitsichtig die Lage: Die Nachfrage war da, verlangt wurden preisgünstige Produkte. Gordon Francis packte die Gelegenheit beim Schopf und grub einige seiner alten Ideen wieder aus: 1923 stellte er auf dem Londoner Salon seine ersten kostengünstig herstellbaren Dreiecksrahmen vor. Gerade Rohre waren an den abgeflachten Enden schlicht miteinander verschraubt. Sollte einmal ein Rohr beschädigt werden, konnte man es ohne großen Aufwand einfach abschrauben und durch ein neues ersetzen. Das sparte Geld und Zeit.

Obwohl man bei Francis Barnett nicht daran glaubte, daß siegreiche Rennmaschinen die Nachfrage nach Serien-Modellen ankurbeln könnten, fuhren einige Maschinen des Hauses bei Rennen mit. Eine Fanny-B tauchte sogar auf der berühmten Hochgeschwindigkeitspiste von Brooklands auf. Bei einem Bergrennen fuhr George Brough die beste Zeit in der 250er Klasse und die zweitbeste in der 350er Klasse. Eine sehr interessante Straßenrennmaschine wurde für den Fahrer Tommy Meeten entworfen. Der Motor dieser Rennmaschine, der eigens von Blackburne angefertigt worden war, hatte 172 cm³ Hubraum und im Zylinderkopf hängende Ventile. Der Rahmen bestand aus geraden Rohren und war vom Tank bis zu den Pedalen besonders verstärkt. Das Getriebe war vor dem Motorgehäuse angeordnet. Meeten startete auf diesem Motorrad in der 175 cm³-Klasse der Tourist Trophy von 1924, wo er den sechsten Platz erringen konnte.

1926 wurden für die Snowdon- und Ben Nevis-Bergrennen drei Maschinen mit 172 cm³-Villiers-Motoren entworfen. Sie schlugen sich hervorragend. Eine Francis Barnett war zudem die erste englische Maschine unter 200 cm³ Hubraum, die an dem Internationalen Sechstagerennen teilnahm.

Eine glückliche Hand bewies das Werk auch auf dem Gebiet der Tourenmodelle. Viel Zustimmung fand 1927 eine 344 cm³-Tourenmaschine mit stehendem Zweizylinder-Zweitaktmotor von Villiers. Dennoch wurde nur eine begrenzte Stückzahl produziert. Der Überschuß an Rahmen wurde später für das 250 cm³-Einzylindermodell Empire weiterverwendet.

Ende der 20er Jahre verlegte sich das Werk auf eine ganz andere Art der Produktion, es vertrieb Preßstahl. Dabei kam man auf eine sensationelle Idee: In eigenwilligem Gewand präsentierte sich 1933 die 250 cm³-Maschine Cruiser. Der Rahmen besaß einen gepreßten Stahlträger, der den Steuerkopf mit dem vorderen Rahmenrohr verband. Der Unterzug war als Doppelschleife ausgeprägt und aus U-förmig gepreßtem Blech gefertigt. Das hintere Schutzblech umschloß das Hinterrad auf der Vorderseite.

Auch die vordere Gabel bestand aus Stahlblech, der Auspufftopf in abgerundeter Form aus Leichtmetall. Getriebe und unterer Teil des Motors waren in eine abnehmbare Stahlverkleidung gehüllt. Der gefederte Sattel war flach und recht breit und somit sehr bequem. Ohne Abstriche am ungewöhnlichen Aussehen hinnehmen zu müssen, verließen die Cruiser-Motorräder bis 1940 das Werk.

Bis 1935 konzentrierte sich Francis Barnett vor allem auf Zweitakter, dann erschien das kleine Sportmotorrad Stag, das mit 250 cm³ Hubraum eine Höchstgeschwindigkeit von 110 km/h erreichen konnte. Die Ventile des Blackburne-Motors wurden über verschränkt angeordnete Stoßstangen und Kipphebel gesteuert. 1938 stand das Modell Snipe mit 125 cm³ auf den Rädern. Das Powerbike mit 98 cm³ war das erste Leichtmotorrad des Werks.

Bei Ausbruch des Zweiten Weltkriegs plante Francis Barnett die kleine Snipe für den militärischen Gebrauch umzurüsten. Dazu kam es nicht, denn 1940 legten deutsche Bomben Coventrys Stadtkern in Trümmer. Die gewaltigen Werksanlagen von Triumph und die benachbarte Francis-Barnett-Fabrik waren völlig zerstört. Übrig blieb nur die Zweigniederlassung, in der Preßstahl fabriziert wurde. Das reichte wenigstens zum Überleben. Die Produktion der Motorräder mußte jedoch bis 1945 warten. Dann erschienen das Powerbike und etwas später die 125 cm³-Maschine Merlin erneut auf den Straßen.

Nach Arthur Barnetts Ableben im Jahr 1936 wurde der Sohn Eric Generaldirektor. Die Firma wurde der Gruppe Associated Motor Cycles (AMC) angegliedert. In den ersten Jahren schien sich für Francis Barnett wenig geändert zu haben. Doch spätestens gegen Ende der 50er Jahre wurde deutlich, wie eng das Werk mit James zusammenarbeitete, einem weiteren Mitglied der Gruppe. Die Motoren der neuen Zweitakt-Serie mit 175, 199, 249 und etwas später 150 cm³ Hubraum stammten von AMC – zum Verdruß der Firma Villiers, die bisher Hauptlieferant von Francis Barnett gewesen war. Der Name Cruiser wurde wiederbelebt: Light Cruiser hieß ein Modell mit 175 cm³-AMC-Motor. Als Cruiser 80 präsentierte sich Anfang der 60er Jahre eine 249 cm³-Einzylindermaschine, als Cruiser 84 eine Maschine mit mächtigen Schutzblechen am Hinterrad.

Wenngleich die Trial-Wettbewerbe damals von den eindrucksvollen spanischen Maschinen dominiert wurden, machten auch der kleine, aber robuste Francis-Barnett-Scrambler 82 und die Trial 83 der Firma Frankonia alle Ehre. Mit Fahrern wie Arthur Shutt und Ernie Smith im Sattel konnten sich die 250 cm³- Maschinen durchaus sehen lassen.

Diese vielversprechende Zeit fand abrupt ihr Ende: Eric Barnett kam unter die Räder eines Lastwagens, als er wegen einer Autopanne hilfesuchend über die Straße lief. Der tragische Verlust traf die Firma hart.

Ein letzter Hoffnungsträger entstand: die Fulmar. Den Prototyp hatte Bill King entworfen. Die 150 cm³-Maschine besaß eine Preßstahlgabel mit Schwingen und eine geräumige Verkleidung mit viel Stauraum.

Doch die AMC-Gruppe taumelte einer schweren Finanzkrise entgegen. Francis Barnett versuchte sich der Krise zu entziehen und zog nach Greet bei Birmingham, wo James angesiedelt war. Binnen kürzester Zeit waren beide Marken gesichtslos geworden. Individuell war nur noch das Make-up: Die James-Maschinen leuchteten in Rot, die Francis-Barnett in Grün. Die AMC-Gruppe war nicht mehr zu retten, mit ihr gingen Francis Barnett, James und Matchless zugrunde.

Zurück blieb der Traum von der alten, glorreichen Fanny-B. Der Abstieg der englischen Motorradindustrie war vorgezeichnet.

Frankonia

Diese Konfektionsmaschinen mit 150 cm³- und 175 cm³-DKW-Zweitaktmotoren entstanden zwischen 1925 und 1927. Ursprünglich wurden sie in Bierfeld (Sachsen) hergestellt, später in Schweinfurt am Main.

Franks

Kelvin Franks, Leiter eines kleinen Handwerkbetriebs und leidenschaftlicher Trial-Anhänger, schuf eine Kleinserie des interessanten Modells OZ 3.5, das einen membrangesteuerten Rotax- Motor, einen 28 mm-Dell' OrtoVergaser und ein Sechsganggetriebe erhielt. Beide Räder hatten Scheibenbremsen, wobei die Hinterradbremse am Ausgangsritzel des Getriebes saß. Das Hinterrad wurde von einer Monocross-Aufhängung mit progressiv arbeitendem Zentralfederbein geführt. Der Tank hing unter dem Sattel. Mit dem Rahmen aus einer Chrom-Vanadium-Legierung und der Gabel aus Aluminium wog die Maschine 86,6 kg. Der Radstand betrug 1334 mm.

Franzani

Die Franzani-Maschinen entstanden 1923-32 in Nürnberg. Sie wurden zunächst von 283 cm³-Zweitaktmotoren angetrieben, später wurden 198 bis 496 cm³-Einbaumotoren von JAP verwendet, denen obengesteuerte 497 cm³-Einzylinder-Motoren von Küchen folgten.

Freccia Azzurra

Giuseppe Del Bianco entwarf 1951 den schönen Motorroller Freccia Azzurra (Blauer Pfeil), der einen 125 cm³-Zweizylinder-Puch-Motor besaß. Das Getriebe hatte drei Gänge, der Antrieb erfolgte über Kette, das Vorderrad war über eine Teleskopgabel gefedert. 1952 wurde der Roller überarbeitet und erhielt einen 147 cm³-Sachs- Motor sowie ein Vierganggetriebe.

Freco

Ein kleiner Konfektionär aus Hannover, der 1923 in Erscheinung trat, um gleich darauf 1925 wieder spurlos zu verschwinden. Er versah seine Schöpfungen mit 145 und 173 cm³-DKW-Zweitaktmotoren, sowie seitengesteuerten 197 cm³-Runge-Motoren. Seine Sport- und Rennmaschinen besaßen 173- und 247 cm³-Motoren von Blackburne.

Frejus

Die italienische Firma Frejus produzierte ab 1955 Mopeds mit 49 cm³-Zweitaktmotoren von Rex und Sachs, sowie konventionelle Leichtmotorräder mit FB Minarelli-Motoren. In den 60er Jahren baute die Turiner Firma Mofas, Mopeds und Leichtmotorräder, für deren Rahmen sie Rohre oder Preßstahl verwendete. Die Firma existierte bis 1968.

Das Tandemmotorrad von Frera diente dem Transport von Verwundeten.

Zweizylinder-Frera mit um 180 Grad versetzten Kurbelwellenhubzapfen.

Frera

Die italienische Firma Frera, 1906 in Tradate, Provinz Varese, gegründet, war vor dem Ersten Weltkrieg eine der führenden Motorradfabriken Italiens. Anfangs montierte das Werk in Rahmen aus eigener Fertigung NSU-Motoren, die damals mit zu den besten Motoren Europas zählten.

Während die meisten italienischen Motorradhersteller dieser Epoche kleinere Handwerksbetriebe waren, strebte Frera eine Produktion in industriellem Umfang an. Diese Konzeption erwies sich als erfolgreich, so daß Frera bald einen für damalige Zeiten einzigartigen Absatz verzeichnen konnte.

1906-10 produzierte Frera Einzylindermodelle, die 1,25 und 1,5 PS leisteten. Der Antrieb erfolgte über einen Riemen, der von einem Rollenspanner unter Spannung gehalten wurde. Die Zündung besorgte ein Hochspannungsmagnet. Der Benzintank war zylinderförmig. Der Motor saß, leicht nach vorne geneigt, an dem vorderen Rahmenrohr, das vom Lenkkopf zu den Pedalen führte.

Schon sehr bald belieferte Frera die italienische Armee mit robusten 2 PS-Maschinen.

1912 erschienen ein 2,25 und 3,5 PS-Einzylindermodell, die in verschiedener Hinsicht abgeändert und weiterverbessert worden waren: Vorne besaß es eine gefederte Parallelogrammgabel mit Kurzschwingen und Schraubenfedern.

Das folgende Jahr brachte eine Maschine mit stehendem 3,5 PS-Einzylindermotor, der Vorderradgabel des Vorjahres, Getriebe, Kupplung und Riemenantrieb.

Zu Beginn des Ersten Weltkriegs umfaßte das Frera-Angebot überarbeitete Einzylinder- und Zweizylindermodelle. Erstere gab es mit 300 cm³ Hubraum und einer Leistung von 2,25 PS (dies war das einzige Modell mit automatischem Schnüffelventil, alle weiteren besaßen mechanisch gesteuerte Ventile), sowie mit 320 cm³ Hubraum und 2,25 PS (auch als Luxusversion erhältlich), mit 430 cm³ und 4 PS

und 570 cm³-Einzylindermodelle, sowie 793 und 1140 cm³-Zweizylindermaschinen, wobei die Zylinder in V-Form angeordnet waren und bei dem größeren Modell einen Zylinderwinkel von 45 Grad beziehungsweise 60 Grad bildeten. Gewöhnlich erfolgte bei den Maschinen der Primärantrieb über Kette und der Sekundärantrieb über Riemen, nur bei dem großen Zweizylindermodell wurde die Antriebskraft vollständig über Kette übertragen.
1920 wurden neue Maschinen angekündigt. Sie sollten Einzylindermotoren mit einem Hubraum von 320 bis 568 cm³ erhalten, sowie Zweizylinder-V-Motoren in den Hubraumgrößen von 750, 792, 965 und 1135 cm³.
Frera war in den Nachkriegsjahren eine der tragenden Säulen der italienischen Wirtschaft. Mit ihrem weiten Vertriebsnetz

Linke Seite:
Oben: Frera von 1922.
Mitte von links nach rechts: Die handbetätigte Ölpumpe mit Kontrollfenster; der Dynamo für den vorderen Scheinwerfer; der große Metallring, an dem die Bremse greift.
Unten links: Kickstarter und Bremspedal für die Hinterradbremse.
Unten rechts: Lenker mit Brems-, Handgas- und Zündhebel.
Rechte Seite:
Oben: Der Motor der Leonardo Frera mit 175 cm³ Hubraum aus den 30er Jahren.
Unten: Der vordere Karbid-Scheinwerfer; zudem sieht man die beiden Federn der Gabel.

(mit Zweigang- oder Dreiganggetriebe) und mit 570 cm³ und 4 PS (mit dem „train alladeur"-Getriebe von Frera). Die Zweizylindermaschinen wurden hingegen von 795 cm³-Motoren angetrieben. Ihre Leistung betrug 6 PS. Ansonsten waren die beiden Modelle ganz ähnlich konstruiert.
Die meisten Frera-Maschinen waren so konzipiert, daß sie sich problemlos für militärische Zwecke umrüsten ließen. Bei Bedarf lieferte Frera zudem Anhänger. Die Rahmen der größeren Maschinen besaßen von vornherein die dazu nötige Anhängerkupplung.

Die Firma Frera verdankt ihren Aufstieg nicht zuletzt ihrem Engagement im militärischen Bereich. Während die von der deutschen Wehrmacht eingesetzten BMW- und Zündapp-Maschinen eigens für militärische Zwecke ausgelegt waren, verbargen sich unter dem grünen Lack der italienischen Motorräder gewöhnlich ganz normale Maschinen. Die Firma Frera begann jedoch schon 1915, spezielle Militärmaschinen zu entwerfen.
Die normale Produktion während des Ersten Weltkriegs entsprach etwa der von 1915. Im Handel waren 300, 320, 430

konnte die Firma im ganzen Land einen Service anbieten, den sich kein anderer Motorradhersteller leisten konnte, was die Verkaufszahlen deutlich hob. Die 1135 cm^3-Zweizylindermaschine war 1920 noch im Angebot. Für den Gebrauch mit Seitenwagen entwickelt, hatte sie zusätzlich zu den drei Vorwärtsgängen einen Rückwärtsgang, der dem Gespann das Manövrieren erleichtern sollte. Daneben war eine Rennmaschine mit Dreiganggetriebe im Handel, die von einem stehenden 743 cm^3-Zweizylindermotor mit untenliegender Nockenwelle und im Zylinderkopf hängenden Ventilen angetrieben wurde.
Neu war damals eine Einzylinder-Zweitaktmaschine mit 269 cm^3 Hubraum und Schwunglichtmagnetzündung. Sie wurde 1922 von einem 284 cm^3-Modell abgelöst, nach wie vor ein Zweitakter, jedoch kombiniert mit einem Zweiganggetriebe. 1923 folgte eine neue Version des 1140 cm^3-Modells mit Rückwärtsgang. Eine 495 cm^3- Einzylinder-Rennmaschine mit vier im Zylinderkopf hängenden Ventilen tauchte auf den Rennstrecken auf.
Frera war kein Neuling bei Wettkämpfen, im Gegenteil: 1911, im ersten italienischen Straßenrennen über eine von Unwetter verwüstete Strecke von 315 Kilometern fuhr Mario Acerboni in der Kategorie bis 334 cm^3 eine Frera-Maschine zum Sieg. Im Schnitt hatte er 40,429 km/h zurückgelegt. Von 21 Startern hatten nur neun die Zielgerade erreicht. Auch bei anderen Arten des Rennsports war Frera von Anfang an mit leistungsstarken Maschinen vertreten, wie der kleine Fahrer Clemente Merlo immer wieder beweisen konnte. 1925 hatte Frera 600 Arbeiter und verkaufte 2500 Maschinen im Jahr – was für damalige Zeiten nicht gerade bescheiden war. Doch allmählich begann der Niedergang. 1930 war Frera nur noch drittgrößter Hersteller auf dem italienischen Markt, auf dem 35 Firmen miteinander konkurrierten. Ende 1929 gab es Umstrukturierungen in den oberen Etagen Freras: Nachdem sich mittlerweile Corrado Frera aus dem Geschäft zurückgezogen hatte, wurde der neue Präsident der Gesellschaft Emilio Fossio, Generaldirektor Emilio Santini, die technische Leitung übernahm Leonardo Frera. Die Produktpalette wurde überarbeitet und beschnitten. Übrig blieben Leichtmotorräder und Motorräder mit 175, 250, 350 und 500 cm^3 Hubraum mit seitengesteuerten und obengesteuerten Motoren, wobei letztere nur mit 350 und 500 cm^3 geliefert wurden. Interessant war die 500er Raid Confort von 1932 mit Vierganggetriebe, die es auf die Höchstgeschwindigkeit 105 km/h brachte. Vorne besaß sie eine Preßstahl-Parallelogrammgabel, hinten eine Schwinge.
1933 schien das Ende des Werks gekommen, es stellte den Betrieb ein. Doch eine Gruppe von Aktionären mit Paolo Soprani an der Spitze nahm die Produktion erneut auf. Außer drei Modellen mit 175, 250 und 500 cm^3 entstand 1934 eine 120 cm^3- Maschine, die jedoch nie in Serie hergestellt wurde.
1931-34 existierte neben den Frera-Motorrädern die Marke Leonardo Frera: Der Technische Leiter hatte nach Meinungsverschiedenheiten mit der Firmenleitung gekündigt und eine eigene Fabrik gegründet. 1934 verschwanden beide Marken aus dem Handel. 1949 wurde der Betrieb unter Leitung von Leonardo Frera wieder aufgenommen. Einem 125 cm^3-Zweitakter folgten Mopeds und Leichtmotorräder mit 75 und 125 cm^3 Hubraum, deren Motoren von Sterzi aus Brescia stammten. Ende der 50er Jahre wurde das Werk stillgelegt.

Der Transportroller Dynaster von Fuji Heavy Industries, 1955.

Freyer & Miller

Wasser aus Kübeln schüttete es auf der Chicagoer Ausstellung von 1902. Ganz im Sinne des Wortes, denn die Konstrukteure der Firma Freyer & Miller wollten beweisen, daß ihr Motorrad auch bei einer Sintflut unerschüttert zündete. Prüfling war der neue Rotations- Magnetzünder. Er hielt dem Wasserbad tatsächlich stand.
Das amerikanische Motorrad Freyer war eines der ersten, das mit diesem Zündsystem ausgerüstet wurde. Der große Einzylindermotor saß direkt hinter dem Sattelrohr, der Kraftstofftank war zwischen Sattel und Hinterrad montiert. Die letzte Freyer verließ 1905 das Werk in Cleveland, Ohio.

Freyler

Vielversprechend, jedoch technisch noch nicht ausgereift war die österreichische Maschine Freyler. Der 350 cm^3-Einzylindermotor mit Königswelle hatte eine etwas unausgereifte Drehschiebersteuerung. Zur Weiterentwicklung kam es nie: Das Wiener Werk war kaum ein Jahr in Betrieb, als es 1928 die Tore schließen mußte.

Frischauf

Wieder ein Fahrradhersteller, der sich dem Motorradbau zuwandte: Das Fahrradhaus Frischauf aus Offenbach produzierte 1930-31 wenige Exemplare einer Maschine mit 200 und 500 cm^3 Hubraum. Die Motoren stammten von JAP, Blackburne und Küchen.

Frisoni

Ein vollverkleidetes Zweirad, das sich durchaus sehen lassen konnte, rollte ab 1952 über die italienischen Straßen: Der Roller Frisoni besaß einen 160 cm^3-Zweitaktmotor und ein Viergangetriebe. Der Hersteller in Gallarate baute zudem 123 cm^3-Motorräder mit Zweitaktmotoren von Villiers.

Fubo

Der Motorradhersteller Fuchs & Börner aus Stuttgart produzierte 1923-25 170 und 269 cm^3-Zweitaktmaschinen, deren Motoren nach eigenem Entwurf gefertigt wurden. Daneben entstanden aber auch 247 und 348 cm^3- Modelle mit Blackburne-Motoren.

Fuchs

Der erste Fuchs-Roller mit einem 98 cm^3-Zweitaktmotor entstand 1949 in Mailand. 1952 folgten mit dem gleichen Hubvolumen die beiden Motorroller 98 und 98T, die sich nur wenig voneinander unterschieden: Beide besaßen Sachs-Motoren und Zweiganggetriebe. Neue Modelle ließen bis 1955 auf sich warten: Ein 50 cm³-Roller verließ das Werk, begleitet von der Gazzella, einem 75 cm³- Zweitakter, und leichten Motorrädern mit 125 cm³-Zweitaktmotoren und 150 cm³-Viertaktmotoren. Bei diesem Angebot blieb es, bis 1960 die Produktion eingestellt wurde.

Fuji Heavy Industries

Hervorgegangen war die japanische Firma Fuji Heavy Industries aus der aufgelösten Nkajima Aircraft Company, die 1945 den Betrieb eingestellt hatte. Die für den Fahrzeugbau zuständige Abteilung schuf den Roller Rabbit, dessen Rahmen mit Preßstahl so vollständig verkleidet war, daß man eine Heckklappe anheben mußte, um an den Motor zu gelangen – einen stehenden 200 cm³- Einzylinder-Viertakter mit seitlich stehenden Ventilen. Das Hinterrad wurde über Kette angetrieben und war an senkrecht stehenden Federbeinen aufgehängt.
1955 entstand der Dreiradlieferwagen Dynaster T73A, der über ein Ladevolumen von 200 kg verfügte. Der Viertaktmotor hatte 198 cm³ Hubraum und besaß ein Automatikgetriebe. In demselben Jahr kam das Leichtkraftrad King Dyna auf den Markt, das mit einem 250 cm³-Motor mit im Zylinderkopf hängenden Ventilen und Dreiganggetriebe ausgerüstet war. Vorne hatte es eine Teleskopgabel und hinten Teleskopfederbeine. Wieder in Vollverkleidung erschien der Roller Rabbit S-661 mit 225 cm³-Viertaktmotor; auch hier hingen die Ventile im Zylinderkopf.
Seitlich stehende Ventile und 200 cm³ Hubraum hatte hingegen der Motorroller S 48, ansonsten glich er dem Rabbit S-661, aus dem 1956 der Dreiradwagen Rabbit T7 entwickelt wurde. Der seitengesteuerte Motor verfügte über 222 cm³ Hubraum, drei Vorwärtsgänge und einen Rückwärtsgang. Denselben Motor trug das Modell S 61/III, das eine selbsttragende Verkleidung und eine Gabel mit Kurzschwingen hatte.
Unter der Vollverkleidung des Rollers Rabbit Junior steckte ein 125 cm³-Einzylinder-Zweitaktmotor mit Fliehkraftkupplung und Zweiganggetriebe. Als Radaufhängung dienten eine Gabel mit Kurzschwingen und eine Hinterradschwinge. Das Modell Superflow S 101 besaß einen stehenden 250 cm³-Einzylindermotor, bei dem die im Zylinderkopf hängenden Ventile über Stoßstangen und Kipphebel gesteuert wurden. Das Modell verfügte über ein automatisches Getriebe mit Drehmomentwandler. Die Kette des Sekundärantriebs war verschalt, der Rohrrahmen vollverkleidet. Vorne hatte der Roller eine Earles-Gabel, hinten eine Schwinge, dazu einen geräumigen Stauraum für Gepäck hinter dem Sattel.
Einige Zeit blieb das Angebot unverändert. 1961 kam der Roller Rabbit Minor hinzu und 1963 folgte Rabbit Junior S 301 mit Dreiganggetriebe und elektrischem Anlasser. Der Rabbit Minor brachte es mit seinem 90 cm³-Einzylindermotor auf eine Höchstgeschwindigkeit von 75 km/h, während der 125 cm³-Zweitaktmotor des Junior-Modells bei 5800 U/min 7 PS leistete und eine Geschwindigkeit von 90 km/h erzielte.

Fuji Kikai

Das japanische Werk Fuji Kikai kam 1961 mit der Einzylindermaschine Queen Sunlight auf den Markt. In einem mit Preßstahl verschalten Zentralrohrrahmen hing ein 123 cm³- Zweitaktmotor mit Vierganggetriebe und elektrischem Anlasser. Die Maschine erreichte eine Höchstgeschwindigkeit von 90 km/h.

Fuji Motor Corporation

Die Fuji Motor Corporation, wurde 1949 gegründet. Anfang der 50er Jahre produzierte das Werk Gasuden-Motorräder und Zweitakt-Einbaumotoren für Mofas.
Die Gasuden FMC KB besaß einen 246 cm³-Zweitaktmotor mit zwei Zylindern und ein Vierganggetriebe. Sie erreichte eine Höchstgeschwindigkeit von 120 km/h. Der Rohrrahmen trug vorne eine Teleskopgabel und hinten eine Schwinge mit Teleskopfederbeinen.
Im Prinzip war die Gasuden FMC BE ähnlich konstruiert. Sie besaß jedoch vorne eine Gabel mit Kurzschwingen und verfügte über 125 cm³ Hubraum. Der hintere Teil der Maschine hatte eine Verkleidung mit integriertem Kotflügel. Die Höchstgeschwindigkeit war 95 km/h.
Die Gasuden FB von 1959 besaß einen Verbundrahmen, der einen 199 cm³-Einzylinder-Zweitaktmotor mit Vierganggetriebe trug. Sie lief 110 km/h.
In das Gasuden-Modell GW-III war ein 244 cm³-Zweizylinder-Zweitaktmotor mit Vierganggetriebe eingebaut. Der Rohrrahmen hatte vorne eine Teleskopgabel und hinten eine Schwinge. Die Höchstgeschwindigkeit lag bei 120 km/h. Die Gasuden BC verfügte über 122 cm³ Hubraum, ein Dreiganggetriebe, einen Rohrrahmen, eine Gabel mit Kurzschwingen und eine Hinterradschwinge. 1960 enthielt das Angebot der Fuji Motor Corporation die Gasuden FMC KB und die Gasuden FMC BE.

Fulgor

Die französische Firma Fulgor produzierte 1930-33 vor allem Zweitakter mit 100 cm³ Hubraum.
Unter dem Markenzeichen Fulgor kam daneben in Italien ein Hilfsmotor in den Handel, der 143 cm³ Hubraum besaß und kombiniert mit dem zugehörigen Tank geliefert wurde.

Fusi

Fusi vertrat in Italien die belgische Firma FN. 1932 begann Fusi mit der Produktion des Motorrads Ras mit Burman-Dreiganggetriebe und obengesteuertem 175 cm³-JAP-Motor, beziehungsweise ab 1933 auch mit Motoren italienischer Fertigung. Als Achille Fusi 1932 verstarb, ging die Leitung an Luigi Beaux.
1934 stellte Fusi 250 und 500 cm³-Maschinen mit JAP-Motoren auf die Räder, während das 175 cm³-Modell nun wahlweise mit Fusi- oder JAP-Motor geliefert wurde. Neben den Ras-Maschinen, die 1935 mit JAP-

Fusi 250 cm³ mit obenliegender Nockenwelle, 1939.

Motoren angeboten wurden, entstand ein neuer Prototyp: Der Motor nach eigenem Entwurf hatte 250 cm³ Hubraum und eine obenliegende Nockenwelle.
1936 kündigte das Mailänder Werk an, daß seine Motorräder künftig nicht mehr Ras hießen, sondern unter der Typenbezeichnung Fusi verkauft würden. Zu den Fusi-Modellen des Jahres gehörten die M 250 Sport mit obenliegender Nockenwelle und geneigtem Zylinder, das Tourenmotorrad M 250 Turismo, dessen stehender Motor eine untenliegende Nockenwelle und im Zylinderkopf hängende Ventile besaß, sowie eine 500er Fusi mit Ventilsteuerung und einem oder zwei Auspuffrohren.
1937 erweiterte die Firma ihr Angebot um verschiedene Dreiradlieferwagen mit 500 cm³-Motor. In der Folge liefen auch die Motorräder mit 250 cm³-CF-Motoren unter der Markenbezeichnung Fusi.
1941 stellte das Werk die M25 CFS vor, die einen 248 cm³-Motor mit obenliegender Nockenwelle, ein separates Vierganggetriebe mit Fußschaltung und einen Schwingrahmen besaß. Die Maschine wog 135 kg und erreichte eine Höchstgeschwindigkeit von 110 km/h. Die kräftigere Version M25 CFSS kam auf 135 km/h. Das Fusi-Modell M56 FFS wurde von einem 198 cm³-Motor angetrieben, dessen im Zylinderkopf hängende Ventile wieder über Stoßstangen und Kipphebel gesteuert wurden. Mit einem Gewicht von 160 kg erreichte es 130 km/h Spitze. Diesem Modell folgte die M25 FFT mit seitengesteuertem 248 cm³-Motor, handgeschaltetem separaten Dreiganggetriebe und Starrahmen. Das Gewicht betrug 125 kg, die Höchstgeschwindigkeit 85 km/h. Ähnlich die Fusi M25 FFL mit Vierganggetriebe.
1941 brachte Fusi einen 250 cm³-Dreiradwagen mit seitengesteuertem Motor, einem Ladevolumen von 350 kg und einer separaten Dreigang- Handschaltung. Der 500 cm³-Dreiradwagen hatte im Kopf hängende Ventile und einen Rückwärtsgang.

Fusi 250 von 1953.

FVL von 1929.

Die beiden Modelle M25 CF Sport Lusso und M25 CF Supersport aus den Jahren 1948/49 waren ähnlich konstruiert. Der von CF entworfene stehende 250 cm³-Einzylindermotor war leicht nach vorne geneigt eingebaut. Die Ventile hingen im Zylinderkopf und wurden von einer obenliegenden Nockenwelle gesteuert. Das separate Vierganggetriebe wurde über ein Fußpedal geschaltet. Das Luxus-Sport-Modell kam mit einer maximalen Drehzahl von 6000 U/min auf eine Höchstgeschwindigkeit von 105 km/h, das Supersport-Modell mit 7000 U/min auf 125 bis 130 km/h. Diese Maschine erschien mit einem neuen Rahmen und Teleskopgabel, während bei der Luxus-Sport-Ausführung der alte Schwingenrahmen mit Parallelogrammgabel beibehalten worden war.
Nur im Detail abweichend war die M25 CFS, die 1950 in Produktion ging und 1950-51 in einer überarbeiteten Version vom Band rollte: Die M25 CF SS erreichte bei einer maximalen Drehzahl von 6500 U/min eine Höchstgeschwindigkeit von 125 km/h. Das Vorderrad wurde nach wie vor von einer Parallelogrammgabel geführt.
Außer den Motorrädern schuf die Firma auch das Moped BM, das mit dem Mosquito-Motor von Garelli ausgerüstet war. Fusi schloß 1957 die Tore.

FVL

Der Florentiner Francesco Vincenzo Lanfranchi war Pionier des Motorradsports und -handels. 1903 hatte er einen neuen Weltrekord aufgestellt, 1904 in Dourdan den Fliegenden Kilometer mit durchschnittlich 123,29 km/h zurückgelegt und damit die Schallgrenze von 120 km/h durchbrochen. Dann begann er, in Mailand eigene Maschinen zu bauen.
Die FVL 175 rüstete er zunächst mit einem Viertakt-Moser-Motor aus, den er später durch einen selber entworfenen Motor ersetzte. 1928 hatte Lanfranchi das FVL-Modell 125 Populare im Angebot, das einen Moser-Motor mit im Zylinderkopf hängenden Ventilen und Zweiganggetriebe besaß. Dazu kam die 175er FVL in den Versionen Standard, Standard Lusso und Italia.

Die FVL Standard trug einen Moser-Motor Typ C mit seitlich stehenden Ventilen, kombiniert mit einem separaten Zweiganggetriebe. Die FVL Standard Lusso hatte denselben Motor, jedoch ein Dreiganggetriebe, während der Motor der FVL Italia im Zylinderlopf hängende Ventile besaß. 1929 verwendete Lanfranchi für eine neue 175er FVL einen Motor, der von Bonamore und Forlani entwickelt wurde, die durch ihr Motorrad Fert bekannt geworden waren. Die im Zylinderkopf hängenden Ventile wurden von einer obenliegenden Nockenwelle gesteuert, die in einem gegossenen Hohlraum in dem aufgeschweißten Zylinderkopf lief.
Die Nockenwelle wurde von einer schrägverzahnten Königswelle angetrieben, die ihrerseits durch einen Hohlraum im Zylinder führte und von der Verrippung verdeckt wurde. Das separate Dreiganggetriebe stammte von Sturmey-Archer. 1931 umfaßte die Produktion des Werks verschiedene Modelle mehrerer Hubraumklassen, die mit Drei- oder Vierganggetriebe ausgerüstet waren. Die Marke FVL verschwand 1935 aus dem Handel.

GA

Das Mailänder Werk Casa Brevetti Azzara brachte 1925 unter der Typenbezeichnung GA eine Maschine auf den Markt, die von einem 700 cm³-Motor von Blackburne angetrieben wurde, einen aus Blech gefertigten Rahmen und eine Spezialgabel besaß. Das Getriebe stammte von Burman.

Gaby

Das kleine Motorrad Gaby, das kurz vor dem Ersten Weltkrieg auf den Straßen erschien, stammte aus einer englischen Fabrik, die 1914-15 in Birmingham in Betrieb war. Es besaß einen 269 cm³-Zweitaktmotor von Metro. Im Design war die Maschine sehr konventionell.

GAC

GAC war eine spanische Firma, die im Jahr 1954 in Lizenz das französische „Mobylette"-Moped herstellte.

Gaia

Gebaut wurden die 125 cm³- und 175 cm³-Gaia-Motorräder zunächst in Forno Canavese bei Turin von den Secolari Stabilimenti Meccanici Bertot-Rocca. Später übernahm die Turiner Firma Giuseppe Gaia die Produktion. Die kleinere Maschine besaß einen Zweitaktmotor, während das größere Motorrad von einem Viertaktmotor mit im Zylinderkopf hängenden Ventilen angetrieben wurde, der von dem Schweizer Motorhersteller Moser stammte. Das Getriebe mit verschiebbaren Zahnrädern hatte drei Gänge, zum Anlassen diente ein Kickstarter. Die Höchstgeschwindigkeit dieser Maschine, die auf 100 Kilometer rund zwei Liter Benzin verbrauchte, lag bei 90 km/h. Im Jahr 1931 existierte das 175 cm³-Modell in einer Version mit seitlich stehenden Ventilen. Schon ein Jahr später war die Marke nicht mehr im Handel erhältlich.

Galbusera von 1953.

Galator

Unter der Typenbezeichnung Galator vertrieb im Jahr 1933 in Turin Silvio Gagliacco eine Maschine, die er mit einem 74 cm³- und einem 98 cm³-Sachs-Motor anbot.

Galbai

Galbai hieß eine Schöpfung der Officine Meccaniche Galbai in Tradate. Das Motorrad aus dem Jahr 1921 besaß einen Einzylinder-Zweitaktmotor mit 276 cm³ Hubraum, Mischungsschmierung, Kettenantrieb, Dreiganggetriebe und Schwinggabel. Zum Grand Prix in Monza 1922 trat eine 348 cm³-Zweitakt-Galbai an (mit einer Bohrung von 75 mm und einem Hub von 79 mm). In der 500 cm³-Klasse beteiligte sich eine Zweizylindermaschine. Die Zylinder waren in V-Form angeordnet, der Motor war mit 69 x 69 mm Bohrung und Hub quadratisch ausgelegt und verfügte insgesamt über 492 cm³ Hubraum.
Die Galbai von 1923 erreichte mit einem 301 cm³-Zweitaktmotor eine Höchstgeschwindigkeit von 75 km/h. Das Zweiganggetriebe war mit einer Handschaltung versehen. Zur Schmierung des Motors wurde der Kraftstoff mit sieben Prozent Öl vermischt. Auf Wunsch konnte die Maschine mit einem Bosch-Dynamo geliefert werden, der als Zündmagnet und als Lichtmaschine diente. Ab 1924 vertrieb das Werk ein 350 cm³-Zweitaktmodell, das über ein Zweiganggetriebe verfügte.

Galbusera

Sie wären noch 30 Jahre später aufsehenerregend gewesen, die beiden Maschinen, die den Mailänder Salon von 1938 in Aufregung versetzten. Wenn schon die Konstruktionweise an sich sensationell war, noch sensationeller war der Schriftzug, der den Tank der Maschinen zierte. Da stand nicht etwa der Name einer großen, etablierten Motorrad-Marke, sondern der eines gleichermaßen leidenschaftlichen wie mittellosen Technikers: Galbusera.
Entstanden waren die Maschinen in einer Fabrik, die wenig mehr als eine Werkstatt war, Stück für Stück zusammengeschraubt vom Inhaber persönlich. Angefangen hatte Plinio Galbusera seine Arbeit vier Jahre zuvor, 1934. In Rahmen, die er selber angefertigt hatte, baute er Motoren mit einem Hubraum von 175, 250, 350 und 500 cm³ ein. Die Motoren ließ er sich von Sturmey Archer und Rudge liefern, die separaten Drei- und Vierganggetriebe von Sturmey Archer oder Burman.
Doch Galbusera hatte ein höheres Ziel. Er wollte einen eigenen Motor für seine Maschinen. So wandte er sich an Marama Toyo, einen Freund ägyptischer Herkunft, und überredete ihn, einen Motor zu entwerfen, von dem die Motorradwelt überwältigt sein würde. Und so kam es denn auch, die Fachwelt war begeistert.
Die eine der beiden ungewöhnlichen Maschinen besaß einen 250 cm³-Zweitaktmotor, der quer eingebaut war und vier paarweise in V-Form angeordnete Zylinder mit Köpfen aus Aluminium hatte. Jeder Zylinder verfügte über einen Hubraum von 62,3 cm³, so daß sich insgesamt ein Hubraum von 249,2 cm³ ergab. Ein Kompressor war vor dem Motorgehäuse montiert, während sich das Gehäuse für das Vierganggetriebe dahinter befand.
Noch aufregender konzipiert war die zweite Maschine, die von einem 500 cm³-Achtzylindermotor angetrieben wurde. Im Prinzip bestand er aus zwei miteinander gekoppelten 250 cm³-Motoren, zwischen denen das Vierganggetriebe seinen Platz fand. Jede Vierzylinder-Gruppe besaß eine eigene Kurbelwelle. Die beiden Kurbelwellen rotierten im Gegensinn zueinander, und die beiden Kegelräder am Ende der Kurbelwellen standen im Eingriff mit einem dritten Kegelrad, an dessen Welle die Kupplung angebracht war.
Zu jedem Zylinderpaar gehörte ein Hauptpleuel, das mit dem auf der rechten Seite liegenden Kolben verbunden war. An dem Hauptpleuel war ein weiteres Pleuel befestigt, das mit dem Kolben zur linken Seite verbunden war. Über die Werte der Maschinen ist nicht allzuviel bekannt: Die Achtzylindermaschine soll bei 8000 U/min etwa 28 PS geleistet und eine Höchstgeschwindigkeit von 150 km/h erreicht haben – für einen Motor, der mit einem Kompressor aufgeladen wurde, relativ niedrige Werte.
So könnte man vermuten, das sei der Grund dafür, daß die beiden

Motorräder nie in Serie gingen. Tatsächlich hatte Galbusera jedoch weniger auf hohe Leistung und Schnelligkeit gesetzt, er hatte vielmehr eine gute, zuverlässige Tourenmaschine im Sinn, mit der man weite Strecken in akzeptabler Zeit zurücklegen könnte. Eine Höchstgeschwindigkeit von 150 km/h war damals sehr akzeptabel. An den Maschinen war nichts auszusetzen, es war Galbuseras Finanzkraft, die nicht ausreichte.

Voller Hoffnung, daß ihm das Schicksal irgendwann günstiger gesinnt sein würde, produzierte Galbusera bis zum Zweiten Weltkrieg Dreirad-Lieferwagen mit konventionellen 500 cm³- und 600 cm³-Einzylinder- und 1000 cm³-Vierzylindermotoren mit seitlich stehenden Ventilen. Daneben baute Galbusera 350 cm³- und 500 cm³-Motorräder, die er mit seitengesteuerten Einbaumotoren von italienischen Herstellern versah, meist von MM.

Auch nach dem Krieg gab Galbusera nicht auf: Er fertigte nun Leichtkrafträder mit 125 cm³- und 175 cm³-Sachs-Motoren, die er später durch Villiers-Motoren ersetzte. Eine 200 cm³-Maschine kam hinzu. Anfang der 50er Jahre bot er zudem Viertaktmodelle mit Vierganggetriebe an, die obengesteuerte 250 cm³- und 500 cm³-Motoren erhielten.

Schön, robust und sehr wendig war eine 500 cm³-Straßenrennmaschine, deren im Zylinderkopf hängende Ventile konventionell über Stoßstangen und Kipphebel gesteuert wurden. Der Motor wurde mit Alkohol-Treibstoff versorgt. Auf der Piste behauptete sich die Maschine erfolgreich.

Dennoch – dieses Motorrad blieb eine der letzten Schöpfungen Galbuseras, der ab 1955 zunehmend in finanzielle Bedrängnis geriet, so daß er schließlich die Produktion einstellen mußte. Die beiden innovativen Mehrzylindermaschinen von 1938 gerieten in Vergessenheit. In den 70er Jahren aber setzte sich die V-Anordnung der Zylinder weltweit durch.

Galf Flyer

Das kanadische Motorrad Galf Flyer entstand 1920. Der Motor besaß vier luftgekühlte Zylinder und Kardanantrieb. Zu Hubraum und Anordnung der Zylinder existieren keine präzisen Angaben. Interessant war der Rahmen: Das Gerüst war aus Preßstahl gefertigt und mit Blech vollkommen verkleidet. Beide Räder waren gefedert aufgehängt, und der Sattel war – wie damals bei Modellen mit offenem Rahmen oder Verkleidung üblich – sesselähnlich. Sowohl von der vorderen wie von der hinteren Radnabe führten Schwingen zum Boden der Verkleidung, wo sie angeschraubt waren. Zudem verlief je ein Federelement von der Vorderradnabe zum Lenkkopf und von der Hinterradnabe zum Sattel.

Die kanadische Galf Flyer mit Vierzylindermotor.

Gallmotor

Einen innovativen 42 cm³-Zweitakt-Hilfsmotor mit einem liegenden Zylinder stellte die Firma Gallmotor aus Padua 1954 auf dem Mailänder Salon vor. Der Motor konnte mit Benzin- oder Dieselkraftstoff betrieben werden, das Verdichtungsverhältnis war variierbar. Die Zündung des Kraftstoff-Luft-Gemischs wurde nicht durch einen Zündfunken einer Zündkerze ausgelöst, vielmehr wurde das Gemisch so stark verdichtet, daß es sich selbst entzündete.

Dieser Motor war eine Schöpfung der Techniker Galimberti

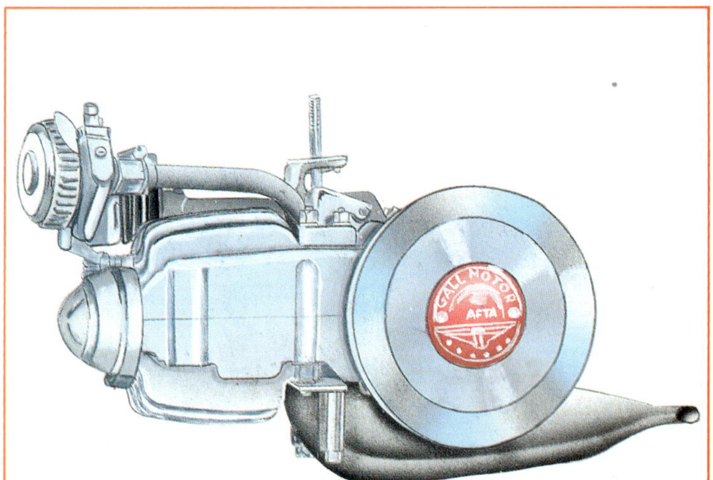

Der Kleinmotor Gallmotor, 1954.

und Chiarini, die ihn drei Jahre lang verschiedensten Tests unterzogen hatten, bevor sie ihn der Öffentlichkeit präsentierten. Eigentlich war er schon 1953 produktionsreif, doch wollten die Konstrukteure den Prototyp noch ein Jahr im praktischen Einsatz studieren, bevor er in Serienproduktion ging. Sie erprobten ihn mit reinem Petroleum, dann mit einer Mischung aus Benzin und Dieselkraftstoff zu gleichen Teilen wie auch in anderen Mischungsverhältnissen und mit reinem Dieselkraftstoff.
Ein wesentliches Charakteristikum des Motors war seine schnelle Demontage: Er konnte in wenigen Minuten mit Hilfe eines Schraubenziehers und zweier Schraubenschlüssel zerlegt werden. Dies ermöglichten zwei durch sechs Schrauben verbundene Stahlschalen, in die sich die verschiedenen Motorelemente problemlos und übersichtlich einfügten. Der Regulierung des Verdichtungsverhältnisses diente eine Schraubmuffe: Zog man sie an, senkte sich der Zylinderkopf, löste man sie, hob er sich. Das Verdichtungsverhältnis konnte so von 8:1 auf 18:1 erhöht werden. Der Zylinder hatte eine spezielle mit Überströmkanälen versehene Laufbuchse. Ein Reibrollenantrieb übertrug die Antriebskraft auf das Rad.

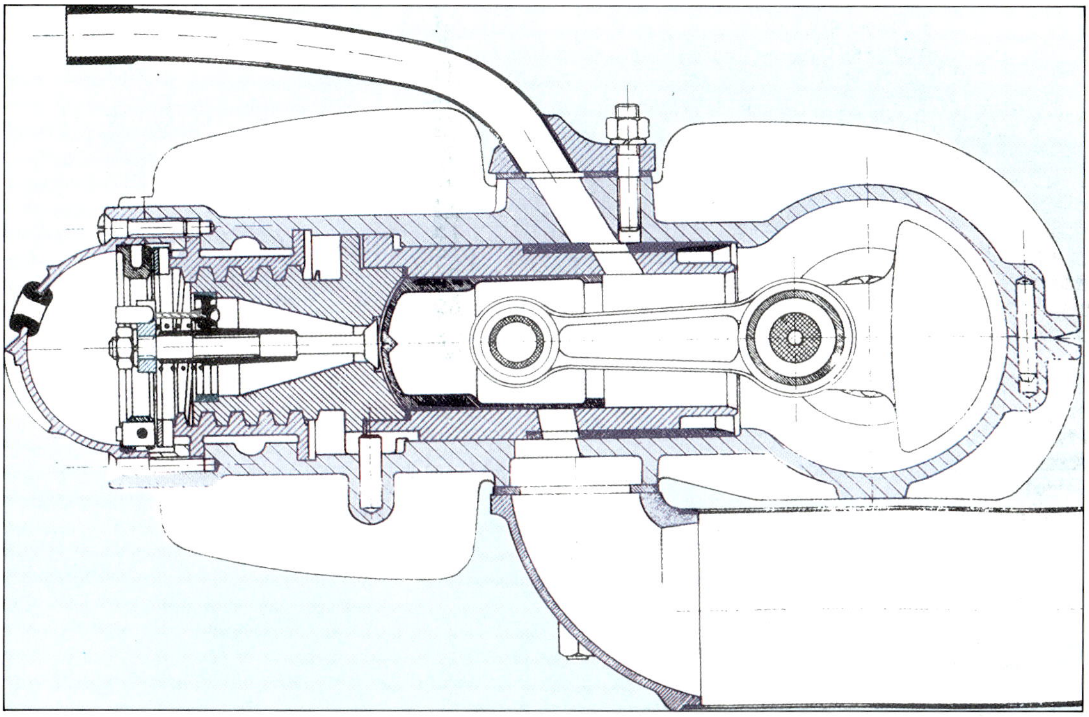

Aufriß des Gallmotors.

Die Fachwelt war hingerissen, doch Gallmotor begann erst zwei Jahre nach der Mailänder Messe mit der Serienproduktion. Da war es wohl zu spät, der erhoffte Absatz blieb aus, und der Motor geriet in Vergessenheit.

Galloni

Er begann als einfacher Arbeiter und endete als namhafter Industrieller, Alberto Galloni, ein Techniker aus Piemont, der ein eigenes Werk in Borgomanero ins Leben gerufen hatte. 1921 stellte Galloni ein 494 cm³-Modell vor: Die zwei Zylinder waren in V-Form angeordnet, die Zylinderköpfe aufgeschweißt. Eine breitflächige Verrippung diente der Kühlung. Die seitlich stehenden Ventile hatten einen großen Durchmesser. Die Pleuel waren auf Rollen gelagert und aus Nickelstahl gefertigt. Der Spezialgußkolben setzte sich aus zwei Segmenten zusammen. Das Getriebe mit verschiebbaren Zahnrädern und drei Gängen befand sich in einem zylindrischen Gehäuse und wurde von Hand geschaltet. Die Räder waren austauschbar.
Die 500er und eine 750er kamen in einer Sport- und Tourenversion ins Angebot: Für Touren gedacht, hatte die 750 cm³-Galloni seitlich stehende, in der sportlicheren Ausführung im Zylinderkopf hängende Ventile. Beide Maschinen hatten in V-Form angeordnete Zylinder und besaßen ein halb im Motorblock integriertes Dreiganggetriebe, eine Metallscheibenkupplung und austauschbare Räder. Gemeinsam war allen Galloni-Maschinen die Federung des Vorderrads, die halbautomatische Schmierung, die Magnetzündung und der Vergaser von Senspray oder von Amal.
1922 offerierte Galloni Maschinen, die sich im Design kaum von den Vorjahresmodellen unterschieden, jedoch einen überarbeiteten Motor hatten. Die Motoren verfügten über einen Hubraum von 500 und 750 cm³, Bohrung und Hub betrugen für die kleinere Ausführung 66 x 73 mm und für die größere 76 x 88 mm. Weitere Konstruktionsmerkmale waren die Leichtmetallkolben, die seitlich stehenden Ventile großen Durchmessers, das Getriebe mit verschiebbaren Zahnrädern und drei Gängen, die Mehrscheibenkupplung und eine Bandbremse am Vorderrad so-

Galloni mit 500 cm³.

Der Motor der Ganna 250 cm³, 1938-40.

wie eine Halbnabenbremse am Hinterrad. Die Parallelogrammgabel mit den kurzen Schwingen am Lenkkopf und den stark geneigten Federn war ein Patent des Hauses.
1923 wurde eine neue Einzylinder-Galloni vorgestellt: Der Rahmen blieb wie gehabt, aber das Design und manche Details hatten sich geändert. Ganz neu war der seitengesteuerte Motor: Bohrung und Hub ergaben mit 81 x 97 mm einen Hubraum von 499 cm³. Die Zylinderköpfe waren aufgeschweißt, die Leistung lag bei 7,5 PS. Geschmiert wurde der Motor halbautomatisch, für die Zündung sorgte ein Bosch-Magnet; der Vergaser stammte von BB beziehungsweise Amal. Das Getriebe hatte drei Gänge. Die Mehrscheibenkupplung bestand aus Stahl und Kupfer und wurde von Hand betätigt. Beide Bremsen, eine Band- und eine Halbnabenbremse, befanden sich nun am Hinterrad.
Im selben Jahr brachte Galloni ein zweites Einzylindermodell auf den Markt, das sich wenig von dem oben beschriebenen unterschied: Es hatte 349 cm³ bei 75 x 79 mm Bohrung und Hub, die Zylinderköpfe waren wieder aufgeschweißt, das maximale Drehmoment fiel bei 3000 U/min an, das Dreiganggetriebe hatte verschiebbare Zahnräder (Galloni-Patent), und die Höchstgeschwindigkeit betrug 75 km/h.
Eine weitere 349 cm³-Maschine tauchte 1924 beim Giro d'Italia auf. Die Zylinderverrippung hatte sich verändert, der Auspuff war neu, die Schmierung wurde, dank einer ebenso neuen mechanischen Pumpe, verbessert. Die Kupplung war fußbetätigt. Das Getriebe hatte wie bisher drei Gänge. Primär- und Sekundärantrieb erfolgten über Kette.
Im November 1924 war auch schon das Angebot für das kommende Jahr marktreif. Viel Neues gab es allerdings nicht, weder im Design noch in der Technik. Der 350 cm³-Motor war überarbeitet worden, beim Tourenmodell hatte er seitlich stehende, in der Sportausführung im Zylinderkopf hängende Ventile. Ein ganz ähnliches Modell verfügte über 250 cm³ Hubraum und hatte anstelle des Dreiganggetriebes zwei Gänge. Auch hier waren zwei Versionen im Angebot, ein seitengesteuertes Modell für Touren und ein etwas größeres sportliches mit hängenden Ventilen.
Gegen Ende des Jahres 1925 kündigte Galloni eine begrenzte Stückzahl von 350 cm³- und 600 cm³-Maschinen an. Der Produktionsschwerpunkt sollte jedoch auf dem Einzylindermodell liegen, das ein Dreiganggetriebe, 250 cm³ Hubraum und im Zylinderkopf hängende Ventile erhalten sollte.
1925 übernahm Virginio Minozzi, ein sehr erfahrener Mann, die kaufmännische Leitung des Werks. Auf Minozzis Rat hin begann die Firma, ihr Verkaufsnetz auszuweiten. 1926 wurden nur noch zwei Modelle (250 und 350 cm³) in Großserie hergestellt, die 500 cm³- und die 600 cm³-Militärmaschinen verließen in begrenzter Stückzahl das Werk. Die Motoren hatten fast ausnahmslos Viertakter mit seitlich stehenden Ventilen; bei der 500 cm³-Super-Sport-Version hingen die Ventile im Zylinderkopf. Die obengesteuerte Galloni Super Sport erschien im Jahr darauf zusätzlich mit 350 und 500 cm³ Hubraum.
Nachdem das Werk kurzzeitig in eine Finanzkrise geschlittert war, stand es 1928 wieder auf festem Boden: Deutlich verbesserte 250 cm³-, 350 cm³- und 500 cm³-Maschinen verließen das Werk. 1929 kam eine neue 175 cm³-Galloni mit seiten- und obengesteuertem Motor. 1931 mußte die Produktion jedoch schließlich eingestellt werden.

Gamage

Hinter der Marke Gamage verbarg sich ein berühmtes Londoner Kaufhaus, das um die Jahrhundertwende herum Motorräder zu vertreiben begann, die es von verschiedenen Fabriken in Birmingham und Coventry produzieren ließ. Hersteller waren beispielsweise Radco, Wolfruna und Omega. Gebaut wurden 269 cm³-Zweitakter sowie 300 cm³-, 350 cm³- und 500 cm³-Einzylindermaschinen mit seitlich stehenden Ventilen. 1924 verschwand die Marke Gamage vom Markt, für deren Name wahrscheinlich ein Londoner Magazin Pate gestanden hatte.

Ganna

Luigi Ganna, geboren 1883 in Iduno Olona in der Provinz Varese, war einer der großen italienischen Radrennfahrer. Nach dem Ersten Weltkrieg begann er, in eigene Rahmen JAP-Motoren einzubauen, die er in Lizenz herstellte. Er verwendete 250 cm³-, 350 cm³- und 500 cm³-Motoren mit seitlich stehenden und im Zylinderkopf hängenden Ventilen. Obwohl Ganna nie eine Produktion in industriellem Maßstab verwirklichen konnte, hatte er sich in den 20er und 30er Jahren einen soliden Ruf erworben, nicht zuletzt dank einiger speziell ausgerüsteter Sportmaschinen. Seine Motorräder galten als hervorragend konstruiert und zuverlässig. Das Ansehen seiner

Marke basierte auf einigen erfolgreich bestandenen Rennen. Während Ganna in den ersten Jahren zu JAP tendierte, verlegte er sich später auf die berühmten Motoren von Python mit 350 und 500 cm³ Hubraum und die nicht minder beliebten Blackburne-Produkte mit 250, 350 und 500 cm³.
Die Firma in Varese erlebte in den 30er Jahren eine besonders fruchtbare Schaffensperiode: Die Produktpalette wurde gänzlich erneuert und um zwei Leichtmotorräder erweitert. Beide verfügten über 175 cm³ Hubraum, das eine besaß einen Motor von JAP mit im Zylinderkopf hängenden Ventilen, das andere einen seitengesteuerten Motor von Blackburne.
In den beiden folgenden Jahren umfaßte die Produktion 175 cm³-, 250 cm³- und 350 cm³-Maschinen mit JAP- und Blackburne-Motoren, die seitlich stehende oder im Zylinderkopf hängende Ventile besaßen und meist mit einem separaten Getriebe von Burman kombiniert waren. 1933 wurde das Angebot um die ersten Python-Rudge-Motoren bereichert, deren vier Ventile im Zylinderkopf hingen.
Ein spürbarer Aufschwung gegen Ende des Jahres machte sich in einem deutlich verbesserten Design und einer gründlich überarbeiteten Technik bemerkbar. Ein neues 500 cm³-Modell mit Vierganggetriebe entstand, das durch seine geradezu klassische Optik bestach. Der Motor war bei Ganna selbst entworfen worden. Die Ventile wurden über eine obenliegende Nockenwelle gesteuert. Die ästhetische Maschine besaß einen Starrahmen mit gefederter Parallelogrammgabel.
In den nächsten Jahren stützte sich die Produktion auf drei 500 cm³- und zwei 250 cm³-Modelle. Zwei der drei 500er wurden von dem Ganna-Motor mit obenliegender Nockenwelle angetrieben, die dritte und die 250er von einem JAP-Motor, der in Lizenz in Italien gebaut wurde. Die neuen Ganna-Schöpfungen hatten ein separates Vierganggetriebe, einen robusten Rahmen und vor allem wieder ein außergewöhnlich schönes Design.
Bis zum Ausbruch des Krieges baute Ganna weiterhin 250 cm³- und 500 cm³-Maschinen, die auf den Modellen von 1936 basierten und immer wieder auf den neuesten Stand gebracht wurden. Das Werk konnte sich bis 1942 auf dem Markt halten, dann jedoch hatte sich die wirtschaftliche Krise in Italien derart zugespitzt, daß der Betrieb eingestellt werden mußte.
Zu den letzten Modellen, die 1941 vorgestellt wurden, zählten eine 250 cm³-Maschine mit im Zylinderkopf hängenden Ventilen, die konventionell über Stoßstangen und Kipphebel gesteuert wurden. Ihre Höchstgeschwindigkeit betrug 110 km/h. Außerdem gab es eine 350er mit seitlich stehen-

Ganna 500 cm³ mit vier Zylindern.

Ganna 175 Sport von 1954.

Ganna 250 mit Parallelogrammgabel.

den Ventilen sowie zwei 500er, von denen die kleinere (exakt 442 cm³) seitengesteuert war und die größere (exakt 482 cm³) im Zylinderkopf hängende Ventile hatte.
Nach dem Krieg wurde die Produktion wiederaufgenommen, wobei allerdings auf Maschinen der mittleren und großen Hubraumklasse wegen zu geringer Nachfrage verzichtet wurde. Gebaut wurden nun 125 cm³- und 250 cm³-Leichtmotorräder, deren Zweitaktmotoren vom österreichischen Hersteller Puch stammten. Puch galt damals als einer der besten europäischen Produzenten von Motoren.
Im Laufe der Zeit, vor allem in den 50er Jahren, erweiterte Ganna das Angebot um verschiedene Mopeds mit Einbaumotoren von Puch und NSU oder italienischen Herstellern. Unverändert vom Band rollten die Leichtkrafträder mit 98 cm³-, 125 cm³- und 175 cm³-Puch- und NSU-Motoren, auch der eigene Motor wurde weiterhin eingebaut. Für die Fahrgestelle verwendete Ganna Ein- und Doppelschleifenrahmen oder Zentralrohrrahmen mit Elementen aus Preßstahl. Die Radaufhängungen variierten je nach Modell: Vorne kam sowohl eine Teleskopgabel wie auch eine Gabel mit Kurzschwingen zum Einsatz, hinten generell Teleskopfederbeine.
Anfang der 60er Jahre beschränkte sich die Produktion in Varese auf Mopeds und Leichtmaschinen mit 175 cm³ Hubraum. In den 70er Jahren zog sich die Firma schließlich ganz aus der Motorradherstellung zurück und begann erneut, Fahrräder herzustellen.

Garabello

Die erste Garabello entstand 1903 in einer italienischen Werkstatt in Alba, entworfen von einem Handwerker namens Francesco Giovanni Garabello, der in einen Fahrradrahmen einen Motor mit stehendem Zylinder und Riemenantrieb eingebaut hatte. 1908 lieferte Garabello 250 cm³- und 500 cm³-Maschinen konventioneller Bauart. Der Kundenkreis war klein, der Absatz auf die Lombardei und Piemont beschränkt. Es gibt wenige Angaben zu den Maschinen und keine Fotografien.
Im Ersten Weltkrieg hielt sich Garabello mit der Herstellung von Motorteilen und Ventilen für Flugzeugmotoren über Wasser. Doch gegen Ende des Kriegs begann er ein neues Projekt: Drei Jahre dauerten Entwurf, Anfertigung des Prototyps und Testfahrten. 1922 war es soweit: Francesco Garabello präsentierte der Öffentlichkeit eine 1000 cm³-Vierzylindermaschine, die berühmt werden sollte.
Das Fahrgestell mit seinem Doppelschleifenrohrrahmen war höchst modern. Das Hinterrad wurde von einer Dreieckschwinge geführt, die an den Unterzügen des Rahmens verschraubt war und von einer großen Feder unter dem Sattel unterstützt wurde.
Der wassergekühlte Motor war längs eingebaut und hatte vier Zylinder in Reihe mit seitlich stehenden Ventilen und einem Hubraum von 985 cm³. Das Kühlwasser zirkulierte in kleinen Rohrschlangen im vorderen Teil des Benzintanks, wodurch gewährleistet war, daß das Wasser immer kühl blieb. Der relativ kleine Kühler saß nicht, wie damals üblich, vor dem Motor, sondern dahinter. Nicht weniger ungewöhnlich war das Dreiganggetriebe, dessen Zahnräder in ständigem Eingriff standen. Der Radantrieb erfolgte über eine Kardanwelle. Das Vorderrad besaß eine Parallelogrammgabel mit luftdruckunterstützten Federn. Am Vorderrad und an der Kardanwelle war je eine Bandbremse angebracht. Zylinder und Zylinderköpfe waren zunächst aus einem Stück gegossen, später, als die Maschine in Serienproduktion ging, wurden jedoch die wesentlich vorteilhafteren getrennten Zylinderköpfe verwendet.
Sie kam gut an, die 1000 cm³-Maschine, und sie wurde gekauft. Doch die Produktionskosten waren so hoch, daß sich Francesco Garabello 1924 gezwungen sah, seine Werkstatt zu schließen.
Ein Jahr später tauchte die Garabello anläßlich der Mailänder Messe wieder auf. Jetzt war sie jedoch nicht in Alba entstanden, sondern in Turin bei der Firma Comini. Die Maschine zeigte sich in leicht abgewandelter Version, doch der Motor war der alte geblieben, mit stehenden Ventilen großen Durchmessers und den getrennten Zylinderköpfen. Die Höchstgeschindigkeit lag in der normalen Ausführung bei 130 km/h, in der sportlichen mit im Zylinderkopf hängenden Ventilen noch höher. Das

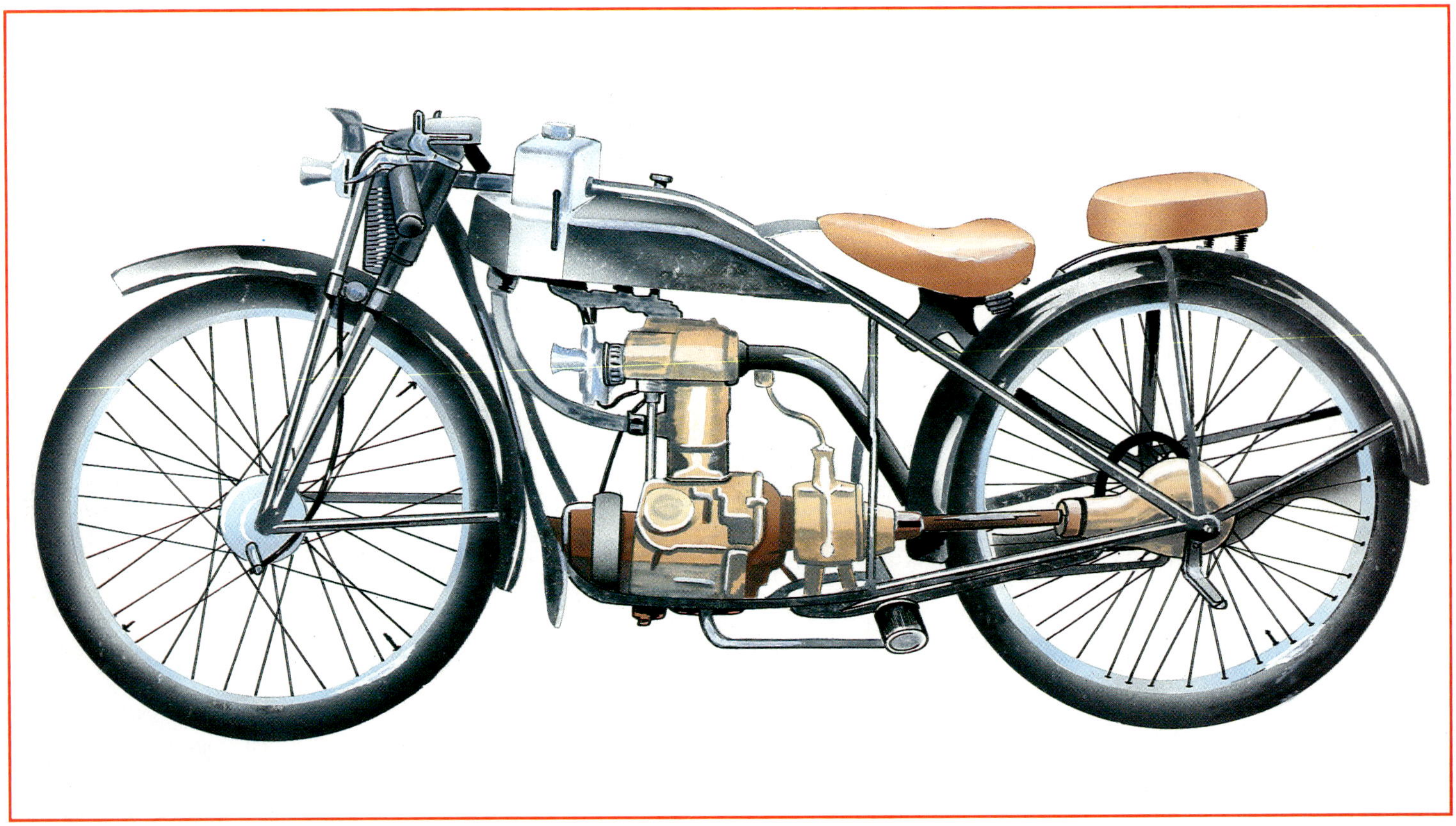

Das Leichtmotorrad Garabello mit 175 cm³, 1929.

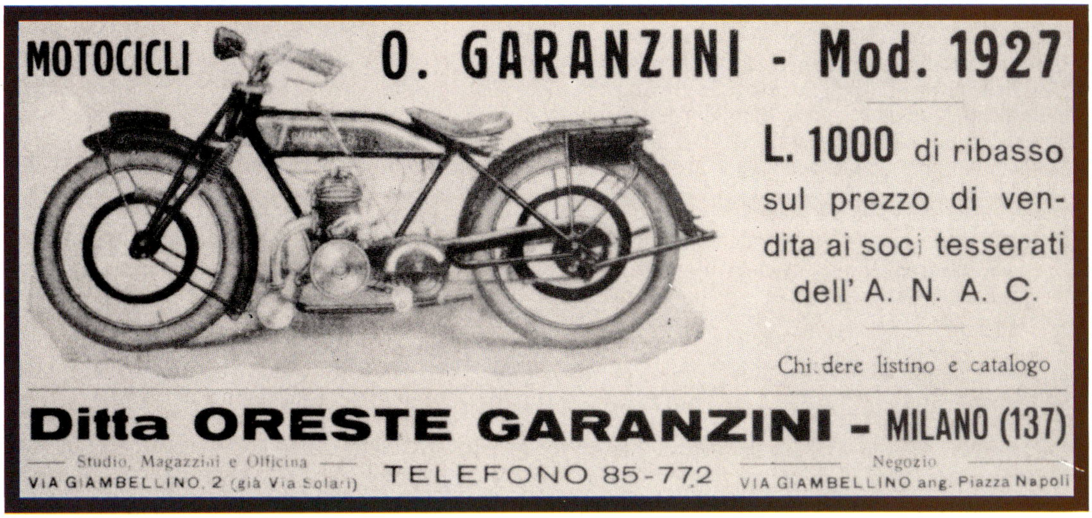

Garanzini-Reklame von 1927.

Garanzini mit 250 cm³, 1926.

Das Einrad Garavaglia, 1903.

Getriebe hatte nach wie vor drei Gänge und befand sich in einem am Motorboden befestigten Gehäuse. Die Maschine besaß eine Konuskupplung und einen Kardanantrieb. In den folgenden Jahren blieb die Garabello im wesentlichen unverändert im Handel.
1927 entand ein neues Modell mit 175 cm³-Einzylindermotor, das allerdings erst 1929 in Serie ging. Zylinder und Zylinderkopf waren aus einer Aluminiumlegierung gefertigt. Der Kühler des wassergekühlten Motors befand sich im vorderen Teil des Benzintanks, was für die Optik der Maschinen nicht unbedingt vorteilhaft war. Das Getriebe mit verschiebbaren Zahnrädern und der Motor waren in Blockbauweise konstruiert. Für die Mehrscheibenkupplung gab es eine Hand- oder Fußbetätigung. Auch diese Maschine hatte einen Kardanantrieb mit zwei Kardangelenken und Kegelantrieb am Hinterrad. Die 175er Garabello fand großen Anklang, doch die Herstellung war nicht billiger geworden, so daß die Firma Anfang der 30er Jahre den Betrieb einstellen mußte.

Garanzini

Oreste Garanzini, Techniker, Rennfahrer und leidenschaftlicher Motorradfan, importierte gleich nach dem Ersten Weltkrieg die englische Maschine Verus nach Italien. Einige 350 cm³-Modelle der Verus rüstete er zu Rennmaschinen um, die er Veros taufte. 1921 gewann Garanzini auf einer Veros zahlreiche Rennen und holte sich den italienischen Meistertitel der 350 cm³-Klasse.
Während die englische Verus aus dem Handel verschwand, wurde die italienische Veros dank der Siege von Garanzini und Virgilio Fieschi immer bekannter. Doch Garanzini gab sich mit seinen Erfolgen nicht zufrieden. Er beschloß, ein eigenes Motorrad auf die Räder zu stellen. 1921 kam er mit zwei Maschinen in den Handel: Die 349 cm³ Sport-Veros besaß einen stehenden, seitengesteuerten Einzylindermotor, eine Marelli-Magnetzündung, halbautomatische Schmierung, den Veros-Vergaser, Kettenantrieb, ein Zweiganggetriebe und vorne eine Schwinggabel. Das zweite Modell war eine ähnlich konstruierte Luxus-Ausführung mit Dreiganggetriebe, großen Rädern und einer im Ölbad laufenden Kette.
1922 kündigte Garanzini die neue Marke Garanzini-JAP an, auch JAP-Garanzini genannt: Ein 350 cm³-Modell mit stehendem Einzylinder-JAP-Motor entstand. Der Name JAP fiel später unter den Tisch, so daß die Maschinen schlicht Garanzini hießen und JAP- oder Blackburne-Viertaktmotoren beziehungsweise Villiers-Zweitaktmotoren trugen.
Im Rennsport hatte sich die Marke Garanzini bald einen Namen erworben. Beim Großen Preis von Monza starteten 1923 zwei 350 cm³-Maschinen mit drei beziehungsweise vier im Zylinderkopf hängenden Ventilen. Beide besaßen JAP-Motoren, Dreiganggetriebe, Scheibenkupplung und Kettenantrieb.

1925 umfaßte das Angebot eine 250 cm³-Einzylinder-Sportmaschine mit im Zylinderkopf hängenden Ventilen, eine 300 cm³-Einzylindermaschine mit seitlich stehenden Ventilen, ein 350 cm³-Einzylindermodell in einer Sport- und einer Luxus-Ausführung mit seitlich stehenden Ventilen und eine 350er Super Sport mit hängenden Ventilen sowie eine Sport- und Luxus-Version eines 500 cm³- und eines 615 cm³-Zweizylinders. Alle Modelle hatten vorne die patentierte Gabel mit vier Federn von Garanzini.
1926 folgten verschiedene Standard-, Sport- und Supersport-Versionen in Hubraumgrößen von 250 bis 680 cm³. Besonders interessant war die 250 CTO mit ihrem ölgekühlten Zylinderkopf und der von einer Königswelle angetriebenen obenliegenden Nockenwelle. Dieses Modell leistete bei 7000 U/min 12 PS. Bei der 250 CTA wurde die Nockenwelle hingegen von einer Kette angetrieben, die den Magneten steuerte, der gleichzeitig als Kettenspanner diente.

In Monza präsentierte Garanzini 1926 ein 175 cm³-Leichtmotorrad mit obenliegender Nockenwelle, das im wesentlichen mit den 250 cm³-Modellen verwandt war. Die 250er erschienen 1927 in zwei neuen Versionen. Zudem entstanden ein 350 cm³-Modell mit seitengesteuertem JAP-Motor, der in einer speziellen Ausführung von Garanzini abgewandelt worden war, 500 cm³-Maschinen mit seitlich stehenden und im Zylinderkopf hängenden Ventilen und eine 680er mit JAP-Motor.
1929 produzierte das Werk verschiedene Modelle mit Zweitakt-Villiers- und Viertakt-JAP-Motoren. Das folgende Jahr brachte wenig Neues. 1931 mußte die Produktion eingestellt werden.

Garavaglia

Kurioses gab es immer wieder in der Fahrzeuggeschichte zu sehen. Das Einrad Garavaglia, das 1904 auf dem Salon in Turin bestaunt werden konnte, war ein besonders vollkommenes Exemplar seiner Gattung. In einem Rad mit zwei Meter Durchmesser war ein stehender Einzylindermotor eingebaut, über dem der Fahrer auf einem Sessel thronte. Über einen Riemen mit Abtriebsritzel und Zahnrad wurde die nach außen gerichtete Seite des riesigen Rads in Bewegung versetzt, während sich die Innenseite mit der Motor-Sessel-Einheit nicht mitdrehte.

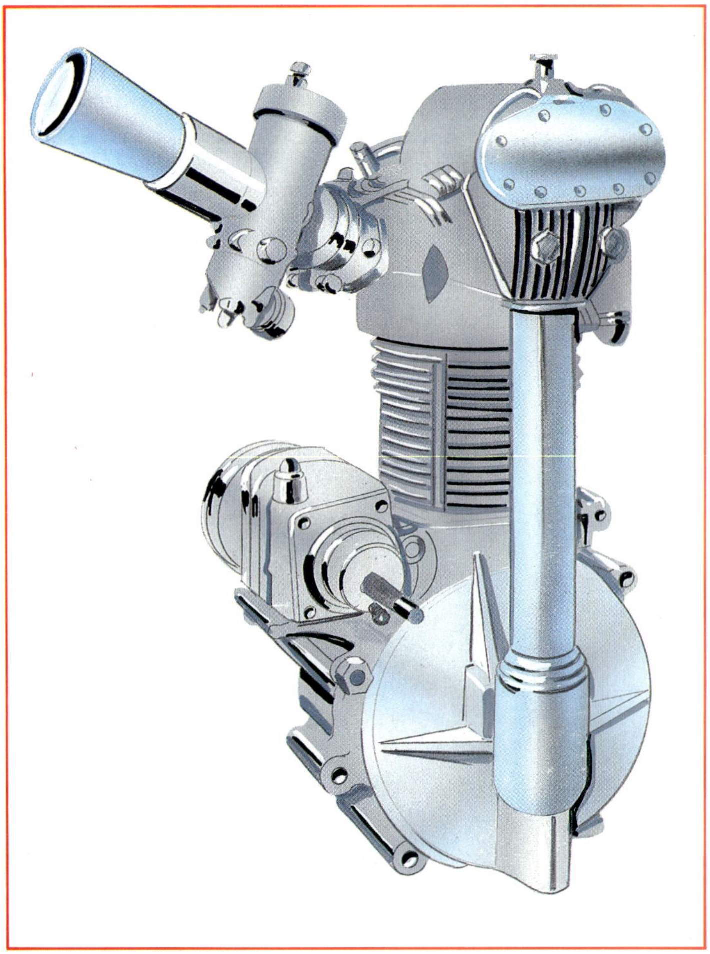

Gayer-Motor aus den 30er Jahren.

Garin

Garin hießen französische Mopeds und 98 cm³-Leichtmotorräder, die in den Jahren 1950 bis 1953 bei dem kleinen Hersteller Ets. Motos Garin in Lyon produziert wurden.

Garlaschelli

Diese italienischen Motorräder, die 1922-27 in Mailand von Angelo Garlaschelli hergestellt wurden, besaßen 65 cm³- und 123 cm³-Zweitakt- sowie 175 cm³-Zweitakt- und Viertaktmotoren mit im Zylinderkopf hängenden Ventilen.

Gassman

Nach dem Zweiten Weltkrieg war das Bedürfnis nach individueller Motorisierung besonders hoch. Es wurden in den Nachkriegsjahren allerorts erschwingliche Roller und Leichtmotorräder angeboten, so auch der Roller Gassman. Anfang der 50er Jahre in der Bundesrepublik hergestellt, wurde er in einer billigen Version mit 98 cm³ Hubraum und Zweiganggetriebe geliefert sowie in einer teureren Version mit 150 cm³ Hubraum und Vierganggetriebe.

Gatti

Viel ist nicht bekannt über die italienischen Gatti-Modelle, die in den Pionierjahren des Motorradbaus 1904-06 in Modena entstanden. Nur in begrenzter Stückzahl produziert, trugen sie in verstärkten Fahrradrahmen zunächst Motoren von De Dion Bouton mit einer Leistung von 1,75 PS. Später wurden dann auch Motoren anderer Marken verwendet.

Gayer

Anfang der 30er Jahre wurde Michael Gayer als Tuner bekannt, an den sich die Spitze der Privatfahrer zu wenden pflegte. Dann machte er sich einen Namen als Hersteller eines Motorrads, das zeigte, welche reichhaltigen Erfahrungen Gayer beim Tuning leistungsstarker Motoren gesammelt hatte. Auffallend war nicht nur die hohe Leistung der Gayer-Maschine, sie war zudem technisch innovativ, sehr robust und äußerst zuverlässig. Bei Rennfahrern war sie bald sehr beliebt. Der 500 cm³-Einzylindermotor besaß eine obenliegende Nockenwelle, die von einer Königswelle angetrieben wurde.

Gazda

Ein origineller Hilfsmotor von 1924, entworfen von dem österreichischen Ingenieur Anton Gazda. Der Einzylinder-Zweitaktmotor verfügte über 147 cm³ Hubraum und einen Kolben, der länger als gewöhnlich war. Durch eine Einlaßöffnung wurde das Gasgemisch in den unteren Teil des Zylinders angesaugt, wo es vorverdichtet wurde. Während bei normalen Zweitaktern, bei denen die Vorverdichtung im Motorgehäuse stattfindet, der Kolben auf der einen Seite geschlossen und auf der anderen, wo das Pleuel ansetzt, offen ist, waren bei dem Gazda-Kolben beide Seiten geschlossen. Das im unteren Teil des Zylinders vorverdichtete Gas strömte über seitliche Überströmkanäle in den oberen Teil, wo der zweite Kolbenkopf die weitere Verdichtung besorgte.
Die Kurbelwelle befand sich an dem Ende des Zylinders, an dem der Brennraum war, und wurde über zwei äußere Pleuel angetrieben. Eine Kette übertrug die Bewegung zum Getriebe, das an der dem Brennraum entgegengesetzten Seite angeordnet war.
Gazda hat sich 1926-27 vermutlich auch im Motorradbau versucht. Bekannt wurde er als Hersteller des Gazda-Federlenkers, der aus Blattfedern bestand.

Gazelle

Kurz vor dem Zweiten Weltkrieg beschloß die bekannte holländische N.V. Gazelle Rijwielfabriek mit Sitz in Dieren, ihre Produktion von Fahrrädern auf Motorräder auszuweiten, die die Markenbezeichnung Gazelle erhielten. In recht traditionelle Rahmen wurden Zweitaktmotoren von Ilo und Villiers verschiedenster Hubraumgrößen eingebaut: mit 80, 100, 120, 125, 145, 148, 196 und 250 cm³. Die gleichen Motoren verwendete die Firma auch für Dreirad-Lieferwagen. Das Werk in Dieren war 1935-58 in Betrieb.

Gazzi

Anfang der 30er Jahre waren 175 cm³-Einzylindermaschinen mit im Zylinderkopf hängenden Ventilen sehr beliebt. Wie so viele kleinere Firmen nutzten auch die italienischen Officine Meccaniche Gazzi den Trend, der dem Werk in den Jahren 1930-32 ausreichend Absatz bescherte. Sitz der Firma war Mailand.

G.B.

Eine recht unkonventionelle Maschine tauchte 1905 auf der Straße auf. An dem extrem langen Radstand und der auffallenden Kühlerschraube an der Seite des Motors war die G.B. auf den ersten Blick zu erkennen. Die Marke kam mit Zweizylinder-V-Motoren von Minerva mit einer Leistung von 3,5, 4,5 und 5,5 PS in den Handel. 1907 stellte die in London ansässige Firma G.B. ihre Produktion wieder ein.

G.D.

Gründung und Namen verdankt die Firma G.D. dem italienischen Techniker Guido Dall'Oglio, der sein Unternehmen jedoch schon drei Jahre später, 1926, einem anderen Inhaber überließ. In der Folge hieß die Marke G.D.-Ghirardi.
Kurz vor dem Wechsel an der Spitze des Unternehmens startete eine 125 cm³-Zweitaktmaschine mit liegendem Zylinder beim Großen Preis von Monza. Das Jahresangebot umfaßte fünf verschiedene Versionen dieses 125er-Modells, die sich in der Bauweise des Rahmens leicht voneinander unterschieden. Bei allen Maschinen war der Einzylindermotor mit einem Zweiganggetriebe kombiniert.
Während das Jahr 1927 wenig Neues brachte, erschien 1928 ein 250 cm³-Modell mit Vierganggetriebe im Handel. Der Motor hatte zwei stehende Zylinder und war in einen traditionellen Doppelschleifenrohrrahmen mit Parallelogrammgabel eingebaut. Wieder verging ein Jahr, ohne daß sich die Produktpalette geändert hätte, dann präsentierte das Werk zwei neue Maschinen mit 175 und 350 cm³ Hubraum. Bei beiden wurden die Ventile von einer obenliegenden Nockenwelle gesteuert. In den folgenden Jahren wurde ein anspruchsloses Modell produziert, das einen Zweitaktmotor mit 100 cm³ Hubraum besaß. Uneinigkeit besteht über die Frage, wann das Werk die Tore schloß. Manche Quellen nennen das Jahr 1938, andere 1943.

G.D. mit stehendem 250 cm³-Zweizylindermotor, 1928.

Géco-Herstal

Der Firmensitz der französischen Etablissements Gérkinet & Co., kurz Géco genannt, lag in Jeumont. Géco war mit der belgischen Firma Gillet in Herstal eng verbunden, produzierte jedoch auch eigene 175 cm³- und 350 cm³-Modelle mit seitlich stehenden Ventilen. Das Werk war 1924-28 tätig.

Geer

Sie zählt zu den ganz frühen Motorradherstellern Amerikas, die Harry R. Geer Company aus St. Louis in Minnesota, obwohl ihre im Jahr 1905 produzierten Ein- und Zweizylinder-V-Modelle eher Fahrrädern mit Motoren glichen als Motorrädern. 1909 wurde der Betrieb eingestellt.

Geier

Ein bescheidener Hersteller, aber nicht ohne Erfolg. Das deutsche Geier-Fahrradwerk, das in Lengerich angesiedelt und 1934 gegründet worden war, versuchte nie, in die Schlagzeilen zu kommen. Es trat weder bei Wettbewerben an, noch startete es Werbefeldzüge. Dennoch konnte es sich lange auf dem Markt behaupten. Geier produzierte einfache und preisgünstige Motorräder mit Einbaumotoren von Sachs und Ilo in Hubraumgrößen von 98 bis 125 cm³. In den 50er Jahren hatte es Leichtmotorräder der mittleren Hubraumklasse und Dreiradwagen im Angebot.

Ge-Ma-Hi

Die Motorräder mit dem originellen Namen Ge-Ma-Hi wurden in den Jahren 1923-28 in Deutschland bei der Marquardt & Hillmann Ge-Ma-Hi AG produziert, die in Magdeburg ansässig war. Anfangs trugen die Maschinen Grade-Zweitaktmotoren, später 147 und 175 cm³ Hubraum Villiers-Motoren.

Gems

Es scheint, als habe die italienische Fabrik Galazzi & Moroni in Mailand nur ein einziges Motorrad geschaffen: ein 269 cm³-Modell, das 1921 in den Handel kam. Die Maschine besaß einen stehenden Einzylinder-Zweitaktmotor mit Magnetzündung, Mischungsschmierung, Kettenantrieb, Zweiganggetriebe und gefederter Gabel.

General-Lucifer

Diesen ungewöhnlichen Namen gab sich eine französische Firma, die 1931-56 tätig war. Hergestellt wurden Motorräder der mittleren Hubraumklasse sowie Modelle mit 49 cm³- und 250 cm³-Motoren, die von Sabb und anderen Produzenten stammten.

Gentil

Das französische Gentil-Werk war in Neuilly ansässig, wo es 1903-05 ein kleines Einzylinder-Moped produzierte. Der Motor war vor den Pedalen liegend eingebaut. Für heutige Begriffe war das Moped in Entwurf und Bauweise recht unorthodox. Gentil brachte später Zweizylinder-V-Maschinen und 98 cm³-Mopeds in den Handel.

George Richard

Motorräder mit Motoren von Minerva, Buchet, Peugeot und Zédel, aber auch aus eigener Fertigung, brachte das französische Werk George Richard 1899-1905 in den Handel. Später wurde aus der Firma die bekannte Automobilfabrik Unic.

Georgia Knapp

Ein interessantes Fahrzeug entstand in den Jahren nach der Jahrhundertwende in Frankreich: Der Motor saß an der Seite des Vorderrads. Die Antriebskraft wurde vom Antriebsritzel direkt auf ein Zahnrad übertragen, das mit Hilfe einer gespannten und einer komprimierten Feder elastisch gelagert war, so daß beim Starten die Stöße des Motors ausgeglichen wurden. Das Ritzel konnte man, falls nötig, mit einem Schraubschlüssel lockern, um das Rad zu befreien.

Geppert

Die deutsche Fabrik Geppert in Magdeburg war ein kleiner Konfektionär, der zwischen 1925 und 1926 Einzylinder-Zweitaktmaschinen in begrenzter Stückzahl produzierte, die von 147 cm³-DKW- und Grade-Motoren angetrieben wurden.

Gerald

Die Etablissements Motos Gerald waren in Paris ansässig, wo sie 1927-30 verschiedene Motorräder in Kleinserie produzierten: Zweitaktmaschinen mit 175 cm³-Aubier-Dunne-Motoren und 250 cm³-JAP-Motoren, deren Ventile im Zylinderkopf hingen, sowie Modelle mit Motoren mit 350 und 500 cm³ Hubraum und obenliegender Nockenwelle von Chaise.

Gerbi

Nicht uninteressant, jedoch kurzlebig waren die italienischen Motorräder der Firma Gerbi in Mailand, die in den Jahren 1952-53 im Handel waren. Sie besaßen Sachs-Motoren mit 98, 125 und 150 cm³ Hubraum.

Gerhart

Schwer zu sagen, wie viele US-Firmen es tatsächlich waren, die Anfang unseres Jahrhunderts versuchten, Vierzylindermaschinen zu bauen, meist ohne Erfolg. Eine von ihnen war die Firma Gerhart, die in ihrer Niederlassung in Summerdale Station in der Nähe von Philadelphia ein im Jahr 1913 entworfenes Vierzylindermodell baute. Der erwünschte Absatz blieb aus, die Herstellungskosten waren zu hoch, so daß 1915 die Produktion eingestellt werden mußte.

Germaan

Mit leichten Rahmen in konventionellem Design erschienen ab dem Jahr 1935 die holländischen Germaan-Maschinen, angetrieben von Zweitaktmotoren in Hubraumgrößen von 50 bis 250 cm³. Geliefert wurden die Motoren von Villiers, Fichtel & Sachs sowie von Ilo. Gegen Ende der 70er Jahre schloß die holländische Fahrradfabrik die Tore.

Germania

Einst berühmt für Web- und Schreibmaschinen der Marke Erika, baute das Dresdner Seidl & Neumann-Werk ab 1902 in Lizenz die Laurin & Klement Slavia, die unter dem Markennamen Germania in den Handel kamen. Die Ein- und Zweizylinder-V-Maschinen leisteten 2,5, 3 und 4 PS. Urspünglich war Slavia eine österreichische Marke, die später an die Tschechoslowakei überging. 1908 stellte das Dresdner Werk die Lizenzproduktion ein.

Gerosa

Die italienische Firma Gerosa wurde 1953 in S. Polo gegründet. Unter ihren ersten Produkten befand sich ein interessantes 175 cm³-Motorrad mit obenliegender Nockenwelle. 1956 entstanden verschiedene 50 cm³-, 75 cm³- und 125 cm³-Versionen. In den folgenden Jahren wurden die Maschinen geringfügig überarbeitet. Es erschien ein 50 cm³-Dreiradlieferwagen mit einem Ladevermögen von 180 kg. 1969 stellte Gerosa ein Minibike vor. Anfang der 70er Jahre lag der Produktionsschwerpunkt auf den konventionellen Mopeds P1, V1, P3 und GT sowie diversen Geländemaschinen mit 50 cm³. So brachte Gerosa etwa die Cross SS, die Cross Corsa CR und die Cross Zündapp ins Angebot. 1974 umfaßte das Programm Jugend-Maschinen wie die Mini Minor, Mini Cross und Cross Corsa Speciale. Die Maschinen Pulce Cross Bimbo, V1 Monotrave, Cross Monotrave und Cross Corsa mit Vier- und Sechsganggetriebe kamen 1975 in den Handel. Neben diesem Produktionsstrang entwickelte das Werk Transportfahrzeuge mit drei und vier Gängen, so etwa die Modelle Folletto und Ciclocarro. 1976 kamen das Moped Pulce Bimbo für die jüngsten Fahrer, das Modell VC und V2 Export hinzu. Neuheiten des Mailänder Salons von 1977 waren eine 50 cm³-Geländesportmaschine mit Minarelli-Radialmotor sowie die kurzhubige Cross 50 mit 30 mm-Vergaser, elektronischer Zündung und einer Leistung von 13 PS. Ein Klappmofa wurde 1978 verwirklicht, während das folgende Jahr wieder Geländemaschinen brachte, wie die Cross Export, die Regolarità Corsa mit sechs Gängen und die Regolarità Zündapp. Daneben waren zwei Modelle für Jugendliche im Angebot, der Pulce Cross Bimbo und der Pulce Junior mit 8 Zoll-Reifen. 1984 wurde das Werk stillgelegt.

Zweizylinder-Giacomasso mit 500 cm³, 1934.

Gerrard

Unter der Markenbezeichnung Gerrard tauchten 1914-15 englische Motorräder mit 269 cm³-Villiers-Motoren auf, die bei Ausbruch des Ersten Weltkriegs wieder aus dem Handel verschwanden. Anderen Quellen nach handelte es sich um Maschinen, die in derselben Zeitspanne in Belgien gefertigt wurden.

Ghiaroni

1966 gründete Efrem Ghiaroni in Italien eine Firma, die drei Jahre später mit ihrem ersten Fahrzeug auf den Markt kam und sich bald gänzlich auf die Herstellung von Mopeds konzentrierte. 1974 weihte Ghiaroni seine neue Fabrikanlage in Vignola in der Nähe von Modena ein, wo sich der heutige Firmensitz befindet. In den 70er Jahren produzierte das Werk Modelle wie Dream, New Deal und Surprise, denen Mopeds für Jugendliche folgten (Bimbo TNT, Bimbo Bip Bip und Klin sowie das Rennmoped Corsa Bimbo Bip Bip).
Das Programm der 80er Jahre enthielt die Modelle New Dream mit einem 50 cm³-Franco-Morini-Motor, Dream Star mit dem gleichen Motor und die Serie Brooklyn, robuste und gut verarbeitete Mopeds mit 50 cm³ Hubraum, Zentralrohrrahmen aus Stahl, hydraulisch gedämpfter Telegabel und verstellbaren, hydraulisch gedämpften Federbeinen. Zur Brooklyn-Serie gehörte auch das Moped Camel, das wie das Brooklyn-Modell Line am Vorderrad mit einer Scheibenbremse ausgerüstet war. Der luftgekühlte, schlitzgesteuerte Motor stammte von Franco Morini, und das Getriebe hatte vier Gänge.

Giacomasso

Viele Firmen der 20er und 30er Jahre beschränkten sich auf ein einziges Modell, um so die Kosten für die Produktion und die Anschaffung von Maschinen möglichst niedrig halten zu können. Ebenso verfuhr das Turiner Werk Giacomasso, das sich 1926 gänzlich auf ein Modell mit 175 cm³ Hubraum konzentrierte. Die Maschine wurde zunächst von einem Zweitaktmotor angetrieben, später von einem Viertaktmotor mit im Zylinderkopf hängenden Ventilen. 1933 stellte die Firma eine wunderschöne Zweizylindermaschine vor, die mit 489 und 595 cm³ Hubraum geliefert wurde. Die Ventile hingen im Zylinderkopf, das Hinterrad wurde von einer Kardanwelle angetrieben. Trotzdem – 1934 schlug auch dem Turiner Werk die Schicksalsstunde.

Gianoglio

Diese kleine italienische Fabrik produzierte 1932 Mofas mit 70 cm³ Hubraum, über die ansonsten keine weiteren technischen Angaben bekannt sind.

Giant

Giant war wahrscheinlich das erste Nachkriegs-Motorrad, das komplett in Japan hergestellt wurde. Es entstand 1924 in den Murato Iron Works unter Mitarbeit des bekannten Technikers Komasuke Uchiyama.

Gigant

Viele seiner Siege holte sich der Österreicher Martin Schneeweiß auf einer Gigant mit einem 500 cm^3-JAP-Motor. Die Gigant wurde 1934-36 in Kleinserie mit 500 cm^3-, 600 cm^3- und 750 cm^3-Motoren produziert, die seitlich stehende oder im Zylinderkopf hängende Ventile hatten. Sitz der Herstellerfirma Johann Teichert war Wien.

Giguet

Das französische Motorrad Giguet stammte aus einer Firma mit Sitz in St. Denis. Hergestellt wurde es 1903, eingebaut waren Motoren von Minerva und De Dion Bouton.

Gilera

Sie hatte Pedale wie ein Fahrrad, keine Kupplung, kein Getriebe,

Die siegreiche Mannschaft der Sechstagefahrt in Meran, 1931.

Die erste Gilera mit 317 cm^3-Einzylindermotor.

der Hinterradantrieb erfolgte direkt über Riemen. Kurz, sie war fast noch ein Fahrrad, als sie 1909 aus der Taufe gehoben wurde: die erste Gilera. Nur die Reifen waren auffällig dick und ließen das Motorrad erahnen. Schöpfer des Fahrzeugs war Giuseppe Gilera, der ihm einen sehr innovativen Motor mitgegeben hatte: Der Einzylindermotor verfügte über 317 cm^3 Hubraum; die im Zylinderkopf hängenden Ventile wurden über Stoßstangen und Kipphebel gesteuert. Das scheinbare Fahrrad kam damit auf eine Höchstgeschwindigkeit von 105 km/h.

Giuseppe Gilera wurde 1887 im lombardischen Zelo Bouon Persico geboren. Schon früh entdeckte er seine Leidenschaft für Technik im allgemeinen und alles Fahrende im speziellen. Gilera entwickelte sich zu einem Allroundtalent. Er war ein ungewöhnlicher Mann, begnadeter Techniker, genialer Unternehmer, fantastischer Fahrer, Tuner und Tester. Nicht umsonst blieb sein Name 70 Jahre lang mit der großen Motorradfirma in der Lombardei verbunden.

In Mailand richtete Gilera eine bescheidene Werkstatt ein, in der er nach und nach immer ehrgeizigere Projekte verwirklichte.

Nach der 317er Gilera, auf der er als Fahrer einige Erfolge verbuchen konnte, entstanden beispielsweise die Einzylindermaschine Typ A mit quadratisch ausgelegtem 500 cm^3-Motor und die 570 cm^3-Zweizylindermodelle, die es auf eine Leistung von 5 PS brachten. Primär- und Sekundärantrieb erfolgten über Kette.

Sie waren überzeugend, die ersten Gileras, schnell, schlicht konstruiert und somit einfach zu warten, leistungsstark und zugleich preisgünstig. Die Nachfrage wuchs unaufhaltsam, so daß Gilera schließlich ein größeres Werk in Arcore in der Nähe von Monza eröffnete. Die Produktion konnte hier allerdings erst nach dem Ersten Weltkrieg aufgenommen werden.

Wenngleich nun in industriellem Maßstab produziert wurde, blieb das Werk ein familiärer Betrieb. Neben Giuseppe Gilera wirkten der Bruder Luigi und der Schwager Piero Bernasconi mit. 1925 erweiterte sich die Firma erneut. Die sehr sportlichen Einzylindermaschinen mit im Zylinderkopf hängenden Ventilen und die Zweizylinder wurden bald aufgegeben und 1920 durch 500 cm^3- und später 350 cm^3-Einzylindermodelle mit seitlich stehenden Ventilen ersetzt. Diese Maschinen mit Dreiganggetriebe und Kettenantrieb kamen in Sport- und Supersport-Versionen auf den Markt. Die 500er Gilera konnte eine Höchstgeschwindigkeit von 140 km/h erreichen.

1925-30 erschienen einige Modelle mit im Zylinderkopf hängenden Ventilen, die allerdings, für Wettbewerbe reserviert, nicht im Handel erhältlich waren. Bis zum Krieg blieben die meisten Gilera-Modelle seitengesteuert, einschließlich der Militärmaschinen. 1929 wurde ein neuer geschlossener Schleifenrahmen eingeführt. Die Maschinen verfügten über Beleuchtungsanlage und Satteltank.

Anfang der 30er Jahre wurden die Motoren gründlich überarbeitet. Es entstanden kleinere Maschinen mit sparsamerem Kraftstoffverbrauch: die Gilera 175 sowie die Gilera 220. Dreiganggetriebe und Motor waren in Blockbauweise ausgeführt. Ab 1936 war die 250 cm^3-Klasse die weitaus gefragteste. Das Motorrad Sirio und das Lieferdreirad Urano gehörten dieser Hubraumklasse an.

Die Schnelligkeit der Gilera-Maschinen war sehr früh kein Geheimnis mehr. Die 500er mit ihrer Höchstgeschwindigkeit von 130 km/h war unschlagbar. Doch die Firma wollte die Öffentlichkeit auch von der Robustheit und Zuverlässigkeit ihrer Schöpfungen überzeugen. So wurden die seitengesteuerten 500er zu den berühmten Sechstagerennen geschickt. 1930 war es erreicht: Das Gilera-Team holte sich die Trophäe in Grenoble und ein Jahr später in Meran.

Zweizylinder-Gilera 175, 1956-57.

In ihrer Technik wurden die Motorräder von Gilera immer reifer und ausgefeilter. 1936 ließ die Firma eine neue Radaufhängung patentieren, der 1938 ein noch perfekteres System folgte: Das Hinterrad wurde von einer Schwinge mit elliptischem Querschnitt geführt. Die vordere Schwinggabel war aus Rohren gefertigt. Alle Gilera-Modelle wurden wahlweise mit Starr- oder Schwingrahmen geliefert.
1931 wurden erstmals Getriebe- und Motorgehäuse aus einem Stück gegossen – eine Technik, die in der Folge beibehalten wurde. Der Motortyp mit im Zylinderkopf hängenden Ventilen, der bislang den Rennmaschinen vorbehalten war, ging 1935 in Serienproduktion: Die VT-Serie entstand. In diese Reihe gehört die berühmteste renntüchtige Vorkriegs-Gilera mit 500 cm³, die VTN „otto bulloni“ (VTN mit acht Bolzen), bei der der Zylinder mit acht Bolzen am Kurbelgehäuse befestigt war.
Damals erschien auch die VTE Speciale, bei der die Stoßstangen der Ventilsteuerung von der Verrippung verhüllt waren, Getriebegehäuse und Motor in Blockbauweise ausgeführt waren und der Primärantrieb über drei Zahnräder erfolgte. Die VTE Speciale war gewissermaßen ein Prototyp der Saturno, die einige Jahre später enstand.
Die Firma Gilera hatte sich inzwischen mit 700 Angestellten zum zweitgrößten italienischen Motorradhersteller nach Moto Guzzi entwickelt.
Mit Ausbruch des Zweiten Weltkriegs konzentrierte sich das Werk auf seitengesteuerte Motoren und Maschinen, die für den militärischen Einsatz geeignet waren. Zweckdienlich war beispielsweise ein Getriebe, das mit der rechten Hand geschaltet werden konnte, und natürlich ein Gepäckträger. Eine mustergültige Militärmaschine war das Modell Marte. Das Getriebe war an den Motor angeblockt, zum Antrieb diente eine Kardanwelle, die Verwendung eines Seitenwagens war eingeplant.
Obwohl seitengesteuerte Motoren in dieser Zeit geeigneter erschienen, sah die Firma ihre Zukunft in Motoren mit im Zylinderkopf hängenden Ventilen, die wesentlich zuverlässiger zu sein schienen. Die Saturno hielt Einzug: Entworfen von Giuseppe Salmaggi, war sie im Grunde eine Weiterentwicklung der „otto bulloni“. Die Ventile des Einzylindermodells wurden über Stoßstangen und Kipphebel gesteuert. Das Getriebe war in den Motorblock integriert. Der Primärantrieb erfolgte über Zahnräder. Der Motor war ein Meisterstück: Er galt als hermetisch abgeschlossen, denn sowohl die Hülse, die die Stoßstangen für die Ventilsteuerung enthielt, wie auch die Ölzufuhrleitungen waren in der Verrippung ausgefräst.
Da der Motor zu großen Teilen aus Leichtmetall gefertigt war, war sein Gewicht erstaunlich gering. Gilera verwendete diesen Motor nicht nur für verschiedene Versionen der Saturno, sondern zudem für den Dreirad-Lieferwagen Mercurio und, mit verkleinertem Hubraum, für das Modell Nettuno. In Serie ging er erst 1946, sechs Jahre nach der Erstellung des Prototyps.
Nach dem Krieg wurde der Absatz teurer Maschinen schwieriger. Der Wiederaufbau war hart, und die Leute verlangten nach billigen Transportmitteln,

B 500 von 1967, die nie in Serienproduktion ging.

Zweizylinder-Gilera 300, 1952.

200 T4S mit Einzylinder-Viertaktmotor, 1982.

200 T4C Custom mit Viertaktmotor, 1982.

die wenig Kraftstoff verbrauchten. Die italienischen Hersteller paßten sich der Marktlage schnell an. Garelli brachte das Modell Mosquito heraus, Ducati den Cucciolo, und Piaggio stellte verschiedene Vespa-Roller vor. Auch Gilera konnte mit einem 125 cm^3-Leichtmotorrad dem Bedürfnis der Bevölkerung nachkommen. Die 125er hatte vier Gänge und einen seitengesteuerten Motor, der allerdings bald durch einen Motor mit im Zylinderkopf hängenden Ventilen ersetzt wurde. Sie war in einer Touren- und einer Sportausführung erhältlich, letztere später auch mit 150 cm^3 Hubraum.

In den 50er Jahren dominierten Leichtmotorräder in den verschiedensten Hubraumgrößen (98, 125, 150, 175 und 202 cm^3) und Versionen (Touren-, Gelände-, Luxus- und Sportmodelle). Auf technischem Gebiet brachten diese Jahre einige Neuheiten: Die Trapezgabel wurde 1950 von der Telegabel abgelöst, die Gilera-Hinterradschwinge mit den zwei Scherenstoßdämpfern wich der Schwinge mit hydraulisch gedämpften Teleskopfederbeinen, und die Motoren wurden ständig verbessert.

Eindrucksvolles Bild einer 125 cm^3-Zweizylinder-Cross-Gilera, 1981. Der flüssigkeitsgekühlte Motor mit Drehschiebersteuerung leistete 36 PS bei 12000 U/min.

Die Kundschaft begann wieder anspruchsvoller zu werden, so daß Gilera 1952 auf dem Mailänder Salon eine luxuriösere Maschine vorstellte, die komfortabel, zuverlässig und robust sein sollte: die 300 cm³-Zweizylinder-Gilera, die später auch mit einem 250 cm³-Motor in den Handel kam. Immer technisch auf den neuesten Stand gebracht, hielt sie sich 15 Jahre lang auf dem Markt. Ähnlich langlebig war die Saturno, die bis 1957 für eine ausgesuchte Klientel und militärischen Gebrauch produziert wurde.

Die Nachfrage stieg weiter. Anfang der 50er Jahre hatte Gilera wenige Kilometer von Buenos Aires entfernt die Zweigstelle Gilera Argentina eröffnet. Doch dann passierten zwei Dinge: Der einzige Sohn Giuseppe Gileras starb 1956 an einer tropischen Krankheit. Dieses Ereignis war nicht nur für den Vater schmerzlich, auch die Firma hatte den künftigen Nachfolger verloren, was sich noch auf das Schicksal des Hauses auswirken sollte.

Zudem geriet Anfang der 60er Jahre die europäische Motorradindustrie in eine Krise. Ein Großteil der Kundschaft wechselte von zwei auf vier Räder über. Das Werk in Arcore versuchte, der Abwanderung Herr zu werden, indem es die Modelle weiter verbesserte, der Nachfrage noch stärker anpaßte und durch schönes Design und geschickte Farbgebung den Interessenten zum Kauf zu verlocken suchte.

Diese Strategie schien erfolgreich zu sein: Die „Giubileo"-Leichtmotorräder, die vom 50jährigen Bestehen der Firma zeugten, fanden den nötigen Anklang. Die Viertakter mit im Zylinderkopf hängenden Ventilen wurden in Hubraumgrößen ab 98 cm³ geliefert. Die qualitativ hochstehenden Maschinen waren preiswert und verbrauchten wenig Kraftstoff.

Von der Nachfrage ermutigt, brachte das Werk 1956 das Moped Gilly auf den Markt, ein sehr originelles Fahrzeug mit obengesteuertem Viertaktmotor, das jedoch beim Publikum auf wenig Gegenliebe stieß. Eine wassergekühlte Zweitaktversion folgte sowie ein Vespa-ähnlicher Roller mit Viertaktmotor und im Kopf hängenden Ventilen, die über Stoßstangen und Kipphebel gesteuert wurden. Ein Jahr später erschien dieses Modell in einer 80 cm³-Version, und 1966 entstand das verschalte Leichtmotorrad Cadet.

Doch die Krise der Motorradindustrie wurde in Arcore zunehmend spürbar. Die neue 500 cm³-Zweizylindermaschine B 50, entworfen von Giuseppe Salmaggi, ging trotz ihres Rennerfolgs nie in Serienproduktion. Gilera hatte den Schritt hin zur Großindustrie verpaßt, war letztlich ein Handwerksbetrieb familiärer Prägung geblieben, was sich Ende der 60er Jahre bitter rächte. Ohne Hilfsmaßnahmen von Seiten des Staats hätte das Werk 1969 schließen müssen. Der italienische Staat sorgte für eine Atempause, in der die verschiedenen Möglichkeiten eines Auswegs aus der Krise beraten wurden.

Schließlich wurde man mit Piaggio handelseinig: Die große Genueser Firma übernahm die Produktionsanlagen in Arcore, wobei sie garantierte, die anspruchsvollen Motorräder der Marke Gilera weiterhin zu produzieren. Die Leitung in Arcore übernahm Enrico Vianson, ein Ingenieur von Piaggio, Experte für industrielle Produktionstechnik und weltweiten Handel.

Für Gilera begann eine neue Ära. Firmeninterne Umstrukturierungen, die Modernisierung der inzwischen überalterten Anlagen und das Know-how der Genueser ließen Gilera wieder konkurrenzfähig werden. Die Viertakt-Leichtmotorräder blieben überarbeitet bis 1978 im Programm, das Angebot an Geländemaschinen wurde erweitert. Einer neuen Version der B 50 wurde ein 350 cm³-Zweizylinder- und ein 750 cm³-Dreizylindermodell zur Seite gestellt. In den 80er Jahren lag der Produktionsschwerpunkt auf 50 cm³- und 125 cm³-Zweitaktmaschinen.

Gilera trat mit der französischen Firma Peugeot in Verbindung: In der Folge erschienen Maschinen der Marke Peugeot mit Gilera-Motoren.

Eine erwähnenswerte Straßenmaschine war die RVLC 125 mit flüssigkeitsgekühltem Einzylin-

200 Arizona Hawk mit 25-PS-Zweitaktmotor, 1986.

KK125: ein besonders ehrgeiziges Projekt des Jahres 1987.

RC 250 Rally von 1987: 40 PS, zwei Scheibenbremsen.

RRT 125 Nebraska von 1987: 25 PS, über 130 km/h Höchstgeschwindigkeit.

der-Zweitaktmotor und membrangesteuertem Einlaß, Antivibrations-Ausgleichswelle, einer Leistung von 20 PS bei 8000 U/min und einer Power-Drive genannten Monofederbein-Hinterradaufhängung.
Die interessante Geländemaschine Gilera HELC 125 leistete mit ihrem flüssigkeitsgekühlten Einzylinder-Zweitaktmotor 29 PS bei 10000 U/min. Der Motor saß in einem Doppelschleifenrohrrahmen aus Chrom-Molybdän-Stahl, die Power-Drive-Hinterradschwinge war aus einer Aluminium-Legierung gefertigt. Ähnlich konstruiert war die für den Moto-Cross-Sport bestimmte HXLC 125 Competition, die auf 32 PS bei 10700 U/min kam, in einer Version mit 250 cm³ Hubraum sogar auf 42 PS bei 7750 U/min.
Die Nachfrage auf dem Enduro-Sektor beantwortete das Werk in Arcore mit zwei Maschinen, der RX Arizona 125 (19 PS bei 7750 U/min, Flüssigkeitskühlung, hydraulisch gedämpftes Zentralfederbein mit Luftdruckunterstützung) und der RXLC 125.
Ein Zentralrohrrahmen und hydraulisch gedämpfte Federbeine waren für das Moped CB1 50 verwendet worden. Nicht zu vergessen sind die Gilera-Roller GSA 50, GSA 50 Superstar, Rally (250 cm³, 38 PS bei 8000 U/min, 145 km/h Höchstgeschwindigkeit) und Hawk (125 und 200 cm³).
Die Dakota 350 mit 33 PS bei 7500 U/min und 145 km/h Spitze besaß einen Einzylinder-Viertaktmotor mit vier Ventilen

350 Dakota mit Doppelnockenwellen-Viertaktmotor, 1987.

und zwei obenliegenden Nockenwellen sowie eine luftdruckunterstützte Power-Drive-Hinterradaufhängung.
1986 erschien die Straßenmaschine KZ, ein sehr originelles 125 cm³-Modell mit ganz neu konzipiertem Motor. Erstmals wurde das Automatic Power Tuning System (APTS) angewendet, das mit einem variablen Auslaßquerschnitt für eine Verbesserung des Drehmoments bei niedrigen Drehzahlen sorgte. Der Motor leistete 26 PS bei 9250 U/min und war trotzdem sehr elastisch. Der KZ folgten die noch etwas leistungsstärkere, vollverkleidete KK (27 PS bei 9500 U/min) und eine Enduro-Version.
Ein Modell mit individueller Note und zudem in Technik und Design innovativ war die Enduro-Maschine Nebraska 125. Sie trug den gleichen Motor wie die KZ und KK in einer für den Geländeeinsatz abgewandelten Version.
Eine ideale Verbindung von Straßen- und Geländemotorrad war mit der Fast Bike gefunden, deren Einzylinder-Zweitaktmotor bei 8750 U/min 25 PS leistete und eine Höchstgeschwindigkeit von 134 km/h ermöglichte. Der Motor verfügte über eine Flüssigkeitskühlung und Getrenntschmierung, Membransteuerung und Ausgleichswelle. Auch das APTS war wieder zum Einsatz gekommen.
Die Gilera 350 und 500 ergänzten das Angebot der Viertakt-Enduro-Maschinen von 1987: Der stehende Einzylinder-Viertaktmotor war flüssigkeitgekühlt, die Ventilsteuerung mit vier Ventilen erfolgte durch zwei Nockenwellen, die von einem Zahnriemen angetrieben wurden. Auf Wunsch wurde ein elektrischer Anlasser eingebaut.
Eher stiefmütterlich behandelt wurde in diesem Jahr die Produktion der Mopeds, wenngleich einige Modelle vom Band rollten. So etwa die Serie CBA, die Mopeds Eco, Vale, CB 1 und das Geländemoped RC 50 Super G.
Zurück zu den Anfängen der Firma und ihren Aktivitäten im Rennsport: Man sagt, eine Gilera, die im Rennen erfolgreich sein wolle, müsse schnell sein und rot lackiert. Und das war auch schon die erste Gilera gewesen: sehr schnell und leuchtend rot, entworfen von dem Firmengründer Giuseppe Gilera, einem Mann, der in erster Linie Fahrer und Sportler war. Gilera war sehr bald der Überzeugung, daß eine Firma die Qualität und Zuverlässigkeit ihrer Motorräder am besten im Wettkampf beweisen könne.
In den Pionierjahren vor dem Ersten Weltkrieg war Giuseppe Gilera jedoch mit dem Aufbau und der Erweiterung seines Betriebs beschäftigt, so daß er selten in den Sattel stieg. An seiner Stelle fuhren Fahrer wie Carlo Maffeis, Pietro Bordino und sein Bruder Luigi. Die Rennmaschinen waren seitengesteuert, robust und schnell. In den 20er Jahren wurden die Nachteile dieser Art der Motorsteuerung jedoch deutlich, so daß Gilera 1924 zu im Zylinderkopf hängenden Ventilen überging,

die über Stoßstangen und Kipphebel gesteuert wurden. Die neuen Renner beeindruckten nicht nur durch ihre Höchstgeschwindigkeit, sie waren auch zuverlässiger als die Maschinen mit obenliegender Nockenwelle. Gino Zanchetta konnte sich im Jahr 1924 auf der Strecke Mailand-Neapel in der 500 cm³-Klasse mit einer Durchschnittsgeschwindigkeit von 48,481 km/h erfolgreich behaupten. Währenddessen hatte Bruder Luigi beim Großen Preis der Nationen in Monza kein Glück. Zur Werksmannschaft gehörten damals Luigi Gilera, Gino Zanchetta und Rosolino Grana, denen sich Giusto Zaro, 1926 Sieger in Crema und später in Lario, und Ugo Raccagni anschlossen. 1928 kam Rosolino Grana beim Großen Preis der Nationen in Monza auf den dritten Platz mit einer durchschnittlichen Geschwindigkeit von 121 km/h. Die Leistung war beachtlich, da eine Distanz von 400 Kilometern gefahren werden mußte.
In Lario wurde Luigi Gilera 1930 erneut Vierter der 500 cm³-Klasse. Die Halblitermaschinen mit seitlich stehenden Ventilen holten sich im Internationalen Sechstagerennen die Trophäe. 1935 gelang endlich auch in Lario der Durchbruch: Felice Macchi errang auf einer obengesteuerten Serienmaschine den zweiten Platz.

Oben: Armstrong beim Großen Preis von Spanien, 1956, auf einer Gilera 500.
Rechts: Taruffi 1954 am Steuer der Bisiluro Tarf, mit der er zahlreiche Rekorde aufstellte.

Piero Remor und ein weiterer römischer Ingenieur, Carlo Gianini, waren schon im Jahr 1923 der Idee verfallen, einen Vierzylindermotor zu entwerfen. Nach einigen anfänglichen Problemen war schließlich ein ungewöhnlicher und sehr leistungsstarker Motor entstanden. Die Kurbelwelle lag quer, und alle vier Zylinder waren damit gleichmäßig gekühlt. Gianini, Remor und der Graf Bonmartini gründeten zuerst die Firma G.R.B. (Gianini-Remor-Bonmartini) und später die schon angesprochene O.P.R.A, deren erstes Motorrad im Jahr 1927 auf den Rädern stand und siegreich das Bergrennen von Cecchino nach Albano absolvierte. Nach einer Version mit wassergekühlten Zylinderköpfen und zwei obenliegenden Nockenwellen folgte schließlich ein drittes Modell mit Königswellenantrieb.
1936 kaufte Gilera von der Società Aeronautica Caproni die Rondine und holte den Ingenieur und Fahrer Piero Taruffi und den Techniker Orlando Ciceroni zu sich. Später stieß noch Piero Remor hinzu, der von der O.P.R.A. (Officinia Precisione Romana Automobili) kam.
Gianini wurde inzwischen technischer Direktor der C.N.A. (Compagnia Nazionale Aeronautica), wo das Vierzylindermotorrad gänzlich überarbeitet, geradezu neu entwickelt wurde und den Namen Rondine erhielt.
Giuseppe Gilera übernahm also 1936 die Rondine, die ein Jahr zuvor, von Piero Taruffi gefahren, ihren ersten großen Sieg bei dem Großen Preis von Tripolis verbuchen konnte. In Arcore wurde die Rondine in eine Vierzylinder-Gilera verwandelt, die mit ihrem aufgeladenen Motor eine rassige Rennmaschine war. Der Rahmen war aus Rohren gefertigt, die Federn der Hinterradschwinge befanden sich in zwei Horizontalrohren. Der Roots-Kompressor hatte ein großzügig verripptes Gehäuse erhalten. Der Vierzylinder-Renner machte von sich reden.
1937 stellte Piero Taruffi 33 Weltrekorde auf, darunter den über die Fliegenden Fünf Kilometer (mit einer Durchschnittsgeschwindigkeit von 273,933 km/h) und den über den Fliegenden Kilometer (mit 274,18 km/h). Giordano Aldrighetti siegte in Monza und gewann im Jahr 1938 die Städte-Fernfahrt Mailand-Tarent mit Leichtigkeit. Während Gilera in Italien die meisten Konkurrenten schlagen konnte, war im Ausland manche Marke überlegen. Vor allem BMW war ein harter Gegenspieler. Im Jahr 1939 schien aus dem Höhenflug der Vierzylindermaschine ein Absturz zu werden. Bei den Testfahrten zur europäischen Meisterschaft in Holland und Bel-

gien wurde die Gilera zurückgezogen. Aber dann gewann sie wieder: den Großen Preis von Schweden, Ulster und Deutschland und siegte endlich auch über BMW. Acht Weltrekorde folgten, und die Gilera galt bald als das schnellste Rennmotorrad der Welt.
Doch nach dem Zweiten Weltkrieg kam das Aus für den Kompressor. Ohne Kompressor war die Vierzylinder-Gilera jedoch nur bedingt tauglich. Deswegen suchte das Werk in Arcore nach einer neuen Rennmaschine. Die alte Einzylinder-Saturno bot sich an. Sie wurde gründlich überarbeitet. Die alte Gabel wurde von einer neuen Parallelogrammgabel abgelöst. Für die Felgen und die Vorderradbremse wurde Leichtmetall verwendet. Die Leistung wuchs von Jahr zu Jahr, das Gewicht sank. Schließlich, 1949, wog sie 125 kg, leistete bei 6000 U/min etwa 35 PS und kam auf eine Höchstgeschwindigkeit von 175 km/h.
In Ospedaletti in San Remo siegte die Saturno fünfmal hintereinander, 1947-51, was ihr den Beinamen Sanremo eintrug. Der Sieg bei dem Großen Preis der Nationen in Mailand 1947 ging in die Geschichte ein. Die Saturno Sanremo schlug unter Arciso Artesiano auch die traditionellen Rivalen des Hauses, die Guzzi-Maschinen. 1950 traten insgesamt etwa 60 Sanremos bei Rennen an. Den Großen Preis des Jahres in Spanien gewann wieder eine Sanremo.
1950-51 wurde der Motor überarbeitet, das Gehäuse faßte nun drei Liter Öl, die Zylinderverippung wurde verändert, Kühlung und Schmierung verbessert. Alfredo Milano fuhr auf der so verwandelten Gilera 1951 beim Großen Preis von Spanien ein denkwürdiges Rennen. Er schlug acht Mehrzylinder, bevor er sich zurückziehen mußte. Nello Pagani verdankte die Sanremo

Zweizylinder-Gilera 125, 1956.

Vierzylinder-Gilera 500 der Scuderia Duke, 1963.

1952 die schnellste Runde nach Duke, der auf einer Norton teilgenommen hatte.
Währenddessen war auch die Vierzylinder-Rondine weiterentwickelt worden. Motor und Fünfganggetriebe waren in Blockbauweise ausgeführt, der Sekundärantrieb erfolgte über Kette. Das Verhältnis von Leistung zu Gewicht war sehr günstig. Die Maschine konnte etwa 50 PS aufweisen und wog 130 kg. Die ersten nationalen Rennen verliefen enttäuschend: Die Vierzylinder-Gilera ging meist sofort in Führung, konnte jedoch kein Rennen beenden. Doch endlich gewann sie den Großen Preis von Italien, der 1948 in Faenza ausgetragen wurde. Die Weltmeisterschaft von 1949 gewann Graham auf dem AJS-„Stachelschwein" mit nur einem Punkt Vorsprung vor Nello Pagani auf einer Vierzylinder-Gilera. 1950 kam die Revanche. Gilera wurde mit Umberto Masetti Weltmeister der Halbliter-Klasse.
1952 schien dem Werk eine gründliche Überarbeitung der Saturno angezeigt. Sie erhielt ein neues Fahrgestell mit Rohrrahmen und hydraulisch gedämpften Teleskopfederbeinen, kleinere Bremsen und Räder, was die Fahreigenschaften verbesserte. Unter Fahrern wie Colnago, Pagani, Brini, Guglielminetti und Liberati konnte sich die nun federleichte Saturno in vielen Wettkämpfen behaupten.
Daneben entstand eine Saturno Cross, die sich 1953-56 unter Domenico Fenocchio und Vincenzo Soletti vier italienische Meistertitel holte. 1956 zog sich Gilera vom Moto-Cross zurück.
1953 führte das Werk aus Arcore ein neues 500 cm³-Einzylindermodell mit zwei obenliegenden Nockenwellen ein, das leichter und wendiger als die Saturno, aber zugleich leistungsstärker sein sollte. Es entstammte einem Entwurf von Sandro Colombo und Franco Passoni. Die Maschine wog weniger als 130 kg und kam auf eine Höchstgeschwindigkeit von 200 km/h. Sie hatte zwar unter Valdinoci manchen Erfolg, aber auch nicht weniger Mißerfolge, so daß sie bald in Vergessenheit geriet.
Indessen waren erneut große Zeiten für die Vierzylinder-Gilera angebrochen: Umberto Masetti trug 1952 einen knappen Sieg über Geoff Duke in Holland davon, der ihm den Weltmeistertitel einbrachte. Duke wechselte zu Gilera über. Auch in Ulster trat der rote Renner an, mit Masetti und Colgnago im Sattel. Colgnago fuhr die beste Zeit mit einem Schnitt von 206 km/h. Eine Reservemaschine war dem Neuling Cromey McCandless anvertraut worden. McCandless, der von Beruf her Fotograf und noch nie zuvor auf eine Vierzylindermaschine gestiegen war, blieb zunächst weit zurück, doch ein Konkurrent nach dem anderen fiel aus. Mc Candless überholte schließlich mit seiner ruhigen Fahrweise alle.
1953 erhielt die Renn-Gilera der besseren Straßenlage wegen neue Reifen sowie 1954 ein Fünfganggetriebe und später eine Vollverkleidung. Duke fuhr sie drei Jahre hindurch, 1953-55, zur Weltmeisterschaft. Nach 15 Jahren nahm die Vierzylinder-Gilera erneut an der Mailand-Tarent-Fahrt teil, wo sie unter Francisci einen neuen Rekord aufstellte.
1956-57 wurde sie ein letztes Mal überarbeitet. Zudem entstanden eine kleinere 350 cm³-Version; ein 125 cm³-Zweizylinder-Grand-Prix-Modell und eine Zweizylinder-Formel-2-Maschine mit 175 cm³ Hubraum. 1957 stürzte Duke in Imola und fiel so für die erste Saison-Hälfte aus. Bob McIntyre, der für ihn einsprang, gewann in neuer Rekordzeit die Junior- und die Senior-TT. Weltmeister wurde in diesem Jahr Libero Liberati. Dafür gewann Duke in Monza das Halbliter-Rennen, und McIntyre wurde

Sieger der 350 cm^3-Klasse und stellte hierbei einen neuen Stundenweltrekord auf.
Dann wurden die Ancore-Renner lange nicht mehr gesehen, weil sich Gilera, Moto Guzzi und F. B. Mondial abgesprochen hatten, sich aus finanziellen Gründen von allen Wettkämpfen zurückzuziehen.
Im Jahr 1963 tauchten die 500 cm^3- und 350 cm^3-Vierzylinder halboffiziell wieder auf, mit Fahrern wie Minter, Hartle und später Phil Read. Obwohl die Maschinen mittlerweile veraltet waren, belegte Hartle den dritten Platz in der Weltmeisterschaft. Doch die großen Zeiten der schnellen Einzylinder-Saturno und der Vierzylinder-Gilera waren vorbei.
Gilera hatte nicht allein auf Straßenrennen gesetzt. Auch im Geländesport und Moto-Cross war das Werk engagiert. Nachdem die Internationale Sechstagefahrt von 1930-31 mit der Trophäe für Gilera geendet hatte, schickte das Werk im Jahr 1948 die 250 cm^3-Nettuno und die 500 cm^3-Saturno nach San Remo. Masserini holte sich die Goldmedaille, Nelli und Bandirola bekamen Silber. Im folgenden Jahr in England brillierte Carlo Merlo bei der Sechstagefahrt und gewann Gold. Den gleichen Erfolg hatte 1957 Carissoni auf einer 175 cm^3-Gilera in der Tschechoslowakei. Dieser 175er verdankte Dario Basso im Jahr 1958 die italienische Geländemeisterschaft, und Gilera erhielt die Markentrophäe. Auch bei der Sechstagefahrt in Garmisch-Partenkirchen ging die Goldmedaille an Gilera.
Nach dem selbstauferlegten Startverbot von 1963 bis 1965 erschienen überarbeitete 100 cm^3- und 125 cm^3-Gileras. Auf letzterer wurde Luigi Gorini italienischer Meister. Die Sechstagefahrt in Polen von 1967 brachte Gilera acht Goldmedaillen, die darauffolgende in Italien drei. Vereinzelte Siege in den folgenden Jahren heizten die Erwartungen an, aber richtig aufwärts ging es erst 1973, als Gilera eine neue Werksmannschaft zusammenstellte. Ihr gehörten Fausto Oldrati, Mauro Miele, Alessandro Gritti, Giuseppe Signorelli, Gualtiero Brissoni und Carlo Paganessi an. Gefahren wurde auf neuen 50 cm^3-, 75 cm^3-, 100 cm^3- und 125 cm^3-Maschinen.

Der Erfolg war durchschlagend: Allein in diesem Jahr gingen fünf Siege auf das Konto der Gilera-Mannschaft. Und obwohl die Silbervase 1975 nicht an Gilera fiel, war das Gold doch auch dieses Jahr der Mannschaft treu: Goldmedaillen gab es für Gagni, Brissoni, Andreini, Gritti, Sala, Signorelli und Savaresi.
Die entgangene Silbervase stimmte Gilera nachdenklich und das Werk entschloß sich, mit Elmeca einen Vertrag abzuschließen. So entstand die Elmeca-Gilera 125 in einer Geländesport- und Moto-Cross-Ausführung. In der Weltmeisterschaft kam sie auf gute Plazierungen, und verkaufte sich bestens.
1977 beschloß das Werk in Arcore, Cross-Maschinen ins Rennen zu schicken. Trotz der guten Fahrer Dario Nani, Franco Perfini und Gaston Rahier wollte kein rechter Durchbruch gelingen. Erst 1980 wurde Perfini italienischer Meister in der 125 cm^3-Klasse, Rahier verdankte Gilera den ersten Welterfolg beim Großen Preis von Jugoslawien, Michele Rinaldi konnte sich auf einer neuen wassergekühlten Einzylinder-Cross-Maschine gut behaupten.
Dieses Einzylindermodell schien 1981 eine der wenigen Maschinen zu sein, die es mit der starken Suzuki-Konkurrenz aufnehmen konnten. 1982 wurde Corrado Madii Zweiter bei der Weltmeisterschaft und italienischer Meister in der 125 cm^3- und 250 cm^3-Klasse. Die wassergekühlte 125 cm^3-Gilera behauptete sich auch 1983 in Italien, bei der Weltmeisterschaft dominierte allerdings der Belgier Geboers auf Suzuki.

Gillet Herstal

Gillet Herstal war eine belgische Firma, die 1919 gegründet wurde. Ansässig in Herstal, betrat sie den Motorradmarkt mit einer Einzylindermaschine, deren stehender Zweitaktmotor über 269 cm^3 Hubraum und Riemenantrieb verfügte. Dieses Modell wurde fünf Jahre lang fast unverändert produziert, bis es 1923 von einer 350 cm^3-Maschine abgelöst wurde. Als Tourenmotorrad war die 350er mit Riemenantrieb lieferbar, in der Sportausführung mit Drehschieber-Einlaß und Sekundärantrieb über Kette.
1926 kamen zwei 350- beziehungsweise 500 cm^3-Maschinen mit Dreiganggetriebe hinzu. 1927 blieben das inzwischen recht bekannte 350 cm^3-Zweitaktmodell und die 500 Supersport mit vier Ventilen im Angebot. 1931 jedoch waren seitengesteuerte 500 cm^3- und 350 cm^3-Maschinen mit seitlich stehenden Ventilen im Programm, letztere gab es zudem mit im Zylinderkopf hängenden Ventilen und nach vorne geneigtem Zylinder. Ein Leichtmotorrad mit 100 cm^3 Hubraum und Dreiganggetriebe erschien ein Jahr später. Es verbrauchte auf 100 Kilometer etwa eineinhalb Liter Benzin und kam auf eine Höchstgeschwindigkeit von 50 km/h. Gleichzeitig entstand ein Zweitaktmodell mit 175 cm^3 Hubraum.

Gillet von 1925.

Einzylinder-Gillet, 1919.

In den folgenden Jahren produzierte Gillet Herstal Zwei- und Viertaktmaschinen mit 100, 175, 350 und 500 cm³ Hubraum. Abgesehen von den sorgfältig verarbeiteten Viertaktmodellen mit 350 cm³- und 500 cm³-Motoren eigener Fertigung, vertrieb das Unternehmen Maschinen mit 1000 cm³ Hubraum, die von dem gegengesteuerten Schweizer MAG-Motor mit V-förmig angeordneten Zylindern angetrieben wurden.
Das Werk stellte ein Modell vor mit 250 cm³-Zweitaktmotor mit Drehschiebersteuerung und einer Leistung von 9 PS. Im Angebot von 1947 waren neben diesem Modell eine 125 cm³-Zweitaktmaschine sowie zwei Viertaktmodelle mit 250 und 500 cm³ Hubraum, deren im Zylinderkopf hängende Ventile über Stoßstangen und Kipphebel betätigt wurden. Das Leichtmotorrad mit 125 cm³ Hubraum besaß einen Starrahmen und ein Dreiganggetriebe, während für die anderen Modelle Schwingrahmen und Vierganggetriebe verwendet wurden.
Eine neu konzipierte Maschine erschien 1950 im Programm. Der Motor verfügte über 400 cm³ Hubraum und im Zylinderkopf hängende Ventile, die über Kipphebel und Stoßstangen gesteuert wurden. Im folgenden Jahr wurden ein 100 cm³-Zweitakt-Leichtmotorrad mit Zweiganggetriebe, zwei Zweitaktmodelle mit drei Gängen und 125 beziehungsweise 250 cm³ Hubraum und eines mit vier Gängen und 250 cm³ vorgestellt. Daneben gab es drei Viertaktmaschinen mit 250, 400 und 500 cm³ Hubraum und Vierganggetriebe.
Ähnlich stark auf dem Markt vertreten war die Marke im nächsten Jahr. Zahlreiche Versionen der Zweitakt- und Viertaktmodelle in den verschiedensten Hubraumgrößen standen in den Preislisten. Sie wurden mit 98, 123, 147, 240, 395 und 498 cm³ Hubraum geliefert, mit und ohne Getriebe, mit zwei, drei oder vier Gängen.
Gillet Herstal begann im Moto-Cross bekannt zu werden, wo 350 cm³-Maschinen beachtliche Erfolge erzielten. Schließlich scheint das Werk ein 720 cm³-Modell mit stehendem Zweizylinder-Zweitaktmotor produziert zu haben. Gillet Herstal war bis in die frühen 60er Jahre auf dem Markt vertreten.

Gitan Turbine GT mit 175 cm³, 1955.

Gitan Libeccio Sport aus den Jahren 1953-54.

Gima

Die französische Firma Gima produzierte in Puy de Dôme 1947 zwei Leichtmotorräder mit 108 und 125 cm³ Hubraum, für die sie als erste französische Firma eine Teleskopgabel verwendete. 1948 stellte das Werk ein Leichtmotorrad mit Vierganggetriebe und einem 125 cm³-AMC-Motor vor, der in einem konventionellen Rahmen aus ovalen Rohren saß. Vorne kam wieder die Teleskopgabel zum Einsatz. Die folgenden Jahre brachten verschiedene Viertaktmodelle mit 125 und 175 cm³ und Zweitaktmaschinen mit 125 cm³ Hubraum. 1954 ging eine 250er mit Vierganggetriebe in Produktion, deren im Zylinderkopf hängenden Ventile von einer obenliegenden Nockenwelle gesteuert wurden.
Während einige Autoren angeben, die Firma habe 1953 den Betrieb eingestellt, berichten andere Quellen von einem Modell namens Capri mit 125 cm³-Ydral-Motor und Vierganggetriebe, das im Jahr 1955 vorgestellt worden sei. Der Rohrrahmen war teilverkleidet, das Vorderrad wurde von einer Teleskopgabel geführt.

Gitan

Der Name Gitan steht für Gino Tansini, den Inhaber eines auf Metallverarbeitung spezialisierten Betriebs. Sitz des italienischen Unternehmens war Caorso in der Provinz Piacenza.
Die ersten Gitan-Modelle waren Leichtmotorräder mit stehenden 125 cm³-Einzylinder-Zweitaktmotoren, die 1951 in verschiedenen Versionen erschienen. Alle Modelle hatten ein Dreiganggetriebe. Sie waren in Technik und Design traditionell, aber nicht uninteressant, solide ausgeführt und sorgfältig verarbeitet.
In den nächsten beiden Jahren wurde das Programm ohne wesentliche Veränderungen beibehalten, während 1954 neben den 125ern das Modell Turbine entstand, das von einem 160 cm³-Einzylinder-Viertaktmotor mit

50 cm³-Moped Grillo von Gitan.

kombiniertem Vierganggetriebe angetrieben wurde. Die Ventile hingen im Zylinderkopf und wurden über Stoßstangen und Kipphebel betätigt. Das folgende Jahr brachte außerdem ein neues, wirklich brillantes Leichtmotorrad: die 175 cm³-Turbine. Auch sie besaß ein Vierganggetriebe und einen Viertaktmotor, dessen im Zylinderkopf hängende Ventile über Kipphebel und Stoßstangen betätigt wurden. Diese Maschine konnte eine Höchstgeschwindigkeit von 120 km/h erreichen. 1956 wurde das 125 cm³-Zweitaktmodell von der Scirocco abgelöst, für die ein 150 cm³-Zweitaktmotor verwendet

Gitan M 4 mit Vierganggetriebe.

Holiday.

Ein Gitan-Moped mit aggressiver Linienführung.

wurde. Die 160 cm³- und 175 cm³-Varianten der Turbine blieben in manchen Details überarbeitet im Programm.
Das Werk beschloß, die Produktion auf Mopeds auszuweiten, und offerierte das Modell Grillo mit einem 50 cm³-Zweitaktmotor in verschiedenen Versionen. Gegen Ende des Jahres stellte die Firma ein neues Viertaktmodell vor: die Solano 125, ein reizvolles und modernes Leichtmotorrad.
Bis 1960 konzentrierte sich Gitan verstärkt auf Mopeds. Sehr interessant war das Moped Grillo Veloce. Mopeds gab es in den verschiedensten Ausführungen: Ideal für die Stadt war beispielsweise ein sehr gefälliges Modell mit Fliehkraftkupplung, Teleskopgabel vorne (die auch bei allen anderen Modellen eingesetzt wurde) und Hinterradschwinge. Zudem wurden Modelle mit Zwei- und Dreiganggetriebe geliefert.
Auch die Leichtmotorräder wurden nicht vernachlässigt. Das Angebot erweiterte sich um die Libeccio, deren 125 cm³-Motor mit Vierganggetriebe eine Höchstgeschwindigkeit von 80 km/h ermöglichte. Die Libeccio Sport hingegen erreichte 100 km/h Spitze. Auf 85 km/h kam die Solano, die einen 125 cm³-Viertaktmotor mit im Zylinderkopf hängenden Ventilen und vier Gängen besaß. Die Ventilsteuerung erfolgte über Stoßstangen und Kipphebel. Mehrere Jahre angeboten wurden die Scirocco mit 150 cm³-Zweitaktmotor, Vierganggetriebe und einer Höchstgeschwindigkeit von 90 km/h und nicht zuletzt die Turbine 175, die 150 km/h erreichen konnte. Die Herstellung der anderen Modelle wurde mit der Zeit eingestellt.
Obwohl bei Gitan nie in größerem industriellen Umfang produziert wurde, hatte sich das Werk doch allmählich einen gewissen Bekanntheitsgrad erworben.
Zwischen 1961 und 1966 gab es wenig Bewegung im Bereich der Leichtmotorräder, die zwar nach wie vor produziert, nicht jedoch weiterentwickelt wurden. Die Turbine 175 verschwand aus dem Programm. Dafür schuf das Werk neue Mopeds. 1961 kam eines mit automatischer Fliehkraftkupplung und Zweiganggetriebe auf den Markt. Zwei Jahre später erschien der Joligri auf den Straßen, ein vollverkleideter Roller mit einem 49 cm³-Zweitaktmotor, der in Kupplung und Getriebe dem eben geschilderten Modell von 1961 glich. Es folgten verschiedene Neuheiten mit zwei, drei und vier Gängen.
In den 70er Jahren wurde die Vorliebe für Mopeds noch sichtbarer: Das Angebot an Leichtmotorrädern lief allmählich aus, während die Palette der Mopeds immer reicher wurde: Als Tourenmodelle gab es sie mit einem Gang und Fliehkraftkupplung, in der Sportausführung hatten sie drei, vier oder sogar sechs Gänge. Ein Moped mit Sechsganggetriebe war das Moto-Cross-Modell Cross Junior 6R, dem die Cross M4 mit vier Gängen zur Seite gestellt wurde. Gitan verwendete grundsätzlich Zweitaktmotoren, bei denen aber Bohrung und Hub variierten.
Besonders interessante Zweiräder aus der zweiten Hälfte der 70er Jahre waren die Spring 4

Moto-Cross-Gitan.

Lux mit Vierganggetriebe, Doppelschleifenrohrrahmen und Hinterradschwinge sowie die konstruktionsgleiche Brigand 3V mit drei Gängen und einem Gewicht von 50 kg. Das Modell Carnaby erschien in verschiedenen Versionen: Dazu zählten die Modelle Monomatic, Mini Poppi und Soleado sowie die 4 Lux, die einen klassischen Zentralrohrrahmen mit langem Sattel und vier Gänge besaß.

Gitane

Gitane war der Markenname eines französischen Herstellers, der Mitte der 50er Jahre seine ersten Schöpfungen vorstellte. Die frühen 125er und 175er Leichtmotorräder mit Zweitaktmotor blieben weitgehend unbekannt. Das änderte sich im Laufe der Zeit, als die Firma Mopeds und Fahrräder mit Hilfsmotor in den Handel brachte, für die sie Zweitaktmotoren mit 50 cm^3 Hubraum von V.A.P. und Mistral verwendete.

Giulietta

Unter dem Markennamen Giulietta erschienen 1959 auf dem italienischen Markt Mopeds mit 48 cm^3 Hubraum und Leichtmotorräder mit 98 cm^3. Die Zweitaktmotoren stammten vorwiegend aus italienischer Fertigung, aber auch von deutschen Herstellern wie Ilo und Zündapp.

GK 1

In der Sowjetunion entstanden 1955 verschiedenste Rennmaschinen, die für regionale Wettbewerbe bestimmt waren. Damals gab es in vielen russischen Städten Rennstrecken, auf denen sich die im Land produzierten Motorräder miteinander messen konnten.

Ein Motorrad, das auf der Rennpiste besonders hervorstach, war die GK 1. Sie besaß einen Zweitakt-Boxermotor mit zwei Zylindern. Jeder der Zylinder hatte eine Bohrung von 42,2 mm und einen Hub von 62 mm, so daß sich ein Gesamthubraum von 343,5 cm^3 ergab. Der Motor leistete 48 PS bei 7000 U/min und war wassergekühlt. Die Kraftstoffversorgung erfolgte über einen Kompressor mit einem

Rennmaschine GK 1 mit 350 cm³-Zweitaktmotor.

Ladevolumen von 706 cm^3 pro Motordrehung. Das Getriebe hatte vier Gänge, der Sekundärantrieb erfolgte über eine Kardanwelle. Das Fahrgestell bestand aus einem Rohrrahmen mit Blechteilen, vorderer Teleskopgabel und hydraulisch gedämpften Federbeinen. Die GK 1 war eine Kopie der Vorkriegs-DKW mit 21 Zoll-Rädern und einem enormen Tank, der 30 Liter faßte. Sie wog etwa 150 kg und kam auf eine Höchstgeschwindigkeit von 180 km/h.

GKD

Die Firma GKD in Bologna begann 1978 mit der Produktion von einigen Mopeds: der Sir Lad mit vier Gängen und den Modellen Tornese und Ribot, die nach zwei berühmten Trabern benannt waren. Beide Mopeds besaßen ein Automatikgetriebe und 16-Zoll-Räder, während ein Modell für die ganz jungen Fahrer auf 10 Zoll-Rädern dahinrollte. Das Angebot des Werks blieb etwa bis 1985 unverändert, dann verschwand die Marke aus dem Handel.

G.L.

Großbritannien war gegen Ende des Ersten Weltkriegs im Bereich der Technik äußerst einflußreich. Viele europäische Länder orientierten sich an den englischen Produkten und ließen sich Motoren und Bauteile liefern. Zu einem großen Teil aus importierten Elementen bestanden auch die französischen Motorräder der Marke G.L., die in Argenteuil ab 1919 hergestellt wurden. Angetrieben wurden sie von Zweizylinder-V-Motoren mit seitlich stehenden Ventilen, die bei JAP in London entstanden waren und 1000 cm^3 Hubraum besaßen. 1921 schloß das französische Werk die Tore.

Glendale

Die kleine englische Fabrik Glendale, die 1920-21 auf dem Markt vertreten war, baute in sehr konventionelle Rahmen 269 cm^3-Motoren von Villiers und 350 cm^3-Motoren von Blackburne ein.

Glider

Glider hieß ein Motor, der 1931 in Kanada entstand. Der Zweitakter hatte einen Hubraum von 75 cm^3 und ermöglichte eine Höchstgeschwindigkeit von bis zu 40 km/h. Eingebaut wurde er über dem Vorderrad vor der Lenkstange eines jeden Fahrradtyps. Dabei war die Montage denkbar einfach und das Ergebnis überaus zuverlässig.

Globe

Die Firma Clarke, Cluley & Co. war eines der ersten Unternehmen in England, das relativ leistungsstarke Motorräder schuf. Firmensitz war Coventry, wo 1901 die Produktion mit dem Modell Globe aufgenommen wurde. 1902 wurde bereits ein Motor mit 3,5 PS verwendet, der aus eigener Herstellung stammte. Das Werk, das 1910 seinen Betrieb einstellte, versuchte sich auch im Automobilbau, hatte hier jedoch wenig Erfolg.

Glockner

Die Firma Glockner aus Tirol, die in Bieberwier ansässig war, konzentrierte sich ganz auf Mopeds mit 50 cm^3-Zweitaktmotoren von H.M.W. und anderen Herstellern. Das Werk war von 1953 bis Ende der 70er Jahre tätig.

Gloria

Abgesehen von dem Moped Gloria, das von der Firma Focesi hergestellt wurde, gab es ein Leichtmotorrad mit einem 123 cm^3-Zweitaktmotor dieses Namens. Es entstand in den Jahren 1924-25, entstammte einem anglofranzösischen Entwurf und wurde von der französischen Firma E. Train produziert. Das Werk verwendete zum großen Teil Bauteile, die man aus England importierte.

GMS

Geoff Monty, ein englischer Motoren-Spezialist, schuf 1959

Werbung der französischen Firma Gnome & Rhône.

Gnome & Rhône mit 350 cm³ aus den späten 30er Jahren.

eine Rennmaschine, die er GMS taufte (Geoff Monty Special). Er versah sie mit einem stehenden 250 cm³-Einzylindermotor, den er aus Motorteilen verschiedenster Marken zusammenbastelte (so etwa einem BSA-Motor mit 350 cm³). Der Renner, der ein separates Norton-Manx-Getriebe mit vier Gängen erhalten hatte, erzielte in den frühen 70er Jahren bei diversen Rennen, auch bei den Weltmeisterschaften, gute Plazierungen.

Gnädig

Der deutsche Ingenieur Franz Gnädig entwarf 1922 eine Halblitermaschine, die berühmt werden sollte. Der K.G.-Motor hatte im Zylinderkopf hängende Ventile, der Antrieb erfolgte über eine Kardanwelle. Der 500er folgte später das Modell Diamant, und 1928 baute Gnädig eine begrenzte Stückzahl von 500er-Maschinen mit im Zylinderkopf hängenden Ventilen.

Gnome-Rhône

Der Firmensitz von Gnome & Rhône lag in Paris. Im Ersten Weltkrieg erwarb sich das Werk den Ruf, die besten Flugzeugmotoren herzustellen. Gegen Ende des Kriegs plante man, die Anlagen auf eine Produktion umzustellen, die der Nachkriegszeit angemessener wäre. Das Motorrad war im Kommen, die Nachfrage wuchs. Gnome & Rhône schloß 1919 mit der englischen Firma ABC von Grandville Bradshaw ein Abkommen: In Frankreich sollte die Société des Moteurs ABC ins Leben gerufen werden, in der die englischen ABC-Maschinen in Lizenz produziert werden sollten. Ein 398 cm³-Modell, das von Bradshaw ursprünglich für Sopwith Aviation entworfen worden war, schien für den französischen Markt besonders geeignet.
Die 398er ABC hatte einen Zweizylinder-Boxermotor, ein Vierganggetriebe, eine umgedrehte Konuskupplung und einen Kettenantrieb. Das Fahrgestell bestand aus einem Rohrrahmen mit einer Hinterradschwinge mit liegenden Blattfedern, die unter dem Sattel angebracht waren, und einer gebogenen Vorderradgabel mit Blattfeder. Beide Räder besaßen Halbnabenbremsen. Im Grunde unterschied sich das in Frankreich gebaute Modell nicht sehr von den englischen ABC-Maschinen.
Die Société des Moteurs ABC stellte 1924 ihren Betrieb ein, womit jedoch die Aktivitäten von Gnome & Rhône im Motorradbau nicht beendet waren. Vielmehr war seit 1921 eine schöne Einzylindermaschine in Produktion: Sie besaß einen 499 cm³-Motor mit einem Dreiganggetriebe und blieb in den folgenden Jahren im Angebot. Da sie aufgrund der Finanzkraft des französischen Werks preisgünstiger als andere vergleichbare 500 cm³-Maschinen verkauft werden konnte, fand sie recht großen Absatz.
Im Jahr 1927 erschienen ein 175 cm³-Leichtmotorrad und ein 250 cm³-Modell, beide mit Zweitaktmotoren. Daneben waren eine seitengesteuerte 500 cm³-Viertaktmaschine sowie die 500 cm³-Gran Sport und Super Sport entstanden. Die Sportmodelle besaßen im Zylinderkopf hängende Ventile. Im Jahr 1929 baute das Werk Motorräder mit 310 cm³ Hubraum. Die Motoren der genannten Maschinen waren von Gnome & Rhône selber entworfen worden.
Auch die alte ABC wurde weiterentwickelt, sie verwandelte sich in die 500er V 2, deren Boxermotor zwei Zylinder hatte, die jedoch nun nicht mehr längs, sondern quer zum Rahmen angeordnet waren. Abgesehen von den liegenden Zylindern, waren wenig Gemeinsamkeiten mit der alten ABC zu entdecken. Der seitengesteuerte Motor war mit einem Dreiganggetriebe kombiniert; der Sekundärantrieb erfolgte über eine Kardanwelle. Der Preßstahlrahmen war starr, bei der Vorderradaufhängung war die Parallelogrammgabel zum Einsatz gekommen. In den folgenden Jahren wurde das Modell überarbeitet, schließlich erschien die Version CV2 mit im Zylinderkopf hängenden Ventilen und Vierganggetriebe.
In der ersten Hälfte der 30er Jahre offerierte das Werk daneben die 250 cm³-Junior mit seitlich stehenden Ventilen und Dreiganggetriebe sowie die seitengesteuerte 350 cm³-M 2 und, mit hängenden Ventilen, die CM 2. Alle Maschinen waren mit einem Vierganggetriebe ausgerüstet.
1935 erschien eine 750er, die im Prinzip der 500 cm³-Zweizylindermaschine glich: Der Motor hatte seitlich stehende Ventile und war eigens für den Betrieb mit Beiwagen konzipiert. Ein Jahr später folgte die 800er AX2, die trotz größerem Hubraum die gleiche Leistung hatte wie das

Vorgängermodell. 1941 war der Prototyp eines Leichtmotorrads mit Zweitaktmotor und Dreiganggetriebe fertiggestellt.
Zur Serienproduktion scheint es nicht gekommen zu sein. Einerseits hatte sich mittlerweile die wirtschaftliche Lage des Landes wegen des Kriegs rapide verschlechtert, andererseits war Gnome & Rhône seit 1939 vorwiegend im militärischen Flugzeugbau engagiert.

AX 2 mit 800 cm³ Hubraum, 1940.

Nach dem Krieg wurde das Werk wie andere Flugzeughersteller verstaatlicht und der SNECMA-Gruppe (Société Nationale d'Etudes et de Construction des Mœurs d'Aviation) einverleibt. Direktor von SNECMA wurde Marcel Weil der sich zunächst mit der Umstrukturierung der gesamten Firmengruppe befaßte. Der Motorradsektor wurde dem erfahrenen Gaston Durand anvertraut: Im Jahr 1922 hatte er für Pierton in Courbevoie ein 500 cm³-Motorrad entworfen, anschließend bei Jean Thoman in Montreuil als Konstrukteur gearbeitet und schließlich an der Entwicklung von Dieselmotoren mitgewirkt.
So kam es, daß Gnome & Rhône, anstatt die Vorkriegsproduktion wieder aufzunehmen, 1946 ein ganz neues Modell auf die Räder stellte. Der Motor war ein Parallel-Zweitakter mit zwei getrennten Zylindern: Zwischen den beiden stehenden Zylindern waren der Zündmagnet und der Vergaser angebracht. Im Gegensatz zu den traditionellen Zweizylindern, bei denen die Zylinder aneinander anschließen, gewährleistete der Zwischenraum eine deutlich bessere Kühlung. Mit einem Hubraum von 344 cm³ leistete der Motor bei 6000 U/min 17 PS und ermöglichte eine Höchstgeschwindigkeit von 125 km/h.

Der Motor, der im übrigen mit einem ungewöhnlich aufwendig konstruierten Dreiganggetriebe kombiniert war, saß in einem Rohrrahmen mit Teleskopgabel, aber ohne hintere Schwinge. In Frankreich verwendete man noch viele Jahre nach dem Krieg vorzugsweise den Starrahmen, der in anderen Ländern längst von dem gefederten Rahmen abgelöst worden war.
Neben der 350 cm³-Zweizylindermaschine waren zwei Leichtmotorräder im Angebot, beides Zweitakter mit 125 und 100 cm³ Hubraum sowie ein 804 cm³-Zweizylindermodell mit Boxermotor, im Zylinderkopf hängenden Ventilen, integriertem Vierganggetriebe und Kardanantrieb. 1952 erweiterte sich das Programm um eine 175 cm³-Viertakt- und eine 200 cm³- Zweitaktmaschine. Die Produktion von Mopeds, die zwei Jahre zuvor begonnen hatte, wurde fortgesetzt. Für die Mopeds verwendete das Werk Einbaumotoren verschiedener französischer und ausländischer Hersteller.
In der zweiten Hälfte der 50er Jahre konzentrierte sich Gnome & Rhône auf Modelle bis 200 cm³: Die 125er-Maschinen mit Zweitaktmotor und Vierganggetriebe besaßen im Gegensatz zu den Modellen mit Dreiganggetriebe seitliche Schutzbleche, die als Verkleidung dienten. Ähnlich konstruiert waren die 175er und 200er. Die Mopeds wurden unter dem Markennamen Motavia vermarktet und trugen Motoren von Lavalette.
Das französische Werk verfolgte jedoch auch ehrgeizigere Pläne: 1955 hatte Gnome & Rhône die Konstrukteure Guillemot und Bourguin beauftragt, eine größere Maschine zu entwerfen, die den Markt erobern sollte. Die beiden Ingenieure entwickelten ein Motorrad mit 250 cm³-Zweizylinder-Zweitakt-Boxermotor, dessen Drehschieber von einer Kette angetrieben wurde. Die Kolben arbeiteten – wie bei Boxermotoren üblich – gegenläufig und in demselben Takt, da sie gleichzeitig den oberen und unteren Totpunkt erreichten. Das Getriebe hatte vier Vorwärts- und einen Rückwärtsgang.
Tatsächlich plante das Werk, denselben Motor für einen Kleinwagen einzusetzen. Die Techniker hatten für ihre Schöpfung einen kompletten Kettenantrieb im Sinn, erkannten jedoch, daß die längs angeordneten Kurbel- und Getriebewellen für einen Kardanantrieb wie geschaffen waren. Zur Schmierung wurde nicht, wie sonst bei Zweitaktern üblich, der Kraftstoff mit Öl gemischt, vielmehr erfolgte die Schmierung separat und nutzte den Druck und Unterdruck, der sich im Motorgehäuse bildete, um das Öl zu den verschiedenen Motorelementen zu leiten.
Der Rahmen der 250er war so gebaut, daß er auch für andere Modelle verwendet werden konnte. Er bestand aus Preßstahlteilen und einem Zentralrohr, das vom Lenkkopf zum Motorboden führte und in den verschiedensten Neigungen angebracht werden konnte, so daß der Rahmen für kleinere und größere Motoren verwendet werden konnte. Die Hinterradaufhängung verfügte über hydraulisch gedämpften Teleskopfederbeine, das Vorderrad wurde von einer Earles-Gabel mit Kurzschwingen geführt. Während von dem interessanten Motor nur der Entwurf entstand, wurde der Rahmen wenigstens bis zum Prototyp entwickelt, in Serie ging auch er nie.
Das Werk blieb bei den Mopeds und Motorrädern der 50er Jahre, die von Zeit zu Zeit überarbeitet und verbessert wurden. Im Lauf der 60er Jahre verschwand die Marke Gnome & Rhône vom Markt, auf dem sie 50 Jahre erfolgreich gewesen war.

Godier Genoud

Nachdem die beiden französischen Fahrer Georges Godier und Alain Genoud als Paar bei Langstreckenrennen brillante Erfolge hatten, beschlossen sie, gemeinsam die Fertigung von speziellen Sport-Maschinen in Angriff zu nehmen. In den 80er Jahren bauten sie so Motorräder mit 750, 1000 und 1300 cm³ Hubraum, für die sie japanische Kawasaki- und Honda-Motoren verwendeten. Die Godier Genoud 1135 R wog 241 kg und besaß einen Vierzylindermotor, der bei 8500 U/min 120 PS leistete und eine Höchstgeschwindigkeit von 260 km/h ermöglichte. Die Godier Genoud Bol d'Or hatte 998 cm³ Hubraum, eine Leistung von 102 PS bei 8500 U/min und kam mit ihrem Vierzylindermotor auf eine Spitze von 225 km/h.

Goebel

Das deutsche Fahrradwerk Goebel mit Sitz in Bielefeld offerierte nach dem Krieg eine ganze Reihe von 50 cm³-Mopeds, deren Motoren von Sachs stammten. Goebel war ohne allzu großen Erfolg bis Mitte der 60er Jahre auf dem Markt präsent.

Goggo

Unter diesem Markennamen erschien 1952 in Deutschland ein Motorroller auf den Straßen. Hergestellt wurde er im bayerischen Dingolfing bei der Isaria Maschinenfabrik von Hans Glas. Er besaß 123, 147 und 173 cm³-Zweitaktmotoren von Ilo, ein Vierganggetriebe und war vollverkleidet. Dank der gehobenen Leistung war er recht gefragt und konnte sich bis 1954 auf dem Markt halten. Später baute Glas das 248 cm³-Goggomobil und weitere sportliche Automobile.

Go-kart

Der amerikanische Hersteller Go-kart schuf 1959 das kleinrädrige Leichtmotorrad Big Bear Scramble, dessen Motor 3,5 PS leistete. Der Sekundärantrieb erfolgte über ein Zahnrad direkt auf das Hinterrad. Das Fahrgestell bestand aus einem starren Rohrrahmen und einer Teleskopgabel. Die Maschine wog 25 kg und war 54 Zentimeter hoch.

Gold-Rad

Ausgezeichnete Mopeds mit 50 cm³-Motoren von Ilo und Fichtel & Sachs erzeugte ab 1952 die Fahrradfabrik B. Goldberg aus Köln.

Goliath

Im August des Jahres 1951 stellte ein Dreirad 19 Weltrekorde in der Seitenwagenklasse auf: der deutsche 750 cm³-Goliath, der auf der Zwei-Stunden-Strecke eine Durchschnittsgeschwindigkeit von 155,360 km/h erzielt hatte. Das Vorderrad diente der Lenkung, die beiden Hinterräder dem Antrieb. Der Zweizylinder-Zweitaktmotor war gebläsegekühlt und mit einem Vierganggetriebe kombiniert. Der Sekundärantrieb erfolgte über eine Kardanwelle mit Differential. Das Goliath-Dreirad war vollverkleidet und aerodynamisch optimal geformt.

Goodenough

Einen interessanten Motor schuf 1946 J.G. Goodenough, der während des Zweiten Weltkriegs Direktor der Entwicklungsabteilung für Motoren bei der kanadischen Armee war. Es handelte sich um einen stehenden Einzylindermotor mit kurzem Hub. Bohrung und Hub ergaben mit 59,48 mm x 73,03 mm einen Hubraum von 249 cm³. Zylinder und die obere Hälfte des Motorgehäuses waren aus einem gegossenen Leichtmetallblock gefräst, während der Zylinderkopf separat gefertigt wurde und ebenfalls aus Leichtmetall bestand. Der Zweitakter hatte zwei Einlaß- und einen Auslaßkanal, die Zündkerze saß in der Mitte des Zylinderkopfs.
Der untere Teil des Motorgehäuses, der als Öltank diente, war sehr leicht und kompakt, aus Magnesium gegossen und mit zehn Schrauben am oberen Teil befestigt. Der Gaswechsel erfolgte über eine Schiebemuffe, die von einem Schrägzahnrad gesteuert wurde, das mit dem vorderen Ende der Kurbelwelle verbunden war. Das Zahnrad diente zudem der Betätigung der Ölpumpe.
Der Motor sollte in einen eigens entworfenen Rahmen eingebaut und mit Kardanantrieb versehen werden, allerdings scheint das Projekt nicht verwirklicht worden zu sein. Wahrscheinlich waren die Produktionskosten der vielversprechenden Maschine zu hoch.

Göricke

Berühmt wurden die Bielefelder Göricke-Werke für ihre Rennräder. Doch auch Motorräder wurden in der Fabrik gebaut. August Göricke wagte sich bereits 1903 an seine ersten Einzylinder- und Zweizylinder-V-Maschinen, unterbrach dann dieses Engagement für einige Jahre, um Ende der 20er Jahre und Anfang der 30er Jahre mit 169 cm³-, 194 cm³-, 343 cm³- und 493 cm³-Modellen auf den Markt zu kommen. Die Motoren bezog er von Blackburne und Sturmey-Archer. 1932 zog sich Göricke vom Motorradbau zurück. Nach dem Krieg jedoch offerierte die Firma preisgünstige Maschinen, für die Motoren von Ilo und Fichtel & Sachs in den Hubraumgrößen 125, 150, 175 und 200 cm³ verwendet wurden. Später stellte Göricke dann auf die Produktion von Mopeds mit 49 cm³ Hubraum um, die von Alfred Ostertag konstruiert wurden.

Gorrion

Die spanische Firma Gorrion produzierte 1952-55 49 cm³-Mopeds sowie 125 cm³- und 175 cm³-Leichtmotorräder, die mit Zweitaktmotoren von Sachs bestückt wurden.

Gough

Gough war ein kleiner englischer Konfektionär, der in den Jahren von 1920 bis 1922 konventionelle Motorräder vermarktete. Er versah sie mit seitengesteuerten 292 cm³-JAP- und 498 cm³-Blackburne-Motoren.

G R

Eine Überraschung erlebte die Sportwelt beim Großen Preis in Monza 1925: Alle Konkurrenten hinter sich lassend, siegte im Sattel einer G R der Graf von Beaumont, Mario Revelli, in der 500 cm³-Klasse.
Nach diesem spektakulären Sieg nahm der nicht weniger sportbegeisterte jüngere Bruder des Grafen, Gino Revelli, in Turin die Serienproduktion der Maschine auf. Gino Revelli hatte damals die italienische Generalvertretung der berühmten amerikanischen Vierzylinder-Henderson.
Der Rahmen der G R stammte aus Gino Revellis Feder, war jedoch bei Antonio Baudo gebaut worden. Der 499 cm³-Motor war von JAP für die Halbliter-Senior-TT der Tourist Trophy von 1925 entwickelt und später in Serie für Privatfahrer hergestellt worden. Der Motor hatte zwei im Zylinderkopf hängende Ventile mit je drei konzentrischen Spiralfedern. Versorgt wurde er in Monza mit einem Gemisch aus gleichen Teilen von Methanol und Benzol.
Der Erfolg in Monza beruhte außer auf dem leistungsstarken Motor auch auf dem optimal konstruierten Rohrrahmen, der vorne eine Gabel mit Schwingen hatte. Insgesamt wog die Maschine nur 90 kg. Die Straßenlage war vor allem in den schnellen Kurven ausgezeichnet.
1926 nahmen Gino und Mario Revelli die Serienproduktion einer neuen Revelli mit 500 cm³-JAP-Motor auf, der mit einem Dreiganggetriebe kombiniert war und im Zylinderkopf hängende Ventile hatte.

Grade

Die Grade Motorenwerke in Magdeburg bauten 1905-26 außer kleinen Flugzeugen und Automobilen auch Motoren und Motorräder. Hans Grade konzentrierte sich auf Zweitakter, die er in Ein-, Zwei- und Vierzylinderversionen konstruierte. Im Jahr 1925 kam Grade mit einer 250 cm³-Zweitaktmaschine auf den Markt, deren Antrieb über einen Riemen erfolgte; beide Bremsen saßen am Hinterrad.

Grandex

Wegen der verwendeten Precision-Motoren mit 2,5, 2,75, 3,75, 4,25, 5 und 6 PS wurden die in London hergestellten Maschinen zunächst als Grandex Precision bekannt. Später folgten Modelle mit JAP-Motoren in Hubraumgrößen von 225 cm³ (2,5 PS), 292 cm³ (2,75 PS), 499 cm³ (3,75 PS), 597 cm³ (4,25 PS) und 750 cm³ (6 PS). Die 750er besaß einen Zweizylinder-V-Motor. Das Londoner Werk hatte 1906 seine Produktion aufgenommen und zwölf Jahre später den Betrieb eingestellt.

Graphic

Graphic nannten sich englische Maschinen, die 1903-06 in Wolverhampton entstanden. Die Motoren stammten von Minerva, Sarolea und M.M.C.

Gratieux

Gratieux war eine französische Flugmotorenfirma, die 1919-20 den Versuch unternahm, die Erfahrungen aus dem Flugzeug-

Greeves Challenger von 1964.

Zweizylinder-Greeves GT, 1961.

bau auf die Motorradherstellung zu übertragen. Damit wollte Gratieux die Schwierigkeiten überwinden, die sich aus der Umstellung von militärischer zu ziviler Produktion ergaben. So entstanden Motorräder mit Zweitaktmotoren, die jedoch nicht den erhofften Absatz fanden.

Graves

Die englische Marke Graves stammte aus Sheffield, wo in den Jahren 1914-15 Maschinen mit JAP-Motoren mit 300 cm³ Hubraum hergestellt wurden. Die auch als Speed King JAP von einem großen Warenhaus vermarkteten Motorräder waren einfach konstruiert und konventionell im Design.

Green

Die Green Precision und die Regal Green waren wassergekühlte Maschinen, die noch vor 1914 von dem englischen Ingenieur C. Green entworfen und gebaut wurden. Nach dem Ersten Weltkrieg unternahm Green einen neuen Anlauf in der Motorradherstellung, konnte jedoch nur wenige Exemplare fertigen. Die neuen und leider erfolglosen Modelle besaßen überarbeitete und abgewandelte Precision-Motoren. Aufgrund finanzieller Überlegungen verlegte Green sein Werk von London nach Bexhill, Sussex, wo in den Jahren 1920-23 weitere Motorräder entstanden. Gleichzeitig konnte man bei Green jegliches Motorrad von Luftkühlung auf Wasserkühlung umrüsten lassen.

Greeves 250 für die Polizei.

Greeves

Aufgrund einer Wette bestückte Bert Greeves den Rollstuhl seines Cousins Derry Preston-Cobb, der zeit seines Lebens gelähmt war, mit dem 98 cm³-Villiers-Motor einer Mähmaschine. Das Experiment war erfolgreich, und so eröffneten die beiden eine Werkstatt für motorisierte Behindertenfahrzeuge.
Als der Zweite Weltkrieg zu Ende ging, zog die Werkstatt nach Westcliff-on-Sea in der Nähe von Southend und schließ-

Ray Pickrell im Sattel der Greeves 250, 1966.

lich nach Thundersley. 1951 veröffentlichte „Motor Cycle“ das Foto eines eher unkonventionellen Motorrads mit einem 197 cm^3-Motor von Villiers und einem Dreiganggetriebe. Das Fahrgestell bestand aus einem Doppelschleifen-Rohrrahmen mit einem oberen Hauptrohr mit besonders großem Durchmesser. Die Rohre kreuzten sich wie beim Norton-Federbett-Rahmen am Lenkkopf. Zur Federung dienten Torsionsgummilager. Die Gabel mit Kurzschwingen hatte einen Federweg von 152 mm, während hinten 102 mm zur Verfügung standen.

Im Handel erschien die Maschine erst zwei Jahre später in einer Ausführung, die mit dem Prototyp nicht viel gemein hatte. Die ursprüngliche Gabel mit Kurzschwingen war einem wesentlich geschickteren System gewichen. Die Kurzschwingen waren auf Lagern aus Gummi verschraubt und wurden von Reibungsstoßdämpfern gedämpft, die von Hand eingestellt werden konnten. Das Hinterrad wurde von einer ähnlichen Aufhängung geführt. Die besondere Neuheit der Maschine war aber der Leichtmetallrahmen, der den gewohnten Rohrrahmen ablöste.

Auf dem Londoner Salon von 1954 wurde zudem eine Trial-Maschine vorgestellt, die ebenfalls von dem Villiers-Motor Mk 8E angetrieben wurde. Die Überraschung des Salons war ein Zweizylinder-Tourenmodell namens Fleetwing, für das ein 242 cm^3-Motor von British Anzani gewählt worden war. Der mittlere Teil der Kurbelwelle war hohl und diente als Drehschieber. Gleich nach dem Krieg eine Fabrik zu eröffnen, war nicht einfach. Vor allem, da es häufig an geeignetem Material für die Produktion mangelte. Daß Greeves diese Schwierigkeit zu meistern wußte, war Derry Preston-Cobb zu verdanken, der für den Verkauf verantwortlich war, während Greeves für Entwicklung und Produktion zuständig war.

Am Angebot änderte sich in diesen Jahren wenig. Mit einer Ausnahme: Da sich die notorisch konservative englische Kundschaft nicht an den neuen Leichtmetallrahmen gewöhnen wollte, beschloß Greeves, preisgünstige 197 und 242 cm^3-Tourenmaschinen mit dem herkömmlichen Rohrrahmen in den Handel zu bringen. Die Firma begann sich auch in Wettbewerben zu engagieren. Eine werkseigene Trial-Mannschaft wurde aufgestellt. Die Torsionsgummifederung des Hinterrads wurde zugunsten der konventionelleren Girling-Federbeine aufgegeben und für das Vorderrad eine neue Aufhängung konzipiert.

Ganz entscheidend für den Fortgang der Firma wurde der Ingenieur Brian Stonebridge der 1956 die Abteilung Entwicklung und Rennsport übernahm. Als erstes überzeugte er die Firma davon, daß man die Leistung der Villiers-Motoren deutlich erhöhen könne. Bei einem nationalen Rennen auf der Strecke von Hawkstone Park siegte er im Sattel einer 196 cm^3-Maschine mit Leichtigkeit in der 350 cm^3-Klasse und wurde Zweiter in der 500 cm^3-Klasse.

Auf Stonebriges Betreiben hin wurde Dave Bickers angeworben. Bickers erste große Moto-Cross-Saison begann 1960 in Payerne in der Schweiz bei einem Rennen für 250 cm^3-Maschinen. Bickers gewann den Wettkampf und holte sich schließlich den Titel der Saison. Inzwischen war der Scrambler Hawkstone, der kurz nach dem Sieg im Hawkstone Park vorgestellt worden war, überarbeitet worden. Sein Villiers-Mk-34A-Motor war auf 246 cm^3 vergrößert und mit einem quadratisch ausgelegten Zylinder versehen worden, den Bert Greeves entworfen und Stonebridge verwirklicht hatte. Stonebridge versuchte vergeblich Villiers davon zu überzeugen, entsprechende Motoren in Serie zu produzieren. Im Lauf der Jahre spezialisierte sich Greeves zunehmend auf Rennmodelle, während die Tourenausführungen etwas in den Hintergrund traten. Die Produktion bei Invacar wurde hingegen kontinuierlich weitergeführt.

Dave Bickers gewann 1961 für Greeves die Europameisterschaft in der 250 cm^3-Klasse, war allerdings mit der Vorderradaufhängung seiner Maschine sehr unzufrieden. Die Dämpfer neigten dazu, sich zu verklemmen und nicht in die Ausgangslage zurückzukehren. Bickers drang darauf, das System durch eine Teleskopgabel zu ersetzen. Als ihm dies verweigert wurde, verließ er Greeves und ging zu Husqvarna.

1962 kündigte Greeves unerwartet den Prototyp einer 250 cm^3-Maschine an. Sie erhielt den Namen Silverstone und besaß den Villiers-Motor Mk 34a mit dem Greeves-Zylinder. Die Silverstone war schnell und sehr robust. Von Gordon Keith gefahren, gewann eine Silverstone-Version auf der Insel Man den Großen Preis von 1964.

Im Januar desselben Jahres hörte man sehr interessante Neuigkeiten: Eine komplett bei Greeves entwickelte Maschine sollte gebaut werden, und Dave Bickers würde zurückkehren und auf ihr die Cross-Weltmeisterschaft in der 250 cm^3-Klasse bestreiten. In Wirklichkeit stammten der Lenker und die Kurbelwelle von Alpha aus Dudley, und das Getriebe war ein Albion-Fabrikat. Aber der Motor war neu. Zu diesem Schritt hatte sich Bert Greeves entschlossen, als er entdeckt hatte, daß die kontinuierliche Erhöhung der Motorleistung über die Jahre hinweg zu gravierenden Spannungen im unteren Teil des Motors geführt hatte. Deswegen erhielt die Challenger, wie das neue Modell getauft wurde, und genauso die Silverstone endlich einen neuen Motor mit Leichtmetall-Zylinder. Die für Straßenrennen konzipierte Version des Motors entwickelte eine Leistung von 30 PS bei 7500 U/min. Bickers startete tatsächlich für Greeves bei der 250er-Cross-Weltmeisterschaft, er konnte jedoch seinen früheren Siegeszug nicht fortsetzen.

1965 produzierte das Werk mit der Sport Single und der East Coaster zwei Tourenmodelle mit 197 und 249 cm^3 Hubraum. Für die East Coaster war der Zweizylinder-Villiers-Motor Mk 4T verwendet worden. 1966 erhielten die Cross-Challenger und die Trial-Anglian eine neue Gabel mit außenliegenden Stoßdämpfern. Für den Fahrer Gordon Keith wurde eine Spezialversion der Silverstone entwickelt: Die Zylinderlaufbuchse war aus Leichtmetall gefertigt, der Zylinder entstammte einem Entwurf von Greeves. Außerdem verfügte der Motor über Flüssigkeitskühlung und einen Velocette-Kühler. Im folgenden Jahr päsentierte Greeves auch Modelle mit einer Ceriani-Gabel. Mit einer 364 cm^3-Zweizylinder-Version der Challenger war der erste Schritt in Richtung größerer Hubräume getan. Dem Cross-Modell stellte man eine Tourenausführung namens Oulton zur Seite. Ausschließlich für den amerikanischen Markt bestimmt war die Trial-Maschine Ranger, die im Grunde eine Anglian mit einem Challenger-Leichtmetall-Zylinder und einem Villiers-Motorgehäuse war. Damals stellte die Firma Villiers ihre Lieferungen ein, und Greeves zog sich 1968 vom Trial-Sport zurück.

Die Pathfinder, die mit einem 125 cm^3-Puch-Motor bestückt worden war, sollte der Marke ein Comeback im Trial bescheren, fand jedoch nicht den nötigen Anklang. Das 390 cm^3-Cross-Modell mit Rohrrahmen von 1968 wurde der Vorläufer der Griffon, die in den 70er Jahren entstehen sollte. Als auch Albion den Betrieb einstellte, sah sich Greeves gezwungen, auf Getriebe aus eigener Fabrikation auszuweichen. Den Entwurf des Motors der geplanten Griffon vertraute Greeves Gordon Blair an, einem Zweitaktspezialisten der Queen's University von Belfast. QUB war denn auch die Typenbezeichnung, die die Griffon bei ihrem Erscheinen im Jahr 1977 erhielt.

In diesem Jahr zogen sich Bert Greeves und Derry Preston-Cobb aus der Firma zurück, die unter die Leitung von Brian Gilroy kam, als Greeves das Werk der Firma Tiepolas Ltd. übergab. Neben der Produktion von Motorrädern mit Puch- und QUB-Motoren verkaufte die Firma in den folgenden Jahren Zubehör und widmete sich wieder sehr intensiv der Herstellung von Behindertenfahrzeugen.

Greyhound

Bei der einst sehr bekannten amerikanischen Greyhound Motor Company in Buffalo, New York, entstanden 1907-14 einige 4,5 PS-Einzylindermaschinen, deren Motoren zum Teil bei Thor produziert wurden.

GRG

Die GRG von 1926 war eine Schöpfung der Brüder Gasparoli & Ricciardelli aus Turin. Angetrieben wurde die GRG von einem Della-Ferrera-Motor. Damals war sie das einzige Fahrrad mit Hilfsmotor, das bereits einen fortschrittlichen Schwingrahmen besaß.

G.R.I.

In den Jahren 1921-22 im schottischen Inverness produziert, besaß die G.R.I. einen originellen Einzylindermotor. Dieses einfach konstruierte und effiziente Triebwerk verfügte wahlweise über 350 oder 500 cm³ Hubraum. Entworfen wurde die G.R.I. von G.R. Inshaw, hergestellt wurde sie von der Firma Macrae & Dick Motorcycles.

Griffon

Zu Beginn unseres Jahrhunderts war die französische Marke Griffon dank ihrer Rennerfolge sehr angesehen. Es entstanden ab 1902 Einzylinder- und Zweizylindermaschinen, deren Motoren teils aus eigener Fertigung, teils von anderen Herstellern stammten. So kam beispielsweise ein Bichrone-Motor zum Einsatz, ein Zweitakter mit Clerk-System, bei dem die zwei Zylinder in V-Form angeordnet waren und der vordere Zylinder als Ladepumpe diente. Besonders leistungsstark war eine obengesteuerte Version eines Viertaktmotors. Mitte der 20er Jahre ging Griffon an Peugeot über.

Grigg

Der englische Hersteller Grigg nahm im Jahr 1920 seinen Betrieb mit einem 200 cm³-Zweitakt-Roller auf, dem wenig Erfolg beschieden war. Größeren Anklang fanden die folgenden 161 cm³- bis 1000 cm³-Motorräder. Die kleineren Motoren waren Zweitakter, es gab aber auch Modelle mit Einzylinder-Viertaktmotoren, deren Ventile im Zylinderkopf hingen. Die 250 cm³- und 350 cm³-Zweitakter wurden bei Villiers gefertigt, während die 350 cm³-Einzylinder- und die 700 cm³-Zweizylinder-Viertaktmotoren von Blackburne stammten. Daneben offerierte Grigg Maschinen, die von dem seltenen 996 cm³-Zweizylinder-V-Motor von B & H angetrieben wurden. Grigg stellte die Produktion im Jahr 1925 ein.

Grimpeur

Grimpeur hieß ein sehr interessanter französischer Motor, der in der ersten Hälfte der 20er Jahre produziert wurde. Die Kraftstoffversorgung übernahmen zwei Vergaser, von denen einer vor dem Zylinder und der andere neben ihm angeordnet war.

Grimshaw

Ein außergewöhnliches englisches Motorrad, das im Jahr 1908 in Sunderland entstand. Der Zweizylinder-V-Motor hatte den gewaltigen Hubraum von 2596 cm³ und leistete 20 PS. Insgesamt wog die Maschine nur 150 kg.

Grindlay-Peerless

Firmensitz der Grindlay Ltd. war Coventry. Die englische Seitenwagenfabrik begann 1923, Motorräder herzustellen. Die ersten Modelle erhielten 500 cm³-Motoren von JAP und 1000 cm³-Zweizylinder-V-Motoren von Barr & Stroud. Es folgten sehr verschiedene Maschinen, für die Triebwerke von JAP, B & H, Villiers und Rudge verwendet wurden. Bill Lacey gewann in England und Frankreich zahlreiche Rennen, bei denen er mit einer 350er und einer 500er Grindlay-Peerless antrat. Beide Motoren stammten von JAP. 1934 schloß das Werk die Tore.

Gritzner

Diese sehr bekannte deutsche Nähmaschinenfabrik war in Karlsruhe-Durlach ansässig, wo sie sich 1903 auch der Motorradproduktion zuwandte. Ihre ersten Modelle bestückte sie mit Fafnir-Motoren. Schon nach kurzer Zeit stoppte das Werk die Produktion.
Anfang der 50er Jahre unternahm Gritzner einen zweiten Anlauf: Es entstanden recht konventionelle Motorräder, die von Zweitakt-Sachs-Motoren angetrieben wurden. Die Maschinen waren mit 100, 150 und 175 cm³ Hubraum erhältlich. In den 70er Jahren stellte Gritzner den Betrieb endgültig ein.

Grizzly

Die tschechoslowakische Firma Matyasch & Polak aus Pardubice-Skrivanek produzierte in den Jahren 1925-32 Motorräder mit 250 cm³-Zweitaktmotoren, die unter dem Markennamen Grizzly in den Handel kamen. Daneben entstand eine Rennmaschine, die einen 350 cm³-MAG-Motor mit obenliegender Nockenwelle besaß. Eine weitere 350er Version hatte ein gegengesteuertes MAG-Triebwerk. Gefahren wurden die Grizzly-Renner von Adamak, Korbel, Trnka, Matyas und Hermann.

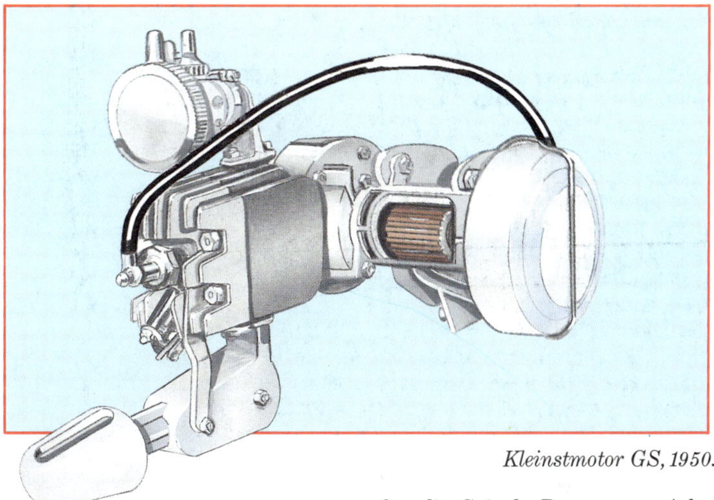

Kleinstmotor GS, 1950.

Grose-Spur

Hierbei handelte es sich um ein Leichtmotorrad mit einem 125 cm³-Motor, das 1934-39 in London produziert wurde.

Grote

1923 produzierte die in Berlin-Adlershof ansässige Grote-Motoren-Gesellschaft einen stehenden Einzylinder-Zweitaktmotor, dessen Bohrung und Hub 70 x 80 mm betrugen. Die Firma lieferte zudem Zwei- und Dreizylinder, die sie durch Kopplung mehrerer Motoreinheiten erhielt. Der Erfolg fiel mager aus, so daß Grote bereits nach einem Jahr den Betrieb einstellen mußte.

Gruhn

Motorräder der Marke Gruhn wurden 1923-31 in Berlin bei Richard Gruhn produziert. Die ersten Leichtmotorräder besaßen 197 cm³-Motoren mit seitlich stehenden Ventilen. Spätere Modelle erhielten Zweitaktmotoren derselben Größe, die einen ausgesprochen geringen Kraftstoffverbrach hatten. Besonders schöne Modelle waren obengesteuerte Einzylindermaschinen mit 175 beziehungsweise 197 cm³ Hubraum. Der Hinterradantrieb erfolgte über eine Kardanwelle.
In Berlin existierte noch ein zweiter Hersteller namens Hugo Gruhn, der sich vor allem auf die Fertigung von Fahrgestellen konzentrierte. Hugo Gruhn war der Bruder von Richard und 1920-26 im Motorradbau tätig.

G.S.D.

Im Design ungewöhnlich originell waren die englischen Motorräder der Marke G.S.D., die 1921-23 in Coventry von der Firma R.E.D. Grant produziert wurden. Sie besaßen 350 cm³-Zweitaktmotoren von White & Poppe, ein Vierganggetriebe, Kardanantrieb und Duplex-Rahmen. Besonders interessant war eine 500 cm³-Maschine, deren Bradshaw-Zweizylinder quer in den Rahmen eingebaut war. Der erwartete Verkaufserfolg blieb aus, so daß das Werk 1923 die Produktion einstellen mußte.

GS Motori

Die Gesellschaft GS Motori mit Sitz in Mailand bestand aus den Brüdern Guidetti, dem Ingenieur Alberico Seiling und Nunzio Silvestri. Die Brüder Guidetti waren die Konstrukteure der MAS, die jedoch wieder vom Markt verschwunden war, da ihre Schöpfer zu sehr mit der Fabrikation von Industrie-Motoren beschäftigt waren. Seiling hatte die Altea

Guazzoni Grifo 150 von 1953.

entworfen, und Silvestri hatte als Fahrer die erste italienische Goldmedaille bei der Internationalen Sechstagefahrt errungen. 1950 entwickelte GS Motori den Kleinmotor Gioiello. Der Einzylinder-Zweitakter wog vier kg und konnte ohne Schwierigkeiten an jedem Fahrrad angebracht werden. Der Antrieb erfolgte über eine Reibrolle, gekuppelt wurde mit Hilfe eines Handhebels. Die Antriebseinheit bestand aus einem liegenden Zylinder und einem Gehäuse für den Reibrollenantrieb. Rechts lag der Schwungmagnet für die Zündung mit seinem Gehäuse. Bei einem Benzinverbrauch von 1,2 Liter Gemisch auf 100 Kilometer ermöglichte der Motor eine Höchstgeschwindigkeit von 28 km/h. Es gab zudem eine Version, die komplett mit Rahmen geliefert wurde.

Guaraldi

Die italienische Firma Meccanica Guaraldi schuf 1905 ein Motorrad mit einem 4-PS-Fafnir-Motor. Erwähnenswert ist eine Version dieser Maschine mit Beiwagen: Der Beifahrer konnte mit Hilfe einer Kurbel und einer Kette den Beiwagen antreiben, wenn sich das Gespann in Schwierigkeiten befand, etwa eine Steigung nicht bewältigen konnte.
Wann die italienische Firma den Betrieb einstellte, ist umstritten, möglicherweise schon 1907. Andere Quellen berichten, daß noch im Jahr 1912 Maschinen entstanden seien, deren stehende Einzylindermotoren 2,75, 2,95 und 3 PS Leistung erzielt hätten. Ein Jahr später seien Modelle gefolgt, in die Einzylindermotoren von Fafnir mit 2,25, 3,75 und 4 PS eingebaut gewesen sein sollen. Die Version mit 2,25 PS habe eine Hochspannungsmagnetzündung und 293 cm³ Hubraum besessen, während die beiden letztgenannten Modelle über 499 cm³ verfügt und mit Kupplung und Dreiganggetriebe ausgerüstet gewesen sein sollen.

Guazzoni

Die Mailänder Firma Guazzoni wurde in den 30er Jahren gegründet, als Aldo Guazzoni die englischen Calthorpe-Motoren in Rahmen eigener Fertigung einbaute. Guazzoni verwendete Viertakter mit 250, 350 und 500 cm³ Hubraum, die er mit Vierganggetrieben kombinierte. Ein für damalige Zeiten ungewöhnliches Detail war die Fußschaltung für das Getriebe. Obgleich Guazzoni seine ersten Modelle nur in begrenzter Stückzahl produzierte, war die Marke Guazzoni in Italien bald bekannt. Doch im Jahr 1939 war das Werk gezwungen, die Tore zu schließen, da sich Italien auf den Krieg vorbereitete.
Nach dem Zweiten Weltkrieg wurde Aldo Guazzoni zum wichtigsten Vertreter von Moto Morini. Erst im Jahr 1949 besann er sich unter Mitwirkung seines Bruders Piero auf seine Fähigkeiten als Konstrukteur und rief eine neue Fabrik ins Leben. Sehr bald erschien ein Leichtmotorrad, das deutlich von Morini beeinflußt war. Morini war damals die führende Marke Italiens. Eine Reihe italienischer Hersteller kopierte Technik und Design, etwa bei der Gestaltung des Tanks.

Zweitakt-Guazzoni 150, 1952.

1950 präsentierte Guazzoni ein neues Modell. Angetrieben wurde es von einem 250 cm³-Einzylinder-Zweitaktmotor. Die Maschine besaß ein Vierganggetriebe, einen Rohrrahmen und Parallelogrammgabel aus Preßstahl. In Serie ging das Motorrad 1951. Seine Höchstgeschwindigkeit lag bei über 100 km/h.
Daneben entstand ein Leichtmotorrad mit einem 150 cm³-Zweitaktmotor, von dem verschiedene Versionen erschienen, darunter auch Sportausführungen. Bis 1954 basierte die Produktion hauptsächlich auf 125 cm³-, 150 cm³- und 175 cm³-Zweitakt-Leichtmotorrädern. Ein Modell, das aus dem üblichen Angebot von Guazzoni herausfiel, war die leistungsstarke Grifo, die 1953 erschien. Diese leichte Maschine

besaß einen 150 cm³-Zweitakter mit einem liegenden Zylinder und einen Zentralrohrrahmen aus Preßstahl. Der Grifo folgte wenig später die Grifo Sport.
1955 wurde ein Moped mit 50 cm³ Hubraum vorgestellt, in dessen robusten, gefederten Rahmen ein Zweitakmotor mit Zweiganggetriebe montiert war.
Die Welt der Viertakter betrat Guazzoni mit einem 200 cm³-Einzylinder mit obenliegender Nockenwelle und Vierganggetriebe, der für ein neues Leichtmotorrad verwendet wurde. Das Fahrgestell bestand aus einem Rohrrahmen mit Teleskopfederbeinen. Diese Maschine brachte es auf eine Höchstgeschwindigkeit von 116 km/h.
Auch im Rennsport engagierte sich Guazzoni. 1955 trat in Monza eine 50 cm³-Zweitaktmaschine mit Torpedo-Verkleidung an und stellte acht Weltrekorde auf. Die höchste Geschwindigkeit erreichte der Renner über die 50 Meilen-Strecke; er fuhr im Schnitt 92 km/h. Diese Rekordleistungen fanden einige Beachtung und wirkten sich deutlich auf den Absatz von Guazzoni aus.
1956 bereicherte das Werk sein Angebot um ein leichtes 175 cm³-Modell mit Viertaktmotor, obenliegender Nockenwelle und einer Höchstgeschwindigkeit von 105 km/h. Die neue 175er war aus der 200er des Vorjahres abgeleitet worden, von der nun auch die 175 cm³-Version Gran Sport herauskam, die 150 km/h erreichen konnte. Mit der Guazzonchino schuf die Firma ein sehr leichtes Motorrad, das einen 90 cm³-Zweitaktmotor mit Dreiganggetriebe erhielt. Während die 90er-Ausführung eine Höchstgeschwindigkeit von 85 km/h erreichte, brachte es die kleinere 50 cm³-Guazzoncino Sport auf 60 km/h.
1956 brillierte Guazzoni in der 50 cm³-Klasse und konnte verschiedene Weltrekorde brechen. Doch Guazzoni gab sich mit dem Erreichten nicht zufrieden, sondern änderte die Verkleidung der 48 cm³-Rekordmaschine, die nur 40 kg wog, und schickte sie erneut auf die Piste. Mit einer Höchstgeschwindigkeit von 129 km/h stellte sie nun 21 Rekorde auf und brach den Weltrekord über 100 Meilen.
Auf der Mailänder Mustermesse im April 1958 war ein neues Moped ausgestellt. Die Picnic, so hieß das Moped, hatte eine automatische Fliehkraftkupplung, einen Starrahmen und eine Teleskopgabel. Außerdem wurden ein 98 cm³- und ein 125 cm³-Leichtmotorrad vorgestellt. Die 125er war eine absolute Neuheit. Im Gegensatz zu der 98er, die einen Zweitaktmotor besaß, war für sie ein Viertakter gewählt worden, dessen Ventile über Stoßstangen und Kipphebel gesteuert wurden. Sie verfügte über vier Gänge und erzielte eine Höchstgeschwindigkeit von 85 km/h.
Die Produktpalette von Guazzoni umfaßte bis in die 60er Jahre hinein 50 cm³-, 65 cm³- und 98 cm³-Modelle mit Einzylinder-Zweitaktmotoren, 150er und 175er mit liegend eingebauten Einzylinder-Zweitaktern und 125 cm³-Maschinen mit Einzylinder-Viertaktern. Daneben gab es Sportausführungen, vor allem Geländemaschinen, die immer wieder erfolgreich Wettbewerbe bestritten. Ein besonders interessantes Modell war die 150 Sport, deren Zweitaktmotor einen Zylinder hatte, der leicht nach oben geneigt liegend angeordnet war. Die 150 Sport wurde später zum Modell Export 175 weiterentwickelt.
Viel Anklang fand ein 50 cm³-Leichtmotorrad aus dem Jahr 1965, das ausschließlich für den Export gedacht war. Angetrieben wurde es von einem Zweitakt-Drehschiebermotor, der bei 10000 U/min 7 PS leistete. Das nächste Jahr brachte eine Version des 50 cm³-Mopeds des Vorjahres. Es hieß Matta und war mit einem Zweitakt-Drehschiebermotor bestückt, der bei 10500 U/min nun 8 PS entwickeln konnte. Dann wurde der Hubraum auf 60 cm³ erhöht, die Leistung stieg auf 9,5 PS bei 10500 U/min. Aus der Matta entstand ein Geländemodell, das mit einem Sechsganggetriebe ausgerüstet wurde. Eine weitere Geländemaschine in zwei Versionen folgte im Jahr 1967: die Modernly mit 125 beziehungsweise 150 cm³ Hubraum. Schließlich kam das Geländemodell Regolarità Casa mit 50, 60, 100 und 125 cm³ in den Handel. Wieder war ein Drehschiebermotor zum Einsatz gekommen, nach Wunsch mit einem Vier- oder Sechsganggetriebe kombiniert.
Guazzoni spezialisierte sich in den folgenden Jahren auf Moto-Cross- und Geländemaschinen. Eine Serie mit 60 cm³-Rennern für Privatfahrer wurde geschaffen und eine neue Matta 50 auf die Räder gestellt. Der Primärantrieb erfolgte über Zahnräder, die Kupplung lief im Ölbad, das Getriebe hatte vier Gänge. Der Rohrrahmen hatte vorne eine Teleskopgabel und hinten eine Schwinge. Das Gewicht der Matta 50 lag bei 50 kg. Ende der 60er Jahre fuhr Lombardi zur italienischen Meisterschaft auf einer 125er, die auf die Matta 50 zurückging.
Die 70er Jahre ließen sich für Guazzoni nicht weniger glücklich an. Sportliche Erfolge und beste Verkaufsbilanzen gingen Hand in Hand. Guazzoni war damals der einzige italienische Hersteller, der Zweitakt-Drehschiebermotoren in Serie produzierte.

Guazzoni 60 Cadetti von 1968.

Guazzoni Cross 50 von 1967.

Guazzoni 50 GP von 1974.

Einen völlig neu konzipierten Rahmen erhielt die Mattacross Special von 1971, deren 50 cm³-Motor wieder die Drehschiebersteuerung und sechs oder vier Gänge erhalten hatte. Der Doppelschleifenrahmen mit der Ceriani-Gabel war sehr robust und eignete sich auch für größere Motoren. In den folgenden Jahren widmete sich Guazzoni vor allem den 50 cm³-, 100 cm³- und 125 cm³-Modellen, die für Geländesport und Moto-Cross bestimmt waren.
Als sich der 70jährige Aldo Guazzoni 1977 aus dem Arbeitsleben zurückzog, verschwand mit ihm eine kleine, aber bedeutende Firma, die durch ihre herausragenden Zweitakt-Drehschiebermotoren international bekannt geworden war.

Guignard

Guignard, diese französische Firma in Lyon produzierte von 1933-38 hauptsächlich 100 und 125 cm³ Zweitaktmodelle.

Guiller

Guiller war eine französische Firma, die Anfang der 50er Jahre mit der Herstellung von Mopeds begann, die sie mit Motoren der verschiedensten Marken versah. Der Antrieb erfolgte über Rolle oder Kette. Den Mopeds folgten Leichtmotorräder mit 108, 125, 150 und 175 cm³ Hubraum und Zwei- oder Viertaktmotoren.
1953 erschien auch eine leichte Maschine mit einem 250 cm³-Viertaktmotor; die Ventile hingen im Zylinderkopf und wurden von einer obenliegenden Nockenwelle gesteuert.
Mit dieser Fabrik wird häufig ein anderes, ebenfalls französisches Werk verwechselt. René Guiller konstruierte Roller mit 125 cm³-Zwei- und Viertaktmotoren und später mit 175 cm³-Viertaktern. Erwähnt werden sollte, daß es sich bei dem französischen Roller Guiller, der in den 50er Jahren im Handel erschien, um den in Lizenz gebauten italienischen Roller Moretti handelte.
1955 verwirklichte René Guiller ein Motorrad, dessen 125 cm³-AGF-Motor in einen Schleifenrohrrahmen eingebaut worden war. Vorne besaß die Maschine eine Teleskopgabel, hinten eine Schwinge. Auf dem Pariser Salon von 1955 stellte Guiller ein Moped aus, 125 cm³-Leichtmotorräder mit Drei- und Viergang-getriebe sowie eine leichte 175er. Alle diese Modelle wurden in verschiedenen Versionen angeboten, wobei Zwei- und Viertakt-Triebwerke von Junior, Vap, Aubier Dunne, Ydral und AMC verwendet wurden. Anfang der 60er

Orginal-Guiller 125 mit AGF-Motor, 1955.

Guia

Das Leichtmotorrad Guia entstand 1950-54 in den Officine Ettore Buralli in Mailand. Es besaß einen 125 cm³-Zweitaktmotor und kam in zwei Versionen auf den Markt: mit einem sehr modernen Rohrrahmen und mit einem Preßstahlrahmen.

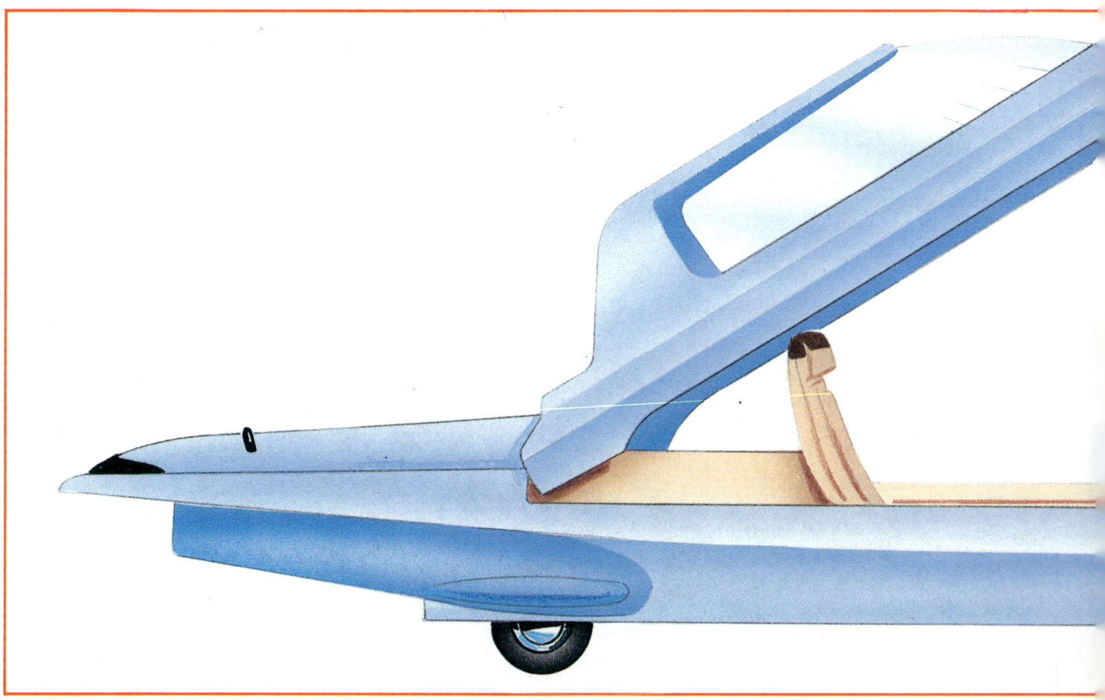

Versuchsmodell Ford Gyron, 1961.

Jahre kam das Aus für die Marke Guillier.

Guizzardi

Schöne Leichtmotorräder produzierte von 1927-32 die Turiner Firma Guizzardi. Sie verwendete Einzylinder-Viertaktmotoren mit Hubräumen von 125 und 175 cm³, deren Ventile im Zylinderkopf hingen.

Guizzo

Die italienische Firma Palmieri & Gulinelli produzierte 1955 einen Roller und ein Moped. Der Roller hatte 150, das Moped 48 cm³ Hubraum. Beides waren Zweitakter. Vor allem der Roller gehörte zu den interessanteren Exemplaren seiner Gattung. Mit einem immer wieder überarbeiteten und verbesserten Angebot blieb die Marke aus Bologna bis 1962 auf dem Markt.

Güldner

Sie waren den Norton-Maschinen nicht unähnlich, die 1924-27 in Aschaffenburg produzierten Güldner-Modelle. Bestückt waren sie mit 500 cm³- und 350 cm³-Einzylindermotoren, deren Ventile seitlich standen oder im Zylinderkopf hingen.

Gustloff

Suhl in Thüringen war vor dem Zweiten Weltkrieg Sitz vieler Waffenschmieden. Einige von ihnen, wie auch die Gustloff Werke, versuchten sich zeitweise im Motorradbau. Gustloff produzierte zwischen 1937 und 1940 vor allem Mopeds, die von Martin Stolle entworfen worden waren und von 98 cm³-Sachs-Motoren angetrieben wurden.

G & W

G & W steht für Guy & Wheeler, eine Liverpooler Fabrik, die 1902-06 tätig war. Verwendet wurden Motoren von Minerva, Fafnir und Peugeot.

Gyron

1961 präsentierte die amerikanische Firma Ford die Gyron. Sie sollte nach dem Willen ihrer Schöpfer ein Automobil werden, wird aber meist als Motorrad betrachtet. Das futuristische Gefährt war von Ford als Studienobjekt gedacht. Die Techniker wollten zukünftige Motoren und noch nicht existente Kraftstoffe testen. Deswegen war die Gyron so geschaffen, daß jede Art von Motor eingebaut werden konnte, sei es ein Turbinenaggregat oder ein atomares Triebwerk. Die Gyron war 5,3 Meter lang, etwa zwei Meter breit und 1,12 Meter hoch. Setzte man sie in Bewegung, traten unter dem Heckflügel zwei Räder hervor, die dem Gleichgewicht dienten. Fahrer und Beifahrer saßen nebeneinander auf zwei getrennten Sitzen.

Gys

Die Gys war das erste komplett englische Moped. Gebaut wurde sie in den frühen 50er Jahren. Der stehende Einzylindermotor verfügte über 49 cm³ Hubraum und war auf einer speziellen Gabel montiert. Wollte man ein Fahrrad motorisieren, so ersetzte man seine Gabel durch die Gys-Gabel-Motor-Einheit. Der Antrieb erfolgte über eine Reibrolle auf den Vorderreifen. Das verwandelte Fahrrad erreichte damit eine Höchstgeschwindigkeit von 30 km/h.

HAB

1926 produzierte die Firma HAB einen stehenden Einzylinder-Viertaktmotor mit obenliegender Nockenwelle in zwei Versio-

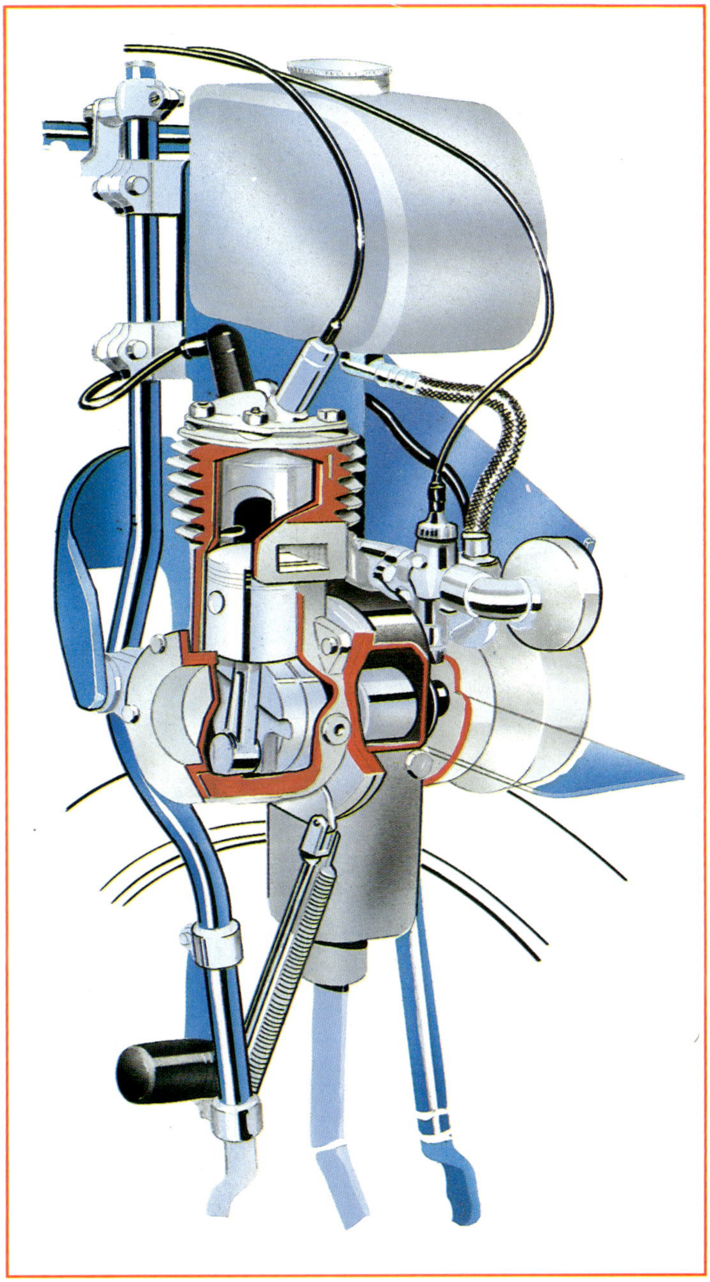

Kleinstmotor Gys aus den 50er Jahren.

nen mit 250 und 350 cm³ Hubraum. Der Motor wurde von dem Techniker Huber entwickelt, der auch als Konstrukteur der deutschen Roconova gilt. Die obenliegende Nockenwelle wurde von einer Königswelle angetrieben.

Hack

Anfang der 20er Jahre kam in Großbritannien ein Roller-ähnliches Motorrad, die Hack, auf den Markt. Der 110 cm³-Simplex-Motor wurde später durch einen Motor mit 103 cm³ Hubraum ersetzt, der sich in dem offenen Rahmen unmittelbar vor dem Hinterrad befand. Die Räder hatten einen Durchmesser von 20 Zoll. 1923 stellte Hack die Produktion ein.

Haden

Das englische 350 cm³-Motorrad Haden wurde von 1920 bis 1924 in Birmingham entwickelt. Das Motorrad war mit einem Precision-Zweitaktmotor ausgerüstet und wurde in begrenzter Stückzahl produziert.

Hagg Tandem

Die englische Hagg Tandem, die auch unter der Marke H.T. verkauft wurde, wies eine ungewöhnliche Roller- ähnliche Konstruktion auf. Für die ersten Modelle wurden Zweitaktmotoren verwendet, aber bereits Anfang 1921 wurden 350 cm³-Barr & Stroud-Schiebermotoren eingesetzt. Die Federung der Hagg Tandem war für damalige Zeiten vorbildlich: Das Motorrad hatte eine Parallelogrammgabel mit horizontalen und vertikalen Federn.

Der Rahmen war ungewöhnlich: Vom Lenkkopf führte ein Rohr direkt zum Sitz und ein zweites zur unteren Seite des Motors. Auf dem ersten, nach unten gebogenen Rohr, war der Tank befestigt. Der Sitz war abgesenkt und äußerst bequem. Das zweite Rohr war mit einer Konstruktion aus Preßstahl verbunden, die zusammen mit den verschiedenen Platten die Aufnahme für den Motor bildete. Von diesem führte ein Versteifungsdreieck zu dem oberen Rohr unter dem Sattel. Das Motorrad besaß eine Hinterradschwinge, die die Fahr-

Der Roller Hack, 1922.

Hagg Tandem von 1920/21.

Harley Hydra-Glide von 1950.

bahnstöße abfing. Ein hinten angebrachtes Schutzblech bildete die Verkleidung für den hinteren Teil der Maschine, während Beinschutz und seitliche Schutzbleche den vorderen Teil abdeckten.
Der Sekundärantrieb erfolgte über Kette. Das Dreiganggetriebe stammte von Burman. Die Kupplung wurde bereits mit einem am Lenker angebrachten Hebel betätigt. Das Anlassen geschah mittels eines horizontal angebrachten Hebels, der zum Starten des Motors nach oben gezogen werden mußte. Das Getriebe war fußgeschaltet, was in dieser Zeit ausgesprochen ungewöhnlich war. Trotz ihrer Originalität konnte sich die Maschine nicht dauerhaft auf dem Markt durchsetzen und wurde nur 1920-22 produziert.

Hägglunds

Die 1973 für das Militär konzipierte Hägglunds XM 72 besaß einen selbsttragenden Rahmen, der Öl und Benzin in zwei getrennten Kammern enthielt. Die Schwinge ähnelte einer Earles-Gabel. Der 293 cm³-Sachs-Zweitaktmotor hatte eine stufenlose Keilriemen - Getriebeautomatik. Die zweiggeteilte Keilriemenscheibe veränderte ihren Innendurchmesser fliehkraftgesteuert in Abhängigkeit von der Drehzahl. Die Kardanwelle war im Schwingarm für das aus Leichtmetall hergestellte hintere Gußrad untergebracht. Die Räder wurden mit hydraulischen Scheibenbremsen gebremst. Bei 5500 U/min hatte der Motor eine Leistung von 25 PS, was für eine Spitzengeschwindigkeit von 120 km/h ausreichte.
Bei Bedarf ließen sich an der XM 72 Skier anbringen, die mit einem Gelenk am Motorgehäuse montiert wurden, so daß seitliche Neigungen möglich wurden. Das Folgemodell XM 74, das mit einem Motor von Bombardier Rotax bestückt wurde, war in seiner Konstruktion deutlich konventioneller.

Hai

Dieses Zweitaktmotorrad mit 120 cm³ Hubraum mit einem Rahmen aus Preßstahl wurde in den Jahren 1939-40 als preiswertes Transportfahrzeug in Österreich produziert. Der Ausbruch des Zweiten Weltkriegs stoppte jedoch die Serienproduktion dieses Modells.

Hampton

Die einzylindrige Hampton, die 1912-14 gebaut wurde, besaß einen seitengesteuerten 500 cm³-Motor von Hampton Engineering in Birmingham. Der Motor war mit einem fußgeschalteten Getriebe kombiniert.

Hanfland

Die 1923-25 im Berliner Motorenwerk Hanfland produzierte Zweitaktmaschine war mit einem 150 cm³-Motor bestückt. Der Antrieb erfolgte mittels Keilriemen auf das Hinterrad. Die schwierigen wirtschaftlichen Bedingungen im Deutschland der 20er Jahre zwangen die Firma jedoch nach kurzer Produktionszeit zur Aufgabe.

Hansa

Zwischen 1922-27 stellten die Hansa Präzisionswerke in Bielefeld Motorräder mit 197 und 298 cm³ Hubraum her. Das kleinere Modell war seitengesteuert, die 298er hatte einen Motor mit im Zylinderkopf hängenden Ventilen.

Harding-JAP

Die von einem englischen Hersteller in Frankreich produzierte Harding-JAP war mit einem 500 cm³-Zweizylinder-JAP-Motor bestückt. Die Maschine wurde von 1912–1914 gebaut.

Harlette

Aus Gründen, die bis heute nicht vollständig geklärt sind, hielt man die französische Harlette irrtümlicherweise häufig für eine amerikanische Marke. Französische Vertreter der Firma Harley-Davidson hatten im Jahr 1925 das Leichtmotorrad entwickelt, das mit einem 175 cm³-Zweitaktmotor von Puch bestückt war. Nach einiger Zeit wurde der Puch-Motor durch traditionelle Motoren eigener Entwicklung ersetzt. Die Harlette wurde bis 1929 gebaut.

Harley-Davidson

Die Geschichte dieses legendären Motorrads nahm 1901 im Norden der Vereinigten Staaten ihren Ausgang, als die Erinnerung an den Wilden Westen

zu verblassen begann ... Es war jene Zeit, in der Thomas Alva Edison mit seinen „Lämpchen“ ganz New York in Licht tauchte und ein texanischer Bauer beim Graben nach einem Brunnen in seinem Garten eine überraschende Entdeckung machte: Er hörte ein starkes Zischen und sah einen schwarzen, kräftigen Strahl aus der Erde schießen, dessen Höhe die der umliegenden Häuser bei weitem übertraf. Die Prärie hatte ihr letztes Geheimnis preisgegeben, die größten Ölvorkommen der Welt waren entdeckt. Bald darauf lieferte das schwarze Gold die Energie für die Automobile Henry Fords und andere motorgetriebene Fahrzeuge, die damals immer häufiger auf den alten, von schweren Wagenrädern ausgefahrenen Straßen der Pioniere auftauchten.
Unter den ersten, die sich für die Idee der neuen Stahlrösser begeisterten, waren zwei junge Leute aus Wisconsin: William Harley, ein Zeichner, und Arthur Davidson, ein Modellbauer. Die von der Technik faszinierten jungen Männer hatten seit einiger Zeit den Plan, eine Art Fahrrad zu entwickeln, das mit einem Hilfsmotor ausgerüstet sein sollte. Zu den beiden stießen zwei Brüder von Arthur und der Konstrukteur und nachmalige Bootsmotorenbauer Ole Evinrude, der seine Erfahrungen im Motorenbau beitragen konnte. Eine Werkstatt wurde angemietet.
Das Improvisationstalent der jungen Männer war beträchtlich: So verwendeten sie als Vergaser für ihren ersten Motor eine leere Konservenbüchse, da sie gerade nichts Besseres zur Hand hatten. Den Motor an einem Fahrradrahmen anzubringen, erwies sich als weniger aufwendig als erwartet; der Antrieb allerdings war trotz des Hubraums von 350 cm³ mit seinen 3 PS so schwach, daß das Motorrad nur auf vollkommen ebenen Straßen gefahren werden konnte. Aus diesem Grund wurde das Schwungrad von 14 auf 29 Zentimeter Durchmesser vergrößert und Bohrung und Hub auf 76,2 x 88,9 mm gebracht, was 400 cm³ Hubraum ergab.
Jetzt war das Motorrad zwar imstande, auch Steigungen zu bewältigen, aber wegen der heftigen Erschütterungen des Motors vibrierte das Fahrgestell stark. Es lag auf der Hand, daß für ein richtiges motorgetriebenes Zweirad auch das Fahrgestell entsprechend konstruiert werden mußte. Aus diesem Grund entwickelte man einen Rahmen, bei dem sich das Hauptrohr unten zur Aufnahme für den in einem Gehäuse geschützten Motor verbreiterte. Durch diese Konstruktion erreichte man, daß die Maschine stabiler wurde und sicherer auf der Straße lag.
Als die Dinge so weit gediehen waren, beschlossen die Freunde, ihre Tätigkeit fortan professioneller zu betreiben: Harley, die Brüder Davidson und weitere Mitarbeiter bezogen eine neue Werkstatt, und ein Schild an der Holztür verkündete die Eigentümer: „Harley-Davidson Motor Co“.
1903 kam die erste Harley-Davidson in den Handel. Sie hatte einen 405 cm³-Einzylindermotor mit einer Leistung von 3

Oben: Die Firmengründer William A., Walter und Arthur Davidson neben William Harley. Links: William J. Harley und William H. Davidson mit einem Rennfahrer. Unten links: Türschild der ersten Werkstatt. Unten rechts: William G.Davidson, Vertreter des sportlichen Zweigs der Harley-Dynastie.

PS. Schon durch ihren Namen, Silent Gry Fellow (ruhiger grauer Gefährte), unterstrich man die leise Mechanik und das graue Livree, das Markenzeichen der zukünftigen Produktion von Harley-Davidson. In den nächsten drei Jahren produzierte Harley-Davidson etwa 50 Motorräder, ausnahmslos Einzylinder mit Schnüffel-Einlaßventilen und Riemenantrieb zum Hinterrad. Improvisationstalent und praktische Erfahrung allein konnten jedoch nicht ausreichen, um der zunehmend härteren Konkurrenz im Motorradbau gewachsen zu sein – zur weiteren Expansion waren ebenso Organisationstalent und genaue Planung notwendig. Aus diesem Grund belegte der zu diesem Zeitpunkt 27jährige William Harley, der dies mit Weitblick erkannt hatte, an der Universität von Wisconsin das Fach Ingenieurwissenschaften, um so seine technischen Kenntnisse zu vervollkommnen. Die zukünftige Produktion von Harley-Davidson bewies, wie richtig diese Entscheidung gewesen war.

In der Zwischenzeit nahm Walter Davidson, der Bruder von Arthur, an Motorradrennen teil und konnte auf einer Harley bei dem Endurance Run, einem der ersten Langstreckenrennen in den USA, einen sportlichen Erfolg für das Werk in Wisconsin verbuchen. Man schrieb das Jahr 1908, und während Walter im Sattel seines Motorbikes einem ersten Sieg entgegenfuhr, ließen Butch Cassidy und Sundance Kid in einem kleinen argentinischen Bergbauerndorf ihre Pistolen sprechen. Die beiden Outlaws, die schließlich im Kugelhagel der Polizei fielen, waren letzte, tragische Figuren einer untergegangenen Epoche. Und Amerika, das

so reich an Schätzen war, begann sich mit einer ungeheuren Geschwindigkeit zu entwickeln und dem alten Kontinent Konkurrenz zu machen.

Im Land der Pioniere war die revolutionäre und geniale Idee Daimlers auf fruchtbaren Boden gefallen. Männer wie Ford, Davidson oder Harley veränderten mit ihren Maschinen nicht nur das Gesicht Amerikas, sondern das der ganzen Welt. 1909 entwarf Harley den ersten Zweizylinder-V-Motor mit einer Leistung von 4 PS und – absolute Neuigkeit in jener Zeit – handbetätigter Kupplung. Andere Kennzeichen der Harley waren die Parallelogrammgabel mit zwei Rohren parallel zu den Hauptstandrohren und oben angeordneten Federn.

Charakteristisch für die Produktionsweise Harleys war die extreme Sorgfalt, mit der man sich in der Entwicklung auch Detailproblemen widmete. Auch versuchten die Konstrukteure, das Motorrad nicht nur stärker und schneller, sondern auch leiser und bequemer zu machen. Zahlreiche Verbesserungen der Modelle in den Jahren 1910-20 verdeutlichen dieses Prinzip, wie zum Beispiel der speziell gefederte Full-Floating-Sitz, die Kupplung in der Hinterradnabe, der Radantrieb über Kette, die automatische Schmierung und das Zweiganggetriebe.

1) Walter Davidson nach seinem Sieg im Endurance Rennen, 1908.
2) Von links nach rechts: Arthur Davidson, Walter Davidson, Sir William S. Harley und William A. Davidson vor ihrem Büro, 1910.
3) William A. Davidson und William S. Harley im Beiwagen.
4) Ein Dreirad von Harley-Davidson, 1915.

5

6

7

8

1) Erster Weltkrieg: Harleys, bei denen die Verkleidung als Nest für Maschinengewehre umfunktioniert wurde.
2) Harleys wurden als Hilfsfahrzeuge benutzt und in Offensiven gefahren. Auf dem Foto ein Scharfschütze in Aktion.
3) Eine der ersten Harleys mit Einzylindermotor, 1903.
4) Der 35-Kubikzoll-Einzylinder von 1914.

Harley-Davidson machte sich auch im Motorsport einen Namen. Bereits 1914 wurde eine eigene Rennabteilung eingerichtet. Dort entstand die berühmte Zweizylindermaschine mit acht Ventilen, die für jeden Zylinder ein doppeltes Auspuffrohr besaß. Auf dieser Maschine errang 1916 der Rennfahrer Floyd Clymer den Stundenrekord mit einem Mittel von 133,5 km/h und bewältigte die Strecke von 100 Meilen (rund 160 Kilometer) in einer Stunde und 11 Minuten.

In der Zwischenzeit war in Europa der Erste Weltkrieg ausgebrochen. Die USA, die anfangs noch eine abwartende Haltung eingenommen hatten, entschlossen sich angesichts der Gefahr, die von der deutschen U-Boot-Flotte ausging, und eines drohenden Siegs der Mittelmächte zum Kriegseintritt. 1917 stoppte Harley-Davidson die Produktion ziviler Motorräder und stellte ganz auf die Entwicklung von Militärmaschinen mit und ohne Seitenwagen um. Über 20000 Harley-Davidson-Motorräder wurden auf den wichtigsten Kriegsschauplätzen eingesetzt.

Nach Kriegsende brachte Harley-Davidson erneut Maschinen für den zivilen Gebrauch auf den Markt. Aus dem Werk gingen nun Ein- und Zweizylinder hervor. Die Aufmerksamkeit der Fachwelt richtete sich selbst während des Booms der europäischen Rennveranstaltungen auf die Rennmaschinen aus Wisconsin. Hier muß an Freddie Dixon erinnert werden, der auf dem Rundkurs der englischen Brooklands-Bahn auf einer Zweizylinder-Harley-Davidson mit acht Ventilen und 1198 cm^3 Hubraum eine beachtliche Anzahl von Siegen errang. 1921 gelang ihm sogar ein Geschwindigkeitsrekord von 160 km/h.

Trotz dieser Erfolge beendete Harley-Davidson die aktive Teilnahme an Motorradrennen und begann statt dessen, die Marktstellung des Unternehmens weiter auszubauen. Die Firma wurde umstrukturiert, als Zielvorgabe setzte man sich eine jährliche Produktion von 35000 Motorrädern. Harley-Davidson gab die Herstellung von Einzylindern auf und widmete sich fortan ausschließlich dem Bau von schweren 1000 und 1200 cm^3-Zweizylinder-V-Maschinen.

Die erste Harley, die während des Ersten Weltkriegs in Deutschland eintraf.

1926 beschloß die Firma, sich erneut im Rennsport zu engagieren. Der Schwerpunkt des Interesses lag aber weniger auf den Straßenrennen, sondern vielmehr auf Spezialdisziplinen wie dem Speedway. Die Konstrukteure aus Milwaukee entwarfen eine 350er Einzylindermaschine mit im Zylinderkopf hängenden Ventilen und untenliegender Nockenwelle. Die Peashooter wurde innerhalb kurzer Zeit führend im Speedway. Das Einzylindermotorrad mit doppeltem Auspuffrohr hatte keine Bremsen, einen kurzen Radstand und eine Teleskopgabel mit einem Federweg von kaum 25 mm. Anstelle eines Getriebes besaß es ein eingängiges Vorgelege, das die Kupplung einschloß. Verglichen mit der englischen Douglas, die von dem damals üblichen, langen Rahmen gekennzeichnet war, erlaubte die Peashooter dem Piloten einen weniger spektakulären Fahrstil. Dafür war er effektiver, so daß auf der Piste höhere Geschwindigkeiten erreicht werden konnten.

Die schwere Wirtschaftskrise von 1929 wirkte sich auch auf Harley-Davidson aus: Die Zahl der verkauften Motorräder verringerte sich von 35000 im Jahr 1926 auf 6000 im Jahr 1933. Zum Glück wurde durch größere Aufträge von der Armee und der Polizei ein weiterer Niedergang des Unternehmens verhindert. Das berühmte Motordreirad von Harley-Davidson, Hauptakteur zu Zeiten Al Capones, wurde eigens für die Hüter der öffentlichen Ordnung entwickelt.

Während in Europa vor allem vielzylindrige Motorräder der mittleren Hubraumklasse entstanden, die eine bemerkenswerte Leistung aufwiesen, erreichte das Werk in Milwaukee die gleichen Resultate, indem es den Hubraum seiner Zweizylindermotoren stark vergrößerte wie zum Beispiel bei der Knucklehead von 1936 („knuckles“ = Fingerknöchel, „head“ = Zylinderkopf). Der Spitzname spielte auf die damalige Form des Kipphebelgehäuses der im Zylinderkopf hängenden Ventile an. Die gigantischen Zylinder mit einem Hubraum von jeweils über 700 cm^3 ergaben einen Gesamthubraum von 1350 cm^3. Weitere Besonderheiten waren die austauschbaren Räder, die abschließbare Zündung und das Sperrschloß am Lenkkopf.

In demselben Jahr plante ein kalifornischer Konfektionär, den Zweizylindermotor als Einbaumotor für die eigenen Rennwagen zu verwenden. Für diese neue Aufgabe mußte der Motor einigen Veränderungen unterzogen werden: Er war nun wassergekühlt und wurde durch die Vergrößerung der Zylinder auf die unglaubliche Hubraumgröße von 1570 cm^3 gebracht. Das Experiment lieferte jedoch nicht die erhofften Resultate: Die Leistung des Antriebs war zwar phantastisch, jedoch waren die Vibrationen so stark, daß das Motorgehäuse buchstäblich in zwei Teile auseinanderfiel.

1937 setzte „Smokey Joe“ Petralli mit einem Geschwindigkeitsrekord von 219,159 km/h in Daytona neue Maßstäbe. Vier Jahre später wollte Harley-Davidson ein neues Supermotorrad mit obengesteuertem 1208 cm^3-Zweizylindermotor auf den Markt bringen, als am 7. Dezember japanische Kampfflugzeuge die amerikanische Flotte in Pearl Harbor bombardierten und damit den Eintritt der Amerikaner in den Zweiten Weltkrieg provozierten. Wie schon im Ersten

Gordon, Walter und Allan Davidson, 1929.

Weltkrieg, stellte die riesige amerikanische Wirtschaftsmaschinerie ihre Produktion auf die neue Situation ein. Im Lauf des Kriegs konnte Harley-Davidson 90000 seitengesteuerte Maschinen vom Typ 45 WLA mit 750 cm^3 Hubraum verkaufen.
Viele dieser Maschinen überdauerten den Krieg und wurden in den 50ern als Chopper zum Aushängeschild der ersten Rocker, die damals noch Halbstarke genannt wurden. Die aufsässige und rebellische Jugend Amerikas liebte den Chopper – und auf der Gegenseite wurde das neue Modell Duo-Glide die treue Begleiterin der Gesetzeshüter, die das Motorrad im Streifendienst einsetzten. Die Duo-Glide, ein Nachfolgemodell der Hydra-Glide von 1948, hatte von dieser das imponierende Äußere übernommen: Dieses Motorrad wurde zum Stammvater aller Tourenmaschinen von Harley und zum Symbol des amerikanische Herstellers aus Milwaukee.
Das Nachkriegsprogramm von Harley-Davidson beinhaltete auch eine 125er Zweitaktmaschine, deren DKW-Motor sozusagen eine Art Kriegsbeute darstellte. Harley-Davidson hatte nämlich nach der Niederlage Deutschlands als Wiedergutmachung einen Teil der Maschinenausrüstung von DKW demontiert und zusammen mit einigem Material nach Amerika verschifft. Diese kleine Harley fand

William H. Davidson, 1930.

165 cm^3 Super 10 von 1953.

sofort den lebhaften Beifall des amerikanischen Publikums.
Zur gleichen Zeit waren die Harleys im Rennsport äußerst erfolgreich: Bei insgesamt 23 Rennen in den USA konnten sie 19 Siege erringen. Um die dominierende Stellung auf der Sandpiste von Daytona zu sichern, realisierte der Hersteller Anfang der 50er Jahre die XR 750 mit untenliegender Nockenwelle und im Zylinderkopf hängenden Ventilen; der Motor war ganz aus Leichtmetall gefertigt. Das Angebot an Zweitaktmaschinen wurde erst um eine Ausführung mit 165 cm^3 Hubraum erweitert, dann um eine mit 175 cm^3, die als Tourenmotorrad oder als Scrambler erhältlich waren. Schließlich ergänzte das Werk mit einem 165 cm^3-Einzylinder-Roller sein Programm.
Der Schwerpunkt der Produktion lag weiterhin auf den Zweizylinder-V-Maschinen, die nach und nach immer größer und kom-

fortabler wurden. Während für den amerikanischen Binnenmarkt vorwiegend Modelle der großen Hubraumklasse geschaffen wurden, sollte der europäische Markt mit einer völlig anderen Produktpalette angesprochen werden. Um hier die Absatzchancen zu verbessern, schien eine Zusammenarbeit mit der italienischen Firma Aermacchi in Schiranna sinnvoll, deren Einzylindermotoren mit 250 und 300 cm³ Hubraum mit im Zylinderkopf hängenden Ventilen sich in der Weltmeisterschaft siegreich hatten durchsetzen können. Im Jahr 1960 entstand die neue Gesellschaft Aermacchi-Harley-Davidson.

Von diesem Zeitpunkt an wurden die in den USA verkauften Modelle von Aermacchi unter dem Namen Harley-Davidson vertrieben, was auch Modelle der kleineren und mittleren Hubraumklassen betraf. In diesem Bereich des amerikanischen Markts begannen damals die Japaner Fuß zu fassen. Indessen bereitete sich die Harley-Davidson Motor Company darauf vor, die – dieses Mal wirtschaftliche – Offensive der Japaner zurückzuschlagen. 1965 trat die Elektra Glide die Nachfolge der Duo Glide an und wurde bald durch zahlreiche Filme berühmt, in denen sie als treue Gefährtin der Chips, der Streifenpolizisten auf den amerikanischen Highways, zu sehen war.

1969 wurden Harley-Davidson und Aermacchi von der American Machine and Foundry (AMF) übernommen; die Motorräder kamen seither unter der Markenbezeichnung AMF-Harley-Davidson auf den Markt. Während man in Milwaukee weiter die großen Zweizylindermaschinen perfektionierte, entwickelte man im Werk in Schiranna ein Zweitaktmodell in einer Zweizylinder-Rennversion und in einer Einzylinderausführung für die Serienproduktion. Mitte der 70er Jahre konnte Harley-Davidson im internationalen Straßenrennsport viele Triumphe feiern: Dreimal hintereinander (1974, 1975, 1976) errang der italienische Werksfahrer Walter Villa auf einer Zweizylinder-AMF-Harley-Davidson, die in Schiranna produziert worden war, die Weltmeisterschaft in der Klasse bis 250 cm³, im Jahr 1976 war Villa daneben in der 350er Klasse der Bestplazierte.

Mit diesen spektakulären Siegen konnten die kommerziellen Erfolge der Firma allerdings nicht mithalten: Ihr war es nie gelungen, die schweren Zweizylindermaschinen auf dem europäischen Markt unterzubringen, der ganz von den großen vier japanischen Herstellern dominiert wurde. Andererseits konnten sich die italienischen Modelle der kleinen und mittleren Hubraumklassen nicht auf dem amerikanischen Markt durchsetzen – wieder war die japanische Konkurrenz übermächtig.

Sturmtruppe mit 45 WLA-Maschinen, 1942.

Die legendäre Electra Glide im Polizeieinsatz.

Oben: Electra Glide Classic von 1986. Ein komfortabler Straßenkreuzer für lange Reisen.
Links: SX 250 AMF von 1973.

Ein weiterer Grund für die Schwierigkeiten von Harley-Davidson in Europa dürften einige technische und ästhetische Eigenarten gewesen sein, die speziell für den amerikanischen Markt entwickelt worden und dem dortigen Geschmack angepaßt waren, die aber vom europäischen Publikum, das seiner Tradition verhaftet war, nicht angenommen wurden. Später allerdings waren tropfenförmige Tanks, hohe Lenker, Sitzbänke mit verschiedener Sitzhöhe für Fahrer und Sozius und die sogenannten Scrambler auch in Europa gefragt. Das Auf und Ab der Verkaufszahlen des italienischen Werks veranlaßte die Geschäftsleitung in Milwaukee dazu, die Produktion der Motorräder in Schiranna deutlich zu drosseln. Für die Rennabteilung hatte dies die Konsequenz, daß Walter Villa und dem neuen Fahrer Franco Uncini nun nicht mehr die notwendigen Mittel zur Verfügung standen, die es erlaubt hätten, weiterhin Rennmaschinen zu konstruieren und mit Aussicht auf gute Plazierungen in den Weltmeisterschaften zu starten. Ende der Saison 1977 mußte die erfolgreiche Abteilung ihre Pforten schließen.

Dies war nur ein Vorbote der Krise, die den Koloß bald auch in den Vereinigten Staaten erschüttern sollte. Die Japaner, die auf den amerikanischen Markt für Straßenmotorräder drängten, stellten ihre Supertourer vor, eine japanisierte Kopie der legendären Zweizylindermaschinen aus Milwaukee. Erste Folge war 1978 die Verkleinerung des amerikanischen Unternehmens mit dem Verkauf der Niederlassungen in Schiranna an Cagiva. Gleichzeitig beschloß die Unternehmensleitung, die Produktion erneut auf Zweizylindermodelle der großen Hubraumklassen zu konzentrieren.

Mit dem Versuch, an alte Firmentraditionen anzuknüpfen, wollte man an den amerikanischen Nationalstolz appellieren. Die Identität von Harley-Davidson sollte zukünftig nicht nur im Design der Maschinen ausgedrückt werden, sondern auch in Accessoires und Zubehör. Dies konnte ein Nierengurt mit dem klassischen Symbol des amerikanischen Adlers ebenso sein wie ein teures Taschenset, das mit den Initialen des Käufers versehen war und für die luxuriösen Supertourer gedacht war.

Das Konzept griff: Eine regelrechte Harley-Mode kam auf, und die Unternehmensleitung konnte, vor allem auf dem amerikanischen Binnenmarkt, der japanischen Herausforderung ruhig entgegentreten. 1987 gelang es Harley-Davidson, die Vorherrschaft in der großen Hubraumklasse zurückzuerobern. Die Firma führte nun mit 32 Prozent Marktanteil die amerikanische Zulassungsstatistik an.

Harley-Davidson scheint heute für die Zukunft gerüstet. Die Technik der neuen Generation, mit Aluminiumzylindern, elektronischer Zündung und Riemenantrieb, entspricht modernen Maßstäben, ohne daß die große Tradition des Unternehmens vergessen worden wäre. Der klassische Zweizylinder-V-Motor, das Markenzeichen von Harley, wird auch weiterhin charakteristisch für die Maschinen aus Milwaukee bleiben und für dauerhaften Erfolg sorgen. Die sorgfältige Traditionspflege wird wohl auch in Zukunft den Mythos Harley-Davidson weiter beflügeln. Die japanischen Hersteller hingegen sehen sich gezwungen, die Harley zu imitieren. Aber es ist ja eine altbekannte Tatsache, daß auch eine perfekte Kopie nie mehr als eine Kopie ist.

Harper

Die englische C.E. Harper Aircraft Co. brachte 1954 den Roller Harper, genannt Scootamobile, auf den Markt, der mit einem 200 cm³-Einbaumotor von Villiers bestückt war. Das Motorrad hatte eine Vollverkleidung aus Kunststoff und wurde nur ein Jahr lang, bis 1955, gebaut.

Harras

Ein deutscher Hersteller aus Berlin, der nach dem Ersten Weltkrieg Leichtmotorräder mit 150 und 200 cm³ Hubraum in den Handel brachte. Die Harras Motoren AG produzierte 1919-26.

Hascho

Unter der Markenbezeichnung Hascho wurden 1924-26 in Deutschland 150 und 175 cm³-Leichtmotorräder vertrieben, die mit Zweitaktmotoren von Villiers ausgerüstet waren.

Haschüt

Die konventionell konstruierten Haschüt-Motorräder aus Dresden kamen 1929 auf den Markt und waren mit 175 cm³-Einbaumotoren von Villiers bestückt. Die Produktion endete 1932.

Hasty

Die in Frankreich in Aix en Provence produzierte Hasty war ein Fahrrad mit einem Hilfsmotor, der einen Hubraum von 100 cm³ hatte.

Haweka

Die Hawekas machten durch zahlreiche gute Plazierungen im Rennsport auf sich aufmerksam. Für die 250er und 500er Modelle wurden seitengesteuerte und obengesteuerte JAP-Einbaumotoren verwendet. Die Motorräder entstanden 1923-26 bei der Firma Motorradbau H. & W. Kruse in Hamburg.

Hawker

Harry Hawker, ein bekannter englischer Flugzeug-Pionier, konstruierte und produzierte in dem von ihm gegründeten Werk H.G. Hawker Engeneering Co. Ltd., Kingston-on-Thames, Motorräder mit seiten- und obengesteuerten Zweitaktmotoren mit 293, 350 und 550 cm³ Hubraum. Daneben verwendete Hawker auch Blackburne-Einzylinder-Viertaktmotoren. Die Hawker-Maschinen wurden 1920-23 produziert.

Haxel-JAP

Bereits im Namen dieser 1911-13 gebauten, englischen Maschinen wird auf die 292 cm³-Einzylinder-JAP-Motoren hingewiesen, mit denen die Motorräder bestückt waren.

Hazel

Der englische Konfektionär Cripps Cycle & Motor Co. mit Sitz in London montierte ab 1906 in eigene Fahrgestelle Einzylinder- und Zweizylinder-V-Motoren von Peugeot. Ab 1909 wurden JAP- Motoren mit einer Leistung von 2,5 PS verwendet. Diese Motorräder waren entweder mit Starrgabel oder mit Federung erhältlich. Im Jahr 1911 verschwanden die Hazel-Maschinen vom Markt.

Hazlewood

Die englische Hazlewood Ltd. gehörte einst zu den größten Motorradproduzenten Europas. Wegen ihrer starken Exporttätigkeit war sie weit über Großbritannien hinaus bekannt. Die Firma wurde in Coventry gegründet und hatte 1905-23 eine Filiale in Buckingham. Die Produktpalette umfaßte einerseits Modelle mit 250, 300, 350 und 500 cm³-JAP-Einbaumotoren, andererseits Motorräder mit seitengesteuerten Zweizylinder-V-Motoren und 500, 650, 750 und 1000 cm³ Hubraum. Die Produktion in Coventry wurde 1922 eingestellt, während in Buckingham ein Ersatzteillager bestehen blieb.

H.B.

Die von dem Engländer Hill Brothers in Wolverhampton 1919 entworfene und bis 1932 gebaute H.B. gehörte zweifellos zu den besser ausgestatteten Motorrädern jener Zeit. Sie besaß seiten- und obengesteuerte Einzylindermotoren mit 350 cm³ Hubraum von Blackburne. Das Rahmendesign ließ eine ausgesprochen eigenwillige Handschrift erkennen.

H.D.G.

Der französische Hersteller Le Grimpeur verkaufte in den Jahren 1929-32 über deutsche Firmen seine 125er Zweitaktmaschinen in Deutschland unter dem Markennamen H.D.G.

H.E.C.

Diese in kleinen Stückzahlen hergestellten englischen 250 cm³-Motorräder mit Zweitaktmotoren von Villiers kamen 1922-23 auf den Markt.
Unter demselben Namen entstanden in Großbritannien auch Fahrräder mit 80 cm³-Zweitaktmotoren, die 1939 und 1940 im Handel waren.

Hecker

Die Firma Hecker mit Sitz in Nürnberg baute 1920-56 verschiedene Modelle. Zunächst verwendete Hecker Motoren eigener Produktion, in den 30er Jahren JAP-Motoren und Ende der 30er Jahre 98 cm³-Zweitaktmotoren von Fichtel & Sachs und Villiers. Nach dem Zweiten Weltkrieg dominierten im Angebot Motorräder mit Motoren von Ilo, Fichtel & Sachs und Villiers mit Hubräumen von 98, 125, 150, 175 und 250 cm³.

Hedlund

1963 konzipierte der Schwede Nils Hedlund speziell für Moto-Cross-Rennen einen stehenden Einzylinder-Viertaktmotor mit einem Hubraum von 499 cm³ und Maßen für Bohrung und Hub von 80 x 99 mm. Die Ventilsteuerung erfolgte über zwei obenliegende Nockenwellen.

Heidemann

Produktionsschwerpunkt der Heidemann-Werke in Hannover, die sich 1950-53 im Motorradbau betätigten, waren 98 cm³-Leichtmotorräder mit Fichtel & Sachs-Motoren.

Heinkel

1952 nahm die berühmte deutsche Flugzeugfabrik Heinkel in Stuttgart die Produktion von Zweirädern auf. Die Produktpalette umfaßte ein 125 cm³-Leichtmotorrad, ein 50 cm³-Moped mit Zentralrohrrahmen aus Preßstahl, Teleskopgabel und Hinterradschwinge sowie den Heinkel-Tourist-Roller, der von einem 149 cm³-Zweitaktmotor angetrieben wurde. 1955 folgte ein neues Moped, die Perle, mit Zentralrohrrahmen aus Aluminiumlegierung, integriertem Tank, Teleskopgabel und Hinterradfederung mit Schwinge. Der freihängend eingebaute Zweitaktmotor mit 47 cm³ Hubraum hatte zwei Gänge, aber keine Kupplung. Das Moped wurde in den nächsten Jahren nur geringfügig verändert.
1956 brachte die Firma eine überarbeitete Version des Heinkel-Tourist-Rollers heraus, der von einem 175 cm³-Einzylinder-Viertaktmotor angetrieben wurde. Der vollverkeidete Roller hatte ein Vierganggetriebe, Teleskopgabel vorne, Schwinge mit Federbeinen hinten; der Antrieb erfolgte über eine Kette, die in einem Aluminiumgehäuse lief. Die Höchstgeschwindigkeit betrug 80 km/h. Weder der Roller noch das Moped wurden in den nächsten Jahren nennenswert verändert. Ende der 60er Jahre stellte Heinkel die Produktion ein.

Helo

Die Berliner Firma schuf 1923-25 Zweitaktmaschinen, die mit 120er und 150er Motoren versehen waren.

Helvetia

Anfang 1928 vertrieb die Schweizer Universal AG unter dem Markennamen Helvetia Leichtmotorräder mit 170 cm³-PA-Motoren.

Helyett

1926 begann sich die französische Firma Helyett mit Sitz in Sully sur Loire im Motorradbau zu engagieren. Anfangs produzierte sie Motorräder mit verschiedenen Motoren und Hubräumen zwischen 100 und 750 cm³. Meist wurden JAP- oder Chaise-Einbaumotoren verwendet. Die Zweizylinder-V-Motoren waren quer montiert, und einige Modelle besaßen einen Kardanantrieb zum Hinterrad. Nach dem Zweiten Weltkrieg konzentrierte sich die Produktion auf Modelle mit 48 und 125 cm³-Zweitaktmotoren. 1956 mußte die Firma schließen.

Hemy

Der 34 cm³-Hemy-Hilfsmotor entstand 1946 in Frankreich. Er wurde in der Rahmenmitte montiert und war mit einem Dreiganggetriebe kombiniert. Der Kraftübertragung diente eine Kette. Daneben existierte ein weiterer 34 cm³-Motor, bei dem der Antrieb ebenfalls über Kette erfolgte, der jedoch kein Getriebe besaß und vor dem Lenkkopf montiert wurde. Beide Motoren blieben bis 1951 unverändert im Handel. Zwischen 1948-54 vertrieb die Firma zudem einen 48 cm³-Zweitaktmotor mit Dreiganggetriebe.

Henderson

Die Entstehungsgeschichte dieses amerikanischen Motorrads, das zur beliebtesten Vierzylindermaschine seiner Zeit wurde, ist umstritten. Verschiedene und widersprüchliche Versionen sind im Umlauf: Einige Quellen geben an, daß das erste Exemplar am 1.11.1911 entstanden sein soll und einen Reihen- Vierzylindermotor mit gegenüberliegenden Ventilen und 780 cm³ Hubraum besessen habe. Andere Autoren wiederum datieren die erste Henderson auf 1912: Ihre Kennzeichen seien ein Hubraum von 1068 cm³, obenliegende Einlaßventile, seitlich stehende Auslaßventile und ein Übersetzungsverhältnis von 4,5:1 gewesen. Ein Schaltgetriebe soll nicht vorhanden gewesen sein, der Radantrieb erfolgte angeblich über eine Kette und eine Vielscheibenkupplung.
Sicher ist, daß William Henderson der engagierteste Verfechter des Vierzylinder-Reihenmotors in den Vereinigten Staaten war. Die Henderson-Maschinen charakterisierte ein unverwechselbares Äußeres: Der Radstand war mit 165 Zentimetern ungewöhnlich groß, der schlanke Tank wirkte etwas unproportioniert, und das Startersystem war revolutionär. Damals wurden die Motorräder normalerweise sehr umständlich gestartet, indem man in die Pedale trat, bis der Motor ansprang. Danach mußte der Fahrer absteigen, den Ständer einklappen und zum Losfahren wieder aufsteigen.
Die Henderson hingegen hatte auf der rechten Seite einen Anlaßhebel, der zurückgeklappt werden konnte, wenn er nicht mehr gebraucht wurde. Dieser Hebel ähnelte einem Kickstarter, funktionierte aber wie beim Automobil. Der Motor saß im hinteren Teil des Rahmens und ließ viel Platz für ein breites, mit Aluminium verkleidetes Trittbrett. Eine weitere Eigenheit: Die Henderson besaß keine Vorderradbremse, statt dessen aber zwei Nabenbremsen am Hinterrad, die mit Pedalen bedient wurden.
1911 gründete Bill Henderson mit seinem Bruder Tom ein Motorradwerk in Detroit und setzte sich als Produktionsziel für 1912 die Herstellung von 1000 Maschinen. Der größte Teil der Motorräder wurde auf dem amerikanischen Binnenmarkt abgesetzt, obwohl das Fabrikat durch die spektakulären Fahrten des New Yorker Rennfahrers Carl Clancy weltweit bekannt wurde. Eine 29000 Kilometer lange Tour führte durch Europa, Afrika, Indien und Japan. Kurz vor dem Ersten Weltkrieg machte eine Henderson durch ihre Teilnahme am Rennen auf der Brooklands-Bahn von sich reden.
Daß die Henderson nur einen Gang besaß, schränkte ihre Absatzchancen stark ein. Aus diesem Grund beschloß Bill Henderson, in der Saison 1914 eine Version mit Zweiganggetriebe auf den Markt zu bringen. Das Getriebe saß in der hinteren Nabe und war von einer Verkleidung aus Leichtmetall umschlossen. Der 1068 cm³-Motor war grundlegend überarbeitet und auf 1085 cm³ vergrößert worden (Bohrung und Hub 67 x 76 mm). Die Zündung erfolgte durch einen wasserdichten Bosch-Magneten, wie er auch im Automobilbau verwendet wurde.
Im folgenden Jahr wurde der Radstand auf 147 Zentimeter verkürzt und das Trittbrett durch zwei seitlich angebrachte, mit Aluminium verkleidete Pedale ersetzt. Bis 1917 hatten die Maschinen ein recht primitives Frischöl-Schmiersystem, später war eine Ölwanne vorhanden, und die Lager wurden, wie beim Auto, durch Druckumlaufschmierung versorgt.
Die ersten Henderson-Modelle waren wenig gelungene Konstruktionen. Erst die Henderson von 1917 konnte technisch befriedigen, was sich sofort in den Verkaufszahlen bemerkbar machte. Die Maschine war nicht nur wesentlich sicherer geworden, sondern bewährte sich besonders als Langstreckenmaschine. Alan Bedell errang auf ihr den Langstrecken-Weltrekord über die Strecke von Los Angeles nach New York (5300 Kilometer) in sieben Tagen, 16 Stunden und 15 Minuten und unterbot damit den letzten Rekord, der auf einer Indian erzielt worden war um ganze vier Tage! Ähnlich spektakulär war die Leistung von Roy Artley, der auf einer Henderson in nur drei Tagen und 15 Minuten ganz Amerika von Kanada bis nach Mexiko durchquerte.
Im Jahr 1917 unterbreitete Ignaz Schwinn Bill Henderson ein interessantes Angebot. Schwinn war der Besitzer der Schwinn-Company, die Fahrräder und die Zweizylinder-V-Excelsior produzierte: Die berühmten Reihenvierzylinder sollten fortan nicht mehr in Detroit, sondern in den Werksanlagen von Excelsior in Chicago produziert werden; den Gebrüdern Henderson wurde eine leitende Aufgabe in Aussicht gestellt. Der Eigentümerwechsel machte sich nach außen hin kaum bemerkbar, allein das Henderson-Emblem auf dem Tank wurde durch das der Big-X-Modelle von Excelsior ergänzt.
1919 verließ die erste Henderson das Werk in Chicago. Das 1168 cm³-Modell Z hatte Maße für Bohrung und Hub von 70 x 76 mm, Kolben aus Leichtmetall statt aus Gußeisen und eine besser ausgewuchtete Kurbelwelle. Die Schmierung erfolgte über eine Schneckenrad-Ölpumpe. Eine weitere Neuerung war eine Vorrichtung zwischen Getriebe und Kupplungspedal, die ein Einlegen der Gänge ohne Betätigung der Kupplung unmöglich machte. Neben dem Standardmodell war auch das Modell Z2E lieferbar, bei dem Lichtmaschine und Zündmagnet getrennt waren und das eine elektrische Zündung und Hupe besaß.
Die Brüder Henderson trennten sich sehr bald wegen persönlicher Differenzen von Schwinn.

Tom engagierte sich im Exportgeschäft, und Bill Henderson baute, nachdem er sich neues Kapital beschafft hatte, wieder Motorräder, die er Ace taufte. Für die Weiterentwicklung der Henderson im Hause Schwinn zeichnete fortan Arthur O. Lemon verantwortlich, ein äußerst begabter Konstrukteur, der ab 1915 unter Bill Henderson gearbeitet hatte. Seine erste große Aufgabe war der Entwurf des völlig neu konstruierten Modells K, das 1920 erschien. Dieses Motorrad erhielt eine Druckumlaufschmierung, einen seitengesteuerten Motor mit 1301 cm³ Hubraum und ein nahezu quadratisches Verhältnis von Bohrung und Hub. Rahmen und Gabel waren stabiler ausgelegt und die Räder vergrößert. Die durch die Druckumlaufschmierung gut versorgten Kurbelwellenlager prädestinierten die Henderson für Motorradrennen, und Fahrer wie Roy Artler und Floyd Clymer bestätigten den hervorragenden Ruf des Motorrads über Langstrecken. Während der nächsten beiden Saisons kam das Modell K nur unerheblich verändert auf den Markt.
1922 brachte man die wunderschöne De Luxe-Version mit blauem Fahrgestell und goldenen Zierleisten in den Handel. Sie hatte einen etwas größeren Zenith-Vergaser und einen Ansaugkrümmer mit einer Manschette, die das Auspuffrohr umgab, so daß in den Vergaser bereits vorgewärmte Luft strömte. Andere Verbesserungen betrafen den Zylinderkopf, eine verstärkte Nockenwelle und eine stärkere hintere Bremse. Die Kolben waren wieder aus Gußeisen, und der Motor hatte bei 3400 U/min eine Leistung von 12 PS. Der Hersteller garantierte eine Höchstgeschwindigkeit von 128 km/h. Auf Wunsch waren Kolben aus Leichtmetall erhältlich, was Leistung und Höchstgeschwindigkeit nochmals erhöhte. Erstmals war auch ein Rückwärtsgang vorhanden, der für den Fall, daß ein Beiwagen montiert wurde, hilfreich war. Außerdem wurden weitere Änderungen am Motor auf den neuesten technischen Stand gebracht. Die Kolben bestanden nun aus Leichtmetall, die Auslaßventile aus einer Chromstahllegierung, die Kegelrollenlager wurden zum Standard. Eine größere Leistung konnte durch eine höhere Anbringung der Nockenwelle und eine vollkommen neue Kurbelwelle erzielt werden, die aus einem Stück Stahl geschmiedet war und stärkere Kurbelzapfen erhalten hatte. Die Motorkühlung war durch eine zusätzliche Verrippung der Manschette des Auspuffs verbessert worden. Ein Kegelrad mit schräger, statt gerader, Verzahnung reduzierte die Geräusche des Primärantriebs.

Vierzylinder-Reihenmotor einer Henderson.

1068 cm³-Henderson von 1913.

Mit ihrer Höchstgeschwindigkeit von 160 km/h war die Henderson schneller als jedes zeitgenössische Automobil. Aus diesem Grund wurde die Polizei in vielen amerikanischen Großstädten mit Henderson-Maschinen ausgerüstet. Spektakulärster Erfolg einer De Luxe von 1922 war zweifellos die Leistung von Wells Bennet, der auf der Rennstrecke von Tacoma innerhalb von 24 Stunden mit einer durchschnittlichen Geschwindigkeit von 104,6 km/h eine Strecke von 2513 Kilometer bewältigte. Dieser Weltrekord blieb über 15 Jahre lang bestehen. Einziger Unterschied zwischen Rekordmaschine und Serienmodell waren die Spezialreifen von Firestone. 1922 brach Bennet auch den Streckenrekord zwischen Los Angeles und New York und 1923 den zwischen Kanada und Mexiko. Für die Rückfahrt montierte Bennet einen Seitenwagen und stellte den Weltrekord für Gespanne auf.
1923-24 wurden die Henderson-Maschinen durch kleine Veränderungen am Motor auf den neuesten technischen Stand gebracht.

Die Henderson von 1925 war optisch fast noch attraktiver als ihr Vorgängermodell. Sie bestach durch einen neuen Rahmen, in dem das obere Rohr in einer sanften Biegung vom Lenkkopf bis zum Hinterrad führte. Der tiefer angebrachte Sitz erlaubte ein besseres Handling. Auf dem oberen Rohr war ein rechteckiger Metallbehälter für das Bordwerkzeug angebracht, der abschließbar war. Der Deckel bildete gleichzeitig auch den Verschluß für Tank und Öltank; daneben schützte er vor Diebstahl. In den Motorradrennen über lange Strecken blieb der Name Henderson weiter gegenwärtig. In diesem Zusammenhang sei an die Leistungen von P.A. Wills, F.J.R (Bonzo) Heath und an Freddie Ludlow erinnert. 1922 verunglückte Henderson auf einer seiner neuen vierzylindrigen Ace-Maschinen. Nach seinem Tod verließ Art Lemon Chicago und übernahm die Leitung von Ace. Neuer Chefkonstrukteur bei Schwinn wurde Arthur (Connie) Constantine, der vorher

acht Jahre in der Entwicklungsabteilung von Harley-Davidson gearbeitet hatte. Die erste Henderson, die Constantine entwikkelte, war die legendäre KJ, die dem Publikum 1929 vorgestellt und sofort als eine der schönsten Hendersons überhaupt gefeiert wurde. Das obere Rahmenrohr lief in einer fast geraden Linie vom Lenkkopf bis zur Hinterradachse und schloß dabei einen dreieckigen Tank ein, der elegant eingepaßt war. Auf ihm war ein Instrumentenbord angebracht, auf dem sich ein Tachometer, ein Öldruckmesser und der Lichtschalter befanden.
Die Gabel mit gezogener Kurzschwinge wurde durch ein Exemplar mit geschobener Kurzschwinge ersetzt. Am Vorderrad befanden sich Trommelbremsen, die Reifen hatten die Größe 4.00-19 und waren an beiden Rädern mit einer Metallverstärkung versehen. Das Glanzstück der KJ war aber der völlig neu konzipierte 1301 cm³-Motor. Die Kurbelwelle war nicht mehr, wie bei allen Vorgängermodellen, dreifach gelagert, sondern fünffach. Bei den Ventilen war man zu den Anfängen zurückgekehrt: Die Einlaßventile hingen im Zylinderkopf, die Auslaßventile standen seitlich. Als Vergaser wurde ein neues Modell von Schebler verwendet, und ein Magnet-Dynamo von Bosch sorgte für die Beleuchtung. In der Werbekampagne für das Modell wies die Firma stolz auf die 57 Innovationen der KJ hin.
Neben den Serienmotorrädern wurde an einem Sondermodell für die Polizei gearbeitet, von der bereits 600 Corps mit Hendersons ausgerüstet waren. Das Modell KL mit einer Leistung von 45 PS und brillanter Beschleunigung konnte nur von der Polizei erworben werden. Die Vierzylindermotoren von Henderson waren in ganz Amerika verbreitet und wurden für verschiedene Zwecke eingesetzt. Sie trieben Mini-Autos an, die in Speedway-Rennen gefahren wurden, sie dienten aber auch als Antrieb für superleichte Flugzeuge. Dort bewährten sie sich so gut, daß die Flugzeugindustrie bald leicht modifizierte Motoren à la Henderson herzustellen begann, für die eine Doppelzündung und eine größere Ölpumpe verwendet wurden.
Die KJ war genau zu dem Zeitpunkt auf den Markt gekommen, als der Zusammenbruch der Wallstreet den Niedergang der amerikanischen Wirtschaft einleitete. In den Jahren 1930 und 1931 war der Absatz der Henderson weitgehend zufriedenstellend. Ignaz Schwinn jedoch sah für die Vierzylinder auf dem amerikanischen Markt nur dann eine Zukunft, wenn sie in sehr großer Stückzahl verkauft werden konnten; ein nur minimaler Rückgang der Verkaufszahlen hätte gravierende Folgen haben können. Nach eingehender Beratung durch Fachleute, die eine längere Wirtschaftskrise prognostizierten, stoppte Schwinn von einem Tag auf den anderen die Produktion von Motorrädern und verlegte sich auf die Herstellung von Fahrrädern; Mitte der 70er Jahre war Schwinn der größte Fahrradkonstrukteur der Vereinigten Staaten.
Die Geschichte der Henderson endete also paradoxerweise nicht mit dem Niedergang der Firma, sondern genau in dem Moment, als das Unternehmen noch in voller Blüte stand und die Nachfrage nach der KJ ungebrochen war.

Henkel

Nachdem die Firma Allright 1927 den Motorradbau aufgegeben hatte, wurde die Herstellung der dort produzierten einzylindrigen K.G. (Krieger-Gnädig) mit Kardanantrieb von der Firma Paul Henkel übernommen und bis ins Jahr 1932 weitergeführt. Als die Krieger-Gnädig-Motorräder aus der Mode kamen, entwarf Henkel ein Motorrad mit 200 cm³ Hubraum, das mit dem englischen Blackburne-Motor bestückt war.

Henley

Der englische Hersteller Henley produzierte in den Jahren 1920-30 erst in Birmingham, dann in Oldham und schließlich in Lancashire. Für seine Maschinen verwendete Henley Einbaumotoren bis 500 cm³ Hubraum von Villiers, Blackburne und JAP. Im Jahr 1927 wurde die Marke in New Henley umbenannt. Letzte Entwicklung aus dem Hause Henley war eine Zweizylindermaschine mit einem Hubraumvolumen von 700 cm³.

Herbi

Für die eher konventionellen Entwürfe aus dem deutschen Herbi-Werk wurden seitengesteuerte Blackburne-Motoren mit 200 cm³ Hubraum ebenso wie der Küchen-Motor mit 500 cm³ Hubraum mit obenliegender Nockenwelle verwendet. Die Firma hatte ihren Sitz in Bad Liebwerda und produzierte nur über einen Zeitraum von vier Jahren Motorräder, zwischen 1925-28.

Hercules

Indirekt geht die Entstehung der Nürnberger Hercules-Werke auf einen Engländer zurück, dessen Name allerdings in Vergessenheit geraten ist. Dieser junge Ingenieur, der sich 1880 während seines Aufenthalts in Nürnberg hartnäckig für eine Verbreitung des Fahrrads engagierte, faszinierte mit seinen Ideen einen anderen jungen Mann, den Nürnberger Karl Marschütz, der als Angestellter bei der Firma Express arbeitete. Marschütz glaubte an das neue Verkehrsmittel, und dank seiner Hartnäkkigkeit kamen 1882 die ersten Velozipede auf den Markt.
Im April 1886 machte sich Carl Marschütz schließlich mit einer Velozipedfabrik selbständig und brachte bald viele verschiedene Modelle in den Handel. Das erste Motorrad der Marke Hercules kam 1904 auf den Markt. Für eine Firma, die bereits Erfahrung in der Konstruktion von Fahrgestellen gesammelt hatte, stellte die Entwicklung eines motorisierten Zweirads einen fast natürlichen Schritt dar. Der Prototyp besaß einen Einzylindermotor mit Antrieb über Riemen. Der Motor war zwischen Vorderrad und Pedalen angebracht. Mit diesem Modell, das schnell sehr erfolgreich wurde, konnte sich das Unternehmen einen sicheren Platz auf dem Markt erobern.

Die erste Hercules, 1904.

Hercules 125 cm³-Geländesportmaschine der 70er Jahre.

Hercules 125 cm³-Geländesportmaschine, 1975.

Die 50er in GS-Ausführung, 1974.

Im Jahr 1908 stellte die Firma diverse motorgetriebene Konstruktionen vor: etwa ein elektrisches Auto, das über Nacht wieder geladen werden konnte, eine Schuhputzmaschine, eine Rutschbahn und einen Schlitten, mit dem man auf Eis fahren konnte. Nach Ende des Ersten Weltkriegs beschränkte sich Hercules anfangs ausschließlich auf die Herstellung von Fahrrädern, ging dann aber bald zur Produktion von Dreiradfahrzeugen und Lastwagen über.

Mitte der 20er Jahre beschloß man, sich wieder im Motorradbau zu engagieren, und 1928 erschien eine neue Hercules auf dem Markt. In den zehn folgenden Jahren konnte die Firma beeindruckende Verkaufsziffern aufweisen. Eigene Motoren entwickelte Hercules nicht, sondern verwendete JAP-, Villiers- oder Sachs-Zweitakt- beziehungsweise -Viertaktmotoren. Da die Firma ihre Fabrikate einer breiten Öffentlichkeit bekanntmachen wollte, gründete man eine eigene Rennabteilung, die erfolgreich Werksmaschinen zu Geländesportwettbewerben schickte.

Der Zweite Weltkrieg zerstörte mehr als drei Viertel der Produktionsanlagen, und die restlichen Maschinen, die funktionsfähig geblieben waren, wurden von den Besatzern demontiert. Nach 1945 beschränkten sich die wenigen Arbeiter, die den Krieg überlebt hatten, auf Instandsetzungsarbeiten. Die ersten Produkte, die das Werk verließen, waren dann keine Motorräder, sondern Butterfässer und Gerätschaften zur Butterherstellung! Nachdem der Betrieb wieder aufgebaut worden war, begann man jedoch bald, Fahrräder zu produzieren, die einen reißenden Absatz fanden.

Erst in den Wirtschaftswunderjahren der 50er, in denen das Motorrad einen wahren Boom erlebte, kam die erste Nachkriegs-Hercules auf den Markt, die mit einem 125 cm³-Zweitaktmotor von Sachs bestückt war. Wegen des großen Anklangs, den das Modell fand, schuf man ein 100 cm³-Folgemodell, die K 100, die ebenfalls außerordentlich beliebt wurde und über mehrere Jahre hinweg, nur geringfügig überarbeitet und verbessert, erhältlich war. Ende 1953 lief die Produktion der ersten 125er aus, die auch mit Ilo-Motor erhältlich gewesen war.

Die Produktpalette von 1953 umfaßte acht Straßenmotorräder mit 100, 125, 150, 175, 200 und 250 cm³ Hubraum. Die Modelle der kleineren Hubraumklassen mit 100, 150 und 175 cm³ waren mit Einzylinder-Zweitaktmotoren von Sachs ausgerüstet, die

Das Mofa M5 von Hercules, 1977.

Hercules K 125 S von 1977.

Hercules 250 GS mit Sachs-Motor.

anderen mit Ilo-Motoren. Alle Motorräder über 150 cm³ Hubraum besaßen eine Teleskopgabel und einen gefederten Sitz, der von den meisten deutschen Herstellern der damaligen Epoche übernommen wurde. Die Maschinen waren außerdem mit vollständig geschlossenem Sekundärantrieb ausgerüstet. Alles in allem jedoch war der Gesamteindruck der Konstruktionen eher durchschnittlich.

1956 legte sich Hercules ein völlig neues Design zu. Die im Handel befindlichen Modelle wurden durch neue ersetzt. Sechs Modelle ergänzten die Serie: Sie hatten neuentwickelte Rahmen, eine Hinterradschwinge und besaßen hinten Schutzbleche, die den Motor schützten und als Verkleidung für die Kette dienten. Ein kürzerer Sattel ersetzte die gefederten Sitze der älteren Modelle und gab nun dem Motorrad ein moderneres Aussehen – was sich auch im Absatz niederschlug.

In der Saison 1957 kam die 150er nicht mehr in den Handel, so daß sich die Serie auf Modelle mit 100, 125, 200 und 250 cm³ Hubraum beschränkte. Die 250er wurde von einem Zweizylinder-Zweitaktmotor von Ilo angetrieben, der bei 6000 U/min eine Leistung von 15 PS aufwies. Auch unter ästhetischen Gesichtspunkten erschien das Motorrad gelungen und konnte sich gut gegen seine Konkurrenten behaupten. Die Verkaufszahlen kletterten kontinuierlich nach oben, und 1962 stammten schon 32 Prozent aller in der Bundesrepublik verkauften Motorräder aus dem Hause Hercules – ein sensationelles Ergebnis, wenn man bedenkt, wie viele Hersteller damals um Marktanteile rangen.

Hercules DKV 250 Geländemaschine.

Die Anfang der 50er Jahre eingerichtete Rennabteilung war besonders im Geländesport-Bereich aktiv. Ab 1954 nahm Hercules an der Sechstagefahrt teil. Der größte Erfolg konnte 1960 in Österreich erzielt werden, als von 16 Hercules-Fahrern keiner ohne Goldmedaille ausging. Die Erfahrungen, die Hercules bei den Wettbewerben gesammelt hatte, führten dazu, daß nun auch für die Serienmodelle eine Gabel mit geschobener Langschwinge eingesetzt wurde. Einige Zeit später verwendete man diese

Gabel leicht abgeändert für die Mopeds, die der eigentliche Verkaufsschlager des Hauses werden sollten.
Es folgten düstere Jahre für die deutschen Motorradhersteller. Aufgrund des nachlassenden Interesses an Zweirädern sahen sich viele Firmen gezwungen, ihre Tore zu schließen. Die Firma Hercules hingegen, deren Mopeds und Kleinkrafträder technisch ausgereift und ihrer Zeit voraus waren, befand sich dank des Weitblicks der Firmenleitung in einer besseren Situation. 1966 überstieg die Nachfrage die Produktion bei weitem und machte sogar eine Erweiterung des Werks notwendig. Hercules beschloß, die ebenfalls in Nürnberg gelegenen Produktionsanlagen der Zweirad-Union zu erwerben. Mit dieser Firma, die die Marken Victoria, Express und DKW herstellte, hatte Hercules den einst gefährlichsten Konkurrenten auf dem deutschen Markt aufgekauft. Die solchermaßen vergrößerte Firma orientierte ihre Produktion an den Modellen von Hercules,

Hercules Mokick MK 2 von 1977.

Hercules Wankel 2000.

DKW und Victoria, behielt jedoch die Bindung an Sachs bei. Auf sportlichem Gebiet engagierte sich Hercules nun nicht mehr mit einer eigenen Werksmannschaft, war aber durch Privatfahrer weiter im Geländesport und Motocross vertreten. Darüber hinaus sponsorte die Firma begabte Fahrer. Einige Wettbewerbs-Geländemaschinen wurden für Privatfahrer in Serie hergestellt. So blieb der Name Hercules auch nach dem offiziellen Rückzug in der Welt des Motorsport präsent. Eines der gelungensten Motorräder war die 175er in GS-Version, die einen Sachs-Motor und die bekannte Schwinggabel besaß. Dieses Modell erwies sich als nahezu unschlagbar.
Hercules, in Deutschland zum unbestrittenen Marktführer aufgestiegen, konzentrierte sich nun auf den Export, besonders in die USA. Die Motorräder aus Nürnberg wurden in den USA unter dem Markennamen DKW vertrieben und fanden eine positive Resonanz. Bald konnten sie auch durch gute Plazierungen bei Rennen auf sich aufmerksam machen.

Man realisierte verschiedene Rahmen, darunter Zentralrohrrahmen, aber das Gesamt-Design entsprach immer der traditionellen Hercules-Linie. Um den Bedürfnissen der Kunden entgegenzukommen, wurde die Modellpalette um weitere Motorräder der kleinen Hubraumklassen erweitert. Sowohl in das Standardmodell, wie auch in die sportliche Version wurde ein 125 cm^3-Sachs-Motor mit sechs Gängen eingebaut.
In den 70er Jahren bestätigte sich noch einmal der Mut von Geschäftsleitung und Konstrukteuren, als man ein mit Wankelmotor ausgerüstetes Motorrad konstruierte. Die Maschine, die großes Aufsehen erregte, hatte ein ungewöhnliches Aussehen: Der 294 cm^3-Kreiskolbenmotor von Sachs war eine überarbeitete Version eines ähnlichen Motors, der vorher bereits in amerikanischen „Snowmobiles" eingebaut worden waren. Der Prototyp hatte einen BMW-Rahmen, in dem der Motor horizontal liegend eingebaut war; die Kraftübertragung zum Hinterrad erfolgte über eine Kardanwelle. 1973 konnte eine erste Versuchs-Serie von 50 Exemplaren realisiert werden, und 1974 kam die W 2000 als erstes mit Wankelmotor ausgerüstetes Motorrad der Geschichte auf den Markt.
Nach 1974 nahm Hercules häufiger als früher an Geländesportwettbewerben teil. 1975 kamen neue Serienmodelle und Geländemaschinen mit Sachs-Motoren und Sechsganggetriebe auf den Markt. Zwei Jahre später experimentierte das Haus in Nürnberg mit einer Geländeversion der Wankel-Hercules. 1975 präsentierte sich eine Mannschaft mit drei Hercules-Maschinen mit Wankelmotor beim Rennen auf der Isle of Man. Das ISDT-Modell war mit der Hercules Wankel 2000 fast baugleich, aber der Motor hatte keine Gebläsekühlung. Auch der Rahmen war leicht verändert worden, so war unter anderem eine Schutzverkleidung für den unteren Teil des Motors vorhanden. Der Motor hatte eine Leistung von 33 PS. Alles in allem bewährten sich die Motorräder, wenn man ihre recht komplizierte Bauweise sowie die schwierigen Streckenverhältnisse in Rechnung stellt.
Mitte der 70er Jahre begann Hercules, die Modellreihe der Straßenmotorräder zu erweitern und erhöhte die Leistung der Motoren. Anläßlich der Kölner IFMA von 1976 konnte dem Publikum

ein 390 cm³-Zweizylinder-Zweitaktmodell mit Wasserkühlung und 36 PS Leistung vorgestellt werden. Der Motor, der mit einem Sechsganggetriebe kombiniert war, stammte von Sachs. Die Maschine hatte Leichtmetallräder und Scheibenbremsen vorne und hinten.
Unterdessen versuchte Hercules, die Position der Firma auf dem Gebiet des Motorsports weiter auszubauen. Auch in Italien hatte Hercules bei den Privatfahrern, die an Geländesport- und Moto-Cross-Wettbewerben teilnahmen, großen Anklang gefunden. Die erfolgreichsten Modelle waren die 125er und die 50er, die durch die vordere Schwinggabel ein leicht verändertes und besseres Fahrverhalten im Gegensatz zu den Maschinen mit Teleskopgabel an den Tag legten. Diese sorgfältig konstruierten Motorräder trugen zweifellos mit dazu bei, die damalige deutsche Überlegenheit in diesen Disziplinen zu verstärken.
In den 70ern machte das Äußere der Hercules einen ausgesprochen aggressiven Eindruck. Der Tank war nur an den zentralen Teilen lackiert, die Flanken glänzten metallisch. Schließlich wurde die charakteristische Schwinggabel zugunsten einer Telegabel aus italienischer Produktion aufgegeben. Ende der 70er mußte sich die Marke Hercules in Italien vollständig aus dem Geländesport verabschieden. Statt dessen führte man die Erfolge in den folgenden Jahren unter dem Markenzeichen DKW fort und erwies sich damit als würdiger Erbe von Hercules.
Es existierte noch ein weiterer Hersteller mit dem Namen Hercules. Der kleine englische Konfektionär produzierte 1902-10 Motorräder; Konstrukteur war H. Butler aus Derby. Die Einbaumotoren von MMC und Minerva saßen in konventionellen Fahrgestellen. Mit der berühmten deutschen Firma hat dieses Werk nichts zu tun.

Herdtle-Bruneau von 1904.

Herdtle-Bruneau

Die französische Firma Herdtle-Bruneau baute 1904-05 ein Fahrrad, auf dem ein nur vier kg schwerer Motor montiert war, der eine Leistung von 1,25 PS lieferte und eine Höchstgeschwindigkeit von 35 km/h ermöglichte. Der Motor konnte an jedem Rahmen montiert werden und war einer der brauchbarsten Vorläufer der späteren Hilfsmotoren. 1913 stellte das Werk eine wassergekühlte Parallel-Zweizylindermaschine mit 48 mm Bohrung und 75 mm Hub vor. Bruneau war eine der ersten Firmen, die Einzylindermotoren mit obenliegenden Nockenwellen entwickelten. Einige Modelle hatten Zweitakt-Bichrone-Motoren. Herdtle-Bruneau produzierte 1902-14.

Herko

Die Motorräder, die 1923-26 bei Herko in Bielefeld konstruiert wurden, besaßen 158 cm³-Viertaktmotoren mit seitlich stehenden Ventilen, die aus eigener Produktion stammten. Der Hersteller brachte auch fahrradähnliche Leichtkrafträder mit 122 und 150 cm³-Motoren auf den Markt.

Herma

Die Augsburger Firma Herma-Motorenbau entwarf 1934 einen

Herstschmann von 1896.

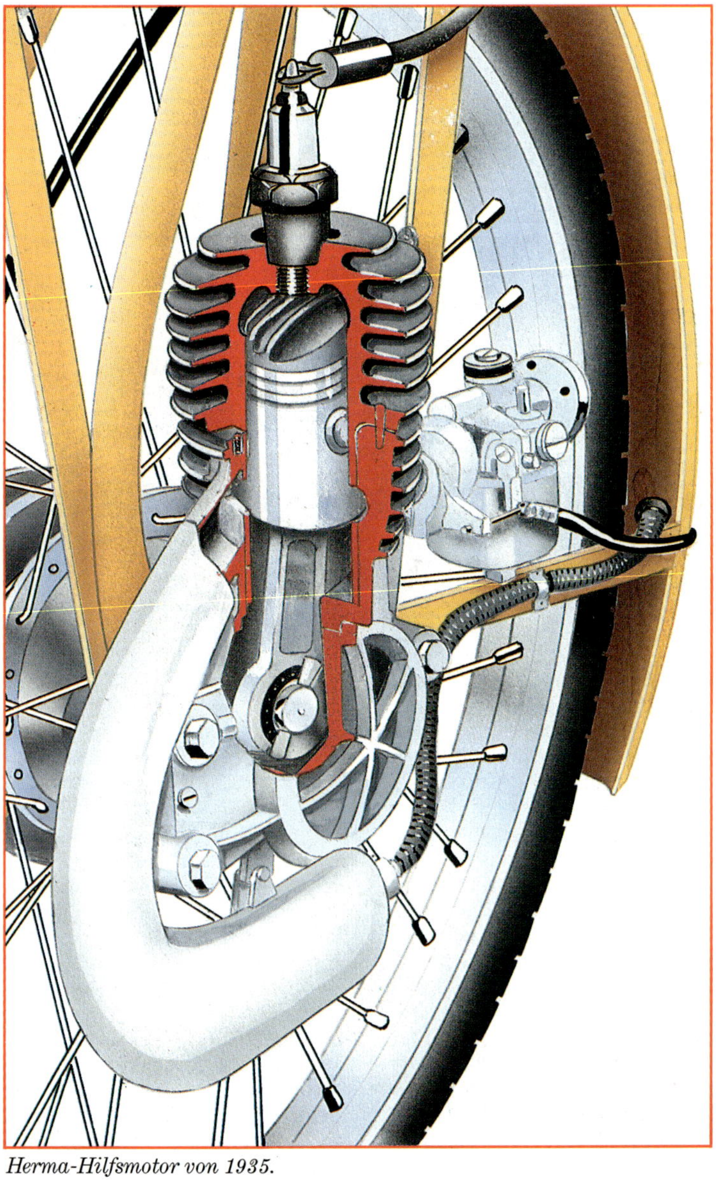

Herma-Hilfsmotor von 1935.

Hilfsmotor, der auf dem Vorderrad montiert werden konnte. Er hatte eine direkte Kraftübertragung mit Zahnrädern über der Nabe.

Heros

Die Heros-Motorräder kamen 1922 auf den Markt und wurden bis 1928 gebaut. Die in dem Werk in Zittau entwickelten 175 und 200 cm^3-Motoren waren seitengesteuert, der Hinterradantrieb erfolgte über einen Riemen. Der gleiche Hersteller produzierte auch die Ares-Motorräder, die mit den Heros baugleich waren.

Herstschmann

Im Jahr 1896 konzipierte Arthur Herstschmann, Ingenieur bei Dunlop, ein Fahrrad mit Zweizylinder-Hilfsmotor. Der Motor wurde auch separat verkauft und konnte an jedem beliebigem Fahrrad montiert werden. Der Radantrieb erfolgte über ein Zahnrad, das neben dem der Pedale angeordnet war und den Motor mit der Antriebskette des Hinterrads verband.

Hesketh

Der englische Adelige Sir Barry Heath, der sich durch seine Formel-1-Wagen einen Namen gemacht hatte, hatte den Ehrgeiz, ein englisches Superbike zu konstruieren. 1978 stellte er aus den fähigsten Technikern seiner Werksmannschaft in der Nähe der Silverstone-Rennbahn ein Team zusammen und nahm persönlich an der Entwicklung des neuen Motorrads teil. 1980 wurde der Prototyp einer 1000 cm^3-Maschine vorgestellt, die im folgenden Jahr in Produktion ging.
Hervorzuheben sind bei der Hesketh 1000, die nach einer Lady Hesketh benannt wurde und dem ramponierten Rennsport in England wieder zu mehr Ansehen verhelfen sollte, der Rahmen mit tragendem Motor und die Hinterrad-Parallelogrammaufhängung, die eine gleichmäßige Kettenspannung garantierte. Weitere technische Daten: Benzintank mit 25 Litern Fassungsvermögen, Brembo-Bremssystem mit 280 mm-Scheibenbremsen, Trockengewicht 230 kg, Marzocchi-Gabel und Girling-Federbeine. Das Motorrad erreichte eine Spitzengeschwindigkeit von 220 km/h in der Normal-Version und 250 km/h in der Rennsport-Ausführung.
Der Motor der Hesketh 1000 ähnelte dem der Ducati- Zweizylinder: Die Zylinder waren V-förmig im 90 Grad-Winkel in Längsrichtung angeordnet. Beide Pleuel waren, wie bei einem echten V-Motor üblich, auf demselben Hubzapfen der Kurbelwelle angebracht. Das Kurbelgehäuse war in vertikaler Richtung geteilt, und der Anlasser befand sich vorne. Im Unterschied zur Ducati hatte die Hesketh jedoch pro Zylinder zwei obenliegende Nockenwellen mit gemischtem Zahnrad- und Kettenantrieb sowie vier Ventile. Auch die Hesketh verfügte über einen elektrischen Anlasser.
Die Konstruktion der Maschine war äußerst raffiniert und komplex – und deswegen recht teuer. Die überquadratischen Abmessungen von Bohrung und Hub (95 x 70 mm) schufen Raum für die Ventile und gewährleisteten darüber hinaus eine niedrige mittlere Kolbengeschwindigkeit. Die Vergaser hatten 36 mm Durchmesser, das Verdichtungsverhältnis betrug 9,5:1, und das Fünfganggetriebe war im Motorgehäuse integriert. Das britische Motorrad leistete 86 PS in der Normalversion und 96 PS in der sportlichen Ausführung.
Die Hesketh V 1000, die als Rolls-Royce der Motorräder gelten sollte, wurde nur in begrenzter Stückzahl im Werk von Towcester, Northants, in zwei Versionen gefertigt: mit Verkleidung (als Vampire verkauft) und ohne Verkleidung, eine Ausführung, in der sie sich wenig von dem früheren Modell unterschied. Sie hatte einen Hubraum von 992 cm^3 und eine Leistung von 80 PS bei 7000 U/min mit einem maximalen Drehmoment von 80 Nm bei 6000 U/min. Der Motor war mit einem Fünfganggetriebe kombiniert.

Hess

Dieses wenig bekannte Motorrad, das 1925-26 im Werk von Valentin Hess in Eberstadt entstand, hatte einen luftgekühlten 780 cm^3-Reihenvierzylindermotor. Es wurden nur wenige Exemplare produziert.

Hexe

Die bei Hamakraft in Bamberg 1924-26 entstandene Hexe war eine eher dürftig ausgestattete Maschine. Sie besaß einen 500 cm^3-Einzylindermotor mit seitlich stehenden Ventilen.

Hiekel

Diese exzellente Maschine, die in der Maschinenfabrik Hiekel in Leipzig-Thekla entwickelt worden war, hatte einen 350 cm^3-Zweitaktmotor und einen Rahmen aus Preßstahl. Die Maschine war in den Jahren 1926-30 auf dem Markt.

Hilaman

Von 1906 an baute die amerikanische Firma Hilaman Einzylindermaschinen, ab 1912 Zweizylinder-V-Motoren mit 7 oder 8 PS Leistung in kleiner Stückzahl. Die Firma mit Sitz in Moorestown, New Jersey, mußte 1915 ihre Produktion einstellen.

Hildebrand & Wolfmüller

Die Hildebrand & Wolfmüller war das erste Motorrad in der Geschichte, das zur Serienreife gelangte. Einige Details dieser Maschine waren intelligent konzipiert und ihrer Zeit weit voraus, wie zum Beispiel der Stahlrohrrahmen, der gleichzeitig als Reservoir für Öl und Wasser diente, der vollständig geschlossene, liegende Zweizylindermotor, der tiefliegende Schwerpunkt und die fehlenden Pedale. Andererseits wirkte das Motorrad auch primitiv, da viele Lösungen technisch nicht ausgereift waren, wie zum Beispiel die Glührohrzündung, das hintere Scheibenrad, das zugleich als Schwungrad diente und von Pleuelstangen angetrieben wurde, sowie die Gummibänder, die den unteren Totpunkt der Kurbelwellenhubzapfen überwinden sollten.
Die Stadt München kann für sich die Ehre beanspruchen, die erste Motorradfabrik der Welt besessen zu haben. Die Idee zur Konstruktion des motorgetriebenen Zweirads geht auf Henry Hildebrand zurück, der nach Abschluß seines Studiums der Ingenieurwissenschaften die Konstruktion eines völlig neuartigen Fahrrads plante und einen Radfahrer-Verein in seiner Geburtsstadt gegründet hatte. 1889 hatten der 34jährige und sein Bruder Wilhelm einen kleinen Dampfmotor konstruiert, der als Hilfsmotor für ein Fahrrad gedacht war. In Zusammenarbeit mit Alois Wolfmüller und seinem Mechaniker Hans Geisenhof entwarfen die Brüder im Jahr 1892 einen kleinen benzinbetriebenen Einzylinder-Zweitaktmotor. Ihr Ziel war es, eine Alternative zum Dampfmotor zu entwickeln, der sich als unbefriedigend erwiesen hatte.
1893 schließlich hatten die vier jungen Leute einen verbesserten, wassergekühlten Zweizylinder-Viertaktmotor mit parallel angeordneten Zylindern fertiggestellt, der horizontal eingebaut wurde und für einen Fahrradrahmen gedacht war. Diese Konstruktion war allerdings nicht sehr überzeugend. So beschloß man, ein besonderes Zweirad zu konstruieren und dieses als „Motorrad“ patentieren zu lassen. Die für das neue Fahrzeug geeigneten Reifen lieferte die Firma Veith, für das Vorderrad mit 26 Zoll und das Hinterrad mit 22 Zoll Durchmesser. In diesem Stadium der Entwicklung planten Hildebrand und Wolfmüller, ein großes Motorradwerk zu errichten. Schon während des Baus beschäftigten sie mehr als 1200 Handwerker in der ganzen Stadt, die in Auftragsarbeit die einzelnen Bauteile des Motorrads herstellten.
Die Hildebrand & Wolfmüller besaß einen liegenden Zweizylinder-Viertaktmotor, der eine Leistung von 2,5 PS abgab. Der Hubraum der beiden parallel liegenden Zylinder betrug jeweils 745 cm^3, zusammen also 1490 cm^3. Bei einem Gewicht von 60 kg konnte eine Höchstgeschwindigkeit von 40 km/h erreicht werden. Der Motor mit im Zylinderkopf hängenden Ventilen hatte Schnüffelventile für den Einlaß und mechanisch gesteuerte Auslaßventile: Die Steuerung dieser Ventile erfolgte über eine Nockenwelle an der Hinterradnabe und mittels eines Gewirrs von Stangen und Hebeln. Daß diese Konstruktion überhaupt funktionieren konnte, ist erstaunlich. Der Motor war wassergekühlt, und der halb-

Hildebrand & Wolfmüller von 1894.

kreisförmige Tank diente zugleich als hinteres Schutzblech. Das interessanteste Detail war zweifellos der Hinterradantrieb, der ähnlich wie bei einer Lokomotive funktionierte. Die Pleuelstangen der beiden parallel liegenden Zylinder arbeiteten unmittelbar auf Kurbeln, die an der Hinterradachse saßen. Das Hinterrad mußte dabei teilweise als Schwungrad dienen. Das Rückholen der beiden langen Pleuel erfolgte mittels verstellbarer Gummibänder. Bemerkenswert war auch das Schmiersystem: Das Öl befand sich im vorderen Rahmenrohr – eine Lösung, die ein halbes Jahrhundert später Aufsehen erregte, als Moto Guzzi sie für Rennmaschinen einführte.

Der Rahmen bestand aus vier horizontal angebrachten Rohren, zwischen denen der Motor montiert war. Von diesen führten vier Rohre nach oben zum Lenkkopf. Die Gabel sah einer Fahrradgabel ähnlich, das Hinterrad war nicht gefedert. Am Vorderrad war eine Klotzbremse angebracht, neben der eine Art Notbremse existierte: Bei Bedarf konnte durch Bedienen eines Pedals ein Haken in den Erdboden gerammt werden, der so das Motorrad zum Halten bringen sollte.

Das Münchner Unternehmen florierte, und 1894 stand die Firmenleitung mit ganz Europa wegen der Vergabe von Lizenzen in Verhandlung. In Frankreich wurde sogar eine Gesellschaft gegründet, die die Rechte der Lizenzherstellung für eine enorme Summe erwarb. Um das Publikum für die Hildebrand & Wolfmüller zu interessieren, überließ man dem französischen Journalisten Pierre Giffard vom Petit Journal eine Maschine zum Test. Giffard, ein begeisterter Freund des Motorrads und des Motorsports, trug mit seinen Artikeln entscheidend dazu bei, die deutsche Maschine in Frankreich bekanntzumachen.

Auch der Engländer Herbert Osbalderson Duncan, war von den Chancen des deutschen Motorrads überzeugt. Er hatte zusammen mit Louis Suberbie eine Fahrradproduktion gegründet und beschloß, die Hildebrand & Wolfmüller in Croissy in Lizenz zu bauen. Giffard, der fürchtete, daß der deutsche Name in Frankreich ein Verkaufshindernis darstellen könne, taufte die Hildebrand in La Petrolette um. Superbie reiste nach München, um dort bei der Mutterfirma Konstruktion und Produktionsanlagen zu studieren. Giffard begann, im Petit Journal für die Petrolette zu werben. Dies führte dazu, daß die Fabrik in Croissy von Briefen überschwemmt wurde, von denen allerdings nicht mehr als 20 Schreiben tatsächlich Bestellungen waren.

Man wandte sich an den Direktor der Fahrradfabrik Gladiator, Pullinger, der das äußere Erscheinungsbild des Motorrads verbessern sollte. Aber trotz dieser Veränderungen fand die Petrolette noch immer keinen Anklang. Daraufhin wurden einige potentielle Handelsvertreter zu einer Werksbesichtigung nach Croissy eingeladen, und der Testfahrer sollte dort den Gästen die Maschine in einer Probefahrt präsentieren. Unglücklicherweise hatte der Arbeiter, der das Motorrad zur Testfahrt vorbereiten sollte, nicht mehr die Zeit gefunden, die Vorderbremse zu montieren, so daß der Fahrer in voller Fahrt frontal gegen einen Erdhügel am Ende der Geraden prallte und man ihn kopfüber im nahe gelegenen See verschwinden sah. Das Motorrad konnte nur mit Mühe wieder aus dem Schlamm ausgegraben werden.

1895 verpflichtete die Firma einen neuen Testfahrer, Osmont, der zusammen mit Duncan und Superbie drei Petrolette nach Lille überführte, um sie dort bei einem Motorradtreffen zu präsentieren. Am Tag der Schau erledigte Osmont am Eingang seiner Pension letzte Wartungsarbeiten am Motorrad und ließ dabei den Tankdeckel fallen. Ein hilfsbereiter Passant machte sich mit einem Feuerzeug auf die Suche: Das unvermeidliche Ergebnis war eine Explosion, und die drei Petrolette wurden auf die Straße geschleudert. Glücklicherweise beschränkte sich der Schaden hauptsächlich auf die Reifen. Nachdem man die Maschinen in Paris repariert und neu bereift hatte, wurden sie der Öffentlichkeit als einzige Exemplare, die eine äußerst schwierige Testfahrt überstanden hätten, präsentiert.

Noch im gleichen Jahr 1895 ging die erste Bestellung über einen Posten von 50 Motorrädern ein. Bald war deutlich, daß Pullinger einen verhängnisvollen Fehler begangen hatte. Die Kunden

bestanden nämlich darauf, vor der Übernahme der Petrolette den Einweisungskurs zu erhalten, der ihnen von Pullinger versprochen worden war. Das Geschäft wurde zum Verlustgeschäft für die Firma. Auf dem eine elektrische Zündung einzubauen.
Die Firma ging vor Gericht, da sie Forderungen der Kunden nach Geldrückgabe einen Riegel vorschieben wollte und der Meinung war, daß ein Produkt

Firma Hildebrand & Wolfmüller, die industrielle Herstellung auf Grundlage der Serienproduktion bei Motorrädern eingeführt und damit das Motorrad auch für breite Käuferschichten erschwinglich gemacht zu haben.

Höchstgeschwindigkeit von 80 km/h. Eine weitere Neuschöpfung war der Pop-Standard, der von einem 122 cm³-Motor angetrieben wurde und 70 km/h schnell war. Der Popet aus dieser Periode hatte einen 50 cm³-

Ein 125 cm³-Hiro-Motor in einer Ancilotti-Geländesport-Maschine.

ersten Autosalon in Paris konnten aber immerhin sechs Petrolette und ein von Pullinger entworfener Kleinwagen präsentiert werden.
Inzwischen lagen zahllose Beschwerden der Besitzer der ersten 50 Motorräder vor, die sich über die schwierige Bedienung beklagten, denn um die „sofortigen und regelmäßigen Explosionen zu gewährleisten", mußten die Rohre zuerst mit einem Knallgasgebläse erhitzt werden. Einmal in Bewegung gesetzt, konnten die Petroleumbrenner, die sich in einem „Behältnis zum Anzünden" befanden, die Rohre genügend warm halten. Graf De Dion kritisierte dieses umständliche Verfahren und versuchte vergeblich, Duncan zu überzeugen, nicht deswegen zurückgenommen werden könnte, weil der Kunde nicht fähig war, das Prinzip zu verstehen. Der Prozeß wurde verloren, und die Firma sollte Schadenersatz leisten und war gezwungen, 1897 zu verkaufen. Der neue Eigentümer verlegte sich ganz auf den Bau von Fahrrädern.
Kurze Zeit nach dem Zusammenbruch von Duncan & Suberbie mußte auch das Unternehmen in München seine Produktion einstellen. Möglicherweise zogen sich die Gebrüder Hildebrand bereits vorher aus der Firma zurück, da die letzten Maschinen, die aus dem Werk hervorgingen, unter der Marke Wolfmüller & Geisenhof in den Handel gelangten. Zweifelsohne ist es aber das große Verdienst der Münchener

Hirana

Die japanische Firma Hirana Seisakusho brachte 1951 einen Motorroller auf den Markt, der bis 1957 gebaut wurde. Der Hirano Popet hatte einen 78 cm³-Zweitaktmotor mit automatischer Kupplung und geschlossenem Kettenantrieb für das Hinterrad. 1956 realisierte der Hersteller den Roller Pop Manlee, der über einen Hubraum von 125 cm³, eine Teleskopgabel und eine Hinterradaufhängung mit Federbeinen verfügte.
Drei Jahre später kam der Pop Super De Luxe ins Angebot. Dieser vollverkleidete Roller war mit einem 175 cm³-Zweitaktmotor und einer Earles-Gabel ausgerüstet und entwickelte eine Motor und eine Teleskopgabel und war 54 km/h schnell. Seit 1960 war der Popet auch in der Version ST 80 erhältlich: Er besaß einen 78 cm³-Einzylinder-Zweitaktmotor, automatische Fliehkraftkupplung, Schwinggabel und eine Hinterradschwinge; die Höchstgeschwindigkeit betrug 60 km/h.
Der Pop Manlee SO 125 von 1960 hatte einen 125 cm³-Einzylinder-Zweitaktmotor mit automatischem Getriebe und hydraulischem Drehmomentwandler, Earles-Gabel, eine Hinterradschwinge und Vollverkleidung; die Höchstgeschwindigkeit betrug 60 km/h. Der Pop Manlee in der 175er-Version mit 80 km/h Spitze besaß einen Einzylinder-Zweitaktmotor, automatische Fliehkraftkupplung und

Frühe Hiro-Motoren, wie sie Mitte der 70er Jahre gebaut wurden.

eine Veltimatic-Kraftübertragung; Aufhängung und Verkleidung waren mit den Vorgängermodellen identisch.
Der Hirano Popet 50 ST hatte einen 50 cm³-Zweitaktmotor mit automatischer Kupplung, ansonsten war er mit den vorhergehenden Modellen baugleich. Den gleichen Motor hatte der Mini-Roller Valmobil mit automatischer Kupplung und einer starren Gabel. Die Hinterradfederung erfolgte über Neimann-Gummiringe. 1961 stellte Hirano die Produktion von Rollern ein.

Hiro

Der leidenschaftliche Motorrad- und Geländemaschinenfan Andrea Mosconi gründete in Mailand die Eurocross, eine Firma, die sich schon bald zu einem beliebten Treffpunkt von Moto-Cross- und Geländesport-Fans entwickeln sollte.
Mosconi war der Überzeugung, daß die Zukunft im Moto-Cross und Geländesport den Sachs-Motoren gehören würde. Andererseits waren einige offenkundige Mängel an diesen Motoren nicht zu übersehen, wie beispielsweise das Sechsganggetriebe des 125er Modells. So wählte Mosconi für die 125er einen Aermacchi-Harley-Davidson-Motor. Die Maschine zeichnete sich durch das ausgesprochen niedrige Gewicht von nur 83 kg aus. 1969 und 1970 nahm Mosconi mit seiner Eurocross 125 an vielen Moto-Cross-Läufen teil, aber bereits 1970 stellte Harley-Davidson die Lieferung von Motoren ein, und die Eurocross geriet bald in Vergessenheit.
Dies war der entscheidende Anstoß für Mosconi, sich selbständig zu machen. 1973 entstand in Origgio die Hiro Motori S.a.S., aus der als erste Entwicklung eine Wettbewerbsmaschine, die 125er Hiro, hervorging. Die Maschine wies interessante Details auf: Der Motor konnte auch mit eingelegtem Gang gestartet werden – eine Lösung, die bald von Sachs und anderen Herstellern übernommen und schließlich zum Charakteristikum von Motoren dieser Gattung wurde. Ungewöhnlich war auch die Trockenkupplung, deren Aufbau wesentlich einfacher als bei einer Mehrscheiben-Ölbadkupplung war.
Hiro spezialisierte sich auf die Herstellung von Einbaumotoren für andere Hersteller. Die Motoren wurden höchsten Ansprüchen gerecht und konnten zu einem vernünftigen Preis verkauft werden. In der Kundenliste fanden sich bald berühmte Namen wie TGM, Ancillotti, Aprilia, Mav und GKD. Schließlich nahm man die Entwicklung eines 250 cm³-Motors in Angriff, der mit dem 125er fast baugleich war und von dem die ersten Prototypen 1976 realisiert wurden. Da der Motor sich bei Wettbewerben bewähren konnte, lief im Januar 1978 die Serienproduktion an.
In den folgenden Jahren wurden beide Motoren laufend überarbeitet. Parallel dazu startete man das Projekt eines 175er Geländesport- und eines 350er Trialmodells. 1976 ging die Firma Hiro mit Aprilia zusammen, wo Ivan Alborghetti, einer der besten Moto-Cross-Fahrer dieser Jahre, unter Vertrag stand. Hiro nahm auch an der Moto-Cross-Weltmeisterschaft teil, für die man eigens einen 125er Motor entwickelt hatte. Im Jahr 1977 konnte allein der Hiro-Motor mit den hohen Standards, die von Suzuki gesetzt wurden, konkurrieren.
In den 80er Jahren entwickelte Hiro 125er und 250er Motoren für Moto-Cross-, Enduro- und Straßenmaschinen sowie ein Modell mit 320 cm³ Hubraum für den Trialsport, die Hiro Sammy Miller mit Sechsganggetriebe und einer Leistung von 18 PS bei 6500 U/min. Ein Motor mit 23 PS für Ultraleicht-Flugzeuge erweiterte die Produktpalette.

Hirondelle

Eine frühere französische Waffenfabrik in Courbevoie, die 1921-26 Zweitaktmotoren herstellte. Anfang der 50er Jahre brachte Hirondelle auch Mopeds in den Handel und 1953 einen 125 cm³-Roller mit Vierganggetriebe und Antrieb über Kette.

Hirsch

Die in Berlin ansässige Firma brachte 1925-26 die 150 cm³-Maschine Hirsch auf den Markt, die mit einem Motor mit seitlich stehenden Ventilen bestückt war.

Hirth

Die 1923-25 in Stuttgart produzierten Hirth-Motorräder waren nicht ausschließlich das Ergebnis kommerzieller Überlegungen. Der als Flieger, Rennfahrer und Konstrukteur bekannt gewordene Helmut Hirth baute 1923-25 in Stuttgart einige wenige Exemplare von Rennzweitaktern mit 123 und 244 cm³ Hubraum und Wasserkühlung. Die Hirth-Motorräder zeichneten sich durch einige technische Details aus, die sich in Motorradrennen bewähren konnten. Für den Motor wurde teilweise die neue Legierung Elektron verwendet. Das Triebwerk, dessen Zylinder horizontal montiert waren, leistete bei 4500 U/min 12 PS.

H.J.

Diese beiden Buchstaben stehen für die englische Firma Howard & Johnson in Birmingham, die 1920-21 eigene Fahrgestelle mit 269 cm³-Zweitaktmotoren von Villiers und A.W. Wall (Liberty) bestückte.

Der Roller H.L., 1942.

H.J.H.

Der englische Hersteller H.J. Hulsman brachte 1954 unter der Markenbezeichnung H.J.H. Motorräder in den Handel, die sich bis 1956 auf dem Markt halten konnten. In konventionelle Rahmen montierte das Werk Zweitaktmotoren mit 147, 197 und 224 cm³ Hubraum.

H.L.

1938 legte der französische Ingenieur Henri Lanoy dem Direktor der Fabrik New Map den Konstruktionsplan eines Motorrollers vor, um ihm eine gemeinsame Produktion vorzuschlagen. Die Idee gefiel, konnte jedoch von New Map wegen des Ausbruchs des Zweiten Weltkriegs nicht realisiert werden. Lanoy verwirklichte später seinen Plan in Zusammenarbeit mit Buttner und dem Beiwagenkonstrukteur L. Simard.
1942 wurde der Roller H.L., der einen Elektromotor besaß, auf den Autosalons von Lyon und Grenoble ausgestellt. Die Maschine hatte eine Reichweite von rund 40 Kilometer und erreichte eine Höchstgeschwindigkeit von 20-25 km/h. Der Rohrrahmen war hinten vollständig verkleidet und verfügte hinten und vorne über Federelemente. Lanoy trat später mit dem Konstrukteur Champion in Kontakt, der ihm einen 50 cm³-Zweitaktmotor mit Dreiganggetriebe von Staub lieferte.
Weitere Roller, die entweder mit Elektroantrieb oder mit Verbrennungsmotor erhältlich waren, wurden nach und nach vorgestellt. 1943 entwarf Lanoy ein dreirädriges Fahrzeug, das wahlweise mit Elektro- oder 125 cm³-Benzinmotor bestückt werden konnte. Von den zahlreichen weiteren Projekten Lanoys gelangte keines jemals zur Serienreife.

H.M.

Gegen Ende der 60er Jahre gab die schwedische Firma Lito die Produktion von Motorrädern auf. Weitergeführt wurde das Unternehmen von dem Ingenieur Sven Hakanson, der die Motorräder fortan unter dem Markenzeichen H.M. (Hakansan Motorwerke) vertrieb.
Hakanson entwarf und produzierte ein Zweizylinder-V-Motorrad mit 500 cm³ Hubraum. Der erste Zylinder lag horizontal, der zweite Zylinder war ebenfalls stark nach vorn geneigt. Die Maße für Bohrung und Hub betrugen 69,4 x 54 mm. Die Maschine war mit einem Fünfganggetriebe und wassergekühlten Zylindern ausgerüstet.
Als Fahrgestell diente ein Zentralrohrrahmen mit sehr großzügig dimensionierten Rohren, Teleskopgabel vorn und Schwinge hinten.

Die schwedische H.M. 500 mit Zweizylindermotor.

H.M.K.

Die mit obengesteuerten 250 cm³-JAP-Motoren ausgerüsteten H.M.K.-Motorräder in klassischem Design wurden 1938-48 in Österreich in sehr beschränkter Stückzahl produziert.

H.M.W.

Die Halleiner Motorenwerke in Österreich wurden 1946 gegründet und konzentrierten die Produktion anfangs auf Hilfsmotoren für Fahrräder, Mopeds und Zweitakt-Leichtmotorräder bis 100 cm³. 1955 gingen aus dem Werk auch 50 cm³-Mopeds exzellenter Qualität, 75 cm³-Leichtmotorräder und der Roller Bambi mit 75 cm³ Hubraum hervor. Alle H.M.W.-Maschinen waren Zweitakter. In den folgenden fünf Jahren kamen diese Motorräder, nur in Details verändert, auf den Markt. Der Bambi-Roller war mit einem 75 cm³- Zweitaktmotor ausgerüstet, hatte eine Schwinggabel vorn und eine Schwinge hinten.

Hobart

Die englischen Hobart-Motorenwerke in Coventry verwendeten für ihre Motorräder verschiedene Motoren: Zwei-und Viertakter, Ein- und Zweizylinder-V-Motoren, deren Ventile seitlich stehend oder im Zylinderkopf hängend angeordnet waren. Die Motoren wurden teils im Werk entwickelt, teils verwendete man Einbaumotoren anderer Hersteller, wie JAP, Villiers, Morris und Blackburne. Der Verkaufsschlager des Hauses war die 170 cm³-Hobart, eine Zweitaktmaschine, die entweder mit einem Blackburne-Motor oder mit einem Zweizylinder-V-Motor von JAP erhältlich war. In der Vorkriegszeit wurden obengesteuerte Modelle mit Wasserkühlung produziert; es existierte auch eine Zweitaktmaschine mit 250 cm³ Hubraum mit innenliegendem Schwungrad. Die Hobart-Motorenwerke bestanden in den Jahren 1901-23.

Hodaka 125 von 1975.

Hockley

Dieser kleine englische Hersteller mit Sitz in Birmingham produzierte 1914-16 Zweitaktmotorräder mit 269 cm³ Hubraum.

Hoco

Die Hoco war äußerst skurril: Ihr Rahmen bestand aus Holz und war mit Villier- und JAP-Einbaumotoren bestückt. Die Motorräder wurden 1923-25 vom deutschen Hoco-Werk in Minden, einer Möbelfabrik, hergestellt.

Hodaka

1961 lebte das amerikanische Städtchen Athena im Bundesstaat Oregon, das kaum mehr als tausend Einwohner zählte, mehr oder weniger von der Pacific Basin Trading Company (kurz Pabatco genannt). Pabatco importierte aus Japan verschiedene Teile für Motorräder und Motorradzubehör. Besonders beliebt und somit besonders wichtig für Pabatco waren die Produkte der Firma Yamaguchi, die an Pabatco im Zeitraum von zwei Jahren etwa 5000 Motorräder lieferte. Als Yamaguchi 1963 in Konkurs ging und die Firma Pabatco damit ihren Hauptlieferanten verloren hatte, sah die Zukunft wenig rosig aus. Man stand vor einer ebenso schwierigen Situation wie die japanische Hodaka Industrial Company, die für Yamaguchi Motoren und Antriebssysteme produziert hatte. Hodaka verfügte über große Erfahrungen in der Produktion von Motoren mit 50 bis 100 cm³ Hubraum, hatte aber noch nie komplette Motorräder gebaut.
Die Verantwortlichen von Pabatco erkannten, daß in der Zusammenarbeit mit Hodaka ein möglicher Ausweg aus der schwierigen Lage gefunden wäre: Die neue Marke Hodaka sollte geschaffen werden. Die komplette Produktion der Maschinen sollte in Japan bei der Hodaka Company stattfinden, während die Motorräder in Athena entwickelt und getestet werden sollten. Gemäß diesem Vorhaben erweiterte Hodaka die bisher nur auf den Motorenbau ausgerichteten Werksanlagen. Eine Marke war im Entstehen, die weit berühmter werden sollten, als man es sich damals träumen ließ.
Man plante, die Fachwelt mit etwas Besonderem zu überraschen. Geländemaschinen waren damals sehr gefragt, andererseits war der amerikanische Markt in diesem Bereich fast übersättigt: Es gab nicht nur zahlreiche Marken zur Auswahl, sondern auch einige sehr gute und entsprechend bekannte und begehrte Motorräder zu kaufen. Aus diesem Grund mußte die neue Hodaka ganz anders als ihre Konkurrentinnen werden. Man beschloß, den Schritt auf den Markt mit einem einzigen Modell zu wagen, das nur in einer Farbe verkauft werden sollte. Es sollte in der Konstruktion so einfach wie möglich, solide und zuverlässig sein und gute Leistungen erbringen. Und außerdem, was nicht weniger wichtig war, es sollte preiswert sein. Mit anderen Worten, die Hodaka sollte vollkommen sein, ein vollkommenes Geländemotorrad.
Die erste Hodaka wurde Ace 90 getauft und 1964 vorgestellt. Sie war mit einem Einzylinder-Zweitaktmotor mit 90 cm³ Hubraum ausgerüstet, der eine Leistung von 8,2 PS bei 7500 U/min entwickelte. Weitere Charakteristika des Modells waren das Vierganggetriebe, der rot lackierte Doppelschleifenrahmen, der verchromte Tank und das nach oben gerichtete Auspuffrohr. Die ausgezeichnete Elektrik des Motorrads paßte sich bestens der jeweiligen Nutzung als Straßen- oder als Geländemaschine an. Der bei normalen Fahrbedingungen relativ geringe Kraftstoffverbrauch und der günstige Preis machten die Hodaka ausgesprochen wettbewerbsfähig.
Die Ace 90 wurde von der Fachpresse sehr gelobt. Sie überzeugte jeden, der sie testete. So beschloß das Unternehmen, an dem Modell, solange es produziert würde, keine großen Änderungen vorzunehmen, sondern sich auf Detailverbesserungen zu beschränken, sofern diese unbedingt nötig waren. Zudem sollte stets darauf geachtet werden, daß neuentwickelte Teile in

die alten Modelle eingebaut werden konnten, so daß der Eigentümer einer Hodaka imstande wäre, sein Motorrad durch den Austausch der jeweiligen Teile auf dem neuesten Stand zu halten. Dank dieser Verkaufsstrategie fand die Hodaka einen reißenden Absatz.

Oben: Die 100 MX Super Rat, eine exzellente Moto-Cross-Maschine von 1969.
Rechts: Die Combat Wombat mit 125 cm³ Hubraum, die bei einigen europäischen Wettkämpfen antrat.

Das 90 cm³-Modell wurde in den Jahren 1964-67, wie geplant, nur in einer einzigen Version und Farbe hergestellt. Allerdings wurden nach und nach eine Reihe von Neuerungen vorgenommen. Die Hodaka erwies sich als sehr vielseitig und konnte vom Besitzer selber mit Leichtigkeit abgewandelt werden: Sie wurde mit Erfolg in den verschiedensten Bereichen des Motorradsports eingesetzt, bei Trialwettbewerben ebenso wie bei Moto-Cross- oder sogar Straßenrennen.
Da – auch von seiten der Rennfahrer – nach immer höheren Leistungen verlangt wurde, beschloß das Unternehmen, den Hubraum von 90 auf 100 cm³ zu vergrößern und das Getriebe anstatt mit vier mit fünf Gängen auszustatten. Das neue Modell, die Ace 100, wies gegenüber der Ace 90 bedeutende technische Verbesserungen auf, auch wenn sich am äußeren Erscheinungsbild im großen und ganzen nichts geändert hatte. Wer bereits eine Ace 90 besaß, konnte problemlos alle neuen Komponenten in sein Motorrad einbauen und es so dem 100 cm³-Modell angleichen.
Die Produktion der Ace 90 wurde nach einiger Zeit aufgegeben. Hodaka verfolgte weiterhin die bisherige Politik, ein einziges Modell in einer einzigen Farbe herzustellen.
Im Motorsport war die neue Version ebenso erfolgreich wie ihre Vorgängerin. Im Jahr 1968 siegte Harry Taylor auf einer Hodaka beim Sportman Road Race in der Klasse über 100 cm³ Hubraum; er brach dabei alle Rekorde, die in der 100 cm³-Klasse aufgestellt worden waren. Mit einer Höchstgeschwindigkeit von weit über 160 km/h ließ er auch die Zweizylinder-Yamaha hinter sich.
Da viele Hodaka-Fahrer ihre Maschine umbauten, um sie ausschließlich für Moto-Cross-Rennen zu verwenden, beschloß Pabatco, ein Modell speziell für diesen Zweck zu entwickeln. So entstand im Jahr 1969 die Moto-Cross-Maschine Ace 100 MX.
Sie erhielt zwar den gleichen Rahmen, der schon von den vorhergehenden Modellen her bekannt war, wurde jedoch mit einem weiterentwickelten Motor und verbesserten Federelementen auf den Markt gebracht. Das Verdichtungsverhältnis wurde auf 13:1 gebracht.
Auch die Ace 100 MX war ein großer kommerzieller Erfolg und erzielte hohe Verkaufszahlen. Einige der technischen Details, die an der Ace 100 MX erprobt wurden, 1970 auch für die Geländemaschine Ace 100 verwendet, die dann als 100 B bezeichnet wurde.
Die Super Rat, wie die Ace 100 MX auch genannt wurde, wurde stets überarbeitet und kam im Wettbewerbseinsatz auf beachtliche Plazierungen. So errang sie etwa den Titel in der kanadischen Moto-Cross-Meisterschaft in der Klasse über 100 cm³ Hubraum. Wie zuvor bei der Ace 90 wurde auch bei diesem Modell der Wunsch nach höheren Leistungen laut. Demzufolge präsentierte Hodaka im Jahr 1972 die Wombat 125, die ebenfalls mit einem Fünfganggetriebe ausgerüstet war und sich in der Technik kaum von den anderen Modellen unterschied.
Die Hodaka 125 konnte es mit Leichtigkeit mit den besten europäischen Motorrädern aufnehmen. Zu den Scottish Six Days Trials von 1973, die in den USA stattfanden, wurde eine offizielle Hodaka-Mannschaft angemeldet. In demselben Jahr nahm Frank Wheeler auf einer Wombat in Australien an einem Langstreckenwettbewerb teil und legte dabei eine Strecke von etwa 16000 Kilometern in knapp 21 Tagen zurück.
Daraufhin gingen bei Hodaka so viele Nachfragen ein, daß als Weiterentwicklung der Wombat die Combat Wombat, ein sehr schönes Moto-Cross-Motorrad mit 125 cm³ Hubraum, auf den Markt kam. Diese neue Version, die eine Nenndrehzahl von 8400 U/min aufwies, hatte einen vollständig neuen Zylinder, der von Hodaka entwickelt worden und einzigartig war; Zylinder und Überströmkanäle waren aus einem Guß, in den äußeren Teil aus Preßguß war die Verrippung eingearbeitet.
Der Combat Wombat folgten weitere Modelle mit 100 cm³ Hubraum, darunter die Dirt Squirt, eine Moto-Cross-Version mit 100 cm³, die Road Toad, ebenfalls mit 100 cm³ Hubraum für Geländeeinsatz und schließlich die Super Combat mit 125 cm³ Hubraum, eine weitere Moto-Cross-Maschine.
Der nächste Schritt in der Expansionspolitik von Hodaka führte zur Entwicklung einer neuen Geländemaschine, der ED 250, die häufig als das schönste Modell dieses Herstellers bezeichnet wird. Die ED 250 war mit einer elektronischen Zündung, Leichtmetallfelgen und allen technischen Details ausgestattet, die ein wettbewerbsfähiges Geländesportmotorrad auszeichnen.
Ende 1976 erschien die 250 SL auf dem Markt, die alle Vorzüge der ED aufwies und darüber hinaus für den Straßenverkehr zugelassen werden konnte, da

sie den Vorschriften der amerikanischen Straßenverkehrsordnung entsprach. Nach ihr entstand die Hodaka 250, eine Moto-Cross-Maschine mit 246 cm³ Hubraum und einem 36 mm-Mikuni-Vergaser.
Die Zeiten, in denen Hodaka ein einziges Modell in einer einzigen Farbe herstellte, waren endgültig vorbei. 1977 bot Hodaka Modelle mit 100, 125 und 250 cm³ Hubraum in verschiedenen Versionen an.

Höne

Einer der interessantesten Hilfsmotoren der 50er Jahre war der Frontalmotor, der von dem deutschen Unternehmen Höne hergestellt wurde. Der Zweitaktmotor mit liegendem Zylinder und 48 cm³ Hubraum hatte zwei Schieber am hinteren Ende des Gehäuses, in die die unteren Enden der Gabel des Fahrrads eingriffen; seitlich war ein Stützarm befestigt. Der Motor übertrug die Antriebskraft mittels eines Zahnradgetriebes direkt auf die Nabe des Vorderrads.

Hoffmann

Die ersten Hoffmann-Motorräder, die 1949-54 in Düsseldorf hergestellt wurden, waren mit 98 und 125 cm³-Motoren von Fichtel & Sachs und Villiers ausgestattet. Später wurden auch Modelle mit Jlo-Zweitaktmotoren mit Hubräumen bis zu 250 cm³ gebaut. 1951-54 gehörten Modelle mit 250 und 300 cm³-Zweizylindermotoren mit hängenden Ventilen und Kardanantrieb zum Angebot. Daneben produzierte Hoffmann in Lizenz den Vespa-Motorroller.

Holden

1896 entwickelte Oberst H. Capel Holden in England ein Motorrad, das einen bedeutenden Platz in der Geschichte des Motorrads einnimmt, da es, abgesehen von einigen anderen beachtlichen Merkmalen, das erste Modell war, das von einem Vierzylindermotor angetrieben wurde. Nachdem Oberst Holden eine begrenzte Anzahl seiner Maschinen mit den damals gängigen, handwerklichen Methoden gebaut hatte, beschloß er, seine Produktion in industriellem Maßstab aufzuziehen, wie es in Deutschland bereits Hildebrand & Wolfmüller getan hatte. Wie seine deutschen Konkurrenten machte auch er den Fehler, seine Maschine mit jenem direkten Radantrieb mittels einer äußeren Pleuelstange vom Motor zur Nabe auszustatten, der zwar für Lokomotiven äußerst geeignet war, aber bei einem Motorrad sicher nicht die gleichen Erwartungen erfüllen konnte. Die Motor Traction Company, die Oberst Holden 1898 für die Serienproduktion seines Vierzylindermodells gründete, war anfangs zwar recht erfolgreich, mußte aber wegen der technischen Unzulänglichkeit der Kraftübertragung 1903 die Produktion wieder einstellen.
Die Holden-Modelle hatten einen Rohrrahmen mit einer klassischen Gabel ohne Federung. Das obere Rohr des Rahmens verlief vom Lenkkopf schräg nach unten zum Hinterrad, wo es sich mit einer starken Krümmung gabelte. Das vordere Rohr führte vom Lenkkopf zum Sockel des Motors, von wo die Gabel abzweigte, die sich mit den beiden Armen des oberen Rohrs verband. Eine größere Steifigkeit garantierten zusätzliche Rohre mit einem kleineren Durchmesser, die vom oberen Teil des Motors zum Hauptrohr des Rahmens reichten.
Das Vorderrad hatte einen Durchmesser von 60 Zentimetern und war mit einem Pedalwerk an der Nabe ausgestattet, während das Hinterrad einen Durchmesser von 50 Zentimetern aufwies. Das Modell hatte nur eine Vorderradbremse, die anfänglich aus einer gewöhnlichen Fahrradbremse mit auf die Felgen wirkenden Bremsbacken bestand. Später wurde sie dann durch ein Metallband ersetzt, das sich um eine entsprechende Trommel mit kleinem Durchmesser wickelte, die an der Radnabe befestigt war.
Der interessanteste Teil der Holden war zweifellos der Boxermotor mit zwei liegenden Zylinderpaaren. Er war in Längsrichtung in den Rahmen eingebaut, die Maße für Bohrung und Hub betrugen 54 x 115 mm bei einem Hubraum von 264 cm³ pro Zylinder und einem Gesamthubraum von 1053 cm³. Die Zylinder und die Zylinderköpfe waren aus Grauguß gefertigt. Originell war die Ventilsteuerung; während das Einlaßventil automatisch vom Unterdruck gesteuert wurde, wurde das Auslaßventil über einen komplizierten Mechanismus mit einer Nockenwelle betätigt. Dem Antrieb der Nokkenwelle diente eine Schrägverzahnung. Diese wurde ihrerseits von einer Kette angetrieben, die über ein Ritzel an der Nabe des Hinterrads lief.
Der erste von Oberst Holden konstruierte Motor war luftgekühlt, 1899 wurde die Wasserkühlung eingeführt. Trotz der geringen Leistung von 3 PS bei 420 U/min erreichte die Maschine eine Höchstgeschwindigkeit von etwa 40 km/h. Die vier Kolben bewegten sich zusammen in den jeweiligen Zylindern. Jedes nebeneinander stehende Kolbenpaar hatte einen einzigen Kurbelwellenhubzapfen zur Verfügung, und die beiden Paare waren so miteinander verbunden, daß sich die Kolben eines Paars wie bei einem V-Motor immer in gleicher Richtung bewegten und nicht, wie bei einem echten Boxermotor, in entgegengesetzter.
Erreichte ein Kolben den oberen Totpunkt am Ende des Verdichtungshubs, stand auch der Kolben neben ihm am oberen Totpunkt, jedoch am Ende des Auslaßhubs. Unterdessen befand sich der dem erstgenannten Kolben gegenüberliegende Kolben am unteren Totpunkt am Ende des Arbeitstakts, während sich der benachbarte Kolben ebenfalls am unteren Totpunkt befand, jedoch am Ende des Ansaugtakts.
Der Hinterradantrieb erfolgte durch eine direkte Übertragung; außen am Motor befand sich ein langer Kolben, der mit einem im Motor zwischen den zwei Zylinderpaaren eingebauten Stift verbunden war; durch einen seitlichen Schlitz war ein Hin- und Herbewegen des herausragenden Teils des Stifts möglich. Das andere Ende des Kolbens war an eine kurze, mit der Hinterradnabe verbundene Kurbel gekoppelt. Der Motor wurde angelassen, indem man auf die Pedale des Vorderrads trat und solange radelte, bis das Hinterrad über Pleuel und Kolben den Motor in Gang setzte. Da es keine Kupplung gab, muß das Anlassen recht mühsam gewesen sein.
Die Gemischaufbereitung erfolgte mittels eines Oberflächenvergasers, der aus einem dreieckförmigen, im vorderen Dreieck des Rahmens befestigten Tank bestand; dieser war durch ein äußerst feinmaschiges Metallnetz, das halb in das Benzin eingetaucht war, quergeteilt. Dadurch saugte sich die obere Hälfte des Netzes voll Benzin, was eine bessere Verdunstung ermöglichte, wenn der durch den Tank geleitete Luftstrom durch das Netz streifte. Die Benzindämpfe, die durch eine Leitung aus dem Tank austraten, wurden nicht direkt zum Motor, sondern zu einer hinter dem Lenkkopf angebrachten Vorrichtung geleitet, wo sie zusätzlich mit Luft angereichert wurden, bevor sie über eine andere Leitung zum Motor geführt wurden.
Auch für die Schmierung sorgte nicht der Fahrer mittels einer Handpumpe, sondern eine von der Nockenwelle der Ventilsteuerung angetriebene Drehkolbenpumpe; entsprechende Ölkanäle transportierten das Öl an alle beweglichen Teile des Motors.
Der Sattel war an einem kurzen vertikalen Träger befestigt, der in der Mitte des oberen Rahmenrohrs montiert war. Hinter dem Sattel befand sich ein Gehäuse, das die Blockbatterie, die Zündspule und den Zündverteiler enthielt.
Die erste Holden war nur mit Blechverkleidungen ausgestattet, die den Motor abschirmten. Später wurde offensichtlich der Rahmen gekürzt, und eine stärkere Krümmung des oberen Rohrs ermöglichte den Einbau des Batteriegehäuses unterhalb des Rohrs. Auch die Pedale an der Vorderradnabe des Motorrads verschwanden.
Die Kraftübertragung mittels Pleuelstangen bedeutete für die Modelle von Oberst Holden ein schwerwiegendes Handicap. Diese Art der Kraftübertragung war in erster Linie für den Mißerfolg der Maschine verantwortlich.
Schwer zu sagen, warum ein Techniker, der in der Lage war, eine derart moderne Maschine zu entwickeln, sich kein wirkungsvolleres System der Kraftübertragung überlegte. Riemen, beispielsweise, standen auch in damaligen Zeiten bereits zur Verfügung.
Es dürften jedoch noch andere Faktoren bei dem Scheitern von Holdens Projekt eine Rolle gespielt haben. Damals begann sich die Öffentlichkeit gerade

erst an die Idee zu gewöhnen, daß man ein Fahrrad mit einem Hilfsmotor ausrüsten könne. Die Vorstellung von einem richtigen Motorrad lag noch nicht in Reichweite. Die Holden war zu modern, um von der breiten Masse akzeptiert zu werden.

Holley

Dieses zwischen 1902-10 bestehende amerikanische Unternehmen war zu Beginn des Jahrhunderts genau so bekannt wie Indian oder Harley-Davidson. In dem Betrieb in Bradford in Pennsylvania wurde ein Modell mit einem Einzylindermotor und einem Öltank, der sich hinter dem Sattel befand, konstruiert. Bei den ersten Modellen erfolgte der Hinterradantrieb mittels eines flachen Riemens.

Holroyd

Jack Holroyd, ein englischer Fahrer, der für Blackburne und JAP gefahren war, konstruierte 1922 einige Sportmodelle mit 250 und 350 cm³-JAP-Motoren.

Cub F 50 von 1952.

Honda

Kurze Zeit nach dem Zweiten Weltkrieg, noch während der amerikanischen Besatzung, begann Japan mit dem Wiederaufbau des Landes und schuf die Grundlagen seiner späteren wirtschaftlichen Macht. Es entstanden kleine, dynamische Unternehmen, die nach dem Vorbild der alten Clans strukturiert waren, in denen das Charisma des Anführers ein wesentliches Element für den Erfolg des gesamten Clans darstellte. Einer dieser Industriekapitäne oder, besser gesagt, ein neuzeitlicher „Shogun" war Soichiro Honda. Honda war noch keine 40 Jahre alt, als er 1946 beschloß, in der damals kleinen Stadt Hamamatsu das Honda Technical Research Institute (HTR) für die Erforschung und Produktion von Verbrennungsmotoren und Werkzeugmaschinen zu gründen. Der japanische Techniker war überzeugt, daß die Entwicklung des Motorsektors in allen Bereichen der erste Schritt war, um ein Land aus seiner Rückständigkeit herauszuführen. In dem kleinen Werk von Hamamatsu begann Honda mit der Hilfe von etwa zehn Arbeitern die Produktion von Fahrrädern mit Hilfsmotor, indem er Fahrradrahmen mit kleinen Zweitaktmotoren bestückte, von denen er etwa 500 Stück bei einer Versteigerung von alten Lagerbeständen aus dem Krieg erworben hatte. Die Fahrräder mit Hilfsmotor waren bald verkauft. Honda ging zur Herstellung eines eigenen 50 cm³-Motors mit der Kennzeichnung A über, der im Jahr 1947 auf den Markt kam. Es handelte sich um einen einfachen Einzylinder-Zweitaktmotor, der 0,5 PS leistete.

In der Zwischenzeit wurde das Personal aufgestockt; Kiyoshi Kawashima, der 1973 Präsident von Honda werden sollte, trat in die Geschäftsführung ein. Diesem Finanzgenie ist die Gründung der Honda Motor Co. Ltd. mit einem Firmenkapital von einer Million Yen im September 1948 zu verdanken, die die Aktivitäten von HTR übernahm und ausweitete. In weniger als einem Jahr erreichte man in Japan mit dem Motor des Typs A einen Marktanteil von über 60 Prozent; ihm wurde der Typ B zur Seite gestellt, ebenfalls ein Einzylinder-Zweitaktmotor, jedoch mit 90 cm³ Hubraum. In nur zwei Jahren war aus dem kleinen Werk in Hamamatsu ein solides Industrieunternehmen entstanden, das außer Fahrrädern mit Hilfsmotor auch Dreiradwagen und Lieferwagen für den Transport von leichten Waren herstellte.

Im August 1949 konstruierte Honda Motor das erste Motorrad, das nach dem Zweiten Weltkrieg vollständig in Japan gebaut wurde. Es wurde Dream genannt und war mit dem neuen Motor Typ D mit 98 cm³ Hubraum und 3 PS Leistung ausgerüstet. Der kalte Krieg zwischen den USA und der Sowjetunion,

Chimney, das erste Moped von Honda, 1947.

Dream E von 1951.

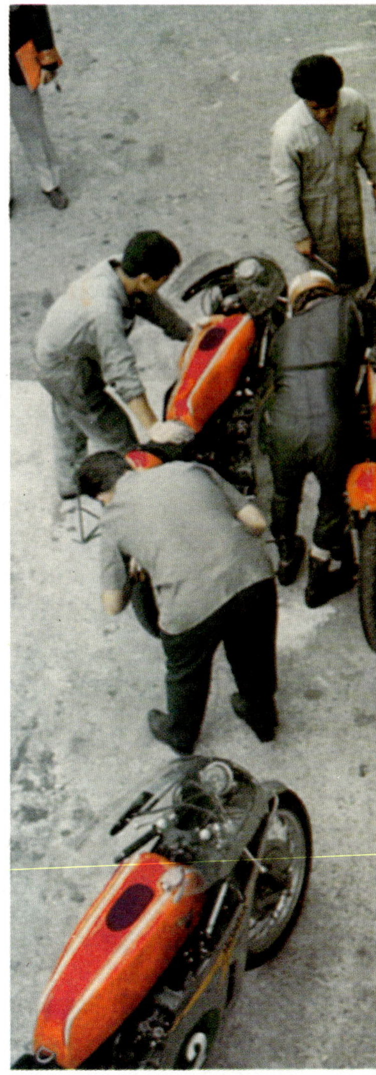

Den ersten großen Auftritt im Rennsport hatte Honda 1959 bei der Tourist Trophy. In einem gewaltigen Siegeszug eroberte sich Honda die Titel fast aller Hubraumklassen, in denen die Honda-Renner starteten. Die Photographien zeigen wesentliche Szenen. Von links nach rechts: Tommy Robb auf der 125 Zweizylinder-Honda; das gleiche Modell wurde einem Privatfahrer anvertraut; die Probeläufe der fantastischen 125 Fünfzylinder-Honda, deren Prototyp 1966 verwirklicht worden war.

der Koreakonflikt, in den Japan direkt verwickelt war, wenngleich dies nicht offiziell zugegeben wurde, die Angst vor einem dritten Weltkrieg zerrütteten das noch junge Wirtschaftssystem in Japan: Der japanischen Firma Honda drohte die Schließung.

Der Weitblick von Soichiro Honda verhinderte jedoch den Zusammenbruch. Honda vertraute auf die neuen und damals revolutionären Strategien des neu eingestellten Takeo Fujisawa und rettete damit nicht nur das Unternehmen, sondern verdoppelte sogar das Firmenkapital; im darauffolgenden Frühjahr nahm die Honda Motor Co. Ltd den Bau eines neuen Werks in Kamijyujo in Angriff, das 1950 in Betrieb genommen wurde.

Super Cub mit 100 cm^3.

Das erste neue Motorrad, das das Werk im Frühjahr 1951 verließ, war die Dream E, die eine entscheidende Wende in der Produktion des Unternehmens kennzeichnete; der frühere Zweitakter wurde durch einen Einzylinder-Viertaktmotor mit 146 cm^3 Hubraum ersetzt. Der Erfolg der Dream übertraf alle Erwartungen. Täglich wurden mehr als 130 Stück produziert, so daß in aller Eile ein neues Werk in Saitama eingerichtet wurde.

Ein Jahr später zeichnete der japanische Kaiser Soichiro Honda mit den höchsten Ehren für seinen Beitrag zum Wiederaufbau und zum wirtschaftlichen Wachstum des Landes aus. Die unaufhaltsame Entwicklung des Unternehmens, das inzwischen zu den bedeutendsten japanischen Konzernen zählte, kam in der Erhöhung des Firmenkapitals auf sechs Millionen Yen zum Ausdruck. Ständig wurden neue Modelle auf den Markt gebracht, darunter das Moped Cub, das Leichtkraftrad Benly und der Motorroller Juno. Gleichzeitig begannen die ersten Exporte in einige asiatische Länder, darun-

ter Taiwan und die Insel Okinawa, die damals unter amerikanischer Verwaltung stand. Von der Cub F wurden monatlich 6500 Stück produziert, und Honda erreichte damit sehr schnell einen Anteil von 70 Prozent an der japanischen Motorradproduktion.
Trotz des gewaltigen kommerziellen Erfolgs ruhte sich Soichiro Honda nicht auf seinen Lorbeeren aus, sondern suchte nach weiteren Absatzmöglichkeiten auf neuen Märkten. Er unternahm diverse Reisen in die USA und nach Europa, um die Motorradtechnik der damals bedeutendsten Hersteller kennenzulernen und zu beurteilen. Die Reise nach Europa schloß mit einem Besuch der damals bereits berühmten Tourist Trophy auf der Isle of Man, wo Honda die Gelegenheit wahrnahm, die besten Motorräder der Welt im Einsatz zu studieren.
Nach seiner Rückkehr scheint Honda seinen Ingenieuren den Stand der Technik in Europa und Amerika detailliert und eindringlich dargelegt zu haben. Vermutlich sind zahlreiche Exemplare der bekanntesten Motorräder Europas auf den Tischen der Techniker von Honda gelandet, wo sie Stück für Stück auseinandergenommen wurden. Jede technische Komponente wurde sorgfältig analysiert, um sie in Japan perfekt nachbauen zu können.
Tatsache ist, daß Honda im Laufe von vier Jahren das Firmenkapital auf eine Milliarde 44 Millionen Yen erhöhte, in Los Angeles die Honda Motor Co. gründete, technisch fortschrittliche Modelle wie die Dream C 71 mit Elektroanlasser zu bauen begann und beschloß, sich im Rennsport zu engagieren.
1959 präsentierte Honda bei der Tourist Trophy auf der Isle of Man seine neuen Grand-Prix-Zweizylindermodelle mit 125 cm³-Viertaktmotor, vier Ventilen pro Zylinder und zwei obenliegenden Nockenwellen. Der Motor leistete 18,5 PS bei 14000 U/min. Das Getriebe verfügte über sechs Gänge. Überraschenderweise erzielten die insgesamt doch recht herkömmlichen Maschinen den sechsten, siebten und elften Platz in ihrer Klasse. Dennoch stießen die japanischen Motorräder eher auf Neugierde als auf Zustimmung. Zu groß erschien die Kluft zwischen den Neulingen aus dem Land der aufgehenden Sonne und den erfolggewohnten Marken MV, MZ und Ducati, die die 125er Klasse beherrschten.
Doch bereits im darauffolgenden Jahr ließ sich der japanische Herausforderer kaum noch ignorieren: Honda stellte bei der Tourist Trophy ein Zwölf-Mann-Team auf, zu dem bekannte Fahrer wie Tom Phillis und Bob Brown gehörten. An den Start gingen 250 cm³-Vierzylindermaschinen, deren 16-Ventil-Viertaktmotor zwei obenliegende Nockenwellen hatte und 40 PS bei 13000 U/min leistete. Die Honda-Fahrer siegten zwar bei diesem Rennen nicht, bereiteten aber sogar der superschnellen MV des siebenfachen Weltmeisters Carlo Ubbiali und des Rhodesiers Gary Hocking enorme Schwierigkeiten und verschafften sich damit bei ihren europäischen Konkurrenten beachtlichen Respekt.
Der Durchbruch für Honda kam 1961, als Mike Hailwood in der 250er Klasse und Tom Phillis in der 125er Klasse siegten, womit sie eine lange Serie sportlicher Erfolge des japanischen Unternehmens einleiteten. Das Jahr 1962 wurde zu einem richtigen Siegeszug der Japaner: Die MV-Maschinen konnten in allen Klassen außer der Halbliterklasse, in der Honda nicht antrat, geschlagen werden. Jim Redman setzte sich in der 250er und der

CB 750 Four von 1969.

CB 400 Four Super Sport von 1976.

CX 500 GL von 1981.

CB 1100 R von 1981.

CX 500 Turbo von 1981.

MTX 125 R, 1986 in Italien produziert.

VFR 750 F in der Version von 1985.

350er Klasse durch, der Schweizer Luigi Taveri in der 125er Klasse. Damit war es aber noch nicht genug, Honda überrollte seine Konkurrenten geradezu. Am Ende der Saison hatten Honda-Fahrer den ersten, zweiten, dritten, vierten und sechsten Platz in der 125er Klasse, den ersten, zweiten, vierten, sechsten, siebten und achten Platz in der 250er Klasse und den ersten und zweiten Platz in der 350er Klasse errungen.

Im Jahr 1963 bestätigte sich die Überlegenheit der Honda-Renner erneut. Auf der neuen Rennstrecke im japanischen Suzuka wurde eines der Rennen zur Weltmeisterschaft ausgetragen. Redman setzte sich in der 250er und 350er Klasse durch, während sich Taveri den Titel in der 50er Klasse sicherte.

XL 600 in der Version von 1986.

Oben: Die revolutionäre, vielseitige 600 V Transalp, deren Erscheinen 1987 zu einem neuen Typ von Motorrad führte. Die sogenannte „totale" Maschine eignet sich für jede Art der Benutzung, für die Straße genauso gut, wie für das Gelände. Unten: Freddie Spencer (links) und Marco Lucchinelli (rechts) auf den Grand Prix-Maschinen NS 500.

Honda war nunmehr aus dem Rennsport nicht mehr wegzudenken. Der technische Standard, den die Rennabteilung innerhalb von knapp fünf Jahren erreicht hatte, war ausgesprochen hoch. Deutlich vor Augen führte dies die 1964 entstandene 250 cm³-Sechszylindermaschine, die ein Achtganggetriebe besaß und auf eine Höchstleistung von 54 PS bei 16500 U/min kam.
Mitte der 60er Jahre begann das Unternehmen, dessen Palette bis

zu diesem Zeitpunkt vor allem Modelle kleinerer und mittlerer Hubvolumen umfaßte, sich für größere Maschinen, insbesondere für die 500er Klasse zu interessieren, die damals von MV Agusta beherrscht wurde. Das Urteil von Jim Redman über seine 350 cm³-Vierzylindermaschine, „eine fantastische, leistungsstarke, zuverlässige und schnelle Maschine, die, wenn der Hubraum auf 351 cm³ vergrößert würde, ein ernstzunehmender Gegner für die unschlagbare MV 500 von Mike Hailwood wäre", beeinflußte wahrscheinlich die japanischen Techniker, die sich daran machten, diesen Traum zu verwirklichen.

Rechts: Die Gold Wing Aspencade von 1987, ein richtiger amerikanischer Straßenkreuzer.
Unten: Die CBR 1000 F, die 1987 das Spitzenmodell der Honda-Maschinen mit Vierzylinder-Reihenmotor war.

In der Zwischenzeit hatten weitere japanische Unternehmen wie Suzuki und Yamaha beschlossen, sich an Rennen zu beteiligen, und waren die gefürchtetsten Gegner von Honda geworden. In der 50er Klasse schlug eine Suzuki mehrmals ihre Konkurrentin, während Yamaha in Phil Read einen Fahrer fand, der Jim Redman in Bedrängnis brachte.

Um die verlorene Popularität zurückzuerlangen, plante Honda 1966, sich in der 500er Klasse zu engagieren. Dazu fehlte nicht nur eine wettbewerbsfähige Maschine, sondern auch ein fähiger Fahrer. Honda profitierte von den Unstimmigkeiten im MV-Team zwischen dem neu hinzugekommenen Giacomo Agostini und dem „Meister" Hailwood und konnte letzteren anwerben. Hailwood wurde die neue 500 cm³-Vierzylinder-Honda anvertraut, die es auf eine Leistung von 85 PS bei 12000 U/min brachte.

Nach acht Jahren erfolgreicher Teilnahme am Rennsport zog sich Honda aus dem Geschehen zurück, um gewonnene Erfahrungen noch stärker in der Serienproduktion umsetzen zu können. In der Zwischenzeit war Honda auf dem besten Weg, das größte Motorradunternehmen der Welt zu werden. 1961 war in Hamburg die Honda Deutschland GmbH gegründet worden. 50000 Maschinen waren bereits exportiert worden, und die Jahresproduktion lag nunmehr bei einer Million Exemplare.

Man setzte weiterhin auf Mopeds, Motorroller und Leichtmotorräder, die mit Einzylinder-Zweitakt- und Viertaktmotoren ausgestattet waren. 1968 wurden die Dream CL 250 und 350 und die gleich großen Zweizylindermodelle DB auf den Markt gebracht.

1969 überschritt die Honda-Produktion die magische Zahl von zwölf Millionen Motorrädern. Dieses Ereignis feierte Honda mit der Vorstellung der CB 750, einer Vierzylindermaschine, die in Europa unter der Bezeichnung CB 750 Four berühmt werden sollte und die Ära der Big-Bikes einleitete.

Die Präsentation dieser Vierzylindermaschine beim Automobilsalon von Mailand brachte die Motorradwelt im wahrsten Sinne des Wortes in Bewegung. Die schweren Maschinen wurden zum Statussymbol; das Motorrad war endlich kein Autoersatz mehr für jene, die nur über bescheidenere finanzielle Mittel verfügten, sondern war zu einem neuen, faszinierenden Luxusobjekt geworden.

In den 70er Jahren war Honda in allen Klassen vertreten. Ein herausragendes Modell jener Zeit war die Gold Wing 1000 mit einem Vierzylinder-Boxermotor, die raffinierte technische Lösungen aufwies, wie beispielsweise den Scheintank, der in Wirklichkeit ein Ablagefach enthielt, während der eigentliche Tank unter der Sitzbank eingebaut war. 1977 stellte Honda die CBX 1000 Super Sport mit einem luftgekühlten Sechszylinder-Reihenmotor vor. Im Jahr 1982 wurde die CX 500 Turbo, das erste Serienmodell mit Turbo-Aufladung, auf den Markt gebracht, um den Konkurrenten Yamaha, Suzuki und Kawasaki Paroli zu bieten.
1979 errang der Engländer Graham Noyce für Honda einen ersten Titel bei der Moto-Cross-Weltmeisterschaft der Klasse über 500 cm³ Hubraum. Im selben Jahr kehrte Honda versuchsweise mit dem Prototyp der neuen, fantastischen 500 NR zum Rennsport zurück. Dieses Motorrad leistete über 140 PS bei fast 20000 U/min. Weil das Tuning dieser Rennmaschine überaus problematisch war, beschloß das Unternehmen, die Viertakter aufzugeben und sich der Entwicklung eines revolutionär innovativen Zweitakt-Renners zu widmen.

Auf dieser Seite sind einige der schönsten Honda-Maschinen von 1987 dargestellt.
Links oben: Das Moped PX-R.
Rechts oben: Die originelle und luxuriöse VF 750 Custom.
Darunter: Die VN 650, der erste Schritt zum „intelligenten" Motorrad der 90er Jahre.

VFR 750 R von 1988.

Die NS 500 Dreizylinder entstand und wurde den Fahrern Marco Lucchinelli und Freddie Spencer anvertraut. 1982 war das Jahr des offiziellen Comebacks der Honda-Maschinen auf der Piste. Dem Amerikaner verdankte Honda einen wunderbaren Sieg in Francorchamps beim Großen Preis von Belgien. Doch die ewige Rivalin Hondas ließ nicht auf sich warten: 1984 unterlag Spencer Eddie Lawson auf einer Yamaha. Um sich den Titel zurückzuholen, bemühte sich die Firma, ein neues Vierzylindermodell auf die Räder zu stellen. Spencer, der sich in allen wichtigen Weltmeisterschaftsläufen von 1985 behaupten konnte, wurde strahlender Sieger. 1986 verhinderten gesundheitliche Probleme des Rennfahrers eine neue Weltmeisterschaft, doch 1987 fand Honda mit Wayne Gardner an die Spitze der 500 cm^3-Klasse zurück.
Die japanische Firma engagierte sich praktisch in allen Rennsportarten, im Moto-Cross ebenso wie bei Trialwettbewerben, im Geländesport ebenso wie bei Langstrecken-Rallyes. 1978-88 gingen fünf Siege bei der Rallye Paris-Dakar auf das Konto des japanischen Unternehmens, wie auch zahlreiche Siege in anderen Bereichen. Insbesondere bei den Endurance-Rennen gab Honda den Ton an. Speziell für diesen Einsatz entstand die VFR 750 R, ein exklusives, nur in begrenzter Stückzahl gefertigtes Serienmodell. Die Bemühungen um innovative Lösungen und technische Perfektion machten Honda zu einem der führenden Unternehmen, dessen Entwicklungen weltweit den Standard der Motorradtechnik mitbestimmen.

Hongdu Machinery Factory

Aus der Fabrikation dieses chinesischen Unternehmens stammt das Motorrad Changjiang 750. Die Changjiang wurde mit Beiwagen angeboten und war praktisch eine Kopie der sowjetischen M 72, die ihrerseits wieder der BMW R 12 von 1938 nachgebaut worden war. Die technischen Daten der Changjiang: Zweizylinder-Viertakt-Boxermotor, Bohrung und Hub 78 x 78 mm, Hubraum 746 cm^3, Verdichtungsverhältnis 5,7:1, seitlich stehende Ventile, Gemischaufbereitung mit zwei Vergasern, Trokkenkupplung, im Motorgehäuse integriertes Vierganggetriebe, Kardanantrieb zum Hinterrad, Doppelschleifenrahmen, hydraulisch gedämpfte Teleskopgabel vorne, Hinterradaufhängung mit Teleskopfederbeinen.
Die Speichenräder und die Reifen hatten das Format 3,75 x 19; sowohl vorne als auch hinten waren Trommelbremsen mit seitlicher Trommel eingebaut. Die Spannung in der Elektrik betrug sechs Volt. Die Ausmaße des Motorrads: Länge 2400 mm, Breite 1590 mm, Höhe 1000 mm, Radstand 1420 mm, Bodenfreiheit 350 mm, Gewicht des Motorrads mit Beiwagen: 350 kg. Nach Angaben des Herstellers leistete die Maschine 22 PS bei 4500 U/min bei einem maximalen Drehmoment von 40 Nm bei 2750 U/min. Die Höchstgeschwindigkeit betrug 85 km/h. Der Kraftstoffverbrauch lag bei rund sieben Litern auf 100 Kilometer. Eine Besonderheit dieses Modells: außer dem normalen Fußschalthebel auf der linken Seite befand sich auf der rechten Seite ein weiterer Hebel, der eine Betätigung des Schaltgetriebes mit der Hand oder dem rechten Fuß ermöglichte.
Außer diesem Modell produzierte das chinesische Unternehmen die Seitenwagenmaschine 750-J, die sich von der Changjiang deutlich unterschied; sie war schneller, ästhetischer und mit besseren Federelementen ausgestattet. Die Leistung betrug 30 PS bei 4600 U/min, das maximale Drehmoment 50 Nm bei 3000 U/min. Die Elektrik war auf eine Spannung von 12 Volt ausgelegt, die Bodenfreiheit betrug 200 mm. Dieses Modell erreichte eine Höchstgeschwindigkeit von 100 km/h.

Horak

Der tschechische Ingenieur Horak, der unter anderem die Startgitter erfunden hatte, die bei Moto-Cross-Rennen verwendet werden, schuf 1969 einen Motor mit desmodromischer Ventilsteuerung. Der 250 cm^3-Motor hatte eine einzige obenliegende Nockenwelle, die in Längsrichtung statt in Querrichtung eingebaut war. Das Nockenprofil war dort, wo es für die Bewegung der Ventile unerheblich war, nicht zylindrisch, sondern konisch, und die Nocken waren so gekoppelt, daß jedes Nockenpaar der Öffnung und Schließung eines jeden Ventils diente. Die Nocken steuerten die V-förmig hängenden Ventile mittels eines quadratischen Spezialkipphebels aus Stahl, der sich in einer Führungsschiene bewegte.
Es gibt nicht viele Informationen über dieses originelle desmodromische System, aber es scheint, daß Horak noch einen weiteren Motor mit vier Zylindern und zwei obenliegenden Nockenwellen mit demselben desmodromischen Ventilsteuerungssystem konstruierte.

Horex

Anfang der 20er Jahre war Friedrich Kleemann einer der größten Aktionäre der großen Rex Konservenglas Gesellschaft in Bad Homburg, die Einmachgläser herstellte. Sein Sohn begeisterte sich jedoch nicht gleichermaßen für Konservengläser, er zog Automobil- und Motorradrennen vor. 1923 gelang es Fritz Kleemann, den Vater zu überreden, ihm eine leere Halle des Werks zu überlassen. Er installierte darin die notwendigen Maschinen, um einen Hilfsmotor für Fahrräder zu bauen, der unter der Bezeichnung Gnom auf den Markt gebracht wurde. Es handelte sich um einen Viertaktmotor mit einem Hubraum von 63 cm^3. Der Hilfsmotor hatte keine Gangschaltung, aber eine Kupplung und wurde vor dem Tretlager mit Kettenantrieb zum Hinterrad montiert.
Der Motor verkaufte sich so gut, daß Fritz Kleemann das Unternehmen Horex gründete, dessen Name sich aus den ersten beiden Buchstaben der Stadt Homburg und dem Namen der väterlichen

Horex Imperator von 1950.

Horex Resident von 1955 und der Motor der Imperator.

Firma Rex zusammensetzte. Gleichzeitig erwarb er das 1923 gegründete deutsche Unternehmen Columbus, das Motoren und komplette Motorräder herstellte. Die Markenbezeichnung Columbus wurde bis Mitte der 30er Jahre für Hilfsmotoren beibehalten, die an andere Firmen, darunter Tornax, verkauft wurden.
Die ersten kompletten Horex-Motorräder erhielten Columbus-Viertaktmotoren mit einem Zylinder und 248 cm³ Hubraum, Zweiganggetriebe, Kettenantrieb und Parallelogrammgabel mit seitlichen Schraubenfedern. Die Modelle waren eindeutig sportlich ausgelegt.
Die Horex-Motorräder, deren Horex-Columbus-Motor später von dem Horex-Motor abgelöst wurde, setzten sich auf dem deutschen Markt zunehmend durch. In den 30er Jahren zählten die Produkte des Unternehmens zu den besten auf dem europäischen Markt.
Im Laufe dieser Jahre kamen die Modelle S64, S5 und 35 auf den Markt. Die S64 verfügte über einen Hubraum von 600 cm³. Bei dem Motor handelte es sich um einen stehend eingebauten Einzylinder mit vier hängenden Ventilen. Der stehende Einzylinder-Stoßstangenmotor des Modells S5 hatte 500 cm³ Hubraum und war mit einem Vierganggetriebe kombiniert, während für die S35 ein 600 cm³-Motor verwendet wurde. Ansonsten war die S35 genauso konstruiert wie die beiden anderen Maschinen. Ein weiteres erfolgreiches Modell war die S6, für deren stehenden Zweizylindermotor eine Ventilsteuerung mit einer obenliegenden, über Kette angetriebenen Nokkenwelle gewählt wurde; die S6 war in zwei Ausführungen erhältlich, mit einem 600 und einem 800 cm³-Motor, und hatte ein separates Vierganggetriebe. Bis 1940 wurde die Produktion stets verbessert und stützte sich auf die Einzylindermodelle mit 350, 500 und 600 cm³ Hubraum und die Zweizylindermodelle mit 600 und 800 cm³ Hubraum. Die erste Regina mit 350 cm³ Hubraum entstand 1935 und wurde nach dem Zweiten Weltkrieg als einziges Modell wieder in die Produktion genommen. 1950 wurde

Horex HRD 600 von 1984.

Horex HRD 80 SS von 1984.

Horex HRD Formel TT von 1984.

zusammen mit den neuen Regina-Einzylindermodellen mit 250 und 500 cm³ Hubraum die Imperator mit 500 cm³ vorgestellt. Dieses Modell mit stehendem Zweizylindermotor, Ventilsteuerung mit obenliegender Nockenwelle, einer Leistung von 30 PS bei 6800 U/min und einer Höchstgeschwindigkeit von 150 km/h stieß jedoch zunächst auf wenig Gegenliebe. Die Herstellung wurde deswegen bald wieder eingestellt, und Horex konzentrierte sich statt dessen auf die Regina-Modelle, die in den Jahren bis 1954 in Ausführungen mit 250, 350 und 399 cm³ Hubraum und im übrigen gleichen technischen Merkmalen produziert wurden. 1954 ging die Imperator erneut in Serie, der Hubraum war nun von 500 auf 400 cm³ verringert worden. Sie besaß einen Zweizylindermotor, der mit einem Vierganggetriebe kombiniert war. Als Fahrgestell diente ein Doppelschleifenrahmen mit Teleskopgabel und hydraulisch gedämpften Teleskopfederbeinen.

Zu Beginn der 50er Jahre baute Horex zudem verschiedene Rennmodelle, darunter die ausgezeichnete 350 cm³-Regina, die für Privatfahrer bestimmt war und praktisch eine verbesserte Version des normalen Modells war. Später wurde auch aus der Imperator eine 500 cm³-Rennmaschine mit Zweizylindermotor und Ventilsteuerung über zwei obenliegende Nockenwellen abgeleitet; eine 1953 weiterentwickelte Version dieses Motorrads erreichte eine Höchstgeschwindigkeit von 200 km/h. Ebenfalls 1953 brachte Horex ein 350 cm³-Zweizylindermodell mit schräg nach vorn geneigten Zylindern und zwei obenliegenden Nockenwellen in den Handel, das 38 PS bei 10000 U/min leistete; diesem Modell war sowohl im Inland wie im Ausland nur wenig Erfolg beschieden.

In jener Zeit konstruierte Fritz Kleemann in Zusammenarbeit mit den Fahrern Roland Schnell und Hermann Gablenz Rennmotorräder, die Schnell-Horex genannt wurden. Die Maschinen hatten modifizierte Horex-Einzylindermotoren mit 250, 350 und 500 cm³ Hubraum und konnten in Deutschland, von Privatfahrern gefahren, bei einigen Rennen ausgezeichnete Ergebnisse erzielen.

1955 erweiterte Horex die Produktpalette um ein neues Modell, die Resident mit einem 350 cm³-Einzylindermotor. Im großen und ganzen glich die Resident von der Konstruktion her der Regina, verfügte jedoch über eine Schwinggabel und einen verbesserten Rahmen. Es handelte sich um ein schönes Tourenmodell, das eine Höchstgeschwindigkeit von 120 km/h erreichte.

1956 bot Horex die Resident in zwei Versionen mit 250 und 350 cm³ Hubraum und die Imperator 400 mit einem 392 cm³-Motor an. Die Regina war inzwischen aufgegeben worden. Um der Situation auf dem deutschen Markt gerecht zu werden, beschloß Horex, ein Moped zu bauen, das Rebell genannt wurde und einen Sachs-Motor mit 47 cm³ Hubraum besaß. Der Zentralrohrrahmen war mit zusätzlichen Stützelementen für den Motor versehen. Das Vorderrad wurde von einer Teleskopgabel geführt, das Hinterrad von einer Schwinge. Im Jahr 1957 erhielt eine Version der Rebell einen Rohr- und Preßstahlrahmen mit seitlichen Abschirmungen, eine vollständig gekapselte Kette und eine originelle Teleskopgabel, die mit dem Schutzblech eine Einheit bildete. In demselben Jahr wurde ein Leichtkraftrad mit einem Sachs-Motor mit 100 cm³ Hubraum hergestellt.

Horex HRD 500 von 1984.

Horex HRD 600 Enduro, 1984.

Die darauffolgenden Jahre brachten wenig Neues. Zu Beginn der 60er Jahre waren mit geringfügigen Änderungen die Resident-Modelle mit 250 und 350 cm³-Einzylindermotoren und die Imperator-Modelle mit 392 und 498 cm³-Zweizylindermotoren im Programm. Daneben gab es die sportlichen Ausführungen der Imperator, die Imperator 400 SS mit einem 392 cm³-Motor und einer Höchstgeschwindigkeit von etwa 170 km/h und die Imperator 500 RS mit einem 498 cm³-Motor und einer Spitze von 180 km/h. Doch Horex geriet in finanzielle Schwierigkeiten und gab die Motorradproduktion auf.
1963 tauchte der Name Horex noch einmal im Motorradrennsport auf, als Friedel Münch zwei Horex-Zweizylindermotoren mit 250 cm³ Hubraum miteinander koppelte und so einen Vierzylinder-Rennmotor mit 500 cm³ und später mit 600 cm³ Hubraum konstruierte. Der 500 cm³-Motor hatte eine Ventilsteuerung mit zwei obenliegenden Nockenwellen, die durch Ketten angetrieben wurden, und erreichte eine Leistung von etwa 60 PS bei 12000 U/min. Er scheint jedoch nicht über die Entwicklungsstufe eines Prototyps hinausgekommen zu sein. Im Jahr 1962 schuf Münch aus einem Horex-Motor mit 441 cm³ Hubraum einen Zweizylindermotor mit 498 cm³ und einer Leistung von 53 PS bei 10000 U/min. Aber auch dieser Motor wurde nie in Serie hergestellt.
Den Gipfel des Ruhms hatte Horex in den 50er Jahren erklommen. Damals galten die Horex-Modelle als zuverlässige Maschinen mit robusten und dauerhaften Motoren und einer Silhouette, die die meisten deutschen Motorräder an Eleganz weit übertraf.

Horsy

Der Horsy hieß ein origineller Motorroller, der von einem 85 cm³-Motor angetrieben wurde. Hergestellt wurde der Roller 1952-53 in Frankreich.

Hosk

1955 konstruierte das japanische Unternehmen Nikon Kososu Kikan Company die Hosk, für die ein stehender Zweizylindermotor mit 498 cm³ Hubraum und einem Vierganggetriebe verwendet wurde. Der Ventilsteuerung diente eine obenliegende Nokkenwelle. Das Vorderrad wurde von einer Teleskopgabel geführt, das Hinterrad von einer Schwinge.
Das Modell Hosk SS erhielt einen 235 cm³-Motor mit hängenden Ventilen. Weitere Charakteristika waren das Dreiganggetriebe, die Teleskopgabel und die Hinterradschwinge, die mit Teleskopfederbeinen ausgerüstet war.
Die Hosk NC-CA hatte einen 143 cm³-Zweitaktmotor und ein Dreiganggetriebe. Im übrigen glich sie in ihrer Bauweise den anderen Hosk-Modellen. 1956 blieb die Produktion weitgehend unverändert, und erst in den nachfolgenden Jahren wurden einige Details der Hosk-Modelle überarbeitet und verbessert.

Hoskison

In den drei Jahren seines Bestehens stellte das englische Unternehmen Hoskison nur drei Modelle her: Eines erhielt einen Zweitaktmotor mit 269 cm³ Hubraum, der von Villiers stammte. Das zweite wurde von einem Union-Zweitaktmotor mit 292 cm³ angetrieben. Der Motor des dritten Motorrads war ein Blackburne-Produkt und hatte 500 cm³ Hubraum und seitlich stehende Ventile. Die Firma existierte 1919-22.

Hovy

1954 konstruierte das belgische Unternehmen Hovy herkömmliche Leichtmotorräder, die mit Villiers-Motoren mit 125, 150 und 200 cm³ Hubraum ausgerüstet waren.

Howard

Die mit einem sehr primitiven Antrieb mit 2,5 PS ausgestattete Howard wurde in England 1905-07, also nur zwei Jahre lang, von dem gleichnamigen Unternehmen hergestellt.

HRD

In der Ausgabe vom 1. Mai 1917 veröffentlichte die englische Zeitschrift Motor Cycling einen sehr lobenden Nachruf, dem jedoch in einem wesentlichen Punkt ein schwerer Irrtum zugrunde lag: Der betroffene Oberleutnant der Luftfahrt Howard Raymond Davies war keineswegs tot. Sein Flugzeug war zwar abgeschossen worden, aber Davis, der bereits an verschiedenen Motorradrennen teilgenommen hatte, überlebte und sollte der einzige Fahrer in der Geschichte der Tourist Trophy werden, der in der 500er Klasse auf einer 350 cm³-Maschine siegte. Howard Davies, der 1896 in Birmingham geboren wurde, begann seine Karriere im Motorradsport mit 18 Jahren, als er im Sattel einer Sunbeam-Zweizylinder an den Scottish Six Days von 1914 teilnahm.
Nach dem Ersten Weltkrieg verkaufte Davies zunächst Vergaser, aber bereits 1921 wurde er bei AJS Leiter der Rennsportabteilung, für die er im Jahr zuvor erfolglos an der Tourist Trophy teilgenommen hatte. Die neue Arbeit ließ sich vielversprechend an: Auf einer 350 cm³-AJS gelang es ihm, in Brooklands verschiedene Rekorde aufzustellen. Dann kam es zu jenem spektakulären Sieg bei der Tourist Trophy in der 500 cm³-Klasse, der in die Geschichte eingehen sollte. Auch damals fuhr Davies eine 350 cm³-AJS. In den beiden nachfolgenden Jahren war der Rennfahrer ausgesprochen erfolglos, so daß er beschloß, selber eine Maschine zu konstruieren, die er seinen Vorstellungen gemäß gestalten wollte.
Zu diesem Zweck gründete er 1924 die HRD Motor Ltd. in Heath Town, Wolverhampton. Als Mitarbeiter stellte Davies E.J. Massex ein, der bereits einschlägige Erfahrungen gesammelt hatte und später als Konstrukteur zu OK Supreme wechseln sollte. Albert Clark trat dem Unternehmen als Montagefachmann bei. Für die Konstruktion der ersten HRD blieb allerdings nicht viel Zeit. Howard Davies hatte bereits für 1924 einen Stand beim Automobilsalon in London reserviert und hoffte, bei dieser Gelegenheit vier Modelle vorstellen zu können.
Drei Modelle wurden immerhin rechtzeitig fertiggestellt und im allerletzten Moment vor der Eröffnung der Ausstellung angeliefert. Eine der Maschinen war ein sportliches 500 cm³-Motorrad, für das ein JAP-Motor mit im Zylinderkopf hängenden Ventilen entsprechend verbessert worden war. Neben diesem, Howard Davies 90 genannten Modell gab es die Howard Davies 80, die von einem 344 cm³-JAP-Supersportmotor angetrieben, dessen Ventile ebenfalls im Zylinderkopf hingen. Bei der Howard Davies 70/S schließlich handelte es sich um eine Halblitermaschine mit seitlich stehenden Ventilen. Die Motorräder waren insgesamt recht ansprechend; sie hatten Vorderradbremsen mit 178 mm Durchmesser und Hinterradbremsen mit 203 mm Durchmesser; das hintere Schutzblech war für den raschen Ausbau des Rads leicht zu entfernen. Der formschöne, schwarze Satteltank mit Goldstreifen war von der damals sehr bekannten A.J. Homer Ltd. speziell für HRD hergestellt worden. Howard Davies hatte die Absicht, mit eigenen Maschinen an der Tourist Trophy teilzunehmen, nie aufgegeben und meldete 1925 sich selbst und Harry Harris zum Rennen an. In der 350er Klasse errang Davies den zweiten und Harris den fünften Platz, in der 500er Klasse sicherte sich Davies sogar den ersten Platz. Diese Ergebnisse waren natürlich die beste Werbung, so daß die Produktion des Unternehmens auf durchschnittlich 10 bis 15 Motorräder pro Woche gesteigert werden konnte. Überdies trugen verschiedene Rekorde, die Bert Le Vack auf einer 500 cm³-HRD 1925 in Brooklands aufstellte, zu dem geschäftlichen Erfolg bei.
Zu diesem Zeitpunkt wurde HRD dem eigenen Werbeslogan tatsächlich gerecht: Man war führend im Design und in der Geschwindigkeit. Die Howard

HRD 350 von 1926.

Freddie Dixon im Sattel der HRD 500, 1927.

Davies 90 hatte sich in die größere und noch schönere Super 90 verwandelt. Im Katalog stand zudem eine Nachproduktion der Siegermaschine der Tourist Trophy von 1925.
Doch nichts ist von Dauer, bereits im darauffolgenden Jahr wendete sich das Blatt: 1926 war den HRD-Maschinen, obwohl sie nun mit einem Doppelschleifenrahmen ausgestattet waren, bei der Tourist Trophy kein Erfolg beschieden, was zum Teil auf die geringe Leistung der JAP-Motoren zurückzuführen war.
Der Doppelschleifenrahmen wurde dann für die Serienmodelle der Howard Davies Super 90 verwendet. Wer weniger Geld zur Verfügung hatte, konnte die billigeren, obengesteuerten Modelle HRD 65 mit 350 cm³ Hubraum und HRD 75 mit 500 cm³ Hubraum erwerben.
Schon ein Jahr später zeigte sich, daß es mit der Zukunft des Unternehmens nicht zum Besten bestellt war. 1926 war in England ein Generalstreik ausgerufen worden, der sich nicht gerade fördernd auf die wirtschaftliche Situation des Landes auswirkte. Dies zeigte sich auch im nachlassenden Absatz von Motorrädern; nur wenige konnten sich noch ein so erstklassiges und eben auch teueres Motorrad wie die HRD leisten. Dennoch wollte sich Howard Davies die Tourist Trophy von 1927 nicht entgehen lassen, für die er Freddie Dixon als Fahrer engagierte, der in der 350er Klasse den ersten Platz mit acht Minuten und 30 Sekunden Vorsprung vor dem Zweitplazierten errang. In der 500er Klasse wurde er nur sechster, da ihm während des Rennens die Gangschaltung versagte.
Es war das letzte Jahr, in dem Howard Davies seine Maschinen zu Wettbewerben schickte. Dixons Sieg sollte dazu beitragen, dem Unternehmen wieder auf die Beine zu helfen. Doch dazu war es bereits zu spät, die Krise war nicht mehr zu bewältigen. Howard Davies, der für den kommenden Londoner Salon einen Stand reserviert hatte, stellte zuversichtlich seine Schöpfungen für das Produktionsjahr 1928 vor – zumindest vermutlich. Doch noch bevor die Ausstellung beendet war, mußte Howard Davis den Konkurs anmelden. Die fünf Rennmodelle wurden verkauft, allerdings nur an ausgesucht gute Fahrer. Alle Rechte an der HRD gingen an Ernie Humphries von der Humphries and Dawes Ltd., und Harold Nock übernahm die traurige Pflicht, die letzten HRD-Maschinen aus den restlichen Lagerbeständen zusammenzubauen und den Tank mit dem neuen Schriftzug H & D zu versehen.

HRD Motor

Die italienische Firma HRD Motor, die den gleichen Namen wie das ältere und berühmtere englische Unternehmen trägt, wurde 1980 gegründet und startete mit der Produktion eines Motorrads für Speedway-Rennen. Die Abkürzung HRD steht für „happy red devils" (glückliche, rote Teufel). Bereits 1983 konnte sich die neue Marke einen gewissen Bekanntheitsgrad verschaffen, als man beim Automobilsalon von Mailand eine Serie von sehr interessanten 125 cm³-Modellen vorstellte. Es gab Enduro- und Straßenmaschinen; zu den letzteren zählten das Modell WH ohne Verkleidung, die White und Red Horse, die abgesehen von der Farbe gleich waren, die Silver Horse mit einem 16 Zoll- anstelle eines 18 Zoll-Vorderrads und die Formula, eine Rennmaschine mit einer etwas höheren Motorleistung.
Die White und Red Horse waren mit einem wassergekühlten, um zehn Grad nach vor geneigten Tau-Einzylinder-Zweitaktmotor mit 56 x 50,6 mm Bohrung und Hub und 125 cm³ Hubraum ausgestattet. Das Verdichtungsverhältnis betrug 14,5:1, das Getriebe verfügte über sechs Gänge. Der Doppelschleifenrahmen bestand aus Chrommolybdänstahl, während für die Vorderradaufhängung eine hydraulisch gedämpfte Marzocchi-Telegabel mit 32 mm-Standrohren und für die Hinterradaufhängung eine Ovalrohrschwinge aus Chrommolybdänstahl mit verstellbarem Zentralfederbein verwendet wurde. Beide Räder waren mit Scheibenbremsen versehen.
Laut Hersteller betrug die Höchstgeschwindigkeit 140 km/h und die Leistung 24 PS bei 8700 U/min bei einem Kraftstoffverbrauch von vier Litern auf 100 Kilometer. Sportlicher als diese beiden Modelle war die Silver Horse mit 125 cm³ Hubraum; sie besaß den gleichen Tau-Motor, dessen Leistung jedoch auf 26 PS erhöht wurde. Sehr elegant war die Silhouette ihres Doppelschleifenrohr-Rahmens aus Chrommolybdänstahl. Vorne hatte sie ein 16 Zoll-Rad. Ihr Gewicht betrug 105 kg.
1985 wurde die Road vorgestellt, die mit der Silver Horse baugleich wer, jedoch ohne Verkleidung geliefert wurde. Es handelte sich dabei um ein Tourenmodell mit 22 PS und einer Höchstgeschwindigkeit von etwa 135 km/h. Sie war mit einem 18 Zoll-Vorderrad ausgestattet, hatte im übrigen aber den gleichen Rahmen wie die Silver Horse.
1987 umfaßte die Produktion der Firma, die inzwischen nach Busto Arsizio bei Varese umgezogen war, alle 125 cm³-Straßenmodelle, die Silver Horse in zwei Versionen, die Road, die Formula LS und die neue Playtime, die ebenfalls in zwei Ausführungen angeboten wurde.

H & R

Die H & R-Motorräder, die 1922-25 von der englischen Firma Hailstone & Ravenhall in Coventry hergestellt wurden, wurden auch unter der Bezeichnung R & H vertrieben. Es handelte sich um Modelle mit einem 147 cm³-Villiers-Motor.

Hulbert Bramley

Diese englische Firma, die die Nachfolge der Booth Motor Company antrat, stellte 1903-06 nicht nur Dreiräder und kleine Motorräder her, sondern übernahm auch die Produktion der Binks-Vierzylindermaschinen.

Hulla

Die Hulla Werke in Hagen bei Bremen konzentrierten ihre Produktion auf Motorräder, die DKW-Zweitaktmotoren mit 200 und 300 cm³ Hubraum oder JAP-Einzylinder-Viertaktmotoren mit seitlich stehenden Ventilen erhielten. Die 1926 gegründete Firma Hulla verschwand 1932 wieder vom Markt.

Hulsmann

Diese holländische Firma wurde 1950 in Rotterdam gegründet. Sie produzierte Leichtmotorräder mit 125 und 200 cm³-Motoren von Villiers und anderen Marken. Gegen Ende der 60er Jahre stellte das Unternehmen den Betrieb wieder ein.

Humber

1870 gründete der Engländer Thomas Humber in Beeston ein kleines Werk, in dem er Fahrräder herstellte. Nach einigen Jahren wurde die Firma von Terah Hooley aufgekauft. Hooley war eine der schillerndsten Persönlichkeiten der englischen Finanzwelt gegen Ende des vorigen Jahrhunderts. Schon bald zählten drei Zweigwerke zu dem Unternehmen; Fahrräder und Dreiräder von hoher Qualität wurden in Beeston, ähnliche, jedoch billigere Modelle wurden in Wolverhampton hergestellt, und aus dem Werk in Coventry kamen Tandems und Kinderdreiräder. 1884 hatte Humber den ersten Trapezrahmen in Produktion, der später für Motorräder verwendet wurde.

In dieser Zeit traten E.J. Pennington und Harry J. Lawson, die zuvor Patente von verschiedenen Konstrukteuren aufgekauft hatten, in das Unternehmen ein. Ab 1896 begann Humber, mit Motorfahrzeugen zu experimentieren, und konstruierte das Dreirad Olympia mit Pedalen und zwei Rädern vorne, zwischen denen ein Passagier auf einem Sessel sitzen konnte. Pennington entwarf nun auch eine Version mit einem De Dion-Motor und Riemenantrieb, was jedoch nicht funktionierte. Zu den Herstellungsrechten, die Harry J. Lawson erworben hatte, gehörte ein französisches Patent für ein Dreirad der Marke Léon Bollée. Dieses Patent brachte Lawson in die Humber Ltd. ein. Man beabsichtigte, den Léon Bollée-Motor in Lizenz in Coventry herzustellen. Doch ein Brand verhinderte das Vorhaben. Die Anlagen und die Maschinen von Humber waren völlig zerstört.

Lawson stellte ein eigenes Werk zur Verfügung, in das die Firma Humber verlegt wurde. Dort entstanden ein Tandem mit einem MMC-Benzinmotor sowie ein batteriebetriebenes Tandem. Die Benzinmotoren sollten auch für Rennmodelle verwendet werden; das batteriebetriebene Tandem erwies sich jedoch als völlig untauglich, da es für den Gebrauch im Straßenverkehr zu schwer war.

Eine entscheidende Wende nahm die Firmengeschichte, als man von Phelon & Moore eine Lizenz für den Bau einer Maschine erwarb, bei der der Motor anstelle des vorderen Rahmenrohrs eingebaut war. Die ersten in Coventry nach diesem System gebauten Motorräder mit einem 344 cm³-Motor und Kettenantrieb nahmen 1902 an einem Wettrennen teil. Innerhalb eines Jahres überarbeitete Humber nun auch das Olympia-Dreirad, bei dem der Motor innerhalb des Rahmendreiecks eingebaut wurde. Beim Automobilsalon von London präsentierte Humber im Jahr 1903 ein Motorrad, das in Beeston hergestellt worden war, und ein Dreirad mit einem wassergekühlten Einzylindermotor, das aus Coventry stammte. Die Humber-Modelle hatten ausnahmslos Kettenantrieb, die Kupplung bestand aus einem winzigen, mit Leder überzogenen Kegel, der von einem seitlichen Hebel betätigt wurde.

Percy Evans im Sattel der Humber 340, 1911.

Humber Beeston von 1902.

Sportliche Humber, 1927.

1908 stellte Humber ein vollständig neues Motorrad aus eigener Produktion vor, das mit einem 500 cm³-Motor, Riemenantrieb und einem Zweiganggetriebe ausgerüstet war. Eine bedeutende Neuerung war das vordere Rohr des Rahmens, das einen ziemlich großen Durchmesser hatte und als Schalldämpfer diente. Das Modell erwies sich als großer Erfolg, so daß es bis 1910 in Produktion blieb. In jenem Jahr kam ein Leichtmotorrad mit einem 198 cm³-Motor mit seitlich stehenden Ventilen hinzu. Mit diesem Modell errang Humber die ersten Weltrekorde;

in Brooklands erreichte Bert Yates eine Durchschnittsgeschwindigkeit von 47,63 km/h auf einer Strecke von 50 Meilen und von 48,55 km/h auf 100 Meilen.
1903 trat John F. Crundall in das Unternehmen ein. Speziell für ihn wurde ein 500 cm³-Rennmodell konstruiert, mit dem er ab 1910 an verschiedenen Rennen in Brooklands teilnahm. Damals entstand eine neue Maschine, die noch erfolgreicher wurde als ihre Vorgängerinnen. Es handelte sich um eine kleine 340 cm³-Maschine mit Maßen für Bohrung und Hub von 60 x 60 mm, einem Zweizylinder-V-Motor und Zweiganggetriebe an der Hinterradnabe. Mit diesem Motorrad errang Percy J. Evans 1911 den ersten und einzigen Sieg einer Humber bei der Tourist Trophy in der 350er Klasse. Im September 1911 erzielte Sam Wright mit der 340 cm³-Zweizylindermaschine weitere Siege in Brooklands.
Humber bereitete auch noch andere Modelle für den Renneinsatz vor, darunter eine 500 cm³-Maschine mit Sturmey-Archer-Dreiganggetriebe, die zum ersten Mal einen Kickstarter hatte. Mit ihr holte Percy Evans bei der Internationalen Sechstagefahrt eine Goldmedaille.
1913 wurde die interessanteste Humber vorgestellt: Sie besaß einen 750 cm³-Motor mit drei liegenden Zylindern, von denen einer (Bohrung und Hub 78 x 78 mm) nach vorne, die anderen zwei (Bohrung und Hub 55 x 78 mm) nach hinten gerichtet waren. Die beiden äußeren Pleuel waren auf Exzentern an beiden Seiten des Hubzapfens der Kurbelwelle montiert. Auf diese Weise sollten Ungleichgewichte bei der Kurbelwelle vermieden werden. Die Kraftübertragung vom Motor zum Dreiganggetriebe mit Vorgelegewelle und vom Getriebe zur Hinterradnabe erfolgte mittels Kette. Dieses Modell wurde nicht in die Produktion aufgenommen, statt dessen kamen 1914 eine wassergekühlte 500 cm³-Einzylindermaschine, eine luftgekühlte Version dieses Modells, die 349 cm³-Zweizylinder-V-Maschine und das 198 cm³-Leichtmotorrad in zwei Versionen ins Programm. Es folgte ein 750 cm³-Modell mit einem wassergekühlten Boxermotor.
Der Krieg führte zu einer Ausweitung der Produktpalette. So

Humber-Gespann von 1910.

erhielt Humber von der russischen Regierung einen Auftrag über 500 Seitenwagenmaschinen mit 500 cm³ Hubraum. 1919 baute man zudem Zweizylindermodelle mit 500 und 600 cm³ Hubraum, liegenden Zylindern und einem modernen Schmierungssystem mit Zahnradölpumpe. Humber begann sich für Trialwettbewerbe zu interessieren und bildete eine Mannschaft mit Len Crisp, Walter Brandish, Manco Scally, Dick Grindlay und Sam Wright, die sich beim Colmore Cup Trial von 1921 und dem nachfolgenden Victory Trial auf ihren 600 cm³-Maschinen einige Medaillen holten.
1923 errangen Crisp, Wright und Billy Newsome mit leichteren 350 cm³-Modellen bei der Internationalen Sechstagefahrt erneut einige Siege; Humber widmete sich nunmehr verstärkt der Produktion von Motorrädern mit 350 cm³ Hubraum, die in verschiedenen Ausführungen mit seitlich stehenden und hängenden Ventilen gebaut wurden. Dennoch verlor die Motorradproduktion innerhalb des Unternehmens an Bedeutung, da man sich zunehmend dem Automobilsektor zuwandte. Die Humber-Maschinen blieben noch einige Zeit auf dem Motorradmarkt präsent. Beim Automobilsalon von London wurde 1927 ein Motorrad mit 350 cm³ Hubraum mit obenliegender Nockenwelle angekündigt.
Gegen 1931 schließlich verschwand die Marke Humber aus dem Handel. Um die damalige Wirtschaftskrise, die das Land erschütterte, überleben zu können, verband sich die Firma mit der Prudential Assurance Company, einer großen Versicherungsgesellschaft, die ihrerseits enge Kontakte zu Raleigh pflegte. Da auch Raleigh Motorräder produzierte, beschloß man, daß dieses Unternehmen die Zweiradproduktion weiterführen sollte, während Humber sich auf Automobile konzentrieren sollte.

Hummel

Hummel hieß ein Motorroller mit 58 cm³ Hubraum, der in den 50er Jahren in Deutschland von dem Lehrer Lutz entworfen wurde. Ein interessantes Detail war die vordere Gabel mit geschobener Kurzschwinge, die mit Gummielementen federte.

Hunter

Ron Hunter war ein australischer Rennfahrer, der Ende 1950 ums Leben kam, als er ein selber konstruiertes Rennmotorrad erprobte. Das Projekt wurde von seinem Bruder Maurice weitergeführt, der ebenfalls Rennen fuhr. 1952 nahm Jack Johnson auf der Hunter erfolgreich an verschiedenen Rennen teil. Die Hunter war eine Maschine mit einem 125 cm³-Viertaktmotor mit zwei obenliegenden Nockenwellen. Sie besaß ein Viergang-getriebe, wog etwa 90 kg und erreichte eine Höchstgeschwindigkeit von 148 km/h. Allerdings wurde dieses Modell nie in Serie produziert.
Hunter war auch der Name eines französischen Leichtmotorrads mit einem 100 cm³-Zweitaktmotor, das in den Jahren 1932-35 hergestellt wurde.

Hurikan

Die Hurikan wurde 1946-50 in der Tschechoslowakei hergestellt. Sie war von Vladislav Vlk in zwei Versionen mit 250 und 350 cm³ Hubraum und obenliegender Nockenwelle konstruiert worden. Es handelte sich dabei um Rennmotorräder, die damals auch einige bescheidene Erfolge erzielten.

Husar

Die Firma Husar Motorfahrzeug in München war eines von zahlreichen Unternehmen, die in der zweiten Hälfte der 20er Jahre 350 und 500 cm³-Motorradmodelle in Kleinserie bauten. Das Werk produzierte 1925–26.

Husqvarna

Das schwedische Unternehmen Husqvarna Vapenfabriks Aktiebolag wurde 1867 zunächst als Waffenfabrik gegründet. Doch schon bald zeigte man auch an der Zweiradproduktion Interesse, und bereits zu Beginn dieses Jahrhunderts stellte Husqvarna mit großem Erfolg Fahrräder her. Das Werk hatte seinen Sitz in der schwedischen Kleinstadt Husqvarna.
Nachdem sich Husqvarna im Fahrradsektor durchgesetzt und ein solides wirtschaftliches Fundament gelegt hatte, wagte sich das Werk 1903 an die Herstellung von Motorrädern. Da das Unternehmen zunächst nicht imstande war, selber Motoren zu bauen, verwendete man Produkte anderer Marken.
Besonders tauglich erschien ein FN-Motor aus Belgien, der 1,25 PS leistete. Es handelte sich um einen Einzylinder-Viertaktmotor mit einer handbetätigten Ölpumpe. Die Kraftübertragung erfolgte über einen Riemen, der eine am Hinterrad montierte Holzscheibe antrieb. Das Motor-

rad erreichte eine Höchstgeschwindigkeit von 40-50 km/h. 1909 beschloß das Unternehmen, anstelle der belgischen Motoren für die neuen Modelle die wesentlich fortschrittlicheren Moto Rêve-Motoren aus der Schweiz einzusetzen. Diese Zweizylinder-V-Motoren hatten seitlich stehende Ventile und einen Hubraum von 548 cm³. Die Ölpumpen wurden automatisch oder handbetätigt. Das Getriebe hatte drei Gänge, der Antrieb erfolgte über Kette.
Bis 1919 wurden zehn verschiedene Motorradmodelle entwikkelt, für die immer dieser Zweizylinder-V-Motor verwendet wurde. Doch schon bald begann Husqvarna, eigene Motoren zu konstruieren und schuf ein Motorrad, das einen seitengesteuerten 550 cm³- Zweizylinder-V-Motor mit Dreiganggetriebe erhielt. Der alte Rahmen wurde in manchen Details verändert, und der Tank wurde vergrößert. Dieses Modell wurde 1920 der Öffentlichkeit vorgestellt und dann mit Erfolg bei verschiedenen Rennen eingesetzt.
Da man mit dem gewählten Motor nicht ganz zufrieden war, wurden in der Folgezeit auch Sturmey-Archer- und JAP-Motoren, letztere in verschiedenen Versionen mit seitlich stehenden und hängenden Ventilen und mit Hubräumen von 250 bis 500 cm³ eingesetzt.
1928 trat Folke Mannerstadt, einer der besten Ingenieure der damaligen Zeit, in das Unternehmen ein und gab der Produktion neuen Schwung. Schon bald baute er ein Motorrad mit einem obengesteuerten Zweizylinder-V-Motor, das speziell für Rennen konzipiert war. Gleichzeitig wurden die Modelle mit JAP-Motoren überarbeitet.
Ziel des Unternehmens war es, die Norton-Maschinen zu schlagen, die in fast allen Rennen dominierten. Zum Großen Preis von Schweden 1930 in Saxtorp wurden vier Husqvarna-Maschinen angemeldet. Ein Modell besaß einen Zweizylinder-V-Motor mit 500 cm³ Hubraum, der bei Husqvarna selber konstruiert worden war. Daneben gab es zwei Halblitermaschinen mit JAP-Motoren sowie ein 250 cm³-Modell, dessen Triebwerk ebenfalls von JAP stammte. Das Zweizylindermodell erzielte mit einem dritten Platz das beste Ergebnis von den vier gestarteten Maschinen.
In der Folgezeit konzentrierte sich das schwedische Werk in erster Linie auf die Weiterentwicklung der eigenen Zweizylinder-V-Motoren, gab aber die JAP-

Grand Prix-Husqvarna 500 von 1975.

Motoren nicht ganz auf. Zunächst hatten die Zweizylindermodelle bei Rennen noch erhebliche Probleme, die auf eine mangelnde Haltbarkeit der Ventile zurückzuführen waren.
Erst als 1932 Ventile Nickellegierung und einige weitere Verbesserungen eingeführt worden waren, gelang Husqvarna der erhoffte Durchbruch: 1932 holte sich Husqvarna beim Großen Preis von Schweden in Saxtorp den Titel. Nicht weniger siegreich gestalteten sich die folgenden Rennsaisons, die Husqvarna dreimal hintereinander die Weltmeisterschaft bescherten.
Das Unternehmen hatte in den Rennsport hohe Summen investiert und für 1935 drei Rennmodelle vorbereitet. Eine 500er kam auf eine Höchstgeschwindigkeit von 190 km/h und eine Leistung von 44 PS bei 6800 U/min. Sie war mit einem Motor mit hängenden, über Stoßstangen und Kipphebel gesteuerten Ventilen und mit Kettenantrieb ausgerüstet und wog 135 kg. Obwohl die Husqvarna-Renner anerkanntermaßen schneller als die Norton-Motorräder waren, wurden sie am Ende der Saison doch von diesen geschlagen. Enttäuscht beschloß die Firma, ihre Rennsportabteilung zu schließen, um nicht enorme Geldsummen an falscher Stelle zu investieren.
Die Produktpalette war damals tatsächlich noch etwas mager. Die Firma war durch ihr 350 cm³-Modell mit JAP-Motor in Schweden bekannt geworden. Wenngleich die Verkaufszahlen nicht zu klagen gaben, lagen sie unter dem Durchschnittsniveau der damaligen Zeit. 1903-36 hatte man nicht mehr als 15000 Motorräder produziert.
1934 war ein neues Zweizylinder-V-Serienmodell mit 990 cm³ Hubraum und seitlich stehenden Ventilen eingeführt worden. Der Motor war mit einem Dreiganggetriebe kombiniert und kam auf eine Leistung von 26 PS bei 3500 U/min. Im Jahr 1935 wurde eine der besten Husqvarna, die 112 TV vorgestellt. Sie wurde von einem Einzylinder-Viertaktmotor mit 500 cm³ Hubraum angetrieben.
Die Produktion umfaßte inzwischen Modelle mit Hubräumen von 250 bis 1000 cm³. Doch die Zukunft, die Anfang der 30er Jahre noch vielversprechend ausgesehen hatte, wirkte nun düster. Die Zweiradindustrie war zunehmend in den Schatten der Auto-

Husqvarna 500 Moto-Cross, 1975.

mobilherstellung geraten. Das Unternehmen beschloß, ein Leichtmotorrad in Produktion zu nehmen, für das man sich bessere Absatzchancen ausrechnete. Die neue 301 erhielt einen 98 cm³-Zweitaktmotor mit Bosch-Zündung und -Beleuchtung, Zweiganggetriebe, Pedale und zwei Ketten hinten, von denen eine zum Motor und die andere zu den Pedalen führte. Die Maschine war ungefedert und einem Mofa sehr ähnlich, kam aber gut an; 1947 wurden 15000 Exemplare verkauft.
Diesem Modell folgten zwei weitere Leichtmotorräder, die der 301 sehr ähnlich waren. Die hohen Verkaufszahlen dieser Leichtmotorräder, die sich auch während des Zweiten Weltkriegs halten ließen, ermöglichten es, die Motorradproduktion endlich auf solide Füße zu stellen. Nach dem Krieg wurde ein weiteres Leichtkraftrad, die Svartkvarnan mit einem 118 cm³-Einzylinder-Zweitaktmotor mit handgeschaltetem Dreiganggetriebe in den Handel gebracht und als Modell 230 bis 1954 produziert. Zu Beginn der 50er Jahre beschloß Husqvarna, wieder an Wettkämpfen teilzunehmen, was sich 1953 bei den Swedish Six Days Trials mehr als auszahlte. Angesichts der guten Aussichten im Sport und der stabilen finanziellen Situation kam eine neue Reihe von Zweitaktmotorrädern ins Programm. Die alte 230 wurde unter der Bezeichnung 231 mit einem vergrößerten Hubraum von 120 cm³ und einer Leistung von 4,3 PS bei 5000 U/min weiterhin produziert. Hinzu kam das Modell 31 Sport mit 5,1 PS, Doppelsattel und nach oben gerichtetem Auspuff. Im Jahr 1955 wurde zudem ein Moped mit Riemenantrieb, die Novolette, angeboten.
Interessanter waren jedoch die neuen 175 cm³-Modelle; in Anlehnung an das Modell der Scottish Six Days Trials von 1953 wurde die Drombagen in einer Version mit 9 PS auf den Markt gebracht, die jedoch wegen ihres hohen Gewichts und der geringen Leistung wenig Zustimmung fand. Wesentlich beliebter war dagegen der Silverpil von 1955, ein Modell mit einem 175 cm³-Zweitaktmotor, einem nach oben verlegten Auspuff und einem völlig neuen Rahmen. Unmittelbar nach der Silverpil erschien die Goldpil mit einem 200 cm³-Motor. Speziell im Moto-Cross errangen die 175 und 200 cm³-Modelle zahlreiche Erfolge.
Um weiterhin der Konkurrenz standhalten zu können, entwikkelte man eine Moto-Cross-Maschine mit 250 cm³ Hubraum, einer Leistung von 15 PS bei 6000 U/min und Dreiganggetriebe. 1959 gewann Rolf Tobblin die Moto-Cross-Europameisterschaften. Dieser Sieg war natürlich eine ausgezeichnete Werbung für das Unternehmen. Man beabsichtigte, an der Moto-Cross-Weltmeisterschaft der 500er Klasse teilzunehmen. Das geplante Modell sollte einen Motor aus dem eigenen Hause erhalten. Nun war aber der letzte eigene Motor 1936 konstruiert worden. Um diesen Motor, der für die 112 TV verwendet worden war, einsetzen zu können, verringerte man die Bohrung und den Hub des Zylinders; der Motor mit nun 485 cm³ Hubraum wurde in einen neuen Rahmen mit Ceriani-Gabel und Girling-Hinterradaufhängung eingebaut. Mit diesem neuen Modell und Bill Nilsson als Fahrer gelang es 1960, die hochgesteckten Ziele zu erreichen.

Auf dieser Seite drei Maschinen aus dem ehrgeizigen Moto-Cross-Programm von Husqvarna aus den 80er Jahren.
Oben: Die 250 CR mit wassergekühltem Zweitaktmotor, 1984.
Mitte: Die 125 Enduro mit Wasserkühlung, 1986.
Unten: Die 400 Enduro desselben Jahres.

1962 und 1963 ging der Moto-Cross-Weltmeisterschaftstitel in der 250er und 500er Klasse erneut an Husqvarna. Danach konzentrierte sich Husqvarna auf die 250er Klasse und präsentierte 1963 ein 250 cm³-Moto-Cross-Modell mit einer Leistung von 22 PS bei 5800 U/min, Vierganggetriebe, Bing-Vergaser, Roadholder-Gabel und einem Rahmen aus Chrommolybdänstahl. Das mäßige Gewicht und das ausgezeichnete Fahrverhalten machten aus diesem Motorrad einen Publikumsschlager.

Husqvarna 125 WRK von 1987.

Das Hauptinteresse des Unternehmens richtete sich nunmehr ganz auf den Moto-Cross-Bereich. Ende 1967 wurde die Roadster 250, ein speziell für die USA bestimmter Scrambler, konstruiert. Obwohl die Roadster hauptsächlich für den Moto-Cross-Sport gedacht war, wurde sie auch für Geländesportwettbewerbe entsprechend ausgerüstet.
Die 250 und 400 cm³-Moto-Cross-Modelle wurden stets auf den neuesten Stand der Technik gebracht. Die 250 cm³-Maschinen waren gekennzeichnet durch einen Einzylindermotor mit Fünfscheibenkupplung, ein Vierganggetriebe, einen Rahmen aus Chrommolybdänstahl, eine hydraulisch gedämpfte Teleskopgabel und eine Hinterradschwinge. Der Motor leistete 30 PS bei 7000 U/min.
Auch die 70er Jahre brachten Husqvarna keine negativen Überraschungen. Es wurden neue Modelle vorgestellt, die die Lücke, die in der 125 cm³-Klasse entstanden war, füllen sollten. Zum größten Teil handelte es sich um Gelände- und Moto-Cross-Maschinen.
1982 gründeten Remo Chiesa und Alvaro Vertemati die Firma Husky Italia, um die Husqvarna-Modelle in Italien einzuführen. 1983 stellten Husky Italia und Husqvarna Motorcyclar auf dem Mailänder Salon sieben neue Modelle vor, drei Moto-Cross-, drei Enduro-Maschinen und das Viertaktmotorrad 510 TE. Auffallend war das Styling und der hohe technische Standard der Husqvarna-Schöpfungen. Die neue 510 TE verfügte über einen Viertaktmotor mit einem speziellen Schmierungssystem. Der Öldurchlauf wurde durch den Druck, den der Kolben beim Abwärtstakt ausübt, durch die Öffnung und Schließung eines Lamellenventils hinten im Gehäuse und die Sogwirkung der Steuerkette nach oben geregelt. Dieses RAL (reed activated lubrification) genannte System wurde wegen des geringen Gewichts und Umfangs eingeführt, da sich so separate Pumpen oder Tanks erübrigten.
1986 wurde Husqvarna von der italienischen Cagiva-Gruppe übernommen. 1987 holte sich Husqvarna bei den Geländesport- und Moto-Cross-Wettkämpfen verschiedene Titel in der 250er und 500er Klasse. Die Modellpalette von 1987 umfaßte 125 cm³-Modelle für Moto-Cross und Gelände, 240, 400 und 430 cm³-Enduro-Maschinen und Moto-Cross-Modelle mit 250 cm³. Daneben gab es die erwähnte 510 cm³-Viertaktmaschine. 1988 zählten Enduro-Maschinen mit 125, 250, 400 und 510 cm³ sowie eine 430 cm³-Moto-Cross-Maschine zur Modellpalette.

Idroflex mit 99 cm³, 1956.

Huy

Die kleine Huy mit 200 cm³ Hubraum, die 1923-26 in Dresden-Mickten entstand, war ein sehr gelungenes Motorrad mit einem Alba-Viertaktmotor. Verglichen mit vielen anderen Motorrädern der damaligen Zeit war die Huy gefällig und solide gebaut. Anfang der 30er Jahre verschwand diese Marke wieder.

Ibis

Die italienische Mopedfabrik Ibis hatte ihren Firmensitz in Turin, wo sie 1925-29 Motorräder produzierte. Inhaber des Werks war Bigliocca. Zunächst baute er Zweitaktmotorräder mit 175 cm³ Hubraum, denen ein ähnliches Modell folgte, das von einem Viertaktmotor aus eigener Produktion mit im Zylinderkopf hängenden Ventilen angetrieben wurde. Die Firma Ibis soll für ihre Motorräder auch Piazza-Motoren verwendet haben. Bigliocca wurde später von dem Turiner Konstrukteur Remorino abgelöst.
Unter dem Namen Ibis war zudem ein kleines Unternehmen in Bologna tätig, das Ende der 40er Jahre Leichtmotorräder in verschiedenen Versionen herstellte, die mit Zweitaktmotoren mit 50 und 75 cm³ Hubraum bestückt waren.

Idroflex

1949 präsentierte das italienische Unternehmen REOM (Società per il Commercio e l'Industria Radio Elettrica Ottica Meccanica) auf der Ausstellung in Mailand das Leichtmotorrad Idroflex. Dem Antrieb diente ein 105 cm³-Einzylindermotor mit liegendem Zylinder. Das Dreiganggetriebe war im Gehäuse eingebaut, und die Form des Rahmens erinnerte an das deutsche Imme-Modell. Die Vorderradaufhängung bildete eine Teleskopgabel, hinten war eine Schwinge mit hydraulisch gedämpften Teleskopstoßdämpfern montiert. Der Zweitaktmotor leistete 4,5 PS.
In den folgenden Jahren wurde die Idroflex, die eine Höchstgeschwindigkeit von 75 km/h erreichte, von ISSI aus Mailand (Istituto Scientifico Sperimen-

Idroflex von 1949.

tale Industriale) gebaut, wobei sich an ihrer Ausführung wenig geändert hatte. 1952 kamen zwei neue Versionen, eine Touren- und eine Sportmaschine, mit einem 125 cm³-Motor hinzu. 1956 wurde die Idroflex als Moped vorgestellt. Sie verfügte nun über 49 cm³ Hubraum und einen Rahmen aus Preßstahl. Es folgte eine weitere Ausführung mit 98 cm³ Hubraum und dem gleichen Rahmen.

IFA

Das Unternehmen IFA-MZ entstand 1945 in Zschopau als Nachfolger der verstaatlichten Firma DKW. Zunächst stellte man nach dem Krieg Haushaltsartikel her. 1949 verließ das erste Motorrad das Werk in Zschopau. Angetrieben wurde es von einem 125 cm³-Zweitaktmotor, den Tank zierte das Markenzeichen IFA.

Im Jahr 1952 präsentierte IFA das Modell BK 250 mit einem Zweizylinder - Zweitakt - Boxermotor, der 15 PS bei 5000 U/min leistete. In den folgenden Jahren wurde das Motorrad konstant überarbeitet und verbessert, bis es 1956 eine Leistung von 17 PS bei 5000 U/min erreichte. Als Fahrgestell diente bei der BK 250 ein Rohrrahmen mit Teleskopgabel vorne und Hinterradschwinge mit Teleskopstoßdämpfern. Das Getriebe hatte vier Gänge. Der Antrieb erfolgte über Kardanwelle. Im Jahr 1956 wurde der Firmenname in MZ umgeändert.

Im Jahr 1950 schuf IFA neben den anderen Modellen eine 125 cm³ - Einzylinder - Rennmaschine mit Dreiganggetriebe, die an verschiedenen Rennen teilnahm. 1951 modifizierte Daniel Zimmermann einen normalen 125 cm³-Motor, indem er für den Einlaß einen Plattendrehschieber anstelle der herkömmlichen Schlitzsteuerung einsetzte. Bohrung und Hub des Motors wurden von 52 x 58 mm auf 54 x 54 mm geändert. Walter Kaaden, der der Meinung war, der Motor könne in seiner Leistung noch gesteigert werden, überarbeitete ihn entsprechend. Die IFA 125 mit Drehschiebersteuerung, die 1953 von Kaaden konstruiert wurde, leistete 9 PS bei 7800 U/min. Bis Ende des Jahres erhöhte man ihre Leistung auf 12 PS, und das Dreiganggetriebe wurde von einem Vierganggetriebe abgelöst. Ein Jahr später wurde die Motorleistung nochmals erheblich angehoben. Der Motor erhielt nun sogar ein Sechsganggetriebe.

Obwohl die IFA-Maschinen bei Rennen innerhalb Deutschlands recht erfolgreich waren, tauchten MZ-Motorräder erst 1956, nachdem das Unternehmen umgetauft worden war, auch bei internationalen Rennen auf.

IFA BK 350 mit Zweizylinder-Zweitaktmotor.

IMB

Der Motorroller IMB wurde 1957 von der Industria de Motocicletas Brasileiras in Rio de Janeiro hergestellt und besaß einen 125 cm³-Bugre-Motor, der in einen Rohrrahmen eingebaut war. Das Vorderrad wurde von einer Schwinggabel geführt, der Hinterradfederung diente eine Schwinge.

I.M.C.

Diese japanische Firma stellte von 1956 bis Anfang der 60er Jahre Motorräder her, die von 125 cm³-Einzylindermotoren, 250 cm³-Zweizylinder-Zweitaktmotoren und Viertaktmotoren mit 250 cm³ Hubraum und im Zylinderkopf hängenden Ventilen angetrieben wurden.

Imholz

Imholz war ein Schweizer Fahrradhersteller mit Sitz in St. Gallen. 1924 begann Imholz, Motorräder herzustellen, für die die berühmten Moser-Zweitaktmotoren mit 125 und 175 cm³ Hubraum sowie Viertaktmotoren mit untenliegender Nockenwelle und im Zylinderkopf hängenden Ventilen verwendet wurden. 1927 schloß das Schweizer Werk seine Tore.

Imme

Das Leichtmotorrad Imme wurde 1948 von dem deutschen Ingenieur Norbert Riedel entwickelt. Die Imme war einfach, aber interessant konstruiert und fand in den nachfolgenden Jahren zahlreiche Nachahmer. Vorder- und Hinterrad waren nur einseitig aufgehängt. Der Rahmen bestand aus einem einzigen geschwungenen Stahlrohr, an das die Halterungen für den Sattel und den Motor geschweißt waren. Das Hinterrad wurde von einer Schwinge geführt, die aus einem einzigen Hohlrohr gefertigt war, das gleichzeitig als Auspuffrohr und Schalldämpfer diente. Der Zweitaktmotor hatte einen Hubraum von 98 cm³, das Dreiganggetriebe war im Gehäuse integriert. Die Maschine wog 57 kg und erreichte eine Höchstgeschwindigkeit von 75 km/h.
Bis 1951 wurden an dem Modell keine Veränderungen vorgenommen. Auf die 98 cm³-Version folgte ein zweites Modell, dessen Motor über 150 cm³ Hubraum verfügte und von zwei liegenden Zylindern gekennzeichnet war. Die Firma Imme hatte jedoch mit ihren originellen Konstruktionen keinen Erfolg und stellte 1953 den Betrieb ein.

I.M.N.

1953 konstruierte das italienische Unternehmen Industria Meccanica Napoletana (I.M.N.) das Moped Paperino, dessen Mosquito-Motor mit 38 cm³ Hubraum und Rollenantrieb eine Höchstgeschwindigkeit von 43 km/h ermöglichte. Das Moped hatte einen offenen Zentralrohrrahmen aus Preßstahl. Daneben entstand das 100 cm³-Leichtmotorrad Baio mit einem Viertakt-Stoßstangenmotor und einem Rahmen mit Zentralträger. Die Baio erreichte eine Höchstgeschwindigkeit von 76 km/h. Zunächst wurden an diesen Modellen nur wenig Änderungen vorgenommen. 1955 erschien dann die Superpaperino Lusso, die in ihrer Bauweise der Paperino glich, jedoch eine Höchstgeschwindigkeit von 60 km/h erreichte. 1956 folgte die Paperino Sport Super Lusso mit einem 49 cm³-Zweitaktmotor, einem separaten Dreiganggetriebe, Kettenantrieb und einer Höchstgeschwindigkeit von 70 km/h. In demselben Jahr wurden ein 65 cm³-Zweitaktmotor mit Dreiganggetriebe und ein Leichtmotorrad mit 65 cm³ Hubraum, ein Motorroller, ebenfalls mit einem 65 cm³-Motor, und ein neues Leichtmotorrad mit 100 cm³ Hubraum und Viergangetriebe angeboten. Ende 1956 kam das interessanteste I.M.N.-Motorrad auf den Markt, die Rocket 200 mit einem 200 cm³-Zweizylinder-Viertakt-Boxermotor. Die Ventile wurden über Stoßstangen und Kipphebel gesteuert. Die Leistung betrug 11 PS bei 6000 U/min. Im Gehäuse eingebaut war ein Viergangetriebe mit Fußschaltung. Der Antrieb erfolgte über Kardanwelle. Als Fahrgestell diente ein Gitterrohrrahmen, in den der Motor hängend montiert war. Das Vorderrad wurde von einer Teleskopgabel geführt, hinten gab es hydraulisch gedämpfte Federbeine. Die Maschine wog 120 kg und erreichte eine Höchstgeschwindigkeit von 120 km/h. 1957 kam ein neues Moped, die Paperino Sprint, ins Angebot, während die Rocket aus der Produktion genommen wurde. 1958 stellte I.M.N. den Betrieb ein.

Paperino von I.M.N.

Imperia

Zwischen den beiden Weltkriegen und kurz danach war Turin ein Anziehungspunkt für viele, oft brillante Motorradkonstrukteure, die allerdings nicht über das handwerkliche Niveau hinausgelangten. Zu ihnen zählte Enrico Torrelli, der im Jahr 1932 Motorräder in Kleinserie herzustellen begann, die zunächst mit JAP-Motoren und später mit New Imperial-Motoren ausgerüstet waren. Der Markenname Imperial wurde, wie damals üblich, italianisiert und in Imperia umgeändert.
1939 brachte Torrelli einen eigenen Einzylindermotor mit 500 cm³ Hubraum auf den Markt, der in seiner Technik relativ fortschrittlich war. Der Motor mit den leicht nach vorn geneigten Zylindern war sehr kompakt, das Burman-Viergangetriebe war im Gehäuse eingebaut. Zylinder und Zylinderkopf bestanden aus einer Leichtmetallegierung mit einer Zylinderlaufbuchse aus Grauguß und maßen für Bohrung und Hub von 86 x 86 mm. Die im Zylinderkopf hängenden Ventile verfügten über doppelte Haarnadelventilfedern und wurden mittels kurzer Stoßstangen und Kipphebel von einer relativ weit oben angeordneten, untenliegenden Nockenwelle gesteuert. Die Zündung erfolgte mit Magnet, Schmierung war als Trockensumpfschmierung ausgelegt.
Nach dem Krieg verbesserte Torrelli den Motor und konstruierte eine Version mit einer obenliegenden Nockenwelle, die von einer Königswelle angetrieben wurde. Die letzte Änderung am Imperia-Motor wurde 1954 vorgenommen. Das Gehäuse wurde völlig neu konzipiert, Zylinder und Zylinderkopf erhielten großzügige Kühlrippen, neu war auch die Trockenkupplung. Obwohl dieser Motor mit den besten Einzylindermotoren konkurrieren konnte, war ihm kein Erfolg beschieden. Das Interesse der Käufer hatte sich inzwischen Motorrädern mit kleinerem Hubraum zugewandt. Torrelli mußte bald seine Produktion einstellen.

Imperia 500 von 1934.

Imperial

Die Firma Imperial Cycles präsentierte der Öffentlichkeit ihr erstes Motorrad 1901 auf der Stanley Show in London: Die ausgestellte Maschine besaß einen 500 cm³-Einzylindermotor mit Riemenantrieb.
Dem Unternehmen Imperial Cycles gebührt das Verdienst, das erste Motorrad konstruiert zu haben, das ausschließlich aus Komponenten englischer Produktion bestand. Doch das Motorrad hatte keinen Erfolg. Erst Jahre später entwickelte die Firma die berühmte New Imperial, die nach dem Ersten Weltkrieg viele Anhänger fand.
Neben Imperial Cycles gab es in London ein Unternehmen mit dem Namen Imperial Motor Company, das ein sehr interessantes Motorrad herstellte: das Hinterrad besaß eine primitive, aber wirksame Scheibenbremse. Die Scheibe war anstelle des

Imperia 500 mit Stoßstangenmotor, 1939.

Kettenrads auf der rechten Seite der Maschine montiert und vollständig offen. Auf zwei scherenförmig gekreuzten Eisenhebeln war am einen Ende je ein Bremsbelag befestigt, am anderen Ende waren die beiden Hebel an einem Gelenkstück befestigt, das seinerseits mit einer kurzen, von einem Pedal betätigten Stange verbunden war. Bei Druck auf das Pedal spannte die Stange das Gelenkstück, so daß sich die Eisenhebel wie eine Schere einander näherten und mit den Belägen die Scheibe bremsten. Dem Antrieb diente ein in Coventry hergestellter Coronet-Motor, der 3,5 PS leistete. Die Maschine genoß, solange sie hergestellt wurde, einen guten Ruf und hatte einige Anhänger. Etwa um 1910 stellte das Unternehmen die Produktion ein.

Und schließlich gab es auch ein amerikanisches Motorrad, das sich Imperial nannte. Dieses Motorrad entstand zwischen 1903-10 und wurde von einem Einzylindermotor mit 450 cm³ Hubraum angetrieben.

Imprese Generali Meccaniche

Dieses italienische Unternehmen mit Sitz in Arcore konstruierte im Jahr 1955 den Motorroller Bantam mit einem Zweitaktmotor mit 125 cm³ Hubraum, von dem man bald nichts mehr hörte.

Oben: Imperia-Einzylindermotor mit obenliegender Nockenwelle von 1934.
Rechts: Die letzte Version dieses Motors mit Trockenkupplung.

IMZ

Aus der Produktion der russischen Firma IMZ, die in Irbit ansässig war, stammte die Seitenwagenmaschine Ural M 67-36. Sie war fast genauso konstruiert wie die von KMZ in Kiew hergestellte Seitenwagenmaschine MT 10 36 Dnepr K 650: Die Leistung betrug 36 PS bei 6000 U/min, das maximale Drehmoment 48 Nm bei 4000 U/min. Mit einem Gewicht von 295 kg erreichte das Motorrad eine Höchstgeschwindigkeit von 105 km/h. Die Seitenwagenmaschine verfügte über einen Rückwärtsgang und war mit einem Kardanantrieb auf das dritte Rad und einem Ausgleichsgetriebe ausgerüstet.

Indian

Die Geschichte von Indian begann mit der Begegnung zwei früherer Radrennfahrer im Januar 1900: George Hendee und Oscar Hedstrom. Beide waren unabhängig voneinander im Zweiradsektor tätig; Hendee baute in Springfield die damals sehr beliebten Silver-King-Fahrräder, Hedstrom hatte zunächst für Rennen ein sehr erfolgreiches Fahrrad mit Hilfsmotor konstruiert. Danach hatte er sich mit Charles S. Henshaw zusammengeschlossen, um weitere renntüchtige Motorfahrräder zu entwickeln, die unter dem Markennamen Hedstrom Henshaw erschienen. Seine Mannschaft galt damals als weltweit konkurrenzlos.

Als Hendee nun im Januar 1900 eine Maschine von Hedstrom im

Madison Square Garden sah, war er überwältigt. Er war schlagartig überzeugt, daß dieses Zweirad auch außerhalb des Rennsports erfolgreich sein würde. Er überredete Hedstrom, für ihn ein Straßenmotorfahrrad zu entwerfen.

Ein Jahr später stellte Hedstrom den Prototyp vor: In einen normalen Fahrradrahmen hatte er einen Thor-Motor mit 1,75 PS Leistung eingebaut. Der Motor ersetzte das Rohr, auf dem üblicherweise der Sattel montiert war. Die Kraftübertragung erfolgte mittels einer Kette, die vom Ritzel zu einem am Pedalwerk montierten Zahnkranz führte. Der Vergaser befand sich in einem kleinen halbmondförmigen Tank, der auf dem hinteren Schutzblech angebracht war. Der Motor hatte ein automatisches Einlaßventil, anstelle des Oberflächenvergasers war jedoch ein von Hedstrom entwickelter Verdampfungsvergaser eingebaut. Das neue Modell wurde rot lakkiert und erhielt den Namen Indian. Rot sollte das Markenzeichen der Indian werden. Die Motoren stammten von der Thor Manufacturing Company, die Rahmen wurden in der Fahrradfabrik von Hendee gebaut, und die Montage erfolgte in Springfield.

Die Fabrikation gestaltete sich jedoch recht schwierig, 1901 konnten nur drei Exemplare fertiggestellt werden, von denen eines auf dem Automobilsalon von London zu sehen war. 1902 entstanden immerhin schon 143 Maschinen.

Bei dem Langstreckenrennen auf der Strecke New York–Boston über 450 Kilometer stellten Hendee und Hedstrom sowie der Rennfahrer George Holden die Fähigkeiten ihrer Maschine unter Beweis: sie konnten die ersten drei Plätze erringen.

Bis 1905 gab es wenige nennenswerte Änderungen an dem Modell. Die einzige wesentliche Neuerung bestand in der Einführung der Handbedienung für Vergaser und Zündung. 1906 gelang George Holden ein weiterer sportlicher Erfolg, als er bei einem Rennen, das von Küste zu Küste durch den gesamten Kontinent führte, einen neuen Rekord aufstellte.

Die Hendee Manufacturing Company beschloß, nun auch eigene Motoren zu produzieren, die mit den von Hedstrom entwickelten Vergasern ausgerüstet sein sollten. In Springfield errichtete sie die nötigen Anlagen und kündigte 1907 den ersten Indian-Motor an. Es handelte sich um einem Zweizylinder-V-Motor mit 600 cm³ Hubraum und 4 PS Leistung; der Winkel zwischen den beiden Zylindern betrug nur 42 Grad, und der hintere Zylinder ersetzte, wie schon beim Einzylinder, das Stützrohr des Sattels. Einer dieser Zweizylindermotoren mit 600 cm³ Hubraum und 4 PS Leistung nahm an dem vom Auto Cycle Club veranstalteten Tausend-Meilen-Rennen in England teil. Fahrer war der Amerikaner T.K. Hastings.

Ein Jahr später folgte ein 500 cm³-Einzylindermodell mit im Zylinderkopf hängenden Ventilen und ungewöhnlicher Ventilsteuerung: Das Einlaßventil wurde, anstatt von der üblichen Stoßstange, von einem Zughebel gesteuert, der von einem Mechanismus mit einer Nocke mit zweifachem Profil betätigt wurde. Diese wirkte ihrerseits auf den Mechanismus des Auslaßventils. 1909 gab Indian den bisher verwendeten Rahmen auf und entschied sich für einen Schleifenrohrrahmen. Verwendet wurde er für die neuen Zweizylindermodelle, deren Motoren 5,25 und 7 PS leisteten. Die gegenüberliegenden Ventile wurden mechanisch gesteuert. Eine weitere wichtige Neuerung war 1909 die Einführung einer Gabel mit Blattfeder und kurzen unteren Schwingen.

Der raffinierte Indian-Zweizylinder.

Indian-Rennmaschine, 1911.

Um der Indian Markanteile auch in Europa zu sichern, beschloß die Firma, Zweizylinder-V-Modelle mit 5,25 PS und 500 cm³ Hubraum bei der Tourist Trophy starten zu lassen. Guy Evans errang dabei auf einer Indian hinter Harry Collier auf einer Matchless den zweiten Platz. Ermutigt von diesem Erfolg, nahm 1910 eine offizielle Werksmannschaft an der Tourist Trophy teil, an der darüber hinaus auch vier private Konkurrenten (darunter W.O. Bentley, der sich später mit seinen außergewöhnlichen Automobilen einen Namen machte) beteiligt waren. Das Rennen wurde für Indian ein Fiasko. Nur zwei der Privatfahrer, Jimmy Alexander und Arthur Moorhouse, kamen überhaupt ins Ziel; sie belegten den 14. und 21. Platz.

1911 begab sich Oscar Hedstrom persönlich nach England, um bei der legendären Tourist Trophy dabei zu sein. Zur Indian-Mannschaft gehörten dieses Mal Franklin, Moorhouse und De Rosier, ein in den USA sehr bekannter Fahrer. Sieger wurde jedoch Godfrey, ein Privatfahrer. De Rosier, der den zwölften Platz erreichte, wurde aus technischen Gründen disqualifiziert, wie im übrigen auch sein Hauptkonkurrent Charlie Collier, der Matchless-Fahrer. So blieb die in der Fachpresse ausführlich diskutierte Frage offen, wer von beiden der bessere sei. Erst in Brooklands kam es zur Entscheidung: De Rosier siegte in zwei von drei Durchgängen.

Währenddessen lief in Springfield die Produktion auf Hochtouren, die Produktion wurde von 20000 Einheiten im Jahr 1912 auf 35000 Einheiten im folgenden Jahr gesteigert. 1914 erreichte die Gesamtproduktion bereits 60000 Stück. Liebstes Projekt der Konstrukteure war die beeindruckende Hendee Special mit 7 PS und Zweiganggetriebe, eines der ersten Motorräder mit Beleuchtungsanlage und elektrischem Anlasser. Daneben wurde noch ein weiteres 7 PS-Modell mit Beleuchtung, jedoch ohne elektrischen Anlasser gebaut.

Laut den damaligen Werbeanzeigen waren die Maschinen von 1914 in 38 Punkten verbessert worden, wie etwa durch die ausgeklügelte Hinterradschwinge mit Blattfeder und den Corbin-Präzisionstachometer.

Das Verhältnis zwischen Oscar Hedstrom und George Hendee war zu diesem Zeitpunkt sehr gespannt, und die Hendee Special wurde gegen Hedstroms Widerstand in den Handel gebracht. Das Modell war für damalige Zeiten zu fortschrittlich, um vom Markt aufgenommen zu werden. Nach einer Saison mußte es wieder aus dem Programm genommen werden.

Hedstrom verließ das Unternehmen und kehrte erst 1916 nach dem Ausscheiden von Hendee zurück. In jenem Jahr nahm Erwin G. Baker auf einer Indian-Zweizylindermaschine mit 7 PS an dem Rennen „von Küste zu Küste" teil und stellte mit elf Tagen, zwölf Stunden und zehn Etappensiegen einen neuen Rekord auf. Die Straßen waren so schwierig, daß „Cannonball", wie Baker auch genannt wurde, gezwungen war, auf einer Strecke von etwa 44 Kilometer der Eisenbahnlinie zu folgen und zwischen den Gleisen zu fahren. Anstelle von Hedstrom trat Charlie Gustafson, der schon für Reading Standard gearbeitet hatte, dem Unternehmen bei.

Indian Powerplus Zweizylinder mit 900 cm³.

Gustafson zog im Zylinderkopf seitlich stehende Ventile den bei Indian üblichen gegenüberliegenden Ventilen vor und führte diese Neuerung von 1916 mit dem Zweizylindermodell Powerplus mit 7 PS Leistung und 900 cm³ Hubraum ein.

Eine Überraschung war eine kleine Zweitaktmaschine mit 225 cm³ Hubraum, Dreiganggetriebe und Kettenantrieb. Ebenfalls 1916 wurde die Serienversion eines Rennmodells mit einem Zweizylindermotor mit acht Ventilen vorgestellt. Eine weitere Neuheit dieses Jahres war eine Zweizylindermaschine mit Boxermotor und einer Leistung von 4 PS, die jedoch nie so beliebt wurde wie die Zweizylinder-V-Modelle.

Bis zu diesem Zeitpunkt hatte die amerikanische Armee noch keine Motorräder im Einsatz. Für militärische Operationen entlang der mexikanischen Grenze bestellte man dann jedoch 15 Motorräder bei Indian. Weitere Exemplare des gleichen Modells wurden an das italienische Heer geliefert. Als schließlich die USA in den Ersten Weltkrieg eingriffen, konzentrierte sich das Unternehmen fast nur noch auf die Produktion von Militärmotorrädern.

Nach dem Krieg nahm Indian mit großem Erfolg die Produktion von Motorrädern für zivile Zwecke wieder auf. Federführend an der Entwicklung beteiligt war nun neben Oscar Hedstrom und Charlie Gustafson auch Charles B. Franklin, der bereits für Indian an der Tourist Trophy teilgenommen hatte. Seinem Einfluß ist die erneute Teilnahme Indians an der Tourist Trophy in den Jahren 1922 und 1923 zuzuschreiben.

Die bekannteste Entwicklung von Franklin war die Indian Scout, ein Zweizylinder-V-Modell mit 500 cm³ Hubraum, das eines der beliebtesten Modelle aus Springfield wurde. Mit einer Indian Scout unterbot Paul Remaley 1925 den Rekord der berühmten Fahrt „von Küste zu Küste", indem er die Strecke von fast 6000 Kilometern in fünf Tagen und 18 Stunden zurücklegte. Remaley nahm auch mit Erfolg an dem Drei-Flaggen-Rennen von Kanada nach Mexiko teil.

Im Bereich der kleinen Hubräume entwickelte Franklin die Indian Prince, eine 348 cm³-Einzylindermaschine mit seitlich stehenden Ventilen. Neues Flaggschiff des Unternehmens wurde die ebenfalls von Franklin entworfene Big Chief, die mit 1234 cm³ Hubraum eher der Tradition des Hauses entsprach.

Die kleine Einzylindermaschine mit 348 cm³ war auch für die europäischen Märkte bestimmt. Doch 1925 erhöhte England die Steuer für Motorradimporte dermaßen, daß die Verkaufszahlen des Londoner Indian-Importeurs drastisch zurückgingen, so daß das Werk in Springfield einige bedeutende Aufträge verlor.

Für Überraschung sorgte Indian 1927, als die Übernahme des Ace-Werks angekündigt wurde und Artur Lemon, der Chefdesigner und -ingenieur von Ace, zu Indian ging. In der Folgezeit entstanden einige Modelle mit den Merkmalen beider Marken, wie die Indian Four, die über 1265 cm³ Hubraum verfügte. 1936 wurde dieses Modell in einer neuen Version vorgestellt. Im Unterschied zu dem vorhergehenden Modell hatte es hängende Auslaßventile und seitlich stehende Einlaßventile, wodurch eine eher ungewöhnliche Anordnung der Aus-

puffrohre erforderlich war. Diese Version wurde von der Öffentlichkeit kaum beachtet und daher schon 1938 abgelöst.
Das Nachfolge-Modell war ausgesprochen schön, Zylinder und Zylinderköpfe aus Leichtmetallegierung waren paarweise gegossen, und die Ventilsteuerung war vollständig verdeckt. Wieder wurden die eleganten Schutzbleche verwendet, durch die die Zweizylindermodelle bestachen. Darunter fielen die Junior Scout mit 500 cm^3 Hubraum, die Sport Scout mit 750 cm^3 Hubraum und die Chief 74 mit 1200 cm^3 Hubraum. 1940 wurden Schutzbleche, die fast die Hälfte des Rades abdeckten, und Teleskopfederbeine eingeführt. Damit näherte sich jedoch auch das Ende der Indian Four. Anfang 1942 verließen die letzten Vierzylindermaschinen das Werk in Springfield. In Europa war der Zweite Weltkrieg ausgebrochen, und nach dem Kriegseintritt der USA konzentrierte sich Indian erneut auf die Produktion von Militärmotorrädern. Vorwiegend wurden seitengesteuerte Zweizylindermaschinen mit 500 cm^3 Hubraum hergestellt, die an die amerikanische und die kanadische Armee geliefert wurden. Während des Kriegs konstruierte Indian den Prototyp eines 1000 cm^3-Vierzylindermotorrads, das nie in Serie ging. Der Motor besaß hängende, über Stoßstangen und Kipphebel gesteuerte Ventile, ein Viergangetriebe und einen elektrischen Anlasser. Das Vorderrad wurde von einer hydraulisch gedämpften Teleskopgabel geführt, das Hinterrad hatte hydraulisch gedämpfte Teleskopfederbeine. Der Antrieb erfolgte über Kardanwelle.

Indian Scout 101 Zweizylinder mit 738 cm^3.

Nach dem Zweiten Weltkrieg erwarb das Unternehmen die Produktionsrechte für die Modelle der Torque Manufacturing Company in Plainville, Connecticut. Briggs Weaver hatte für Torque eine Serie von Einzylindermotoren mit 220 cm^3 Hubraum, stehenden Zweizylindermotoren mit 440 cm^3 Hubraum und von Vierzylinder-Reihenmotoren mit 880 cm^3 entwickelt. Die Triebwerke hatten alle die gleichen Zylinder, die gleichen Zylinderköpfe und die gleiche Ventilsteuerung mit hängenden Ventilen. Die Modelle, die mit diesen Motoren ausgerüstet waren, waren sehr leicht und sollten

Indian Four Vierzylinder mit 1265 cm^3.

Teleskopgabeln und Teleskopfederbeine bekommen. Als die Einzylinder- und Zweizylindermodelle von Torque 1948 auf den Markt kamen, liefen sie bereits als Indian-Modelle unter der Bezeichnung Arrow 220 cm^3 und Scout 440 cm^3.
1949 folgten jeweils drei Versionen dieser Modelle, die Arrow, Silver Arrow und Gold Arrow mit je 220 cm^3 Hubraum sowie die Scout, Sport Scout und Super Scout mit je 440 cm^3 Hubraum. Für die Modelle des Jahres 1950 wurden die Hubvolumen modifiziert. Der Einzylindermotor erhielt einen Hubraum von 250 cm^3, der Zweizylindermotor einen von 500 cm^3. Um die Produktion ausweiten zu können, erwarb Indian ein weiteres Werk in Springfield. Doch den neuen Maschinen blieb der große Erfolg versagt. Zwar konnten sie durchaus mit den europäischen Motorrädern mithalten, die sich langsam den amerikanischen Markt eroberten, hatten jedoch einige Besonderheiten wie den Pedalstarter und die Schaltung auf der linken Seite, die sich nachteilig auf den Absatz auswirkten.
Anfang der 50er Jahre steckte Indian in einer tiefen Krise. Einen Ausweg aus der schwierigen Situation suchte man in der Zusammenarbeit mit der Firma Vincent HRD, die für Indian zwei Modelle konstruierte. Die Vindian hatte einen 998 cm^3-Vincent-Motor, während das zweite Motorrad mit einem Indian-Zweizylinder-V-Motor und einem Vincent-Rahmen ausgerüstet war.
Keines dieser Modelle ging in Produktion. Indian investierte hingegen in den Aufbau einer Vertriebsorganisation, die den Verkauf der normalen Vincent-Modelle vorantreiben sollte. Sehr bald nahm die Indian Sales Corporation auch AJS, Excelsior, Matchless, Norton und Royal Enfield unter die Fittiche.
Die eigene Produktion ging immer mehr zurück und endete 1953. Eine Zeitlang wurden Indian-Motorräder verkauft, die den Markennamen auf dem Tank trugen, in Wirklichkeit aber von anderen Unternehmen wie Matchless oder Royal Enfield hergestellt wurden. Die Indian Sales Corporation wurde Teil der Matchless - AJS - Norton - Unternehmensgruppe.
In den folgenden Jahren versuchte man mehrfach, die Marke Indian wiederzubeleben, was jedes Mal scheiterte. Vor nicht allzu langer Zeit erschien eine Serie von Mopeds auf dem Markt, die sich Indian nannten. Die 50 cm^3-Mopeds waren für

Indian mit Zweizylinder-V-Motor und Kardanantrieb.

Indian Roadmaster von 1948.

das Gelände bestimmt und stammten aus einem Werk in Los Angeles. Die Motoren wurden in Taiwan fabriziert.

Indian Papoose

Indian Papoose war ein Anfang der 50er Jahre in den USA gebauter Motorroller, der einen Zweitaktmotor mit 98 cm³ Hubraum besaß. Der Rahmen war zusammenklappbar, so daß der Roller im Kofferraum eines Autos transportiert werden konnte.

Indus

Die Indus-Motorräder wurden 1925-28 in Berlin hergestellt. Angetrieben wurden sie von Blackburne- und JAP-Motoren mit 350 und 500 cm³ Hubraum und seitlich stehenden sowie im Zylinderkopf hängenden Ventilen. Die Indus-Modelle hatten über Blattfedern gefederte Vorder- und Hinterräder. Der Rennfahrer Erich Tennigkeit fuhr bei den Rennen der damaligen Zeit mit großem Erfolg eine Indus mit einem 500 cm³-JAP-Motor.

Eine reich ausgestattete Indian aus den 30er Jahren.

Indian mit Vierzylinder-Reihenmotor, 1930.

Indian Sport Scout von 1937.

Indian Brave mit Brokhouse-Motor.

Industria Motori Vassena

1954-56 baute dieses italienische Unternehmen in Lecco den von Pietro Vassena entwickelten Roller K2. Er hatte einen Einzylinder-Zweitaktmotor, der über 171 cm³ Hubraum verfügte und 7,5 PS bei 4800 U/min leistete. Weitere Kennzeichen des Rollers waren eine tragende Karosserie aus Aluminiumguß, ein im Gehäuse eingebautes Vierganggetriebe und der Kardanantrieb. Das Vorderrad wurde von einer Teleskopgabel geführt, die Hinterradaufhängung war in den Komplex Motor-Getriebe-Antrieb integriert. Das Modell erreichte eine Geschwindigkeit von 110 km/h und stieß in der Fachwelt auf große Resonanz. Es scheint jedoch, daß dieses Modell nie in Serie hergestellt wurde.

Innocenti

Ferdinando Innocenti, der 1891 in Pescia in Italien geboren wurde, hatte 1922 in Rom die Verwirklichung seiner revolutionären Ideen in Angriff genommen. Es handelte sich um Stahlrohre, für deren Produktion er 1931 in Lambrate in der Nähe von Mai-

land einen Betrieb einrichtete. Außer Stahlrohren sollten hier auch Werkzeugmaschinen hergestellt werden.
1946 begann Innocenti in diesem Werk mit der Entwicklung des Motorrollers Lambretta, der ab 1947 in Serie hergestellt wurde. Die Lambretta A hatte einen 124 cm³-Zweitaktmotor mit einem fußgeschalteten Dreiganggetriebe, Kardanantrieb, einem Rahmen aus Rohren mit kleinem Durchmesser, keine Hinterradfederung und eine Vorderradgabel mit Silent-Block.
1948 folgte die Lambretta B, die, abgesehen von einigen Änderungen an Details, ganz ähnlich konstruiert war. Das Schaltgetriebe wurde jetzt mittels eines Hebels am Lenker handbetätigt, das Hinterrad war gefedert, und auch die Vorderradaufhängung war verbessert worden. Beide Modelle hatten sofort großen Erfolg.
1950 ging man mit dem Modell C einen Schritt weiter; es erhielt einen Zentralrohrrahmen, eine Gabel mit unteren Schwingen und eine Hinterradaufhängung mit Spiralfeder und einer Schwinge, die vom Antriebsgehäuse gebildet wurde.
Ein Jahr später wurden die Lambretta D und die verkleidete Version LD vorgestellt. 1953 folgte die Lambretta E, die im Gegensatz zu den anderen Modellen der Serie keinen Anklang fand. Abgesehen vom Seilzugstarter, wies sie keine Besonderheiten auf. Mit der Lambretta F von 1954 kehrte man zum Pedalstarter zurück, und im gleichen Jahr wurde ein Moped mit 48 cm³ Hubraum entwickelt, das 1955 auf der Mailänder Messe vorgestellt wurde.
Im Jahr 1948 hatte Innocenti das erste Leichtmotorrad mit einem leicht nach vorn geneigten 125 cm³-Einzylinder-Zweitaktmotor, Vierganggetriebe, Kardanantrieb und Rohrrahmen in den Handel gebracht. Aus diesem Modell, von dem nur wenige Exemplare hergestellt wurden, entwickelte man eine Version für den Rennsport, von der jedoch nur ein Prototyp hergestellt wurde.
1951 konstruierte Innocenti eine Rennmaschine. Als Triebwerk wählte er einen 247 cm³-V-Motor mit zwei Zylindern aus Grauguß und zwei obenliegenden Nockenwellen mit Königswellenantrieb, den er mit einem Fünfganggetriebe kombinierte. Der Antrieb erfolgte über Kardanwelle. Für die Vorderradaufhängung verwendete Innocenti eine Teleskopgabel. Die Kardanwelle war nur mit einem Gelenk ausgerüstet, das in einem Schieber montiert war; dieser bildete gleichzeitig die Schwinge der Hinterradaufhängung, die Schraubenfedern und einen Drehstab besaß.
Dieses avantgardistische Motorrad nahm nur an wenigen nationalen und internationalen Wettkämpfen teil. Es schien offensichtlich, daß Innocenti kein Interesse an Wettkampfaktivitäten zeigte, da eine eigene Rennsportabteilung nach Ansicht des Unternehmens zu kostenintensiv gewesen wäre. Dies bedeutete jedoch nicht, daß Innocenti kein Interesse an Weltrekorden gezeigt hätte. Die ersten Versuche in dieser Richtung wurden 1949 mit einer kaum modifizierten Lambretta unternommen. Mit den Fahrern Mario Angonoa, Oreste Brunori, Umberto Masetti und Riccardo Rizzi wurden 13 Rekorde bei Langstreckenfahrten aufgestellt, die eine ganze Serie von Rekorden in den folgenden Jahren einleiteten.
Für die Serienproduktion wurden 1955 die Lambretta D und DL in Ausführungen mit 125 und 150 cm³ Hubraum entwickelt. Interessant war die 175 TV aus dem Jahr 1957 mit einem 170 cm³-Zweitaktmotor, Vierganggetriebe und einer Leistung von über 8 PS. Sie hatte einen von einem Leichtmetallgehäuse abgedeckten Kettenantrieb, die Hinterradaufhängung war in den Komplex Motor-Getriebe-Antrieb integriert. 1958 wurde das Modell 150 Li vorgestellt, das sich nur wenig von der 175 TV unterschied. Ein Jahr später folgte die 125 Li. Ende 1961 lancierte Innocenti die erste Lambretta 50; für die Vorderpartie der Verkleidung war der bisherige Stil der Lambretta-Modelle beibehalten worden, der hintere Teil hingegen war völlig neu entworfen worden.
Im Laufe der 60er Jahre machten sich die ersten rückläufigen Verkaufstendenzen im Motorroller-Geschäft bemerkbar. Um dem Trend entgegenzuwirken, wurden einige neue Modelle angeboten. 1964 war in Amsterdam die Lambretta Cento mit 98 cm³-Motor und selbsttragender Karosserie zu bewundern. Am 6. Juni 1966 starb Ferdinando Innocenti; in demselben Jahr erschien die Lambretta 200 X Special mit

Lambretta 105 DL.

198 cm³-Zweitaktmotor, Vierganggetriebe, 11 PS Leistung und 107 km/h Höchstgeschwindigkeit. Erwähnenswert sind auch die Lambrettino mit 39 cm³ Hubraum und die SX 48 Automatik mit Variomatik von 1967. 1969 stellte die italienische Firma die Lambretta 200 Electronic mit elektronischer Zündung vor.
Angesichts der Krise im Zweiradsektor begann das Werk, sich im Automobilbau zu engagieren und die Produktion von Motorrollern einzuschränken. 1971 wurde die Herstellung der Roller schließlich aufgegeben.
Als die Firma Innocenti im Zenit ihres Erfolgs stand, wurden in verschiedenen Ländern die Lambretta-Motorroller in Lizenz hergestellt. Eines der Werke setzte die Fabrikation der Roller auch dann fort, als Innocenti die Produktion von Motorradrollern aufgab.

Wettkampf-Lambretta mit 125 cm³.

Lambretta 150 DL von 1954.

Moped Lambrettino, 1959.

Lambretta Jet 200 cm³, 1977.

International

International hieß ein 150 cm³-Leichtmotorrad, das von einem Viertakt-Einzylindermotor mit untenliegender Nockenwelle und im Zylinderkopf hängenden Ventilen angetrieben wurde. Hergestellt wurde das Motorrad 1952-57 in Japan.

Intramotor

Das italienische Werk Intramotor Gloria stellte von 1976-78 Fahrräder, Motorräder und Dreirad-Lieferwagen her. Im Angebot waren etwa Mopeds mit 50 cm³ Hubraum, wie die Blanco, Scout, Super Scout und Gipsy, die zunächst mit Minarelli-, dann mit Sachs-Motoren ausgerüstet waren, sowie Modelle mit 125 cm³-Sachs-Motoren. Daneben enthielt die Produktpalette eine 125 cm³-Enduro, eine 125 cm³-Motocross-Maschine mit einer Leistung von 25 PS und Sechsgang- oder Siebenganggetriebe sowie zwei weitere Geländemaschinen, die Barracuda 50 und die Calabrone 50.

Invicta

Unter dieser Markenbezeichung wurden Anfang des Jahrhunderts in England Motorräder mit Minerva- und Kelecom-Motoren hergestellt.
Invicta wurden auch die Modelle genannt, die 1913-23 ebenfalls in England von der Firma Francis-Barnett gebaut wurden. Sie hatten einen herkömmlichen Rahmen, 269 cm³-Villiers-Zweitaktmotoren, Abingdon-Einzylindermotoren mit 499 cm³ Hubraum und JAP-Einzylinder- oder Zweizylinder-V-Motoren mit 350 und 680 cm³ Hubraum.
In den Jahren 1951-54 entstanden außerdem in Italien Leichtmotorräder namens Invicta, deren Zweitaktmotoren über 75 und 125 cm³ Hubraum verfügten.

Iradam

Der polnische Ingenieur Adam Gluchowsky entwarf unmittelbar nach dem Zweiten Weltkrieg das Motorrad Iradam mit einem Zweitaktmotor und einem im Gehäuse integrierten Dreigang- oder Vierganggetriebe. Das Originellste an dem Modell war der Rahmen, der aus einem geschwungenen Gehäuse aus Preßstahl bestand. Es enthielt den Tank und bildete einen Bogen zwischen dem Lenkkopf und dem hinteren Ende des Motorgehäuses. Der Motor war in der Vertiefung dieses Gehäuses untergebracht. Das Motorrad hatte eine Teleskopgabel, anscheinend jedoch keine Hinterradfederung. Es scheint, daß die Iradam niemals in Serie produziert wurde, obwohl sich einige bedeutende englische Unternehmen für die Maschine interessierten.

Iresa

Die Iresa wurde zwischen 1956 und 1959 von einem kleinen Werk in Madrid gebaut und auf dem spanischen Markt angeboten. Meist wurden für die Iresa-Modelle Villiers-Motoren mit 200 cm³ Hubraum verwendet.

Iris

Die in den Jahren 1902-06 in Brixton hergestellte Iris besaß einen wassergekühlten Zweizylinder-V-Motor mit 5 PS Leistung, ein Kupplungspedal und einen Handanlasser.
Unter dem Markennamen Iris kamen auch italienische Modelle in den Handel. Produziert wurden die Leichtmotorräder 1952-54 von einem kleinen italienischen Werk in Brescia. Sie waren mit Ilo-125 cm³-Zweitaktmotoren, Dreiganggetriebe und Teleskopgabel und -federbeinen ausgerüstet und erreichten eine Höchstgeschwindigkeit von über 85 km/h.

Iruna

Der spanische Motorroller Iruna, der 1954 von der Industrias Metalicas de Navarra konstruiert wurde, hatte einen Zweitaktmotor mit 121 cm³ Hubraum und ein Dreiganggetriebe.

Ish

Das sowjetische Werk Ish wurde 1928 in Ishevsk gegründet. Dort entstand das Motorrad Ish, von dem insgesamt fünf Prototypen konstruiert wurden. Die Ish 1 hatte einen 1200 cm³-Zweizylinder-V-Motor mit seitlich stehenden Ventilen und Kardanantrieb, erreichte mit einer Leistung von 24 PS bei 3000 U/min eine Höchstgeschwindigkeit von 65 km/h und wog 400 kg. Von ihr gab es nur wenige Versuchsmodelle. Die Ish 2 war praktisch baugleich, hatte jedoch eine Gebläsekühlung.
Die Ish 3 erhielt einen 750 cm³-Zweizylinder-V-Motor mit im Zylinderkopf hängenden, über Stoßstangen und Kipphebel gesteuerten Ventilen. Für die Ish 4 wurde ein Einzylinder-Zweitaktmotor mit 200 cm³ Hubraum verwendet, während schließlich die Ish 5 eine Kopie der deutschen Neander mit einem Rahmen aus Duraluminium und einem obengesteuerten 500 cm³-Einzylinder-Viertaktmotor mit untenliegender Nockenwelle war. Den fünf Prototypen folgte die Ish 7, die 1933-40 gebaut wurde und das erste in der Sowjetunion in Serie produzierte Motorrad war. Die Maschine entwickelte eine Leistung von 6 PS bei 2800 U/min, war mit einem separaten, handbetätigten Dreiganggetriebe ausgerüstet, wog 125 kg und erreichte eine Höchstgeschwindigkeit von 80 km/h.
1938-41 verließ die Ish 8 mit einem Zweitaktmotor mit 8 PS das Werk. 1939 erschien die Ish 9, eine verbesserte Version der Ish 8 mit einer Leistung von 9 PS. 1940 offerierte man die Ish 12 mit einem Einzylinder-Viertaktmotor mit 350 cm³ Hubraum, einer Leistung von 13 PS bei 4800 U/min und einer Spitze von 100 km/h.
1949 begann man die Serienproduktion der Ish 49, die von einem Einzylinder-Zweitaktmotor mit 350 cm³ Hubraum angetrieben wurde. Sie war praktisch eine Kopie der DKW NZ, leistete 11,5 PS bei 4000 U/min, wog 160 kg und erreichte eine Höchstgeschwindigkeit von 100 km/h. Weitere Verbesserungen wurden im Laufe der Zeit vor allem mit den Modellen 56 (14 PS bei 4500 U/min, 110 km/h Spitze) und Planeta eingeführt. Die Ish 350, ein sehr robustes Motorrad, war mit Beiwagen erhältlich.
1958 realisierte man eine modernere Version, die Jupiter mit 350 cm³-Zweizylinder-Zweitaktmotor. Der Rahmen dieser Maschine war fast identisch mit dem des Modells 56, während der Motor dem der deutschen Adler sehr ähnlich war. Auch für die Jupiter war ein Beiwagen vorgesehen. Mit einer Leistung von 18 PS erreichte sie eine Höchstgeschwindigkeit von 110 km/h ohne Beiwagen und 80 km/h mit Beiwagen.

Islo

1925 gründete Isidro Lopez in Saltillo, Mexiko, die Firma Industria Islo, für deren Namen er jeweils die ersten beiden Buchstaben seines Vor- und Nachnamens verwendete. Er begann jedoch erst ab 1956, sich für Motorräder zu interessieren. 1956-61 wurden Motorräder, Motorroller und Seitenwagenmaschinen mit einer monatlichen Produktion von 1200 Stück gebaut. Die Modelle waren ausnahmslos mit Zweitaktmotoren ausgerüstet. Die Motoren wurden zunächst aus Italien importiert; danach wurden die 50 cm³-Motoren von Franco Morini und 175 cm³-Motoren von Mival in Mexiko in Lizenz hergestellt. In den folgenden Jahren wurde die Produktion ausgeweitet und verbessert.

Iso

1948 präsentierte die italienische Firma Isothermos in Bresso, die in großem Umfang thermische Anlagen herstellte, den Motorroller Furetto mit einem 65 cm³-Zweitaktmotor, dem jedoch kein Erfolg beschieden war. Er wurde nur kurze Zeit gebaut und bereits 1950 von dem Roller Iso abgelöst. Dieses Modell erhielt einen 125 cm³-Zweitaktmotor, ein fußgeschaltetes Dreiganggetriebe, eine Teleskopgabel und eine Hinterradschwinge. Der Roller erreichte gute Fahrleistungen und war wesentlich erfolgreicher als sein Vorgänger. Daneben bot man ein leichtes Motorrad an, das die gleichen wesentlichen Merkmale aufwies, die Isomoto 125. 1952 lancierte das Unternehmen sein bestes Modell, die Iso 200, die einen Einzylinder-Zweitaktmotor mit einem leicht nach vorn geneigten Zylinder besaß. Der Motor war mit einem Vierganggetriebe kombiniert. Der Antrieb erfolgte über Kardanwelle. Die Motorleistung betrug 10,5 PS bei 4800 U/min und ermöglichte eine Höchstgeschwindigkeit von 98 km/h.
1954 kam die Version Iso 250 mit einem Hubraum von 236 cm³ auf den Markt. Abgesehen von dem größeren Hubraum, war sie mit der Iso 200 identisch. Beide Versionen hatten einen offenen Schleifenrohrrahmen und Reifen mit einem Durchmesser von 15 Zoll. Sie fanden nicht allzu großen Anklang. Der Motor der Iso 250 wurde für das sehr originelle Auto Isetta verwendet, das in den 50er Jahren von der deutschen Firma Glas produziert wurde.
1955 überraschte das italienische Werk mit dem Moped Isociclo, dessen 49 cm³-Zweitaktmotor unter dem Zentralrohr des offenen Rahmens montiert war, wobei das Zentralrohr gleichzeitig als Tank diente. Im Angebot war zudem der Motorroller Iso

ISO 125 von 1953-55.

ISO 200 von 1952.

125, die Isomoto C mit 125 cm³, die Iso Gran Turismo 125, das 250 cm³-Motorrad und ein neues Leichtmotorrad, die Isomoto E mit 150 cm³ Hubraum. Im Jahr 1956 kam die Iso 175 mit Viertaktmotor, fußgeschaltetem Vierganggetriebe und einer Höchstgeschwindigkeit von 105 km/h auf den Markt.
1957 verzichtete Iso auf die traditionelle Silhouette seiner Isoscooter und entwickelte einen Roller mit einem vollständig neuen Design, das allerdings ein wenig an die Vespa und die Lambretta erinnerte. Auch der Motor wurde neu konzipiert und erhielt einen Hubraum von 150 cm³. Zwei Jahre später erschien eine nochmals überarbeitete Version mit einer gefälligeren Linie und Doppelsattel auf dem Markt.
Die Situation des Unternehmens hatte sich jedoch zunehmend verschlechtert, und die Produktion war stark zurückgegangen. 1960 war außer dem Motorlieferwagen nur ein einziges Modell im Angebot, der Roller mit 150 cm³ Hubraum und 6,5 PS. In der Zwischenzeit beschloß Renzo Rivolta, der Eigentümer der Firma, sich mit dem Sportwagen Iso Rivolta stärker dem Automobilsektor zuzuwenden. Infolge dieser neuen Ausrichtung in der Unternehmenspolitik wurde die Motorroller-Produktion gegen Mitte der 60er Jahre praktisch vollständig eingestellt.
Einen letzten Versuch unternahm Iso 1961: Auf dem Motorradsalon in Mailand wurde die Iso 500 vorgestellt. Sie kam beim Publikum außerordentlich gut an. Die Maschine hatte einen Zweizylinder-Viertakt-Boxermotor mit untenliegender Nockenwelle, 493 cm³ Hubraum, ein fußgeschaltetes Vierganggetriebe und Kardanantrieb. Mit einer Leistung von 26 PS erreichte die Maschine eine Höchstgeschwindigkeit von 145 km/h. Ein interessantes Detail der Iso 500 war der elektrische Anlasser. Leider wurde diese Maschine zu einem Zeitpunkt entwickelt, als kein Markt mehr für derartige Fahrzeuge existierte.

Die erste Isomoto 125, 1952.

Isoflex

1956 produzierte die französische Firma Sotec (Société Technique et Commerciale de Construction Automobile) das Leichtmotorrad Isoflex, das von einem Villiers-Zweitaktmotor mit 99 cm³ Hubraum angetrieben wurde. Es hatte einen offenen Rohrrahmen und eine interessante Radaufhängung, die aus mit Gelenken verbundenen Rohren gebildet wurde.

Itagaki

Die japanische Itagaki Company begann 1954 mit der Produktion von Hilfsmotoren mit 50 und 60 cm³ Hubraum für Fahrräder. 1959 konstruierte man das Leichtmotorrad Sunlight Royal Moped mit einem 125 cm³-Motor, automatischer Kupplung und Zweiganggetriebe. Es erreichte eine Höchstgeschwindigkeit von 80 km/h. Das Sunlight Queen Moped war praktisch mit dem Sunlight Royal identisch, hatte jedoch einen offenen Rahmen.
1960 entstand eine von diesem Modell abgeleitete Version mit 79 cm³ Hubraum, automatischer Kupplung und ohne Schaltgetriebe. Daneben waren Modelle wie die Queen Sunlight 50 S7 im Angebot, die eine Höchstgeschwindigkeit von 70 km/h erreichte. Die 50 S8 und die 50-C 10 besaßen einen unter dem Zentralrohr montierten Motor und eine automatische Kupplung.

Itala

Im Jahr 1933 brachte Giuseppe Navone aus Turin verschiedene Ausführungen der Itala auf den Markt: die Piccola Itala mit einem 100 cm³-Train-Motor und Zweiganggetriebe, die CH 1 Standard und die CH 1 Sport mit einem 175 cm³-Chaise-Einzylindermotor, die CH 2 mit einem 205 cm³-Chaise-Motor und die CH 3 mit 350 cm³ Hubraum; die Modelle Ulster 500, TT 50, TT 350 und TT 250 besaßen Rudge-Motoren mit vier im Zylinderkopf hängenden Ventilen.
Im Katalog standen zudem die GN 1 mit einem 586 cm³-Einzylindermotor und die GN 2 mit einem 500 cm³-Zweizylindermotor. Die Super Itala hatte einen 750 cm³-Vierzylinder-V-Motor von Chaise; der Motor hatte zwei leicht achsversetzte Zylinderpaare, die in einem sehr engen Winkel angeordnet waren, und ein im Gehäuse integriertes Dreiganggetriebe. 1934 ersetzte man die 175 cm³-Modelle durch die Artic 220, die ebenfalls von einem Chaise-Motor angetrieben wurde. Im Jahr 1935 erhielt die Super Itala einen Rudge-Python-Einzylindermotor mit vier Ventilen.
Daneben gab es Rennmotorräder, für die Durandal-Spezialrahmen und Rudge-Python-Motoren verwendet wurden. Die Renner hatten 250, 350 und 500 cm³ Hubraum und kamen auf Höchstgeschwindigkeiten von 145, 160 und 175 km/h.
Im Jahr 1935 wurde der Lieferwagen Titan angeboten, dessen Motor mit 500 cm³ Hubraum seitlich stehende Ventile hatte. 1936 wurde nur noch das Modell Piccola Italiana mit 98 cm³ Hubraum gebaut. Im Jahr 1939 stellte das Unternehmen seine Produktion ein.

Italemmezeta

1960 gründete Leopoldo Tartarini in Bologna einen Betrieb, in dem MZ-Motoren aus der DDR in Rahmen aus italienischer Produktion montiert wurden. Das erste auf diese Weise entstandene Modell hatte einem Hubraum von 125 cm³ und einen formschönen Rahmen. Im Oktober 1960 wurde ein Modell mit einem MZ-Motor mit 175 cm³ Hubraum vorgestellt, der 11 PS bei 5000 U/min leistete und eine Höchstgeschwindigkeit von 115 km/h ermöglichte. Später wurde das Unternehmen Italemmezeta zu Italjet.

Italjap

Die Firma Italjap wurde im Jahr 1950 gegründet und produzierte für kurze Zeit Leichtmotorräder, die mit Zweitaktmotoren von JAP ausgerüstet waren. Die JAP-Motoren verfügten über einen Hubraum von 125 cm³.

Italjet

Leopoldo Tartarini, Sohn von Egisto Tartarini, einem italienischen Rennfahrer der 30er Jahre, gründete 1957 eine Motorradfabrik. Man kann diesen Schritt fast als unvermeidlich bezeichnen, da zu Tartarinis Freundeskreis einige Weltmeister des Zweiradsports zählten. Als 20jähriger hatte er das Rennen Mailand-Taranto in der Seitenwagenklasse auf einer Maschine gewonnen, die er selber entworfen und mit einem 650 cm³-BSA-Zweizylindermotor ausgerüstet hatte. Ein Jahr später siegte er beim Motogiro d'Italia auf einer Benelli 125 und wurde auf der Strecke Mailand-Taranto dritter in der Gesamtwertung. 1954 gewann er beim Giro d'Italia. Bis 1957 nahm er noch mehrfach erfolgreich an Rennen teil.
Tartarini, der von anderen Rennfahrern häufig bestürmt worden war, für sie Motorräder zu konstruieren oder zu verbessern, gab den Rennsport auf und widmete sich der Serienproduktion von Motorradrahmen. Ergebnis der unermüdlichen Tätigkeit von Tartarini war zuerst die Firma Italemmezeta, in der MZ-Motoren mit 125 und 175 cm³ Hubraum in von Tartarini entwikkelte Rahmen eingebaut wurden. 1961 entstand die Firma Italjet mit Sitz in San Lassaro di Saveno bei Bologna, wo Tartarini begann, Motoren von FN-Minarelli und Sachs für seine Maschinen zu verwenden.
Besonders interessante Modelle waren die Grifo 650 von 1967 und die Tarbo-Modelle von 1968. Für die Grifo wählte Tartarini den Triumph-Bonneville-Motor mit zwei Zylindern und 650 cm³ Hubraum. Von Ducati erhielt Tartarini den Auftrag, die von dem Ingenieur Taglioni entwickelten Zweizylinder-V-Modelle „einzukleiden". Auch bei der Produktion der Ducati 500 arbeiteten Italjet und Ducati zusammen. Die Ducati-Motoren wurden zu Italjet geschickt und dort in Italjet-Rahmen montiert.
Die Herstellung der „echten" Italjet-Modelle begann mit einem winzigen Motorrad, der Mini Bambino mit Acht-Zoll-Reifen, einem Zweitaktmotor von Franco Morini, Einganggetriebe, automatischer Kupplung, einer Leistung von 1,3 PS und einem Gewicht von 26 kg. Die erste größere Maschine war die Junior Cross Automatic, deren Franco-Morini-Motor mit 50 cm³ Hubraum eine Leistung von 5,5 PS bei 8000 U/min entwickelte.
Für junge Moto-Cross-Piloten konzipierte das Werk die Cross Super Competition CX 50 mit einem Vierganggetriebe und die Grand Prix CX 50R, deren Motor über einen Zylinder aus einer Leichtmetallegierung verfügte und 5,5 PS bei 8500 U/min leistete. Als Export-Modell war die CX 80R mit einem Minarelli-Motor und 13 PS bei 10500 U/min bestimmt. Nach diesem Modell erschien die CX 100, die als Geländesportmaschine für Jugendliche von 11 bis 13 Jahren gedacht war. Eine Perle unter den Geländemodellen war die 125 für 13- bis 16jährige, die als Wettbewerbs-Maschine nur in beschränkter Anzahl hergestellt wurde. Erwähnenswert sind auch die Coyote 125 mit 19 PS Leistung und die Buccaneer mit einem 125 cm³-Zweizylindermotor von Yamaha.
In den 80er Jahren setzte sich die Produktion von Italjet mit verschiedenen anderen Modellen fort: die Trial-Motorräder T 50 und T 100, die Scott 350 (19 PS bei 6250 U/min), die T 350 Piuma (20 PS bei 5500 U/min), das Straßenmotorrad Roadmaster 350 (28 PS bei 8250 U/min), das Geländemodell Boss 350 und das zusammenklappbare Moped Pack 2. Es folgten die Straßenmaschine CX 350, die H & H 350 Transafrica, die Skipper 125 mit kleinen Acht-Zoll-Rädern und einer Leistung von 13 PS bei 10000 U/min, das Mofa Tiffany und schließlich die Dreiräder Ranger 125 und Rambo 330.

Italjet CX50R mit 50 cm³.

Italkart

Italkart war eine auf die Herstellung von Go-Karts spezialisierte Firma. In den 60er Jahren stellte das Werk ein „Minimotorrad" mit einem 50 cm³-Motor her.

Italmoto

Die Firma Italmoto war in Bologna ansässig, wo sie 1952-54 tätig war. Sie baute ein Motorrad, für das ein 160 cm³-Viertaktmotor mit Vierganggetriebe und Teleskopfederelemente verwendet wurden.

Itar

Die tschechoslowakische Itar wurde während des Ersten Weltkriegs von dem Ingenieur Zubaty für die Firma Walter entwickelt. Als Walter unmittelbar nach dem Krieg die Tore schloß, wurde das Motorrad der Firma J. Janatka & Spol in Prag überlassen. Die Itar wurde bis Ende 1920 produziert. Sie hatte einen Zweizylinder-Boxermotor mit 750 cm³ Hubraum und seitlich stehenden Ventilen. 1922 kam ein neues Modell mit 350 cm³ Hubraum ins Angebot, und ab 1927 wurde die Modellpalette um verschiedene Motorräder erweitert, deren 350 cm³- und 500 cm³-JAP-Motoren seitlich stehende und im Zylinderkopf hängende Ventile besaßen. Die Firma stellte 1929 ihren Betrieb ein.

Ito Motors Company

Dieses japanische Unternehmen präsentierte 1951 das IMC-Modell M. Der 247 cm³-Motor hatte eine untenliegende Nockenwelle und im Zylinderkopf hängende Ventile und war mit einem Vierganggetriebe kombiniert. Das Vorderrad wurde von einer Teleskopgabel geführt, bei der Hinterradaufhängung wurden Teleskopfederbeine eingesetzt.
1960 konstruierte Ito Motors das IMC-Modell KB mit einem 246 cm³ - Zweizylinder - Zweitaktmotor, Vierganggetriebe, Schwinggabel und Hinterradschwinge. Daneben gab es die Junior BC mit einem 124 cm³-Zweizylinder-Zweitaktmotor und dem gleichen Rahmen, wie er für die KB verwendet worden war.

Itom

Der erste Itom-Motor entstand 1944 in einem Turiner Werk, das ursprünglich Autoteile und Zubehör produzierte. Die Aktivitäten im Motorradsektor begann Itom mit einem Motor, der an die Hinterradnabe montiert werden konnte. Im Jahr 1945 wurde eine erste Serie von 58 cm³-Motoren mit Zweiganggetriebe hergestellt, die in der Mitte des Rahmens eingebaut wurden.
1947 kamen zwei Motorräder ins Angebot: das Moped Sirio mit einem seitlich neben dem Hinterrad montierten 58 cm³-Motor und das Moped Itom mit dem gleichen Motor, der jedoch in der Mitte des Rahmens montiert war. Bei der Sirio wurde das Zweiganggetriebe von Hand geschaltet, die Itom besaß eine Fußschaltung. Beide Modelle hatten einen Schwingrahmen und erreichten eine Höchstgeschwindigkeit von 50 km/h.
1948 wurde der Kleinstmotor MP mit einem liegenden Zylinder, 48 cm³ Hubraum und Rollenantrieb entwickelt. Es folgte der FM 48, ein 48 cm³-Einzylindermotor, der zusammen mit der Vorderradgabel geliefert wurde und an jedes beliebige Fahrrad montiert werden konnte. 1951 stellte Itom den 48 cm³-Motor Tourist vor, der unter dem Pedalwerk mit Rollenantrieb auf das Hinterrad eingebaut wurde.
Ein Jahr später erschien der Motorroller Alba MTR 48 mit einem liegenden Motor unter den Pedalen und Rollenantrieb. 1955 schuf Itom die Astor mit 49,5 cm³ Hubraum, Zentralrohrrahmen, hängend montiertem Motor und Dreiganggetriebe. Der 3M-Motor, mit dem dieses Modell ausgestattet war, wurde auch separat verkauft. Im Jahr 1956 folgte eine sportliche Version der Astor, neben der die Mopeds Alba mit Kettenantrieb und Ideal mit Rollenantrieb und der Tourist-Motor produziert wurden.
Ende 1956 offerierte die Firma das Moped Esperia, dessen Motor einen stehenden Zylinder hatte. Ebenfalls 1956 entstand die Unim, ein preisgünstiges Moped mit einem unter den Pedalen montierten Tourist-Motor. Im Jahr 1958 kam das Leichtmotorrad Tabor mit einem 65 cm³-Zweitaktmotor auf den Markt. Bis 1960 stützte sich die Produktion von Itom auf die genannte Modellpalette, die von dem Astor-Rennmodell mit 50 cm³ Hubraum und Dreiganggetriebe ergänzt wurde.

Ivel

Es handelte sich bei der Firma Ivel um eine kleine Fabrik in Großbritannien, die in Biggleswade ansässig war. Sie montierte in den Jahren 1902-05 verschiedene Motoren, darunter die ersten Motoren von De Dion Bouton, an entsprechend verstärkte Fahrradrahmen.

Iver Johnson

Dieses amerikanische Motorrad mit einem Zweizylinder-V-Motor wurde ab 1907 in Fitchburg, Massachusetts, produziert. Die Kurbelwelle hatte je einen Hubzapfen pro Pleuel und gewährleistete durch die entgegengerichtete Bewegung der Kolben in den Zylindern eine gleichmäßige Zündfolge. Die Rahmenrohre waren stark gekrümmt. Einige Modelle besaßen sowohl Vorderrad- als auch Hinterradfederung. 1915 verschwand die Marke wieder vom Markt.

Ivo Lola Ribar

Unter dieser Markenbezeichnung wurde ab 1956 in Jugoslawien ein Motorroller mit 125 cm³ Hubraum in Piaggio-Lizenz produziert.

Ivy

Zu Beginn unseres Jahrhunderts war Newman Ltd. eine der bedeutendsten britischen Motorradfabriken. Die Ivy-Modelle mit ihren 225 cm³-Zweitaktmotoren von Green Precision, Precision und JAP standen damals in ausgezeichnetem Ruf.
Die englische Firma hatte 1908 ihre Tätigkeit begonnen. 1919 gesellte sich zu den 225 cm³-Maschinen eine 350er mit Zweitaktmotor, auf die weitere Modelle mit 250 und 350 cm³ Hubraum folgten. Gegen Ende der 20er Jahre wurde die Produktion unterbrochen und bald danach mit Viertaktmodellen wiederaufgenommen. Die neuen Maschinen verfügten über 250 und 300 cm³ Hubraum und hatten seitlich stehende Ventile. Sie wurden in beschränkter Stückzahl bis 1932 gebaut.

Ixion

Zahlreiche Hersteller lieferten die Motoren für die britischen Ixion-Motorräder mit ihrem typischen, khakifarbenen Rahmen: Verwendung fanden 670 cm³-Zweizylindermotoren von Abingdon, seitengesteuerte Precision-Einzylindermotoren und 499 oder 597 cm³ Hubraum, Peco-Zweitaktmotoren mit 300 cm³ Hubraum und Villiers-Motoren mit einem Hubraum von 269 cm³. Das Unternehmen mit Sitz in Birmingham war 1906-23 im Zweiradsektor aktiv.

JAC

1929-32 entwickelte und konstruierte J. A. Cvach in Horazdovice in der Tschechoslowakei das JAC-Motorrad mit einem 500 cm³-Einzylindermotor, dessen Steuerung mit einem Kolbenschieber erfolgte. Die Maschine war mit einem Rahmen aus Preßstahl ausgerüstet, in den der Tank integriert war.

Jackson-Rotrax

Unter der Markenbezeichung Jackson-Rotrax wurden ab 1949 in Großbritannien Motorräder für Speedway-Rennen in den Handel gebracht. Die Maschinen besaßen einen JAP-Einzylindermotor mit 500 cm³ Hubraum und im Zylinderkopf hängenden Ventilen.

Jack Sport

Hierbei handelte es sich um ziemlich originelle französische Motorräder, für die JAP-Motoren mit 350 und 500 cm³ Hubraum und seitlich stehenden Ventilen verwendet wurden. Produziert wurden die Maschinen 1927-31.

Jale

Auch in Deutschland, wo sie hergestellt wurden, waren die Jale-

Motorräder nicht sehr bekannt. Sie besaßen einen einfachen Zweitaktmotor mit 200 cm³ Hubraum. Der Motor wurde von der Firma Motorradbau Jakob Lehner in München entwickelt und produziert. Das Münchner Werk war nur zwei Jahre lang, 1923-24, tätig.

Jamathi

1959 beschlossen Jan Thiel und Martin Mijwart, ein Rennmotorrad mit 50 cm³ Hubraum zu konstruieren, dessen Bezeichnung sie aus den Initialen ihrer Namen ableiteten. Die ersten Modelle hatten modifizierte Royal-Nord-Motoren aus Belgien mit Sechsganggetriebe und Drehschiebersteuerung. Thiel und Mijwart wandten sich auch der Herstellung von Motoren zu, wozu sie häufig Teile verwendeten, die auf dem Markt erhältlich waren. Sie erzielten mit ihren Modellen bei Rennen in den Niederlanden hervorragende Ergebnisse. Diese Jamathi-Renner hatten ein Neunganggetriebe und einen ausgezeichneten Rohrrahmen.
1966 wurde ein Zweitaktmotor mit Wasserkühlung entwickelt. Die beiden Techniker arbeiteten auch weiterhin mit Komponenten von anderen Motoren. Mit etwas Glück gelang es ihnen, gebrauchte Teile von Suzuki-Motorrädern zu erstehen. Die auf diese Weise entstandenen Maschinen hielten sich auf der Piste hervorragend: Jamathi schlug beim Großen Preis der Niederlande die Suzuki-Werksmaschine und belegte bei anderen Weltmeisterschaftsläufen beachtliche Plazierungen.
Aufgrund der sportlichen Erfolge startete Jamathi 1969 die Serienproduktion von 50 cm³-Mopeds; im Grunde waren diese Mopeds eigentlich Motorräder in Miniaturausführung. Das Fahrwerk bestand aus einem ausgezeichnet konstruierten Schleifenrohrrahmen; das Vorderrad wurde von einer Teleskopgabel geführt, das Hinterrad von einer Schwinge. Dem Antrieb der Mopeds dienten bei allen Ausführungen 50 cm³-Franco-Morini-Motoren.

James

Im Jahr 1880 faßte Harry James, der damals Leiter eines Maschinenbauunternehmens in Birmingham war, den mutigen Entschluß, sich als Hersteller von Fahrrädern selbständig zu machen. Er gründete die James Cycle Company. Die Geschäfte liefen von Anfang an gut. Als im Jahr 1897 das Unternehmen in eine Aktiengesellschaft umgewandelt wurde, trat Charles Hyde als Generaldirektor in die Firma ein.
1902 stellte Hyde Fred Kimberley ein, der bereits bei Coventry Eagle gearbeitet hatte und Hyde dazu überredete, Motorräder in die Produktion aufzunehmen. Es entstand eine für die damalige Zeit typische Maschine mit einem Minerva-Motor, der auf dem verstärkten vorderen Rohr eines Fahrradrahmens angebracht wurde. Der Antrieb auf das Hinterrad erfolgte über einen Riemen. Später konstruierte James Schleifenrahmen, in die der Motor eingebaut wurde. Ein außerordentlich begabter Erfinder, der in der Umgebung von Birmingham lebte, P.L. Renouf, bot James ein ungewöhnliches Motorrad an, bei dem die Räder nur einseitig und die Tanks für Öl und Kraftstoff vor dem Lenkkopf montiert waren. Das neue Motorrad erregte bei der Ausstellung in London 1908 großes Aufsehen. Zum ersten Mal war der Motor (die Maße für Bohrung und Hub betrugen 86 x 90 mm) von ein und demselben Unternehmen entwickelt und produziert worden; er hatte V-förmig im Zylinderkopf hängende Ein- und Auslaßventile. An der hinteren Radachse war auf der einen Seite das Rad, auf der anderen Seite die Riemenscheibe angebracht. Eingefräste Nuten in der Achse ermöglichten das Anlassen des Motors mit Hilfe einer Kurbel.
In der Zwischenzeit war Fred Kimberley Mitglied des Verwaltungsrats geworden, Generaldirektor war nun Selby Arter. Die James-Motorräder wiesen als erste Innenbackenbremsen mit Bronzebacken in einer Stahltrommel auf; daneben fielen die Maschinen durch die unregelmäßige Anordnung der Zylinderrippen auf, die noch einige Jahre typisches Kennzeichen dieser Marke blieben. Die Version aus dem Jahr 1911 erhielt einen normalen Motor mit seitlich stehenden Ventilen und eine Parallelogrammgabel. Der Öltank war noch vorne montiert, der Kraftstofftank dagegen unter dem Sattel.
Bei der Londoner Ausstellung von 1911 stellte das Unternehmen ein fortschrittliches Motorrad mit eher konventionellem Äußeren vor; es war mit einem Zweiganggetriebe mit Vorgelegewelle und einer Mehrscheibenkupplung ausgerüstet, deren Scheiben abwechselnd aus Bronze und Stahl bestanden. Der Antrieb erfolgte ausschließlich über Ketten, die Kette des Primärantriebs war von einem Gehäuse aus Leichtmetall umgeben, die des Sekundärantriebs befand sich in einem Kasten mit abnehmbarem Endstück, damit das Hinterrad demontiert werden konnte. Die Metallkupplung blieb bis in die 30er Jahre ein typisches Merkmal der James-Modelle.
1913 bot das Unternehmen ein Zweitaktmodell aus eigener Produktion an; daneben gab es eine 600er-Maschine, deren Motor kompakter gestaltet worden war, indem der Magnet hinter den Zylinder plaziert wurde. Gleichzeitig war ein weiteres Modell in Entwicklung, das in den folgenden Jahrzehnten großen Erfolg im Rennsport haben sollte: Das Model 7 mit einem 500 cm³-Zweizylindermotor mit Dreiganggetriebe und vollständig gekapseltem Kettenantrieb wurde 1914 vorgestellt.
Bald jedoch gab James die Herstellung der Zweizylinder auf und konzentrierte sich während des Ersten Weltkriegs fast ausschließlich auf die Waffenproduktion. Allerdings nur fast, denn einige für den Militäreinsatz geeignete Maschinen wurden an die Verbündeten geliefert. Nach dem Krieg kehrte James zum Zweiradsektor zurück, der Betrieb wurde jedoch durch einen Brand stark geschädigt, so daß die Anlagen erst im Jahr 1922 wieder vollständig genutzt werden konnten.
Das erste wirklich neue Modell war ein Motorrad mit Seitenwagen, für das ein Zweizylindermotor mit 7 PS und auswechselbare Räder eingesetzt wurden. In den 20er Jahren bot James eine umfangreiche Palette von Zweizylinder-V-Maschinen mit seitlich stehenden und im Zylinderkopf hängenden Ventilen an. 1928 konstruierte man eine Speedway-Maschine mit einem obengesteuerten 500 cm³-Zweizylinder-V-Motor. Eine Zeitlang verwendete James Villiers-Motoren mit 150, 172 und 196 cm³ Hubraum, kehrte aber 1932 mit einem 150 cm³-Motor zur Produktion von eigenen Triebwerken zurück.
Einige Jahre hindurch baute James auch Motorräder unter dem Markennamen Baker, deren Spezialrahmen von Baker stammten. Allmählich schränkte das Unternehmen die Produktion von Motoren ein und widmete sich zunehmend der Herstellung von Motorrädern, die von Villiers-Motoren mit 98 bis 250 cm³ Hubraum angetrieben wurden.
Der letzte Motor, den James baute, war ein Zweizylinder-V-Motor mit 750 cm³ Hubraum und seitlich stehenden Ventilen, der in das Mitte der 30er Jahre hergestellte Dreirad Samson Handyvan eingebaut wurde. Während des Zweiten Welt-

James von 1914.

kriegs nahmen Maschinen von James an der Landung in der Normandie teil. Es handelte sich um die Model ML mit 125 cm³ Hubraum. ML stand für Military Lightweight. Dies war nicht der einzige Beitrag, den die Firma zur Kriegsrüstung leistete. 1938 hatte das Unternehmen ein Motorfahrrad mit einem Junior-Motor mit 98 cm³ Hubraum von Villiers konstruiert. Durch seinen niedrigen Kraftstoffverbrauch erwies sich das Modell in den Jahren 1939-45 als ausgesprochen nützlich, da in den Kriegsjahren das Benzin drastisch rationiert wurde.
Nach dem Krieg nahm James die reguläre Produktion mit den Modellen Autocycle und Model ML mit 125 cm³ Hubraum wieder auf. Eine Werks-Trial-Mannschaft wurde ins Leben gerufen, die als die „drei Norman" bekannt wurde: Norman Hootan, Norman Moore und Norman Palmer.
1951 wurde James von Associated Motor Cycles übernommen und brachte Modelle mit 150, 175, 199 und 250 cm³ Hubraum auf den Markt. Auch ein Motorroller mit 150 cm³ Hubraum wurde präsentiert, bei dem der Motor unter dem Trittbrett montiert war, wodurch das Gewicht besser verteilt war. Der Roller sah etwas schwerfällig aus, weswegen er sich gegen die ästhetischeren Roller wie die Vespa und Lambretta nicht durchsetzen konnte. Das neue Trial-Modell dagegen, die Cotswold, fand größeren Anklang. Das Spitzenmodell von James war die Cadet mit einem AMC-Motor mit 150 cm³ Hubraum, einem gemischten Rohr- und Preßstahlrahmen und Hinterradfederung.
Zu den Maschinen mit größeren Hubvolumen zählten die Captain mit 199 cm³ Hubraum, die Sports Captain und die Superswift mit einem Villiers-Zweizylindermotor mit 250 cm³ Hubraum. Der Produktionsschwerpunkt des Unternehmens lag weiterhin bei den Leichtmotorrädern; doch auch in diesem Bereich wurde die japanische Konkurrenz immer bedrohlicher. Das letzte Modell, das unter dem Markennamen James in den Handel kam, war eine Version der Cadet mit 150 cm³ Hubraum und einem Zentralrohrrahmen. Das Modell hatte keinen Erfolg, und bald darauf verschwand die Marke wieder vom Markt.

James Einzylinder von 1913.

Janoir

Das Anfang des Jahrhunderts in Frankreich hergestellte Janoir-Motorrad besaß einen längs im Rahmen eingebauten Zweizylinder-Boxermotor mit 995 cm³ Hubraum und ein Dreiganggetriebe. Besonderes Kennzeichen dieses Motorrads war das Fassungsvermögen des Kraftstofftanks, in den gut 15 Liter paßten, während damals sieben bis acht Liter üblich waren. Im Jahr 1921 erhielt das Modell einen neuen, moderneren, vollständig verkleideten Rahmen. Eine Schwinggabel führte das Vorderrad, ein robustes Schwingdreieck diente der Hinterradaufhängung. Sowohl die vordere als auch die hintere Aufhängung waren mit Blattfedern versehen. Weitere Merkmale waren die Druckumlaufschmierung und der Kettenantrieb.

JAP

John Prestwich, der 1874 in Großbritannien zur Welt kam, war ein geborener Ingenieur. Bereits mit 14 Jahren hatte er einen funktionstüchtigen, dampfbetriebenen Standmotor konstruiert. Zwei Jahre später erhielt er Patente für einige Entwicklungen an Verbrennungsmotoren. Als 20jähriger war er Leiter der J. A. Prestwich Manufacturing Company, und im Jahr 1895 entstand das erste kleine Werk in Tottenham im Norden von London, in dem wissenschaftliche Apparaturen, elektrische Geräte und Photoapparate hergestellt wurden.
1901 widmete sich Prestwich der Entwicklung eines Motors für Motorräder, aber erst zwei Jahre später wurde der erste JAP-Motor in Produktion genommen; es handelte sich um einen Motor mit 293 cm³ Hubraum (Bohrung und Hub betrugen 70 x 76 mm), der 2,25 PS bei 1600 U/min leisten konnte. Der neue JAP-Motor besaß automatische Schnüffelventile und eine Tropfschmierung.
Das Werk beschränkte sich jedoch nicht auf die Herstellung von Motoren, sondern baute auch Motorräder. 1903 nahm eine JAP-Maschine am 1000-Meilen-Zuverlässigkeitsrennen teil, ein weiteres JAP-Modell mit einem Zweizylinder-V-Motor mit 90 Grad Zylinderwinkel vertrat Großbritannien bei den ersten Rennen des International Cup. Erst 1908 beschloß das Unternehmen, seine Produktion auf Motoren zu konzentrieren. Ein JAP-Einzylinder wurde in die Matchless eingebaut, auf der Charlie Collier bei der ersten Tourist Trophy siegte. Harry Bashall gewann im Jahr 1909 auf einer Maschine mit einem Zweizylinder-Motor mit im Zylinderkopf hängenden Ventilen und 8 PS Leistung beim ersten Rennen in der Klasse über 1000 cm³ Hubraum in Brooklands. Ebenfalls 1909 stellte Will Cook, der für die North London Garage fuhr, in Brooklands mit einem enormen NLG-JAP-Zweizylinder mit hängenden Ventilen und 1400 cm³ Hubraum einen neuen Rekord auf.
In der Zeit vor dem Ersten Weltkrieg hatte die Firma JAP mit der Konkurrenz anderer britischer Unternehmen, wie TDC und Precision, schwer zu kämpfen; das Werk konnte jedoch seine Vorrangstellung halten. Die Fabrikanlagen in Tottenham wurden ausgebaut. Der Motorradboom zu Beginn der 20er Jahre führte zur Entstehung von vielen kleinen Unternehmen; auch die Produktion von JAP lief auf vollen Touren, die Angebotspalette reichte von Zweitaktern mit 150 cm³ Hubraum bis zu den großen Zweizylinder-V-Motoren mit im Zylinderkopf hängenden oder seitlich stehenden Ventilen. In dieser Zeit trat Valentine Page, ein begabter Konstrukteur, in das Unternehmen ein; er konzipierte für JAP einen sehr fortschrittlichen Motor mit 350 cm³ Hubraum und zwei obenliegenden Nockenwellen. Der EXP 1, wie er genannt wurde, wurde in den Rahmen der New Imperial eingebaut und von Bert Le Vack bei der Junior Tourist Trophy von 1922 in der 350 cm³-Klasse gefahren. Le Vack stellte einen neuen Streckenrekord auf, mußte aber wegen Schwierigkeiten mit dem Getriebe aufgeben. Danach wurde die Bohrung eines Zylinders verringert, und Le Vack verdankte diesem Motor eine Reihe von Rekorden in der 250 cm³-Klasse, die Le Vack mit einer Durchschnittsgeschwindigkeit von 130 km/h erzielte. Der Motor war zwar sehr leistungsfähig, für die Serienproduktion jedoch zu kompliziert. Er wurde daher durch einen Motor mit über Stoßstangen und Kipphebel gesteuerten Ventilen ersetzt. 1923 ließ JAP eine desmodromische Ventilsteuerung patentieren, die aber erfolglos blieb.
In den 20er Jahren hatte JAP 20 verschiedene Motoren in Produktion, die fast immer in zwei Versionen gefertigt wurden. Sehr zum Leidwesen der Firma war es das Ziel der meisten bedeutenden Motorradhersteller, Motorräder mit Motoren aus eigener Produktion zu bauen. Die Nachfrage begann allmählich zurückzugehen. New Imperial und Matchless, die beiden bedeutendsten Kunden, verzichteten Ende der 20er Jahre vollständig auf JAP-Motoren, und auch OK Supreme begann, selber Motoren zu konstruieren. Nur noch AJW und Cotton blieben als Abnehmer übrig. Im Jahr 1930 entwickelten Stan Greening und der Speedway-Weltmeister Wal Phillips allerdings einen außergewöhnlichen Motor für Speedway-Maschinen. Wegen des Rückgangs der Nachfrage nach Motorradmotoren begann JAP, Industriemotoren zu bauen. Tausende Standmotoren vom Typ Model 2 A wurden während des Zweiten Weltkriegs als Generatoren zum Laden von Batterien eingesetzt.

JAP-Motoren wurden lange Zeit für Speedway-Maschinen verwendet.

Nach dem Zweiten Weltkrieg stellte JAP neue Motoren vor: einen stehenden Zweizylinder-Zweitaktmotor mit 125 cm^3 Hubraum und einen Zweizylinder mit 250 cm^3 Hubraum und obenliegender Nockenwelle, der nie in Produktion genommen wurde, sowie eine Serie von Rennmotoren. In der Nachkriegszeit gelang es JAP nicht, das Interesse der Motorradhersteller in ausreichendem Maße zu wecken, so daß die Produktion im Jahr 1957, als sich das Unternehmen mit Villiers zusammenschloß, fast ausschließlich Industriemotoren umfaßte.
1977 tauchte der Name JAP nochmals auf dem Motor eines Speedway-Motorrads auf; er war von George Greenwood, der die Herstellungsrechte erworben hatte, in einer Sonderlizenz gebaut worden. Wenngleich der Motor den Weslake- und Jawa-Antriebsaggregaten unterlegen war, fand er vor allem in einer Version mit zwei obenliegenden Nockenwellen und vier Ventilen doch Anhänger.

Javon

J. A. Vogler, ein kleiner Fabrikant in Nürnberg, baute in den Jahren 1928-31 die Javon-Modelle, für die Zweitaktmotoren mit 142 und 200 cm^3 Hubraum und Einzylinder-Viertaktmotoren mit 200 und 500 cm^3 Hubraum verwendet wurden. Die Javon-Modelle besaßen ziemlich originelle Rahmen.

Jawa

Das tschechoslowakische Unternehmen Jawa entstand als Waffenschmiede. Der Firmensitz war in Prag, der Besitzer hieß F. Janecek. Im Jahr 1929 wurde das erste Motorrad vorgestellt. Es war eine fast exakte Kopie der deutschen Wanderer, die in demselben Jahr gebaut wurde und von der Janecek die Herstellungsrechte erworben hatte. Die Markenbezeichnung Jawa war im übrigen nichts anderes als einen Zusammensetzung der jeweils ersten beiden Buchstaben der beiden Unternehmen.
Die Jawa hatte einen Motor mit untenliegender Nockenwelle und hängenden Ventilen, ein Dreiganggetriebe mit einem langen Handhebel auf der rechten Seite und einen Kardanantrieb. Als Fahrgestell diente ein gemischter Rohr- und Preßstahlrahmen. Das Hinterrad war ungefedert, die Gabel war mit einer liegenden Blattfeder ausgestattet. Der Absatz der ersten Jawa entsprach nicht den Erwartungen. Um die wirtschaftliche Lage stand es in jener Zeit in der Tschechoslowakei nicht zum Besten, und das Motorrad war teurer als alle anderen ausländischen Modelle mit dem gleichen Hubraum.
Infolge der unbefriedigenden Verkaufsziffern dieser 500 cm^3-Maschine begann Jawa 1932 ein Modell mit 175 cm^3 Hubraum zu bauen, dessen Zweitaktmotor in einer Villiers-Lizenz gefertigt wurde; der Rahmen dieses Motorrads war aus Preßstahl gefertigt, die Vorderradaufhängung bestand aus einer Parallelogrammgabel. Das außerordentlich preisgünstige Modell fand sofort Anklang und trug zum Aufschwung des Unternehmens bei. Im Jahr 1933 kehrte Jawa mit einem Modell mit 350 cm^3 Hubraum zu den Viertaktern zurück. Der Motor hatte im Zylinderkopf hängende Ventile. Es gab sogar einen elektrischen Anlasser. Gleichzeitig wurde ein neues Zweitaktmodell verwirklicht, das einen Motor mit 250 cm^3 Hubraum erhielt.
In der Folgezeit verwendete Jawa Motoren von DKW, die in Lizenz hergestellt wurden, während die Viertaktmotoren aus eigener Produktion stammten. Federführend an ihrer Entstehung beteiligt war zwischen 1930 und 1939 der englische Ingenieur G.W. Patchett. 1935 wurde ein Rennmodell mit 500 cm^3 Hubraum und Kompressor entwickelt. 1937 brachte man ein Fahrrad mit einem 98 cm^3-Hilfsmotor heraus, das sich bald großer Beliebtheit erfreute. Es wurde unter der Bezeichnung Robot verkauft, womit man betonen wollte, welch unermüdlicher „Arbeiter" es sei (von tschechisch „robota" = „Arbeit").
Während des Zweiten Weltkriegs wurde die normale Produktion unterbrochen, da die deutsche Besatzung das Werk zur Herstellung von Waffen und Kriegsmaterial nutzte. Ein winziges Planungsbüro arbeitete jedoch heimlich weiter, so daß 1946 ein wunderbares Motorrad angeboten werden konnte. Es war ästhetisch und technisch sehr fortschrittlich. Dem Antrieb diente ein Zweitaktmotor mit 250 cm^3 Hubraum. Jawa konnte sich auf zwei geniale tschechische Ingenieure, J. Josif und J. Krivka, stützen. Die neue 250er hatte einen nach vorne geneigten Einzylindermotor mit einem Vierganggetriebe und einer Leistung von 9 PS und konnte eine Höchstgeschwindigkeit von 100 km/h erreichen.
Zwei Jahre später brachte man die Jawa 350 mit einem Motor mit zwei stehenden Zylindern auf den Markt. Beide Modelle

wurden in den folgenden Jahren wiederholt überarbeitet, in ihrer Technik auf den neuesten Stand gebracht und in alle Welt exportiert. Das erste Jawa-Moped entstand 1954; es erhielt einen Zweitaktmotor mit einem liegenden Zylinder und 50 cm³ Hubraum, ein Dreiganggetriebe und einen Rahmen aus Preßstahl. Im Jahr 1954 wurde zudem ein Rennmotorrad mit zwei stehenden Zylindern, 500 cm³ Hubraum und zwei obenliegenden Nockenwellen entwickelt; auf dieser Maschine, die mit einer Vollverkleidung versehen worden war, stellte Gustav Havel mit durchschnittlich 209 km/h den tschechischen Geschwindigkeitsrekord auf.
Damals wurden die Firmen Jawa und CZ, die unmittelbar nach dem Zweiten Weltkrieg verstaatlicht worden waren, zusammengeschlossen, woraus die Marke Jawa-CZ hervorging. Kurze Zeit später wurden zwei weitere Firmen der Gruppe eingegliedert: Ogar, ein Motorradunternehmen,

Jawa Vierzylinder von 1968.

das 1934 gegründet worden war, und die Firma Eso, die im Jahr 1949 entstanden war und deren Produktion sich fast ausschließlich auf Speedway, Moto-Cross und Geländemaschinen konzentrierte.
Auch nach dem Zusammenschluß bewahrte sich Jawa eine gewisse Eigenständigkeit gegenüber CZ; die Produktion stützte sich vorwiegend auf die 250 cm³-Maschinen mit Einzylinder-Zweitaktmotoren und 350 cm³-Modelle mit Zweizylinder-Zweitaktmotoren. Daneben stand ein Modell mit 500 cm³ Hubraum im Katalog, dessen Motor zwei stehende Zylinder mit obenliegender Nockenwelle besaß. Die Motorleistung lag bei 28 PS, die Höchstgeschwindigkeit betrug 147 km/h. Interessant war die Jawa 50 von 1959, die vollständig überarbeitet worden war; der Rahmen bildete eine richtige Karosserie, aus der der liegende Zylinder vorne herausragte. Aus den 50er Jahren stammten auch Modelle mit 250 und 350 cm³ Hubraum für den Geländeeinsatz.
Bis 1955 interessierte man sich bei Jawa nicht sehr für den Straßenrennsport. Dann wurde die 15 Z vorgestellt. Angetrieben wurde sie von einem Zweizylindermotor mit 499 cm³ Hubraum, der 45 PS leistete und eine Höchstgeschwindigkeit von 200 km/h ermöglichte. Die Rennmaschine wurde zwar in den folgenden Jahren noch verbessert, konnte jedoch nicht mit den italienischen, englischen oder deutschen Marken mithalten. 1957 entwickelte Jawa eine 250 cm³-Maschine mit zwei stehenden Zylindern, zwei obenliegenden Nockenwellen, einem Sechsganggetriebe und einer Leistung von 36 PS. Von diesem Modell stammte das Modell mit 350 cm³ Hubraum von 1960 ab, das bei der Weltmeisterschaft einige Achtungserfolge erzielte.
Im darauffolgenden Jahr trennten sich Jawa und CZ und übernahmen wieder ihr jeweiliges Markenzeichen. Jawa konzentrierte sich hauptsächlich auf die Modelle mit 250 und 350 cm³

Jawa Zweizylinder von 1956.

Hubraum, die in weiterentwickelten Ausführungen erschienen. Daneben gab es 50 cm³-Mopeds ohne Pedale in verschiedenen Versionen, während die Jawetta-Mopeds mit normalen Pedalen ausgestattet waren. Für den Gelände- und den Moto-Cross-Sport wurden Modelle mit 250 und 350 cm³ Hubraum gebaut. 1968 kamen die Moto-Cross-Maschine Jawa 90 mit Drehschiebersteuerung und die Zweizylindermodelle mit 250 und 350 cm³ Hubraum und Heckverkleidung auf den Markt.
Infolge eines Programms für technische Zusammenarbeit, das 1958 zwischen der Tschechoslowakei und der Sowjetunion vereinbart wurde, erschien 1961 die Jawa 350 mit zwei Zylindern und einer Leistung von 49 PS. In der Sowjetunion wurde sie unter der Bezeichnung S 350 hergestellt. Zu ihr gesellte sich eine Version mit 250 cm³ Hubraum und einer Leistung von 39 PS; beide Modelle hatten ein Sechsganggetriebe. 1965 schuf Jawa eine sehr interessante Rennmaschine mit einem Drehschiebermotor, der über 250 cm³ Hubraum verfügte und 45 PS leistete. Noch außergewöhnlicher war die Jawa 125 von 1967, deren Zweizylinder-Zweitakt-Drehschiebermotor 30 PS bei 14000 U/min hergab. Jeder Zylinder hatte eine eigene Kurbelwelle, die beiden Kurbeltriebe waren durch die Verzahnung des Primärantriebs miteinander gekoppelt. Der 350 cm³-Renner von 1968 hatte einen Vierzylinder-V-Motor mit zwei Kurbelwellen und eine Drehschiebersteuerung mit einem Vergaser pro Zylinder. Der Motor der Sechsgangmaschine leistete 60 PS bei 13000 U/min und war wassergekühlt. Ebenfalls 1968 entstand ein neues Modell mit einem Einzylinder-Zweitaktmotor, Wasserkühlung und Doppelzündung. Die Motorleistung betrug 35 PS bei 8000 U/min.
Im Laufe der 60er Jahre konstruierte Jawa zahlreiche Motorräder für jede Sportdisziplin. 1973 kam ein Eisspeedway-Modell mit 500 cm³ Hubraum auf den Markt. Gleichzeitig wurden die Trial-Maschinen mit 175, 350 und 500 cm³ Hubraum weiterentwickelt und verbessert. Im darauffolgenden Jahr wurden in dem Werk in Povazska Bystrica drei Grundmodelle entwickelt, die Zweitaktmotoren mit 50 cm³ Hubraum erhielten: das Modell 20, ein Motorroller, die 21, ein Motorrad im Kleinformat, und die 23, eine Sportversion des Modells 21. In der Fabrik in Divisov in der Nähe von Prag entstanden Speedway-Modelle mit 497 cm³-Motoren. Ebenfalls 1974 ging die Jawa 634 in Serie. Sie besaß einen 350 cm³-Zweizylinder-Zweitaktmotor.
1976 standen die Modelle 20, 21 und 23 mit 50 cm³ Hubraum in verbesserten Ausführungen auf dem Programm. Dazu kamen das Moped Babetta mit 49 cm³ Hubraum, drei 350 cm³-Modelle mit Zweizylinder-Zweitaktmoto-

ren und drei Speedway-Modelle mit 500 cm³ Hubraum. Andere Modelle mit 175, 250, 350, 500 und 750 cm³ Hubraum waren für den Geländesport bestimmt. Für Straßenrennen wurden aus dem Modell 634 ein 250 und ein 350 cm³-Modell entwickelt, denen eine echte Rennmaschine mit 250 cm³ Hubraum und einer Leistung von 60 PS bei 12000 U/min folgte. Im Jahr 1978 erschienen neue Speedway-Modelle mit 492 und 496 cm³ Hubraum in verschiedenen Versionen im Angebot.
In den 80er Jahren stützte sich die Produktion auf das Basismodell mit 350 cm³ Hubraum, auf die 638, die Velorex mit Seitenwagen, die die gleichen technischen Hauptmerkmale aufwies (28,5 PS bei 5500 U/min, Zweizylinder-Zweitaktmotor, Höchstgeschwindigkeit 105 km/h mit Beiwagen, 128 km/h solo), und auf einige Geländesport-Modelle. Besonders interessant war das Modell 500 DT für Speedway-Rennen.

J-Be

Diese Abkürzung steht für Joe Berliner, den Eigentümer eines amerikanischen Importunternehmens, das europäische Motorräder in den USA einführte. Die J-Be-Motorräder besaßen Fichtel & Sachs-Zweitaktmotoren mit 100 und 125 cm³ Hubraum. Die Firma wurde Mitte der 50er Jahre gegründet.

J.B. Louvet

Die Motorräder der französischen Firma J.B. Louvet wurden in den Jahren 1926-30 in Argenteuil hergestellt. Sie hatten Zweitaktmotoren von Aubier Dunne mit 175 und 250 cm³ Hubraum und JAP-Motoren mit 350 und 500 cm³ Hubraum und seitlich stehenden beziehungsweise im Zylinderkopf hängenden Ventilen.

JCM

Bei JCM handelte es sich um einen kleinen französischen Handwerksbetrieb in Vesoul, der sich auf die Herstellung von Trial-Motorrädern mit italienischen TAU-Motoren spezialisierte. Das Spitzenmodell dieses Unternehmens war die 303 (Bohrung und Hub 82 x 58 mm), deren Tank unter dem Sattel eingebaut war, während der obere Teil des in Schalenbauweise gefertigten Rahmens den Luftfilter verdeckte. Der Motor leistete 20 PS bei 5800 U/min und verfügte über ein Sechsganggetriebe. Weitere Merkmale waren ein Rahmen aus Chrommolybdänstahl, eine Marzocchi-Gabel, die Scheibenbremse am Vorderrad und ein hinteres Zentralfederbein von Corte & Cosso.

J.D.

Dieses Motorrad, das 1920-26 in Großbritannien hergestellt wurde, war mit einer Kupplung und Pedalen ausgerüstet; es war eines der besten Leichtmotorräder, die damals auf dem britischen Markt angeboten wurden. Der Zweitaktmotor hatte einen Hubraum von 116 cm³ und wurde in einen verstärkten Fahrradrahmen montiert, der in verschiedenen Ausführungen für Damen und für Herren gefertigt wurde.

Jean Thomann

Die Jean-Thomann-Motorräder entstanden zwischen 1920-30 in Frankreich. Die Modelle mit Zweitaktmotoren und 100 oder 250 cm³ Hubraum waren mit den Alcyon-Motorrädern identisch. Daneben wurde eine Maschine mit 500 cm³ Hubraum mit im Zylinderkopf hängenden Ventilen und einem außenliegenden Schwungrad angeboten.

Jeecy-Vea

König Albert von Belgien war ein begeisterter Motorradfahrer. Er besaß mehrere Maschinen der Marke Jeecy-Vea. Diese Motorräder wurden 1923-27 in Belgien hergestellt und hatten Zweizylindermotoren mit 500 und 688 cm³ Hubraum, die von Coventry Victor stammten.

Jefferson

Diese 1911-14 in den USA in Jefferson produzierten Motorräder, stammten von den früheren P.E.M. ab, die von Perry E. Mack entwickelt worden waren. Ihre Einzylinder- und Zweizylinder-V-Motoren wurden von der Firma Jefferson selber gefertigt.

Jehu

Es handelte sich bei der Marke Jehu um ausgezeichnet konstruierte Motorräder, die von 1901 bis etwa 1910 in Großbritannien gebaut wurden und Motoren mit 2,25, 2,5 und 3 PS von M.M.C., Minerva und aus eigener Produktion besaßen.

Jelinek

Das tschechoslowakische Unternehmen Jelinek aus Prag verwendete Minerva-Motoren aus Belgien und tschechoslowakische Orion-Motoren für seine Motorräder, die Leistungen von 2,5 und 2,75 PS erreichten. Die Firma bot ihre Modelle zwischen 1904 und 1907 auf dem Markt an.

J.E.S.

Die englischen J.E.S.-Motorräder waren in den 20er Jahren sehr bekannt. Angetrieben wurden sie von Zweitaktmotoren mit 169 und 247 cm³ Hubraum. 1922 wurde das Angebot der Firma J.E.S., die 1910 gegründet worden war, um einige Einzylindermodelle mit Blackburne-Motoren mit 250 und 350 cm³ Hubraum und seitlich stehenden oder im Zylinderkopf hängenden Ventilen erweitert. 1924 übernahm das Unternehmen Connaught in Birmingham die J.E.S.-Produktion, und bald darauf verschwand die Marke von der Bildfläche. Vor 1914 waren bei J.E.S. Motorräder mit Viertaktmotoren mit 116 und 189 cm³ Hubraum gebaut worden.

Jeunet

Dieses französische Unternehmen produzierte Mitte der 50er Jahre Mopeds mit 50 cm³ Hubraum.

J.F.K.

Die tschechoslowakischen J.F.K.-Motorräder, die von dem bekannten Techniker J.F. Koch entwickelt worden waren, wurden in den Jahren 1923-25 produziert. Man verwendete Einzylindermotoren mit 350 cm³ Hubraum, die in konventionelle Rahmen eingebaut wurden.

J.H.

James Howarth war der Konstrukteur dieser englischen Motorräder, zu denen Modelle mit Motoren mit 269 cm³ Hubraum von JAP und Villiers und mit Zweizylinder-V-Motoren mit 6 PS Leistung von dem Schweizer Unternehmen MAG zählten. Die Firma J.H. war in den Jahren 1913-15 tätig.

J.N.U.

Das englische Unternehmen J. Nickson in Preston, Lancashire, schuf nur ein einziges Modell, das unter dem Markennamen J.N.U. in den Handel kam; es drehte sich um ein Motorrad, dessen Einzylinder-Zweitaktmotor von Dalm über 318 cm³ Hubraum verfügte. Montiert war er in einen sehr einfachen, unten offenen Rahmen. Das Modell wurde 1920-22 hergestellt.

J.N.Z.

Die Firma Jawa New Zealand, abgekürzt J.N.Z., fertigte ab 1960 in Neuseeland die Motorräder und Motorroller der tschechoslowakischen Marke Jawa.

Joerns

Die Joerns-Thiem Motor Company in St. Paul, Minnesota, die auch als Hersteller der Thiem-Motorräder bekannt war, produzierte 1910-15 mit Erfolg einige Zweizylinder- und Einzylindermotorräder. Ein sehr schönes Fahrzeug war die Cyclone, die von einem Zweizylindermotor mit 100 cm³ Hubraum und im Zylinderkopf hängenden Ventilen angetrieben wurde; sie war das erste serienmäßig hergestellte Motorrad mit dieser Art der Ventilsteuerung.

Johnson

Der Johnson-Hilfsmotor, der in den 20er Jahren in Großbritannien gebaut wurde, war ein Zweitakt-Boxermotor mit zwei Zylindern und 140 cm³ Hubraum. Er wurde auf dem Gepäckträger des Fahrrads oberhalb des Hinterrads montiert, das über eine Kette angetrieben wurde. Unter der Marke Johnson erschien 1923 auch ein amerikanisches Motorrad mit einem 155 cm³-Zweitaktmotor auf dem Markt.

Jones

Der englische Techniker Dennis Jones konstruierte in den Jahren nach dem Zweiten Weltkrieg verschiedene Rennmotorräder, die jedoch nie serienmäßig hergestellt wurden. 1942 arbeitete Jones als Ingenieur bei Rolls-Royce; da er begeisterter Motorradfahrer war, entwickelte er gleichzeitig eine Maschine, für die er einen Zweitaktmotor mit vier liegenden Zylindern verwendete. Der Antrieb erfolgte über Kardanwelle. Motorgehäuse und Getriebe hatten Zylinderform, die Pleuel aus Stahl waren mit einer Kurbelwelle verbunden, die aus einem Stahlblock gedreht war. Vor dem Motorgehäuse war ein Hilfsgehäuse angebracht, das die Zahnräder des über dem Gehäuse eingebauten Marshall Roots-Kompressors und die zwei Zündmagnete enthielt. Der Motor hatte einen Hubraum von 496 cm³. Der Kompressor hatte ein Volumen von 1700 cm³ und arbeitete in etwa mit der gleichen Drehzahl wie die Kurbelwelle. Als Fahrgestell diente ein Rohrrahmen. Das Vorderrad wurde von einer Teleskopgabel geführt, hinten war das Motorrad mit einer Geradweg-Hinterradfederung ausgestattet. Jones brauchte etwa zwei Jahre, dann stand die Maschine auf den Rädern und erreichte eine Höchstgeschwindigkeit von 150 km/h bei 7000 U/min.
1947 folgte ein Motorrad mit einem 247 cm³-Zweizylindermotor, hängenden Ventilen, einem Verdichtungsverhältnis von 10:1 und einer Höchstgeschwindigkeit von 160 km/h. Aus diesem Modell entwickelte Jones eine Vierzylindermaschine, die er jedoch erst in den 60er Jahren vollendete. 1948 entwarf Jones ein Motorrad mit einem Rahmen, der aus einer Preßstahlschale bestand und gleichzeitig als Kraftstofftank und Ablagefach für Werkzeuge diente. Der 247 cm³-Motor hatte zwei liegende Zylinder und im Zylinderkopf hängende Ventile. Die Hinterradschwinge war am Ende des Motorgehäuses montiert, so daß der Motor, der unter dem Tank angeordnet war, mit der Hinterradschwinge oszillierte. Die Bewegung wurde von zwei Blattfedern kontrolliert. Mitte der 50er Jahre koppelte Jones zwei von ihm konstruierte Zweizylinder-Zweitaktmotoren aneinander und entwickelte daraus einen Vierzylindermotor. Das separate Albion-Getriebe hatte vier Gänge, der Hinterradantrieb erfolgte mittels Kardanwelle. Die Maschine, die für Rennen in Großbritannien vorbereitet wurde, konnte sich jedoch auf der Piste nicht behaupten.

Jones von 1948.

Jones Vierzylinder von 1942.

Jonghi

Die französische Firma Jonghi entstand 1931 und war bereits 1932 durch die sportlichen Erfolge ihrer Motorräder in ganz Europa bekannt. Entwickelt wurden die Maschinen von dem italienischen Ingenieur Giuseppe Remondini. Remondini hatte sich in Frankreich niedergelassen und sehr schnell als Konstrukteur verschiedener Motoren von Frera, Salve und Nagas & Ray einen Namen gemacht. Die Jonghi 350, die 1932 den Weltmeisterschaftstitel errang, besaß einen stehenden Einzylindermotor mit hängenden, über Stoßstangen und Kipphebel gesteuerten Ventilen, ein im Motorgehäuse eingebautes Dreiganggetriebe, einen Doppelschleifenrahmen und vorne eine Parallelogrammgabel. Von dieser Maschine gab es neben der Rennausführung eine sportliche und eine normale Version mit seitlich stehenden Ventilen. Die drei Modelle erreichten jeweils eine Höchstgeschwindigkeit von 150, 135 und 115 km/h.
Später entwickelte Remondini drei Einzylindermodelle mit 125, 250 und 350 cm³ Hubraum und zwei obenliegenden Nockenwellen, die auf allen Rennstrecken Europas bekannt wurden. In Serie gefertigt wurden Motorräder, für die Aubier-Dunne-Motoren mit 100 und 350 cm³ Hubraum angewendet wurden. Letztere waren von Remondini selber entworfen worden.
Die Nachkriegsproduktion wurde 1945 von einem Motorfahrrad eingeleitet, das über einen 100 cm³-Zweitaktmotor mit Dreiganggetriebe verfügte und im folgenden Jahr unverändert im Produktionsprogramm blieb. Im Jahr 1947 wurde ein Modell mit 124 cm³ Hubraum angeboten, zu dem sich 1948 ein weiteres mit 98 cm³ Hubraum gesellte. In den Jahren 1949-52 entstanden verschiedene Leichtmotorräder mit 125 cm³ Hubraum.
1953 nahm das französische Unternehmen ein Leichtmotorrad mit einem 125 cm³-Zweitaktmotor in Produktion. Gegenüber den früheren Modellen wies das neue Zweirad beachtliche Neuerungen auf. An die Stelle der Parallelogrammgabel trat eine Gabel mit Kurzschwingen. Der Motor war in unzähligen Details neu konzipiert worden. Außerdem verwirklichte die Firma Jonghi ein verkleidetes Leichtmotorrad mit einem 125 cm³-

Eine Jonghi aus der ersten Hälfte der 30er Jahre.

Motor. 1954 folgte ein 125 cm³-Modell, dessen Viertaktmotor mit obenliegender Nockenwelle und Vierganggetriebe eine Höchstgeschwindigkeit von 110 km/h ermöglichte, und der Motorroller Polo mit einem 125 cm³-Zweitaktmotor und einer Silhouette, die an das Galletto-Modell von Moto Guzzi erinnerte. Jonghi stellte Ende der 60er Jahre den Betrieb ein.

Jordan

Der kanadische Konstrukteur Albert Jordan entwickelte 1950 in Toronto ein Motorrad mit einem 500 cm³-Motor, dessen im Zylinderkopf hängende Ventile von zwei obenliegenden Nockenwellen gesteuert wurden. Der Techniker verwendete für seine Maschine Triebwerke anderer Motorräder. In den nachfolgenden Jahren geriet die Marke Jordan in Vergessenheit.

Jouclard

Es handelte sich hierbei um eine französische Marke, deren Motorräder 1903-07 auf dem Markt angeboten wurden und mit einem 1,5 PS-Motor ausgerüstet waren.

Jonghi 250 von 1954.

Jonghi 125 von 1954.

Joybike

Die englischen Modelle der Marke Joybike waren eine Mischung aus Motorroller und Moped. Hergestellt wurden sie 1959-60 in Birmingham. Anfänglich erhielten sie einen JAP-Zweitaktmotor mit 70 cm³ Hubraum, später wurden sie mit Trojan-Motoren mit 50 cm³ Hubraum bestückt.

J.S.L.

Die J.S.L.-Motorräder entstanden 1923-26, also in den Jahren des ersten Motorradbooms. Produziert wurden sie von J. Schätzle in Liegnitz. Sie besaßen sehr einfache Motoren, die über 197 cm³ Hubraum verfügten, im Zylinderkopf hängende Ventile hatten und mit einem Zweiganggetriebe kombiniert waren. Die Rahmen waren recht konventionell. Der Antrieb erfolgte über Riemen.

Juckes

Das Motorrad Juckes, das 1923-26 in Wolverhampton in Großbritannien von einer für ihre Getriebe bekannten Fabrik hergestellt wurde, war mit Zweitaktmotoren mit 269, 274, 399 oder 350 cm³ Hubraum ausgerüstet. Die Modelle zeichneten sich durch ihre hohe Qualität aus, fanden jedoch bei den potentiellen Käufern keinen Anklang.

Judenne

Das französische Unternehmen Judenne konstruierte in den 50er Jahren Mopeds, für die Motoren verschiedener Marken verwendet wurden. 1954 wurde der vollverkleidete Motorroller Scot vorgestellt. Sein Lavalette-Zweitaktmotor mit 70 cm³ Hubraum und Dreiganggetriebe ermöglichte eine Höchstgeschwindigkeit von 60 km/h.

und seitlich stehenden Ventilen. Außerdem entstanden Zweitaktmaschinen mit 175 cm³ Hubraum. In den Jahren 1947-54 nahm das Unternehmen Leichtmotorräder in die Produktpalette auf, die von 125 cm³-Zweitaktmotoren mit Vierganggetriebe angetrieben wurden. Anderen Quellen zufolge bestand das französische Unternehmen in den Jahren 1931-39 und stellte Einzylindermodelle mit im Zylinderkopf hängenden Ventilen und 350 oder 500 cm³ Hubraum her.

Juhö

Die Firma Julius Höflich baute 1923-25 Motorräder mit 147, 174 und 248 cm³ Hubraum und seitlich stehenden Ventilen. Das kleine deutsche Werk verschwand jedoch bald wieder vom Markt.

Juncker

Die Firma Juncker stellte in den Jahren 1935-37 in Frankreich Dreirad-Fahrzeuge und Motorräder her, die mit Zweitaktmotoren mit 124 und 147 cm³ Hubraum ausgerüstet waren.

Junior

1924 präsentierte Edoardo Mascagni, der Sohn des italienischen Opernkomponisten Pietro Mascagni, das Motorrad Junior. Angetrieben wurde die Maschine von einem Zweitaktmotor mit einem stehenden Zylinder und 350 cm³ Hubraum. Mascagni verwendete für die Junior ein separates Zweiganggetriebe, einen Amac-Vergaser und einen Bosch-Zündmagneten. Das Fahrwerk bestand aus einem Rohrschleifenrahmen mit Parallelogrammgabel. Tank und Auspuffrohr waren aus Messing gefertigt. Alle Schrauben, die sich an der Maschine fanden, hatten die gleiche Größe, so daß ein einziger Schraubschlüssel ausreichte, um das gesamte Fahrzeug zu zerlegen. Der Primärantrieb erfolgte über Kette, der Sekundärantrieb über Riemen.
Die italienische Fabrik war in Antignano ansässig, in der Provinz von Livorno. Dort wurde die Junior auch in den beiden folgenden Jahren ohne nennenswerte Veränderungen produziert. 1926 erfolgte der Antrieb weiterhin über Kette und Riemen, als Triebwerk diente nun jedoch ein stehend eingebauter Einzylinder-Zweitaktmotor mit 346 cm³ Hubraum. Auf Wunsch wurde die Junior nicht mit dem ursprünglich vorgesehenen Motor, sondern mit einem Blackburne-Motor mit 250 oder 350 cm³ Hubraum geliefert.
Im Jahr 1927 gab Edoardo Mascagni bekannt, daß er die Absicht habe, ein 125 cm³-Modell mit einem JAP-Aza-Zweitaktmotor zu bauen. Im Jahr 1928 entstand neben den Modellen mit 250 und 350 cm³ Hubraum eine Maschine mit einem JAP-Zweitaktmotor mit 175 cm³ Hubraum. 1930 brachte Mascagni ein neues 175 cm³-Modell mit einem seitengesteuerten JAP-Motor sowie ein 350 cm³-Modell mit dem ursprünglichen Zweitaktmotor auf den Markt. 1931-35 konstruierte das italienische Werk verschiedene Modelle mit Zweitakt- oder Viertaktmotoren, deren Hubvolumen von 175 bis 350 cm³ reichten. Nach dem Tod von Edoardo Mascagni 1936 stellte die Fabrik ihren Betrieb ein.

Juno

Juno hieß ein kleines, englisches Werk, das Villiers-Motoren mit 269 cm³, Precision-Motoren mit 597 cm³ oder JAP-Zweizylindermotoren mit 770 cm³ Hubraum in herkömmliche Rahmen montierte. Auf Wunsch verwendete Juno auch andere Motoren. Die Firma war 1913-15 tätig.

Junak M 10 mit 350 cm³.

Juergensen

Die 1904 gegründete und bis 1911 oder 1913 bestehende dänische Firma Juergensen produzierte in Lizenz des britischen Unternehmens Humber möglicherweise das erste dänische Motorrad überhaupt.

Juery

Das französische Unternehmen Juery fertigte 1936-40 Modelle mit 350 und 493 cm³ Hubraum

Junak

Die Motorräder der Marke Junak wurden in Stettin in Polen hergestellt. Die einzigen ohv-Maschinen, die in Polen produziert wurden, waren mit Motoren mit 250 und 350 cm³ Hubraum und im Zylinderkopf hängenden Ventilen bestückt.

Jupp

Die von dem Engländer Baker entwickelte Jupp glich einem Motorroller. Der Rahmen war offen, beide Räder waren gefedert. Angetrieben wurde die Jupp von einem Liberty-Zweitaktmotor, der über 269 cm³ Hubraum verfügte. Die Maschine wurde 1921-22 im Handel angeboten.

Jurisch

Der Leipziger Konstrukteur und Rennfahrer Karl Jurisch spielte

jahrzehntelang eine führende Rolle in der deutschen Motorradindustrie.
Jurisch konstruierte 1926, eine interessante Rennmaschine, die mit einem 248 cm³ Doppelkolben-Zweizylinder-Motor mit 36 mm Bohrung und 60 mm Hub ausgerüstet war. Der wassergekühlte Motor besaß einen Rotationskompressor und abnehmbare Leichtmetallköpfe und schaffte die für die damalige Zeit enorme Leistung von bis zu 10000 U/min.
In den 20er Jahren aber verfügte man noch nicht über die geeigneten Werkstoffe für eine so fortschrittliche Konstruktion. Probleme bereiteten Jurisch insbesondere Materialbrüche des Kompressors, es gab aber auch Schwierigkeiten mit der Thermik und der Zündung des hochtourigen Vierkolben-Zweitakters.
Der Leipziger Konstrukteur versuchte, diese Probleme zu beheben, war aber bald aus wirtschaftlichen Gründen gezwungen, auf die Weiterentwicklung seiner Rennmaschine zu verzichten.

Die englische Jupp mit verkleidetem Rahmen.

J.W. Special

1960 konstruierte der englische Ingenieur John Wood die J.W. Special, für die er einen modifizierten Triumph-Einzylindermotor mit 249 cm³ Hubraum (Bohrung und Hub 63 x 80 mm) und Vierganggetriebe verwendete. Die Ventilsteuerung erfolgte über Stoßstangen und Kipphebel. Das Modell besaß einen Rohrrahmen, vorne eine Teleskopgabel und hinten eine Schwinge. Obwohl die J.W. Special bei nationalen Rennen sehr gut abschnitt, war sie im internationalen Wettkampf nicht konkurrenzfähig und verschwand bald wieder aus der Sportszene.

K

Der K-Motor wurde 1925 in Baden-Baden von Schiele & Brucksaler konstruiert, dem ersten deutschen Unternehmen, das einen Motor mit obenliegender Nockenwelle herstellte. Der Motor wurde sowohl mit 350 cm³ Hubraum als auch mit 500 cm³ Hubraum angeboten und hatte eine Nenndrehzahl von 3500 U/min. Zylinderkopf und Zylinder bestanden aus Grauguß, die Einlaß- und Auslaßkrümmer waren mit dem Zylinderkopf in einem Block gegossen. Unter der Markenbezeichnung KlB brachte das sowjetische Unternehmen KMZ in Kiew nach dem Krieg ein Motorrad in den Handel, das eine exakte Kopie der Sachs-Modelle der Vorkriegszeit war. Es besaß einen 98 cm³-Einzylinder-Zweitaktmotor, der mit einem handgeschalteteten Zweiganggetriebe kombiniert war. Bei einer Leistung von 2,3 PS bei 3900 U/min erreichte die Maschine eine Höchstgeschwindigkeit von 50 km/h. Nicht wenige Exemplare dieses Modells verließen zwischen 1946-53 das Werk.
Aus der russischen Fabrikanlage in Kovrovsk stammte die K 125, eine Kopie der deutschen DKW. Sie war mit einem 123 cm³-Einzylinder-Zweitaktmotor bestückt und kam auf eine Höchstgeschwindigkeit von 70 km/h bei einer Leistung von 4,75 PS bei 4500 U/min.

Kapiscooter

Ein Vorderrad und zwei Hinterräder besaßen die Kapiscooter 175 F4T, die in den 50er Jahren in Spanien hergestellt wurden. Angetrieben wurden sie von einem 170 cm³-Viertaktmotor mit hängenden, über Stoßstangen und Kipphebel gesteuerten Ventilen. Das Getriebe hatte drei Gänge, der Antrieb erfolgte über Kette.

Kaptein

Das Unternehmen Kaptein importierte Ende der 30er Jahre die französischen Motobecane-Motorräder in die Niederlande. Später produzierte Kaptein diese Modelle auch selber. Die Maschinen waren mit 49, 125 oder 175 cm³ Hubraum im Angebot. Schließlich konzentrierte sich die Firma auf die Herstellung von Mopeds mit 49 cm³ Hubraum.

J.W. Special von 1960.

Karü

1922-23 waren die Modelle dieses kleinen Unternehmens in Stockdorf bei München recht bekannt. Sie besaßen zweizylindrige Boxermotoren mit 360 cm³ Hubraum und seitlich stehenden Ventilen. Die Bezeichnung Karü steht für Karl Rühmer, in dessen Werk später auch die SMW-Motorräder entstanden.

Katakura

Diese Firma in Tokio bot Anfang der 60er Jahre eine Reihe von Leichtmotorrädern, Mopeds und Fahrrädern mit Hilfsmotor an. Interessant waren vor allem die beiden folgenden Modelle: Die Silk Sel wurde von einem Zweizylinder-Zweitaktmotor mit 124 cm³ Hubraum angetrieben, der mit einem Vierganggetriebe kombiniert war. Bei der Silk Selpet war in einem Zentralrohrrahmen ein Einzylinder-Zweitaktmotor mit 50 cm^3 Hubraum eingebaut. Das Getriebe hatte drei Gänge.

Katayama

Das japanische Unternehmen Katayama konstruierte 1956 die Olympus King KS, für die ein 346 cm^3-Viertaktmotor mit im Zylinderkopf hängenden Ventilen verwendet wurde.

Kawasaki

Im Jahr 1878 gründete Shozo Kawasaki in Tokio die Schiffswerft Kawasaki Tsukiji Shipyard und legte damit den Grundstein für das zukünftige Wirtschaftsimperium. Im Jahr 1901 konstruierte Kawasaki die erste Dampflokomotive Japans, und vor dem Zweiten Weltkrieg trug das Unternehmen entscheidend zum Ausbau der Flotte bei, die der amerikanischen Marine später große Schwierigkeiten bereitete. Auch die berühmten Zero-Jagdflieger kamen aus dem Haus Kawasaki.
Nach der Niederlage Japans und dem Abbau der Rüstungsindustrie war Kawasaki gezwungen, die Produktion umzustellen. Die Entscheidung, sich im Zweiradsektor zu engagieren, fiel jedoch erst 1950. Damals wurde in dem riesigen Werk in Akashi eine spezielle Abteilung geschaffen, die Motoren für Motorräder entwikkeln und produzieren sollte. Zunächst wurden nur Einzylinder-Viertaktmotoren mit 148 und 150 cm^3 Hubraum hergestellt, die an Motorradhersteller verkauft wurden.
Neun Jahre später wurde ein neues Werk zur Fertigung von Motorrädern errichtet. Um rasch das nötige technische Know-how zu erwerben, übernahm man die Meguro Manufacturing Co. Ltd., eines der ältesten Motorradunternehmen in Japan. Im Januar 1961 verließ die 125 B 7 das Werk. Die Maschine hatte einen Einzylinder-Zweitaktmotor mit einem Viergangetriebe erhalten. Andere japanische Motorradhersteller wie Honda, Yamaha und Suzuki waren zu jenem Zeitpunkt bereits weltweit bekannt. Obwohl Kawasaki praktisch in allen wichtigen Wirtschaftszweigen tätig war, unternahm das Werk gewaltige Anstrengungen, um den Rückstand im Zweiradsektor aufzuholen. Kawasaki zögerte nicht, für diesen Zweck große Summen zu investieren und die besten Fachleute aus aller Welt anzuwerben. Die Ergebnisse ließen nicht lange auf sich warten.

Kawasaki Z 650 von 1977.

1964 begann man mit dem Export in die USA. Zu diesem Zweck schuf man in Los Angeles eine eigene Niederlassung, die die Besonderheiten des amerikanischen Markts untersuchen sollte. Schon ein Jahr später wagte Kawasaki den Schritt in die Welt der Geschwindigkeitsrennen. Die japanische Firma schickte eine Reihe raffiniert konstruierter 125 cm^3-Maschinen mit Zwei- oder Vierzylindermotoren zur Weltmeisterschaft. Die größere Erfahrung der Konkurrenten Yamaha und Suzuki verhinderte jedoch einen Erfolg der Kawasaki-Maschinen. Erst 1969, nachdem sich Yamaha und Suzuki offiziell vom Rennsport zurückgezogen hatten, errang der Engländer Dave Simmonds auf einer Kawasaki den Weltmeisterschaftstitel. Die Basis für das künftige, sportliche Image der Serienproduktion schuf die H1, einer Halblitermaschine mit Dreizylinder-Zweitaktmotor. Mit dem weltweiten Erfolg der H1 gelang es Kawasaki, die drei japanischen Rivalen einzuholen.
Aufgrund einer sorgfältigen Marktanalyse war die Leitung des japanischen Konzerns überzeugt, daß die Zeit für ein ganz neues Motorrad reif sei. So beschloß Kawasaki, die ideale Maschine für die 70er Jahre zu kreieren. Sie sollte eine leistungsstarke Tourenmaschine sein, luxuriös ausgestattet, und sich von den normalen, im Alltag genutzten Maschinen deutlich abheben. In der Versuchsabteilung in Akashi nahm eine 750er Gestalt an: Sie erhielt einen Viertaktmotor mit vier Zylindern und zwei obenliegenden Nockenwellen, der höchsten Anforderungen entsprach. In Akashi wußte man jedoch nicht, daß auch andere japanische Firmen, insbesondere Honda, an einem ähnlichen Projekt arbeiteten. Als Honda 1968 bei der Ausstellung in Tokio die CB 750 präsentierte, beschlossen die maßgeblichen Planer von Kawasaki, ein neues Projekt auf die Beine zu stellen. Ein Jahr lang wurde jede mögliche Alternative untersucht und der kommerzielle Erfolg der Honda-Maschine analysiert, bis man entschied, die Z 900 gegen die Konkurrenz ins Feld zu schicken.

Die Z 900 war eine Weiterentwicklung der 750er und insofern dieser Maschine sehr ähnlich. Allerdings verfügte sie über 900 cm^3 Hubraum. Der kommerzielle Erfolg dieses Superbikes übertraf alle Erwartungen. Mit der Z 900 wurde Kawasaki bei den Endurance-Rennen praktisch unschlagbar. Sie leitete die internationale Erfolgsserie der Maschinen mit großem Hubraum ein, die schließlich zur Entwicklung der gigantischen Z 1300 Sechszylinder von 1981 führte. Kawasaki steigerte und intensivierte die Anstrengungen in allen sportlichen Disziplinen, insbesondere aber im Moto-Cross- und im Langstrecken-Rennsport. Da man vor allem bestrebt war, den amerikanischen Markt zu erobern, trat Kawasaki natürlich bevorzugt bei Rennen in den USA an, wobei man der AMA-Meisterschaft und den 200 Meilen von Daytona eine besondere Bedeutung zumaß. Die „Schlachten" zwischen dem Kawasaki-Team mit so bekannten Fahrern wie Yvon Du Hamel, Paul Smart und Gary Nixon und dem Team von Yamaha mit Don Emde und Jarno Saarinen gingen in die Motorradgeschichte ein.

Mit Hilfe seines französischen Importeurs fand Kawasaki ein weiteres Betätigungsfeld im Endurance-Bereich. Das berühmte Paar Godier-Genoud dominierte bei dem bekannten Bol d'Or-Rennen, bei dem beide 1974 und 1975 den Sieg errangen. Gestärkt durch den immer größeren Geschäftserfolg, beschloß Kawasaki im Jahr 1977, sich auch in den Grand-Prix-Rennen der 250er Klasse zu engagieren. Die ausgezeichneten Resultate veranlaßten das Unternehmen, in der 250er und der 350er Klasse offiziell an der Weltmeisterschaft von 1978 teilzunehmen. Für Kawasaki fuhren der Australier Gregg Hansford und der Südafrikaner Korck Ballington. Ballington errang in den Jahren 1978-79 in beiden Klassen den Siegertitel. 1980 gelang es Kawasaki schließlich, Toni Mang als Fahrer zu gewinnen, der in den nachfolgenden Jahren eine Reihe von Titeln holte: in den

A1 SS von 1977.

Mach II 400 S 3 J von 1973.

Z1 900 von 1972.

Z 1300 Sechszylinder von 1981.

KH 125 von 1977.

Die supersportliche ZX 10, 1988.

Z 1000 von 1977.

Mach III 500 H1 von 1973.

Z 1000 Z1-R von 1978.

Jahren 1980-81 in der 250er Klasse, 1981-82 in der 350er Klasse.
1980 versuchte Kawasaki, auch in der Halbliterklasse Fuß zu fassen, erreichte hier jedoch keine Spitzenpositionen. Kork Ballington, der für Kawasaki fuhr, kam 1980 in Finnland nur auf den fünften Platz, 1981 in den Niederlanden und in Finnland auf den dritten Platz.
Die Erfolge Kawasakis auf dem Rennsportsektor trugen wesentlich zu vielen technischen Innovationen in der Serienproduktion bei. Einen bedeutenden Schritt hin zu den Motorrädern der 90er Jahre stellten erst die supersportlichen Modelle der GPZ-Serie und dann der darauffolgenden GPX-Serie dar.

K.C.

Das Unternehmen Kirchheim in Magdeburg stellte 1922-25 Zweitaktmotoren mit 114 cm³ Hubraum und Drehschiebersteuerung sowie Zweizylindermodelle mit 500 cm³ her, die mit einem seitengesteuerten BMW-Motor ausgestattet waren.

Kelly

Dieses Motorrad, das Anfang der 20er Jahre in Brighton in Großbritannien entwickelt wurde, glich in einigen Merkmalen eher einem Motorroller. In einen offenen Rohrrahmen war ein stehender Einzylindermotor eingebaut. Der Antrieb erfolgte über Riemen. Charakteristisch war der viereckige Sattel.

Kempton

Das englische Unternehmen A.B.C. Znel konstruierte Leichtmotorräder und Motorroller, deren Motoren über 124 cm³ Hubraum und im Zylinderkopf hängende Ventile verfügten. Sie kamen 1921 und 1922 unter der Markenbezeichung Kempton in den Handel.

Keni

Die Firma Keni Motorenbau war in Berlin ansässig. Sie produzierte 1923-25 Leichtmotorräder, deren Einzylinder-Zweitaktmotoren über einen Hubraum von 164 cm³ verfügten.

Kenilworth

Der englische Motorroller Kenilworth aus den 20er Jahren hatte einen Norman-Einzylinder-Viertaktmotor mit 142 cm³ Hubraum und im Zylinderkopf hängenden Ventilen. Der Sekundärantrieb erfolgte über Kette, der Primärantrieb über Riemen. Später waren Motorräder im Angebot, die von Villiers-Zweitaktmotoren mit 269 cm³ Hubraum angetrieben wurden. Weitere Maschinen besaßen JAP-Viertaktmotoren mit 292 cm³ Hubraum und seitlich stehenden Ventilen.

Kenzler Waverley

Die in Cambridge, Wisconsin, hergestellten Kenzler-Waverley-Maschinen hatten Ein- und Zweizylindermotoren, die denen der Jefferson-Motorräder ähnlich waren. Die Kenzler-Waverley-Maschinen zählten zu den ersten in den USA produzierten Motorrädern, deren Motoren im Zylinderkopf hängende Ventile aufwiesen.

Kelly von 1920.

Kenilworth-Motorroller, 1919.

Kerry

Die Motorräder dieser englischen Marke wurden für die im Jahr 1902 gegründete East London Rubber Company zum Teil in Belgien hergestellt und hatten zunächst Kelecom-Motoren, die 1910 durch Abingdon-Motoren ersetzt wurden. Diese Versionen wurden dann direkt von Abingdon Ecco in Birmingham gebaut. Die Motorräder hatten Einzylindermotoren mit 499 cm³ Hubraum und Zweizylindermotoren mit 670 cm³ Hubraum. 1915 wurde die Produktion wegen des Kriegs unterbrochen. Erst Ende der 50er Jahre tauchten wieder Modelle dieser Marke auf dem Markt auf, als das Unternehmen die von einem italienischen Werk gebauten Capitano-Mopeds mit 49 cm³ Hubraum präsentierte.

Kestrel

Dieses Motorrad tauchte Anfang des Jahrhunderts in England auf; dem Antrieb diente ein Minerva-Motor mit 211 cm³ Hubraum. Gegen 1905 verschwand die Maschine wieder vom Markt.

K.G.

Unter dieser Abkürzung wurden die Motorräder von Krieger Gnädig bekannt, die ab dem Jahr 1921 in Suhl, Thüringen, gebaut wurden; ursprünglich wurde die K. G. von den Gebrüdern Krieger gemeinsam mit Fritz Gnädig konstruiert. Später wurde die Produktion der Maschine an die Cito-Werke in Suhl abgetreten. 1924 gerieten die Cito-Werke in finanzielle Schwierigkeiten und wurden von der Köln-Lindenthaler-Metallwarenfabrik übernommen. Angetrieben wurde die K.G. von einem Einzylindermotor, der über 500 cm³ Hubraum und eine automatische Schmierung verfügte. Der Antrieb erfolgte über Kardanwelle. Weitere technische Merkmale waren eine Konuskupplung und Innenbackenbremsen. Der Motor saß in einem in Dreiecksform konstruierten Rohrrahmen.
1923 stellte das Suhler Werk ein weiteres Modell vor, das im Unterschied zu der ersten K.G. einen Zweizylinder-Boxermotor und einen Riemenantrieb erhielt. 1924, in dem Jahr, in dem die Cito-Werke an Köln-Lindenthaler übergingen, war das Motorrad bereits in ganz Europa bekannt. 1924-28 wurde es unter der Marke Allright KG verkauft. 1928 zog sich die Fabrik aus dem Motorradsektor zurück und verkaufte die Produktion an Paul Henkel, der sie bis Ende 1932 weiterführte.

Kieft

Die Kieft-Krafträder trugen zwar den Markennamen eines

englischen Unternehmens, nämlich der Kieft Cars in Wolverhampton, wurden aber in Deutschland gebaut. Zu dem Angebot dieser Marke zählten Motorroller mit Sachs-Motoren mit 150 und 200 cm³ Hubraum und ein Motorrad mit einem Einzylinder-Zweitaktmotor mit 197 cm³ Hubraum. Sie wurden in den Jahren 1955-57 angeboten.

Kilear

Kilear war eine nicht sehr bekannte tschechoslowakische Marke. Der Sitz des Herstellerunternehmens befand sich in Brno-Malomerice. Die Kilear, die 1924-26 produziert wurde, war in ihrer Technik wenig originell. Sie hatte einen Zweitaktmotor mit 250 cm³ Hubraum.

Killeen

Der Engländer Tom Killeen entwickelte 1968 ein Motorrad, das er K 11 nannte. Für den Motor verwendete er einen Velocette LE mit 192 cm³ Hubraum, obwohl beim ursprünglichen Entwurf ein 700 cm³-Motor mit zwei liegenden Zylindern vorgesehen war. An den Enden des Rohrrahmens aus Aluminiumlegierung befanden sich Halterungen aus Stahl, an denen die Schwinge der hinteren Radaufhängung und die Teleskopfederbeine befestigt waren. Der Kardanantrieb war in die Hinterradschwinge integriert. Von diesem Modell wurde jedoch nicht mehr als der Prototyp verwirklicht.

King

Sowohl die King-Dreiräder als auch die Motorräder dieser Marke zählten zu den ersten Modellen, die in Großbritannien produziert wurden. Sie entstanden 1901-07 und fanden großen Anklang. In die Dreiräder waren Motoren von De Dion Bouton eingebaut, während für die Motorräder Antriebsaggregate von Minerva, M.M.C., D.A.W. und anderen Herstellern verwendet wurden.

King Fram

Ab 1957 bis Anfang der 60er Jahre baute das schwedische Unternehmen King Fram Mopeds, deren 49 cm³-Motoren von H.M.W., Victoria, Husqvarna und anderen Herstellern geliefert wurden.

King-JAP

Trotz des englischen Namens stammte die King-JAP in Wirklichkeit aus einem kleinen Unternehmen in Augsburg. 1928-31 entstanden hier Motorräder, deren Motoren mit 200, 350 und 500 cm³ Hubraum von JAP stammten.

Kingsbury

Während des Ersten Weltkriegs stellte die englische Firma Kingsbury Engineering Motorteile für Flugzeuge her. Nach dem Krieg ging man zur Produktion von Lieferwagen, Motorrädern und Motorrollern über. Dem Antrieb der Motorräder dienten Zweitaktmotoren mit 216 und 350 cm³ Hubraum. Das englische Werk schränkte in den Jahren 1919-21 nach und nach seine Produktionstätigkeit ein, bis der Betrieb ganz eingestellt wurde.

Kingsway

Der Sitz der Firma Kingsway befand sich in Coventry, in den 20er Jahren eine Hochburg der Motorradhersteller. Die ziemlich konventionellen Modelle des Werks wurden 1921-23 gebaut und waren mit Motoren mit 292 cm³ Hubraum der Firma JAP ausgerüstet.

Kitagawa Motorcycle Co.

Dieses japanische Unternehmen konstruierte 1955 die Liner TW 247. Der Zweizylindermotor hatte im Zylinderkopf hängende Ventile und war mit einem Vierganggetriebe kombiniert. Der Antrieb erfolgte über Kardanwelle. Die Maschine, deren Fahrgestell mit einer Teleskopgabel und einer Hinterradschwinge ausgestattet war, erinnerte stark an die englische Sunbeam A7.
1956 präsentierte man das Modell Liner 250, für das ein Einzylindermotor mit 248 cm³ Hubraum, hängenden Ventilen und Kardanantrieb verwendet wurde. Das Vorderrad wurde von einer Earles-Gabel geführt, das Hinterrad von einer Schwinge. Die Liner Crown hatte im Gegensatz zur Liner 250 einen ebenfalls obengesteuerten Motor mit 125 cm³ Hubraum.

Klotz

Die Klotz, die 1923-25 in Stuttgart hergestellt wurde, war ein sehr gelungenes Motorrad. Eingebaut war ein Motor mit 200 cm³ Hubraum und seitlich stehenden Ventilen. Da der Markt jedoch von größeren und wirtschaftlich stärkeren Unternehmen beherrscht wurde, konnte sich die Maschine nicht durchsetzen.

K.M.B.

Diese Abkürzung stand für Kölner Motorradwerk Becker. Diese Firma produzierte 1923-26 ein sehr schönes Zweitaktmotorrad mit 249 cm³ Hubraum. Es war von Adolf Esch entwickelt worden, der später die Esch Rekord konstruierte. Für ihren Antrieb verwendete er Motoren von JAP und Blackburne mit 350 und 500 cm³ Hubraum.

KMZ

Aus dem sowjetischen Unternehmen KMZ in Kiew stammt die Seitenwagenmaschine Dnepr MT 10 36 K 650, die 1974 in Produktion genommen wurde. Die Maschine wiegt 295 kg und erreicht eine Höchstgeschwindigkeit von 105 km/h. Sie wird auch ohne Seitenwagen verkauft, wobei sich ihre Spitzengeschwindigkeit auf 130 km/h erhöht. Die Maschine verfügt auch über einen Rückwärtsgang und ist mit einem Kardanantrieb auf das Beiwagenrad ausgestattet. Ihre Motorleistung beträgt 36 PS bei 6000 U/min, das Drehmoment 4,8 kpm bei 4000 U/min und das Verdichtungsverhältnis 7,5:1.
In Hinsicht auf die technischen Merkmale ist die Dnepr praktisch identisch mit der Ural. Dieses Motorrad wird von der Firma Irbit ebenfalls in der Sowjetunion hergestellt. Vorläufer der Dnepr wie auch der Ural war die M 53, die 1956 von KMZ entwickelt worden war. Ihr Zweizylindermotor wies einen Hubraum von 650 cm³ auf und hatte im Zylinderkopf hängende Ventile. Die M 53 erreichte mit einer Leistung von 28 PS bei 5600 U/min eine Höchstgeschwindigkeit von 125 km/h.

Köbo

Dieses Motorrad wurde 1925 von dem deutschen Unternehmen Köhler & Bovenkamp entwickelt, das als Kettenfabrik berühmt war. Dem Antrieb diente ein eigener 276 cm³-Zweitaktmotor, der eine Leistung von 5 PS brachte. Weitere technische Kennzeichen waren ein Dreiganggetriebe und ein Kickstarter.

Koehler-Escoffier

Dieses 1912 in Guignet gegründete französische Unternehmen wurde in den 20er Jahren bekannt. Die Firma produzierte eine leistungsstarke Maschine mit 1000 cm³ Hubraum mit zwei Zylindern und im Zylinderkopf hängenden Ventilen. Im Angebot waren zudem verschiedene, sehr schöne Motorräder, für die Zweizylindermotoren mit obenliegender Nockenwelle verwendet wurden. Diese Art der Ventilsteuerung war damals bei Zweizylindermaschinen selten anzutreffen. Das französische Werk war das einzige in Europa, das sie in nennenswerter Stückzahl auf den Markt brachte.
Eine weitere sehr leistungsstarke Version besaß einen 500 cm³-Einzylindermotor mit obenliegender Nockenwelle. Erwähnenswert sind daneben ein 350 cm³-Modell, dessen M.A.G.-Motor im Zylinderkopf hängende Ventile hatte, und ein 300 cm³-Modell mit seitlich stehenden Ventilen. Darüber hinaus brachte die Firma auch Modelle mit 250 cm³-Villiers-Zweitaktmotoren auf den Markt.
1929 übernahm Monet-Goyon die Produktion des Unternehmens. Die Koehler-Escoffier-Modelle, die nach dem Krieg in den Handel kamen, konnten ihre Ähnlichkeit mit den Motorrädern von Monet-Goyon kaum verleugnen. Sie waren überwiegend mit Zweitaktmotoren bestückt, die über 125, 175 und 250 cm³ Hubraum verfügten.

Kohout

Kohout war eines der ersten tschechoslowakischen Motorradunternehmen. Das Werk schuf 1904-06 Motorräder, deren 2,5 und 2,75 PS starke Motoren von Minerva und Fafnir hergestellt wurden.

Komet

Die Komet 2 kam in den 50er Jahren aus russischer Produktion und war dem Rennsport vorbehalten. Der Boxermotor hatte einen Hubraum von 500 cm³, die Maschine verfügte über einen Kardanantrieb. Das Motorrad hatte einen Rohrrahmen mit Teleskopgabel und Teleskopfederbeinen. Die Komet 3 war eine Seitenwagenmaschine mit Vollverkleidung, mit der der Rennfahrer Ciumilkin 1954 versuchte, einige Rekorde aufzustellen.

Koster

Dieses Motorrad, das 1923-25 in Schwerin hergestellt wurde, hatte einen Rohrrahmen, dessen Tank im oberen Teil des Rahmens integriert war. Der Rahmen war partiell verkleidet. Als Motor wurde ein Zweitakter mit 144 cm³ Hubraum von Cockerell verwendet.

Kosty

Der Motorroller Kosty, der in Österreich ein großer Erfolg war, wurde 1954 von der Firma Johann Kosteletzky produziert. Entworfen hatte ihn der Ingenieur Kaulsa, dessen Feder auch der Roller Lohuer entstammte. Kosty wurde von einem Rotax-Zweitaktmotor mit 98 cm³ Hubraum angetrieben.

Kovrovetz

1961 begann das russische Unternehmen Kovrovetz in Kovrov die Produktion der K 175. Das Werk baute einen Zweitaktmotor ein, der 8 PS bei 5000 U/min leistete. Das Getriebe hatte vier Gänge. Als Fahrgestell diente ein gemischter Rohr- und Preßstahlrahmen mit Heckverkleidung. In den 60er Jahren stützte sich die Produktion des Unternehmens hauptsächlich auf dieses Modell, das an die Jawa/CZ erinnerte und eine Höchstgeschwindigkeit von 80 km/h erreichte. Nachfolgerin der K 175 war die Voskhod 3 M 175, deren Einzylinder-Zweitaktmotor eine Leistung von 14 PS entwickelte. Sie war mit einem Vierganggetriebe ausgestattet, wog 120 kg und kam auf eine Höchstgeschwindigkeit von 100 km/h.

K.R.

Karl Ritzinger war der Leiter dieses kleinen Münchner Unternehmens, das 1922-24 Motorräder mit Zweitaktmotoren auf den Markt brachte. Die Antriebsaggregate hatten 150 cm³ Hubraum.

Kram-it

Dieses Unternehmen, dessen Produktion sich auf den Geländesport- und Moto-Cross-Sektor beschränkt, entstand Ende der 70er Jahre unter dem Namen Kramer in Arcore bei Mailand. In den 80er Jahren wurde es nach Gazzaniga bei Bergamo verlegt und produziert dort immer noch Geländemaschinen, für die Minarelli-Motoren mit 50 und 80 cm³ Hubraum sowie Rotax-Motoren mit 125 und 250 cm³ Hubraum verwendet werden. Darüber hinaus gibt es Modelle mit einem 300 cm³-Geländesport-Motor von Rotax. Es handelt sich dabei in allen Fällen um flüssigkeitsgekühlte Einzylinder-Zweitaktmotoren. 1987 übernahm Kram-it das 1980 gegründete Unternehmen HRD, dessen Produktion sich auf Straßenmaschinen mit ausgesprochen sportlichem Charakter konzentriert.

Krammer

Dieses österreichische Unternehmen produzierte 1926-29 eine beschränkte Zahl von sehr gefälligen Motorrädern. Dennoch war es in seiner Heimat nicht sehr bekannt. Verwendet wurden 500 cm³- Motoren von British Anzani sowie 1000 cm³-Motoren von Summit Anzani.

Kratmo

Der Kratmo-Motor wurde von dem Techniker Walter Kratzsch entwickelt. Es handelte sich dabei um einen Zweitakter mit 49 cm³ Hubraum und einem Primärantrieb, der mittels eines mit dem Rotor des Schwungmagnetzünders verbundenen Schwungrads arbeitete. Dieses drehte sich entgegengesetzt zur Richtung der Räder des Motorrads und war mit einem Metallschwungrad verbunden, das mit einer Gummischicht überzogen war. Auf der Welle des Schwungrads war das Ritzel des Hinterradantriebs montiert. Gleichzeitig funktionierte das Schwungrad des Primärantriebs auch als Kupplung. In den 50er Jahren wurde daneben unter der Marke Kratmo ein Kleinmotor entwickelt, der in den Rahmen eingebaut wurde und das Hinterrad über eine Kette antrieb.

Die sowjetische Kovrovetz.

Kreidler

Die Firma Kreidler Fahrzeugbau begann 1951 mit der Produktion von Mopeds. Ihr erstes Modell war ausgezeichnet konstruiert: Das Moped besaß einen Zweitaktmotor mit 50 cm³ Hubraum und Zweiganggetriebe, der in einen offenen Rohrrahmen eingebaut war. Das Vorderrad wurde von einer Teleskopgabel geführt. Von Jahr zu Jahr wurden die Modelle verbessert und in verschiedenen Versionen angeboten. Ende 1954 erhielt das erfolgreiche Modell Florett einen gemischten Rohr- und Preßstahlrahmen. In der zweiten Hälfte der 50er Jahre wurde zusätzlich der Motor der Florett verkleidet. Die R 50 von 1956 war vollständig verkleidet und konnte praktisch als Motorroller betrachtet werden. Ein hervorragendes Moped war auch die Amazone, die 1958 entstand. Die Florett blieb auch 1961 im Programm. Sie war erneut überarbeitet worden.
Kreidler verbesserte die Produktpalette beständig. 1967 verließ das Moped RS erstmals das Werk. Die RS war verkleidet und besaß einen Zweitaktmotor mit liegendem Zylinder. Kreidler engagierte sich auch stark im Rennsport. Im Jahr 1962 wurde ein Rennmodell mit 50 cm³ Hubraum und einer Leistung von 10 PS bei 12000 U/min vorgestellt. Es hatte zwar ein Vierganggetriebe, verfügte aber dank eines Vorgelegegetriebes mit drei Stufen über zwölf Gänge. 1964 errang Kreidler acht Weltrekorde mit einer vollständig verkleideten Maschine mit 50 cm³ Hubraum, die eine Höchstgeschwindigkeit von 159,10 km/h erreichte.
In den 60er Jahren hatte Kreidler mit der Konkurrenz von Honda und Suzuki zu kämpfen. Aufgrund der Mißerfolge in dieser Zeit begann Kreidler 1965, die sportlichen Aktivitäten einzuschränken, und nahm ab 1966 an keinem Rennen mehr teil. Wenige Jahre später begann Kreidler jedoch, sich wieder im Rennsport zu engagieren. Zu verdanken war dies der Initiative des holländischen Importeurs Van Veen, der die Rennmannschaft finanzierte. So trafen im Jahr 1968 die Unternehmen Kreidler, Derbi und Jamathi bei der Weltmeisterschaft aufeinander. Im folgenden Jahr waren die drei Marken ganz unter sich, da sich die japanische Konkurrenz aus dem Rennsport zurückgezogen hatte.

Van Veen gelang es, Aalt Toersen und Jan de Vries, den holländischen Exchampion der 50er Klasse, anzuwerben. Beide erzielten beachtliche Ergebnisse. Van Veen hatte begonnen, die Kreidler-Modelle weiterzuentwickeln, und die Maschinen von 1969 wiesen bereits eindeutig seine Handschrift auf. In den Rahmen des früheren Zwölfgangmodells wurde ein luftgekühlter Motor mit Drehschiebereinlaß eingebaut. Die Motorleistung betrug 15,5 PS bei 14500 U/min.
1971 errang De Vries den ersten Weltmeistertitel für Kreidler. 1972 ging der Titel an Angel Nieto, der für Derbi fuhr, während sich eine Kreidler-Van-Veen 1973 wieder die Weltmeisterschaft sichern konnte. Auch in den beiden darauffolgenden Jahren dominierte Kreidler in der 50er Klasse: Nach dem Ausscheiden von De Vries übernahm Henk Van Kessel dessen Aufgabe und wurde 1974 Weltmeister; seine Maschine entwickelte eine Leistung von 21 PS bei 14000 U/Min. 1975 erwarb Angel Nieto eine Kreidler-Van-Veen und wurde ohne Schwierigkeiten Sieger in der Gesamtwertung.

Kroboth

Der Tschechoslowake Gustav Kroboth war Motorradhändler und begeisterter Motorradfahrer. 1949 begann er in Seestall-Lech mit der Produktion von Motorrollern. Die originellen Modelle hatten einen langen Radstand und einen vollständig verkleideten Rahmen. Die Motoren stammten von Sachs und hatten 98, 150 oder 175 cm³ Hubraum. Im Jahr 1952 stellte das Unternehmen seine Tätigkeit wieder ein.

K.R.S.

Diese Motorräder, in die Zweitaktmotoren mit 189 cm³ Hubraum eingebaut waren, wurden in den Jahren 1925-27 in Berlin hergestellt.

Krupp

Weltweit bekannt wurde die Krupp AG für die Herstellung von Stahl, Waffen, Panzern und Autobussen. Doch unmittelbar nach dem Ersten Weltkrieg produzierte die Fabrik in Essen auch einen Motorroller, der einen Rahmen aus Preßstahl erhielt und einen Viertaktmotor mit 1,75 PS Leistung. Montiert wurde das Triebwerk auf der linken Seite des kleinen Vorderrads. Der Roller wurde 1919-21 auf dem Markt angeboten. Da er sich nicht durchsetzen konnte, verschwand er bald wieder von der Bildfläche. Die Zeit für Roller war noch nicht reif.

KTM

Zwei außerordentlich unternehmerische und fähige Persönlichkeiten, Kronreif und Trunkenpolz, führte das Schicksal im österreichischen Mattighofen zusammen. Dieser Begegnung verdankte die Marke KTM ihr Entstehen. Kronreif und Trunkenpolz wählten für die Bezeichnung der neuen Marke die Anfangsbuchstaben ihrer Namen und des Ortes ihres ersten Zusammentreffens. Die ersten Motorräder verließen erst 1951 das Werk in Österreich, das bereits im Jahr 1934 von Trunkenpolz gegründet worden war und 17 Jahre lang als Maschinenwerkstätte diente.
Zunächst verwendete das Werk Motoren von Rotax, die in das erste Modell R 100 eingebaut wurden. Bald wurden auch Rennmaschinen konstruiert. Eine Werksmannschaft wurde aufgestellt, die an den Rennen in der 125er Klasse teilnahm. Zunächst waren die Ergebnisse recht bescheiden, man ließ sich jedoch nicht entmutigen und konnte bald bessere Resultate aufweisen. 1953 erweiterte das Werk die Produktpalette um Mopeds. Etwa neun Jahre später sollten die ersten Fahrräder der Marke KTM im Handel erscheinen. Die Mopedmodelle Mecky, Tourist 125, Tarzan, Mustang und der Roller Mirabell hatten Hubräume zwischen 50 und 125 cm³. Der Mustang wurde an die österreichische Armee geliefert. Der Erfolg der Mopeds war sehr wichtig, um die Position des Unternehmens auf dem Markt zu festigen.
1954 wurde Kronreif, der nicht nur über eine große Erfahrung als Ingenieur verfügte, sondern auch ein äußerst geschickter Geschäftsmann war, Teilhaber in dem Unternehmen. Trunkenpolz und Kronreif ergänzten sich gegenseitig bestens, was sich auf die weitere Entwicklung des Unternehmens äußerst positiv auswirkte und in kurzer Zeit zu einer enormen Steigerung der Produktion führte. 1960 starb Kronreif unerwartet, das Unternehmen hatte sich inzwischen jedoch soweit durchgesetzt, daß um den weiteren Erfolg nicht gefürchtet werden mußte. Die Planungs- und Entwicklungsabteilung wurde dem Ingenieur Zizala anvertraut, der interessante Neuerungen einführte und zur weiteren Entwicklung der Motorräder und Mopeds in den 60er und 70er Jahren beitrug.
1962 übernahm Erich Trunkenpolz, der Sohn des Gründers, die Leitung des Unternehmens. Anfang der 70er Jahre stellte KTM den Motorroller Ponny vor, der bis 1977 in Produktion blieb und großen Anklang beim Publikum fand. Der Ponny und die Version Ponny L hatten luftgekühlte Puch-Zweitaktmotoren mit einem Zylinder und 50 cm³ Hubraum. Das Vierganggetriebe war fußgeschaltet, der Kickstarter befand sich seitlich auf halber Höhe. Der Preis der beiden Roller, die im Design sehr avantgardistisch waren, war verhältnismäßig niedrig. In den 60er Jahren entstanden zwei Modelltypen in Mattighofen. Die Serie Comet wurde 1964 vorgestellt und umfaßte Mopeds, deren Sachs-Zweitaktmotoren über 50 cm³ Hubraum verfügten. Die Serie Hobby hingegen wurde 1967 präsentiert. Zu ihr gehörten Mopeds, in deren offene Rahmen Puch-Motoren mit 50 cm³ Hubraum eingebaut waren. Das Jahr 1967 war für das Unternehmen von großer Bedeutung, da man sich verstärkt im Moto-Cross-Sport engagierte. Bereits 1965 hatte man von einer offiziellen oder halb offiziellen Teilnahme der Marke KTM an der europäischen Meisterschaft gesprochen. Es drehte sich damals um Modelle mit Sachs-Motoren mit 50 und 100 cm³ Hubraum. In jenen Tagen knüpfte KTM Kontakte zu Arnaldo Farioli, einem der ersten Fahrer, der an die KTM-Geländemaschinen glaubte; Farioli übernahm Ende der 70er Jahre den Import der KTM nach Italien.

KTM 250 und 400 Moto-Cross von 1977.

KTM 250 Geländesportmaschine, 1977.

1968 baute man unter dem Markennamen Penton die erste kommerzielle KTM-Geländemaschine. Sie war mit einem Sachs-Motor und einem Rahmen aus Chrommolybdänstahl ausgerüstet. Die aggressiv gestylte Penton war ein ausgesprochener Erfolg für das Unternehmen. Nach einigen Jahren kam die zweite Serie von österreichischen Geländemaschinen auf den Markt. Die KTM 125 entstand, ein Motorrad, mit dem wieder ein Meilenstein in der Geschichte der Motorradentwicklung erreicht war. Die Zusammenarbeit mit Farioli wurde immer enger; der italienische Importeur betreute selber die Werkteams, die sich auf den Rennstrecken gut behaupten konnten. 1971 erschienen die ersten KTM-Motoren mit 175 cm³ Hubraum, die technisch sehr fortschrittlich waren. Bei seinem Debüt in Italien errang das Team KTM-Farioli, dem Ferrari, Farioli persönlich und Taiocchi angehörten, drei italienische Titel in der Klasse über 100, 125 und 175 cm³ Hubraum. Taiocchi sicherte sich auf einer KTM fünf italienische Titel und siegte bei einem Sechstagerennen.
In der Zwischenzeit wurde das Moto-Cross-Programm mit einem 250 cm³-Motor gestartet, der auch in die Geländemaschinen eingebaut wurde. Man sprach von einer Leistung von 36 PS, was für damalige Verhältnisse unglaublich war. Im Jahr 1973 begann man mit der sowjetischen Moto-Cross-Nationalmannschaft zusammenzuarbeiten. Ein Jahr später holte sich Guennadiy den Weltmeistertitel. 1975 drang zum ersten Mal ein Motorrad aus dem Westen in die große Hubraumklasse vor. In der 500 cm³-Klasse, in der die DDR und die Tschechoslowakei fast eine Monopolstellung innehatten, errang Imerio Testori für KTM und Italien den ersten Europameisterschaftstitel.
Gleichzeitig konnte das Unternehmen auch große Erfolge im kommerziellen Bereich verbuchen. KTM wurde eines der führenden Unternehmen bei den Geländemaschinen. Ende 1975 verwendete KTM nicht mehr die Sachs-Motoren, sondern präsentierte eine neue 125er mit einem KTM-Motor, dessen Vorläufer der Motor der 175er KTM war. In den nachfolgenden Jahren erzielte das Unternehmen eine

KTM 350 Enduro von 1988.

Reihe von Titeln bei nationalen und internationalen Wettbewerben wie etwa den Sechstagerennen. Im Jahr 1977 belegte KTM bei der Moto-Cross-Weltmeisterschaft mit den Russen Moiseev und Kavinov und dem Belgier Malherbe die ersten drei Plätze in der 250er Klasse.
Das kommerziell interessanteste Modell war zweifellos die Comet RSL mit einem 50 cm³-Sachs-Motor, Scheibenbremsen vorne und hinten, vollständig gekapselter Kette und Speichenrädern mit Leichtmetallfelgen. Auf dem Salon von 1977 präsentierte KTM auch eine Trial-Maschine. Auch die 80er Jahre erwiesen sich für das Werk als äußerst fruchtbar. Das Unternehmen blieb weiterhin bei der bewährten Verkaufsstrategie, nur beste Qualität zu produzieren, so daß die angebotenen Geländemaschinen den höchsten Ansprüchen genügten. Im Jahr 1985 errang man zahlreiche Siege im Motorsport, darunter den Moto-Cross-Weltmeisterschaftstitel in der 250 cm³-Klasse, den ersten Platz beim Enduro du Touquet, bei der Rally de l'Atlas und der Coupe de l'Avenir. In Italien holte sich KTM drei der fünf Enduro-Titel. 1986 präsentierte die Firma eine 250er Moto-Cross-Maschine mit einem Mikrocomputer, der die Zündung kontrollierte. Neu war auch die Pro-Lever-Hinterradaufhängung mit Zentralfederbein und die Scheibenbremse hinten. Die anderen Gelände- und Moto-Cross-Modelle mit 125, 250 und 500 cm³ Hubraum wie auch die Enduro-Modelle mit 350, 500 und 600 cm³ Hubraum wurden verbessert. Neu vorgestellt wurde die GXE 50, eine kleine Enduro mit 50 cm³ Hubraum. Diese Maschine profitierte deutlich von den reichen Erfahrungen, die KTM im Moto-Cross-Bereich sammelte. 1987 wurden im Enduro-Sektor interessante Neuheiten angeboten: Die 350 GS besaß einen flüssigkeitsgekühlten Einzylinder-Zweitaktmotor mit einer Leistung von 53 PS bei 7200 U/min. Der Tank war auf 23 Liter vergrößert worden. Unter dem Sattel befanden sich zwei weitere Kraftstoffbehälter. Daneben gab es die LC/4, Incas genannt, die ebenfalls von einem flüssigkeitsgekühlten Viertaktmotor angetrieben wurden. Die Motorleistung betrug 52 PS bei 8500 U/min.

Kühne

Ab 1928 baute dieses deutsche Unternehmen stehende Einzylindermotoren mit 350 und 500 cm³ Hubraum und im Zylinderkopf hängenden, über Stoßstangen und Kipphebel gesteuerten Ventilen. 1929 konstruierte Kühne auch einen Motor mit desmodromischer Ventilsteuerung.

Kumfurt

Die englischen Kumfurt-Motorräder wurden 1914-16 in Rise, Berkshire, produziert. Für einen Teil der Modelle wurden Einzylinder-Motoren mit 269 cm³ Hubraum von Villiers verwendet. Ansonsten baute man Einzylinder- und Zweizylinder-V-Motoren ein, die von Precision stammten. Im Design waren die Motorräder, von denen nur eine begrenzte Anzahl hergestellt wurde, ziemlich konventionell.

K & K

K & K war eine der zahllosen deutschen Marken, die in den 20er Jahren angeboten wurden. Das Unternehmen Kuhlmann & Könecke produzierte 1922-23 in seinem Werk in Hannover-Lehrte Motorräder, für die 197 cm³-Motoren mit seitlich stehenden Ventilen verwendet wurden.

Kurier

Diese Motorräder mit Einzylinder-Zweitaktmotoren und 146 cm³ Hubraum wurden 1925-1928 in Berlin gebaut.

Kynast

Es handelt sich bei der Firma Kynast um ein Unternehmen mit Sitz in Quackenbruk, das sich auf die Herstellung von sehr billigen, einfachen und robusten, wenn auch im Aussehen etwas veralteten Mopeds spezialisiert hatte. Die Mopeds mit einem Zentralrohrrahmen waren mit automatischen Zweiganggetriebe und Teleskopfederbeinen ausgestattet. Der Kraftstoffverbrauch der Mopeds soll bei knapp zwei Litern auf 100 Kilometer gelegen haben.

Kynoch

Die Firma Kynoch Ltd., deren Sitz sich in Birmingham befand, baute 1903-13 Motorräder, die recht interessant waren. Sie verwendete zunächst Motoren von M.M.C., Minerva und Fafnir. Später wurden die Modelle mit Einzylindermotoren mit 488 cm³ Hubraum, Zweizylinder-V-Motoren mit 770 cm³ Hubraum von JAP bestückt. Auch 500 cm³-Motoren von Precision wurden eingebaut.

Labor

Dieses französische Unternehmen, das 1908 gegründet wurde, konzentrierte seine Produktion auf Modelle mit Hubräumen bis zu 350 cm³. Aufgrund einer Vereinbarung mit Alcyon verkaufte Labor anscheinend die Motorräder dieser Marke unter dem eigenen Namen. Im Gegensatz zu der Mehrzahl der kleinen

Motorradhersteller konnte sich Labor lange auf dem Markt halten. 1945-54 entstanden Leichtmotorräder, für die Zweitaktmotoren mit 100 oder 125 cm³ und Viertaktmotoren mit 48 cm³ Hubraum verwendet wurden. Das 48 cm³-Modell hatte hängende, über Stoßstangen und Kipphebel gesteuerte Ventile, ein Zweiganggetriebe und Rollenantrieb. 1954 wurde auch ein Motorrad mit 250 cm³ Hubraum, obenliegender Nockenwelle und Vierganggetriebe auf den Markt gebracht. Das Unternehmen war bis 1960 im Motorradsektor aktiv.

Labre & Lamaudière

Die Labre & Lamaudière entstand 1896 in Frankreich. Im Vergleich zu der damals üblichen Linienführung hatte sie ein sehr schönes Design. Der Motor mit 65 cm³ Hubraumvolumen mit Riemenantrieb war wie das Stützrohr des Sattels leicht nach hinten geneigt und ersetzte dieses im unteren Teil.
Unter der Marke Lamaudière wurde Anfang dieses Jahrhunderts auch ein 942 cm³-Einzylindermotor gebaut, der für französische Rennmotorräder vorgesehen war.

Ladetto

1926 konstruierten die Brüder Emilio und Giovanni Ladetto in Turin Zweitaktmotoren mit 125 cm³ Hubraum und einem im Motorgehäuse integrierten Zweiganggetriebe ohne Kupplung. 1927 schloß sich Giovanni Ladetto mit dem sehr begabten Techniker Angelo Blatto zusammen, und noch im selben Jahr wurde auf der Ausstellung in Turin die Produktpalette von Ladetto & Blatto vorgestellt, die drei Motoren umfaßte: einen 17 kg schweren Zweitaktmotor mit 175 cm³ Hubraum, hängenden Ventilen und im Motorgehäuse integriertem Dreiganggetriebe für Motorfahrräder, einen Zweitaktmotor mit 132 cm³ Hubraum und Dreiganggetriebe sowie einen Zweitaktmotor mit 175 cm³ Hubraum mit den gleichen technischen Merkmalen wie die anderen beiden Motoren. Gleichzeitig stellten Ladetto & Blatto einen vollständigen Rahmen vor, in den die drei Motoren montiert werden konnten.
Ende 1927 konstruierte das Turiner Werk ein 250 cm³-Modell mit seitengesteuertem Motor und Dreiganggetriebe. Bei diesem Getriebe wurde die Kurbelwelle

Labre & Lamaudière von 1896.

Ladetto 175 cm³ von 1930.

als Getriebeeingangswelle verwendet. 1928 wurden verschiedene Lieferfahrzeuge mit 175 und 250 cm³ Hubraum vorgestellt. Daneben entstand eine Maschine mit einem seitengesteuerten 175 cm³-Motor, die 1929 auf den Markt kam. 1930 zog sich Angelo Blatto aus der Firma zurück. Die Produktion wurde unter dem Namen Ladetto fortgesetzt. Das erste Motorrad, das unter der neuen Markenbezeichnung in den Handel kam, war ein Modell mit 175 cm³ Hubraumvolumen, dessen Motor im Zylinderkopf hängende Ventile aufwies und mit einem Albion-Dreiganggetriebe kombiniert war.
Die Ladetto von 1932 war das erste 175 cm³-Leichtmotorrad, für das ein Schwingrahmen verwendet wurde. Die Hinterradschwinge war mit einem zentralen Teleskopfederbein mit Schraubenfeder ausgestattet. Der mit einem Dreiganggetriebe verbundene Motor hatte im Zylinderkopf hängende Ventile.

Ladies-Pacer

Es handelte sich bei der Ladies-Pacer um eine speziell für Frauen konzipierte Version der Pacer. Das Damenmotorrad, das 1914 auf der britischen Insel Guernsey produziert wurde, besaß einen Viertaktmotor mit 116 cm³ Hubraum von J.E.S.

Lady

Das belgische Unternehmen Lady gehörte Lambert von Ouwerkerk und war in Sainte-Mariaburg in der Nähe von Antwerpen ansässig. Dort entstanden Motorräder mit konventionellem Design, deren Motoren von Villiers, M.A.G., Blackburne, JAP und Python Rudge geliefert wurden. Die Firma Lady war in den Jahren 1925-38 im Motorradbau aktiv.

Lafour & Nougier

Dieses kleine französische Unternehmen mit Sitz in Nîmes war in den Jahren 1927-36, also immerhin knapp zehn Jahre lang, im Motorradsektor tätig. Für seine Modelle, deren Rahmen aus eigener Produktion kamen, verwendete das Werk Motoren von englischen und französischen Herstellern.

La Française

Die französische Firma La Française produzierte in den Jahren 1936-40 Leichtmotorräder und Motorräder mit Hubräumen von 98 bis 350 cm³. Sowohl Zweitaktals auch Viertaktmotoren mit seitlich stehenden oder im Zylinderkopf hängenden Ventilen wurden eingebaut.
Als 1945 die Produktion wieder aufgenommen wurde, konzentrierte man sich auf ein Motorrad mit 100 cm³ Hubraum und Dreiganggetriebe. Ab 1948 fertigte die Firma ein Modell mit einem Viertaktmotor, 49 cm³ Hubraum und hängenden, über Stoßstangen und Kipphebel gesteuerten Ventilen. In den folgenden Jahren wurde das Angebot um Leichtmotorräder erweitert, deren Viertaktmotoren über 169 und 175 cm³ Hubraum verfügten. 1953 entwickelte man eine 250 cm³-Maschine, die einen Viertaktmotor mit obenliegender Nockenwelle und ein Vierganggetriebe erhielt.

L.A.G.

Die österreichische Liesinger Motorenfabrik AG, kurz L.A.G. betätigte sich 1923-28 als Motorradhersteller. L.A.G. war in den 20er Jahren eine der bekanntesten Marken in Österreich. Aus Liesing stammte eine interessante Maschine, die von einem 350 cm³-Einzylinder-Zweitaktmotor angetrieben wurde.

Lagonda

Das englische Unternehmen Lagonda in Staines, Middlesex, begann zunächst mit der Konstruktion von Dreirädern. 1902-05 produzierte die Firma Motorräder, die mit Motoren von De Dion Bouton und Minerva ausgerüstet waren. In den folgenden Jahren widmete sich das Werk dann dem Automobilbau.

La Lorraine

Unter dieser Markenbezeichnung wurden 1922-25 in Frankreich Leichtmotorräder angeboten, in die Viertaktmotoren mit 175 bis 250 cm^3 Hubraum eingebaut waren.

La Mondiale

Das belgische Motorrad La Mondiale wurde 1924-33 in Brüssel hergestellt und war mit einem Einzylindermotor bestückt. Es gehörte zu den ersten Motorrädern, die einen Preßstahlrahmen besaßen. Daneben bot das Unternehmen Modelle mit Villiers-Zweitaktmotoren an. Auch Viertaktmotoren von Chaise oder JAP mit Hubräumen von 250 bis 600 cm^3 und im Zylinderkopf hängenden oder seitlich stehenden Ventilen wurden eingesetzt.

Lampo

In den 20er Jahren fertigte das italienische Unternehmen Lampo ein Leichtmotorrad, das einen Zweitaktmotor mit 98 cm^3 Hubraum erhielt. Im Jahr 1926 produzierte Lampo Motorfahrräder mit 125 cm^3 Hubraum und Motorräder mit 175, 200 und 250 cm^3 Hubraum. Erstere waren mit Zweitaktmotoren, letztere waren mit Viertaktmotoren ausgerüstet.
1928 verschwanden die Modelle aus dem Handel. Ein Jahr später übernahm Mario Sporeni, ein früherer Mitarbeiter, die Marke und entwickelte ein neues Leichtmotorrad mit einem 175 cm^3-Motor. Die im Zylinderkopf hängenden Ventile wurden über Stoßstangen und Kipphebel gesteuert. Das Leichtmotorrad gab es in drei Versionen: Die Comfort kam auf eine Höchstgeschwindigkeit von 75 km/h, die Supersport erreichte 85 km/h Spitze und die Super Comfort mit Beiwagen 65 km/h. Diese drei Modelle wurden ohne Veränderungen bis 1930 angeboten.

Lancer

Dieses englische Unternehmen mit Sitz in Coventry produzierte 1904-05 Motorräder, deren 2, 2,75 und 3,5 PS-Motoren zum Teil aus der eigenen Produktion, zum Teil von Minerva und M.M.C. stammten.
1957 erschienen unter dem Markennamen Lancer japanische Leichtmotorräder auf dem Markt, die mit Zweitaktmotoren bestückt waren. Außerdem gab es Modelle mit Zweizylinder-V-Viertaktmotoren, die über 250 cm^3 Hubraum, eine untenliegende Nockenwelle und im Zylinderkopf hängende Ventile verfügten. Die Marke Lancer war bis in die frühen 60er Jahre im Handel zu finden.

Lancia

1955 entwickelte Lorenzo Lancia ein 125 cm^3-Rennmotorrad mit zwei obenliegenden Nockenwellen. Eine Besonderheit dieser Maschine war das Motorsystem mit einer Ansaugung und Vorverdichtung im Gehäuse wie bei Zweitaktern und einer besonderen Frischluftansaugung, die dazu diente, die Verbrennungsgase zu beseitigen und den Zylinder zu kühlen. Die Vorverdichtung im Motorgehäuse erfolgte mittels einer vom Schwungrad gesteuerten Einlaßöffnung. Es ist nicht bekannt, ob das Motorrad je in Serie ging oder an Rennen teilgenommen hat.

Lanco

Dieses Motorrad wurde 1921-25 von der Wiener Erdberger Maschinenfabrik auf den Markt gebracht, die bis 1920 nur Dampfmaschinen und Turbinen hergestellt hatte. Das Modell wurde in zwei Ausführungen angeboten, die jedoch beide einen stehenden 569 cm^3-Einzylindermotor besaßen. Die Tourenversion hatte einen seitengesteuerten Motor, während bei der Sportversion ein Motor mit im Zylinderkopf hängenden, mittels Stoßstangen und Kipphebel gesteuerten Ventilen verwendet wurde. Das separate Getriebe hatte drei Gänge. Primär- und Sekundärantrieb erfolgten über Ketten. Weitere Kennzeichen dieses Motorrads: automatische Schmierung, Schleifenrohrrahmen mit einer Brampton-Gabel mit Schraubenfeder oben am Lenkkopf. Für manche Modelle verwendete das Werk Motoren von M.A.G., darunter einen 1000 cm^3-Zweizylinder-V-Motor.

Landi

1924-26 baute der Italiener Lamberto Landi ein Motorfahrrad mit einem französischen Train-Motor, dem er den Namen „The Sweet“ gab.

Langford

Um 1915 konstruierte B. Langford in den USA ein Dampfmotorrad mit zwei Zylindern, die seitlich vom Hinterrad angebracht waren. Das Rad wurde direkt über Pleuelstangen angetrieben. Der Dampfkessel befand sich in der Mitte des Rahmens und war isoliert, damit sich der Fahrer nicht verbrennen konnte. Der Brenner wurde mit Schweröl oder Kerosin gespeist und war mit einem Regler ausgestattet, der für das erforderliche Druckniveau sorgte. Der Hersteller des Motorrades versicherte, daß das Wasser innerhalb von drei Minuten in Dampf umgewandelt würde. Die Bedienung der Langford-Maschine beschränkte sich auf zwei Fußhebel, nämlich einen für die Bremse und einen weiteren für den Dampfeinlaß zu den Zylindern.

La Pantherre

Dieses französische Unternehmen stellte 1928-32 Motorräder her. Die im Design herkömmlichen Maschinen besaßen 350 und 500 cm^3-JAP-Motoren.

Lapierre

Unter dieser Markenbezeichnung wurden Anfang der 50er Jahre ausgezeichnete französische Mopeds mit 49 cm^3-Motoren auf dem Markt angeboten.

Lardori

1925 baute das italienische Unternehmen Lardori Motorräder mit 350 cm^3-Train-Motoren, Ideal-Dreiganggetriebe und Druid-Gabel. Der Sitz der Firma befand sich in Castellina in Chianti in der Nähe von Siena.

Latscha

Diese Motorräder wurden 1948-53 in Frankreich hergestellt. Sie hatten ein eher konservatives Design und waren mit JAP-Motoren bestückt, die 350 und 500 cm^3 Hubraum aufwiesen.

Laurenti

Laurenti Edmondo e Figlio, ein Unternehmen in Bologna, das über 40 Jahre lang nur Motorteile hergestellt hatte, entwickelte und produzierte 1956 einen Viertaktmotor mit 173 cm^3 Hubraum und einer obenliegenden, über Kette angetriebenen Nokkenwelle.

Laurin & Klement

Die Geschichte von Laurin & Klement begann 1885: Vaclav Klement, ein Buchhändler in Mladà Boleslav in Böhmen, das damals noch zur österreichisch-ungarischen Monarchie gehörte, begann sich für die Tätigkeit des Mechanikers Vaclav Laurin zu interessieren. Er schlug Laurin vor, gemeinsam ein Veloziped-Werk zu gründen. In der kleinen Werkstatt von Laurin & Klement entstanden so die Slavia-Fahrräder, die bald sehr beliebt waren. 1896 beschloß Klement, die Buchhandlung aufzugeben und sich vollständig der Zweiradproduktion zu widmen. Auch die Herstellung von Fahrrädern mit Hilfsmotoren wurde geplant.
Der erste Motor, der auf ein Slavia-Fahrrad montiert wurde, wahrscheinlich ein Werner-Motor, wurde vorn am Lenkkopf oberhalb des Rads angebracht. Wenig später stand ein echtes Motorfahrrad auf den Rädern. Es hatte einen sehr robusten Rohrrahmen, in den ein stehender Einzylinder-Viertaktmotor eingebaut war. Der Motor wurde hinter dem vorderen Rohr montiert und besaß eine elektrische Zündung mit einem Unterbrecher. Der Antrieb auf das Hinterrad erfolgte über Riemen.
Einige Jahre später wurde die Markenbezeichnung Slavia durch L & K ersetzt; diese Marke wurde auch außerhalb Österreich-Ungarns sehr bekannt.
Anfang dieses Jahrhunderts begann das Werk, eigene Motoren herzustellen. Bis 1904 verwendete die Firma für ihre Modelle Einzylindermotoren; dann wurde auch eine Maschine ins Programm aufgenommen, die von einem Zweizylinder-V-Viertaktmotor mit 691 cm^3 Hubraum angetrieben wurde. 1905 gesellte sich zu diesem Modell eine Vierzylindermaschine mit 5 PS Leistung, deren Zylinder in

einem Block gegossen und längs hintereinander im Rahmen eingebaut waren. Die Schmierung erfolgte mittels Handpumpe. Weitere Merkmale dieses Modells waren die Bandbremse am Hinterrad und der Kettenantrieb. Der Motor dieser Vierzylindermodelle war luftgekühlt. Im selben Jahr brachte man aber auch ein Einzylinder- und ein Zweizylindermodell mit Wasserkühlung auf den Markt.
Das Unternehmen war so erfolgreich, daß die L & K-Modelle schon bald unter Lizenz von Seidel & Naumann in Deutschland und von Alcyon in Frankreich hergestellt wurden. Dennoch begann das böhmische Werk, sich verstärkt für die Automobilproduktion zu interessieren. Bereits 1905 war das erste Dreirad mit Motor und 1906 der erste Kleinwagen gebaut worden. Verschiedenen Quellen zufolge, hat Laurin & Klement bereits 1908 die Motorradproduktion vollständig aufgegeben; aus anderen, wohl zuverlässigeren Quellen geht jedoch hervor, daß die Firma weiterhin eine kleine Zahl von Motorrädern noch zu einem Zeitpunkt baute, zu dem man fast vollständig auf Automobile umgestellt hatte.
Bis 1908 hatte Laurin & Klement neben dem anfänglichen Markennamen Slavia auch die Bezeichnung Republik für Motorräder verwendet, die für den Export in verschiedene europäische Länder und nach Nord- und Mittelamerika bestimmt waren. Erst im Laufe der frühen 20er Jahre wurde die Motorradproduktion endgültig eingestellt. 1925 verschwand die Marke Laurin & Klement auch vom Automobilmarkt, da das Unternehmen mit Skoda, einem anderen Automobilhersteller, fusionierte.

Lavalette

Mopeds mit 48 und 65 cm³ Hubraum, Dreiganggetriebe und Kettenantrieb produzierte 1952 das französische Unternehmen Lavalette. Der Motor war in der Nähe des Pedalwerks eingebaut. 1953 wurde der Hubraum des 65 cm³-Modells auf 70 cm³ erhöht. Bis 1954 blieben die beiden Motoren praktisch unverändert. 1955 entwickelte Lavalette das Moped AML 50 mit 49 cm³ Hubraum, dessen automatische Kupplung aus einer Antriebsscheibe bestand, die von der Fliehkraft angetrieben wurde und durch einen Keilriemen mit der Riemenscheibe des Pedalwerks verbunden war.
Das Werk fertigte daneben auch einen Zweitakt-Einbaumotor mit 70 cm³ Hubraum, der für Motorroller und Mopeds verschiedener Marken bestimmt war. 1956 erhielten die Lavalette-Motoren die neue Multimatic-Automatikkupplung, die gegenüber der früheren Ausführung überarbeitet und perfektioniert worden war. In den nachfolgenden Jahren nahm das Unternehmen an seinen Modellen nur wenige Veränderungen vor.

Laverda

Die italienische Firma Laverda zählte zu den Pionieren der industriellen Produktion. 1873 gründete Pietro Laverda in Breganze in der Nähe von Vicenza ein Werk, um kleine Maschinen für die Landwirtschaft herzustellen. Aus der kleinen Werkstatt entstand im Lauf der Jahre ein bedeutendes Unternehmen, das Mähdrescher und andere Landmaschinen produzierte.
Francesco Laverda, ein Enkel von Pietro Laverda, folgte dem unternehmerischen Vorbild seines Großvaters und gründete im Jahr 1949 ebenfalls in Breganze die Firma Moto Laverda, die zunächst stehende Einzylinder-Viertaktmotoren mit 75 cm³ Hubraum baute. Der Prototyp von 1949 wies einige ungewöhnliche Lösungen auf, wie den schwingenden Motor-Getriebe-Antriebs-Block, der den linken Arm der Hinterradschwinge bildete, während der rechte Arm aus einem massiven Element aus Preßblech bestand. Die Federung war nicht sichtbar, da sie nach dem viele Jahre später unter der Bezeichnung „Cantilever“ bekannt gewordenen Zentralfederbein-System verborgen war. Der Rahmen aus Preßstahl hatte eine eigenartige Architektur, auch die vordere Gabel bestand aus Preßstahl.
Dieses erste Modell wurde durch eine neue Version ersetzt, die einige typische Merkmale des Vorläufermodells wie die Federung und den Rahmen beibehielt. Der Motor wurde jedoch verbessert und fiel durch seinen langen und schmalen, leicht nach vorn geneigten Zylinder auf. Für die Kraftübertragung wurde das herkömmliche System des Kettenantriebs verwendet. Ab 1952 hatten die kleinen Laverda-Viertaktmodelle eher das Aussehen und die Merkmale eines Motorrads: Rohrrahmen, Hinterradschwinge mit äußeren Federbeinen und Teleskopgabel. Entscheidend war der Stoßstangenmotor, der als unverwüstlich bekannt geworden war.
Um diese Eigenschaft herauszuheben, beschloß Francesco Laverda, an den bekanntesten Langstreckenrennen Italiens teilzunehmen. 1951 starteten in Mailand vier Laverda 75 zum Rennen Mailand-Tarent, und alle vier Maschinen kamen nach 1400 Kilometern in Tarent an. 1952 siegte Castellani in der 75er Klasse bei diesem Rennen, 1953 übernahm Fontanili seinen Platz. Mariani setzte sich 1953 und 1954 beim Giro d'Italia durch, während sich Zanzani mit der neuen 100er ebenfalls beim Giro d'Italia den ersten Platz sicherte und Larquier 1954 und 1955 Sieger auf der Strecke Mailand-Tarent wurde.
1956 gewannen die kleinen Viertaktmaschinen mit 75 und 100 cm³ Hubraum erneut auf dieser Strecke sowie beim Motogiro, während sich Silvani in den Jahren 1956 und 1957 auf der 75 cm³-Maschine den Titel der italienischen Junioren-Meisterschaft holte. Eine Laverda 75 stellte mit einer Durchschnittsgeschwindigkeit von 93 km/h auf den 1400 Kilometern von Mailand nach Tarent einen neuen Rekord auf. Im Geländesport holte sich Benzoni im Jahr 1955 auf der 100 cm³-Maschine den italienischen Meistertitel; 1956 folgten drei Goldmedaillen beim Internationalen Sechstagerennen in Garmisch-Partenkirchen.
Das 75 cm³-Serienmodell wog 65 kg und erreichte eine Höchstgeschwindigkeit von 70 km/h, während die 100er in der Tourenversion mit Dreiganggetriebe 80 km/h und in der Sportversion mit Vierganggetriebe 95 km/h erreichte. 1959 entwickelte Laverda einen Viertaktmotor mit 50 cm³ Hubraum und Dreiganggetriebe, der für ein Moped und einen originellen Motorroller eingesetzt wurde. 1962 brachte man eine ausgezeichnete Zweizylindermaschine mit einem Viertakt-Stoßstangenmotor mit 200 cm³ Hubraum und Vierganggetriebe auf den Markt. Das Modell hatte eine Leistung von 11 PS bei 6000 U/min und wurde bis 1969 hergestellt.
1963 startete man die Produktion eines extrem preisgünstigen Mopeds mit Zweitaktmotor, das großen Absatz fand. Es hatte einen äußerst einfachen, hinten starren Rahmen mit einer Teleskopgabel, ein Einganggetriebe, eine Fliehkraftkupplung und kleine Scheibenbremsen an Vorder- und Hinterrad. 1965-69 wurden zwei 125 cm³-Modelle mit einem fast liegenden Viertaktmotor in den Versionen Sport, Trial und Rallye vorgestellt. Der

Stoßstangenmotor leistete etwa 10 PS bei 8000 U/min.
1960 nahm das Unternehmen mit der Entwicklung einer 650er Zweizylindermaschine sein größtes Projekt in Angriff; seit Jahren hatten sich die italienischen Hersteller nicht mehr an Motorräder mit so großem Hubraum herangewagt. Die Laverda 650 war eine leistungstarke Zweizylindermaschine mit elektrischem Anlasser, obenliegender, über eine Kette angetriebener Nokkenwelle, Fünfganggetriebe und einer Leistung von 52 PS bei 6500 U/min und erreichte eine Höchstgeschwindigkeit von etwa 180 km/h. Sie wurde 1966 anläßlich der Motorradausstel-

Laverda 1000 Dreizylinder, 1973.

Laverda 200 Zweizylinder, 1962.

Gibson 1976 auf einer Laverda 1000 Jola.

Laverda 125 mit Zündapp-Motor, 1977.

Laverda RGS 1000 Rennmaschine, 1983.

lung in London präsentiert und erregte sofort großes Aufsehen. Ihre Nachfolge trat eine 750 cm³-Maschine an, die ab 1968 serienmäßig hergestellt wurde. Nach der 750 GT erschienen 1969 die 750 S und 1970 die SF. Die 750 SF leistete 60 PS bei 6900 U/min und erreichte eine Höchstgeschwindigkeit von 192 km/h. Eine Weiterentwicklung dieses Modells war die SFC Rennsportmaschine mit einer Leistung von 72 PS und einer Höchstgeschwindigkeit von über 200 km/h.

Massimo, der Sohn von Francesco Laverda, war ein begeisterter Anhänger des Rennsports und bereitete nicht nur die Teams auf die Rennen vor, sondern engagierte sich auch selber als Fahrer, wobei er gute Ergebnisse erzielte; so siegte er 1969 zusammen mit Brettoni in der 750er Klasse beim 24-Stunden-Rennen von Oss in Holland. Die SF siegte 1970 auf den 500 Kilometern von Monza und 1971 bei den 24 Stunden von Barcelona und wurde Zweite beim Bol d'Or in Zeltweg.

1972 nahm man die Entwicklung einer 1000 cm³-Dreizylindermaschine in Angriff. Das alte Werk in Breganze wurde durch eine hochmoderne Anlage ersetzt. Im Frühjahr 1973 wurde schließlich die 1000er Dreizylinder in den Handel gebracht. Ihre wichtigsten Merkmale: 980 cm³ Hubraum, 80 PS bei 7200 U/min, Verdichtungsverhältnis 9:1, Fünfganggetriebe, ein Gewicht von 220 kg und eine Höchstgeschwindigkeit von über 200 km/h.

Auch die 1000er schickte Laverda zu Wettkämpfen. 1974 belegte sie beim 24-Stunden-Rennen von Barcelona mit einer englischen Mannschaft den drit-

ten Platz. 1975 sicherte man sich mit dem Italiener Luchinelli und dem Franzosen Fougeray bei diesem Wettbewerb den sechsten Platz, während Brettoni/Cereghini bei den 1000 Kilometern von Mugello auf den dritten Platz kamen; bei den 24 Stunden von Lüttich wurden Gallina/Cereghini zweite und Luchinelli/Fougeray dritte.
Für den Geländesport begann Laverda 1972, eine 250 cm³-Einzylinder-Zweitaktmaschine zu entwickeln, die 1974 in Produktion genommen wurde. Sie wurde nach einem tunesischen Salzsee, wo unter strengster Geheimhaltung die Testfahrten vorgenommen worden waren, Chott genannt und leistete 26 PS bei 7600 U/min. Das Modell mit Fünfganggetriebe und elektronischer Doppelzündung wog 117 kg und erreichte eine Höchstgeschwindigkeit von 120 km/h.
Im Jahr 1975 schloß Laverda einen bedeutenden Vertrag mit dem schwedischen Unternehmen Husqvarna, das neue Motoren lieferte. Auf die 125er Regolarità-Geländesportmaschine, die Ende 1976 in den Handel gebracht wurde, folgte das ebenfalls für das Gelände bestimmte 250 cm³-Modell. Bei den Husqvarna-Motoren handelte es sich um Zweitakter mit Membransteuerung und Sechsganggetriebe.
Im Herbst 1977 schloß man mit einem weiteren berühmten ausländischen Hersteller einen Vertrag; Zündapp sollte Zweitaktmotoren mit 125 und 175 cm³ Hubraum anfertigen, die in zwei interessante, wassergekühlte Straßenmotorräder mit Fünfganggetriebe, elektronischer Zündung und Leichtmetallrädern eingebaut werden sollten. Die 125er kam auf eine Höchstgeschwindigkeit von 125 km/h, die 175er auf 130 km/h.
1975 war bereits der Prototyp für die neue 500er Zweizylindermaschine mit vier Ventilen pro Zylinder und zwei obenliegenden Nokkenwellen fertig. Leider hatte Laverda in dieser Zeit mit beträchtlichen wirtschaftlichen Schwierigkeiten zu kämpfen. Aus diesem Grund und auch wegen der neuen Mehrwertsteuer von 35 Prozent wurde die 500er nur 1977 serienmäßig produziert. Um das Mehrwertsteuerproblem zu umgehen, wurde in den darauffolgenden Monaten eine 350 cm³-Version dieses Motorrads entwickelt. Aus dem Jahr 1977 stammt auch eine Rennversion der 500er mit acht Ventilen.
1978 wurde das Angebot erweitert: Eine auf 1200 cm³ Hubraum vergrößerte Version der 1000er Dreizylinder und eine Sechszylindermaschine verließen das Werk. Der Sechszylinder-V-Motor wies einen Zylinderwinkel von 90 Grad auf und hatte einen Hubraum von 995 cm³ (Bohrung und Hub 65 x 50 mm), zwei obenliegende, kettengetriebene Nockenwellen, vier Ventile pro Zylinder, Flüssigkeitskühlung, eine Trockensumpfschmierung mit separatem Öltank, einen elektrischen Anlasser, ein Fünfganggetriebe, einen Kardanantrieb und hydraulische Scheibenbremsen von Brembo. Der Rahmen bestand aus Chrommolybdänstahl.
Die so erfolgreiche 1000 SFC Dreizylinder wurde zwar auch in den 80er Jahren weiterhin angeboten, gleichzeitig offerierte man jedoch eine breitgefächerte Modellpalette von den 50 cm³-Geländemaschinen wie der Atlas und Adventure bis zu 125 cm³-Straßenmaschinen wie der GSR (Flüssigkeitskühlung, Sechsganggetriebe, 16-Zoll-Rad vorn), der CU Ride 125 und der Serie LB. Im Geländesportbereich deckte die für die afrikanischen Rallyes bestimmte 600 Atlas mit Zweizylinder-Viertaktmotor und 50 PS Leistung bei 6500 U/min den Bereich der Modelle mit großem Hubraum ab.
Im Februar 1987 war Laverda wegen der schlechten Marktentwicklung gezwungen, einen außergerichtlichen Vergleich zu beantragen. Der gesamte Unternehmenskomplex von Laverda wurde am 31. März verkauft. Der Kaufvertrag enthielt unter anderem die Verpflichtung, einen Plan für die Umstrukturierung und Refinanzierung des Unternehmens zu erstellen. Die Produktion sollte auf die 1000 SFC, die 600 cm³- und die 125 cm³-Modelle beschränkt werden.

Laverda OR 50 Atlas von 1985.

Laverda 500 Zweizylinder, 1977.

Laverda 125 GS Lesmo von 1986.

L.C.H.

1954 stellte Leonard C. Harfield, ein Mechaniker aus Southampton in England, ein Rennmotorrad mit 125 cm³ Hubraum vor, für das er bereits 1951 den ersten Entwurf gefertigt hatte. Harfield verwendete bei der Konstruktion seines Motorrads bewußt Teile von anderen Motoren, zum Beispiel Kolben von Triumph und Zylinder von Royal Enfield. Die Steuerung der im Zylinderkopf hängenden Ventile erfolgte mit Hilfe von zwei Nokkenwellen, die über eine Kette und Zahnräder angetrieben wurden. Das Vierganggetriebe mit eng abgestuften Gängen stammte von Albion, und der Hinterradantrieb erfolgte mittels Kette. Der Rahmen war als Doppelschleifen-Rohrrahmen ausgelegt; die Vorderradgabel mit unterer Schwinge und die Hinterradschwinge mit hydraulisch gedämpften Teleskopfederbeinen sorgten für die Federung. 1956 baute Harfield auch Motoren, die in herkömmliche Rahmen montiert wurden; mit ihnen gelang es ihm, bis 1960 beachtliche Leistungen im Rennsport zu erzielen.

Lectron

1970 tauchte ein elektrisches Motorrad auf dem Markt auf; es handelte sich um die englische Lectron, die von Frank Carthew entwickelt worden war. Die Maschine wurde von zwei 12-Watt-Batterien betrieben, die miteinander verbunden waren und 120 Amperestunden lieferten. Der Handschalter auf dem Lenker hatte drei Positionen; auf einer wurde die Batterie abgeschaltet und das Motorrad abgeschlossen; die zweite übertrug die Spannung von 8 Volt auf den Motor und ermöglichte ein relativ ruhiges Anfahren, während die dritte Position die Spannung auf 12 Volt erhöhte, die notwendig war, um eine Höchstgeschwindigkeit von 40 km/h zu erreichen.

Le Grimpeur

Die ersten Modelle von Le Grimpeur, die Anfang dieses Jahrhunderts in Paris hergestellt wurden, besaßen Motoren mit großen Hubräumen. In den 20er Jahren verwendete man für die verschiedenen Modelle Motoren von M.A.C., Chaise, JAP und Aubier Dunne. Möglicherweise wurde die Pariser Marke später von Dresch übernommen. Auf dem Markt präsent war sie anscheinend bis 1932.

Lecce 175 cm³ von 1930.

Lea Francis

Die Motorräder Lea Francis wurden vor allem wegen ihres gefälligen Äußeren und der sorgfältigen Verarbeitung geschätzt. Aber auch die Tatsache, daß George Bernard Shaw ein Motorrad dieser Marke besaß, trug zu ihrer Beliebtheit bei. Sie wurden In den Jahren 1911-26 in Coventry in England hergestellt. Für die Zweizylinder-V-Modelle mit Hubraumvolumen von 500, 600 oder 750 cm³ wurden Motoren von JAP oder M.A.G. verwendet. Im Jahr 1926 gab das Unternehmen die Motorradproduktion auf und widmete sich statt dessen dem Automobilbereich.

Lecce

Otello Albanese, der aus San Cesario in der italienischen Provinz Lecce stammte, baute im Jahr 1930 ein Leichtmotorrad, das er Lecce nannte und mit einem 175 cm³-Motor mit zwei hängenden Auslaßventilen und einem seitlich stehenden Einlaßventil ausrüstete. Otello Albanese war einer der wenigen Motorradhersteller, die in der damaligen Zeit in Süditalien tätig waren.

Legnano

In den 50er Jahren baute die Firma Legnano mit Sitz in Mailand verschiedene Mopedversionen, für die Sachs-, Minarelli- und Mosquito-Motoren verwendet wurden. Auch in den 60er Jahren setzte das Unternehmen seine Tätigkeit in diesem Sektor mit der Produktion von Mopeds fort. Im Jahr 1967 stellte man anläßlich der Ausstellung in Mailand ein Moto-Cross-Modell mit einem Motor mit einem Hubraumvolumen von 175 cm³ und einer Leistung von 7 PS bei 8000 U/min vor.

Lelior

Die Lelior war ein ziemlich originelles Motorrad, das 1922-24 in Frankreich hergestellt wurde und mit einem Zweizylinder-Boxermotor mit 175 cm³ Hubraum ausgerüstet war.

Lem Motor

Dieses italienische Unternehmen mit Sitz in der Provinz Bologna wurde 1974 von Ermanno Lelli gegründet und brachte noch im selben Jahr das erste Moped auf den Markt. In den 80er Jahren umfaßte das Angebot der Firma vor allem Motorräder für Jugendliche unter 14 Jahren, die das exklusive Spielzeug nur auf privaten Plätzen nutzen können. Man hatte sich auf diesen Bereich spezialisiert und bot einige interessante Modelle an: beispielsweise die Cinno Cross mit einem Minarelli-Motor mit 50 cm³ Hubraum, Vierganggetriebe und einer Leistung von 1,44 PS bei 4500 U/min und die Cinno Cross M3HO mit Flüssigkeitskühlung und Einganggetriebe.
Eine Replik der Grand-Prix-Rennmotorräder war die Cinno Champion 1 L mit einem 48 cm³-Franco-Morini-Motor und einem Gewicht von 37 kg. Originell waren die Cinno Trial und die Safari BX, ein Dreiradmodell, von dem auch die verbesserte Version BXG auf den Markt gebracht wurde. Daneben wurden das Moto-Cross-Modell Lem Motor MX 2L mit Einganggetriebe und die Bici Moto R 24, ein Mofa mit einem 48 cm³-Motor und einem Gewicht von 24 kg, angeboten.

Lenoble

Der originelle, vollständig verkleidete Motorroller Kontiki wurde 1954 von Lenoble in Belgien konstruiert. Sein wenig ansprechendes Äußeres ließ ihn zu einem großen Mißerfolg werden, so daß er sehr schnell wieder vom Markt verschwand.

Leonard

Dieses kleine Unternehmen in London baute Motoren von Minerva, M.M.C. und Fafnir in verstärkte Fahrradrahmen ein. Die Produktionstätigkeit beschränkte sich auf die Jahre 1903-06.

Leonardo Frera

1931 gründete der Italiener Leonardo Frera aus Tradate eine Motorradfabrik. Für seine sv- und ohv-Maschinen verwendete er englische JAP-Motoren von 173 bis 348 cm³ Hubraum. Das Unternehmen bestand in den Jahren 1930–34.

Leone

Der Italiener Vincenzo Leone aus Turin schuf 1948 den Leone-Kleinmotor, einen Zweitakter mit 50 cm³ Hubraum, liegendem Zylinder und stehender Kurbelwelle. Der Antrieb erfolgte über Kette. Der Motor wurde einige Jahre lang hergestellt, ohne daß er verändert worden wäre. Im Jahr 1952 begann Leone mit der Entwicklung eines Leichtmotorrads, das er statt mit dem Leone-Kleinmotor mit einem Zweitaktmotor mit 75 cm^3 Hubraum bestückte.

Leopard

Die deutsche Leopard wurde in den Jahren 1924-25 in Magdeburg-Neustadt gebaut und war mit einem Zweitaktmotor mit 300 cm^3 Hubraum bestückt. Sie wurde nur in begrenzter Stückzahl hergestellt.

Leto

Die Motorräder dieser Marke wurden 1926-28 von Hans Lehmann in Deutschland in begrenzter Stückzahl gebaut. Sie hatten Rinne-Zweitaktmotoren mit 175 und 200 cm^3 Hubraum, die durch ein originelles Verdampfungssystem gekühlt wurden.

Le Vack

Der berühmte Rennfahrer Bert Le Vack fertigte 1923 für kurze Zeit eigene Motorräder, die er mit JAP-Motoren mit 350 cm^3 Hubraum ausrüstete.

Leone-Moped, 1948.

Leprotto

Die Leprotto-Motorräder, die von den Officine L.C. in Turin hergestellt wurden, waren mit Einzylindermotoren mit 125, 160 und 200 cm^3 Hubraum bestückt und hatten im Zylinderkopf hängende Ventile. Sie wurden in den Jahren 1951-54 auf dem Markt angeboten.

Letbridge

Es handelte sich bei den Letbridge-Modellen um Motorräder, die in den Jahren 1922-23 in England produziert wurden. Sie besaßen herkömmliche Rahmen, in die Villiers-Zweitaktmotoren mit 250 cm^3 Hubraum eingebaut waren.

Levis

Bob Newey konstruierte Anfang unseres Jahrhunderts die erste Levis in den englischen Norton-Werken. Als jedoch Newey sein Produkt Norton, dem Eigentümer der Werke, vorstellte, weigerte sich dieser, die Produktion eines Motorrads mit einem Zweitaktmotor überhaupt in Erwägung zu ziehen. Daraufhin beschloß Newey, sich an die Brüder seiner Verlobten, Arthur und Billy Butterfield, zu wenden. Auf Anraten seiner späteren Schwiegermutter und im Anklang an die lateinische Übersetzung von „leicht" nannte er das Modell Levis.

Schon bald begannen Newey und die beiden Brüder, das neue Motorrad zu produzieren, auf das andere Modelle mit stehenden oder liegenden Einzylinder- und Zweizylindermotoren folgten. Es handelte sich stets um Zweitakter, die bei den Konstrukteuren der damaligen Zeit nicht sehr beliebt waren, nach Ansicht Neweys jedoch für kleinere Hubräume am besten geeignet waren. 1912 entwickelte man die klassische Baby Levis mit 211 cm^3 Hubraum (Bohrung und Hub 62 x 70 mm), die bis 1926 angeboten wurde. Bob Newey nahm mit den Gebrüdern Butterfield an verschiedenen Rennen, insbesondere an Bergrennen, teil und entdeckte dabei, daß die Zweitakt-Rennmaschinen schneller waren, wenn ein Schalldämpfer anstelle des freien Auspuffrohrs eingesetzt wurde; dieses System wurde von da an bei allen Levis-Modellen angewendet.

1913 nahm ein Levis-Team mit 350 cm^3-Maschinen an der Tourist Trophy teil. Zu diesem Zweck wurde ein neuer Motor mit Maßen für Bohrung und Hub von 75 x 79 mm und Doppelzündung entwickelt. Die Fahrer waren Arthur Butterfield, Albert Miller und Bob Newey, deren Plazierungen jedoch enttäuschten.

Während des Ersten Weltkriegs produzierte Levis die Popular mit 211 cm^3 Hubraum und Einganggetriebe. 1920 schickte das Unternehmen 247 cm^3-Maschinen mit Dreiganggetriebe zur Tourist Trophy. In der 250er Klasse belegten sie den ersten, zweiten und dritten Platz. 1921 wurde G.S. Davison auf einer Levis in der 250 cm^3-Klasse zweiter. 1922 siegte Davison mit einem Vorsprung von 13 Minuten gegenüber dem Zweitplazierten. Es waren große Zeiten für das Werk, dem es jedoch nicht gelang, in den nachfolgenden Jahren genauso erfolgreich zu sein, da die obengesteuerten Motoren der Konkurrenten immer konkurrenzfähiger wurden.

1921 enthielt das Angebot ein Modell mit 247 cm^3 Hubraum und die kleine 211 Baby, die beide mit einem Zweiganggetriebe ausgerüstet waren. Zu der Produktion von 1925 zählte auch das Modell K, dessen Tank unter dem geschwungenen, oberen Rahmenrohr eingebaut war, so daß der Sattel weiter nach unten verlegt werden konnte. Der Motor hatte einen Hubraum von 247 cm^3, einen Kolben aus Grauguß, und die Schmierung erfolgte mittels Handpumpe. Die K erzielte einen beachtlichen Absatz, da sie auch mit einem leichten Beiwagen erhältlich war. 1926 wurde eine sportliche Version, das Modell O, auf den Markt gebracht; es war im Grunde ein leicht modifiziertes Modell K. Beide Motorräder wurden 1927 wieder aus dem Angebot genommen. Ein Jahr später entwickelte Newey eine Maschine für die Tourist Trophy. Aufgrund eines Defekts an den Zylindern mußte jedoch der Fahrer Jack Amott bereits nach der ersten Runde aufgeben.

In der Zwischenzeit wurden die Zweitaktmotoren weiterentwikkelt, und Newey stellte fest, daß das Hauptproblem in der Kühlung des Nasenkolbens lag. Newey beschloß daher, den Überströmkanal im Kolben anzubringen; anstatt direkt vom Kurbelgehäuse in den Brennraum zu strömen, mußte das Kraftstoffgemisch nun durch den unteren Teil des Kolbens fließen, bevor es in den eigentlichen Überströmkanal eintrat, wodurch die Kühlung verbessert wurde.

Die Lewis Six Port war die erste Maschine, die zwei Überströmkanäle erhielt. Dieses Zweitaktmodell wurde bereits 1930 wieder aus der Produktion genommen, da die Probleme mit dem Kolben noch nicht vollständig gelöst waren, und die Viertaktmotoren

immer beliebter wurden. Das herkömmliche Zweitaktmodell mit 247 cm³ Hubraum wurde bis 1940 hergestellt. Dem damaligen Standard entsprechend, wurde 1930 die 350er mit einem zweiten Auspuffrohr ausgerüstet und unter der Bezeichnung A2 verkauft.
Mit der Zeit wurden die Levis-Motorräder schwerer und langsamer und entwickelten sich immer mehr zu guten Durchschnittsmotorrädern. Sie zeichneten sich stets durch ihre hohe Qualität aus. Lenker, Sattel und Trittbretter konnten verstellt und den Bedürfnissen des Fahrers angepaßt werden. Um die Kunden zufriedenzustellen, wurden die Motorräder immer wieder abgewandelt. Der unmittelbare Erfolg der 350 cm³-A2 veranlaßte Bob Newey, auch eine Version mit kleinerem Hubraum, nämlich mit 250 cm³, zu bauen, die ebenfalls großen Anklang fand und bis zur Schließung des Unternehmens produziert wurde. Das Dreiganggetriebe wurde durch ein Vierganggetriebe abgelöst, das zunächst auf Wunsch und später serienmäßig in die 250er und 350er Viertakter eingebaut wurde. Der Erfolg der obengesteuerten Motoren und die Abnahme der Nachfrage nach Zweitaktern ermutigten Levis, eine 500 cm³-Version mit 500 cm³ Hubraum anzubieten, die eine Höchstgeschwindigkeit von etwa 130 km/h erreichte.

Levis A2 350 von 1930.

Levis-Zweitakter mit 248 cm³, 1922.

Newey und Ray Mason, der 1936 in das Unternehmen eingetreten war, entwickelten eine große Einzylindermaschine mit 600 cm³ Hubraum. Die Levis 600 war unter den englischen Produkten das beste Einzylindermodell dieser Hubraumgröße. Ende 1938 konstruierte Ray Mason einen Schwingrahmen mit hydraulisch gedämpften Federbeinen, mit dem auf Wunsch die Motorräder mit 350 und 500 cm³ Hubraum ausgestattet wurden. Daneben entwarf Mason eine schnelle seitengesteuerte 350 cm³-Maschine, die wegen des Kriegsausbruchs jedoch nur kurze Zeit produziert wurde.
Während des Kriegs war man gezwungen, die Produktion zu Rüstungszwecken auf Kompressoren umzustellen. In diesem Bereich blieb das Unternehmen auch nach Kriegsende tätig. Um eine Verwechslung mit dem amerikanischen Jeans-Hersteller Levis zu vermeiden, änderte man in der zweiten Hälfte der 60er Jahre den Firmennamen in Leviss.

Levron

Die Levron-Leichtmotorräder wurden in den Jahren 1951-53 in Frankreich hergestellt und waren mit Zweitaktmotoren ausgerüstet.

L.F.G.

Ein wahrhaft eigenwilliges Design hatten die Konstruktionen der Luftfahrzeug GmbH, abgekürzt L.F.G., die in den Jahren 1920-21 gebaut wurden. Es handelte sich um normale Fahrräder, die von einem Treibrad mit Hilfsmotor angetrieben wurden. Eine Version aus dem Jahre 1923 war mit einem Einzylinder-Viertaktmotor mit 164 cm³ Hubraum bestückt.

L.G.C.

Unter dieser Markenbezeichnung war 1925-33 das englische Unternehmen Leonard Gundle Motor in Birmingham tätig. Das Werk verwendete für seine Motorräder Villiers-Motoren mit 247 cm³ Hubraum und JAP-Motoren mit 300 und 350 cm³ Hubraum und seitlich stehenden oder im Zylinderkopf hängenden Ventilen.

Liaudois

Bei den meisten Liaudois-Motorrädern, die 1923-27 in Frankreich hergestellt wurden, handelte es sich um Leichtmotorräder mit 100 oder 175 cm³-Train-Zweitaktmotoren.

Libelle

1950-52 wurden unter dieser Markenbezeichnung in Deutschland sehr einfache Motorroller auf den Markt gebracht. Sie hatten Ilo-Motoren mit 98 oder 118 cm³ Hubraum.

Liberator

Liberator & Perfect in Paris war ein altes französisches Unternehmen, das ab 1902 Motorräder produzierte, die mit den belgischen Sarolea-Motoren und später, vor allem in den 20er Jahren, mit den englischen JAP-Motoren ausgerüstet waren. Die Firma war bis 1930 tätig.

Liberia

Die französische Liberia wurde ab 1923 in den Biboud-Werken in Grenoble produziert. Sie war ein typisches Leichtmotorrad mit einfachem, aber schönem Design. Es gab verschiedene Versionen der Liberia, für die 100 oder 250 cm³-Zweitaktmotoren von Aubier & Dunne verwendet wurden. Später widmete sich das französische Unternehmen der Herstellung von Motorfahrrädern und Mopeds.

Lilac

Gegen Ende der 40er Jahre konzentrierten zahlreiche japani-

sche Motorradhersteller ihre Produktion auf billige Zweitakt- und Viertaktmodelle. Die Marusho Motorcycle Industrial Company bildete jedoch eine Ausnahme. Das Unternehmen baute zunächst Einzylindermaschinen, deren Motoren aus eigener Produktion stammten. Es entstanden einige interessante Modelle mit 175 cm³ Hubraum und im Zylinderkopf hängenden Ventilen, denen Zweizylinder-V-Modelle mit 250 cm³ Hubraum folgten. 1955 präsentierte das Werk das Modell SW mit einem seitengesteuerten Zweizylinder-Boxermotor mit 339 cm³ Hubraum, Dreiganggetriebe, Teleskopgabel, Teleskopfederbeinen und Kardanantrieb auf dem Markt.
Das Modell TW Dragon hatte ebenfalls einen Zweizylinder-Boxermotor mit 339 cm³ Hubraum, während das Modell SY einen obengesteuerten 242 cm³-Motor besaß. Nicht weniger interessant war die Baby JF: Sie besaß einen Viertaktmotor mit hängenden Ventilen und 98 cm³ Hubraum, ein Zweiganggetriebe sowie einen offenen Preßstahlrahmen. Bei dem Modell PV von 1956 handelte es sich um einen Motorroller mit einem 123 cm³-Zweitaktmotor, einer originellen, stark geneigten Gabel, einer Vollverkleidung und Kardanantrieb. Die Lilac LS 18 von 1959 hatte einen Zweizylinder-V-Motor mit 250 cm³ Hubraum, hängenden Ventilen und Vierganggetriebe. Sie erreichte eine Höchstgeschwindigkeit von 130 km/h. Das Modell EN wurde von einem Zweitaktmotor mit 125 cm³ Hubraum angetrieben, das Modell DP hatte 90 cm³ Hubraum.
In den 60er Jahren blieb die Produktion praktisch unverändert. Sie wurde um das Moped AS 17 mit 50 cm³ Hubraum und Fliehkraftkupplung und -getriebe erweitert. 1961 präsentierte Marusho Viertaktmaschinen mit 125, 250 oder 300 cm³ Hubraum, elektrischem Anlasser und Vierganggetriebe, die stark an die deutschen Viktoria-Modelle erinnerten. Daneben wurde auch eine Zweizylindermaschine mit 500 cm³ Hubraum vorgestellt. Der Motor leistete 36 PS bei 6800 U/min. Das Getriebe hatte vier Gänge.
1964 führte man zwei Zweizylindermodelle mit 125 und 160 cm³ Hubraum ein, während 1966 die R 92 mit zwei Zylindern, 493 cm³ Hubraum, einer Leistung von 36 PS bei 6500 U/min, elektrischem Anlasser und Vierganggetriebe auf den Markt gebracht wurde.

Linto 500-Zweizylinder-Rennmodell.

Linx 500 cm³ von 1930.

Lily

Die Lily-Motorräder wurden für kurze Zeit in England produziert und besaßen Villiers-Motoren mit 269 cm³ Hubraum oder mit T.D.C.-Motoren mit 293 und 499 cm³ Hubraum. Sie wurden zwischen 1914-15 auf dem Motorradmarkt angeboten.

Lincoln-Elk

Die englischen Lincoln-Elk, die 1906-24 von Kirby & Edwards in Lincoln gebaut wurden, waren sehr robust und zuverlässig. Die Modelle hatten seitengesteuerte Motoren mit einem Zylinder und 349, 402, 499 oder 597 cm³ Hubraum oder Zweizylindermotoren mit 770 cm³ Hubraum. Den größten Erfolg erzielte diese Marke in den Jahren vor dem Ersten Weltkrieg.

Linser

Diese Motorräder wurden 1904-10 in dem tschechoslowakischen Städtchen Reichenberg (heute Liberec) gebaut, das damals noch zu Österreich-Ungarn gehörte. Sie hatten ein für die damalige Zeit modernes Design und waren mit Einzylindermotoren ausgerüstet, die mit 500 cm³ Hubraum auf eine Leistung von 3,5 PS kamen. Es gab außerdem Modelle mit Zweizylindermotoren, 620 cm³ Hubraum und 4,5 PS. Die von Christian Linser konstruierten Motorräder wurden auch unter der Marke Zeus bekannt.

Linto

Die italienische Marke Linto entstand 1967 aus der Zusammenarbeit zwischen dem Techniker Lino Tonti, der durch seine Bianchi-Zweizylindermodelle bekannt geworden war, dem Rennfahrer und Konstrukteur Umberto Premoli und dem Rennfahrer Alcide Biotti. Biotti war, was die Vorbereitung von Rennmotorrädern betraf, ein wahrer Zauberer. Der Markenname leitete sich aus den Initialen von Lino Tonti ab.
Der Motor der Linto bestand aus zwei Zylindern der Aermacchi 250 Ala d'Oro mit Maßen für Bohrung und Hub von 72 x 61 mm und einem Hubraum von 248 cm³ pro Zylinder (Gesamthubraum 496 cm³). Tonti schuf so die Linto 500, deren Leistung von 61 PS bei 9800 U/min angesichts der 32 PS bei 10000 U/min, die die Ala d'Oro leistete, ein beachtlicher Wert war. Die Ventilsteuerung erfolgte über Stoßstangen und Kipphebel, das Sechsganggetriebe mit Mehrscheibenkupplung war im Gehäuse integriert.
Der Gitterrohrrahmen hatte eine Teleskopgabel und Teleskopfederbeine. Der Motor mit parallelen, fast liegenden Zylindern war freihängend eingebaut. Das Motorrad mit seinem Blechtank wog insgesamt 142 kg. 1969 wurde die Leistung auf 64 PS

gesteigert und der Rahmen modifiziert; man verwendete nun einen Tank aus Glasfaser und verringerte das Gewicht auf 134 kg. Auf einer Linto errang Alberto Pagani beim Großen Preis der DDR den zweiten Platz hinter Giacomo Agostini auf der MV Augusta. Die Maschine war von einer Verkleidung aus Glasfaserkunststoff und Plexiglas umgeben.
Erwähnenswert ist, daß Tonti den Namen Linto bereits in den Jahren unmittelbar nach dem Zweiten Weltkrieg verwendet hatte, als er die Linto 75 mit zwei obenliegenden Nockenwellen und Doppelzündung schuf. Die Maschine, die von Massimo Pasolini gefahren wurde, errang Anfang der 50er Jahre zahlreiche Erfolge.

Linx

Die Linx-Motorräder wurden 1929-38 in Italien gefertigt. Es gab sie unter anderem mit einem Python-Rudge-Vierventiler mit 175 cm³ Hubraum, der in England für die Original-Rudge nicht verwendet wurde. Daneben setzte man 350 und 500 cm³-Python-Motoren sowie Motoren von Blackburne und JAP ein.

Lion Rapide

Es handelte sich hierbei um Motorräder, die 1936-53 von der Firma Alost in Belgien gebaut wurden. Sie besaßen Villiers-Motoren mit Hubräumen von 98 bis 197 cm³. Ein 350 cm³-Modell, das 1951-53 produziert wurde, erhielt einen F.N.-Motor.

Lito

Dieses 1959 in Helsinborg in Schweden gegründete Unternehmen brachte seine Modelle, für die einige Teile von B.S.A. und Husqvarna verwendet wurden, nur in geringer Stückzahl auf den Markt. Die Maschinen waren in erster Linie für den Moto-Cross-Einsatz vorgesehen, besonders die Einzylindermodelle waren sehr leistungsstark.

Little Giant

Die Palette dieser englischen Marke umfaßte zwei Modelle mit 225 cm³-Precision-Einzylinder-Zweitaktmotoren sowie ein 199 cm³-Viertaktmodell. Hergestellt wurden die Maschinen 1913-15.

Lloyd

Der Gründer dieses berühmten Unternehmens arbeitete intensiv mit anderen Motorradherstellern zusammen, wie etwa Quadrant, Dreadnought und De Luxe. Seine Motorräder, die 1907-23 als Lloyd bekannt wurden, erhielten später den Namen L.M.C.
Es handelte sich um bequeme Tourenmodelle, deren Motoren über große Hubräume verfügten und aus eigener Produktion stammten: Einzylindermotoren mit 499 oder 597 cm³ Hubraum und Zweizylinder-V-Motoren mit 842 cm³ Hubraum. Nach 1918 blieben nur die Zweizylindermodelle und eine Version mit 960 cm³ Hubraum im Angebot. Doch die Beliebtheit, die sie vor dem Krieg genossen hatte, erlangte die Marke L.M.C. nicht wieder. So verschwand sie bald vom Markt.
Unter der Markenbezeichnung Lloyd wurden 1913-15 in Deutschland auch Motorräder vermarktet, die mit den bereits erwähnten Fix-Modellen identisch waren.

L.M.P.

Dieses französische Unternehmen produzierte 1921-31 Motorräder, für die 175 und 250 cm³-Zweitakt- sowie 350 und 500 cm³-Viertaktmotoren verwendet wurden. Alle Motoren – später auch ein obengesteuerter 250 cm³-Viertakter – stammten aus eigener Produktion und wurden zum Teil an Marc, an C.P. Roleo und an andere Motorradhersteller geliefert.

Lohman

Lohman war der Markenname des ersten Motors mit kleinem Hubvolumen, mit dem gezeigt werden konnte, daß sich das Selbstzünderprinzip sehr wohl auch für Zweiräder eignete. Konstruiert wurde er 1949 in Deutschland. Seine Merkmale: Bohrung und Hub 28 x 30 mm, 18 cm³ Hubraum, eine Leistung von 0,8 PS bei 4900 U/min, eine Höchstgeschwindigkeit von 20 km/h, Mischungsschmierung, Primärantrieb über ein Untersetzungsgetriebe im Gehäuse und Sekundärantrieb über ein Reibrad. Es gab keine elektrische Zündanlage, da sich das Benzin-Luft-Ölgemisch im Brennraum durch die vom Druck erzeugte, starke Hitze selbst entzündete. Der Motor arbeitete wie folgt: Dem Ansaugen des Gemisches folgte die Vorverdichtung im Gehäuse. Das Gemisch strömte über Kanäle in den Zylinder und wurde im Brennraum verdichtet. Die verbrannten Gase wurden durch die Auslaßöffnung ausgestoßen. Das Verdichtungsverhältnis schwankte zwischen 8,5:1 und 125:1 und wurde durch das Verschieben des Zylindergehäuses erreicht, das über einen mit einem Drehgriff am Lenker verbundenen Seilzug gesteuert wurde. Die Überströmkanäle vom Gehäuse zum Zylinder verliefen spiralförmig. Beim Starten mußte man den Gashebel geschlossen halten, während der Kompressionshebel ganz geöffnet wurde. War einmal das Reibrad mit dem Gummi in Berührung gekommen, wurde der Gashebel vollständig geöffnet und die Verdichtung auf das Minimum zurückgeschaltet. Sobald der Motor angesprungen war, wurde die Verdichtung nach Bedarf geregelt.

Lohner

Die Lohner-Werke in Wien nahmen den Betrieb mit der Produktion von Luxuskarossen auf. Ab 1950 wurde man mit ausgezeich-

Lohner-Roller 200 Rapid, 1956.

DKW-Motorroller Lomos, 1921.

neten Motorrollern auch im Motorradbereich aktiv. 1956 brachte die Firma das Modell Rapid ins Angebot. Sein Ilo-Motor hatte 197 cm³ Hubraum, eine Leistung von 9,5 PS und eine Höchstgeschwindigkeit von 95 km/h. Im selben Jahr baute man auch ein Modell mit einem im Rahmen integrierten Beiwagen. 1957 entwickelte Lohner das Modell Sissy, ein 50 cm³-Moped mit kleinen Rädern und einem Sachs-Motor. Baute man breite Trittbretter und eine vordere Verkleidung an, konnte dieses Modell in einen Motorroller umgewandelt werden. Außerdem erhielt der Roller Rapid in diesem Jahr einen Rotax-Motor mit 200 cm³ Hubraum.

Von dem Engländer Low konstruierte Zweitaktmaschine.

Lomos

Lomos war der Name eines Motorrollers, der 1922-23 von DKW und später von Eichler & Co. in Berlin gebaut wurde.

Lord

Die englischen Motorräder hatten in den 20er und 30er Jahren einen so guten Ruf in Europa, daß einige Unternehmen ihren Produkten englische Namen gaben. So auch die Firma Motorradbau Lord AG in München, die 1929-31 Motorräder unter der Marke Lord baute. Es handelte sich um einfache Leichtmotorräder mit seitengesteuerten 200 cm³-JAP- Motoren.

Loriot

Das französische Unternehmen Loriot bestückte seine Motorräder mit 350 und 500 cm³-JAP-Motoren, die mit einem Dreiganggetriebe von Bredier & Charon kombiniert wurden. Die Marke war 1927-29 im Handel.

Lot

Die Lot, eine Einzylindermaschine mit einem 350 cm³-Zweitaktmotor, Kardanantrieb und einem im Gehäuse integrierten Getriebe, wurde 1937 in Polen hergestellt.

Louis Clément

Die französischen, für damals recht unkonventionellen Clément-Motorräder wurden 1920-24 produziert. Sie besaßen einen 600 cm³-Zweizylinder-V-Motor mit obenliegender Nockenwelle.

Low

Das englische Unternehmen Low schuf 1922 ein Motorrad mit einem Vierzylinder-Boxermotor, der in einen vollständig verkleideten Preßstahlrahmen. Der Motor war als Zweitakter ausgelegt, und der Hinterradantrieb erfolgte über eine Kardanwelle. Low war zudem ein italienischer Markenname, unter dem in den 60er Jahren Mopeds hergestellt wurden.

LSE

Dieses Leichtmotorrad wurde nach dem Zweiten Weltkrieg in Holland hergestellt. Es hatte einen Einzylinder-Zweitaktmotor mit 125 cm³ Hubraum, der eine Leistung von 4 PS bei 4300 U/min entwickelte und eine Höchstgeschwindigkeit von 83 km/h ermöglichte. Das fußgeschaltete Dreiganggetriebe dieses Leichtmotorrads war im Gehäuse integriert.

Lube

Die spanischen Lube-Motorräder wurden ab 1947 von der Firma Luís Bejarano in Bilbao gebaut. Die Firma wurde zunächst durch ein Zweitaktmodell mit 99 cm³ Hubraum bekannt. Eine weitere Zweitaktmaschine mit 125 cm³ Hubraum begeisterte die Kundschaft nicht weniger. 1954 konzentrierte Lube die Produktion auf ein 150 cm³-

Lumen-Treibrad, 1920.

Modell mit einem NSU-Motor. Das Unternehmen wurde in Lube-NSU umbenannt und arbeitete eng mit der deutschen Firma NSU zusammen. 1953 bot Lube ein 99 cm³-Leichtmotorrad an, das 1957 durch ein 125 cm³-Zweitaktmodell mit Dreiganggetriebe ersetzt wurde. Im selben Jahr waren im Programm: das Modell 99 und die Version 99 S, die 125 T mit der teilverkleideten Ausführung 125 P, das Modell 150 und die 251 OSB mit einem 247 cm³-Viertaktmotor.
In den 60er Jahren setzte Lube die Produktion mit Modellen fort, die NSU-Motoren mit 75, 125 und 148 cm³ Hubraum besaßen, Vierganggetriebe, Zentralrohrrahmen aus Preßstahl sowie eine hintere Verkleidung. Daneben erschien das Moped Quickly mit einem 49 cm³-Zweitaktmotor im Handel. Bis 1964 änderte man wenig an der Produktion; 1965 kamen die Modelle Renn 125, Renn 150 und Renn 125 TR mit Leistungen von 10 PS bei 6000 U/min, 12,5 PS bei 6750 U/min und 19 PS bei 6750 U/min auf den Markt. 1966 präsentierte Lube die Trial Yack, die einen Zweitakter mit 150 cm³ Hubraum und Vierganggetriebe erhalten hatte. Der Motor leistete 19 PS bei 9000 U/min und ermöglichte eine Höchstgeschwindigkeit von 105 km/h.

Lucer

Dieses französische Unternehmen produzierte Mopeds, darunter das besonders interessante Modell 573 LSA Ondine von 1955, das einen Kunststoffrahmen hatte. 1957 erweiterte Lucer das Angebot um verschiedene Mopeds und Motorräder, die ausnahmslos sehr konventionell konstruiert und in diversen Hubraumgrößen erhältlich waren.

Lucifer

Die nicht sehr originellen Lucifer-Motorräder wurden von der Firma Mestre et Blatgé in Paris produziert und waren mit Motoren verschiedener Marken bestückt, wie etwa mit 175 und 250 cm³-Train-Zweitaktmotoren und M.A.G.-Motoren. Einige Modelle hatten auch Chaise-Motoren mit obenliegender Nockenwelle und 350 cm³ Hubraum. Die Lucifer war 1928-35 auf dem Markt.

Lumen

Lumen hieß ein in Frankreich entwickeltes Treibrad, das anstelle des Hinterrads in jedes beliebige Fahrrad eingebaut werden konnte. 1920 wurde es in einer Version konstruiert, die auch in Motorrollerrahmen integriert werden konnte. Der Motor konnte entweder liegend oder stehend oder auch in schräger Position angebracht werden. Es handelte sich um einen luftgekühlten Einzylinder-Viertakter mit im Zylinderkopf hängenden Ventilen und einem in der Nabe eingebauten Zahnradgetriebe. Der Benzintank konnte auf dem Rahmen oder auf dem hinteren Schutzblech befestigt werden. In letzterem Fall hatte er eine geschwungene Form.

L & C

Die J. Leonard & Company in London fertigte 1904-05 in begrenzter Stückzahl Motorräder mit Minerva-Motoren. Aufgrund der rein handwerklichen Fertigungsmethoden unterschieden sich die Modelle oft stark voneinander.

Lupus

Die Lupus-Motorräder wurden 1923-25 von der Rudolf Wolf & Company in Berlin gebaut und hatten Einzylinder-Zweitaktmotoren mit 150 cm³ Hubraum.

Lutéce

Die Lutéce, die 1921-24 im Cochot-Werk in Paris produziert wurde, besaß einen stehenden Zweizylinder-Reihenmotor mit 997 cm³ Hubraum und Kardanantrieb. Die Gestaltung des Rahmens richtete sich deutlich nach dem amerikanischen Zeitgeschmack.

Lutrau

Die Ludwig Traunspurger GmbH im badischen Walldorf war ein kleines Unternehmen, das 1923-32 die Marke Lutrau auf den Markt brachte. Die Motorräder hatten Zweitaktmotoren mit 200, 250 oder 350 cm³ Hubraum sowie seitengesteuerte Motoren mit 350 und 500 cm³ Hubraum.

Lutz

Die Firma Lutz in Braunschweig-Kralenriede baute nach dem Zweiten Weltkrieg, und zwar in den Jahren 1951-53, Motorroller und Motorfahrräder mit Zweitaktmotoren, die über 50 und 60 cm³ Hubraum verfügten. Einige Versionen waren mit einem Ilo-Motor mit 175 cm³ Hubraum ausgerüstet.

Luwe

Der Markenname dieses Motorrads war von den Initialen seines Konstrukteurs Ludwig Weber abgeleitet worden. Weber produzierte in seinem Werk in Freiburg Motorräder, denen er einen konventionellen Rahmen und seiten- oder obengesteuerte Einzylindermotoren gab. Die 350 und 500 cm³-Motoren stammten von Blackburne und JAP. Die Marke Luwe war in den Jahren 1924-28 erhältlich.

Lux

Otto Kouba in Wien verwendete für seine Lux-Motorräder, die er 1951-54 produzierte, Rotax-Zweitaktmotoren mit 100 und 125 cm³ Hubraum, die mit einer Sachs-Lizenz in Österreich gebaut wurden. Daneben baute er auch Motorroller und Leichtmotorräder.

Lvovjanka

Es handelt sich hierbei um Mopeds mit Zweitaktmotoren mit 45 cm³ Hubraum, die seit 1962 in der Sowjetunion hergestellt werden.

L.W.D.

Die Lippsche Werke AG in Detmold produzierte 1921-25 die L.W.D.-Motorräder, in die Einzylindermotoren mit 196 cm³ Hubraum eingebaut waren.

Carlo Maffeis auf der Rennbahn, 1912.

Mabeco

Die Mabeco-Motorräder, die von Max Bernhard & Co. in Berlin Anfang der 20er Jahre produziert wurden, waren Kopien der amerikanischen Indian Scout und Police Scout mit 600 und 750 cm³ Hubraum. Später realisierte das Werk eine kleine Anzahl von Rennmotorrädern mit Zweizylinder-V-Motoren und im Zylinderkopf hängenden Ventilen. Daneben stellte das Unternehmen in beschränkter Stückzahl Einzylinder- Zweitaktmaschinen mit 350 cm³-Garelli-Doppelkolbenmotoren her.

Mabon

Die Rahmen dieser englischen Motorräder, die 1904-10 von der Londoner Firma Mabon & Co. produziert wurden, waren im Grunde verstärkte Fahrradgestelle. Neben Motoren aus der eigenen Produktion verwendete Mabon auch Motoren von M.M.C. und Fafnir.

Macal

Es handelt sich hierbei um ein portugiesisches Unternehmen, das seit einigen Jahren mit Mopeds und Leichtkrafträdern auf dem Markt ist. Spitzenmodelle der 80er Jahre waren 50 cm³-Straßenmaschinen mit Einzylinder- Zweitaktmotoren wie die P 4 R, M 83, Tr 50, GT und M 80 Super, zu denen sich ein 50 cm³-Enduro-Modell gesellte. Die meisten Motoren stammten von Minarelli.

Macey

1970 präsentierte der englische Ingenieur Dave Macey ein Motorrad, für dessen Entwicklung er drei Jahre gebraucht hatte. Es handelte sich um ein Rennmodell mit acht Zylindern, das Macey Stück für Stück angefertigt hatte. Der Motor bestand aus zwei parallelen Zylinderreihen mit je vier Zylindern, die in Längsrichtung im Rahmen eingebaut waren. Die Zylinder waren luftgekühlt, die Zylinderköpfe wassergekühlt. Die Maße für Bohrung und Hub betrugen 35 x 33 mm bei einem Hubraum von 248 cm³. Jeder Zylinder hatte eine eigene Kurbelwelle, die über Zahnräder mit den anderen verbunden war. Das Getriebe verfügte über vier Gänge, als Fahrgestell diente ein Doppelschleifenrohrrahmen mit Teleskopgabel und Hinterradschwinge.

Macklum

Dieser englische Motorroller aus dem Jahr 1923 war mit einem Union-Zweitaktmotor mit 292 cm³ Hubraum ausgestattet.

Macquet

Die französische Firma Moteurs Macquet aus Paris stattete ihre Motorräder, die 1951-54 auf dem Markt erschienen, mit Ydral-Zweitaktmotoren mit 125 oder 175 cm³ Hubraum aus.

M.A.D.C.

Unter dieser Marke kamen in der Schweiz 1901-05 Motorräder mit 215 cm³-Einzylindermotoren von Motosacoche und M.A.G. in den Handel.

Mafa

Der Markenname dieser Motorräder leitete sich aus den ersten Silben der Marienberger Fahrzeugfabrik ab. Die Mafa besaß DKW-Zweitaktmotoren mit 119 bis 246 cm³ Hubraum und 348 beziehungsweise 469 cm³-Motoren von Kühne. Sie wurde 1923-27 produziert.

Mafalda

Dieses italienische Unternehmen produzierte 1923-28 in Mailand Motorräder mit Zweitakt- und Viertaktmotoren.

Maffeis

Bereits 1895 soll ein Maffeis ein Fahrrad mit Hilfsmotor konstruiert haben. Allerdings existieren über dieses Fahrzeug keine weiteren Angaben. Anfang des Jahrhunderts gab es in Mailand eine Maffeis-Werkstatt, die sich mit allen Arten von Motorrädern und Motorfahrzeugen befaßte. 1903 entstand das Maffeis-Motorrad, das zunächst mit einem Saroléa-Motor, später mit einem Blackburne-Motor ausgerüstet war. Das Mailänder Werk bestand bis ins Jahr 1935 und wurde zunächst von Bernardo Maffeis und später von seinem Bruder Ferdinando geleitet.

Magaty

Die Magaty-Fahrräder mit Hilfsmotor wurden 1931-37 in Frankreich hergestellt und hatten Zweitaktmotoren mit 200 cm³ Hubraum.

Magda

Unter dem Markennamen Magda wurden 1933-36 in Frankreich Leichtmotorräder mit 100 und 125 cm³ Hubraum vermarktet.

Magliano

1949 konstruierten die Brüder Mario und Luigi Magliano in der Werkstatt ihres Vaters in Rom ein Leichtmotorrad, das am 28. Oktober desselben Jahres acht Weltrekorde über den Fliegenden Kilometer in der 75er und der 100er Klasse aufstellte. Die Durchschnittsgeschwindigkeit betrug 116,354 km/h. Die von Alberto Rulli gesteuerte Maschine besaß einen stehenden 74 cm³-Einzylinder-Viertaktmotor mit zwei im Zylinderkopf hängenden Ventilen, die von zwei obenliegenden Nockenwellen gesteuert wurden. Das Dreiganggetriebe war im Motorgehäuse integriert. Als Fahrgestell diente ein Rohrrahmen mit Teleskopgabel und Geradweg-Hinterradfederung. Vorne gab es eine kleine Abdeckung und am Sattelstützrohr eine Teilabschirmung.

Magnat Debon

Die französische Firma Motos Magnat Debon wurde 1906 in Lyon gegründet und in den 20er Jahren zusammen mit Automoto und Terrot von Peugeot übernommen.
1926 präsentierte Magnat Debon diverse Modelle mit 175 und 250 cm³- Zweitaktmotoren und einem 350 cm³-Viertaktmotor mit im Zylinderkopf hängenden Ventilen von Blackburne. Ein Jahr später wurde eine 500 cm³-Viertaktmaschine angeboten, während 1928 15 verschiedene Modelle mit Zweitakt- und Viertaktmotoren in den Handel kamen, deren Hubvolumen von 175 bis 500 cm³ reichte. Die Triebwerke gab es sowohl mit im Zylinderkopf hängenden wie mit seitlich stehenden Ventilen. Die Modelle der 30er Jahre unterschieden sich nicht von den Produkten der Firma Terrot.
Bis zum Zweiten Weltkrieg konzentrierte sich Magnat Debon auf die genannten Modelle, zu denen eine 750 cm³-Maschine mit einem seitengesteuerten Zweizylinder-Viertaktmotor hinzukam. 1944 konstruierte man ein 400 cm³-Motorrad mit im Zylinderkopf hängenden Ventilen und Viergangetriebe, das bis 1946 unverändert blieb. Dann erschien ein Leichtmotorrad mit einem 100 cm³-Zweitaktmotor und Dreiganggetriebe. 1947 baute das Werk außer einem Modell mit 499 cm³ Hubraum ein Leichtmotorrad mit einem 123 cm³-Viertakter und eine 346 cm³-Maschine mit einem seitengesteuerten Viertakter.
1952 präsentierte Magnat Debon eine obengesteuerte 175er. Die anderen Modelle blieben, grundlegend überarbeitet, bis 1954 im Programm. 1955 entstanden zudem Mopeds, 125 cm³-Motorroller und Leichtmotorräder mit 100, 125, 175, 250 und 500 cm³ Hubraum. Die Produktion wurde in den folgenden Jahren ohne große Änderungen fortgesetzt, wobei das Markenzeichen auf dem Tank das einzige Unterscheidungsmerkmal zwischen den Marken Magnat Debon und Terrot blieb. Anfang der 60er Jahre verschwand die Marke.

Magri

Ein französisches Moped aus den 50er Jahren.

Maico Einzylinder-Zweitaktmodell von 1951: Man beachte den doppelten Auspuff und den voluminösen Vergaser.

Magneet

Die Magneet mit 50 cm³-Sachs-Motor und Zweiganggetriebe war 1955-57 in Holland sehr beliebt. Bis 1960 wurden das Design und die Sachs-Motoren mehrfach überarbeitet. Ein ausgezeichnetes Moped des holländischen Herstellers war die Globemaster mit einer eleganten Silhouette.

Magnet

Die Magnet-Motoren AG wurde 1903 in Berlin gegründet. Für ihre Motorräder verwendete sie Motoren von Adler, Minerva und Fafnir sowie Zweizylindermotoren aus eigener Produktion. Der niedrige Rahmen und die relativ kleinen Räder verliehen den Maschinen ein recht originelles Aussehen. Die Wirtschaftskrise nach dem Ersten Weltkrieg überlebte das Unternehmen nicht; es schloß 1924 ganz die Tore.

Maico

In den 30er Jahren beschlossen die Brüder Wilhelm und Otto Maisch, der starken deutschen Konkurrenz zu trotzen und BMW, DKW und Zündapp mit einem eigenen Motorradwerk zu konfrontieren. Die ersten Silben des Firmennamens Maisch Company lieferten die Markenbezeichnung der künftigen Produkte. Nachdem die Brüder in Württemberg eine geeignete Anlage gefunden hatten, nahmen sie 1934 die Produktion mit zwei Modellen auf, die mit 98 und 125 cm³-Motoren von Ilo und Sachs ausgerüstet wurden.
Nach einem verheißungsvollen Beginn stagnierte der Absatz. Der Zweite Weltkrieg stand bevor, die größeren Hersteller profitierten von den Bedürfnissen der Wehrmacht. Maico unterbrach die Motorradproduktion und ging zur Herstellung von Flugzeugteilen über.
Nach dem Krieg wandten sich die Brüder erneut den Motorrädern zu. Das Unternehmen hatte sich um eine Anlage in Pfäffingen vergrößert, wodurch die Voraussetzung für die Herstellung von kompletten Motorrädern gegeben war. Der erste Maico-Motor, ein 150 cm³-Einzylinder-Zweitakter, wurde 1947 gefertigt und in eines der ersten Nachkriegsmodelle, die M 150, eingebaut. In den 50er Jahren stärkte das Werk seine Marktposition mit hervorragenden Modellen wie der Zweizylinder-Zweitakt-Taifun, die mit 350 und 400 cm³ Hubraum erhältlich war. Die M 150 erhielt einen 250 cm³-Motor. Von ihrer Unverwüstlichkeit überzeugt, bestellte die Bundeswehr 10000 Exemplare.
Außergewöhnlich war der Motorroller Maicoletta, der angesichts seiner Gesamtmaße und der kleinen Räder sehr schwer zu lenken war, sich jedoch als ausreichend groß und stark erwies, um zwei Personen mit Gepäck zu befördern. In den 50er Jahren engagierte sich Maico auch im Moto-Cross-Bereich; da es jedoch noch keine internationalen Rennen speziell für die 250 cm³-Klasse gab, auf die sich der sportliche Ehrgeiz bei Maico konzentrierte, nahm man nur an Rennen in Deutschland teil. Als 1957 die Halbliterklasse in der Moto - Cross - Europameisterschaft eingeführt wurde, schickte Maico Fritz Betzelbacher in die Rennen, der sich dann auch den Titel holte.

Maico 250 Moto-Cross von 1978.

In dieser Zeit hatte Maico mit enormen internen Verwaltungsproblemen zu kämpfen und beschloß umfangreiche Umstrukturierungen. Man gab die Produktion der Maicoletta auf und verzichtete für einige Zeit auf die Teilnahme an Wettbewerben. Erst 1960 wurde mit der Blizzard ein neues Moto-Cross-Modell eingeführt. Es hatte einen 250 cm³-Zweitaktmotor mit 14,5 PS. Maico kehrte ins Rennen zurück.
Straßenrennen stand man im schwäbischen Pfäffingen hingegen immer skeptisch, wenn nicht gar deutlich negativ gegenüber, zumindest die maßgebenden Leute des Werks, die sich von jeher ganz dem Geländesport verschrieben hatten. Die wenigen Maicos, die bei Straßenrennen von Zeit zu Zeit auftauchten, entstanden in Privatinitiative und basierten auf den Moto-Cross-Modellen. Als jedoch Günther Schier im Mai 1966 zu Maico kam und sogleich zum technischen Leiter avancierte, rückte der Straßenrennsport in Reichweite. Schier begann, einen Rennmotor zu entwickeln, und die Firmenleitung gab 1968 endlich ihre Zustimmung zu einer Kleinserie des Renners, der Maico RS2 genannt noch 1968 auf der IFMA in Köln vorgestellt wurde.

Der Motor basierte auf der Serienproduktion, war aber in manchem wichtigen Detail abgewandelt worden. Es handelte sich um einen mit 54 x 54 mm quadratisch ausgelegten Motor mit Drehschieber, der 23 PS bei 11000 U/min leistete. Auf dem Drehschieberdeckel saß ein 32 mm-Bing-Vergaser. Das rennmäßig abgestufte Getriebe hatte fünf Gänge und einen außenliegenden Schaltautomaten. Die Maschine erhielt als Vollverkleidung einen italienischen Ducati-Nachbau. Vorne hatte sie eine Ceriani-GP-Gabel mit Montesa-Nabe und hinten Boge-Federbeine. Der Rahmen war schwarz lackiert, Tank und Sitzbank leuchteten gelb, die Verkleidung rot. Mit Verkleidung kam der Renner auf eine Höchstgeschwindigkeit von 174 km/h.
Auf nationalen Pisten dominierte in dieser Rennsaison die Maico RS 2. Viele Fahrer rüsteten zudem ihre Rennmaschinen mit dem käuflichen Maico-Motor um. In Pfäffingen stellte man ein Team mit den Fahrern Kent Andersson, der trotz eines zweiten Platzes beim Weltmeisterschaftslauf in Madrid Maico noch 1968 verließ, Börje Jansson, Toni Gruber, Erich Brandl und Manfred Bernsee auf. Die Werksmaschinen erhielten ein spezielles Sechsganggetriebe.

Maico 250 Geländesport von 1976.

1970 wurden die Serien-Rennmaschinen mit einem neuen Schaltautomaten ausgestattet, der von Jens Lück konstruiert worden war. Die Leistung steigerte sich auf 24 bis 26 PS. In dieser Form blieb das Motorrad bis 1975 im Verkauf. Die Werksmaschinen hingegen wurden auf Teilwasserkühlung mit Thermosyphonumlauf umgerüstet. Der erste Einsatz erfolgte beim Großen Preis am Nürburgring. Jansson erreichte zwei zweite Plätze bei WM-Läufen und kam letztlich auf den dritten Platz.
Nach dieser Erfahrung forderte Jansson ein niedrigeres Fahrwerk. Er fand sogar Gehör. Jens Lück konstruierte den Rahmen zu der Maico, die als „Flachrad" im Gegenstaz zum RS 2 „Hochrad" bekannt werden sollte. Das Werksfahrwerk für 1971 hatte einen steilstehenden Lenkkopf und die charakteristische Knicklinie im geschlossenen Doppelrohrrahmen. Für ein filigraneres Aussehen sorgten der schmale, lange Alutank im Verein mit den auf den Holmen abgesenkten Gabelbrücken und dem eingezogenen Hinterbau. Als Verkleidung organisierte Jansson in Schweden dieses Mal eine Suzuki-Kopie. Der Motor wurde nicht geändert. In dieser Rennsaison hatte Maico große Chancen, doch schon wieder wurde Jansson in der Endabrechnung nur Dritter.
Das nächste Jahr sorgte für Verwirrung: Eine 250 cm³- Zweizylinder-V-Maschine ging unter dem Maico-Werksfahrer Dieter Braun an den Start. Viele glaubten, Maico habe einen neuen Renner konstruiert. Doch in Wirklichkeit handelte es sich nicht um ein Maico-Produkt, sondern um ein privat zusammengebautes Motorrad, für das allerdings auch Maico-Teile verwendet wurden.
Tatsächlich wurde bei Maico die ungeliebte Rennsportabteilung eingefroren. Die Entwicklungsarbeit wäre ganz abgebrochen worden, wäre es nach dem Willen der Firmenleitung gegangen. Jansson mußte mit der Werks-Maico des Vorjahrs auch die Saison 1972 bestreiten. Er siegte beim Großen Preis der DDR sowie beim Großen Preis der Tschechoslowakei, wurde aber in der Endwertung Vierter. Braun belegte den achten Platz. Ein

Jahr später sicherte sich Jansson den ersten Platz beim Großen Preis von Schweden und mußte sich letztlich wieder mit Platz vier zufrieden geben. Nach Abschluß der Saison 1973 schied Jansson als aktiver Werksfahrer aus, womit das schwäbische Werk seinen erfolgreichsten Straßenrennfahrer verlor und bei keiner Weltmeisterschaft je wieder zu den ersten Plazierungen vordringen konnte.
Doch die Geschichte der RS 2 ist noch nicht beendet: 1971 war probeweise eine Version mit 184 cm³ Hubraum enstanden, die wiederzurückgestellt worden war. Die Idee, in die 250er-Klasse vorzustoßen, war aber nicht ad acta gelegt. Im Winter 1973/74 entstand auf der Basis der 250 cm³-Serienmaschine, die 1973 in Produktion ging, ein luftgekühlter Rennmotor mit 38 mm-Bing-Vergaser, der 43 PS bei 9000 U/min leistete. Das Projekt stand unter den Fittichen von Schier und Hanns Hinn, die sich an Walter Nieser wandten, der das Fahrwerk aufbauen sollte. Nieser verwirklichte in Heimarbeit eine verstärkte Kopie des „Flachrads", der er eine Telegabel, Girling-Federbeine und einen schmalen Alutank verlieh. Das Trockengewicht lag bei 90 kg. Das Vorhaben scheiterte: Bei seinem ersten Einsatz in Clermont-Ferrand unter Rolli Minhoff zeigte das Motorrad deutliche Schwächen. Es war wegen der hohen Verdichtung schwer zu starten. Zudem wurde der Kopf undicht, wenn die Betriebstemperatur erreicht war – ein bei Maico nicht unbekanntes Leiden. Die Maico-Techniker gaben auf.
Der letzte Ansatz zu echter Rennaktivität war die Maico RS 3. Die Firmenleitung, die sich Marktchancen ausrechnete, hatte beschlossen, doch noch eine neue 125 cm³-Rennmaschine auf die Räder zu stellen. 20 Exemplare sollten gebaut werden. Die RS 3 erhielt einen im Oberzug abgeänderten RS 2-Rahmen mit der Schwinge der MD 250. Überhaupt war die RS 3 ihrer Vorgängerin nicht unähnlich, nur daß sie Girling-Federbeine besaß und vor allem einen wassergekühlten Zylinder. So vielversprechend sich das Projekt auch anließ, es scheiterte an der mangelhaften Organisation bei Maico, die wohl auf die fehlende Überzeugung in den oberen Etagen zurückzuführen war. 1975 gab die Geschäftsleitung in einer Hausmitteilung bekannt, daß jegliches Engagement im Straßenrennsport als beendet zu betrachten sei.
Indessen zählten die Maico-Geländemaschinen zu den besten der Welt, was wiederum das Verdienst von Günther Schlier war. Hier fand er die großzügigste Unterstützung von seiten der Firmenleitung.

Malaguti-Motorfahrrad, 1960.

1977 holte sich Maico in Deutschland über 100 Titel. In jenem Jahr testete das Maico-Team mit Erfolg einige vollständig neue Modelle mit der luftunterstützten Maico-Gabel. Die große Neuheit von 1978 war ein neuer Motor mit einem leichten, einteiligen Gehäuse, der für die Modelle mit 250 und 500 cm³ Hubraum gedacht war.
Im Geländesport erzielten Egbert Haas, Lenz Müller und Herbert Schek in den Jahren 1970 bis 1976 eine Serie von Erfolgen bei den Internationalen Zweitagefahrten der Europameisterschaft. 1973 wurde eine neue Geländesport-Serie vorgestellt, die auf den Moto-Cross-Modellen basierte. 1976 meldete Maico für die Internationale Sechstagefahrt 13 Maico GS an, die ausnahmslos das Ziel erreichten und neun Goldmedaillen und vier Silbermedaillen gewannen.
In den 80er Jahren konzentrierte sich die Produktion auf Geländemodelle wie die Enduro-Maschinen GME 250 und 490 mit einem flüssigkeitsgekühlten Einzylinder-Zweitaktmotor und 47 PS bei 8000 U/min beziehungsweise 61 PS bei 7000 U/min. Daneben gab es auch flüssigkeitsgekühlte Moto-Cross-Modelle mit 250 und 490 cm³ Hubraum sowie eine 530er. Trotz der enormen Bemühungen der Belegschaft und einiger Importeure der Marke wie dem Italiener Basilio Portelli verlor das Unternehmen immer mehr an Terrain. 1987 verschwand die Marke Maico endgültig vom Markt.

Maino

In der Maschinenwerkstatt Maino in Alessandria entstanden schon sehr früh italienische Motorräder. Die ersten Modelle wurden 1902 angefertigt und mit Souverain-Motoren aus der Schweiz versehen, die 2,2 PS leisteten. Später wurden Motoren aus eigener Produktion verwendet. Das Unternehmen schloß 1910 die Tore.

Malaguti RST 50 von 1988.

Majestic

Die französische Marke Majestic wurde ab 1929 in Chutenay hergestellt. Die Modelle waren sehr originell. Sie besaßen einen Preßstahlrahmen mit Seitenblechen, die den Motor verdeckten, eine Teleskopgabel und eine indirekte Lenkung. Das Angebot reichte von 350 bis zu 1000 cm³ Hubraum. Man verwendete Einzylindermotoren von JAP und Chaise, Zweizylinder von JAP und luftgekühlte 500 cm³-Vierzylinder von Train. Das französische Werk stellte seine Produktion gegen 1933 ein.
Unter derselben Marke produzierte O.K. Supreme in England Einzylindermodelle mit 250, 350 oder 500 cm³ Hubraum und hängenden Ventilen.

Major

Motorräder der italienischen Marke Major wurden 1948 von dem Ingenieur Salvatore Majorca in einer begrenzten Stückzahl in Turin gebaut. Es handelte sich dabei um gefällige 350 cm³-Einzylindermodelle mit einer Vollverkleidung und Kardanantrieb. Der obengesteuerte Motor war von Majorca selber entwickelt worden.

Malaguti

1923 eröffnete der kaum 23jährige Antonino Malaguti, ein damals sehr erfolgreicher Radrennfahrer, in Bologna eine kleine Fahrradfabrik. Das Geschäft lief von Anfang gut, da sich die Malaguti-Fahrräder von der Konkurrenz abhoben und von Kennern geschätzt wurden. Im Laufe der Jahre wuchs das Unternehmen und beschloß, die Produktion auf Mopeds auszudehnen.
Die ersten, robusten und zuverlässigen Modelle waren für den Alltagsgebrauch bestimmt. Der

unmittelbare Erfolg seiner Mopeds veranlaßte Malaguti, eine weitere Fabrik in San Lazzaro di Savena bei Bologna zu bauen. Hier wurden verschiedenste Mopeds hergestellt: Mitte der 60er Jahre gab es etwa 30 Modelle, die in alle europäischen Länder, insbesondere nach Frankreich, exportiert wurden. Auf dem italienischen Markt verfügte Malaguti über ein gut ausgebautes Vertriebsnetz.
Neben den Alltagsmodellen, die Motoren von Franco Morini besaßen, war die 50 cm³-Geländemaschine Cavalcone 50 mit einem Zweitaktmotor, Aluminiumzylinder, Sechsganggetriebe, elektronischer Zündung, Gasdruckfederbeinen und Gabel mit großem Federweg besonders erfolgreich. Ähnliche Merkmale wies die Ronco auf, die wie die Pilot 50 mit einem Viergangetriebe ausgerüstet war. Interessant waren auch Modelle mit Eingangetriebe und Fliehkraftkupplung und solche mit Variomatikgetriebe. Zu letzteren zählten die Fifty und die Haccapi, die mit Zentralrohrrahmen und Leichtmetall- oder Speichenrädern angeboten wurden. Einen Tank-Zentralrohrrahmen und ein fußgeschaltetes Viergangetriebe hatten die Modelle Drop und Totem sowie die Track mit 10 Zoll-Rädern. Im Rahmen ähnlich, aber von einem anderen Motor angetrieben, erschienen die Fifty und die Fifty Special, die mit Leichtmetallrädern und hydraulischer Scheibenbremse am Vorderrad ausgestattet war. Zum Angebot zählten zudem die Tre-Tre und die Quatrotto mit Eingangetriebe oder Variomatik sowie die Motorik mit niedrigen Rädern.
In den 80er Jahren spezialisierte sich Malaguti auf das Pressen von Blech und die Fertigung von Rahmen, Schutzblechen, Kettenschutzvorrichtungen, Gabeln, Kraftstoffbehältern und Kippständern. Er erweiterte das Angebot um das Straßenmodell RST 50 mit Scheibenbremse am Vorderrad. Hinzu kam eine überarbeitete Serie von Geländemodellen mit 50 cm³ Hubraum, darunter mit wassergekühlten Motoren die MDX Enduro, die RCX/W und die Sahib 50. Daneben präsentierte man immer ausgefeiltere Mopeds wie die Fifty Top, ebenfalls mit Wasserkühlung und Scheibenbremse vorn, die New Dribbling und die Grizzly RCX mit 15 Zoll-Vorderrad und 12 Zoll-Hinterrad.
Jedes Jahr verbesserte und perfektionierte Malaguti seine Modelle. Er brachte die Runner YPVS mit einem flüssigkeitsgekühlten Yamaha-Minarelli-Motor mit 123 cm³ auf den Markt. Gleich darauf folgten die Geländeversion Rally mit einer Leistung von 20,5 PS bei 9000 U/min und einer Höchstgeschwindigkeit von 130 km/h sowie die RST 50, eine 50 cm³-Straßenmaschine mit Elektrostarter, 16 Zoll-Reifen und Scheibenbremse vorne und hinten. Zu den 50 cm³- Geländemaschinen zählten die flüssigkeitsgekühlte Enduro MRX mit einem Einschleifenrohrrahmen, Zentralfederbein und Scheibenbremse vorn, die Grizzly RCX 50 und RCW/4 sowie die Dune ES 50. Auch die Mopeds wurden immer brillanter, so etwa die New Dribbling, die Fifty Full CX und die Fifty Top. Daneben konstruierte Malaguti. das Dreirad Ranocchio und vertrieb das zusammenklappbare Moped Plico.

Alberto Jeva auf einer Malanca 50, 1972.

Zweizylinder-Malanca 125 Sport, 1977.

Malanca

Mit einem Gelegenheitskauf, nämlich einer Drehbank für 8000 Lire, begann Mario Malanca nach dem Zweiten Weltkrieg seine Karriere als Mopedhersteller. 1956 präsentierte er das erste Moped der Marke Malanca. Es handelte sich um ein schönes Modell, das einige Neuheiten aufwies und sich schnell auf dem Markt durchsetzte. Das Malanca-Werk in Pontecchio Marconi bei Bologna lieferte bald so ausgezeichnete Produkte, daß es sie nicht nur ins europäische Ausland, sondern auch nach Amerika exportieren konnte.
Angesichts seines Erfolgs beschloß Malanca 1960, die Motoren für seine Maschinen selber anzufertigen. Der Absatz stieg weiter, und schließlich hatte Malanca eine breitgefächerte Palette verschiedenster Modelle zu bieten. Dazu zählten die 49 Big mit Automatikkupplung, die sportliche Testa Rossa, das Geländemodell Country Special und die Duepiù mit Rohrrahmen und Variomatikgetriebe. Während Malanca für diese Modelle 50 cm³- Zweitaktmotoren verwendete, kennzeichneten liegende Motoren mit Eingangetriebe die Modelle Big, Tigrotto, Minizeta und Roxi. Die Mascotte und die Leoncino hatten ein Drei- oder Viergangetriebe mit einer Schaltung am Lenker. Die Tigre und die Lord wiesen dagegen ein fußgeschaltetes Getriebe mit vier oder fünf Gängen auf. Die Country Special war ein echtes Geländemodell und für sehr junge Fahrer bestimmt. Neben den zahlreichen Mopedmodellen produzierte Malanca Zweizylindermaschinen mit 125 und 150 cm³-Zweitaktmotoren in verschiedenen Versionen; die 125er hatte eine Bohrung von 43 mm bei einem Hub von 43 mm, eine Leistung von 16 PS bei 9800 U/min (in der Sportversion 20 PS bei 9800 U/min), ein Fünfganggetriebe und eine hydraulisch betätigte Scheibenbremse vorn (eine Doppelscheibenbremse vorn und eine Einscheibenbremse hinten bei der sportlichen Ausführung). Die Höchstgeschwindigkeit betrug 122 km/h beim Tourenmodell und 140 km/h bei der Sportversion. Die 150er verfügte exakt über 155 cm³, leistete 20 PS bei 9800 U/min (24 PS bei 9800 U/min beim Sportmodell) und erreichte eine Höchstgeschwindigkeit von über 140 km/h.
1968 erschien die Malanca erstmals auf der Piste. Drei italienische Titel in der 60 cm³-Klasse sowie zahlreiche gute Plazierungen waren die Ausbeute. Entscheidend war das Jahr 1972, als Alberto Jeva den italienischen Meistertitel in der 50 cm³-Seniorenklasse errang und Otello Buscherini in der Endwertung der Weltmeisterschaft in der 50er Klasse auf den fünften Platz kam.
1973 konstruierte das Werk eine 125 cm³-Zweitaktmaschine mit zwei parallelen Zylindern mit Wasserkühlung und 36 PS Leistung bei 14000 U/min sowie ein 50 cm³-Motorrad, das 16 PS bei 15500 U/min leistete, vollständig verkleidet war und 55 kg wog. Otello Buscherini schlug sich mit diesen zwei Maschinen

außergewöhnlich erfolgreich. Auf der 50 cm³-Maschine holte er sich den italienischen Meistertitel und siegte beim Großen Preis der Tschechoslowakei in Brno sowie beim Großen Preis von Finnland in Imatra. 1974 kämpfte Malanca mit Yamaha um die Weltmeisterschaft in der 125 cm³-Klasse. Buscherini wurde Dritter, nach Andersson und Kneubühler auf ihren Yamaha-Maschinen, und punktgleich mit Nieto, der für Derbi fuhr. Bis 1976 setzte die Rennabteilung weiterhin auf die 125 cm³- Modelle. Im Mai des Jahres verlor Buscherini in Mugello bei einem Rennen in der 250 cm³-Klasse das Leben.
In den 80er Jahren erweiterte Malanca die Produktpalette um die Geländemaschine Mark 125 mit einem flüssigkeitsgekühlten Zweizylinder-Zweitaktmotor, der 20 PS bei 9500 U/min leistete. Zu den Straßenmodellen zählten die GTS 50 H20 mit einem Zylinder und die OB One mit Sechsganggetriebe und 125 cm³ Hubraum. Auch die Mopeds wurden modernisiert: Die ST erhielt eine Flüssigkeitskühlung, ein Fünfganggetriebe und eine Scheibenbremse vorn, während die Duepiù LP ebenfalls mit einer Scheibenbremse und mit einem Zentralrohrrahmen aus Stahl ausgestattet wurde. Ende der 80er Jahre stellte Malanca die Motorradproduktion ein.

Mammut

Die Mammut-Leichtmotorräder, die ab 1923 in Nürnberg hergestellt wurden, hatten anfänglich einen Zweitaktmotor mit 200, 250 und 300 cm³ Hubraum. Die Produktion wurde 1932-52 unterbrochen. Aus dem neuen Werk in Bielefeld kamen dann Leichtmotorräder mit Zweitaktmotoren mit 147 und 175 cm³ Hubraum von Fichtel & Sachs und mit 200 cm³-Motoren von Ilo. Ihnen folgten Mopeds und Motorroller mit 50 cm³ Hubraum. Das Unternehmen stellte 1960 seinen Betrieb ein.
Mammut hieß auch das berühmte Motorrad von Friedel Münch, das der deutsche Konstrukteur in den 60er Jahren vorstellte. Angetrieben wurde es von einem NSU-Vierzylinder-Automotor. Die Münch-Motorräder wurden bis in die 70er Jahre in Handarbeit gefertigt.

Mandille et Roux

Dieses französische Unternehmen präsentierte 1956 ein Leichtmotorrad mit tief gesetzten Rädern und seitlichen Schutzblechen. Als Motor wurde ein 125 cm³-Viertakter von Ydral mit einem Zweiganggetriebe eingesetzt.

Münch Mammut von 1966.

Motorroller Manet S 100, 1965.

Maneschi

1951 konstruierte der Schweizer Augusto Maneschi in Lausanne einen Versuchs-Viertaktmotor mit zwei parallelen Zylindern und im Zylinderkopf hängenden Ventilen. Der Motor wurde wie bei Zweitaktern über das Gehäuse mit dem Kraftstoff-Luft-Gemisch versorgt. Im Zylinder befanden sich zwei Einlaßöffnungen. Das Gemisch trat durch diese Öffnungen in das Gehäuse ein und wurde von den Kolben verdichtet. Eine vertikale Leitung zwischen den Zylindern verband das Gehäuse mit dem Einlaßkanal im Zylinderkopf; durch diesen Kanal trat das Gemisch bei der Öffnung der Einlaßventile in den Brennraum ein. Der Vorteil dieses Systems lag in dem höheren Füllungsgrad, da das Luft-Benzin-Gemisch schon vorverdichtet in den Zylinder strömte. In den nachfolgenden Jahren hörte man nichts mehr von diesem Motor.

Manet

1948 entstand in Povazská Bystrica in der Tschechoslowakei das 90 cm³-Leichtmotorrad Manet, das V. Sklenar, ein früherer Mitarbeiter von Jawa, entwickelt hatte. Die Manet besaß einen Motor mit zweigeteiltem Zylinder, einen starren Rahmen und ein Dreiganggetriebe und erreichte 65 km/h. Sie blieb für einige Jahre unverändert im Programm.
Anfang 1959 wurde ein Manet-Motorroller mit einem Einzylinder-Zweitaktmotor mit Gebläsekühlung, Vierganggetriebe und einer Höchstgeschwindigkeit von 70 km/h vorgestellt. Das angetriebene Vorderrad wurde von einer hydraulisch gedämpften Dreiecksgabel mit großer zentraler Feder geführt, während die Hinterradschwinge auf der linken Seite ein hydraulisch gedämpftes Federbein und auf beiden Seiten Schraubenfedern besaß.
1965 erschien der Motorroller Tatran 125 mit 7 PS Leistung bei 5300 U/min, Vierganggetriebe und einer Höchstgeschwindigkeit von 80 km/h.

Manley

Der englische Techniker G.E. Manley entwickelte einen Zweizylinder-Zweitakt-Boxermotor, bei dem die Kolben nicht durch normale Pleuel mit der Kurbelwelle verbunden waren, sondern durch eine Stange, die sich nur gerade vor und zurück bewegen konnte, wodurch die Bewegung der beiden Kolben stets parallel zueinander verlief. Die Stange, die die beiden Kolben verband, hatte im Mittelteil zwei vertikale, exakt parallele Laufschienen, zwischen denen sich ein viereckiges Gleitstück mit einer Bohrung in der Mitte befand, in die der Pleuelzapfen eingefügt war. Bei jeder halben Drehung der Kurbelwelle verlagerte sich das Gleitstück in den Laufschienen von oben nach unten und umgekehrt und setzte dabei die Stange, die den Kolben trug, in Bewegung. Den Motor, der einen Hubraum von 450 cm³ hatte und 20 PS bei 500 U/min leistete, nannte Manley Curlieu. Serienmäßig wurde er nie produziert.

Manon

Die französischen Manon-Motorfahrräder wurden 1903-10 in Courbevoir hergestellt und waren mit 1,25 PS-Motoren ausgestattet.

Mantovani

Die Motorradfabrik Mantovani mit Sitz in Mailand stellte 1903

Leichtmotorräder in verschiedenen Versionen her, deren Motoren 1,5, 2,75 oder 4 PS leisteten und luft- oder wassergekühlt waren.

Manufrance

Das Angebot der französischen Firma Manufrance umfaßte Motorräder mit 125 und 175 cm³ Hubraum und Zweitakt-Motorroller mit 125 cm³ Hubraum, die 1951-55 hergestellt wurden.

Manurhin

Ursprünglich wurden die Manurhin-Modelle als Hobby-Motorroller von DKW bekannt. Nachdem das deutsche Unternehmen diese Produktion aufgegeben hatte, wurden sie ab 1955 in verbesserten und modernisierten Versionen in Frankreich hergestellt. Zuletzt produzierte man die Concorde mit einem 75 cm³-Zweitaktmotor und Automatikgetriebe.

Marathon

Die Marathon, die 1910 in den USA konstruiert wurde, zählt zu den ersten amerikanischen Einzylinder-Zweitaktmaschinen mit Kardanantrieb.

Marc

Die französischen Marc-Motorräder wurden 1923-39 in Vincennes hergestellt und hatten Einzylindermotoren mit hängenden Ventilen und 350 beziehungsweise 500 cm³ Hubraum von L.M.P. und JAP. Ein 250 cm³-Modell war mit einem Staub-JAP-Motor ausgestattet.

Marchand

1889 gab es in Musocco, einem Ort in der Umgebung von Mailand, eine Fabrik, die den gebürtigen Franzosen Paolo und Leone Marchand gehörte, und bald nach Piacenza verlegt wurde. Wenig später schlossen sich die Brüder mit Attilio Orio zusammen und begannen mit der Produktion von Motorrädern. Diese waren so erfolgreich, daß Marchand-Orio um die Jahrhundertwende eines der bekanntesten Unternehmen Italiens wurde. Zu diesem Ruhm trugen ganz entscheidend die zahlreichen Siege des Rennfahrers Giuseppe Tamagni bei.
Ende des Jahrhunderts beschäftigte das Werk 150 Personen. Die erste Marchand wurde von dem Techniker Giuseppe Merosi entwickelt. Das Modell wurde 1901 in Mailand vorgestellt. Es hatte einen 1,75 PS-Motor mit Batteriezündung, die bereits ein Jahr später durch eine Magnetzündung abgelöst wurde. Der Motor ersetzte das Sattelstützrohr. Das Getriebe verfügte bereits über zwei Gänge. Der Hinterradantrieb erfolgte über Riemen. Der Motor des Marchand-Modells von 1902 war schräg am Lenkkopf angebracht. Das vordere Rahmenrohr formte unten eine Biegung, in der der Motor saß. Die Pedale lagen hinter dem Motor am Fuß des Sattelrohrs. 1903 erhielt die Marchand einen stehenden Motor, der vor dem Pedalwerk eingebaut war, und einen echten Motorradrahmen.
Das Modell von 1905 hatte einen stehenden Einzylindermotor, der 2,5 und 3,5 PS leistete und Schnüffelventile, einen Schwimmervergaser und eine Magnetzündung besaß. Der Motor war in der Mitte des Schleifenrohrrahmens montiert. Auf Wunsch wurde die Maschine mit Schwinggabel für das Vorderrad geliefert. Der Antrieb erfolgte über Riemen, und beide Räder waren mit Backenbremsen versehen. Einigen Quellen zufolge soll das Unternehmen 1907 plötzlich vom Markt verschwunden sein, ohne daß die Gründe dafür bekannt geworden wären. Das Erstaunliche daran ist, daß sich das Werk gerade in jenem Jahr auf dem Höhepunkt seines Ansehens befand. Möglicherweise wurde der Betrieb doch erst 1910 eingestellt.

Marchi e Fabbri

Es handelte sich hierbei um eine italienische Firma, die 1955 die Mopeds Cigno und Topolino mit Mosquito Garelli-Motor und Reibradantrieb herstellte.

Marck

Die Marke Marck enstand 1904-08 in Herstal chez Liège in Belgien. Sie war damals sehr beliebt. Die Maschine besaß einen Einzylindermotor mit 500 cm³ Hubraum.

Mariani

1930 konstruierte der Italiener Enrico Mariani ein Motorrad mit einem stehenden Einzylindermotor mit drei seitlich stehenden Ventilen, einem Einlaß- und zwei Auslaßventilen. Dieser Motor war möglicherweise das erste Triebwerk mit drei seitlich stehenden Ventilen. Er war mit einem Burman-Dreiganggetriebe kombiniert und konnte auch mit Dieselkraftstoff betrieben werden.
Das Anlassen erfolgte stets mit Benzin, dann wurde die Kraftstoffsorte gewechselt, indem bei laufendem Motor der Dieselhahn aufgedreht und der Benzinhahn geschlossen wurde. Das Rohr, das den Dieselkraftstoff vom Tank zum Vergaser leitete, führte zweimal über den Zylinderkopf, um den Treibstoff zu erhitzen. Diesem Modell folgte ein weiteres mit zwei Ventilen und Benzineinspeisung.

Marlow

Die englische Firma Marlow in Warwick konstruierte 1921-22 ein einziges Modell. Es handelte sich dabei um ein Leichtmotorrad mit einem 269 cm³- Villiers-Motor, das mit zwei Gängen oder ohne Getriebe geliefert wurde.

Marman

Das Marman-Moped tauchte in den Jahren nach dem Zweiten Weltkrieg auf dem amerikanischen Markt auf. Der Zweizylinder-Zweitakt-Boxermotor war in der Mitte des Rahmens eingebaut, hatte 110 cm³ Hubraum und eine Leistung von 3,5 PS. Das Modell hatte kein Getriebe, aber eine Mehrscheibenkupplung und Riemenantrieb auf das Hinterrad, und erreichte eine Geschwindigkeit von 65 km/h.

Marmonnier

Es handelte sich hierbei um ein kleines Motorrad mit einem Zweitaktmotor, das 1950-54 in Lyon in Frankreich hergestellt wurde.

Mars von 1923.

Marini

1924-28 wurde unter der Marke Marini – nicht zu verwechseln mit Morini – in Italien ein interessantes Leichtmotorrad mit einem 175 cm³-Zweitaktmotor gebaut.

Marloe

Diese kleine englische Firma aus Birmingham baute 1920-21 Motorräder mit 350 cm³ Zweitaktmotoren von Precision und mit seitengesteuerten 350 und 500 cm³-Motoren von Blackburne.

Mars

Die Mars entstand 1920 in den Fabrikanlagen von Johann und Karl Müller in Nürnberg. Da sie sich von den Motorrädern der damaligen Zeit deutlich abhob, erweckte sie sogleich das Interesse der Öffentlichkeit. Auffallend war der Rahmen, der in einigen konstruktiven Merkmalen seiner Zeit um Jahrzehnte voraus war. Erst nach dem Zweiten Weltkrieg gab es Ähnliches. Abgesehen davon war die Mars

bis ins Detail durchdacht und bestens verarbeitet. Und nicht zuletzt war die Mars auch ästhetisch überzeugend.
Bei dem Rahmen handelte es sich um einen Kastenrahmen aus geschweißtem Stahlblech, dessen Zentralrohr schräg vom Lenkkopf zur Nabe des Hinterrads hinunterführte. Von diesem zentralen Träger gingen verschweißte oder verschraubte Preßblechelemente aus, die eine Schleife bildeten, in der der Motor saß: Der Rahmen ermöglichte eine tiefe Sattelposition, enthielt, abgesehen vom Motor mit dem Getriebe, einen Werkzeugbehälter und fungierte überdies als Kofferraum.
Der 995 cm³-Zweizylinder-Boxermotor stammte von Maybach und hatte seitlich stehende Ventile und eine Magnetzündung; die Schmierung erfolgte mit Hilfe einer Handpumpe auf der linken Seite des Tanks, das Zweiganggetriebe wurde über einen Hebel auf der rechten Seite geschaltet. Primär- und Sekundärantrieb erfolgten über Kette. Das Vorderrad wurde von einer aufwendigen Parallelogrammgabel geführt, die gefedert war. Die Gabelbeine liefen auf die beiden Enden der Kurzschwingen zu, mit denen sie ein Dreieck bildeten.
Das System war etwas kompliziert, und das Gewicht der gesamten Konstruktion recht hoch. Das Hinterrad war ungefedert, während mehrere Federn am Sattel für den Fahrkomfort sorgten. Aufgrund der ausgewogenen Gewichtsverteilung war die Maschine, die eine Höchstgeschwindigkeit von 80 km/h erreichte, leicht zu steuern. Sie erzielte große Verkaufserfolge und war 1925 eines der meistverkauften Motorräder Deutschlands.
Bei ihrer Nachfolgerin von 1925 wurde lediglich das Getriebe, das serienmäßig mit zwei Gängen erhältlich war, von einem Drei- oder Viergangggetriebe abgelöst. In den folgenden Jahren erschienen neben der Zweizylindermaschine auch Einzylindermodelle, die einen konventionelleren Rahmen und obengesteuerte oder seitengesteuerte 500 cm³-Motoren von MAG besaßen.
Die Mars-Zweizylindermaschine kam jedoch allmählich in die Jahre. Um weiterhin ihren Ruf als avantgardistisches Motorrad zu wahren, hätte man ihre Weiterentwicklung vorantreiben müssen. Im Laufe der 30er Jahre ging die Produktion des Unternehmens zurück und wurde nunmehr auf konventionelle Motorfahrräder beschränkt. Nach dem Zweiten Weltkrieg nahmen die Mars-Werke die Herstellung von Leichtmotorrädern mit Sachsmotoren mit 98 bis 175 cm³ Hubraum auf.
1951 ließ die Stella die Fachwelt aufhorchen, ein Leichtmotorrad mit einem stehenden 147 cm³-Einzylinder- Zweitaktmotor von Sachs. Die Stella hatte einen originellen Rahmen mit einem Zentralrohr, das vom Lenkkopf unter den Sattel führte, sich dann nach unten krümmte und sich an den hinteren Teil des Motorgehäuses anschloß; ein gerades Rohr führte vom Lenkkopf zum vorderen Teil des Motorgehäuses. Unter dem geraden Stück des oberen Rohrs verlief parallel ein weiteres Rohr, das sich an der Stelle, an der sich das obere Rohr nach unten krümmte, nach oben bog und das Stützrohr des Sattels bildete. Ergänzt wurde der Rahmen durch eine hydraulisch gedämpfte Teleskopgabel und eine Hinterradschwinge aus Preßblech. Die Stella wurde ein großer Erfolg, aber die Krise der 50er Jahre auf dem deutschen Motorradmarkt führte zum Zusammenbruch des Unternehmens, das 1957 endgültig die Tore schloß.
Es gab auch englische Marken, die sich Mars nannten. Die Mars Motor Company baute 1905-10 Motorräder mit Motoren von Minerva und Fafnir.
Die Mars Ltd. in Coventry produzierte 1923-26 konventionelle Motorräder mit 250 cm³-Motoren von Villiers und 300 cm³-Motoren von JAP. Daneben waren 350 cm³-Modelle mit Motoren von Bradshaw, Barr & Stroud und JAP erhältlich. Bereits im Jahr 1923 tauchten Modelle mit einem Satteltank auf.

Marseel

Dieser englische Motorroller wurde 1920-21 in Coventry hergestellt und war mit einem liegenden 232 cm³-Motor ausgestattet, der unter dem Trittbrett eingebaut war. Einer seiner Konstrukteure war Marendaz, der später die nach ihm benannten Special-Automobile entwickelte.

Marsh

Die Marsh Motor Cycle Manufacturing in Brockton, Massachusetts, kann als eines der Pionierunternehmen der amerikanischen Motorradproduktion betrachtet werden. Die ersten Modelle von 1901 hatten einen Rahmen mit einem integrierten Motor, während bei dem Modell von 1902 der Motor das Stützrohr des Sattels ersetzte. Dieses Motorfahrrad wog trotz des Hubraums von 244 cm³ und des robusten Rahmens nur 40 kg.
Gegen 1905 begann das Unternehmen, auch Automobile zu bauen, und übernahm das Metz-Werk. Von nun an wurden die Motorräder unter der Marke M.M. in den Handel gebracht. Sie wurden bis 1920 angeboten.

Martin

Die Martin-Motorräder, die 1911-22 in London hergestellt wurden, wurden von dem berühmten englischen Rennfahrer Harry Martin entwickelt. Sie hatten anfänglich Precision-Motoren mit 200 cm³ Hubraum, später erhielten sie seitengesteuerte JAP-Motoren mit 292 cm³ Hubraum und Zweizylinder-V-Motoren mit 500 cm³ Hubraum. 1909 legte eine 250 cm³-Martin mit einem stehenden JAP-Einzylindermotor in Brooklands 60 Meilen in einer Stunde zurück bei einer Durchschnittsgeschwindigkeit von 96,558 km/h. 1911 siegte die gleiche Maschine in Brooklands beim Einstundenrennen in der 350er Klasse. 1914 erreichte eine Martin mit einem JAP-Zweizylindermotor mit 100 cm³ Hubraum eine Höchstgeschwindigkeit von 100 Meilen, also über 160 km/h.
Unter der Marke Martin wurde ab 1956 auch ein Motorrad vertrieben, das in Japan produziert wurde. Das Spitzenmodell 250 H hatte einen Zweizylinder-Zweitaktmotor mit 244 cm³ Hubraum, eine Teleskopgabel und eine Hinterradschwinge. Das japanische Unternehmen stellte 1961 seine Produktion ein.

Martina

Diese italienische Firma in Turin produzierte Anfang der 30er Jahre Motorräder mit JAP-Motoren mit 175 cm³ Hubraum. Auf Wunsch wurden Motoren von anderen Firmen mit unterschiedlichen Hubräumen eingebaut.

Martin JAP

Martin JAP wurden Speedway-Motorräder genannt, die 1929-57 von Victor Martin & Co. in London gebaut wurden und mit JAP-Spezialmotoren mit 350 und 500 cm³ ausgestattet waren.

Martin Moulet

Das französische Unternehmen Martin Moulet präsentierte 1956 den Variomatic-Motor mit 48 cm³ Hubraum, Scheibenkupplung, Variomatikgetriebe, Primärantrieb über Keilriemen und Hinterradantrieb über Kette.

Martinshaw

Die englischen Martinshaw-Motorräder wurden 1923-24 gebaut; sie waren mit einem 350 cm³-Einzylindermotor mit Ölkühlung ausgestattet, der von Granville Bradshaw entwickelt worden war.

Martinsyde

Die ersten englischen Martinsyde-Motorräder hatten 680 cm³-Zweizylinder-V-Motoren mit einen Zylinderwinkel von 50 Grad. Sie wurden von dem Techniker Newmann entwickelt, dessen Name ebenfalls auf dem Tank stand. Neben dem beschriebenen Modell produzierte Martinsyde eine ähnliche Version mit 500 cm³ Hubraum und eine Einzylindermaschine mit 350 cm³ Hubraum. 1923 wurde das Unternehmen von Bat übernommen. Aber die Martinsyde Bat verschwand schon 1925 vom Markt.

Marvel

Die amerikanische Firma Marvel Motorcycle war eng mit dem Luftfahrtpionier Glen Curtiss verbunden und verwendete daher für ihre Modelle Ein- und V-Zweizylinder Curtiss-Motoren. Das Unternehmen produzierte in den Jahren 1910-13.

MAS 500 mit im Zylinderkopf hängenden Ventilen, 1940.

MAS

Alberico Seiling, ein italienischer Ingenieur, hatte 1920-22 bereits verschiedene Serien von Motoren entwickelt, als er beschloß, in Mailand Motorräder zu produzieren. Auf diese Weise entstand das Unternehmen MAS (Motocicli Alberico Seiling). Die erste MAS von 1922 war ein 125 cm³-Leichtmotorrad mit einem stehenden Einzylinder-Viertaktmotor und Zweiganggetriebe, das bis 1925 gebaut wurde. Eine 150 und eine 175 cm³- Maschine folgten sogleich, die im wesentlichen ähnlich konstruiert waren.

Auf der Mailänder Ausstellung desselben Jahres wurde ein neues 175 cm³-Leichtmotorrad vorgestellt, das einen Zylinder aus Leichtmetallegierung mit einem Zylinderkopf aus Grauguß hatte. Diese Maschine, die eine Höchstgeschwindigkeit von 60 km/h erreichte, wurde auch in einer Rennversion angeboten. 1928 interessierte sich MAS erstmals für Motoren mit größeren Hubräumen und präsentierte eine 244 cm³-Maschine mit einem Viertaktmotor mit im Zylinderkopf hängenden, über Stoßstangen und Kipphebel gesteuerten Ventilen und Dreiganggetriebe. Ein Jahr später erschien eine 500er mit einem stehenden seitengesteuerten

MAS Stella Alpina mit 122 cm³, 1947.

Zweizylindermotor, einem separaten Dreiganggetriebe mit Handschalter auf dem Tank und einer Parallelogrammgabel.

1930 erhielt das 175 cm³-Modell einen modifizierten Motor, und ein Jahr später präsentierte man die erste 350 cm³-Maschine mit einem nach vorn geneigten Einzylinder-Viertaktmotor mit hängenden, über Stoßstangen und Kipphebel gesteuerten Ventilen. 1931 brachte man eine erste, sehr preisgünstige 175 cm³- Maschine mit einem Zweitaktmotor auf den Markt. 1934 gab das Werk die 175er auf und ersetzte sie durch 218 cm³-Modelle. Das Angebot umfaßte nun Motorräder mit seitengesteuerten 250 cm³- Motoren, mit seitengesteuerten oder obengesteuerten 350 cm³- Motoren und mit seitengesteuerten 500 cm³-Motoren. Alle Modelle blieben ohne Verbesserung bis 1940 in Produktion. In der Zwischenzeit hatte Seiling das Unternehmen an die Gebrüder Guidetti verkauft und schuf 1939 die neue Marke Altea.

MAS war in den 30er Jahren im Geländesport, insbesondere bei der Internationalen Sechstagefahrt, sehr aktiv. Nach einer Goldmedaille im Jahr 1929 holten sich Boneschi, Bonatti und Silvestri 1930 drei weitere. 1931 wiederholten Bonatti, Picozzi und Boneschi diesen Siegeszug; 1932 gab es insgesamt fünf Goldmedaillen für Bonatti, Boneschi, Parodi, Pater und Picozzi. 1933 brachte für Italien nur einmal Gold: Boneschi war der Sieger. 1934 siegten Boneschi und Tommasi.

Während des Zweiten Weltkriegs mußte sich MAS sehr beschränken; das interessanteste Modell war das Leichtmotorrad Lupatta mit einem 174 cm³-Zweitaktmotor. Daneben gab es Modelle für militärische Zwecke wie die seitengesteuerten 350er und 500er mit gefederten Rahmen.

1947 präsentierte MAS ein neues von Seiling entworfenes Modell. Es handelte sich um das Leichtmotorrad Stella Alpina mit einem nach vorn geneigten 122 cm³-Einzylindermotor mit hängenden Ventilen. Der Motor war zwar luftgekühlt, sah aber wie ein wassergekühltes Triebwerk aus, da der Zylinder ummantelt war und außen eine vollständig glatte Oberfläche aufwies. Die Stella Alpina hatte ein fußgeschaltetes Dreiganggetriebe, einen Rohrrahmen mit Teleskopgabel und Teleskopfederbeinen. Sie erreichte eine Höchstgeschwindigkeit von 75 km/h.

1950 nahm man ein ausgesprochen sportliches Motorrad mit einem stehenden Zweizylindermotor mit 492 cm³ Hubraum und obenliegender Nockenwelle ins Angebot auf. 1951 kam ein neues Leichtmotorrad auf den Markt: Die Zenith hatte einen stehenden Einzylinder-Stoßstangenmotor mit 175 cm³ Hubraum. Als Fahrgestell diente ein Rohrrahmen mit Teleskopgabel und Hin-

MAS 175 Tourenmodell, 1955.

terradschwinge. 1954 wurde das gleiche Modell unter der Bezeichnung Zenith Turismo angeboten. Gleichzeitig entstand eine 175 cm³-Maschine, deren Motor mit obenliegender Nockenwelle nun deutlich verbessert worden war.
1956 produzierte das Unternehmen, das sich bereits in Schwierigkeiten befand, eine 125er mit Zweitaktmotor und kurze Zeit später einen Motorroller mit einem 50 cm³-Sachs-Motor, einer Vollverkleidung und großen Rädern. Doch das Werk war nicht mehr zu retten. Noch vor 1960 mußte MAS die Produktion der Motorräder endgültig einstellen.

Mascotte

Die Leichtmotorräder dieser Marke wurden 1923-24 in Frankreich hergestellt und waren mit 175 cm³-Motoren und seitlich stehenden Ventilen ausgerüstet.

Maserati

1953 konstruierte Maserati das Motorrad 125 T2 mit einem 123 cm³-Einzylinder-Zweitaktmotor, Dreiganggetriebe und einem Rohrrahmen mit Hinterradschwinge. Die Höchstgeschwindigkeit betrug 80 km/h. Denselben Rahmen erhielt das Modell 160 T4, das von einem Viertaktmotor mit 158 cm³ Hubraum angetrieben wurde. Vorne hatte es eine Teleskopgabel. Der mit einem Vierganggetriebe kombinierte Motor ermöglichte eine Höchstgeschwindigkeit von 95 km/h.
1955 wurden die 160 T4 und die T2 angeboten. Die T2 bekam ebenfalls eine Teleskopgabel. Neben diesen Modellen gab es die 250 T4 mit einem stehenden Einzylinder-Viertaktmotor, die eine Höchstgeschwindigkeit von 120 km/h erreichte, und die S 175 mit einem 175 cm³-Motor mit obenliegender Nockenwelle und einer Höchstgeschwindigkeit von etwa 140 km/h. 1956 standen Zweitaktmodelle mit 125 und 160 cm³ Hubraum im Katalog. Außerdem gab es die 175 S und die 250 T4 aus dem Vorjahr. Die einzige Neuerung des Jahres war der Einbau einer Scheibenbremse für das Vorderrad der 250 T4.
1957 präsentierte Maserati auf der Mailänder Mustermesse neue Mopeds mit Zweitaktmotoren und Rahmen, die je nach Zweck variierten. 1958 brachte wenig Neues. Lediglich die 250 cm³-Maschine hatte nun keine Scheibenbremse mehr. Maserati setzte seine Produktion bis Mitte der 60er Jahre fort.

Mason & Brown

Die Motorräder von Mason & Brown wurden ab 1904 bis etwa 1910 in England hergestellt und von 2 PS starken Minerva-Motoren angetrieben. Daneben waren Modelle mit Motoren anderer Hersteller erhältlich.

Massarini

1923-24 produzierte der italienische Konstrukteur Giuseppe Massarini in Piacenza Motorräder, für die er Viertaktmotoren mit 125 und 175 cm³ Hubraum verwendete.

Massey-Arran

Von den englischen Motorrädern der Marke Massey-Arran, die lange Zeit auch einfach Massey genannt wurden, entstanden 1920-25 nur wenige Exemplare. Die Stückzahl blieb wahrscheinlich deshalb so begrenzt, weil das kleine Werk häufig seinen Sitz wechselte. Dennoch waren die Massey hervorragende Motorräder mit konventionellen Charakteristika. Sie waren mit 147 bis 350 cm³-Motoren von Villiers, JAP, Blackburne und Bradshaw bestückt. Einige Modelle hatten Scheibenräder.

MAT

1928 wurde in der Tschechoslowakei das MAT-Motorrad mit vier Zylindern vorgestellt, das bis 1929 in Prag produziert wurde. Das Modell hatte einen Vierzylinder-Reihenmotor mit 500 cm³ Hubraum und im Zylinderkopf hängenden Ventilen. Eine Eigentümlichkeit des Motors war, daß die Ventile nicht alle auf ein und derselben Seite, sondern abwechselnd auf der rechten und der linken Seite eingebaut waren. So hingen beim ersten und beim dritten Zylinder die Ventile auf der linken Seite im Zylinderkopf, während sie sich beim zweiten und vierten Zylinder auf der rechten Seiten befanden. Konstrukteur bei MAT war der frühere Automobilrennfahrer von Bugatti, Milos Brandy.

Matador

In den Jahren 1922-25 konzentrierte sich das englische Werk Matador Engineering Co. Ltd. insbesondere auf Motorräder mit ölgekühlten Bradshaw-Motoren mit 350 cm³ Hubraum und im Zylinderkopf hängenden Ventilen. Außderem wurden luftgekühlte Blackburne-Motoren mit seitlich stehenden oder im Zylinderkopf hängenden Ventilen verwendet. Angetrieben von diesen Motoren, zeichneten sich die Motorräder durch ganz hervorragende Leistungen aus. Konstrukteur der Maschinen war Bert Houlding.

Matchless

Die Marke Matchless entstand im 19. Jahrhundert, als H.H. Collier begann, in seiner Fabrik in Plumstead Fahrräder dieses Namens herzustellen. Später traten die beiden ältesten Söhne Colliers, Charlie und Harry, in die Firma ein, die daraufhin H. Collier & Sons genannt wurde.
Das erste Motorrad von Matchless hatte einen 2,5 PS-Motor von De Dion, der zunächst über dem Vorderrad eingebaut war. Den Motor verlegte man dann hinter das Rohr, das den Sitz trug, und letztendlich wurde er schräg am hinteren Rahmenrohr eingebaut. 1904 widmete sich das Unternehmen der Produktion eines Fahrzeugs mit drei Rädern, die aber schon bald wiedereingestellt wurde. Statt dessen baute man ein neues Motorrad mit einem Zweizylindermotor von JAP.
Damals erwachte das Interesse an Motorradrennen, die auf der Canning Town-Rennbahn stattfanden. Bei einem dieser Rennen machten die Collier-Brüder die Bekanntschaft von H. V. Colver, dessen Namen zwei Generationen lang mit dem Geschick von Matchless verbunden bleiben sollte.
Ein 1905 konstruiertes Modell mit Zweizylinder-V-Motor hatte zwei bemerkenswerte Konstruktionsmerkmale: die Federung am Hinterrad und die Gabel mit Kurzschwingen am Vorderrad. Dieses Motorrad wurde ein durchschlagender Erfolg. Harry Collier nahm mit ihm am International Cup Race in Frankreich teil. Obwohl er das Rennen nicht gewann, machte er einen so guten Eindruck, daß auch sein Bruder eingeladen wurde, 1906 an dem Rennen teilzunehmen; Charlie Collier ging dabei als dritter durchs Ziel.
Die Tourist Trophy, das bekannteste Straßenrennen der Welt, wurde auf Anregung der Gebrüder Collier und des Marquis De Mouzilly de St. Mars ins Leben gerufen. Als sie 1907 zum ersten Mal stattfand, wurde Charlie Collier mit einer Durchschnittsgeschwindigkeit von 61 km/h erster der Einzylinder-Klasse. Im darauffolgenden Jahr ging das siegreiche Motorrad in Serienproduktion. Daneben kam ein neues Modell mit 250 cm³-Zweizylinder-V-Motor, Zweiganggetriebe und Schwingrahmen auf den Markt.
Inzwischen war die Firma Matchless in eine GmbH umgewandelt worden. Die Rennerfolge rissen nicht ab, Harry Collier gewann die Tourist Trophy von 1909 und Charlie die von 1910. Auch auf der berühmten

Brooklands-Bahn machten die Brüder von sich reden.
Bei der Tourist Trophy von 1911 kam Charlie als Zweiter ins Ziel, wurde aber disqualifiziert, so daß Indian die ersten drei Plätze zugesprochen bekam. In Brooklands fand das spannende Duell zwischen Indian und Matchless eine Fortsetzung, die in die Motorradgeschichte eingehen sollte. Jake de Rosier gewann auf einer Indian in drei Vergleichen mit 2:1 über die Matchless. Charlie Collier konnte jedoch mit 147 km/h einen neuen Geschwindigkeits-Weltrekord aufstellen.
1912 begann Matchless den Bau von Motorrädern mit Dreigang-Nabenschaltung. Das neue Getriebe brachte aber nicht nur Vorteile. Man konnte es nur verwenden, wenn man auf die Federung des Fahrwerks verzichtete. Als Alternative stellte die Firma ein für den Rennsport bestimmtes Modell mit Sechsganggetriebe her. Der hintere Teil des oberen Rahmenrohrs wurde mit einer Biegung versehen, womit eine tiefere Sitzposition erreicht wurde. Sogar eine Damenausführung mit oben offenem Rahmen und einem 250 cm^3- Einzylindermotor war im Programm.
1912 entschied sich Matchless für die Fertigung eigener Motoren. Das erste Exemplar war ein Einzylindermotor, dessen Maße für Bohrung und Hub 85,5 x 85 mm betrugen. Doch schon nach wenigen Jahren kam Matchless von den Einzylindermodellen wieder ab und wandte sich der Herstellung von Zweizylinder-V-Motoren zu, die für Motorradgespanne bestimmt waren. Daneben enstand ein besonders interessantes Modell, die 8B mit separatem Dreiganggetriebe, Magnetzündung, fußbetätigter Kupplung, Primär- und Sekundärantrieb über Kette und Trommelbremsen am Hinterrad. Der 996 cm^3-Motor stammte von MAG. 1915 wurde neben der 8B eine 8B/2 mit austauschbaren Rädern angeboten.
Bei Ausbruch des Kriegs waren nur diese beiden Modelle im Katalog, dann stellte Matchless den Bau von Motorrädern für zivile Zwecke ein und beschränkte sich auf Munition und Flugzeugteile. 1919 nahm die Firma die zivile Produktion wieder auf, und das Modell H mit 965 cm^3 und Seitenwagen kam auf den Markt. Es besaß eine elektrische Lichtmaschine und ein separates Getriebe, dessen zylinderförmiges Gehäuse mit Metallklammern am Rahmen befestigt war. Das Vorderrad war über eine Trapezgabel gefedert, das Hinterrad über eine Geradwegfederung, die mit der Federung des Beiwagens synchronisiert war.
In den darauffolgenden Jahren produzierte Matchless hauptsächlich Zweizylinder-V-Motoren für Seitenwagenmaschinen. Erst 1923 wurde ein neues Einzylindermodell vorgestellt, die L2 mit einem seitengesteuerten 348 cm^3-Motor von Blackburne, Primär- und Sekundärantrieb über Kette, Trommelbremsen und Gangschaltung von Sturmey-Archer. 1924 erschienen eine weitere Einzylindermaschine mit 591 cm^3 und für die Fans von sportlichen Motorrädern eine Maschine mit 347 cm^3 Hubraum und obenliegender Nockenwelle. Ihr Motor war der erste Matchless mit obenliegender Nockenwelle, bei dem Einlaß und Auslaß im hinteren Teil des Zylinders waren.

Matchless Silver Arrow von 1930.

Matchless G5 von 1962.

Für die Rennsaison von 1925 präsentierte Matchless einen 900 cm^3-Zweizylinder-V-Motor, der aus eigener Produktion stammte. Die seitengesteuerte 347 cm^3-Maschine blieb unverändert im Programm.
1926 starb H.H. Collier. Die GmbH wurde in eine Aktiengesellschaft umgewandelt. 1930 kündigte Matchless die Produktion der Silver Arrow an, einer 400 cm^3-Zweizylinder-V-Maschine mit 26 Grad Zylinderwinkel. Doch die wirkliche Neuheit von 1930 war die Silver Shadow, ein revolutionäres Motorrad mit einem 593 cm^3-Vierzylinder-V-Motor mit spitzem Zylinderwinkel. Aber weder die Silver Arrow noch die Silver Shadow brachten den erhofften Erfolg. 1931 wurde für die Einzylindermaschinen der geneigte Motor eingeführt, was einen veränderten Rahmen nach sich zog. Zum ersten Mal erschien anstelle des ganzen Namenzugs das berühmte M aus Chrom auf dem Tank, allerdings noch ohne Flügel. Im gleichen Jahr übernahm Matchless die Firma AJS. Das seitengesteuerte 498 cm^3-Modell D/5 kam in den Katalog.
1935 trat Matchless in eine neue Produktionsphase. Dafür sprachen die Modelle Clubman und Clubman Special und die Serie G, der lange Zeit eine bedeutende Rolle im Programm zukommen sollte. 1938 kaufte Matchless die Herstellungsrechte für die Sunbeam. Die nun entstandene Firma hieß Associated Motor Cycles Ltd. (AMC), dem M wuchsen die Flügel. Bei Kriegsausbruch konzentrierte sich das Werk auf die Matchless G3. Eine neue Teleskopgabel kam zum Einsatz. 1944 schied Harry Collier aus dem Leben. Sein Bruder Charlie führte die Geschäfte des Unternehmens weiter. 80000 Exemplare der G3 und G3L verließen die Fabrik. 1948 folgte mit der G9 eine Halblitermaschine mit stehendem Zweizylindermotor, die 1952 zu der Rennmaschine G45 weiterentwickelt wurde.
1954 verstarb Charlie Collier, und zwei Jahre später übernahm Associated Motor Cycles Ltd. die Firmen Norton, James und Francis Barnett. Man ließ den Firmen aber ihre eigene Identität. 1958 hatte Matchless 17 Modelle im Katalog, darunter eine neue Version der 592 cm^3-Zweizylinder-G11 von 1955, die G12 mit 646 cm^3, von der die sportliche G12 CSR abgeleitet wurde, sowie die ungewöhnliche G2 mit einem 250 cm^3-Einzylindermotor. Die G45 wurde von der neuen Rennmaschine G50 abgelöst, die einen 500 cm^3-Einzylindermotor mit obenliegender Nockenwelle erhalten hatte. 1965 reduzierte sich das Matchless-Angebot auf ein 750 cm^3-Zweizylindermodell, das in einer Touren- und einer Sportversion geliefert wurde. 1963 war die gesamte Norton-Produktion von Birmingham nach Plumstead verlegt worden. Diese letzte Fusion wirkte sich negativ auf die AMC-Gruppe aus. Anfang 1966 gab es erste finanzielle Schwierigkeiten, und im August wurde der Konkursverwalter bestellt.
Später wurde von dem früheren Autorennfahrer und Finanzier Dennis Poore die Firma Norton Villiers Limited gegründet, die die Matchless-Produktion in kleinerem Rahmen fortführte, aber schon bald in Vergessenheit geriet.

Matra

Die ungarische Matra wurde 1938 von Laszlo Urbach entworfen und bis 1947 in Budapest mit 98 und 125 cm³- Zweitaktmotoren hergestellt.

Maurer

Die kleine deutsche Automobilfabrik Ludwig Maurer aus Nürnberg produzierte 1922-26 zunächst Zweitakt-Hilfsmotoren für Fahrräder und später wassergekühlte 247 cm³-Zweitakt-Einzylindermaschinen und 494 cm³-Modelle mit Zweizylinder-Boxermotoren.

Mauser

Das Mauser-Einspurauto entstand 1922-27 in Oberndorf am Neckar. Es war zwar ein karossiertes Motorrad, glich jedoch in seiner Konstruktion einem Auto. So gab es eine Tür zum Einsteigen, und abgesehen von den normalen Motorradrädern hatte das Fahrzeug zwei seitlich angebrachte Stützräder. Die Verkleidung bestand aus Preßblech.

MAV

Die italienische Firma MAV (Motori Ausiliari Velocipedi) konstruierte 1951 den Hilfsmotor Jolly. Der Motor mit 45 cm³ Hubraum kam in den darauffolgenden Jahren unverändert auf den Markt.
1955 baute die Firma 49 cm³-Motoren, die sowohl mit einem liegenden Zylinder und Rollenantrieb wie auch mit Zweiganggetriebe und Kettenantrieb angeboten wurden.

Mavisa

1957 stellte der spanische Motorradhersteller Mavisa ein Zweitakt-Leichtkraftrad mit einem 248 cm³-Boxermotor, automatischer Gangschaltung und Kardanantrieb her. Die Maschine besaß einen Rohrrahmen mit einer Teleskopgabel vorne und Teleskopfederbeinen hinten; die Sportversion hatte am Vorderrad eine Schwinggabel und am Hinterrad eine Schwinge. Der gesamte mittlere und hintere Teil des Motorrads war mit Preßblech verkleidet. Mavisa, mit Firmensitz in San Cugat, schloß Anfang der 60er Jahre die Tore.

Mawi

In den 20er Jahren waren nur wenige der zahlreichen deutschen Motorradhersteller im Norden Deutschlands angesiedelt. Die Firma Mawi (Norddeutsche Motor-Fahrradwerke Marquardt & Winter) war in Swinemünde ansässig.
Sie baute Einzylindermaschinen mit 200, 300 und 500 cm³ und Zweizylindermaschinen mit 750 und 1000 cm³. Die Motoren, die in einem konventionellen Rahmen saßen, stammten von JAP.

Max

1907 wurde in England die Max hergestellt, die als ein Vorläufer des Motorrollers gelten kann. Die Maschine hatte einen Einzylindermotor von Triumph mit 2,5 PS, Riemenantrieb, einen rautenförmigen Rohrrahmen und Räder mit kleinem Durchmesser. Bei der Fahrt mußte der Fahrer auf den zu beiden Seiten des Hinterrads angebrachten Trittbrettern stehen. Parkte das Motorrad, konnten die Trittbretter umgeklappt werden und dienten als Ständer. Konstrukteur der Max war Claude Johnson, der damalige Sekretär des Automobilclubs von Großbritannien und spätere Direktor von Rolls Royce. Es ist nicht bekannt, ob die Maschine nach 1907 in Serie produziert wurde.
In Deutschland brachte die Auto-Motor-Industrie GmbH in Berlin-Schöneberg unter dem Markennamen Max Motorräder in den Handel, die sie mit 180 cm³ und 446 cm³-Einzylindermotoren bestückte.

Maxim

Ein konventionelles Motorrad, das 1919-21 in London produziert wurde und mit einem 318 cm³-Zweitaktmotor von Dalm ausgestattet war.

Maxima

Die italienische Firma Nazionale Motocicli Maxima aus Voghera, auch bekannt unter dem Namen Officine Meccaniche Carminati, wurde 1920 gegründet. Im Februar des gleichen Jahres kündigte das Unternehmen ein Motorrad mit 690 cm³-Boxermotor an, das in Großserie produziert werden sollte.
Das Modell hatte einen längseingebauten Zweizylindermotor mit automatischer Ölschmierung und zusätzlicher Handpumpe, die man bei Steigungen oder bei besonderer Belastung des Motors bedienen konnte. Außerdem besaß die Maschine ein klauengeschaltetes Dreiganggetriebe, eine fußbetätigte Scheibenkupplung und zwei voneinander unabhängig arbeitende Hinterradbremsen (eine fußbetätigte Backenbremse und eine handbetätigte Bandbremse). Sowohl am Vorderrad wie auch am Hinterrad verfügte die Maxima über eine Schwingfederaufhängung. Ihre Höchstgeschwindigkeit lag bei 90 km/h.
1921 erschien eine 690er mit seitengesteuertem Boxermotor, Magnetzündung, Druckumlaufschmierung und vollautomatischem Vergaser. Das Getriebe hatte drei Gänge, und der Antrieb erfolgte über Kette. Ein neues 750 cm³-Modell war im Prinzip genauso konstruiert wie die Maschine mit dem kleineren Hubvolumen. 1925 stellte Maxima die Produktion ein.

Maxwell

Unter diesem Markenzeichen wurden in Holland von 1954 bis Anfang der 60er Jahre Motorräder gebaut, die zum größten Teil mit 50 cm³-Motoren der österreichischen Firma H.M.W. ausgerüstet waren.

May Bros.

Die englischen Motorräder der Firma May Bros. mit Sitz in Wolverhampton wurden 1903-06 produziert. Sie besaßen Motoren von Dion Bouton, Minerva und anderen Herstellern.

Mazoyer

Das französische Motorradhaus Mazoyer produzierte 1950-54 ein 500 cm³-Modell mit im Zylinderkopf hängenden Ventilen und Vierganggetriebe, dem die englischen Motorräder als Vorbild gedient hatten. Die Leistung des stehenden Einzylindermotors betrug 25 PS bei einer Drehzahl von 5000 U/min. Die Maschine wog 165 kg.
Der Rohrrahmen besaß eine hydraulisch gedämpfte Teleskopgabel und Teleskopfederbeine.

Mazzili

Der Mailänder Rennfahrer Giorgio Mazzili konstruierte 1970 das Geländemotorrad RSC 125 und rüstete es mit einem selbstentwickelten Sachs-Zweitaktmotor mit Fünfganggetriebe aus. Die Motorleistung betrug 18 PS bei 7500 U/min und ermöglichte eine Höchstgeschwindigkeit von 115 km/h.
Der Rohrrahmen besaß eine Teleskopgabel und eine Hinterradschwinge. Der Vorderreifen hatte die Maße 2,50-21, der Hinterreifen 3,50-18.
Im Laufe des Jahres 1970 wurde eine Kleinserie der RSC 125 für Privatrennfahrer und Geländesportfans angefertigt.

M.B.

Die M.B., die 1916 in den Vereinigten Staaten hergestellt wurde, war vermutlich das erste amerikanische Motorrad mit einem stehenden Zweizylindermotor.
Unter dem Markenzeichen M.B. (Abkürzung von Milos Bondy) entstanden in der Tschechoslowakei in Prag 1927-28 wenige Exemplare eines Motorrads mit obengesteuertem 500 cm³- Einzylindermotor.

MBA

Gegen Ende der Rennsaison von 1975 beschlossen die beiden italienischen Firmen Morbidelli S.p.A. in Pesaro und Benelli Armi in Urbino, eine Gesellschaft zu gründen, die Spezialmotorräder für den Straßenrennsport herstellen sollte. So entstand die Firma MBA, die 1976 und 1977 fast 200 Zweizylindermaschinen mit 125 cm³-Motoren vertrieb. Die Fabrik lag im Industriegebiet von SantAngelo in Vado, einem Ort in Montefeltro, der etwa 20 Kilometer von Urbino entfernt war.

1982 begann MBA mit der Produktion einer 250 cm³-Maschine, die in demselben Jahr bei Rennen der 250 cm³-Klasse antreten sollte. Die 125er war nur für Privatfahrer bestimmt.
MBA produzierte darüber hinaus eine Reihe von Mofas mit 50 cm³-Zweitaktmotoren von Sachs, unter anderem die Dadà, die Impala, die Panda, die Furetto und die 50 GT.

MBM

Ein italienisches Werk in Cesena, Forli, das in den 60er Jahren den kleinen Motorroller Maggiolino, ausgerüstet mit einem 50 cm³-Zweitaktmotor, herstellte.

MDS Sport mit 75 cm³, 1969.

MBR

Die Firma MBR produzierte 1924-26 in Bologna Fahrräder mit Hilfsmotoren. Der Rahmen dieser Fahrzeuge war so konstruiert, daß die Motoren in der Rahmenmitte eingebaut werden konnten.

M.C.

Die tschechoslowakische Motor Company hatte ihren Sitz in Prag, wo sie 1924-27 Motorräder für Seitenwagengespanne fertigte. Die solide verarbeiteten Maschinen waren mit seitengesteuerten 1000 cm³-Zweizylindermotoren von JAP bestückt.

M.C.C.

Das Markenzeichen M.C.C. trugen englische Motorräder, die 1903-10 von der Firma Motor Castings in London hergestellt wurden. Verwendet wurden Motoren von De Dion, Minerva und anderen Produzenten.

McEvoy

Die englischen McEvoy-Motorräder wurden in Derby 1926-29 produziert. Die Sportmaschinen der Firma profilierten sich bei zahlreichen Rennen. Besonders gut schnitten die obengesteuerten 1000 cm³-Modelle ab, die 45 PS-JAP-Motoren und Triebwerke von Anzani mit acht Ventilen besaßen. 1928 baute man Prototypen einer 500er mit vier Zylindern und einer sportlichen 350 cm³-Einzylindermaschine mit zwei Einlaßventilen und einem Auslaßventil.

Medusa von Vasco Loro, 1957.

McKechnie

Ein englisches Motorrad von 1922 mit einem 688 cm³-Zweizylindermotor von Coventry Victor. Das Modell der Firma McKechnie Motors aus Coventry war sehr gut verarbeitet.

McKenzie

Obwohl die Firma McKenzie ihren Sitz in der Shaftsbury Avenue in London hatte, wurden die Leichtmotorräder dieser Marke mit 169 cm³-Zweitaktmotoren von der Hobart Company in Coventry hergestellt. Die McKenzie-Modelle waren zumeist besonders leichte Fahrräder mit Hilfsmotoren.

MDS

Die Firma MDS der Gebrüder Scoccimarro aus Mailand brachte 1955 ein Leichtkraftrad mit obengesteuertem 65 cm³-Viertaktmotor auf den Markt. Während der Zylinder und das Kurbelgehäuse der MDS in einem Stück aus Aluminium gegossen waren, bildete das Dreiganggetriebe einen eigenen Block. Der Rahmen der Maschine war offen, die Räder hatten Reifen mit den Maßen 2,75-16, das Vorderrad war über eine Teleskopgabel gefedert, das Hinterrad über eine Schwinge. Das Leichtkraftrad wurde ohne nennenswerte Veränderungen bis 1958 produziert.
In den Jahren bis 1960 konzentrierte sich MDS auf die Herstellung von konventionellen Leichtkrafträdern mit 70, 75 und 80 cm³-Viertaktmotoren. Zudem erschien ein Motorroller mit einem 65 cm³-Viertakter.

Mead

Mead, ein englischer Hersteller aus Liverpool, produzierte 1911-16 Einzylindermotorräder mit 200, 500 und 600 cm³-Motoren von Precision und 300 cm³-Motoren von JAP. Außerdem brachte Mead Zweizylindermaschinen mit 750 und 1000 cm³-Motoren von Premier auf den Markt.
In Birmingham gab es eine Fabrik gleichen Namens. Sie stellte 1922-24 in begrenzter Stückzahl Motorräder mit 1,75, 2,75 und 3,75 PS-Motoren von Wall, Villiers und Precision her.

Meccanica NVB

Ein Unternehmen in Mailand, das 1956-57 Motorräder, Mopeds und Kleinlastwagen herstellte. Die Fahrzeuge waren mit 50 und 150 cm³-Zweitakt- und 125 cm³-Viertaktmotoren ausgerüstet.

Medusa

1957 baute der Mailänder Rennfahrer Vasco Loro die 175 cm³-Zweizylindermaschine Medusa, die der Techniker Luciano Pasini entworfen hatte. Das Motorrad war mit einem leicht nach vorne geneigten Zweizylindermotor mit einem Hubvolumen von 175 cm³ ausgerüstet. Das Verdichtungsverhältnis betrug 10,5:1, die Motorleistung 22 PS bei 11000 U/min.
Der Motor hatte zwei obenliegende Nockenwellen, die von einer in einem Ölbad laufenden Kette angetrieben wurden. Zudem besaß das Modell eine Mehrscheibenkupplung. Der Primärantrieb erfolgte über Zahnräder. Der klassisch geformte Rohrrahmen hatte vorne eine Teleskopgabel und hinten eine Schwinge mit hydraulisch gedämpften Teleskopfederbeinen. Die Reifen hatten die Maße 2,50-18. Es ist jedoch nicht bekannt, ob die Medusa mit Erfolg an Rennen teilgenommen hat.

Megola

Der Name Fritz Cockerell läßt sofort an originelle und berühmte Motorräder denken, wie etwa die Pax, die Cockerell und die Megola. Schon 1920 gründete Cockerell sein erstes Unternehmen mit dem Namen Mego. „Me“ stand für den Teilhaber Meixer und „go“ für Gockerell, wie Cockerell eigentlich hieß.
1921 riefen Meixer, Cockerell und Landgraf eine weitere Firma ins Leben, die Megola Motoren AG in München. Sie hatten sich das Ziel gesetzt, ein Motorrad zu bauen, das sich in seiner Konstruktion gänzlich von allen bisher gebauten Modellen unterscheiden sollte.

So entstand ein Prototyp: Der Dreizylinder-Sternmotor lag im Vorderrad und nicht mehr wie bei der Pax im Hinterrad. Die Version, die dann letztendlich in Serienproduktion ging, erhielt jedoch einen Fünfzylindermotor. Die Megola fand sofort großen Anklang. Man schätzt, daß 1921-25 mehr als 2000 Exemplare dieses Modells gebaut wurden.
Bohrung und Hub des in das Vorderrad integrierten Fünfzylinder- Sternmotors betrugen 32 x 60 mm, das Gesamthubvolumen 640 cm³. 1921 entwickelte der Motor eine Leistung von 6 bis 8 PS, die in den darauffolgenden Jahren auf 14 PS gesteigert werden konnte. Der gesamte Motor der Megola drehte sich mit dem Rad, nur der rechts neben der Radnabe liegende Vergaser und der links von der Radnabe liegende Zündmagnet drehten sich nicht mit. Die Drehzahl des Motors betrug 4800 U/min. Da der Antrieb direkt auf das Rad erfolgte, besaß das Motorrad keine Kupplung und keine Gangschaltung. Die notwendige Verringerung der Drehzahl von Kurbelwelle und Rad erreichte man mit Hilfe eines Planetengetriebes. Die Kurbelwelle lag zwischen drei Zahnrädern, die wiederum in das innere Zahnrad der Radhohlnabe griffen. Mit Hilfe dieser zwischengeschalteten Zahnräder kam man von 4800 U/min an der Kurbelwelle auf 800 U/min am Rad. Das Kraftstoffgemisch wurde über zwei fest installierte dünne Hohlachsen geleitet, die vom Vergaser ausgingen und in einen Führungskanal des Motorgehäuses einmündeten, von dem auch die Ansaugkanäle der fünf Zylinder ausgingen. Diese kegelförmigen Hohlachsen trugen die Nocken für die Ventilsteuerung, die stillstanden, während sich um sie herum die kurzen Ventilstößel der Einlaß- und Auslaßventile drehten. Eine Vorrichtung ermöglichte, daß die Nocken mit Hilfe eines Hebels verstellt werden konnten und die Schließung der Ventile verzögert wurde. Beim Start wirkte dieser Hebel wie ein Druckverminderer. Da der Motor über keine Kupplung verfügte, wäre es sonst sehr schwierig gewesen, ihn bei voller Verdichtung zu starten. Beim Zünden wurde der Strom mittels Kohlenbürsten vom Magneten auf den Motor übertragen. Diese Kohlenbürsten waren an einem Rotor angebracht, der wiederum mit den Kabeln der fünf Kerzen verbunden war.
Der Rahmen der Megola war nicht weniger ungewöhnlich. Es war kein Rahmen im eigentlichen Sinne, sondern eine tragende Karosserie aus Preßstahl mit einer Vorder- und Hinterradaufhängung, wie sie bei modernen Autos zu finden ist. Der Tank war in die elegante und zugleich zweckmäßige Karosserie integriert. Auch Sitz und Lehne waren wie beim Auto geformt. Das Vorderrad hatte eine Aufhängung aus Rohr, die wie ein umgekehrtes U geformt war und unten an der Radachse und oben am untersten Ende einer halben Blattfeder befestigt war. Die Hinterradaufhängung bestand aus einer ganzen Blattfeder. Gebremst wurde mit nur einer Bremse am Hinterrad. Sie bestand aus einer Trommel mit zwei inneren und zwei äußeren Backen, die unabhängig voneinander betrieben wurden. Die inneren Backen wurden über einen Handhebel gesteuert, die äußeren über ein Fußpedal.
Die Megola, deren seitlich im Zylinderkopf hängende Ventile von Rollenstößeln gesteuert wurden, erreichte eine maximale Geschwindigkeit von 90 bis 100 km/h. Die Maschine wurde zudem mit leicht abgeändertem Rahmen und einem normalen Motorradsitz als Rennmodell angeboten. Es hatte keine Hinterradfederung.
Noch während die Megola in Produktion war, gründete Cockerell die Cockerell Fahrzeug- und Motorenfabrik AG. Diese Firma stellte die Cockerell her, die damals zu den schnellsten Motorrädern ihrer Kategorie gehörte. Sie erschien in Versionen mit 110, 145 und 170 cm³ Hubraum.
Trotz des großen Erfolgs der Megola und der Cockerell mußten die beiden von Fritz Cockerell gegründeten Firmen 1925 die Tore schließen.

Meguro

1937 begann die japanische Meguro Manufacturing Company in Tokyo mit der Produktion von Motorrädern, die bis zum Zweiten Weltkrieg einen guten Absatz finden sollten.
Das erste Nachkriegsmodell der Firma hatte einen stehenden Einzylinder-Viertaktmotor mit 288 cm³, ein Dreiganggetriebe, eine Teleskopgabel und Teleskopfederbeine. 1955 kam die Meguro 75 auf den Markt, ein seitengesteuertes 500 cm³-Modell mit Vierganggetriebe, Teleskopgabel und Teleskopfederbeinen. Im gleichen Jahr wurden zudem die 350 cm³-Rex und die 250 cm³-Junior S2 mit Einzylindermotoren gebaut.
Von 1956 stammten die Regina mit einem 123 cm³- Einzylindermotor und die Senior mit einem stehenden 651 cm³- Zweizylindermotor.
1959 präsentierte der Hersteller die Stamina Z7. Sie erhielt einen stehenden Einzylindermotor mit 500 cm³ und im Zylinderkopf hängenden Ventilen. Es folgte die FY mit einem Hubvolumen von 350 cm³, die S3 mit 250 cm³, sowie die E3 mit 125 cm³ und im Zylinderkopf hängenden Ventilen. 1960 erschien die Stamina K mit einem Zweizylinder-Viertaktmotor, 497 cm³ Hubraum, Vierganggetriebe und einer Höchstgeschwindigkeit von 145 km/h. Zur Produktpalette gehörten auch die Ranger DA mit 168 cm³ und die Cadet CA mit 125 cm³ Hubvolumen.

Meihatsu

Der japanische Motorradhersteller Meihatsu produzierte zu Beginn der 50er Jahre moderne, sorgfältig verarbeitete Einzylinder- und Zweizylinder-Zweitaktmotorräder mit 125 und 250 cm³ Hubvolumen.

Meister

Die Meister wurde 1949-59 in Deutschland von einer der vielen in Bielefeld ansässigen Firmen gebaut.
Die Motoren mit 98, 123, 147 und 175 cm³ Hubraum stammten von Jlo und Fichtel & Sachs. Neben der Meister stellte die Firma kleine Motorroller mit 49 cm³ Hubvolumen her.

Meiyer

Ein zu Beginn des Jahrhunderts in Holland hergestellter Motorroller mit einem Sitz aus Korbgeflecht. Der Motor verfügte über Riemenantrieb und wurde mit einer Kurbel gestartet. Die Kupplung war praktisch eine Rolle, die den Antriebsriemen spannte, wenn er auf der Felge greifen sollte.

Memini Electra

Die italienische Memini Electra wurde 1946-47 in Turin hergestellt. Sie besaß einen 175 cm³-Zweitaktmotor und einen Rohrrahmen mit Teleskopgabel und Teleskopfederbeinen.

Menon

Das italienische Werk Menon aus dem Veneto wurde 1875 von Carlo Menon gegründet. Die Söhne Carlo und Luigi führten den Betrieb ihres Vaters fort. Sie produzierten von 1896 bis 1898 neben Fahrrädern, Tandems und ähnlichen Fahrzeugen auch einen kleinen Wagen. Die ersten Fahrräder mit Hilfsmotoren bauten sie erst nach dem Ersten Weltkrieg.
In den 30er Jahren entstanden Modelle mit 198 cm³-Viertaktmotoren mit nach vorne geneigtem Zylinder und seitengesteuerte 175 cm³-Modelle, deren Motoren meist von JAP stammten. Die letzte Menon war eine 350 cm³-Einzylindermaschine.

Menos

Ein sehr originelles deutsches Motorrad, das 1922-24 in Berlin hergestellt wurde. Es war mit einem wassergekühlten 618 cm³ Zweizylindermotor ausgerüstet; sein Rahmen war komplett mit Blech verkleidet.

Meray

In den Original-Rahmen der Meray wurden neben anderen Motoren zumeist Motoren von Villiers, Puck, Blackburne und JAP eingebaut. Das Hubvolumen reichte von 175 bis 500 cm³.
Die Maschine wurde 1922-39 von den großen ungarischen Meray Motorenwerken in Budapest hergestellt und konnte bei Rennen viele Erfolge feiern.

Mercer

1961 schuf der englische Konstrukteur A.C. Mercer einen

Zweitakt-Rotationsmotor mit sechs Zylindern, der in seiner Form einem Speichenrad glich. Die Kurbelwelle war fest installiert und bildete den inneren Teil des Drehschiebers. Das Kraftstoffgemisch gelangte über einen vom Motor angetriebenen Kompressor zu diesem Drehschieber. Die sechs Zylinder waren wie Radspeichen an der Radnabe befestigt. In den Zylindern bewegten sich die Kolben mit normalen Auf- und Abbewegungen. Die Brennräume im Zylinderkopf lagen in der Nähe der Radnabe. An jedem Kolbenende befand sich ein Kugellager, das auf einer Nockenbahn lief. Wenn sich der rotierende Teil des Motors in Bewegung setzte, traf das Kugellager auf einen Nocken auf der Bahn und drückte den Kolben in Richtung des oberen Totpunkts.

Mercier

Die 1951 gegründete französische Firma Mercier war bekannt für 125 und 175 cm³-Motorräder mit Ydral-Motoren sowie 50 cm³-Mopeds mit Lavalette-Triebwerken. Ende 1954 brachte die Firma zudem den Leichtmotorroller Vacances mit hohen Rädern und verkleidetem Rahmen auf den Markt. 1959 präsentierte Mercier ein Motorrad mit einem 98 cm³-Zweitaktmotor von Villiers.

Merco

Die Mercur-Motoren-GmbH war in Berlin ansässig. Bevor sie sich der Motorradproduktion zuwandte, hatte sie im Flugzeugsektor Fuß gefaßt. Das Berliner Werk produzierte unter anderem 1923-25 eine einfach konstruierte Maschine mit Zweitaktmotoren von 150 und 197 cm³ Hubraum.

Mercury

Die englische Fahrradfabrik Mercury Industries in Dudley stellte ein kleines Motorrad mit 98 cm³-Motor von Villiers her. Mit ihm entstanden der Motorroller Dolphin, der den gleichen Motor erhielt, und der kleine Roller Whippet mit zwei Sitzen und 68 cm³-Zweitaktmotor. 1956 kamen der 50 cm³-Motor Mercette und der Motorroller Hermes mit 49 cm³ Hubraum auf den Markt. 1958 begann Mercury mit der Produktion des 98 cm³-Modells Pippin. Es sollte das italienisch-deutsche Motorroller-Monopol brechen. Dieses ehrgeizige Ziel wurde jedoch nicht erreicht, und die englische Firma schloß noch in demselben Jahr die Tore.

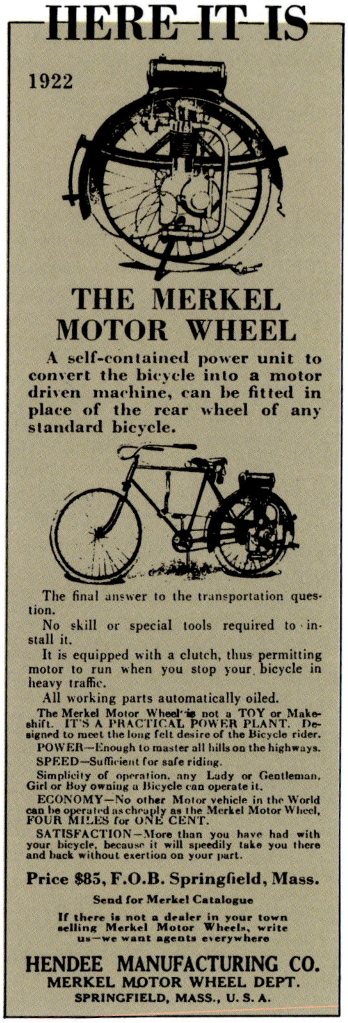

Werbeplakat für das Merkel Triebrad von 1922.

Merkel

Eine der bekanntesten Marken der amerikanischen Motorradgeschichte. Die Firma Merkel Manufacturing wurde 1902 in Milwaukee im Staat Wisconsin gegründet.
Merkel produzierte viele verschiedene Ein- und Zweizylindermaschinen und das Triebrad Motor Wheel, das das Hinterrad eines Fahrrads ersetzen konnte. In den darauffolgenden Jahren führte Merkel den gefederten Rahmen ein und baute als erster Hersteller Motorräder mit nur einem Bedienungshebel für Ventilfederheber und Zündung. Das Rohr, auf dem der Sitz saß, wurde so konstruiert, daß es zugleich die Funktion eines Auspuffrohrs und die eines Schalldämpfers erfüllen konnte. Die Auspuffgase wurden mit Hilfe eines starren Muffenstücks, das gleichzeitig als Verbindungsstück zwischen Zylinder und Rahmen diente, vom Zylinderkopf zum Rahmenrohr geleitet. 1922 wurde das Unternehmen von der Firma Indian übernommen, und die Marke Merkel verschwand vom Markt.

Merlin

Die spanische Firma Motos Merlin wurde 1982 von vier Männern gegründet, die sozusagen aus Motorradfamilien stammten. Der bekannteste von ihnen war Ignacio Bultò, der Enkel des Konstrukteurs der berühmten Bultaco. Ricardo Fargas, Pedro Arpa und Felix Ferrer waren die anderen Firmengründer.
Das Unternehmen konzentrierte sich hauptsächlich auf die Produktion von Gelände- und Trialmotorrädern. Die Maschinen waren fast ausnahmslos mit Einzylinder-Zweitaktmotoren von Cagiva mit 125, 350 und 400 cm³ Hubraum ausgerüstet. 1988 nahm Eddy Lejeune auf einer Merlin an der Trial-Weltmeisterschaft teil.

Merlonghi

Die italienischen Merlonghi-Motorräder wurden 1924-27 in Tolentino in begrenzter Stückzahl hergestellt. Die Modelle verfügten über einen Zweitaktmotor mit 132 cm³ Hubraum und ein Zweiganggetriebe.

Messner

Die österreichische Firma Messner aus Wien stellte nur wenige Motorräder her. 1928-34 produzierte sie Rennmotorräder, die zuerst mit obengesteuerten 250 cm³-Motoren von JAP und später mit eigenen Einzylindermotoren mit obenliegender Nockenwelle bestückt waren.

Meteor

1909 entstand die Firma Meteor in einem Teil Österreichs, der später zur Republik Tschechoslowakei gehörte. Bis 1912 baute Meteor Fahrräder, deren Einzylinder-Hilfsmotoren über 211 cm³ Hubraum verfügten.
Auch in Deutschland erschienen Motorräder der Marke Meteor. 1924-26 in Hannover produziert, waren sie mit 172 cm³-Zweitaktmotoren ausgestattet, die wohl von der französischen Firma Thumann geliefert wurden.

Meteore

1949-54 produzierte der französische Hersteller Meteore verschiedene Leichtmotorräder mit 125, 150 und 175 cm³-Zweitaktmotoren.

Metisse

Ein englisches Moto-Cross-Motorrad, das Mitte der 50er Jahre von den Brüdern Rickman konstruiert wurde, die erfolgreiche Rennfahrer waren. Sie verwendeten dabei Elemente von Triumph, BSA und Norton. Ihre Schöpfung tauften sie Metisse, was soviel bedeutet wie „Mestize“ oder „Bastard“. In den Rahmen der Metisse wurden Motoren von Read Weslake und URS eingebaut.

Metro

Dieser englische Hersteller in Birmingham produzierte 1912-20 ein Motorrad mit einem sehr robusten, teilweise offenen Rahmen und einem 269 cm³-Zweitaktmotor. Der Verkaufspreis der Maschine betrug damals 25 englische Pfund, beziehungsweise mit Zweiganggetriebe 30 Pfund.

Metropole

Ein französischer Hersteller, der 1959-55 kleine Mopeds mit 49 cm³-Motoren baute.

Metro-Tyler

Der Motorradhersteller Tyler aus London nahm die Produktion

des englischen Motorrads Metro wieder auf, das 1919 entstanden war. Der Zweitaktmotor wurde überarbeitet und bekam ein Zweiganggetriebe.
Die Produktpalette des Hauses Metro-Tyler umfaßte außerdem Zweizylinder-V-Maschinen mit 696 cm³ und Einzylindermodelle mit 350 cm³ Hubraum mit seiten- und obengesteuerten Motoren von Blackburne. Schon 1923 stellte die Firma ihre Produktion ein.

Mexico

Ein belgisches Motorrad, das 1932-35 in Antwerpen hergestellt wurde. Die Produktion umfaßte verschiedene Versionen mit 350 cm³-Motoren von Villiers sowie Maschinen mit seiten- und obengesteuerten 350- beziehungsweise 500 cm³ Motoren von JAP.

M F

Von der Fahrzeugfabrik Max Fischer aus Nürnberg 1922-25 produzierte Motorräder. Sie waren mit 500 cm³-Zweizylindermotoren von BMW und mit 350 und 500 cm³-Einzylindermotoren von Blackburne ausgerüstet.

M.F.B.

In Hamburg schuf die Motorfahrzeugbau GmbH 1923 Maschinen, die mit 198 cm³-Motoren von Nabob und 293 cm³- Motoren von JAP ausgerüstet wurden. 1924 übernahm die Münchner Firma Hoco die Herstellung der M.F.B.
Die italienische Motorradfirma Telaimotor aus Bologna wurde 1957 gegründet. Zu Beginn der 60er Jahre produzierte sie neben konventionellen Mopeds das Leichtmotorrad MFB. Dieses Modell wurde mit Zweitaktmotoren mit 75 und 125 cm³ Hubraum und mit einem interessanten obengesteuerten 175 cm³-Motor vertrieben.

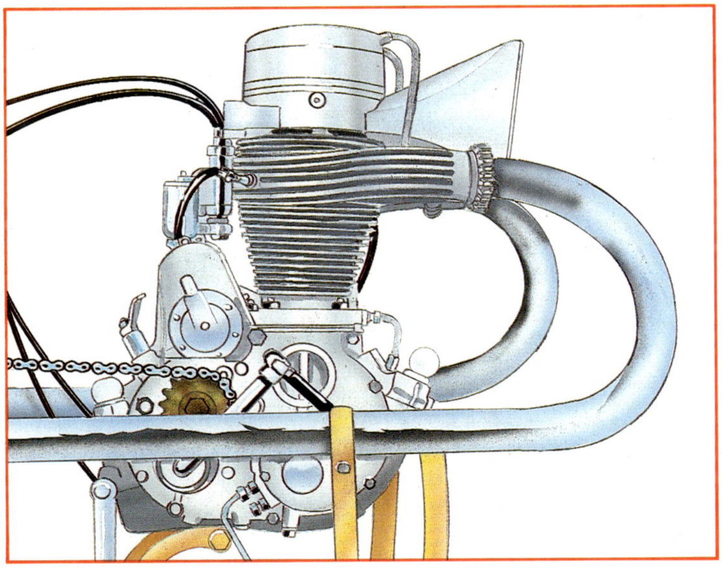

Microma-Drehschiebermotor

M.F.Z.

Das in Berlin-Köpenick ansässige Unternehmen M.F.Z. war in den 20er Jahren einer der besten Motorradhersteller Deutschlands. Besonders erfolgreich war eine 350er mit außenliegendem Schwungrad, die um 1925 entstand.
Die 175 und 250 cm³-Modelle der Firma hatten als erste deutsche Motorräder ihrer Klasse obengesteuerte Motoren.

M.G.C.

Der französische Hersteller Ets. Marcel Guignet & Co. baute Motorräder, deren Rahmen sich nicht in der Konstruktion, jedoch im Material von den damals üblichen Modellen unterschieden: Rahmen und Tank bestanden aus einer Aluminiumlegierung.
Die Firma produzierte 1928-39 Motorräder, die mit 250, 350, 500 und 600 cm³-Motoren von Chaise und insbesondere JAP ausgerüstet waren.

M.G.F.

Die Motorräder der Marke M.G.F. wurden 1925-31 von der Berliner Gesellschaft für Verbrennungsmotoren Mühlbauer & Co. produziert. Sie wurden von Zweitakt-Dreikanalmotoren mit 122, 140, 173 und 198 cm³ Hubraum angetrieben. Außerdem gab es Maschinen, die unter Bekamo-Lizenz hergestellte Motoren mit einem Hilfskolben im Kurbelgehäuse besaßen.
Das Markenzeichen M.G.F. wurde auch von einem Hersteller in Mailand verwendet und stand für Motocicli Garanzini Francesco. Francesco Garanzini hatte das Unternehmen direkt nach dem Krieg gegründet und war zugleich der Konstrukteur der M.G.F.-Motorräder.
In den 20er Jahren umfaßte die Produktpalette der italienischen Firma 250er-, 350er- und 500er-Maschinen mit Blackburne-Motoren und Dreiganggetriebe. Jedes dieser Modelle wurde in einer Touren- und Sportversion angeboten.

Michaelson

Die kleine Michaelson Motor Company mit Firmensitz in Minnesota baute 1910-15 einige sehr leistungsfähige Motorräder. Die Modelle verfügten über ein Zweiganggetriebe und Kettenantrieb und wurden sowohl mit Einzylindermotoren mit 500 cm³ wie auch mit Zweizylinder-V-Motoren mit 1000 cm³ Hubraum angeboten.

Microma

Microma hieß ein Motor, der 1947 in Frankreich von den Technikern Mignon, Croleak und Malaprade entwickelt wurde. Die Bezeichnung Microma leitet sich von den Namen der drei Konstrukteure ab.
Der erste Microma war ein obengesteuerter Einzylinder-Drehschiebermotor, für den Teile eines Gillet-Motors verwendet und abgewandelt wurden. Der Zylinder war mit einer Einlaßöffnung und zwei Auslaßöffnungen versehen. Der Drehschieber wurde von einer Königswelle betrieben.

Meybein

Die deutschen Meybein-Motorräder wurden 1923-26 in der Hamburger Motorradfabrik Wilibald Meyheim hergestellt. Sie besaßen einen recht originellen, wenn auch primitiven, sehr tiefgezogenen Rahmen und Einzylinder - Zweitaktmotoren von DKW mit 119 cm³, beziehungsweise mit 147 cm³ Hubraum und direktem Riemenantrieb. Auch hier handelte es sich um einen der zahlreichen Versuche, ein möglichst billiges Transportmittel zu entwickeln.

Midget Bicar, amerikanisches Einzylindermodell.

Midget Bicar

1908 erwarb die amerikanische Walton Motor Company in Lynbrook die Produktionsrechte für die Midget Bicar. Bis zu diesem Zeitpunkt war das Fahrzeug von seinem Konstrukteur, dem Engländer John T. Brown, produziert worden.

Die Maschine hatte einen U-förmigen Stahlrahmen, der mit Schutzblechen verkleidet war, und einen Motor mit V-förmig im Zylinderkopf hängenden Ventilen von Fafnir. Die Zündung erfolgte über Spule und Batterie, der Antrieb über Riemen. Der Benzintank hatte ein Fassungsvermögen von fast neun Litern. Die Midget Bicar wurde als Einzylindermodell mit 3 PS und als Zweizylindermodell mit 5 PS angeboten, in beiden Ausführungen ohne Gangschaltung. Eine zweite Einzylinderversion dagegen besaß ein Zweiganggetriebe, eine Kupplung und einen im Stand zu bedienenden Anlasser.

Miller-Balsamo aus den 30er Jahren.

Miele

Vor dem Zweiten Weltkrieg brachten die großen Miele-Werke 75 und 98 cm³-Maschinen mit Sachs-Motoren in den Handel. Nach dem Krieg entstanden 1951-58 in Gütersloh Mopeds mit 50 cm³ und Motorräder mit 98, 124 und 147 cm³ Hubraum, deren Zweitaktmotoren von Fichtel & Sachs stammten.

Mignon

Das italienische Motorrad Mignon, von Vittorio Guerzoni in Modena produziert, wurde im Oktober 1925 der Öffentlichkeit vorgestellt. Das Motorrad hatte einen 250 cm³-Motor, der durch die Kopplung zweier Zylinder eines 125 cm³-Motors entstanden war. Das Dreiganggetriebe war im Motorgehäuse integriert. Die Kurbelwelle besaß um 180 Grad versetzte Hubzapfen, und die Druckumlaufschmierung wurde von einer Pumpe besorgt. Die Tourenversion hatte ein Kurbelgehäuse aus Aluminium und erreichte eine Höchstgeschwindigkeit von 80 km/h bei 4000 U/min.
Das Kurbelgehäuse der Mignon SS war aus Elektron. Die Maschine erreichte bei 5500 U/min eine maximale Geschwindigkeit von 120 km/h.
Der Schleifenrahmen war außerordentlich robust konstruiert und hatte vorne eine Trapezgabel. 1927 und 1928 blieb die Mignon unverändert im Programm, obwohl der Hersteller im Januar 1928 die Produktion eines neuen Einzylindermodells mit 250 cm³ Hubraum in Aussicht gestellt hatte. Allerdings blieb es bei der Ankündigung und man hörte nichts mehr von dem Vorhaben. Erst 1929 kamen einige Neuerscheinungen auf den Markt. Neben einer 125 cm³-Tourenmaschine wurde eine 250er mit Zweizylindermotor und Dreiganggetriebe angeboten. Bald darauf wurde die Produktion von Zweitaktmotoren eingestellt. Die Modelle erhielten nun Viertakter.
1932 war ein sehr erfolgreiches Jahr für Halbliterrenner von Mignon mit nach vorne geneigtem Zylinder und fußgeschaltetem Vierganggetriebe. Es gab sie sowohl mit einer, wie auch mit 2 obenliegenden Nockenwellen.

Milani

Der italienische Motorradhersteller Milani aus Cesena stellte 1969 auf dem Mailänder Salon ein Sportmotorrad vor, dessen Motor von FB Minarelli stammte.
In der Folgezeit konzentrierte sich die Firma auf die Produktion von sportlichen Gelände- und Moto-Cross-Maschinen. Das Modell Sport Competizione von 1970 hatte einen FB Minarelli-Zweitaktmotor mit 7,9 PS, ein Vierganggetriebe und erreichte eine Höchstgeschwindigkeit von 120 km/h.

Militaire

Diese amerikanische Firma konstruierte 1911 ein außergewöhnliches Einzylindermodell, die Underslung. Eine Vierzylindermaschine wurde 1913-14 entwickelt. Damals erwarb ein anderer amerikanischer Hersteller, die Champion Motor Company in St. Louis, die Lizenz und produzierte das Motorrad geringfügig abgewandelt unter dem Namen Champion. Aber die Champion verschwand fast sofort wieder vom Markt, während die Militaire sich halten konnte.
Dann geriet auch die Firma Militaire in Schwierigkeiten und wäre fast in Konkurs gegangen. Für die Rettung sorgte N.R. Sinclaire, der von den Qualitäten des Motorrads überzeugt war. Er beschaffte das nötige Kapital, so daß die Militaire erneut in Produktion ging, dieses Mal in einer neuen Fabrik in Buffalo im Staat New York.
Die Militaire von 1915 hatte einen Preßstahlrahmen, eine Gabel mit Kurzschwinge, einen stehenden Vierzylindermotor, der längs im Rahmen angebracht war, eine trockene Einscheibenkupplung, ein Dreiganggetriebe und Kardanantrieb. Die

Motorleistung lag laut Liste bei 11 PS, das Hubvolumen betrug 1184 cm³, und das Motorrad verfügte sogar über einen Rückwärtsgang und Blattfederbeine. Einige Modelle besaßen anstelle des Lenkers eine Art Steuerrad. Gewissen Quellen zufolge hatten die frühen Militaire-Modelle einen Rohrrahmen, erst später habe man den Preßstahlrahmen verwendet, und zwar in einer kurzen Version und in einer Ausführung mit Längsträgern, die bis an den Rand des Hinterrads reichten. Auf beiden Seiten des Hinterrads waren Stützräder angebracht, die nach oben und nach unten gestellt werden konnten und dazu dienten, das Fahrzeug im Stand und bei geringer Fahrgeschwindigkeit im Gleichgewicht zu halten.
Nach 1915 wurde der Hubraum auf 1568 cm³ erweitert. Die Militaire wurde bis 1917 verkauft, dann mußte die Firma Konkurs anmelden.
Einer der Gründe für den Mißerfolg der Militaire war wahrscheinlich die falsch angelegte Werbekampagne: Man pries sie als neuen Automobiltyp mit zwei Rädern an – ein Slogan, der weder die Begeisterung der Motorradfahrer wecken konnte, noch die Autofahrer ansprach.
Nach dem Konkurs des Unternehmens wurde die Militaire unter dem Markenzeichen Militor vertrieben.

Militor

Die amerikanische Militor Corporation aus Jersey City wurde 1917 gegründet. Sie führte die Produktion der Militaire unter dem neuen Markenzeichen Militor fort.
Die Vereinigten Staaten waren inzwischen in den Krieg eingetreten, und der Motorradhersteller unterbreitete der Armee das Angebot, Militor-Motorräder einzusetzen. Ein günstiger Vertrag wurde abgeschlossen. Militor-Gespanne wurden an die Front geschickt, wo sie sich bewährten.
1919 fusionierte Militor mit Knox Motor, woraus die Militor Motors Company in Springfield hervorging. 1920, nachdem das Motorrad noch einmal technisch verbessert worden war, sah N.R. Sinclair, der nach wie vor an das Motorrad glaubte, endlich ein, daß er sich nicht an die Autofahrer, sondern an die Motorradfahrer wenden mußte, wenn er verkaufen wollte.
Aber das Modell hatte auch Schwachstellen. Insbesondere die Schmierung bereitete Probleme. Schon bald brachten die Kunden ihre Motorräder in die Fabrik, um sie reparieren zu lassen. 1922 stellte Militor die Produktion ein.

Miller-Balsamo

Die Brüder Ernesto, Edgardo und Mario Balsamo vertraten in Italien die amerikanische Firma Excelsior und die englische Firma Ariel. 1921 beschlossen sie, eigene Motorräder herzustellen und brachten die ersten Miller-Modelle auf den Markt.
Die Motorräder trugen einen Schweizer Moser-Motor mit 175 cm³ Hubraum. 1922 gingen sie in Serienproduktion. 1924 kamen unter dem Markenzeichen Excelsiorette Fahrräder mit Hilfsmotor in den Handel, die aber keinen Anklang fanden. 1926 ersetzte das Werk den Zweitaktmotor der Excelsiorette durch einen Viertaktmotor von Moser mit 175 cm³ Hubraum und Zweiganggetriebe.

Das letzte Vierzylindermodell von Militor.

In den darauffolgenden Jahren baute man Motorräder mit 125 und 175 cm³-Motoren von Moser. Besonderes Gewicht lag auf Sportmaschinen und Rennmotorrädern. 1928 erlangte eine Miller mit Balsamo-Motor zahlreiche Weltrekorde. Der obengesteuerte Motor hatte ein Hubvolumen von 175 cm³ und ein Dreiganggetriebe. 1929 und 1930 konnte die Maschine weitere Langstrecken-Weltrekorde in der 175 cm³-Klasse aufstellen, nachdem sie verbessert und die Schwinggabel vorne verkleidet worden war.
Die Modelle Erretre und Erredue, die zu Beginn der 30er Jahre auf die Räder gestellt wurden, waren wieder mit Balsamo-Motoren mit einem Hubraum von 175 cm³ bestückt. Die 350er und 500er Modelle erhielten hingegen Python-Motoren von Rudge mit vier im Zylinderkopf hängenden Ventilen.
1932 kam die 250 Sport B.S.8 auf den Markt, und in demselben Jahr beschloß der Mailänder Hersteller, eine weitere 175 cm³-Rekordmaschine zu konstruieren. Unter Mitarbeit des Ingenieurs Marchetti (der zuvor für die Firma Savoia-Marchetti Flugzeuge entwickelt hatte) entstand ein Motorrad, das teilweise mit Leichtmetall verkleidet war. Die Verkleidung wog nur zehn Kilogramm und trug zum Gelingen des Unternehmens bei: Gefahren von Carlo Fumagalli erreichte die Maschine auf einer Strecke von fünf Kilometern aus dem Stand eine Höchstgeschwindigkeit von 141,998 km/h.
Die Produktpalette wurde ständig erweitert. 1934 erschienen ein Leichtmotorrad mit 98 cm³-Motor von Sachs und Zweiganggetriebe sowie eine neue 250er. Anstelle des Rudge-Motors war ein Balsamo-Motor gewählt worden, dessen im Zylinderkopf hängende Ventile mit einem Ventilwinkel von 45 Grad über Stoßstangen und Kipphebel gesteuert wurden. Das Vierganggetriebe verfügte über eine Fußschaltung.
Zwei Jahre später begann Miller-Balsamo, neben dem normalen 98 cm³-Modell die 98er Schermato herzustellen. Das Modell hatte große Schutzbleche und seitliche Verkleidungsbleche, die den unteren Teil des Motorrads umschlossen.
Die verkleidete Miller-Balsamo Carenato mit 196 cm³ Hubraum war sehr elegant und zweckmäßig konstruiert und lag qualitativ über dem Durchschnitt. Sie besaß einen stehenden Einzylinder-Zweitaktmotor und eine mit dem rechten Fuß zu bedienende Viergangschaltung. Der Rohrrahmen hatte vorne eine verstellbare Parallelogrammgabel und hinten eine dreieckige

Verkleidete Miller-Balsamo 200, 1939.

Miller-Balsamo 98, Zweitakter mit Schutzblechen.

Miller-Balsamo 500 aus den 30er Jahren.

Miller-Balsamo 250 Sport B.S.8 aus den 30er Jahren.

Schwinge, die mit dem vertikalen hinteren Rahmenrohr verbunden war. Die dreieckige Schwinge wurde von einer zylindrisch geformten Feder, die entlang des Rahmens vom Lenkkopf bis zur hinteren Radnabe verlief, und von einem zusätzlichen verstellbaren Reibungsstoßdämpfer gehalten.

1941-45 vertrieb die Firma das Modell 98 Schermato mit einem 98 cm³-Zweitaktmotor und das Modell 200 Carenato mit einem 196 cm³-Zweitakter und Vierganggetriebe. Zudem waren noch verschiedene 250er und 500er mit Viertaktmotoren im Programm.

Nach dem Zweiten Weltkrieg stellte Miller-Balsamo Motorräder vor, die auf den Modellen von 1939 basierten: die 200er Carenato, die 250er Jupiter, ein 250 cm³-Sportmodell mit Viertaktmotor, eine 500er Tourenmaschine und ein 500 cm³-Sportmotorrad.

Auf dem Mailänder Salon von 1950 präsentierte das Motorradhaus eine vollständig überarbeitete Produktpalette. Die Modelle 200 und 200 S „Carenato" wurden nicht mehr hergestellt; als Ersatz baute man die 200 V mit stehendem Einzylinder-Zweitaktmotor und 196 cm³ Hubraum. Auch die 250er Jupiter, die mit, aber auch ohne Verkleidung angeboten wurde, war neu konzipiert. Vervollständigt wurde die Palette von einer 250 V und einem 125 cm³-Leichtmotorrad. Beide Modelle glichen in ihrer Konstruktion der 200 V.

1954 erschien ein technisch ausgereiftes Modell, eine 175er, die von einem stehenden 169 cm³-Einzylinder-Viertaktmotor mit obenliegender Nockenwelle angetrieben wurde und ein Vierganggetriebe besaß.

Nach 1950 brachte Miller-Balsamo keine neuen Modelle auf den Markt. 1957 baute das Werk ein Moped, das einen 49 cm³-Zweitakter mit Dreiganggetriebe und einem Rohrrahmen erhielt. 1959 wurde der Betrieb stillgelegt.

Millet

In Paris gibt es heute noch das Vorderteil des Dreirads zu bewundern, das 1892 von Felix Millet konstruiert worden war. Das Fahrzeug besaß einen Sattel für den Fahrer und einen Sesselsitz für den Beifahrer. Der in das Vorderrad integrierte Sternmotor, den Millet 1887 entwickelt hatte, war weltweit der erste Motor seiner Art.

1893 montierte Millet seinen Motor auf ein Zweirad. In den folgenden fünf Jahren überarbeitete er den Motor gründlich und verwendete ihn 1898 für ein anderes Zweirad. Der Antrieb erfolgte mittels eines Riemens über die Radnabe. Gezündet wurde mit einem elektrischen Zündfunken, der von einer Induktionsspule erzeugt wurde.

Millet war auch der Erfinder dieses Zündsystems, das von einem Bunsenelement versorgt wurde, das im unteren Bereich des Rahmens angebracht war. Wollte man den Motor stoppen, so mußte man lediglich dieses Element, das mit einer Feder am Rahmen aufgehängt war, zum Schwingen bringen. Der Treibstofftank war über dem Hinterrad angebracht und diente zugleich als Schutzblech. Die angesaugte Luft ging durch einen Filter und einen Heizflansch.

Den Startvorgang konnte der Fahrer mit den Pedalen unterstützen. Die Bewegung wurde über eine gekapselte Kette auf das Hinterrad übertragen. Das Dreirad wurde vom Vorderrad angetrieben, das Zweirad hingegen vom Hinterrad. Die Vorderradgabel hatte Schwingen, die für die Federung zuständig waren. Die Motorleistung betrug 2 oder 3 PS bei einer Drehzahl von 180 U/min.

Millets Schöpfung fand jedoch ebenso wenige Nachfolger wie die Konstruktionen von Daimler und Butler. Nach der Jahrhundertwende geriet sie in Vergessenheit.

Millionmobile

Millionmobile hieß ein Fahrrad mit Hilfsmotor, das 1902-05 von der englischen Firma Strettons Ltd. aus Cheltenham hergestellt wurde. Der Motor war über dem Vorderrad angebracht und leistete 1,75 PS. Bei dem Modell Million war der gleiche Motor hinter dem Lenkkopf eingebaut.

Mimoa

Die Bruno Felbers & Sohn Fahrzeugfabrik in Achern produzierte 1923-25 interessant konstruierte Leichtmotorräder, die unter dem Markenzeichen Mimoa vertrieben wurden. Die Maschinen waren beim Publikum recht beliebt.

Minarelli

Franco Morini und Vittorio Minarelli gründeten 1951 in Bologna die Firma FBM (Fabbrica Bolognese Motocicli). Das Unternehmen entwickelte sich zu einem der wichtigsten Motorenhersteller Italiens. Zu seinen Mitarbeitern zählen die qualifiziertesten Konstrukteure der Motorrad-Branche.
1952 begann das Werk komplette Motorräder zu bauen. Eines der ersten Modelle war die originelle Gabbiano. 1956 trennten sich die beiden Firmengründer und das Unternehmen bekam den neuen Namen FB Minarelli. Seit 1968 heißt die Firma Motori Minarelli.
Ab 1958 widmete sich das Werk der Herstellung von Motoren für Motorräder, Mopeds und landwirtschaftliche Maschinen. Um den breitgefächerten Bedürfnissen der Kunden entgegenzukommen, waren von Anfang an verschiedene Modelle im Programm.
Schon vor 1960 entstanden verschiedene Zweitaktmotoren mit 48 cm³ Hubraum und Zwei- und Dreiganggetriebe, ein 75 cm³-Modell mit Dreiganggetriebe und ein 150 cm³-Einzylinder-Viertaktmotor mit Ventilsteuerung über Stoßstangen und Kipphebel und Vierganggetriebe. Mit diesem Motor wurden später die 125 cm³- Maschinen ausgerüstet.
In den 70er und 80er Jahren konzentrierte sich Minarelli hauptsächlich auf die Produktion von Motorradmotoren. Die Motoren-Serie V1 mit stehendem Zylinder wurde in einer Version mit Gebläsekühlung und Zylinder aus Grauguß und in einer Ausführung mit Fahrtwindkühlung, Aluminium-Zylinder und verchromter Nockenwelle gebaut; beide Modelle besaßen ein Einganggetriebe mit einer Fliehkraft-Ölbadkupplung.
Die Motoren der Serie V2 waren ähnlich konstruiert, verfügten jedoch über ein automatisches Getriebe. Neben dem Motor Minarelli G1 mit einem liegenden Zylinder und Einganggetriebe mit Fliehkraftkupplung gab es die Serie P3 mit liegendem Zylinder aus Grauguß und Dreiganggetriebe und die Serie P4 mit Vierganggetriebe und verschieden großen Hubvolumen (auch mit 75 cm³).

Minibike in Rennausführung mit 50 cm³-Motor von Minarelli.

Otello Buscherini auf einer Minarelli, Monza 1975.

Die Motoren der Serie P6 verfügten über ein Sechsganggetriebe und waren für den Einbau in sportliche Motorräder, insbesondere Geländemaschinen bestimmt. Der 125 cm³-Motor von Minarelli mit Fünfganggetriebe leistete 14 PS bei 6800 U/min und besaß eine Schwunglichtmagnetzündung und einen 25 mm-Dell'Orto-Vergaser.
Minarelli wurde nicht nur für die Qualität der Hilfsmotoren bekannt, sondern beeindruckte auch durch Erfolge im Rennsport. Minarelli-Maschinen brachen zahlreiche Weltrekorde bei Geschwindigkeitsrennen und beim Moto-Cross. 1977 konnte die Firma mit dem Motor P6 50 Corsa Corta Cross 16 verschiedene Siege erringen. 1966, 1971, 1973 und 1975 erzielten die Rennfahrer Piero Cava, Arteno Venturi, Pierpaolo Bianchi und Otello Buscherini zahlreiche Kurzstrecken - Weltrekorde in der 75, 100 und 175 cm³-Klasse. Venturi erreichte über den Fliegenden Kilometer eine durchschnittliche Geschwindigkeit von 192,616 km/h.
Die italienischen Meisterschaften im Bergrennen brachten Jahr für Jahr ausgezeichnete Plazierungen und Meistertitel: 1967 wurde Otello Buscherini italienischer Junioren-Meister der 60 cm³- Klasse. Angelo Tenconi wurde im gleichen Jahr in der gleichen Klasse bei der Campionata della Montagna Sieger.
1971 wurde Ravagli Erster in der 50 cm³-Klasse. Pierpaolo Bianchi gewann diese italienische Meisterschaft 1972, 1973 und 1974.
Auf Drängen des Firmengründers Vittorio Minarelli, der ein leidenschaftlicher Anhänger des Rennsports war, nahm die Firma ab 1977 verstärkt an Wettkämpfen teil. Die Rennabteilung von Minarelli entwickelte sich zu einem selbständigen Unternehmen, dessen Vorsitz Vittorio Minarelli führte. Als Geschäftsführer fungierte der Konstrukteur Möller, der zudem der technische und sportliche Leiter war. Weitere Mitglieder des Teams waren der Rennfahrer Pierpaolo Bianchi, die Mechaniker Daniele Battaglia und Alberto Bianchi, der Vater von Pierpaolo. Für die Organisation war Graziano Carpanelli zuständig.
1978 wurde Bianchi Weltmeister in Venezuela, gewann die italienische Meisterschaft in Misano und siegte beim Grand Prix von Frankreich in Nogaro. Dann schloß sich eine Reihe von Mißerfolgen an, woraufhin die Stimmung im Team spürbar sank.
Die leistungsstarke 125 cm³-Maschine, mit der Minarelli viele Siege erringen konnte, hatte einen Zweizylinder-Zweitaktmotor mit Drehschiebersteuerung und nach vorne geneigten, wassergekühlten Zylindern. Der 28 mm-Dell'Orto-Vergaser bestand aus Magnesium. Die Maße von Bohrung und Hub betrugen 44 x

41 mm, der Hubraum 124 cm^3. Der Motor hatte ein Verdichtungsverhältnis von 12,2:2 und eine Leistung von 44,5 PS bei 13600 U/min. Zudem war die Maschine mit einem Sechsganggetriebe und einer elektronischen Zündung von Kröber ausgerüstet.
Das Trockengewicht der Minarelli Grand Prix lag bei 80 kg. Sie verbrauchte neun Liter Treibstoffgemisch 1:50 auf 100 Kilometer und erreichte eine Höchstgeschwindigkeit von 245 km/h.
In den 80er Jahren wurde die Produktion technisch verfeinert. Es entstanden Spitzenmotoren wie der flüssigkeitsgekühlte RV 4A 50, der V1H 50 mit Membraneinlaß und der flüssigkeitsgekühlte DT 125 YPVS mit Thermostat und Ausgleichswelle, Membransteuerung, einer Walze im Auslaßkanal und einer Motorleistung von 22,2 PS bei 8500 U/min.

Minerva

Bevor die Firma des Belgiers Sylvain de Jong in Antwerpen 1900-09 Motorräder herstellte, baute sie Fahrräder mit dem Markenzeichen Minerva. Die belgischen Ingenieure H. Luthi und E. Zurcher hatten einen 211 cm^3-Motor entwickelt, den sie de Jong zur Verfügung stellten.
Sie meldeten mit de Jong als Patent ein Fahrrad an, das sich in ein Motorrad umwandeln ließ, indem der Minerva-Motor vor dem vorderen Rahmenrohr eingebaut wurde. Ein gedrehter, runder Lederriemen übertrug die Bewegung der Motorriemenscheibe auf eine andere Riemenscheibe größeren Durchmessers, die an den Hinterradspeichen des Fahrrads angebracht war. Diese Verbindung wurde als die Minerva-Position bekannt. Unterhalb des oberen Rahmenrohrs befand sich ein Tank aus Weißblech, der ein Gehäuse umschloß, in dem der Akkumulator für die Zündung über Batterie und Spule untergebracht war. Der erste Motor erzielte einen beachtlichen Erfolg, so daß ihm ein zweites, technisch verbessertes Modell folgte. Es verfügte über 293 cm^3 Hubraum und mechanisch gesteuerte Ventile. Am Ende des plumpen Auspuffrohrs war ein Schalldämpfer angebracht, der einem Marmeladenglas glich.
Dieser Motor öffnete 1902 der Firma Triumph das Tor zum Rennsport. Neben Triumph verwendeten 75 europäische Firmen Minerva-Motoren. Später konnten die Kunden zwischen Motoren mit 262, 345 und 423 cm^3 Hubraum wählen.
1903 begann sich Minerva für Motorradrennen zu interessieren und präsentierte ein Werksmodell mit stehend eingebautem 3,5 PS- Motor, ohne Pedale und mit einem kleinen Tank.
1904 gründete das Unternehmen eine neue Fabrik in Bechem bei Antwerpen, wo Automobile entstehen sollten. Das Miniauto Minervette erhielt einen wassergekühlten Einzylindermotor mit 636 cm^3, Kettenantrieb und einem Zweiganggetriebe. Es erreichte eine Höchstgeschwindigkeit von 45 km/h.
Unterdessen hatten viele ehemalige Kunden mit der Herstellung eigener Motoren begonnen oder kauften bei anderen Firmen ein. Das belgische Unternehmen beschloß, mit eigenen kompletten Motorrädern zu kontern. Es entstand eine große Maschine mit einem V-Zweitaktmotor und 7 PS. 1907 fertigte Minerva 1200 Motorräder, deren Motoren 2,7, 3,5 und 4,5 PS leisteten. Die gefederte Gabel hatte schon zuvor den verstärkten Starrahmen ersetzt.
Außerdem wurde ein seltsamer Motor mit 2,75 PS hergestellt, bei dem der Magnet über Schubstangen und Exzenter angetrieben wurde. Noch vor 1910 stellte Minerva die Motorradproduktion ein und konzentrierte sich ganz auf Automobile.
Unter dem Markenzeichen Minerva erschien auch ein italienisches Motorrad im Handel, das 1929 in Turin hergestellt und von kopf- und seitengesteuerten Motoren angetrieben wurde.

Minerva mit 412 cm^3, 1900.

Rennversion der Minerva, 1904.

Minetti

1924-27 produzierte der italienische Hersteller Minetti aus Turin eine Zweitaktmaschine mit 125 cm^3 Hubraum.

Mineur

Die belgische Firma mit Sitz in Herstal baute 1924-27 ein originelles Motorrad mit einem ölgekühlten 350 cm³-Einzylindermotor. Angeblich soll die Maschine auch mit einem 500 cm³-Viertaktmotor und Dreiganggetriebe erschienen sein.

Minimarcellino

Eines der besten zusammenlegbaren Motorräder seiner Zeit. Es wurde 1969 auf dem Autosalon in Mailand in der Version Super America vorgestellt.

Minimotor

Die Firma Minimotor in Turin präsentierte 1945 ihren ersten Kleinstmotor, ein 49 cm³-Modell mit stehendem Zylinder und direktem Rollenantrieb auf die Nockenwelle. 1949 kamen der T 47 mit Dreiganggetriebe, der T 50 R mit direktem Rollenantrieb auf das Hinterrad und der M 88 mit 88 cm³ Hubraum auf den Markt.
1950 entstanden der 49 cm³-Zweitaktmotor MT 47 mit Rollenantrieb und der für Transportfahrzeuge bestimmte M 88 mit 87 cm³ Hubraum. 1952 produzierte Minimotor den CE 49 mit Kettenantrieb sowie den E 49 ohne Gangschaltung. Im gleichen Jahr folgte das Minibike Motominima, das mit dem Motor MT 47 ausgerüstet war, aber sehr bald aus dem Handel verschwand.
Den größten Absatz fanden die von dem Ingenieur Vincenzo Piatti entwickelten Motoren Anfang der 50er Jahre in England, wo die englische Firma Minimotor den italienischen Kleinstmotor in Lizenz baute.

Miniscoot

Ein kleiner zusammenlegbarer Motorroller aus Frankreich, der 1960-62 mit 75 cm³-Zweitaktmotor vertrieben wurde.

Minneapolis

Diese amerikanischen Motorräder mit seitengesteuerten Einzylindermotoren waren für damalige Zeiten sehr modern konstruiert. Produziert wurden sie 1901-15 in Minneapolis, Minnesota. Sie verfügten über Motoren mit Zweiganggetriebe und Kettenantrieb, vorne hatten sie eine Teleskopgabel. Die Firma Minneapolis stellte auch dreirädrige Lieferwagen her.

Miranda

Ein deutscher Motorroller, der 1953-55 in Dortmund von den Pirol Werken gebaut wurde. Es handelte sich um den Schweppe-Roller, der nun mit 173 cm³-Sachs- und 198 cm³-Küchen-Motoren bestückt wurde.

Mivalino von Mival.

Mival 175 von 1959.

Mishima Nainenki

1955 schuf dieser japanische Motorradhersteller die Mishima HL mit obengesteuertem 250 cm³- Motor. Das Motorrad hatte ein Dreiganggetriebe, vorne eine Teleskopgabel und am Hinterrad eine Schwinge. 1956 brachte die Firma das Modell Challenger GC 3 auf den Markt, das einen 123 cm³-Zweitaktmotor, eine Schwinge und Federbeine erhalten hatte.

Mitchell

Bevor die amerikanische Firma in Racine, Wisconsin, den Autobau aufnahm, produzierte sie 1901-10 Motorräder mit verstärkten Fahrradrahmen, die einen sehr langen Radstand hatten. Die Maschinen waren mit nach vorn geneigten 345 cm³-Motoren ausgerüstet.

Mitsubishi

Nach dem Zweiten Weltkrieg lancierte die japanische Firma Mitsubishi den Motorroller Silver Pigeon auf dem Markt. Er war mit einem seitengesteuerten 148 cm³-Viertaktmotor ausgerüstet. Der Antrieb erfolgte über ein fliehkraftgeregeltes Keilriemengetriebe.
1955 wurde der gleiche Roller mit einem 175 cm³-Motor und kompletter Verkleidung angeboten. Der Silver Pigeon von 1956 hatte 123 cm³, einen Zentralrohrrahmen und war wieder vollverkleidet.
1959 erschienen der Silver Pigeon Peter De Luxe mit einem 210 cm³-Einzylinder-Viertaktmotor und einer Höchstgeschwindigkeit von 75 km/h, der Bobby De Luxe mit 125 cm³ und 50km/h und die Standardversion des Bobby mit dem Motor der De Luxe-Version. Die Modelle waren vollständig verkleidet und hatten vorne eine kurze Schwinge.
1960 baute Mitsubishi die Modelle Silver Pigeon C 300 mit 125 cm³, C 200 mit 124 cm³, C 76 mit 192 cm³ und C 111 mit 210 cm³. 1961 kam die verbesserte Version C 110 mit 175 cm³ in den Handel, die 8,5 PS leistete und eine Höchstgeschwindigkeit von 83 km/h erzielte. Der Motorroller hatte eine Fliehkraftkupplung und ein automatisches Getriebe. Das Hinterrad besaß einen schlauchlosen Reifen, der damals auf dem Motorradsektor absolut einzigartig war. 1963 folgte der Silver Pigeon Gale mit 90 cm³, 5 PS bei 5500 U/min, automatischem Getriebe und einer Höchstgeschwindigkeit von 70 km/h.
1964 offerierte man den Silver Pigeon mit 125 cm³, 8 PS bei 7500 U/min, einer Höchstgeschwindigkeit von 95 km/h und in einer Ausführung mit 143 cm³, 9,2 PS bei 7500 U/min und einer maximalen Geschwindigkeit von 100 km/h.

Mitsui

Ein japanischer Hersteller, der in den 50er und 60er Jahren Dreiradlieferwagen baute, die mit Motoren von 766 bis 1400 cm³ Hubraum ausgerüstet waren. Ein interessantes Modell war der Humbee, in dem drei Personen Platz fanden. Er besaß einen Einzylinder-Zweitaktmotor mit 285 cm³, die Motorleistung betrug 11,5 PS bei 4200 U/min, und das Dreiganggetriebe verfügte über einen Rückwärtsgang.

Mival

Im November 1950 wurde in Gardone Val Trompia die Motorradfabrik Mival gegründet. Das erste Modell der italienischen Firma war ein Leichtmotorrad mit einem 125 cm³- Zweitaktmotor, einer Parallelogrammgabel und Teleskopfederbeinen. 1954 begann Mival, in Lizenz den dreirädrigen Messerschmidt-Kabinenroller zu bauen, der in Italien unter dem Namen Mivalino vertrieben wurde. Das Modell war mit einem 171 cm³- Zweitaktmotor von Mival ausgerüstet, der im hinteren Teil des Fahrzeugs lag und mit einem Vierganggetriebe kombiniert war.
Der als schnell und sicher angepriesene Kabinenroller glich in Lenkstange, Startvorrichtung

und Gaszug einem Motorrad. Beim Einsteigen mußte man eine in die Karosserie integrierte Plexiglashaube anheben. Die Sitze für Fahrer und Beifahrer waren hintereinander angeordnet und sehr bequem.
Ab 1953 konstruierte Mival verschiedene Leichtmotorräder mit 125 und 175 cm³ Hubraum. Von 1954 stammte die erste Viertaktmaschine mit obengesteuertem 175 cm³-Motor, die 1955 in Serienproduktion ging. 1956 erschien das neue Modell 200 TV mit 200 cm³ und einer Höchstgeschwindigkeit von 110 km/h, ihm folgte eine 125er Viertaktmaschine mit Fünfganggetriebe.
Im Programm war außerdem das Moto-Cross-Modell 175 Competizione mit obenliegender Nockenwelle. 1959 schuf Mival ein 50 cm³- Moped, eine 125er, Typ Sei Giorni, eine 125er mit Viertaktmotor, die 200er Principe und ein 175 cm³-Modell sowie eine 250 cm³-Moto-Cross-Maschine.
1962 kamen das Leichtmotorrad Principe 200 in einer verbesserten Version und das Moped Super Sport in den Handel. 1964 war die 125er Sei Giorni erneut an der Reihe, und 1967 präsentierte die Firma das interessant konstruierte Moped Trial 50.

Mizubo

Die Mizubo Company aus Japan stellte in den 50er Jahren das Motorrad Cabton RST her. Dieses Modell besaß einen obengesteuerten Zweizylindermotor mit 594 cm³, ein Vierganggetriebe und am Vorderrad eine Teleskopgabel.
Die Cabton war in den Versionen RTF mit 498 cm³, RL mit 397 cm³, VB1 mit 346 cm³ und MJ mit 249 cm³ Hubraum im Handel. In allen Ausführungen, die sich konstruktiv sehr ähnlich waren, war der Motor mit einem Viergang-getriebe kombiniert.

M L

Dieser argentinische Hersteller produzierte in den 70er Jahren ein Motorrad mit einem 100 cm³-Zweitaktmotor sowie ein Modell mit 125 cm³ Hubraum. In beiden Fällen handelte es sich um Televel-Triebwerke. Ferner brachte man eine Maschine mit einem 175 cm³-Zweitaktmotor von Jawa und Vierganggetriebe auf den Markt.

M M

1922 gründeten Mario Mazzetti, Angelo Mattei, Alfonso Morini und Giuseppe Massi in Bologna die Società A. Mattei & Co. Mario Mazzetti, ein Mann mit erstaunlichen technischen Fähigkeiten, war der Konstrukteur und die Seele des Unternehmens. Seinen Motoren war es zu verdanken, daß die kleine Firma im Laufe der 20er Jahre in ganz Italien berühmt wurde. Die ersten Motorräder des Werks waren eine 125 cm³-Zweitaktmaschine mit stehendem Zylinder und eine 175er, die von der 125er abgleitet war.
In den 20er und 30er Jahren konnte die Firma bei Rennen viele Erfolge feiern. 1928 siegte Tigli auf der Lario-Bahn. Morini gewann 1927 den Großen Preis der Nationen, Del Monte 1928 und Landi 1929. Zudem holten sich die 125 und 175 cm³-Modelle zahlreiche Meisterschaftstitel und stellten Weltrekorde auf. 1927 brach Alfonso Morini mit durchschnittlichen Höchstgeschwindigkeiten von 123 km/h verschiedene Langstreckenweltrekorde. Tigli wurde im gleichen Jahr auf der 125er M M der italienische Meister in der Klasse der Fahrräder mit Hilfsmotoren. 1928 ging der Titel der 125 cm³-Klasse an Mariani, und beim ersten 24-Stunden-Rennen in Italien siegte Arena in der 125 cm³-Klasse.
1927 verließen Massi und Mattei das Unternehmen. Antonio Salvia trat in die Firma ein, die nun den neuen Namen Dottor Salvia & Co. bekam. Der Firmensitz blieb in Bologna. 1927 verabschiedete sich auch Alfonso Morini. Die Firma wurde daraufhin von Mazzetti und Salvia geleitet.
1930 baute M M neben den Zweitaktmodellen eine neue obengesteuerte 175 cm³-Viertaktmaschine sowie eine 250er. 1931 kam ein seitengesteuertes Modell mit 350 cm³ Hubraum auf den Markt. 1932 folgte das interessant konstruierte Rennmotorrad M M 175 mit obenliegender Nockenwelle und Kettenantrieb. Mit dieser Maschine gewann Francesco Lama 1933 in Rom mit einer Durchschnittsgeschwindigkeit von 114,481 km/h den Großen Preis von Italien. Im gleichen Jahr stellte Bonazzi in der 175 cm³-Klasse über den Fliegenden Kilometer einen Weltrekord auf: Er fuhr durchschnittlich 161,629 km/h.
1933 erschien die erste seitengesteuerte M M 500, ferner ein Tourenmotorrad, das eine Höchstgeschwindigkeit von 120 km/h erreichte. 1934 entstand eine obengesteuerte 250er.
1936 lancierte die Firma eine außergewöhnliche Rennmaschine, deren 350 cm³-Motor eine obenliegende Nockenwelle hatte. Sie galt bis 1939 als der beste italienische Renner seiner Hubraumklasse. Luigi Bonazzi stellte in dem gleichen Jahr mit einer speziellen Version den Weltrekord über den Fliegenden Kilometer auf, wobei er eine Durchschnittsgeschwindigkeit von 186,046 km/h erzielte. Bei der Fliegenden Meile brach er den Weltrekord mit 185,901 km/h.
Michele Mangione gewann 1938 auf der Lario-Bahn in der 350 cm³-Klasse mit 75,583 km/h Durchschnitt. Villani konnte im gleichen Jahr das erste auf der Lario-Bahn zugelassene Rennen für Sportmaschinen der 250 cm³-Klasse für sich entscheiden. 1939 wurde Michele Mangione auf einer M M mit einer Durchschnittsgeschwindigkeit von 80,328 km/h wieder italienischer Meister. Er brachte seine Maschine auf die höchste Geschwindigkeit, die je in dieser Klasse auf der Lario-Bahn erreicht wurde.
Bis 1940 baute das Unternehmen hauptsächlich obengesteuerte 250er, seitengesteuerte 350er und 500er. Die Modelle verfügten über einen Schwingrahmen mit Geradwegfederung und stehenden Federbeinen, die am hinteren Ende der Rahmenrohre mit den kleinen Hebeln für die Radachse verbunden waren, welche mit dem beweglichen Teil der Stoßdämpfer ein Ganzes bildeten. M M war einer der wenigen Motorradhersteller, der die Federbeine mit einer raffinierten Hebelvorrichtung versah, damit das zusätzliche Gewicht eines Beifahrers ausgeglichen werden konnte.
1943 wurde die Fabrik in Bologna bei einem Bombenangriff vollständig zerstört. Für den Wiederaufbau mußten Mazzetti und Salvia ihre gesamten Ersparnisse opfern. Nach erneuter Aufnahme der Produktion präsentierte M M ein sportliches 250 cm³-Modell mit obenliegender Nockenwelle, eine seitengesteuerte 350er und eine seitengesteuerte 500er. 1948 kam eine Rennversion der 250er auf den Markt, der 1951 verschiedene 350 cm³-Modelle mit obenliegender Nockenwelle folgten.
Anfang der 50er Jahre, nach dem Tod Salvias, nannte sich die Firma erneut um. Sie hieß nun Fabbrica Italiana Motocicli M M di Mario Mazzetti. Zum ersten Mal wurde offiziell der Name des Mannes genannt, der das Motorradhaus in Bologna gegründet hatte.
1956 erschien eine 125 cm³-Zweitaktmaschine und Ende des gleichen Jahres der Prototyp eines neuen 175 cm³- Viertaktmotorrads mit obenliegender Nockenwelle, Vierganggetriebe und einer Höchstgeschwindigkeit von 115 km/h. Das Modell ging jedoch nie in Serienproduktion, weil das Unternehmen 1957 nach vielen Jahren erfolgreicher Produktion die Tore schloß.
Mario Mazzetti, dem der italienische Motorradsport viel zu verdanken hatte, arbeitete noch bis zu seinem Tod 1964 als Konstrukteur und Berater für andere Firmen.
In den USA gab es 1906-15 Einzylindermaschinen der Marke M M, die von der amerikanischen American Motor Company hergestellt wurden.

MMV-Z

Ein sowjetischer Motorradproduzent mit Firmensitz in Minsk. 1951 trat die Firma zum ersten Mal an die Öffentlichkeit und präsentierte die MIA. Dieses Modell wurde in den darauffolgenden Jahren ständig verbessert, auch die Parallelogrammgabel der ersten Ausführungen wurde ersetzt.
Das Modell M 1 A von 1953 hatte eine Motorleistung von 4,5 PS bei 4500 U/min, Primärantrieb über Kette, Zündung mit Zündverteiler, ein im Motorgehäuse integriertes Dreiganggetriebe mit Fußschaltung und erreichte eine Höchstgeschwindigkeit von 75 km/h.
Ab 1975 war die 125 cm³-Minsk 3-115 im Programm, die von der M1 A abgeleitet worden war. Die Minsk besaß ein Vierganggetriebe und Hinterradantrieb

über eine Kette, die aus Gewichtsgründen in einer rohrförmige Kunststoffhülse lief. Der Motor leistete 12 PS bei 6000 U/min, die Reifen hatten die Maße 3.00x18, das Gewicht betrug 100,3 kg, und die Höchstgeschwindigkeit lag bei 95 km/h.
Die MMV-Z-Maschinen wurden auch bei Rennen eingesetzt. Als Moto-Cross-Version besaß die Minsk 125 einen Zweitaktmotor mit Fünfganggetriebe, Federbeine und einen 30 mm-Vergaser und leistete 20 PS bei 9000 U/min. Das Modell wog 98 kg. Am Vorderrad war eine Duplexbremse angebracht. Die Minsk war zudem in einer Straßenrennversion mit Magnetzündung im Handel.

Moag

Das deutsche Motorrad Moag hatte einen aus Elektron gegossenen Rahmen, den der Berliner Ingenieur Schneeweiß entworfen hatte. Der obengesteuerte stehende Zweizylindermotor besaß angeschweißte Zylinderköpfe, ein Fünfganggetriebe und Kettenantrieb. Die 1924er Modelle wurden je nach Kundenwunsch wahlweise mit Luftkühlung oder Wasserkühlung geliefert.

Mobile

Ein Motorroller, der 1913 von dem bekannten Rennfahrer und Flugzeughersteller Sir Alliot Verdon Roe gebaut wurde. Der Roller hatte gefederte Räder und wurde über eine Kardanwelle angetrieben. Der Zweitaktmotor mit 350 cm³ Hubraum stammte von Villiers.

Mochet

Die französische Firma Mochet nahm 1950 die Produktion auf. 1953 fertigte sie ein Leichtmotorrad mit einem 125 cm³-Zweitaktmotor und Dreiganggetriebe. 1957 wurde ein kleiner Wagen präsentiert, der auf Kundenwunsch mit einem 125 oder 175 cm³-Motorradmotor ausgerüstet wurde. 1958 baute Mochet mit den gleichen Ydral-Motoren zwei Leichtmotorräder mit 125 und 175 cm³ Hubraum und Dreiganggetriebe. Sie besaßen sehr gut verarbeitete Rahmen mit einer Teleskopgabel am Vorderrad und einer Schwinge am Hinterrad. Die Modelle blieben bis 1969 unverändert im Programm.

Mohawk

Ein englischer Fahrradhersteller, der ab 1903 auch Motorräder mit 2,5 und 3 PS starken Motoren herstellte. Die Produktion wurde kurz darauf wieder eingestellt und erst 1920 wiederaufgenommen.
Die ersten Modelle hatten 269 cm³-Einzylindermotoren von Villiers, 350 cm³-Motoren von JAP und 500 cm³-Motoren von Abingdon. Für kurze Zeit baute Mohawk ein Leichtmotorrad mit einem in Amerika hergestellten 154 cm³-Zweizylinder-Zweitaktmotor. Die Produktpalette umfaßte zudem Zweizylindermodelle mit 300 und 770 cm³ Hubraum mit Motoren von JAP. 1925 schloß die Londoner Firma die Tore.

Molaroni von 1921.

Molaroni

Unter dem Markennamen Molaroni kam 1921 ein Motorrad in den Handel das von der Società Anonima Industrie Riunite Fratelli Molaroni in Pesaro hergestellt wurde. Es hatte einen stehenden Einzylinder-Zweitaktmotor mit 300 cm³ Hubraum, Graugußzylinder, Graugußkolben mit drei Kolbenringen, ein vernickeltes Stahlpleuel mit Rollenlagern und eine einteilige Kurbelwelle. Das Zweiganggetriebe von Sturmey-Archer verfügte über eine Kupplung, eine fußbetätigte Schaltung und Primärantrieb über Kette.
Am Vorderrad besaß die Maschine eine gefederte Parallelogrammgabel und eine Gleitbremse. Eine zweite Bremse war an der Scheibe des Antriebsriemens angebracht. Das Modell verfügte über eine Magnetzündung und eine halbautomatische Schmierung. Die Kraftstoffversorgung erfolgte über einen Italia-Vergaser.
Molaroni produzierte ferner ein Modell mit Zweitakt-Boxermotor mit 600 cm³ Hubraum, das mit einigen Veränderungen bis 1924 im Programm blieb. Es folgte ein Motorrad mit einem neuartigen Schalldämpfer, Scheibenbremsen an Vorder- und Hinterrad und Dreiganggetriebe. 1925 umfaßte die Produktion des italienischen Herstellers in Pesaro vier Modelle mit Zweitaktmotoren: die C und die CS mit 300 cm³ sowie die D und die DS mit 344 cm³ Hubraum.
1925 kündigte Molaroni die Gründung der Società Moto Molaroni an und brachte ein neues Motorrad auf den Markt. Angetrieben wurde es von einem obengesteuerten 350 cm³-Viertaktmotor mit einem stehenden Zylinder, der mit einem Dreiganggetriebe kombiniert war. Das Fahrgestell bestand aus einem Rohrrahmen mit Parallelogrammgabel. Die Tourenversion erreichte eine Höchstgeschwindigkeit von 85 km/h, die Version E Sport 105 km/h und die E Special 125 km/h.
1925 zog die Firma nach Bergamo um. Im darauffolgenden Jahr präsentierte sie ein obengesteuertes Einzylindermodell mit stehendem 350 cm³-Motor und interessanten technischen Details. 1927 verschwand die Marke Molaroni vom Markt.

Monaco

1926 konstruierten Augusto Monaco und Federico Della Ferrera einen 250 cm³-Viertaktmotor mit spezieller Aufladung. Der Boxermotor hatte angeschweißte Zylinderköpfe, seine Leistung betrug 13 PS bei 7000 U/min.
Ein Jahr später schloß sich Monaco mit dem Konstrukteur Baudo aus Turin zusammen. Es entstand die Monaco-Baudo mit einem seitengesteuerten, stehenden Einzylindermotor mit 500 cm³ Hubraum. Der Zylinderkopf der Maschine war aus Aluminium gefertigt und das Dreiganggetriebe im Motorgehäuse integriert.
Unter dem gleichen Markenzeichen erschien 1950 ein verkleidetes Motorrad, das der Flugzeugkonstrukteur Vittorio Monaco entworfen hatte. Das Modell war mit einem 125 cm³-Zweitaktmotor bestückt, ging aber nie in Serie.

Monarch

Das englische Motorrad Monarch wurde 1919-21 in Birmingham von der Firma R. Walker & Son produziert, die auch die Excelsior baute. Die Monarch kam mit 269 cm³-Motoren von Villiers und 300 cm³-Motoren von JAP in den Handel.
Unter dem gleichen Markenzeichen offerierte die amerikanische Firma Ives Motorcycle Corporation im Staat New York 1912-15 ein 500 cm³-Einzylindermodell mit Primärantrieb über Riemen und Sekundärantrieb über Kette und eine 1000 cm³-Zweizylindermaschine mit Duplex-Kettenantrieb.
Auch in Japan wurde 1955-62 ein Motorrad mit dem Namen Monarch hergestellt. Das obengesteuerte Einzylindermotorrad mit 350 und 500 cm³ Hubvolumen war der englischen Norton sehr ähnlich.

Monark

Die berühmte schwedische Firma MBC Monark wurde 1921 gegründet und hatte ihren Sitz in

Varberg. Das erste Motorrad mit dem Namen Esse erhielt einen Zweitaktmotor mit 172 cm^3 Hubraum. Es blieb sieben Jahre lang im Programm.
Das Markenzeichen Monark erschien zum ersten Mal 1928, als seiten- und obengesteuerte Einzylindermodelle mit 250, 350, 500 und 600 cm^3 Hubraum auf den Markt kamen. Ab 1936 vertrieb die Firma Motorräder mit Zweitaktmotoren der deutschen Firma Jlo. Während des Zweiten Weltkriegs wurden Husqvarna-Motoren in die Monark-Rahmen eingebaut. Nach 1945 wurden die Motorräder von Monark mit Motoren von 48 bis 249 cm^3 der Firmen BSA, Husqvarna, Jlo und CZ ausgerüstet. Daneben gab es Zweizylindermaschinen, deren Triebwerke bei Adler und der schwedischen Firma J.B. geordert wurden. Meist handelte es sich um Zweitakter.

Mondial

Die Firma Mondial und das Markenzeichen FB (Fratelli Boselli) entstanden 1936. Giuseppe Boselli gründete die Firma mit Hilfe seiner Brüder Luigi, Carlo und Ettore. Die moderne Fabrik des Unternehmens, das zu Beginn seines Bestehens Dreiradlieferwagen herstellte, lag im italienischen Croce di Casalecchio.
1944 wurde die Fabrik von deutschen Sturmpionieren vollständig zerstört. Nach Kriegsende siedelte das Werk nach Mailand um. Damals beauftragte Giuseppe Boselli den Techniker Alfonso Drusiani aus Bologna, eine Rennmaschine mit einem 125 cm^3-Viertaktmotor zu entwerfen.
Die erste Mondial tauchte beim Großen Preis der Nationen in Faenza auf. Francesco Lama ging zunächst in Führung, war dann gezwungen aufzugeben, weil der Tank einen Riß hatte. Der Einzylinder-Renner besaß zwei obenliegende Nockenwellen, leistete 12 PS bei 9000 U/min und erreichte eine Höchstgeschwindigkeit von 130 km/h. 1948 brach Luigi Cavanna auf der 125er vier Weltrekorde. Im darauffolgenden Jahr erzielte der Rennfahrer auf einer verkleideten Mondial über den Fliegenden Kilometer eine Durchschnittsgeschwindigkeit von 161,145 km/h. 1949 gewann Nello Pagani auf der Mondial 125 sowohl den Großen Preis von Holland wie auch den Großen Preis der Schweiz. Gianni Leoni wurde im gleichen Jahr Erster beim Großen Preis der Nationen. Nach 1949 wurden an der Mondial nur geringfügige Verände-

Rennmodell Mondial 125, 1958.

Carlo Ubbiali auf einer Mondial, 1951.

rungen vorgenommen. Bis 1952 wurde die Motorleistung der Maschine auf 15 PS gesteigert, was eine Spitzengeschwindigkeit von mehr als 150 km/h ermöglichte. 1950 wurde das Modell bis auf das Vorderrad vollständig verkleidet.
Die erste Mondial mit zwei Nokkenwellen kam 1948 auf den Markt. Sie gewann nicht nur 1949 die Weltmeisterschaft, sondern siegte auch 1950 mit Bruno Ruffo und 1951 mit Carlo Ubbiali. Im gleichen Jahr schlug Cromie McCandeless auf einer Mondial in der Tourist Trophy alle Konkurrenten der 125 cm³-Klasse, wobei er durchschnittlich 120,456 km/h fuhr. 1952 wurde Carlo Ubbiali italienischer Meister. Aus seiner Maschine entstand eine 125 cm³-Maschine mit einer Nockenwelle, der eine 175er mit den gleichen technischen Merkmalen folgte.
1954 wurde eine neue Version der Mondial 125 mit zwei obenliegenden Nockenwellen fertiggestellt. Tarquinio Provini konnte auf ihr glänzende Erfolge feiern. Der Motor der Maschine leistete 17 PS und ermöglichte eine Spitze von 170 km/h. Daneben baute die Firma eine 125er und eine 175er mit nur einer obenliegenden Nockenwelle. Die 175er siegte 1954 beim Langstreckenrennen Milano-Taranto. 1955 wurde Provini im Sattel der 125er mit zwei obenliegenden Nockenwellen italienischer Seniorenmeister.
Auf dieser Maschine basierte eine 175er mit zwei obenliegenden Nockenwellen, Fünfganggetriebe und einer Motorleistung von 22 PS bei 10000 U/min. Die Sportausführung der 175er erreichte ohne Verkleidung eine Höchstgeschwindigkeit von 165 km/h. Die komplett verkleidete Grand-Prix-Version, mit der Provini 1956 italienischer Meister der Seniorenklasse wurde, kam auf maximal 180 km/h.
Die Rennsaison 1957 war für Mondial das letzte erfolgreiche Jahr. Provini gewann mit der 125er mit 18 PS bei 12000 U/min die Tourist Trophy, den Großen Preis von Holland und den Großen Preis von Belgien. Mit der 250er wurde Provini Erster beim Großen Preis der Nationen und beim Großen Preis von Holland. Der Engländer Cecil Sandford gewann mit der 250er die Tourist Trophy, Ende 1957 wurde Provini Weltmeister in der 125 cm³-Klasse und Stanford in der 250 cm³-Klasse.
Die Mondial 250, die Anfang 1957 bei Rennen startete, war vollständig neu konzipiert und brachte es mit einer Motorleistung von 29 PS auf eine Spitzengeschwindigkeit von 220 km/h.
Ende 1957 entsagte Mondial offiziell dem Rennsport, obwohl gerade der Prototyp einer neuen 125 cm³-Maschine mit vier obenliegenden Nockenwellen und desmodromischer Ventilsteuerung fertiggestellt worden war. Aber die Firma zog sich nicht vollständig vom Renngeschehen zurück. Giuseppe Pattoni, Mechaniker bei Mondial, baute aus Motoren und Konstruktionselementen von Mondial die ersten Paton-Modelle. Mondial produzierte in den 60er Jahren Rennmaschinen für Privatfahrer. Das erste Modell war eine 60 cm³-Zweitaktmaschine mit 12 PS.
1966 folgten zwei Zweizylinder-Zweitaktmaschinen, eine mit 125 cm³ Hubraum und einer Motorleistung von 30 PS bei 14000 U/min sowie eine mit 250 cm³ und 48 PS bei 11500 U/min. Beide Modelle verfügten über Drehschiebermotoren. Die 250er hatte erstmals eine Scheibenbremse erhalten.
1961-67 holte sich Francesco Villa auf der 125er vier italienische Meistertitel, sein Bruder Walter ging zweimal als Erster durchs Ziel.
Ab 1950 produzierte Mondial mit viel Erfolg Serienmodelle. Den Anfang machte eine 125er mit Ventilsteuerung über Stoßstangen und Kipphebel, die als Touren-, Sport- und Supersportmaschine angeboten wurde. 1951 kam ein Motorrad mit 200 cm³ Hubraum in den Handel. 1952 stellte Mondial ein 160 cm³-Zweitaktmodell her, aus dem die 160er Sogno von 1954 entwikkelt wurde.
Ein Jahr später erschien das erste Moped von Mondial. Man präsentierte außerdem die Meteor 175 mit Viertaktmotor, obenliegender Nockenwelle und einer Höchstgeschwindigkeit von 120 km/h.
Die 1957 entstandenen 200 Extra Lusso und 200 Sport mit Viertaktmotoren waren der Sogno konstruktiv ähnlich. Ab 1959 hatte die Firma neben den zahlreichen Modellen der Vorjahre eine Maschine mit 75 cm³ Hubraum im Programm, und 1960 wurde die Oro-Serie durch einen 75 cm³-Motorroller und zwei Leichtmotorräder mit 88 und 98 cm³-Viertaktmotoren ergänzt. In Spanien baute die Firma Comesa Mondial-Motorräder in Lizenz.
In den folgenden Jahren verbesserte Mondial das Angebot beständig. 1967 kamen die Mopeds Mondial Cross und Minimondial mit kleinen Rädern hinzu. Von 1969 stammte eine ausgezeichnete Geländemaschine mit 125 cm³-Zweitaktmotor von Sachs und Fünfganggetriebe. 1970 erhielt das Moped Rekord ein Vorderrad mit einer Scheibenbremse, die 125er ging unter dem Namen Radial V5 in Serie.
Die damalige Produktion konzentrierte sich hauptsächlich auf Mopeds in Sport-, Supersport- und Cross-Versionen und auf Leichtmotorräder mit 125 cm³ Hubraum. 1978 fertigte Mondial neben dem Moped Mondial Competizione das Leichtmotorrad Touring mit 123 cm³-Zweitaktmotor sowie die Radial und Regolarità mit 124 cm³-Zweitaktmotoren.
Mitte 1978 präsentierte die Firma ein Moto-Cross-Modell mit einem 50 cm³-Motor und Sechsganggetriebe. Die Motorleistung lag laut Hersteller bei 13 PS. Mitte der 80er Jahre verließ die Mondial nur noch in begrenzter Stückzahl die Fabrik.

Mondial Matic MK2 von 1975.

Monet Goyon

1917 wurde in Macon die Firma Monet Goyon gegründet. Anfangs produzierte das französische Werk Fahrzeuge für Kriegsversehrte, die damals sehr gefragt waren.
1920 brachte Monet Goyon ein Treibrad mit einem 114 cm³-Motor auf den Markt, das in jedes Fahrrad eingebaut werden konnte. Der Motorroller Velauto stammte aus dem gleichen Jahr. Er war mit einem 114 cm³-Motor bestückt, hatte kein Getriebe und keine Startvorrichtung. Der Durchmesser seiner Räder betrug zehn Zoll. Das Hinterrad war mit einer Trommelbremse versehen. Die Höchstgeschwindigkeit des Rollers lag bei 40 km/h. Der Motor war im hinteren verkleideten Teil des Fahrzeugs eingebaut. Über der Verkleidung war ein Sesselsitz aus Korbgeflecht angebracht. 1921 erhielt der Motorroller den Namen Super Velauto und einen 377 cm³-Zweitaktmotor.
Auf dem Pariser Salon von 1926 präsentierte Monet Goyon 16 Modelle mit 175, 250 und 350 cm³-Zweitaktmotoren von Villiers und sechs Modelle mit 350 und 500 cm³-Viertaktmotoren von MAG.
Ende der 20er Jahre übernahm Monet Goyon die Firma Koehler Escoffier, unter Beibehaltung der Marke. Im Laufe der 30er Jahre umfaßte die Produktion Motorräder mit 98, 100, 147, 175, 247, 350 und 500 cm³ Hubraum. Nach einer Unterbrechung in der Produktion entstanden 1946 ein Leichtmotorrad mit 98 cm³-Zweitaktmotor und eine 124er. Von 1947 stammte ein 345 cm³-Modell, das mit seiten- und mit obengesteuertem Motor angeboten wurde. 1951 erschien eine neue 198 cm³-Maschine mit Zweitaktmotor, in den Jahren 1953 und 1954 produzierte Monet Goyon Viertaktmaschinen mit 98, 125, 198 und 232 cm³

Monet Goyon Pullman von 1956.

Hubraum. Die Ausführungen mit 198 und 232 cm³ verfügten über eine Geradwegfederung.
1953 kam der kleine Motorroller Starlet in den Handel. Er besaß einen luftgekühlten 100 cm³-Zweitaktmotor der englischen Firma Villiers, den Monet Goyon in Lizenz baute, und ein Zweiganggetriebe. Die Räder waren recht groß. Das Fahrgestell hatte vorne eine Gabel mit Kurzschwinge, war aber hinten ungefedert. Ende 1955 folgte Starlett, ein Roller, der von dem Techniker Lemardelè entworfen worden war. Starlett wurde in drei Versionen gebaut und war mit einem 98 cm³-Villiers-Motor ausgerüstet. Außerdem waren verkleidete Leichtmotorräder mit 125 cm³, Leichtmotorräder mit 200 cm³ und 232 cm³-Maschinen im Programm.
Die Produktion von 1956 umfaßte den unveränderten Motorroller Starlett, der jetzt auch mit einem 115 cm³-Villiers-Motor angeboten wurde und die Leichtmotorräder Castro mit 98 und 115 cm³ und Pullman mit 125 cm³ und Verkleidung. 1957 brachte den Roller Dolina mit 125 cm³ Hubraum und einer Höchstgeschwindigkeit von 70 km/h. Danach gab es wenig Neues.
Monet Goyon engagierte sich auch im Rennsport. Die Firma schuf sowohl Straßenrenn- wie auch Geländemaschinen, von denen einige mit dem 175 cm³-Motor Brooklands von Villiers oder mit 350 und 500 cm³-Motoren von MAG ausgerüstet waren. Mitte der 60er Jahre stellte die Firma den Betrieb ein.

Monfort

1955-69 vertrieb der spanische Hersteller Monfort aus Esparraguerra Leichtmotorräder mit 200 cm³-Zweitaktmotoren.

Monopole

1911 konstruierte die englische Firma Monopole in Coventry ihre ersten Modelle, die sie mit 500 cm³-Motoren von Precision bestückte. Es folgten Maschinen mit konventionellen Rahmen und Motoren mit 269 cm³ Hubraum von Villiers.
Nach dem Zweiten Weltkrieg verwendete die Firma Zweitaktmotoren von Abingdon und Villiers bis 350 cm³. Einige Versionen erschienen mit seitengesteuerten Zweizylinder-V-Motoren von JAP mit 680 cm³ Hubraum. 1924 schloß Monopole die Tore.

Monoto

Die französische Firma Monoto produzierte 1935-38 verschiedene Modelle eines Leichtmotorrads mit 98 cm³- Zweitaktmotor, Zweiganggetriebe und Kardanantrieb.
1951 baute das Werk nach dem Schema der Vorkriegsmodelle ein Leichtmotorrad mit 125 cm³-Zweitaktmotor, Vierganggetriebe und Kardanantrieb.

Monterosa

Unter diesem Markennamen wurden in Italien 1954-58 Mopeds mit 49 cm³-Zweitaktmotoren von Itom hergestellt.

Montesa

Als der Spanier Pedro Permanyer 1944 Francisco Bultò kennenlernte, stand er kurz vor dem Konkurs. Er beschloß deshalb, sich mit Bultò zusammenzuschließen und einen Neubeginn zu wagen. Die Produktion der ersten Montesa-Modelle wurde aufgenommen. Sie waren ähnlich konstruiert wie die Motorräder der französischen Firma Motobecane, hatten einen 93 cm³-Zweitaktmotor, aber keine Federbeine.
Da die Maschinen gut ankamen, gründeten Permanyer und Bultò offiziell eine Firma. Die Produktionsanlagen übernahmen sie zum größten Teil von dem in Konkurs gegangenen Autohersteller Eucor. Die Nachfrage nach Motorrädern war damals sehr groß, so daß die Firma in ein größeres Werk umziehen mußte. Die Montesa-Modelle mit 93 und 125 cm³ gewannen ständig mehr Anhänger.
Bultò persönlich begann sich erst 1949 für die Firma stärker zu interessieren. Seine Begeisterung gehörte den Rennmodellen. In den 50er Jahren starteten Montesa-Maschinen bei Straßenrennen in der 125 cm³-Klasse. 1956 belegten sie in dieser Klasse den zweiten, dritten und vierten Platz der Tourist Trophy auf der Isle of Man. Das erfolgreichste Modell der 50er Jahre war die Brio 80 mit 93 cm³ Hubraum, die serienmäßig mit einer über dem Kettenkasten angebrachten Handluftpumpe ausgerüstet war.
1959 stellte man eine Version der Brio mit einem 125 cm³-Motor vor. Im gleichen Jahr mußte die Firma erneut umziehen. Es kam zu ersten Meinungsverschiedenheiten zwischen Permanyer und Bultò. Während Bultò auf ein verstärktes Engagement im Rennsport drängte, wollte Permanyer aus Kostengründen die Teilnahme an Rennen beschränken. Bultò verließ die Firma. Mit ihm gingen die meisten leitenden Angestellten. Montesa hatte ihre fähigsten Köpfe verloren und geriet in eine schwere finanzielle Krise. Permanyer versuchte zu retten, was zu retten war. Sein Sohn Pedro half ihm.
Die Firma zog sich nicht vollständig vom Sport zurück, sondern konzentrierte sich gezielt auf die Produktion von Geländemaschinen. Die neuen Moto-Cross-Modelle vertraute Permanyer Werksfahrern an.
1960 entwickelte der technische Direktor Milà einen Zweitaktmo-

Montesa X49 mit 125 cm³, 1949.

Montesa Cappra 360 V8 von 1977.

tor mit 175 cm³ Hubraum, mit dem die Impala-Versionen ausgerüstet wurden. 1965 kam ein Moto-Cross-Modell, die Scorpion 250, in den Handel. Pedro Permanyer beschäftigte sich nach einem Krankenhausaufenthalt mit der Konstruktion eines Trial-Motorrads, das 1967 fertiggestellt wurde. Auf einer dieser Maschinen, die Cota hießen, gewann Pedro Permanyer 1968 die spanischen Trial-Meisterschaften. Danach verzichtete er allerdings auf die Teilnahme an Wettkämpfen.

Die erste Cota besaß einen 250 cm³-Motor, der 1976 auf 348 cm³ erhöht wurde. 1975 entstand eine Moto-Cross-Serie mit dem Namen Cappra, für die 125, 250 und 360 cm³-Motoren verwendet wurden. Bald folgte eine Serie für Langstrecken- und Geländerennen.

1977 standen Tourenmaschinen, Mopeds, Moto-Cross-Modelle, Gelände- und Langstrecken-Rennmaschinen im Katalog, die weltweit sehr gefragt waren. In den 80er Jahren führte die Firma die Produktion von Cota-Modellen mit 250 und 242 cm³ fort, denen Ausführungen mit 50, 125, 304, 335 und 307 cm³ Hubraum folgten. Damals wurde das Unternehmen vom Honda-Konzern übernommen.

Die verkleidete Moore Car, 1917.

Montgomery

Die englische Firma Montgomery in Coventry, die später für ihre Seitenwagen berühmt werden sollte, produzierte ab 1902 ausgezeichnete Motorräder.

Nach einer Unterbrechung der Fabrikation erschien 1913 ein Zweizylindermodell mit 688 cm³ Hubraum im Handel.

Mit Ausbruch des Ersten Weltkriegs verschwand dieses Modell wieder vom Markt. 1922 enstanden Maschinen mit 350, 600 und 1000 cm³ Hubraum und Motoren von JAP. Bis 1939 folgten verschiedene Modelle, deren Hubvolumen von 147 bis 1000 cm³ reichte. Die 147 cm³-Zweitaktmotoren stammten von Villiers, die größeren Triebwerke von JAP und British Anzani. In den 30er Jahren verwendete Montgomery ausschließlich JAP-Motoren, die Produktion der Modelle über 500 cm³ Hubraum wurde eingestellt. 1939 stellte Montgomery die Produktion ein.

Monviso

Diese italienische Firma aus Savigliano produzierte 1951-56 Motorräder mit 125, 150 und 175 cm³- Zweitaktmotoren von Fichtel & Sachs.

Moonbeam

Unter dem Markenzeichen Moonbeam vermarktete die M.R.P. Trading Company aus London 1920-21 ein Leichtmotorrad mit 269 cm³ Hubraum.

Moore Car

Die 1917 gebaute Moore Car war ein verkleidetes Motorrad mit zwei Sitzen, wobei der Rücksitz umgeklappt werden konnte. Der Rahmen und die Verkleidung bestanden aus Preßstahl. Die

Maschine verfügte über ein Dreiganggetriebe und Kardanantrieb. Die Leistung des Zweizylindermotors betrug 22 PS und ermöglichte nach Angaben des Konstrukteurs eine Höchstgeschwindigkeit von über 140 km/h. Dieses originelle amerikanische Motorrad hatte zu beiden Seiten des Hinterrads Stützräder, die nach Bedarf heruntergeklappt werden konnten.

Morbidelli

Giancarlo Morbidelli, Besitzer einer Fabrik für Maschinen zur Herstellung von Möbeln, beschloß 1967 im Alter von 29 Jahren, hinter seiner Fabrik in Pesaro eine kleine Werkstatt einzurichten, in der er Rennmotorräder bauen wollte. 1968 wurde der erste Morbidelli-Renner fertiggestellt. Das 500 cm³-Modell war allerdings noch wenig leistungsfähig.

Morbidelli begann ein Team aufzubauen. Er konnte Eugenio Lazzarini gewinnen. Während der Rennfahrer auf eine erste Morbidelli wartete, trainierte er mit ausgereiften Rennmaschinen von Benelli und Motobi.

Ende 1968 war schließlich eine kleine 50er Morbidelli einsatzbereit. Sie leistete 10 PS bei 14500 U/min und erreichte eine Höchstgeschwindigkeit von 160 km/h.

In der Rennsaison von 1969 konnten Lazzarini und Franco Ringhini den ersten und zweiten Platz bei einem internationalen Probelauf in Jugoslawien belegen. In dem gleichen Jahr erschien Lazzarini zum ersten Mal im Klassement für die Weltmeisterschaften in der 50 cm³-Klasse, als er bei dem Großen Preis der DDR den sechsten Platz belegen konnte.

Auch 1970 wurde ein wichtiges Jahr für die Mannschaft von Morbidelli. Gilberto Parlotti fuhr ein neues 125 cm³-Modell ins Rennen. Beim Großen Preis der Tschechoslowakei siegte er. 1971 belegte Parlotti sowohl beim Großen Preis von Österreich wie auch beim Großen Preis von Deutschland den zweiten Platz. Danach verließ das Glück das junge Team, bis Parlotti beim Großen Preis der Nationen den Weltmeister Angel Nieto mit einer Durchschnittsgeschwindigkeit von 173,80 km/h schlagen konnte.

1972 war Morbidelli außerordentlich erfolgreich, doch das Jahr endete tragisch. Parlotti lag Mitte der Saison im Weltmeisterschafts-Klassement auf dem ersten Platz und hatte sogar vor dem Weltmeister Angel Nieto einen beträchtlichen Vorsprung. Dann verunglückte er bei der Tourist Trophy tödlich.

Nach Parlottis Tod sah es zuerst so aus, als ob sich das Team von dem Verlust seines wichtigsten Manns nicht erholen könnte. Dann aber wechselte Nieto zu Morbidelli über, nachdem sich die Firma Derbi vom Rennsport zurückgezogen hatte. Das Jahr 1973 begann unter guten Voraussetzungen. Drei Maschinen mit 50 cm³, drei mit 125 cm³ und der Prototyp einer 350er waren vorbereitet worden, aber Nieto konnte sich nicht wie erhofft qualifizieren. Mit der 125er belegte er lediglich zweite Plätze in Deutschland, Belgien und Spanien und einen dritten Platz in Österreich. Es hatte Probleme mit dem Motor und der Kraftübertragung gegeben. Das Team mußte noch einen weiteren schweren Schlag hinnehmen: Derbi kehrte auf die Piste und Nieto zu seiner ehemaligen Mannschaft zurück.

1973 fehlten Morbidelli nicht nur neue Rennfahrer, sondern auch ein geeignetes Motorrad. Giancarlo Morbidelli gelang es, den deutschen Zweitakt-Spezialisten Georg Möller zu überreden, das holländische Team Kreidler-Van Veen zu verlassen und Chefkonstrukteur und Direktor der Rennabteilung bei Morbidelli zu werden. Rolf Minhoff und Paolo Pileri wurden als Fahrer angeworben. Doch das Team blieb vom Pech verfolgt, fortwährend tauchten technische Probleme auf.

Möller nahm seine Arbeit auf. 1975 wurde die erste Morbidelli 125 der neuen Generation präsentiert, die 350er wurde gestrichen. Die Motorleistung der neuen Maschine war um 5 PS gesteigert worden und betrug nun 42 PS bei 13800 U/min. Laut Hersteller war nun eine Höchstgeschwindigkeit von 200 km/h erreichbar. Das Debüt des Motorrads in Frankreich wurde zum Desaster: beide Rennfahrer, Bianchi und Pileri, stürzten schon zu Beginn des Rennens.

Der Erfolg sollte sich später einstellen: In Österreich, Italien, Belgien, Deutschland, Holland und Schweden belegte die Morbidelli nur erste und zweite Plätze. Paolo Pileri holte sich den Weltmeistertitel, 1976 wurde Bianchi Weltmeister. Auch in der 250 cm³-Klasse versuchte die Firma ihr Glück, aber das beste Ergebnis war ein zweiter Platz von Pileri beim Großen Preis von Belgien.

1977 wurde Pierpaolo Bianchi in der 125 cm³-Klasse erneut Weltmeister. Den spektakulärsten Durchbruch schaffte Mario Lega, der in Vertretung Pileris auf einer Morbidelli Weltmeister in der 250 cm³-Klasse wurde. In Italien gewann Lazzarini die Meisterschaft in der 125 cm³-Klasse, Pileri wurde Zweiter und Lega Dritter in der 250 cm³-Klasse.

Die verkleidete Morgan Monotrace.

Möller war inzwischen zu Minarelli übergewechselt. 1978 folgten ihm Pierpaolo Bianchi und ein Mechaniker des Morbidelli-Teams. Unterdessen hatte Morbidelli an die Firma MBA die Lizenz für den Bau von Morbidelli-Modellen vergeben. Morbidelli widmete sich nur noch den Werksmaschinen von Lega und Pileri. Der Privatfahrer Lazzarini ergriff in der 125er Klasse die Eigeninitiative und konnte sich mit einer MBA-Maschine, die mit einem von ihm konstruierten Rahmen ausgerüstet war, bei den Weltmeisterschaften qualifizieren.

Während Giancarlo Morbidelli für die Zukunft ein stark eingeschränktes Engagement im Rennsport ankündigte, gewann Pileri im gleichen Jahr in der 250 cm³-Klasse den Großen Preis von Belgien, und Lazzarini wurde Weltmeister.

Moretti

Der italienische Autohersteller Moretti produzierte 1946-52 in Turin einige Leichtmotorräder mit 125 und 250 cm³ und obenliegender Nockenwelle. Außerdem brachte er ein Zweizylindermodell mit 250 cm³ Hubraum und Kardanantrieb auf den Markt.

Morgan Monotrace

Morgan Monotrace hieß ein vollständig verkleidetes Fahrzeug mit zwei Rädern, zwei Sitzen, einem Lenkrad und seitlichen Stützrädern. Es wurde 1922 von dem Deutschen Alfred Morgan konstruiert.

Morini Franco Motori

Die von Franco Morini 1956 gegründete Firma stellte hauptsächlich Zweitaktmotoren her. Sie hatte ihren Sitz in Casalecchio di Reno bei Bologna.

Die ersten Exemplare waren sehr robuste und preiswerte 125 cm³-Motoren. Besonderen Anklang fand ein 50 cm³-Zweitaktmotor mit zwei Überströmkanälen und Dreiganggetriebe, der jahrelang im Programm blieb. Die Produktion der 125 cm³-Motoren wurde schon nach wenigen Jahren eingestellt. Guten

Absatz fand ein 56 PS-Motor mit Vierganggetriebe für Tourenmaschinen, dessen Zylinder mit einer breiten Verrippung gekühlt wurde.
Zwischen 1969 und 1979 wurden Motorräder mit automatischer Kupplung immer beliebter. Franco Morini hatte diese Entwicklung vorausgesehen und die Produktion von Motoren mit automatischer Kupplung und Eingangetriebe sowie Triebwerken mit automatischem Getriebe aufgenommen.
In den 70er Jahren entwickelte die Firma zwei Motoren für Geländemaschinen, den Turbo Star mit Vier- und Fünfganggetriebe, großer Verrippung und überdimensionalem Motorgehäuse. Die 80er Jahre waren von einer großen Vielfalt im Angebot gekennzeichnet. Die Palette reichte von Motoren mit Einganggetriebe bis zu leistungsfähigen, flüssigkeitsgekühlten Einzylindermotoren wie dem G.304 und dem ausgezeichneten 125 cm³-Zweitaktmotor.

Morris

Die 1913-22 in Knowle, Birmingham, hergestellten Motorräder hatten einen 247 cm³-Zweitaktmotor. Auffällige Merkmale der englischen Modelle waren ein schwarz-goldener Treibstofftank und eine in einem Kettenkasten laufende Kette.
Die erste Firma namens Morris, die sich in England dem Motorradbau widmete, gehörte William Morris, der später als Lord Nuffield einer der führenden Männer in der Automobilindustrie wurde. Von 1902-05 bestückte er in seinem Werk in Oxford Fahrgestelle eigener Produktion mit 2,75 PS-Motoren von De Dion und MMC.

Morris-Warne

Die kleine englische Firma Morris Bros. & Warne begann 1922 mit der Produktion eines 250 cm³-Modells, das in einer Ausführung mit liegendem und in einer mit stehendem Zylinder angeboten wurde.

Mors

Ein französischer Motorroller entstand 1952-65 bei der einst weltberühmten Autofabrik Mors. Er besaß 115 und 125 cm³-Zweitaktmotoren und wurde unter dem Namen Speed erfolgreich vertrieben.

Morse-Beauregard

1916-17 stellte eine Fabrik in Detroit ein für damalige Verhältnisse sehr fortschrittlich konstruiertes Motorrad her. Die Morse-Beauregard, wie die Maschine genannt wurde, besaß einen stehenden 500 cm³-Zweizylindermotor mit Zweiganggetriebe und wurde auf Kundenwunsch mit Kardan- oder Kettenantrieb geliefert. Es ist heute nicht mehr nachvollziehbar, warum nur sehr wenige Exemplare dieses amerikanischen Modells gebaut wurden.

Morton-Adam

Diese englische Firma produzierte 1923-24 Einzylinder-Zweitaktmotoren mit 300 cm³ Hubraum und Zwei- oder Dreiganggetriebe. Ferner entstanden in der Fabrik in Coventry in begrenzter Stückzahl Einzylindermodelle mit 250 und 350 cm³, die zu den ersten englischen Maschinen gehörten, die mit einer obenliegenden Nockenwelle augerüstet waren. Ihr Konstrukteur war H. Sidney.

Moser

Die 1906 in St. Aubin gegründete Firma Moser produzierte bis Ende der 20er Jahre Motorräder und Hilfsmotoren, die an verschiedene europäische Motorradfabriken geliefert wurden. Zwischen 1922 und 1925 wurde Moser durch die Rennerfolge seiner 125 cm³-Modelle berühmt. 1932 übernahm Allegro das Schweizer Werk.

Moskva

Die schweren Zweizylindermaschinen M 72 der russischen Armee entstanden während des Zweiten Weltkriegs in den Nationalen Motorradwerken in Moskau. Nach Kriegsende begann die Firma mit der Herstellung der M1A Moskva. Das einfach konstruierte Modell verfügte über einen Einzylinder-Zweitaktmotor mit 125 cm³, wurde jedoch auch in einer technisch verbesserten Version mit 175 cm³ Hubraum angeboten.
Weitere interessante Modelle des sowjetischen Herstellers waren die M31, eine obengesteuerte Einzylindermaschine mit 350 cm³ Hubraum und Kardanantrieb sowie die BMW-ähnliche M 61 mit einem 600 cm³-Zweizylindermotor und Kardanantrieb. Nachfolgerin der Moskva wurde die 174 cm³-Voskhod 2.

Motag

Der Motorroller Motag wurde 1923-25 in Deutschland gefertigt. Er verfügte über einen 125 cm³-Motor und hatte einen Rahmen aus Preßblech.

Motauto

Vittorio Monaco aus Sesto Calende entwickelte 1955 die vollständig verkleidete Motauto, der er die Form eines Torpedos verlieh. Der Fahrer saß in dem zweirädrigen Fahrzeug wie in einem kleinen Wagen. Der Rahmen wurde von zwei parallel verlaufenden Rohren gebildet, die vorne nach oben gebogen waren und in den Lenker mündeten. Rohrträger verbanden die beiden parallelen Rohre, die sich im hinteren Teil des Rahmens annäherten, wo sie eine Schleife ergaben, in der der Motor lag. Die Verkleidung wurde von einer Gitterkonstruktion getragen.
Der 125 cm³-Einzylinder-Zweitaktmotor übertrug die Antriebskraft über eine Kette auf das vor dem Motor liegende Treibrad. Vorne hatte das Modell eine Teleskopgabel, hinten Teleskopfederbeine. Nach Vittorio Monacos Entwürfen sollte die endgültige Version des Gefährts Beifahrersitz und vor dem Lenkrad Raum für ein Reserverad und Gepäck erhalten.

Motobecane 175 von 1923.

Unbekannt ist, ob neben den in der Presse vorgestellten Prototypen weitere Exemplare der Motauto entstanden.

Moteurcycle

Ein von dem französischen Techniker Rosengart entworfenes Moped, dessen Motor hinter dem Sattel auf dem Gepäckträger angebracht war. Die Kurbelwelle übertrug die Antriebskraft mit Hilfe einer Kette auf zwei vertikale Wellen, die vom Kurbelgehäuse zu den beiden Seiten des Hinterrads verliefen. Am hinteren Ende dieser beiden Wellen gab es kleine Reibrollen, von denen die Radfelge angetrieben wurde. Mit einem Hebel auf dem Lenkrad konnte man die Reibrollen von der Felge trennen; diese Ausrückvorrichtung hatte ein Gewicht von zehn Kilogramm. Das ungewöhnliche Moped wurde 1921-23 hergestellt, möglicherweise auch bis 1924.

Motobecane

Diese französische Motorradfabrik wurde nach dem Ersten Weltkrieg von Abel Bardin und Charles Benoit gegründet. Nachdem die beiden Männer ein Tretauto entwickelt hatten, entwarfen sie 1922 den Pélican, einen kleinen Wagen mit vier Rädern, der nie in Serie ging.
Aufgrund finanzieller Schwierigkeiten beschlossen die Konstrukteure schließlich, Motorräder zu bauen. Auf dem Pariser Salon 1924 stellten sie ein 175 cm³-Modell mit dem Namen Motobecane vor, das beim Publikum großen Anklang fand. In der Folgezeit wurden 150000 Exemplare des beliebten Modells verkauft.
Der 174 cm³-Motor leistete 2 PS bei 2250 U/min. Zylinder und Zylinderkopf waren aus einem Guß aus Grauguß gefertigt und verfügten über ein Dekompressionsventil. Beim ersten Motobecane-Modell stand die Zündkerze noch senkrecht im Zylinder, bei den nachfolgenden Versionen lag sie waagerecht. Das Motorgehäuse bestand aus einer Aluminiumlegierung. In beiden Gehäusehälften bewegte sich im Zylinder eine Ladepumpe, die den Verdichtungsraum verringerte. Der Motor besaß einen Nasenkolben und ein außenliegendes Schwungrad, das auf der gleichen Seite lag wie der Antrieb. Der Zündmagnet mit Vorzündung wurde über eine in einem Kettenkasten laufende Kette betrieben. Gestartet wurde mit einem Kickstarter. Am Lenkkopf hatte man den Rahmen durch ein eingeschweißtes Blechteil verstärkt. Der Treibstofftank war dunkelblau lackiert und trug den silberfarbenen Schriftzug Motobecane. Dem erfolgreichen ersten Modell sollte ein bequemeres Motorrad mit größerem Hubraum folgen.

Motobecane B5 von 1930.

Motobecane Mobylette von 1940.

Motobecane 125, Rennmodell.

Da der Name Motobecane inzwischen zu einem Synonym für Einfachheit geworden war, wurde 1925 die neue Firma Motoconfort gegründet, die die luxuriöseren Modelle fertigen sollte. Die Motoconfort mit einem 308 cm³-Zweitaktmotor war bald sehr beliebt. Bardin und Benoit standen zwei Jahre nach der Gründung von Motobecane an der Spitze einer Firmengruppe, zu der Motobecane, Motoconfort und der Hersteller von Motoreinzelteilen Polymécanique gehörten.
1927 erhielt die 175er ein Zweiganggetriebe. Motobecane nahm die 308 cm³-Maschine von Motoconfort ins Programm auf. Ab 1927 bauten Motobecane und Motoconfort fast identische Modelle, die sich nur noch im Namen unterschieden.
1928 entwickelte man ein Motorrad mit großem Viertaktmotor. Die seiten- und obengesteuerte Motoren mit 350- und 500 cm³ wurden bei Blackburne geordert. Die 500er waren die ersten sportlichen Maschinen von Motobecane.
Die große Neuheit des Jahres 1930 war der Motorenblock „B", ein von Motobecane entwickelter Viertaktmotor. Der seitengesteuerte Motor mit 250 und 350 cm³ Hubraum und im Motorgehäuse integriertem Dreiganggetriebe wurde sofort begeistert aufgenommen. 1931 folgte der B7, ging jedoch nie in Serie.

Motobi 200 Spring Lasting von 1953.

Anfang der 30er Jahre stellte Motobecane die Entwicklung der Vierzylindermodelle ein, weil der Markt einfache und praktische Motorräder verlangte.
Nach dem Zweiten Weltkrieg schuf Motobecane hauptsächlich kleinere Motorräder, Roller und Mopeds mit Zweitaktmotoren zwischen 50 und 175 cm³ Hubraum. Dazu kam 1972 eine sportliche 350er mit einem Dreizylinder-Zweitaktmotor, drei Vergasern und einer Leistung von 38 PS bei 7200 U/min ins Programm. Das Vorderrad war mit einer Scheibenbremse versehen. Daneben war die Firma in den 70er Jahren mit einigen Modellen im Rennsport recht erfolgreich. In den 80er Jahren konzentrierte sich das französische Werk auf die Produktion von Mopeds, die auch in Geländeausführungen erschienen.

Motobi

Giuseppe Benelli, einer der sechs Brüder, die 1911 die Firma Benelli gegründet hatten, trennte sich 1950 nach Meinungsverschiedenheiten von seinen Brüdern. Er gründete eine eigene Motorradfabrik und baute unter dem Markenzeichen B, das später in Motobi geändert wurde, ein sehr originelles Motorrad.

Motobi mit 115 cm³, 1953.

Dieses Leichtmotorrad besaß einen Preßstahlrahmen und einen für damalige Zeiten sehr fortschrittlich konzipierten Motor. Der stehende 98 cm³-Einzylinder-Zweitakter mit Drehschiebersteuerung war unter dem unteren Teil des Rahmens hängend eingebaut. 1952 gab es neben dem normalen 98 cm³-Modell, das einen Sitz hatte, eine Ausführung mit zwei Sitzen und eine Version mit 115 cm³ Hubraum.
Die große Neuheit des Jahres war jedoch die B 200 mit Zentralträgerrahmen und liegendem Zylinder. Die Zylinderverrippung und das Kurbelgehäuse bildeten eine harmonische ovale Form. Sie sollte für die Motobi-Modelle der folgenden Jahre charakteristisch bleiben. Der 196 cm³-Zweizylinder - Zweitaktmotor war mit einer Drehschiebersteuerung und einem Dreiganggetriebe kombiniert, das 1953 durch ein Vierganggetriebe ersetzt wurde. Im gleichen Jahr wurde zudem ein Leichtmotorrad mit 125 cm³ vorgestellt, das ein Jahr später mit dem ovalen Motor und den anderen Merkmalen der B 200 angeboten wurde.
1954 entstand das Moped B 44 mit einem gemischten Rohr- und Preßstahlrahmen, dessen Motor am Ende einer mit der Radnabe verbundenen Schwinge angebracht war. Die Antriebskraft wurde über Reibrollenantrieb auf das danebenliegende Rad übertragen. Der 44 cm³-Zweitaktmotor ohne Gangschaltung ermöglichte eine Höchstgeschwindigkeit von 35 km/h.
1956 präsentierte Motobi eine Reihe neuer Konstruktionen. Ins Programm kamen die Ardizio mit 125 cm³-Zweitaktmotor und die 200er Spring Lasting. Letztere wurde auch in der Version Gran Sport mit 250 cm³ angeboten, auf der das Modell Sport Speciale für Langstreckenrennen aufbaute. Die 125er Imperial besaß einen liegenden Viertaktmotor, ihr folgte die Catria mit 175 cm³.
1957 starb Giuseppe Benelli, und seine Söhne Luigi und Marco übernahmen das Unternehmen.

Bis 1960 blieb die Produktion unter der neuen Leitung unverändert, 1959 war lediglich der originelle 75 cm³-Motorroller Picnic erschienen. Das Zweirad besaß einen schalenförmigen Rahmen aus Preßstahl, in dessen hinterem Teil der Treibstofftank und der Gepäckträger untergebracht waren. Der liegende Einzylinder-Zweitaktmotor war mit nach hinten zeigendem Zylinder auf der rechten Seite des Rollers eingebaut. 1961 entstand neben den Modellen des Vorjahrs ein Motorroller mit dem Vierzylindermotor der Catria, Vierganggetriebe und einer Höchstgeschwindigkeit von 107 km/h.
1961 geriet Motobi in ernste finanzielle Schwierigkeiten, und das Unternehmen Benelli griff ein. Nach der Rettungsaktion wurde Motobi der Firmengruppe Benelli-Motobi eingegliedert.
1963 entstand die 200 Sprite mit liegendem 198 cm³- Einzylinder-Viertaktmotor mit 14 PS, Vierganggetriebe und einer Höchstgeschwindigkeit von 140 km/h. Der Roller Picnic 75 wurde 1964 zu einem 125 cm³-Modell weiterentwickelt. Damals unterschieden sich die Modelle von Motobi noch von den Benelli- Maschinen, doch allmählich glichen sich die Marken einander an. 1966 erschienen eine 250er Version der Sprite und die Sport Special, 1969 kam die Sport Scrambler mit einem 250 cm³- Viertaktmotor hinzu.
In den 70er Jahren baute Motobi einige Sportversionen wie die 125er, die auf der Imperial aufbaute, die Daytona mit 30 PS, die auf die Sprite 250 zurückging, und die 175 DS Sport mit einer Höchstgeschwindigkeit von 180 km/h.
Die Sportmaschinen des Unternehmens waren vor allem in der Junioren-Klasse erfolgreich. 1959 gewann Ennio Ambrosio auf einer Motobi die italienische Meisterschaft in der 175 cm³-Klasse, 1960 wurde Silvagni italienischer Meister, und 1961 siegte Cristoforo Fattori. 1965 errang Lombardi auf einer 125er den italienischen Meistertitel, im folgenden Jahr konnte Tondo als Erster durchs Ziel gehen. Eugenio Lazzarini wurde 1967 italienischer Meister in der 125 cm³-Klasse, Schiavone holte sich den Titel im gleichen Jahr in der 175 cm³-Klasse. Bei der italienischen Meisterschaft 1968 gingen Mele, Panuzzi und Bianchi in der 125,

Motobi 125 TV von 1953.

175 und 250 cm³-Klasse für Motobi erfolgreich an den Start. 1969 siegten Perotti in der 175 cm³-Klasse und Giansanti in der Viertelliter-Klasse.
1970 bis 1972 waren Isnardi, Parodi und Cresta italienische Meister der drei Klassen. 1972 wurde die Firma Benelli-Motobi von der Firmengruppe De Tomaso übernommen.

Motobic

Diese 1949 gegründete Motorradfabrik baute Leichtmotorräder. 1955 hatte die spanische Firma lediglich Modelle mit 80 cm³-Zweitaktmotoren im Programm, 1957 umfaßte die Produktpalette Mopeds und Motorräder mit 49, 60, 75, 82 und 100 cm³ Hubraum.
In den 60er Jahren wurde die Produktpalette um das Leichtmotorrad Saeta mit einem 75 cm³-Zweitaktmotor, einen Motorroller mit 75 cm³ und einen mit 95 cm³ erweitert. Letzterer hatte eine Motorleistung von 6,5 PS bei 6000 U/min.

Moto Biros

Diese italienische Firma wurde in den 70er Jahren von Giancarlo Biondi und Vincenzo Rossi gegründet. Das in Cesena angesiedelte Unternehmen war auf den Bau von Geländemaschinen und konventionellen 50 cm³-Mopeds mit Rohrrahmen spezialisiert. Die Modelle besaßen Einzylinder-Zweitaktmotoren mit Membraneinlaß.

Motobloc

Das 1948 gegründete französische Unternehmen stellte 1952-54 Mofas her, die mit Motoren verschiedener Firmen bestückt wurden. 1954 brachte Motobloc den Motorroller Sulky mit 65 cm³-Zweitaktmotor von SER und Zweiganggetriebe auf den Markt. Verwendet wurden auch Motoren von Aubier Dunne und Villiers von 125 bis 200 cm³ Hubraum.
Ende der 60er Jahre stellte Motobloc die Produktion ein.

Moto B M

Die Firma wurde 1952 in Rastignano Pianoro bei Bologna gegründet. Das italienische Werk produzierte drei Versionen einer 125er und eine 160 cm³-Maschine. Alle Modelle waren mit Zweitaktmotoren der deutschen Firma Jlo ausgerüstet.
1953-55 schuf Moto B M Leichtmotorräder in einer Luxus- Ausführung mit 75 cm³-Viertaktmotor und in einer Luxus-Touren-Ausführung mit einem 100 cm³-Viertaktmotor von NSU Fox. Ferner produzierte Moto B M eine Tourenmaschine mit einem 125 cm³- Viertaktmotor und ein Zweizylindermodell mit 250 cm³. Ab 1956 kamen hauptsächlich Mopeds und Leichtmotorräder ins Programm. Die Mopeds der Serie Amico waren mit Minarelli-Motoren bestückt.

Moto Borgo

Das 1923 in Turin gegründete Unternehmen Moto Borgo baute bis 1926 ausgezeichnete obengesteuerte Zweizylindermodelle mit 500 cm³ Hubraum, die viele Rennerfolge erzielen konnten.

Motodelta

Dieses Unternehmen, das Moto-Cross- und Geländemaschinen herstellte, wurde 1970 von den Florentinern Guidotti und Lombardi gegründet. Das erste Exemplar der italienischen Firma war eine Moto-Cross-Maschine mit 125 cm³ Hubraum und einer Motorleistung 19,7 PS bei 9700 U/min.

Moto Emilia

1953 kamen verschiedene Motorräder der italienischen Firma Moto Emilia aus Bologna auf den Markt. Es gab Tourenversionen mit 175 cm³ Hubraum, bei denen die Ventilsteuerung über Stoßstangen und Kipphebel erfolgte, sowie eine Sportversion mit obenliegender Nockenwelle und eine Ausführung Super Sport mit zwei obenliegenden, kettengetriebenen Nockenwellen und einer Höchstgeschwindigkeit von 144 km/h.

Motoflash

Dieser italienische Hersteller aus Bologna produzierte 1957 Motorroller, Mopeds und Leichtmotorräder, die er mit 50 cm³-Zweitaktmotoren bestückte. Ferner stellte die Firma Hilfsmotoren mit liegendem Zylinder und 48 cm³ Hubraum her.

Moto Gabor

Moto Gabor baute ab 1977 in Dueville, Italien, ausschließlich Enduro-Maschinen. Ein 75 cm³-Modell der Firma konnte 1977 den dritten und vierten Platz bei den italienischen Enduro-Meisterschaften belegen.
Die Maschine war ein speziell für den Rennsport konstruiertes Motorrad mit einer Motorleistung von 13 PS bei 9300 U/min. Es hatte einen geschlossenen Doppelschleifenrahmen aus Chromstahl und besaß am Hinterrad eine Schwinge mit Gasdruckfederbeinen von Marzocchi.

Moto Gori

Diese italienische Fabrik wurde in den 60er Jahren von dem Motorradliebhaber Vasco Gori gegründet. Der Florentiner setzte seine im Bereich des Motorrollerbaus gewonnenen Erfahrungen bei der Produktion

von Moto-Cross-Modellen ein, deren Entwicklung damals noch in den Anfängen steckte.
Mitte der 60er Jahre überarbeitete Gori die Moto Bimm und brachte sie unter dem Markennamen Gori-Bimm in den Handel. 1968 begann er mit dem Bau eigener Motoren. Er entwickelte sie nach dem Vorbild eines Sachs-Motors mit Sechsganggetriebe, dessen positive Eigenschaften er geschickt nutzte. Die ersten Modelle hatten einen Hubraum von 50 cm³, der später auf 125 cm³ erhöht wurde.
Erfolge ließen nicht auf sich warten. Die Rennfahrer Dolce, Cimberio, Curredi und Oldrati konnten acht italienische Moto-Cross-Meisterschaften mit Moto-Gori-Maschinen gewinnen. In den 70er Jahren umfaßte die Produktpalette der Firma sowohl Enduro- wie auch Moto-Cross-Modelle, die mit 50, 125 und 250 cm³-Motoren von Sachs ausgerüstet waren.
Auf dem Autosalon 1980 präsentierte Moto Gori vollständig neue Enduro- und Moto-Cross-Modelle mit Rotax-Motoren. Mitte der 80er Jahre verschwand die Firma vom Markt.

Moto Guzzi V35 III von 1986.

Moto Guzzi

Die Geschichte von Moto Guzzi begann im Ersten Weltkrieg an der italienisch-österreichischen Front. Drei hoffnungsvolle junge Männer, die ihren Dienst in der neugegründeten italienischen Luftwaffe leisteten, entdeckten ihre gemeinsame Leidenschaft für Motorräder. Zu Kriegsende beschlossen sie, ihren Träumen die Tat folgen zu lassen.
Aber nur Carlo Guzzi und Giorgio Parodi konnten mit der Verwirklichung der Pläne beginnen. Der dritte im Bunde, Giovanni Ravelli aus Brescia, der schon vor dem Krieg ein berühmter Rennfahrer gewesen war und der die neuen Motorräder hätte vorstellen und fahren sollen, kam wenige Tage nach Kriegsende bei einem Flugzeugabsturz ums Leben.
Ein Adler im Markenzeichen sollte jedoch an den Freund erinnern. Guzzi, ein hervorragender Techniker aus Mandello del Lario, kümmerte sich um die Entwicklung und den Bau des Prototyps, während Parodi, Sproß einer reichen ligurischen Reeder-Familie, für die finanzielle Seite des Unternehmens zuständig war.
Guzzi entwarf einen für damalige Zeiten außerordentlich modernen Motor mit vier parallel angeordneten, im Zylinderkopf hängenden Ventilen, die von einer obenliegenden Nockenwelle gesteuert wurden. Die Nockenwelle wurde von einer Königswelle angetrieben. Die Maschine hatte eine Magnetzündung, die den Strom an zwei Zündkerzen leitete, die eine schnelle und vollständige Verbrennung im Brennraum gewährleisteten.
Der Prototyp entstand 1920 in Handarbeit im Keller des Hauses der Familie Guzzi. Bei Testfahrten verhielt sich das Motorrad ausgezeichnet, doch erwiesen sich einige Elemente für eine Serienproduktion als zu kostspielig, andere als zu empfindlich oder kompliziert und wurden später ersetzt.
1921 war das neue Motorrad fertiggestellt. Das ursprüngliche Markenzeichen „G.P." (Guzzi-Parodi) wurde durch die Bezeichnung Moto Guzzi ersetzt, auch die Firma erhielt diesen Namen. Den außergewöhnlichen Zylinderkopf mit vier Ventilen hatte man durch einen „gemischten" Zylinderkopf ersetzt, der zwar weniger kompliziert konstruiert, aber dennoch recht ungewöhnlich war. Der Motor hatte ein seitlich stehendes Einlaßventil und ein im Zylinderkopf hängendes Auslaßventil.
Das 500 cm³-Modell von 1921, die erste Moto Guzzi, die in Serienproduktion ging, hatte einen liegenden Graugußzylinder mit radialer Verrippung. Das Geheimnis dieser Verrippung hüteten die Techniker von Mandello über 50 Jahre lang. Der Zylinderkopf war mit dem Zylinder und dem Motorblock durch drei lange Stehbolzen verbunden. Der Kolben bestand aus einer Aluminiumlegierung und hatte vier Kolben- und zwei Abstreifringe. Das Pleuel aus Nickelstahl war innen hohl und auf Bronzelagern gelagert. Die Kurbelwelle war ebenfalls aus Nickelstahl und kugelgelagert. An einem großen außenliegen-

Die erste Moto Guzzi, 1921.

den Schwungrad waren mit Schrauben die runden Gegengewichte befestigt. Jahrzehntelang blieb dieses Schwungrad ein besonderes Kennzeichen der Motorräder von Moto Guzzi.
Die 500er verfügte über eine Magnetzündung und eine automatische Pumpenschmierung, die ein Jahr später noch durch eine integrierte Saugpumpe ergänzt wurde. Der Antrieb lief über eine Kette, das Hinterrad hatte eine Steckachse und drehte sich auf Kugellagern. Gebremst wurde mit einer Trommelbremse, die seitlich am Hinterrad angebracht war. Auf das Hinterrad griffen zwei Bremsbacken, die mit Bremswellen verbunden waren, welche durch Handhebel und Fußpedal über Bowdenzüge betätigt wurden.
Die Moto Guzzi „Normale" leistete 8 PS, verbrauchte drei Liter Benzin auf 100 Kilometer, 0,3 Liter Öl auf 100 Kilometer (bis 1922 hatte der Motor eine Frischölschmierung) und erreichte über 80 km/h Spitze.
Um das neue Modell beim Publikum bekannt zu machen, beschlossen Guzzi und Parodi, genau der Strategie zu folgen, die sie während des Kriegs mit ihrem Freund Giovanni Ravelli entwickelt hatten: Schon bald sah man die leistungsstarke Maschine bei sportlichen Veranstaltungen.
Beim Langstreckenrennen Mailand-Neapel traten Mario Cavedini und Aldo Finzi an den Start und konnten den 20. und den 22. Platz belegen. Einen Monat später siegte Gino Finzi bei der Targa Florio. Mit diesem ersten

Moto Guzzi 500, Rennmodell aus den 20er Jahren.

Sieg begann ein unvergleichlicher Siegeszug. Moto Guzzi fuhr von Sieg zu Sieg, und aus ganz Italien gingen Aufträge ein. Bald mußte eine entsprechend große Fabrik errichtet werden.
Die Serienproduktion von Moto Guzzi stützte sich auf das Modell „Normale", das sich mit entsprechenden Veränderungen auch vorzüglich bei den damals sehr beliebten Langstreckenrennen auf Straßen einsetzen ließ.
1923 schien die Zeit reif für schnellere Rennmaschinen: Das Modell Corsa entstand mit im Zylinderkopf hängenden Ventilen, einem 25 mm-Amac-Vergaser des Typs Corsa, einem neuentwickelten Kolben, einem leicht veränderten Übersetzungsverhältnis und einem Rahmen mit größerem Radstand. Das Modell Corsa 2V war wie gewohnt siegreich, und Ende 1923 beschloß man, auch die Tourenmodelle von Moto Guzzi mit solchen Rahmen auszurüsten.
Die Produktion der Guzzi Normale wurde eingestellt und durch das Modell Sport ersetzt, das den Rahmen der Corsa erhielt und den Motor der Normale. Dieses Modell blieb bis 1928 im Programm und wurde auch mit Seitenwagen und Bremsen am Vorder- und Hinterrad angeboten. Die elektrische Lichtmaschine der Sport wurde von einem Dynamo-Magnetzünder von Bosch gespeist. Sie ersetzte die Karbidlampe, mit der das Modell Normale auf Kundenwunsch ausgestattet worden war.
1924 wurde die Konkurrenz im Rennen immer härter, da viele Motorradhersteller die Publikumswirksamkeit der Veranstaltungen erkannt hatten. Die Corsa 2V lief trotz ihrer Schnelligkeit und Brillanz Gefahr, anderen, speziell für Rennen gebauten Maschinen nicht gewachsen zu sein.
Moto Guzzi besann sich wieder auf die genialen Einfälle, die Carlo Guzzi bei dem Bau seines Prototyps 1920 verwirklicht hatte. Ein Motor mit vier im Zylinderkopf hängenden Ventilen schien die ideale Antwort auf die Herausforderung der Konkurrenz zu sein. Der 500 cm³-Motor mit einem großen Zylinder war im Prinzip in der bewährten Guzzi-Tradition gebaut, man hatte ihn jedoch bedeutend verbessert. Vier Stehbolzen hielten nun den Zylinderkopf. Der Motorblock bestand aus Aluminium und hatte eine Druckumlaufschmierung. Die vier parallel angeordneten Ventile wurden von Haarnadelfedern geschlossen. Die Maschine hatte einen 28,5 mm Amac-Vergaser, das Verdichtungsverhältnis betrug 6:1, und der Motor leistete 22 PS bei 5500 U/min.
Im Rahmen glich die Maschine den anderen Modellen, lediglich die Gabel hatte einen großen Reibungsstoßdämpfer erhalten. Am Hinterrad war eine Trommelbremse und am Vorderrad eine Halbnabenbremse angebracht. Für Rennstrecken mit hohem Schwierigkeitsgrad sollte hinten eine zweite Halbnabenbremse installiert werden.
Die Maschine, die offiziell C 4 V hieß, gewann 1924 in Lario überlegen ihr erstes Rennen. Das 1924-27 produzierte Modell wurde später durch die 4 V TT ersetzt. 1928 entstand eine noch schnellere Maschine, die 4 V SS, die bis 1933 gebaut wurde.
Das Engagement im Rennsport zahlte sich auch in der Serienproduktion aus. Das Modell Sport profitierte sowohl von den Anregungen der normalen Kundschaft, wie auch von den im Rennsport gesammelten Erfahrungen und war technisch ständig auf dem neuesten Stand. Das Modell, das von einigen Motorradliebhabern auch Sport 13 genannt wurde, obwohl es offiziell nie so hieß, war bis 1928 im Handel. Dann wurde es von der Sport 14 abgelöst, die ähnlich konstruiert war.
Dank des Einfallsreichtums und Weitblicks von Carlo und Giuseppe Guzzi erschien 1928 das Modell G.T., das erste Serienmodell von Guzzi mit gefedertem Fahrwerk. Anfangs konnte sich die Maschine nur schwer durchsetzen, da man damals noch glaubte, die Federung des Hinterrads würde die Stabilität des Motors beeinträchtigen. Später aber war das Motorrad in der verbesserten Ausführung G.T.16 recht erfolgreich.
Das Märchen von der problematischen Hinterradfederung hielt sich dennoch bis Ende der 30er Jahre, so daß die meistverkauften Guzzi-Modelle die Sport 14 und die Sport 15 waren, die beide einen starren Rahmen hatten. Wie schwer manche Gerüchte aus der Welt zu schaffen sind, zeigt die Tatsache, daß die Sport 15 erst 1939 aus dem Programm genommen wurde.
Ab 1935 wurden die 250er und das 500 cm³-Zweizylinder-Rennmodell mit einer Schwinggabel vorne und Federbeinen hinten ausgerüstet. Damit waren sie weltweit die ersten Rennmaschinen, die diese scheinbar so gewagte, fortschrittliche Fahrwerksfederung besaßen. Doch trugen die zahlreichen Rennsiege der Guzzi-Maschinen mit

integraler Federung letztendlich mit dazu bei, daß sich das gefederte Fahrwerk durchsetzen konnte.
Carlo Guzzi war seiner Zeit immer weit voraus. Als er die schon erwähnten vier im Zylinderkopf hängenden Ventile in seine Motoren baute, hielten andere Firmen noch an automatischen Schnüffelventilen fest. Damals konstruierte Carlo Guzzi auch eine außerordentliche 500 cm³-Vierzylindermaschine. Das sensationelle Motorrad hatte einen modernen, luftgekühlten Vierzylinder-Reihenmotor mit Aufladung durch einen Cozette-Kompressor. Der Motor leistete 45 PS bei 7800 U/min und ermöglichte eine Höchstgeschwindigkeit von fast 175 km/h. Bei Rennen wurde dieses Modell kaum eingesetzt, da ihm meist die äußerst ausgewogen konstruierte 500er Zweizylindermaschine vorgezogen wurde. Das Motorrad, ein weiterer Meilenstein in der Guzzi-Rennmaschinenproduktion, nahm fast 20 Jahre lang erfolgreich an diversen Wettkämpfen teil.
Der Motor des Halbliterrenners bestand aus zwei gekoppelten 250 cm³ - Einzylindermotoren, die mit den Triebwerken der 250 cm³-Rennmaschinen baugleich waren, die Guzzi ab 1926 herstellte.
Carlo Guzzis Aufmerksamkeit galt auch den normalen Tourenmotorrädern, deren Serienproduktion von dem im Rennsport gewonnenen Know-how profitierte. Die 500 Tre Cilindri, die 1932 in Mailand auf dem Fahrrad- und Motorrad-Salon vorgestellt wurde, war ein außergewöhnliches Dreizylindermodell mit elegantem Styling. Der größte Nachteil der Maschine war, daß sie zu fortschrittlich konzipiert war, um Anklang zu finden. Nachdem einige Vorserienmodelle gefertigt worden waren, beschloß die Firmenleitung, die Maschine nicht in Serie gehen zu lassen, obwohl das Dreizylindermodell mit 495 cm³ Hubraum und einer Motorleistung von 25 PS bei 5500 U/min ein wahres Meisterwerk italienischer Technik war.
Neben so außergewöhnlichen Modellen wie der Dreizylindermaschine schuf Moto Guzzi auch technisch weniger faszinierende Zweiräder, die dem Werk einen soliden Absatz sicherten. Doch nachdem 1929 die große Depression die Wirtschaft der Vereinigten Staaten erschüttert hatte, bekam auch die italienische Industrie die Auswirkungen der Krise zu spüren. In Mandello versuchte man der Lage Herr zu werden, indem man einen Motorradtyp entwickelte, der bis zu diesem Zeitpunkt gänzlich vernachlässigt worden war. Im Jahr 1932 präsentierte Moto Guzzi das erste Leichtmotorrad: die „P 175".
Schon bald offerierte Moto Guzzi neben der P 175 die P 250, deren Hubraum erst 238 cm³ betrug und später auf 247 cm³ gesteigert wurde. Das Modell war sowohl mit Starrahmen wie auch mit Federbeinen im Handel. Die P 175 wurde ständig weiterentwickelt und war das Grundmodell für zahlreiche 250 cm³-Modelle mit interessanten Eigenschaften: die P.E., die P.E.S. (eine sportliche Version der P.E.), die P.L. (ein preiswertes Modell mit gemischtem Rohr- und Preßstahlrahmen), die P.L.S.und die Modelle Egretta und Ardetta. Aus letzteren wurde 1939 die neue P.E. abgeleitet, die anstatt eines Dreiganggetriebes ein Vierganggetriebe erhielt und unter dem Namen Airone über 15 Jahre hinweg im Programm blieb.
Ende 1933 nahm Moto Guzzi bei den inzwischen berühmt gewordenen 500er Modellen wichtige Neuerungen vor. Man begann mit dem Bau der V-Serie, für die Motoren mit im Zylinderkopf hängenden Einlaß- und Auslaßventilen verwendet wurden. Die Getriebe verfügten über vier Gänge. Mit diesen Motoren wurden über 30 Jahre lang verschiedene Motorrad - Generationen von Moto Guzzi bestückt.
Schon vor Ausbruch des Zweiten Weltkriegs hatte Moto Guzzi mit dem Bau von Motorrädern für die italienische Armee begonnen. Während des Kriegs wurde die Produktion für zivile Zwecke kontinuierlich eingeschränkt. In der geschlossenen Rennabteilung der Firma verstaubten so vielversprechende Modelle wie die Condor 500, die Albatros 250 und die 500 cm³-Dreizylindermaschine mit Kompressor, die nur einmal von Guglielmo Sandri auf der Rennbahn von Lido di Albaro gefahren worden war.
Die technischen Raffinessen dieser Wunderwerke gerieten in Vergessenheit. Als die Italiener nach dem Krieg vor der schwierigen Aufgabe standen, ihr Land wieder aufzubauen, mußten Leichtmetalle und Kompressoren erst einmal in den Hintergrund treten. An den Zeichentischen von Moto Guzzi entstand das Leichtmotorrad 65, das bald allgemein unter dem Namen

Stanley Woods, Gewinner der Tourist Trophy von 1935.

Moto Guzzi 250, das Rennmodell wurde 1947 von dem englischen Rennfahrer Maurice Cann gefahren.

Guzzino bekannt wurde. Bei der Entwicklung dieses Modells hatte man auf Eigenschaften wie Langlebigkeit und Sparsamkeit größten Wert gelegt.
Die moderne und unkonventionelle Guzzino besaß einen Zweitaktmotor mit kaum 2 PS bei 5000 U/min. Im Frühling 1946 wurde sie vorgestellt und blieb bis 1965 im Katalog. Nach drei Jahren hatte Moto Guzzi mehr als 50000 Exemplare verkauft.
Moto Guzzi überarbeitete das gesamte Angebot. Das 250 cm³-Modell Airone wurde mit einer hydraulisch gedämpften Telegabel und hydraulischen Federbeinen ausgerüstet, wenig später ersetzte man das Triebwerk durch einen ganz aus Aluminium bestehenden Motor mit gekapseltem Ventiltrieb. Auch die 500er wurden bedeutend verbessert. 1947 versah man die G.T.V. am Vorderrad mit der von Carlo Guzzi entwickelten hydraulisch gedämpften Telegabel. 1949 wurde die Maschine mit einem neuen Motor aus Leichtmetall bestückt und bekam den Namen Astore.
In der italienischen Armee hatten sich inzwischen weite Kreise von der Verläßlichkeit obengesteuerter Motoren überzeugen können. Die 1946 konstruierte Superalce, die bis 1957 im Programm blieb, erhielt einen auf dem Typ V basierenden Motor.
Auf den Rennbahnen erschien die Dondolino, eine 500 cm³-Maschine, die nach dem Schema der Condor gebaut war, sowie die Albatros 250. Beide Modelle waren technisch und im Design deutlich verbessert worden. Sie wurden bis 1951 in kleinen Serien von 25 bis 50 Exemplaren für Privatfahrer gebaut.
Zur gleichen Zeit entstand die Gambalunga mit 500 cm³, ein außergewöhnliches Modell, bei dessen Konstruktion Carlo Guzzi wieder sehr ausgefallene Ideen verwirklicht hatte. Die neue 500er hatte einen langhubigen Motor und war nur für Werksfahrer bestimmt. Dennoch gelangte das eine oder andere Modell in private Hände. Die Maschine wurde wegen ihrer guten Fahreigenschaften auf den gemischten Rennstrecken geschätzt, wo die Gambalunga sogar dem stärkeren Zweizylindermodell aus Mandello davonfuhr.
Bei näherer Betrachtung entpuppten sich diese neuen Maschinen als Weiterentwicklungen der Vorkriegsmodelle. Die erste wirkliche Neukonstruktion, eine 250 cm³-Zweizylindermaschine, entstand erst 1947. Das technisch hochentwickelte Modell war von Micucci, dem Schöpfer der Guzzino, entworfen worden. Micucci hatte viele verschiedene Leichtmetallegierungen verwendet. Das Triebwerk, ein elegant gebauter Zweizylinder-Doppelnockenwellenmotor, erinnerte an den Motor des Dreizylindermodells von 1949. Seine Motorleistung betrug 25 PS bei 9000 U/min. Die 250er war kaum leistungsfähiger als die Albatros. Als sich herausstellte, daß sie sehr schwer zu fahren war, wurde die Produktion eingestellt.
Nachfolger der Albatros wurde die Gambalunghino, mit der Moto Guzzi zum ersten Mal die Weltmeisterschaft in der 250 cm³-Klasse gewinnen konnte.

Dale auf der „Otto Cylindri" 500 (Achtzylinder), 1957.

Moto Guzzi V50 von 1976.

1952 löste sich Moto Guzzi von aller Firmentradition. Es entstand eine 500 cm³-Maschine mit längseingebautem Vierzylinder-Reihenmotor, die die Nachfolge des berühmten Zweizylindermodells antrat. Entwickelt hatte sie der römische Ingenieur Giannini. Ihre Motorleistung betrug 54 PS bei 9000 U/min. Doch auch sie hielt sich nicht lange im Programm.
In der Serienproduktion entwickelte und verfeinerte Moto Guzzi die Technik der angebotenen Modelle, anstatt sich an neue Konzepte zu wagen. Die Falcone war ein typisches Beispiel dieser Geschäftsstrategie. Sie wurde 1950 vorgestellt und blieb bis 1967 im Programm. Ab 1953 gab es die letzte schwere Einzylindermaschine, die noch in der ursprünglichen Guzzi-Tradition gebaut war, in einer Touren- und in einer Sportversion. Die Motorleistung der Falcone betrug 23 PS bei 4500 U/min. Diese Motorauslegung ermöglichte schon im unteren Drehzahlbereich viel Drehmoment und führte zu einer extrem ruhigen und ausgeglichenen Fahrweise.
1950 war die Motorradära im Abklingen begriffen, das Zweirad galt nur mehr als das Auto des kleinen Mannes. Eine bestimmte Käuferschicht bevorzugte Motorroller oder rollerähnliche Motorräder, die sich durch Komfort und Wetterschutz auszeichneten, wie dies beim Auto der Fall war. Das 1950 vorgestellte Modell Galletto entsprach diesen Erwartungen, kam aber auch jenen Motorradfahrern entgegen, die die kleinen Räder der Motorroller mit Mißfallen betrachteten.
Der Motor des rollerähnlichen Fahrzeugs war ein klassisches Guzzi-Modell, ein liegender Einzylinder-Viertakter mit Dreiganggetriebe (bei der ersten Version) und 160 cm³. Später wurde der Hubraum zuerst auf 175 cm³ und schließlich auf 192 cm³ erhöht. Die Galletto wurde bis 1966 gebaut und in den letzten Jahren ihrer Produktion auf Kundenwunsch mit elektrischem Starter geliefert.
1953 erschien die Zigolo, die mit einem Hubraum von 98 cm³ die Lücke zwischen der Cardellino mit 65 cm³ und der Galletto mit 160 cm³ füllte. Der Zweitaktmotor leistete 4 PS bei 5200 U/min. Das Modell war als Gebrauchsfahrzeug konzipiert und war eines der ersten verkleideten Motorräder, das beim Publikum ankam. Die Zigolo wurde ständig

auf den neuesten technischen Stand gebracht und blieb bis 1966 im Programm. 1958 zog das Modell die Aufmerksamkeit der Techniker in der ganzen Welt auf sich, weil es mit einer Zylinderlaufbuchse aus verchromtem Leichtmetall ausgerüstet war. Die Lebensdauer der Zylinderlaufbuchse wurde so bedeutend gesteigert, aber vom finanziellen Standpunkt gesehen war diese Ausführung für eine Serienproduktion zu kostspielig.

1956 wurde die Lodola vorgestellt, das erste Serienmodell, das vom klassischen Konstruktions-Schema abwich und nicht mit einem liegenden Zylinder ausgestattet war. Die Maschine war die letzte Entwicklung Carlo Guzzis, der wenig später die technische Leitung der Firma niederlegte. Die 175 cm³-Maschine mit einer Nockenwelle wurde in den Versionen Normale und Sport angeboten. Die folgende Ausführung Gran Turismo hatte 235 cm³. Die Ventilsteuerung erfolgte über Stoßstangen und Kipphebel. Außerdem diente die Lodola als Grundmodell für verschiedene andere Geländemaschinen.

Mitte der 50er Jahre wurden Motorradrennen als Werbemittel immer wichtiger. In Mandello wußte man das seit jeher und hatte sich seit der Firmengründung in diesem Bereich stark engagiert.

Nach der 250er mit Doppelnockenwellenmotor, die praktisch eine Gambalunghino war, deren Ventilsteuerung auf den neuesten Stand gebracht wurde, erschienen eine 350er, deren Motor auf dem der Gambalunghino aufbaute, und kurz danach eine 500 cm³-Einzylindermaschine. Dieses Modell wurde bis in die zweite Hälfte der 50er Jahre mit viel Erfolg gebaut. Berühmter war ohne Zweifel die außergewöhnliche 500er mit acht Zylindern, die 1955 entstand. Die von Giulio Cesare Carcano entwickelte V8 gilt bis heute als ein technisches Meisterwerk. Ihr Motor leistete 68 PS bei 12000 U/min. Doch da sich Guzzi 1958 vom Rennsport zurückzog, konnte dieses Schmuckstück nie sein enormes Potential unter Beweis stellen.

In den 60er Jahren vertiefte sich die Krise im Motorradsektor. Bei Guzzi entstand die Stornello mit parallel im Zylinderkopf hängenden Ventilen und Druckumlaufschmierung. Bei der Konstruktion des Modells wurde auf sparsamen Kraftstoffverbrauch des Motors Wert gelegt. Trotz der Krise fand die Maschine einen guten Anklang bei den Käufern, so daß bald eine stärkere Maschine mit schräggestellten Ventilen vorgestellt werden konnte, die in den folgenden Jahren verschiedenen Sportausführungen als Grundmodell diente.

Bedingt durch die schlechter werdende Auftragslage, sah sich Guzzi gezwungen, neue Wege zu gehen, um die Kapazität der Fertigungsbänder auszulasten. 1963 präsentierte das Unternehmen auf der Mustermesse von Mailand ein Mofa mit dem Namen Dingo. Das einfache Fahrzeug wurde in zahlreichen Versionen fast bis Mitte der 70er Jahre hergestellt. Drei Jahre später folgte das noch einfacher und preiswerter konstruierte Moped Trotter. Die schweren Maschinen gerieten keineswegs ins Hintertreffen. 1965 stand der Prototyp der ersten V7 auf den Rädern, angetrieben von einem 703 cm³-Zweizylinder-V-Motor, der für militärische Zwecke entwickelt worden war. Die V7, die 1967 in Produktion ging, wurde der Vorläufer einer ganzen Reihe hochentwickelter Modelle der 80er Jahre, die auch in Rennausführungen mit Einspritzmotor gefertigt wurden. Die Hubräume reichten bis 1000 cm³.

1971 erlebte die große Einzylinder-Falcone, als Nuovo Falcone präsentiert, ein Comeback, allerdings nur im militärischen Bereich.

1973 übernahm die De Tomaso-Gruppe die Firma Moto Guzzi, die ab 1966 von SEIMM kontrolliert worden war. In Mandello kam es zu bedeutsamen Veränderungen, vor allem aufgrund der Zusammenarbeit mit Benelli. Denn auch diese Firma ging an De Tomaso über.

Von dem neuen Wind zeugten das wendige Zweizylinder-Zweitaktmodell 250 TS, die Enduromaschine 125 Tuttoterreno und das Tourenmotorrad 125 Turismo. Beide 125er besaßen Einzylinder-Zweitaktmotoren.

Es folgte die 350 GTS mit vier Zylindern, die der japanischen Konkurrenz nicht unähnlich war. Ergänzt wurde das Angebot von Mopeds (Cross 50, Nibbio, Chiù, Magnum) und dem interessanten, recht ungewöhnlichen Modell 254, das mit einem 231 cm³-Vierzylinder-Viertaktmotor ausgerüstet wurde. Mit zwei hochwertigen Zweizylinder-V-Maschinen mit 350 und 500 cm³ lebte die Moto Guzzi-Tradition wieder auf. Zugleich legten sie den Grundstein für zahlreiche neue Modelle wie die Custom oder die Lario und nicht zuletzt für so leistungsstarke Sportmaschinen wie die Le Mans.

Moto Guzzi 850 „Le Mans III" von 1981.

Moto Guzzi NTX 750 von 1988.

Moto Italia

Die Gebrüder Scalambra aus Italien konstruierten 1956 ein Motorrad mit hydraulischem Antrieb. Der Motor war an den Rohren der Hinterradschwinge quer eingebaut. Auf Grund finanzieller Schwierigkeiten mußte das Projekt jedoch aufgegeben werden.

Motolux

Die französische Firma Motolux baute von 1933 bis 1938 Fahrräder, die sie mit 100 cm³-Motoren verschiedener Hersteller bestückte.

Motom

Das erste Moped dieses Namens wurde 1948 von der Motom Italiana in Mailand hergestellt. Das originelle Modell hatte einen Zentralrohrrahmen aus Preßstahl, der den Entwicklungen auf diesem Gebiet um mindestens zehn Jahre voraus war. Innerhalb weniger Monate wurden Tausende Exemplare des italienischen Mopeds verkauft.
Die Motom war einfach und elegant konstruiert. Der Rahmen bestand aus einem Zentralrohr, in dem im vorderen Teil der Treibstofftank lag. Hinten gabelte sich das Zentralrohr und bildete die beiden Teile der ungefederten Hinterradaufhängung. Eine Säule im hinteren Rahmen trug den Sattel. An einer Strebe unter dem Zentralrohr war der Motor freihängend eingebaut.
Der stehende Einzylinder-Viertaktmotor, dessen Ventile über Stoßstangen und Kipphebel gesteuert wurden, hatte einen Hubraum von 48 cm³ und erreichte eine Höchstgeschwindigkeit von 50 km/h. Das erste Motom-Modell wurde ohne wesentliche Veränderungen bis 1952 produziert.
1950 präsentierte das Unternehmen die rollerähnliche Delfino 150 mit einem nach vorne geneigten Einzylindermotor mit im Zylinderkopf hängenden Ventilen, 147 cm³ Hubraum und Vierganggetriebe. Der Rahmen bestand aus Rohren großen Durchmessers, der Motor lag weit hinten, fast unter dem Sattel. Die Räder der Maschine hatten einen Durchmesser von 15 Zoll. 1952 wurde die Delfino 150 von der neuen Delfino mit 163 cm³ Hubraum ersetzt, die 8 PS leistete und eine Höchstgeschwindigkeit von 90 km/h erreichte.
1953 kam ein drittes Modell auf den Markt, die Turismo 98. Sie hatte einen Zentralrohrrahmen aus Preßstahl erhalten, in den der Treibstofftank und der hintere Kotflügel integriert waren. Der ungewöhnlichste Teil des Motorrads war die Schwinge am Vorderrad. Der Lenkkopf saß auf dem vorderen Kotflügel, der wiederum die beiden langen, waagerecht verlaufenden Gabelbeine trug, die die Aufhängung des Vorderrads bildeten.
Der liegende Einzylindermotor mit obenliegender Nockenwelle und integriertem Vierganggetriebe war unter dem Rahmenrohr freihängend angebracht.

Motom Delfino Turismo von 1953.

Die Modelle Delfino 160 und Turismo 98 blieben bis 1958 unverändert im Programm, das Moped wurde 1956 mit einer Geradweg - Hinterradfederung ausgerüstet.
1956 kam die GG mit 48 cm³ Hubraum hinzu. Die anderen Modelle der Motom-Produktion wurden bis auf geringfügige Überarbeitungen von Details bis 1960 unverändert in den Handel gebracht. Nach 1969 waren noch die Mopedmodelle 48 C und 48 Junior mit traditionellem Zentralrohrrahmen aus Preßstahl und das Leichtmotorrad 60 S ohne Pedale und mit einem Hubraum von 51 cm³ im Katalog. Die Produktion der Modelle mit einem Hubraum von 160 und 98 cm³-wurde eingestellt.
Motom begann mit dem Bau der 92er, für die ein Vierganggetriebe und ein Preßstahlrahmen zum Einsatz kamen.
Zwei Jahre später erschien die Motom Junior 100, die abgesehen von ihrem neuen 100 cm³-Motor der Motom 92 glich. 1964 stellte man das Mopedmodell 48D mit Dreiganggetriebe vor. Noch im gleichen Jahr begann das Werk in Zusammenarbeit mit der französischen Firma Peugeot die Herstellung der Motom Peugeot.
1965 entstand die Nova mit einem Zweitaktmotor, die auf Wunsch mit einer automatischen Kupplung ausgerüstet wurde. Ein Jahr später schuf Motom die Motom Junior Cross, ein Gelände- Leichtmotorrad mit 98 cm³, dem die Motom Sport 50 mit einem 48 cm³-Motor folgte. 1967 brachte das Unternehmen das Moped Daina mit einem Zweitaktmotor und automatischer Kupplung auf den Markt und kurze Zeit später die Daina Matic mit stufenlosem Getriebe. Bis 1970 produzierte der Motorradhersteller neben diesen Modellen verschiedene Enduro-Maschinen. Finanzielle Schwierigkeiten führten schließlich zur Einstellung der Produktion.
Im Rennsportbereich konnte Motom 1958 einen Erfolg feiern. Die Firma trat mit einer unverkleideten 50 cm³-Maschine in Monza an und erzielte über den Kilometer mit stehendem Start den Geschwindigkeitsrekord mit einer Durchschnittsgeschwindigkeit von 82,436 km/h.

Motomec

Motomec aus Longiano, Forli, stellte ab 1985 das vielseitige Moped Jobby her. Es konnte mit Hilfe verschiedener Zubehörteile, die an einer Zapfwelle des Motors angebracht wurden, in ein Ladegerät, in einen Kompressor, in eine selbstansaugende Pumpe und in eine Hochdruckpumpe verwandelt werden. Der Motor hatte einen Hubraum von 49 cm³, seine Leistung betrug 1,2 PS bei 5300 U/min.

Moto Meteora

1953 schuf der Italiener Angelo Zanasi die Moto Meteora, die einen stehenden Einzylinder-Viertaktmotor von OMS erhielt. Später erweiterte sich die Produktpalette des Motorradherstellers um eine 125er und ein Moped mit 50 cm³. Zudem erschienen der Motorroller Pony und das Moped Poker, die mit einem 50 cm³-Motor von NSU ausgerüstet waren. Danach konzentrierte sich die Firma, die in Monteveglio bei Bologna ansässig war, auf die Produktion von verschiedenen Mopeds.
In den 80er Jahren entstanden bei Moto Meteora die Meeting mit dem schlitzgesteuerten Motor 4M/R von F. Morini und die Scacco Kit mit Zentralrohrrahmen und einem im Prinzip gleichen, jedoch membrangesteuerten Motor.
Daneben produzierte das Werk ein 50 cm³-Moto-Cross-Modell, die Arrow CR mit dem 50 cm³-Minarelli-Motor P4, das Modell 2001 K, die Mini Sebring und die Minimet.
Mitte der 80er Jahre stellte die Firma den Betrieb ein.

Moto Monte

Dieses Leichtmotorrad mit 100 cm³ wurde 1932-40 in Frankreich hergestellt.

Moto Morini

Alfonso Morini, der 1937 die Firma MM mitbegründet hatte, gründete 1946 eine eigene Firma, in der er die Produktion einer ausgezeichneten 125 cm³-Zweitaktmaschine mit Dreiganggetriebe aufnahm. Das Modell war am Vorderrad mit einer Parallelogrammgabel und am Hinterrad mit Teleskopfederbeinen ausgerüstet. Es folgte ein 175 cm³-Viertaktmodell, das in

der Version Settebello Sport von 1955 eine Höchstgeschwindigkeit von 140 km/h erreichte.
Auch die Rennmaschinen von Moto Morini fanden beim Publikum großen Anklang. Von 1948 stammte ein Serienmodell einer 125er Rennmaschine, die eine Spitzengeschwindigkeit von 125 km/h entwickeln konnte.
Bald entstand das erste Motorrad mit kettengetriebener, obenliegender Nockenwelle und Dreiganggetriebe, das später durch ein Vierganggetriebe ersetzt wurde. Die Motorleistung betrug 12 PS bei 10000 U/min. Die Maschine erzielte eine Höchstgeschwindigkeit von 140 km/h. 1949 wurde die Leistung auf 14 PS, später auf 15 PS und 1952 schließlich auf 16 PS erhöht. Damals gewann Morini in Monza und in Spanien und wäre fast Weltmeister geworden. 1954 stellte man die Produktion des 125 cm³-Modells ein. Es wurde durch eine 175er ersetzt, mit der Mendogni italienischer Meister dieser Klasse wurde.
1955 kam die Re Bello auf den Markt, ein Modell für Langstreckenrennen mit einer Motorleistung von 22 PS bei 9000 U/min und einer Höchstgeschwindigkeit von 170 km/h. Noch in dem gleichen Jahr siegte die Re Bello bei dem Langstreckenrennen Mailand-Taranto und gewann 1956 den Giro d'Italia.
Auf diesem Modell baute 1957 die erste 250er von Morini auf, die mit zwei über Zahnräder angetriebene Nockenwellen ausgerüstet war. Der Motor leistete 29 PS bei 10000 km/h und ermöglichte eine Höchstgeschwindigkeit von über 185 km/h.
1958 folgte eine andere Doppelnockenwellen-Version mit 32 PS und einer Höchstgeschwindigkeit von 210 km/h, die eine Doppelzündung und einen neuen Doppelschleifenrahmen besaß. Beim Großen Preis von Monza wurde Mendogni auf diesem Modell Erster, Zubani Zweiter und Ubbiali Dritter.
In der darauffolgenden Rennsaison und im Lauf der 60er Jahre fielen die Erfolge ein wenig bescheidener aus, blieben jedoch zahlreich. Die Firma nahm an den italienischen Junioren- Meisterschaften und an Bergrennen teil. Giacomo Agostini gewann 1963 die Junioren-Meisterschaften in der 175 cm³-Klasse, Mendogni wurde 1953 Senioren-Meister der 125 cm³-Klasse und im darauffolgenden Jahr der 175 cm³-Klasse. 1961, 1962 und 1963 wurde Provini italienischer Meister der 250 cm³- Klasse, 1964 konnte schließlich Agostini den Titel erlangen.
1967 steigerte Morini die Motorleistung der Rennmodells durch einige technische Verbesserungen auf 40 PS. Im gleichen Jahr gewann Bergamonti die italienische Senioren-Meisterschaft. Dann zog sich Morini vom Renngeschehen zurück.
Trotz des großen Engagements im Rennsport in den Jahren 1955 bis 1970, war die Serienproduktion der 175 cm³-Modelle in den Versionen Gran Turismo, Settebello, Re Bello und der 1956 erschienenen Briscola nicht vernachlässigt worden. Ende 1956 schuf Morini das 98 cm³-Modell Sbarazzino. 1957 folgten die Tresette und Tressette Sport mit 175 cm³. 1959 kam die Corsaro 125 in den Handel, die einen Viertaktmotor besaß und im Design sehr ansprechend war.
Ein Jahr später entstanden die Sbarazzino mit 98 cm³, die Corsaro 125, die Tresette und die Tresette Sprint mit 175 cm³. Die Modelle verfügten über einen Einzylindermotor mit Vierganggetriebe. 1962 folgten die Corsaro Veloce und die Monello 125. Den Bau von Mopeds nahm Morini erst 1963 auf. Corsarino 48 wurde in verschiedenen Versionen produziert. Corsaro war mit 125 und 150 cm³ Hubraum im Handel. Ende 1965 präsentierte die Firma die Settebello GTI mit einem 247 cm³-Einzylindermotor und einer Leistung von 18 PS. Für die Fans von Geländemaschinen offerierte man 1966 eine 125er Geländesportmaschine. 1968 erschien die kleine Corsarino Scrambler mit 48 cm³ Hubraum.
Nach dem Tode Alfonso Morinis wurde die Produktion in den 70er Jahren den neuen Entwicklungen auf dem Markt angepaßt. Ab 1972 fertigte das Unternehmen verschiedene Mopeds, Corsaro-Leichtmotorräder mit 125 und 150 cm³ Hubraum und zwei Geländesportmodelle mit 125 und 165 cm³-Viertaktmotoren mit 14,5 und 16,6 PS.
Im Geländesport hatte Morini großen Erfolg mit den unverwüstlichen Viertaktern mit untenliegender Nockenwelle und Ventilsteuerung über Stoßstan-

Morini 175 Re Bello Rennmodell, 1955.

Von Fridegotto entwickelte Morini 350.

Morini 350 Strada von 1973.

Motosacoche mit Seitenwagen und MAG-Motor.

gen und Kipphebel. Sie traten bei Rennen der 100, 125 und 175 cm³-Klasse an den Start und konnten 1967 mit Dossena, Collina und Gritti die italienischen Meistertitel in allen Klassen holen. 1968 wurden Rottigni in der 100 cm³-Klasse und Collina in der 125 cm³-Klasse italienische Meister. Signorelli gewann 1969 in der 100 cm³-Klasse, Gritti konnte den Sieg in der Klasse über 125 cm³ erringen. Weitere Titel erzielten 1970 Oldrati in der 125 cm³-Klasse und Gritti in der 175 cm³-Klasse.
1973 erschien ein 350 cm³-Modell, das von der traditionellen Konstruktionsweise der Morini-Maschinen abwich. Es hatte einen Zweizylinder-V-Motor mit einem Zylinderwinkel von 72 Grad, der hintere Zylinder war gegenüber dem vorderen um 50 mm versetzt. Um eine größtmögliche Kühlung des hinteren Zylinders zu erreichen, lag das Auspuffrohr für den vorderen Zylinder auf der rechten Seite des Motorrads, das Auspuffrohr für den hinteren Zylinder links. Die Zylinderköpfe waren flach. Die Nockenwelle befand sich auf der rechten Seite des Motors, der von einem ungewöhnlich kurzen Zahnriemen angetrieben wurde. Die Ventilsteuerung erfolgte über Stoßstangen und Kipphebel. Zudem verfügte die Maschine über eine elektronische Zündung, eine Mehrscheibenkupplung und ein Sechsganggetriebe. Ein besonderes Detail war der Benzinhahn, der beim Starten elektromagnetisch geöffnet wurde. Die Motorleistung betrug 38,6 PS, und das Motorrad erreichte eine Höchstgeschwindigkeit von 165 km/h. Später entstand eine Sport-Version dieses Modells.
1976 umfaßte die Produktpalette der Firma neben diesen beiden Maschinen die Mopedmodelle Dollaro, Corsarino und Corsarino Scrambler, die mit 50 cm³-Motoren bestückt waren.
1977 präsentierte Morini ein Modell mit nach vorne geneigtem 250 cm³-Einzylindermotor, das dem 350 cm³-Modell in der Konstruktionsweise glich, einschließlich des flachen Zylinderkopfs. Der Motor leistete 18,5 PS bei 7000 U/min.
Eine neue 500 cm³-Zweizylindermaschine kam auf den Markt, die auch auf der 350er aufbaute. Sie hatte eine Motorleistung von 42 PS und erzielte eine Höchstgeschwindigkeit von 170 km/h.
1978 produzierte Morini eine 125 cm³-Einzylindermaschine mit 14 PS, Sechsganggetriebe, elektronischer Zündung, Scheibenbremse am Vorderrad und einer Höchstgeschwindigkeit von 125 km/h. Zudem waren das 250 cm³-Einzylindermodell mit einer Höchstgeschwindigkeit von 135 km/h, die 350er in einer Tourenund in einer Sportversion und die oben beschriebene 500 cm³-Maschine im Handel.
Die 80er Jahre brachten vollständig neue Konstruktionen. Das Programm der Straßenmaschinen umfaßte die K 2 350, die klassischen Modelle mit 125 und 250 cm³ und die Sei V 500, ein Zweizylinder-Viertaktmodell.
Für Enduro-Freunde baute man die Kanguro 350, die Camel 501 und das Modell KJ 125.
1986 wurde das Unternehmen von den Brüdern Castiglioni, den Eigentümern von Cagiva, übernommen. Es erschienen nun Modelle wie der Chopper Excalibur mit 350 und 501 cm³, die Straßenmaschine Dart 350 und die Enduro-Motorräder Coguaro 350 und 501. Sämtliche Maschinen wurden von Zweizylinder-V-Motoren angetrieben.

Motopedale

Ein kleines französisches Motorrad, das 1933- 1939 hergestellt wurde und mit 100 cm³-Zweitaktmotoren von Aubier Dunne bestückt war.

Motopiana

Die Motorradfabrik Motopiana in Florenz wurde 1923 gegründet und produzierte verschiedene Leichtmotorräder und Motorräder mit Motoren von Villiers und JAP, die mit Zwei- oder Dreiganggetrieben kombiniert wurden.
1926 präsentierte die Firma ein Fahrrad mit einem 250 cm³-Zweitaktmotor von Villiers. 1927 erschien ein Modell, das einen stehenden 250 cm³-Einzylindermotor mit seitlich stehenden Ventilen besaß, der aus firmeneigener Entwicklung stammte. Aus diesem Motorrad wurde 1928 die geringfügig abgewandelte M 250 Standard abgeleitet. 1930 stellte die Firma den Betrieb ein.

Moto Rêve

Die Modelle des 1904 in Genf gegründeten Unternehmens waren sowohl in der Technik wie auch im Design außergewöhnlich innovativ.
Das 275 cm³-Zweizylinder-V-Motorrad aus dem Jahr 1906 hatte eine von Zahnrädern angetriebene Magnetzündung ohne Vorzündung, einen Riemenantrieb, der von einer Rolle gespannt wurde, und einen rechteckigen Treibstofftank. Der Einrohrfahrradrahmen war ungefedert, und die Höchstgeschwindigkeit des Zweirads lag bei 50 km/h.
1911 erschienen eine 2 PS-Einzylindermaschine und eine 2,75 PS-Zweizylindermaschine. 1913 folgte ein Zweizylinder-V-Modell, das pro Zylinder über zwei Ventile verfügte, die über Stoßstangen und Kipphebel gesteuert wurden. Die gefederte Gabel stammte von Druid.
In den 20er Jahren umfaßte die Produktpalette des Schweizer Herstellers Motorräder mit 271 cm³-Einzylindermotoren und Riemenantrieb und ähnlich konstruierte Zweizylindermaschinen mit 542 und 555 cm³. 1925 schloß die Firma die Tore.

Motorfly Voisin

Dieses interessante Triebrad wurde 1920 in Frankreich konstruiert. Es hatte einen 157 cm³-Einzylinder-Zweitaktmotor, dessen Zylinder auf dem Kopf stand, besaß keine Gangschaltung und keine Kupplung. Der Reibrollenantrieb bewegte ein lederbezogenes Rad, das mit dem Hinterrad verbunden war. Das Triebrad wog 17 kg. Das Fahrzeug erreichte eine Höchstgeschwindigkeit von 30 km/h und verbrauchte zirka drei Liter auf 100 Kilometer.

Motormeyer

Diese originellen Motorräder wurden von 1949 bis 1951 in begrenzter Stückzahl in Holland hergestellt. Sie verfügten über einen Einzylinder-Doppelkolben-Zweitaktmotor mit 350 cm³.

Motosacoche

Die Brüder Henri und Armand Dufaux aus der Schweiz ließen sich 1901 einen kleinen kompakten Motor patentieren, der über einen Treibstofftank und eine elektrische Anlage verfügte. Seitlich am Motor waren elegant geformte Verkleidungsbleche angebracht, die die Kleidung des Fahrers vor Straßenschmutz schützen sollten. Die Bleche sorgten zugleich dafür, daß Luft aufgefangen und in Richtung Zylinder geleitet wurde. Das Motorgehäuse war von der Verkleidung vollständig umschlossen und lag in der Mitte eines Gestells, das man mit Haken und Flügelmuttern am Rahmen eines Herrenfahrrads anbringen konnte. Das Konzept dieser Konstruktion war „une moto sacoche" (ein Motor in der Tasche), ein tragbarer Motor.
Die Fabrik der Brüder Dufaux entstand in Acacias, einem Vor-

ort von Genf, wo schon bald mit der Serienproduktion der Motosacoche-Motoren begonnen wurde. Das erste Modell mit 211 cm³ hatte ein automatisches Schnüffel-Ansaugventil. Außergewöhnlicher war die Funktionsweise des Auslaßventils. Statt von der üblichen Nockenwelle wurde es von einem innenliegenden Schwungrad gesteuert, auf dessen Planseite Kurven eingefräst waren, in denen eine kleine Rolle lief. Die Rolle bewegte einen Hebel, mit dessen kürzerem Teil der Stößel für das Auslaßventil betätigt wurde.
Die Anregung, ein komplettes Motorrad herzustellen, ging vermutlich von dem Londoner Zweigwerk des Unternehmens aus. Dort baute man den Motosacoche-Motor in verstärkte Rahmen, die wahrscheinlich von der Firma Royal Enfield stammten, mit der Motosacoche enge geschäftliche Verbindungen unterhielt.
1912 erschien ein 750 cm³-Zweizylinder-V-Modell mit V-förmig hängenden Ventilen. Diese Anordnung der Ventile kennzeichnete über Jahre hinweg die Produkte der Firma.
In den folgenden Jahren konzentrierte sich das Schweizer Werk auf den Bau von kompletten Motorrädern mit Ein- und Zweizylinder-V-Motoren mit 289, 350, 500 und 750 cm³ Hubraum, die sowohl mit seitlich stehenden, wie auch mit V-förmig hängenden Ventilen produziert wurden.
In Italien fand die Motosacoche als Rennmodell weite Verbreitung. 1913 brach Piero Bordoni in der 350 cm³-Klasse mit einer durchschnittlichen Höchstgeschwindigkeit von 95,137 km/h den italienischen Rekord über die zehn Kilometer mit Fliegendem Start.
In England verwendete Royal Enfield V-Motoren mit Riemen- oder Kettenantrieb für eigene Modelle, und Motosacoche lieferte unter dem Markenzeichen MAG (Motosacoche Acacias Genève) Einbaumotoren an andere Motorradhersteller. In Frankreich und Italien wurden MAG-Motoren in Lizenz hergestellt.
Eines der berühmtesten Vorkriegsmodelle von Motosacoche entwickelte Bert Le Vack. In den Rahmen montierte er einen Zweizylindermotor mit 850 cm³ Hubraum und seitlich stehenden Ventilen.
Während des Zweiten Weltkriegs unterbrach die Firma die Herstellung von Motorrädern. Auf dem Schweizer Salon von 1947 präsentierte sie ein sehr originelles Motorrad. Der 200 cm³-Viertaktmotor mit seitlich stehenden Ventilen, der fast liegend im Rahmen angebracht war, verfügte über einen patentierten Vergaser. Die Besonderheit des Modells war der vollständig gekapselte Hinterradantrieb. Von einer vor dem Motor liegenden Riemenscheibe wurde die Antriebskraft mit Hilfe eines endlosen Keilriemens auf eine Riemenscheibe am Hinterrad übertragen, in die eine Mehrscheibenkupplung integriert war. Die Kupplung wiederum übertrug die Kraft mit Hilfe eines Untersetzungsgetriebes auf die Radnabe. Die Höchstgeschwindigkeit dieser außergewöhnlichen Maschine, die nie in Serienproduktion ging, betrug 80 km/h. 1956 stellte Motosacoche die Produktion ein.

Motosolo

Diese Motorräder mit mittleren Hubvolumen wurden in den 20er Jahren in Belgien hergestellt. Sie verfügten über ein Zweiganggetriebe, Primärantrieb über Kette und Sekundärantrieb über Riemen.

Mototecnica dell' Italia Centrale

Im Dezember 1952 wurde dieses italienische Unternehmen in Florenz gegründet, und ein Jahr später begann man mit der Produktion von Motorfahrzeugen. Die ersten, 1953–54 entstandenen Modelle, die unter der Marke Moto Gabbiano vertrieben wurden, waren Sport- und Straßenmaschinen mit 125 cm³.
In den 80er Jahren entwickelte die Firma Mofas und verschiedene 80 cm³-Modelle, unter anderem die Line 4 GTI, die Okey GTI 50 und die Enduromaschine Gabbiano CRSL 81 50. In Technik und Design verfeinert wurden die Line 4 Special, ein 49 cm³-Enduro-Modell, die Puma SS, ein 49 cm³-Straßenmotorrad und das Mofa Ghibli Mix. Zudem erhielten die Modelle vorne eine Scheibenbremse. 1986 wurde die Produktion eingestellt.

Moto-Cross-Modell Moto Villa 250 aus den 70er Jahren.

Mototrans

Mototrans baute unter Lizenz Ducati-Motorräder in Spanien. 1967 präsentierte das Unternehmen die eigene Rennmaschine M.T. mit einem stehenden 250 cm³-Zweizylindermotor und einer Leistung von 50 PS bei 14000 U/min.

Moto V

1927 konstruierte der italienische Ingenieur Vandone aus Turin die Moto V mit Preßstahlrahmen. Das Modell besaß einen 325 cm³-Motor mit Dreiganggetriebe.

Moto Villa

Francesco Villa, geboren 1933, war ein berühmter Rennfahrer: Neben zahlreichen anderen Siegen errang er in den 50er Jahren von 1961 bis 1965 viermal hintereinander den Titel des italienischen Meisters in der 125 cm³-Klasse. Aber Villa war auch ein sehr guter Konstrukteur.
In den 60er Jahren entwickelte er im Auftrag von Mondial neue 125 cm³-Zweitaktmotoren, mit denen die Firma an den Weltmeisterschaften teilnehmen wollte. Nach diesem Projekt machte sich Villa selbständig. Seine erste 125 cm³-Zweitaktmaschine Beccaccino wurde zuerst von ihm selbst, dann von seinem Bruder Walter, dem späteren Weltmeister, bei Rennen gefahren.
In seiner kleinen Werkstatt in Vaciglio, in der Umgebung von von Modena, widmete sich Villa der Konstruktion von verschieden großen Zweitaktmotoren und begann sich für Geländemaschinen zu interessieren. Ende der 60er Jahr baute Franco Villa Motorräder mit kleinem Hubraum für den Geländesport.
Die Nachfrage nach seinen Schöpfungen war so gewaltig, daß Villa in Pragatto di Crespellano bei Bologna 1974 eine neue Fabrik errichtete.
Das Programm von Moto Villa umfaßte fast ausschließlich Moto- Cross-Maschinen, die mit 125, 250, 380 und 500 cm³-Motoren ausgerüstet wurden.
Daneben baute die Firma eine 350 cm³-Enduro, die wie alle anderen Moto Villa-Modelle über einen Chrom-Molybdänstahl-Rahmen, eine Marzocchi-Gabel und Gasdruckfederbeine am Hinterrad verfügte. Die Zweitaktmotoren mit Schlitzsteuerung hatten einen Aluminium-Zylinder mit einer verchromten Laufbuchse.
Außer den speziell für Moto-Cross und Gelände bestimmten Maschinen produzierte Moto Villa eine kleine Serie eines Motorrads mit 50 cm³-Zweitaktmotoren für Jugendliche und die Minicross, ein Moto-Cross-Modell mit Vierganggetriebe.
In den 80er Jahren umfaßte das Programm der Firma die Moto-Cross-Maschinen Moto Villa 125, 250 und 495 MCA, die Tempestino 80 sowie die 350 Rommel und die Straßenrennmaschine Daytona 125.

Motox

Ein 50 cm³-Zweitakt-Hilfsmotor mit Drehschieberstеuerung, der 1951 in der Schweiz entstand.

Motra Wiesel

Dieser deutsche Motorroller hatte einen 75 cm³- Einzylinder-Zweitaktmotor. Der Matra-Motor in den Ausführungen mit 50, 60, 75 und 100 cm³ Hubraum war in den 50er Jahren sehr verbreitet. Andere Quellen wiederum geben an, daß der Motorroller Moto Wiesel hieß, mit einem 98 cm³-Motor von Sachs ausgerüstet war und 1949- 52 gebaut wurde.

Motron

Edoardo Po gründete 1961 in Modena die Firma Romeo. Als seine Söhne Ermanno und Adriano in das Unternehmen eintraten, wurde es in Motron umbenannt. Die Produktion des italienischen Herstellers konzentrierte sich hauptsächlich auf Mopeds.
Die Produktpalette umfaßte Modelle mit Einganggetriebe wie die SA 50, die RAG I, die MST 50 und die Taxi sowie die Modelle GTO und Oregon mit Vierganggetriebe. Im Modetrend der Enduro-Maschinen lag die XLE, ein ausgezeichnetes, flüssigkeitsgekühltes 50 cm³-Modell mit Membransteuerung.

Motte

Unter diesem Markenzeichen wurden 1955-59 in Deutschland Mopeds, Motorroller und Leichtmotorräder mit Zweitaktmotoren von 50 bis 120 cm³ Hubraum hergestellt.

Mountaineer

Ein englisches Werk in Marsden, Yorkshire, das 1902-24 in Betrieb war. Die ersten Maschinen waren mit Motoren von Minerva, Fafnir und M.M.C. bestückt. Die letzten Modelle, die nach Ende des Ersten Weltkriegs entstanden, besaßen 269 cm³-Motoren von Villiers.

Movesa

Das Unternehmen Motocicletas Y Vehiculos S.A. in Vitoria produzierte und vertrieb ab 1952 in Spanien die Modelle der französischen Firma Peugeot.

Mowag

1958 produzierte die Schweizer Firma einen leichten Motorroller namens Volksroller. Das Modell hatte einen Rohrrahmen und einen 50 cm³-Motor.

Moy

Ein polnisches Leichtmotorrad mit Preßstahlrahmen und 175 cm³-Zweitaktmotor, das 1937-40 in einer kleinen Fabrik in Kattowitz hergestellt wurde.

M.P.H.

Die englischen Leichtmotorräder M.P.H. entstanden 1920-23 in Birmingham. Sie waren mit einem 269 cm³-Zweitaktmotor von Wall mit außenliegender Schwungscheibe ausgerüstet.

M.R.

Der Motorroller M.R. mit Zweitaktmotor wurde in einer verstaatlichten Stahlfabrik in Polen hergestellt, die 1938 ihre Produktion aufgenommen hatte. Später baute das Unternehmen zudem ein Einzylindermodell mit 500 cm³ Hubraum.
Unter dem gleichen Markenzeichen entstanden in Frankreich 1926- 1955 bei der Firma Mandille et Roux ausgezeichnete Leichtmotorräder.
Die Produktpalette umfaßte neben Modellen von 50 bis 175 cm³ auch Fahrräder mit Hilfsmotoren und Mopeds, die mit Motoren von Aubier Dunne, Ydral und Sachs ausgerüstet waren.
In Italien produzierten die Officine Meccaniche Romeo Raimondi von 1924 bis 1926 Leichtmotorräder mit diesem Markenzeichen. Sie waren mit 175 cm³-Motoren der französischen Firma Train bestückt.

M.T.

M.T.-Modelle erzielten in den 20er Jahren zahlreiche Rennerfolge. Die hervorragend verarbeiteten Maschinen wurden von 1925 bis 1931 in Österreich von dem Motorradwerk Max Thun hergestellt und mit Motoren von Villiers, Blackburne, JAP und MAG bestückt.

Müller

Die italienische Motorradfabrik Moto Müller nahm 1950 in Bologna ihren Betrieb auf. Sowohl Zweitakt-, wie auch Viertaktmaschinen verließen das Werk, für die NSU-Motoren mit Hubräumen von 49 bis 250 cm³ verwendet wurden.
In den 60er Jahren begann die Firma mit der Produktion von sportlichen Motorrädern: Es entstanden ein Moto-Cross-Modell mit einem Sachs-Motor und Fünfganggetriebe sowie ein leichtes 50 cm³- Modell mit einem Franco Morini-Motor und Vierganggetriebe. Außerdem erschienen zwei Moto-Cross-Maschinen, eine mit einem 125 cm³-Franco-Morini-Motor und eine mit einem 250 cm³-Motor von Villiers Starmaker.
Auf dem Mailänder Salon von 1969 präsentierte Moto Müller ein ausgezeichnetes Moto-Cross-Modell mit einem Zweitaktmotor, der 22 PS bei 9800 U/min leistete.

Münch

Friedel Münch war ein einfacher Verkäufer, der in dem kleinen Ort Ossenheim mit Motorrädern handelte und Motoren reparierte. Ende der 50er Jahre nahm der Rennfahrer Jean Murit Kontakt zu Münch auf. Er plante den Bau eines Motorrads mit einem verläßlichen Motor und gut funktionierenden Bremsen.
Münch wählte den luftgekühlten 1000 cm³-Vierzylinder-Automotor von NSU, schuf aus Horex-Komponenten die Kupplung und das Getriebe und fertigte die restlichen Teile des Motorrads selber an. Nachdem ein Journalist das neue Motorrad getestet und begeistert seine Qualitäten beschrieben hatte, häuften sich bei Münch die Aufträge. Das Modell mit dem Namen Mammut wurde im Lauf der Jahre mit 1000, 1200 und 1300 cm³ Hubraum hergestellt.
Friedel Münch suchte jemanden für die kaufmännische Leitung. In Floyd Clymer, Verleger einer amerikanischen Motor-Zeitschrift, fand er den richtigen Partner. 1967 entstand das Unternehmen Clymer-Münch.
Als Clymer 1970 starb, lenkte der Berater George Bell die Aufmerksamkeit Münchs auf den Rennsport. Münch engagierte sich nicht erfolglos. Doch da er in Bell nicht den fähigsten Verwalter gefunden hatte, stand Münch plötzlich vor dem Ruin. Das Unternehmen wurde von der Verpackungsmittelfirma Hassia gerettet, die sich für die Motorräder von Münch interessierte.
Die Produktion wurde wieder aufgenommen, und auf dem Kölner Salon präsentierte Münch eine Neukonstruktion mit einem Dreizylinder- Zweitaktmotor. Es wurden jedoch nur wenige Exemplare der Maschine verkauft, so daß die Firma erneut in finanzielle Schwierigkeiten geriet.
Dieses Mal sprang Motorradfan Heinz W. Henke in die Bresche und übernahm die Firma. Die Produktion wurde auf den Bau von Einzelstücken ausgerichtet. Neue Modelle erschienen nicht, dafür wurde das alte überarbeitet und verbessert. So entstand die 1300 cm³-Maschine TTS/3 mit Kraftstoffeinspritzung, deren Motor 100 PS leistete und eine Höchstgeschwindigkeit von über 200 km/h ermöglichte.
1977 trennte sich Münch von der Firma Heinz W. Henke Münch Motorräder und begann, unter dem Markenzeichen Horex Bausätze zu entwickeln, mit denen der Hubraum der Münch-Modelle von 1400 auf 1600 cm³ gesteigert werden konnte.

Muratore

Der italienische Handwerker Teresio Muratore aus Tollegno in der Provinz Biella entwickelte 1949 ein Motorrad, das einen stehenden 250 cm³-Zweizylindermotor mit obenliegender Nokkenwelle erhielt. Die Motorleistung betrug 14 PS bei 5800 U/min, die Maschine erreichte eine Höchstgeschwindigkeit von 110 km/h.

Musa

Dieses in Mailand ansässige Unternehmen war auf den Bau von zwei- und dreirädrigen Transportfahrzeugen spezialisiert. 1947 präsentierte die italienische Firma die Musetta, ein Leichtmotorrad mit 70 cm³ Hubraum, Dreiganggetriebe und einem Dreiecksrahmen, der hinten Federbeine und vorne eine Teleskopgabel besaß.

Mustang

Der amerikanische Motorroller Mustang wurde ab 1946 in geringer Stückzahl hergestellt. Er war sehr einfach konstruiert, hatte kleine Räder, einen offenen Rahmen und einen 314 cm³-Einzylindermotor mit seitlich stehenden Ventilen.

Unter dem gleichen Markenzeichen wurden von 1958 bis Anfang der 60er Jahre in Schweden Motorroller mit 49 cm³-Motoren von Zündapp gefertigt.

MV Agusta 500 mit Sechszylinder-Motor, 1957.

MV Agusta

Der sizilianische Graf Giovanni Agusta gehörte zu den Pionieren der italienischen Luftfahrt. Schon 1907 schuf er sein erstes Flugzeug. Nach dem Ersten Weltkrieg (während des Kriegs leistete er Dienst beim Flieger-Bataillon in Malpensa) gründete er seine Flugzeugfabrik mit Namen Costruzioni Aeronautiche Giovanni Agusta.
Schon 1927 starb der Graf. Seine Frau Giuseppina und sein ältester Sohn Domenico übernahmen die Leitung der Flugzeugfabrik. Bis zum Zweiten Weltkrieg florierte das Unternehmen.
Als 1943 die britische Situation offensichtlich wurde, überlegte die Firmenleitung, die Produktion eines anderen Produkts aufzunehmen. Man hoffte so die Firma retten zu können, falls die Produktion von Flugzeugen und Flugzeugzubehör eingestellt oder reduziert werden sollte. Eine Marktanalyse ergab, daß Motorräder für diesen Zweck am besten geeignet wären. Also begann man bei MV August im August des gleichen Jahres einen Motorradmotor zu entwickeln.
Der einfache 98 cm³-Zweitakter mit drei Überströmkanälen, Ölbadkupplung und einem im Motorgehäuse integrierten Zweiganggetriebe war für den Einbau in ein zweckmäßiges Motorrad konzipiert. Es sollte für jedermann erschwinglich, leicht fahrbar und preiswert im Unterhalt sein.
Als die Fabrik 1943 von deutschen Truppen besetzt wurde, versteckte man die Modelle und Pläne und hoffte auf bessere Zeiten.
Mitte 1944 entspannte sich die Lage, die militärische Überwachung wurde nun weniger streng gehandhabt. Sogleich stürzten sich die Techniker erneut auf die Arbeit am zukünftigen Motorrad. Bald war der Prototyp fertiggestellt. Die für den Bau des ersten Exemplars nötigen Teile waren zwar auf abenteuerliche Weise zusammengesucht worden, aber das Motorrad entsprach genau den Erwartungen. Am 12. Februar 1945 wurde die Meccanica Verghera AG gegründet. Das Unternehmen übernahm die Aufgabe, das Leichtmotorrad bis zur Serienproduktion weiterzuentwickeln. Nach dem Krieg wurde das Modell der Öffentlichkeit vorgestellt. Im Herbst des gleichen Jahres veröffentlichte die Fachpresse erste offizielle Angaben und Fotos der Vespa 98. Der originelle Name des kleinen Motorrads mußte jedoch bald wieder geändert werden, weil er schon von einem anderen Hersteller benutzt wurde.
Einige Monate später begann die Werbekampagne für das Leichtmotorrad, und im Sommer 1946 kam es in zwei Versionen auf den Markt. Die Ausführung Economia mit Zweiganggetriebe und Starrahmen war dem Prototypen sehr ähnlich, die Version Turismo mit Dreiganggetriebe besaß am Hinterrad Federbeine.
1946 begann sich das Unternehmen im Rennsport zu engagieren. Schon bald erzielte es erste Erfolge. Im gleichen Jahr nahm MV Agusta die Herstellung von Sportmodellen auf.
1949 erschien auf der Mustermesse der erste Motorroller. Ab 1950 entwickelte MV unter dem Konkurrenzdruck anderer Firmen Rennmodelle mit größerem Hubraum. Die Serienproduktion konzentrierte sich weiterhin auf sparsame, einfach konstruierte Modelle, die in die Schweiz, nach Frankreich, Holland, Österreich, Argentinien und Brasilien exportiert wurden.
1953 entstand zudem in Spanien ein Werk, das die italienischen Modelle in Lizenz baute.
Ende der 50er Jahre war die Lage auf dem Motorradsektor zwar noch stabil, doch es gab erste Anzeichen für eine bevorstehende Krise. Um sich den erforderlichen Absatz zu sichern, brachten viele Motorradhersteller extrem preisgünstige Modelle auf den Markt. Die Techniker von MV Agusta hingegen konnten sich weiterhin der Forschung widmen und Motorräder und Rennmaschinen entwickeln. Den nötigen finanziellen Spielraum hatte sich MV Agusta in einem anderen Produktionsbe-

reich verschafft: Man stellte seit kurzer Zeit den amerikanischen Bell-Hubschrauber in Lizenz her. In diesen Jahren wurden in der Rennabteilung der Firma zahlreiche Prototypen konstruiert, unter anderem 250 und 350 cm³-Zweizylindermodelle und die außergewöhnliche 500er mit sechs Zylindern, die 1956 beim Großen Preis der Nationen vorgestellt wurde.
Auch im Bereich der Gebrauchsmotorräder konnte sich MV Agusta die Originalität bewahren, die die Firma seit jeher ausgezeichnet hatte. Das beste Beispiel lieferte das Modell 83 von 1958.
Die Konkurrenz baute zumeist Motorräder mit Hubraumgrößen, die durch die Rennsport-Bestimmungen festgelegt waren. MV Agusta ließ sich jedoch nicht einengen. Man hatte berechnet, daß 83 cm³ reichten, um zwei Personen zu befördern, und daß bei diesem Hubraum der Treibstoffverbrauch enorm niedrig lag, der Wartungsaufwand gering blieb und die Unterhaltskosten akzeptabel waren. Aus diesem Grund konstruierte man ein Einzylinder-Viertaktmodell mit 83 cm³. Noch im gleichen Jahr stellte man ein Modell mit einem 175 cm³-Motor mit untenliegender Nockenwelle und über Stoßstangen und Kipphebel gesteuerten Ventilen vor. Die Maschine hatte das Design des schnelleren Modells mit einer obenliegenden Nockenwelle, ihre Motorleistung war allerdings geringer.
1959 wurde der Viertaktmotor „tipo", mit dem die Leichtmotorräder von MV ausgerüstet waren, vollständig überarbeitet. Sein Äußeres blieb zwar unverändert, doch im Inneren des Triebwerks wurden grundlegende Veränderungen vorgenommen. Insbesondere die Schmierung wurde dadurch verbessert, daß man den Motor mit einer größeren Ölwanne und einem Zentrifugal-Öl-Filter versah. Die Tatsache, daß die Triebwerke durch diese Veränderungen eine bedeutend höhere Lebensdauer erreichten, setzte man werbewirksam ein und erhöhte die Garantie auf 100000 Kilometer.
Der Motorentyp, der als „centomila" berühmt wurde, war in einer Version mit 125 und in einer Version mit 150 cm³ Hubraum im Handel. Später folgten die Ausführungen mit 83 und 99 cm³, mit denen das Leichtmotorrad Checca, das von 1960 bis 1969 im Programm war, bestückt wurde.
Im November 1959 präsentierte MV auf dem Motorradsalon in Mailand die Motorroller Chicco und Bik. Der Roller Bik mit einem Zweizylinder-Viertaktmotor mit 166 cm³ Hubraum und halbhydraulischen Ventilstößeln ging nie in Serie, obwohl er bedeutend interessanter konstruiert war als Chicco. Im gleichen Jahr entstand außerdem die Tevere mit einem 235 cm³-Viertaktmotor.
Bis 1962 kam MV Agusta nicht mit Neuerscheinungen auf den Markt, man beschränkte sich darauf, seine Produkte auf den neuesten Stand zu bringen.
Dann erschien 1962 das Moped Liberty mit einem Viertaktmotor, das bis 1969 im Katalog blieb. 1964 entstanden das Moped Germano und die Arno mit einem 166 cm³-Zweizylinder-Viertaktmotor.
Es folgten die Modelle 125 GT und GTL, Nachfolger der Serie „centomila", die bis 1973 hergestellt wurden. Ein Jahr später kam die Regolarità hinzu, die für die Teilnahme an Geländesport-Wettbewerben bestimmt war.

Giacomo Agostini auf der 350er Vierzylindermaschine, 1976.

MV Agusta 350 S Elettronica von 1973.

MV Agusta 750 GT von 1973.

1966 begann sich die Situation auf dem Motorradmarkt zu bessern. Die Firma MV Agusta, die selbst in den schlechtesten Zeiten an das Motorrad als solches geglaubt hatte, machte sich die Gunst der Stunde zunutze und präsentierte ein 250 cm³- Zweizylindermodell, das auf der einige Jahre zuvor entwickelten Arno aufbaute, und eine 600er Vierzylindermaschine, deren Motor nach dem Schema der erfolgreichen Rennmaschinen-Motoren gebaut war. Der Hubraum des Vierzylindermodells wurde ständig erhöht: erst auf 750 cm³, dann auf 789 cm³ beim Modell 750 S America von 1980, bis zu 900 cm³ bei der Arturo Magni Cento Valli mit 100 PS und erreichte ganze 1100 cm³ bei einem Spitzenmodell der frühen 80er Jahre. Die meisten dieser großen und sehr luxuriösen Maschinen hatten einen Kardanantrieb.

Auf den Rennbahnen erschien damals die 125 cm³-Maschine Disco, ein flüssigkeitsgekühltes Einzylinder-Zweitaktmodell mit Drehschiebersteuerung. Daneben gab es zwei Viertaktmaschinen mit Dreizylindermotoren mit 350 und 500 cm³ Hubraum. Die 350er brachte MV Agusta von 1968 bis 1971 vier Weltmeistertitel. Auf der 500er wurde der junge Giacomo Agostini 1966 zum ersten Mal Weltmeister. MV Agusta konnte den Titel bis 1973 verteidigen.

Wie das Schicksal so spielt, geriet die Firma gerade in dem Moment in eine finanzielle Krise, in dem sie im Rennsport besonders erfolgreich war. Nach dem Tod des Grafen Domenico war die Firmenpolitik der 60er Jahre von Widersprüchen gekennzeichnet. Zum einen schätzte man die Werbewirksamkeit der sportlichen Veranstaltungen, zum anderen wollte man die Ausgaben in diesem Bereich kürzen, um die Unternehmensbilanz nicht noch mehr zu belasten. Man schränkte die Produktpalette ein und konzentrierte sich auf die Produktion der erfolgreichsten Modelle. Dazu zählten das 350 cm³-Zweizylindermodell in den Versionen Scrambler, GTEL und SEL und die 750er in den Ausführungen Sport und Gran Turismo.

Die Rennabteilung war zwar trotz der japanischen Konkurrenz, die immer agressiver und gefährlicher wurde, weiterhin erfolgreich, doch die gestrichenen Mittel in Forschung und Entwicklung wurden spürbar. Insbesondere in der Serienproduktion wurde die Krise evident, denn das Unternehmen war nicht in der Lage, Motorräder herzustellen, die breite Schichten von Käufern ansprachen, obwohl Modelle wie die 350er Ipotesi von 1973 (zuerst als Modell Sport im Programm) oder die 750er America faszinierende Maschinen waren.

Zur Sanierung des angeschlagenen Unternehmens suchte man Mitte der 70er Jahre einen finanzkräftigen Partner und fand ihn in dem staatlichen Unternehmen EFIM. Der neue Teilhaber forderte die Reorganisierung diverser Abteilungen. Unter anderem enstand nun ein schönes Vierzylindermodell mit zwei obenliegenden Nockenwellen und vier Ventilen pro Zylinder, das in Hubraumgrößen von 750 bis 1200 cm³ angeboten wurde.

Doch MV Agusta konnte sich trotz ähnlich interessanter Projekte nicht wirklich erholen und stellte die Weiterentwicklung ihrer Marke ein. Dennoch wurden noch bis in die 80er Jahre hinein Maschinen aus den Restbeständen gefertigt, für die heute Liebhaberpreise bezahlt werden.

Oben: MV Agusta 350 S Zweizylinder von 1975. Rechts oben: MV Agusta Super America 750 von 1977. Rechts unten: Nahaufnahme des Motors mit 75 PS Leistung bei 8500 U/min und einer Höchstgeschwindigkeit von 220 km/h.

MW

Dieses recht originelle deutsche Motorrad wurde 1924- 1925 von den Motorenwerken Paul Paffrath in Altenburg-Noblitz hergestellt und wurde auch unter dem Namen seines Konstrukteurs Paffrath bekannt. Das Modell verfügte über einen gefederten Rahmen und einen kompakten 145 cm³-Zweizylinder-Viertaktmotor mit einem Verhältnis von Bohrung zu Hub von 43 x 50 mm.

Mymsa

Die spanische Firma wurde 1952 in Barcelona gegründet und

baute fortschrittlich konstruierte Zweitaktmotorräder mit Hubräumen von 49 bis 175 cm³. 1959 entstand ein 125er Rennmodell mit Preßstahlrahmen und einer Blechprofil-Schwinggabel am Vorderrad.
1956 fertigte Mymsa konventionelle Leichtmotorräder mit einem Rohrrahmen, der am Vorderrad über eine Teleskopgabel und am Hinterrad über eine Schwinge verfügte. Das Modell X 13 von 1958 besaß einen Einrohrrahmen und war mit einem freihängend eingebauten 175 cm³-Motor bestückt, mit dem es eine Höchstgeschwindigkeit von 105 km/h erreichte.

Myster

Das konventionelle Moped Myster mit 49 cm³ wurde von 1955 bis Anfang der 60er Jahre in Frankreich produziert. Die Motoren mit Einganggetriebe stammten von Lavalette, Le Paulain und anderen Herstellern.

MZ

Die Buchstaben MZ stehen für Motorradwerk Zschopau, eine große Fabrik im Erzgebirge, deren Ursprünge bis vor den Zweiten Weltkrieg zurückgehen. Damals war man noch allgemein der Ansicht, die mechanische Aufladung durch einen Kompressor sei das einzige Mittel, die Leistung eines Zweitaktmotors zu steigern. Auch DKW teilte diese Überzeugung, so daß Mitte der 20er Jahre im DKW-Werk in Zschopau zahlreiche Motorräder mit aufgeladenen Zweitaktern konstruiert wurden. Nach dem Krieg produzierte die verstaatlichte Fabrik hingegen Motorräder, mit denen bewiesen wurde, daß eine Zweitaktmaschine auch ohne Kompressor sehr leistungsstark sein kann. Zunächst als Ifa bekannt, erhielten sie später den Namen MZ.
1949 wurden in der DDR die ersten Straßenrennen veranstaltet. Den Anfang machte am 24. Juni das „Stralsunder Bäderrennen". In der 125 cm³-Klasse fiel sehr bald ein Motorrad auf, das von einem kleinen Team des Werks in Zschopau hergestellt worden war. Das Motorrad hieß RT 125, gefahren wurde es von dem ehemaligen OD-Werksfahrer Hermann Scherzer, der schließlich die Meisterschaft für sich verbuchen konnte.

Grand-Prix-Version der MZ, 1967.

MZ TS 125 von 1977.

Die RT 125 war ein Einzylinder-Zweitaktmodell mit Schlitzsteuerung und Dreiganggetriebe, das nach den Plänen eines Vorkriegsmodells von DKW gefertigt worden war. Der langhubige Motor hatte ein Bohrung/Hub-Verhältnis von 52 x 58 mm. Seitlich unter dem Auslaß des Graugußzylinders war ein zusätzlicher 16 mm-Vergaser angeschlossen. Die Zündung erfolgte durch einen Magneten. Als Auspuffanlage diente ein langes Rohr mit kurzer Tüte. Die Maschine leistete in frühen Ausführungen 6,5 PS bei 6500 U/min, was nicht gerade viel war, wurde jedoch von Jahr zu Jahr in ihrer Motorleistung gesteigert. Das Fahrwerk hatte vorne eine Teleskopgabel, hinten eine Geradwegfederung und kleine Halbnabenbremsen. Als Renner kennzeichnete die Maschine nur der Sattel, der sehr lang und schmal war.
1950 wurde die RT 125 auf einen einzigen Vergaser umgestellt und kam mit Teleskopfederbeinen am Hinterrad und einer Teleskopgabel für das Vorderrad auf den Markt. 1951 lag die Motorleistung schon bei 9 PS bei 7000 U/min.
1953 wurde eine Rennabteilung unter Leitung des Ingenieurs und ausgezeichneten Rennfahrers Walter Kaaden gegründet. Kaaden verdankte die Marke schließlich den Durchbruch. Nach seinem Eintritt in die Firma versah er den Motor der RT 125 mit einem Drehschieber, der das Ansaugen des Gemischs steuern sollte. Am 180-Grad-Einlaß saß der bewährte 25,5 mm-BVF-Vergaser und dahinter der Standmagnet. Durch diese Veränderungen erhöhte sich die Leistung des Motors auf 12,4 PS bei 8000 U/min. Ausschlaggebend für diese hohe Nenndrehzahl war die Verwendung von neuen Kugellagern im Pleuelfuß, bei denen die Lagerkäfige aus Elektron gefräst wurden. Eine weitere Verbesserung wurde an der Auspuffanlage vorgenommen. Der Auspuff war nach den Schwingungen der Gassäulen berechnet worden. Die am Auspuffende reflektierten Auspuffgase bewirkten, daß das bereits in den Auspuff geströmte frische Gasgemisch in den Verbrennungsraum zurückgedrückt wurde, der zudem zum richtigen Zeitpunkt wieder verschlossen wurde. Auf diese Weise war für eine Erhöhung des Füllungsgrads und somit der Motorleistung gesorgt.
Damals wurde das dem Werk in Zschopau finanziell von der staatlichen Kommission für Kultur und Sport unterstützt. 1953 erlangte das Unternehmen unter der Bezeichnung VEB Motorradwerke Zschopau eine gewisse Unabhängigkeit, und das Markenzeichen MZ tauchte zum ersten Mal auf.
Ein Jahr später wurde das Rennmodell MZ 125 mit einem Vierganggetriebe ausgerüstet und seine Motorleistung auf 13 PS bei 8000 U/min erhöht. Die Vorderradgabel stammte von Earles, das Hinterrad verfügte über eine Schwinge.
Beim Schleizer Dreieckrennen tauchte zur Überraschung vieler eine 250er auf: Das Modell MZ 250 Grand Prix war ein Zweizylindermodell mit zwei miteinander gekoppelten 125 cm³-Motoren, getrenntem Vierganggetriebe und Trockenkupplung. Der Primärantrieb erfolgte über Kette.
Nachdem der Rennfahrer und hervorragende Testfahrer Ernst Degner dem MZ-Team beigetreten war, betrat die Firma die internationale Bühne. 1956 wurde Degner in Holland bei dem Zandvoort-Rennen Dritter der 125 cm³-Klasse. Im gleichen Jahr traten Degner und sein neuer Kollege Horst Fugner auf der Isle of Man an den Start und gingen als Fünfter und Sechster durchs Ziel. Ein denkwürdiges Rennen in Monza lieferten sich Degner und Ubbiali, der auf einer MV Agusta angetreten war.
Gary Hocking errang 1959 beim Großen Preis von Schweden und beim Großen Preis von Ulster den ersten Platz in der 250 cm³-Klasse. Doch die Rennabteilung hatte Schwierigkeiten, weil staatliche Stellen die Genehmigungen des MZ-Teams für Auslandsreisen sperrten. Der Engländer Shephard und andere Rennfahrer wie Hailwood trugen aber dazu bei, daß die Marke nicht in Vergessenheit geriet.
1961 Betrug die Motorleistung der 125er 25 PS bei 10800

U/min. Im gleichen Jahr wurde das Zschopauer Werk von einem harten Schlag getroffen. Degner, der im Klassement der Weltmeisterschaft zwei Punkte über Phillis vom Honda-Team lag, verließ das MZ-Team. Phillis wurde Weltmeister, Degner ging nach Japan und nahm all seine bei MZ gesammelten Erfahrungen mit. Die MZ-Straßenmaschinen wurden weiterhin mit den traditionellen Einzylindermotoren bestückt, die Rennmaschinen hingegen wiesen einige Besonderheiten auf. Am Vorderrad hatten sie eine Schwinggabel von Earles, und da die Teleskopgabel fehlte, konnte man den Scheinwerfer direkt vor dem Treibstofftank einbauen. Dadurch schwang der Scheinwerfer bei der Fahrt nicht mehr mit der Gabel mit, so daß der Lichtstrahl stabil nach vorne gerichtet blieb. 1956 nahm MZ zum ersten Mal an einem Geländesport-Wettbewerb teil. Bei der internationalen Sechstagefahrt in Garmisch-Partenkirchen gewann Walter Winkler die Silbermedaille. In der DDR hatten die Rennfahrer von MZ inzwischen bei zahlreichen Langstreckenrennen gesiegt. Die offiziellen Rennmannschaften bestanden nur aus Angestellten von MZ, jeder einzelne war für die Vorbereitung und die Wartung seines eigenen Motorrads verantwortlich.
1957 gewann MZ bei der Sechstagefahrt in der Tschechoslowakei eine Silber- und eine Goldmedaille. Ein Jahr später bei der Sechstagefahrt in Deutschland gab es für MZ zwei Goldmedaillen, 1959 in Gottwaldov drei und 1960 in Bad Aussee ganze vier. 1963 fand die Sechstagefahrt noch einmal in der Tschechoslowakei statt. MZ ging mit einem Team von sechs Fahrern an den Start und konnte beste Plazierungen erzielen. Eine lange Erfolgsserie begann, die sich auch positiv auf die Verkaufszahlen der normalen Straßenmaschinen der Firma auswirkte. Diese Motorräder hatten anstatt der Schwinggabel von Earles eine Teleskopgabel, und der Scheinwerfer saß an einer anderen Stelle. Die Tourenmodelle verfügten über die gleiche einfache Kupplung wie die Rennmodelle. 1977 erhielten sie eine neue Kupplung mit kürzerem Kupplungsweg.
Ende der 70er Jahre baute MZ eine kleine Serie von Motorrädern, die wie die Rennmodelle konzipiert waren. Sie entstanden in Handarbeit unter der Aufsicht der Konstrukteure der Rennabteilung und fanden reißenden Absatz. Auch in den 80er Jahren war MZ bei Rennen sehr erfolgreich. 1982, 1984 und 1985 gewann die Firma den Pokal der Altersklasse unter 23 bei der internationalen Sechstagefahrt. Bei den europäischen Geländesport-Meisterschaften von 1983 bis 1986 belegte das Team mit Sturm jedesmal den ersten Platz in der 250 cm³-Klasse, Scheffler holte sich 1981 und 1983 bis 1985 den Meistertitel in der 500 cm³-Klasse.

Nagas & Ray

In den 20er Jahren brachten Alessandro Nagas und Tullio Ray Motorräder der Marken Zündapp und Indian auf den italienischen Markt. Sie schufen eines der renommiertesten, auf den Verkauf von Motorrädern spezialisierten Unternehmen Italiens. 1925 eröffneten sie am Rande Mailands eine Fabrik und beauftragten verschiedene Ingenieure mit der Entwicklung eines in jeder Hinsicht fortschrittlichen Einzylinder-Motorrads.
Nagas und Ray entschieden sich für ein Modell mit einem stehenden, seitengesteuerten 350 cm³-Einzylindermotor, außenliegendem Schwungrad, Druckumlaufschmierung, im Motorgehäuse integriertem Dreiganggetriebe mit Handschaltung und Kickstarter. Der Einschleifenrahmen verfügte am Vorderrad über eine Parallelogrammgabel. Ferner hatte das Modell an beiden Rädern Halbnabenbremsen, sein Treibstofftank faßte zehn Liter, und die Maschine wurde auf Wunsch mit einer elektrischen Anlage geliefert.
1926 war das von dem Ingenieur Remondini entwickelte Modell produktionsreif. Auch die Sportversion erhielt einen seitengesteuerten Motor. 1927 blieb das Motorrad weitgehend unverändert im Programm. Anfang 1928 kündigte die Firmenleitung die Vorstellung eines obengesteuerten Modells an.

Narcisse

Diese französische Firma wurde 1950 gegründet und baute 1951-52 ein interessant konstruiertes Tandem-Motorrad. Es war in einer Version mit einem 100 cm³-Motor von Aubier Dunne und in einer zweiten mit einem 98 cm³-Motor von Sachs ausgerüstet; beide Motoren besaßen ein Zweiganggetriebe. Der obere Rahmenträger des Modells diente als Treibstofftank. Der Motor war komplett verkleidet.
1953 entstanden Mopeds und Leichtmotorräder mit 48 und 98 cm³ Hubraum, für die die gleichen Motoren verwendet wurden. Noch in demselben Jahr schloß Narcisse die Tore.

Narcla

1950-60 produzierte diese spanische Firma mit Sitz in Gerona Leichtmotorräder mit 123 cm³-Zweitaktmotoren, die mit Vierganggetrieben kombiniert waren. Die Modelle hatten vorne eine Teleskopgabel, am Hinterrad eine Schwinge. Sie blieben im Laufe ihrer Produktion praktisch unverändert.

Nassetti

Bevor die Firma Nassetti 1951 den Hilfsmotor Pellegrino vorstellte, produzierte sie Schwunglichtmagnetzünder und Zubehör für die Flugzeugindustrie. Der Pellegrino mit 49 cm³ Hubraum war mit Reibrollenantrieb und in einer weiteren Ausführung mit stehendem Zylinder, Kettenantrieb und Dreiganggetriebe auf dem Markt.
Ab dem Jahr 1954 produzierte die Firma Nassetti verschiedene Mopedmodelle. Der obengesteuerte Viertaktmotor mit Vierganggetriebe des 49 cm³-Modells Sery war freihängend im Rohrrahmen eingebaut. Das Vorderrad wurde von einer Teleskopgabel geführt, das Hinterrad von einer Schwinge. Das Moped erreichte eine Höchstgeschwindigkeit von 65 km/h.
Das Modell Dilly hatte einen 49 cm³-Zweitaktmotor mit Zweiganggetriebe, eine Schwinggabel am Vorderrad, eine Hinterradschwinge und erzielte eine Spitze von 60 km/h. Das Modell war zudem in einer Version mit Zentralrohrrahmen aus Preßstahl im Handel. Bis das italienische Unternehmen 1957 die Produktion einstellte, blieb das Programm unverändert.

Navone

1928 entstand unter diesem Namen in Turin ein Fahrrad mit einem seitengesteuerten 175 cm³-PM-Hilfsmotor, der nach einem Entwurf des Ingenieurs P. Madoz von der französischen Firma Porpul-Cycle hergestellt wurde. Navone war zudem die italienische Vertretung der französischen Motorenhersteller PM und Train.

Nazzaro

Eugenio Nazzaro, der Bruder des italienischen Automobil-Weltmeisters Felice Nazzaro, konstruierte 1927 ein Fahrrad mit einem obengesteuerten 175 cm³-Hilfsmotor mit Stoßstangen und Kipphebeln und separatem Dreiganggetriebe.

NB

Nicola Bordone, ein italienischer Produzent von Dreirad-Lieferwagen, begann vor dem Zweiten Weltkrieg mit der Produktion eines obengesteuerten 500 cm³-Viertaktmodells mit untenliegender Nockenwelle. Die NB hatte ein Vierganggetriebe, eine Parallelogrammgabel am Vorderrad und Teleskopfederbeine am Hinterrad. Sie wurde bis Anfang des Krieges gebaut.

Neall

Dieser kleine englische Hersteller produzierte in Daventry 1914-19, wobei er verschiedene Motoren von Precision in konventionelle Rahmen einbaute.

Neander

1923 entwickelte Ernst Neander, einer der besten deutschen Ingenieure, die Neander. Ihr Rahmen bestand aus Duraluminium. Das Vorderrad wurde von einer Blattfedergabel geführt. Der Zweitaktmotor stammte von Villiers. Für andere Modelle verwendete Neander auch Viertaktmotoren von MAG in unterschiedlichen Hubraumgrößen. Opel fertigte den Rahmen der Neander in Lizenz und setzte ihn bei der Konstruktion der eigenen Motorräder ein.

1926 produzierte Neander eine Zweitaktmaschine mit 125 cm³ Hubraum und einem Rahmen aus Aluminiumprofilen. Das Styling der Maschine ließ allerdings einiges zu wünschen übrig. Ende 1927 präsentierte die Firma ein neues Modell mit Preßstahlrahmen. Das Vorderrad war mit gekapselten Blattfedern versehen, die seitlich an der Gabel angebracht waren. Zudem ließ sich Neander für die Modelle Motoren von Küchen und JAP bis 1000 cm³ liefern. 1931 schloß der Motorradhersteller die Tore.

Necchi

Diese italienische Firma produzierte 1951-53 Zweitaktmodelle, die mit Villiers-Motoren von 98 bis 125 cm³ Hubraum und mit 150 cm³-Motoren von Sachs ausgerüstet waren.

Needham

Ein interessant konstruiertes Leichtmotorrad, das 1928 in England von S.O. Needham entwickelt wurde. Es hatte einen 170 cm³-Zweitaktmotor mit integriertem Vierganggetriebe, das zu der damaligen Zeit, insbesondere bei Motorrädern mit kleinem Hubraum, selten war.

Negrini

Unter dem Markenzeichen Negrini (der Firmengründer Pietro Negrini stammte aus Vignola in der Nähe von Modena) entstanden in Italien von 1954 bis Anfang der 70er Jahre zahlreiche Versionen konventioneller Mopeds mit 49 cm³ Hubraum und Leichtmotorräder mit 75 und 125 cm³.

Neko

Die Neko mit 250 und 350 cm³-Blackburne-Motoren war das einzige Motorrad, das 1921-28 in Ungarn gefertigt wurde.

Nencioni

Der Italiener Carlo Nencioni aus Florenz konstruierte 1926 die Nencioni. Das Motorfahrrad besaß einen 125 cm³-Motor von Ferrera.

Seitenwagengespann Ner-a-Car, 1925.

Ner-a-car

Der Name dieses Motorrads entstand durch ein Wortspiel. Die Konstrukteure behaupteten nämlich, daß die Maschine mit ihrem autoähnlichen Fahrgestell aus Preßstahl anstelle eines Rahmens, dem groß dimensionierten vorderen Schutzblech, das dem Fahrer großzügigen Schutz bot, und dem sesselförmigen Fahrersitz „near a car", fast ein Auto wäre.

Carl A. Neracher hatte seine außergewöhnliche Entwicklung 1919 patentieren lassen. Das erste Modell war mit einem 221 cm³-Einzylindermotor ausgerüstet. Hinter dem Motor lag eine Zwischenwelle, mit der ein mit Reibwerkstoff beschichtetes Leichtmetallrad verbunden war. Am anderen Ende der Zwischenwelle lagen Ritzel und Kettenrad für den Achsantrieb. Durch Verschieben der Leichtmetallscheibe gegen die Bronzescheibe des Schwungrads erhielt man eine stufenloses Getriebe.

Das Motorrad besaß eine indirekte Lenkung am Vorderrad. In der vergrößerten Radnabe lag die Achse, um die sich das Rad drehte. Gefedert wurde das Motorrad durch Druck- und Zugfedern auf beiden Seiten der Räder, was ein etwas unvollkommenes System war. Der Lenkkopf erschwerte das Lenken auf engem Raum und außerdem die Installation einer Vorderradbremse, so daß das Modell lediglich über eine fußbetätigte Trommelbremse am Hinterrad verfügte.

Man versuchte, die Ner-a-car nach England zu exportieren, doch Sheffield Simplex, der bekannte Hersteller teurer Luxusautos, erhielt von Neracher die Lizenz, das Motorrad in Großbritannien zu fertigen. Die englische Version der Maschine war im Prinzip wie das ursprüngliche Modell gebaut, erhielt aber ein stärkeres, von Simplex entwickeltes Triebwerk mit 285 cm³ Hubraum und einer Kurbelwelle, die nicht kegelrollen-, sondern kugelgelagert war.

Das autoähnliche Zweirad war für eine ganz bestimmte Käuferschicht konzipiert, hauptsächlich für Großbürgertum und Adel. Die indirekte Lenkung und der tiefliegende Schwerpunkt erlaubten der Maschine, auch bei schwierigsten Straßenverhältnissen „Haltung zu bewahren". 1925 gewann die Ner-a-car bei der Mille Miglia in der Klasse für Serienmodelle den Preis für das beste Team.

Der 285 cm³-Motor blieb auch in den folgenden Jahren im Programm. Später brachte Sheffield Simplex zudem ein 350 cm³-Modell mit seitengesteuertem Blackburne-Motor und einem Motorrad-Dreiganggetriebe auf den Markt.

Während die amerikanische Ner-a-car Corporation 1924 ihre Produktion einstellen mußte, wurden die Modelle in England mit viel Erfolg weitergebaut. 1925 erschien das dritte Ner-a-car-Modell mit einem obengesteuerten 350 cm³-Motor von Blackburne.

Nervor

Dieses französische Unternehmen baute von 1930-60 hauptsächlich Zweitaktmaschinen mit Ein- und Zweizylinder-V-Motoren. Der Hubraum reichte von 100 bis 350 cm³. Die späten Modelle der Firma besaßen Viertaktmotoren von AMC und NSU.

Nestor

1913-14 fertigte die englische Firma Nestor Motor Company in Blackpool wirtschaftliche Leichtmotorräder mit Zweitaktmotoren, die eine Leistung von 2,25 PS hatten. Die Modelle größeren Hubraums verfügten über Precision-Motoren mit 2,75 und 3,75 PS.

Nestoria

Einer der vielen kleinen deutschen Motorradhersteller mit Sitz in Nürnberg. Die Firma produzierte 1923-31 konventionelle Motorräder, deren Motoren zwischen 200 und 500 cm³ Hubraum von Blackburne, Küchen, Sturmey-Archer und anderen Herstellern stammten.

Nettunia

1951-64 produzierte diese italienische Motorradfirma Zweitaktmodelle mit 160 cm³-Motoren.

Neve

Das relativ unbekannte deutsche Unternehmen Neve Fahrradwerke in Neumünster bestand in den Jahren 1923-26 und war die erste Firma, die 175 cm³-Motoren von Ilo in konventionelle Rahmen einbaute.

New Comet

Die englischen Modelle New Comet, die auch in einer Version für Damen im Handel waren, wurden 1905-32 in Birmingham hergestellt. Sie waren mit Motoren von Villiers, Peco, Precision und JAP ausgerüstet. Nach 1918 wurde immer weniger produziert, bis der Betrieb schließlich ganz eingestellt wurde. Erst 1931 nahm die Firma den Motorradbau wieder auf und fertigte in geringer Stückzahl ein Modell mit einem 293 cm³-Zweitaktmotor von Climax und eine Maschine mit 200 cm³ Hubraum.

New Coulson

Die Firma Coulson nahm 1923 unter dem Markenzeichen New Coulson erneut ihre Produktion auf. Sie baute Maschinen mit Standardrahmen und einem 269 cm³-Zweitaktmotor von Liberty. Die Modelle mit gefederten Rahmen hingegen erhielten Blackburne-Motoren mit 350 und 550 cm³ Hubraum und ölgekühlte 350 cm³-Motoren von Bradshaw.

New Era

Dieses amerikanische Motorrad wurde in den Jahren 1920-22 in Dayton, Ohio, gefertigt und war mit Kettenantrieb und fußgeschaltetem Getriebe für damalige Zeiten recht fortschrittlich konzipiert. Der Motor des Modells war unter dem Fahrersitz angebracht. Es verfügte über ein Zweiganggetriebe ohne Pedale und einen halboffenen Rahmen. Der Kraftstoffbehälter saß über dem Hinterrad.
Unter dem gleichen Markenzeichen wurde in England 1920-22 ein Motorrad mit einem 311 cm³-Dalm-Motor hergestellt. Die wenigen anderen Modelle der Firma waren mit Motoren anderer Hersteller wie JAP und Precision ausgerüstet.

New Gerrard

Dieses von dem Konstrukteur und Rennfahrer J.A. Porter entwickelte Motorrad war wohl die bekannteste Rennmaschine, die je in Schottland entstand. Porter feierte auf der New Gerrard zahlreiche internationale Rennerfolge. Bei der Tourist Trophy im Jahr 1923 wurde Porter erster in der Leichtmotorrad-Klasse, 1924 ging er in der Ultraleicht-Klasse (bis 175 cm³) als Sieger durchs Ziel.
Die Maschinen mit konventionellem Design wurden 1922-36 zuerst in Edinburgh, dann in Nottingham und schließlich wieder in Edinburgh gefertigt. Zu Beginn der Produktion wurden sie mit Blackburne-Motoren, später mit JAP-Motoren bis 350 cm³ ausgerüstet.

New Henley

Diese englischen Motorräder wurden ab 1922 gebaut und waren mit Motoren von Blackburne, MAG, Villiers und JAP von 200 bis 750 cm³ Hubraum bestückt. 1928 verlegte man die Fabrik von Birmingham nach Oldham, die Leitung der Produktion übernahmen der bekannte Rennfahrer Arthur Greenvon und J. Crump. 1932 stellte die Firma ihre Produktion ein.

New Hudson-Gespann, 1915.

New Imperial, Damenausführung, 1919.

New Hudson

1890 begann die englische Firma Hudson & Edmunds in Birmingham mit der Herstellung der Hudson-Fahrräder. Die Modelle wurden in der Folgezeit am Hinterrad mit einem Radnabengetriebe von Armstrong ausgestattet. Kurze Zeit später schlossen sich die beiden Firmen zusammen, und es entstand die New Hudson Cycle Company Ldt. Im Jahr 1900 unternahm die neuentstandene Firma ihre ersten Gehversuche auf dem Gebiet des Motorradbaus und konstruierte ein Motorrad mit einem 211 cm³-Motor von Minerva, der in den Rahmen eines Serienfahrrads von New Hudson eingebaut wurde.
Erst 1910 entstanden zwei weitere Modelle mit JAP-Motoren: ein 292 cm³-Modell mit Schnüffelventilen und eine seitengesteuerte 500 cm³-Maschine. 1911 stellte die Firma einen seitengesteuerten 499 cm³-Motor eigener Entwicklung vor. Sobald die ersten New Hudsons im Handel waren, tauchten sie, von Privatrennfahrern gesteuert, bei verschiedenen Rennen auf. In Australien konnte George Pattison auf einem New Hudson-Modell mit einem 292 cm³-Motor von JAP verschiedene Geschwindigkeitsrekorde aufstellen.
Die Modelle, die bei der Junior-Tourist Trophy 1911 an den Start gingen, wurden jedoch speziell ausgerüstet. Sie erhielten obengesteuerte 297 cm³-Motoren von JAP, die über dem Treibstofftank eingebaut waren. 1913 wurde der 292 cm³-JAP- Motor durch einen 350 cm³-Motor ersetzt. Man präsentierte das Modell Big Six mit 700 cm³-Zweizylinder-V-Motor. 1914 kamen eine kleine Zweizylindermaschine mit 367 cm³ Hubraum und eine in Lizenz der Firma Levis gebaute Maschine mit 211 cm³-Zweitaktmotor in den Handel. Nach dem Ersten Weltkrieg wurde der Hubraum der kleinen Zweitaktmaschine von 211 auf 247 cm³ erhöht; das Motorrad wurde in einer Tourenwie auch in einer Rennversion angeboten.
Die Rennmaschinen von New Hudson besaßen fast ausschließlich seitengesteuerte Serienmotoren mit 499 cm³ Hubraum, die versuchsweise mit Kolben aus Leichtmetall versehen waren. Ferner verfügten die Modelle über Trommelbremsen und Primär- und Sekundärantrieb über Kette.
Die erste wirkliche Neukonstruktion war ein obengesteuerter Motor, der mit 350 und 500 cm³ Hubraum gebaut wurde. New Hudson hatte den Motor eigens für die Tourist Trophy von 1924 entwickelt. Die mit dem neuen Triebwerk ausgerüsteten Motorräder mußten jedoch während des Rennens aufgeben.
Zwischen 1924 und 1925 erhielten die Motoren von New Hudson leichtere Pleuel und eine Trockensumpfschmierung mit außenliegenden Kupferleitungen. Damals konnte die Firma den bekannten Rennfahrer Bert Le Vack anwerben, der die Maschinen für die folgenden Rennsaisons vorbereitete. 1927 erzielte Le Vack auf einem 499 cm³-Renner den Durchschnittsgeschwindigkeitsrekord mit 161 km/h. Bei der Tourist Trophy belegte er in der 500 cm³-Senioren-Klasse einen zweiten Platz und siegte beim 200-Meilen-Rennen von Brooklands in der 600 cm³-Klasse.
Nach Le Vack kam Vic Mole von Ariel zu New Hudson. Er stellte die Produktion der veralteten Modelle ein und ersetzte sie durch neue halbverkleidete Maschinen mit seiten- und obengesteuerten Motoren verschiedener Hubraumgrößen und Leistungen. Eine bedeutende Maschine war die 1930 entstandene Bronze Wing.
Das Unternehmen hatte sich jedoch finanziell übernommen. 1933 mußte es die Motorradpro-

duktion einstellen. 1934 versuchte man mit dem Autocycle New Hudson einen Neuanfang. Das Modell kam gut an, New Hudson war aber nicht mehr in der Lage, das Fahrzeug selber zu produzieren, und verkaufte die Produktionsrechte an BSA. Unter dem neuen Markenzeichen Girling Ltd. baute New Hudson dann Federbeine für Motorräder.

New Imperial

Die Geschichte von New Imperial nahm ihren Anfang, als der Engländer Norman T. Downs 1900 in Birmingham eine heruntergewirtschaftete Fahrradfabrik aufkaufte. Er reorganisierte das Unternehmen und gab ihm den Namen New Imperial Cycles. Der nächste Schritt bestand im Kauf von sechs 500 cm³-Motoren. Sie wurden in Fahrradrahmen montiert und saßen auf einem Träger vor dem Lenker. Mit einem Lederriemen wurde das Vorderrad angetrieben. Doch die Motorräder fanden keinen Anklang.
Zehn Jahre später präsentierte New Imperial ein neues Modell mit einem seitengesteuerten 293 cm³-Motor von JAP mit Zweiganggetriebe und einem konventionellen Motorradrahmen. Die Light Tourist hatte einen sensationellen Erfolg und blieb in einer verbesserten Ausführung fast bis Ende der 20er Jahre im Programm. Dem ersten Modell folgte eine Seitenwagenmaschine mit Zweizylinder-V-Motor von JAP und einer Motorleistung von 6 PS.
1913 nahm New Imperial mit drei 500 cm³-Modellen an der Tourist Trophy teil, die Maschinen schieden jedoch alle vor dem Ziel aus. 1921 ging die Firma auf der Isle of Man mit fünf 250 cm³-Maschinen an den Start. Doug Prentice siegte mit einer Durchschnittsgeschwindigkeit von 72,128 km/h. Im darauffolgenden Jahr fuhr der bekannte Bert Le Vack für New Imperial. Seine von Val Page entwickelte Maschine hatte einen ungewöhnlichen Motor mit zwei obenliegenden Nockenwellen.
Mit diesem Modell hatte Le Vack bereits den Ein-Stunden-Weltrekord in der 350 cm³-Klasse errungen (mit einer Durchschnittsgeschwindigkeit von 119,361 km/h) und den Weltrekord über den Fliegenden Kilometer aufgestellt (durchschnittliche Geschwindigkeit 134,473 km/h). Auf der Isle of Man erwies sich das Modell dann als das schnellste aller Motorräder. Mit einer Durchschnittsgeschwindigkeit von 90,861 km/h konnte Bert Le Vack einen weiteren Streckenrekord aufstellen, mußte jedoch später wegen einer Panne ausscheiden. 1924 gewannen die Brüder Ken und Eddie Twemlow die Rennen in der 350 und 250 cm³-Klasse, und bei der Tourist Trophy des darauffolgenden Jahres wurde Eddie Twemlow noch einmal erster in der 250 cm³-Klasse.
1931 präsentierte New Imperial mit der Unit Minor ein vollständig neues Motorrad. Die kleine obengesteuerte 150 cm³-Maschine hatte einen Zahnradantrieb und ein im Motorgehäuse integriertes Getriebe. Die Schwunglichtmagnetzündung stammte von Villiers. Die Unit Minor erreichte hohe Verkaufszahlen. Ihr folgten die Unit Super mit 250 cm³ und die Unit Major mit 350 cm³ Hubraum.
Im Jahr 1932 erreichte ein 250 cm³-Modell von New Imperial auf der Brooklands-Rennstrecke eine Durchschnittsgeschwindigkeit von 161,590 km/h und war damit das erste Motorrad dieser kleinen Hubraumklasse, das die Schallmauer von 100 Meilen durchbrechen konnte. 1936 gewann Bob Foster die Tourist Trophy mit einem neuen 250 cm³-Werksmodell.
Trotz dieser und anderer Erfolge befand sich das Unternehmen in einer kritischen Situation. Norman Downs hatte gesundheitliche Probleme, und seine Mitarbeiter wollten die Rennabteilung schließen. Kurze Zeit später starb Downs, die Firma zog sich vom Renngeschehen zurück. 1938 mußte das hochverschuldete Unternehmen die Tore schließen. Ein Jahr später erwarb Jack Sangster die Firma New Imperial und nahm die Produktion wieder auf. Als England 1939 in den Zweiten Weltkrieg eintrat, wurde die Produktion endgültig eingestellt.

New Knight

Diese englischen Motorräder wurden in begrenzter Stückzahl 1923-24 in Bedford hergestellt. Sie verfügten über ausgezeichnet verarbeitete Rahmen, in die Villiers-Motoren von 147 bis 350 cm³ Hubraum und Viertaktmotoren von JAP mit 300 cm³ eingebaut waren.

New Map

Diese französische Firma bestand von 1920 bis Anfang der 60er Jahre. Zu Beginn der Produktion verwendete sie Motoren aller auf dem Markt befindlichen Hersteller wie Zurcher, JAP, Blackburne, MAG und Chaise für ihre Modelle. Nach dem Zweiten Weltkrieg ließ sie sich Motoren der Firmen Mondial, Ydral, Sachs, Aubier Dunne, AMC und Küchen liefern.

New Motorcycle

1927-30 produzierte die in Chatenay ansässige Firma Zweitaktmotorräder, deren 250, 350 und 500 cm³-Motoren mit im Zylinderkopf hängenden Ventilen und obenliegender Nockenwelle von MAG, Chaise und JAP stammten. Die Rahmen der französischen Modelle waren zum Teil aus Preßstahl gefertigt.

Newmount

Obwohl die Newmount 1929-33 in Coventry entstand, war sie kein englisches Motorrad, sondern ein Produkt der deutschen Firma Zündapp. Angetrieben wurde sie von 350 oder 500 cm³-Python-Motoren mit vier Ventilen, die von der ebenfalls in Coventry ansässigen Firma Rudge gefertigt wurden. Die Modelle mit 200, 250 und 300 cm³ Hubraum besaßen Zweitaktmotoren von Zündapp.

New Paragon

Die 1919-23 produzierten englischen Maschinen New Paragon, auch kurz Paragon genannt, hatten einen gefederten Rahmen und waren mit Zweitaktmotoren mit 235, 347 und 500 cm³ Hubraum bestückt.

New Rapid

1935 baute New Rapid in begrenzter Stückzahl obengesteuerte Einzylindermaschinen mit 350 cm³ Hubraum. 1903 hatte die holländische Firma bereits den Motorroller Meijer auf den Markt gebracht.

New Ryder

Die 1913-22 in Birmingham produzierten Motorräder New Ryder waren anfangs mit verschiedenen Ein- und Zweizylindermotoren von Precision ausgerüstet. Das spätere Spitzenmodell hatte einen Zweitaktmotor von Villiers mit 269 cm³.

New Scale

Die recht konventionellen, jedoch ausgezeichnet verarbeiteten Motorräder dieser Marke wurden 1919-25 in Manchester hergestellt. Sie verfügten über 350 und 500 cm³-Motoren von Bradshaw, 350 cm³-Motoren von JAP und 350 cm³-Zweitaktmotoren von Precision. Zudem schuf die englische Firma ein Rennmodell, das einen 350 cm³-Motor von Dart mit obenliegender Nockenwelle erhielt.

Newton

Das mit einem 269 cm³-Motor von Villiers bestückte, nicht sehr originelle Motorrad Newton wurde 1921-22 in Manchester, England, hergestellt.

New Ydeal

Die französische Firma New Ydeal baute 1951-54 Mopeds, für die sie Motoren verschiedener Hersteller verwendete.

Nibbio

Der italienische Motorroller Nibbio wurde 1949-53 in Mailand von der Firma San Cristoforo produziert. Die ersten Modelle hatten 98 und 125 cm³-Motoren, später wurden nur noch 125 cm³-Motoren verwendet. Die Zweitaktmotoren hatten einen Drehschiebereinlaß und waren mit einem Dreiganggetriebe kombiniert. Der Radantrieb erfolgte über Kette. Der Roller war von dem Ingenieur Scarpa entwickelt worden, der später zu Iso überwechselte. Mit geringfügigen Veränderungen blieb der Nibbio 1950-53 im Programm.

Nicholas

Dieser fast unbekannte englische Motorradhersteller fertigte 1911-15 in begrenzter Stückzahl Modelle mit 1,5 PS-Motoren.

Nickson

Das englische Unternehmen Nickson mit Sitz in Preston bestand 1920-24. Zur Produktpalette gehörten seitengesteuerte Einzylindermaschinen mit 350 und 500 cm³ Hubraum.

Niesner

Die Firma Niesner aus Österreich stellte 1907-14 eine Serie von Ein- und Zweizylinder-V-Maschinen her. Die Modelle wurden mit 2,5, 3,25 und 5 PS-Motoren der deutschen Firma Fafnir und des belgischen Motorenproduzenten Minerva ausgerüstet.

Nimbus

1919 wurde in Dänemark das erste Motorrad mit dem Namen Nimbus vorgestellt. Das von dem Techniker P.A. Fisker entwickelte Modell mit Vierzylindermotor verfügte über Kardanantrieb und hatte einen Rahmen aus Preßstahl. Den Spitznamen „Ofenrohr" gab man der Maschine wegen ihres zylinderförmigen Kraftstofftanks.
1920 wurden nur zehn Exemplare der Maschine hergestellt. 1923 nahm man eine Reihe von Änderungen und Verbesserungen an dem Vierzylindermodell vor: Unter anderem wurde das Vorderrad mit einer technisch verbesserten Gabel ausgerüstet, die Maschine erhielt einen neuen Vergaser und einen neuen Ansaugkrümmer. Doch inzwischen hatte die Firma mit der Produktion von Staubsaugern begonnen und konzentrierte sich voll und ganz auf dieses Produkt. Die Motorradherstellung wurde vernachlässigt und erst 1934 mit einem neuen Modell wiederaufgenommen.
Die 746 cm³-Vierzylindermaschine mit obenliegender Nockenwelle und Kardanantrieb war eines der ersten Motorräder, das eine Teleskopgabel besaß. Der obere Teil des Motorgehäuses und die stark verrippten Zylinder waren aus einem Guß. Der untere Teil des Motors bestand aus einer Ölwanne aus Aluminiumguß. Die Nimbus hatte angeschweißte Zylinderköpfe mit eingegossenen Einlaßkanälen und schrägstehenden Ventilen. Auch die Ventilführungen waren verschweißt, die Einlaßventile wurden automatisch geschmiert. An den Zylinderköpfen befand sich das Aluminiumgehäuse für die kugelgelagerte Nockenwelle und die Kipphebel. Die interessant konstruierte Nockenwelle fungierte zugleich als Ankerwelle für den vor dem Zylinderblock liegenden Dynamo.
Bei den Modellen von 1934 und 1935 wurde das Dreiganggetriebe handgeschaltet, nach 1935 fußgeschaltet. Ein weiteres interessantes Merkmal der Nimbus war die mit dem Vergaser verbundene Kurbelgehäuseentlüftung. Sie verhinderte, daß an den Dichtungen Öl durch Überdruck austrat. Trotz des großen Motors wog das Motorrad nur 172 kg. 1936 wurde die Nimbus mit schwereren Teleskopgabeln und größeren Bremsen ausgestattet. Das Modell blieb bis zur Einstellung der Serienproduktion im Jahre 1954 im Programm. 1954-59 wurden die Motorräder aus Ersatzteilen gefertigt, die aus Lagerbeständen stammten. Insgesamt produzierte die Firma 12715 Modelle, 20 Prozent

Militärmaschine von Nimbus aus den 30er Jahren.

Vierzylinder-Nimbus, 1919.

davon für die dänische Armee. Viele Modelle dienten als Gespannfahrzeuge, nur wenige Exemplare gingen in den Export. Neben der Vierzylindermaschine hatte die Firma versuchsweise ein Zweizylindermodell mit Hülsenschiebermotor entwickelt, das Projekt wurde jedoch nicht weiterverfolgt. Das Unternehmen Nimbus existiert zwar noch, konzentriert sich aber voll und ganz auf die Produktion von Staubsaugern.

Ninon

Die 1931-35 in Frankreich hergestellten Modelle Ninon besaßen obengesteuerte Einzylindermotoren mit einem Hubraum von 500 cm^3.

Nissan

Die japanische Firma Nissan produzierte in den Jahren 1951-56 Leichtmotorräder, die sie mit eigenen obengesteuerten 60 cm^3-Motoren bestückte.

NLG

Die North London Garage konstruierte 1907 eines der schwersten Motorräder, die je gebaut wurden: die NLG mit 2913 cm^3 Hubraum. 1908 schuf die Firma ein Rennmodell, mit dem der Rennfahrer Cook auf der Brooklands-Bahn verschiedene Weltrekorde aufstellen konnte. Der Zweizylinder-V-Motor von Peugeot hatte 944 cm^3 Hubraum und Graugußkolben, die aus Gewichtsgründen mit einem perforierten Kolbenschaft versehen waren. Die Zylinderlaufbuchsen waren verkupfert. In die Zylinderwände hatte man einige Öffnungen gebohrt, die so angeordnet waren, daß sie offen waren, wenn sich der Kolben am unteren Totpunkt befand. Sie sorgten dafür, daß auch die letzten Reste des verdichteten Kraftstoff-Luft-Gemischs entweichen konnten und daß die Geschwindigkeit des Kolbens bei der folgenden Aufwärtsbewegung in Richtung des oberen Totpunktes nicht beeinträchtigt wurde.

N.M.C.

Wie viele andere japanische Motorradhersteller produzierte N.M.C. von Anfang der 50er Jahre bis Ende der 60er Jahre konventionelle 125 und 175 cm^3-Leichtmotorräder.

Noble

Die Firma Noble Motor in London war einer der ersten Hersteller, der den Motor zentral im Motorradrahmen einbaute. Neben Motoren eigener Entwicklung verwendete Noble Motoren von MMC, Minerva, De Dion Bouton und Coronet mit Leistungen von 2,75 bis 4,5 PS. Noble produzierte 1901-10.

Norbreck

Die englischen Norbreck-Motorräder zeichneten sich lediglich durch die Preßstahlgabel am Vorderrad aus. Die Modelle wurden 1921-24 in Wellingborough hergestellt und mit 269 cm^3-Motoren von Villiers und Zweitaktmotoren gleichen Hubraums von Arden ausgerüstet. Neben diesen Maschinen baute die Firma verschiedene Modelle mit Blackburne-Motoren.

Norton mit Peugeot-Motor, die Siegermaschine der Tourist Trophy von 1907.

Norlow

Der 100 cm^3-Einzylinder-Zweitaktmotor des englischen Motorrollers Norlow war seitlich am Vorderrad angebracht. Sein Leichtmetallzylinder hatte eine Laufbuchse aus Stahl. Der 1919 vorgestellte Motorroller hatte kein Getriebe, verfügte jedoch über eine mit der Bremse synchronisierte Trockenkupplung, die mit einem Handgriff bedient wurde. Das Vorderrad wurde von einer in der Radachse laufenden Welle angetrieben, die Kupplung, die sehr kurze Kette und das Ritzel lagen in der Radnabe. Der Vergaser wurde mit einem Drehgriff betätigt, den Zündstrom lieferte eine Spule. Die Räder hatten Reifen von 16 Zoll Durchmesser, das Gewicht des Rollers betrug nur 25 kg.

Motorroller Norlow, 1919.

Norman

Die englische Motorradfirma Norman mit Sitz in Ashford in der Grafschaft Kent wurde Anfang der 30er Jahre gegründet. Vor 1939 produzierte die Firma Autocycles mit 98 cm^3-Motoren von Villiers, später erwarb sie die Produktionsrechte für ein Autocycle von Rudge und Ende der 50er Jahre die der deutschen Firma Achilles. 1946-54 baute Norman Fahrräder mit Hilfsmotoren und konventionelle Leichtmotorräder, die Villiers-Motoren mit 98, 122 und 197 cm^3 Hubraum besaßen. Daneben produzierte die Firma Maschinen mit Villiers-Motoren von 125 bis 250 cm^3, die in einigen Ländern unter dem Namen Rambler verkauft wurden. Das 250 cm^3-Modell von Norman war auch mit einem Zweizylindermotor im Handel.
1955 stellte die Firma das Moped Cyclemate mit einem 32 cm^3-Motor vor. Ihm folgte 1956 das Moped Nippy mit Zentralrohrrahmen aus Preßblech und einem 47 cm^3-Motor von Sachs. 1956 hatte Norman neun Modelle im Programm. Sie waren mit 150 und 197 cm^3-Zweitaktmotoren sowie mit 242 cm^3-Zweizylinder-Zweitaktmotoren von Anzani bestückt. 1958 blieb die Produktion unverändert. Bis Norman von der Firma Raleigh übernommen wurde, konzentrierte sich das Angebot des Herstellers hauptsächlich auf Mopeds mit 50 cm^3 Hubraum.

Norton

1899 gründete James Landsdowne Norton die Firma Norton Manufactoring Company, die Einzelteile für den damals florierenden Fahrradhandel herstellte. In der Folgezeit machte Norton die Bekanntschaft von Charles Garrard, dem englischen Importeur der französischen Clément-Motoren. Garrard montierte diese Motoren in Fahrradrahmen und verkaufte seine Maschinen unter dem Markenzeichen Clément-Garrard.
James Norton nahm die Idee auf und verwendete bei der Verwirklichung des Projekts seine eigenen Rahmen. 1902 entstand das erste Motorrad mit der Markenbezeichnung Norton. Bald folgten weitere Modelle, für die nun Motoren verschiedener Hersteller verwendet wurden. Schon 1907 hatte Norton sein Debüt bei der Tourist Trophy auf der Isle of Man. Rem Fowler hatte direkt von der Fabrik ein Norton-Modell mit Peugeot-Motor gekauft, um an dem berühmten

Zweizylinder-Norton, 1907.

Unternehmen Norton Motors Limited. Shelley und James Norton leiteten das Unternehmen als Generaldirektoren, C.A. Vandervell fungierte als Vorsitzender. Die Produktion wurde wiederaufgenommen, und man konzentrierte sich hauptsächlich auf die Herstellung der Big Four, die auch in einer Gespann-Version angeboten wurde.
In jenen Jahren schickte Norton ganze Lagerbestände von Motoren zu D.R. O'Donovan. Erst nachdem dieser sie überarbeitet und geprüft hatte, wurden die Motoren in Serienrahmen eingebaut und an die Käufer verschickt. Im Handel waren zwei Modelle erhältlich, die Brooklands Racing Special oder kurz BRS mit einer Höchstgeschwindigkeit von 112 km/h und die Brooklands Special, die BS, die

Rennen teilzunehmen. Mit einer durchschnittlichen Geschwindigkeit von 58,288 km/h siegte er auf der schwierigen, 24,139 Kilometer langen Rundstrecke.
Von diesem Erfolg ermutigt, beschloß Norton, einen eigenen Motor zu entwickeln. Er konstruierte einen Einzylinder mit 633 cm³ und nannte ihn wegen seiner Leistung von 4 PS Big Four (Große Vier). In den Jahren 1909, 1911 und 1912 nahm Norton an der Tourist Trophy teil mit dem enttäuschenden Resultat, daß er jedesmal während des Rennens ausscheiden mußte und nie ins Ziel kam. Bei der Tourist Trophy 1912 fuhr er sein neues 490 cm³-Modell, den Vorläufer der beliebten H 16, die später 40 Jahre lang erfolgreich gebaut werden sollte. Aus gesundheitlichen Gründen mußte sich James Norton zeitweise ganz von der Firma zurückziehen. Seine Abwesenheit hatte zur Folge, daß die Geschäfte immer schlechter gingen und ein Verkauf der Firma in Betracht gezogen wurde. Mit Unterstützung von R.T. Shelley & Company entstand das neue

Seitengesteuerte Norton 500, 1918.

eine Spitze von 120 km/h erreichte.
1914, bei Ausbruch des Ersten Weltkriegs, schloß das Unternehmen einen Vertrag mit der russischen Regierung ab und lieferte Motorräder nach Rußland. Nach der Oktoberrevolution baute Norton Motorräder für die alliierten Streitkräfte.
Als der Krieg zu Ende war, war der Bedarf an zivilen Motorrädern sehr groß. Norton gelang es schließlich, das Angebot der Nachfrage anzupassen: Die Firma kaufte alle ehemaligen Armeemaschinen aus eigener Produktion auf, überholte sie und brachte sie als Zivilfahrzeuge wieder auf den Markt. Zudem wurde die Produktion von Modellen mit kleinem Hubraum und die einer Zweitaktmaschine aufgenommen.
Im Jahr 1922 erschien in Brooklands der Prototyp der ersten obengesteuerten Norton-Maschine. Sie wurde von dem

Norton-Rennmodell mit obenliegender Nockenwelle, 1927.

Norton 750 Atlas von 1970.

Rennfahrer Rex Judd gefahren, der den Geschwindigkeitsrekord in der 500 cm³-Klasse auf fast 145 km/h steigerte und über die Fliegende Meile mit einer Durchschnittsgeschwindigkeit von 137,658 km/h den Weltrekord brach.
Im gleichen Jahr blieb Norton bei der Tourist Trophy erfolglos, das einzige an den Start gegangene Modell mit im Zylinderkopf hängenden Ventilen mußte in der letzten Runde aufgeben. Die negative Erfahrung trug jedoch dazu bei, daß das obengesteuerte Serienmodell Model 18 verbessert wurde. Die Maschine hatte ihr Debüt bei der Olympia Show 1922, auf der Norton auch die Modelle 16 H und Big Four mit neuem Styling präsentierte. Die Model 9 ohne Gangschaltung und mit Riemenantrieb erschien bei der Ausstellung zum letzten Mal. Der Riemenantrieb gehörte dann endgültig der Vergangenheit an.
Bei der Tourist Trophy 1923 waren die obengesteuerten Modelle recht erfolgreich: In der 500 cm³-Klasse konnten sie den zweiten, vierten und fünften Platz belegen, und sie gewannen die Mannschaftswertung. Die Serienmaschine Model 18 machte von sich reden, als sie beim 12-Stunden-Rennen in Brooklands den Geschwindigkeitsrekord brach und gleichzeitig 18 verschiedene Rekorde erzielte. 1924 konnte sich das Norton-Team dank des vielversprechenden Rennfahrers Alec Bennett profilieren, der auf der Isle of Man bei der Tourist Trophy den ersten Platz in der Senioren-Klasse belegte.
Auch bei den Serienmodellen war die Entwicklung nicht stehengeblieben. Die Big Four und ein neues obengesteuertes Serienmotorrad mit 588 cm³ Hubraum waren 1924 mit einem von Norton produzierten Viergangetriebe ausgerüstet worden. Die 499 cm³-Maschinen kamen jedoch weiterhin mit dem erprobten Dreiganggetriebe von Sturmey-Archer in den Handel.
Im April 1925 verstarb James Norton im Alter von nur 56 Jahren. Das Jahr 1927 war ein Meilenstein in der Geschichte der Firma: Man begann den neuen, von Walter Moore entwickelten Motor mit obenliegender Nokkenwelle einzubauen. Sein Hubraum betrug 490 cm³, und das Verhältnis Bohrung/Hub entsprach den traditionellen Norton-Maßen von 79 x 100 mm. Zudem

Norton 500 GP von 1956.

Eine der letzten Norton Commando 850, 1977.

kamen die ersten Modelle mit Schleifenrahmen und Satteltank auf den Markt.
Mit einem dieser Motorräder erzielte Alec Bennett für Norton einen weiteren Sieg bei der TT, und Stanley Woods, der neue, erfolgversprechende Rennfahrer von Norton, konnte mit einer Durchschnittsgeschwindigkeit von 113 km/h einen neuen Streckenrekord aufstellen. 1927 präsentierte Newton bei der Ausstellung in London 13 Modelle, unter anderen die Serienausführung der Siegermaschine der Tourist Trophy, die CS 1, und die ES 2, eine Model 18-Version mit Einschleifenrohrrahmen. In den Jahren 1928 und 1929 war Norton im Rennsport nicht sehr erfolgreich. Erwähnenswert ist jedoch, daß eine Norton mit 500 cm³ als erstes Motorrad dieser Hubraumklasse in einer Stunde eine Strecke von 160 Kilometern (100 Meilen) zurücklegte.
Obwohl Walter Moore zu NSU ging (Joe Craig wurde für ihn eingestellt), gelang es dem Unternehmen auf Grund seiner soliden Marktposition, die Krise 1930 zu

meistern. Die Motoren wurden überarbeitet und mit einer obenliegenden Nockenwelle bestückt. Das von Moore entwickelte Grundkonzept des Motors wurde aber so weit wie möglich beibehalten.
Mit Rennfahrern wie Jimmy Simpson, Tim Hunt, „Crasher" White, Stanley Woods, Jimmy Guthrie, Harold Daniel und Freddie Frith begann ein neues Kapitel in der Rennsportgeschichte des Unternehmens. 1931-39 erlebte Norton eine sensationelle Glückssträhne.
1937 erschien zum ersten Mal eine Maschine mit zwei obenliegenden Nockenwellen. Ihr folgte ein Modell mit einem gefederten Fahrwerk und Hinterradfederung. Der Rahmen hatte eine fast rechteckige Form. 1939 zog sich Norton offiziell aus dem Rennsport zurück. Der Zweite Weltkrieg war ausgebrochen, die zivile Motorradproduktion wurde für einige Zeit eingestellt.
In den 30er Jahren hatte Norton die Serienproduktion der 350 und 500 cm³-Rennmaschinen aufgenommen, der Aufstieg der unvergeßlichen International-Modelle nahm seinen Anfang. Die Maschinen, die über einen großvolumigen Tank verfügten, gehörten zu den Traummotorrädern der Fans in aller Welt.
1938 hatte man den Stoßstangenmotor auf den neuesten technischen Stand gebracht, und 1939 war der Schwingrahmen eingeführt worden. Auch die äußerst beliebten Modelle Big Four und 16 H waren weiterentwickelt worden, für Geländeeinsätze baute man ein Modell mit hochgelegtem Auspuff, gefedertem Sattel und Stollenreifen.
Während des Zweiten Weltkriegs hatte Norton die Armee mit zahlreichen Versionen des 16 H-Modells beliefert. Nach Ende des Kriegs wurde der Markt mit ehemaligen Armeemaschinen überschwemmt.
1948 wurden die Norton-Modelle vorne mit einer Teleskopgabel ausgerüstet. Dann folgte die wichtigste Neuerung, die Einführung des Federbett-Rahmens, mit dem 1950 die Rennmodelle und 1951 die Norton Dominator versehen wurden. In jenem Jahr kam der Rennfahrer Geoffrey Duke zum Norton-Team, doch 1955 zog sich die Firma unter dem hohen Druck der ausländischen Konkurrenz erneut von der Piste zurück.

750er Norton-Rennmaschine, 1973.

Das Serienmodell Dominator mit 497 cm³ Hubraum wurde 1953 mit einer Hinterradschwinge ausgerüstet, der Hubraum wurde kontinuierlich erhöht, bis er beim Atlas-Modell 750 cm³ erreichte. Die erprobte 16 H wurde 1954 aus dem Programm genommen. Dafür präsentierte Norton zwei Jahre später eine kleinere Version der ES 2 mit einem Hubraum von 350 cm³.
1958 feierte der Motorradhersteller sein 60jähriges Jubiläum. Aus diesem Anlaß stellte man ein neues Zweizylindermodell mit 250 cm³ Hubraum vor. Dieser Maschine folgte 1960 die Navigator mit 350 cm³. Doch die Norton-Werke befanden sich in einer finanziellen Krise. Mitte 1962 wurde das Unternehmen von der Firmengruppe AMC übernommen, die wiederum 1966 in Konkurs ging. Dann erwarb die Manganese Bronze Holding Group die Firma: Norton Villiers Limited entstand.
1967 begann das Unternehmen mit der Produktion einer vollständig neuen Zweizylindermaschine mit dem Namen Commando. Sie war eine moderne Version des ursprünglichen Zweizylindermodells von Norton. Der nach vorn geneigte Motor des Modells war in einen außergewöhnlichen Rahmen eingebaut. Gummiaufhängungen sollten verhindern, daß sich die Vibrationen des Motors auf den Rahmen übertrugen. Der Motor war schon 20 Jahre früher entwickelt worden und wurde nun in eines dieser ersten Superbikes montiert. Fünf Jahre hintereinander verliehen die Leser der englischen Zeitschrift „Motorcycle News" der Commando den Titel „Motorrad des Jahres".
Die ersten Modelle hatten einen 750 cm³-Motor, der Hubraum wurde dann auf 850 cm³ erhöht. Die späteren Modelle besaßen zudem einen elektrischen Anlasser. Mitte 1977 stellte man die Produktion der Commando ein. Das einzige Zweirad, das weiterhin unter dem Namen Norton hergestellt wurde, war die Easy Rider. Bei der Fertigung des 50 cm³-Mopeds wurden viele in Italien produzierte Einzelteile verwendet.
Nachdem die Commando nicht mehr gebaut wurde, geriet der einstmals ruhmreiche englische Hersteller in Vergessenheit, bis er 1987 unerwartet beim Autosalon in Birmingham in Erscheinung trat. Norton stellte eine Maschine mit Wankelmotor vor, die bereits 20 Jahre zuvor entwickelt worden war: Den Prototyp des Modells hatte man im Jahr 1974 konstruiert. Es besaß einen wassergekühlten Wankel-Zweischeibenmotor mit einem Kammervolumen von insgesamt 588 cm³. Das Gewicht der verkleideten Tourenmaschine mit dem Namen P-52 wurde mit 245 kg angegeben.

Nougier

Die Gebrüder Nougier aus Frankreich waren bereits für ihre Motorrad-Konstruktionen mit Motoren verschiedener Hubraumgrößen bekannt, als sie 1947 ein Modell mit einem stehenden 250 cm³-Einzylindermotor mit zwei obenliegenden Nockenwellen vorstellten. Die Maschine wurde zudem in einer weiteren Ausführung mit 350 cm³ Hubraum gebaut.
In den folgenden Jahren produzierten die Brüder verschiedene Rennmaschinen, unter anderem ein 175 cm³-Einzylindermotorrad mit Stoßstangenmotor, ein 250 cm³-Einzylindermodell und eine sehr originell konstruierte 250 cm³-Zweizylindermaschine. 1953 entstand eine Vierzylinder-Nougier, die bis 1958 ständig verbessert wurde. Der luftgekühlte Motor hatte vier nach vorne geneigte, nebeneinanderliegende Zylinder.
Im Jahr 1957 überarbeiteten die Brüder Nougier ihre Rennmodelle. Danach erreichte das unverkleidete 175 cm³-Einzylindermodell eine Höchstgeschwindigkeit von 155 km/h.

Novicum

Ein tschechoslowakisches Motorrad, das 1904-08 in Praga-Smichov hergestellt wurde. Die wenigen Exemplare waren mit Motoren von Fafnir, Minerva und anderen Herstellern von 1,5 bis 3,75 PS bestückt.

Novy

Das Anfang der 30er Jahre gegründete Unternehmen mit Sitz in Courtrai/Belgien wurde für Mopeds bekannt. Doch Novy hatte auch viele interessant konzipierte Leichtmotorräder mit ausgereiften Detaillösungen im Programm. Die Maschinen waren mit Motoren verschiedener Hersteller bestückt, wie etwa mit Ilo-Motoren in Hubraumgrößen von 125 bis 250 cm³.

N.S.H.

Das deutsche Unternehmen A. Nödling & Söhne in Hersfeld konstruierte 1923-30 elegante und moderne Leichtmotorräder. Bereits 1928 besaßen die N.S.H.-Maschinen Satteltanks. Das Unternehmen begann die Produktion 1923 mit einer Maschine, die mit einem obengesteuerten Einzylindermotor mit 185 cm³ Hubraum des Augsburger Motorenherstellers Paqué ausgerüstet war. 1924 konstruierte Nödling eine ähnliche Maschine, diesmal aber mit 198 cm³ Hubraum.
Nachdem 1925 Paqué als Motorenlieferant ausfiel, bezog das Unternehmen in den folgenden Jahren seine Motoren von anderen Herstellern. So verwendete N.S.H. seitengesteuerte Motoren von JAP mit 348 cm³ und 498 cm³ Hubraum, Viertaktmotoren von Blackburne mit 250 cm³ bis 500 cm³, Villiers-Zweitakter mit 122 cm³ bis 348 cm³ und 1928 den seltenen Villiers-Parallel-Zweitakter mit 348 cm³. Die Fahrgestelle waren Stahlrohrrahmen.

Oben: Einzylinder-NSU von 1906. Links: Einzylinder-NSU mit Riemenantrieb von 1911; ein auffälliges Merkmal sind die Fahrradpedale.

NSU

Die 1886 gegründeten Neckarsulmer Radwerke fertigten ursprünglich Fahrräder. Doch schon bald leistete die deutsche Firma ihren ersten Beitrag zur Motorisierung von Zweirädern. Das Unternehmen produzierte die Rahmen, in die der große Gottlieb Daimler seine Motoren einbaute.
1892 kürzte man den langen Firmennamen auf NSU ab. Der Name wurde auch dann beibehalten, als die Firma im Jahre 1900 den Motorradbau aufnahm. Die ersten NSU-Modelle unterschieden sich nur wenig von einem Fahrrad. Die Motoren stammten von Minerva und Zedel. 1905 begann NSU zudem mit der Produktion von Automobilen. Zunächst baute die Firma Autos in Lizenz, denen eigene Entwicklungen folgten.
Im Jahr 1922 umfaßte die erweiterte Produktpalette des Unternehmens eine Zweizylindermaschine mit 499 cm³ und Zweiganggetriebe sowie eine 994 cm³-Maschine mit Dreiganggetriebe. 1925 entstanden ein obengesteuertes Zweizylindermodell mit 925 cm³ und eine Maschine mit 994 cm³ und Hinterradfederung. Im Laufe der 20er Jahre produzierte NSU obengesteuerte Einzylindermaschinen mit 250 cm³ Hubraum, seitengesteuerte 500er und verschiedene Zweizylindermodelle mit 500, 700 und 1000 cm³ Hubraum. Bis 1929 waren nur Motorräder mit 250 und 500 cm³ im Programm, unter ihnen die 500 S, eine sportliche Maschine, mit der NSU zum ersten Mal an Rennsport-Veranstaltungen teilnahm.
1929 entwickelte Walter Moore, der von Norton zu NSU gekommen war, den ersten wirklichen NSU-Renner. Die Maschine erhielt einen stehenden 500 cm³-Einzylindermotor mit einer obenliegenden Nockenwelle, die von einer Königswelle angetrieben wurde. Auf ihr gewann NSU 1930 den Großen Preis von Monza in der 500 cm³-Klasse. In den 30er Jahren hatte NSU ein breit gefächertes Angebot, zu dem eine kleine Zweitaktmaschine mit 175 cm³ Hubraum gehörte sowie Modelle mit 250, 350 und 500 cm³ und eine 600er, die besonders gut als Seitenwagenmaschine geeignet war.

Der Motorroller NSU Prima III, 1957.

Die vollverkleidete NSU 500 konnte 1951 viele Rekorde brechen.

NSU Konsul Serienmodell, 1951.

Der Rennfahrer Herrmann Müller auf einer NSU, 1928.

In der zweiten Hälfte der 30er Jahre schickte NSU ein 350 cm^3-Modell mit nach vorne geneigtem stehenden Zweizylindermotor mit zwei obenliegenden Nockenwellen auf die Piste, dem bald eine ähnlich konstruierte Maschine mit 500 cm^3 Hubraum folgte. Beide Motorräder waren ab dem Jahr 1939 mit Teleskopfederbeinen ausgerüstet. Der Erfolg blieb aus.

Nach dem Zweiten Weltkrieg wurde die Motorradproduktion erst 1949 wiederaufgenommen. NSU brachte ein Leichtmotorrad mit 98 cm^3 auf den Markt. Danach erschienen zahlreiche Modelle wie die Fox mit 125 cm^3-Zweitaktmotor, die später auch mit 100 und 125 cm^3-Viertaktmotoren ausgestattet wurde. Daneben schuf das Werk eine Viertaktmaschine mit 175 cm^3, die Modelle 250 Max, Spezial-Max und die 250er Supermax mit einer obenliegenden Nockenwelle, die durch Schubstangen aus Leichtmetall angetrieben wurde.

1951 erzielte Wilhelm Herz auf einer 500er NSU mit aufgeladenem Motor und einer durchschnittlichen Geschwindigkeit von 290,332 km/h den absoluten Geschwindigkeitsrekord für Motorräder. Der Rennsportmotor von NSU war der erste aufgeladene Motorradmotor, der eine Leistung von 125 PS erreichte. Im Jahr 1953 siegten bei der Markenweltmeisterschaft in der 250 cm^3-Klasse die Zweizylindermaschinen mit zwei obenliegenden Nockenwellen. Werner Haas holte sich im gleichen Jahr bei den Fahrerweltmeisterschaften den Titel in der 125 und 250 cm^3-Klasse.

Im Jahr 1954 wurde Rupert Hollaus Weltmeister auf einer 125er, Werner Haas verbuchte den Sieg in der 250 cm^3-Klasse, und 1955 gewann H.P. Müller die Weltmeisterschaft in der 250 cm^3-Klasse. Die Motorleistung der 250er wurde mit 42 PS angegeben: Sie lag somit bedeutend höher als die der 125er mit lediglich 16,8 PS.

Die berühmte NSU Rennmax, 1954.

1954 zog sich NSU vom Renngeschehen zurück, konzentrierte sich in der Folgezeit auf die Produktion von Mopeds und überschwemmte den in- und ausländischen Markt mit dem 50 cm³-Modell Quickly.
Mit dem außergewöhnlichen, von Baumm entwickelten Motorrad, das den Spitznamen „Fliegender Liegestuhl" trug, erzielte das Unternehmen weitere Rekorde. Der Rennfahrer mußte sich beim Fahren zwischen den beiden Rädern auf den Rücken legen und hatte den Lenker, der über eine Übersetzung mit der Radnabe verbunden war, zwischen den Knien. Hinter dem Rennfahrer lag ein äußerst kleiner NSU-Motor mit 50 cm³, der es dem seltsamen Gefährt erlaubte, fantastische Geschwindigkeiten zu erreichen.
Auf der Rekordstrecke von Bonneville erzielte die Maschine mit einem fliegenden Start die absolute Spitzengeschwindigkeit von 196,137 km/h. Gefahren wurde der mit einem Kompressor ausgerüstete „Fliegende Liegestuhl" von Hermann Müller. Das schnellste Motorrad der Welt wurde jedoch ein etwas konventionelleres Modell: Die NSU 500 mit Kompressor erreichte über den Fliegenden Kilometer

NSU-Rennmodell aus den 50er Jahren.

eine Durchschnittsgeschwindigkeit von 339,240 km/h.
Zum einen verdankte NSU dem Wankelmotor den ungewöhnlich guten Ruf seiner Maschinen, zum anderen führte gerade die Anwendung dieses Motors dazu, daß das Unternehmen in sehr ernste Schwierigkeiten geriet, die schließlich zur Stillegung der Motorradproduktion zwangen.
1951 hatte NSU den ersten Vertrag mit Felix Wankel abgeschlossen. Der Ingenieur hatte seine Torpedomotoren mit Drehschiebersteuerung versehen, und Walter Froede, der Leiter der Forschungsabteilung von NSU, wollte auch die NSU-Motorradmotoren mit Drehschiebern ausrüsten. Anfang 1954 entwickelte Felix Wankel jedoch einen Viertaktmotor, in dem ein gleichseitiger dreieckiger Drehkolben in einer epitrochoiden Bohrung lief. Im Jahr 1956 verwandelte ein auf den Ideen von Wankel basierender Kompressor einen Motorradmotor in einen Rekordmotor. Ein Jahr später gelang es Froede, die entsprechenden Bewegungen der inneren und äußeren rotierenden Teile des Triebwerks zu verändern und somit den Wankelmotor zu schaffen. Anfang der 60er Jahre stellte NSU die Motorradproduktion ein und konzentrierte sich auf den Autobau. 1969 wurde NSU von Audi übernommen.

NUT

Der Motorradfan Hugh Mason entwickelte 1906 mit dem Fahrradkonstrukteur Jack Hall ein Motorrad, das mit einem MMC-Motor mit Primärantrieb über Riemen und Sekundärantrieb über Kette ausgerüstet war. Die Vorgelegewelle hatte eine Kurbel, mit der der Motor gestartet wurde.
In den folgenden Jahren konstruierte Hall zahlreiche Versuchsmotorräder, die Grundlage für die 1912 entstandene erste NUT-Motorradserie. Der Name wurde aus den Anfangsbuchstaben des Ortes Newcastleupon Tyne gebildet, wo die Modelle von der Firma William Angus, Sanderson and Company gefertigt wurden.
1912 erschienen ein sehr leichtes Modell ohne Vorderradfederung,

das einen Zweizylinder-V-Motor von JAP hatte, und zwei weitere Zweizylinder-V-Maschinen, eine mit einem Motor der Schweizer Firma Rêve, die andere mit einem speziellen 350 cm³-Rennmotor von JAP. Für die Junior-TT von 1913 entwickelte Robin Bownass ein Modell mit einem obengesteuerten 350 cm³-Zweizylinder-V-Motor von JAP. 1913 erschienen seitengesteuerte 350, 375 und 500 cm³-Zweizylindermaschinen, eine Zweizylinder-Seitenwagenmaschine mit 775 cm³ und eine Serienausführung der TT-Siegermaschine.
1914 kamen die Brooklands Racer auf den Markt, obengesteuerte Zweizylinder-V-Maschinen mit 350 und 500 cm³-JAP-Motoren. Ihnen folgten Tourenmodelle mit Gangschaltung, Primärantrieb über Riemen und Sekundärantrieb über Kette.
Nachdem NUT die Herstellung von etwa 20 Seitenwagenmodellen mit 1000 cm³-Zweizylinder-V-Motoren, die als Krankentransportfahrzeuge benutzt wurden, beendet hatte, wurden während des Ersten Weltkriegs in der Fabrik nur noch Geschoßhülsen gefertigt.
Nach dem Krieg nahm die Firma den Motorradbau wieder auf und präsentierte eine luxuriöse Tourenmaschine mit einem seitengesteuerten 500 cm³-Motor. Doch gerade zu dem Zeitpunkt, als Aufträge einzugehen begannen, zogen Angus, Sanderson and Company ihr Kapital aus der Firma zurück. NUT war nicht mehr in der Lage, die Rechnungen für bestellte Waren zu bezahlen, und ging hoch verschuldet in Konkurs.
1921 übernahm Robert Ellis mit dem nötigen Kapital das gescheiterte Unternehmen und gab ihm den neuen Namen Hugh Mason & Company. Die Produktion der 500 cm³-Tourenmaschine wurde erneut aufgenommen. Daneben entstand ein sportliches, seitengesteuertes Zweizylindermodell, das eine Höchstgeschwindigkeit von 112 km/h erreichte. Doch bald schon hatten die Verkaufszahlen einen so niedrigen Stand erreicht, daß der Motorradhersteller im Mai 1922 erneut die Tore schließen mußte.
Noch einmal wurde NUT reorganisiert, und 1923 erschienen die ersten Exemplare mit 698 cm³-Motoren, die aus eigener Fertigung stammten und von W.C. Thompson entwickelt worden waren. Der zylinderförmige Kraftstofftank wurde zuerst durch einen anderen, noch längeren Rundtank und schließlich durch einem gewölbten Satteltank ersetzt. 1927 erweiterte man das Programm mit einem Leichtkraftrad mit einem 172 cm³-Villiers-Motor und einem Speedway-Modell mit sehr kurzem Radstand und einem obengesteuerten 350 cm³-Einzylindermotor.
1933 umfaßte die Produktpalette des Motorradherstellers drei verschiedene Versionen einer Zweizylindermaschine mit 698 cm³ Hubraum und ein seitengesteuertes Modell mit einem 750 cm³-Motor von JAP. Im gleichen Jahr mußte NUT endgültig die Tore schließen.

NUT mit 1000 cm³-V2-Motor, 1914.

NUT mit 698 cm³ Hubraum, 1929.

N.V.

Die N.V. wurde 1927 in Schweden von der Firma Nymanbolagen A.B. in Uppsala hergestellt. Das erste Modell, mit dem der Hersteller zahlreiche Rennerfolge feiern konnte, besaß einen obengesteuerten 250 cm³-Motor und blieb bis 1932 im Programm. Danach konzentrierte sich die Firma auf 98 cm³-Mopeds.
Kurz vor dem Zweiten Weltkrieg umfaßte die Produktpalette 50 bis 250 cm³-Zweitaktmaschinen, die mit Motoren von Royal Enfield, DKW, der schwedischen Firma J.B. und Sachs ausgerüstet waren.
1955 baute der schwedische Hersteller 125, 150 und 250 cm³-Maschinen, für die Motoren aus eigener Fertigung oder Zweitaktmotoren von Sachs und DKW verwendet wurden, einen Motorroller mit einem 50 cm³-Zweitaktmotor von Sachs und ein 38 cm³-Moped.

Nyman

1955 in drei Versionen hergestelltes schwedisches Motorrad. Zwei Ausführungen besaßen 50 cm³-Sachs-Motoren, das dritte Modell einen 38 cm³-Motor eigener Entwicklung. 1955 baute Nyman einen 47 cm³-Motorroller mit Preßstahlrahmen.

Oasa

Die italienische Marke Oasa war 1930-32 auf dem Markt. Die Maschinen verfügten über obengesteuerte 175 cm³-Motoren von Ladetto und JAP.

Oberle

Mit 147 und 175 cm³-Villiers-Motoren ausgerüstete Motorräder, die in begrenzter Stückzahl 1926-29 in Deutschland gefertigt wurden und; von Eugen Oberle selber gefahren, erfolgreich an verschiedenen Rennen teilnahmen.

OCM

Der italienische Hersteller OCM baute zu Beginn der 60er Jahre Mopeds und Kleintransporter, die mit Motoren von Franco Morini ausgerüstet wurden.

O.D.

Die deutsche Fahrzeugfabrik Willi Ostner wurde 1927 in Dresden gegründet, später aber nach Sulzbach-Rosenberg verlegt. Die O.D.-Modelle waren mit oben- oder seitengesteuerten 350 bis 1000 cm³-Motoren von Motosacoche (MAG) und anderen Herstellern ausgestattet. Im Laufe der 30er Jahre baute die Firma eine Maschine mit 600 cm³ und Leichtmotorräder mit 200 cm³-Zweitaktmotoren. Darüber hinaus fertigte die Firma Ostner Dreirad-Lieferwagen, die

mit Motoren von Jlo ausgerüstet waren.
Nach dem Krieg nahm das Unternehmen seine Produktion wieder auf und konzentrierte sich ganz auf den Bau von dreirädrigen Fahrzeugen.

OEC

Bereits 1914 baute die Osborn Engineering Company Motorräder für Blackburne, die auch unter dem Markenzeichen Blackburne in den Handel kamen. Der Firmengründer Frederick Osborn, ein Radrennfahrer, hatte 1901 ein Motorrad konstruiert, widmete sich dann aber der Herstellung von motorisierten Rollstühlen für Behinderte. Mit seinem Sohn John und Fred Wood entwickelte er eine Reihe außergewöhnlicher Konstruktionen.
Eines der ersten OEC-Modelle kam 1922 in den Handel. Das komplette Seitenwagengespann sollte als Taxi eingesetzt werden und besaß einen Zweizylindermotor von Blackburne. Der Seitenwagen hatte eine luxuriös ausgestattete, vollständig geschlossene Kabine für eine Person, die Maschine selber war mit einem Lenkrad anstelle einer Lenkstange versehen.
Eine der interessantesten Neuheiten, mit denen die Seitenwagengespanne ab 1927 versehen wurden, war das von John Osborn entwickelte und patentierte Duplex-Lenksystem. Der doppelte Lenkkopf verlieh der Maschine eine überdurchschnittliche Stabilität. Man hatte jedoch bei der Entwicklung nicht bedacht, daß das untere Ende der zweiten Gabel in schnell gefahrenen Kurven mit der Straße in Kontakt kam.
Beim Londoner Salon von 1929 präsentierte OEC ein neues Motorrad mit einem liegenden, wassergekühlten Tinkler-Motor. Kühler, Treibstofftank, Motor und Getriebe bildeten in ihrer Anordnung ein harmonisches Ganzes. Doch das Modell fand keinen Anklang. Mehr Erfolg hatte ein ungewöhnliches Modell, das 1930 in den Handel kam und von dem Vierzylinder-V-Motor Silver Hawk mit obenliegender Nockenwelle von Matchless angetrieben wurde.
Während der Wirtschaftskrise Anfang der 30er Jahre geriet OEC in ernste finanzielle Schwierigkeiten. Die Produktion wurde gestoppt, und die Firma mußte geschlossen werden. John Osborn und Fred Wood konnten jedoch mit dem Kredit einer Gruppe englischer Motorradvertreter eine neue Fabrik gründen und die Produktion wieder aufnehmen. Zu den außergewöhnlichsten Konstruktionen, die dann folgten, zählte die Atlanta Duo, ein sehr langes und niedriges Motorrad mit liegendem Motor. Der extrem tief liegende Schwerpunkt machte es in Verbindung mit der inzwischen berühmt gewordenen Duplex-Steuerung praktisch unmöglich, mit der Maschine umzufallen.
Zudem schuf die Firma ein spezielles Seitenwagengespann mit Zweizylinder-V-Motor von JAP. Das Modell war mit einigen seltsamen Geräten ausgerüstet, mit deren Hilfe die unterschiedlichen Straßenverhältnisse erfaßt werden konnten. Ein besonders auffallendes Fahrzeug war das Auto Monocar Whitwood mit zwei Rädern und seitlichen Stützrädern. Das Modell blieb 1934-36 im Programm und wurde mit verschieden großen Motoren angeboten, angefangen von 250 cm³-Motoren von Villiers bis zu 1000 cm³-Motoren von JAP. Ende der 30er Jahre produzierte das Unternehmen Modelle, die über Einzylindermotoren von Matchless und Teleskopfederbeine am Hinterrad verfügten.
Kurz vor Ausbruch des Zweiten Weltkriegs produzierte OEC fast ausschließlich Kriegsmaterial, allerdings nicht lange, denn schon bald wurde die Fabrik bei einem Luftangriff vollständig zerstört.
Nach dem Krieg baute man die Fabrik wieder auf, und das Unternehmen begann mit der Herstellung von Leichtmotorrädern. Sowohl die Touren- wie auch die Rennmodelle waren mit Villiers-Motoren und Federbeinen bestückt.
Ende der 50er Jahre befand sich OEC erneut in einer finanziellen Krise. Das Unternehmen mußte endgültig geschlossen werden, und die einst als modern gepriesenen Maschinen gerieten in Vergessenheit.

OEC Zweizylindermodell, 1930.

Speedway-Modell von OEC, 1950.

Officine Meccaniche Benesi

Der italienische Hersteller produzierte 1949-53 den Kleinstmotor Tauma, einen 50 cm³-Zweitakter mit stehendem Zylinder, der auf dem Vorderrad montiert wurde. Der Reibrollenantrieb lag vor dem Motor, die Antriebskraft wurde mittels eines gekapselten Keilriemens auf die Reibrolle übertragen. Unter zwei seitlich am Rad angebrachten, elegant geformten Verkleidungsblechen befanden sich auf der einen Seite der Reibrollenantrieb und auf der anderen der Treibstofftank.

Ogar

Ein sehr sportliches Modell mit einem 250 cm³-Zweitaktmotor war jahrelang das Grundmodell des tschechoslowakischen Herstellers Ogar aus Prag. Das Unternehmen wurde 1934 gegründet und bestand bis 1950. Nach 1945 wurde die Firma verstaatlicht und der Jawa-Gruppe angeschlossen. Sie produzierte dann bis 1950 perfekte Nachbildungen der Jawa-Modelle. Die Maschinen unterschieden sich lediglich im Markenzeichen.
1947 entstand ein Modell mit einem stehenden 350 cm³-Einzylinder-Viertaktmotor mit obenliegender Nockenwelle und Vierganggetriebe. Das Motorrad war vollständig verkleidet und erreichte eine Höchstgeschwindigkeit von 120 km/h.

OK Supreme

Die Firma Humphries & Dawes wurde 1882 gegründet und erzeugte zunächst Fahrrad-Einzel-

teile. Später begann das Unternehmen mit der Herstellung kompletter Fahrräder und nahm schließlich den Motorradbau auf, wobei Fahrradrahmen eigener Produktion mit Motoren anderer Hersteller ausgerüstet wurden. 1906 führte man das Markenzeichen OK ein. Im Laufe des Jahres 1911 wurde die mit den berühmten Precision-Motoren ausgerüstete Marke allmählich bekannt. Es gab Modelle mit 350, 500 und 600 cm^3 Hubraum. Die Firma verwendete außerdem wassergekühlte 346 cm^3-Motoren von Green und Zweizylindermotoren von ABC. Im Jahr 1914 baute sie NSU-Motoren in ihre Modelle.
Nach dem Krieg konstruierte OK 1919 den Prototyp eines Motorrads mit einem 345 cm^3-Zweizylinder-Boxermotor mit V-förmig im Zylinderkopf hängenden Ventilen. Doch der Motorradhersteller zog es vor, die 245 bis 292 cm^3-Modelle mit Motoren von Union und Villiers in den Handel zu bringen. 1921 folgte ein neues Modell mit 350 cm^3.
Auch im Rennsport entwickelte OK Aktivitäten. Der englische Rennfahrer Walter Handley, der damals am Anfang seiner großen Karriere stand, startete auf einem OK-Modell mit einem obengesteuerten 250 cm^3-Motor von Blackburne bei der Tourist Trophy, mußte aber vor dem Ziel ausscheiden. Beim Großen Preis von Ulster ging er als Sieger durchs Ziel.
In den folgenden Jahren trugen Handleys Erfolge entscheidend dazu bei, das Markenzeichen OK bekannt zu machen. Ausgerechnet in dieser vielversprechenden Periode entstanden Meinungsverschiedenheiten zwischen Humphries und Dawes, wegen derer sich die beiden Firmeninhaber trennten. Dawes gründete die Dawes Cycle Limited und Humphries eine neue Firma mit dem Namen OK Supreme, die 1930 eine 250 cm^3-Rennmaschine auf den Markt brachte. Mit diesem Modell nahm die Firma an den Tourist Trophys von 1931 und 1932 teil, blieb aber erfolglos. Zylinder und Zylinderkopf waren aus Grauguß gefertigt, das Motorengehäuse bestand aus einer Magnesiumlegierung, was bei dem damaligen Stand der Technik eine sensationelle Neuheit war.
Die Ventilsteuerung erfolgte über eine senkrecht stehende Nockenwelle, die von einer Königswelle angetrieben wurde. Die Bronzenocken saßen an den Enden der Welle und betätigten die Ventile über Stoßstangen und rechtwinklige Kipphebel. Gegenüber den in einem Ölbad liegenden Nocken befand sich im Motorengehäuse ein Fensterchen, durch das man die Arbeitsweise des Mechanismus überprüfen konnte. Wegen dieser Besonderheit nannte man das Modell „Lighthouse". Der Zylinder mit dem Fensterchen glich tatsächlich einem Leuchtturm.
Die OK Supreme Lighthouse wurde jahrelang ohne wesentliche Veränderungen in den Versionen mit 250 und 350 cm^3 gebaut. Ihr verdankte der Hersteller den größten Teil seines Absatzes, bis sie durch eine Maschine mit obenliegender Nockenwelle ersetzt wurde.
Das letzte normale Tourenmodell war die Flying Cloud mit einem 250 cm^3-Motor. Sie erschien in der zweiten Hälfte der 30er Jahre und blieb bis zum Ausbruch des Zweiten Weltkriegs im Handel. In jenen Jahren bestückte die Firma ihre Modelle mit Motoren eigener Entwicklung, aber auch mit JAP-Motoren. Während des Kriegs wurde die Produktion unterbrochen. Später nahm der Sohn des Firmengründers, John Humphries, die Produktion unter dem gleichen Markenzeichen wieder auf. Er fertigte 350 cm^3-Maschinen für Grasbahnrennen.
1946 sah es ganz so aus, als ob die alte Fabrik ihre führende Stellung in der englischen Motorradindustrie wiedereinnehmen könnte. Doch kam John Humphries bei einem Unfall ums Leben. Sein Vater, der fast 90jährige Firmengründer, hätte wohl noch genügend Energie gehabt, die Leitung der Firma zu übernehmen. Aber auch er starb nach einem Verkehrsunfall, und der Name OK Supreme verschwand endgültig von der Motorradszene.

OK Junior von 1920.

OK Road Knight von 1935.

Olimpus Crown

Diese japanische Firma produzierte 1957 ein modernes Motorrad mit einem Zweizylinder-Zweitakt-Boxermotor, der über 250 cm^3 Hubraum verfügte. Das Modell verfügte über einen Kardanantrieb, war am Vorderrad mit einer Schwinggabel und hinten mit Federbeinen ausgerüstet. Der Zentralrohrrahmen bestand aus Preßstahl.

Oliva

1920 begann die italienische Firma Fratelli Oliva di Vado Ligure in der Provinz Savona,

Olimpus Crown 350 von 1957.

Motorfahrrad Ollivier von 1919.

Fahrräder mit Hilfsmotoren herzustellen. 1924 entstand ein neues Leichtmotorrad mit einem 175 cm³-Motor von Train, separatem Zweiganggetriebe, fußbetätigter Kupplung und Kickstarter. Auf Kundenwunsch wurde das Modell entweder mit Kettenantrieb oder mit Riemenantrieb geliefert.

Oliverio

Dieser kleine italienische Hersteller baute in den Jahren 1929-32 Motorräder mit obengesteuerten Sturmey-Archer-Motoren mit 350 und 500 cm³ Hubraum. Sie verfügten über ein gefedertes Fahrwerk.

Olivos

Die englische Firma Olivos produzierte ursprünglich mechanische Ventile für die Vierzylindermotoren der Firma F.N. 1920-21 schuf Olivos ein Motorrad mit einem 500 cm³-Motor von Blackburne und gefedertem Rahmen.

Ollearo

1926 brachte der italienische Hersteller Ollearo aus Turin ein Tourenmodell mit 132 cm³ Hubraum und Dreiganggetriebe sowie ein Sportmodell mit 125 cm³ auf den Markt. 1927 entstand das Leichtmotorrad Comfort, das in seiner Konstruktion der Tourenmaschine entsprach, aber im Design verbessert worden war. 1929 stand darüber hinaus eine 175er auf dem Programm, die bis auf den Hubraum mit der 132er identisch war.
1930 verwendete Ollearo für die 175 cm³-Einzylinder-Zweitaktmaschinen einen nach vorne geneigten Zylinder und für die Einzylinder-Viertaktmodelle einen stehenden 175 cm³-Einzylindermotor mit im Zylinderkopf hängenden Ventilen. Bei der Viertaktmaschine mit 175 cm³ Hubraum war das Vierganggetriebe im Motorgehäuse integriert. Der Antrieb erfolgte über Kardanwelle. Der Zylinder war aus Grauguß gefertigt, und das Motorgehäuse bestand aus Aluminium. Die Ventile wurden von Kipphebeln und Stoßstangen gesteuert, die durch ein Rohr geschützt wurden.
Im Angebot war zudem das Damenmodell Lady: Das obere Rahmenrohr der Maschine war leicht nach unten gebogen, um der Dame das Aufsitzen zu erleichtern. Breite Schutzbleche schützten die Fahrerin vor dem Straßenschmutz. Der Zweitaktmotor hatte einen Hubraum von 131 cm³.
1931 begann die Firma mit der Produktion des neuen Modells Sirena mit 350 cm³. Es hatte die gleichen technischen Merkmale wie das obengesteuerte 175 cm³-Leichtmotorrad. 1932 entstand die 500 cm³-Maschine Perla mit Vierganggetriebe und Kardanantrieb. 1934 wurde das Programm um einen dreirädrigen Wagen erweitert, ein richtiges kleines Auto mit dem 500 cm³-Motor der Perla und Vierganggetriebe.
1946 erschien ein origineller Hilfsmotor, ein Zweitakter mit 45 cm³, dessen Motorleistung 1,25 PS betrug. Der Hilfsmotor hatte einen auf den Kopf gestellten Zylinder und Reibrollenantrieb und konnte sowohl über dem Vorder- wie auch über dem Hinterrad angebracht werden.
1948 präsentierte die Firma verschiedene neue Modelle. Neben der 500er Perla kamen die 250 tipo 4 und die 175 tipo 4 mit einer Höchstgeschwindigkeit von 90 km/h in den Handel. In den folgenden Jahren änderte sich der Katalog wenig. Neben den beschriebenen Motorrädern waren der 45 cm³-Kleinstmotor und die von den Motorrädern mit 175, 250, 350 und 500 cm³ Hubraum abgeleiteten Dreirad-Lieferwagen im Angebot. 1952 schloß die Firma ihre Tore.

Ollivier

Der Franzose Ollivier konstruierte ein interessantes Motorfahrrad, das wahrscheinlich in seiner Entwicklung nicht über das Prototypstadium hinauskam. Der schräg eingebaute Motor war hinter dem Fahrradlenkkopf angebracht. Eine Kardanwelle verlief vom Motor bis zum Hinterrad. Am Ende der Welle befanden sich zwei parallele Kegelreibrollen. Mittels eines Handhebels konnte man den Kontakt zwischen Reibrolle und Gummi unterbrechen. Bei einer zweiten Entwicklung war der Motor liegend vorne im Rahmen montiert.

Olmo

Die italienischen Mopeds der Marke Olmo wurden in den Jahren 1954-61 hergestellt und besaßen fortschrittlich konstruierte Einzylinder-Zweitaktmotoren mit 49 cm³.

Olympia

Olympia fertigte 1949 einen Motor, der von einem Rollenan-

Elektrische OME-Giordani, 1920.

Oman

Die Oman war ein Leichtmotorrad mit Dieselmotor, das vermutlich 1927 in Italien hergestellt wurde.

OMB

Das von dem Ingenieur Blatto entwickelte sportliche Leichtmotorrad OMB wurde 1932-34 von der italienischen Firma Officine Meccaniche Broglia produziert.

Max L und die Enduro Desert, eine Geländemaschine mit Scheibenbremsen an Vorder- und Hinterrad.

OME

Die OME war ein elektrisches Motorrad der Firma Officina Meccanica Elettrica, das 1920 beim Mailänder Salon vorgestellt wurde. Das italienische Modell verfügte über einen elektrischen Gleichstrommotor mit einer Leistung von 0,35 PS. Das

Prototyp der OMEA 125.

trieb auf das Vorderrad gekennzeichnet war. In den Jahren 1951-54 baute die französische Firma Mopeds mit Motoren eigener Entwicklung.

Olympic

Die englische Firma Frank Parkyn Ltd. in Wolverhampton brachte 1903-23 Motorräder unter dem Markenzeichen Olympic in den Handel. Die ersten Modelle waren mit 2,75 PS-MMC-Motoren ausgerüstet. Nach einer längeren Produktionspause kehrte das Werk 1919 mit einem neuen Modell mit einem 269 cm³-Motor von Verus auf den Markt zurück. Ab dem Jahr 1921 verwendete die Firma für ihre Produkte verschiedenste JAP-, Villiers- und Blackburne-Motoren, die in die ausgezeichneten Olympic-Rahmen eingebaut wurden. Darüber hinaus entstanden preisgünstigere Modelle, die unter dem Markenzeichen New Courtier vertrieben wurden. Zudem belieferte Olympic andere Firmen mit Rahmen und Fahrradeinzelteilen.

Olympique

Die meisten Modelle der französischen Firma Olympique mit Sitz in Courbevoie waren mit Zwei- und Viertaktmotoren von Zurcher bestückt. Zwischen 1922 und 1934 entstanden 250 und 350 cm³-Maschinen sowie eine 175er, deren Einlaßkrümmer längs neben dem Auspuffrohr lief.

Olympus King

Olympus King war ein in Japan 1956-60 hergestelltes Motorrad mit 125 und 350 cm³ Hubraum, das englischen Zweitaktmodellen mit im Zylinderkopf hängenden Ventilen nachempfunden war.

O.M.

Die Ostdeutschen Motorradwerke mit Sitz in Breslau produzierten in dem kurzen Zeitraum 1923-25 Leichtmotorräder, für die 197 cm³-Einzylindermotoren mit seitlich stehenden Ventilen verwendet wurden.

OMA

In den Jahren 1952-55 fertigte diese italienische Firma einen 175 cm³-Viertaktmotor mit hängenden, über Stoßstangen und Kipphebel gesteuerten Ventilen und integriertem Dreiganggetriebe.

Die OMB besaß einen 175 cm³-Motor, der ähnlich konstruiert war wie der Einzylindermotor des Modells, das 1928 den Großen Preis von Europa gewonnen hatte.

OMC

1930 entstand in England der Prototyp eines OMC-Motorrads mit Villiers-Motor, über das wenig bekannt ist.
Unter dem gleichen Markenzeichen wurden in Budrio in der Nähe von Bologna formschöne Mopeds gebaut, die wie viele andere Modelle der Firma mit Motoren von Minarelli oder Morini ausgerüstet wurden.
Besonders interessant waren die Wild Cat Elite H20, eine flüssigkeitsgekühlte Maschine mit Vierganggetriebe und Scheibenbremse am Vorderrad, die ähnlich konstruierte Wild Cat-Tigre

Hinterrad wurde direkt von einer Kette angetrieben. Die Höchstgeschwindigkeit des Motorrads variierte von 10 bis 25 km/h. Die Gleitbremse am Vorderrad war handbetätigt, die Gleitbremse am Hinterrad, die zugleich den elektrischen Kontakt unterbrach und den Motor stoppte, fußbetätigt. Die Batterien stammten von der Firma Tudor, und das Gesamtgewicht der Maschine wurde mit 100 kg angegeben.

OMEA

Die italienische OMEA wurde 1951-53 in Mailand hergestellt. Das Leichtmotorrad war mit einem 125 cm³-Zweitaktmotor mit Dreiganggetriebe ausgerüstet. Der Rohrrahmen hatte am Vorderrad eine Gabel mit Kurzschwingen. Das Hinterrad wurde von einer extrem langen Schwinge geführt. Die Federung besorgten eine zentrale Schraubenfeder und seitliche hydraulische Stoßdämpfer.

Omega

1909 wurde das englische Motorrad Omega in London vorgestellt. Mit seinem für damalige Zeiten sehr modernen Styling war es den Entwicklungen in diesem Bereich um 40 Jahre voraus. Das vordere Rahmenrohr des normalen Fahrradrahmens und das Rohr, das den Sattel trug, trafen sich im Motorgehäuse, in dem auch die Achse der Pedale lag. Das Modell verfügte über zwei voneinander unabhängige, im Ölbad laufende Kettenantriebe, einen für den Motor und einen für die Pedale. Der luftgekühlte, liegende Einzylindermotor hatte einen Hubraum von 217 cm³. Ob das Modell jemals in Serienproduktion ging, ist unbekannt.
Nach dem Ersten Weltkrieg stellte Omega zahlreiche Modelle her, für die Motoren von JAP, Bradshaw, Barr & Stroud und Blackburne mit Hubräumen von 179 bis 1000 cm³ verwendet wurden. Der Motorradhersteller, der inzwischen von Wolverhampton nach Coventry umgezogen war, schloß 1927 die Tore.
Den Namen Omega trug auch der 1956 von dem großen englischen Techniker Grandville Bradshaw entwickelte Motor, den ein rotierender torusförmiger Zylinder kennzeichnete.
1965 produzierte eine japanische Firma mit dem Namen Omega 90, 125 und 151 cm³-Geländesportmodelle und normale Straßenmaschinen mit stehenden Zweizylindermotoren mit 90, 250 und 500 cm³ Hubraum.

Omega mit liegendem Zylinder, 1909.

Omer

Im Laufe der 80er Jahre produzierte die italienische Firma Omer in Reggio Emilia eine Serie von interessant konzipierten Mopeds für verschiedene Einsatzzwecke. Unter anderem entstanden die zusammenklappbaren Modelle Tanga und Skipper, die konventionellen Mopeds Vivo, Zoom, Maggiolino und Maggiolone sowie die Mini Daytona, Mini Vallelunga und Mini Cross mit 47,5 cm³-Motoren und kleinen Rädern.

O.M.N.

Der italienische Hersteller O.M.N. fertigte in den Jahren 1924-25 Leichtmotorräder, die mit Villiers-Motoren ausgerüstet waren.

Onaway

Die 1904–08 in England hergestellte Onaway war ein originelles Motorrad mit einem 5 PS-Motor. Das Modell hatte einen Sitz aus Korbgeflecht und einen tiefgezogenen Dreiecksrahmen.

Onoto

Diese französischen Motorräder wurden 1934-38 hergestellt und waren mit Zweitaktmotoren von Aubier Dunne ausgerüstet. Das Hubvolumen reichte von 100 bis 175 cm³.

Opel

Die deutsche Firma Opel wurde 1902 gegründet. Zu Beginn seines Bestehens verwendete Opel Motoren von Zedel, Fafnir und anderen Herstellern. Nachdem die Marke für einige Zeit vom Markt verschwunden war, nahm Opel 1910 die Produktion wieder auf und baute einen Hilfsmotor, der seitlich am Hinterrad eines Fahrrads angebracht wurde. 1920 hatte der Hilfsmotor einen Hubraum von 137 cm³.
Kurze Zeit später begann Opel mit der Herstellung eines Rennmotors. Das Viertaktmodell verfügte über vier im Zylinderkopf hängende Ventile und hatte einen Hubraum von 175 cm³. 1921 entstand ein Moped, dessen 140 cm³-Motor seitlich am Hinterrad eingebaut war. Der zylindrisch geformte Treibstofftank

lag unter dem unteren Rahmenrohr. Das Vorderrad des Mopeds wurde von einer gefederten Gabel geführt. Die Antriebskraft wurde vom Ritzel auf das hintere Kettenrad übertragen, das vom kettengetriebenen Pedalantrieb des Mopeds unabhängig war.
1928 kaufte Opel die Fabrik Elite-Diamant und baute seiten- und obengesteuerte 500 cm³-Einzylindermaschinen. Die Aluminium-Rahmen der Modelle wurden unter Lizenz hergestellt. Im gleichen Jahr entstand ein Motorrad, das einen normalen MAG- oder Küchen-Motor und einen Neander-Rahmen erhielt. Auf beiden Seiten des Hinterrads waren zusätzlich drei Raketentriebwerke montiert. Die Maschine wurde nur versuchsweise konstruiert. Man wollte das Fahrverhalten eines Fahrzeugs mit Raketentriebwerken testen.
1932 stellte Opel den Motorradbau ein und widmete sich ausschließlich der Automobilherstellung.

Opel-Modell mit am Hinterrad angebrachten Raketentriebwerken, 1928.

OPRA

Graf Bonmartini, der eine wahre Leidenschaft für Zweiräder hegte, gründete die italienische Società OPRA (Officine di Precisione Romane Automobilistiche), um die Produktion eines Motorrads aufzunehmen, das 1926 von den römischen Ingenieuren Carlo Giannini und Pietro Remor entwickelt worden war. Die Maschine verfügte über einen stehenden Vierzylindermotor mit einem Gesamthubraum von 490 cm³. Er bestand aus zwei aus einem Guß gefertigten Zweizylindermotoren mit integrierten Zylinderköpfen. Die Kraftstoffversorgung der Zylinder erfolgte über zwei Doppelvergaser. Das Modell hatte ein Dreiganggetriebe, die Motorleistung betrug 32 PS bei 6000 U/min, das Verdichtungsverhältnis 6:1. Die beiden Konstrukteure Giannini und Remor entwickelten zudem ein zweites, wassergekühltes Modell mit angeschweißten Zylinderköpfen, das eine Motorleistung von 30 PS hatte.
Das OPRA-Modell aus dem Jahr 1927 nahm recht erfolgreich an verschiedenen Rennen teil, doch da es sehr teuer war, konnte das Motorrad nie den Verkaufserfolg erreichen, den sich seine Hersteller gewünscht hätten.

OPRA mit stehendem Vierzylindermotor, 1926.

Opti

Die deutschen Viertaktmotoren mit 175 und 246 cm³ Hubraum hatten ein perfektes Design. Interessant konstruiert war auch der stehende 250 cm³-Zweizylindermotor mit obenliegender Nockenwelle und Vierganggetriebe. Mit dem von dem Ingenieur Küchen entwickelten Motor wurden verschiedene deutsche Motorräder und die Schweizerischen Motosacoche ausgerüstet. Er hatte eine Leistung von 14 PS bei 6500 U/min und sorgte für eine Höchstgeschwindigkeit von 115 km/h.

OR

Unter dem Markenzeichen OR präsentierte die Officine Riunite di Costruzioni Meccaniche in Mailand 1928 Fahrräder mit Hilfsmotoren. Die italienischen Modelle waren mit seitengesteuerten 175 cm³-Motoren mit Zweiganggetriebe und obengesteuerten Motoren mit Dreiganggetriebe ausgerüstet. Daneben schuf die Firma ein obengesteuertes Luxusmodell mit 175 cm³ Hubraum und Ballonreifen.

Oram

1949 produzierte die italienische Firma Oram (Officina Ricostruzione Automobili e Motocicli) ein konventionelles Leichtmotorrad mit 125 cm³ Hubraum.

Orbit

Das englische Unternehmen Orbit Motors Ltd. wurde 1913 in Wolverhampton gegründet. Zu Beginn ihres Bestehens baute die Firma seitengesteuerte 350 cm³-Modelle. Nach Kriegsende entstand eine interessant konstruierte Zweitaktmaschine mit 261 cm³ Hubraum. Ihr folgten 350 cm³-Modelle, die mit Motoren von Barr & Stroud, Bradshaw und Blackburne ausgestattet waren. 1924 stellte die Firma ihre Produktion ein.

Oreol

Die 1903 in Puteaux gegründete Firma Oreol baute bis 1915 Ein- und Zweizylinder-V-Maschinen, die bei Rennen recht erfolgreich abschnitten. Der Rennfahrer Cissac konnte mit einem 333 cm³-Einzylindermodell der französischen Firma zahlreiche Rekorde brechen.

Orial

Unter diesem Markenzeichen wurden in den Jahren 1929-30 die für den Export bestimmten deutschen Triumph-Modelle vertrieben, nachdem sich Triumph Nürnberg von Triumph Coventry getrennt hatte. Die Maschinen waren mit MAG-Motoren bestückt, die über 350 und 750 cm³ Hubraum verfügten. Später erhielten sie die Bezeichnung TWN. Unter dem Markenzeichen Orial wurden auch in Frankreich 1919-25 Motorräder mit Ein- und Zweizylindermotoren von MAG produziert.

Orient

Die amerikanische Firma Waltham Manufacturing war einer der ersten Hersteller, der Fahrräder mit Hilfsmotoren auf den Markt brachte. Im Jahr 1900 fertigte die Firma Modelle mit

Aster-Motoren, die hinter dem Lenkkopf eingebaut waren und eine Motorleistung von 2,25 und 2,5 PS hatten. Der Treibstofftank lag hinter dem Sattel auf dem Hinterrad. 1910 wurde das Werk stillgelegt.

Origan

Die 1933 in Frankreich gegründete Firma Origan verwendete für ihre ausgezeichneten Motorräder Zweitaktmotoren mit 100 bis 175 cm³ Hubraum und Viertaktmotoren von AMC. Gegen Mitte der 50er Jahre stellte Origan die Produktion ein.

Orion

Diese tschechoslowakischen Modelle wurden in den Jahren 1900-29 in Slany hergestellt. Sie besaßen 500 und 600 cm³-Einzylindermotoren mit seitlich stehenden Ventilen und 500 cm³-Motoren mit im Zylinderkopf hängenden Ventilen.

Orione

Die italienische Firma Orione in Mailand existierte 1923-28. Sie war auf die Herstellung von Zweitaktmotoren spezialisiert, die in Fahrräder eingebaut wurden. Zudem war die Firma für ihre Motorräder bekannt, mit denen sie recht erfolgreich an Rennen teilnahm. Der kleinste von Orione hergestellte Motor hatte einen Hubraum von 87 cm³.

Orionette

Die deutsche Orionette wurde 1922-25 von der Orion Gesellschaft für Motorfahrzeuge in Berlin gefertigt und besaß einen Zweitaktmotor mit 150 cm³ Hubraum. Andere Versionen waren mit Zweitaktmotoren mit 98 und 240 cm³-Motoren ausgerüstet. Kennzeichen dieser Triebwerke waren Schnüffelventile, Überströmkanäle im Zylinder und im Zylinderkopf hängende, über Stoßstangen und Kipphebel gesteuerte Auslaßventile.

Orix

Diese italienische Motorradfabrik mit Sitz in Alessandria bestand in den Jahren 1949-54. Die Produktpalette von Orix umfaßte verschiedene Motorroller mit Motoren von 125 bis 175 cm³ Hubraum sowie Motorräder mit 175 cm³-Zweitaktmotoren von Jlo.

Trial-Motorrad von Ossa, 1970.

Ormonde

Der Motor dieser englischen Maschine war zwischen dem Rohr, auf dem der Sattel saß, und dem hinteren Schutzblech montiert. Die Ormonde wurde im ersten Jahrzehnt des 20. Jahrhunderts hergestellt und zählte zu den erfolgreichsten Motorrädern ihrer Zeit. Es gab sie in verschiedenen Ausführungen: Die 2,25 und 2,75 PS starken Motoren stammten von Kelecom, die 3,5 PS leistenden Aggregate von Antoine.

Ortloff

Eine der zahlreichen deutschen Marken, die zu Beginn der 20er Jahre im Handel erschienen und nach kurzer Zeit wieder vom Markt verschwanden. Es handelte sich hier um Leichtmotorräder, die von 185 und 198 cm³-Gruhn-Motoren angetrieben wurden. Die Ortloff-Automobil AG war in Berlin-Charlottenburg ansässig.

Ortona

Diese englische Firma mit Sitz in Egham, Sussex, fertigte 1904-06 eine Serie von Motorrädern mit 3,5 PS starken Motoren.

Osa-Liberty

Diese französischen Modelle wurden 1926-31 von der Firma Omer Samyn aus Argenteuil gebaut. Sie verfügten neben Zweitaktmotoren firmeneigener Entwicklung über seiten- und obengesteuerte JAP-Motoren mit 350 cm³ Hubraum.

Oscar

Unter diesem Markenzeichen wurden 1953-55 in England Motorroller hergestellt, für die Motoren mit 122 cm³ Hubraum von Blackburne und mit 197 cm³ von Villiers verwendet wurden.
Motocicli Oscar hieß eine italienische Motorradfabrik mit Sitz in S. Andrea di Sesto bei Bologna, die in den 60er Jahren mit konventionellen Mopeds auf den Markt kam. Mitte der 80er Jahre stellte Oscar die Produktion ein.

Oscha

Die deutsche Firma Otto Schaaf in Böhlitz-Ehrenberg bei Leipzig konstruierte 1925 Motorräder mit 250 cm³-Zweitaktmotoren und recht konventionellem Styling.

Osmond

Die englische Firma Osmond in Birmingham produzierte ab 1911 Motorräder mit 500 cm³-Einzylindermotoren von Precision. Während des Ersten Weltkriegs wurde die Produktion unterbrochen und nach dem Krieg mit einem Leichtmotorrad wiederaufgenommen. Dieses Modell hatte einen 200 cm³-Zweitaktmotor und wurde auch in einer Damen-Ausführung mit modifiziertem Rahmen hergestellt. 1922 präsentierte die Firma ein weiteres Modell, eine recht durchschnittliche Maschine mit einem 239 cm³-Zweitaktmotor. 1924 stellte Osmond den Betrieb ein.

Ossa

Offiziell wurde der spanische Motorradhersteller von dem Industriellen Manuel Giro gegründet, den Anstoß dafür gab aber sein Sohn Eduardo, der schon als Zwölfjähriger einen kleinen Zweitaktmotor entwikkelt und konstruiert hatte. In Anbetracht der außerordentlichen Begabung seines Sohnes stellte Giro einen Bereich in seiner Fabrik in Badel Eduardo zur Verfügung, wo er eigene Motorräder entwickeln konnte.
1951 lief die Produktion der Ossa-Modelle offiziell an. Die ersten Exemplare besaßen oben- oder seitengesteuerte Viertaktmotoren bis 175 cm³ Hubraum. Im Lauf der 50er und 60er Jahre konzentrierte sich das Werk ausschließlich auf Einzylinder-Viertaktmotoren. Die gelungensten Modelle jener Jahre waren die Wildfire mit 250 cm³ und die Sport TS mit 175 und 230 cm³ Hubraum.
1967 sah die spanische Firma den richtigen Augenblick gekommen, sich im Geländesport zu engagieren. Eduardo Giro widmete sich ganz der Entwicklung von Maschinen für Moto-Cross, Langstreckenrennen und das Gelände. Da die beiden anderen spanischen Motorradhersteller Montesa und Bultaco der Firma Ossa im Sportbereich weit voraus waren, stellte Eduardo Giro den 23jährigen Engländer Mick Andrews als offiziellen Trial-Werksfahrer und technischen Berater seiner Firma ein. Andrews und Eduardo Giro waren die ersten konkurrenzfähigen Modelle zu verdanken.
Andrews konzipierte eine Trial-Maschine, die unter dem Namen Ossa MAR (Mick Andrews Replica) auf den Markt kam. Mit diesem Modell gewann er 1970 zum ersten Mal das Scottish Six

Days Trial, im darauffolgenden Jahr wurden seine Bemühungen durch den Sieg bei der ersten Trial-Europameisterschaft gekrönt. 1972 wurde Andrews erneut Europameister, dann schloß sich jedoch eine Serie von Mißerfolgen an, die schließlich zum Bruch zwischen Andrews und dem spanischen Motorradhersteller führte.
Die Produktion der MAR lief jedoch weiter, wobei das Modell kontinuierlich überarbeitet und verbessert wurde. Besondere Kennzeichen dieser Maschine, die von einem Einzylinder-Zweitaktmotor angetrieben wurde, waren die einfache Konstruktionsweise und das hohe Drehmoment des Motors.
Das Moto-Cross-Modell Phantom, das Eduardo Giro Ende der 60er Jahre baute, zeichnete sich durch eine hohe Motorleistung aus. Die Phantom war eines der besten Motorräder, die Ossa je produzierte. Sie diente schon bald als Grundmodell für eine neue Generation von Ossa-Maschinen, die für Wüstenrennen, Langstreckenwettbewerbe und Trial-Wettkämpfe bestimmt waren. So erhielten die Geländemaschinen Pioneer, Desert und ISDT einen Rahmen, der dem der Phantom sehr ähnlich war.
1973 beschloß das Unternehmen, erneut mit der Produktion von Straßenmaschinen zu beginnen, und 1975 kam die Ossa Tourist 250 auf den Markt. Die Maschine verfügte über einen Einzylinder-Zweitaktmotor aus Leichtmetall mit Fünfganggetriebe und erreichte eine Höchstgeschwindigkeit von 140 km/h. Dem Tourenmodell folgte die Yankee, deren Zweitakt-Twin über 500 cm³ Hubraum verfügte.
Neben der 250 cm³-Tourenmaschine, der 500er Yankee und dem Moto-Cross-Modell Phantom waren auch Trial-Motorräder mit 250 und 350 cm³ Hubraum im Programm. Für die Fans von schwierigerem Gelände bot Ossa die Enduro Explorer 250 an. Sie besaß einen soliden Einzylinder-Zweitaktmotor, der auf dem Motor des Trial-Modells aufbaute, und hatte einen vernickelten Doppelschleifenrahmen.
1977 geriet das spanische Unternehmen vorübergehend in eine Krise, weil die Konkurrenz der anderen Motorradproduzenten immer erdrückender wurde. 1978 sah man jedoch Mick Andrews wieder im Sattel einer Ossa-Trial-Maschine. Mit der Firma schien es wieder bergauf zu gehen.
Bei Straßenrennen konnte Ossa zwischen 1968 und 1970 einige Erfolge verbuchen. Der spanische Hersteller überraschte die Motorradwelt mit den erstaunlichen Leistungen, die Santiago Herrero auf einer einfachen 250 cm³-Einzylindermaschine mit Drehschiebersteuerung erzielte. Als der hervorragende Rennfahrer starb, zog sich das Unternehmen jedoch vom Renngeschehen zurück. Die Ossa 250 hatte einen Einzylinder-Zweitaktmotor mit einer Leistung von 50 PS bei 11000 U/min und erreichte eine Höchstgeschwindigkeit von 230 km/h. Ihr origineller, selbsttragender Rahmen aus geschweißtem Aluminium war nicht nur außerordentlich leicht, sondern auch sehr solide.
In den 80er Jahren umfaßte die Produktpalette der Firma die Trial-Modelle Roja 303, Yellow 350 und Orange 250, die Enduro-Modelle TU-YO mit 250 und 350 cm³ Hubraum, die Desert Fuego 250 und die Super Pioneer 250. Zu den Straßenmaschinen zählten das Tourenmodell 250 T.E. und die 250er Formula 3. 1985 schloß die Firma ihre Tore.

OTO

1951 erschien in Frankreich der Motorroller OTO mit 122 cm³ Hubraum auf dem Markt. Doch nach kürzester Zeit war er im Handel nicht mehr zu finden.

Ottaway

Der Amerikaner Herb Ottaway konstruierte 1960 die Sechszylindermaschine Super 600 HJO mit einem Triebwerk, das aus zwei Motoren der vierzylindrigen Indian von 1940 bestand. Ottaway verschweißte zweieinhalb Zylinder des einen Motors mit dreieinhalb Zylindern des anderen Motors. So erhielt er ein stehendes Sechszylinder-Triebwerk, das aus drei Zylinderpaaren bestand. Das Gewicht der Maschine betrug 180 kg.

Otten

Otten war ein holländisches Damenmotorrad, das 1901 konstruiert wurde und über einen offenen Rahmen verfügte. Der Motor war vor den Pedalen eingebaut, der Treibstofftank lag hinter dem Sattel.

Ottino

Das italienische Moped Ottino wurde im Jahr 1926 in Turin hergestellt und war mit einem 125 cm³-Motor von Della Ferrera bestückt.
Unter dem gleichen Markenzeichen kamen 1931 Leichtmotorräder auf den Markt, für die Motoren von JAP, Della Ferrera und CF verwendet wurden.

Ottolenghi

Die Firma Ottolenghi e Actis in Caluso, Aosta, produzierte 1929 Motorräder mit 175 cm³ Hubraum, die sie mit obengesteuerten Motoren von Piazza und Ladetto & Blatto ausrüstete. 1930 verwendete der italienische Motorradhersteller zudem Motoren von JAP. 1932 wurde die Produktion eingestellt.

Overdale

Von 1921 bis 1922 wurden bei der Overdale Motor Company in Glasgow Modelle mit 269 in cm³-Motoren von Villiers hergestellt. Die schottischen Maschinen verließen nur in begrenzter Stückzahl das Werk.

Overseas

Diese englische Firma mit Sitz in Birmingham hieß Overseas, weil sie geschäftliche Verbindungen mit den britischen Kolonien unterhielt. 1909-16 produzierte sie Motorräder, die auch in England nicht sehr bekannt wurden. Obwohl der Hersteller jahrelang Einzylindermodelle fertigte, war eine robuste, für Geländeeinsätze konzipierte Zweizylindermaschine mit einem seitengesteuerten 842 cm³-Motor sein erfolgreichstes Modell.

P.A.

Diese Motorräder mit seiten- und obengesteuerten Blackburne-Motoren mit 175, 250 und 350 cm³ Hubraum wurden 1922-30 im belgischen Herstal in der Nähe von Lüttich produziert. In der Folgezeit verwendete der Hersteller zudem Zweitaktmotoren eigener Entwicklung mit 250 und 350 cm³ Hubraum.

Pacer

Die Pacer war in zweierlei Hinsicht einzigartig: Zum einen war sie im Jahr 1914 das einzige Modell, das auf der Insel Guernsey hergestellt wurde, und zum anderen war sie mit einer Motorleistung von kaum 1 PS das kleinste Motorrad ihrer Zeit.

Paddon

Der von John B. Paddon 1936 entwickelte, doch anscheinend nie gebaute Motor hatte einen feststehenden Torus-Zylinder, in dem zwei Kolben mit unterschiedlicher Geschwindigkeit liefen. Die Einlaß- und Auslaßöffnungen sowie die Zündkerze lagen in bestimmten Abständen in der Zylinderwand. Das Viertaktverfahren umfaßte eine komplette Drehung der Kolben im Torus-Zylinder.

Paglianti

Die italienische Firma Antonio Paglianti in Treviso produzierte 1954-58 konventionelle 49 cm³-Mopeds mit Kettenantrieb und Rollenantrieb. In der Folgezeit baute Paglianti auch Mini-Motorroller mit 75 cm³-Zweitaktmotoren. 1962 stellte die Firma die Produktion ein.

Pagnon

Dieser Motorroller mit einem liegenden 125 cm³-Einzylinder-Zweitaktmotor von Ultima wurde 1957 von dem Franzosen Pagnon entworfen. Das Modell war mit einem Vierganggetriebe ausgerüstet und hatte zwei hintereinanderliegende Sitze. Vorder- und Hinterrad waren mit Gummiringen gefedert.

Paloma

Anfang der 50er Jahre begann das französische Unternehmen S.N.E. Paloma, Mopeds mit 49 cm³-Motoren zu produzieren.

1954 präsentierte Paloma einen kleinen, vollständig verkleideten Motorroller mit 70 cm³. Das Modell hatte große Räder, ein Dreiganggetriebe und eine Teleskopgabel am Vorderrad. 1955 kamen vier leichte Motorroller mit Hubräumen von 75 bis 125 cm³ auf den Markt, die über einen offenen Rahmen, eine Teleskopgabel und ein Dreiganggetriebe verfügten.
1957 entstanden zudem Mopeds mit 50 cm³-Motoren von Lavalette und automatischer Kupplung, die bis 1960 im Programm blieben. Daneben erschien ein Leichtmotorrad mit 60 cm³, das von dem Moped abgeleitet war.

Pam

Ein amerikanischer Hersteller, auf dessen Produktpalette 1923 zwei Viertaktmodelle standen: eine 225 cm³-Einzylindermaschine und ein Modell mit einem 200 cm³-Zweizylindermotor.

Pamag

Die Paderborner Maschinenfabrik baute 1950-53 Motorräder mit 98 bis 250 cm³-Zweitaktmotoren von Anker, Jlo und Fichtel & Sachs.

Pandora

Dieser 1961 entstandene japanische Motorroller war das erste Kraftrad der 125 cm³-Klasse, das mit einem elektrischen Starter ausgerüstet wurde.

Panni

Ein kleiner ungarischer Motorroller mit einem 48 cm³-Zweitaktmotor, der 1960 in Budapest konstruiert wurde.

Pannonia

Ungarns größte Motorradfabrik Pannonia wurde 1956 in Budapest gegründet und brachte im darauffolgenden Jahr eine elegante 250er mit integriertem Vierganggetriebe und einer Höchstgeschwindigkeit von 110 km/h auf den Markt. 1958 schuf Pannonia den Motorroller Panni mit einem 48 cm³-Motor und Zweiganggetriebe.
In den 60er Jahren produzierte die Firma ein Modell mit einem nach vorne geneigten 246 cm³-Zweizylinder-Zweitaktmotor, der 23 PS bei 7500 U/min leistete. Die Maschine, die bis 1970 fast unverändert im Programm blieb, besaß ein Fünfganggetriebe, wog 142 kg und erreichte eine Höchstgeschwindigkeit von 134 km/h. Ferner entstanden bei Pannonia Motorräder, die unter dem Markenzeichen Danuvai und Berva in den Handel kamen.

Panther

Die Panther-Werke in Braunschweig stellten schon vor dem Zweiten Weltkrieg Motorräder her, in die 73 und 98 cm³-Motoren von Ilo und Sachs eingebaut waren. Nach 1945 produzierte die Firma interessant konzipierte Mopeds und Motorräder, die in England unter dem Markenzeichen Leopard vertrieben wurden. Die Modelle besaßen 32 bis 174 cm³-Zweitaktmotoren von Sachs.
Im Laufe der Zeit konzentrierte sich das Unternehmen zunehmend auf die Produktion von 49 cm³-Mopeds.

Parilla 175 von 1958.

Paqué

Die 1922-26 in Augsburg von Paqué gefertigten Motorräder waren im Vergleich zum damaligen Stand der Technik sehr fortschrittlich konzipiert. Insbesondere die Einzylindermodelle mit 200 cm³, die 1924 mit obengesteuerten Motoren und Rohrrahmen (in der Folgezeit Rahmen aus Preßstahl) ausgestattet wurden, waren, technisch gesehen, ihrer Zeit weit voraus.

Parfaite

Die Parfaite wurde 1896 von den beiden Franzosen Durey und Bernard konstruiert. Der nach vorne geneigte Motor war am Lenkkopf eingebaut. Einige Teile des Rahmens dienten zugleich als Öl- und Benzinleitung.

Parilla

Direkt nach dem Krieg existierte in Mailand, in der Viale Sabotino, eine kleine Werkstatt, in der Einspritzpumpen und Einspritzdüsen von Dieselmotoren repariert und gewartet wurden. Dem technischen Können des Besitzers Giovanni Parrilla war es zu verdanken, daß sich die Firma in kürzester Zeit einen großen Kundenstamm schaffen konnte. Der geschäftliche Erfolg gab Parrilla die Möglichkeit, sich auf die Entwicklung einer Rennmaschine zu konzentrieren, an der er schon einige Zeit gearbeitet hatte.
1946 konstruierte er die erste Parilla (ein „r" strich Parrilla im Markenzeichen um des vermeintlich besseren Klanges willen), eine Einzylinder-Viertaktmaschine mit 250 cm³ Hubraum und einer obenliegenden Nockenwelle, die von einer vertikalen Königswelle angetrieben wurde. Das Modell hatte jedoch einige Mängel. Von ihm abgeleitet entstand 1947 die Parilla Supersport mit einem 247 cm³-Motor, der eine obenliegende Nockenwelle besaß, 17 PS bei 7250 U/min leistete und mit einem Vierganggetriebe kombiniert war. Die Maschine wog 135 kg und erreichte eine Höchstgeschwindigkeit von 135 km/h. In einer für den Wettkampf konzipierten Ausführung verfügte die Maschine über eine Motorleistung von 18 PS und erzielte eine Höchstgeschwindigkeit von über 140 km/h.
1948 umfaßte das erweiterte Programm der Firma ein Sportmodell mit 14 PS Leistung und einer Höchstgeschwindigkeit von 120 km/h, die erwähnte Competizione mit 18 PS und 140 km/h und die Ausführung Speciale Corsa mit 20 PS und einer Spitzengeschwindigkeit von 145 km/h. Noch im gleichen Jahr konstruierte Parrilla für Grand Prix-Rennen ein weiteres Modell, das mit 247 cm³ Hubraum auf eine Leistung von 21 PS bei 8500 U/min kam und eine Höchstgeschwindigkeit von 160 km/h erreichen konnte.
1949 wurde für Kunden, die nicht aus dem Motorradsportsektor kamen, eine 250 cm³-Zweitaktmaschine konstruiert. Als Fahrgestell diente ein Rohrrahmen. Das Vorderrad wurde von einer Parallelogrammgabel aus Preßstahl geführt, das Hinterrad von einer Schwinge. Die Motorleistung von 8 PS ermöglichte der 250er eine Höchstgeschwindigkeit von 100 km/h. Zudem produzierte das Unternehmen eine Zweitaktmaschine mit 98 cm³, der 1951 ein sehr elegantes 125 cm³-Zweitaktmodell und eine 350er mit 30 PS folgten.
Zu den Rennerfolgen von Parilla zählten 1950 ein Sieg von Schell in Hockenheim, der italienische Meistertitel in der 250 cm³-Klasse und ein erster Platz in der 250 cm³-Klasse für Cavaciuti bei dem wiederaufgenommenen Langstreckenrennen Mailand-Taranto.
1952 schuf Parrilla seinen ersten Motorroller, den vollständig verkleideten Levriere mit 125 cm³ Hubraum und Dreiganggetriebe. Ein Jahr später entstand neben verschiedenen Leichtmotorrädern mit 150 cm³-Zweitaktmotoren eines namens Bracco in zwei Ausführungen mit 125 und 150 cm³ Hubraum. Ein weiteres interessant konstruiertes Modell war die Fox mit einem stehenden 175 cm³-Einzylinder-Viertaktmotor und etwas nach oben versetzter Nockenwelle. Die Nocken-

welle lag auf halber Höhe des Zylinders und betätigte kurze V-förmig angeordnete Stoßstangen.

1953 kamen die Setter mit 250 cm³ und die Veltro mit 350 cm³ Hubraum in den Handel. Beide Modelle besaßen stehende Zweizylindermotoren. Die Ventilsteuerung erfolgte über Stoßstangen und Kipphebel. 1954 entwickelte Parrilla ein 125 cm³-Rennmodell mit einem Einzylindermotor, der eine Leistung von 13,5 PS bei 10000 U/min aufwies und über ein Viergangggetriebe verfügte. 1955 folgten weitere neue Modelle, wie die 175er Sport MDS Competizione, die Bracco mit 175 cm³, ein 98 cm³-Modell mit obenliegender Nockenwelle, sowie eine 175er mit zwei obenliegenden Nockenwellen, die bis 1959 im Programm blieb.

Im gleichen Jahr hatte man mit dem Bau von 49 cm³-Mopeds begonnen, die sowohl unter dem Markenzeichen Parilla, wie auch unter dem der Mailänder Firma Willier Triestina, die Parilla inzwischen aufgekauft hatte, vertrieben wurden.

1958 präsentierte der Motorradhersteller seine wohl interessanteste Neuerscheinung. Das Leichtmotorrad Slughi war ein mustergültiges Beispiel dafür, wie man in einem Modell die positiven Eigenschaften eines Motorrollers und die eines Motorrads vereinigen konnte. Doch obwohl die Slughi sowohl mit einem 98 cm³-Zweitaktmotor mit 5,8 PS wie auch mit einem 98 cm³-Viertaktmotor mit Ventilsteuerung über Stoßstangen und Kipphebel und einer Motorleistung von 6,6 PS angeboten wurde, fand sie keinen Anklang.

1960 präsentierte die Firma Parilla den Motorroller Oscar mit einem liegenden 160 cm³-Zweizylinder-Zweitaktmotor, der eine Höchstgeschwindigkeit von 100 km/h erreichen ließ. Der Roller verfügte über ein Viergangggetriebe und einen elektrischen Starter. Im gleichen Jahr entwickelte die Firma ein weiteres formschönes Rennmodell, das mit einem liegenden 125 cm³-Einzylinder-Zweitaktmotor mit Drehschiebersteuerung ausgerüstet wurde. Die Leistung betrug 20 PS.

In der ersten Hälfte der 60er Jahre produzierte Parilla modifizierte und verbesserte Versionen der Viertaktmodelle mit 99, 125 und 350 cm³ und der Zweitaktmaschine mit 125 cm³ Hubraum. 1961 entstand eine Moto-Cross-Maschine mit 250 cm³. Zu dieser Zeit wurde Parilla von einer großen Holding-Gesellschaft übernommen. Giovanni Parrilla verließ schon bald aufgrund von Meinungsverschiedenheiten mit den neuen Besitzern die Firma. Nur wenige Monate später ging das Holding-Unternehmen und mit ihm die Firma Parilla in Konkurs, 1967 verschwand die Marke vom Markt.

Giovanni Parrilla war 1966 zu seiner alten Leidenschaft zurückgekehrt und hatte das Leichtmotorrad MP (Moto Parilla) für Moto-Cross-Rennen entwickelt. Der stehende Einzylinder-Zweitaktmotor leistete 17 PS bei 8800 U/min.

Paton mit 95 PS, 1977.

Paris-France

Diese französischen Leichtmotorräder mit 100 und 175 cm³-Zweitaktmotoren wurden 1934-59 in Paris produziert.

Parvus

Zu Beginn der 20er Jahre produzierte die Firma Prova e Sgarbi in Mailand den Parvus-Motor. Dieser Zweitakter mit einem Hubraum von 104 cm³ konnte ohne Veränderungen an jedem Fahrrad angebracht werden. Ein interessantes Merkmal des Motors war die Versorgung des Triebwerks mit dem Kraftstoff-Luft-Gemisch über das Kurbelgehäuse: Sie wurde über ein Ventil geregelt, das sich öffnete, wenn im Gehäuse ein Unterdruck entstand. War das Ventil geschlossen, verhinderte eine Erhebung auf der Außenseite des Schwungrads seine Öffnung. Die Antriebskraft wurde von zwei Riemenscheiben übertragen, die auf der Kurbelwelle saßen. Eine Riemenscheibe übertrug entweder den Antrieb auf eine Reibrolle oder über einen Riemen auf eine zusätzliche, am Hinterrad befestigte Scheibe. Die zweite Riemenscheibe diente zum Starten des Motors durch einen Seilzug.

Die Drehzahl des Motors konnte über ein Ventil im Auspuffrohr gesteuert werden. Je nach Stellung des Ventils wurde die Strömungsgeschwindigkeit der Auspuffgase im Rohr verändert.

Pasco

In Australien konnte sich die Motorradindustrie nie richtig entfalten. Die Pasco-Modelle, die 1919-22 bei McCrae & Pasco in Melbourne entstanden und auch unter dem Namen Pasco-JAP bekannt waren, wurden nur in begrenzter Stückzahl gebaut.

Einige der Modelle waren zunächst in Anlehnung an amerikanische Motorräder mit Zweizylinder-V-Motoren ausgerüstet, später mit Einzylinder-JAP-Motoren.

Pasquet

Die Pasquet-Motorräder entstanden 1932 in Frankreich und blieben bis Anfang der 40er Jahre im Handel. Sie waren mit Zweitaktmotoren von Aubier-Dunne bestückt.

Passoni

Die Fabbrica Italiana Motocicli Passoni aus Mailand war 1902-04 in Betrieb. Das Werk gehörte zu den ersten italienischen Herstellern, die für ihre Motorräder eigene Motoren produzierten. Die Triebwerke von Passoni besaßen eine Leistung von 2 PS und verfügten über ein Schaltgetriebe.

Paton

Gleich nach Ende des Zweiten Weltkriegs begann der Mailänder Giuseppe Pattoni, aus Restbeständen des Heeres funktionstüchtige Motorräder zu bauen. Gleichzeitig frisierte er die Maschinen, um die Höchstgeschwindigkeit zu erhöhen. Später arbeitete er als Aushilfsmechaniker in der Rennabteilung von Mondial, die damals eine der bestausgerüsteten Firmen der Welt war. Man erkannte dort schnell seine Fähigkeiten und vertraute ihm die Mondial 250 des Engländers Cecil Sandford an; 1957 wurde Sandford auf dieser Maschine Weltmeister. Doch Ende des gleichen Jahres zog sich Mondial vom Rennsportgeschehen zurück, und Pattoni verlor seine Stelle.

Graf Giuseppe Boselli gab ihm die Erlaubnis, einiges Material aus der Rennsportabteilung mitzunehmen. Gemeinsam mit seinem jüngeren Bruder Giovanni und dem Konstrukteur Lino Tonti schuf er 1958 die ersten 125 und 175 cm³-Paton-Modelle. Der Name leitete sich aus den Anfangsbuchstaben von Pattoni und Tonti ab. Die Maschinen konnten sich bei Rennen der Junioren- und Senioren-Klassen erstaunlich gut behaupten. Mike Hailwood belegte auf einer 125er bei der Tourist Trophy von 1958 den siebten Platz. Der erfolgreiche Renner besaß einen Viertaktmotor mit exakt 123 cm³ Hubraum und zwei zahnradgetriebenen, obenliegenden Nockenwellen. Der Motor leistete 17,5 PS bei 11500 U/min. Die Maschine verfügte über ein Fünfganggetriebe und wog 95 kg. Das 175 cm³-Modell hingegen hatte bei ansonsten gleichen Konstruktionsmerkmalen eine Motorleistung von 22 PS bei 11000 U/min.

1960 wurde die 125er verbessert. Auf der Piste zeigte sie auch in diesem Jahr anerkennenswerte Leistungen. 1964 baute Pattoni unter Verwendung verschiedener Konstruktionsele-

mente der 125er eine Zweizylindermaschine mit 250 cm³ Hubraum und 32 PS bei 11500 U/min, mit der die Firma international beste Ergebnisse erzielen konnte. Bei der Tourist Trophy kam Alberto Pagani auf den dritten Platz.
Geradezu brillieren konnte Paton mit einer 1966 konstruierten 500 cm³-Zweizylindermaschine. Das Modell hatte eine Motorleistung von 52 PS bei 9600 U/min, besaß eine Zündung mit Zündverteiler, zwei Vergaser mit 30 mm Durchmesser, ein Sechsganggetriebe und einen Gitterrohrrahmen.
Zusammen mit Gianemilio Marchesani konstruierte Pattoni weitere Rennmodelle. Einem englischen Motorradsportfan, dem Geschäftsmann Hannah, verdankte der Rennstall Hannah-Paton sein Entstehen. Fahrer waren Fred Stevens, der Italiener Bergamonti und später der Engländer Billie Nelson. Mit finanzieller Unterstützung konnte Pattoni schließlich eine kleine Serie seiner 500 cm³-Modelle für Privatfahrer bauen.
In der Rennsaison 1967 wurden einige gute Resultate erzielt, Bergamonti plazierte sich zufriedenstellend, und Stevens errang beim Großen Preis von Belgien nach Agostini und Hailwood den dritten Platz. 1968 war der Firma das Schicksal weniger günstig gestimmt. 1970 fuhren Roberto Gallina und Guido Mandracci für Paton, und 1971 wurde Gallina nach Agostini Zweiter bei der italienischen Meisterschaft. 1972 und 1973 sorgten Gallina und der junge Rennfahrer Armando Toracca für erfreuliche Plazierungen.
Im Laufe der Zeit waren die neuen japanischen Zweitaktmaschinen immer stärker geworden, und Paton geriet in Bedrängnis. Pattoni begann mit der Entwicklung einer revolutionären Vierzylinder-Zweitaktmaschine, die zum ersten Mal 1976 von Virginio Ferrari gefahren wurde. Das besondere Merkmal des Modells waren die ungewöhnlichen V-förmig angeordneten Zylinder. Die beiden in der Mitte befindlichen Zylinder waren nach hinten und die beiden außenstehenden Zylinder nach vorne geneigt. Beim Bau des Motors wurden verschiedene Konstruktionselemente der 250 cm³-Zweizylindermaschine von Aermacchi-Harley-Davidson verwendet. Das wassergekühlte Modell hatte ein Hubraum von 493 cm³ und ein Sechsganggetriebe. Die Leistung des Motors betrug 95 PS bei 11300 U/min, und die Höchstgeschwindigkeit der Maschine lag bei 270 km/h. Auch der Rahmen des Modells, der den hochliegenden Motor trug, war originell konstruiert. Paton-Modelle wurden noch bis Ende der 70er Jahre gebaut.

Patria

Die deutschen Motorräder der Marke Patria wurden 1949-52 von einer Fahrradfirma produziert, die 98, 125 und 150 cm³-Motoren von Jlo in konventionelle Rahmen eigener Fertigung einbaute.
Unter dem gleichen Markenzeichen wurden in Solingen 1925-26 sportliche Rennmaschinen hergestellt, die unter anderem mit 250 cm³-Motoren von Roconova ausgerüstet wurden.

Patriarca

Der italienische Techniker Gustavo Patriarca aus Turin konstruierte 1907 einen Einzylinder-Zweitaktmotor mit 100 cm³ Hubraum, der ohne Veränderungen über den Pedalen jedes Fahrradrahmens eingebaut werden konnte. Der Motor verfügte über ein recht originelles gemischtes System aus Ventilen und Überströmkanälen und hatte eine Batteriezündung. Der Zylinder war in nach vorn geneigter Position entlang dem vorderen Rahmenrohr angebracht, das Hinterrad wurde über einen Riemen angetrieben.
Gustavo Patriarca konnte zwar einige Modelle des Triebwerks fertigstellen, doch ließen ihm seine Verpflichtungen als Werksleiter einer Flugzeugfabrik wenig Zeit für sein Projekt, so daß der Motor sehr schnell vom Markt verschwand.
Nach dem Ersten Weltkrieg beschloß Patriarca, sich dem Motorradbau zu widmen. Er gründete eine eigene kleine Firma. 1924 entwickelte er ein komplettes Motorrad, das 1925 in Produktion ging. Zur gleichen Zeit bestückte er Rahmen eigener Fertigung mit 125, 175 und 250 cm³-Motoren, die teilweise von Moser und JAP stammten, teilweise bei Patriarca konstruiert worden waren. Ab 1930 verwendete Patriarca ausschließlich eigene Motoren für seine Modelle und spezialisierte sich auf die Herstellung von Modellen mit kleinem Hubraum und Fahrrädern mit Hilfsmotoren.
1933 mußte Gustavo Patriarca wegen finanzieller Schwierigkeiten den Betrieb einstellen. Doch nach dem Zweiten Weltkrieg nahm er die Arbeit wieder auf. 1951 präsentierte er ein originelles Modell mit dem Namen Motina. Es besaß einen stehenden Einzylinder-Viertaktmotor mit 248 cm³ Hubraum, einer Leistung von 14 PS und einer Höchstgeschwindigkeit von 75 km/h. Die Sattelhöhe der Maschine betrug 70 Zentimeter, der Radstand 1,26 Meter, und die untereinander austauschbaren Räder hatten einen Durchmesser von 14 Zoll. Der hintere Teil der Motina war mit Blech verkleidet, vorne gab es große Schutzbleche und breite Beinschützer. Doch wie es scheint, ging das interessante Modell nie in Serienproduktion.
Gustavo Patriarca trat mit dieser Konstruktion von der Motorradszene ab. Zu erwähnen bleibt, daß seine Motoren insbesondere in der zweiten Hälfte der 20er Jahre zu den besten in Italien hergestellten Modellen zählten.

Patzner

Originelle Mopeds mit Einzylinder-Zweitaktmotoren mit 48 cm³ Hubraum, die 1954-59 in Deutschland gefertigt wurden.

Pauvert

Dieser französische Hersteller in Lyon produzierte 1933-40 eine breite Palette von Leichtmotorrädern mit Zweitaktmotoren, die jedoch nur in begrenzter Stückzahl in den Handel kamen.

Pawa

Die Pawa war ein ungewöhlich originelles Motorrad, das von Passow konstruiert worden war und 1923 in Berlin hergestellt wurde. Die vollständig verkleidete Maschine besaß einen luftgekühlten 226 cm³-Einzylinder-Zweitaktmotor aus Leichtmetallguß. Das Modell verfügte über eine automatische Schmierung und eine lammellenförmige Konuskupplung im Ölbad. Der offene, tiefgezogene Rahmen bestand aus Preßstahl, der Sitz war wie ein Sessel geformt. Der Treibstofftank hatte ein Fassungsvermögen von drei Litern, die laut Angaben der Konstrukteure für 300 bis 400 Kilometer reichten.

Pax

Die englische Firma Pax Engineering aus Birmingham baute in den Jahren 1920-22 Standardmotorräder, für die sie seitengesteuerte Blackburne-Motoren mit 350 und 500 cm³ Hubraum verwendete.

P.D.C.

Die P.D.C.-Modelle wurden 1903-06 von der Imperial Motor Company in London gebaut und mit in Coventry hergestellten Coronet-Motoren mit 2, 2,75 und 3,5 PS ausgerüstet.

Pearson & Sopwith

Sopwith, einer der Pioniere der Luftfahrt, betätigte sich auch als Motorradhersteller. Seine 1919-21 in England gebauten Modelle zeichneten sich durch keine besonderen technischen Merkmale aus. Neben einem Zweitaktmodell mit einem 318 cm³-Motor von Dalm gab es eine Maschine mit einem 293 cm³-JAP-Motor und ein 499 cm³-Motorrad mit einem seitengesteuerten Viertaktmotor von Blackburne.

Pebok

Zu Beginn des 20. Jahrhunderts waren die englischen Pebok-Motorräder mit 2,25, 2,75 und 3,5 PS Leistung weit verbreitet. Die Pebok Motorcycle Company in London zählte damals zu den führenden Motorradherstellern.

Peco

Unter dem Markenzeichen Peco wurden 1913-15 in Birmingham von der Firma Pearson & Cole 349 cm³-Motorräder gefertigt. 1915 übernahm Calthorpe die englische Fabrik.

Peerless

Die 2 und 2,5 PS-Motorräder der Marke Peerless, die 1902-10 in England auf dem Markt waren, waren in Wirklichkeit Bradbury-Modelle, deren Einzylindermotoren unter Birch-Patenten erzeugt wurden.
Unter dem gleichen Markenzeichen wurden in Birmingham 1913-14 Motorräder mit konventionellen Rahmen hergestellt, die mit 292 und 499 cm³-Viertaktmotoren von Velocette ausgerüstet wurden.
Außerdem entstanden 1913-16 in Boston für die damalige Zeit recht originell konzipierte amerikanische Modelle, die das Markenzeichen Peerless trugen.

Pennington

Die von dem amerikanischen Techniker E.J. Pennington entwickelten Maschinen gehörten zu den ersten Motorrädern, die in England gebaut wurden. Die Pennington-Modelle entstanden 1897 und hatten einen liegenden Zweizylindermotor, der hinter dem Hinterrad auf einem Rohrträger saß. Der luftgekühlte Motor war nicht verrippt. Das Hinterrad wurde von zwei kleinen Pleuelstangen angetrieben, die über Kurbeln mit der Radnabe verbunden waren. Der Treibstofftank war am waagerechten Rahmenrohr befestigt. Von dort aus konnte das Benzin direkt in das Ansaugrohr fließen, wo der Treibstoff mit Luft vermischt wurde, bevor er in den Zylinder gelangte.
Den Zweizylindermodellen folgten Einzylindermaschinen, die den gleichen Motorentyp erhielten. Dieses Mal war der Motor jedoch stehend an dem Rohr angebracht, das den Sattel trug. Das Triebwerk hatte eine Leistung von 2 PS bei 500 U/min. Nachdem Pennington hoch verschuldet in Konkurs gegangen war, verließ er England und kehrte nach Amerika zurück, wo er 1911 verstarb.

Per

Dieses deutsche Motorrad, das 1923-25 in Stöckheim hergestellt wurde, präsentierte sich als ein originelles und fortschrittlich konzipiertes Modell. Es besaß einen Rahmen aus Preßstahl und hatte einen Zweitaktmotor mit einem Hubraum von 300 cm³. Konstrukteur der Per war Passow, der zuvor die gleichermaßen ungewöhnliche wie erfolglose Pawa entwickelt hatte.

Perfecta

1946-50 wurden in einer kleinen Schweizer Fabrik in Courtedoux die Perfecta-Motorräder gebaut. Es gab zunächst Zweitaktmodelle mit 125 cm³. Später folgten 175 cm³-Maschinen, für die der französische AMC-Motor mit im Zylinderkopf hängenden Ventilen verwendet wurde.

Peripoli

In den 50er Jahren begann die italienische Firma Peripoli Mopeds mit Demm-Motoren zu fertigen. 1962 produzierte das Werk diverse Mopeds und das Leichtmotorrad Giulietta, das mit 98 cm³ Hubraum eine Höchstgeschwindigkeit von 105 km/h erreichte. Daneben gab es den Roller Giulietta mit einem 50 cm³-Zweitaktmotor. Nach 1965 war Peripoli der siebtgrößte italienische Motorradhersteller – vor Bianchi und Gilera. 1967 brachte die Firma unter anderem auch das Kleinmotorrad Giulietta America mit kleineren Rädern, 50 cm³-Zweitaktmotor, Viergangggetriebe und 40 km/h Spitzengeschwindigkeit in den Handel. Auch in den 70er und 80er Jahren schuf das italienische Unternehmen einige ansehnliche Mopedmodelle wie die Nevada, die Serie Vai, die Oxford und die originelle TIR Trasporto. Die Mopeds besaßen ausnahmslos einen Franco-Morini-Motor mit 49 cm³ Hubraum.

Perks

Das motorgetriebene Rad Perks, 1899 von dem englischen Techniker Edwin Perks erfunden, wurde zuerst von Perks & Birch in Coventry produziert. Später übernahm die deutsche Firma Singer die Produktion. Das Rad konnte sowohl in Zwei- als auch in Dreiräder eingebaut werden. Der Motor war ein Einzylinder-Viertakter mit 222 cm³ Hubraum.

Pernod

Die Pernod war eines der ersten französischen Motorräder. Sie erschien bereits 1899 auf dem Markt. Der Motor war hinter dem Hinterrad auf einem zusätzlichen Rahmen angebracht und leistete 1 PS. Die Pernod-Modelle blieben bis ins Jahr 1905 im Verkauf.

Perugina

In Castel del Piano bei Perugia entstanden ab 1953 Zwei- und Viertaktmotorräder mit 160, 175 und 250 cm³ Hubraum. Die Produktpalette des italienischen Werks wandelte sich in den folgenden Jahren nicht nennenswert. Der Inhaber des Unternehmens, Giuseppe Menicucci, hatte bereits 1930 mit dem Bau von Motorrädern begonnen. Zuerst verwendete er für seine Konstruktionen seinen eigenen Namen, später die Markenbezeichnung BMP, und schließlich nannte er sie Perugina. Zum Angebot gehörte auch ein Sportmodell mit 175 cm³ Hubraum. Das Werk baute bis Ende der 70er Jahre Motorräder.

Perun

Die Motorräder dieser tschechoslowakischen Marke, die auch unter dem Namen Vulcan bekannt ist, waren in den Jahren 1904-1907 auf dem Markt und zeichneten sich durch 3,5 und 4,5 PS starke Einzylinder- und Zweizylinder-V-Motoren aus.

Peters

Dieses 1919-25 von der Firma Peters Motors auf der Isle of Man gebaute Modell war besonders originell. Die Maschine besaß einen 347 cm³-Zweitaktmotor und ein Tankrohrfahrgestell. Der Lenkkopf war im vorderen Teil des Tanks integriert, das Hinterrad war gefedert, und die Kraftübertragung erfolgte über eine Riemenscheibe mit variabler Übersetzung.

Peugeot

1882 rollte aus dem Peugeot-Werk in Beaulieu in Frankreich ein Fahrrad namens „Gran B". Von der „Gran B" bis zum ersten motorisierten Rad dauerte es nicht lange. Schon zur Jahrhundertwende brachte das Unternehmen eine Reihe motorisierter Fahrräder mit Viertaktmotor heraus, bei denen nur der Sitz gefedert war. Mit der Verwendung von Truffault-Gabeln im Jahr 1904 wurde das Modell zu einem der modernsten überhaupt. 1906 verwendete Peugeot Zweizylinder-V-Motoren mit 7 PS, die aus eigener Fertigung stammten und auch an andere Firmen wie Norton und NLG geliefert wurden.
Damals beschloß Peugeot, ein Rennteam aufzubauen. So erschien 1913 das erste Modell einer umfangreichen, von Jean Antoinescu entwickelten Rennserie. Zuerst verwendete Peugeot 500 cm³-Zweizylinder-Viertaktmotoren mit zwei zahnradgetriebenen, obenliegenden Nockenwellen, baute dann aber auch Modelle mit einer einzigen obenliegenden, von einer Königswelle angetriebenen Nockenwelle.
1923 sollte ein besonders erfolgreiches Jahr werden: Der Peugeot-Rennfahrer Gillard gewann den Großen Preis der Nationen in Monza. Die 400 Kilometer des 500er Rennens legte er dabei mit einer durchschnittlichen Geschwindigkeit von 120,431 km/h zurück. Nach ein paar Jahren zog sich Peugeot jedoch aus dem Rennsport zurück und konzentrierte sich auf den Bau einer neuen Serie von Tourenmaschinen, die 1933 mit den Typbezeichnungen 115, 117, 515 und 517 vorgestellt wurden. Nach der Besetzung Frankreichs 1940 mußte die Fertigung dieser 350 und 500 cm³-Maschinen jedoch eingestellt werden.
Nach dem Krieg mußten die Werke in Beaulieu wieder aufgebaut werden, da sie halb zerstört worden waren. 1949 übernahm Peugeot eine andere Gesellschaft, die SMHT. Peugeot strich kurzerhand die Viertakter aus dem Programm und produzierte im SMHT-Werk kleine Zweitaktmotoren für eine neue Motorradserie, die von 50 cm³ bis 250 cm³ Hubraum reichte.
Ein besonders beliebtes Modell der 50er Jahre war der kleine Roller Bima mit einem 50 cm³-Motor. 1956 entstanden zudem eine 125 und eine 350 cm³-Zweitaktmaschine. Doch der Markt war bereits übersättigt, so daß

Vespa Siluro von Mazzoncini, 1950.

Phoenix

Hooydonk, ein Anfang dieses Jahrhunderts berühmter englischer Rennfahrer, war Besitzer einer Motorradfabrik. Für seine 211 und 345 cm³-Maschinen verwendete er sehr früh schon die später so beliebten Minerva-Motoren mit seitlich stehenden Ventilen. Die Phoenix genannten Modelle wurden in den Jahren 1900-08 gefertigt.
Phoenix hieß außerdem ein Motorroller, der ab 1955 in England produziert wurde und mit Villiers-Motoren mit 147, 173, 197, 249 und 323 cm³ Hubraum erhältlich war.

Phönix

Phönix hießen die Modelle einer gleichnamigen deutschen Firma, die 1933-39 mit 125 und 250 cm³-Zweitakt- sowie obengesteuerten 350 und 500 cm³-Viertaktmaschinen auf den Markt kam.

Piaggio

Die Geschichte dieser traditionsreichen italienischen Marke führt bis ins 19. Jahrhundert zurück. Rinaldo Piaggio eröffnete 1884 im Alter von nur 20 Jahren in Sestri Ponente an der Riviera ein Sägewerk. Bald erweiterte der aus einer Reederfamilie stammende junge Geschäftsmann das Produktionsprogramm und stellte Schiffseinrichtungen her. Kurze Zeit später

der Absatz rapide zurückging. Peugeot war schließlich gezwungen, den Schwerpunkt des Produktionsprogramms zu verlagern. Das Werk präsentierte nun Mopeds und Fahrräder – mit Erfolg! In den 50er und 60er Jahren erlebten die Mopeds geradezu einen Boom. Peugeots Produkte fanden reißenden Absatz. Im Jahr 1977 hatte Peugeot 40 Modelle im Katalog, angefangen bei den gängigen 50 cm³-Mopeds bis hin zur 80 cm³-Sportversion. Auch in den 80er Jahren konzentrierte man sich vorwiegend auf Mopeds. Erwähnenswert sind vor allem die Serie 103, das Modell V 50 DRK, die originelle MXS und die für Honda in Lizenz gefertigten Roller ST 50 und SC 50 L.

Phaenomen

Die deutschen Phaenomen-Motorräder erschienen erstmals 1901 und wurden bis zum Ausbruch des Ersten Weltkriegs hergestellt. Sie besaßen Zweizylinder-V-Motoren mit 4 und 6 PS. Ende der 30er Jahre wurde der Betrieb mit einer 125 cm³-Maschine wiederaufgenommen. Nach dem Zweiten Weltkrieg übernahm ein anderes Unternehmen die Marke Phaenomen und brachte eine Reihe von Modellen mit 125, 147 und 175 cm³-Motoren von Fichtel & Sachs in den Handel. Außerdem entstanden eine 200er mit Jlo-Motor sowie etliche Mopeds. 1958 wurde die Produktion eingestellt.

Vespa PK 50 S mit Elektrostarter, 1983.

Piaggio-Roller Cosa, 1987.

beschäftigte er sich sogar mit dem Bau von Eisenbahnwagen. Das Werk in Sestri Ponente war daher bald zu klein. 1906 nahm Piaggio neue Anlagen in Finale Ligure in Betrieb.

Mit Kriegsausbruch kamen weitere Geschäftszweige hinzu: U-Boot-Abwehrboote und Ersatzteile für Flugzeuge in Sestri Ponente und Rettungsboote und Flugzeugreparatur in Finale Ligure. 1917 gründete Piaggio weitere Flugzeugwerke in Pisa und Nola. Bei Kriegsende stieg die Firma vollends in den Flugzeugbau ein. In Finale Ligure entstanden neue Flugzeugtypen, und in Pontedera wurden die entsprechenden luftgekühlten Motoren gefertigt.

Während des Zweiten Weltkriegs produzierte das Unternehmen nicht nur Schiffe, Züge und Flugzeuge, sondern auch einige Panzerfahrzeuge. Als sich das Ende des Kriegs abzeichnete und das Ausmaß der Zerstörung zu erkennen war, plante man bei Piaggio eine neue Zukunft. Die Kriegsproduktion war jetzt beendet. Was die Leute nun brauchten, war ein einfaches, sparsames und vor allem praktisches Fahrzeug. Das war die Geburtsstunde der berühmten Vespa, die von Corrado d'Ascanio für Piaggio entwickelt wurde.

Mit der Vespa hatte er ein zweirädriges Fahrzeug geschaffen, das auch für einen ungeübten Fahrer einfach zu beherrschen war. Man saß nicht nur bequem wie in einem Auto auf seinem Sitz, sondern brauchte sich keine Sorgen mehr um verschmutzte Kleidung machen. Die Vespa 98 kam im Frühjahr 1946 auf den Markt. Der 98 cm^3-Dreigangmotor war in eine freitragende Karosserie eingebaut, ermöglichte eine Spitzengeschwindigkeit von 60 km/h und verbrauchte auf 100 Kilometer nur zwei Liter Benzin.

Von April bis Dezember 1946 wurden fast 2500 Exemplare gebaut; 1947 verließen bereits unglaubliche 15500 Stück das Werk. In den darauffolgenden Jahren wurde das Modell nur leicht verändert. 1953 kam allerdings eine technisch gründlich verbesserte Variante, die Vespa 53 heraus, von der es eine Normal- und eine Sparversion (die Vespa 53 U) gab. Inzwischen war die Vespa weit über Italien hinausgedrungen. Zahlreiche Werke in verschiedenen Ländern fertigten nun Vespas. 1954 kam zur 125er eine 150er hinzu, die in der GS-Version sogar 100 km/h Spitze erreichte. 1956 rollte die einmillionste Vespa vom Fließband. Mittlerweile wurde der beliebte Roller in Belgien, Brasilien, Frankreich, Deutschland, England, Spanien, Indien und sogar in der Sowjetunion (unter dem Namen Wiatka) gebaut.

1964 kam ein Teenager-Modell mit nur 50 cm^3 Hubraum in den Handel, das auch 16jährige fahren durften. Auf die Vespa 50, in Italien liebevoll Vespino genannt, folgten Piaggios erste Mopeds: Ciao entstand 1967 und Boxer 1970. Die Vespa wurde weiterentwickelt. 1970 erschien die Vespa 90 Super Sprint mit 90 cm^3-Motor; bald danach die Vespa 200, die mit ihrem 198 cm^3-Einzylinder-Zweitaktmotor auf 110 km/h kam. Daneben gab es noch fünf weitere Modelle: die 50er, die 125er Primavera, die 125 TS, die 125 GTR sowie die 150er-Serie. Mit der Übernahme der Firma Gilera hatte sich Piaggio inzwischen den Markt der Leichtmotorräder erschlossen.

1979 präsentierte Piaggio die Vespa-Serie PX. Angefangen bei den 125ern, wurden allmählich auch die anderen Vespa-Modelle auf PX-Standard getrimmt. Anfang der 80er Jahre entstand schließlich die Serie Arcobaleno in 125, 150 und 200 cm^3-Versionen. Die PX Arcobaleno erreichte in ihren verschiedenen Ausführungen Höchstgeschwindigkeiten von 95, 100 und 110 km/h. Sie war besonders umweltfreundlich und sparsam im Verbrauch. Entsprechendes galt für die restlichen Piaggio-Produkte, wie die kleine, langlebige Ciao, die sich im Bereich der Mopeds trotz ihrer nunmehr 15 Jahre immer noch als Verkaufsschlager erwies.

Im Angebot war zudem die T 5, mit der Piaggio an die sportlicheren Vespa-Varianten, etwa an die 90 SS aus den 60er Jahren oder die ET 3 aus den 70ern anknüpfen wollte. Die aus der PX 125 E Arcobaleno entwickelte T 5 Pole Position erhielt ein besonders aggressiv wirkendes Äußeres in leuchtendem Rot. Eine besondere Neuheit ihres 124 cm^3-Motors war ein Zylinder mit fünf Überströmkanälen. Die 108 km/h schnelle T 5 Pole Position verbrauchte auf 100 Kilometer 3,8 Liter.

Die Vespa-Produktion hatte mittlerweile beinahe die 10-Millionen-Marke erreicht, und Piaggio war weltweit zum viertgrößten Hersteller von Motorfahrzeugen aufgestiegen (nach Honda, Yamaha und Suzuki, aber noch vor Kawasaki). In Europa lag das Unternehmen bereits an erster Stelle (zum Piaggio-Konzern gehörten 1987 die österreichische Firma Puch und die spanische Firma Motovespa). Doch die Krise, die auf dem Zweiradmarkt herrschte, ging an Piaggio nicht spurlos vorrüber. Von drei Millionen Motorrädern im Jahr 1976 war der Absatz 1987 auf eineinhalb Millionen gefallen. Zudem war die japanische Konkurrenz kaum aufzuhalten. Ihr Marktanteil stieg von 16 Prozent im Jahr 1976 auf 32 Prozent 1987.

Doch der Piaggio-Konzern, der inzwischen auch mit Fiat verflochten war, ließ sich nicht entmutigen. Mit verdoppeltem Investitionsvolumen im Zweirad-Sektor lancierte Piaggio 1987 den Roller Cosa, der in sechs Versionen in drei Hubraumklassen (125, 150 und 200 cm^3) angeboten wurde. Mit den 9,5, 10 und 12 PS starken Motoren erreichten die Roller Höchstgeschwindigkeiten von 90, 92 oder 99 km/h

und verbrauchten pro 100 Kilometer zwischen 2,5 und vier Liter Kraftstoff. Die Luxusausführungen boten eine Mischungsautomatik und eine elektronische Zündung. Besonders bequem war das in der Verkleidung eingebaute Schließfach für den Helm. Neu waren darüber hinaus die hydraulischen Bremsen, bei denen die Fußbremse gleichzeitig die Vorder- und Hinterradbremse betätigte, was für erhöhte Sicherheit sorgte.
Piaggio produzierte die gesamte Fahrzeugpalette in den Werksanlagen in der Toskana, die mit 5000 Mitarbeitern die größten des Unternehmens sind. Die Werke von Pisa, Pontedera, Lugagnano und Mortellini nehmen insgesamt eine Fläche von 800000 Quadratmetern ein, von denen 350000 Quadratmeter überdacht sind, und zeichnen sich durch einen hochmodernen und effizienten Maschinenpark aus. Anfang 1988 umfaßte das Piaggio-Programm die Mopeds Ciao, Bravo, Superbravo und S sowie die kleinen Vespas PK 50 XL und PK 50 XL Plurimatic; in die Kategorie der Leichtmotorräder fallen die großen Vespas PX 125, PX 150 und PX 200, die vor allem für den Export gedacht waren, und die oben erwähnte Cosa.
Daneben fertigt Piaggio auch heute noch dreirädrige Lieferwagen mit der Bezeichnung Ape („Biene" – im Unterschied zu „Wespe"), die bereits wenige Jahre nach Erscheinen der Vespa auf den Markt gekommen waren. Derzeit arbeiten für den Piaggio-Konzern sieben Tochtergesellschaften, die im Bereich Handel und Industrie tätig sind, 15 Lizenznehmerfirmen in 14 Ländern und 50 Vertriebsgesellschaften.

Piatti

Der italienische Ingenieur Vincenzo Piatti, Konstrukteur des Hilfsmotors Minimotor, entwickelte einen Motorroller, der Anfang 1950 in Produktion ging. Der Roller mit der Bezeichnung S 125 hatte einen 124 cm³-Einzylinder-Zweitaktmotor, der mit einem Dreiganggetriebe kombiniert war. Die Kraftübertragung erfolgte über eine im Ölbad laufende Kette. Die Stahlblechkarosserie umschloß den Motor mit den Antriebsteilen. Die austauschbaren Räder waren einseitig aufgehängt. Das Vorderrad wurde von einer Gabel mit Kurzschwingen geführt, die Hinterradaufhängung bestand aus dem Motor-Getriebe-Kraftübertragungsblock.

Pierce Quattro von 1911.

Der Piatti-Roller wurde bis Ende der 50er Jahre in diversen europäischen Ländern in Lizenz gebaut.

Piazza

1924 brachte Antonio Piazza, ein Techniker aus Turin, motorgetriebene Fahrräder auf den Markt, deren Produktion er jedoch schon 1926 abbrach. Bis 1937 betätigte sich Piazza dann als Motorenhersteller: Er widmete sich zunächst dem Bau von Zwei- und Viertakt-Hilfsmotoren mit im Zylinderkopf hängenden Ventilen – erstere mit 125 cm³, letztere mit 175 cm³ Hubraum. 1928 bot er auch einen 175 cm³-Motor mit seitlich stehenden Ventilen an. 1929 und 1930 fertigte er vor allem Viertaktmotoren mit 175 cm³.

Pierce

Bekannt war die amerikanische Firma Pierce Arrow in Buffalo, New York, Anfang dieses Jahrhunderts für ihre teuren Luxusautomobile. Der Inhaber der Firma George Pierce besaß gleichzeitig eine Fahrradfabrik, die Pierce Cycle Company, deren Leitung 1908 sein Sohn Percy übernahm. Von einer Europareise brachte Percy im gleichen Jahr ein belgisches FN-Motorrad mit Vierzylindermotor und Kardanantrieb in die Staaten mit. Er war von diesem Gefährt derart beeindruckt, daß er es in seiner Fahrradfabrik nachbauen wollte.
Die Pierce-Vierzylindermaschine kam 1909 auf den Markt. Die Ingenieure der amerikanischen Firma hatten sich zwar sichtlich an der aus Europa „importierten" FN orientiert, sich jedoch nicht mit einer einfachen Kopie begnügt. Der Vierzylinder-Reihenmotor mit 600 cm³ Hubraum hatte seitlich stehende Ventile, und die beiden Nockenwellen lagen seitlich im Kurbelgehäuse. Die Welle, die die Auslaßventile betätigte, besaß einen Dekompressionsmechanismus, der das Anlassen erleichterte. Die Kraftübertragung erfolgte direkt – ohne Kupplung oder Getriebe. Der Rahmen bestand aus Rohren von großem Durchmesser und war unten vom Motor abgeschlossen. Das obere Rohr diente gleichzeitig als Benzintank, das vordere als Öltank.
1910 brachte Pierce eine verbesserte Vierzylinderversion mit Mehrscheibenkupplung und Zweiganggetriebe auf den Markt und präsentierte ein Einzylindermodell, das die Rahmenkonstruktion seines Vorgängers beibehielt: ein Dreieckrahmen mit dikken Rohren, der unten ebenfalls vom Motorblock abgeschlossen wurde. Der Motor hatte seitlich stehende Ventile und einen Hubraum von 592 cm³.
Obwohl die Pierce-Motorräder nicht gerade preisgünstig waren, fanden sie anfangs einen beträchtlichen Absatz. Die 600er Vierzylindermaschine nahm erfolgreich an zahlreichen Rennen teil. Dennoch geriet Pierce bald in finanzielle Schwierigkeiten. Etliche Versuche, die Firma zu retten, scheiterten. Schließlich mußte der Konkurs angemeldet werden.

Pilot

Diese englische Firma war Anfang dieses Jahrhunderts recht bekannt. Sie produzierte Motorräder mit JAP- und Precision-Motoren im Hubraumbereich von 200 bis 600 cm³. Später fertigte Pilot zudem Zweitaktmotoren mit 318 cm³. Das Unternehmen war in den Jahren 1903-15 tätig.

Pirate

Die Firma Pirate mit Sitz in Milwaukee in den Vereinigten Staaten produzierte 1913-15 Motorräder mit Ein- und Zweizylindermotoren.

Pirotta

Die italienische Firma Pirotta brachte ihr erstes Moped 1948 auf den Markt. Der Motor befand sich senkrecht stehend in der Rahmenmitte. Es handelte sich um einen Einzylinder-Zweitaktmotor mit 49 cm³ Hubraum und Dreiganggetriebe. Das Modell ging 1949 in Serienfertigung. Ab 1951 schuf Pirotta den Kleinmotor Pirottino mit 40 cm³ Hubraum, horizontal liegendem Zylinder und Rollenantrieb. Montiert wurde er unter dem Pedalwerk. Der Kleinmotor ermöglichte eine Spitzengeschwindigkeit von 32 km/h. Daneben gehörten zur Angebotspalette Mopeds mit 49 cm³ Hubraum und Kettenantrieb sowie 49 und 75 cm³-Leichtmotorräder.
1954 vergrößerte das Mailänder Unternehmen sein Kleinmodell Pirottino auf 43 cm³ Hubraum. Ende 1954 kam ein Zweitakt-Leichtmotorrad mit 160 cm³ ins Programm, das sowohl in einer Touren- als auch in einer Sportversion erhältlich war. Das Vorderrad wurde von einer Gabel mit Kurzsschwingen geführt, das hintere von einer einfachen Schwinge. Mit seinen vier Gän-

gen erreichte das Modell eine Höchstgeschwindigkeit von 115 km/h. Es blieb noch einige Jahre in Produktion.

Plico

Das Klappmoped Plico stammte von der Firma Algat in San Carlo Canavese bei Turin und wurde von der Firma Malaguti vertrieben. Mit wenigen Handgriffen konnte es zusammengelegt werden. Der Fox-Einzylindermotor verfügte über einen Hubraum von 22 cm³; das Anlassen erfolgte über Seilzug. Das Moped hatte ein Zweiganggetriebe und einen Doppelschleifenrahmen aus Rohren und Blechen. Die Vorderradaufhängung bildete eine Teleskopgabel; eine Hinterradfederung fehlte. Das Gesamtgewicht betrug 22 kg.

P & M Panther

Der Engländer J.C. Phelon entwickelte in Zusammenarbeit mit Harry Rayor Anfang dieses Jahrhunderts ein Motorrad, dessen Motor das vordere Rahmenrohr ersetzte, so daß eine sehr harmonische Konstruktion entstand. Phelon und Rayor legten den Entwurf Harry Lawson von der Firma Humber vor, der ihn derart interessant fand, daß er einen Vertrag zum Bau und Vertrieb des Modells unter eigenem Namen abschloß. Als Rayor kurze Zeit später bei einem Verkehrsunfall ums Leben kam, wandte sich ein gewisser Richard Moore an Phelon und schlug ihm vor, eine Gesellschaft zu gründen. So entstand die Firma Phelon & Moore.
Spitzenmodell des Werks war zuerst ein 500 cm³-Einzylindermotorrad. Aber schon 1914 widmete man sich der Entwicklung einer Zweizylinder-V-Maschine mit 770 cm³ Hubraum und einem Zylinderwinkel von 90 Grad. Der vordere Zylinder war dabei so gebaut, daß er das vordere Rohr des Rahmens ersetzte. Aus der Serienfertigung wurde jedoch nichts, da inzwischen der Erste Weltkrieg ausgebrochen war. Im Rennsport hatte die Firma P & M beim ersten Internationalen Sechstagerennen für Straßenmaschinen 1913 zwei Goldmedaillen gewonnen.
Nach dem Krieg gab man das Zweizylinderprojekt auf und konzentrierte sich auf eine Einzylindermaschine mit 500 cm³ Hubraum und seitlich stehenden Ventilen. 1923 wurde auf der Londoner Motorradausstellung ein Sportmodell mit 555 cm³ präsentiert, das 1924 ein Vierganggetriebe erhielt. Entwickelt hatte das Motorrad der bekannte Konstrukteur Grandville Bradshaw, der 1923 von P & M angeworben worden war.
Die Maschine besaß einen Stoßstangenmotor mit im Zylinderkopf hängenden Ventilen, ein Vierganggetriebe, elektrische Zündung und Beleuchtung. Das Modell wurde auf den Namen Panther getauft, und zwei Exemplare gingen bei der Senior Tourist Trophy von 1924 an den Start – jedoch mit enttäuschendem Ergebnis. Das nächste Jahr sah für P & M mit Cecil Ashby und Tommy Bullus auf den Werks-Rennmaschinen schon besser aus: Bullus erzielte einen ausgezeichneten vierten Platz, der die Firma veranlaßte, die Maschine in Serie zu fertigen.

Panthette von 1927.

1927 entwarf Bradshaw eine völlig neue P & M: die Panthette mit einem in Kurbelwellenrichtung längs eingebauten 250 cm³-Zweizylinder-V-Motor. Motor und Getriebe waren in einem Block integriert. Der Motor war dabei mit Stahlbändern an einem robusten Gußstahlstück des Rahmens aufgehängt. Der Absatz des Motorrads entsprach allerdings nicht den Erwartungen des Herstellers. Es folgte eine Serie von Leichtmotorrädern mit 150, 196 und 250 cm³-Villiers-Motoren. Inzwischen kamen alle Modelle unter dem neuen Markennamen Panther in den Handel, die alte Bezeichnung P & M wurde aufgegeben.
1929 erschienen ein neues, von Frank Leach entworfenes Modell mit nach vorn geneigtem 598 cm³-Motor und im Zylinderkopf hängenden Ventilen sowie ein Speedway-Modell mit 500 cm³ Hubraum. Besonders interessant war das Modell 20, ein weiteres von Leach entworfenes Exemplar. Dieses schöne Motorrad verfügte über 250 cm³ Hubraum und im Zylinderkopf hängende Ventile.
Mit der Wirtschaftskrise der 30er Jahre geriet die Firma in große Schwierigkeiten und suchte bei Pride & Clarke Unterstützung, um 250 und 350 cm³-Versionen der Panther herstellen zu können. So enstand die Red Panther in den Ausführungen 250, 350 und 350 De Luxe. Als sich Ende der 30er Jahre die wirtschaftliche Lage wieder besserte, kamen neue Panther-Modelle in den Handel: die Redwing mit 350 und 500 cm³ sowie das Modell 100 mit 598 cm³ Hubraum. Grandville Bradshaw entwarf eine Zweizylindermaschine mit 600 cm³. Doch mit Ausbruch des Zweiten Weltkriegs sah man von der Produktion des Zweizylindermodells ab.
Nach dem Krieg nahm die Firma den Bau des Modells 100 unter dem Namen Big Pussie wieder auf. Außerdem wurde eine neue Serie von 250ern mit stehendem Motor angeboten. Das Programm ergänzten 350 cm³-Einzylindermaschinen. Ab 1949 bekamen alle Versionen eine Teleskopgabel. Zu den Tourenmodellen gesellten sich die Rennversionen Panther Stroud mit 250 und 350 cm³ Hubraum. Mitte der 50er Jahre entwarf Franck Leach einen recht hübschen Roller mit Villiers-Motor, den er Panther Princess taufte. 1956 übernahm das englische Werk den Vertrieb der französischen Terrot-Roller in England. 1964 wurde die 598 cm³-Einzylindermaschine auf 645 cm³ Hubraum vergrößert. Die 249 cm³-Zweizylinder-Zweitakt-Sportversionen erhielten ein elektrisches Zündsystem mit Dynamo und Siba-Dynostart-Starter. Doch die Tage der berühmten englischen Firma waren gezählt: 1967 wurde der Betrieb eingestellt.

PMZ

1935 (in einigen Quellen ist von 1931 die Rede) entstand in Rußland die Firma PMZ mit Sitz in Podolsk. Das erste Modell von PMZ war die A 750, die 1935-39 produziert wurde. Ihr Rahmen war eine Kopie des BMW-Rahmens, und der Motor war den damaligen Indian-Zweizylindermaschinen entnommen. Der Motor mit seitlich stehenden Ventilen und handgeschaltetem Dreiganggetriebe entwickelte 15 PS bei 3600 U/min und ermöglichte eine Spitzengeschwindigkeit von 100 km/h. Das Gewicht der Maschine betrug 206 kg.

Pony

Unter dem Markennamen Pony brachte die deutsche Firma Horstmann & Schwidde 1923-25 einfache Leichtmotorräder mit Zweitaktmotoren auf den Markt. Pony hieß auch ein spanisches Motorrad mit Villiers-Zweitaktmotor, das 1925-55 von der Firma Urgell y Goma S.L. gebaut wurde.

Pope

1877 konstruierte Colonel Albert Pope in Boston noch Fahrräder, widmete sich aber bald dem Bau von Motorfahrzeugen mit zwei, drei und vier Rädern. Anfang des 20. Jahrhunderts schuf der Amerikaner das Motorrad Columbia. Das erste Motorrad mit seinem Namen erschien erst 1911. Die

Pope hatte einen stehenden Einzylindermotor mit 394 cm^3 Hubraum und 3 PS Leistung. Das Einlaßventil hing im Zylinderkopf, das Auslaßventil war anfangs seitlich stehend eingebaut, bei den späteren Modellen hing es ebenfalls im Zylinderkopf.
Die Pope hatte einen Riemenantrieb, einen Rohrrahmen und vorne eine Gabel mit horizontalen Blattfedern. 1914 kam zusätzlich zu diesem Modell eines mit Zweiganggetriebe heraus, das im Prinzip ähnlich konstruiert war wie sein Vorläufer.

Posdam

Die Gebrüder Possio aus Turin bauten 1926 ein motorgetriebenes Fahrrad mit gegengesteuertem 150 cm^3-Viertaktmotor. Neben der 150er gab es ein 125 cm^3-Modell. Der Markenname Posdam war aus den ersten Silben von Possio und Da Milano gebildet worden. Der Ingenieur Da Milano hatte die Posdam entwikkelt. 1929 hatte die Firma nur eine gegengesteuerte 175er im Programm. Der Riemenantrieb war bei diesem Modell einem Kettenantrieb gewichen.

Postler

Einer der ersten deutschen Roller war der 1922-25 produzierte Motorroller Postler. Er besaß einen wechselgesteuerten 252 cm^3-Viertaktmotor; der Rahmen war aus Preßstahl gefertigt. Hergestellt wurde er im sächsischen Niedersedlitz von den Motorläuferwerken Walter Postler.

Poustka

Die tschechische Firma Poustka produzierte 1924-29 etliche Modelle mit 175, 250 und 350 cm^3 Hubraum, von denen verschiedene Versionen angeboten wurden. Die aus englischen Komponenten gefertigten Maschinen besaßen ausnahmslos Zweitakt-Villiers-Motoren.

Powell

Die englische Firma Powell war 1921-26 mit einem 550 cm^3-Einzylindermodell mit äußerem Schwungrad auf dem Motorradmarkt vertreten. Später baute sie Versionen mit 170 und 250 cm^3-Zweitaktmotoren. 1924 erschien ein verkleidetes Motorrad mit 200 cm^3 Hubraum.
Unter dem Markennamen Powell entstanden außerdem in den USA kurz vor Ausbruch des Zweiten Weltkriegs einige Motorroller. Nach dem Krieg entwickelte die amerikanische Firma Powell ein Miniatur-Motorrad, das 1949 als Modell P 81 in Serienfertigung ging. Zu seinen technischen Merkmalen zählten ein stehender 398 cm^3-Einzylindermotor mit seitlich stehenden Ventilen, eine automatische Kupplung, Kettenantrieb und ein Rohrrahmen. Die Räder hatten einen kleinen Durchmesser, und die Vorderradfederung erfolgte über eine Teleskopgabel.

Powerbike

Dieses 1949 in den Vereinigten Staaten entstandene Motorrad war eine Blech- und Rohrkonstruktion mit einem 1,5 PS starken Motor, der kein Schaltgetriebe, dafür aber eine automatische Kupplung aufwies. Der Motor saß auf einem Rad mit kleinem Durchmesser, auf das die Antriebskraft mittels einer im Kettenkasten laufenden Kette übertragen wurde. Die Konstruktion war so gestaltet, daß sie das Hinterrad eines jeden Fahrrads ersetzen konnte. Mit wenigen Änderungen wurde die Powerbike noch 1953 gebaut.

Power Wheel

Ausgesprochen interessant war das Power Wheel, das 1951 von der englischen Firma Tube Investments gebaut wurde. Es handelte sich hierbei um ein motorgetriebenes Rad, das in ein Fahrrad eingebaut werden konnte. Der 40 cm^3-Einzylinder-Zweitaktmotor saß in einer Trommel mit einem Durchmesser von etwa 28 Zentimetern. Erfunden hatte das „Kraft-Rad" der berühmte Techniker Cyril G. Pullin. Die gesamte Konstruktion wog weniger als neun Kilogramm.
Mit 0,5 PS bei 2500 U/min beziehungsweise mit 0,7 PS bei 3600 U/min war ein Fahrrad mit Power-Wheel-Antrieb etwas schneller als ein herkömmliches Fahrrad, wobei der Benzinverbrauch geradezu lächerlich war. Die Trommel, die die Radnabe ersetzte, bestand aus einem Gußstück mit zwei seitlichen Scheiben, zwischen denen sich der Motor drehte. Der gesamte Block, bestehend aus Zylinder, Motorgehäuse und Zündspule, drehte sich seinerseits um die Kurbelwelle.

Pow Wow

Das Pow Wow, ein winzig kleines Rad, auf dem horizontal ein Einzylindermotor mit Riemenantrieb saß, entstand kurz nach Kriegsende in den USA. Das Rad konnte seitlich am Hinterrad eines Fahrrads befestigt werden und verlieh diesem eine Höchstgeschwindigkeit von 30 km/h.

P & P

Die englische Firma Packmann & Poppe, die im Jahr 1922 in Coventry gegründet worden war, versuchte als eine der ersten, den Geräuschpegel des Motors zu reduzieren und gleichzeitig eine Lösung zu finden, wie man den Fahrer vor dem Straßenschmutz schützen könnte. Ergebnis der Bemühungen war das verkleidete Motorrad Silent Three mit einem Schiebermotor mit 346 cm^3 Hubraum von Barr & Stroud. Daneben entstanden Modelle mit einem 996 cm^3-JAP-Motor. Ein Brand zerstörte 1925 das P & P-Werk. Im darauffolgenden Jahr wurde die Marke P & P von der englischen Firma Wooler übernommen und dort mit einigen Unterbrechungen bis 1930 produziert.

Praga

Praga war ein bekannter tschechoslowakischer Autohersteller, der sich im Jahr 1929 mit der Motorenfabrik Breitfeld Danek zusammenschloß. Als Gemeinschaftsprodukt entstand ein Einzylindermotorrad mit 500 cm^3 Hubraum mit im Zylinderkopf hängenden Ventilen, das zuerst unter dem Markennamen B.D. und später auch als Praga in den Handel kam. Im darauffolgenden Jahr gesellte sich ein ausgesprochen formschönes Einzylindermodell mit 350 cm^3 Hubraum, im Zylinderkopf hängenden Ventilen und Kardanantrieb hinzu.

Precision

F.E. Bakers Firma, die bereits seit Jahren für ihre Precision-Motoren bekannt war, präsentierte 1919 ein 350 cm^3-Motorrad mit Zweitaktmotor und gefedertem Rahmen. Als kurze Zeit später die Firma Beardmore den Betrieb übernahm, wurde das Motorrad in Beardmore-Precision unbenannt.

Premier

Anfang dieses Jahrhunderts bezeichnete sich Premier stolz als „größte Fahrradfabrik der Welt". Und wie alle Fahrradhersteller der Welt erlag auch dieses Werk bald der Faszination der Motorräder. Das erste Premier-Motorrad wurde im Jahr 1908 bei der Londoner Automobil-Ausstellung präsentiert. Bekannt machten die englischen Hersteller ihr Produkt im Rennsport. Die Premier-Renner von 1909 waren anfangs mit einem White & Poppe-Motor mit seitlich stehenden Ventilen ausgerüstet. Später erhielten sie einen von Premier entwickelten 548 cm^3-Zweizylinder-V-Motor mit einem Zylinderwinkel von 90 Grad.
1910 brachte die englische Firma ein Einzylindermodell mit 499 cm^3 Hubraum heraus, das in seiner Technik einige originelle Lösungen aufwies. Der Zündmagnet war zum Beispiel hinter dem Zylinder angebracht. Neben dem Hauptauspuffrohr saß noch ein zweites, an der Zylinderbasis montiertes Abgasrohr mit einigen Löchern. Jedes Mal, wenn der Kolben den Unteren Totpunkt erreichte, waren die Löcher geöffnet, und die Abgase konnten auch durch diese zusätzlichen Öffnungen entweichen. Nach Meinung der Konstrukteure wurde so die Motortemperatur niedriger gehalten.
1912 kam ein neuer Zweizylindermotor mit Gegensteuerung und 548 cm^3 Hubraum auf den Markt, zwei Jahre später gefolgt von einem gewaltigen 998 cm^3-Exemplar, das im Prinzip nur eine Verdoppelung der 499 cm^3-Einzylinderversion war. Zur Teilnahme an der Tourist Trophy hatte Premier inzwischen an einer völlig neuen Rennversion gearbeitet, die 1914 mit einem gänzlich revidierten 499 cm^3-Einzylindermotor erschien. Doch

keine der drei Maschinen, die Premier unter Bashall, Haslam und Cushman starten ließ, konnte das Rennen gewinnen.
Während des Ersten Weltkriegs lieferte Premier Einzylindermaschinen an die Alliierten und die russischen Truppen. Dies waren die letzten Motorräder, die das Werk verließen, da das Unternehmen nach dem Krieg beschloß, nur mehr dreirädrige Fahrzeuge zu bauen. Die Entscheidung erwies sich jedoch als verhängnisvoll: Nach wenigen Jahren ging die Gesellschaft in Konkurs. Die Marke Premier lebte aber bis Ende der 30er Jahre weiter, da das tschechoslowakische Tochterunternehmen noch gut zehn Jahre lang Premier-Motorräder produzierte.

Premo

Die englischen Motorräder der Marke Premo, die zuvor unter dem Markennamen PMC und Rex JAP gebaut wurden, entstanden 1908-10 in Birmingham. Sie besaßen anfangs die belgischen Minerva-Motoren, später JAP-Motoren in Ein- und Zweizylinderversion.

Prester

1926-36 brachte die französische Firma Prester zahlreiche Modelle in den Handel – angefangen bei den Motorfahrrädern mit 100 cm³ bis zu 500 cm³-Einzylindermaschinen mit Chaise-Motor und Kardanantrieb. Für die kleineren Modelle bis zu 250 cm³ Hubraum verwendete das Unternehmen auch Aubier-Dunne-Zweitaktmotoren. In den letzten Jahren, nach der Fusion mit der Firma Jonghi, wurden zudem Viertaktmotoren mit 350 cm³ Hubraum verwendet.

Presto

Die Firma Presto aus Chemnitz war, ebenso wie die Firma NAG (mit der sie sich zusammenschloß), in erster Linie Automobilhersteller. In den Jahren 1901-40 produzierte sie zwischenzeitlich Motorräder. Zum Einsatz kamen zunächst Zedel-, Minerva- und Fafnir-Motoren, später wurden dann auch 197 cm³-Motoren von Alba verwendet. 1932 erschienen Mopeds mit 74 und 98 cm³ Hubraum, deren Triebwerke von Sachs stammten.

Prim

Ein großer Benzintank bildete den Rahmenoberzug der 1906 in England gebauten Prim, die einen 5 PS starken Sarolea-Zweizylindermotor besaß. Von diesem Modell wurden nur wenige Exemplare gebaut.

Prina

1949 erzeugte der italienische Fahrradhersteller Prina in Asti einen Roller mit einem 125 cm³-Zweitaktmotor. 1950 offerierte die Firma zusätzlich das Leichtmotorrad Sport, das den gleichen Motor erhielt. 1952 kam der Roller Orix Prina hinzu. Er besaß einen 175 cm³-Zweitaktmotor.

Princeps

Die Princeps-Motorräder wurden in den Jahren 1901-08 in England gebaut und hatten eine Motorleistung von 1,75, 2,25 und 4 PS. Ab 1903 wurden sie sogar mit Mehrganggetriebe und Kupplung angeboten. Für damalige Zeiten waren sie ausgesprochen modern konstruiert.

Prinetti e Stucchi

Die 1875 von den Ingenieuren Giulio Prinetti und Stucchi in Mailand gegründete Firma befaßte sich anfangs mit dem Bau von Zwei- und Dreirädern mit Pedalantrieb. Bald wurde das italienische Unternehmen im In- und Ausland für die hohe Qualität seiner Produkte bekannt. Und wie die meisten Fahrradhersteller Ende des 19. Jahrhunderts konnten auch Prinetti und Stucchi der Versuchung nicht widerstehen, ihre Fahrräder zu motorisieren. Ihr erstes Kraftrad war jedoch nicht zwei-, sondern dreirädrig. Das Modell, auf dessen Hinterachse ein stehender Einzylindermotor saß, wurde 1898 vorgestellt. Im gleichen Jahr brachte das Unternehmen eine dreirädrige Rennversion mit zwei Motoren heraus.
Ein Jahr später machte ein besonders originelles Produkt von sich reden: ein rautenförmiges, vierrädriges Fahrzeug mit einem vorderen lenkenden Rad, zwei mittleren Antriebsrädern und einem Hinterrad, auf dem der Fahrer saß. 1901 kam schließlich das erste Motorrad ins Angebot. Das gegengesteuerte Einzylinder-Viertaktmodell sammelte bald zahlreiche Rennerfolge. Es galt als eines der wenigen italienischen Motorräder, die den englischen und amerikanischen Modellen, die damals die Rennstrecken beherrschten, die Stirn bieten konnten.
Der zweite Teilhaber der Gesellschaft, Stucchi, hatte inzwischen eine politische Laufbahn angetreten und war 1901 Außenminister geworden. So sah er sich gezwungen, die Firma zu verlassen, die sich 1902 in Stucchi e Compagni umbenannte. 1905 übernahm der Ingenieur Carlo Leidi die technische Leitung. Leidi schuf ein neues, für damalige Verhältnisse ausgesprochen fortschrittliches Einzylindermodell und etliche Zweizylinder-V-Maschinen.
Während des Ersten Weltkriegs ging die technische Leitung an Adalberto Garelli über, der 1919 eine eigene Firma gründete. Garelli entwickelte eine 750 cm³-V-Zweizylinder-Militärversion für die italienischen Streitkräfte, von der auch eine Zivilversion entstand. Nach Kriegsende erweiterte Stucchi die Produktpalette, zu der eine 500 cm³-Zweizylindermaschine und das 750 cm³-Zweizylinder-V-Modell zählten, um eine technisch aufwendige 1000er, ebenfalls mit Zweizylinder-V-Motor. Sie verfügte über eine Mehrscheibenkupplung, ein separates Dreiganggetriebe und doppelte Bremsen an Vorder- und Hinterrad.
Anfang der 20er Jahre stagnierte die Motorradproduktion der Firma, da sie sich mittlerweile auch auf anderen Sektoren wie dem Automobilbau betätigte. Nichtsdestotrotz brachte sie einige neue Modelle heraus, darunter auch eine überarbeitete Version der 1000 cm³-Zweizylinder-V-Maschine von 1919. 1925 präsentierte das italienische Werk ein Einzylindermodell mit dem englischen, seitengesteuerten 350 cm³-Blackburne-Motor. Dieses Modell gab es für die eher sportlich orientierten Kunden in einer Version mit im Zylinderkopf hängenden Ventilen. Im darauffolgenden Jahr kam eine 550 cm³-Einzylindermaschine mit Blackburne-Motor und ein 1000 cm³-Zweizylinder-V-Modell mit JAP-Motor heraus. Noch im gleichen Jahr gab Stucchi die Motorradproduktion auf.

Progress

Die deutsche Firma Progress produzierte 1960 den modernen Motorroller Strolch. Er wurde mit 98, 147, 173 und 198 cm³-Zweitaktmotoren von Fichtel & Sachs angeboten.
Ebenfalls unter dem Markennamen Progress entstanden 1902-08 in Coventry englische Modelle mit Motoren von Minerva, MMC und anderen Marken.

Progress Motoren

Die 1901-14 in Deutschland von der Firma Progress Motoren- & Apparatebau in Berlin-Charlottenburg produzierten Krafträder besaßen Triebwerke von Zedel, De Dion, Bouton, Minerva, Fafnir und anderen Herstellern. Später erzeugte das Werk auch eigene 532 cm³-Einzylinder- und 698 cm³-Zweizylinder-V-Motoren.

Propul

Das als Propul-cycle bekannte französische Motorrad wurde 1923-26 gebaut. Man verwendete Zweitaktmotoren mit 125 und 175 cm³ Hubraum, letztere hatten im Zylinderkopf hängende Ventile.
Unter dem Markennamen Propul kamen auch deutsche Motorräder mit 246, 346 sowie 498 cm³-Motoren auf den Markt, die in den Jahren 1924-26 in Köln hergestellt wurden.

Puch

Österreichs größte Motorradfabrik Steyr-Daimler-Puch entstand 1934 in Graz, als sich Steyr an Daimler und Puch anschloß. Steyr war die älteste der drei Firmen: 1864 von Josef Werndl in Steyr als Waffenfabrik gegründet, wurde sie bald zu einer bedeutenden Waffenschmiede Europas. Daimler wurde 1899 von Josef Eduard Bierenz, einem Freund Gottlieb Daimlers, ins Leben gerufen und baute mit Hilfe der von Daimler gelieferten Teile Automobile. Die Firma Puch wiederum verdankt ihr Ent-

stehen Johann Puch, der 1891 in die Fahrradproduktion einstieg. Anfang dieses Jahrhunderts dehnte Puch die Produktion auf den Motorradsektor aus. Zunächst fertigte das Werk einen Einzylinder-Viertaktmotor, dem einige Zweizylinder folgten. Später kamen Automobile und Lastwagen hinzu. Ende des Ersten Weltkriegs konzentrierte sich Puch vorwiegend auf Fahrräder und Motorräder. Unter anderem wurde ein Zweizylinder-Zweitaktmotor entwickelt, der fast 50 Jahre lang das Aushängeschild der österreichischen Firma bleiben sollte. Der sogenannte „split single" hatte zwei nebeneinanderstehende Zylinder, deren Kolben auf einem einzelnen, gabelförmigen Pleuel arbeiteten.
1928 fusionierte Puch mit der Firma Daimler, die in der Zwischenzeit ebenfalls mit dem Bau von Lastwagen, Bussen und Militär-Transportfahrzeugen begonnen hatte. 1934 stieß die Firma Steyr dazu, die sich damals in Schwierigkeiten befand. Aus dieser Hochzeit gingen einige neue Motorräder hervor, darunter eine Zweizylinder-Zweitaktmaschine mit 500 cm³ Hubraum. Daneben brachte Puch einige interessante Viertaktmotoren ins Angebot, wie etwa einen 800 cm³-Boxermotor mit vier Zylindern. Weitere vielversprechende Projekte waren geplant, mußten aber aufgegeben werden, da sich der österreichische Konzern mit Ausbruch des Zweiten Weltkriegs fast ausschließlich auf Rüstungsgüter konzentrierte.
Wie alle Rüstungskonzerne war auch die Firma Puch Hauptangriffsziel der feindlichen Bomber. Doch nach dem Krieg wurden die Werke wieder aufgebaut, und in Rekordzeit kam eine neue Serie von Zweitaktmodellen auf den Markt: Leichtmotorräder mit 125, 150 und 175 cm³ Hubraum sowie eine 250er, die sich als großer Erfolg erwies und bis Mitte der 50er Jahre in Produktion blieb. Der Motor der 250 TF genannten Maschine lieferte bei 4500 U/min 12 PS. Der Rohrrahmen vefügte über eine Hinterradschwinge; Fahrer und Beifahrer saßen auf zwei separaten Sätteln.
In den 50er Jahren kamen neue Modelle hinzu – weiterhin mit zwei Zylindern. Die 250 SGS (die Sportversion der 250 SG Touring) brachte es bei 5800 Umdrehungen sogar auf 16,5 PS. Die äußerlich ganz ähnliche SG war von der Leistung her schwächer und unterschied sich durch die Vergaserbestückung. Daneben gab es auch verschiedene Zweizylindermodelle mit 175 cm³ Hubraum, die den Modellen mit größerem Hubraum vom Design her glichen.
Gleichzeitig widmete sich Puch dem Bau von Mopeds und Motorrollern. Sehr bekannt wurde das Moped M 50 mit gebläsegekühltem Zweitaktmotor und Zweiganggetriebe. Der Zentralrohrrahmen bestand aus Preßstahl. Die Radaufhängung bildete vorne eine Teleskopgabel und hinten eine Hinterradschwinge. Begehrt war auch der Roller RL 125, der einen gebläsegekühlten Zweitaktmotor und ein Dreiganggetriebe besaß.
1960 gesellte sich zu den 175 und 250 cm³-Maschinen eine neue 125er, die in zwei Versionen, als SV und SVS, erhältlich war. Vom Aussehen her unterschieden sie sich nicht, nur die Motorleistung divergierte und lag bei 6,5 beziehungsweise 8 PS. Die Sportversion besaß zudem – wie die 175er – zwei Vergaser. Daneben entstanden neue Mopeds und Roller wie der DS 50, eines der beliebtesten Fahrzeuge jener Zeit.
Ende der 60er Jahre sprach man von einer Rückkehr zum Vierzylinder: 1966 wurde auf der Kölner IFMA die M 125 vorgestellt, ein sehr sportlich aussehendes Motorrad, das großen Anklang fand. Der Einzylindermotor leistete in der Standardversion 11 PS bei 7000 U/min. 1967 kündigte das Unternehmen eine neue Sportserie von 50 bis 175 cm³ Hubraum mit Sechsganggetriebe an. Ende der 60er Jahre erzielte Puch auch im Rennsport ausgezeichnete Erfolge. Eine überarbeitete Version der M 50 von 1950 war immer noch ein Verkaufsschlager. 1968 erschien die berühmte Puch Maxi mit 1,8-PS-Motor und Automatikgetriebe, die zu einem Meilenstein in der Geschichte des österreichischen Unternehmens wurde.
1973 nahm Puch erstmals offiziell an Moto-Cross-Wettbewerben teil, und zwar mit Harry Everts und Uno Palm bei den Weltmeisterschaften der 250er-Klasse. Die erste Saison brachte gute, jedoch nicht überragende Ergebnisse. 1974 entwickelten die Techniker der österreichischen Firma ein überarbeitetes Modell, dessen origineller Motor zwei Vergaser erhielt. Der eine war ganz normal am Zylinder positioniert, der andere hingegen war mit einem Drehschieber verbunden. In diesem Jahr errang Everts bei den Weltmeisterschaften der 250 cm³-Klasse den dritten Platz. Das Motorrad wurde weiter verbessert und bekam eine neue Hinterradaufhängung mit um 45 Grad geneigten Federbeinen. 1975 sicherte sich Everts endlich den heißersehnten Titel. Aufgrund der Sporterfolge bot Puch einige neue Modelle an: die siegreiche 250er und einige neue Sportversionen mit 125, 175 und 200 cm³-Rotax-Motoren. Doch der Umsatz der Geländemaschinen rechtfertigte den hohen Kostenaufwand für den Sporteinsatz nicht. So zog sich Puch im Jahr 1977 von den Wettbewerben zurück und widmete sich wieder dem Bau von Leichtmotorrädern.
Luigi Frigerio, seit 1969 Importeur der Puch-Maschinen in Italien, übernahm das Erbe der Moto-Cross-Zeit. Er gründete 1976 eine Fabrik in Treviglio und baute dort die Puch-Geländemaschinen weiter. Als Motoren verwendete er Puch-Zweitakter mit 50 und 75 cm³ Hubraum sowie Rotax-Motoren mit 125, 175, 250 und 280 cm³. Im Jahr 1987 kaufte der italienische Piaggio-Konzern den Motorrad-Bereich von Steyr-Daimler-Puch auf. Seitdem entstehen die österreichischen Motorräder in den Piaggio-Werken in der Toskana. Zur Angebotspalette zählen die Modelle Maxi mit Eingang-Wechselgetriebe, Super Maxi, auch mit Katalysator erhältlich, und White Speed X 50 mit Vierganggetriebe.

Puch 250 von 1975.

Pullin Groom

Die Pullin Groom stammt von dem bekannten englischen Rennfahrer Cyril Pullin, der nach dem Ersten Weltkrieg als Konstrukteur von Motorrädern nicht weniger erfolgreich war. Die 1920-23 gebaute Pullin Groom besaß einen offenen Rahmen und zeigte ausgeprägte Roller-Eigenschaften. 1921 erhielt sie einen 216 cm³-Einzylinder-Zweitaktmotor, automatische Schmierung, ein Zweigang-Planetengetriebe und Kettenantrieb. Der Preßstahlrahmen verfügte hinten und vorne über eine Teleskopfederung. Die Kette lief in einem geschlossenen Kettenkasten, und der Motor war horizontal unter dem Mittelteil des Rahmens aufgehängt.

P.V.

Mit ihren einfachen und doch wirksam gefederten Rahmen waren die 1910-25 von der englischen Firma P.V. gebauten Motorräder eine Zeitlang recht beliebt. Sie waren mit JAP-Motoren mit 292 bis 1000 cm³ und Villiers-Motoren mit 250, 269 und 350 cm³ ausgerüstet. Daneben verwendete die Firma auch Barr & Stroud-Motoren mit 350 cm³ Hubraum und Bradshaw-Triebwerke mit im Zylinderkopf hängenden Ventilen.

P.Z.I.

Panstwowe Zaklady Inzynierji aus Warschau war eine kleine Firma, die in den Jahren 1936-37 robuste Motorräder mit seitengesteuerten 600 cm³-Einzylinder- und 1200 cm³-Zweizylindermotoren fertigte.

Quadrant

Die Firma Quadrant produzierte Ende des letzten Jahrhunderts Fahrräder und pedalgetriebene Dreiräder. Ihren Namen verdankte die Firma einem patentierten Lenksystem, das ihre Gründer, die Gebrüder Walter und William Lloyd, 1883 erfanden. William Lloyd stieg jedoch bald aus dem Unternehmen aus. Sein Bruder Walter produzierte 1901 ein erstes Motorrad, das in seiner Bauart deutlich einem Fahrrad ähnelte, an dessen vorderem Rahmenrohr ein 211 cm³-Minerva-Motor angebracht war. Im folgenden Jahr ging ein ungewöhnliches Dreirad mit einem hinteren Antriebsrad und zwei vorderen Lenkrädern in Produktion. Das Gefährt, dessen Lenkung nach dem Ackermannschen Viereckprinzip gebaut war, neigte sich in jeder Kurve wie ein echtes Motorrad. 1903 kam Tom Silver in den Verwaltungsrat der Firma. Von der Herstellung des Dreirades mit Motorradkurvenlage hatte man inzwischen abgesehen und statt dessen eine neue Maschine mit zwei firmeneigenen 250 cm³-Motoren gebaut. 1906 entstand auch ein neuer Quadrant-Motor mit 392 cm³ Hubraum, der sich durch einen originellen rautenförmigen Schalldämpfer auszeichnete.
1907 kam es zwischen Lloyd und Silver zum Streit, die Gesellschaft wurde aufgelöst. Walter Lloyd schuf daraufhin die Firma LMC, während Tom Silver mit Hilfe neuer Sponsoren die Quadrant Motor Company gründete. Tom Silver stritt jedoch nicht nur weiterhin mit Walter Lloyd um die Urheberrechte am Quadrant-Motor, er bekam auch Schwierigkeiten mit seinen neuen Geldgebern, was ihn veranlaßte, eine neue Firma zu gründen: Die Quadrant Cycle Company entstand. Im Jahr 1911 schlossen sich die beiden Quadrant-Gesellschaften schließlich zu einer einzigen zusammen. 1913 erschien ein Zweizylinder-V-Motorrad mit 1129 cm³ Hubraum. Ende des Ersten Weltkriegs kamen noch zwei neue Einzylindermotoren mit 654 und 780 cm³ auf den Markt, doch der Niedergang der Firma zeichnete sich bereits ab. Ein letzter Versuch, das Unternehmen zu retten, wurde 1927 mit einem neuen Zweizylindermotor mit 480 cm³ Hubraum und im Zylinderkopf hängenden Ventilen unternommen, doch vergeblich: Im Jahr darauf schloß die Firma ihre Tore für immer.

Quagliotti

Carlo Quagliotti baute 1902-07 Motorräder mit 2 PS starken Peugeot-Motoren. Der Antrieb erfolgte über zwei Ketten, eine führte vom Motor zum Untersetzungsgetriebe, die andere vom Getriebe zum Hinterrad.

Rabeneick

Die ersten 1949 von der deutschen Firma Rabeneick produzierten Modelle besaßen Zweitaktmotoren von Fichtel & Sachs und von Jlo mit 98, 125, 150, 175 und 197 cm³ Hubraum. In den 60er Jahren fertigte das Unternehmen, dessen Modelle gut angekommen waren, ausschließlich Motorräder mit 49 und 98 cm³-Sachs-Motoren.

Radco

Lange Jahre widmete sich die englische Firma Radco ausschließlich dem Bau von 211 und 250 cm³-Zweitakt-Einzylindermodellen. Erst ab 1927 (die Produktion hatte 1913 begonnen) verwendete Radco auch JAP- und Villiers-Motoren in den Hubraumgrößen 147, 197, 250, 300 und 500 cm³. Ein besonders sportliches Modell war die Ace. Ihr 490 cm³-Einzylindermotor war mit im Zylinderkopf hängenden Ventilen ausgestattet.

Radior

Das von 1920-60 tätige französische Unternehmen konzentrierte seine Fertigung vor dem Zweiten Weltkrieg auf Zwei- und Viertaktmodelle mit 250 cm³ Hubraum. Daneben produzierte es andere Versionen, deren 250, 350 oder 500 cm³-JAP-Motoren seitlich stehende oder im Zylinderkopf hängende Ventile hatten. Nach dem Krieg baute die Firma gefällige Einzylinder-Zweitaktmaschinen mit 125, 175 und 250 cm³ Hubraum sowie Einzylinder-Viertakter mit AMC-Motoren und im Zylinderkopf hängenden Ventilen.

Raglan

Die englische Firma Raglan baute in England von 1903-13 Motorräder mit 500 cm³-Einzylindermotoren, die in herkömmliche Rahmen eingebaut wurden.

Raleigh

Die Firma Raleigh, ein bekannter englischer Fahrradhersteller, war nur zeitweise auf dem Motorradmarkt vertreten: von 1899–1905, vom Ende des Ersten Weltkrieges bis zur Wirtschaftskrise und von 1958 bis Mitte der 60er Jahre. Das erste Raleigh-Motorrad stammt aus dem Jahr 1899. Es war im Prinzip ein Fahrrad, dem vor dem Lenkkopf ein Schwan-Motor aufgesetzt worden war. Eine wesentlich weiterentwickelte Raleigh mit 3 PS und Kettenantrieb erschien 1903.
1905 wurde die Leistung auf 3,5 PS gesteigert. Das neue Modell hatte jedoch nicht den gewünschten Erfolg. Raleigh verkaufte die letzten Maschinen zu Billigstpreisen (25 Pfund Sterling anstelle der ursprünglichen 45) und stellte die Produktion ein.
1918 kehrte Raleigh mit einer 654 cm³-Zweizylinder-Boxer-Maschine wieder auf den Motorradmarkt zurück. Bemerkenswert an diesem Modell war das gemeinsam mit dem Motor am Rahmen angebrachte Sturmey-Archer-Getriebe (auch diese Marke gehörte der Firma Raleigh), das nach vorne und hinten beweglich war und so für die richtige Spannung der Hauptantriebskette sorgte. 1920 wurde die Produktpalette um eine kleine 174er und zahlreiche Ein- und Zweizylindermodelle im Hubraumbereich von 248 bis 998 cm³ erweitert. Auf sportlicher Ebene konzentrierte sich Raleigh besonders auf Trial-Wettkämpfe, da bei den Straßenrennen, vor allem bei der Tourist Trophy, keine nennenswerten Ergebnisse zu verzeichnen waren.
Trotz der Mißerfolge kam 1929 ein Nachbau der Tourist-Trophy-Maschine auf den Markt. Im gleichen Jahr erschien auch ein 495 cm³-Rennmodell, dessen Motor im Zylinderkopf hängende Ventile besaß. Diese Maschine brachte schließlich auch im Straßensport einige Siege mit nach Hause, wie zum Beispiel beim Großen Preis von Österreich und von Argentinien. Als sich die Wirtschaftskrise abzuzeichnen begann, beschloß Raleigh 1933, auf den Motorradbereich künftig zu verzichten.
Erst 1958 wurde die Firma wieder in diesem Sektor aktiv. Das Moped mit Einganggetriebe und ohne Federung, das aus dieser Zeit stammte, hatte jedoch keinen sonderlichen Erfolg und wurde daher bald von einem anderen Moped, der in Lizenz gebauten französischen Mobylette, abgelöst. Auch für Bianchis Roller Orsetto erwarb die englische Firma die Lizenz und brachte ihn als Raleigh Roma heraus. Wieder wurden die Erwartungen nicht erfüllt, und so widmete sich die Firma erneut ausschließlich dem Bau von Fahrrädern.

Ranzani

Die Mailänder Firma Ranzani baute 1926 Motorräder, für die sie den deutschen Heros-Viertaktmotor verwendete. Die Maschinen hatten Zwei- und Dreiganggetriebe. Einige Modelle besaßen auch englische Norman-Motoren mit im Zylinderkopf hängenden Ventilen.

Rap

Mitte der 50er Jahre produzierte die holländische Firma Rap für Stockvis & Zonen in Lizenz Mopeds mit Rex-Motoren. Nach 1955 wurden die Rahmen der Mopeds durch die Verwendung von Preßstahl anstelle der Rohre modernisiert. Einige Modelle erhielten sogar eine Teilverkleidung. In den 60er Jahren baute Rap verschiedene Mopeds, für die zunächst Rex- und Puch-Motoren verwendet wurden. Im Jahr 1970 umfaßte die Produktpalette jedoch nur noch drei Modelle mit Puch-Motoren.

Rapid

Das italienische Kleinmotorrad Rapid wurde 1953 vorgestellt, ging aber erst 1954 in kleiner Serie in Produktion. Das RA genannte Modell hatte einen 48 cm³-Zweitaktmotor mit koaxialer Rollenkupplung. Ende 1954 kam auch ein Modell RA 2 mit Zweiganggetriebe auf den Markt.
Unter dem gleichen Markennamen wurde 1955 in Frankreich ein 50 cm³-Hilfsmotor wahlweise mit oder ohne Gangschaltung verkauft.

Ratier

Die 1958 gegründete französische Firma Ratier produzierte in der Nachfolge der Marke Gnôme et Rhône 1960 ein Motorrad mit 594 cm³-Boxermotor, das eine große Ähnlichkeit mit der deutschen BMW hatte. In den 60er Jahren beschränkte Ratier die Produktion auf ein 600 cm³-Motorrad. Der mit einer Viergangschaltung kombinierte Boxermotor war in einen Rohrrahmen eingebaut. Das Vorderrad wurde von einer Teleskopgabel geführt, das Hinterrad von einer Schwinge. Das Modell erreichte eine Höchstgeschwindigkeit von 150 bis 160 km/h.

Ravat

Diese alte französische Firma begann schon 1898 in Saint Étienne mit der Fertigung einer begrenzten Serie von Leichtmotorrädern mit 500 cm³-Zwei- und Viertaktmotoren. Mitte der 50er Jahre stellte das Unternehmen seine Produktion ein.

Ray

In den Jahren 1919-20 waren in England eine limitierte Serie von Zweitakt-Einzylindermaschinen mit 331 cm³ Hubraum unter dem Markennamen Ray auf dem Markt.
Ebenfalls in England und unter der gleichen Marke gab es 1922-25 193 cm³-Ray-Motorräder. Später wurde noch ein weiteres Modell mit einem 172 cm³-Villiers-Jardine-Motor produziert.

Raynal

Seit 1914 wurde in England unter dem Markennamen Raynal eine begrenzte Serie von Motorrädern mit Precision- und Villiers-Motoren produziert. Anfang der 20er Jahre baute das Unternehmen Motorräder mit Villiers-Motoren mit 269 cm³ Hubraum; Ende der 30er Jahre entstanden Modelle mit 98 cm³-Motor, die bis 1953 im Handel blieben.

Reading Standard

Diese 1903 gegründete amerikanische Firma beschränkte sich während des Ersten Weltkriegs darauf, ihre Motorräder aus der Vorkriegszeit zu verbessern. Das Modell von 1919 hatte einen 1174 cm³-Motor mit in V-Form angeordneten Zylindern und stehenden Ventilen – ein Konstruktionsprinzip, für das Reading Standard Urheberrechte beanspruchte. Das Getriebe hatte drei Gänge und war hinter dem Motorgehäuse eingebaut; das Starten des Motors erfolgte über einen Kickstarter. Der Schleifenrohrrahmen war vorne mit einer Gabel mit Kurzschwinge ausgerüstet. Von dem Modell war eine Spar- und eine Luxusversion erhältlich. Letztere hatte elektrische Beleuchtung und einige ästhetische und technische Verbesserungen.
Eine verbesserte Version der Reading Standard von 1920 wurde von der Turiner Firma Motoborgo nach Italien importiert. Der Zweizylinder-V-Motor mit 1043 cm³ Hubraum wurde mittels einer automatischen Pumpe geschmiert, die alle 20 Kurbelwellenumdrehungen einen Tropfen Öl lieferte. Die Kupplung war eine Metall-Mehrscheibenkupplung im Ölbad; das Getriebe hatte drei Gänge und ließ sich leicht schalten. Das Starten erfolgte über einen Kickstarter. Die Vorderradaufhängung bestand aus einer Parallelogrammgabel mit Schraubenfedern, die im oberen Teil der Gabel eingebaut waren. Die Bandbremsen der Hinterradtrommel konnten sowohl mit der Hand als auch mit dem Fuß bedient werden.
Ende 1921 kam eine Version mit 1150 cm³ Hubraum, Dreiganggetriebe und Kettenantrieb in den Handel. Reading Standard soll angeblich die Produktion schon 1922 eingestellt haben, aber 1923 gab es zum Beispiel in Italien noch ein Modell mit 1170 cm³ Hubraum, Mehrscheibenkupplung und Dreiganggetriebe.

Ready

Die 1921-22 produzierten englischen Ready-Motorräder waren von herkömmlicher Bauart und hatten seitengesteuerte JAP-Motoren mit 300 und 350 cm³ Hubraum.
Unter dem gleichen Namen wurden 1924-39 in Belgien Motorräder mit JAP- und Blackburne-Motoren verkauft, deren Hubraum 175, 250, 350 und 500 cm³ betrug. Daneben wurden auch einige Zweitaktmodelle mit Villiers-Motoren vorgestellt.

Redrup

Zwischen 1903–20 betrieb der englische Techniker C.R. Redrup interessante Studien über Rotations- und Stationärmotoren. 1921-22 entwarf er für die British Radial Engine Company in London einen Dreizylinder-Sternmotor mit 309 cm³ Hubraum, seitlich stehenden Ventilen und Außenschwungrad. Die Zylinder waren im 120-Grad-Abstand angeordnet. Die Zylinderköpfe waren angeschweißt. Dieser Motor wurde auch bei der Redrup Radial eingebaut. Später entwarf der Techniker aus zwei Sternmotoren mit 309 cm³ einen Sechszylinder-Sternmotor mit 618 cm³ Hubraum. Die Produktion wurde jedoch wegen des ausbleibenden Erfolges bald wieder eingestellt.

Reform

Die 1903-05 von der Firma Thein und Goldberger in Wien gebauten Reform-Motorräder hatten Fafnir-Motoren. Der Primär- und Sekundärantrieb erfolgte bei diesem Motorrad über Kette – ein für damalige Verhältnisse seltenes Prinzip. Die gleiche Maschine wurde mit kleinen Abänderungen auch unter dem Markennamen Thein und Goldberger verkauft.

Regal

Eine breite Palette von Motoren sorgte für den Antrieb der englischen Regal-Motorräder, die 1909-15 in Birmingham produziert wurden. Es waren größtenteils Precision-Zweizylindermotoren im Hubraumbereich von 350, 500 und 602 cm³; einige Modelle besaßen aber auch wassergekühlte Green-Motoren oder 349 cm³-Peco-Motoren.

Regina

Unter dem Markennamen Regina wurden 1903-15 in England Motorräder mit Minerva-, Fafnir- und MMC-Motoren angeboten, deren Leistung je nach Hubraumgröße 1,75, 2, 2,5 und 2,75 PS betragen konnte. Das Unternehmen stellte die Produktion dann für ein paar Jahre ein, brachte aber später noch einmal ein Modell mit einem 292 cm³-Zweitaktmotor auf den Markt.
In England gab es 1914-15 auch Regina-Motorräder, deren Hersteller mit der Firma Ilford verbunden war. Die Modelle besaßen 292 cm³-Zweitaktmotoren.
In Frankreich wurden 1905-15 Regina-Motorräder verkauft, die von Buchet-, Peugeot-, Zürcher- und anderen Motoren angetrieben wurden.

Reid

1951 entwarf Tim Reid ein Motorrad mit einem Zweizylinder-Zweitakt-Boxermotor. Der Antrieb erfolgte über Kardanwelle. Die Pleuel der beiden Zylinder waren auf zwei getrennten Kurbelwellen montiert, die über Zahnräder verbunden waren. Der Motor war wassergekühlt. Im Jahr 1961 baute Reid noch einen weiteren vierzylindrigen Boxermotor.

Reima

Das vom Schweizer Rennfahrer Werner Maltry entwickelte Motorrad Reima hatte einen

René Gillet von 1935.

Motor mit zwei nebeneinanderliegenden Zylindern und einem Hubraum von 490 cm³. Der Motor wurde unter Verwendung von Teilen zweier Motobi-Triebwerke hergestellt. Die Ventilsteuerung erfolgte über Stoßstangen und Kipphebel. Die Maschine erreichte bei 9500 U/min eine Leistung von 50 PS. Das Getriebe hatte vier Gänge. Die Reima, die Anfang der 60er Jahre in begrenzter Stückzahl für Privat-Rennfahrer gebaut wurde, verschwand nach etwa fünf Jahren wieder von der Bildfläche.

Reina

Die 1951 im spanischen Barcelona produzierte Reina war ein Mofa mit großen Rädern und einem in Lizenz gefertigten 74 cm³-Sachs-Motor. Die Pedale waren beibehalten worden. Später schuf die Firma ein Leichtmotorrad, für das ein 125 cm³- Zweitaktmotor von Villiers verwendet wurde. Das Getriebe hatte drei Gänge. Als Fahrgestell diente ein Rohrrahmen. Das Vorderrad wurde von einer Teleskopgabel geführt, das Hinterrad von einer Schwinge mit Teleskopfederbeinen.

Reiter

1927 produzierte die Firma Timone und Fresia in Turin das Reiter-Motorrad. Der gegengesteuerte 250 cm³-Blackburne-Motor hatte ein seitlich stehendes und ein im Zylinderkopf hängendes Ventil. Vom gleichen Motorradtyp gab es auch eine Version mit einem 350 cm³-Bradshaw-Motor, der zwei im Zylinderkopf hängende Ventile besaß.

Reliance

Die amerikanische Firma Reliance Motor Cycle in Tioga County bei New York war einer der ersten Motorradhersteller der USA. Das 1912-15 tätige Unternehmen baute Modelle mit selbstgefertigten Einzylindermotoren.

René Gillet

Die erste René Gillet, benannt nach ihrem Erbauer, entstand 1898 in Paris. 1902 stellte René Gillet auf der Pariser Messe ein neues Einzylindermodell vor. Das Motorrad war derart erfolgreich, daß die französische Firma 1903 eine erste Zweizylindermaschine folgen ließ. Der Motor hatte 527 cm³ Hubraum und leistete 6 PS. Der Antrieb erfolgte über Riemen. Diesen Zweizylindermodellen verdankte das Werk in den Jahren vor dem Ersten Weltkrieg mehr als zufriedenstellende Verkaufszahlen.

Während des Kriegs belieferte René Gillet die französischen Streitkräfte; danach, in den 20er Jahren, konzentrierte sich die Firma noch ausschließlicher auf den Bau von Zweizylindermaschinen. Die 747 cm³-Maschine, die bereits als eines der besten Motorräder ihrer Klasse galt, wurde 1929 in einer völlig überarbeiteten Version mit gefederter Hinterradaufhängung in Paris vorgestellt. In den 30er Jahren umfaßte René Gillets Produktpalette zwei Einzylindermaschinen mit 350 und 500 cm³ sowie zwei Zweizylindermodelle. Allesamt hatten sie ein Vierganggetriebe.

Nach dem Zweiten Weltkrieg blieb die Firma jedoch auf dem technischen Stand der 30er Jahre stehen und führte auf diese Weise ihren Niedergang herbei. Ende der 50er Jahre verschwand sie gänzlich vom Markt.

Rennsteig

Die Rennsteig-Motorräder wurden von einer kleinen Rüstungsfabrik in Suhl im Osten Deutschlands produziert. Ihre Blackburne- und Sturmey-Archer-Motoren hatten seitlich stehende und im Zylinderkopf hängende Ventile und einen Hubraumbereich von 250 bis 600 cm³.

Republic

Die unter der Markenbezeichnung Republic in den Handel gebrachten Motorräder stammten von der böhmischen Firma Laurin & Klement. Böhmen gehörte damals noch zur Donaumonarchie, weswegen die Marke Republic manchmal für eine tschechoslowakische, manchmal für eine österreichische gehalten wird. Laurin & Klement verwendete den Markennamen Republic für Motorräder, die für den Export in europäische Länder und nach Nord- und Mittelamerika bestimmt waren. Zu den Republic-Produkten, die 1899-1908 in den Handel kamen, gehörten Einzylinder-, Zweizylinder- und sogar Vierzylindermaschinen.

Rex

Die Firma Rex begann ihre Tätigkeit 1899 in Birmingham als Automobilfabrik. Diesem Bereich blieb sie mehrere Jahre treu. 1900 brachte sie anläßlich der Ausstellung im Londoner Crystal Palace ein Motorrad mit 1,75 PS heraus. Die Firma, die von den beiden Brüdern Billy und Harold Williamson geführt wurde, verdankte ihren Ruhm in den nächsten sechs Jahren nicht zuletzt einer umfassenden Werbekampagne und einer ständigen Präsenz auf allen wichtigen Rennstrecken.

Eine ungewöhnliche Eigenschaft der Rex-Motoren im ersten Jahrzehnt dieses Jahrhunderts war die quadratische Form der Zylinderverrippung. Ab 1903 wurden die Motoren stehend in schwungvoll entworfene Rahmen eingebaut. Anfangs hatten sie noch 381 cm³ Hubraum und automatische Schnüffelventile. Die Gemischaufbereitung erfolgte über einen Oberflächenvergaser, der zwischen den Rahmenrohren viel Platz einnahm. Die Planungs- und Entwicklungsarbeiten schritten dank des Engagements der englischen Firma in Windeseile voran, und schon in wenigen Jahren konnte sie zwei Zweizylinder-V-Maschinen vorstellen – eine mit 465 cm³ Hubraum und seitlich stehenden Ventilen, die andere mit 726 cm³ und einem stehenden und einem im Zylinderkopf hängenden Ventil.

Ab 1906 wurden vorne gefederte Gabeln eingebaut, und 1907 erreichte Billy Eaton einen dritten Platz in der Zweizylinder-Klasse der Tourist Trophy. Ab 1908 hatten alle Rex-Rahmen zur Vertiefung des Fahrersitzes ein nach unten gebogenes oberes Rohr – eine Konstruktionsform, die bald in der gesamten Motorradindustrie Mode wurde. Rex war auch die erste Firma, die ein preiswertes Motorrad anbot.

1911 verbesserte das Unternehmen seine Produkte noch einmal durch Entfernen des Pedalwerks. Zur Produktpalette gehörten jetzt eine Einzylinderversion mit 339 cm³ Hubraum und eine Zweizylindermaschine mit 7 PS Motorleistung. Aufgrund von innerbetrieblichen Schwierigkeiten waren die Gebrüder Williamson 1911 gezwungen, die Firma zu verlassen, und Billy gründete daraufhin eine eigene Motorradfabrik namens Williamson. Die Geschäftsleitung übernahm jetzt George A. Hemingway, der sich mit der Premier Motor Company in Birmingham einigte und für sie Motorräder mit JAP-Motoren baute, die Rex-JAP.

Die ursprünglichen Rex-Modelle hingegen liefen weiterhin mit Motoren aus eigener Herstellung. 1912 bot das Unternehmen die Grundmodelle mit 499, 532 und 896 cm³ Hubraum in Tourist-, Speed-King- und De-Luxe-Version an. Zu den neuen Entwürfen gehörte auch ein Zweizylinder-V-Modell mit 952 cm³ und Vollkettenantrieb, das 1914 präsentiert wurde.

Mit Kriegsausbruch konzentrierte sich Rex auf die Ferti-

gung von Rüstungsgütern. Nach dem Ersten Weltkrieg war das interessanteste Rex-Modell eine 550 cm³-Einzylindermaschine mit mechanischer Schmierung und Kolben aus einer Leichtmetallegierung. Wenig später übernahm Rex die Acme Motor Company, und das erste Modell, das den Doppelnamen Rex-Acme trug, war eine 350er mit Blackburne-Motor, die Impy.
Ab 1922 besaßen alle Rex-Acme-Maschinen Fremdmotoren, angefangen bei den AZA-Zweitaktern mit 170 cm³ und 250 und 350 cm³-Blackburne-Motoren mit im Zylinderkopf hängenden Ventilen bis hin zu den 293 und 550 cm³-JAP-Motoren mit seitlich stehenden Ventilen. 1925 gewann Walter Handely mit der Rex-Acme als erster Rennfahrer zwei Prüfungen der Tourist Trophy in einer Woche. 1926 und 1927 siegte er auch in der Lightweight-Tourist-Trophy mit einer extrem leichten Zweizylinder-V-Maschine mit 498 cm³ Hubraum. Auch J.S. „Willy" Worters mehrte durch den Einsatz einiger Rex-Acme-Maschinen mit Blackburne-Motoren den Ruhm des Hauses: Mit seiner 250er erreichte Worters in Brooklands eine Durchschnittsgeschwindigkeit von 145 km/h, und 1930 gewann Staniland in Brooklands die 250er Klasse mit einer durchschnittlichen Geschwindigkeit von 145,191 km/h.
Doch trotz der Rennerfolge geriet das Unternehmen ins Wanken. Die Wirtschaftskrise war überall zu spüren. Auch ein weiteres Straßenmodell mit 172 cm³-Villiers-Motor konnte die Firma nicht retten, 1930 mußte der Betrieb eingestellt werden. Die Marke übernahm die alte Beiwagen-Fabrik Mills-Fulford, die eine neue Serie Rex-Acme-Motorräder mit 174 und 250 cm³ mit King-Dick-Motoren von Abingdon hervorbrachte. Die Erholung war jedoch nur von kurzer Dauer, da die Rex-Acme-Maschinen 1933 endgültig vom Markt verschwanden.
1923-26 wurde in Deutschland in der Nähe von Nürnberg unter dem Namen Rex ein Einzylinder-Zweitaktmotorrad mit 300 cm³ Hubraum gefertigt, das später auch mit 350 cm³ Hubraum erhältlich war.
In München existierte von 1949-63 zudem ein Rex Motorenwerk, das sich jedoch auf die Fertigung von Zweitakt-Hilfsmotoren für Fahrräder und Mopeds beschränkte. Die ersten Versionen hatten 31 cm³ Hubraum, die darauffolgenden 34 cm³ und die letzten Exemplare 49 cm³.
In Schweden war seit 1908 ebenfalls eine Firma tätig, die Rex-Motorräder produzierte. Die ersten Modelle besaßen Motosacoche-Motoren. Für die folgenden Maschinen wurden JAP- und Villiers-Triebwerke mit 147 bis 750 cm³ Hubraum eingesetzt. Ab 1934 baute die Firma auch 100 cm³-Leichtmotorräder; nach dem Krieg stellte sie eine neue Produktpalette mit Sachs-, Jlo- und Husqvarna-Zweitaktmotoren vor, deren Hubraumbereich von 125 bis 250 cm³ reichte.

Rickman CR 1000 von 1977.

Reynolds Runabout

Der 1919-22 in Birmingham produzierte Reynolds Runabout war im Prinzip ein Roller. Er hatte einen offenen Rahmen und einen völlig eingeschlossenen Liberty-Zweitaktmotor mit 269 cm³ Hubraum. In den letzten Jahren kam eine zweisitzige Version mit stark verlängertem Rahmen auf den Markt; später erschien sogar eine 350 cm³-Version mit seitengesteuertem JAP-Motor.

Rhony-X

Für die 1924-32 in Lyon gefertigten französischen Motorräder der Marke Rhony-X wurden Motoren von LMP, Stainless und Chaise verwendet. Zur Produktserie gehörten Zweitakter mit 100, 185, 250 und 350 cm³ sowie Einzylindermaschinen mit im Zylinderkopf hängenden Ventilen und 250, 350 und 500 cm³ Hubraum.

Rickman

Die Firma Rickman Bros. Ltd. entstand 1962 im englischen New Milton auf Initiative der Brüder Derek und Don Rickman. Zu diesem Schritt hatten sie sich entschlossen, da sie immer wieder bestürmt worden waren, doch Kopien der Motorräder anzufertigen, mit denen sie seit Jahren bei internationalen Geländewettbewerben erfolgreich waren. Ihre Motorräder wurden spaßhaft „Métisse" genannt, ein Ausdruck, mit dem die Franzosen gerne eine Promenadenmischung bei Hunden bezeichnen. Der Motor der Rickman-Maschinen stammte von Triumph; die übrigen Teile waren jedoch von so unterschiedlicher Herkunft, daß sie diesen Ausdruck in vollem Maße rechtfertigten.
Die Rahmen waren so angelegt, daß in ihnen ein Triumph T 100 oder ein Matchless-Einzylinder Platz fand. Die fertige Maschine wurde auf den Namen Métisse Mark 3 getauft und war ein großer Erfolg. Im Laufe von nur zwei Jahren wurde sie als Geländemaschine derart beliebt, daß die beiden Brüder beschlossen, sich auch auf anderen Sektoren zu versuchen. Auf diese Weise entstanden ihre ersten Straßenrennmaschinen mit Scheibenbremsen.
Besonders interessant war die in London 1966 vorgestellte Version. Sie hatte vorne eine große Scheibenbremse von Lockheed, einen vernickelten Rahmen und eine formschöne Glasfaserverkleidung. Zur Verbesserung des Triumph-Motors boten die Brüder nun auch einen kompletten Tuning-Kit an. Motorblock und -kopf stammten von der Firma Weslake; die Leistung war um 31 Prozent erhöht worden.
Als sich Don Rickman 1972 vom Rennsport zurückzog, expandierte das Unternehmen. Métisse-Motorräder wurden jetzt auch in die USA exportiert. Eines der gelungensten Rickman-Modelle war eine kleine 125er. Der Motor dieser Micro-Rickman war ein Zündapp-Zweitakter mit 15 PS Leistung, der 1973 für etliche Rennerfolge sorgte. Das Geschäft der Firma lief sehr gut; die Angebotspalette umfaßte inzwischen auch Modelle mit Bultaco-Motor und 250 cm³ Hubraum sowie etliche andere Maschinen mit Montesa-Motor.
Zu dieser Zeit erlebte der berühmte Rickman-Rennrahmen ein Comeback: Mit einem Honda-CB-750-Motor und einer auf ein Minimum reduzierten Verkleidung entstand die Rickman CR. Daneben entwickelte die Firma eine Version mit einem 900 cm³-Kawasaki-Motor.

Rieju

Die ab 1952 im spanischen Gerona produzierten Rieju-Motorräder besaßen einen AMC-Viertaktmotor mit 175 cm³ Hubraum. Daneben wurde ein Roller mit halboffenem Rahmen und einem 125 cm³-Zweitaktmotor angeboten.

Riga

Die russische Firma Riga, die ihren Namen von der gleichnamigen Stadt übernommen hat, fertigt zwei Mopeds, den Typ 16 und den Typ 11. Beide haben einen Zweitaktmotor und ein handgeschaltetes Dreiganggetriebe. Der modernere Typ 16 erreicht mit seinen 3,2 PS eine Höchstgeschwindigkeit von 50 km/h, der kleinere Typ 11 schafft mit seinen 1,2 PS nur 40 km/h Spitze.

Rigat

Die italienische Firma Rigat brachte 1912 ein Motorrad mit stehendem 487 cm³-Einzylindermotor und Magnetzündung heraus. 1914 stieg sie auf einen Fafnir-Motor mit Riemenantrieb und 499 cm³ Hubraum um.

Rikuo

Rikuo nannten sich Motorräder, die 1953-55 in Japan gefertigt wurden. Anfangs waren sie Kopien der Zweizylinder-Harley-Davidson mit 1000 und 1200 cm³ Hubraum. Später wurden auch Nachbildungen der 250 und 350 cm³-Einzylinder-BMW mit untenliegender Nockenwelle und im Zylinderkopf hängenden Ventilen produziert.

Riley

Ende des 19. Jahrhunderts brachte die englische Firma Riley die ersten motorgetriebenen Drei- und Vierräder in den Handel. Der Motor saß dabei wie bei De Dion hinter der Hinterachse. Das Dreirad war die Hauptstütze der Riley-Produktion. Erst im Jahr 1901 erschien das erste motorgetriebene Zweirad der Gesellschaft. Es hatte einen 1,25 PS starken Motor.
1903 versuchten William Rileys drei Söhne – Percy, Victor und Allan –, ihn und seinen Bruder zu überreden, ein Werk zu kaufen, in dem das Unternehmen seine eigenen Motoren produzieren konnte. Die drei Brüder fanden zwar weder bei ihrem Vater noch bei ihrem Onkel Gehör, erhielten aber finanzielle Unterstützung, so daß sie eine eigene Gesellschaft, die Riley Engine Company, gründen konnten. Die neuen Riley-Motoren waren die ersten ausschließlich in England gebauten Motoren, die über mechanisch gesteuerte Einlaßventile verfügten. Es gab sie in drei Versionen: mit 2,25, 3 und 3,5 PS.
Im Jahr 1904 konnte Riley bereits stolz auf eine ganze Reihe von Fahrrädern, Motorrädern und Dreirädern blicken. Rileys Tricar zeichnete sich damals in verschiedenen Wettbewerben aus und schaffte mit seinen 12,5 Litern Tankinhalt eine Strecke von 201 Kilometern. In den Jahren 1906-07 wurde das Riley-Tricar mit einem 9-PS-Motor weiter verbessert. Das neue Modell hatte seitlich am Fahrersitz eine Art Türrahmen, abgesteppte Polstersitze und war hervorragend verarbeitet. Im Jahr 1908 gab das Unternehmen jedoch die Motorradproduktion zugunsten ihrer neuen vierrädrigen Konkurrenz auf.

Riley-Dreirad, 1899.

Rivara

Diese italienische Firma mit Sitz in Colorno wurde von Giorgio Rivara gegründet und stellte ihr erstes Modell im Dezember 1975 vor. Die Produktion umfaßte kleine Geländemaschinen mit 48 und 50 cm³ Hubraum mit Ein- und . Vierganggetriebe. Das Unternehmen hatte auch Cross-Versionen wie die Modelle Cangurino, Bamby Cross und Leopard im Programm. Nicht weniger interessant war auch das Klappmoped Beach.

Rivierre

Bei dieser Marke handelt es sich um sehr originelle, in den Jahren 1902-05 in Frankreich gebaute Motorräder. Ihre Drei- und Vierzylinder-Sternmotoren waren auf dem Hinterrad angebracht.

Rixe

Das deutsche Unternehmen Rixe & Co. begann im Jahr 1949 mit der Produktion einer breiten Palette von Motorrädern. Die 98 bis 246 cm³-Zweitaktmotoren stammten sowohl von Fichtel & Sachs als auch von Jlo. Die Firma stellte ihre Motorradfertigung 1958 ein.

Rizzato

Die italienische Firma Cesare Rizzato & C. wurde 1920 zur Montage von Fahrradteilen gegründet. Ihr Tätigkeitsbereich dehnte sich stetig aus, bis sie schließlich selbst Fahrräder und Mopeds herstellte. Besonders umfassend war in den 80er Jahren die Mopedproduktion dieser bei Padua ansässigen Firma. Sehr gelungen waren die Modelle aus der Serie Atala und Califfone in verschiedenen Ein-, Zwei- und Viergangversionen.

R.M.W.

Zwischen 1926-52 fertigte diese kleine deutsche Firma aus Neuheim a.d. Ruhr zahlreiche herkömmliche Motorradmodelle mit Zwei- und Viertaktmotoren, die von Villiers, Bark, Küchen, Blackburne und anderen Herstellern im Hubraumbereich von 175 bis 500 cm³ geliefert wurden.

R.O.A.

Die R.O.A. Pumas stammten von der Industrias Motorizadas Onieva aus Madrid, einem der bekanntesten spanischen Motorradhersteller. Sie hatten eine moderne Linie und besaßen Zweitaktmotoren mit 200 und 325 cm³ Hubraum. Die Firma R.O.A., die auch dreirädrige Fahrzeuge und 50 cm³-Mofas produzierte, verwendete vor allem Villiers-Motoren.

Roc

Die von dem Engländer A.W. Wall entworfenen Roc-Motorräder wurden 1904-15 in Birmingham gebaut. Die ersten Modelle hatten flache, sehr lange Rahmen und ein Zweiganggetriebe mit Kupplung. Der größte Teil der Roc-Motorräder besaß Ein- oder Zweizylindermotoren von Precision. Wall war übrigens auch einer der ersten, der in England Vierganggetriebe einführte. Neben seinen zahlreichen anderen Projekten schuf er einen Kleinwagen.

Rocket

Von 1952 bis Anfang der 60er Jahre wurde in Japan ein Motorrad namens Rocket gebaut. Es hatte einen 150 cm³-Motor mit seitlich stehenden Ventilen. Daneben wurden ein großes Modell mit Viertaktmotor und kleinere Zweitaktmaschinen hergestellt.
Rocket nannte sich auch ein kleiner Roller, den die amerikanische Columbus Cycle Company 1960 auf den Markt brachte. Er besaß einen Einzylindermotor und eine automatische Fliehkraftkupplung.

Rockson

Die Rockson-Motorräder wurden 1920-23 in England produziert. Es gab zwei Modelle, eines mit einem 269 cm³-Villiers-

Motor und eines mit einem seitengesteuerten 500 cm³-Blackburne-Motor. Die Firma hatte ihren Sitz in Cradley in der Grafschaft Staffordshire.

Roco

Die Roco war eines der zahlreichen Leichtmotorräder mit Zweitaktmotor, die Anfang der 20er Jahre in Deutschland gebaut wurden. Der Motor war ein Einzylinder mit 110 cm³ Hubraum.

Roconova

Die von dem Ingenieur Johannes Roessig entworfenen Roconovas gehörten zu den ersten in Deutschland entstandenen Motorrädern mit im Zylinderkopf hängenden Ventilen. Mit ihren langhubigen 250 und 350 cm³-Motoren nahmen sie erfolgreich an zahlreichen Rennen teil. Ihre Produktion lief 1924-26.

Roger Barbier

Die Firma Roger Barbier war ein in den späten 20er Jahren tätiges, fast unbekanntes Schweizer Unternehmen. Es brachte ein 250 cm³-Modell auf den Markt. Sein Einzylinder-Viertaktmotor mit im Zylinderkopf hängenden Ventilen und Dreiganggetriebe ermöglichte eine Spitzengeschwindigkeit von 110 km/h.
Wesentlich interessanter war jedoch das 500 cm³-Einzylindermodell mit Aluminiumzylinder und gußeisernem Kopf und vier im Zylinderkopf hängenden, über eine obenliegende Nockenwelle gesteuerten Ventilen. Der Antrieb erfolgte über Kette. Der Motor-Getriebeblock war vollverkleidet und wurde mittels eines Ölkreislaufs gekühlt.

Röhr

Der mit einem 197 cm³-Jlo-Zweitaktmotor ausgerüstete deutsche Roller Röhr-Rolletta wurde 1953-57 in Landshut gebaut und zeichnete sich durch seine klare, moderne Linie aus.

Rokon

Diese amerikanische Firma, die 1969 zum Bau von Traktoren gegründet worden war, dehnte ihre Produktion später auch auf Motorräder aus und wandelte sich 1981 zur Rokon Ltd. Das hergestellte Motorrad ist allerdings einzigartig, da es Eigenschaften aufweist, die sonst nur ein Traktor besitzt. An das Motorrad können nämlich landwirtschaftliche Geräte wie Pflug, Transporter und Mähmaschine angehängt werden. Selbst in schwerem Gelände kann das Rokon-Motorrad dank seines Allradantriebs fast alle landwirtschaftlichen Arbeiten durchführen. Das Motorrad besitzt einen gebläsegekühlten Zweitakt-Einzylindermotor mit Dreigang-Automatikgetriebe, Hydraulikwandler und Kettenantrieb. Mit seinen 10 PS erreicht das Rokon-Motorrad eine Spitzengeschwindigkeit von 60 km/h und bewältigt Steigungen von bis zu 60 Prozent.

Rolfe

Obwohl dieses Unternehmen relativ klein war, stellte es doch fast alle Teile seiner Motorräder selber her. Einzige Ausnahme bildeten die 750 cm³-Precision-Zweizylindermotoren. Die im englischen Birmingham ansässige Firma war in den Jahren 1911-14 tätig.

Rollera

Das Rollera war ein interessantes Dreirad, das 1959 in Frankreich gebaut wurde. Das Vorderrad war für das Lenken zuständig, die beiden hinteren Räder sorgten für den Antrieb. Den Rohrrahmen verbarg eine Verkleidung. Der neben dem Fahrersitz installierte Motor mit 125 cm³ Hubraumvolumen war ein AMC-Zweitakter mit Dreiganggetriebe und Kettenantrieb. Die Maschine wog 95 kg und hatte eine gefederte Hinterradaufhängung mit Neumann-Gummiringen.

Rolly

Im Jahr 1949 entstand in Österreich der Motorroller Rolly, eine eher häßliche Nachahmung der italienischen Vespa. Der von Richard Schäfer in Osnabrück konstruierte Motorroller war mit einem Sachs-Zweitaktmotor mit 98 cm³ Hubraum ausgerüstet.

Romano

Das Romano-Fahrrad mit Hilfsmotor wurde Anfang dieses Jahrhunderts in Turin konstruiert. Seine Gabel bestand aus im Oval zusammengeschlossenen Rohren, an deren Basis Leisten mit Rollen angebracht waren, die im Inneren der Doppelfelge des speichenlosen Rads liefen. Der Motor saß in der Mitte des Vorderrads und war an den Gabelrohren befestigt. Wenn das Rad sich drehte, veränderte der Motor seine Lage nicht. Das Rad selber rotierte dabei um die Rollen, von denen es die Antriebsenergie erhielt. Die Rollen bewegten sich wiederum durch eine Zahnradverbindung mit dem Antriebsritzel.
Im Radinneren saßen auch das Zündungssystem und der Tank. Die Doppelfelge mit den großen Reifen war mit Federn versehen, die verhinderten, daß der Motor bei unebenem Terrain zu starken Erschütterungen ausgesetzt war. Trotz seiner zweifellos originellen Bauweise ist dieses Fahrzeug jedoch bei der Öffentlichkeit nicht gut angekommen.

Rondine

1952-57 produzierte die italienische Gesellschaft Fimer aus San Martino Siccomario Leichtmotorräder namens Rondine mit 125 cm³-Motor sowie dreirädrige Lieferwagen mit 250 cm³-Motor. Den gleichen Namen trug ein spanisches Leichtmotorrad mit 125 cm³-Zweitaktmotor, das in der zweiten Hälfte der 50er Jahre entstand.

Ronex

Der französische Ronex-Roller aus dem Jahr 1950 hatte einen offenen Rohrrahmen, einen verkleideten Motor und eine Vorderradschwinge mit einem großen Federbein am Lenkkopf. Je nach Kundenwunsch konnte ein 50, 98 oder 125 cm³-Motor eingebaut werden, ohne dabei den Rahmen verändern zu müssen.

Roots

Das Roots war ein 1892 von dem englischen Techniker J.D. Root konzipiertes Dreirad. Für seinen Antrieb sorgte ein in der Mitte des Gefährts hinter der Hinterachse angebrachter, wassergekühlter Ölmotor. Die Antriebskraft wurde durch ein Ritzel übertragen. Der Motor war hängend installiert; die Luft wurde über ein Einwegventil in das Motorgehäuse gesaugt, dort durch eine Leitung in den Zylinderkopf gedrückt und von speziellen Brennern erhitzt, bevor sie zu den Öl-Einspritzdüsen gelangte. Die Luft-Öl-Mischung wurde dann erneut erhitzt, bevor sie in den Brennraum gedrückt wurde, in dem sie sich bei Kontakt mit einem Glührohr entzündete.
Die verbrannten Gase wurden von der in den Brennraum strömenden frischen Mischung aus dem Zylinder gepreßt. Der gesamte Zyklus – Einlaß, Zündung und Auslaß – dauerte auf diese Weise wie bei einem Zweitakter nur eine Motorumdrehung. Die Kraftübertragung erfolgte direkt über Zahnräder.

Roés

Die Produktpalette dieser französischen Firma konzentrierte sich auf kleine Mofas und Mopeds im Hubraumbereich von 100 bis 125 cm³. Das Unternehmen, das ausschließlich Motoren aus eigener Produktion verwendete, war nur 1933-34 tätig.

Rosselli

Die italienische Firma Rosselli und Castellazzi in Turin brachte 1899 das Fahrrad Lilliput mit einem vor dem Pedalwerk installierten Motor und Hinterrad-Kettenantrieb heraus. Der 1 PS starke Motor war auch einzeln erhältlich. 1902 produzierte Rosselli auch Renn- und Tourenmaschinen mit 1,5 PS. Zur Produktpalette der Firma Rosselli und Castellazzi gehörten neben den Motorrädern auch die oben erwähnten Lilliput-Motoren, die auf alle Fahrräder paßten, sowie Optimus-Motoren für Wasser- und Kraftfahrzeuge.
1903 entwickelte Rosselli einen 258 cm³-Motor mit 2,5 PS, der sowohl mit Batterie- als auch mit Magnetzündung erhältlich war; beide Versionen hatten Kettenantrieb und einen Tank mit einem Fassungsvermögen, das für 100 Kilometer ausreichen

Oben: Die Rover aus dem Jahr 1911. Ihr 500 cm³-Einzylinder-Motor leistete 3,5 PS.
Rechts: Das elegante Firmenemblem der Gesellschaft Rover, die 1885 als Fahrradfabrik entstanden war.

sollte. Im gleichen Jahr stellte das Unternehmen nicht nur einen Langstreckenrekord auf, sondern gab auch das Erscheinen eines Damenmotorrads bekannt. In der Tat war Rosselli eines der ersten Unternehmen, das auch Motorräder mit oben offenem Rahmen für Damen (und Geistliche!) herausbrachte. Die Damen-Version hatte einen 1,75 PS starken Motor, Kettenantrieb und ein Schutznetz, das dafür sorgte, daß der Rock der Lenkerin nicht in die Kette oder in die Speichen des Hinterrads geriet. 1910 gab die Firma ihren Betrieb auf.

Rossi

Die Rossi-Leichtmotorräder mit 125 und 175 cm³-Jlo-Motoren wurden 1950-54 in Italien gefertigt. Später erhielten sie Einzylinder-Zweitaktmotoren aus eigener Herstellung.

Roessler & Jauernig

Die 1902-06 in der heutigen Tschechoslowakei (damals noch zum österreichisch-ungarischen Kaiserreich gehörig) hergestellten Motorräder von Roessler & Jauernig verfügten bereits im Jahr 1903 über Federungen der Vorder- und Hinterradaufhängung. Es gab sie in 2, 2,25 und 4 PS-Version mit Ein- und Zweizylindermotoren, die die Firma selbst entwickelt und produziert hatte.

Rota

1950 entwickelte und konstruierte der Italiener Felice Rota aus Biella ein Motorrad mit 500 cm³ Hubraum mit Stoßstangenmotor, dessen Ventile im Zylinderkopf hingen. Vom Rota-Motorrad gab es auch eine 140 km/h schnelle Sportversion und eine Rennmaschine, die sogar 165 km/h Höchstgeschwindigkeit erreichte. Alle Modelle waren mit einem Vierganggetriebe ausgerüstet und wurden bis 1952 nur geringfügig verändert.

Roussey

Der französische Hilfsmotor Roussey wurde ab 1948 gefertigt. Er hatte einen liegenden 50 cm³-Zylinder, der seitlich an der Hinterradnabe angebracht wurde und mit einem Zweiganggetriebe kombiniert war. Der Antrieb erfolgte über Kette. 1952 schuf die Firma Roussey auch einen wassergekühlten Motorroller mit Einrohrrahmen.

Rova-Kent

Zwischen 1913-14 konstruierte diese Firma im australischen Adelaide ein Sportmotorrad. Die Rova-Kent kam nur in begrenzter Stückzahl in den Handel. Für ihren Antrieb sorgte ein 500 cm³-Einzylindermotor mit vier hängenden Ventilen pro Zylinderkopf. Bei den Rennen, an denen sie teilnahm, erzielte sie recht ordentliche Ergebnisse.

Rover

1885 konstruierte der Engländer James Kemp Starley noch Fahrräder. Die ersten Schritte zum Bau eines Motorrads unternahm die Firma Rover erst 1901, ein Jahr nach dem Tod des Firmeninhabers. Die 1903 vorgestellte Rover Imperial mit 3,5 PS hatte einen recht schwer wirkenden Vorderbau mit einem runden Lenkrad. Der seitengesteuerte Motor war in einem Dreiecksrahmen montiert. Das Modell fand jedoch wenig Beifall, und so beschloß das Unternehmen 1905, seine Produktion einzustellen.
1908 kam ein Rover-Fahrrad in den Handel, an dessen Rahmen ein Motosacoche-Motor mit 1,25 PS Leistung angebracht werden konnte. 1910 entstand ein neues Rover-Motorrad mit einem 3,5 PS starken 499 cm³-Motor und der typischen Rover-Kapsel. Diese Kapsel umschloß die manuell zu bedienende, seitlich vom Kraftstofftank liegende Ölpumpe. Die ersten Rover-Sportversionen erschienen 1912; 1913 kam ein Tourist-Trophy-Modell mit Schaltgetriebe und extrem kurzem Radstand dazu. Mit diesem Modell sicherte sich Rover bei der Tourist Trophy von 1913 den Preis für die beste Mannschaft. Im nächsten Jahr kehrte Rover mit 499 cm³-Werksmaschinen auf die Isle of Man zurück. Die Neuheit dieser Modelle waren die Bremspedale auf beiden Seiten des Rahmens. Die Maschinen waren jedoch nicht sehr erfolgreich.
Mit Ausbruch des Ersten Weltkriegs schränkte die Firma Rover ihre Produktion ein und konzentrierte sich vorwiegend auf 499 cm³-Einzylindermaschinen, die sie an die russische Armee lieferte. 1915 nahm Rover eine neue Zweizylinder-V-Maschine mit 654 cm³-JAP-Motor ins Programm. Nach dem Krieg war das Interesse am Rennsport wieder wach, und für die Senior Tourist Trophy von 1921 entwickelte das Unternehmen einen Spezialmotor mit V-förmig im Zylinderkopf hängenden Ventilen. Das Motorrad wurde den Erwartungen in keiner Weise gereicht.
Die Rover-Tourenmodelle besaßen immer noch Riemenantrieb, der erst 1922 aufgegeben wurde. In diesem Jahr nahm Rover zum letzten Mal am Rennen auf der Isle of Man teil und sicherte sich dort einen 13. Platz. Zur Londoner Messe brachte die Firma ein neues, erstaunliches Modell heraus – ein Leichtmotorrad mit 250 cm³ Hubraum, bei dem Motor und Getriebe in einem Block vereint waren. Ferner besaß es eine elektrische Zündung und Innenbackenbremsen an beiden Rädern. 1924 kam zum 250 cm³-Modell auch eine 350 cm³-Version hinzu. Bei Erscheinen der neuen 350er machte sich

jedoch ein gewisser Absatzrückgang bemerkbar. Die 350er war das letzte Motorrad, das den Namen Rover trug, denn die Produktion der 250er war bereits 1925 eingestellt worden, während die 350er noch bis 1926 überlebte.

Rovetta

Giovanni Rovetta aus Brescia, ein Pionier im Bereich der Motortechnik, entwickelte Anfang dieses Jahrhunderts verschiedene Motorentypen. Im Jahr 1904 konstruierte er einen Motor mit schräg nach vorn gestelltem Zylinder, Riemenantrieb und Wasserkühlung, der vor dem Pedalwerk angebracht wurde. Ein anderer Einzylindermotor mit Außenschwungrad, ebenfalls aus dem Jahr 1904, konnte direkt am Vorderrad vor dem Lenkkopf angebaut werden. Auch bei diesem Modell erfolgte der Antrieb über Riemen. Ebenso lieferte Rovetta integrierte Motor-Gabel-Rad-Einheiten, die in jedes Fahrrad paßten. 1905 baute er auch ein Motorrad mit luftgekühltem Motor und Hinterrad-Riemenantrieb.

Rovin

Die im Jahr 1920 gegründete französische Firma Rovin baute Zweitaktmotorräder mit 100, 125 und 175 cm³ Hubraum, die sich durch keinerlei besondere Eigenschaften von ihren zeitgenössischen Konkurrenzprodukten unterschieden. Erst 1924 zeichnete sich das Unternehmen durch einen 170 cm³-Zweitaktmotor mit nebeneinanderstehenden Zylindern aus, den es eigens für den Rennsport und zur Aufstellung neuer Rekorde entwikkelt hatte. Jeder Zylinder verfügte über eine Doppelzündung; dabei war jeweils eine Kerze in der Mitte des Zylinderkopfes stehend montiert, die andere an der Seite liegend.
Noch interessanter war die Kraftstoffversorgung, die über drei getrennte Vergaser erfolgte. Jeder Zylinder hatte einen Vergaser, von dem aus das Kraftstoff-Luft-Gemisch durch den Einlaß zur normalen Vorverdichtung in das Motorgehäuse geführt wurde. Der dritte Zylinder hingegen führte den beiden anderen Zylindern mittels eines über die Kurbelwelle gesteuerten Kompressors eine zusätzliche Gemischladung zu. Das zwischen Vergaser und Zufuhrleitung gelegene Gebläse drehte sich dabei viermal so schnell wie die Kurbelwelle.
Nachdem Rovin 1929 die Firma San-Sou-Pap übernommen hatte, lief die Produktion bis 1932 weiter. Nennenswert sind vor allem ein 500 cm³-Modell sowie etliche Versionen mit JAP- und Mag-Motoren. 1930 brachte das Unternehmen auch zwei Rekordmaschinen mit 175 beziehungsweise 1000 cm³-JAP-Motoren und Vollverkleidung heraus.

Rowill

Dieses französische Unternehmen fertigte in den 50er Jahren Mopeds mit in Rouen gebauten Vap- und Scoutex-Motoren. Mit dem gleichen Modell wurden 1955 in der Sportversion sieben Weltrekorde aufgestellt.

Royal

Unter dieser Marke entstanden 1923-28 in Italien Motorräder mit 350 und 500 cm³-JAP- und Blackburne-Motoren.
Die amerikanischen Royal-Motorräder, die 1901-05 gebaut wurden, hatten einen robusten Fahrradrahmen, bei dem der Motor mit seinen schräg stehenden Zylindern zwischen Pedalwerk und Sattel eingebaut war. Der Tank lag über der hinteren Stoßstange, die Batterie war über dem vorderen Rahmenrohr befestigt. Die Kraftübertragung erfolgte über Kette.
Royal nannten sich außerdem die Motorräder der Baseler Firma Helvetia, die 1900-02 Modelle mit 1,25 bis 2 PS Leistung baute. Diese Firma beschränkte ihre Produktion aber nur auf wenige Exemplare.
Auch in Frankreich gab es Royal-Motorräder. Diese Modelle besaßen 350 und 500 cm³-JAP- und Blackburne-Motoren und entstanden 1923-28.

Royal-Ajax

Anfang dieses Jahrhunderts löste die Firma Solver Queen Cycle Co. Ltd. in London das Unternehmen British Cycle Mfg. Co. Ltd. bei der Fertigung der 2,5 PS starken Einzylindermotorräder ab, die unter dem Namen Royal-Ajax vertrieben wurden. Das Londoner Werk war bis 1910 tätig.

Royal Enfield

Einen ersten Schritt hin zur Motorradproduktion vollzog im Jahr 1899 die als Fahrradfabrik entstandene Enfield Cycle Company Ltd. mit der Produktion von Drei- und Vierrädern, die von De-Dion-Motoren angetrieben wurden. Auf diese erste Initiative folgten weitere Versuche zur Entwicklung eines Motorrades, die schließlich 1901 in der von dem Franzosen Jules L. Gobiet entwickelten Royal Enfield gipfelten. Ihr 1,5 PS starker Motor war am Lenkkopf montiert, und die Kraftübertragung auf das Vorderrad erfolgte mittels eines Lederriemens. Im Laufe der nächsten drei Jahre entstanden verschiedene Modelle, doch das Unternehmen verlagerte bald seine Geschäftsinteressen auf den Automobilsektor.
Die Geschäfte liefen jedoch schlecht, und die neu gegründete Enfield Autocar Company wurde liquidiert und von der Firma All-day Onions in Birmingham aufgekauft. Nach diesem Reinfall auf dem Automobilsektor konzentrierte sich Enfield auf den Bau von Ersatzteilen für Motor- und Fahrräder. 1907 wurde das assoziierte Unternehmen Eadie Manufacturing Company von BSA aufgekauft. Erst 1910 bekundete Enfield mit dem Bau einer 2,75 PS starken Zweizylinder-V-Maschine mit Motosacoche-Motor erneut Interesse für Motorräder. Das Nachfolgemodell wies bis auf ein Zweiganggetriebe die gleichen Eigenschaften wie sein Vorläufer auf.
1912 wurde eine Maschine mit Beiwagen, das Modell 180, hergestellt. Angetrieben wurde es von einem 6 PS starken JAP-Zweizylinder-V-Motor mit 770 cm³ Hubraum und Zweiganggetriebe. Weitere Merkmale waren der Vollkettenantrieb und die Royal-Enfield-Hinterradnabe. Der Beiwagen hatte einen Rohrrahmen und war innen mit Leder ausgekleidet. 1912-14 erzielte Royal Enfield auch bei der Tourist Trophy beachtliche Erfolge.
1913 präsentierte das englische Unternehmen seine berühmte Zweizylinder-V-Maschine mit einem Motor mit 425 cm³ Hubraum, der nur 3 PS leistete. Die Zylinder waren dabei mit einem Doppelbügel auf der Innenseite des V und mit einem einzelnen Bügel auf der Außenseite am Motorgehäuse befestigt. Der Motor hatte eine Trockensumpfschmierung mit automatischer Zahnrad-Ölpumpe und einem unter dem Sattel gelegenen, gläsernen Öltank.
Während des Ersten Weltkriegs lieferte die Firma neben dem mit Vickers-Maschinengewehren ausgerüsteten, 8 PS starken Sidecar auch Tausende von Fahrrädern an das britische Militär. Nach Kriegsende nahm Enfield die drei bereits erwähnten Modelle bis 1924 wieder ins Programm. In diesem Jahr brachte das Werk auch zum ersten Mal eine 350 cm³-Einzylindermaschine auf den Markt. Das Sportmodell besaß einen JAP-Motor mit im Zylinderkopf hängenden Ventilen. Dieser erste Versuch mit einer 350er sollte der Beginn einer langen Erfolgsserie bei zahlreichen Rennen werden.
1925 kamen ein sportliches Zweitakt-Zweizylindermodell und eine Zweizylindermaschine mit 8 PS hinzu. Das erste 500er Einzylindermodell wurde 1927 vorgestellt. Der tatsächliche Hubraum betrug 488 cm³; das Vierganggetriebe hatte Enfield selber entworfen und gebaut. 1928 nahm die Firma ein neues Viertaktmodell mit seitlich stehenden Ventilen und 225 cm³ Hubraum ins Programm auf. Es hatte einen abgerundeten, sattelförmigen Benzintank und einen Öltank, der direkt unter dem Sattel lag. Im Jahr darauf kam zum Modell mit 488 cm³ Hubraumvolumen eine Version mit hängenden Ventilen und zwei Auspuffrohren hinzu. Die Rahmen waren verändert worden und folgten der Linie der Tourist-Trophy-Rahmen von 1928.
Während der Wirtschaftskrise der 30er Jahre versuchte sich Enfield mit 13 verschiedenen Modellen über Wasser zu halten, jedoch ohne großen Erfolg. Die Modelle von 1930 waren grundlegend verändert worden – zum Beispiel hatten die Luxus-Ausführungen nun eine direkt in den vorderen Teil des Motorgehäuses eingebaute Ölwanne und eine Pumpenschmierung. Ein neues Motorradmodell erschien 1931: Es hatte einen 570 cm³-Motor mit seitlich stehenden Ventilen. Kurz danach folgte ein

anderes Modell mit 488 cm^3 Hubraum namens JF.
1934 bot die Firma unter anderem Sportmaschinen namens „Bullet" mit 250, 350 und 500 cm^3 Hubraum an. Die Bullet 500 von 1935 besaß einen Motor mit drei hängenden Ventilen, von denen zwei für den Einlaß und eines für den Auslaß zuständig waren. 1936 entstand ein Modell mit vier Ventilen. Ebenfalls 1936 stellte Royal Enfield eine Super Competition vor, der das J-Modell mit zwei Ventilen und 350 beziehungsweise 500 cm^3 Hubraum zugrunde lag. Die Zylinder waren aus einer Nickel-Chrom-Legierung gefertigt. Die nitrierten Ventile waren mit speziellen Ventilfedern ausgerüstet. Aus dem Jahr 1938 stammte ein großes Zweizylindermodell, das in den Versionen K und KX mit einem Hubraum von 1140 cm^3 erhältlich war.
Bei Ausbruch des Zweiten Weltkriegs lieferte Enfield ein gewisses Quantum der 250 cm^3-Modelle an die Streitkräfte. Kurz vor dem Krieg entstand noch eine 125er mit Zweitaktmotor, die das Unternehmen an die Luftstreitkräfte der Alliierten verkaufte. Mit Fallschirmen versehen und in spezielle Behälter verpackt, wurden sie im Einsatzfall aus Segelflugzeugen abgeworfen. Nach Kriegsende verkaufte Enfield viele 350er. Daneben gab es auch drei neue Modelle: der 125 cm^3-Zweitakter Flying Flea (Fliegender Floh), das Model G mit 350 cm^3 und im Zylinderkopf hängenden Ventilen sowie das Model J mit 500 cm^3 und ebenfalls hängenden Ventilen, das aber nur für den Export vorgesehen war.

Touren-Version der Royal Enfield, 1914.

Die neue Bullet kam in der Normalversion 1948 zusammen mit einer 500er ins Angebot, die einen aus einem Stück gegossenen Motor mit zwei nebeneinanderstehenden Zylindern hatte, wobei Zylinder und Zylinderköpfe voneinander getrennt waren. Die beiden obenliegenden Nockenwellen wurden von einer Kette angetrieben. 1948 gewann die englische Mannschaft die Internationale Sechstagefahrt, und eine Royal Enfield sicherte sich die Silbervase. Im darauffolgenden Jahr waren Motorräder der Firma Royal Enfield noch einmal bei der englischen Mannschaft im Einsatz, die die Trophy erneut gewann, und 1950/51 erhielt das Unternehmen den Preis für die Markenwertung.
1951 verließ ein neues 250 cm^3-Modell, die S 51, das Werk; 1952 wurden sogar drei neue Modelle produziert: die Ensign mit 125 cm^3-Zweitaktmotor, die Bullet 500 und die Meteor mit stehendem 692 cm^3-Zweizylindermotor. 1953 erschien eine 250er mit untenliegender Nockenwelle und hängenden Ventilen, die Clipper. Inzwischen war bei allen Modellen der Scheinwerfer und der obere Teil der Gabel in eine Hülle aus einer Leichtmetallegierung eingepaßt worden.
1957 stellte Enfield ein völlig neues 250 cm^3-Modell vor, die Crusader. Ende 1958 kündigte das Unternehmen das Trial-Modell Works Replica an, eine Kopie der Original-Werksmaschine. Noch im gleichen Jahr entstanden auch das Modell Constellation mit 692 cm^3 Hubraum und die Meteor Minor mit 492 cm^3 Hubraum, eine verbesserte Version der 500 cm^3-Zweizylinder. Für die Rennsaison 1962 entwickelte Enfield die Crusader Super 5, in die eine Sportversion des Crusader-Motors mit Fünfganggetriebe eingebaut war.
1962 stimmte Royal Enfield einem Fusionsvorschlag der E. & H.P. Smith Ltd. zu, der Finanz-Holding eines großen englischen Konzerns der Metall- und Maschinenbauindustrie. Ende desselben Jahres kündigte Enfield eine weitere Zweizylindermaschine, die Interceptor mit 736 cm^3, an, die mit ihren 52 PS bei 6000 U/min eine Höchstgeschwindigkeit von 160 km/h erreichte. Die 1965 erschienene Continental GT, von der englischen Presse als „schnellste englische 250er" gepriesen, war von Anfang an ein Verkaufsschlager. Sie kam auf eine Spitzengeschwindigkeit von 145 km/h.
Besonders interessant war das Rennmodell Alpha Royal Enfield, das 1964 mit einem Zweitaktmotor in Serie gefertigt wurde. Die Modellpalette des Unternehmens umfaßte inzwischen neun Modelle der 250er Klasse – angefangen bei der Twin Turbo über die Crusader und Continental bis hin zur Racer. Daneben gab es noch die Bullet mit 350 und die Interceptor mit 736 cm^3 Hubraum.
Ende der Saison 1965 beschloß Royal Enfield schließlich, sich vom Rennsport zu verabschieden, und das, obwohl Gordon Keith in diesem Jahr ein Spitzenergebnis erzielt hatte: Mit 201 km/h Durchschnittsgeschwindigkeit bei der Tourist Trophy hatte er einen neuen Rekord für Motorräder der 350er Klasse aufgestellt. 1967 fand die langjährige Geschichte des Unternehmens ein Ende. Das Werk wurde verkauft; die Produktion der Interceptor lief allerdings noch eine gewisse Zeit weiter. Auch die 350er Bullet wurde noch bis Ende der 70er Jahre in Indien weitergebaut.

Royal Enfield Bullet 350.

Royal Moto

Diese französischen Motorräder, die 1923-32 gebaut wurden, besaßen anfänglich Zweitaktmotoren mit 175 und 250 cm^3 Hubraum; später wurden Viertaktmotoren mit 350 und 500 cm^3 Hubraum verwendet. Alle Motoren stammten von der Firma Massadier.

Royal-Nord

Der belgische Motorradhersteller Royal-Nord in Hasselt baute in seine von 1950 bis Ende der 60er Jahre gefertigten Modelle 125 und 250 cm^3-Zweitaktmotoren ein, darunter Triebwerke von Villiers und Maico. Zu den jüngeren Modellen zählten moderne, sportliche Mopeds und Motorroller.

Royal Ruby

Die englische Firma Royal Ruby war in der Zeit von 1909-39 eine der bedeutendsten Marken auf dem englischen Motorradmarkt. Ihre Modelle waren von herkömmlicher Bauart und wurden von JAP-Motoren mit Hubräumen zwischen 250 und 1000 cm^3 angetrieben. Bei Ausbruch des Zweiten Weltkriegs stellte Royal Ruby den Betrieb ein.

Royal Scot

Die Royal-Scot-Motorräder gehörten zu den wenigen Maschinen, die komplett in Schottland gebaut wurden. Die Rahmen für die verschiedenen Modelle lieferten die Victoria-Werke; die 350 cm^3-Einzylindermotoren stammten hingegen von der schottischen Firma Barr & Stroud. Das Unternehmen war nur 1922-24 tätig.

Royal Sovereign

Mit ihrem 2,25 PS starken, in der Mitte des Rahmens eingebauten Minerva-Motor und dem langen Stützrohr, das vom vorderen Rahmenrohr bis zum Hinterrad reichte, war die englische Royal Sovereign wahrlich eine außergewöhnliche Kreation. Die Kraftübertragung erfolgte ohne Getriebe direkt über Riemen. Die Marke existierte 1902-05.

Royal Standard

Der bekannte Motorenhersteller Zürcher lieferte die Motoren für diese Schweizer Firma, die in den Jahren 1928-29 Zweizylindermotorräder mit 400 cm^3 Hubraum produzierte.

R.S.

1923-25 produzierte die Motorfahrzeugbau Scheid-Henninger in Karlsruhe Zweitakt-Leichtmotorräder sowie 500 cm^3-Motorräder, für die BMW-Motoren verwendet wurden.

Rubinelli

Die in Mailand ansässige Firma Rubinelli fertigte 1921-27 interessante Motorräder mit 125 und 175 cm^3-Zweitaktmotoren, die sie selber entwickelte und herstellte.

Rud

Die deutsche Firma Richard Uhlman baute entgegen ihrem nicht sonderlich guten Ruf etliche schöne Motorräder. Für den Antrieb ihrer Modelle sorgten Einzylindermotoren mit 350 und 500 cm^3 Hubraum von Kühne beziehungsweise Zweizylinder-V-Motoren mit 750 cm^3 Hubraum von Mag. Die Produktion lief zwischen 1927-30 in relativ kleinen Stückzahlen.

Rudge

Dan Rudge hatte 1868 in der englischen Kleinstadt Wolverhampton mit dem Bau von Fahrrädern begonnen. Innerhalb weniger Jahre schon ließ Rudge einige seiner Produkte wie zum Beispiel Fahrradpedale mit verstellbaren Kugellagern patentieren. Nach dem Tod von Dan Rudge im Jahre 1880 übernahm George Woodcock dessen Geschäft und vereinte die Firma Rudge mit zwei seiner anderen Unternehmen.
Von 1885 an nannte sich die Firma D. Rudge & Company Ltd. Anfang der 90er Jahre des letzten Jahrhunderts geriet das Werk in Schwierigkeiten und verlor zudem seinen Geschäftsführer. Das war vermutlich der Anstoß, der Rudge dazu brachte, sich mit der Whitworth Cycle Company zusammenzutun, einer Fahrradfabrik, die ihrerseits durch die Fusion mit einer Eisenwarenfabrik, der Charles Henry Pugh, entstanden war.
Als sich im Jahr 1894 Whitworth mit Rudge zusammenschloß und so die Firma Rudge-Whitworth entstand, zeigte sich ein erstes Engagement auf dem Motorradsektor. Der Direktor, Charles Pugh, hatte nämlich mit der Pariser Firma Werner ein Abkommen zum Verkauf von Werner-Motorrädern in Südafrika über die in Johannesburg ansässige Rudge-Whitworth-Filiale geschlossen.
Der erste Rudge-Prototyp entstand etwa um 1910. Das Motorrad hatte einen gegengesteuerten 499 cm^3-Motor und stand Pate für die ersten Serienmodelle, die 1911 mit dem gleichen, im Detail jedoch verbesserten Motor herauskamen. Rudge stellte sogleich die Leistungskraft der Maschinen unter Beweis: Schon im Jahr 1911 erreichte Victor Surridge in Brooklands eine Durchschnittsgeschwindigkeit von 98,78 km/h und steigerte sie wenige Monate später sogar auf 106,96 km/h. Bei der Tourist Trophy von 1911 schickte Rudge vier Fahrer ins Rennen, aber nur zwei erreichten das Ziel.
Der stetig gestiegene Bekanntheitsgrad der Firma nahm erneut zu, als Stanhope Spencer im August 1911 mit einer Geschwindigkeit von 116,67 km/h über den Fliegenden Kilometer einen Weltrekord aufstellte.

Rennversion der Rudge 500, 1922.

1912 erschien die Rudge Multi, die bis 1923 hergestellt wurde. Für Gespann-Fahrer wurde neben dem 500 cm^3-Serienmodell jetzt eine 750 cm^3-Version produziert. In den ersten Monaten des Jahres 1913 heimsten die Fahrer der Firma in Brooklands und auf anderen Rennstrecken einige Trophäen ein. Bei der Tourist Trophy, für die Rudge elf Maschinen gestellt hatte, waren die Ergebnisse jedoch nicht sonderlich gut. Im darauffolgenden Jahr gewann Cyril Pullin mit 79,66 km/h jedoch die Senior Trophy (500 cm^3).
John Pugh hatte sich inzwischen an einer Zweizylinder-V-Maschine mit 998 cm^3 Hubraum versucht, aber der kommende Krieg warf den ersten Schatten. Das Modell gelangte nicht mehr in Produktion. Nach Kriegsende griff man das Projekt wieder auf und brachte es mit einem Schaltgetriebe als Multitwin auf den Markt. Auch die Einzylindermodelle mit 499 und 750 cm^3 Hubraum erlebten eine Renaissance. Der Riemenantrieb war jedoch überholt und damit auch die Rudge Multi. Bald erschien mit der Rudge Four ein neues Motorrad, bei dem man zudem auf den alten, gegengesteuerten Motor verzichtet hatte. Die Einzylindermaschine, die anfangs nur mit 350 cm^3-Motor erhältlich war, wurde später auch mit 550 cm^3 Hubraum, vier im Zylinderkopf hängenden Ventilen und Vierganggetriebe angeboten.
Voller Energie stieg Rudge 1926 mit neuen Motoren in den Rennsport ein. Die Triebwerke waren mit vier V-förmig hängenden Ventilen ausgestattet. Im Jahr darauf erhielten die Rudge-Rennmaschinen zum ersten Mal Satteltanks. Auch die alten Bremsen der früheren Jahre waren gegen Doppeltrommelbremsen mit 203 mm Durchmesser ausgetauscht worden. Die neuen Zylinderköpfe hatten anstelle der parallelen auseinanderstrebende Auslaßkanäle. Zudem hatte man sich als Ersatz für die alten Senspray-Vergaser für Amac-Vergaser und Alkoholbetrieb entschieden.
Mit Graham Walkers Sieg beim Grand Prix in Irland 1928 begann für Rudge ein goldenes Zeitalter im Rennsport. Walker gewann dieses Rennen auch im Jahr darauf, ebenso wie Ernie Nott beim Großen Preis von Holland und Tyrell Smith, der in Deutschland und in der Tschechoslowakei siegte. Bei den Vierventilmotoren von Rudge waren die Einlaßventile parallel nebeneinander angeordnet, was nicht unbedingt für einen effizienten Füllungsgrad und optimale Verbrennung sorgte. Daher beschloß man bei Rudge, das Problem mittels zweier Stoßstangen und einer Reihe von Kipphebeln zu lösen. Die Leistungsfähigkeit der neuen Motoren wurde gleich bei der Junior Tourist Trophy 1930 von Tyrell Smith, Graham Walker und Ernie Nott unter Beweis gestellt. In triumphaler Manier wurde das

Rennen für die Rudge-Maschinen entschieden: Die drei Fahrer belegten jeweils den ersten, zweiten und dritten Platz.
1931 konstruierte Rudge ein 250 cm³-Cross-Modell mit V-förmig angeordneten Ventilen, mit dem sich Graham Walker bei der Tourist Trophy in seiner Klasse an die Spitze setzte. Kein Wunder also, daß England für die Ausrüstung der britischen Mannschaft zur Internationalen Sechstagefahrt 1937 Rudge-Motorräder wählte. Das für dieses Rennen entwickelte, schnell abnehmbare Hinterrad kam für die 500er Versionen der Modelle Ulster, Special und Sports Special als „Extra" in den Verkauf. Der Absatz stieg wieder an, und Rudge kürzte die Modellpalette für das Jahr 1939. Das Unternehmen arbeitete bereits an einem neuen Projekt: eine 350er mit obenliegender Nockenwelle. Zusätzlich erhielt Rudge vom englischen Heer einen Auftrag zum Bau einer 250 cm³-Maschine mit zwei Ventilen.
Erneut vereitelte der Krieg den Aufschwung der Firma. In der Nachkriegszeit erlebte Rudge noch einmal einen kurzen Boom, als in den 50er Jahren das kleine motorgetriebene Rad Cyclemaster auf dem Markt erschien. Bald darauf mußte der Betrieb jedoch eingestellt werden.

Rufa

In den Jahren 1955-56 produzierte der italienische Ingenieur Giulio Rufa in Argentinien ein Motorrad, das seinen Namen trug. Bei ansonsten gleichen Eigenschaften wurde es in den Hubraumgrößen 125, 175, 250 und 350 cm³ angeboten. Die 125er und die 175er besaßen Einzylindermotoren, während der Zweizylindermotor der 250er aus der Kombination zweier Zylinder des 125 cm³-Motors entstanden war. Bei allen Maschinen erfolgte die Motorsteuerung über eine obenliegende Nockenwelle mit Kettenantrieb und flachen, scheibenförmigen Nocken, die direkt die Ventile betätigten. Das Getriebe hatte vier Gänge, und der Kraftübertragung diente eine Kardanwelle mit zwei Gelenken. Die selbsttragende Karosserie der rundum verkleideten Maschine wurde von zwei Längsträgern unter dem Motor verstärkt.

Rulliers

Die in der Tschechoslowakei von der Firma Ladislaw Fischer & Spol aus Prag gefertigte Rulliers war ein 175 cm³-Leichtmotorrad mit Villiers- und JAP-Aza-Motoren. Die Firma war 1925-28 auf dem Markt präsent.

John Dixon auf der Rumi 125 bei einem Rennen im Jahr 1961.

Rumi

Nach dem Zweiten Weltkrieg stand die italienische Firma Officine Fonderie Rumi in Bergamo vor einem Problem. Die eigentlich auf Textilverarbeitungsmaschinen spezialisierte Fabrik hatte während des Krieges spezielle Bronze-Gußstücke für die italienische Marine produziert und sollte jetzt ihre Anlage wieder auf die zivile Fertigung umstellen. Das neue Produkt sollten Motorräder sein, und so wurde der Ingenieur Salmaggi mit der technischen Leitung des Werks betraut.
Donnino Rumi, der Firmeninhaber, war überzeugt, der Markt verlange nach einem besonders originellen Produkt. So entwarf Salmaggi eine 125er mit zwei nebeneinanderliegenden Zylindern. Bei diesem neuen Zweitaktmodell mit Dreiganggetriebe war der Motor-Getriebe-Block an einer Struktur aus zwei vorderen und zwei hinteren Rohren aufgehängt und diente somit zugleich als tragendes Element des Rahmens. Die Vorderradaufhängung bestand aus einer Teleskopgabel, die Aufhängung des Hinterrades verfügte über eine Schwinge und Teleskopfederbeine. Das Motorrad wurde 1949 vorgestellt und ging 1950 in Produktion.
Neben dieser Normalversion bot Rumi ein Sportmodell an, das bei gleichem Hubraum mit seinem Vierganggetriebe 100 km/h schnell war. 1951 beließ die Firma ihre beiden Modelle äußerlich gleich und verbesserte nur den Motor. Außerdem hatte sie eine Rennversion entwickelt, die sogar auf eine Höchstgeschwindigkeit von 130 km/h kam. 1952 ging der Roller Scoiattolo („Eichhörnchen") in Produktion, der in seiner eleganten Vollverkleidung den gleichen 125 cm³-Zweitaktmotor mit den beiden nebeneinanderliegenden Zylindern verbarg. Rumis 125er erzielten auch im Rennsport recht ansehnliche Erfolge. Romano gewann im Jahr 1954 auf der Rumi die 125er Klasse des Mailand-Tarent-Rennens mit einer Durchschnittsgeschwindigkeit von 91,454 km/h. Die Serienproduktion war 1953 um zwei Leichtmotorräder mit 175 und 200 cm³ Hubraum erweitert worden. Für beide Modelle war der gleiche Motor mit den beiden nebeneinanderliegenden Zylindern verwendet worden.
1954 brachte Rumi das neue Modell Formichino, einen Motorroller mit ebenfalls 125 cm³, heraus, der sich vom Scoiattolo durch seine originelle Struktur unterschied. Er besaß nämlich nicht den gewöhnlichen, von einer Karosserie umhüllten Rahmen. Statt dessen bildeten zwei Gußstücke aus Leichtmetall den vorderen und hinteren Teil der Karosserie. Die beiden Teile waren mit dem Gehäuse des Motor-Getriebe-Blocks verschraubt.
Das Design des Rollers war ausgesprochen modern: Die Vorderradaufhängung bestand aus einer Gabel mit unteren Kurzschwingen, die Hinterradaufhängung aus dem Leichtmetall-Kettengehäuse, das wiederum am Gehäuse des Vierganggetriebes befestigt war. Der Formichino erreichte eine Spitzengeschwindigkeit von 75 km/h.
In den darauffolgenden Jahren brachte Rumi keine Neuentwicklungen in den Handel, sondern beschränkte sich darauf, die alten Modelle geringfügig zu verändern. 1957 erschien zwar ein neues Leichtmotorrad mit 175 cm³, das allerdings bei den Motorradfahrern keinen großen Beifall fand. Der Viertakt-Stoßstangenmotor saß in einem herkömmlichen Rohrrahmen mit Teleskopgabel und Hinterradschwinge. Dieses Modell ging nie in Serienfertigung.

Erst 1960 gelang Rumi wieder ein großer Wurf. Das von Umberto Ottolenghi entwickelte Motorrad sollte in drei Versionen mit 98, 125 und 175 cm³ Hubraum erhältlich sein. Der Motor war ein V-Zweizylinder mit längs im Rahmen angeordneten Zylindern. Der Viertakt-Stoßstangenmotor hatte im Zylinderkopf hängende Ventile; das Getriebe war ein Viergang-Blockgetriebe. Der vordere Zylinder besaß einen normalen Auspuffkrümmer, der Krümmer des zweiten Zylinders war hingegen sehr kurz und setzte nahe der Zylinderbasis an das dort horizontal verlaufende Rohr des ersten Zylinders an. Damit erfolgte der Abgasausstoß über ein einziges Auspuffrohr.

Rumi Junior mit Earles-Schwinggabel.

Der 98 cm³-Motor des Rumi-Leichtmotorrads lieferte bei 7500 U/min 5,8 PS, der 125er Motor 6,8 PS bei 7000 U/min und der 175er 8,2 PS bei 6800 U/min. Die jeweiligen Höchstgeschwindigkeiten betrugen 95, 105 und 115 km/h. Leider wurde auch dieses Modell nie in Serie gefertigt und kam nicht einmal in begrenzter Stückzahl heraus. Es stellt sozusagen ein letztes Aufbäumen der Firma gegen den drohenden Konkurs dar. Anfang der 60er Jahre mußte das Werk seine Motorradproduktion schließlich komplett einstellen.

Ruppe

Hugo Ruppe, der Konstrukteur der Automobile Apollo und M.A.F. sowie der Motorräder Bekamo und DKW, entwickelte auch den ausgezeichnet konstruierten und qualitativ hochwertigen Ruppe-Fahrrad-Hilfsmotor mit 98 cm³ Hubraum. Der Motor wurde in den Jahren 1925-28 in Berlin gefertigt.

Rush

Blackburne-Motoren mit 250 und 350 cm³ Hubraum sorgten für den Antrieb der 1922-34 in Belgien gebauten Rush-Motorräder. 1924 gewann der Techniker, Rennfahrer und Unternehmer Van Geert auf einer 250er Rush mit im Zylinderkopf hängenden Ventilen den Großen Preis von Italien in Monza. Van Geert entwickelte später auch Motoren mit 350 und 500 cm³, die er in die Sportversionen der Rush einbaute.

Ruspa

In Turin fertigten die Gebrüder Luigi und Franco Ruspa 1926 das 125 cm³-Motorrad Ruspa in Serie. Ende des gleichen Jahres kam auch ein Leichtmotorrad mit 175 cm³-Stoßstangenmotor und im Zylinderkopf hängenden Ventilen auf den Markt. 1927 boten sie neben der 175 cm³-Viertaktmaschine eine 125er mit Zweitaktmotor an. Der Firmenname wurde 1928 in Ruspa & Gaita umgewandelt. Gleichzeitig erschien eine 350er mit obenliegender Nockenwelle und Kettenantrieb. Das neue Modell hatte ein Getriebe mit vier Gängen.

R.W. Scout

Die 1920-21 in London produzierten Motorräder der Marke R.W. Scout wurden von Dalm-Zweitaktmotoren mit 318 cm³ Hubraum angetrieben. Ihr Konstrukteur war R. Weatherell, der einige Zeit später durch seine mit Blackburne-Motoren bestückten Weatherell-Motorräder bekannt wurde.

Sachs

Die von Ernst Sachs und Karl Fichtel in Schweinfurt gegründeten Präzisions-Kugellagerwerke Fichtel & Sachs nahmen ihren Betrieb 1895 auf. Ernst Sachs hatte die von ihm erfundene Fahrradnabe patentieren lassen, und dank dieses Artikels konnte sich die junge Firma bald auf dem Markt durchsetzen. 1903 kamen zur Nabenproduktion ein Freilauf und etwas später Käfigrollenlager hinzu. Als Karl Fichtel 1911 starb, ging die Leitung der Gesellschaft ganz an Ernst Sachs über. Sachs beschloß, sich neuen Produktionsbereichen zuzuwenden. So begann das Unternehmen, Kupplungen und Zweitaktmotoren für Motorräder herzustellen.
Die ersten Motoren hatten einen Hubraum von 74 cm³, auf die jedoch bald Triebwerke mit 98 cm³ folgten, die an Firmen wie Wanderer und Express verkauft wurden. Als Ernst Sachs 1932 starb, übernahm sein Sohn Willy die Firmenleitung. Er ließ einen neuen Zweitaktmotor mit 125 cm³ Hubraum entwickeln, der dazu beitrug, die Marktposition des Unternehmens wesentlich zu festigen. Angesichts des Booms auf dem Motorradmarkt präsentierte Sachs 1937 die Saxonette, ein Fahrrad mit einem 60 cm³-Zweitakt-Hilfsmotor am Hinterrad. Der Kleinmotor leistete bei 4500 U/min 1,2 PS.
Während des Zweiten Weltkriegs war das Unternehmen vor allem in der Rüstungsproduktion engagiert und war daher eines der Hauptangriffsziele der alliierten Bomber. Das Werk wurde schwer beschädigt und brauchte lange für den Wiederaufbau.
1948 nahm die Firma Sachs mit der Produktion von Motoren, die sie an verschiedene in- und ausländische Motorradfirmen lieferte, ihren Betrieb wieder voll auf. Alle Hubraumklassen waren inzwischen gefragt, angefangen bei 50 cm³ bis hin zu sehr großen Hubvolumen. Am beliebtesten waren relativ einfach gebaute Einzylinder-Zweitaktmotoren mit 100, 150 und 175 cm³, die in den Versionen von 1953 jeweils 5,2, 6,5 und 9,5 PS leisteten.
Nach dem Tod von Willy Sachs in den 50er Jahren übernahm Ernst Wilhelm Sachs die Firma. 1963 stellte das Unternehmen den ersten luftgekühlten Wankelmotor her und beteiligte sich noch im gleichen Jahr mehrheitlich an zwei weiteren deutschen Motorradfirmen: den Nürnberger Hercules-Werken und der Firma Rabeneick.
Auch auf dem Gebiet des Rennsports war Sachs erfolgreich. 1966 stieß die Zweirad Union, ein Motorradkonzern, dem DKW, Victoria und Express angehörten, zur Sachs-Gruppe, und 1967 zog sich Ernst Wilhelm zurück und überließ die Leitung der Gesellschaft Gunther Sachs. Die 50 cm³-Motoren, die noch einmal verbessert worden waren, hatten inzwischen ein erstaunliches Leistungsvermögen erreicht.
Sachs konstruierte auch Sportmotoren mit 125 cm³ – anfangs mit fünf, dann mit sechs Gängen, für die sich Motorradhersteller in aller Welt begeisterten. Sachs-Motoren gewannen bald bedeutende Straßen- und Moto-Cross-Rennen und wurden auf dem Gebiet der Hilfsmotoren zur unangefochtenen Nummer eins.

Saxonette von Sachs, 1937.

Anschließend kamen Motoren mit 100 und 175 cm³ Hubraum ins Angebot. Mit dem sechsgängigen 125 cm³-Sachs-Motor hatte jedoch die Geburtsstunde der modernen Geländemaschine geschlagen. 1970 wurde der Prototyp Hercules W 2000 mit Wankelmotor vorgestellt. 1975 folgten neue Siebengangmotoren mit 125, 175 und 250 cm³.
Der Wankelmotor wurde indes weiter verbessert, und so erschienen bald bei verschiedenen Geländerennen die ersten Sachs-Wankelmotoren. Anfang 1978 gab Sachs das Projekt auf, obwohl im Lauf der Jahre einige Serienmaschinen der W 2000 verkauft worden waren. 1977 brachte Sachs einen neuen wassergekühlten Zweitaktmotor mit 50 cm³ und einen Moto-Cross-Motor mit 250 cm³ heraus. Neben der Siebengangserie gab es eine Cross-Version mit 125 und 250 cm³ Hubraum, die zwar nur fünf Gänge hatte, aber ansonsten die gleichen technischen Merkmale aufwies.
Ein besonders erfolgreiches Jahr war 1978: Bei den Europa-Meisterschaften präsentierte sich die Sachs-Mannschaft mit Motorrädern, die bereits mit dem neuen Sachs-Hydrocross-Zentralfederbein ausgestattet waren. Auf diesen Maschinen belegten Gualdi und Perego in der 50er und 175er Klasse jeweils den ersten Platz. Bei der schwedischen Sechstagefahrt um die Silbervase verhalf Perego der italienischen Mannschaft zum Sieg. In den 80er Jahren konzentrierte das Unternehmen die Produktion vorwiegend auf Hilfsmotoren und andere Motorenteile.

Saci

Ab 1959 baute die Construcciónes Mécanicas Grassi in São Paulo in Brasilien den Saci, den ersten in diesem Land hergestellten Motorroller. Der Motor war ein 175 cm³-Zweitakter von Sachs. Ferner präsentierte die brasilianische Firma eine Trial-Maschine, die aber nur in begrenzter Serie produziert wurde.

Sadrian

Die ab 1956 in Spanien gefertigten Sadrian-Motorräder waren von herkömmlicher Bauart. Für ihren Antrieb sorgten Villiers-Motoren mit 125 und 198 cm³ Hubraum. Die Firma konzentrierte sich später auf dreirädrige Fahrzeuge, die ebenfalls Villiers-Motoren erhielten, allerdings mit größerem Hubraum.

Sagitta

Mit offenem Rahmen und 250 cm³-Villiers-Motor wurde das tschechoslowakische Sagitta-Motorrad 1928-29 in begrenzter Stückzahl gefertigt.

Salsbury

Der unmittelbar nach dem Zweiten Weltkrieg in den USA gebaute Salsbury-Roller zeichnete sich durch eine recht robuste Konstruktion aus. Für seinen Antrieb sorgte ein gebläsegekühlter 318 cm³-Motor mit seitlich stehenden Ventilen. Der Salsbury wog fast 150 kg und war rundherum verkleidet. Die Kraftübertragung vom Getriebe auf das Hinterrad erfolgte über einen Keilriemen. Der Roller wurde bis in die Mitte der 50er Jahre gebaut.

Italienische Monark-Geländemaschine mit 175 cm³-Sachs-Motor.

Salve

Die Salve war ein italienisches Motorrad, das 1925 von der Mailänder Gesellschaft Società Automotociclette Lombardo Veneto-Emilia produziert wurde. Der 496 cm³-Motor stammte ebenfalls von dieser Firma und zeichnete sich durch aufgeschweißte Zylinderköpfe, seitlich stehende Ventile, eine Druckumlaufschmierung mit doppelter Ölpumpe und das quer eingebaute Motorgehäuse aus. Kennzeichnend für die Salve waren ferner ein Blockgetriebe mit drei Gängen, der Doppelschleifenrahmen und Innenbackenbremsen an beiden Rädern.

Sanglas

Dieses spanische Unternehmen mit Sitz in Hospitalet de Llobregat bei Barcelona wurde 1951 gegründet und konzentrierte sich, im Gegensatz zu den meisten anderen spanischen Firmen aus der Branche, auf die Fertigung von großen Motorrädern mit Viertaktmotor. Das Modell 350 B besaß einen stehenden Einzylindermotor mit 347 cm³ Hubraum und Vierganggetriebe. Am Rohrrahmen war vorne eine Teleskopgabel angebracht. Das Modell 500 B unterschied sich von dem erstgenannten nur durch seinen größeren Hubraum von 498 cm³. Beide Modelle wurden kontinuierlich verbessert und erhielten 1954 Hinterradschwingen mit hydraulisch gedämpften Teleskopfederbeinen. Im Jahr 1960 entstand eine Maschine mit stehendem 295 cm³-Einzylindermotor, Vierganggetriebe, Teleskopgabel und Hinterradschwinge. Im Laufe der 70er Jahre wurden die Modelle weiter überarbeitet – allerdings nur in Details.

San-Sou-Pap

Diese französische Firma, die 1923-31 tätig war, verdankt ihren Firmennamen den drei Silben des französischen Begriffs „sans soupapes" („ohne Ventile"). Sie produzierte nur Motorräder ohne Ventile, das heißt mit Zweitaktmotoren. Als Rovin das französische Werk übernahm, entstanden bei San-Sou-Pap auch Motorräder, die Viertaktmotoren erhielten. Das Werk montierte Motoren von JAP und Mag mit 250, 350 und 500 cm³ Hubraum. Die Triebwerke mit 350 cm³ Hubraum und im Zylinderkopf hängenden Ventilen stammten von Vélocette.

Sanyang

Diese Firma aus Taipei in Taiwan fertigte in den 80er Jahren einen Roller mit 72 cm³ Hubraum und 6 PS Leistung bei 8500 U/min sowie eine 125 cm³-Maschine, die GB 1, deren Viertakt-Einzylindermotor bei 9000 U/min 12 PS leistete.

SAR

Die von der italienischen Società Reggiana Motocicli in Reggio Emilia 1921-25 gebauten SAR-Motorräder waren in zwei Versionen erhältlich: zum einen als Sportmodell mit 500 cm³-Zweizylinder-Boxermotor mit im

Zylinderkopf hängenden Ventilen und Magnetzündung, zum anderen als Tourenversion mit seitlich stehenden Ventilen. 1924 brachte SAR eine 350 cm³-Einzylindermaschine auf den Markt, die 120 km/h Spitze erreichte. Auf eine Höchstgeschwindigkeit von 150 km/h kam ein 500 cm³-Zweizylindermodell, das zur gleichen Zeit im Angebot war. Beide Modelle besaßen ölgekühlte Bradshaw-Motoren mit hängenden Ventilen und Dreiganggetriebe. 1925 erlebte das Unternehmen eine leichte Krise, wurde von den Brüdern Ladetto aus

Sarolea mit 250 cm³, 1922.

Turin jedoch wieder in Schwung gebracht. Das Modell von 1925 besaß einen 500 cm³-Boxermotor mit zwei Zylindern.
Unter der Marke SAR war auch in Deutschland ein Motorrad im Handel, das 1928-30 gebaut wurde. Für den Antrieb sorgten Zweitaktmotoren mit 125 und 197 cm³ Hubraum.

Sarenka

Das ab 1961 gebaute polnische Sarenka-Motorrad besaß einen Zweitaktmotor mit 125 cm³ Hubraum und einen Preßstahlrahmen. Der Motor leistete 7 PS und war mit einem Vierganggetriebe kombiniert.

Sarolea

Die 1898 gegründete Firma Sarolea war nach Minerva und F.N. einer der bedeutendsten belgischen Motorradhersteller. 1903 waren die Fahrräder mit Sarolea-Hilfsmotor recht beliebt, so zum Beispiel das Modell Kerry, dessen stehender 2,75 PS-Motor direkt in die Rahmenschleife eingebaut war. 1906 umfaßte die Produktion vier Motorräder, drei Einzylinder- und ein Zweizylindermodell mit 2,75 bis 5 PS. Ausgezeichnet konstruiert war die 550 cm³-Maschine von 1914 mit 4 PS.
1919 nahm die Firma ihre Tätigkeit mit einem ähnlichen Modell wieder auf. 1921 kam eine neue 500er ins Programm. 1924 präsentierte Sarolea verschiedene Modelle mit 350 und 500 cm³, die in Touren-, Sport- und Supersportversion erhältlich waren. In den 30er Jahren produzierte die Firma Zweitaktmodelle mit 125, 150, 175 cm³-Motoren, eine 600 cm³-Viertaktversion mit im Zylinderkopf hängenden Ventilen sowie eine Zweizylindermaschine mit 1000 cm³ Hubraum.
Unmittelbar nach dem Zweiten Weltkrieg offerierte Sarolea mehrere Modelle mit 350, 500 und 600 cm³ Hubraum sowie eine 350er mit seitengesteuertem Motor und Starrahmen.
1951 brachte die Firma das Leichtmotorrad Uccello Azzurro („Blauer Vogel") mit einem 125 cm³-Zweitaktmotor in den Handel. Weitere neue Modelle waren die 200 Lux und die 500 cm³-Zweizylindermaschine Atlantic von 1952. Aus dem folgenden Jahr stammte die Regina 200 mit Viertakt-Einzylindermotor. 1955 kam die Serie Oro auf den Markt, zu der Zwei- und Viertaktmodelle mit Ein- und Zweizylindermotoren gehörten. In den darauffolgenden Jahren wurde die Produktion stark reduziert, bis nur noch zwei Modelle mit 98 und 197 cm³ Hubraum übrigblieben. Im Jahr 1960 stellte das Unternehmen Sarolea den Betrieb gänzlich ein.

Scott-Zweizylindermotor mit 596 cm³, 1961.

Scheibert

Dieses 1903-07 in Wien tätige Unternehmen war eines der ersten, die Zweitaktmotoren für Fahrräder produzierten. Die 2 PS starken Motoren wurden am Lenkkopf angebracht. Die Antriebskraft wurde über eine Rolle auf das Vorderrad übertragen.

Schickel

Die in Stanford im amerikanischen Bundesstaat Connecticut ansässige Firma Schickel konzentrierte ihre Fertigung 1912-15 auf große Zweitaktmotorräder, für die sie interessante Rahmen verwendete. Später fertigte sie auch Einzylindermaschinen mit Motoren, deren Hubvolumen bis 650 cm³ reichte.

Schliha

Das Besondere an den in Berlin 1927-32 gebauten Schliha-Motorrädern waren die Zweitaktmotoren, für die Spezialkolben verschiedenen Durchmessers verwendet wurden. Der Hubraum betrug 174 cm³; das Getriebe verfügte über drei Gänge. 1929 gab es die Schliha-Motorräder in den Hubraumgrößen 175, 200, 300, 350 und 500 cm³.

Schüttoff

Diese deutsche Firma fertigte 1926-32 Motorräder mit 350 cm³-Einzylindermotoren, die mit seitlich stehenden oder im Zylinderkopf hängenden Ventilen erhältlich waren. 1929 kam eine Version mit 500 cm³ hinzu. 1930 brachte das Unternehmen in Zusammenarbeit mit DKW zwei neue Modelle mit 200 und 300 cm³ Hubraum auf den Markt. 1932 wurde die Firma ganz von DKW übernommen.

Schwalbe

Die zwischen 1901-05 produzierten Schweizer Schwalbe-Motorräder besaßen Zedel-Motoren

Ein Scott-Dreirad aus dem Ersten Weltkrieg.

mit 2,75 PS Leistung. Unter dem gleichen Markennamen erschienen 1922-26 in Deutschland interessante Motorräder mit Preßstahlrahmen im Handel. Es folgten Viertaktmodelle mit einem Hubraum von 150 und später 200 cm³.

Scott

Alfred Angus Scott, der geniale Erfinder der Zweitaktmotoren und der nach ihm benannten Zweizylindermotorräder, beschäftigte sich schon im letzten Jahrhundert mit Motorradentwürfen. Doch erst 1909 gelang es ihm, sich selbständig zu machen. Mit der finanziellen Unterstützung einiger Freunde entstand so die Scott Engineering Company. Die ersten Scott-Motorräder hatten 450 cm³ Hubraum. Verbessert wurde der Motor 1911, als der Hubraum auf 486 cm³ erhöht und eine Wasserkühlung für Zylinder und Kopf eingeführt wurde.
Scott entwickelte außerdem einen Drehschieber für seine Rennmotorräder, die er zur Tourist Trophy schickte. Das System war allerdings noch nicht ausgereift. Bei der Tourist Trophy 1912 starteten lediglich zwei Scott-Maschinen unter Applebee und Philipp; während letzterer ausschied, hielt sich Applebee von Anfang an an der Spitze und gewann das Rennen mit einer Durchschnittsgeschwindigkeit von 78,356 km/h. Nach diesem Sieg schnellte der Absatz der Scott-Motorräder nach oben und brachte der Firma ansehnliche Gewinne ein.
1912 präsentierte Scott Modelle mit wassergekühlten Zylindern und luftgekühlten Zylinderköpfen. Die Tourist Trophy von 1913 gewann der neu zum Scott-Rennteam gestoßene Tim Wood. 1914 hatte man auch die Serienmodelle mit Tropfschmierung versehen.
Im gleichen Jahr entstand die Scott Trial, während ein Projekt für ein völlig anderes Rennmodell in der Entwicklungsphase war. Bei der für die Tourist Trophy gebauten Maschine sollten die Ansaug- und Überströmkanäle von einem abgeänderten Corliss-Ventil geregelt werden. Der Vergaser wurde durch ein anderes Modell ersetzt und das Getriebe mit dem Motor in einem Block zusammengefaßt. Die Doppeltanks wurden so installiert, daß sich der Schwerpunkt nach unten verschob. Beim Rennen mußte Tim Wood jedoch wegen eines technischen Schadens aufgeben.
Während des Ersten Weltkriegs entwickelte Scott einen Seitenwagen mit eingebautem Maschinengewehr, der sich jedoch als wenig funktionstüchtig erwies. Daneben konstruierte Scott ein Dreirad mit einem vorderen und zwei hinteren Rädern, Zweizylinder-Zweitaktmotor und Dreiganggetriebe, das Sociable getauft wurde. Die Fertigung dieses Modells übernahm später eine Tochtergesellschaft, die Scott Autocar Company. 1920 erzielte Scott mit dem Preis für das beste Team den ersten bedeutenden Sieg bei der Internationalen Sechstagefahrt.
Auch 1922 sicherten die neuen Scott Squirrel dem Unternehmen bei der Tourist Trophy den Preis für die Mannschaftswertung. 1923 kamen eine neue Squirrel mit Dreiganggetriebe und ein 596 cm³-Modell mit Leichtmetall-Zylinderköpfen auf den Markt; 1924 erschien die neue Super Squirrel, die sowohl mit 498 cm³ als auch mit 596 cm³ Hubraum erhältlich war.
Bei den Serienmodellen zog die Flying Squirrel von 1925 die Aufmerksamkeit auf sich, da sie auf Wunsch mit einer im Motorgehäuse eingebauten mechanischen Ölpumpe erhältlich war. 1926 ging eine neue Flying Squirrel mit 498 und 596 cm³ Hubraum in Serie, die aus der Tourist-Trophy-Rennmaschine abgeleitet worden war.
Anfang der 30er Jahre geriet das Unternehmen in ernste Schwierigkeiten, bis schließlich Albert Reynolds, ein begeisterter Fan der Scott-Motorräder, einen Teil der Produktion übernahm und die Maschinen anfangs als Aero Scott und später als Reynolds Special verkaufte. Scott gelang es, für die Tourist Trophy von 1933 zwei Sondermodelle zu entwickeln; gleichzeitig arbeiteten die Firmen-Ingenieure an einem Zweitakter mit drei Zylindern und 747 cm³ Hubraum (später mit 986 cm³), der jedoch nie in Serie ging.
1938 schuf Scott das Autocycle Cyc Auto mit einem 98 cm³-Einzylindermotor. Der Zweite Weltkrieg setzte den neuen Aktivitäten ein jähes Ende. Die Flying Squirrel mit 596 cm³ und Starrrahmen hat jedoch noch bis in die Nachkriegszeit überlebt – anfangs mit Parallelogrammgabel und Doppelbremse, später mit Teleskopgabel. 1949 kam es zu einem so starken Absatzeinbruch, daß die Produktion ein knappes Jahr später vorübergehend eingestellt wurde.
1954 kündigte der Industrielle Matt Holder, der hoffte, die Marke erneut aufleben zu lassen, eine Scott-Version an, bei der der alte Motor der Flying Squirrel mit einem neuen Rahmen mit Hinterradschwinge kombiniert

wurde. Das Modell ging 1956 in Produktion. Trotz der Vorstellung auf der Londoner Messe 1961 hatte diese Scott keinen großen Erfolg. Die verkauften Stückzahlen blieben niedrig, was zum allmählichen Niedergang und schließlich zum Ende der berühmten Marke Scott führte.

Scout

Die 1912-13 in begrenzter Stückzahl im englischen Birmingham gefertigte Scout war ein Motorrad herkömmlicher Bauart mit einem 500 cm³-Einzylinder-Precision-Motor.

Seal

Um 1906 gründeten J. Haynes und C.A. Bradshaw die Firma Haynes & Bradshaw. Die beiden Inhaber beschlossen, eine ganz besondere Seitenwagenmaschine zu bauen, die sie 1912 unter dem Namen Seal der Öffentlichkeit vorstellten. Die Maschine hatte einen 6 PS starken Zweizylinder-JAP-Motor mit seitlich stehenden Ventilen, Riemenantrieb und Dreiganggetriebe. Der Rahmen bestand aus einer Parallelrohrkonstruktion, in die der Beiwagen direkt eingebettet war. Der Fahrer saß nicht auf der Maschine, sondern im Seitenwagen, der so groß war, daß zudem ein Beifahrer Platz fand. Ein Teil der Bedienungselemente befand sich im Beiwagen, der restliche Teil auf dem Motorrad in Reichweite des Fahrers. Der Lenker war über Hebel und eine Umlenkung mit der Gabel verbunden.
Das Modell von 1918 war ähnlich konstruiert; diesmal lag im Seitenwagen ein Reserverad, und die etwas eckige Linie des Vorgängermodells war ein wenig glattgeschliffen worden. Das Motorrad hatte keinen Lenker, es wurde mit einem Autolenkrad vom Beiwagen aus gesteuert.
1920 kam wiederum ein verbessertes Modell heraus, bei dem der Rahmen auf ein Minimum reduziert worden war. Das Seal-Getriebe hatte zwei Vorwärts- und zwei Rückwärtsgänge; der Radantrieb erfolgte über Kardanwelle. 1922 ging ein neues Modell in Serie, auf das 1923 ein weiter überarbeitetes folgte. Der 1914 eingeführte 980 cm³-JAP-Motor wurde bis zur Einstellung der Seal-Produktion beibehalten.

Sears

Die große Handelsfirma Sears, Roebuck & Co. in Chicago hatte zahlreiche Filialen in den USA, die 1912-16 die österreichischen Puch-Motorräder vertrieben. Vor Ausbruch des Ersten Weltkriegs stellte Sears jedoch auch eigene Motorräder her, vorwiegend Zweizylindermaschinen mit 9 bis 10 PS.

Semior

Dieses 1952 gebaute spanische Motorrad war ein recht interessantes Modell. Es hatte einen Zweitaktmotor mit 175 cm³ Hubraum, ein Dreiganggetriebe und einen Doppelschleifen-Rohrrahmen. Die Vorderradaufhängung bildete eine Teleskopgabel mit Reibungsstoßdämpfern an der Außenseite, die Hinterradaufhängung bildete eine Schwinge mit schräg gestellten, hydraulisch gedämpften Teleskopfederbeinen.

Sertum 250 aus den 40er Jahren.

Sertum

Obwohl die italienische Firma Officine Meccaniche Fausto Alberti schon 1922 ihre Tätigkeit im Bereich der Fein- und Werkzeugmechanik aufgenommen hatte, entschloß sich Fausto Alberti erst 1931 zum Bau von Motorrädern. Die neue Marke wurde auf den Namen Sertum getauft. Das erste Modell besaß einen Einzylindermotor mit seitlich stehenden Ventilen, Dreiganggetriebe, einen starren Rohrrahmen und eine gefederte Parallelogrammgabel.
Im Laufe der 30er Jahre wuchs das Unternehmen zu einem der bedeutendsten in ganz Italien heran. 1933 kam ein Modell in den Handel, das man als eines der besten zweirädrigen Nutzfahrzeuge vor Aufkommen des Motorrollers bezeichnen kann. Die Maschine nannte sich Batua nach einem afrikanischen Pygmäenstamm. Sie hatte einen stark nach vorne geneigten Einzylinder-Zweitaktmotor mit 119 cm³ Hubraum und ein angeblocktes Getriebe. Zylinder und Zylinderkopf bestanden aus Leichtmetall. Mit einer Leistung von 2 PS erreichte sie eine Höchstgeschwindigkeit von etwa 60 km/h. Der Rahmen war aus Preßstahl in einem Stück gefertigt und hatte eine Dreiecksform, deren Spitze bei der Motorbasis lag.
Die Batua blieb in den darauffolgenden Jahren mit leichten Abänderungen im Programm. Auch die 175 cm³-Maschine wurde unter dem Namen Utilitaria bis Anfang des Zweiten Weltkriegs produziert. Von der 175er wurde 1934 eine 220er abgeleitet. Ihr folgte eine Maschine mit 500 cm³ Hubraum mit seitengesteuertem Motor, dessen zwei Zylinder nebeneinanderlagen, und Vierganggetriebe. In demselben Jahr entwickelte die italienische Firma einen speziellen Preßstahlrahmen mit abgeschlossenen Seitenteilen und über die Räder gezogenen Stoßstangen, der als „hermetischer Rahmen" bekannt wurde. Dieser Preßstahlrahmen eignete sich für Motoren mit 175 und 250 cm³ Hubraum.
Kurz vor Ausbruch des Zweiten Weltkriegs beinhaltete das Sertum-Programm neben der Batua mit 119 cm³ Hubraum und der Utilitaria mit 175 cm³ auch drei 250er: die VL, die VT und die SS. Im 500 cm³-Bereich gab es zwei Modelle – zum einen die alte Zweizylindermaschine mit den nebeneinander angeordneten Zylindern und seitlich stehenden Ventilen, und eine modernere Einzylinderversion, die im Prinzip in der Konstruktionsweise dem Zweizylindermodell glich.
Die italienische Firma erwarb sich besonders bei Geländesport-Wettbewerben einen guten Ruf: 1939 gewann Sertum fünf Goldmedaillen bei der in Deutschland ausgetragenen Internationalen Sechstagefahrt und 1947 zwei Goldmedaillen bei der Sechstagefahrt in der Tschechoslowakei. 1949 erzielten Benzoni, Fornasari und Strada auf Sertum-Maschinen beim englischen Sixdays ebenfalls drei erste Plätze. Nach dem Zweiten Weltkrieg war das Sertum-Rennteam, bestehend aus Benzoni, Fornasari und Ventura, bis zur Betriebsaufgabe des Unternehmens praktisch nicht mehr zu schlagen. Zu verdanken war dies den robusten und zuverlässigen 250ern.
1946 umfaßte das Programm der Firma die seitengesteuerte 175er, die 9 PS starke 250 VL, die 250 VT mit dem 11 PS leistenden Stoßstangenmotor, die 500 VL mit seitlich stehenden Ventilen und 13 PS sowie die 500er mit seitengesteuertem Motor, nebeneinanderstehenden Zylindern und 15 PS. Von dieser Zweizylinderversion war eine sportliche Ausführung erhältlich, die es auf über 18 PS brachte.
1947 bot Sertum zwei Versionen der 250er an: die VTS mit im Zylinderkopf hängenden Ventilen und Vierganggetriebe, die 120 km/h Spitze erreichte, und die VT4, die die gleichen Eigenschaften aufwies, nur einen etwas schwächeren Motor hatte. Zum Programm gehörten noch die 500 VT4 mit stehendem, seitengesteuerten Einzylindermotor und Vierganggetriebe sowie die 500 BT4 mit zwei nebeneinanderstehenden Zylindern und hängenden Ventilen. In den darauffolgenden Jahren änderte sich diese Produktpalette nicht; nur die Zweizylindermaschine nahm das Unternehmen 1948 kurzfristig aus dem Programm, sie erschien aber 1950 wieder – diesmal mit seitengesteuertem Motor.
Anfang der 50er Jahre fertigte Sertum noch zwei Modelle: die Ghibli 250 und die Maestrale 500. Die Ghibli war im Grunde eine verbesserte Version der früheren 250er mit im Zylinderkopf hän-

genden Ventilen und Vierganggetriebe; die Maestrale war eine Weiterentwicklung der Zweizylinder-Sertum. Für den Geländesport konstruierte Sertum eine 250er mit Einrohr-Preßstahlrahmen, von der jedoch nur wenige Exemplare gebaut wurden.
Anfang 1950 war eine der interessantesten Neuheiten, die auf der Mailänder Fahrrad- und Motorradmesse vorgestellt wurden, das neue Sertum-Leichtmotorrad. Die elegant geformte 125er besaß einen Zentralrohrrahmen aus Preßstahl, der hinten zum Schutz des Motors und des Sattels mit Blechteilen abschloß. Der Zylinder ihres Zweitaktmotors war stark nach vorne geneigt; das Getriebe verfügte über vier Gänge. Das Leichtmotorrad ging jedoch nie in Serie, da die wirtschaftliche Situation des Unternehmens 1951 bereits fatal war. 1952 mußte die Officine Meccaniche Fausto Alberti schließlich Konkurs anmelden und die Fabriktore schließen.

Sessa

Die im Dezember 1951 gegründete Mailänder Firma Sessa produzierte ein Leichtmotorrad mit einem 150 cm³-Zweitaktmotor, Vierganggetriebe, Rohrrahmen, Teleskopgabel und Hinterradschwinge. Im Jahr 1953 baute die Firma ein weiteres Leichtmotorrad, die Star, ebenfalls mit 150 cm³-Zweitaktmotor und Vierganggetriebe. Die Star erreichte eine Höchstgeschwindigkeit von 85 km/h. 1953 mußte die Firma ihre Tore schließen.

S-Fortis

Die Fortis Werke AG war ein tschechoslowakisches Unternehmen, das in den Jahren 1929-30 Motorräder nach englischen Vorbildern baute. Die S-Fortis-Motorräder waren sportliche Maschinen mit 600 cm³-Einzylindermotoren mit untenliegender Nockenwelle und im Zylinderkopf hängenden Ventilen.

S.F.W.

Die 1923-25 in Nordstern gebauten deutschen S.F.W.-Motorräder gab es mit 200 cm³-Motoren und mit seitengesteuerten 500 cm³-Zweizylindern von BMW.

S & G

Die in Nürnberg von der Firma Scharer & Groß produzierten S & G-Motorräder waren in eher herkömmlicher Bauart ausgeführt. Erhältlich waren sie mit 200 cm³-Zweitakt- sowie mit 500 und 600 cm³-Einzylinder-Viertaktmotoren, die im Zylinderkopf hängende oder seitlich stehende Ventile hatten. Die 1926-32 gefertigten Modelle waren vor allem wegen des qualitativ hochwertigen Materials und der exzellenten Verarbeitung gefragt.

S.G.S.

Die englische Firma Gleave Engineering in Macclesfield baute die erfolgreichen S.G.S.-(Syd Gleave Special)-Rennmaschinen mit JAP-Motoren. Weniger bekannt ist, daß das Unternehmen auch Straßenmotorräder produzierte, die mit 175 und 250 cm³-Villiers-Motoren und mit 250 und 500 cm³-JAP-Motoren erhältlich waren. Die S.G.S.-Motorräder wurden 1926-31 gebaut.

Shanghai

Die 1964 zum Bau von Motorrädern in Shanghai gegründete chinesische Firma Shanghai Ek Chor Motorcycle stellt Motorräder und Mopeds her. Einige ihrer Modelle sind Kopien von russischen und tschechischen Maschinen, die in etwas verbesserter Version verkauft werden. Interessant sind die Donghai 750 A, eine 400 kg schwere und 100 km/h schnelle Seitenwagenmaschine, deren Zweizylinder-Viertaktmotor bei 5000 U/min 33 PS leistet, und die Xing Fu 250 D mit einem 14 PS bei 4800 U/min leistenden Einzylinder-Zweitaktmotor und Vierganggetriebe.
Die Firma Shanghai fertigt daneben japanische Maschinen in Lizenz. Im Rahmen von Lizenzverträgen entstehen bei Shanghai für Yamaha die Xing Fu 100, für Honda die Xing Fu JC 70 und für Suzuki die Xing Fu XF 250.

Shaw

1896 in England entstanden, gilt die Shaw als das erste motorgetriebene Fahrrad, das ausschließlich aus in Großbritannien gefertigten Teilen gebaut wurde. Konstrukteur war Sidney Shaw, der Sohn eines Fahrradfabrikanten. 1898 ging die Shaw unter dem Namen Gazelle in Serie; der Motor hatte einen Hubraum von 250 cm³; der Antrieb erfolgte über Kette. 1909 sah Shaw jedoch von der Motorradproduktion ab und widmete sich dem Bau von Automobilen.
Unter dem Markennamen Shaw kam außerdem 1918-22 ein englischer Hilfsmotor für Fahrräder in den Handel.

Sheffield Henderson

Diese 1919 gegründete englische Firma baute anfänglich Seitenwagen für Gespanne. Seit 1922 produzierte sie Motorräder. Aus diesem Jahr stammt ein Modell mit auffallendem schräg gestellten, flachen Tank, Rohrrahmen und tiefliegendem Sattel. Die Maschine hatte drei Gänge und eine originelle Vorderradaufhängung in Form einer Gabel mit Blattfeder. Dem Antrieb diente ein stehender 350 cm³-Einzylinder von Blackburne. Die Produktion der Sheffield-Maschinen, die sich bei zahlreichen Rennen einen Namen machen konnten, wurde 1923 eingestellt.

Shin Meiwa

Diese japanische Firma produzierte 1955 die 250 cm³-Pointer-Ace mit untenliegender Nockenwelle und im Zylinderkopf hängenden Ventilen, auf das kurze Zeit später eine Pointer mit 248 cm³ Hubraum folgte. In der zweiten Hälfte der 50er Jahre entstanden verschiedene Modelle wie die Senior mit 123 cm³, die Junior JH mit 60 cm³, die Pointer Comet mit 175 cm³ und die Pointer 90. 1960 blieben die Modelle Ace, Comet und Senior unverändert im Programm, während die Pointer 90 von zwei neuen Modellen abgelöst wurde: der Viclet mit 123 cm³ und der Lassie mit 90 cm³ und seitlichen Verkleidungsblechen. 1961 entstand die Pointer Senior mit 123 cm³ und die Pointer Ace Pat mit 247 cm³; 1963 kam die 130 km/h schnelle Pointer Sports KS 1 auf den Markt, deren 125 cm³-Motor bei 8500 U/min 16 PS leistete.

S.H.L.

1935 entstand im polnischen Kielec die S.H.L. von Huta Ludwikow. Es war das erste polnische Motorrad aus der Zeit vor dem Zweiten Weltkrieg, das auch nach der Verstaatlichung der Maschinenindustrie auf dem Markt blieb. Die Firma baute bis 1940 verschiedene Modelle mit 125 cm³-Villiers-Motoren. Nach dem Krieg nahm S.H.L. die Produktion mit einer 125 cm³-Zweitaktmaschine wieder auf, die bei 4300 U/min 4,3 PS leistete. Die darauffolgenden Modelle hatten einen Hubraum von 150 und 175 cm³.

Showa

Die japanische Firma Showa, die seit der zweiten Hälfte der 50er Jahre auf dem Markt vertreten ist, hat sich vor allem auf den Bau von Zweitaktmodellen konzentriert. Zu ihrer Produktpalette gehörten Mopeds mit 49 cm³, Motorräder mit 125 cm³ und halb verkleidete Roller mit 250 cm³ wie der Cruiser, der in mehreren Versionen erhältlich war. Der Roller Marien aus dem Jahr 1961 hatte 125 cm³ Hubraum und große Scheibenräder. Der Zweitaktmotor entwickelte bei 6200 U/min eine Leistung von 8 PS.

SIAMT

1907-14 machte sich der Italiener Luigi Semeria sowohl als Rennfahrer als auch als Erbauer der SIAMT-Motorräder einen Namen. Der 1881 in Marseille geborene Semeria lebte in Turin und Chieri. Das Motorrad, das er 1907 vorstellte und später weiter verbesserte, hatte einen Hubraum von 260 cm³, einen aufgeschweißten Zylinderkopf mit großen Ventilen und einen kegelförmigen Brennraum. Die Leistung betrug 2,75 PS. 1912 wurde das Modell mit leichten Veränderungen angeboten; 1913 blieb es immer noch im Programm, obwohl bereits drei neue Modelle auf den Markt kamen: eine 344 cm³-Einzylindermaschine mit 1 PS, eine Zweizylindermaschine mit 344 cm³ Hubraum und 4,5 PS und ein Zweizylindermodell mit 688 cm³ und 7 PS. 1914 präsentierte SIAMT ein 2,75 PS starkes Zweizylindermotorrad mit 344 cm³ Hubraum; 2,25 PS leistete ein 262 cm³-Einzylindermodell und 6 bis 7 PS eine Zweizylindermaschine mit 731 cm³ Hubraum. Im gleichen Jahr stellte die Firma ihren Betrieb ein.

SIAT

Im Jahr 1926 präsentierte die Firma Società Italiana di Applicazioni Tecniche aus Senigallia den Hilfsmotor SIAT, den sie komplett mit Befestigungspunkten, Tank, Leitungssystem und Kette anbot. Der Zweitakt-Hilfsmotor wog 7 kg und hatte einen Hubraum von 75 cm³. Er war der kleinste Hilfsmotor, den es damals auf dem italienischen Markt gab.

Siata

Die italienische Firma Siata schuf 1954 das Leichtmotorrad Dinghi mit 160 cm³-Zweitaktmotor, Vierganggetriebe, Rohrrahmen, Teleskopgabel und Hinterradschwinge. Das Unternehmen hatte bereits Anfang dieses Jahrhunderts luxuriöse Automobile hergestellt und war auch für das Cucciolo-Moped verantwortlich, dessen Bau später die Firma Ducati übernahm.

Sic

Das Motorrad Sic wurde 1921-25 in Paris gebaut. Anfangs produzierte die Firma recht außergewöhnliche Modelle, die aber keinen großen Anklang fanden. Daher wandte sie sich einfacheren Modellen zu, für die sie Motoren von Aubier-Dunne, Train, Zürcher und anderen Herstellern verwendete. 1925 hatte die Firma mit einem 160 cm³-Modell einen gewissen Erfolg, das einen Zweitaktmotor von DKW besaß. Dem Antrieb diente ein Riemen.

Sidemotor

Interessant war die französische Sidemotor aus dem Jahre 1925, ein Motorrad mit offenem Preßstahlrahmen, in dem bis auf den Motor alle Teile Platz fanden. Dieser war neben einem parallel zum Hinterrad laufenden dritten Rad wie bei den normalen Seitenwagenmaschinen montiert. Das Getriebe saß zwischen den beiden Hinterrädern; die Kraftübertragung erfolgte direkt über Zahnräder.

Scout 125 Simonini mit Sachs-Motor.

SIM

1955 gründete eine Gruppe von Ingenieuren und Technikern, die sich von der italienischen Firma Motom getrennt hatten, in Mailand die SIM, die Società Italiana Motori. Die Firma baute das Moped Pegaso mit hängend eingebautem 48 cm³-Viertaktmotor, Zentralrohrrahmen aus Preßstahl und Dreiganggetriebe. Das Moped wurde bis 1958 kaum verändert und war in mehreren Versionen erhältlich: als T mit 2 PS, als GT ebenfalls mit 2 PS, als TV mit 2,4 PS und schließlich als S mit 3 PS.

Unter dem Namen SIM firmierte eine weitere italienische Firma, die Società Italiana Motorscooters in Reggio Emilia, die 1953 den Roller Ariete auf den Markt brachte. Er hatte einen 148 cm³-Zweitakt-Blockmotor, ein Vierganggetriebe und einen Kardanantrieb. Die Vorderradaufhängung des Doppelrohrrahmens bildete eine Gabel mit Kurzschwinge, die Hinterradaufhängung eine Schwinge mit Gummifederelementen. Eine Verkleidung fehlte.

Ebenfalls im Jahr 1953 offerierte SIM einen vollverkleideten Roller namens SIM-Moretti mit einem 125 cm³-Doppelkolbenmotor von Puch. 1954 blieb das Programm bis auf das Modell Ariete gleich, das nun auch als Leichtmotorrad erhältlich war. Im Jahr 1955 mußte die Firma ihre Tore schließen.

Simca

Um 1935 entwickelte Marcel Violet im Auftrag des französischen Militärs das Simca-Motorrad für die Firma Société d'Etude des Vehicules Issues de la Technique Automobile Moderne et Economique (SEVITAME). Er konstruierte mehrere Prototypen mit 250, 330 und 350 cm³ Hubraum. Nachdem die 350er Version genehmigt worden war, erhielt SEVITAME einen Auftrag zum Bau von 40000 Stück, die bei den Simca-Werken gefertigt werden sollten. Ende 1939 waren jedoch nur 250 Exemplare fertiggestellt.

Der Motor war ein Zweizylinder-Zweitakter. Die beiden Zylinder waren nebeneinanderstehend angeordnet. Die Motorsteuerung erfolgte über einen Drehschieber, der Hinterradantrieb über eine Kardanwelle. Im Geländegang ihres Vierganggetriebes überwand die Maschine auch Steigungen von 45 Grad.

Simonini

Enzo Simonini, ein Fiat-Mitarbeiter, beschloß Anfang der 60er Jahre, sich selbständig zu machen und Zweitaktmotoren für Geländemaschinen zu bauen. Zuerst widmete er sich dem Tunen von Geländemaschinen anderer Firmen, später entwikkelte er Tuning-Kits, die seinen Namen in der Fachwelt bekannt machten. 1971 baute der Mailänder ein 50 cm³-Motorrad mit selbst entwickeltem Rahmen und einem entsprechend „auffrisierten" Sachs-Motor, der über 10 PS leistete. Simoninis Moto-Cross-Modell war die leichteste Maschine ihrer Kategorie, die auf dem Markt erhältlich war.

Ein Jahr später erschien auch eine 125er, ebenfalls mit Sachs-Motor, die es sowohl mit fünf als auch mit sechs Gängen gab. Beide Versionen hatten eine recht originelle Linienführung und zeichneten sich durch die bequemen Aussparungen am Tank aus. Mit diesen neuen Modellen gelang Simonini ein glücklicher Einstieg ins Renngeschehen. Er vertraute zuerst die 50er, dann auch die 125er den geschickten Händen Oliviero Incertis an, der nicht nur in Italien, sondern auch im Ausland beachtliche Erfolge erzielte.

1974 stellte Simonini zwei interessante Neuerscheinungen vor: eine 50 cm³-Moto-Cross-Maschine mit Kreidler-Motor und zum anderen die ersten Testversionen eines neuen, von Simonini eigenhändig entworfenen Motors mit 125 und 250 cm³ Hubraum. Da Simonini allein nicht über das nötige Kapital verfügte, um seinen Betrieb umzustellen, tat er sich Anfang 1975 mit dem Industriellen Franco Fornetti zusammen. Auf diese Weise entstand eine enge Kooperation, aus der viele fruchtbare Ergebnisse hervorgehen sollten. Die beiden Unternehmer offerierten die neuen 50 cm³-Maschinen in Straßen- und Moto-Cross-Version. Die Motorräder hatten nicht nur eine neue Linie erhalten, die Sachs- und Kreidler-Motoren saßen zudem in neuen Rahmen. Daneben erschien auch ein neues Cross-Modell, die Hard Race 125, die unter dem Namen Long Range auch als Straßenmaschine erhältlich war. Aufsehen erregte die Straßenversion Shadow 125, die bereits über den neuen Sachs-Motor mit Siebengang-Getriebe und Scheibenbremsen an Vorder- und Hinterrad verfügte.

Die Leitung des Gemeinschaftsunternehmens Simonini-Fornetti lag zwar immer noch in den Händen Enzo Simoninis, doch mit der Zeit kam es zwischen Simonini und dem Firmenvorstand zu Differenzen, die so weit eskalierten, daß Simonini schließlich seinen Hut nahm und die von ihm gegründete Firma verließ. Simonini nahm seine alte Arbeit wieder auf und baute Tuning-Kits, Schalldämpfer und Auspuffanlagen – eine Tätigkeit, die

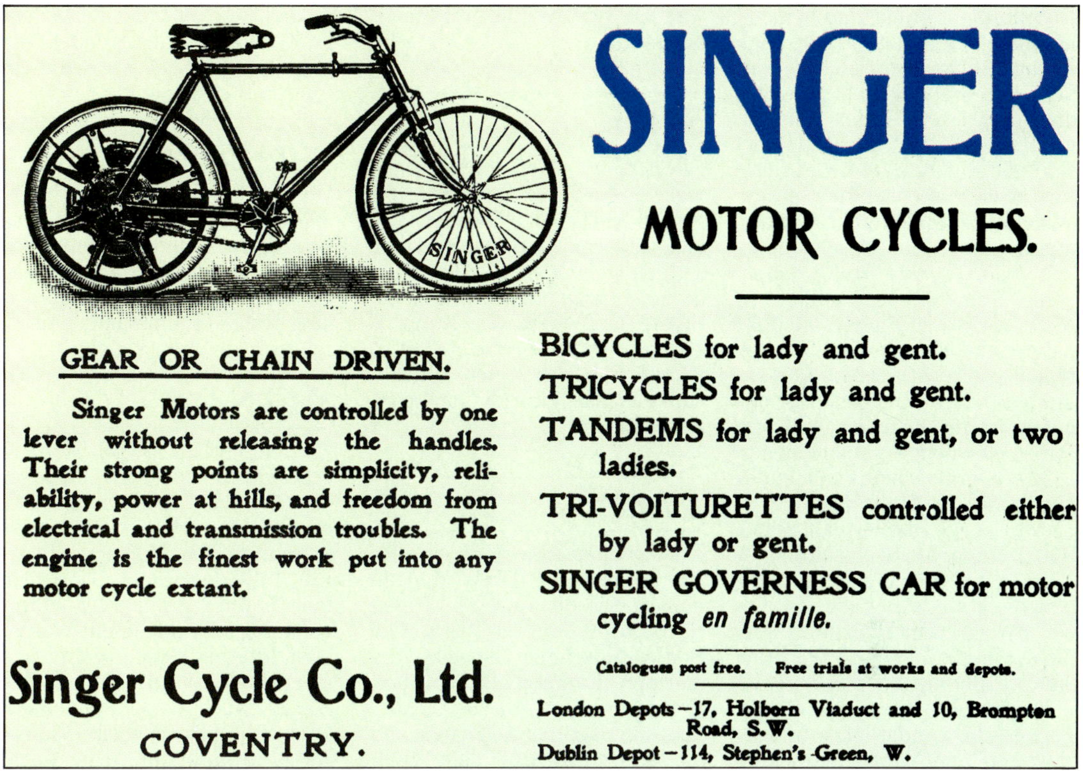

Eine Werbeanzeige der Firma Singer, 1903.

er bis in die 80er Jahre fortsetzte.
Die Firma Simonini-Fornetti hingegen mußte zunächst den Verlust ihres wichtigsten Mannes bewältigen. Die technische Leitung übertrug die Firma einem jungen Ingenieur namens Jan Witteven, der die Rahmen für neue Motorräder entwickelte. Ein Moto-Cross-Modell, die Mustang, löste die Hard Race ab. Der Motor war der gleiche Sachs-Motor mit sieben Gängen und unterschied sich nur durch den größeren Hubraum von 250 cm³. Unter Mori und Sergio Franco erschien die Mustang auf mehreren Rennplätzen.
Jan Witteven beschäftigte sich inzwischen mit der Entwicklung des neuen, mit Spannung erwarteten 125 cm³-Simonini-Motors, der 1977 erschien. Mit diesem Motor sicherte die Mustang dem Unternehmen bei den italienischen Meisterschaften den ersten Platz. Der Motor erwies sich nicht nur als extrem leistungsstark, sondern auch als ausgesprochen zuverlässig und fand großen Anklang.
Aus dem 125er, der auch für die Straßenmodelle verwendet wurde, wurde eine 250er Version entwickelt, die dem Vorläufermodell bis auf den größeren Zylinder sehr ähnlich war. Für die 50 cm³-Maschinen hielt man hingegen den Sachs-Motor für geeigneter. Auch die Scout 125, ein Modell für Geländesport-Wettbewerbe, wurde von dem robusten Sachs-Motor angetrieben.
1978 bot Simonini zwei weitere Neuheiten an: ein verkleidetes 125 cm³-Straßenmodell, die U. Masetti 125 S.S., und die Diamond, eine gelungene Trial-Maschine. Auch 1979 beteiligte sich das Unternehmen mit den beiden neuen Werksfahrern Andreani und Magarotti, der 1978 die italienischen Junioren-Meisterschaften gewonnen hatte, engagiert am Motorsport.

Simplex

Von 1899-1956 widmete sich das holländische Unternehmen Simplex, das in seinen Anfangsjahren vor allem durch Fahrräder bekannt geworden war, dem Bau von Motorrädern. Die ersten Modelle besaßen Fafnir-Motoren, die darauffolgenden MAG-Triebwerke mit bis zu 750 cm³. Nach einer Unterbrechung in den 20er Jahren produzierte das Werk 98 cm³-Maschinen und nach 1945 48 cm³-Mopeds mit Sachs-Zweitaktmotoren.
In Italien baute die Firma Pellini und Ferrari in Turin unter dem Markennamen Simplex ein Leichtmotorrad mit einem 175 cm³- Einzylinder-Zweitaktmotor, gefolgt von einer 175er mit Einzylinder-Viertaktmotor. Die Marke fand bei den Motorradfahrern großen Anklang, zumal die Firma 1921-40 kontinuierlich verbesserte 250 und 500 cm³-Modelle herausbrachte.
Simplex nannte sich auch ein kleiner Zweitakt-Hilfsmotor mit einem Hubraum von 105 cm³, der 1919-22 in Birmingham gebaut wurde. Daneben war ein mit diesem Motor ausgerüstetes Fahrrad, das Motorped, erhältlich.
Die Simplex Manufacturing Corporation in New Orleans fertigte ab Mitte der 30er Jahre einfach konstruierte Leichtmotorräder. 1957 kam die Servicycle mit 130 cm³-Motor und Riemenantrieb vom Motor auf die hinter dem Zylinder eingebaute Automatikkupplung auf den Markt.

Simson

Bereits 1898 bauten die Gebrüder Simson aus Suhl Fahrräder für einen großen Industriekonzern. Ab 1936 fertigte das Werk, das sich inzwischen stark vergrößert hatte, die ersten Motorräder mit 100 cm³. Ende des Zweiten Weltkriegs wurde das Unternehmen verstaatlicht und nahm den Bau von Motorrädern unter dem Namen VEB Fahrzeug- und Jagdwaffenwerk wieder auf. 1950 offerierte es ein Motorrad mit 250 cm³ Hubraum, das der Münchner BMW bis ins kleinste Detail glich. Ein Modell mit 250 cm³ Hubraum ging bei der Internationalen Sechstagefahrt als Sieger hervor und konnte bei einigen Straßenrennen Erfolge erzielen.
Ab 1960 baute das Unternehmen ein Moped, das in zwei Versionen, als SR 1 und als SR 2 mit jeweils 48 cm³ Hubraum erhältlich war. Daneben bot es den Roller KR 50 an, zu dem sich später Leichtmotorräder mit 75 cm³ Hubraum gesellten. Interessant ist das Moped aus dem Jahr 1966 mit einem Zweitaktmotor mit 50 cm³ Hubraumvolumen der bei 8500 U/min 6,3 PS lieferte. Die Produktion lief auch in den 70er und 80er Jahren weiter, wenngleich die Modelle etwas überaltert waren. Dem Sport blieb die Firma weiterhin treu; vor allem bei Geländewettbewerben war sie engagiert.

Singer

Mindestens 200 motorisierte Räder hatte die Firma Perks & Birch gebaut, bevor sie im Oktober 1900 die Fertigungsrechte an die Singer Cycle Company in Coventry verkaufte. Singer überarbeitete die Konstruktion und verkaufte bis zum Jahr 1904 Singer-Maschinen, die sich durch den im Rad eingebauten Motor auszeichneten. Danach konzentrierte sich das Unternehmen jedoch zunehmend auf den Bau von gewöhnlicheren Motorrädern, bei denen der Motor – wie üblich – im Rahmen saß.
1909 kam die Singer Moto-Velo auf den Markt, eine Luxusversion des Fahrrads mit Motosacoche-Motor. Da sich Singer mit einer Rennmaschine an der Tourist Trophy beteiligen wollte, beauftragte die Firma den Konstrukteur Louis Coattalen, einen hochmodernen Motor mit vier im Zylinderkopf hängenden Ventilen zu entwerfen. Dabei sollte der wassergekühlte Kopf auf einem luftgekühlten Zylinder sitzen. Die Maschine lieferte jedoch nicht die erhoffte Leistung.
Das nächste Singer-Serienmodell wurde zur Überraschung. Es handelte sich um eine große Einzylindermaschine mit 535 cm³

Hubraum, seitlich stehenden Ventilen, Zweiganggetriebe und Zahnrad-Primärantrieb. Sie war für den Beiwagenbetrieb gedacht. 1911 präsentierte Singer von diesem Modell auch eine Version mit angeblocktem Getriebe. Auf einer Singer stellte George Stanley in Brooklands mit einer durchschnittlichen Geschwindigkeit von 120,697 km/h einen neuen Stundenrekord auf.
1913 gehörte zu Singers Modellpalette eine Version des 299 cm³-Modells mit offenem Rahmen, die besonders für Damen geeignet war. Im gleichen Jahr erschien eine neue Ausführung der Einzylindermaschine mit nunmehr 560 cm³ Hubraum.
Unter George Stanley nahm eine 350er Singer am Sechs-Stunden-Rennen in Brooklands teil. Es war die erste 350er, die auf dieser Strecke einen Schnitt von über 96 km/h erreichte. Eine weitere 350er, die Singer 1915 nach den Patenten der Firma Peco baute, war das letzte Motorradmodell des Werks. Die 350er besaß als einzige der Singer-Schöpfungen ein Zweiganggetriebe, das aus eigener Fertigung stammte.

Sirocco

Die in der Tschechoslowakei, in Mähren, in den Jahren 1924-27 gebaute Sirocco war ein originelles Motorrad mit Villiers-Motoren, die über ein Hubraumvolumen von 175 bis 250 cm³ verfügten.

Sirrah

Die Firma Alfred Wiseman in Birmingham fertigte 1922-25 die Sirrah-Motorräder. Zu dieser englischen Serie gehörten Zweitakter mit 211 und 292 cm³ sowie Modelle höherer Hubraumklassen, die mit Viertaktmotoren von JAP und Blackburne bestückt waren.

Slinger

Dieses 1900-01 in England gebaute Motorrad war vor allem wegen seiner drei Räder interessant. Eines der beiden kleineren Vorderräder wurde direkt über eine Kette vom wassergekühlten De-Dion-Bouton-Motor angetrieben. Das hintere Rad war an einem Fahrradrahmen befestigt.

Smart

Die 1926-29 in Wiener Neustadt von Eduard Platzer produzierten Smart-Motorräder besaßen 350 und 500 cm³-JAP-Motoren mit seitlich stehenden oder im Zylinderkopf hängenden Ventilen.
Smart hieß auch ein französisches Leichtmotorrad, das 1922-27 gefertigt wurde und mit 200 cm³-Viertaktmotoren ausgerüstet war.

S.M.W.

Kein zweiter Motorradhersteller hat so keck die BMW-Modelle kopiert wie die 1926-32 tätigen Stockdorfer Motoren Werke. Die S.M.W.-Maschinen besaßen die gleichen Rahmen, Gabeln und Benzintanks wie die BMW-Maschinen, sogar die Farben und die Aufschrift auf dem Tank waren gleich. Nur der berühmte Zweizylinder-Boxermotor fehlte ihnen. Statt dessen verwendete S.M.W. Blackburne-Motoren, aber auch Eigenfabrikate – 500 und 600 cm³-Einzylinder mit seitlich stehenden oder im Zylinderkopf hängenden Ventilen.

Snob

Die Snob, ein 1921-26 produziertes Leichtmotorrad mit einem 154 cm³-Einzylindermotor, hängenden Ventilen und direktem Kettenantrieb war recht beliebt. Mit einem verstärkten Fahrradrahmen ausgerüstet, erzielten die Snob-Motorräder auch im Rennsport etliche Erfolge.

Socovel

Die 1938-60 tätige belgische Firma Socovel in Brüssel fertigte zunächst Motorräder mit Elektromotor. Später verwendete sie eigene 125 bis 350 cm³-Benzinmotoren oder aber in Jawa-Lizenz gebaute 250 cm³-Motoren.

S.O.K.

Diese schwedische, in Norrköping ansässige Firma schuf 1925-28 ein 350 cm³-Einzylindermodell mit Viertaktmotor und im Zylinderkopf hängenden Ventilen.

Sokol

Die 1936-39 in Warschau hergestellten Sokol-Motorräder besaßen einen 600 cm³-Motor mit seitlich stehenden Ventilen, der in einen originellen, äußerst robusten Rahmen eingebaut war.

S.O.S.

Die englischen S.O.S.-Motorräder waren mit verschiedenen Motoren von 147 bis 500 cm³ erhältlich. Die Triebwerke stammten von JAP und Villiers. Das 1927 gegründete Unternehmen baute in den 30er Jahren vorwiegend Modelle mit wasser- oder luftgekühlten Zweitaktmotoren bis 350 cm³. 1928-30 bot S.O.S. auch eine Speedway-Maschine mit 172 cm³-Villiers-Zweitaktmotor an. Die Firma stellte 1939 ihren Betrieb ein.

Soyer

Lange Jahre produzierte die französische Firma Soyer 250 bis 500 cm³-Viertaktmotorräder. Die Motoren, die sie dafür verwendete, stammten von JAP, Chaise und Sturmey-Archer und hatten im Zylinderkopf hängende Ventile und eine obenliegende Nockenwelle. Zur Produktpalette gehörten auch Leichtmotorräder mit 175 cm³-Zweitaktmotoren. Die 1920-35 tätige Firma war in Colombes, später in Levallois ansässig.

Sparta

Dieses dänische Unternehmen nahm seinen Betrieb 1937 mit dem Bau von Zweitaktmotorrädern auf. Als Antrieb verwendete die Firma Motoren verschiedener Marken, darunter Triebwerke von Villiers, Ilo, Fichtel & Sachs und Victoria. Ende der 60er Jahre fertigte Sparta unter anderem auch 49 cm³-Mopeds.

Sphinx

Die französischen Sphinx-Motorräder wurden in den Jahren 1933-39 verkauft. Für den Antrieb dieser Maschinen sorgten Motoren von Stainless und anderen Herstellern.

Sphynx

Die 1923-26 im belgischen Lüttich gefertigten Sphynx-Motorräder waren von herkömmlicher Bauart. Sie besaßen 350 cm³-Motoren mit seitlich stehenden Ventilen und seitengesteuerte 500 cm³-Einzylinder von JAP.

Spiegler

Die 1925-31 in Aalen produzierten deutschen Spiegler-Motorräder mit Preßstahlrahmen genossen einen ausgezeichneten Ruf, wurden aber nur in begrenzter Stückzahl gefertigt. Die Motoren in den Hubraumgrößen 200, 300, 350 und 500 cm³ stammten von Blackburne.

Spiriditis

Es war eines der ersten Motorräder, das ab Anfang der 50er Jahre in Riga, Lettland, gebaut wurde. Die Serie umfaßte Einzylinder-Zweitaktmodelle mit 125 und 250 cm³ Hubraum, die die Firma selbst entwarf und produzierte.

Spring

Das belgische Spring-Motorrad war den schlechten Straßenverhältnissen angepaßt, die Anfang dieses Jahrhunderts herrschten, und verfügte daher über ein ausgeklügeltes Federungssystem. Die Spring gab es sowohl mit Zweizylinder- als auch mit Vierzylindermotor. Ab 1920 baute das Unternehmen auch Seitenwagenmaschinen und große Motorräder mit Hubräumen von 500, 700 und 1000 cm³. Die Firma war 1910-40 tätig.

Stafford

Die bereits für ihre Automobile und sonstigen Produkte bekannte englische Firma Stafford versuchte 1920-21, ihre Motorroller bekannt zu machen – jedoch vergebens. Bei dem verwendeten Motor handelte es sich um einen Einzylinder mit 142 cm³ Hubraum.

Standard

Als 1928 die Schweizer Firma Zehnder schloß, kaufte das deutsche Unternehmen Standard die Fabrik und baute dort 1925-52 Motorräder. Die Standard-Motorräder besaßen MAG-Motoren mit 350 bis 1000 cm³ Hubraum und waren sorgfältig konstruiert. Sie zeichneten sich durch eine moderne Linienführung aus. In den 30er Jahren umfaßte die Modellpalette auch Maschinen mit 200, 250, 350 und 500 cm³. Das Unternehmen war lange Zeit auch im Rennsport aktiv.

Stanger

Die englische Firma Stanger mit Sitz in London verwendete für ihre 1921-23 gebauten Motorräder 538 cm³-V-Zweizylindermotoren mit 180 Grad Zylinderwinkel.

Star

Die deutsche Firma Star baute von 1895 bis Anfang dieses Jahrhunderts motorgetriebene Fahrräder.
Star nannten sich auch ein Miniroller und ein Moped, die ab 1957 in Belgien entstanden.
Unter dem Markennamen Star waren in England 1898-1914 Dreiräder mit De-Dion-Motor erhältlich. Einige Jahre lang fertigte und verkaufte die englische Firma 2,5 und 3 PS starke Motorräder in Zusammenarbeit mit der französischen Gesellschaft Griffon. In den letzten Jahren besaßen die Star-Modelle JAP-Motoren.

Steffey

Die Firma Steffey, einer der ersten amerikanischen Motorradhersteller, war in Philadelphia 1902-05 tätig. In diesem Zeitraum fertigte die Firma Motorräder mit 1,25 und 3 PS. Die flüssigkeits- oder luftgekühlten Motoren waren über dem Pedalwerk installiert.

Stellar

Bei diesem Typ handelt es sich um ein englisches Motorrad, das 1912-14 gebaut wurde und mit einem stehenden 748 cm³-Zweizylinder-Zweitaktmotor bestückt war. Der flüssigkeitsgekühlte Motor, das Zweiganggetriebe und die Kupplung waren dabei in einem Block vereint. Die Kraftübertragung zum Hinterrad erfolgte über eine Kardanwelle.

Sterzi

Das italienische Unternehmen Sterzi nahm 1939 in Palazzolo sull'Oglio seinen Betrieb auf. Es stellte anfangs nur Rahmen her, in die es Sachs-Motoren mit 98 und 125 cm³ Hubraum einbaute. Doch der Zweite Weltkrieg setzte dieser Tätigkeit bald ein Ende. Das erste, gänzlich bei Sterzi gebaute Nachkriegsmodell war ein Leichtmotorrad mit 125 cm³-Zweitaktmotor. In Serienfertigung ging es 1948 und blieb mit einigen geringfügigen Veränderungen bis 1954 im Programm.
In diesem Jahr gesellte sich zu den 125ern ein Leichtmotorrad mit 160 cm³ Hubraum, die Comfort. Daneben bot die Firma Maschinen mit 175 cm³ Hubraum an. 1955 schuf sie das Moped Pony 49, das in den Versionen Tourist und Sprint erhältlich war. Die Pony hatte einen hängend eingebauten Viertaktmotor und einen Zentralrohrrahmen aus Preßstahl. Zu diesen Modellen kamen 1957 ein Leichtmotorrad mit 65 cm³ und 1958 ein Roller mit gebläsegekühltem 160 cm³-Zweitaktmotor und offenem Rohrrahmen. Die Produktion lief bis Anfang der 60er Jahre.

Stevens

Die Gebrüder Stevens aus England konstruierten um die Jahrhundertwende Motorradmotoren für Hersteller wie Werwell, Wolf und Wolfruna. Sie waren bis 1932 Inhaber der Firma AJS. 1932 gründeten sie die Firma Stevens, die bis 1937 hochwertige Motorräder herkömmlicher Bauart mit 250, 350 und 500 cm³ Hubraum und im Zylinderkopf hängenden Ventilen fertigte.

Stilma

1948 entwarf die Turiner Firma Società Torinese Industrie Lavorazioni Meccaniche e Affini di Torino (STILMA) ein Motorrad mit stehendem 500 cm³-Einzylindermotor. Der Rahmen bestand aus konischen Rohren und Preßstahlteilen und war hinten verkleidet. Die Vorderradaufhängung der Stilma bildete eine Teleskopgabel mit Zentralfederbein, die Hinterradaufhängung zwei zu einem federnden Parallelogramm zusammengefügte Schwingen.

Stock

Das erste Motorrad der deutschen Firma Stock war eine Evans mit 119 cm³-Zweitaktmotor, die in Lizenz der amerikanischen Gesellschaft gefertigt wurde. Ab 1929 brachte das Werk neue, von Ingenieur Heuss entworfene Modelle in den Handel: Einzylinder-Zweitaktmaschinen mit Kardanantrieb, die in den Hubraumgrößen 200, 250 und 300 cm³ erhältlich waren. 1927-28 konzentrierte sich Stock auf sportliche Versionen mit wassergekühlten 125 cm³-Motoren, die an zahlreichen Rennen teilnahmen. Die Firma Stock war in den Jahren 1925-34 tätig.

Sublime

1954 entstand in Frankreich das Sublime-Motorrad, dessen 350 cm³-Motor zwei nebeneinanderstehende Zylinder, eine untenliegende Nockenwelle und im Zylinderkopf hängende Ventile besaß. Das Getriebe verfügte über vier Gänge. Der Rohrrahmen war mit einer vorderen Teleskopgabel kombiniert.

Sun

Besitz und Leitung der Firma Sun Cycles and Fittings Company Ltd. hatten schon immer in den Händen der Familie Parkes gelegen. Ab 1885, als das Unternehmen in Birmingham das Fahrrad Sun Spider mit zwei ungleichen Rädern präsentierte, dehnte es seine Produktion immer mehr aus. Der Einstieg in die Motorradherstellung vollzog sich 1911, als die Motorradfabrik Precision entstand. Da der Inhaber der Firma Precision, Frank Baker, offensichtlich keine Möglichkeit hatte, selber Rahmen herzustellen, wurde das Modell Precision Big Four, das auf einigen ausländischen Märkten verkauft wurde, vermutlich bei Sun gebaut.
Sun konzentrierte sich anfangs auf Motorräder mit Precision-Motor. 1912 umfaßte die Modellpalette verschiedene Versionen mit 270, 499 und 599 cm³ Hubraum. 1913 kam das Modell Sun Villiers mit 346 cm³ hinzu. Nach dem Ersten Weltkrieg baute Sun Vitesse-Motoren ein, brachte 1922 aber auch ein Modell

Eines der verschiedenen Firmenlogos der Marke Sun.

Sun-Precision-Einzylinder von 1912.

mit seitengesteuertem 350 cm³-Blackburne-Motor und zwei Modelle mit 650 cm³-Zweizylinder-V-Motoren von JAP heraus.
Neben den Motorrädern produzierte Sun weiterhin Fahrräder. Ende der 20er Jahre waren nur wenige Tourenmaschinen mit Villiers- und JAP-Motoren im Programm. 1932 verließen Zweitaktmodelle mit Villiers-Motoren in den Hubraumgrößen 98, 147 und 346 cm³ das Werk sowie eine ausgesprochen schöne 350er mit obengesteuertem JAP-Motor.
Noch Ende des gleichen Jahres stellte die Firma die Motorradproduktion ein. Die Fahrradfertigung lief indessen bis 1948 weiter. In diesem Jahr erlebte auch die Sun mit 98 cm³ Hubraum ein Comeback. Das Unternehmen baute nun wieder Motorräder, darunter Geländemaschinen, ausgezeichnete Tourenmodelle und sogar einen Roller mit 98 cm³, den Sunwasp, der auch mit 173 cm³ Hubraum erhältlich war. 1961 wurde die Firma Sun Cycles and Fittings schließlich Teil des Raleigh-Konzerns.

Sunbeam

Die englische Fahrradfirma Sunbeam war bereits 1790 von der Familie Marston gegründet worden und hatte sich auf das Emaillieren von Metallen spezialisiert. Später stellte Sunbeam auch Küchengeräte und Automobile her. Das erste Motorrad entstand 1912.
Konstruiert hatte die erste Sunbeam John E. Greenwood, dessen Meisterwerk eine Zweizylindermaschine mit 347 cm³ Hubraum war und die neben einem Zweiganggetriebe auch andere technische Raffinessen wie ein stark gebogenes oberes Rahmenrohr zur Sitzvertiefung und eine Mehrscheibenkupplung aufwies. Sunbeams Einstieg in den Rennsport erfolgte mit zwei 350ern, die die Fahrer John Greenwood und Tommy de la Hay 1912 beim Rennen der Auto Cycle Union vorstellten – mit Erfolg, denn Greenwood sicherte sich einen ersten Platz.
1912 brachte Sunbeam ein motorgetriebenes Fahrad in den Handel, und im Jahr darauf gesellte sich zur 350er eine Zweizylinder-V-Maschine mit 770 cm³-JAP-Motor. Im September 1913 präsentierte das Unternehmen sein erstes 500 cm³-Einzylindermotorrad, das eine ähnliche Konstruktion wie die 350er aufwies, aber von der 770er mit JAP-Zweizylindermotor das Dreiganggetriebe übernommen hatte.

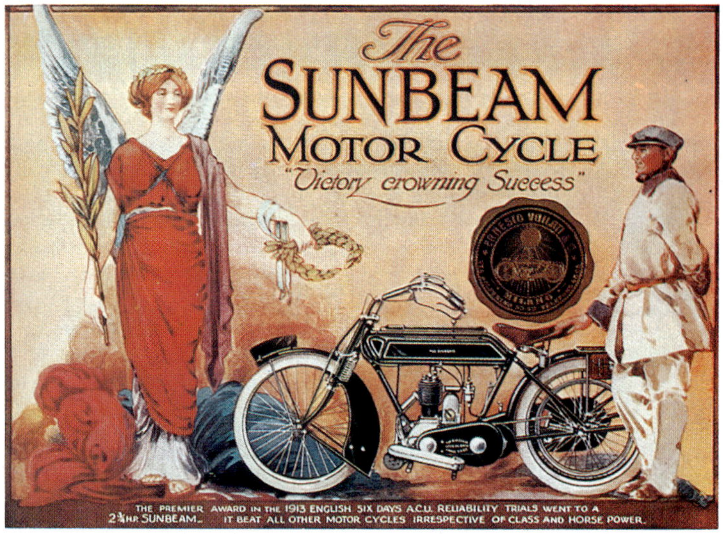

Werbeplakat der Firma Sunbeam, 1913.

Während des Ersten Weltkriegs schuf Sunbeam vor allem Jagd- und Wasserflugzeuge. Für die französische Armee entwickelte die Firma eine abgeänderte Version der 500er. 1915 kam auch eine Zweizylindermaschine mit Abingdon-King-Dick-Motor hinzu, ein Jahr später sogar ein 1000 cm³-Zweizylindermodell mit MAG-Motor. Als 1918 John Marston, der inzwischen 82 Jahre alt war, und sein Sohn Roland starben, verkauften die Erben wegen der steuerlichen Belastung die Firma an die Noble Industries Ltd. Diese enthielt sich jeglicher Einmischung in die Firmenpolitik, so daß Sunbeam die Produktion wie bisher fortführen konnte.
1920 erlebten die Sunbeam-Motorräder einen ungeheuren Boom, den sie vor allem einer Reihe sportlicher Erfolge zu verdanken hatten. Bei der Senior Tourist Trophy 1920 gewann Tommy de la Hay mit einem Geschwindigkeitsrekord. Zwei Jahre später stellte Alec Bennett ebenfalls Rekorde auf und schenkte der Firma ihren zweiten Sieg in der 500er Klasse der Tourist Trophy. 1924 brach George Dance in der 350er Klasse mit einem Schnitt von 129,130 km/h den Rekord über eine Stunde und mit 113,487 km/h den über zwei Stunden. 1924 gewann Graham Walker mit einer 500er den Großen Preis von Ulster, 1929 belegte Dodson ebenfalls mit einer 500er bei der Tourist Trophy den ersten Platz. 1930 umfaßte die Sunbeam-Produktion nur noch vier Maschinen: das Tourenmodell 9 und das Sportmodell 90 mit 493 cm³ und im Zylinderkopf hängenden Ventilen, die Lion mit 492 cm³ und seitlich stehenden Ventilen sowie ein neues Motorrad mit 344 cm³. Dann folgten die Little 95, eine kleinere Version der 500er Sport, und eine leichte Tourenmaschine mit 250 cm³.
Ende der 30er Jahre wurden die Serienmaschinen der englischen Firma immer beliebter. 1936 schlossen sich Matchless, AJS und Sunbeam zur Associated Motor Cycles Ltd. zusammen. In der darauffolgenden Saison änderte Sunbeam die Modellpalette kaum. Dann überraschten neue Modelle mit großen Steuergehäusedeckeln die Öffentlichkeit, hinter denen die Antriebskette für die obenliegende Nokkenwelle versteckt war. Der bevorstehende Krieg zwang das Unternehmen jedoch, die Produktion der Sunbeam-Motorräder zugunsten der für die Armee bestimmten Matchless G3L-Einzylinder einzustellen.
Nach dem Krieg (das Unternehmen war inzwischen von BSA übernommen worden) erschien eine von Erling Poppe entwikkelte Sunbeam S7 mit einem Hubraum von 487 cm³, die mit ihren Vorläufern nichts mehr gemein hatte. Die beiden stehenden Zylinder aus Leichtmetall waren hintereinander angeordnet. Die Reifen waren äußerst breit geraten (vorne und hinten vier Zoll); der Sitz besaß eine eigene Federung.
Die Sunbeam S7 wies auch Nachteile auf: Sie vibrierte stark, und die Kegelradverzahnung am Ende der Kardanwelle konnte die Antriebskraft auf Dauer nicht richtig übertragen. Das Getriebegehäuse erhitzte sich bei längeren Strecken, und die Leistung der Maschine war im Endeffekt doch eher bescheiden zu nennen. 1957 war das Projekt Sunbeam S7 schließlich gescheitert. Zwei weitere Versuche, eine Einzylindermaschine mit 250 cm³ Hubraum und eine wassergekühlte 650 cm³-Vierzylinder, kamen nicht über das Prototyp-Stadium hinaus.

Sunbeam S7 Zweizylinder von 1947.

Supplexa

Zu den Modellen der französischen Firma Supplexa gehörten Zweizylindermaschinen mit extrem langem Radstand und Scheibenrädern. Die 1922-32 tätige Firma verwendete vorwiegend JAP-Motoren.

Suzuki

Die Geschichte des Unternehmens begann 1909 in Hamamatsu, einer kleinen Stadt 200 Kilometer von Tokio entfernt. Hier gründete Michio Suzuki, Sohn einer wohlhabenden Baumwollpflanzerfamilie, eine Textilmaschinenfabrik. Dank der Weitsicht seines Gründers dehnte sich das Unternehmen bald auf andere Bereiche aus. Zu jener Zeit war Japan technisch noch weit zurück: Anfang der 20er Jahre gab es keine Kraftfahrzeugindustrie – das Land mußte pro Jahr etwa 20000 Fahrzeuge importieren, ohne jedoch der wachsenden Nachfrage nur im entferntesten gerecht zu werden. Diese Marktlücke versuchte Michio Suzuki sich zunutze zu machen. Er erstand ein engli-

Der mehrfache Weltmeister Hugh Anderson aus Neuseeland auf der Suzuki 250.

Suzuki GS 1000 Vierzylinder von 1980.

Suzuki RE 5 mit Wankelmotor, 1975.

sches Automobil, einen Austin „Seven", das er zusammen mit seinen Technikern genau studierte. Im Laufe weniger Monate bauten sie daraufhin ein ähnliches Gefährt – den ersten Wagen, der in Hamamatsu entstand. Doch als die Entwicklungsarbeiten fast beendet waren, schränkte die japanische Regierung die Herstellung „nicht lebenswichtiger" Güter ein, woraufhin Suzuki das Projekt aufgeben mußte.

Erst nach dem Zweiten Weltkrieg belieferte das japanische Werk den Markt mit jenem Produkt, für das es so berühmt werden sollte: Anfang der 50er Jahre beschloß nämlich Shunzo Suzuki, der damalige Generaldirektor der Firma, daß es angesichts der wirtschaftlichen Schwierigkeiten an der Zeit sei, sich nach anderen Produktbereichen umzusehen, um nicht einen großen Teil der Belegschaft entlassen zu müssen. Der Bereich der Individualverkehrsmittel schien damals vielversprechend. Ihr Debüt auf dem Motorradmarkt feierte die Firma 1952 mit einem von einem 36 cm³-Motor getriebenen Fahrrad. Der Kleinmotor namens Power Free war auch einzeln erhältlich. 1953 kam eine stärkere Version des Power Free mit 60 cm³ Hubraum ins Angebot. Eingebaut in einen verstärkten Fahrradrahmen mit Teleskopgabel und Trommelbremsen, hatte er in Japan und einem Teil Asiens recht großen Erfolg – so viel, daß sich die Firma 1954 in Suzuki Motor Co. Ltd. umbenannte und den Textilbereich gänzlich aufgab.

Den Aufschwung hatte das Unternehmen nicht zuletzt seinem ersten Leichtmotorrad, der Colleda, zu danken, die als Einzylinder-Viertakter mit 90 cm³ Hubraum Ende 1953 präsentiert wurde. Auf die 90 cm³-Version folgten bald andere mit 100 und 125 cm³-Zwei- und Viertaktmotoren (Colleda CO). 1955 entstand eine völlig überarbeitete Variante, die Cox, zu der sich bald auch eine Colleda ST mit 125 cm³-Einzylinder-Zweitaktmotor gesellte. 1956 erschien die Colleda TT, die mit ihrem 250 cm³-Zweizylinder-Zweitaktmotor als erstes echtes Suzuki-Motorrad gelten kann. Bis in die 60er Jahre hinein ging Suzuki allerdings nie über eine Hubraumgröße von 250 cm³ hinaus.

1960 beteiligte sich die japanische Firma auf der Isle of Man zum ersten Mal an einem Rennen. Das Suzuki-Team mit seinen 125 cm³-Zweitaktern schnitt bei der Tourist Trophy im Vergleich zu den MV-Maschinen allerdings recht bescheiden ab. Im Jahr darauf eröffnete Suzuki ein Verkaufsbüro in Großbritannien, um gezielt in den angelsächsischen Markt vorzudringen. Als Sprungbrett sollten vor allem Rennerfolge dienen – aber die mußten erst erzielt werden. Aus diesem Grund heuerte Suzuki den aus der DDR geflohenen MZ-Fahrer und Techniker Enst Degner an, der den Japanern bei der Entwicklung einer 50 cm³-Einzylindermaschine behilflich war.

Das kleine japanische Wunder mit seinen 10 PS bei 11000 U/min erreichte sagenhafte 145 km/h und war bald auf keiner Piste mehr zu schlagen. Mit Degner persönlich im Sattel erzielte Suzuki bei der Tourist Trophy in der 50er Klasse den ersten Platz und gewann anschließend auch den Großen Preis von Holland, Belgien und der DDR. Damit hatte Suzuki den ersten Welterfolg in der Tasche.

Nach diesem gelungenen Debüt wollte das Unternehmen seine Rennsportaktivitäten ausweiten und engagierte den Neuseeländer Hugh Anderson, der sich 1963 den Titel in der 50er Klasse holte. Im gleichen Jahr führte Anderson die neue 125er mit

Ferrari und Lucchinelli kämpfen auf ihren Suzukis um den Sieg.

drehschiebergesteuertem Zweizylinder-Zweitaktmotor bei den Weltmeisterschaften zum Sieg. 1964 wagten sich die Suzuki-Ingenieure in höhere Hubraumbereiche vor und entwickelten einen 250 cm³-Zweitakter mit vier quadratisch angeordneten Zylindern, Drehschiebersteuerung, Sechsganggetriebe und Wasserkühlung. Die 250er brachte jedoch nicht den erwünschten Rennerfolg, und so konzentrierte sich das Unternehmen wieder auf die Kategorien der 50er und 125er.

Suzuki GS 1000 mit Leichtmetallrädern und Lenkerverkleidung.

Als sich Suzuki 1967 offiziell vom Rennsport zurückzog, hatte die Firma fünf Weltmeistertitel in der 50er Klasse und zwei in der 125er Kategorie vorzuweisen. Besonders interessant war die Suzuki 50, die in der Saison 1967 startete: Die kleine Zweizylindermaschine erreichte eine Höchstdrehzahl von über 20000 U/min, eine Spitze von fast 190 km/h und hatte ein Getriebe mit 14 Gängen!

Auch nachdem das Unternehmen dem Rennsport entsagt hatte, blieben die ehemaligen Rennmaschinen siegreich. 1968 zum Beispiel gewann Hans-Georg Anscheid, der privat auf einer Suzuki aus dem Vorjahr gestartet war, erneut den Weltmeistertitel der 50er Klasse. Und 1970 ging der Preis der 125er an Dieter Braun, der sich auf einer Suzuki aus dem ehemaligen Werksteam beteiligt hatte.

Ende der 60er Jahre war Suzuki zu einem wahren Riesen auf dem Motorradmarkt herangewachsen und im Bereich der Zweitaktmaschinen sogar führend. Doch das Unternehmen beschränkte sich nicht nur auf die Herstellung von Motorrädern: Suzuki baute Außenbordmotoren, Motorboote, Kleintransporter und Kleinwagen. Zudem entwickelte die Firma ein zunehmendes Interesse für den Geländesport, in den sie bereits Mitte der 60er Jahre eingestiegen war.

1968 beauftragte Suzuki den schwedischen Moto-Cross-Spezialisten Olle Petterson mit dem Bau einer wettbewerbsfähigen Maschine. Das Ergebnis ließ nicht lange auf sich warten. Schon 1969 erreichte die Suzuki bei den Moto-Cross-Weltmeisterschaften in der 250er Klasse einen dritten Platz; in den drei folgenden Jahren fuhr der Belgier Joel Robert die 250er dreimal zum Sieg. In der 500er Klasse fuhr Roger De Coster für Suzuki und siegte bei den Weltmeisterschaften von 1971, 1972, 1973, 1975 und 1976.

In der Zwischenzeit hatte das Unternehmen seinen Vertrieb auch auf Europa und Amerika ausgedehnt. Angefangen hatte es zu Beginn der 60er Jahre mit Modellen wie der T 20 Super Six, einer Zweizylinder-Zweitaktmaschine, deren Verkaufserfolg auch durch protektionistische Handelsschranken in Europa und den USA nicht lange aufgehalten werden konnte. 1969 kam die T 500 Cobra auf den europäischen Markt, ein 500 cm³-Zweizylindermodell, mit dem Suzuki erstmals in die größeren Hubraumbereiche kommerziell vorstieß.

Anfang der 70er Jahre erschienen die Dreizylinder-Zweitaktmodelle GT 380 und GT 550 mit dem neuen Ram-Air-Luftführungs-System. Zur gleichen Zeit kam die 750er mit wassergekühltem Dreizylinder-Zweitaktmotor heraus, die eine Höchstgeschwindigkeit von 195 km/h erreichte und in Deutschland unter dem Spitznamen „Wasserbüffel" für Furore sorgte. Mitte der 70er Jahre entstand die RE 5 mit wassergekühltem Wankelmotor, die wegen ihrer vielen Neuerungen technisch noch nicht ausgereift war und sich daher kaum verkaufte.

Suzuki XN Turbo mit 670 cm³, 1982.

Suzuki GSX 1100 F Tourenmaschine, 1988.

Deswegen beschloß Suzuki 1976, technisch einen Schritt nach vorne zu wagen und auf Viertaktmotoren umzusteigen. Noch im selben Jahr kamen die Reihen-Vierzylindermaschine GS 750 sowie eine 400 cm³-Zweizylindermaschine in den Handel. Beide Modelle hatten zwei obenliegende Nockenwellen und fanden viel Anklang.
Im Rennsport hatte Suzuki die Zweitakter beibehalten und 1974 ein neues Modell entwickelt, die RG 500. Mit den quadratisch angeordneten vier Zylindern erreichte das Square-Four-Drehschieber-Triebwerk bei 10500 U/min 105 PS Motorleistung. Die Maschine stellte ihre Fähigkeiten mit einem zweiten Platz beim Grand Prix in Frankreich sogleich unter Beweis. Trotz ihrer Leistungsstärke war die RG 500 ein relativ einfach konstruiertes Motorrad. So beschloß man, es als Production-Racer zu bauen und privaten Rennteams anzuvertrauen. Die Früchte dieser Politik ließen nicht lange auf sich warten. 1976 gewann Suzuki bis auf die Tourist Trophy und den Großen Preis von Deutschland, zu dem die Firma nicht angetreten war, sämtliche Rennen.
Auch bei den Serienmaschinen zeichnete sich inzwischen ein

Virginio Ferrari auf der Suzuki 500.

Run auf die großen Hubraumklassen ab. Suzuki engagierte sich mit einer 850 cm³-Version seiner Vierzylinder-Viertaktmaschine daran. Auf sie folgte bald die GS 1000, deren Viertaktmotor 95 PS leistete. Die massive Produktion von Viertaktern führte bald zum Verschwinden der alten Zweitaktmaschinen. Nur die Moto-Cross- und Rennversionen und die Mopeds behielten Zweitakter.
Der Trend zu den Big Bikes setzte sich auch 1979 fort, als Suzuki die GSX 1100 anbot, die mit ihrem 1074 cm³-Vierzylinder-Doppelnockenwellenmotor und vier Ventilen pro Zylinder das Spitzenmodell der Suzuki-Modellpalette darstellte. Außerdem wurden damals Mopeds und Leichtmotorräder mit Zweitaktmotoren, Gelände- und Enduromaschinen mit Viertaktmotoren sowie die mittel- und großvolumigen Modelle mit Zwei- und Vierzylinder-Viertaktmotoren produziert.
Die japanische Fabrik hatte den werbewirksamen Rennsport nicht außer acht gelassen. Beim Moto-Cross häuften die gelben Suzuki-Maschinen Sieg auf Sieg. In der 125er Klasse war Suzuki von 1975 bis 1985 ununterbrochen Weltmeister. Ähnliches gilt für die Straßenrennen, bei denen die Suzuki-Modelle trotz der starken Konkurrenz immer vorne lagen. 1986 erschien der Name Suzuki mehrfach im goldenen Buch der Weltmeisterschaften: 21 Siege im Moto-Cross, 28 Erfolge bei Straßenrennen und ein Sieg im Geländesport.
Als Folge des neuen Trends, der supersportliche Straßenmaschinen mit Grand-Prix-Eigenschaften verlangte, stellte Suzuki Mitte der 80er Jahre einige besonders sportliche Modelle vor: so die RG 500 Gamma, eine 500er mit Zweitaktmotor, deren vier Zylinder wiederum quadratisch angeordnet waren und die in ihrer Konstruktion stark den Grand-Prix-Maschinen ähnelten,

oder die 750 R, damals die stärkste Viertakt-Vierzylindermaschine der 750er-Klasse.
Noch stärker war die GSX 1100 R, ebenfalls eine Vierzylinder-Viertaktmaschine mit 1052 cm³ Hubraum, deren luftgekühlter Motor wie bei der 750er nach dem Suzuki Advanced Cooling System zur zusätzlichen Kühlung einen besonders verstärkten Ölkreiskauf hatte. Bei einem Gewicht von nur 197 kg und einer Leistung von über 130 PS bei 9500 U/min erreichte die GSX 1100 R mit ihrem 16-V-Doppelnockenwellenmotor eine Spitze von 260 km/h.
Suzuki engagierte sich auch auf dem Enduro-Markt. Schon in der zweiten Hälfte der 70er Jahre hatte das Werk einige große Viertakt-Einzylinder mit 370 cm³ entwickelt, stieg aber bald auf 500 und 600 cm³-Modelle um. In der zweiten Hälfte der 80er Jahre wurde die mächtige DR 750 Big der Öffentlichkeit vorgestellt, die zum Zeitpunkt ihres Erscheinens mit ihrem 750 cm³-Einzylinder-Viertaktmotor die größte damals produzierte Einzylindermaschine war. Trotz aller technischen Neuerungen (vier Ventile pro Zylinder, Doppelzündung, SACS-Kühlung, Elektrostarter) wog die Maschine nur 175 kg und war mit ihren 52 PS bei 6600 U/min sowohl für den normalen Straßenverkehr als auch für Geländeeinsätze gut ausgerüstet.
Suzuki versuchte sich auch an ausgefalleneren Modellen wie der Van Van aus den 70er Jahren und der Katana-Serie aus den 80ern. Doch das futuristische Styling gefiel vielen Käufern nicht, so daß Suzuki die Linie ihrer Katana-Serie etwas marktkonformer gestalten mußte.
Diesen stilistischen Spielereien standen technische Neuerungen wie zum Beispiel die XN 85 mit 670 cm³-Turbomotor von 1982 gegenüber. Der Motor war ein klassischer Suzuki-Vierzylinder, aber der zusätzlich eingebaute Abgasturbolader und ein über Mikroprozessoren gesteuertes Einspritzsystem machten aus der XN 85 etwas Besonderes. Ihre Höchstgeschwindigkeit lag über 200 km/h, und sie hatte atemberaubende Beschleunigungswerte.
In den 80er Jahren kamen neben der RG Gamma mit 500 cm³ auch kleinere, leistungsstarke Zweitakt-Straßenmodelle ins Programm, etwa die RG 250 Gamma, deren Zweizylinder-Zweitaktmotor mit seinen fast 50 PS Leistung das nur 140 kg schwere Fahrzeug auf 190 km/h beschleunigte. Mit ihrem flüssigkeitsgekühlten, membrangesteuerten Motor und dem SAEC (Suzuki Automatic Exhaust Control) hielt die kleine 250er auch mit größeren Maschinen mit.
Nicht zu vergessen sind die Chopper von Suzuki. Auch hier hatte Suzuki eine eigene Interpretation des Genres anzubieten: Die VS 1400 Intruder mit einem mächtigen Zweizylinder-V-Motor und amerikanisch gestyltem Rahmen war ein klassischer Vertreter dieses Motorradtyps.
Abgesehen von diesen ausgefallenen Modellen, hatte Suzuki Ende der 80er Jahre für jedermann etwas im Katalog, angefangen bei den vierrädrigen Geländewagen über Mopeds, Tourenmaschinen, Enduro- und Moto-Cross-Modellen bis hin zur echten Straßenrennmaschine.

SWM

Der Vorschlag, eine neue Motorradfabrik zu gründen, stammte von dem italienischen Industriellen Piero Sironi, selbst Leiter einer Thermohydraulikgeräte-Firma und begeisterter Motorradfahrer. Zu seiner Motorradleidenschaft gesellte sich die Erfahrung und das technische Know-how des bewährten Rennfahrers Fausto Vergani. So entstand 1971 die Geländesportmaschine 125 SWM. Die Buchstaben SWM standen für Speedy Working Motors, und die Wettbewerbseigenschaften dieses Motorrads ließen sich allein schon aus seinem Namen ableiten: Six Days wurde es nach dem berühmten Rennen getauft.
Die SWM Six Days hatte einen geschlossenen Doppelschleifenrahmen und eine Hinterradschwinge mit rechteckigem Querschnitt. Vergani und sein Partner vertrauten auf ein deutsches Sachs-Triebwerk, das – von Vergani überarbeitet – bei 9000 U/min 18 PS leistete. Die offizielle Vorstellung erfolgte bei der Mailänder Motorradmesse 1971, wo auch zwei andere Maschinen mit Sachs-Motor, eine mit 50 cm³ und eine mit 100 cm³ Hubraum, ausgestellt wurden.
Den Einstieg in den Sport unternahm die Firma 1972 bei zwei Wettbewerben. Das SWM-Team bestand aus den Fahrern Rottigni, Redrezza, Signorelli und Brissoni. Größter Erfolg des Teams in dieser Saison war Rottignis dritter Platz in der 125er Klasse. Im Moto-Cross-Bereich beteiligte sich SWM an den italienischen Meisterschaften und gewann mit Afro Rustignoli.
SWM hatte die Übergangsphase von einer Werkstatt zu einem Kleinunternehmen glänzend bewältigt; die Gründe für den betrieblichen Erfolg waren zum einen der perfekte Sachs-Motor und zum anderen die sorgfältige und hochwertige Verarbeitung jedes einzelnen Modells.
Als Brissoni 1973 SWM verließ, übernahm Gino Perego, der Sieger der 50er Klasse seinen Platz. In der 125er Klasse zeichnete sich vor allem Pierluigi Rottigni aus, der das Rennen Valli Bergamasche gewann. Ende des Jahres sicherte sich SWM auch den Preis für das beste italienische Team.
Auf der Motorradmesse in Mailand präsentierten sich alle Motorräder der Firma in einem neuen Gewand, bestens präpariert für die nächste Rennsaison. SWM nahm am Sechstagerennen in Camerino teil, bei dem Rottigni sich nach dem Ausscheiden von Gritti in der 125er Klasse durchsetzen konnte. Mit Alessandro Gabbia gewann SWM auch die italienischen Jugendmeisterschaften. Ende des Jahres kehrte Brissoni wieder zu SWM zurück, wo er seine Karriere begonnen hatte.
1975 war ein bedeutendes Jahr für die Firma: Zum einen sollte sie Italien beim Sechstagerennen um die Silbervase auf der Isle of Man vertreten, zum anderen erschien eine neue Serie von Sachs-Motoren mit Siebengang-Getriebe, darunter auch ein 250 cm³-Motor, der die gesamte SWM-Belegschaft in Aufregung versetzte. Dem italienischen Team, bestehend aus Cagni, Petrogalli, Rottigni und Brissoni, gelang in England tatsächlich der große Coup. Die begehrte Silbervase war der größte Rennerfolg von SWM; die italienische Motorradindustrie hatte nun endlich eines ihrer ehrgeizigsten Ziele erreicht.
Die Modellpalette der Firma aus Rivolta d'Adda reichte von Mopeds für Kinder bis hin zu den 250 cm³-Wettbewerbsversionen. Der Verkauf der Modelle Silver Vase (1976 erzielte das SWM-Team beim Sechstagerennen einen dritten Platz) lief gut, aber Sironi wollte seine Motorräder mit einem neuen Motor versehen. 1979 schloß er mit der Firma Rotax ein Abkommen, in dem sich Rotax verpflichtete, einen Drehschiebermotor nach den Vorgaben der SWM-Ingenieure zu liefern. Mit diesem leistungsstarken Motor rüstete SWM sogleich eine Serie aus, die sich durch neue Farben und Rahmen abhob.
Auf diese Weise entstanden Straßenmotorräder und zwei Cross-Maschinen mit 125 und 250 cm³ Hubraum. Die Europameisterschaften brachten mit Gagni in der 50er Klasse und Brissoni bei den 250ern je einen zweiten Platz. Bei den italienischen Meisterschaften errang SWM sogar vier erste Plätze und einen zweiten Platz.
1977 verließen zwei neue Trial-Modelle mit 125 und 300 cm³

SWM 125 Moto-Cross-Maschine, 1972.

Hubraum das Werk. Mit ihnen debütierte SWM auch sogleich bei den Trial-Weltmeisterschaften. Die Fahrer waren Coutard, Reynolds und Giovanni Tosco. Die Produktpalette umfaßte inzwischen mehr als 20 Modelle. Im Rennsport häuften sich die Erfolge: Von 1980-83 war Danilo Caleazzi als SWM-Fahrer jeweils Meister bei den italienischen Senior-Trial-Meisterschaften. 1981 holte Gilles Burgat bei den Trial-Weltmeisterschaften für SWM die Goldmedaille – SWM war damit die erste italienische Firma, die diesen Titel errang. 1982 erreichte Bernie Schreiber bei den Trial-Weltmeisterschaften einen zweiten Platz, ebenso Luigi Medardo bei den Gelände-Europameisterschaften in der 125er Klasse. 1983 wurde Bernie Schreiber bei den Trial-Weltmeisterschaften dritter. Obgleich die Firma SWM derart beachtliche Erfolge im Rennsport aufzuweisen hatte und zudem ihre Serienproduktion kontinuierlich weiterentwickelte, mußte sie im Jahr 1985 den Betrieb einstellen.

Tandon

Diese im Jahr 1948 gegründete englische Firma produzierte konventionelle Leichtmotorräder mit 122 und 197 cm³-Zweitaktmotoren von Villiers. Die Rahmen endeten vorne in einer Teleskopgabel und hinten in einer Hinterradschwinge. 1955 bot die Firma ein Modell an, das einen 325 cm³-Zweitaktmotor mit zwei nebeneinanderstehenden Zylindern, einen Rohrrahmen, eine Gabel mit Kurzschwinge und eine Hinterradschwinge besaß. 1958 brachte sie ein Moped namens Talbot mit Trojan-Motor auf den Markt. Die Firma Tandon stellte ihren Betrieb 1957 ein.

Tarbo

Die Marke Tarbo (der Name setzt sich aus der jeweils ersten Silbe von Tartarini und Bologna zusammen) entstand 1967 aus der Zusammenarbeit eines italienischen Unternehmens mit der tschechischen Firma Jawa. Leopoldo Tartarini ließ sich Motoren von Jawa liefern und montierte sie – meist nachdem er sie überarbeitet hatte – in Rahmen eigener Produktion. 1967 umfaßte die Produktpalette ein Moped mit 49 cm³, ein Motorrad mit 125 und eines mit 350 cm³ Hubraum. Das Moped leistete 5 PS bei 6500 U/min und hatte einen liegenden Zylinder, der unterhalb der Schleife des Rohrrahmens angebracht war. Die 125er kam auf eine Leistung von 8,5 PS bei 5600 U/min. Die 350er besaß ein Vierganggetriebe und einen Motor mit zwei nebeneinanderstehenden Zylindern, der bei 5000 U/min 22 PS entwickelte.

T.A.S.

Die Palette der T.A.S.-Motorräder umfaßte Modelle mit MAG-Motoren in den Hubraumklassen 350 und 500 cm³ sowie Zweitakter mit 200 cm³. Die im Saargebiet ansässige Firma T.A.S. war 1925-31 tätig.

Tau

Der erste Tau-Motor, den der Mailänder Ingenieur Aroldo Trivelli konstruierte, war ein luftgekühlter Zweitakter mit Drehschieber, der anfangs vor allem bei Go-Karts mit 125 cm³ Hubraum eingebaut wurde. Später arbeitete Trivelli seinen Motor so um, daß er auch für Motorräder geeignet war. 1976 entstand der Tau TVR mit Sechsganggetriebe, Zylinder mit drei Überströmkanälen (der dritte war zweigeteilt) und elektronischer Zündung. In ein Rennmotorrad eingebaut, sorgte er mit 27 PS bei 11000 U/min für eine Höchstgeschwindigkeit von 200 km/h.
Für Moto-Cross-Motorräder erwies sich der TVR nicht als geeignet. So begab sich Trivelli an die Entwicklung eines Motors, der für Geländemaschinen besser tauglich war. Diese beiden Motoren sowie eine Version des Drehschiebermotors, bei dem eine Thermosifon-Wasserkühlung verwendet wurde, präsentierte die Firma auf dem Mailänder Salon 1977. Ein junger Mechaniker namens Valenti wählte den Tau-Motor mit 125 cm³ Hubraum für seine neuen Gelände- und Moto-Cross-Modelle, und auch eine andere italienische Firma, Cabrera, bestellte bei Trivelli.
1979 knüpfte Tau Beziehungen zu einigen englischen Firmen, die eine 100 cm³-Version des Motors für Geländemaschinen verwendeten. Interessanteste Neuheit war jedoch der neue Zweitaktmotor mit 250 cm³ Hubraum, der schon bei ersten Probeläufen gute Ergebnisse gezeigt hatte und ein neues Geländemodell der Firma Cabrera antreiben sollte. Er leistete bei 8000 U/min 38 PS.

Taura

1928-31 produzierte Giulio Doglioli in Turin das Taura-Motorrad. Daneben bot die Firma Mofas und Leichtmotorräder mit 175 cm³-JAP-Motoren an. 1929 entwickelte Taura ein Motorrad mit seitengesteuertem 500 cm³-Einzylinder-JAP-Motor sowie ein Modell, dessen 350 cm³-Motor mit im Zylinderkopf hängenden Ventilen von Blackburne stammte. Im gleichen Jahr brachte die Firma auch ein interessantes Dreirad mit PG-Parena-Motor für Behinderte in den Handel. Im Jahr 1930 umfaßte Tauras Produktpalette verschiedene mittel- und großvolumige Modelle mit JAP- und Blackburne-Motoren.

Tautz

Tautz war eine der zahlreichen deutschen Firmen, die Mitte der 20er Jahre aus dem Boden schossen. Während ihrer recht kurzen Existenz (sie war nur 1923-25 tätig) baute sie Leichtmotorräder mit 119 und 200 cm³ Hubraum.

Tavernier

Ein kleines französisches Unternehmen, das 1921-23 tätig war und Motorräder mit Zürcher-, JAP- und Blackburne-Motoren im Hubraumbereich von 175 bis 500 cm³ erzeugte.

Tecnomoto

Die italienische Firma Tecnomoto in Vignola bei Modena hatte sich auf Motorräder für Jugendliche spezialisiert, die sie bis Ende der 70er Jahre produzierte. Zu den interessantesten Modellen zählten die Paciugo, die Paciughino, die Mistralino TM 80 und die Mistralino TM 50. Alle Motorräder wurden von einem 50 cm³-Motor von Minarelli angetrieben.

Teco

Im heute zu Polen gehörenden Stettin war die Firma Teco ansässig, die in den Jahren 1925-30 Leichtmotorräder mit Viertaktmotoren mit 200 cm³ Hubraum produzierte.

Tehuelche

1958-60 war in Argentinien die Firma „Capri", Fernandez, Larripa & Cia tätig, die in ihrem Werk in Santa Fé das Modell 75 Super Sport mit Viertaktmotor und Dreiganggetriebe baute. Daneben gab es ein Modell mit 100 cm³ Hubraum, das sehr ähnlich konstruiert war. Beide Maschinen machten sich auf dem amerikanischen Kontinent im Rennsport einen Namen. Der Motor der Tehuelche war ein stehender Einzylinder mit obenliegender, von einer Kette angetriebenen Nockenwelle, einem Verdichtungsverhältnis von 9,5:1 und einer Nenndrehzahl von 8500 U/min.

Terrot

Die Geschichte dieser französischen Firma nahm 1887 in Dijon ihren Anfang. Charles Terrot, der Gründer, brachte 1900 eine Reihe von Fahrrädern und motorgetriebenen Vierrädern in den Handel. Das erste Motorrad rollte 1902 aus dem Werk und kam unter dem Namen Motorette auf den Markt. Der 2 PS starke Motor stammte von dem Schweizer Motorenhersteller Zedel. Bei Ausbruch des Ersten Weltkriegs umfaßte die Produktpalette zwei Modelle – eine Einzylindermaschine mit 2,75 PS und ein Zweizylindermotorrad mit 650 cm³ Hubraum und einer Motorleistung von 4,5 PS.
Nach dem Krieg entstanden bei Terrot eine Reihe von Tourenmaschinen im unteren Hubraumbereich. 1922 standen bereits 250, 350 und 500 cm³-Modelle im Programm, deren Motoren von Zedel, Mag, JAP und Chater Lea (letztere nur für Rennmaschinen) stammten. Auf dem Pariser Salon präsentierte das Unternehmen ein Modell mit 2,75 PS starkem 269 cm³-Zweitaktmotor,

Zweiganggetriebe und gefederter Vorderradaufhängung. Eine weitere Zweitaktmaschine mit 175 cm³ Hubraum folgte. Mitte der 20er Jahre entwickelte Terrot einen Viertaktmotor mit 350 cm³ Hubraum. Er wurde in das Modell H eingebaut, das großen Erfolg hatte.
Im Rennsport siegten Terrots Fahrer bei einigen nationalen Rennen. Nach dem Modell H erschien das Modell R mit 500 cm³ Hubraum, eine Einzylindermaschine mit Dreiganggetriebe. Wenig später übernahm Terrot die Motorradfirma Magnat-Debon. 1930 verließ ein weiteres Zweizylindermodell das Werk: das Modell A mit seitengesteuertem 680 cm³-JAP-Motor. 1931 umfaßte die Produktpalette fünf Motorräder mit Zweitaktmotoren (drei mit 175 cm³ und zwei mit 250 cm³), vier Modelle mit 350 cm³ und zwei mit 500 cm³ Hubraum.
1931 gewannen Terrot-Maschinen bei verschiedenen nationalen Rennen in den Klassen 250, 350 und 500 cm³. 1933 meldete Terrot drei Maschinen zum Bol d'Or. Die 175er siegte in ihrer Klasse unter Taxier, der den Erfolg 1935 im Sattel einer Viertaktmaschine mit Stoßstangenmotor wiederholte. Für den Rennsport hatte Terrot eine Mannschaft aufgebaut, die mit vier Modellen antrat: der LCP mit 175 cm³, der OCP mit 250 cm³, der HCP mit 350 cm³ und der RCP mit 500 cm³. Diese Maschinen waren die damals schnellsten französischen Motorräder mit im Zylinderkopf hängenden Ventilen. 1936 ging Le Roy auf einer 250er Terrot beim Bol d'Or erneut als Klassensieger hervor und erreichte im Jahr darauf einen zweiten Platz. 1939 setzten sich Terrot-Maschinen in der 250 cm³-Klasse und auch bei den Seitenwagenmaschinen mit 1000 cm³ durch.
Nach dem Zweiten Weltkrieg war Terrots Spitzenmodell die H 350, zu der sich 1949 eine Zweitaktmaschine mit 100 cm³ Hubraum und Parallelogrammgabel, eine seitengesteuerte Viertaktversion mit 125 cm³ und die besonders moderne RGST mit 500 cm³ Hubraum gesellten. Daneben fertigte die Firma Modelle mit kleinem Hubraum, für die kein Führerschein notwendig war. Es gab zwei Modelle mit 48 und 49 cm³ und eine 100er mit Villiers-Zweitaktmotor, eine 250er mit Viertaktmotor und eine 500er mit im Zylinderkopf hängenden Ventilen.
1956 nahm Terrot die 250 und 500 cm³-Maschinen aus dem Programm und präsentierte statt dessen eine neue 125er, die EDL. Im gleichen Jahr erschien die Tournoi mit 175 cm³ Hubraum und 10,5 PS Leistung bei 6300 U/min. Terrot baute außerdem das Moped Terromatic und die Magnamatic, die in Zusammenarbeit mit Magnat-Debon entstand. 1957 stellte Terrot in Paris die Rally 175 vor, ein Sportmodell, das 1958 beim Bol d'Or in der Kategorie der Sportmaschinen einen zweiten Platz erzielte.

Gespann von Terrot aus den 20er Jahren.

1960 wurde Terrot von Peugeot übernommen und produzierte in diesem Jahr nur noch die 175er Maschine. Ende des Jahres 1961 verschwand der Name Terrot vom Motorradmarkt.

Testi

Der Schriftzug Testi zierte 1936 die handgearbeiteten Rennfahrräder von Umberto Testi. Nach dem Krieg beschloß Testi, die Fahrräder zu motorisieren und vorne mit einer Federung auszurüsten. 1949 wurde ein Sachs-Motor mit Zweiganggetriebe in einen Preßstahlrahmen eingebaut. Die Modelle Sachs 98 und 48 Bebi Sachs fanden großen Anklang. Testi begann, an andere Firmen Rahmen zu liefern. In Zusammenarbeit mit der Firma Demm schuf Testi das Moped Dik. Die Kooperation zwischen den beiden Firmen währte bis 1956, als Umberto Testi Konkurs anmelden mußte.
1958 nahm Testi zusammen mit seinem Sohn Erio die Mopedfertigung wieder auf. Die neue Firma nannte sich Velomotor Testi. Zu dem Moped Turismo E2 aus dem Jahr 1959 gesellte sich 1960 die Grand Prix De Luxe, ein ausgefallenes, sportlich wirkendes Kleinkraftrad, dem man seinen kleinen Hubraum auf den ersten Blick nicht anmerkte. 1961 war die große Neuheit die Trail King, das erste 50 cm³-Geländemotorrad. Auf dieses Modell folgte die Testi Trail, eine Geländemaschine mit einer ganz besonderen Eigenschaft: das Übersetzungsverhältnis ließ sich halbieren, um für unwegsames Gelände einen extrem kurzen Geländegang zu erhalten.

Testi Militar P4 SW.

1956 präsentierte das Unternehmen eine einzigartige Kreation, die Week End, ein Geländemoped mit einer im Scheinwerfer eingebauten Antenne für das Funkgerät zwischen den gebogenen Lenkerhälften. Das Moped wurde von einem Minarelli-P4-Motor angetrieben. Anfang der 60er Jahre kamen weitere Modelle ins Angebot: die Standard Comfort mit einer rollerähnlichen Verkleidung, die Testina und die America De Luxe. 1969 erschien die erste Version der Carabo, eines neuen Geländemodells mit 50 cm³. Eine äußerst gefragte Geländemaschine war die Champion.
Die Firma Testi knüpfte zum Export ihrer Produkte zahlreiche Kontakte mit dem Ausland, vor allem mit Frankreich und dem Iran. Testis Produktpalette konzentrierte sich in den folgenden Jahren vor allem auf Kleinkrafträder, darunter die Tubone, bei der der Benzintank im Inneren des Rahmenträgers integriert war. Neben den Mopeds waren Modelle wie die Champion und die Grand Prix – in deutlich verbesserter Form – im Programm geblieben. Die Carabo wurde von der Monocross (in Gelände- oder Moto-Cross-Version) abgelöst. Bei den Mopeds kamen die Io und – passend zum neuen Trend – die Testi Militar auf den Markt. Ende der 80er Jahre stellte das Unternehmen seinen Betrieb ein.

TGM

Die Firma TGM entstand eigentlich rein zufällig: Ihre beiden Gründer, die Italiener Trezzi und Marchesini, zwei Motorradfans aus Parma, lernten sich Anfang der 70er Jahre kennen. Sie beschlossen, gemeinsam ein Motorrad zu bauen – eine 50 cm³-Moto-Cross-Maschine, die sie mit einem von ihnen persönlich getunten Sachs-Motor ausrüsten wollten. Die TGM 50 vertrauten sie einem Fahrer der Jugendklasse an. Nach den ersten Rennerfolgen der TGM 50 häuften sich bei Trezzi und Mar-

chesini die Anfragen anderer jugendlicher Fahrer, die ebenfalls eine solche Maschine haben wollten. Daher entschieden sich die beiden Freunde schließlich ganz für den Motorradbau.
1973 präsentierte die junge Firma TGM auf der Mailänder Messe nicht nur ihre 50er, sondern auch eine neue Moto-Cross-Maschine mit 125 cm³ Hubraum. Die Modelle waren sich in der Bauweise recht ähnlich, sie hatten Rahmenrohre mit rechteckigem Querschnitt und eine verkleidete Hinterradschwinge. Die ersten Siege im Rennsport erzielten sie in der 50er Klasse, wo die Junioren des Rennteams zweimal hintereinander italienische Mannschaftsmeister wurden. 1975 wurden die Modelle verbessert: Die 125er erhielt einen Hiro-Motor, während bei der 50er das Sachs-Triebwerk leicht abgeändert wurde.
Ende des Jahres stellte TGM auf dem Mailänder Autosalon eine erweiterte und modernisierte Produktpalette vor. Zu den bewährten Moto-Cross-Maschinen war eine 250er mit Villa-Motor hinzugekommen. Auch eine Geländesport-Version der 125er war jetzt erhältlich. Im Moto-Cross war die Firma 1976 nicht nur im kleinen Hubraumbereich erneut erfolgreich, sondern beteiligte sich erstmals auch mit Michele Rinaldi in der Klasse der Junioren. 1976 rivalisierten in der Junioren-Klasse Picco und Maddii miteinander; 1977 war das Jahr des Duells zwischen Rinaldi und Dal Brun. Rinaldi ging schließlich bei den 125ern als Sieger hervor.
1978 nahm Rinaldi auf einer technisch verbesserten TGM-Maschine an den Moto-Cross-Weltmeisterschaften der 125er Klasse teil. Das Motorrad hatte eine stabile Hinterradschwinge aus Leichtmetall und einen überarbeiteten Rahmen erhalten. Die Räder hatten nun längere Federwege. Rinaldi sicherte sich in seiner Klasse bei den Weltmeisterschaften in San Severino Marche eine Bronzemedaille und erreichte auch bei den italienischen Meisterschaften auf der 125er eine ausgezeichnete Plazierung.

TGR

Ozzano Emilias Firma TGR in Bologna baute Anfang der 80er Jahre nach mehreren Anläufen das Moped Polimotor, dessen Elektromotor drei Batterien mit 60 Ah und 14 V aufwies. Das Viergangetriebe war elektronisch geregelt; der Primärantrieb erfolgte über einen Zahnriemen, der Sekundärantrieb ebenfalls über eine Riemenscheibe mit einfachem Keilriemen. Das Moped erreichte eine Höchstgeschwindigkeit von 32 km/h.

Thein & Goldberger

Unter diesem Markennamen entstanden 1903-05 in Österreich Motorräder mit Fafnir- und Minerva-Motoren, die 2,25, 2,75 und 3 PS leisteten. Sie verfügten bereits über eine Pedalkupplung und eine Magnetzündung.

Thiem

Die amerikanischen Thiem-Motorräder, die 1903-14 in St. Paul im amerikanischen Bundesstaat Minnesota entstanden, wurden vor allem ab 1912 bekannt, als ihre Ein- und Zweizylinderversionen eine besonders einfache Startermechanik erhielten. Die optische Linie mit den robusten Rahmen und dem breiten, ausholenden Lenker war typisch amerikanisch.

Thor

Die amerikanische Firma Aurora Automatica Machinery, die ihren Sitz zuerst in Aurora im Bundesstaat Illinois und später in Chicago hatte, begann sich 1903 im Motorradsektor zu engagieren. Sie schuf zunächst die Motoren, mit denen die ersten Indian-Motorräder ausgerüstet wurden. Später produzierte das Werk die originell konstruierten Thor-Motorräder. Die Maschinen waren recht beliebt, vor allem das Zweizylindermodell aus dem Jahr 1915, das mit 6 und 9 PS erhältlich war.
Ein typisches Merkmal der ersten Modelle war der besondere Rahmen: Er erlaubte es, den Antriebsriemen mittels eines kleinen, manuell zu bedienenden Hebels, der auf die Hinterradschwinge einwirkte, je nach Bedarf zu spannen oder locker zu lassen. Die Thor-Maschinen erzielten auch im Rennsport beachtliche Erfolge. Dennoch stellte das Unternehmen 1916 seinen Betrieb ein.

Thumann

Diese in Hannover ansässige Firma produzierte 1925-26 eine Reihe interessanter Motorräder, zu denen vorwiegend Einzylindermodelle mit seitengesteuertem 250 und 350-cm³-Motor gehörten.

Tiger

Die Firma Tiger Autobike in Chicago baute 1915-16 kleine Motorräder mit 241 cm³-Fredrickson-Zweitaktmotoren und Riemenantrieb.
Unter dem Markennamen Tiger war in Deutschland 1903-14 ein Motorrad im Handel, das in seiner Konstruktion den Modellen von Allright und Vindec entsprach.

Tigli

1950 schuf Amedeo Tigli, der italienische Meister in der 125er Klasse von 1926 und 1927, ein einfaches Leichtmotorrad mit 75 cm³-Zweitaktmotor, das viel Erfolg hatte. Sein Geschäftspartner war damals Franco Morini, der später einer der bekanntesten italienischen Motorradbauer wurde.

Tinkler

Der Engländer Almond Tinkler, von Beruf eigentlich Uhrmacher, konstruierte 1914 aus alten Motor- und Rahmenteilen sein erstes Motorrad. 1919 machte sich Tinkler mit einer Reparaturwerkstatt selbständig. 1922 erstand er eine amerikanische Excelsior mit 1000 cm³-Zweizylindermotor, steigerte ihre Leistung – und hatte mit ihr erstaunliche Rennerfolge. 1927 beschloß Tinkler, eine eigene Maschine zu entwerfen: die Tinkler Special. Doch auf der verzweifelten Suche nach Kapital für sein ehrgeiziges Projekt geriet der finanziell ohnehin schon angeschlagene Tinkler an einen skrupellosen Financier, der wegen Betrugs verurteilt wurde.
Daraufhin wandte sich Tinkler an die Osborne Engineering Company, die für die OEC-Motorräder verantwortlich war. Diese erklärte sich bereit, seine Motoren in ihre Maschinen einzubauen. Aber auch OEC mußte bald Konkurs anmelden, und Tinkler stellte seinen Motorenbau ein. Er entwarf zwar noch einen Sternmotor mit drei Zylindern, konnte ihn aber nicht mehr produzieren. Mit Ausbruch des Kriegs zog sich Tinkler aus dem Motorradgeschäft zurück.

Titan

Die 1975 von Curio Rinaldini und Gianfranco Mularoni gegründete Firma Titan mit Sitz in der Republik San Marino konzentrierte ihre Produktion auf Mopeds. Erwähnenswert sind davon die Pivot und die Titan Moto-Cross mit 50 cm³. Daneben gab es das Eingangmodell Rambler sowie ein Mofa mit Rollenmotor, das auch in einer Damen-Version erhältlich war.
Unter dem Markennamen Titan wurden 1926-31 in Österreich Motorräder produziert. Sie wurden von einem 350 cm³-Zweitaktmotor und seitengesteuerten JAP- und Blackburne-Motoren mit 500 cm³ Hubraum angetrieben. Die Rahmen waren von herkömmlicher Bauart. Die österreichische Firma Titan war in Puntigam bei Graz ansässig.

Tiz-Am

1931-40 entstanden in Kharkow die sowjetischen Tiz-Am-Motorräder mit einem 600 cm³-Einzylindermotor, seitlich stehenden Ventilen und Doppelschleifen-Rohrrahmen. 1936 wurde ein Leichtmotorrad mit einem 2 PS starken Zweitaktmotor gebaut, der neben dem Hinterrad angebracht war und dem Modell mit dem offenen Rahmen eine Höchstgeschwindigkeit von 70 km/h verlieh.

TM

Durch die Qualität ihrer Motorräder wurde die italienische Firma TM in Pesara in kürzester Zeit bei Moto-Cross-Privatfahrern und Geländesportfreunden gleichermaßen beliebt. Die Hersteller, Claudio Flenghi und Francesco Battistelli, waren seit ihrer Kindheit miteinander befreun-

det. Anfangs beschränkten sie sich darauf, in ihrer Freizeit Motorräder umzubauen und die Leistung zu steigern. Mit der Zeit nahm der Gedanke Form an, ein eigenes Motorrad mit einem selbstentwickelten Motor zu bauen. Der Motor basierte auf dem der Yamaha 125; der Rahmen stammte von Battistelli. 1976 wurde der erste TM-Prototyp fertiggestellt, und im Jahr darauf waren es schon drei Maschinen.
Daraufhin beschlossen die beiden Freunde, sich endgültig dem Motorradbau zu widmen, und gründeten zu diesem Zweck eine Gesellschaft, die Firma TM (zusammengesetzt aus den Anfangsbuchstaben der Namen ihrer beiden Söhne Thomas und Mirko). Die Maschinen fanden von Anfang an reißenden Absatz. 1979 erweiterte die Firma ihre Werksmannschaft um die Fahrer Serafini und Lolli. Die Motorräder wurden weiterhin verbessert, und 1979 ging neben dem Moto-Cross-Modell eine Geländesportmaschine in Produktion. Der gegabelte Einrohrrahmen hatte einen Hauptträger mit rechteckigem Querschnitt. Der Motor basierte ebenfalls auf dem Yamaha-Einzylinder; der Zylinder hatte zwei Überströmkanäle und eine verchromte Laufbuchse. Auch in den 80er Jahren produzierte die Firma Moto-Cross- und Enduromodelle in den Hubraumgrößen 80 und 125 cm³.

Tomos

Die Firma Tomos entstand 1954 im jugoslawischen Koper und begann ihre Produktion mit einer Reihe von Leichtmotorrädern, Mopeds und Rollern, die sie für die österreichische Firma Puch in Lizenz produzierte. Erst 1958 brachte Tomos das erste eigene Produkt auf den Markt: einen Mehrzweck-Stationärmotor.
1960 debütierte die Firma mit Mopeds, und 1962 baute sie ihr erstes Motorrad mit 90 cm³ Hubraum. 1972 entstand ein Moped mit Automatikgetriebe. Daneben fertigte die Firma Außenbordmotoren und nahm mit Rennmodellen, für die Kunststoffrahmen verwendet wurden, an diversen Straßen-Weltmeisterschaften in der 50er Klasse teil. In den 80er Jahren enthielt das Angebot von Tomos Mopeds, Modelle mit im Rahmenzentralrohr integriertem Tank sowie eine Enduro mit 50 cm³ Hubraum namens NTX.

Toreador

Die englischen Toreador-Motorräder waren gut gebaute Maschinen herkömmlichen Zuschnitts mit 350 cm³-Bradshaw-Motoren. Auch JAP- und Blackburne-Produkte fanden Verwendung. Die Firma entwickelte zudem Renn-Prototypen, deren 350 cm³-Motoren mit zwei obenliegenden Nockenwellen aus eigenem Entwurf stammten. Außerdem entstand eine Zweizylindermaschine, die von einem 500 cm³-MAG-Motor mit untenliegender Nockenwelle und im Kopf hängenden Ventilen angetrieben wurde. Die in Preston ansässige Firma war 1924-26 tätig.

Tornax

Zum Angebot der 1925 in Wuppertal gegründeten Firma Tornax gehörten in den ersten Jahren Modelle mit JAP-Motoren in den Hubraumgrößen 500, 600 und 1000 cm³. In den 30er Jahren kamen Motorräder mit 120 und 200 cm³-Zweitaktmotoren sowie mit Columbus-Viertaktern hinzu. Nach dem Zweiten Weltkrieg baute Tornax gut verarbeitete Ein- und Zweizylindermaschinen mit 123, 173, 197 und 248 cm³-Ilo-Zweitaktmotoren. Ein besonders interessantes Motorrad war das Tornax-Rennmodell aus dem Jahr 1951 mit Einzylinder-Viertaktmotor, hängenden Ventilen und einem Vierganggetriebe. Die Firma stellte ihren Betrieb 1955 ein.

Torpado

Die 1950 gegründete italienische Fahrradfirma Torpado in Padua spezialisierte sich auf die Herstellung von 48 cm³-Mopeds mit Minarelli-Zweitaktmotoren. Die Firma war bis Mitte der 70er Jahre tätig.

Torpedo

Die ab 1903 in der damaligen Donaumonarchie gebauten Torpedo-Motorräder besaßen Einzylindermotoren mit 3,5 und 4 PS sowie seitengesteuerte Zweizylinder mit 6 und 8 PS, die in einen modernen Rahmen eingebaut waren. Die Produktion wurde 1912 eingestellt.
Unter dem gleichen Markennamen fertigte F. Hooper 1910-20 im englischen Barton on Humber Motorräder. Seine Motoren waren Ein- und Zweizylinder von Precision mit 300, 350 und 500 cm³ Hubraum.
Ebenfalls Torpedo nannten sich die in Deutschland von Ernst Weichelt in Geestemunde 1903-07 gefertigten Maschinen, für deren Antrieb 2 bis 2,5 PS starke Motoren von Fafnir, Minerva und anderen Herstellern sorgten.
Ein anderes deutsches Motorrad namens Torpedo entstand 1949-55 in einer Fahrradfabrik in Rödelheim bei Frankfurt. Es besaß Sachs- und Ilo-Motoren mit 125, 147 und 175 cm³ Hubraum.

Trafalgar

Minerva- und M.M.C.-Motoren wurden in die 1902-05 in England produzierten Trafalgar-Motorräder eingebaut, die übrigens zu den ersten Modellen gehörten, die mit einer für damalige Verhältnisse neuen Errungenschaft aufwarteten: dem Seitenwagen.

Train

Anfangs baute die französische Firma Train mit Sitz in Courbevoie nur Zwei- und Viertaktmotoren. Erst Mitte der 20er Jahre widmete sie sich auch dem Bau von Motorrädern. Die Zwei- und Viertaktmodelle waren in Hubraumgrößen von 175 bis zu 750 cm³ erhältlich. Train verwirklichte einige technisch hochinteressante Projekte, darunter einen seitengesteuerten Einzylindermotor mit 350 cm³ Hubraum und zwei Schwungrädern sowie verschiedene luftgekühlte Vierzylinder-Reihenmotoren mit 500 und 750 cm³, hängenden Ventilen und obenliegender Nockenwelle.

Trans Ama

In den 70er Jahren spezialisierte sich die italienische Firma Trans Ama in Pesaro auf die Fertigung von Geländemaschinen mit 50, 125 und 250 cm³ Hubraum, die sowohl für Moto-Cross als auch für den Geländesport geeignet waren. Die kleinen 50er wurden von Minarelli-Motoren angetrieben, die größeren Maschinen hingegen von Hiro-Motoren mit 26 PS bei 10000 U/min (125er Geländeversion), 30 PS bei 10500 U/min (125er Moto-Cross-Version), 36,5 PS bei 7800 U/min (250er Straßenversion) und 38 PS bei 10200 U/min (Moto-Cross-Version). Besonders interessant war das Trial-Modell Maltry mit einem 320 cm³-Hiro-Sammy-Miller-Motor, das in Zusammenarbeit mit dem Schweizer René Maltry entstand. Zur Produktpalette des Unternehmens zählten ferner das Moped Woody und die „Mini"-Modelle für Jugendliche.

Tresoldi

Die bei Mailand ansässige Firma Tresoldi hat sich auf die Herstellung von Moto-Cross- und Geländesportmaschinen für Jugendliche spezialisiert. Die Minicross ist in den Ausführungen Junior, Senior und Professional mit 50 cm³ erhältlich, die MX und die RX 80 mit 80 cm³ Hubraum in Gelände- und Moto-Cross-Version.

Trespidi

Die Firma Trespidi, eine 1925 gegründete italienische Gesellschaft, begann 1926 mit der Serienproduktion von Motorrädern. Das erste Modell hatte einen von Paolo Trespidi entworfenen 250 cm³-Zweitaktmotor. Trespidi, ein junger Techniker aus Stradella, wurde nach dem Krieg als Erfinder des berühmten Hilfsmotors Alpino bekannt. Die Trespidi gab es in den Versionen Turismo und Sport, die sich jedoch nur in der Höchstgeschwindigkeit und in wenigen Details unterschieden. 1927 änderte sich am Angebot wenig, dafür wurde eine neue Gesellschaft mit genügend Kapital zur großangelegten Serienfertigung gegründet. 1929 bot Trespidi neben dem 250 cm³-Modell ein Leichtmotorrad mit 175 cm³ an, das 1930 leicht überarbeitet wurde.

Tripol

Die 1925-26 in einer tschechoslowakischen Fahrradfabrik gefertigten Tripol-Motorräder besaßen Villiers-Motoren mit 250 cm^3 Hubraum, die in einen Rahmen herkömmlicher Bauart eingebaut waren. Die Fahrradfertigung hatte gegenüber dem Motorradbau immer Vorrang, und so entstanden nur in unregelmäßigen Abständen Motorräder.

Triton

Das von dem englischen Konstrukteur David Degens entwickelte Triton-Motorrad besaß einen Triumph-Motor mit 500 beziehungsweise 600 cm^3 Hubraum, der in einem Norton-Manx-Rahmen eingebaut war. Die Triton-Maschinen waren sehr erfolgreich. Besonders gut waren die rennerprobten Dresda-Modelle, die sich nicht nur durch ihre Höchstgeschwindigkeit, sondern auch durch ein gutes Handling und hervorragende Bremsen auszeichneten. Für damalige Zeiten waren die Anfang der 60er Jahre entstandenen Rennmaschinen sehr interessant: flach, schlank, mit eleganter Linie und einem Gewicht, das mit 150 kg sehr gering war.
Die Tritons wurden stets verbessert, und Degens, der inzwischen eine beachtliche Rennerfahrung gesammelt hatte, beschloß eines Tages, den Norton-Rahmen gegen einen eigenen auszutauschen. Die neue Dresda sah fast genauso aus wie die für den normalen Straßenverkehr zugelassenen „Pseudo-Rennmaschinen", von denen die englischen Fans träumten. Als Degens 1965 das 24-Stunden-Rennen von Barcelona auf einer Dresda mit kaum verändertem Triumph-Motor gewann, hatte er den besten Beweis für die Richtigkeit seines neuen Konzepts: Die Zeit der Triton-Motorräder war endgültig abgelaufen – der neue Trend ging hin zu schnellen Rennmaschinen mit hoher Leistung.

Triumph

Siegfried Bettman, ein deutscher Emigrant, der sich in England niedergelassen hatte, war ab 1885 als Importeur tätig. Er führte nicht nur Nähmaschinen nach England ein, sondern auch Fahrräder, die unter dem Namen Triumph auf den englischen Markt kamen. Als die Geschäfte immer besser liefen, suchte sich Bettman in einem anderen deutschen Emigranten, Maurice Schulte, einen Partner. Gemeinsam beschlossen sie, selbständig Fahrräder zu bauen, und zogen zu diesem Zweck nach Coventry um. Schulte, von Beruf Ingenieur,

Triton mit Triumph-Motor, 1956.

erkannte weitsichtig, daß die Zukunft motorisierten Fahrrädern gehöre. Die Gelegenheit ergab sich schließlich, als die belgische Firma Minerva einen kleinen Motor herausbrachte, der sich gut zwischen Pedalwerk und Lenkkopf eines Fahrrads anbringen ließ. Die Kraftübertragung auf das Hinterrad erfolgte mittels eines Riemens aus Leder.
Die erste Triumph besaß einen 1,75 PS starken Minerva-Motor mit obenliegendem Vergaser und automatischem Schnüffel-Einlaßventil. Sie kam 1902 auf den Markt. Im darauffolgenden Jahr wurde ein technisch verbesserter Minerva-Motor eingebaut, aber erst 1904 erschien das erste echte Motorrad von Triumph. Angetrieben wurde es von einem 3 PS starken Fafnir-Motor. Wenig später entstand ein ganz von Triumph entworfenes und produziertes Motorrad. Der Techniker Charles Hathaway bekam die Aufgabe übertragen, einen einfachen und doch wirkungsvollen Motor mit seitlich stehenden Ventilen und kugelgelagerter Kurbelwelle zu entwickeln. Der fertige Motor wurde in einen Rahmen mit zwei nebeneinander verlaufenden vorderen Rohren eingebaut. Das Modell verfügte serienmäßig über Batteriezündung mit Spule und Unterbrecher, war aber auch mit Magnetzündung erhältlich.
Aus diesem nicht ganz zufriedenstellenden Modell ging 1906 eine neue, der alten bei weitem überlegene Version hervor, die für florierenden Absatz sorgte. Triumph baute zudem Rennmaschinen, die an verschiedenen Wettkämpfen teilnahmen, darunter auch an der Tourist Trophy. An der Tourist Trophy beteiligte sich zum Beispiel 1909 eine Triumph mit 499 cm^3 Hubraum, die 1910 in die Serienproduktion ging. In diesem Jahr begann Schulte mit den Entwicklungsarbeiten an einem Zweizylindermotor mit parallel nebeneinanderstehenden Zylindern, dessen Prototyp drei Jahre später fertig wurde. Der seitengesteuerte Motor hatte 600 cm^3 Hubraum. Die Kolben bewegten sich nicht gleichzeitig in dieselbe Richtung, wie es bei den späteren Zweizylindern der Firma der Fall war. Sie hoben und senkten sich jeweils entgegengesetzt. Der Erste Weltkrieg unterbrach die Arbeiten an dem Zweizylindermotor.
1913 kam die kleine Triumph Junior mit 225 cm^3 Hubraum und 1914 ein Touringmodell mit 550 cm^3 ohne Getriebe auf den Markt. Das „unsterbliche" Modell H wurde ebenfalls 1914 vorgestellt und entwickelte sich neben der 225 Junior zu Triumphs Spitzenreiter. Im Jahr 1920 brachte die Firma eine neue Version des Modells H mit Kettenantrieb in den Handel und nahm gleichzeitig das Modell SD in Produktion. Das Modell SD besaß einen Torsionsdämpfer in Form einer großen Schraubenfeder, die außen an der Kupplung angebracht war. Die Neuerscheinung aus dem Jahr 1921 war eine Triumph mit im Zylinderkopf hängenden Ventilen und mit einem Kolben aus Leichtmetall.
1923 vergrößerte Triumph die Zweitakt-Junior von 225 auf 250 cm^3. Zudem war sie die erste Triumph, die eine Kupplung und einen Kickstarter erhielt. Sie wurde bis 1925 produziert. In der Zwischenzeit hatte die Firma das seitengesteuerte Modell P mit 494 cm^3 Hubraum vorgestellt, das sich von all ihren bisher gefertigten Produkten am

Eines der ersten Triumph-Modelle, 1903.

besten verkaufte. 1926 gesellten sich ähnlich konstruierte Maschinen hinzu: die N, die Q und die QA, alles Weiterentwicklungen des Modells P. Das damals bedeutendste Serienmodell war die von Victor Horsman entwickelte 498 cm^3-Sportversion, die die Grundlage für acht Modelle aus dem Jahr 1927 bilden sollte. Triumph fertigte daneben Automobile: Zugunsten des Super Seven wurde 1928 sogar die Motorradproduktion auf vier Modelle beschränkt, 1929 aber wieder auf die üblichen acht erweitert.
In den Jahren der Wirtschaftskrise setzte das Unternehmen auf preisgünstigere Modelle. Als ideal erwiesen sich die kleinen Zweitakter mit Hubräumen von 150 und 175 cm^3. Parallel dazu offerierte Triumph eine Einzylinderserie mit 350 und 500 cm^3 und Gangschaltung. Erwähnenswert ist hier vor allem die halb-

verkleidete Silent Scout. Als die Firma schließlich beschloß, in Zukunft ausschließlich Automobile zu produzieren, schloß Jack Sangster, der Inhaber der Firma Ariel, mit Triumph ein Abkommen: Die Triumph-Maschinen sollten zwar weiterhin in Coventry, aber unter neuer Leitung gefertigt werden.
An die Spitze der neuen Gesellschaft setzte Sangster Edward Turner, den Erfinder der Ariel Vierzylinder, der den Triumph-Modellen sogleich ein neues Design verlieh. Die Zweizylinder wurde aufgegeben, und die sportlichen Einzylindermaschinen mit hängenden Ventilen in den Hubraumklassen 250, 350 und 500 cm³ wurden in Tiger 70, Tiger 80 und Tiger 90 umbenannt. Doch Edward Turner gab sich damit nicht zufrieden und entwickelte eine eigene Zweizylindermaschine mit parallel stehenden Zylindern, die er im Juli 1937 unter dem Namen Speed Twin ankündigte. Diese 500 cm³-Maschine fand sofort großen Anklang in der Motorradwelt. 1939 folgte ihr eine noch sportlichere Version, die Tiger 100.
Der Ausbruch des Zweiten Weltkriegs setzte allen weiteren Projekten der Firma ein jähes Ende. Bei den heftigen Bombenangriffen auf Coventry, die die Stadt vernichteten, wurde auch das Triumph-Werk dem Erdboden gleichgemacht. In provisorischen Anlagen in Warwick nahm Triumph den Betrieb wieder auf und baute Motorräder für die britische Armee. Im neuen Werk in Meriden ging die Produktion 1942 weiter. Die 3 T, eine Zweizylindermaschine mit 350 cm³ Hubraum, erschien zu Kriegsende neben der Speed Twin und der Tiger 100. 1947 entstanden die Grand Prix, die Serienversion der Triumph, die den Manx Grand Prix gewonnen hatte, und die TR 5, ein Modell, das sich in Trial- und in Geländesport-Wettbewerben einen Namen machen sollte. 1949 verließ die Thunderbird das Werk, eine 650er mit zwei nebeneinanderstehenden Zylindern.
Einige Sportversionen folgten: zuerst die Tiger 110, danach die berühmte Bonneville. 1953 umfaßte die Modellpalette die Einzylinder-Terrier mit 150 cm³ Hubraum, die wenige Jahre später zur Tiger Cub mit 199 cm³ wurde. 1951 wurde Triumph zusammen mit Ariel von BSA aufgekauft, aber erst 1968 fand die Fusion der beiden Firmen in der Dreizylinder-Triumph-Trident ihren Ausdruck. Ab 1968 machte sich eine allmähliche Vereinheitlichung der Modelle bemerkbar, und unter dem Markennamen Triumph wurde nun auch die BSA-Einzylindermaschine mit 250 cm³ verkauft.
1973 mußte BSA Konkurs anmelden. Triumph wollte retten, was zu retten war, und beteiligte sich am Norton-Villiers-Konzern. Die Gruppe Norton-Villiers-Triumph faßte den Beschluß, das Meriden-Werk zu schließen und statt dessen die BSA-Anlage in Small Heath weiterzubetreiben. Die erste ausschließlich in Small Heath gefertigte Trident erschien 1974. 1975 wurde offiziell die Meriden Motorcycle Company gegründet und der Bau der Zweizylindermodelle Bonneville und Tiger 750 wiederaufgenommen, wenngleich der Vertrieb noch über die Muttergesellschaft Norton-Villiers-Triumph lief. Daher entstand die Idee, der Muttergesellschaft alle Rechte abzukaufen. Dieses Unterfangen gelang nur dank der Hilfe von General Electric. 1977 konnte Meriden den Betrieb als Besitzer, Hersteller und Verkäufer der Zweizylindermaschinen wieder voll aufnehmen.
Die Firma Triumph machte 1983 Konkurs und mußte das Werk verkaufen. Die Marke übernahm Les Harris, der Inhaber einer gutgehenden Londoner Firma, die Ersatzteile für englische Motorräder lieferte. Die glorreiche Marke war nicht endgültig vom Markt verschwunden: Les Harris ließ die Produktion der Bonneville 750 in einem Werk in Newton Abbot weiterführen.
1990 wurden schließlich zwei völlig neue Triumph-Motorräder mit 750 und 1000 cm³ Hubraum präsentiert. Die wassergekühlten Drei- und Vierzylinder-Reihenmotoren mit zwei obenliegenden Nockenwellen sind komplette Neukonstruktionen, die sich durch eine hohe Leistung und eine gute Drehmomentcharakteristik auszeichnen. Mit modernem Fahrwerk und Vollverkleidung entsprechen die aktuellen Triumph-Maschinen ganz dem Stand der Technik.

Triumph Werke

Die deutschen Triumph Werke erzeugten zwischen 1903-08 Motorräder mit Minerva-, Peugeot- und Fafnir-Motoren. Die Produktion wurde nach dem Ersten Weltkrieg 1920 mit 269 cm³-Modellen wiederaufgenommen. Es folgten Einzylindermaschinen mit 500 cm³, die mit englischen Triumph-Motoren aus Coventry ausgerüstet waren. Danach erschienen eine Reihe von Maschinen mit MAG-Motoren im Hubraumbereich von 350 bis 1000 cm³ und, ab Ende der 30er Jahre, zahlreiche Modelle mit 50 cm³-Zweitaktmotoren und 350 cm³-Zweizylindern, davon einige als Doppelkolben-Motoren oder mit Drehschiebersteuerung. Die Triumph Werke gaben ihren Betrieb 1957 auf.

Trobyke

Der ab 1958 in England gefertigte Roller Trobyke besaß einen Clinton-Zweitaktmotor mit 98 cm³ Hubraum, extrem kleine Räder und einen nicht unbedingt als schön zu bezeichnenden Rohrrahmen. Der Roller wurde bis in die 60er Jahre hinein gebaut.

Tropfen

Die deutsche Luftreederei Max Schüler aus Osnabrück fertigte zwischen 1923-25 ein originelles, vollverkleidetes, eiförmiges Motorrad mit 300, 350 und 770 cm³-Motoren.

Trump

Die 1906-23 in England produzierten Trump-Motorräder besaßen Motoren mit seitlich stehenden oder im Zylinderkopf hängenden Ventilen. Der Hubraumbereich reichte von 250 bis 1000 cm³; einige Exemplare wurden jedoch auch von 1000 cm³-Zweizylindern mit hängenden Ventilen angetrieben, die von British Anzani stammten. Die Trump-Modelle waren im Rennsport sehr erfolgreich.

Tsubasa

Die 1950-60 tätige japanische Firma Tsubasa konzentrierte ihre Produktion auf Modelle mit 250 cm³-Einzylindermotoren. Daneben fertigte sie aber auch Motorräder mit 124 cm³ Hubraum, die bei 5500 U/min eine Leistung von 7,7 PS aufwiesen.

Tula

Diese sowjetische Fabrik mit Sitz in Tula fertigt Roller mit 200 cm³-Zweitaktmotoren. Bekannt ist sie für ihren Roller Tulitza, der von einem gebläsegekühlten 199 cm³-Einzylinder-Zweitaktmotor angetrieben wird. Er leistet bei 5500 U/min 14 PS, erreicht eine Spitzengeschwindigkeit von 97 km/h, besitzt ein fußgeschaltetes Vierganggetriebe und wiegt 140 kg.

Tunturi

Diese 1922 von Aarne Ja Eero Harkke gegründete finnische Firma begann zunächst mit der Fertigung von Fahrrädern. Erst nach dem Krieg interessierte sie sich für die Motorradproduktion. 1956 entwickelte Tunturi das erste Moped. Es sollte als Grundlage für die Produktpalette bis in die 80er Jahre hinein dienen. Die Motoren stammen von Puch. Die neueren Tunturi-Modelle orientieren sich am Enduro-Trend, wie die Tiger S und die Break L, während die ältere DX eine Straßenmaschine ist.

T.X.

Die Rahmenkonstruktion der T.X.-Motorräder war ausgesprochen originell: Diese 1922-26 in Deutschland gebauten Modelle hatten anstelle des oberen Rohrs einen großen, runden Tank. Die Motoren waren 122 und 175 cm³-Zweitakter.

Tyler

Die Tyler war ein kleines, gut konstruiertes Motorrad, das 1913-20 in England produziert wurde. Der Motor stammte von Villiers und hatte einen Hubraum von 269 cm³. Nach dem Ersten Weltkrieg wurde die Firma vor allem durch ihre Metro-Motorräder (später Metro-Tyler) bekannt.

Tym

Von dieser Firma aus Taiwan stammte ein Roller mit einem 50

cm³-Einzylinder-Zweitaktmotor, der bei 6000 U/min 2,8 PS leistete. Die Produktion des in den 70er und 80er Jahren tätigen Unternehmens blieb auf Roller beschränkt.

Typhoon

Der Entwurf für die schwedischen Typhoon-Motorräder mit firmeneigenen 200 cm³-Zweitaktmotoren stammte aus der Feder des bekannten Konstrukteurs Folke Mannerstaedt, der vor dem Zweiten Weltkrieg auch für die Husqvarna-Rennmaschinen verantwortlich war. Die schwedischen Typhoons wurden 1949-51 gebaut.
Ebenfalls Typhoon nannten sich holländische Mopeds, die ab 1955 produziert wurden. Sie wurden von 50 cm³-Zweitaktern von H.M.W., Zündapp und anderen Herstellern angetrieben.

Ultima

Die ab 1908 in Lyon gefertigten Ultima-Motorräder wurden von Ein- und Zweizylindermotoren angetrieben, die zum Teil von JAP stammten. 1927 schuf die Firma zwei Viertaktmodelle mit 332 und 498 cm³ Hubraum. 1930 kamen zwei Einzylindermaschinen mit 250 und 350 cm³ Hubraum hinzu. Daneben erschien eine V-Zweizylinder mit 500 cm³. Die Modelle verfügten über seitlich stehende Ventile.
Nach dem Zweiten Weltkrieg konzentrierte das Unternehmen seine Produktion auf Maschinen mit 125, 175 und 200 cm³ Hubraum, die es mit firmeneigenen Motoren bestückte. 1951 entstand ein interessantes Rennmotorrad mit zwei nebeneinanderliegenden Zylindern und 500 cm³ Hubraum. Die Ultima-Motorräder wurden bis Anfang der 60er Jahre gebaut.

Ultra

Im Dezember 1953 entwickelte die italienische Zahnradfabrik Giovanni Somaschini den Kleinmotor Ultra. Es handelte sich um einen Viertakt-Stoßstangenmotor mit hängenden Ventilen und 48 cm³ Hubraum. Der Motor hatte ein Dreiganggetriebe, wog 13 kg und sorgte für eine Spitzengeschwindigkeit von 57 km/h.

Underslung

Ein für damalige Verhältnisse außergewöhnliches Motorrad war die 1912 gebaute amerikanische Underslung. Besonderes Merkmal war ihr Rahmen, der aus zwei parallel nebeneinander verlaufenden Rohren bestand, die mit ihrer Unterseite näher zur Straße lagen als die Radnaben. Vom Lenkkopf stieg, leicht nach hinten gebogen, die Lenksäule empor, auf der ein rundes Auto-Lenkrad saß. Die oben mit dem Lenkkopf verbundene Gabel war hingegen nach vorne gerichtet und mündete in zwei seitliche Schwingen mit Blattfedern. Der Motor war stehend direkt hinter dem Vorderrad montiert; der sesselähnliche Fahrersitz war dagegen vor dem Hinterrad befestigt.
Rechts und links am Hinterrad befanden sich zwei kleine rollenartige Räder, die im Stand als zusätzliche Stütze ausgefahren und bei Fahrt wieder hochgeklappt wurden. Der Antrieb erfolgte vom Motor zum Getriebe über eine Welle, vom Getriebe zum Hinterrad über Kette. Das Modell fand jedoch keinen Nachfolger, abgesehen von etlichen Rollermodellen aus der Zeit zwischen den beiden Weltkriegen.

Unibus

Der 1920-22 von der englischen Gloucestershire Aircraft Company gebaute Motorroller Unibus gilt nicht nur in technischer, sondern auch in ästhetischer Hinsicht zu Recht als einer der besten Roller seiner Zeit. Das erste produzierte Modell war noch recht einfach: Zwei Preßstahlteile bildeten die Kotflügel und den Rahmen und waren über eine gewellte Plattform miteinander verbunden. Vervollständigt wurde das Gefährt durch eine Windschutzscheibe und den Fahrersitz.
Der mit vier Schrauben unter dem Sitz am Rahmen befestigte Motor war ein 200 cm³-Viertakter von Precision. Der Hinterradantrieb erfolgte über eine Zahnkette ohne Kupplung, Gangschaltung oder Kettenspanner. Eine geringfügige Verbesserung stellte der zweite Prototyp dar, der fast gänzlich aus einer Aluminium- beziehungsweise Duraluminiumlegierung bestand, aber noch mit dem gleichen Motor bestückt war. In seiner endgültigen Form hatte der Unibus-Roller einen stehenden Einzylinder-Zweitaktmotor, bei dem der Gaswechsel über drei Überströmkanäle erfolgte. Vollbeladen erreichte er eine Geschwindigkeit von 40 km/h.

Unimoto

Die im November 1980 gegründete italienische Firma hat ihren Sitz in Longiano bei Forlì. Nachdem sie die Firma Moto Milani aufgekauft hatte, präsentierte sie sich 1981 mit einem ersten Modell auf dem Motorradmarkt. Als sie im darauffolgenden Jahr die Firma Moto Aspes übernahm, war ein weiterer Schritt zur technischen und stilistischen Verbesserung getan. Auch die Produktpalette nahm an Umfang zu: Sie erstreckte sich nun auf Gelände- und Straßenmodelle mit 125 cm³ Hubraum. Das Modell Squalo GP zum Beipiel hatte einen Tau-Motor, der bei 7800 U/min 22,5 PS leistete. Geländemodelle waren die TK 125, ebenfalls mit Tau-Motor, und die 50 MTS mit einem 49,6 cm³-Minarelli-Motor. 1986 stellte das Unternehmen seine Produktion ein.

Union

Die Union Motor A.B. aus dem schwedischen Charlottenburg baute 1943-52 eine begrenzte Anzahl von 350 und 500 cm³-Motorrädern mit herkömmlichen Rahmen und JAP-Motoren.

Universal

Die 1928 gegründete Firma Universal war ein Schweizer Unternehmen, das in seiner Anfangszeit Motorräder mit 170 cm³ Hubraum produzierte. Sie wurden unter dem Namen Helvetia auf den Markt gebracht. Später folgten zahlreiche Modelle bis zu 1000 cm³ Hubraum, die mit Motoren von Jlo, Anzani und JAP ausgerüstet waren und als Universal-Motorräder verkauft wurden. 1936 kamen Maschinen mit in eigener Regie gefertigten, seitengesteuerten 680 und 1000 cm³-Zweizylindermotoren auf den Markt, von denen ein Großteil an die Schweizer Armee ging. Sehr bekannt waren die Universal-Modelle mit längs eingebautem 580 cm³-Motor und Kardanantrieb. Zu den jüngsten Modellen der Schweizer Firma zählt eine 250 cm³-Einzylindermaschine mit untenliegender Nokkenwelle und im Zylinderkopf hängenden Ventilen.

Urania

Die Urania-Leichtmotorräder mit 120 cm³-Zweitaktmotoren von Sachs und Ilo wurden 1933-39 in einer deutschen Fahrradfabrik hergestellt.

URWN

In Rumänien entstand im Jahr 1957 nach deutschem Muster der URWN-Motorroller mit einem 150 cm³-Zweitaktmotor, Dreiganggetriebe und Verkleidung. Er erreichte eine Höchstgeschwindigkeit von 70 km/h.

U.T.

In ihrer Anfangszeit verwendete die 1925-60 tätige deutsche Firma U.T. für ihre Motorräder Bekamo-Motoren mit 122 und 175 cm³ Hubraum, später aber auch Versionen von Blackburne und JAP in den Hubraumklassen 250, 350 und 500 cm³. In der Nachkriegszeit umfaßte die Produktpalette Modelle mit Zweitaktmotoren von Jlo und F & S. Ende der 20er Jahre waren die U.T.-Maschinen auch im Rennsport recht erfolgreich.

Utilia

Die französischen Utilia-Motorräder waren von herkömmlicher Bauart und besaßen Zwei- und Viertaktmotoren in den Hubraumgrößen 100, 175, 250, 350 und 500 cm³. Die Firma war allerdings nur 1935-36 in Betrieb.

Vaga

Vaga war ein italienisches Unternehmen mit Sitz in Mailand, das 1925-35 tätig war. 1926 nahm eine Vaga am Großen Preis der Nationen in Monza teil: Es war eine 175er mit Blackburne-Motor und Burman-Dreiganggetriebe. Neben anderen Modellen kam 1930 eine weitere 175er in den Handel, deren CF-Motor eine obenliegende Nockenwelle besaß. Fast alle Modelle dieser Firma wurden mit englischen Motoren ausgerüstet.

Val

Die im englischen Birmingham 1913-14 in einer Seitenwagenfabrik produzierte Val war ein Motorrad herkömmlicher Bauart mit einem 488 cm³-JAP-Motor. Die Val-Motorräder wurden allerdings nur in begrenzter Stückzahl gefertigt.

Valenti

Die 1978 in Lissone bei Mailand gegründete Firma Valenti hat sich auf kleine Moto-Cross-Modelle spezialisiert. In den 80er Jahren konzentrierte sich ihre Produktion auf 80 cm³-Motorräder namens VE, VX und VX LF; letztere ist die einzige Maschine ihrer Kategorie, die mit einem reinen Aluminiumrahmen erhältlich ist. Der Motor stammt von Honda und leistet 25,4 PS bei 12500 U/min. Die Gabel ist eine Upside-Down-Telegabel, bei der Tauchrohre und Standrohre umgekehrt wie sonst üblich montiert sind. Am Hinterrad arbeitet ein Valenti-Monoshock-System mit Öhlins-Monofederbein. Die Modelle dieser Firma haben bei den wichtigsten italienischen Rennen der Jugendklasse einige Erfolge gesammelt.

Valls

Die spanische Firma Motoveiculos Valls mit Sitz in Barcelona baute 1955 die V 125, ein Zweitakt-Leichtmotorrad mit liegendem Zylinder und Vierganggetriebe.

Valmobile

Der 1956 produzierte französische Roller Valmobile war ein Klapproller mit 125 cm³-Motor. Er ließ sich in vier Teile zerlegen: den Lenker mit den Bedienungselementen, die Gabel, das vordere Rahmendreieck inklusive Lenkkopf und das hintere Antriebselement, das neben dem Motor auch Getriebe und Hinterrad umfaßte.

Van Veen

Henk van Veen war holländischer Importeur der deutschen Kreidler-Motorräder und Erbauer einer 50er Grand-Prix-Maschine, die 1971-75 fünfmal hintereinander die Weltmeisterschaft gewann. Er beschloß 1971, ein „Supermotorrad“ mit einem Zweischeiben-Wankelmotor zu bauen, das eine ähnliche Leistung wie ein Personenwagen mit sechs Zylindern und 3000 cm³ Hubraum entwickeln sollte. Zu diesem Zweck engagierte van Veen ein Spezialisten-Team und errichtete 1973 im deutschen Duderstadt eine Werkstatt, in der die OCR 1000 entstand. Mit elektronisch geregeltem Zündsystem, einer Wasser-Öl-Kühlung und dem Vierganggetriebe erreichte dieses Spitzenmodell eine Höchstgeschwindigkeit von über 200 km/h.

Vauxhall Vierzylinder von 1922.

Vap

Seit 1949 war in Frankreich der Vap-Motor bekannt, ein Zweitakter mit 98 cm³ Hubraum, Eingangetriebe ohne Kupplung und Kettenantrieb, der unverändert bis 1951 produziert wurde. 1952 erhielt er eine Kupplung. 1953 wurde seine Leistung gesteigert, und 1954 gab es schon vier verschiedene Versionen: ein Eingangmodell ohne Kupplung, ein zweites Eingangmodell mit Kupplung und eine dritte Version mit Kupplung und Dreiganggetriebe.
1955 produzierte Vap verschiedene Hilfsmotoren und erneuerte 1956 das Angebot durch Modelle mit Riemenantrieb und automatischer Fliehkraftkupplung. Damit wurde das Unternehmen zu einem der bedeutendsten Rollerhersteller Frankreichs. Vap konzentrierte die Produktion in Zusammenarbeit mit den Firmen Alcyson, Lucer und Rhonson auf exzellent konstruierte Roller.

Vaschetto

Giuseppe Vaschetto baute in Turin das Vaschetto-Motorrad, das wahlweise mit einem Viertelliter- oder Halbliter-Mercury-Motor erhältlich war.

Vasco

Diese englische Firma produzierte 1921-23 Motorräder mit zwei verschiedenen Motortypen. Die ersten Modelle besaßen einen 261 cm³-Zweitaktmotor von Orbit, die späteren einen 349 cm³-Broler-Zweitaktmotor.

Vassena

Der Italiener Pietro Vassena präsentierte 1926 ein Fahrrad mit 125 cm³-Hilfsmotor. Der Motor war ein Zweitakter mit liegendem Zylinder und Ideal-Zweiganggetriebe. Vassena, der bereits für andere Firmen die verschiedensten Motoren entwickelt hatte, brachte mit diesem Modell zum ersten Mal ein eigenes Motorrad auf den Markt, das seinen Namen trug. Nach seiner Umsiedelung nach Lecco beschloß er, das Modell in Serie zu produzieren.

Vauxhall

1922 entschied der bekannte britische Automobilhersteller Vauxhall, auch in den Motorradmarkt vorzustoßen. Das erste Vauxhall-Motorrad besaß einen Vierzylinder-Reihenmotor mit angeblocktem Getriebe, der in einen massiven Doppelschleifenrahmen eingebaut war. Die Zylinder waren einzeln gegossen, die Ventile wurden über Stoßstangen und Kipphebel betätigt, wobei der Ventilmechanismus gänzlich eingeschlossen war. Der Hubraum betrug 931 cm³, die Leistung 30 PS.
Die Maschine war recht originell: Sowohl das Vorder- als auch das Hinterrad, die beide mit kräftigen Trommelbremsen ausgestattet waren, ließen sich leicht abnehmen. Der Schalldämpfer war in das linke Aluminiumtrittbrett eingebaut; im rechten war eine Werkzeugbox aus Aluminiumlegierung untergebracht. Die Kurbelwelle war dreifach kugelgelagert. Der Hinterradantrieb erfolgte über eine Kardanwelle, die Kraftübertragung zum Getriebe über eine Mehrscheibenkupplung. Der gesamte Motor war besonders wartungsfreundlich konstruiert: Jeder Zylinder ließ sich einzeln entfernen, ohne den restlichen Motor antasten zu müssen; auch das Getriebe und die Kupplung ließen sich problemlos ausbauen, sobald die Schrauben des vertikalen Rahmenrohrs entfernt waren.
Die Vauxhall-Maschinen besaßen einen Satteltank, in dessen Mitte der Hebel für die Gangschaltung eingebaut war. Das Motorrad erreichte eine Spitzengeschwindigkeit von 130 km/h und eine Reisegeschwindigkeit von 80 km/h. Die Vauxhalls wurden nur in sehr begrenzter Stückzahl produziert, und 1924 gab man das Projekt sogar ganz auf. Die Prototypen und die Ersatzteile verkaufte die Firma an ihre Mitarbeiter.
Der Sammler R.D. Thomas erstand auf einer Auktion eine ganze Reihe von Teilen einer auseinandergenommenen Vauxhall. Daraufhin ließ er mit Hilfe einiger Vauxhall-Mechaniker, die in Besitz der Original-Pläne waren, die restlichen Teile nachbauen, fügte sie mit den anderen zusammen und erhielt auf diese Weise eine perfekte Kopie des Originalmodells. Die Maschine nahm 1959 an der Banbury-Rallye für Oldtimer teil und gewann den ersten Preis für das technisch interessanteste Modell.

Vélocette

Der deutsche Emigrant Johannes Gutgemann (später änderte die Familie ihren Namen in Goodman), gründete Ende des 19. Jahrhunderts unter dem Namen John Taylor zusammen mit dem Fahrradhersteller William Gue die Firma Taylor, Gue & Company. 1904 hatte Taylor eine gut gehende Fahrradfabrik, die Véloce Limited, gegründet. Da mittlerweile auch der Motorradmarkt aufblühte, beschloß Taylor, in die Motorradproduktion einzusteigen. Seine Söhne Percy und Eugene, die sich mit der Automobilfabrik New Véloce Motors selbständig gemacht hatten, lieferten die Motoren, John Taylor die Rahmen und die übrigen Teile. 1912 kam eine Maschine mit 206 cm³-Zweitaktmotor heraus, die zum ersten Mal den Namen Vélocette trug.
Nach dem Ersten Weltkrieg konzentrierte sich die Produktion auf zwei Zweitaktmodelle, die D 1 und die DL 1. 1919 kamen die D2 und die DL 2 hinzu, 1921 sogar ein Modell mit Dreigangschaltung. 1922 brachte das Unternehmen zwei Sportmotorräder mit 249 cm³ in den Handel. 1924 kündigte die Firma ihr neues Sparmodell Light Two-Fifty an.
Percy Goodman konstruierte einen 348 cm³-Motor mit obenliegender Nockenwelle, der 1925 in die Vélocette-Serienmodelle eingebaut wurde. Berühmt war die Sportversion KSS, die eine Spitzengeschwindigkeit von 130 km/h erreichte und bis 1948 gebaut wurde. Neben den Modellen KE, KS und KES produzierte die Firma Ende der 20er Jahre auch eine TT-Rennversion, die KTT.
1933 entstand das Modell MOV mit 250 cm³-Motor, das den Grundstock für die berühmte Einzylinder - Stoßstangenmotor-Serie „M" bildete. Ihr besonderes Kennzeichen war der Steuergehäusedeckel, dem seine eigentümliche Form den Namen „Landkarte von Indien" eintrug. Bald folgte eine 350 cm³-Version namens MAC, 1935 die MSS mit 495 cm³ Hubraum.
Nach dem Krieg umfaßte die Produktpalette die Modelle MAC, MOV, MSS und KSS; 1949 beschränkte sich die Produktion auf das Modell MAC. Die Verwendung eines gefederten Rahmens für die MAC 1953 und das Erscheinen einer völlig überarbeiteten MSS führten zur Entwicklung von Scrambler-Modellen. So kündigte das Unternehmen 1956 die 350 Viper und die 500 Venom an, zu denen sich bald die LE Valiant und die LE Vogue gesellten.
Mit der Viper- und Venom-Serie kam auch das Modell Clubman für Serienmaschinen-Rennen heraus. 1961 stellte eine Venom Clubman Veeline in Montlhéry mit einer Durchschnittsgeschwindigkeit von 161 km/h einen neuen 24-Stunden-Rekord auf. 1964 brachte das Unternehmen die Thruxton heraus, die den Höhepunkt der Einzylinderserie darstellte. Doch wegen finanzieller Schwierigkeiten mußte die Firma 1971 schließen.

Venus

Die englische Gesellschaft Venus Motors erzeugte 1922-23 Motorräder mit 318 cm³-Einzylindermotoren. Einige Modelle besaßen Zweitaktmotoren von Dalm, andere Viertakter aus Eigenproduktion.
Auch unter dem Markennamen Venus wurde in Deutschland 1954-58 ein Roller hergestellt, der mit 100, 150 und 175 cm³-Fichtel & Sachs-Zweitaktmotoren angeboten wurde.

Verkhovina

Das russische Unternehmen Verkhovina aus Lvov produziert zwei sportliche Mopeds für Jugendliche, für die der gleiche Motor verwendet wird, den auch das Modell Riga 16 besitzt. Darunter befindet sich ein Moped, das auch in einer Scrambler-Version erhältlich ist.

Verus

Die in den Jahren 1919-25 gebauten englischen Verus-Motorräder wurden sowohl mit 211 und 269 cm³-Zweitakt-Motoren als auch mit 250 bis 1000 cm³-Viertaktmotoren von Blackburne und JAP ausgerüstet.

Vesting

Das holländische Vesting-Moped aus dem Jahr 1956 war vor allem

Vélocette KTT von 1930.

wegen seiner doppelten Federbeine am Hinterrad interessant. Von den beiden zylinderförmigen Federbeinen war eines nach vorne und das andere nach hinten geneigt. Das nach hinten geneigte Federbein trat allerdings nur in Aktion, wenn ein Sozius mitfuhr.

Viatka

In Rußland hielt der Motorroller in den 50er Jahren seinen Einzug. In dieser Zeit entwickelte die Firma Viatka eine Kopie der italienischen Vespa, die unter dem eigenen Firmennamen verkauft wurde.
Die in den Jahren 1956-66 produzierte Viatka hatte 150 cm³ Hubraum, 4,5 PS Motorleistung bei 5000 U/min, ein handgeschaltetes Dreiganggetriebe und wog 120 kg. Die Spitzengeschwindigkeit betrug 80 km/h. Im Jahr 1965 stellte Viatka die Produktion der „russischen Vespa" jedoch ein. Statt dessen brachte die Firma ein recht originelles Modell in den Handel: Die V 150 M war mit einem Zweitakt-Einzylindermotor bestückt, der bei 4800 U/min 6 PS leistete. Das Dreiganggetriebe war fußgeschaltet, und die Spitzengeschwindigkeit betrug 75 km/h.

Viberti

1956 verschaffte sich die italienische Firma Officine Viberti, die bereits für ihre Industriefahrzeuge bekannt war, mit dem 50 cm³-Moped Vivi geradezu gewaltsam Zugang zum Motorradmarkt, da sie das Modell zu einem unerhört niedrigen Dumping-Preis anbot. Als das Moped auf der Mailänder Motorrad- und Fahrradmesse vorgestellt wurde, verlangten die anderen Aussteller den Ausschluß der Firma mit der Begründung, Viberti gehöre zum Fiat-Konzern und Fiat wolle den Markt schädigen. Der damalige Vorsitzende des italienischen Fahrrad- und Motorradverbands wies jedoch darauf hin, daß ein Ausschluß zum einen illegal und zum anderen nur eine Reklame für den Fiat-Konzern wäre. Daraufhin wurde das Moped zugelassen und mit einem enormen Werbeaufwand auf den Markt gebracht. Doch trotz des günstigen Preises und des billigen Ratenangebots entwickelte sich das Moped nicht zum Verkaufsschlager. Die Vivi besaß einen offenen Zentralrohrrahmen aus Preßstahl; die Vorderradaufhängung übernahm eine Gabel mit Kurzschwingen, die Hinterradaufhängung eine Schwinge mit Teleskopfederbeinen. Neben dem Tourenmodell, der billigsten Version, gab es noch die Modelle Sport und Vivi Scooter mit seitlicher Blechverkleidung sowie eine kleine Seitenwagenversion. Der Motor der Vivi war ein deutscher Victoria M 51, ein Zweitakter mit Zweiganggetriebe, der das Moped auf eine Höchstgeschwindigkeit von 55 km/h brachte.
Die Modelle wurden im folgenden Jahr nicht verändert. Bis 1960 brachte Viberti mehrere Versionen des Mopeds in den Handel, aber das Ziel, den Markt zu erobern, erreichte die Firma nicht.

Victoria

Das deutsche Unternehmen Victoria wurde 1886 von Max Frankenburger und Max Ottenstein in Nürnberg zur Fertigung hochwertiger, teurer Fahrräder gegründet. 1901 befaßte sich die

Firma erstmals mit Motorrädern, und 1905 kam die erste Victoria mit einem 500 cm^3-Einzylinder-Viertaktmotor auf den Markt. Die Motoren stammten von FN, Zedel, Minerva und Cudell. Nach Beendigung des Ersten Weltkriegs entstand 1920 die berühmte KR 1. Der Motor mit liegenden Zylindern war ein Zweizylinder-Boxer-Viertakter von BMW mit 493 cm^3 Hubraum. Er wurde längs im Rahmen eingebaut, seine Leistung betrug 6,5 PS. Das Nachfolgemodell, die KR 2, die bereits eine Spitzengeschwindigkeit von 90 km/h erreichte, erhielt einen neuen Motor mit im Zylinderkopf hängenden Ventilen und 496 cm^3 Hubraum, der 8 PS leistete.
Die KR 3 aus dem Jahr 1923 mit Dreigangschaltung brachte es auf 12 PS, und die KR 4 konnte eine Höchstgeschwindigkeit von

Villiers Sparkbrook von 1923.

Vincent Comet 500 von 1949.

100 km/h entwickeln. Die KR 15 war eine Einzylinder-Zweitaktmaschine mit 5 PS und Handschaltung. Auf sie folgten drei weitere, recht ähnliche 200 cm^3-Modelle aus der KR 20-Serie. Neuerscheinung bei den höheren Klassen war die KR 35B mit 350 cm^3 deren Einzylinder-Viertaktmotor 13 PS leistete. Am interessantesten waren zwei Modelle mit 500 und 600 cm^3. Die 500er KR 8 hatte einen Zweizylinder-Boxermotor mit 16 PS. Flaggschiff der Flotte war jedoch die KR 6 Bergmeister, ebenfalls mit Boxermotor.
Während des Kriegs wurden die Anlagen der Firma fast gänzlich zerstört, und nach Kriegsende nahm Victoria die Produktion mit einem 38 cm^3-Moped allmählich wieder auf. 1951 gesellten sich die 125 cm^3-Bi-Fox mit 5 PS bei 4400 U/min und 1953 das Zweitakt-Einzylindermodell KR 25 HM mit 250 cm^3 Hubraum hinzu. Im Jahr 1950 entstanden die Aero-Modelle, von denen vor allem die Aero KR 26 N Sport mit dem 250 cm^3-Einzylinder-Zweitaktmotor und 14 PS bei 5250 U/min erwähnenswert ist. Besonders fortschrittlich für ihre Zeit waren die KR 21 Swing mit 197 cm^3 Hubraum und die Bergmeister mit 345 cm^3 Hubraum. Einen weiteren Höhepunkt der Victoria-Produktion bildete die Bergmeister aus dem Jahre 1951 mit einem 21 PS starken 345 cm^3-V-Zweizylindermotor, die bis 1956 gebaut wurde.
1958 schloß sich Victoria mit DKW und Express zur Zweirad Union zusammen, die ihre Produktion auf teilweise recht luxuriöse Mopeds konzentrierte. 1966 wurde die Zweirad Union von der Motorenfabrik Fichtel & Sachs übernommen, die wenige Jahre zuvor bereits die Firma Hercules aufgekauft hatte. Es wurden aber weiterhin Motorräder unter den Markennamen DKW und Hercules gefertigt, während sich Victoria ausschließlich auf den Fahrradsektor beschränkte.
Victoria nannte sich außerdem die bedeutendste schottische Motorradfabrik. Sie war in den Jahren 1902-26 in Glasgow tätig. Dieses Unternehmen fertigte Motorräder herkömmlicher Bauart, die es sowohl mit Motoren aus eigener Produktion als auch mit Triebwerken anderer Hersteller ausrüstete. Verwendet

Markenzeichen von Vincent HRD.

wurden Motoren von Villiers im Hubraumbereich von 147 bis 350 cm^3 sowie Motoren von JAP und Blackburne im Hubraumbereich von 250 bis 550 cm^3. Die vor dem Zweiten Weltkrieg entstandenen Modelle besaßen hingegen Ein- und V-Zweizylindermotoren der Firma Precision.

Villiers

John Marston, Erbauer der Sunbeam-Fahrräder, gründete 1898 eine kleine Fabrik namens Villiers Cycle Components Company zur Herstellung von Pedalen und anderem Zubehör. 1911 streckte das Unternehmen seine Fühler vorsichtig nach dem Motorradmarkt aus. Um aber der Firma Sunbeam nicht direkt Konkurrenz zu machen, die als ein verbundenes Unternehmen 1912 in die Motorradproduktion eingestiegen war, beschränkte sich Marston ausschließlich auf die Produktion von Motoren. Der erste Motor war der Mk1 mit 296 cm^3 Hubraum, der 1918 noch einmal überarbeitet und 1922 als Mk5 vorgestellt wurde. Noch im gleichen Jahr erweiterte Villiers die Produktpalette mit dem 147 cm^3-Mk6C, dem 247 cm^3-Mk6A und dem Mk6B-Motor mit 342 cm^3 Hubraum. In den darauffolgenden Jahren kamen weitere Modelle mit 100, 125, 175 und 200 cm^3 Hubraum hinzu.
1924 begann Villiers auch mit der Fertigung von Vergasern und erneuerte im Jahr darauf die Motorenpalette mit neuen Zylinderköpfen aus Leichtmetall und sternförmiger Verrippung. 1926 wurde bei einigen Motoren die Druckumlaufschmierung eingeführt, und im nächsten Jahr kam ein 344 cm^3-Zweizylinder-Reihenmotor heraus, der bei Francis-Barnette und Monet-Goyon Verwendung fand. Anfang der

Eine Reklame der Firma Vincent aus dem Jahr 1929.

30er Jahre erschienen neue Motorentypen, darunter wassergekühlte Einzylinder mit 172 und 249 cm³ Hubraum sowie ein liegender 98 cm³-Motor mit eingebautem Pedalwerk. Ausgesprochen gelungen war ein Motor mit 125 cm³ Hubraum und Dreiganggetriebe, flachen Kolben und einer neuen Schwungmagnetzündung, die im Gegensatz zum alten System einen Magneten mit kleinerem Durchmesser erhalten hatte.
Nach Ende des Zweiten Weltkriegs wurde eine neue Motorenreihe entwickelt. 1957, elf Jahre nach dem Tod des Gründervaters John Marston, gab Villiers die Fusion mit JAP bekannt. 1962 entwickelte Villiers einen neuen Motor mit 247 cm³ Hubraum, den Starmaker, der bei 6500 U/min 25 PS leistete. 1965 kam es zu einem erneuten Zusammenschluß: Die Manganese Bronze Holdings, die bereits einen ansehnlichen Anteil an den Villiers-Aktien hielt, kaufte den Rest und schloß sich gleichzeitig mit AMC zur Norton Villiers Ltd. zusammen. Dabei wurde beschlossen, daß Villiers fortan keine Motoren mehr an andere Firmen liefern durfte und der Starmaker ein AJS-Motor werden sollte. Bis Ende der 70er Jahre wurden zwar noch Villiers-Motoren produziert, aber nur im indischen Madras.

Vincent

Der Student Phil Vincent konstruierte 1927 sein erstes Motorrad mit einem 350 cm³-MAG-Motor, das sich ausgezeichnet verkaufte. 1928 mußte der bekannte Rennfahrer Howard Davies seine Motorradfabrik, die HRD Motors, verkaufen. Vincent erstand sie, in der Hoffnung, sich mit diesem berühmten Markennamen einen guten Einstieg in den Markt zu verschaffen. Nur vier von Vincents 24 Entwürfen wurden jedoch bis 1934 zur Serienreife entwickelt. Vincent beschloß, mit Hilfe eines bekannten australischen Motorradexperten, Phil Irving, seine Motoren selber zu produzieren.
So entstand ein stehender 500 cm³-Einzylindermotor mit im Zylinderkopf hängenden Ventilen und relativ weit oben angeordneter, untenliegender Nokkenwelle. Die mit diesem Motor ausgestattete Vincent erhielt in der Standardversion den Namen Meteor, in der Sportversion die Bezeichnung Comet, und in der Rennversion hieß sie T.T. Replica. Irving gab sich mit diesen Versionen noch nicht zufrieden. Er entwarf einen Zweizylinder-V-Motor mit 47-Grad-Zylinderwinkel und 1000 cm³. So entstand die Vincent Rapide, die sich vor dem Zweiten Weltkrieg großer Beliebtheit erfreute.
Nach dem Krieg machten sich Vincent und Irving an eine zweite Rapide-Serie, die 45 PS und 176 km/h Spitze erreichte. 1948 erschien die Black Shadow, eine Supersportversion der Rapide, die mit ihren 55 PS eine Höchstgeschwindigkeit von über 200 km/h entwickelte. Sagenhafte 100 PS soll die Rennversion Black Lightning geleistet haben, die zusammen mit der neuen C-Serie auf den Markt kam. Auf der ganzen Welt sammelten die Vincent-Motorräder Beschleunigungs- und Geschwindigkeitsrekorde. Doch trotz dieser Erfolge lief das Geschäft nicht wie gewünscht, die Maschinen waren zu teuer.
1954 offerierte das Unternehmen daher eine neue Serie mit glasfaserverstärkter Polyesterverkleidung – die Serie D, die jedoch keinen Anklang fand. 1955 schloß die Firma ihre Tore. Unter dem Namen Swinging Vincent gingen die Vincent-Twins mit der markanten hinteren Zentralfederbein-Aufhängung aber in die Motorradgeschichte ein. Der Schweizer Tuner Fritz Egli montierte die starken Zweizylinder bis weit in die 70er Jahre in seine Zentralrohrrahmen-Sportmaschinen.

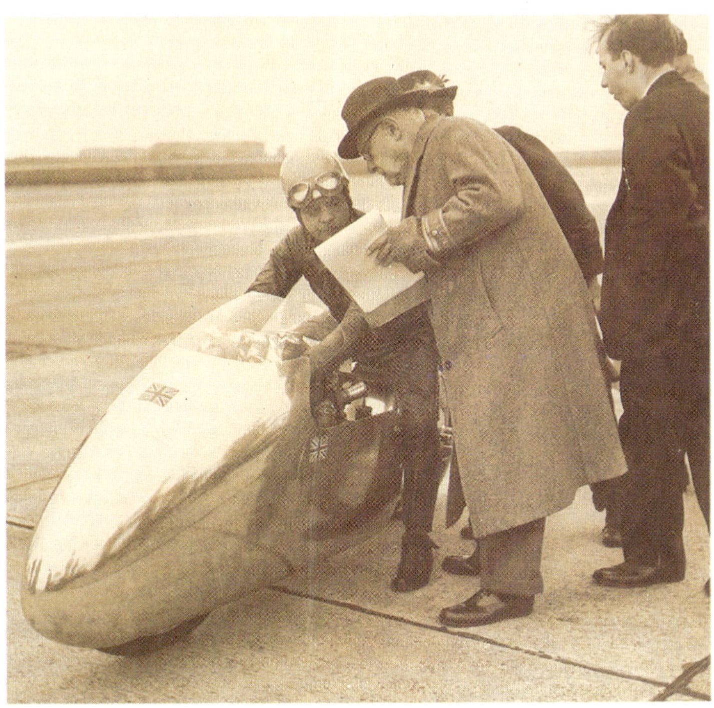

Probefahrt mit der Rekord-Maschine Vincent „Nero" 1951.

Von Meyerberg

1893 konstruierte die deutsche Firma Von Meyerberg ein dampfgetriebenes Fahrrad. Der Einzylinder-Motor saß dabei unter dem Sattel vor dem Hinterrad und wurde über ein Hebelsystem gesteuert, das der Fahrer per Fuß bediente. Die Zweigangschaltung des Fahrrads war in der Nabe des Hinterrads eingebaut. Der Kessel wurde mit flüssigem Treibstoff geheizt, der sich in einem Tank unterhalb des oberen Rahmenrohrs befand. Beim Bremsen schloß ein mit der Bremse verbundener Mechanismus den Dampfkessel ab.

Wagner

Die ersten amerikanischen Wagner-Motorräder gehen offensichtlich auf das Jahr 1904 zurück (einige Quellen sprechen allerdings auch von 1901, andere wiederum von 1909). Clara Wagner, die Tochter des Erbauers, nahm im Jahr 1910 inoffiziell mit einer Wagner-Einzylindermaschine an einem Langstreckenrennen von Chicago nach Indianapolis teil. Für damalige Verhältnisse war dies ein geradezu unerhörtes Unterfangen, zumal die gerade Achtzehnjährige ohne einen einzigen Strafpunkt ans Ziel gelangte. Der Vorfall sorgte für einiges Aufsehen.
Im Jahr 1911 fertigte Wagner vier Modelle, ausnahmslos Einzylindermaschinen mit Batterie-Magnet-Zündung, Riemenantrieb und einer Leistung von 3,5 bis 4 PS. Wagners originellste Maschine war ein Tandemmodell mit zwei stehenden Einzylindermotoren, die hintereinander im langen Rahmen eingebaut waren. Der Antrieb erfolgte über zwei voneinander unabhängige Riemen, die von den Riemenscheiben des jeweiligen Motors zur doppelten Felge des Hinterrads führten. 1914 stellte die Firma Wagner ihre Tätigkeit endgültig ein.

Wakefield

Die Wakefield gehörte zu den ersten englischen Motorrädern. Sie entstand in den Jahren 1902-05. Im Gegensatz zu den meisten anderen Marken jener Zeit war bei den Wakefield-Maschinen der Motor stehend eingebaut. Die Motoren der Wakefields stammten von Minerva und M.M.C.

Walba

Walba hieß einer der ersten deutschen Roller der Nachkriegszeit. Für seinen Antrieb sorgte ein 125 cm³-Zweitaktmotor von Ilo. Die in Reutlingen ansässige Firma Walba war bis 1952 tätig.

Wall Autowheel

1911 erschien in England das Wall Autowheel, ein motorisiertes Hilfsrad, das seitlich am Hinterrad eines jeden Fahrrads angebracht werden konnte. Das Rad hatte einen Durchmesser von 50 Zentimetern und saß an einem V-förmigen Rohrrahmen. Mit entsprechenden Klammern wurde es an der Hinterradstützstrebe des Fahrrads befestigt. Der stehende Einzylindermotor mit 114 beziehungsweise 116 cm³ Hubraum verlieh dem Fahrrad eine Höchstgeschwindigkeit von 25 km/h. Das Rad kam in England nicht sonderlich gut an, was vermutlich daran lag, daß die mit diesem Hilfsrad ausgestatteten Fahrräder wie ein motorisiertes Dreirad besteuert wurden. Nach Ende des Ersten Weltkriegs war das Wall Autowheel vergessen.

Wallis

Die ab 1925 in Bromley in der Grafschaft Kent gebauten englischen Wallis-Motorräder besaßen JAP-Motoren mit 350 und 500 cm³ Hubraum. Eine besondere Eigenschaft dieser Maschinen war ihr Doppelrohrrahmen mit dem extrem langen Radstand. Originell war die Gabel, deren Rohrschwingen an der Motorbasis ansetzten und an der Radnabe befestigt waren. Von dort aus führten zwei Längsrohre in die Höhe, die oben mit zwei seitlich am Lenkrohr befindlichen Halbblattfedern verbunden waren. Die Firma Wallis stellte den Betrieb schon im Jahr 1926 ein.

Walter

Josef Walter fertigte 1897 in einer kleinen Werkstatt in Prag Fahrräder mit Hilfsmotor. 1901 entwarf er sein erstes Motorrad, eine Einzylindermaschine, die 1903 in Serienproduktion ging. 1912 wurde die Fertigung zugunsten motorisierter Dreiräder, die 1908-14 recht beliebt waren, wiedereingestellt. Aus der Werkstatt war mit der Zeit eine große Fabrik geworden, die Motoren für Automobile, Flugzeuge und Motorräder baute. Josef Walters Sohn, Jaroslaw, wurde nach dem Ersten Weltkrieg Chefingenieur für die Sport- und Rennmotorräder der Firma CZ.
1913 zog die Firma Walter nach Jinonice bei Prag um und begann, Automobile und Motorräder zu fertigen, die sie während des Ersten Weltkriegs an die österreichisch-ungarischen Streitkräfte lieferte. 1926 stellte die Firma diese Tätigkeit ein. Jaroslaw Walter entwarf 1938 (andere Quellen sprechen von 1946) einige Motorradmodelle mit dem Markennamen Walter.
Unter diesem Namen wurden auch in Deutschland Motorräder verkauft, die 1926-32 in Mühlhausen gebaut wurden. Es handelte sich um recht sportliche Maschinen mit Villiers-Motoren in Hubraumgrößen von 175 bis 350 cm³.

Wanderer

Winkelhofen und Jaenicke, die als Hersteller von motorisierten Fahrrädern begonnen hatten, waren die Erfinder eines der berühmtesten deutschen Motorräder aus der Zeit vor dem Ersten Weltkrieg: Die erste Wanderer, die 1905 erschien, erregte in der Fachwelt kein sonderliches Interesse.
1913 konnte die Firma mit drei Modellen aufwarten: Im Angebot waren eine 150er, die einen 1,25 PS starken Motor besaß, eine Einzylindermaschine mit 250 cm³ und seitlich stehenden Ventilen sowie eine 500er mit Zweizylindermotor. Nach Ausbruch des Ersten Weltkriegs blieb nur noch die 250er in Serienfertigung, während die Zweizylinderversion in leicht abgeänderter Form für die Luftwaffe reserviert war.
Nach dem Krieg präsentierte Wanderer 1921 diese ehemalige Militärmaschine wieder als Zivilmaschine. 1922 erschien ein neues Modell, eine Zweizylinder-V-Maschine mit 616 cm³ Hubraum und Dreiganggetriebe, deren Motor in einem Doppelschleifenrahmen hing. Zwei Jahre noch wurden die 500er Zweizylinder und die 250er Einzylinder gebaut, bis 1924 eine neue Produktpalette vorgestellt wurde: Eine Einzylindermaschine mit vier Ventilen, liegendem 196 cm³-Motor und Außenschwungrad, und eine Zweizylinder mit 750 cm³ Hubraum und acht im Zylinderkopf hängenden Ventilen.
Als Mitte der 20er Jahre die Auswirkungen der Wirtschaftskrise verstärkt zu spüren waren, wurde die Lage für die Motorradindustrie sehr ernst. Der Firma Wanderer gelang es jedoch, 1928 ihre Tätigkeit mit einem gänzlich neu entwickelten Typ wiederaufzunehmen. Die von Alexander Novikoff entworfene Maschine hatte einen 498 cm³-Einzylindermotor mit im Zylinderkopf hängenden Ventilen, der als Block in einen Preßstahlrahmen eingebaut war. Der Zylinder lag tief in dem verrippten Gehäuse. Das Modell, obgleich sehr originell, brachte jedoch nicht den gewünschten Verkaufserfolg, was sicherlich zum Teil auf die angespannte wirtschaftliche Lage zurückzuführen war.
Aus diesem Grund war Wanderer 1930 gezwungen, sich mit NSU zusammenzuschließen. Die einzigen Wanderer-Modelle, die daraufhin im Handel blieben, waren die 196 cm³-Vierventilmaschine und das 498 cm³-Modell mit Kardanantrieb und Preßstahlrahmen. Unter dem Markennamen Wanderer kamen später einige Fahrräder auf den Markt, für die 98 cm³-Sachs-Hilfsmotoren verwendet wurden. 1939 verschwand die Marke endgültig vom Markt.

Wanderer Zweizylinder von 1925.

Anzumerken ist jedoch, daß 1929 eine Maschinenfabrik in Prag unter der Leitung von F. Janecek die Wanderer mit Kardanantrieb in Lizenz fertigte. Nach dem Zusammenschluß von NSU und Wanderer hatte Janecek die notwendigen Maschinen zum Bau dieses Modells aufgekauft und die Fabrik in die Tschechoslowakei verlegt. So wurden die Wanderer-Maschinen also weiterhin als Janecek-Wanderer gebaut. Da diese Bezeichnung zu lang war, beschlossen die neuen Firmeninhaber, sie abzukürzen, und schufen so eine neue Marke, die ebenfalls Berühmtheit erlangen sollte: Jawa.

Warrior

Unter diesem Markennamen erschien nur ein einziges Modell, das in England 1921-23 gebaut wurde und mit einem 250 cm³-Villiers-Motor ausgerüstet war. Die Firma Warrior Motorcycle hatte ihren Sitz in London.

Waverley

Drei verschiedene Modelle fertigte die im englischen Birmingham ansässige Firma Waverley Motor: Das kleinste besaß einen Peco-Zweitaktmotor mit 269 cm³ Hubraum, die anderen beiden hatten Blackburne-Motoren mit 350 beziehungsweise 500 cm³ Hubraum und seitlich stehenden Ventilen. Das Unternehmen war 1921-23 tätig.

Wearwell

Die Motorräder Wearwell, Wolf und Wolfruna stammten allesamt von der gleichen Firma, der Wearwell Motor Carriage aus Wolverhampton. Ein Großteil der Maschinen wurde mit 2,5 und 3,25 PS starken Stevens-Bros-Motoren bestückt. Bei den allerersten Modellen war der Motor im höheren Teil des Rahmens zwischen den Pedalen und dem Lenkkopf eingebaut. Das von 1901 bis etwa 1910 tätige Unternehmen benannte sich später in Wolfruna um.

Weatherell

Die 1922-23 in England produzierten Weatherell-Motorräder besaßen Blackburne-Motoren mit im Zylinderkopf hängenden Ventilen in den Hubraumgrößen 250, 350 und 696 cm³. Die letzten Modelle wurden von Blackburne-Zweizylinder-V-Motoren mit außenliegendem Schwungrad angetrieben.

Weaver

Die englischen Weaver-Motorräder besaßen 150 cm³-Einzylindermotoren mit im Zylinderkopf hängenden Ventilen. Hergestellt wurden sie 1922-25 von der Firma Alfred Wiseman in Birmingham. Sie stellten jedoch nur einen Teil der Gesamtproduktion dar, die unter anderem die Motorräder Sirrah und Verus umfaßte. Später erhielten die Weaver-Modelle 147 cm³-Aza-Motoren und gleich große Villiers-Zweitakter.

Wecoob

Die Wecoob-Motorräder wurden 1928-31 von einem kleinen deutschen Hersteller gebaut. Angetrieben wurden die Maschinen von JAP-Motoren mit seitlich stehenden oder im Zylinderkopf hängenden Ventilen. Sie waren in Hubraumgrößen von 350 bis 1000 cm³ erhältlich.

Wee McGregor

Die von der Firma Coventry Bicycle im englischen Coventry gefertigten Wee-McGregor-Leichtmotorräder besaßen einen Motor mit 170 cm³ Hubraum, der später auf 202 cm³ vergrößert wurde. Die Firma produzierte 1922-25 Motorräder. Die 1924 erschienen Modelle namens B & D Junior hatten bereits einen Kettenantrieb anstelle des alten Riemens.

Werner

1896 konstruierten die französischen Brüder Michel und Eugène Werner ihr erstes motorgetriebenes Fahrrad. Der Antrieb vom umgedreht liegend eingebauten Motor zum Hinterrad erfolgte über eine Kette und eine Kupplungsscheibe. Später beschlossen die Brüder, ihren Motor am Lenkkopf anzubringen und das Vorderrad mittels eines Riemens anzutreiben. Das so entstandene Gefährt tauften sie „Motocyclette" und wollten es patentieren lassen. Der Prototyp wies jedoch einige Nachteile auf: Er war recht instabil. Die Abreißzündung und die dazugehörigen Benzinbrenner brachten die Gefahr mit sich, daß das Fahrzeug Feuer fing, wenn es umfiel. Außerdem bespritzte das Schwungrad den Fahrer mit Öl.

Fahrrad mit Hilfsmotor der Gebrüder Werner, gebaut 1903.

Trotzdem baute Werners Werk, in der Rue Richelieu in Paris gelegen, 1897 ein Dutzend dieser Räder, die die Aufmerksamkeit des englischen Industriellen Harry Lawson auf sich zogen. Lawson schickte seinen Schwager Thomas Robinson nach Paris, um das Gefährt zu testen. Nach Beendigung der Probefahrt hatte Robinson die Maschine zwar kaputtgefahren, war aber begeistert. Lawson lud daraufhin die Gebrüder Werner nach London ein, um mit ihnen über einen Kauf der Fertigungsrechte für den englischen Markt zu verhandeln.

Die erhaltene Summe nutzten die Brüder als Startkapital für eine eigene Produktion. 1899 fertigten sie bereits 300 Maschinen, im Jahr darauf waren es 500. In England wurde die Werner von Raleigh kopiert und von Royal Enfield in abgeänderter Form übernommen, da man dort den Motor zwar ebenfalls am Lenkkopf anbrachte, das Hinterrad aber mit einem Riemen antrieb. Das Motorrad war in der Tat zu leicht und zu instabil, als daß es wirklich langfristig hätte Erfolg haben können. So ließ der Absatz zu wünschen übrig.

Im Jahr 1900 wurde die gefährliche Abreißzündung endlich gegen die wesentlich sicherere Spulenzündung ausgetauscht. Etwas später wurde auch das Pedalwerk durch das Motorgehäuse ersetzt, das auf diese Weise zum ersten Mal zu einem festen Bestandteil des Rahmens wurde. Als das neue Modell 1901 in den Handel kam, hatte es sofort großen Erfolg. Das ausgesprochen moderne Kraftrad besaß einen 1,75 PS starken 262 cm³-Motor, einen Oberflächenvergaser, Handpumpenschmierung und eine auf die Hinterradfelge wirkende Pedalbremse.

Die Gebrüder Werner nahmen erneut Verhandlungen mit Lawson auf, die schließlich zur Gründung der Firma Werner Motors Limited führten. Die Produktion stieg auf 1200 Stück, und zum ersten Mal erzielten die Gebrüder einen beachtlichen Gewinn. Mit der Einführung stärkerer Motoren (zuerst mit 2, dann mit 2,5 PS) stieg der Absatz 1903 sogar auf 3000 Exemplare. Doch bald geriet Werner Motors Limited wieder in finanzielle Schwierigkeiten, da die Firma zuviel Geld für Werbekampagnen ausgegeben hatte. Die französische Firma Werner Frères wurde daraufhin von einem englischen Konzern aufgekauft.

Die beiden Brüder erhielten jeweils 20000 Pfund Sterling in bar sowie einen Aktienanteil an der neuen Gesellschaft. Sie begingen den Fehler, den Barbetrag in russischen Papieren anzulegen, die zwar zum damaligen Zeitpunkt als sicher galten, aber bald deutlich an Wert verloren. Der schwere finanzielle Verlust griff die Gesundheit der Brüder derart an, daß Michel, Vertriebsleiter des Unternehmens, im

Alter von nur 46 Jahren starb. Seinen Bruder Eugène ereilte wenige Jahre später das gleiche Schicksal. 1908 stellte die Firma Werner die Motorradproduktion endgültig ein. Die Automobilfertigung lief noch bis 1914 weiter – jedoch ohne sonderlichen Erfolg.

Werner M.A.G.

Die von dem Ingenieur Leschan entworfenen österreichischen Motorräder der Marke Werner M.A.G. wurden in begrenzter Stückzahl 1927-29 gebaut. Verwendet wurden Motoren mit jeweils 500, 750 und 1000 cm³ Hubraum, die von der Schweizer Firma M.A.G. stammten.

Weslake

Der Engländer Harry Weslake begann in den 20er Jahren, Vergaser für Verbrennungsmotoren herzustellen. Die beständig verbesserten Vergaser waren recht beliebt und wurden in die verschiedensten Motoren eingebaut. Es handelte sich um Vergaser mit Membran und Steuerung mittels eines drehbaren Zylinders. Weslakes Wex Twin Diffuser, wie der patentierte Vergaser bezeichnet wurde, wurde noch etliche Jahre nach Ende des Ersten Weltkriegs gebaut. Zwischen den beiden Kriegen schloß Weslake nicht nur zahlreiche Verträge mit den verschiedensten Auto- und Motorradherstellern ab, sondern arbeitete auch mit George Brough von der Firma Brough Superior zusammen und lernte Joe Craig von der Firma Norton kennen, an die er nach dem Zweiten Weltkrieg einige Teile liefern sollte.
Anfang der 60er Jahre expandierte die Firma. Weslake spezialisierte sich zunächst auf den Bau von mechanischen Teilen, später auf Tuningarbeiten. Ab der zweiten Hälfte der 60er Jahre entwarf Weslake auf Anfrage der Gebrüder Rickman, die ihrerseits als Moto-Cross-Spezialisten galten, speziell überarbeitete Zylinder, Köpfe und Kolben für die Victor-Motoren von BSA und die Bonneville-Modelle von Triumph. Anfang der 70er Jahre spezialisierte sich Weslake auf den Bau von Speedway-Motoren.
Um das Jahr 1973 hatte die Jawa, ein tschechoslowakisches Speedway-Motorrad, die Vorherrschaft der englischen Maschinen mit JAP-Motoren gebrochen. Weslake, entschlossen der Konkurrenz entgegenzutreten und das Können der englischen Motorradindustrie unter Beweis zu stellen, entwarf einen Motor, der den Zweiventilern von JAP und Jawa in Hinblick auf Gehäuse, Pleuellager und Ölpumpe sehr ähnlich war. Was den Motor jedoch von den anderen beiden Modellen unterschied, waren der Flachkolben, die vier Ventile im Zylinderkopf und der dachförmige Brennraum. Der Prototyp feierte sein Debüt 1974 unter Don Godden auf dem Renn-Oval in Lydden und zeigte dabei vielversprechende Resultate. 1976 galt der Weslake-Vierventiler allgemein als besser als der Zweiventiler von Jawa, und bald starteten fast alle Rennfahrer mit dem englischen Motor. Mitte 1977 erschienen schließlich die ersten, ausschließlich von Weslake gebauten Speedway-Motorräder.

Westovian

Diese kleine englische Firma, die 1914-16 tätig war und sich einer umfassenden Modellpalette rühmte, produzierte ungeachtet der Kriegswirren verschiedene Motorradmodelle von 200 bis 500 cm³ Hubraum mit Motoren von Precision, JAP, Villiers und T.D.C. Die Firma hatte ihren Sitz in South Shields.

W.F.M.

1947 entstand in Warschau die Firma Warszawska Fabrika Motocyklova, abgekürzt W.F.M. Ihr Debüt gab die Firma mit einem herkömmlichen Zweitaktmodell, das zunächst über 125 cm³ Hubraum und ein Dreiganggetriebe verfügte und später auch mit 147 und 173 cm³ erhältlich war. 1957 stellte das Unternehmen den vollverkleideten Roller OSA mit 150 cm³-Zweitaktmotor mit liegendem Zylinder vor, der bei 4000 U/min 6,5 PS leistete. Der Motorroller besaß eine Dreigangschaltung und Kettenantrieb. Am offenen Doppelschleifen-Rohrrahmen saß vorne eine gezogene Schwinggabel, die Hinterradaufhängung erfolgte ebenfalls über eine Schwinge. Der Roller OSA, der bis 1960 gebaut wurde, erreichte eine Höchstgeschwindigkeit von 80 km/h. Außerdem fertigte das Unternehmen die Leichtmotorräder M06-S01 und M06-S43, beide mit 123 cm³ Hubraum.

W & G

Die 1927-28 in Brentford in England gefertigten W & G-Motorräder waren von herkömmlicher Bauart. Ihr stehender, luftgekühlter Zweizylinder-Zweitaktmotor mit 490 cm³ Hubraum zeichnete sich durch vier kleine, innenliegende Schwungräder und ein großes Außenschwungrad aus. Der Motor ähnelte stark dem 500er Zweizylindermodell von DKW, das ebenfalls aus dieser Zeit stammte.

Whippet

1903-05 produzierte die Londoner Firma Whippet Motor & Cycle Motorräder mit 1,75 PS starken Motoren und Zweigangschaltung. Der Motor war dabei vor den Pedalen unter dem übertrieben hoch angebrachtem Sattel eingebaut. Die letzten Modelle besaßen 2,25, 2,5 und 3 PS starke Motoren.
Whippet hieß auch ein Motorroller, der 1919-23 ebenfalls in England entstand und zu den besten seiner Zeit zählte. Der Motor war ein 180 cm³-Einzylinder mit hängenden Ventilen und Aluminiumzylinder mit Stahllaufbuchse. Er war im offenen Rahmen direkt unter dem Sattel angebracht. Laut einigen Quellen gab es den Roller auch mit 150 cm³ Hubraum.

White & Poppe

Die Produktion der 1902-22 tätigen englischen Firma White & Poppe beschränkte sich vorwiegend auf Motoren, die sie in Ariel-Lizenz baute. Es handelte sich um seitengesteuerte Einzylinder mit 500 cm³. Nach dem Ersten Weltkrieg produzierte das Werk auch Zweitakter mit 350 cm³. Motorräder baute die Firma nur in den ersten Jahren ihres Bestehens. Als Antrieb dienten seitengesteuerte Motoren. Zur Motorenpalette gehörten luftgekühlte Zwei- und wassergekühlte V-Zweizylinder.

Whizzer

Der 1949 in den USA entstandene Whizzer-Hilfsmotor war ein 138 cm³-Einzylinder-Viertakter ohne Gangschaltung. Der Radantrieb erfolgte über Riemen. Der Whizzer wurde vor allem für Tandems und für die robusten amerikanischen Fahrräder verwendet. Später brachte die Firma Whizzer auch ein eigenes Leichtmotorrad mit dem gleichen Motor, nur diesmal mit Kettenantrieb in den Handel. Die Maschine hatte einen Rohrrahmen mit einer originellen Hinterradaufhängung, die aus einer Dreiecksschwinge bestand, deren Lager vor dem Motor anstatt dahinter saß. Der seitengesteuerte Viertaktmotor verlieh dem Motorrad eine Höchstgeschwindigkeit von 75 km/h. Whizzer produzierte das 138 cm³-Modell bis zur Betriebsaufgabe im Jahr 1954.

Wiga

Blackburne- und JAP-Motoren mit 200, 300, 350 und 500 cm³ Hubraum sorgten für den Antrieb der deutschen Wiga-Motorräder, die von herkömmlicher Bauart waren und 1928-32 hergestellt wurden.

Wilier

Die Wilier Triestina war ein Kleinkraftrad, das in den 60er Jahren in Italien gebaut wurde. Für seinen Antrieb sorgte ein 48 cm³-Motor.

Wilkin

Die 1919-23 im englischen Sheffield gefertigten Wilkin-Motorräder waren herkömmlich konstruiert, dafür im Detail sorgfältig verarbeitet. Ihrem Antrieb dienten 350 bis 500 cm³-Blackburne-Motoren. Bei einigen Versionen lief die Antriebskette in einem Kettenkasten.

Wilkinson

Die für ihre Waffen berühmte Wilkinson Sword Company aus Pall Mall in London verschaffte sich 1903 mit einer kleinen Einzylindermaschine Zugang zum

Motorradmarkt. Die Firma hatte einen Antoine-Motor verwendet, der in einem Einschleifenrahmen saß. Es gab die Maschine in zwei Versionen, mit 2,25 und mit 2,75 PS Leistung.
1908 brachte Wilkinson ein ganz anderes Fahrzeug auf den Markt: eine Militärmaschine, die mit Maschinengewehr ausgerüstet war und sich vor allem für Aufklärungsaufgaben eignete. Den originellen Rahmen hatte der italienische Ingenieur P.G. Tacchi entworfen. Der Prototyp besaß einen luftgekühlten Zweizylinder-V-Motor; der Antrieb erfolgte über Kardanwelle zum Hinterrad, das an vier Halbelliptik-Blattfedern aufgehängt war. Der Lenker konnte durch ein Autolenkrad ersetzt werden.
Da Wilkinson jedoch vom Militär keinen Auftrag erhielt, beschloß das Unternehmen, die gleiche Maschine als Tourenmodell mit einem luftgekühlten 676 cm³-Vierzylinder-Reihenmotor zu produzieren. Am hinteren Motorende war ein schweres Schwungrad befestigt, und der Antrieb vom Motor zum Dreiganggetriebe erfolgte über eine Stahlkardanwelle mit quadratischem Querschnitt. Hinter dem Sesselsitz unter dem hinteren Schutzblech war der Benzintank mit seinem Fassungsvermögen von etwa acht Litern untergebracht. Die Wilkinson TAC (Touring Autocycle), wie sie genannt wurde, weckte beachtliches Interesse, als sie 1909 der Öffentlichkeit präsentiert wurde.
Wilkinson präsentierte der Öffentlichkeit nicht nur die beiden Versionen mit dem normalen und dem Autolenker, sondern auch das Aufklärungsmodell, das mit einem Karabiner hinter dem Sitz und anderem militärischen Zubehör ausgerüstet war. Obwohl die Wilkinson TAC keine Rennmaschine war, meldete Wilkinson sie dennoch zum Rennen, dem Quarterly Trial von 1911, bei dem sie sich wacker schlug.
Noch im gleichen Jahr wurde die Maschine komplett überarbeitet und als TMC (Touring Motor Cycle) erneut vorgestellt: Der Motor war jetzt ein wassergekühlter Vierzylinder mit seitlich stehenden, mechanisch gesteuerten Ventilen und einem Gesamthubraum von 848 cm³. Am Rahmen waren vorne, in der Schleife und hinten Doppelrohre eingefügt worden. Die Maschine wurde ständig weiterentwickelt. 1913 wurde der Kühler verändert und die Gangschaltung verbessert. Gleichzeitig bot die Firma das Modell für den Betrieb mit Beiwagen alternativ mit einem Motor mit 996 cm³ an.
Die Maschine wurde in ihrer Technik noch moderner: Ein Claudel-Vergaser löste den von Stewart Precision ab, eine Ferodo-Kupplung und ein Kickstarter wurden eingebaut.
Inzwischen zeichnete sich der bevorstehende Krieg ab, und die Nachfrage nach Klingen und Bajonetten stieg sprunghaft an. Wilkinson reagierte sehr schnell und unterbrach die Motorradproduktion, um sich wieder der Waffenfabrikation zu widmen.
1914 übernahm die Ogston Motor Company in Acton den Bau der TMC-Maschinen, die sie noch einmal überarbeitete, bevor die Firma 1916 ihre Tore schloß.

Williamson

Die englischen Williamson-Motorräder wurden ab 1912 produziert. Für ihren Antrieb sorgten luft- und wassergekühlte Zweizylindermotoren mit seitlich stehenden Ventilen. Die Triebwerke stammten von Douglas und verfügten über einen Hubraum von 964 cm³. Ab 1919 verwendete die Firma auch seitengesteuerte Zweizylinder-V-Motoren von JAP mit 770 cm³. Die in Coventry ansässige Firma stellte ihren Betrieb 1920 ein.

Wimmer

Die vor allem in ihrer bayerischen Heimat bekannten Motorräder der Marke Wimmer wurden 1923-39 produziert. Sie waren vor allem für die hohe Qualität der verwendeten Materialien und die sorgfältige Verarbeitung bekannt. Zur Produktpalette der Firma zählten zuerst 175 cm³-Modelle mit hängenden Ventilen, später kamen 200 cm³-Zweitaktversionen und in den 30er Jahren auch Einzylindermaschinen hinzu, deren obengesteuerte 200, 300 und 500 cm³-Motoren aus der firmeneigenen Produktion stammten.

Windhoff

1927 kam in Deutschland die Windhoff mit ölgekühltem Vierzylinder-Reihenmotor in den Handel. Die Besonderheit dieses Motorrads bestand darin, daß sein Motor das tragende Element des Rahmens darstellte. Vom Motor ging ein Viereck von Rohren aus, das zur Nabe des Hinterrads führte, während vorne der Tank, der auch den Lenkkopf umfaßte, mit speziellen Gußhalterungen am Motor befestigt war. Der Zylinder-Gehäuse-Block war in zwei senkrechten Hälften gegossen, die die vier Stahlzylinderlaufbuchsen in ihrem Inneren umschlossen, dabei aber noch genügend Platz für die Kühlölzirkulation ließen.
Die Ventilsteuerung erfolgte über eine obenliegende Nockenwelle, die über Zahnräder von der Kurbelwelle angetrieben wurde. Der Magnet wurde nicht von der Kurbelwelle, sondern mittels Zwischenzahnrädern von der obenliegenden Nockenwelle angetrieben. Die Windhoff hatte 750 cm³ Hubraum und ein Dreiganggetriebe. Der Antrieb erfolgte über Kardanwelle. Die Motorleistung betrug 22 PS bei 4000 U/min; die Maschine wog 175 kg und erreichte eine Höchstgeschwindigkeit von 120 km/h. Die Marke Windhoff wurde bis zur Betriebsaufgabe im Jahr 1932 produziert.

Wittekind

Die Wittekind Fahrradfabrik in Bielefeld hatte zwar, wie ihr Name besagt, ursprünglich Fahrräder produziert, fertigte aber auch Mopeds mit 98 cm³-Zweitaktmotoren von Fichtel & Sachs. Die Firma war von 1952 bis Ende der 60er Jahre tätig.

Wizard

In den Jahren 1920-22 erzeugte die englische Wizard Motor Company aus Cardiff Motorräder mit 269 cm³-Wall-Motoren. In ihrer Bauweise waren die Maschinen konventionell.

W.M.R.

Die Württemberger Motorfahrzeug Werke in Rottenburg am Neckar fertigten 1926-32 Motorräder, die von 500 cm³-Motoren der Firma Küchen angetrieben wurden. Die Motoren gab es mit drei entweder seitlich stehenden oder im Zylinderkopf hängenden Ventilen. Daneben entstanden Modelle mit 200 und 350 cm³-Blackburne-Motoren, bei denen die Ventile seitlich standen. Später erweiterte die Firma ihre Palette um einige Sportmodelle, für die sie 250 und 350 cm³-Blackburne-Motoren mit im Zylinderkopf hängenden Ventilen verwendete.

Wolf

Die Wolf entstand ab 1901 im englischen Wolverhampton. Sie wurde in den ersten Jahren ihres Erscheinens auch unter dem Markennamen Wearwell und Wolfruna verkauft. Für den Antrieb der Wolf sorgten Zweizylindermotoren mit Hubräumen von 98 bis 750 cm³, die von den Herstellern Stevens, Bros, Peco, Motorêve, JAP, Blackburne und Villiers stammten. Villiers war direkt in Wolverhampton ansässig. Mitte der 20er bis Mitte der 30er Jahre wurde die Produktion unterbrochen und anschließend mit kleineren Maschinen wiederaufgenommen, die mit Villiers-Zweitaktmotoren bis 250 cm³ Hubraum bestückt waren.

Wolsit

Ab 1932 produzierte die Mailänder Firma Emilio Bozzi das Moped Wolsit. Für den Antrieb sorgte ein 63 cm³-NSU-Motor, der vor dem Lenkkopf über dem Vorderrad eingebaut war, auf das die Antriebskraft mittels einer Kette übertragen wurde.

Wooler

Der Engländer John Wooler befaßte sich bereits Anfang dieses Jahrhunderts mit Motorrädern. Sein erstes Produkt war die Rocket, die 1909 der Öffentlichkeit vorgestellt wurde. Die Rocket hatte Wooler noch von der Wilkinson Sword Company bauen lassen. Seine eigene Fabrik in Alperton nahm er nur wenig später in Betrieb. Unter anderem konstruierte er hier auch ein Dreirad.
Die Rocket wurde wegen ihres eigenartig geformten Benzintanks „fliegende Banane" genannt. Mit geringfügigen Verbesserungen wurde das Modell

bis zum Ausbruch des Ersten Weltkriegs produziert. Ein besonderes Merkmal dieser Maschine bestand darin, daß alle Schrauben und Muttern sechsekkig waren und nur zwei Größen hatten. So benötigte der Fahrer nur einen einzigen Doppelschraubenschlüssel, um jederzeit jedes beliebige Teil der Maschine abschrauben zu können.
Die erste Wooler erhielt einen Einzylinder-Zweitaktmotor mit liegendem Zylinder und 344 cm³ Hubraum. Das Kraftstoff-Luft-Gemisch trat in den unteren Teil des Zylinders ein und wurde durch ein Überlaufrohr außen am Zylinder in den oberen Teil geführt. Das Überlaufrohr wurde von einem Einwegventil gesteuert. Der Antrieb erfolgte über einen Riemen mit konstanter Spannung.
1920 bewies die Firma mit einem 340 cm³-Modell ihr Können. Die Maschine war hervorragend konstruiert, ebenso wie das zwei Jahre später folgende 350 cm³-Motorrad, dessen Motor über zwei liegende Zylinder verfügte. Den gleichen Motor besaß auch ein Modell aus dem Jahr 1923, allerdings hier mit obenliegender Nockenwelle und reinem Kettenantrieb. Aus dem Jahr 1926 stammte ein neues Modell: Der stehende 612 cm³-Einzylindermotor hatte im Zylinderkopf hängende Ventile, die von einer obenliegenden, von einer Königswelle angetriebenen Nockenwelle betätigt wurden. Als Fahrgestell diente ein Doppelschleifen-Rohrrahmen. Das Vorderrad wurde von einer Parallelogrammgabel geführt.
Kurze Zeit später übernahm Wooler die Fertigung der P & P-Motorräder. Zwischen 1930 und dem Ende des Zweiten Weltkriegs war die Marke Wooler nur noch selten im Handel zu finden. Erst John Woolers Sohn Ron, der sich inzwischen zu einem der besten englischen Motorradspezialisten entwickelt hatte, ließ den Namen mit einer 500 cm³-Vierzylindermaschine wiederaufleben. 1954 wurde die Halblitermaschine der Öffentlichkeit vorgestellt. Die Serienexemplare wiesen allerdings eine Reihe kleiner Defekte auf, die am Prototyp unentdeckt geblieben waren. Hätte Wooler damals größere finanzielle Möglichkeiten gehabt, wäre seine Vierzylindermaschine sicher nicht vom Markt verschwunden. So jedoch fand er bei anderen Unternehmen, denen er sein Projekt anbot, keine Unterstützung. Die Motorradherstellung stellte Wooler in den 50er Jahren endgültig ein.

Wooler mit Kardanantrieb, 1950.

Wotan

Die deutschen Wotan Werke in Chemnitz fertigten in den Jahren 1921-22 Motorräder, die mit 600 cm³-Zweizylinder-V-Motoren bestückt waren.

WSK

Ein Leichtmotorrad herkömmlicher Bauart war die 1938 in Polen gebaute WSK, Modell M06. Angetrieben wurde sie von einem 125 cm³-Zweitaktmotor mit Dreiganggetriebe. Das Vorderrad wurde von einer Teleskopgabel geführt, das Hinterrad von einer Schwinge. Dieses polnische Modell erreichte eine Spitzengeschwindigkeit von 70 km/h.
Die M06-B1 basierte auf der alten DKW der RT-Serie. Ihr Hubraum betrug 125 cm³, die Leistung 8 PS bei 5300 U/min. Die WSK MR 16, ebenfalls mit 125 cm³ Hubraum, aber mit 15 PS Leistung, war eine Trial-Maschine. Der stark verrippte Motor war hängend in den Zentralrohrrahmen mit Teleskopgabel und Hinterradschwinge eingebaut. Das Modell WSK M06 C war die entsprechende Cross-Version. Angeblich hat WSK Ende der 60er Jahre auch ein Modell Sarenka mit Preßstahlrahmen, 7 PS und 175 cm³-Zweitaktmotor mit Vierganggetriebe produziert.

Württembergia

Diese als ausgesprochen modern zu bezeichnenden Motorräder, die in Deutschland 1926-33 gebaut wurden, wurden von Blackburne-Motoren in den Hubraumklassen 200, 350, 500 und 600 cm³ angetrieben. Vor allem die Rahmenkonstruktion war sehr originell.

Wyse

In den Jahren nach dem Zweiten Weltkrieg entstand in den Vereinigten Staaten der Wyse-Motorroller mit einem leicht schräg stehenden 332 cm³-Einzylindermotor. Der Roller erreichte eine Spitzengeschwindigkeit von 65 km/h und war an den Seiten und über dem Hinterrad vollständig verkleidet.

X-All

Die englischen X-All-Motorräder, die 1902-05 in Birmingham gebaut wurden, waren Zweizylindermaschinen mit V-Motoren, deren Zylinder im 90-Grad-Winkel angeordnet waren. Von den beiden Zylindern war bei normaler Fahrt nur einer in Betrieb, beim anderen erfolgte weder Treibstoffzufuhr noch Zündung. Nur für Steigungen oder zur Erhöhung der Geschwindigkeit wurde der zweite Zylinder aktiviert. Der Rahmen mit langem Radstand war ähnlich wie bei einem Fahrrad aufgebaut. Die X-All-Maschinen gab es in zwei Versionen, entweder mit einem 2 PS oder mit einem 4 PS starken Motor.

X.L.

Die im englischen Worthing 1921-23 produzierten X.L.-Motorräder mit seitengesteuertem Motor mit 498 cm³ Hubraumvolumen zeichneten sich durch ihre besonders originelle Rahmenstruktur aus. Von den X.L.-Maschinen wurden nur wenige Exemplare gebaut.

Yale

Die in den USA 1902-15 gefertigten Yale-Motorräder besaßen einen verstärkten Fahrradrahmen und einen Einzylindermotor, der über den Pedalen angebracht war. In den letzten Jahren ihres Bestehens war die Marke vor allem wegen einer hervorragenden Zweizylindermaschine mit 950 cm³ Hubraum, Kettenantrieb und Zweiganggetriebe bekannt geworden.

Yamaguchi

Die Produktion dieses bedeutenden japanischen Unternehmens, das 1953 gegründet worden war, konzentrierte sich auf Motorräder und Mopeds mit Zweitaktmotoren. 1955 baute Yamaguchi die Maruwai Super 200 mit einem 85 cm³-Zweitaktmotor und die Super 100 mit einem 60 cm³-Zweitaktmotor. Aus dem Jahr 1956 stammte das Modell 600 De Luxe mit 147 cm³ Hubraum, gefolgt von der Hurricane T 92 mit einem 249 cm³-Motor und im Zylinderkopf hängenden Ventilen. 1959 umfaßte die Produktpalette die Einzylinder De Luxe 800 mit 200 cm³ Hubraum, die ebenfalls einzylindrige Sell Super 350 mit 125 cm³ Hubraum und die Special Super 330. Das Modell Autopet AP 10 hatte 50 cm³ Hubraum, die Super Twin aus dem Jahre 1960 einen Hubraum von 125 cm³. Der Motor der Twin war mit einer Viergangschaltung kombiniert, leistete 10,5 PS bei 8000 U/min und ermöglichte eine Spitze von 105 km/h. 1963 präsentierte Yamaguchi die Autopet Sport mit 50 cm³ Hubraum, die mit einer Leistung im Bereich von 4 bis 8 PS erhältlich war.

Yamaha

Die Geschichte dieses japanischen Riesenkonzerns geht bis ins Jahr 1887 zurück, als die Firma die Produktion von Musikinstrumenten aufnahm. 1898 benannte sich das Unternehmen in Nippon Gakki um, heute noch eine Tochterfirma des Yamaha-Konzerns. Mit der Wirtschaftskrise der 20er Jahre sank die

Nachfrage nach Musikinstrumenten, und so stellte die Firma ihre Produktion auf Flugzeugmotoren um. Nach dem Zweiten Weltkrieg versuchte sich das Unternehmen an der Fertigung von einfachen Mechanikteilen, konzentrierte sich aber bald wieder auf den Bau von Musikinstrumenten.
1955 erhielt das Unternehmen von der Regierung finanzielle Hilfe zum Bau von Kraftfahrzeugen, da für diese Produkte der Bedarf im Rahmen des gesamten Wirtschaftswachstums auch in Japan sprunghaft angestiegen war. Das erste Motorrad der Yamaha Motor Company war die YA 1. Die Einzylinder-Zweitaktmaschine mit 123 cm³, Hinterradfederung und Teleskopgabel war ausgiebig getestet worden. Die technisch hervorragende „Rote Libelle" hatte nur einen Fehler – sie war sehr teuer. Daher beschloß das Unternehmen, die YA 1 an Rennen teilnehmen zu lassen, um ihren potentiellen Kunden zu beweisen, daß eine Fabrik für Musikinstrumente sehr wohl ausgezeichnete Motorräder bauen konnte. Auf dem Tank der YA 1 prangte das Firmenlogo mit den drei gekreuzten Stimmgabeln. Den ersten Erfolg erzielte eine leicht abgewandelte YA 1 beim Zeitrennen auf den Fujijama.
Auf die YA 1 folgte bald die verbesserte und von Anfang an beliebtere YA 2, die für ihre gelungene Linie die Auszeichnung „Good design award" erhielt. 1957 hatte sich Yamahas Firmenkapital bereits verdoppelt, und zu den YA-Modellen gesellten sich die YC-Versionen, die bereits über 175 cm³ Hubraum verfügten. Die Siege der zwei präparierten Maschinen, einer YA und einer YC, beim Rennen auf den Asawajama stärkten das Image des Unternehmens. Den guten Ruf konnte auch ein kleiner technischer Defekt der YC 1 nicht ruinieren. Die Auspuffrohre waren unpassend gewählt, so daß bei längerem Betrieb die Maschine heißlief und die Leistung nachließ, was auf längere Zeit dem Motor schaden konnte. Anstatt die zahlreichen bereits verkauften Maschinen wiedereinzuziehen und den damit verbundenen Image-Verlust mitsamt den hohen Reparaturkosten einzustecken, löste Yamaha das Problem wieder einmal ganz japanisch: Die Yamaha-Werkstätten und -Händler erhielten Anweisungen, wie die Schalldämpfer zu korrigieren waren, und mußten den Umbau in ihrer Werkstatt oder sogar direkt beim Kunden zu Hause durchführen.
1957 kam die YD 1 heraus, eine handliche Zweitaktmaschine mit 250 cm³ Hubraum, die sich von den bisherigen kleinen „Nutzfahrzeugen" durch ihre elegante Linie deutlich unterschied. So konnte Yamaha 1960 neue Werkanlagen und moderne Maschinen kaufen. Ins Angebot kamen ein Moped, das Leichtmotorrad MF 1 und ein interessanter Zweitakt-Roller mit 173 cm³ Hubraum und Zweigang-Automatikgetriebe.
1960 entstanden die kalifornische Tochter Yamaha International Corporation sowie der Grundstock des neuen Bereichs „Rennsport". Anfang der 60er Jahre erlitt die Firma mit der MF 1 ihren ersten Mißerfolg, da dieses Modell einige Fehler aufwies, die in der Entwicklungsphase nicht erkannt worden waren und so zu einem beträchtlichen Absatzrückgang führten. Doch das bald darauf erschienene Modell MF 2 mit 50 beziehungsweise 55 cm³ Hubraum ließ den Flop des Vorgängermodells MF 1 bald vergessen.
Gleichzeitig zeigte die Rennabteilung gute Ergebnisse – nicht zuletzt dank des deutschen Technikers und Rennfahrers Ernst Degner, der vormals bei MZ arbeitete und nun bei der Entwicklung einiger hervorragender Zweitakt-Rennmaschinen behilflich war. 1961 nahm das Yamaha-Rennteam unter der Leitung von Fumio Ito zum ersten Mal an den Straßenweltmeisterschaften teil und konnte sich gegenüber den erfahreneren Europäern gut behaupten. Die Motorräder, die Yamaha anfangs ins Rennen schickte, waren einfache, aus der ersten Wettkampf-250er entwickelte Zweizylinder-Zweitaktmaschinen, denen Ernst Degner bald den letzten Schliff verlieh. Hierfür kam ihm das Know-how zustatten, das er in der langjährigen Zusammenarbeit mit dem Ingenieur Kaaden erworben hatte. Kaaden hatte entscheidend an der Entwicklung des Drehschiebermotors mitgewirkt.
1961 sah die Wettkampfbilanz mit zwei sechsten Plätzen auf der Isle of Man und in Assen, einem fünften Platz beim Grand Prix von Belgien und einem vierten Rang beim Grand Prix von Argentinien gar nicht schlecht aus und spornte die Ingenieure zu weiteren Entwicklungen an. Gleichzeitig beschloß die Unternehmensleitung, die wassergekühlte 250er Zweitakt-Zweizylinder TD 1, die diese Rennerfolge erzielt hatte, in begrenzter Serie für Privat-Rennfahrer zu produzieren: Der erste Yamaha-Production-Racer war geboren.

Yamaha XT 600 Ténéré von 1985.

1963 frischte das Rennteam die Lorbeeren von 1961 auf: Ito holte sich dreimal Silber bei der Tourist Trophy in Holland und in Japan und sogar einmal Gold in Belgien. Auch die anderen Yamaha-Piloten hatten Erfolg: Phil Read, ein junger britischer Fahrer, der am Anfang einer grandiosen Karriere stand, erzielte in Japan einen bedeutenden dritten Platz. Die Weiterentwicklung der Renn-Zweizylinder ging inzwischen mit Riesenschritten voran. 1964 präsentierte sich die Mannschaft bei den Weltmeisterschaften mit ehrgeizigen Zielen, die in Reads Sieg in der 250er Klasse gipfelten. Im gleichen Jahr versuchte sich Yamaha auch mit Rennmaschinen in der 125er und 350er Klasse. Hier beteiligte sich die Firma allerdings nur an wenigen Rennen.
1965, zehn Jahre nach der Gründung, hatte sich Yamahas Kapital verdreißigfacht, und die Serienproduktion war auf 13000 Stück pro Monat, verglichen mit 300 Stück von 1955, gestiegen. Die japanischen Maschinen mit den luftgekühlten Zweizylinder-Zweitaktmotoren hatten sich dank ihrer Leichtigkeit und ihrer guten Leistung auch in Europa durchgesetzt – nur der hohe Benzinverbrauch sorgte manchmal für Verwunderung.
1965 kam die YD 3 in den Handel, eine Tourenmaschine mit einem 250 cm³-Zweitakttwin, die sich gut verkaufte.
Gleichzeitig experimentierte die Rennabteilung des Unternehmens mit wassergekühlten Motoren, von denen Yamaha sich im

Yamaha TR1 Zweizylinder mit 1000 cm³-V-Motor, 1981.

Rennsport konstante Höchstleistungen versprach. 1965 verteidigte Read seinen Titel in der 250er Klasse erfolgreich, und auch die 125er und 350er erschienen sporadisch auf den Rennstrecken. 1966 entstand eine neue Viertellitermaschine, deren wassergekühlter Zweitakt-Vierzylindermotor über vier Drehschieber verfügte. Eigentlich waren es zwei 125 cm³-Motoren, die in langwieriger Kleinarbeit zusammengesetzt wurden. Dafür erbrachten sie Spitzenleistung – nicht zuletzt dank der Kombination mit einem 9, 12 und 14 Ganggetriebe.
1968 beschränkte die FIM für Motorräder der Achtel- und Viertelliterklasse die Zahl der Zylinder auf zwei und die der Gänge auf sechs. Am Ende der Rennsaison beschloß Yamaha daher, ihr offizielles Team zurückzuziehen, und überließ es den Fahrern Phil Read und Bill Ivy, die Titel in der 125er und 250er Klasse als Privatfahrer zu verteidigen.
Im Bereich der Straßenmaschinen tauchten Ende der 60er Jahre die ersten Umweltprobleme auf. Die Zeit des Zweitaktmotors, der wegen seines hohen Benzinverbrauch als Umweltverschmutzer angeklagt worden war, schien nun, wenn man vom Rennsport absieht, abgelaufen zu sein. Aus diesem Grund stellte das Yamaha 1970 die XS 1 vor, eine Viertaktmaschine mit 650 cm³-Zweizylindermotor, die jedoch nicht den erhofften Anklang fand. Wenigstens die Zweizylinder-Zweitakt-Rennmaschinen sorgten nach wie vor für sportliche und kommerzielle Erfolge. Neben hohen Verkaufszahlen sicherte eine TD 2 dem Unternehmen wieder einmal Gold in der 250er Klasse.
1972 versuchte sich Yamaha mit der TX 750 erneut an einer Viertaktmaschine, die wiederum beinahe ein Flop wurde. Glücklicherweise sah es im Rennsport anders aus: Jarno Saarinen siegte auf der neuen 500er Zweitakt-Vierzylinder, und auch Kenny Roberts und Giacomo Agostini konnten sich durchsetzen. 1973 umfaßte die Modellpalette der Firma etliche Neuerscheinungen im Bereich der Gelände- und Straßenzweitakter. Bei den Straßenmotorrädern erregte vor allem die RZ 201 Aufsehen: Ihr wassergekühlter Zweischeiben-Wankelmotor leistete bei 6600 U/min 68 PS. Trotz der Mißerfolge bei den Viertaktern präsentierte Yamaha die TX 500, eine Zweizylindermaschine mit 50 PS.
Ende der 70er Jahre gelang es dem Unternehmen endlich, auf dem Markt der Viertakter Fuß zu fassen – nicht zuletzt dank einer Einzylinder-Enduro, die einen neuen, langjährigen Trend einleitete: die XT 500. Gleichzeitig engagierte sich Yamaha im Bereich der Viertakt-Straßenmaschinen und baute Modelle wie die XS 750 und die XJ 650. Die der 95 PS starken RD 500 mit reinrassiger Renntechnik.
In den 80ern konnte Yamaha zudem mit einer modernisierten Zweitakt - Zweizylinder - Palette in den klassischen Hubraumgrößen 250 und 350 cm³ aufwarten. Moderner und leistungsfähiger präsentierte sich auch das Nachfolgemodell der XT 500 Enduro, die XT 600, sowie die Version Ténéré mit supergroßem Tank, die von den Wettbewerbsmaschinen für das berühmte afrikanische Langstrecken-Rennen ab- V-Anordnung der Zylinder und großem Hubraum: das Modell V-Max 1200 und die XVZ 1200, eine Tourenmaschine der Luxusklasse. Daneben behielt Yamaha auch die XV 1000 Virago und die XV 535 (ähnlich der V-Max, nur kleiner und mit luftgekühltem Zweizylindermotor) im Angebot. Interessant war auch die SRX 600, eine in einem sehr gelungenen Design gehaltene Einzylindermaschine mit vier Ventilen, Ausgleichswelle und 600 cm³ Hubraum.

Yamaha Venture Royal 1200 Luxus-Tourenmaschine, Modell 1985.

leichten Motoräder, die Mopeds und die kleineren Enduros hatten natürlich einen Zweitaktmotor behalten, der auch das Trial-Modell TY antrieb. Ende der 70er Jahre erschien die mächtige XS 1100, eine Maschine, deren Viertakt-Vierzylindermotor mit zwei obenliegenden Nockenwellen 95 PS leistete, was für eine Höchstgeschwindigkeit von 215 km/h reichte.
Anfang der 80er Jahre umfaßte die Yamaha-Produktion nicht nur Motorräder, sondern auch Außenbordmotoren, drei- und vierrädrige Freizeitfahrzeuge sowie Stromgeneratoren. Gleichzeitig versuchte das Unternehmen, auf dem Motorradsektor den verschiedensten Kundenwünschen gerecht zu werden, so zum Beispiel mit den „amerikanischen“ Zweizylinder-V-Maschinen, der mächtigen FJ 1100 und geleitet war. Inzwischen gingen die sportlichen Erfolge der Yamaha-Fahrer weiter: Lawson und Lavado, Vimond und Van De Berk, Pirovano, Neveu und Picco verteidigten die Farben des japanischen Konzerns bei verschiedenen Straßen-, Moto-Cross- und Superbike-Rennen sowie bei mehreren Wüstenrallyes höchst eindrucksvoll.
Den Serienmodellen verlieh Yamaha an Rahmen und Motor einen echten „Renn-Touch“ – und zwar nicht nur den klassischen Zweizylinder-Zweitaktern mit 250 und 350 cm³, sondern auch den Modellen der Serie FZ, den Viertakt-Reihenvierzylindern mit 250, 400, 750 und 1000 cm³ Hubraum. Letztere, die FZR 750 und FZR 1000, hatten fünf Ventile pro Zylinder. Ende der 80er Jahre erschienen neue Viertakt-Vierzylindermotoren mit Auch im Offroad-Bereich gehörte Yamaha zu den führenden Marken. Die Modellpalette reichte von vierrädrigen Fahrzeugen über Moto-Cross- und Enduro-Maschinen bis hin zu den beliebten Rallye-Modellen wie der TT 350, einer Einzylinder-Viertaktmaschine mit Doppelnockenwellenmotor und vier Ventilen, der 600 XT und der 600 XT Ténéré. Ende der 80er Jahre rollten aus den Yamaha-Firmenwerken in Iwata jährlich über eine Million Motorräder, was beinahe 30 Prozent der gesamten japanischen Motorradproduktion entsprach.

Yankee

Die in den USA 1922-23 gebaute Yankee hatte einen Zweitaktmotor mit 269 cm³ Hubraum und

Riemenantrieb. Sie war offensichtlich eines der billigsten Motorräder, die es damals gab. In England wurde sie zum Beispiel für nur 15 Pfund Sterling verkauft.

York

Die Bauteile der 1927-29 in Wien gefertigten York stammten aus England. Die Rahmen waren von herkömmlicher Bauart, und die ausnahmslos seitengesteuerten Motoren lieferte J.A. Prestwich (JAP) aus London in den Hubraumklassen 350, 500, 600 und 750 cm³. Nachdem die Firma 1929 nach Deutschland umgezogen war, hörte man bald nichts mehr von ihr.

Young

Die bereits durch ihre Mohawk-Motorräder bekannte Mohawk Cycle Company in London produzierte 1919-20 einen 269 cm³-Zweitakt-Hilfsmotor für Fahrräder, den sie Young taufte. Die Firma Waltham Engineering kaufte Mohawk Cycle schließlich die Marke Young ab und baute den Motor weiter, nunmehr auch mit 130 cm³ Hubraum. In diesen Hilfsmotoren war der kleine Zylinder liegend in eine Aluminiumstruktur eingebettet. Die Firma Waltham stellte ihre Tätigkeit 1922 ein.

Zanella

Die argentinische Firma Zanella begann 1957 als Importeur von Ceccato-Leichtmotorrädern und erhielt 1960 schließlich die Lizenz zum Bau der Maschinen in ihren Werken in Argentinien. Das erste selbstgebaute Modell war eine Zweitaktmaschine mit 100 cm³. Ihr folgte 1961 eine 125er Touringversion mit einem 123 cm³-Einzylinder-Zweitaktmotor, der bei 5200 U/min 6,5 PS leistete. Der Rohrrahmen hatte vorne eine Teleskopgabel und hinten eine Hinterradschwinge. Die Spitzengeschwindigkeit betrug 92 km/h.
Neben dem Tourenmodell kam auch eine Super Sport mit 125 cm³ Hubraum auf den Markt, deren 7,5 PS starker Motor eine Höchstgeschwindigkeit von 114 km/h ermöglichte. 1963 erschien die 125 SS, die 93 km/h Spitze erreichte, und in den darauffolgenden Jahren wurden die Modelle kontinuierlich verbessert und dem Stand der Technik angepaßt. Ab 1960 verwendete Zanella nicht nur Minarelli-Motoren, sondern auch heimische Fabrikate. In den 80er Jahren produzierte das Unternehmen Motorräder mit 200 cm³ Hubraum, die Modelle JR und RB sowie die Eingangmopeds V3 und V2 und das Moped TM mit Schaltgetriebe. 1983 kamen ein neues Straßenmodell mit 125 cm³ und eine Enduro-Maschine mit 200 cm³ ins Angebot. Daneben fertigte Zanella auch Cagiva-Modelle in Lizenz.

Zedel

Bevor die 1902-15 tätige französische Firma Zedel mit Ein- und Zweizylindermaschinen in die Motorradproduktion einstieg, belieferte sie zahlreiche Motorradhersteller, darunter namhafte Firmen wie NSU, mit ihren Motoren. Bei diesen Motoren handelte es sich in Wirklichkeit um die Motoren der in Genf ansässigen Schweizer Firma Zedel, deren Filiale die französische Firma war.

Zehnder

Zehnder war eine zu ihrer Zeit recht bekannte Schweizer Firma, die Motorräder mit Einzylinder-Zweitaktmotoren in den Hubraumgrößen 110, 150 und 250 cm³ baute. Das 1923 gegründete Unternehmen präsentierte Ende der 20er Jahre ein Rennmodell mit 125 cm³ Hubraum, das zahlreiche Wettkämpfe gewann. Daneben gab es eine Sportmaschine mit 250 cm³, die aber dem Rennteam der Firma vorbehalten war. 1928 übernahm die deutsche Gesellschaft Standard das Schweizer Unternehmen und begann mit der Produktion eigener Modelle. Die Zehnder-Maschinen wurden bis 1939 weitergebaut.

Zenith

Stammvater der englischen Zenith-Motorräder war die 1905 von der Firma Bitton Harley vorgestellte Tooley's Patent Bicar. Zum Zeitpunkt der Serienproduktion hieß die Maschine bereits Zenith Bicar, da die Firma inzwischen den Namen Zenith Motor Engineering Company angenommen hatte. Fred Barnes wurde Konstrukteur bei Zenith und entwarf die Zenette mit einem seitengesteuerten 500 cm³-Motor, von der nur wenige Exemplare hergestellt wurden.
1910 hatte Fred Barnes ein Modell entwickelt, das von einem Zweizylinder-V-Motor von JAP angetrieben wurde, der mit dem neuesten Gradua-Getriebe kombiniert war. Die Maschine erwies sich bei Bergrennen bald als derart unschlagbar, daß die Organisatoren keine Zenith mehr an den Start gehen ließen, um auch anderen Marken die Chance zum Sieg zu geben.
Kurz nach Ausbruch des Ersten Weltkriegs entwickelte Barnes einen Gespann-Prototypen mit Maxim-Maschinengewehr. Die erste Neuerscheinung nach dem Krieg war eine Zweizylindermaschine von 1920, für die ein ölgekühlter 500 cm³-Boxermotor verwendet wurde. Kettenantrieb gab es zum ersten Mal 1922 bei einer Tourenmaschine mit einem 996 cm³-JAP-Motor.
Ende der 20er Jahre umfaßte die Produktpalette eine 350 cm³-Einzylindermaschine, ein Zweizylinder-V-Modell mit 680 cm³, ein einfaches Motorrad mit einem 172 cm³-Villiers-Motor und die Super 8, ein sportliches Tourenmodell. Nach einer vorübergehenden Betriebsstillegung nahm Zenith 1931 die Produktion bis zum Ausbruch des Zweiten Weltkriegs wieder auf. 1945 verließ ein Zweizylinder-V-Modell mit seitengesteuertem 750 cm³-JAP-Motor das Werk. Neben dieser Maschine, die bis 1949 gebaut wurde, entstanden die Prototypen von zwei Zweizylinder-V-Motorrädern mit 500 beziehungsweise 1100 cm³ Hubraum. Offiziell existierte die Firma Zenith noch bis 1970, aber die Produktion wurde schon wesentlich früher eingestellt.

Zepa

Diese in Reggio Emilia ansässige italienische Firma produzierte hochwertige Mofas, darunter auch ein Modell namens Zepa 3P mit 38 cm³ Hubraum, Seilzugstarter und Rollenantrieb und eines namens Zepa 4 Mignon. Der Motor wurde auch als Hilfsmotor mit Rollenantrieb verkauft und paßte auf jedes Fahrrad.

Zeta

Der kleine italienische Roller Zeta 48 entstand im Jahr 1947. Seinem Antrieb diente ein 48 cm³-Cucciolo-Viertaktmotor, der mit einem Zweiganggetriebe kombiniert war. Er wog 29,5 kg und hatte Räder der Größe 2,5 x 13. Der Motorroller, der eine Höchstgeschwindigkeit von 50 km/h erreichte, wurde auch im darauffolgenden Jahr produziert. Doch da er nicht den erhofften Verkaufserfolg hatte, verschwand er bald vom Markt.

Zetge

Zetge war ein kleiner deutscher Hersteller, der in den Jahren 1912-23 eine Reihe verschiedener Motorräder auf den Markt brachte. Unter anderem standen eine Einzylindermaschine mit 500 cm³ Hubraum und seitlich stehenden Ventilen sowie zwei Zweizylindermodelle mit 600 und 750 cm³ Hubraum auf dem Programm des Unternehmens.

Ziro

Die Ziro entstand in den Jahren 1920-23 in Deutschland nach einem Entwurf von Albert Roder, der später Prototypen für Firmen wie Ermag, Zündapp, Victoria und NSU entwickelte. Die Ziro besaß einen 150 cm³-Zweitaktmotor mit Einlaßdrehschieber.

ZM

Die polnische Firma Zaklady Motolowa, abgekürzt ZM, konstruierte 1959 einen Einzylinder-Zweitakt-Hilfsmotor mit 49,8 cm³ Hubraum und Zweigangschaltung. Der Motor hatte die Typenbezeichnung S 38.

Zuertz Record

Diese in Darmstadt ansässige deutsche Firma war in den Jahren 1924-25 tätig. Für ihre Motorräder verwendete sie vorwiegend JAP- und Blackburne-Motoren mit 250 und 350 cm³ Hubraum.

Zündapp-Geländesportmaschine GS 125, 1977.

Zündapp

1917 gründete Dr. Fritz Neumeyer in Nürnberg die Zünder und Apparatebau GmbH, die anfangs Sprengkapseln und Zündmechanismen für Artilleriegeschosse produzierte. Im Jahr 1918 wagte Neumeyer bereits den Sprung in den Motorradmarkt. Die ersten Modelle des Unternehmens, Einzylinder-Zweitakter namens Z 22, erschienen in den Jahren 1921-22 und wurden unter dem Namen Zündapp (einer Abkürzung des Firmennamens) mit Erfolg verkauft. 1930 erschienen die Viertaktmaschinen S 500 und SS 500 mit Rudge-Python-Zylinderkopf und vier Ventilen.
Anfang der 30er Jahre stützte sich die Produktion auf Zweitaktmodelle mit 200, 250 und 300 cm³ sowie auf Viertaktmaschinen mit 350 und 500 cm³. Da in jener Zeit der Motorradabsatz starke Einbußen zu verzeichnen hatte, beschloß Neumeyer, die Produktion auf Automobile auszuweiten, und beauftragte Ferdinand Porsche mit dem Entwurf eines neuen, revolutionären „Volksautos". Da der Prototyp nicht den Erwartungen entsprach und das Interesse an Motorrädern wiedererwachte, verzichtete Neumeyer auf alle Rechte an der Porsche-Studie „Projekt 12".
1933 erneuerte Zündapp die Produktpalette radikal. Auf der Berliner Automobil-Ausstellung präsentierte die Firma stolz die von Richard und Xaver Küchen entworfenen Motorräder mit dem neuen Preßstahlrahmen, der zum Markenzeichen der Firma werden sollte. Das Firmenangebot reichte damals von Zweitakt-Einzylindern mit 200 cm³ Hubraum bis hin zum großen Boxer-Vierzylindermodell KS 800 mit 800 cm³ Hubraum. Im Jahr 1933 erhielt das Unternehmen die ersten Militäraufträge für die 500 cm³-Zweizylinder K 500 W und die 800 cm³-Vierzylinder K 800 W (das W stand für Wehrmacht). Bald folgte die KS 600 W mit 600 cm³-Zweizylinder-Boxermotor und im Zylinderkopf hängenden Ventilen, von der zwischen 1937-41 rund 18000 Exemplare gebaut wurden.
Zusätzlich zu diesen schweren Viertaktmaschinen erstand die Wehrmacht eine beachtliche Anzahl der DB 200 W, der Militärversion der DB 200. Dieses Einzylinder-Zweitaktmotorrad mit Rohrrahmen wurde 1935-40 produziert. Bei Ausbruch des Zweiten Weltkriegs wurde die Produktion gänzlich auf militärische Güter umgestellt; das berühmteste Motorrad aus dieser Zeit war die KS 750, von der zwischen 1940-44 exakt 18635 Stück gebaut wurden.
Als die Fabrik 1944 durch Bombenangriffe schwer beschädigt wurde, mußte der Betrieb vorübergehend eingestellt werden. Doch schon einen Monat nach Einmarsch der Alliierten in Nürnberg konnte Zündapp die Anlagen zumindest teilweise wieder in Betrieb nehmen. Die ersten Produkte des Unternehmens waren Generatoren und, wenig später, aus Ersatzteilen zusammengeflickte Motorräder für die Alliierten und einige deutsche Behörden. Das erste Nachkriegsmodell war die DB 200, deren Konzept noch aus der Vorkriegszeit stammte. Im Jahr 1950 erschien die DB 201, eine DB 200 mit Teleskopgabel, gefolgt von dem Modell KS 601. 1953 betätigte sich das Unternehmen mit Erfolg auf dem Mopedsektor und nahm Zweitakt-Hilfsmotoren mit 48 cm³ und einen Außenbordmotor ins Programm auf. 1954 kam der Roller Bella auf den Markt, 1957 ein als W 250 oder Janus bezeichneter Kabinenroller. Inzwischen hatte Zündapp ein neues Werk in München erstanden, in das 1958 die Produktion verlegt wurde. Mit dem wirtschaftlichen Wohlstand und dem Erscheinen der ersten Billigautos war das Interesse an großen Motorrädern deutlich geschwunden. Zündapp hatte diese Entwicklung vorausgesehen und sich rechtzeitig auf den Bau von Mopeds und Leichtmotorrädern spezialisiert.
1959 erschien die KS 50, ein Kleinkraftrad mit Zweitaktmotor und Preßstahlrahmen, das enormen Erfolg hatte und in verbesserter Form bis 1977 im Programm zu finden war. 1970 erregte Zündapp mit einem Motor mit Fünfganggetriebe in der 125er Klasse Aufsehen. Mit diesem Motor gewann eine Zündapp 1974 die Moto-Cross-Weltmeisterschaften der 125er Klasse, und auch im Geländesport ging Zündapp oft als Sieger hervor, etwa beim Internationalen Sechstagerennen 1975 und 1976.
Ende der 70er Jahre verschlechterte sich die finanzielle Lage der Firma trotz der hervorragenden Verkaufszahlen zunehmend, bis Zündapp schließlich in eine Kapital- und eine Produktionsgesellschaft geteilt wurde. Doch 1984 mußte das Werk die Tore schließen. Die zum Verkauf freigegebenen Produktionseinrichtungen und die Rechte für Leichtmotorräder und Mopeds erwarben das mittlerweile in Indien tätige Unternehmen Enfield und eine staatliche chinesische Gesellschaft.

Zweirad Union

Die 1958 gegründete Zweirad Union in Nürnberg kaufte die Motorradhersteller DKW, Victoria und Express auf. Die Fertigung der Firma konzentrierte sich auf Modelle mit Preßstahlrahmen und modernen 50 und 100 cm³-Zweitaktmotoren.

Zwi

Stephan Auslaender, ein ungarischer Motorradrennfahrer, der nach Israel umgesiedelt war, entwarf die Zwi-Motorräder, die 1952-55 in Tel Aviv gebaut wurden. In ihren konventionellen, sehr leichten Rahmen saßen 125 cm³-Zweitaktmotoren von JAP und Villiers.

Deutsche Fassung: Weltbild Verlag GmbH, Augsburg.
Idee, Konzeption, Produktion: topic Verlag GmbH, Karlsfeld.
Redaktion: S. Ewald, G. Murrer.
Unterstützt von: H. Bauer, W. Bautsch, G. Beitscher, E. Boltenhagen, M. Elser, M. Gruneisen, J. Jaber, W. Jordan, H. Mang, C. Weiand, H. J. Wieland.
Druck: in Italien von Officine Grafiche De Agostini Novara.